VDI-Taschenlexikon Immissionsschutz

Herausgegeben von
Prof. Dr.-Ing. Franz-Joseph Dreyhaupt

Die Deutsche Bibliothek – CIP-Einheitsaufnahme

VDI-Taschenlexikon Immissionsschutz/hrsg. von Franz-Joseph Dreyhaupt. – Düsseldorf: VDI-Verl., 1996

ISBN 978-3-642-51503-3 ISBN 978-3-642-51502-6 (eBook)
DOI 10.1007/978-3-642-51502-6
NE: Dreyhaupt, Franz-Joseph [Hrsg.]

Redaktion: Dipl.-Ing. Zitta Glaser
Graphische Darstellungen: Peter Lübke
Gesamtherstellung: Konrad Triltsch GmbH, Würzburg

ISBN 978-3-642-51503-3

Dipl.-Ing. Hans-Gerhard Rumpf
RWE Energie AG, Essen

Prof. Dr.-Ing. Jürgen Seggelke
Umweltbundesamt, Berlin

Dr. rer. nat. Joachim Schabronath
Ruhrkohle AG, Herne

Dr.-Ing. Eberhard Schmidt
Institut für Mechanische Verfahrenstechnik
und Mechanik, Universität Karlsruhe

Dr.-Ing. Helmut Schnurer
Bundesministerium für Umwelt, Naturschutz und
Reaktorsicherheit, Bonn

Univ. Prof. Dr. agr. Hans Schön
Bayer. Landesanstalt für Landtechnik,
Technische Universität München, Freising

Dr. rer. nat. Manfred Schön
Bayer AG, Leverkusen

Dipl.-Ing. Joachim Schramm
Kali und Salz GmbH, Kassel

Dipl.-Ing. Kathleen Spilok
Umweltbundesamt, Berlin

Dr.-Ing. Heinz Splittgerber
vorm. Landesanstalt für Immissionsschutz
des Landes Nordrhein-Westfalen, Essen

Dr.-Ing. Helmut Stahl
Landesumweltamt Brandenburg, Potsdam

Dr. rer. nat. Manfred Steinmetz
Bundesamt für Strahlenschutz, Oberschleißheim

Dr. rer. nat. Heidrun Sterzl-Eckert
GSF-Forschungszentrum für Umwelt
und Gesundheit GmbH, Institut für Toxikologie,
Oberschleißheim

Dipl.-Ing. Herbert Strauch
vorm. Landesumweltamt Nordrhein-Westfalen,
Essen

Dipl.-Ing. Ulrich Teichert
Gesellschaft für Staubmeßtechnik und Arbeitsschutz
mbH, Neuss

Dr. rer. nat. Jörn-Uwe Thurner
Umweltbundesamt, Berlin

Dr. Johann Wackerbauer
ifo Institut für Wirtschaftsforschung e.V., München

Dipl.-Ing. Peter Wagenknecht
Umweltbundesamt, Berlin

Dr. rer. nat. Gerd-Rainer Weber
Gesamtverband des Deutschen
Steinkohlenbergbaus, Essen

Dipl.-Ing. Volker Weiss
Umweltbundesamt, Berlin

Dipl.-Met. Marion Wichmann-Fiebig
Landesumweltamt Nordrhein-Westfalen, Essen

Dr.-Ing. Dieter Wiedenhöft
Adam Opel AG, Rüsselsheim

Dr. rer. nat. Evelyn Wiesen
MIT – Beratung, Essen

Dipl.-Biochem. Gerhard Winkelmann
Umweltbundesamt, Berlin

Prof. Dr. rer. nat. Gerhard Winneke
Medizinisches Institut für Umwelthygiene,
Universität Düsseldorf

Prof. Dr.-Ing. Carl-Jochen Winter
Universität Stuttgart; ENERGON
Carl-Jochen Winter GmbH, Überlingen

Prof. Dr.-Ing. Gert Winterfeld
vorm. Deutsche Forschungsanstalt
für Luft- und Raumfahrt e.V., Köln

Dr. Klaus Wirtz
CEAM, Valencia, Spanien

Dr.-Ing. John Wolf
VDI-Kommission Reinhaltung der Luft im
VDI und DIN, Düsseldorf

Dr. rer. nat. Erhard Wolfrum
Rheinbraun AG, Köln

A

A-Bewertung *⟨A-weighting⟩*. Zur Berücksichtigung des frequenzabhängigen Gehörempfindens der → Lautstärke eines Schallvorgangs wird beim Messen des Schalldrucks mit Schallpegelmeßgeräten das Meßergebnis entsprechend einer vereinbarten Kurve A bewertet. Die in der Norm DIN IEC 651: Schallpegelmesser, 12/1981, definierte Kurve A wird im Schallpegelmeßgerät durch elektrische Filter nachgebildet, sie berücksichtigt die Eigenschaft des menschlichen Gehörs, daß tieffrequente Töne ($f<500$ Hz) weniger laut empfunden werden als höherfrequente ($f>500$ bis 2000 Hz) mit gleichem Schalldruckpegel. Zur Kennzeichnung von Geräuschimmissionen wird üblicherweise der A-bewertete Schalldruckpegel L_{pA} und zur Kennzeichnung von Geräuschemissionen der A-bewertete → Schalleistungspegel L_{WA} benutzt.

Die A-B. wird auch häufig durch den Zusatz zur Pegeleinheit Dezibel (dB) durch den Buchstabe (A) dokumentiert: Bezeichnung z. B. $L_p = 35$ dB (A).

Die neben der Bewertungskurve A früher noch gebräuchlichen Kurven B und C werden heute – auch international – nicht mehr benutzt. *Strauch*

Abfall-Verbrennungsanlagenverordnung *⟨ordinance on waste incineration plants⟩* → Abfallverbrennungsanlage, → 17. BImSchV

Abfallaufbereitungsanlage *⟨waste processing plant⟩*. A. werden zur Rückgewinnung von Rohstoffen aus Abfällen eingesetzt. Von Bedeutung sind insbesondere Bauschutt-Recyclinganlagen und Anlagen zur Aufbereitung von Hausabfall.

Die Aufbereitung eines Abfalls besteht in den Schritten Zerkleinern, Sieben, Sortieren und Verdichten, wobei unterschiedliche Kombinationen dieser Prozeßschritte möglich sind.

Zerkleinerungsmaschinen dienen der Verfeinerung der Körnung des Einsatzstoffes und damit zur Vergrößerung der Oberfläche. Im Baubereich werden z. B. Prallbecher eingesetzt. Bei Hausabfall sind Hammermühlen, Prallreißer, Schneidemühlen, Rotorscheren und Kaskadenmühlen üblich.

Zum Trennen von Stoffen unterschiedlicher Korngröße im Hausabfall kommen u. a. Wurf-, Trommel-, Schwing- und Spannwellensiebe zum Einsatz. Speziell unzerkleinerter Hausabfall gehört aufgrund seiner feuchten und klebrigen Beschaffenheit zu den Gütern, die sehr schwer zu sieben sind. Einige der genannten Siebe sind nur für bestimmte Abfallkomponenten geeignet.

Zur Sortierung werden verschiedene Windsichtertypen (z. B. Zick-Zack-, Schwebe-, Rotations- und Steigrohrwindsichter) eingesetzt. In Kompostanlagen sind überwiegend Zick-Zack- und Rotationswindsichter üblich. Weitere Sortiermaßnahmen sind Magnetabscheidung von Schrotten, optische Sortierung sowie mechanische Sonderverfahren zur Papier-Kunststoff-Trennung.

Die Verdichtung des Produkts in Pressen (z. B. Ringmatrizen- und Flachmatrizen-Pressen) kann seine Produkteigenschaft wie Handhabbarkeit und Lagervolumen günstig beeinflussen.

A. sind genehmigungsbedürftig nach dem BImSchG (Nr. 8.4 des Anhangs der → 4. BImSchV). Hinsichtlich der Emissionsbegrenzung luftverunreinigender Stoffe sind bei A. vornehmlich Staub und bei der Verarbeitung organischen Materials geruchsintensive Stoffe bedeutsam. → Staubemissionen können durch Kapselung insbesondere von Abwurf- und Übergabestellen, Zerkleinerungsgeräten und Windsichtern vermindert werden; abgesaugte Abluft ist Entstaubern zuzuführen. Zur Geruchsminderung kommt die Anwendung von → Biofiltern in Betracht. *Bade*

Literatur: Der Rat von Sachverständigen für Umweltfragen Abfallwirtschaft; Sondergutachten 1990. Stuttgart. – Handbuch der Recyclingverfahren, Umweltbundesamt (UMPLIS). Bielefeld 1991.

Abfallbeseitigung *⟨waste disposal⟩*. Der Begriff A. wird im → Bundes-Immissionsschutzgesetz im Zusammenhang mit den Betreiberpflichten verwandt. Abfälle dürfen danach nur beseitigt werden, wenn ihre Vermeidung und Verwertung technisch unmöglich oder unzumutbar sind und wenn die Beseitigung das Wohl der Allgemeinheit nicht beeinträchtigt. Die A. kann sich auf alle Stoffe beziehen, die beim Betrieb einer Anlage unerwünscht entstehen. Erfaßt werden auch Abwässer und andere Stoffe, deren Behandlung vom Anwendungsbereich des Kreislaufwirtschafts- und Abfallgesetzes ausgenommen ist. *Hansmann*

Abfallpflichten nach dem BImSchG *⟨avoidance of recyclable waste as used in the Federal Immission Control Act⟩*. Nach dem BImSchG sind genehmigungsbedürftige Anlagen so zu errichten und zu betreiben, daß Abfälle vermieden werden, es sei denn, sie werden ordnungsgemäß und schadlos verwertet (§ 5 Abs. 1 Nr. 3 BImSchG). Abfälle i.S. des § 5 Abs. 1 Nr. 3 BImSchGs sind Stoffe, die bei der Energieumwandlung oder bei der Herstellung, Bearbeitung oder

Verarbeitung von Stoffen oder Erzeugnissen anfallen, ohne daß der Zweck des Anlagenbetriebs hierauf gerichtet ist. Dient der Anlagenbetrieb der Herstellung verschiedener Produkte (Koppelprodukte), handelt es sich bei ihnen um Produkte und nicht um Abfälle.

Unerwünschte Abfälle können durch die Wahl einer abfallfreien Anlagentechnik oder dadurch vermieden werden, daß beim Produktionsvorgang entstehende Stoffe in den Prozeß zurückgeführt und dort als Hilfsstoffe genutzt, chemisch umgewandelt oder in das Produkt eingebunden werden.

Unter der Verwertung von Abfällen ist deren generelle Nutzung außerhalb der Anlage zu verstehen. Sie ist statt einer möglichen Vermeidung zugelassen, wenn sie in Übereinstimmung mit der Rechtsordnung (ordnungsgemäß) vorgenommen wird und gegenüber der Vermeidung keine relevanten Nachteile für das Gemeinwohl aufweist (schadlos). Sind sowohl die Vermeidung als auch die Verwertung von Abfällen technisch nicht möglich oder unzumutbar, so dürfen die Stoffe beseitigt werden, sofern durch eine derartige → Abfallbeseitigung nicht das Wohl der Allgemeinheit beeinträchtigt wird. Die Vermeidung oder Verwertung von Abfällen ist technisch möglich, wenn ein geeignetes Verfahren bekannt ist, das ohne eine längere Entwicklungsphase eingesetzt werden kann. Unzumutbar sind die Vermeidung und die Verwertung von Abfällen nur, wenn durch sie die Erreichung des mit dem Anlagenbetrieb verfolgten wirtschaftlichen oder sonstigen Zwecks so erschwert wird, daß ein vernünftiger Unternehmer unter den gegebenen Voraussetzungen von einem Betrieb der Anlage Abstand nehmen würde. Eine Beseitigung von Abfällen ist in keinem Fall zulässig, wenn sie unter Umweltgesichtspunkten bedenklich ist und deshalb das Gemeinwohl beeinträchtigen würde. Nach Einstellung des Anlagenbetriebs sind evtl. noch vorhandene Abfälle ordnungsgemäß und schadlos zu verwerten oder ohne Beeinträchtigung des Wohls der Allgemeinheit zu beseitigen (§ 5 Abs. 3 Nr. 2 BImSchG). *Hansmann*

Literatur: *Fluck, J.*: Reststoffvermeidung, Reststoffverwertung und Beseitigung als Abfälle nach § 5 Abs. 1 Nr. 3 BImSchG, Natur und Recht 1989, 409 ff. – *Hansmann, K.*: Inhalt und Reichweite der Reststoffpflichten nach § 5 Abs. 1 Nr. 3 BImSchG, Neue Z. für Verwaltungsrecht 1990, 409 ff. – *Meidrodt, D.*: Das immissionsschutzrechtliche Reststoffvermeidungs- und -verwertungsgebot, 1993. – *Rehbinder, E.*: Abfallrechtliche Regelungen im Bundes-Immissionsschutzgesetz, Deutsches Verwaltungsblatt 1989, 496 ff.

Abfallpyrolyseanlage ⟨*waste pyrolysis plant*⟩. Die Pyrolyse ist – neben der weit überwiegend angewandten Verbrennung – ein Verfahren zur thermischen Behandlung von Abfällen und Reststoffen (Abfallbehandlung, thermische). Als Einsatzstoffe für Pyrolyseanlagen sind prinzipiell verschiedene kohlenstoffhaltige Materialien, z. B. Kunststoffe, Gummi, Altreifen, Hausabfall, geeignet. I. a. versteht man unter Pyrolyse die Zersetzung organischer Substanzen durch indirekte Erwärmung unter vollständigem (oder zumindest weitgehendem) Sauerstoffausschluß. Bei Hausabfall wird die Pyrolyse bei Temperaturen um 500 °C durchgeführt. Als Reaktionsprodukte und Reststoffe fallen Pyrolysegas, Pyrolyseöl, Pyrolysekoks und Abwasser an. Das Pyrolysegas kann energetisch genutzt werden.

Wesentliche Komponenten einer Pyrolyseanlage für Hausabfall sind Abfallzerkleinerung und Abfalleintrag, Pyrolysereaktor mit Austrag für die festen Pyrolyserückstände (Pyrolysekoks), Dampferzeuger oder Gasmotor zur thermischen Nutzung des Pyrolysegases und Abgasreinigungseinrichtungen.

Bei der thermischen Nutzung der Pyrolysegase in einem Gasmotor ist die vorherige Reinigung der Gase notwendig. Der entstehende Pyrolysekoks wird wegen des hohen Kohlenstoffgehalts thermisch genutzt. Die gemeinsame Verbrennung von Pyrolysegas und Pyrolysekoks bei Temperaturen über 1 200 °C wird beim sog. → Schwelbrennverfahren durchgeführt. Das entstehende Schmelzgranulat ist verwertbar.

Vorteile von A. gegenüber → Abfallverbrennungsanlagen sind die geringeren Abgasvolumenströme und die hierdurch bedingten abgasseitig geringeren Schadstofffrachten. Dies führt zu kleineren Bauvolumina der Abgasreinigungseinrichtungen. Im Vergleich zu den langjährigen Erfahrungen mit großtechnischen Anlagen zur Abfallverbrennung haben A. einen weniger fortgeschrittenen Entwicklungsstand. Beispielsweise sind zur Hausabfallpyrolyse im wesentlichen nur Anlagen im Pilotmaßstab erprobt.

A. sind genehmigungsbedürftig nach dem BImSchG; sie sind in Nr. 8.2 des Anhangs der → 4. BImSchV genannt. In der → TA Luft sind vergleichbare Anforderungen wie für Abfallverbrennungsanlagen festgelegt. *Bade*

Literatur: Der Rat von Sachverständigen für Umweltfragen Abfallwirtschaft; Sondergutachten 1990. Stuttgart 1991. – Entsorgungs Praxis spezial No. 10, Thermische Abfallbehandlung, Gütersloh 1989.

Abfallverbrennungsanlage ⟨*waste incineration plant*⟩.

Emissionsbegrenzung Luft. A. dienen der thermischen Behandlung von festen, flüssigen oder pastösen Abfällen mit dem Ziel, das Schadstoffpotential sowie Menge und Volumen der Abfälle erheblich zu verringern. Es werden insbesondere Hausabfall-, Sonderabfall-, Klärschlamm-, Krankenhausabfall- und Reifenverbrennungsanlagen unterschieden.

In den etwa 50 in der Bundesrepublik betriebenen Hausabfallverbrennungsanlagen (MVA = Müllverbrennungsanlage) wird etwa ein Viertel bis ein Drittel des Hausabfalls einschl. der haushaltähnlichen Gewerbeabfälle verbrannt. In einigen Anlagen wird kommunaler Klärschlamm gemeinsam mit dem Hausabfall eingesetzt. Die Verbrennungsanlagen haben Jahresdurchsätze zwischen 20 kt und 500 kt, die Mehrzahl der Anlagen hat eine Kapazität zwischen 150 und 250 kt/Jahr. In der Regel werden mehrere Verbren-

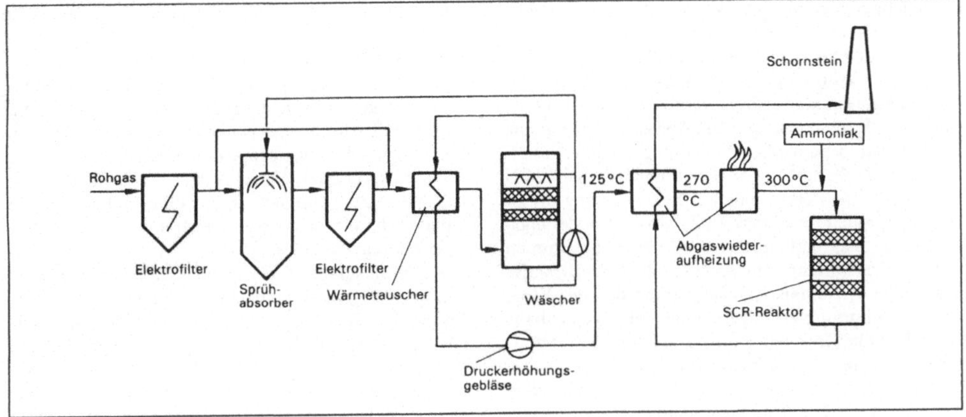

Abfallverbrennungsanlage 1: Fließbild der Abgasreinigungsanlage einer Hausabfallverbrennungsanlage.

Abfallverbrennungsanlage. Tabelle: Emissionsbegrenzungen in mg/m³ (bezogen auf 11% O_2)

	TA Luft '86[1)]	17. BImSchV[1)]
Staub	30	10
Kohlenmonoxid	100	50[2)]
Organische Stoffe (als Gesamt-C)	20	10
Schwefeloxide (als SO_2)	100	50
Stickstoffoxide (als NO_2)	500	200
Chlorverbindungen (HCl)	50	10
Fluorverbindungen (HF)	2	1
Staubinhaltsstoffe	1 und 5	0,5[3)]
Cd+Tl	} 0,2	0,5[3)]
Hg		0,05[3)]
PCDD/PCDF	Minimierungsgebot	0,1 ng/m³ [4)]

[1)] Tagesmittelwerte; zusätzlich gelten Anforderungen zur Begrenzung von Halbstundenmittelwerten

[2)] Kohlenmonoxid: kein üblicher Grenzwert; Festlegung und Überwachung als Betriebsgröße

[3)] Einzelmessungen

[4)] Einzelmessungen mit ausreichender Probenahmedauer erforderlich; es ist die Summe der Dioxinäquivalente entsprechend der 17. BImSchV zu bilden.

nungslinien betrieben, deren einzelne Auslegungskapazität bei mittelgroßen Anlagen zwischen 10 t/h und 16 t/h liegt. Im Einzelfall können bei Großanlagen 40 t/h je Verbrennungslinie erreicht werden.

Zur Verbrennung von Hausabfall sind Verbrennungsroste besonders geeignet, weshalb praktisch alle Verbrennungsanlagen mit diesem Feuerungssystem ausgerüstet sind. Überwiegend sind Walzen- und Vorschubroste im Einsatz. Die beim Verbrennungsprozeß freiwerdende Wärme wird in allen Anlagen genutzt.

Hausabfallverbrennungsanlagen werden überwiegend als Fernheiz- oder Heizkraftwerke betrieben.

Die bei der Hausabfallverbrennung üblichen hohen Rohgaskonzentrationen erfordern eine besonders wirksame → Abgasreinigung. Trotz einer Zunahme der verbrannten Abfallmenge in den letzten Jahren wurden die Emissionen aus A. deutlich vermindert. Zur Abscheidung saurer Abgasbestandteile (HCl, HF, SO_2) sind in ca. 50% der Anlagen Naßwäscher im Einsatz. Das Abwasser wird in vielen Fällen in das heiße → Abgas eingesprüht und verdampft (Sprühtrocknung); die anfallenden Salze werden in einem Gewebefilter oder Elektrofilter abgeschieden (Bild 1). Die übrigen Anlagen sind mit Trockenverfahren oder Quasitrockenverfahren zur Abscheidung saurer Abgasbestandteile ausgerüstet.

In der am 1. Dezember 1990 in Kraft getretenen Verordnung für die Verbrennung von Abfällen und ähnlichen brennbaren Stoffen (→ 17. BImSchV) wurden die bisher geltenden → Emissionsgrenzwerte wesentlich verschärft (Tabelle). Die Nachrüstung von Altanlagen muß spätestens 1996 abgeschlossen sein. Durch Festlegung eines NO_x-Grenzwertes von 200 mg/m³ (Tagesmittelwert) wird in der Regel eine Nachrüstung von Maßnahmen zur NO_x-Minderung bei MVA notwendig werden. Mehrere Anlagen sind mit → SCR-Verfahren oder SNR-Verfahren zur Reduktion von Stickstoffoxiden nachgerüstet worden. Bei relativ geringen NO_x-Konzentrationen im Rohgas wird häufig aus Kostengründen das SNR-Verfahren gewählt.

In die 17. BImSchV wurde darüber hinaus erstmals ein Emissionsgrenzwert für → Dioxine von 0,1 ng TE (toxische Äquivalente) pro m^3 Abgas aufgenommen. Auch A. mit fortschrittlicher Feuerungs- und Abgasreinigungstechnik, deren Dioxinemissionen im Mittel bei ca. 1 ng TE/m^3 liegen, müssen zur Einhaltung dieses anspruchsvollen Grenzwertes mit Dioxin-Minderungstechniken nachgerüstet werden. Hierfür kommen insbesondere Verfahren auf Aktivkoksbasis (z. B. Aktivkoks- oder Herdofenkoks-Festbettadsorber, das Flugstromverfahren unter Zugabe eines Aktivkoks- bzw. Herdofenkoks/Kalksteingemisches) oder die katalytische Oxidation an Titandioxid-Katalysatoren in Frage. Verfahren auf Aktivkoksbasis sind in großtechnischen Anlagen in Betrieb genommen worden. Sie haben den Vorteil, gleichzeitig Quecksilber abzuscheiden, das insbesondere bei der Hausabfallverbrennung wegen seines hohen Dampfdrucks zu den problematischen Abgasbestandteilen gehört. Die Reststoffe sind zu behandeln. Die katalytische Oxidation arbeitet demgegenüber rückstandsfrei.

Sonderabfälle, hierunter sind besonders überwachungsbedürftige Abfälle wie Farben, Lacke, gebrauchte Lösemittel zu verstehen, werden sowohl in öffentlich zugänglichen als auch in betriebseigenen (vorwiegend in der chemischen Industrie eingesetzten) Sonderabfallverbrennungsanlagen (SAVA) verbrannt.

Für die Verbrennung von Sonderabfällen eignen sich grundsätzlich Drehrohröfen, Wirbelschichtöfen und Muffelöfen. Wegen ihrer großen Flexibilität hinsichtlich Abfallarten (es können feste, pastöse und flüssige Abfälle verbrannt werden) und Abfalldurchsatz werden überwiegend Drehrohröfen betrieben. Die Rotation des Drehrohres bewirkt eine gute Durchmischung des Verbrennungsgutes und damit einen guten Ausbrand der Einsatzstoffe. Die Temperaturen im Drehrohr liegen um 900 °C bei Verweilzeiten der Verbrennungsgase bis zu 4 Sekunden und der Feststoffe von 30 bis 60 Minuten. Drehrohröfen werden mit nachgeschalteten Nachbrennkammern betrieben, in denen die Abgase bei Temperaturen von über 1 200 °C und Verweilzeiten von 2 bis 4 Sekunden ausgebrannt werden.

SAVA müssen wie MVA die emissionsbegrenzenden Anforderungen der 17. BImSchV bis spätestens 1996 erfüllen. Einige Anlagen sind bereits mit Abgasreinigungseinrichtungen zur Dioxin- und Quecksilberabscheidung ausgerüstet. Für die überwiegend bei SAVA eingesetzten Naßwäscher zur Abscheidung saurer Abgasbestandteile wird in der Regel eine Ertüchtigung vorzusehen sein.

Klärschlamm wird vor allem in → Wirbelschichtfeuerungen oder Etagenöfen oder auch in Kombinationen aus beiden verbrannt. Die Feuerungssysteme ermöglichen einen guten Ausbrand der Einsatzstoffe. In Etagenöfen kann auch feuchter oder pastöser Klärschlamm ohne aufwendige Vorbehandlung verbrannt werden. Als weitere Entsorgungsmöglichkeit bietet sich die Verbrennung in Schmelzkammerfeuerungen an, weil hier besonders günstige Verbrennungsbedingungen vorliegen; in solchen Fällen der Mitverbrennung von Abfällen in primär anderen Zwecken dienenden Feuerungs- oder sonstigen Anlagen sind die besonderen Emissionsgrenzwert-Vorschriften der 17. BImSchV zu beachten (s. u.). Möglich ist auch die Verbrennung in einem Schmelzzyklon bei Temperaturen um 1 400 °C (sog. *Cormin*-Verfahren).

Krankenhausspezifische Abfälle (Klinikabfälle) wurden überwiegend in krankenhauseigenen kleineren A. (in vielen Fällen Muffelöfen) verbrannt. Der Anlagenbestand ist rückläufig, weil wegen der verschärften Anforderungen der 17. BImSchV zur Emissionsbegrenzung der Aufwand für eine Nachrüstung der Anlagen in der Regel zu groß ist. Zunehmend erfolgt eine Verbrennung in zentralen Großanlagen, z. B. in SAVA oder MVA mit separaten Verbrennungseinheiten für Klinikabfall. Möglich ist auch der direkte Einsatz in MVA bei vorheriger Sterilisation des Abfalls.

Altreifen werden unzerkleinert in Rostfeuerungen bei hohen Temperaturen verbrannt. Der Durchsatz der Anlagen liegt zumeist zwischen 0,5 und 2 t/h. Bei den Emissionen sind insbesondere SO_2 und Zinkoxid von Bedeutung. Abgeschiedenes Zinkoxid ist ein Wertstoff und kann verwertet werden.

Bei der Feststellung, ob die Emissionsgrenzwerte der 17. BImSchV (Tabelle) eingehalten werden, sind die verschiedenen für die Verbrennung von Abfällen in Frage kommenden genehmigungsbedürftigen Anlagearten nach dem Anhang zur → 4. BImSchV sowie die auf die Feuerungswärmeleistung der Anlage bezogenen Abfallanteile am gesamten Brennstoffeinsatz von entscheidender Bedeutung:

– Für reine A., ohne Rücksicht darauf, ob sie für die Verbrennung von Siedlungs- oder Sonderabfall dienen, gelten die Emissionsgrenzwerte der 17. BImSchV uneingeschränkt.

– Für Kraftwerke, Heizkraftwerke, Heizwerke und bestimmte Feuerungsanlagen für den Einsatz nicht konventioneller fester und/oder flüssiger Brennstoffe (Nrn. 1.1 bis 1.3 des Anhangs zur 4. BImSchV), in denen Abfälle mitverbrannt werden, gelten die Emissionsgrenzwerte der 17. BImSchV nur dann uneingeschränkt, wenn der Anteil der Abfälle an der Feuerungswärmeleistung der Anlage mehr als 25% beträgt; bis zu einem Anteil von 25% gelten die Emissionsgrenzwerte der Verordnung nur für den Teil des Abgasstroms, der aus der Verbrennung des Abfalls stammt, während für den Abgasstrom des Brennstoffs die entsprechenden Grenzwerte der → TA Luft bzw. der → 13. BImSchV gelten. Dies bedeutet, daß für den im speziellen Fall einzuhaltenden Emissionsgrenzwert ein nach den Abgasanteilen gewichteter Mischwert aus den jeweiligen Grenzwerten zu bilden ist.

– Für andere Anlagen als die vorgenannten Feuerungsanlagen, also etwa für Hochöfen und Zementwerke, sowie für die Schadstoffe CO, Schwermetalle und Dioxine gilt die beschriebene Emissions-Mischwert-Regelung bei der Zufeuerung von Abfällen in jedem Falle, also auch dann, wenn der Abfallanteil größer als 25% ist.

Reststoffe aus A., es handelt sich im wesentlichen um Schlacken, schwermetall- und dioxinhaltige Filterstäube sowie Reaktionsprodukte und ggf. Abwasser aus der Abgasreinigung, sind mit Ausnahme der Schlacken aus MVA in der Regel nicht verwertbar. Durch Vermeidung von Reststoffgemischen und geeignete Reststoffbehandlungsverfahren können die festen Reststoffe in eine verwertbare oder zumindest (oberirdisch) ablagerungsfähige Form überführt werden. Salze und Abwasser können bei Naßverfahren durch die Erzeugung von Gips und Salzsäure gänzlich vermieden werden. *Bade*

Literatur: Der Rat von Sachverständigen für Umweltfragen Abfallwirtschaft, Sondergutachten 1990. – *Thome-Kozmiensky, K. J.*: Müllverbrennung und Rauchgasreinigung. Berlin 1983. – *Thome-Kozmiensky, K. J.*: Müllverbrennung und Umwelt 5. Berlin 1991. – VDI 2114: Emissionsminderung; Thermische Abfallbehandlung; Verbrennung von Hausmüll und hausmüllähnlichen Abfällen. 6/1992 – VDI 3460: Emissionsminderung; Thermische Abfallbehandlung; Verbrennung von Sonderabfällen. Berlin 12/1991.

Emissionsüberwachung. Die → 17. BImSchV enthält im 3. Teil ein Programm zur Messung und Überwachung, das die Betreiber allgemein verpflichtet, die Einhaltung der Anforderungen zur Emissionsbegrenzung meßtechnisch nachzuweisen. Dabei wird auch die Überwachung der Feuerungsbedingungen und anderer wichtiger Betriebskenngrößen als Betreiberpflicht herausgestellt.

Das Meßprogramm zur kontinuierlichen Überwachung ist sehr umfangreich (Bild 2). Kontinuierlich zu messen sind alle mengenmäßig bedeutsamen Schadstoffe: → Kohlenmonoxid, Staub, → organische Verbindungen (gemessen als Gesamtkohlenstoffgehalt), gasförmige anorganische Chlor- und Fluorverbindungen sowie Schwefel- und Stickstoffoxide, ferner die zur Beurteilung des ordnungsgemäßen Betriebs und zur Normierung der Emissionsmessungen erforderlichen Betriebs- und Bezugsgrößen (Temperatur in der letzten Verbrennungsstufe; Abgas-Temperatur, -Sauerstoffgehalt, -Volumenstrom, -Feuchtegehalt und -Druck). Die Meßwerte sind zu registrieren und parallel dazu mit einem eignungsgeprüften Meßwertrechner vor Ort auszuwerten.

Zu den obligatorischen Pflichten gehört auch die in festgelegten Zeitabständen zu wiederholende Einzelmessung (Stichprobenmessung) von → Schwermetallen sowie von → Dioxinen und → Furanen (polychlorierte Dibenzodioxine und -furane) und die Überprüfung der für diese Schadstoffe festgelegten → Emissionsgrenzwerte.

Besondere Schwierigkeiten ergeben sich bei der → Emissionsüberwachung von Anlagen, in denen Abfälle nur anteilig mitverbrannt werden und die Grenzwerte der 17. BImSchV auf den zugehörigen Teil des Abgasstroms anzuwenden sind. Diese Mischwertregelung bedeutet nämlich, daß, bezogen auf den gesamten Abgasstrom der Anlage, wesentlich niedrigere

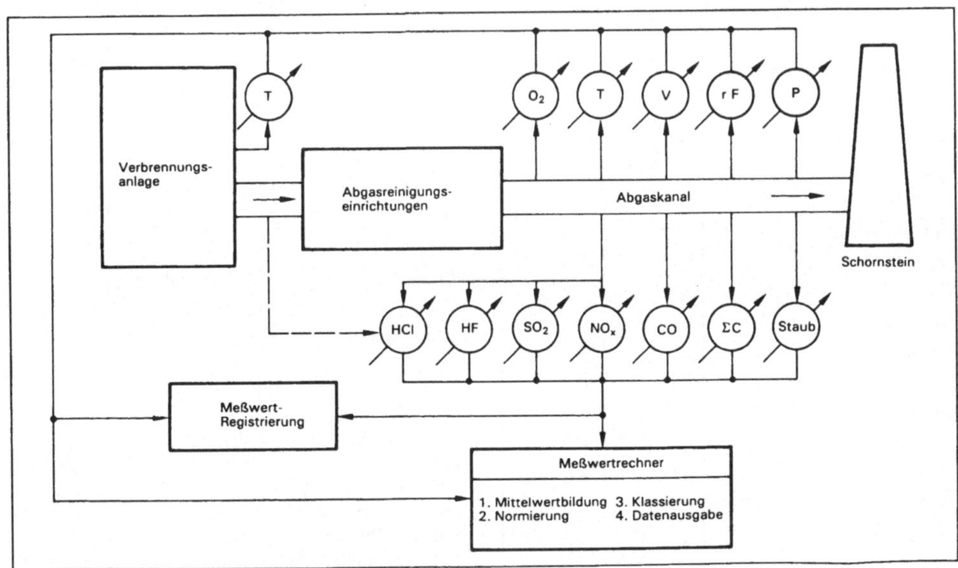

Abfallverbrennungsanlage 2: Kontinuierliche Emissionsüberwachung.

Grenzwerte eingehalten und meßtechnisch überprüft werden müssen. *Stahl*

Literatur: Messung und Überwachung der Emissionen bei Abfallverbrennungsanlagen. In: Die neue TA Luft. Hrsg. D. Jost. Teil 8 Kapitel 19.2. Kissing 1991.

Abgas ⟨*waste gas, flue-gas*⟩. A. kann insbesondere aus → Feuerungsanlagen, Produktionsanlagen sowie Kraftfahrzeugen, aber auch aus belasteten Böden oder Deponien austreten. In Luftreinhaltevorschriften (z. B. → TA Luft, → 13. BImSchV) sind A. als Trägergase mit festen, flüssigen oder gasförmigen Emissionen definiert.

Wesentliche Bestandteile von A. aus der Verbrennung fossiler Brennstoffe sind Stickstoff, Sauerstoff, Kohlendioxid, Wasserdampf und – je nach eingesetztem Brennstoff bzw. Feuerungssystem – Staub, Kohlenmonoxid, Schwefeldioxid, Stickstoffoxide (NO_x), Halogenverbindungen (HCl, HF) und flüchtige organische Verbindungen (→ VOC). A. aus Verbrennungsprozessen wurden früher in der Regel (und z. T. heute noch) als Rauchgase bezeichnet. Auch ist für A. aus Anlagen, in denen keine Verbrennung stattfindet, noch die Bezeichnung Abluft gebräuchlich. *M. Lange*

Abgas von Kfz-Verbrennungsmotoren ⟨*exhaust gas of motor vehicles*⟩. Es enthält eine große Anzahl an verschiedenen Komponenten aus mehreren Quellen, und zwar aus
- der angesaugten Umgebungsluft,
- dem eingesetzten Kraftstoff,
- vollständiger Verbrennung,
- unvollständiger Verbrennung und
- aus dem Motoröl.

Hinzu kommen Bestandteile, die aus Motor-Abrieb und -Verschleiß resultieren.

Abgas von Kfz-Verbrennungsmotoren. Tabelle 1: Typische A.-Zusammensetzung eines Otto-Motors.

Komponente		kg/l Kraftstoff	Vol.-%
Kohlendioxid	CO_2	2,019	10,9
Wasserdampf	H_2O	0,99	13,1
Sauerstoff	O_2	0,13	1,0
Stickstoff	N_2	8,586	72,8
Wasserstoff	H_2	$4{,}2 \cdot 10^{-3}$	0,5
Kohlenmonoxid	CO	0,167	1,4
Kohlenwasserstoffe	HC	$1{,}5 \cdot 10^{-2}$	0,27
Stickoxide	NO_x	$1{,}3 \cdot 10^{-2}$	0,1
Schwefeldioxid	SO_2	$2{,}4 \cdot 10^{-4}$	$9{,}0 \cdot 10^{-4}$
Sulfate	SO_4	$1{,}7 \cdot 10^{-5}$	$4{,}0 \cdot 10^{-5}$
Aldehyde	RCHO	$2{,}5 \cdot 10^{-4}$	$2{,}0 \cdot 10^{-3}$
Ammoniak	NH_3	$1{,}1 \cdot 10^{-5}$	$1{,}5 \cdot 10^{-4}$
Bleiverbindungen		$7{,}5 \cdot 10^{-5}$	–

Neben Sauerstoff und Stickstoff findet man eine Vielzahl luftfremder Stoffe, wobei es einen Unterschied in der Abgaszusammensetzung zwischen Otto- und Dieselmotor gibt.

Das A. von Ottomotoren (Tabelle 1) besteht
- zu über 98 Gew.-% aus Kohlendioxid, Wasser, Sauerstoff und Stickstoff,
- zu 1,64 Gew.-% aus den rechtlich limitierten Abgasbestandteilen Kohlenmonoxid, Kohlenwasserstoffe (unverbrannte und gekrackte Kraftstoffkomponenten sowie daraus neu entstandene Verbindungen) und Stickoxide, die als Folge einer unvollständigen Verbrennung entstehen, und
- dem mengenmäßig sehr kleinen Rest von weniger als 0,05 Gew.-% an nicht limitierten Abgaskomponenten wie Wasserstoff, Schwefelverbindungen (Oxidationsprodukte des im Kraftstoff enthaltenen Schwefels), Aldehyde (teiloxidierte Kohlenwasserstoffe) und Ammoniak (Reduktionsprodukt der Stickoxide). Die Konzentrationen (Gew.-%) sind um bis zu fünf Zehnerpotenzen geringer als die der limitierten Substanzen. Es handelt sich hier also um Spurenkomponenten. Bei der Verwendung von verbleiten Kraftstoffen entstehen neben den oben angeführten Bestandteilen noch Bleiverbindungen, wobei insbesondere Bleihalogenide zu nennen sind.

Abgas von Kfz-Verbrennungsmotoren. Tabelle 2: Typische A.-Zusammensetzung eines Diesel-Motors.

Komponente		kg/l Kraftstoff	Vol.-%
Kohlendioxid	CO_2	2,612	4,6
Wasserdampf	H_2O	0,971	4,2
Sauerstoff	O_2	5,554	13,5
Stickstoff	N_2	27,838	77,6
Wasserstoff	H_2	$7{,}0 \cdot 10^{-4}$	$3{,}0 \cdot 10^{-2}$
Kohlenmonoxid	CO	$1{,}1 \cdot 10^{-2}$	$3{,}0 \cdot 10^{-2}$
Kohlenwasserstoffe	HC	$2{,}5 \cdot 10^{-3}$	$1{,}4 \cdot 10^{-2}$
Stickoxide	NO_x	$1{,}1 \cdot 10^{-2}$	$3{,}0 \cdot 10^{-2}$
Schwefeldioxid	SO_2	$3{,}7 \cdot 10^{-3}$	$5{,}0 \cdot 10^{-3}$
Sulfate	SO_4	$6{,}0 \cdot 10^{-5}$	$5{,}0 \cdot 10^{-5}$
Aldehyde	RCHO	$5{,}2 \cdot 10^{-4}$	$1{,}4 \cdot 10^{-3}$
Ammoniak	NH_3	$2{,}0 \cdot 10^{-5}$	$9{,}0 \cdot 10^{-5}$
Partikel		$2{,}1 \cdot 10^{-3}$	–

Mit Ausnahme der Bleiverbindungen findet man alle anderen Komponenten auch im A. von Dieselmotoren (Tabelle 2). Da diese Selbstzündungsmotoren mit einem Luftüberschuß betrieben werden, findet man die Schadstoffbestandteile in niedrigeren Konzentrationen. Auf Grund des höheren Schwefelgehalts im Dieselkraftstoff werden jedoch verstärkt Schwefelverbindungen emittiert. Zusätzlich zu den Komponenten des Ottomotor-A. findet man im Dieselmotor-A. Partikel. *Kind/May*

Abgasanalyse bei Kraftfahrzeugen *⟨exhaust gas analysis for motor vehicles⟩.* Zur Konzentrationsmessung der rechtlich limitierten Schadstoffkomponenten → Kohlenwasserstoff, → Kohlenmonoxid und Stickoxid sind folgende Gasanalysatoren vorgeschrieben:

- HFID: Heißer Flammenionisations Detektor zur Bestimmung der Kohlenwasserstoff-Konzentration (HC),
- NDIRA: Nichtdispersiver Infrarot Analysator zur Bestimmung der Kohlenmonoxid- und Kohlendioxid-Konzentrationen (CO/CO_2),
- CLD: Chemolumineszens Detektor zur Bestimmung der Stickoxid-Konzentration (NO_x).

Meßgeräte, die nach einem anderen Prinzip als die angeführten Gasanalysatoren arbeiten, sind dann zulässig, wenn nachgewiesen werden kann, daß sie mindestens gleichwertige Ergebnisse erzielen. Im Gegensatz zu den limitierten Abgaskomponenten gibt es bei den nicht limitierten Komponenten keine rechtlich vorgeschriebenen Analyseverfahren. *Kind/May*

Abgasentschwefelung *⟨fuel gas desulfurization, FGD⟩.* Durch A. werden die Schwefeloxidemissionen bei Kraftwerken und in der Industrie erheblich verringert. Anlagen zur A. sind insbesondere bei Kraftwerken, → Industriefeuerungen, bei → Abfallverbrennungsanlagen, in der Stahl-, Eisen- und NE-Metallindustrie, bei Zellstoffwerken, in der keramischen und chemischen Industrie weltweit in Betrieb.

Die Entwicklung der modernen A. begann in den sechziger Jahren. Entscheidende Impulse kamen mit der Forderung, den SO_2-Ausstoß bei → Großfeuerungsanlagen erheblich zu verringern. Seit Beginn der siebziger Jahre wird die A. in Japan und seit Mitte der siebziger Jahre in den USA vorwiegend bei Kohlekraftwerken kommerziell angewandt. Die Bundesrepublik Deutschland ist der dritte Staat, in dem die A. in die Betriebspraxis eingeführt wurde. Die erste kommerzielle A. für eine Großfeuerungsanlage ging im Jahr 1977 beim Kraftwerk Wilhelmshaven in Betrieb. Heute hat die Bundesrepublik Deutschland eine führende Rolle auf dem Gebiet der A.. Dies gilt sowohl für die ausgereifte Technik (z. B. Wirkungsgrad, Verfügbarkeit, verwertbare Reststoffe) als auch für die Breite der Anwendung. So haben die Energieversorgungsunternehmen in den alten Bundesländern bis Mitte 1988 eine elektrische Kraftwerksleistung von rund 38 000 MW, entsprechend den Anforderungen der Großfeuerungsanlagen-Verordnung, fristgemäß mit Anlagen zur A. nachgerüstet. Im Bereich der kommunalen und industriellen Kraftwirtschaft wurden inzwischen weitere Anlagen mit einer Kapazität von etwa über 4 000 MW (elektr. Leistung) errichtet. In den neuen Ländern soll die erforderliche Nachrüstung mit A. bei Kraftwerken bis Mitte 1996 abgeschlossen sein.

Zur A. gibt es trockene, halbtrockene und nasse Verfahren. Die Verfahren lassen sich unterscheiden in regenerative und nichtregenerative Prozesse (Bild). Bei den Regenerativ-Verfahren wird das beladene Sorptionsmittel aufgearbeitet und das zurückgewonnene Sorbens wieder zur SO_2-Abscheidung eingesetzt. Bei den nichtregenerativen Verfahren werden die Reaktionsprodukte aus Sorptionsmittel und Schadstoffen ausgetragen, d. h. das Sorptionsmittel wird verbraucht und muß ständig wieder zugeführt werden. Von den über 200 Verfahren, die zur A. erprobt wurden, haben die Kalk-/Kalkstein-

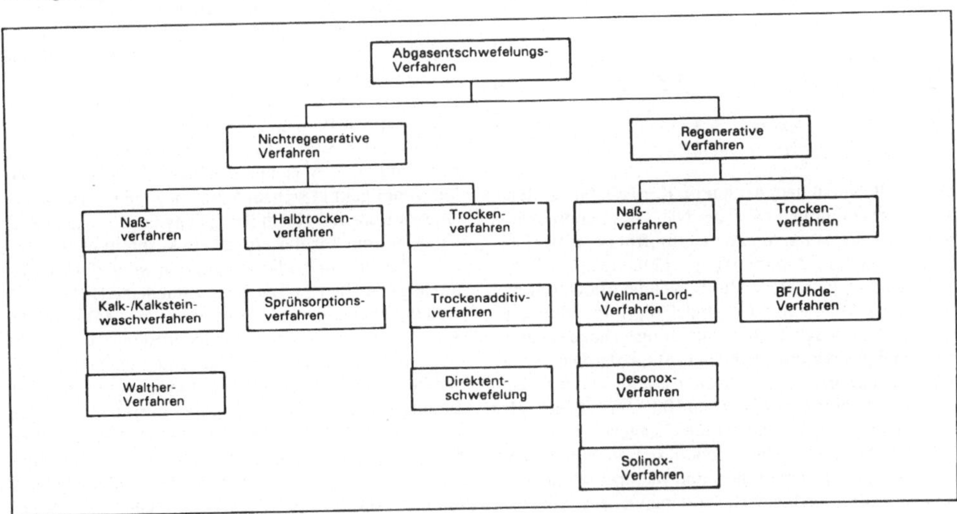

Abgasentschwefelung: Klassifikation von Verfahren zur A.

waschverfahren mit etwa 90% den weitaus größten Marktanteil bei den Betriebsanlagen. Die Vielfalt der Verfahren bietet jedoch die Möglichkeit, eine für die Produktion besonders geeignete A. auszuwählen. So erfolgt bei der Zellstoffherstellung die A. bei der Verbrennung der verbrauchten Kochsäure nach einem Waschverfahren auf Magnesiumbasis. Die beladene Waschflüssigkeit der A. (Magnesiumsulfit) kann dann wieder zum Zellstoffaufschluß verwendet werden.

Mit der A. lassen sich SO_2-Abscheidegrade von über 95% erzielen. Sie ist die wirkungsvollste Maßnahme zur Verminderung der SO_2-Emission bei Kohle- und Heizöl-S-Feuerungen. Mit den Abgasreinigungsverfahren werden zusätzlich Halogenverbindungen wie → Chlor- und → Fluorwasserstoff abgeschieden. Mit den meisten Verfahren werden die Halogene noch wirksamer abgeschieden als die Schwefeloxide. *Haug*

Literatur: *Davids, P.; M. Lange*: Die Großfeuerungsanlagen-Verordnung – Technischer Kommentar. Düsseldorf 1984. – *Davids, P.; M. Lange*: TA-Luft '86 – Technischer Kommentar. Düsseldorf 1986. – *Lange, M. et al.*: Luftreinhaltung bei Kraftwerks- und Industriefeuerungen. BWK **45** (1993) Nr. 4. – Daten zur Umwelt 1992/93. Berlin 1994.

Abgasfahnenüberhöhung ⟨*plume rise*⟩. Höhe, die eine Abgasfahnenachse in ebenem Gelände über der Schornsteinmündung erreicht, nachdem Austrittsimpuls (das Produkt von Abgasvolumenstrom und Austrittsgeschwindigkeit der Abgase) und thermischer Auftrieb der Abgase nicht mehr zu einem weiteren Aufstieg führen (Bild). Eine Rauchgasfahne läßt sich als Heißluftballon ohne Hülle vorstellen. Anstatt im Korb ein Feuer brennen zu lassen, brennt es in der Nähe des Schornsteinfußes, und die aufsteigende Heißluftblase entweicht durch die Schornsteinmündung. Hätte diese Heißluftblase eine gewichtslose Hülle, welche die Durchmischung der Abgase mit der Umgebungsluft verhindert, so würde der imaginäre Heißluftballon so hoch steigen, bis die Dichte der umgebenden Luft mit der Dichte der aufsteigenden heißen Gase übereinstimmt. Das wäre bei einer Temperatur der Abgase von 100 °C erst in mehr als 2 km Höhe der Fall. Da aber die Rauchgase nicht von einer Hülle umgeben sind, sondern sich ständig mit der Umgebungsluft vermischen und dadurch abkühlen, stellt sich der Gleichgewichtszustand viel eher ein. Die Vermischung der Abgase mit der Umgebungsluft nimmt um so mehr Zeit in Anspruch, je mächtiger der Abgasvolumenstrom ist. Deshalb steigen die Rauchgase aus Kraftwerksschornsteinen mit ihrem großen Abgasvolumenstrom auch viel höher in die Atmosphäre empor als z. B. die Rauchgase aus Hausschornsteinen. Der Unterschied kann bei niedrigen Windgeschwindigkeiten mehrere 100 m betragen.

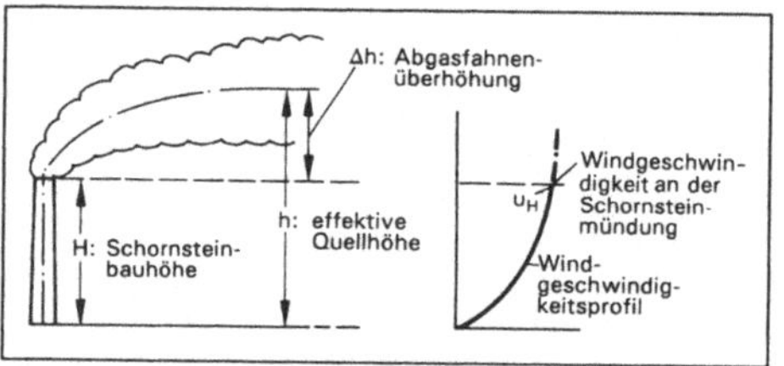

Abgasfahnenüberhöhung: Schematische Darstellung der A. und der effektiven Quellhöhe.

Von den meteorologischen Parametern übt die Windgeschwindigkeit auf den Anstieg von Abgasfahnen den größten Einfluß aus. Bei neutraler und labiler Temperaturschichtung der Atmosphäre ist die A. Δh dem Kehrwert der Windgeschwindigkeit u_H (in Höhe der Schornsteinmündung) proportional:

$$\Delta h \sim 1/u_H$$

mit

Δh: Abgasfahnenüberhöhung, u_H: Windgeschwindigkeit in der Höhe der Schornsteinmündung

Neben der Windgeschwindigkeit spielt die Temperaturschichtung der Atmosphäre eine große Rolle. → Inversionen, die mit ihrer Untergrenze in einigem Abstand oberhalb der Schornsteinmündung beginnen, stoppen in der Regel den weiteren Anstieg einer Abgasfahne.

Die A. wird mit → Lidar (optischer Laserradar), durch photographische Aufnahmen vom Flugzeug aus oder mit anderen Methoden gemessen. Mit Lidarmessungen wird dabei auch der für das Auge nicht sichtbare Teil einer Rauchfahne erfaßt. Auf der Basis dieser Messungen wurden empirische sowie halbempirische Gleichungen zur Berechnung der A. entwickelt. Neben den Überhöhungsgleichungen werden neuerdings sog. numerische Entrainment-Modelle verwendet, für die das Wind- und Temperaturprofil aus dem Höhenbereich vorliegen muß, in dem sich die Abgasfahne ausbreitet. Mit den meisten Überhöhungsgleichungen läßt sich nur der Endwert der A. prognostizieren. Einige Verfahren liefern jedoch auch den Anstieg der Abgasfahne im Nahbereich der Emittenten. Ihre maximale Höhe erreicht eine Abgasfahne in einer Quellentfernung, die je nach ihrem Wärmeinhalt und Austrittsimpuls zwischen einigen 10 m und mehr als 1 – 2 km liegt.

Eines der wirklichkeitsnächsten Verfahren zur Berechnung der A. ist in der → TA Luft angegeben. Das Verfahren geht in seinem Kern auf *Briggs* zurück, der eine Vielzahl von Überhöhungsmessungen ausgewertet hat. Getrennt für die einzelnen Ausbreitungsklassen bzw. Ausbreitungsklassengruppen sind dort Überhöhungsgleichungen angegeben, mit deren Hilfe sich in Abhängigkeit von der Wärmeemission in MW und der Windgeschwindigkeit an der Schornsteinmündung die A. in Abhängigkeit von der Quellentfernung ergibt. Die größte Überhöhung ergibt sich unter sonst gleichen Bedingungen bei labiler Temperaturschichtung der Atmosphäre, die niedrigste bei stabiler. Mit den Überhöhungsgleichungen der TA Luft lassen sich nur Mittelwerte prognostizieren, wie sie innerhalb einer Ausbreitungsklasse zu erwarten sind. In einer bestimmten Wettersituation kann die tatsächliche A. beträchtlich von der mittleren abweichen. Die Ursache hierfür liegt darin, daß innerhalb einer Ausbreitungsklasse das vertikale Wind- und Temperaturprofil mit der Höhe variieren kann, bedingt u. a. durch den Tages- und Jahresgang der Höhe der Mischungsschicht, deren Obergrenze ja meist durch eine Inversion oder stabile Luftschicht gebildet wird.

Um die in der TA Luft angegebenen Überhöhungsgleichungen anwenden zu können, müssen folgende Voraussetzungen erfüllt sein:
- Die Abgase müssen senkrecht aus einem Schornstein nach oben emittiert werden.
- Der Einfluß von höheren Objekten und Geländeunebenheiten auf das Anstiegsverhalten der Abgasfahne muß vernachlässigbar sein.
- Die Windgeschwindigkeiten in der Höhe der Schornsteinmündung muß wenigstens 1 m/s betragen (→ Quellhöhe, effektive). *Giebel*

Literatur: *Briggs, G. A.*: Some Recent Analyses of Plume Risc Observation. Proceedings of the Sec. Intern. Clean Air Congress, Washington 1970. – *Giebel, J.*: Welche Abgasfahnen-Überhöhungsgleichung erreicht die größte Wirklichkeitsnähe? Staub Reinhaltung der Luft, **43** (1983), Nr. 10. – *Schatzmann, M.*: An integral model of plume rise. Atmospheric Environment **13** (1979), S. 721/731. – VDI-Richtlinie 3782, Blatt 3: Berechnung der Abgasfahnenüberhöhung. 6/1985.

Abgaskomponente, nichtlimitierte *⟨exhaust gas compounds, unlimited⟩*. Sammelbegriff für Kfz-Abgasbestandteile, die keiner rechtlichen Limitierung unterliegen. Die Forderung nach der Bestimmung solcher n. A. stammt aus den USA und ist im Clean Air Act verankert (unregulated emissions). Danach müssen die Fahrzeughersteller gemäß dem Verursacherprinzip nachweisen, daß der Betrieb der Fahrzeuge kein unvertretbar hohes Risiko für die Gesundheit darstellt. Die außerordentlich große Zahl der im Automobilabgas enthaltenen Substanzen macht die komplette Erfassung aller Abgasbestandteile unmöglich. Zu den wichtigsten Stoffgruppen gehören: → polycyclische aromatische Kohlenwasserstoffe (PAH), Aldehyde und Ketone, flüchtige spezifische Kohlenwasserstoffe (→ VOC = volatile organic compounds), → Ammoniak, spezielle Stickoxide wie Lachgas, Schwefelverbindungen, Amine, Nitrosamine, Cyanide, Phenole, Metalle und Metallverbindungen. *Hüttenberger/May*

Abgasprüfverfahren (Kfz) *⟨waste gas test method for vehicles⟩*. Es dient im Kraftfahrzeugbereich dazu, bei der Typprüfung, der Serienprüfung und der Überprüfung der im Verkehr befindlichen Fahrzeuge festzustellen, ob die festgelegten Emissionsbegrenzungen eingehalten werden (→ Kfz-Abgas-Grenzwert). Die anzuwendenden Meß- und Prüfverfahren sind in Anlagen der Straßenverkehrs-Zulassungs-Ordnung (StVZO) ausführlich dargestellt. Die Vorschriften der StVZO über A. basieren hauptsächlich auf technischen Regelungen der ECE (Economic Commission for Europe; Wirtschaftskommission der Vereinten Nationen für Europa), die von den Ländern der Europäischen Union als EG-Richtlinien angenommen und anschließend in nationales Recht übernommen wurden. Teilweise hat auch die strengere Abgasgesetzgebung in den USA Pate gestanden.

Die im Rahmen der Typprüfung verlangte Abgasprüfung wird von einer staatlich anerkannten Abgasprüfstelle an einem Prototyp der geplanten Fahrzeug-Serie vorgenommen. Dabei wird auf einem Fahrleistungsprüfstand (Rollenprüfstand) die Gesamtemission an limitierten Schadstoffen während eines vorgeschriebenen Fahrzyklus ermittelt. Der in Deutschland anzuwendende Europa-Zyklus simuliert eine durchschnittliche Fahrt im Innenstadtbereich von Großstädten. Er ist 1992 erweitert worden, um Fahrten auf Landstraßen und Autobahnen stärker zu berücksichtigen. Das im Zyklus anfallende Abgas wird nach der zuerst in den USA eingeführten CVS-Methode erfaßt, mit Frischluft verdünnt und gekühlt und dann analysiert. Bei Fahrzeugen mit Otto-Motor werden → Kohlenmonoxid (CO), die Summe der → Kohlenwasserstoffe (HC) und Stickstoffoxide (NO_x) gemessen. Dabei werden Standardverfahren der kontinuierlichen → Emissionsüberwachung angewandt: für CO das NDIR-Verfahren, für HC der → Flammen-Ionisations-Detektor und für NO_x das → Chemilumineszenz-Meßverfahren. Bei Fahrzeugen mit Diesel-Motor wird außerdem der Rußgehalt über die → Abgastrübung oder quantitativ mit Hilfe der Gravimetrie gemessen. Aus der mittleren Konzentration und der Abgasmenge wird dann die im gesamten Test entstandene Emission bestimmt.

Die Serienprüfung, die von der Automobilindustrie durchgeführt wird, dient dem Nachweis, daß die in Serie gefertigten Fahrzeuge annähernd die gleichen Anforderungen erfüllen wie der zur Typprüfung vorgestellte Prototyp. Zu diesem Zweck werden aus der laufenden Serie stichprobenartig einzelne Fahrzeuge ausgewählt, die dann das gleiche A. durchlaufen, das bei der Typprüfung anzuwenden ist.

Zur Überprüfung der im Verkehr befindlichen Fahrzeuge gab es lange Zeit nur für Personenkraftwagen mit Otto-Motor den Leerlauf-CO-Test im Rahmen der regelmäßigen Untersuchung nach § 29 StVZO, der sog. TÜV-Prüfung. Dieser Test wurde 1985 durch die Abgassonderuntersuchung (ASU), diese 1992 durch die → Abgasuntersuchung (AU) ersetzt. *Stahl*

Literatur: Straßenverkehrs-Zulassungs-Ordnung; Anlagen zu § 47. – Analyse der in Europa und in den USA gesetzlich vorgeschriebenen Prüfmethoden und Meßverfahren für Automobilabgase. Forschungsbericht der Volkswagenwerk AG. Wolfsburg 1977.

Abgasreinigung, biologische *⟨waste-gas cleaning, biological/flue-gas cleaning, biological⟩*. Bei der b. A. werden → Luftverunreinigungen in die wäßrige Phase überführt und durch Mikroorganismen abgebaut. Bei diesem auch in der Natur vorkommenden Abbauprozeß entstehen als Endprodukte H_2O und CO_2.

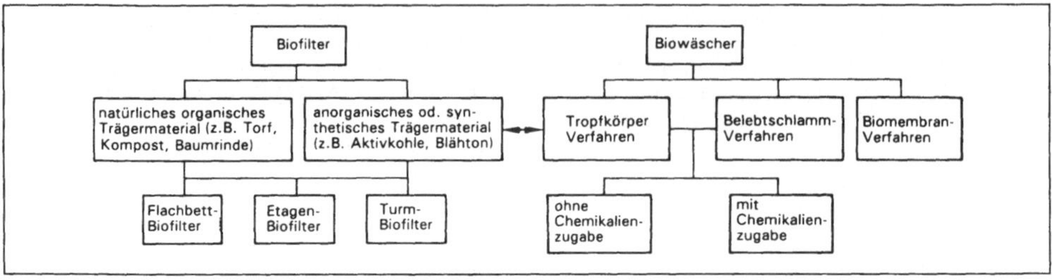

Abgasreinigung, biologische: Übersicht über Verfahren zur b. A.

Der Wirkungsgrad der Reinigung bei der b. A. wird von der biologischen Aktivität bestimmt. Dazu sind die biologischen Milieufaktoren wie Temperatur, Nährstoffangebot, Feuchtigkeit, Sauerstoffkonzentration, pH-Wert optimiert einzustellen. Die abzuscheidenden Stoffe müssen wasserlöslich und biologisch abbaubar sein und dürfen in der vorliegenden Konzentration keine die biologischen Abläufe störende Wirkung haben.

In Abhängigkeit vom Trägermaterial für die Mikroorganismen wird zwischen → Biofiltern und → Biowäschern unterschieden (Bild). *W. Koch*

Abgasreinigung, katalytische *⟨waste gas cleaning, catalytic/flue-gas cleaning, catalytic⟩.* Die k. A. beschleunigt die Umsetzung von gasförmigen → Luftverunreinigungen an der Oberfläche eines festen Katalysators, ggf. unter Zusatz anderer Reaktionspartner, zu unschädlichen oder weniger schädlichen Substanzen. Die chemischen Reaktionen am Katalysator sind Oxidations- bzw. Reduktionsreaktionen, die mit physikalischen Transportvorgängen gekoppelt sind. Die Wirkung des Katalysators besteht darin, daß die erforderlichen Reaktionstemperaturen für eine Umsetzung herabgesetzt werden. Katalysatoren erhöhen die Reaktionsgeschwindigkeit; sie haben jedoch keinen Einfluß auf das thermodynamische Gleichgewicht. Durch Katalysatorgifte kann der Katalysator desaktiviert werden. Daher sind für den ordnungsgemäßen Betrieb einer k. A. die Kenntnis der Abgaszusammensetzung, die richtige Auswahl des Katalysators und die sorgfältige Auslegung Voraussetzung.

Der gesamte Vorgang der heterogenen Reaktion an der Oberfläche von Katalysatoren ist sehr komplex. Aufgrund der Porosität ist die innere Oberfläche des Katalysators sehr viel größer als die äußere. Der Prozeß der k. A. ist durch folgende Teilschritte gekennzeichnet: konvektiver Transport der Schadstoffe und Reaktionspartner an den Katalysator, diffusiver Transport an die Oberfläche und durch die Poren an die innere Katalysator-Oberfläche, Adsorption, chem. Reaktion sowie Desorption der Reaktionsprodukte mit anschließendem diffusiven und konvektiven Transport weg vom Katalysator. Die Geschwindigkeit der Umsetzung ist abhängig von den Bedingungen des Stoff- und Wärmetransports (Strömungsgeschwindigkeit, Temperatur, Konzentration) sowie von den Katalysatoreigenschaften (Porenradienverteilung, Dispersionsgrad). Die zur Berechnung erforderlichen Stoffdaten fehlen meist. In der Praxis wird daher zur Auslegung die summarische Größe Raumgeschwindigkeit (Verhältnis zwischen Abgasvolumenstrom und Katalysatorvolumen) herangezogen. Sie ist ein Maß für die Verweilzeit des Abgases im Katalysatorvolumen (Bild 1).

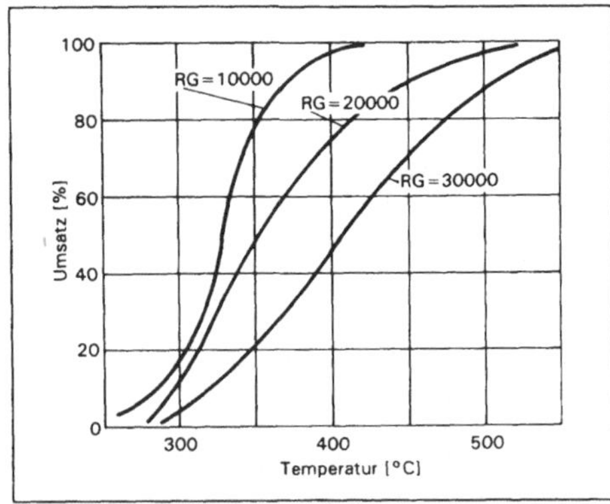

Abgasreinigung, katalytische 1: Umsatz als Funktion der Raumgeschwindigkeit und der Temperatur.

Je nach aktiver Komponente und je nach Bauform werden verschiedene Katalysatortypen unterschieden. Aktive Komponenten können Edelmetalle (Pt, Pd), Metalloxide (Vanadiumpentoxid, Titandioxid) und oxidische Komponenten (Zeolithe) sein. Von der Katalysatorbauform her unterscheidet man Vollkontakte, die vollständig aus der aktiven Komponente bestehen, und Trägerkontakte, bei denen die aktive Komponente auf einen Träger, z. B. auf Keramik, aufgebracht wird. Beide Bauformen können als Schüttgutkatalysatoren in Form von Kugeln, Zylindern oder Ringen und als Formkörperkatalysatoren, z. B. in Form von Waben, Rohren oder Platten, ausgeführt werden.

Die Anforderungen an die Katalysatoreigenschaften für den technisch-wirtschaftlichen Einsatz zur k. A. sind:

– hohe Aktivität, d. h. eine hohe Reaktionsgeschwindigkeit für die gewünschte chem. Umsetzung; dadurch

läßt sich das notwendige Katalysatorvolumen (Baugröße) klein halten;
- hohe Selektivität, d.h. der Katalysator soll nur die gewünschte Reaktion beschleunigen; unerwünschte Reaktionen können durch entsprechende Dotierungen des Katalysators mit anderen aktiven Komponenten weitgehend unterdrückt werden;
- hohe Stabilität gegen mechanische und thermische Einflüsse;
- große Beständigkeit gegen Katalysatorgifte wie Schwefeloxide, Arsen- und Selenverbindungen, Verbindungen der Erdalkalimetalle und Halogene;
- geringer Druckverlust;
- lange Standzeit und niedrige Kosten.

Während der Betriebsdauer des Katalysators nimmt die Aktivität ab durch Vergiftung, Ablagerungen und Alterung. Durch Aufheizen oder Waschen (Säuren, Laugen) können einige Desaktivierungen rückgängig gemacht werden. Nach längerer Betriebszeit sinkt die Aktivität jedoch soweit ab, daß die Garantiewerte oder die festgelegten Reingaswerte nicht mehr eingehalten werden können. Dann wird der Katalysator ausgetauscht bzw. eine Katalysatorlage ersetzt. Edelmetallhaltige Katalysatoren sowie diejenigen aus dem Kraftwerksbereich werden einer Wiederaufarbeitung zugeführt.

Unter Katalysator-Anspringtemperatur wird die Temperatur verstanden, bei der die Reaktionsgeschwindigkeit ausreichend ist, um bei technisch sinnvollen Verweilzeiten die erforderlichen Umsatzgrade zu erzielen. Häufig gebräuchliche Katalysator-Arbeitstemperaturen liegen zwischen 250 und 500 °C. Bei der Verwendung von Kohlenstoff-Katalysatoren (Aktivkohle-Filter) aus Herdofenkoks oder Aktivkoks sind geringere Temperaturen zwischen 80 und 150 °C notwendig. Autoabgase werden von 100–950 °C katalytisch gereinigt (Tabelle).

Abgasreinigung, katalytische. Tabelle: Typische Kennwerte und Betriebsbedingungen von Abgaskatalysatoren

Temperaturbereich	250–500 °C
Raumgeschwindigkeit	500–100000 h^{-1}
spez. Trägeroberfläche	1–400 m^2/g
Schüttdichte	0,5–1,5 g/m^3
Gesamtporenvolumen	0,1–1 ml/g

Bei der katalytischen Nachverbrennung, auch als katalytische Oxidation bezeichnet, wird bei niedrigeren Verbrennungstemperaturen als bei der thermischen Abgasreinigung die praktisch vollständige Verbrennung von organischen Luftverunreinigungen erzielt. Durch den Einsatz des Katalysators wird daher Brennstoff eingespart, als zusätzlicher Reaktionspartner wird Luft zugemischt. Ein autothermer Betrieb ist bei Schadstoffgehalten von 3–4 g/m^3 und mehr möglich.

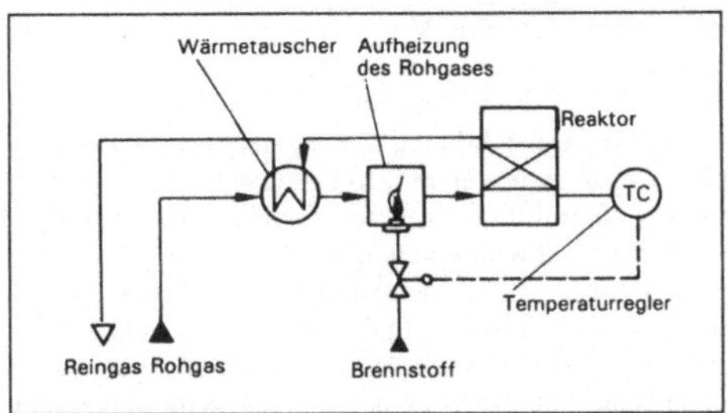

Abgasreinigung, katalytische 2: Fließbild einer Anlage zur k. A.

Den grundsätzlichen Aufbau einer Anlage zur k. A. zeigt Bild 2. Im allg. ist ein Aufheizen des Rohgases erforderlich. Durch einen Wärmetauscher wird der Energieinhalt des gereinigten Abgases (Reingas) weitgehend ausgenutzt. Zum Erreichen der erforderlichen Katalysatortemperatur ist ein Brenner notwendig, der mit Heizöl oder Gas betrieben wird. Kernstück der Anlage ist der Reaktor, der zur Aufnahme des Katalysators dient.

Die Katalysatoren werden meist in Festbetten angeordnet, die bei monolithischen Katalysatoren aus mehreren Lagen modular aufgebaut sind. Katalysatoren auf Kohlenstoffbasis werden auch als Wanderbetten ausgeführt.

Hauptsächliche Anwendungsgebiete der k. A. sind die Autoabgasreinigung, der Einsatz zur Verminderung → organischer Stoffe in industriellen Abgasen sowie die Stickstoffoxidreduktion bei Großkraftwerken und der Salpetersäureherstellung.

Die seit 1975 in den USA verwendeten Kraftfahrzeugkatalysatoren bestehen aus Edelmetallen (Platin mit Palladium und Rhodium) auf entsprechenden Trägern. Man unterscheidet zwischen Doppelbettkatalyse, bei der am ersten Katalysator die Stickstoffoxide reduziert werden und anschließend nach Zufuhr von Sekundärluft CO und Kohlenwasserstoffe im Oxidationskatalysator zu CO_2 und Wasserdampf oxidiert werden, und dem (heute praktisch ausschließlich eingesetzten) Dreiwegekatalysator.

Bei → Feuerungsanlagen werden Katalysatoren zur → NO_x-Abgasreinigung nach dem → SCR-Verfahren eingesetzt.

Bei der Salpetersäureherstellung erfolgt der Einbau der k. A. zur Stickstoffoxidreduktion zusätzlich nach der Absorptionsstufe. Bei Raumgeschwindigkeiten zwischen 5000 und 70000 h^{-1} werden → Abscheidegrade von mehr als 65% erzielt.

Bei → Clausanlagen werden die Restschwefelverbindungen im Abgas durch k. A. weitgehend entfernt, bevor das Abgas zur Nachverbrennung gelangt.

Kohlenstoffhaltige Katalysatoren werden im Kraftwerksbereich meist zur simultanen SO_2- und NO_x-Entfernung (→ BF-Uhde-Verfahren) und bei → Abfallverbrennungsanlagen eingesetzt. Die Katalysatoren haben den Vorteil, daß eine Vergiftung durch Abgaskomponenten nicht zu erwarten ist und die Anlagen bei niedrigen Temperaturen ohne zusätzlichen Energieaufwand betrieben werden können. Demgegenüber gibt es aber eine Vielzahl von Referenzanlagen nach dem SCR-Verfahren, die mit höherer Aktivität bei ca. 10 mal größerer Raumgeschwindigkeit arbeiten.

Das Einsatzgebiet der katalytischen Nachverbrennung ist sehr vielseitig. In der pharmazeutischen Industrie werden organische Schwefelverbindungen, in der chemischen Industrie Fettsäuren mit Wirkungsgraden von weit mehr als 90% aus den Abgasen entfernt. Lösemittelhaltige Abgase aus Lackierereien und Druckereien werden ebenfalls mit Wirkungsgraden von mehr als 90% katalytisch verbrannt. Bei Raffinerien liegt der Umsatzgrad für Olefine bei 99%. *Drombrowski*

Literatur: VDI 3476: Katalytische Verfahren der Abgasreinigung. 6/1990. – VDI-Bericht 730: Fortschritte bei der thermischen, katalytischen und sorptiven Abgasreinigung. Düsseldorf 1989.

Abgasreinigungsverfahren ⟨*waste gas cleaning methods*⟩ → Sekundärmaßnahmen zur Luftreinhaltung

Abgasrückführung ⟨*EGR/exhaust gas recirculation*⟩. Es gibt zwei Arten der A. bei Kfz-Verbrennungsmotoren. Bei der inneren A. bleibt durch entsprechend ausgelegte Ventilüberschneidung ein höherer Restgasanteil im Brennraum. Bei der äußeren A. wird ein Teil des Abgasstroms über ein Regelventil in der Abgasleitung dem Brennraum wieder zugeführt. Ziel der A. ist die Absenkung der Stickoxidemission. Dies wird über niedrige Abgastemperaturen erreicht, weil der Inertgasanteil im Brennraum aufgeheizt werden muß. Bei Ottomotoren beträgt die maximale Rückführrate 10%. Dieselmotoren erlauben je nach Betriebspunkt wesentlich höhere Rückführraten; das Maximum von 50% im Leerlauf erzielt eine Halbierung der NO_x-Emission. Ein Nachteil der A. besteht im Leistungsverlust des Motors. Außerdem steigen die Emissionen an unverbrannten → Kohlenwasserstoffen, → Kohlenmonoxid und Partikeln (beim Dieselmotor), so daß unter Umständen ein Oxidationskatalysator eingesetzt werden muß. *Klee/May*

Abgassonderuntersuchung (ASU) ⟨*special waste gas test*⟩ → Abgasuntersuchung (AU)

Abgasteilstromregeneration ⟨*partial flow regeneration*⟩. Regeneration eines beladenen → Dieselpartikelfilters, während das Motorabgas größtenteils durch einen zweiten Dieselpartikelfilter strömt. *Kallenbach/May*

Abgastrübung ⟨*waste gas opacity/turbidity*⟩.

Allgemein. In der Praxis der Luftreinhaltung ein qualitatives Maß für die partikelförmigen Emissionen aus stationären oder mobilen Quellen. Der Begriff ist seit langem gebräuchlich zur Kennzeichnung der Rußemissionen von Kraftfahrzeug-Dieselmotoren. Zur Bestimmung der A. bei Fahrzeugmotoren wird eine definierte Abgasmenge durch ein Filter gesaugt und die Schwärzung des Filters photometrisch bestimmt. Auf dem gleichen Prinzip beruht die → Bacharach-Methode zur Bestimmung der A. bei Ölfeuerungen.

Für genehmigungsbedürftige Anlagen wurde der Begriff erst 1986 eingeführt. Die → TA Luft schreibt als Vorstufe zur quantitativen Staubmessung vor, daß alle Anlagen, deren → Staubemissionen einen Massenstrom zwischen 2 und 5 kg/h erreichen, mit einem Meßgerät zur kontinuierlichen Überwachung der A. auszurüsten sind. Diese Auflage ist eine Erweiterung der bereits vorher für mittelgroße → Feuerungsanlagen geltenden Verpflichtung, die Rauchdichte kontinuierlich zu überwachen. Für diese Meßaufgabe gibt es eignungsgeprüfte Meßgeräte nach verschiedenen Prinzipien der photometrischen Staubmessung. *Stahl*

Literatur: *Bühne, K.-W.*: Messen und Überwachen der Rußzahl 1 an industriellen Feuerungsanlagen. Staub – Reinhalt. Luft **51** (1991), S. 313–317.

Dieselnutzfahrzeuge. In Europa und der Bundesrepublik Deutschland ist derzeit für Nutzfahrzeuge über 3,5 t zulässigem Gesamtgewicht und für Fahrzeuge mit mehr als acht Sitzplätzen die A. nach ECE-Regelung 24 limitiert. Sie wird sowohl nach der Beharrungsmethode als auch nach der Methode der freien Beschleunigung ermittelt. Bei der Beharrungsmethode bestimmt man die A. unter Vollast bei sechs verschiedenen, konstanten Drehzahlen im unverdünnten Abgas. Die Methode der freien Beschleunigung sieht vor, den Motor stoßartig auf die Abregeldrehzahl zu beschleunigen und dabei die A. zu messen, bis die Leerlaufdrehzahl wieder erreicht ist. Der Absorptionskoeffizient wird mit einem Trübungsmeßgerät (Lichtschwächungsmesser, z. B. Hartridge-Gerät) ermittelt. Dabei wird ein Lichtstrahl durch einen mit Abgas gefüllten Meßzylinder geschickt, an dessen Ende sich eine Fotozelle befindet. Die Abnahme der Lichtintensität im Vergleich zu einem mit gereinigter Luft gefüllten Meßzylinder ist ein Maß für die A. Rückschlüsse von dieser Meßmethode der A. auf die tatsächliche Partikelemission (→ Dieselpartikelemission) eines Dieselmotors sind nur mit unzureichender Genauigkeit möglich. Dazu sind umfangreiche Untersuchungen an einem Motorprüfstand, ausgerüstet mit einem Verdünnungstunnelsystem, erforderlich. *Kallenbach/May*

Abgasuntersuchung (AU) ⟨*exhaust test*⟩. Die A. ist die in § 47 a der StVZO geregelte „Untersuchung des Abgasverhaltens von im Verkehr befindlichen Kraftfahrzeugen (Abgasuntersuchung)", die mit der Verordnung zur Änderung straßenverkehrsrechtlicher Vorschriften und der Eichordnung vom 19. November 1992 (BGBl. I S. 1931) eingeführt worden ist. Damit wurde die Abgassonderuntersuchung (ASU) ersetzt und ausgeweitet auf alle Kfz mit Fremdzündungsmotor (Ottomotor) und Kompressionszündungs-

motor (Dieselmotor); ausgenommen sind im wesentlichen Motorräder, land- und forstwirtschaftliche Zugmaschinen, selbstfahrende Arbeitsmaschinen sowie Altfahrzeuge, die vor dem 1. Juli 1969 (Ottomotor) bzw. 1. Januar 1977 (Dieselmotor) erstmals in den Verkehr gekommen sind. In Anlage VIII a zu § 47 a StVZO sind die Untersuchungsverfahren und der Zeitabstand der Untersuchungen sowie in § 47 b das Anerkennungsverfahren von Kraftfahrzeugwerkstätten zur Durchführung der A. geregelt. Im einzelnen sind grundsätzlich folgende Regelungen getroffen:
– Kfz mit Ottomotor mit Katalysator und lambdageregelter Gemischaufbereitung (G-Kat-Fahrzeuge) werden einer Sichtprüfung und der Kontrolle der schadstoffrelevanten Einstelldaten mit Bewertung der Funktionsfähigkeit des Katalysators anhand der Leitkomponente CO unterzogen, und zwar Neufahrzeuge erstmals nach 36 Monaten, danach alle 24 Monate (Taxi- und andere Fahrzeuge zur gewerblichen Personenbeförderung alle 12 Monate). Andere Kfz mit Ottomotor werden alle 12 Monate einer Sichtprüfung und der Kontrolle der schadstoffrelevanten Einstelldaten mit CO-Kontrolle im Leerlauf unterzogen.
– Kfz mit Dieselmotor werden einer Sichtprüfung sowie einer Messung der Rauchemissionen (Abgastrübungsmessung) im Stand bei freier Beschleunigung unterworfen, und zwar Fahrzeuge bis 3 500 kg zulässiges Gesamtgewicht nach folgender zeitlicher Staffelung:
– Pkw erstmals 36 Monate nach der Erstzulassung, danach alle 24 Monate,
– Taxi- und andere Fahrzeuge zur gewerblichen Personenbeförderung alle 12 Monate,
– andere Fahrzeuge alle 24 Monate.

Dieselfahrzeuge mit einem zulässigen Gesamtgewicht über 3 500 kg werden alle 12 Monate untersucht.

❒ Sichtprüfung. Sie erstreckt sich bei allen Kraftfahrzeugen im wesentlichen auf Vorhandensein, Vollständigkeit, Dichtheit und Beschädigung der schadstoffrelevanten Bauteile sowie auf den verengten Tankeinfüllstutzen bzw. auf den Betankungshinweis (bei Ottomotor-Kfz) und auf den Vollastanschlag der Einspritzpumpe bei durchgetretenem Fahrpedal (Dieselfahrzeuge). Als schadstoffrelevante Bauteile kommen in Frage
– bei Kfz mit Ottomotor und G-Kat: Luftfilter, Katalysator und gesamte Auspuffanlage, → Lambdasonde, → Abgasrückführung, Sensoren und Kabelverbindungen;
– bei Kfz mit Ottomotor ohne oder mit ungeregeltem Katalysator: Luftfilter, Kurbelgehäuseentlüftung, Auspuffanlage, Abgasrückführung und ggf. der Katalysator (→ Kfz-Abgas-Katalysator);
– bei Dieselfahrzeugen: Luftfilter, Auspuffanlage, Abgasrückführsystem und ggf. Abgasnachbehandlungssysteme wie → Rußfilter (→ Dieselpartikelfilter) oder Oxidationskatalysator.

❒ Funktionskontrollen. Für die vorgeschriebenen Kontrollen an den o. a. Fahrzeugkategorien gilt folgendes:
– Bei Kfz mit Ottomotor und G-Kat: Kontrolle der schadstoffrelevanten Einstelldaten auf Einhaltung der vom Fahrzeughersteller vorgegebenen Solldaten. Zu prüfen sind bei betriebswarmem Motor und Katalysator der Zündzeitpunkt, die Leerlaufdrehzahl, der Wert für Lambda und der CO-Gehalt im Abgas bei erhöhtem Leerlauf (für CO auch bei normalem Leerlauf) im Auspuffendrohr. Eine Besonderheit ist bei den G-Kat-Fahrzeugen die Prüfung des Lambda-Regelkreises, wobei die Fähigkeit zur raschen Kompensation von Störgrößenauf- und -abschaltungen (etwa Falschluftzufuhr durch einen abgezogenen Luftschlauch) durch Bestimmung des Lambdaverlaufs ermittelt wird; die vom Prüfer auf- und dann wieder abzuschaltenden Störgrößen werden vom Fahrzeughersteller vorgegeben, der aber auch ein anderes Verfahren neben diesem „Grundverfahren“ zulassen kann.
– Bei Kfz mit Ottomotor ohne oder mit ungeregeltem Katalysator: Prüfanforderungen der bisherigen ASU, d. h. bei betriebswarmem Motor werden Zündzeitpunkt, Schließwinkel, Leerlaufdrehzahl sowie der CO-Gehalt im Abgas bei Leerlauf im Abgasendrohr geprüft; ggf. sind zusätzlich die Funktionsfähigkeit des Abgasrückführungssystems und des Sekundärluftsystems sowie die Wirkung des Katalysators durch CO-Messung bei einer erhöhten Leerlaufdrehzahl zu prüfen.
– Bei Dieselfahrzeugen erstreckt sich die Funktionskontrolle nur auf die Messung „des Spitzenwertes der Rauchgastrübung bei freier Beschleunigung“. Das Verfahren der freien Beschleunigung bedeutet, mit Vollgas im Leerlauf die Trägheit der rotierenden Massen und die innere Reibung bis zur Abregeldrehzahl zu überwinden. Der Beschleunigungsvorgang wird im Rahmen der A. mindestens viermal durchgeführt, der Trübungsspitzenwert wird ab dem zweiten Vorgang erfaßt; aus den drei letzten Messungen ist der für den Vergleich mit dem vom Fahrzeughersteller vorgegebenen maximalen Trübungswert maßgebende arithmetische Mittelwert zu bilden.

Die Abgasmeßgeräte, die im Rahmen der A. eingesetzt werden, müssen den eichrechtlichen Vorschriften entsprechen. *Dreyhaupt*

Abgasvollstromregeneration ⟨*full flow regeneration*⟩. Ein → Dieselpartikelfilter (→ Rußabbrennfilter) wird nach der Beladung mit Ruß, d. h. nach Erreichen eines bestimmten Abgasgegendrucks, mit Hilfe eines Regenerationsbrenners regeneriert. Die abgelagerten Partikel werden verbrannt, während der gesamte Abgasstrom durch das Filter strömt. Handelt es sich bei dem Filtermedium um einen Keramikmonolith, so müssen stärkere Temperaturschwankungen während der Regeneration vermieden werden, damit der für Temperaturwechsel empfindliche Monolith nicht zerstört wird. Folglich muß die Brennerleistung entsprechend dem Motorbetriebspunkt geregelt werden, um den momentan anfallenden Abgasstrom auf eine möglichst konstante Temperatur zu erhitzen. Da die gesamte Abgasmenge des Motors erhitzt werden muß, ist ein sehr leistungsfähiger Brenner (etwa im Bereich der Motorleistung) notwendig. Die A. kann eine Erhöhung des Kraftstoffverbrauchs bewirken.

Kallenbach/May

Abgasvolumenstrom ⟨*waste gas volume flow rate*⟩. Der A. kennzeichnet die von einer Anlage ausgehende Abgasmenge; er wird meist in m^3/h angegeben, in der Regel für Normbedingungen (0 °C; 1013 mbar, trocken), manchmal auch für Betriebsbedingungen. Große Anlagen können einen A. um 1 Mio. m^3/h und mehr haben (z. B. ein 700 MW_{el}-Steinkohlekraftwerk ca. 2,6 Mio. m^3/h, ein 1 200 t/d-Zementwerk ca. 0,5 Mio. m^3/h – jeweils angegeben für den Normzustand).

In Luftreinhaltevorschriften wird der A. u. a. durch folgende Anforderungen gering gehalten und in bestimmten Fällen begrenzt; damit wird einer unzulässigen Verdünnung der → Abgase begegnet:
- Bei Verbrennungsprozessen wird meist ein anlagen- und brennstofftypischer Bezugssauerstoffgehalt im Abgas festgelegt; darauf sind die im Abgas gemessenen Emissionswerte umzurechnen.
- Luftmengen, die einer Anlage zugeführt werden, um das Abgas zu verdünnen oder zu kühlen, bleiben bei Emissionsmessungen unberücksichtigt, d. h. sie sind rechnerisch vom gemessenen A. abzuziehen.

Mit dem A. können bei Kenntnis der im Abgas enthaltenen Massenkonzentrationen an luftverunreinigenden Stoffen die emittierten Mengen als Massenströme, z. B. in kg/h, ermittelt werden. *M. Lange*

Abluft ⟨*waste air*⟩ → Abgas

Abreinigungsfilter ⟨*surface filter*⟩ → Oberflächenfilter

Abscheidegrad ⟨*removal efficiency*⟩. Der A. ist eine wesentliche Kenngröße für die Wirksamkeit von Abgasreinigungsanlagen. Der A. ist – bei konstantem Abgasvolumenstrom – definiert als das Verhältnis der Differenz von Massen M im Roh- und Reingas:

$$\text{Abscheidegrad} = \frac{M_{\text{Rohgas}} - M_{\text{Reingas}}}{M_{\text{Rohgas}}};$$

er wird angegeben in Prozent. Das Gegenstück zum A. ist der → Emissionsgrad; beide Größen ergänzen sich zu 100.

Viele Abgasreinigungseinrichtungen erreichen A. von mehr als 90% – je nach Auslegung und Betriebsbedingungen.

Bei Abgasreinigungsverfahren mit chemischer Umwandlung (z. B. thermische Abgasreinigung) wird an Stelle des A. der Umsatzgrad definiert. Speziell bei → Reduktionsverfahren (z. B. beim → SCR-Verfahren zur → NO_x-Abgasreinigung) wird häufig der Begriff Reduktionsgrad verwendet. *M. Lange*

Literatur: *Davids, P.; M. Lange*: Die TA Luft '86. Technischer Kommentar. Düsseldorf 1986. – Umweltbundesamt (Hrsg.): Luftreinhaltung '88. Berlin 1989.

Abscheider, elektrisch ⟨*precipitator, electrostatic*⟩. E. A., die häufig auch als Elektrofilter bezeichnet werden, nutzen die Kraftwirkung auf geladene Partikeln im elektrischen Feld zur → Staubabscheidung. Dieses → Entstaubungsverfahren wird meist zur Reinigung großer Gasmengen bis zu einigen 10^6 m^3/h eingesetzt. Typisch sind Abgase z. B. aus Kraftwerken, Eisen- und Metallhütten, Gießereien, Zementfabriken und Abfallverbrennungsanlagen. Es kann bei Temperaturen bis 500 °C und Rohgaskonzentrationen bis 200 g/m^3 gearbeitet werden. Der Druckverlust ist mit 50 bis 1 000 Pa vergleichsweise gering. Nachteilig bei e. A. sind die hohen Investitionskosten und der große Platzbedarf.

Die Betriebsweise eines e. A. läßt sich in die folgenden fünf Schritte unterteilen:
- Erzeugung der Ladungen,
- Aufladung der Partikeln,
- Transport der Partikeln zur Niederschlagselektrode,
- Anwachsen der Staubschicht auf der Niederschlagselektrode,
- Entfernung der Staubschicht und Transport in den Staubsammelbehälter.

Die Erzeugung von Ladungen in Form von Gasionen erfolgt durch eine spezielle Anordnung von Elektroden, z. B. Spitze–Platte, Draht–Platte und Draht–Rohr. Die Elektrode mit dem deutlich kleineren Krümmungsradius wird häufig als Sprühelektrode, die andere als Niederschlagselektrode bezeichnet.

Die Aufladung der Partikeln erfolgt durch Anlagerung negativer Gasionen. Dies geschieht nach den Mechanismen der Feldaufladung und der Diffusionsaufladung. Im Falle der Feldaufladung treffen die Ionen aufgrund ihrer durch die Wirkung des elektrischen Felds verursachten, gerichteten Bewegung auf die Partikeln auf. Dieser Aufladungsmechanismus ist vor allem für Partikeldurchmesser $x > 0{,}5$ µm von Bedeutung. Im Falle der Diffusionsaufladung treffen die Ionen aufgrund ihrer, statistischen Regeln gehorchenden, thermischen Bewegung auf die Partikeln auf. Dieser im Vergleich zur Feldaufladung eher langsame Prozeß ist vor allem für Partikeldurchmesser $x < 0{,}2$ µm ausschlaggebend.

Die Abscheidung der Partikeln, d. h. der Transport der Partikeln zur Niederschlagselektrode, wird durch die in Richtung des elektrischen Felds wirkende, elektrische Kraft hervorgerufen. Die sich aus einer Kräftebilanz ergebende Partikelgeschwindigkeit auf die Wand hin wird als theoretische Wanderungsgeschwindigkeit bezeichnet. Die auf der Niederschlagselektrode abgeschiedenen Partikeln bilden dort eine 1 – 10 mm dicke Staubschicht. Besondere Bedeutung kommt dem elektrischen Verhalten der Staubschicht zu. Partikeln mit zu geringem Widerstand geben ihre Ladung an der Niederschlagselektrode sehr schnell ab oder werden gar umgeladen. Dies kann zu unerwünschten Redispergierungen führen. Partikeln mit zu großem Widerstand geben ihre Ladung nur extrem langsam ab. Als Folge baut sich an der Niederschlagselektrode ein Feld auf, das die Potentialdifferenz im Abscheideraum verringert. Außerdem erhöht sich das Potentialgefälle in der Staubschicht, was zu einer Ionisierung des Gases zwischen den Partikeln führen kann (sog. Rücksprühen). Beide Auswirkungen sind für die Abscheidung weiterer Partikeln störend. Der spezifische elektrische Staubwiderstand kann durch eine Temperaturänderung oder durch das Eindüsen von Zusatzstoffen (z. B. SO_3, NH_3) in einen für das Betriebsverhalten günstigen Bereich von 10^2 bis 10^9 Ωm verschoben werden.

Die Entfernung der Staubschicht und der Transport in den Staubsammelbehälter kann auf trockenem oder nassem Wege erfolgen. Im ersten Fall wird die Staubschicht durch Klopfschläge gegen die Niederschlagselektrode von dieser gelöst und durch die Schwerkraft zum Bunker transportiert. Dabei redispergierte Partikeln müssen in weiteren Stufen erneut abgeschieden werden. Im zweiten Fall fließen die an der Niederschlagselektrode abgeschiedenen Partikeln in einer aufgesprühten oder kondensierten Flüssigkeitsschicht nach unten in den Sammelbehälter.

E. A. werden vorwiegend als Röhren- oder Plattenabscheider gebaut. Beim Rohrelektroabscheider ist die an Hochspannung liegende Sprühelektrode zentral in einem geerdeten Rohr, das als Niederschlagselektrode fungiert, angeordnet (Bild 1). Die Reinigung abgeschiedener Partikeln erfolgt meist durch Besprühen der Niederschlagselektrode mit Wasser. Oft müssen mehrere Rohre parallel geschaltet werden. Gebräuchliche Rohrdurchmesser liegen zwischen 0,1 m und 0,3 m, übliche Rohrlängen betragen 2–5 m.

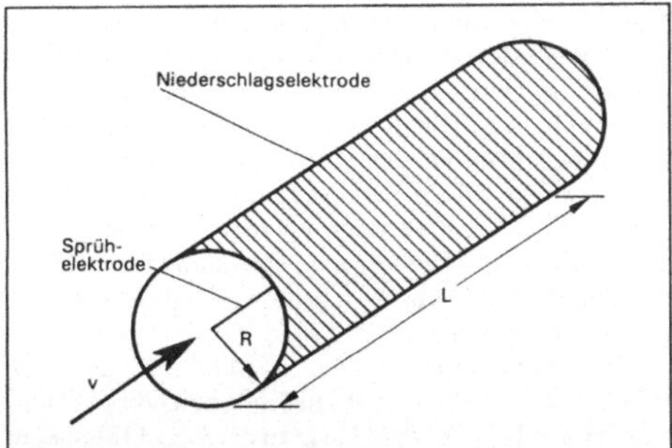

Abscheider, elektrisch 1: Schematische Darstellung eines Rohrelektroabscheiders.

Beim Plattenelektroabscheider (Bild 2) befinden sich die an Rahmen befestigten Sprühelektroden zwischen den Niederschlagselektroden. Die Abstände zwischen den Sprühelektroden betragen 0,1 bis 0,5 m, zwischen den Niederschlagselektroden 0,2 bis 0,6 m. Mehrere 8–13 m hohe Platten sind in einzelnen, unabhängig zu betreibenden Zonen hintereinandergeschaltet. Plattenelektroabscheider werden sowohl trocken als auch naß betrieben. *Schmidt*

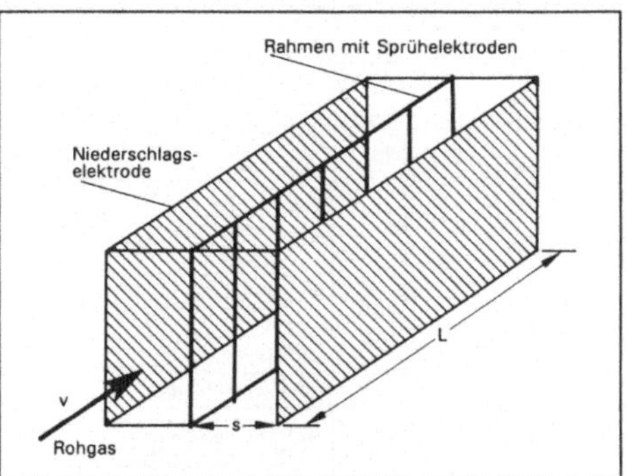

Abscheider, elektrisch 2: Schematische Darstellung eines Plattenelektroabscheiders.

Literatur: *Baum, F.*: Luftreinhaltung in der Praxis. München–Wien 1988. – *Deutsch, W.*: Bewegung und Ladung der Elektrizitätsträger im Zylinderkondensator. Ann. Phys. **68** (1922), S. 335/344. – *Dullien, F. A. L.*: Introduction to industrial gas cleaning. San Diego 1989. – *Fritz, W.* und *H. Kern*: Reinigung von Abgasen. 2. Aufl. Würzburg 1990. – *Löffler, F.*: Staubabscheiden. Stuttgart–New York 1988. – VDI 3678: Elektrische Abscheider. 3/1980. – *White, H. J.*: Entstaubung industrieller Gase mit Elektrofiltern. Leipzig 1969.

Abscheider, filternd ⟨*filter*⟩. Für die → Staubabscheidung besitzen f. A. wegen ihres weiten Spektrums der Anwendungsmöglichkeiten und des Abscheidevermögens hervorragende Bedeutung. Dieses erklärt auch den großen Marktanteil dieses → Entstaubungsverfahrens. Nach der Wirkungsweise lassen sich f. A. in zwei Hauptgruppen einteilen, und zwar in → Oberflächenfilter und → Tiefenfilter (Bild 1). Bei den letzteren findet die Abscheidung der Partikeln im Inneren der Filtermedien, bei den ersteren hauptsächlich an der Oberfläche der Medien statt.

Filtermedien zur Oberflächenfiltration können aus einer Membran, aus Körnern oder aus Fasern aufgebaut sein. Mischformen sind ebenfalls denkbar. Am weitesten verbreitet sind die aus Fasern hergestellten Formen Schlauch, Tasche, Patrone und Kerze (Bild 2).

Filterschläuche sind je nach Betriebsart bis zu 10 m lang bei Durchmessern von 0,1–0,3 m. Filterflächen üblicher Taschenfilter liegen bei 0,6–1,5 m^2. Filterpatronen mit einer Höhe von 0,6 m haben Filterflächen von 5–20 m^2. Aus Fasern aufgebaute Kerzenfilter haben Längen bis zu 2 m und Durchmesser bis 0,15 m.

Tiefenfilter besitzen als für die Partikelabscheidung wirksame Kollektoren in der Regel Fasern oder Körner. Zur ersten Gruppe gehören die sog. Grobstaub-, Feinstaub- und Schwebstoffilter. Je nach Anordnung dieser

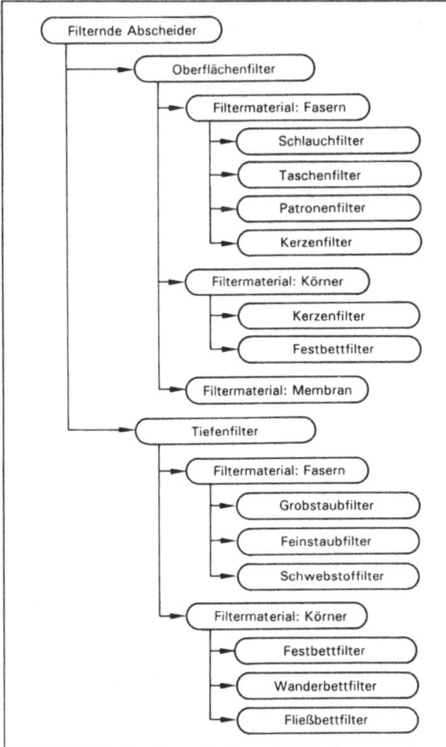

Abscheider, filternd 1: Einteilung der häufigsten f. A.

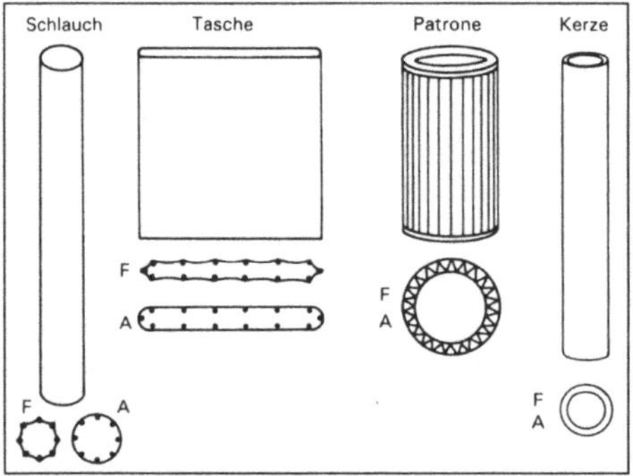

Abscheider, filternd 2: Formen von Faserschichtfiltern zur Oberflächenfiltration.

F: Filtrationsstellung, A: Abreinigungsstellung.

Faserschichten unterscheidet man u. a. Plan-, Rollband, Taschen- und Kassettenfilter (Bild 3).

Zur zweiten Gruppe der Tiefenfilter zählen die → Schüttschichtfilter (Bild 4). Beim Festbett muß in der Regel die Rohgaszufuhr während der Regenerie-

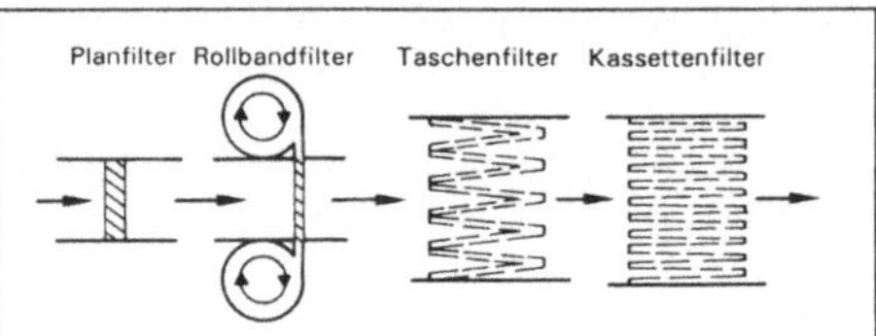

Abscheider, filternd 3: Anordnungen von Faserschichtfiltern zur Tiefenfiltration.

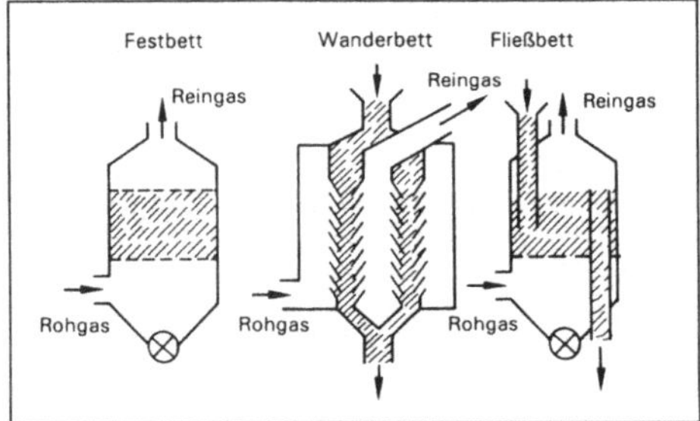

Abscheider, filternd 4: Bauformen von Schüttschichtfiltern.

rung der Schüttgutkörner unterbrochen werden. Sowohl das Wanderbett als auch das Fließbett (Wirbelschicht) ermöglichen dagegen einen kontinuierlichen Betrieb, weil die Abtrennung der an den Körnern abgeschiedenen Partikeln extern erfolgen kann. *Schmidt*

Abscheider, naßarbeitend *⟨wet scrubber⟩*. N. A. dienen dem Entfernen fester, flüssiger oder gasförmiger Verunreinigungen aus einem Gas. Dabei werden die Verunreinigungen an die in die Strömung eingebrachte Waschflüssigkeit gebunden und mit dieser zusammen abgeschieden. Die Abscheidemechanismen bei Partikeln und bei Gasmolekülen unterscheiden sich allerdings wesentlich. Die folgende Darstellung beschränkt sich auf Verfahren zur Abscheidung fester bzw. flüssiger Verunreinigungen.

Feine Partikeln lassen sich aufgrund ihrer geringen Masse nur sehr schwer in Trägheitsabscheidern abscheiden. In n. A. werden sie zu der Waschflüssigkeit hin bewegt und können dort anhaften. Die nun mit den größeren Tropfen verbundenen Partikeln lassen sich mit Hilfe herkömmlicher → Entstaubungsverfahren aus dem Gasstrom relativ leicht entfernen. Hierfür eignen sich unter anderem Prallbleche und → Fliehkraftabscheider. Eine Anlage zur Naßabscheidung besteht demnach immer aus zwei Bereichen, auch wenn diese apparatemäßig nicht getrennt sind (Bild 1). Im ersten Bereich werden die Partikeln zur Waschflüssigkeit hin bewegt und an ihr angelagert. In den einzelnen → Wäscherbauarten erfolgt eine unterschiedliche Realisierung dieses grundlegenden Verfahrensschrittes. Im zweiten Bereich werden sie gemeinsam mit der Flüs-

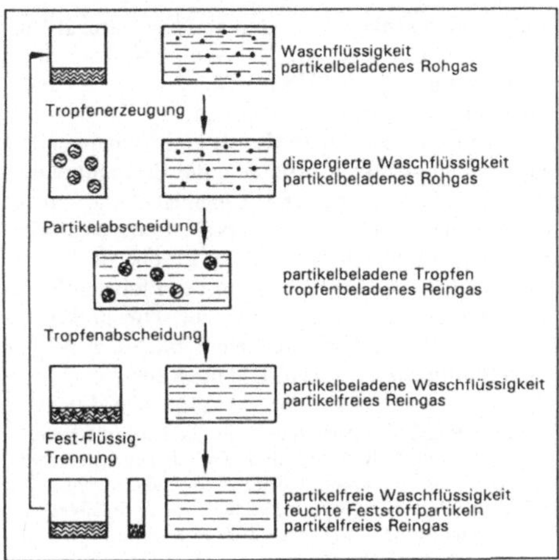

Abscheider, naßarbeitend 1: Vereinfachte schematische Darstellung der Verfahrensschritte.

sigkeit aus dem Gas entfernt. Diese Tropfenabscheidung kann ebenfalls mit verschiedenen Apparaturen erfolgen.

N. A. haben den grundsätzlichen Nachteil, daß sie das Gas zwar reinigen, dafür aber eine verunreinigte Waschflüssigkeit erzeugen. Häufig wird versucht, durch mehrmaliges Ausnutzen der Flüssigkeit im Kreislaufbetrieb eine Erhöhung der Feststoffkonzentration in der Trübe zu erreichen, wodurch der Bedarf an frischem Waschmittel gesenkt werden kann. Allerdings werden dadurch besondere Anforderungen an die Zerstäubung der Flüssigkeit gestellt. Der → Waschwasserkreislauf und die Waschwasseraufbereitung stellen wichtige und teilweise recht kostenintensive Teile einer umweltverträglichen Anlage zur naßarbeitenden Abscheidung von Partikeln dar. Als weiterer Nachteil von n. A. ist in diesem Zusammenhang die erhöhte Korrosionsgefahr zu nennen.

N. A. werden meist zur Entfernung von Partikeln im Korngrößenbereich 0,1 – 50 µm bei kleinen bis mittleren Gasvolumenströmen (bis zu 30 000 m^3/h) eingesetzt. Sie eignen sich besonders zur Abscheidung klebriger oder leicht entzündlicher Partikeln, zur simultanen Schadgasabsorption, zur gleichzeitigen Gaskühlung und zur Behandlung von → Abgasen, die Funken enthalten.

Zur Vorausberechnung der Trenneigenschaften sowie des Druckverlusts von n. A. existieren mehrere Modellvorstellungen. Dabei handelt es sich sowohl um rein empirische Beziehungen als auch um physikalisch begründete Theorien, die jedoch teilweise zusätzlich auf experimentell ermittelte Daten zurückgreifen müssen.

Zur Berechnung des Fraktionsabscheidegrades eines n. A. kann z. B. von folgender Modellvorstellung ausgegangen werden: Zunächst wird die Abscheidung von Partikeln am isolierten, vom partikelbeladenen Gas umströmten Einzeltropfen mathematisch beschrieben. Als Mechanismen, die zu einem Auftreffen der Partikeln auf den Tropfen führen, kommen im wesentlichen Trägheitseffekte und elektrostatische Effekte in Betracht. Während die Abscheidung aufgrund der räumlichen Ausdehnung der Partikeln leicht in die numerischen Rechnungen einbezogen werden kann, bleiben die Auswirkungen von Diffusions- oder Kondensationsvorgängen oft unberücksichtigt. Analog zu den Betrachtungen bei der Abscheidung an Einzelfasern (→ Tiefenfilter) erhält man als Ergebnis den → Abscheidegrad eines Tropfens. Hohe Werte ergeben sich für große Relativgeschwindigkeiten zwischen Tropfen und Gas, für große Partikeldurchmesser, große Partikeldichten, kleine Gaszähigkeiten und kleine Tropfendurchmesser. Sind die Partikeln und/oder die Tropfen geladen, kann der Abscheidegrad eines Tropfens noch wesentlich vergrößert werden. Aufbauend auf den Einzeltropfenabscheidegraden wird nun das von einem Tropfen gereinigte Gasvolumen berechnet. Bei dieser Modellbetrachtung geht man davon aus, daß die Tropfen die Partikeln längs ihrer Bahnkurve im Naßabscheider einfangen. Wichtigstes Ergebnis dieser Rechnungen ist die Tatsache, daß es für eine vorgegebene Geometrie bei einer bestimmten Partikelgröße einen

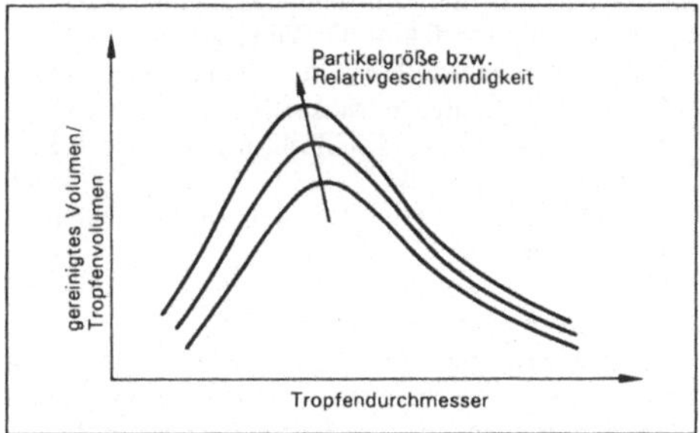

Abscheider, naßarbeitend 2: Spezifisches Reinigungsvolumen eines Tropfens als Funktion des Tropfendurchmessers.

für die Abscheidung optimalen Tropfendurchmesser gibt (Bild 2). Je nach Anwendungsfall und Apparateform sind daher kleinere oder größere Tropfen anzustreben. Kennt man die Größenverteilungen der Partikeln und Tropfen, ist schließlich die Berechnung des zu erwartenden → Gesamtstaubabscheidegrades der jeweiligen Wäscherbauart möglich. *Schmidt*

Literatur: *Baum, F.*: Luftreinhaltung in der Praxis. München–Wien 1988. – *Dullien, F. A. L.*: Introduction to industrial gas cleaning. San Diego 1989. – *Fritz, W.* u. *H. Kern*: Reinigung von Abgasen. 2. Aufl. Würzburg 1990. – *Löffler, F.*: Staubabscheiden. Stuttgart–New York 1988. – VDI 3679: Naßarbeitende Abscheider. 5/1980.

Abschirmmaß ⟨*shielding factor*⟩. Größe zur Beschreibung der Wirksamkeit von Hindernissen wie Schallschutzwände, Erdwälle oder Mauern (→ Schallschirm) auf dem Schallausbreitungsweg zwischen Schallquelle und Immissionsort bezüglich der Schallpegeländerung; Formelzeichen nach VDI 2720: D_Z. Das A. eines Hindernisses ist um so größer, je größer die Summe der Abstände Immissionspunkt–Hindernisoberkante plus Hindernisoberkante–Schallquelle gegenüber dem Abstand Immissionspunkt–Schallquelle ist. Einfluß auf die → Abschirmung hat ebenfalls die Frequenz des → Geräusches. Hochfrequente Geräusche werden bei gleicher Hindernishöhe und gleicher Lage des Hindernisses zum Immissionsort und zur Geräuschquelle stärker abgeschirmt als niederfrequente Geräusche.

Nach VDI 2720 wird das A. folgendermaßen bestimmt:

$$D_Z = 10 \log \left(C_1 + \frac{C_2}{\lambda} z\, C_3\, K_w \right) \text{ dB}$$

Hierbei bedeuten:
z = Schirmwert, abhängig von der Hindernishöhe und der Lage von Schallquelle, Immissionsort und Hindernis zueinander,
λ = Wellenlänge
C_1, C_2 und C_3 Faktoren, berücksichtigen Besonderheiten der Schallquellenform und -lage zum Hindernis.
K_w ist ein Korrekturfaktor für Witterungseinflüsse.

Zur Gesamtbeurteilung der Wirksamkeit eines Schallschirmes unter Berücksichtigung der Umgebungsbedingungen des Schallschirmes dient das Einfügungsdämpfungsmaß. *Strauch*

Literatur: VDI 2720, Bl 1 E: Schallschutz durch Abschirmung im Freien. 2/1991.

Abschirmung ⟨*shielding/screening*⟩.

Erschütterungen. Bei einer A. sollen die an einem Einwirkungsort vorhandenen oder zu erwartenden → Erschütterungen von erschütterungsempfindlichen Geräten, Bauwerken usw. ferngehalten werden. Eine A. wird durch eine Passivisolierung der zu schützenden Anlage erreicht, d.h. durch eine Schwingungsisolierung unmittelbar vor der Übertragung der Erschütterungen aus der Umgebung auf die zu schützende Anlage. Eine A. kann auch dadurch erreicht werden, daß bei der Ausbreitung von Erschütterungen zwischen der → Erschütterungsquelle und dem zu schützenden Bauwerk Hindernisse für die Wellenausbreitung in den Boden eingebaut werden. Als Wellenhindernisse kommen Bodenschlitze und Abschirmmatten in Betracht. Die abschirmende Wirkung hängt u.a. von den geometrischen Abmessungen der Hindernisse ab, vom Ort des Einbaus in bezug auf die Erschütterungsquelle und das zu schützende Bauwerk und von der Wellenlänge der in Betracht stehenden Erschütterungen, deren Ausbreitung reduziert werden sollen.

Zur Behinderung der von einem an der Oberfläche angeordneten steifen harmonisch erregten Fundament ausgehenden Erschütterungen ist aufgrund von Berechnungen vorgeschlagen worden, massive starre Körper in den Boden einzubauen. Die Störkörper können als flache Betonplatten eingebracht werden, als tiefe möglichst starre senkrechte Wände zur A. von *Rayleigh*-Wellen oder auch als starre Körper im Boden unter dem Oberflächenfundament, von dem die Erschütterungen ausgehen. Die Wirkung der A. hängt dabei u.a. von den Abmessungen des Einbaukörpers ab, vom Abstand des wandartigen Einbaukörpers an der Erdoberfläche zum erregenden Fundament bzw. von der Einbautiefe des Störkörpers unter dem Fundament. Die praktische Erprobung dieser Verfahren zur wirksamen A. von Erschütterungen im Boden steht noch aus.

Splittgerber

Literatur: *Haupt, W.*: Ausbreitung von Wellen im Boden. In Haupt, W. (Hrsg.): Bodendynamik, Grundlagen und Anwendung, Braunschweig 1986. – *Chouw, N., R.* und *G. Schmid*: Verfahren zur Reduzierung von Fundamentschwingungen und Bodenerschütterungen mit dynamischem Übertragungsverhalten einer Bodenschicht, Bauingenieur **66** (1991), Berlin–Heidelberg–New York 1991.

Lärm. Maßnahme, um zu schützende Immissionspunkte vor → Geräuschen abzuschirmen. Diese auf dem Schallausbreitungsweg angeordneten Maßnahmen in Form von Hindernissen (→ Schallschirme) wirken, ähnlich wie Schirme in einem Lichtfeld, schattenbildend auf der der Geräuschquelle abgewandten Seite des Hindernisses. Die Wirksamkeit von Schallschirmen zur Minderung von Schallvorgängen im Hörbereich ist jedoch wesentlich geringer als die Wirksamkeit von A. beim Licht. Dies ist begründet in den wesentlich größeren Wellenlängen des → Schalls gegenüber Licht, so daß durch Beugung an den Kanten der Hindernisse Schall in die Schattenzone des Schirms gelangt. Die Abschirmwirkung eines Hindernisses ist daher frequenzabhängig; Schalle mit großen Wellenlängen – tiefen Frequenzen – werden weniger gut abgeschirmt als Schalle mit kleinen Wellenlängen. Neben der Frequenz haben die Abmessung (Länge, Breite, Höhe) und die Lage des Hindernisses zur abzuschirmenden Schallquelle und zum schützenden Immissionspunkt wesentlichen Einfluß auf die Wirksamkeit der Abschirmmaßnahme. Diese sind für die Wirksamkeit um so günstiger, je tiefer der zu schützende Immissionspunkt in die Schattenzone der A. zu liegen kommt.

Als quantitatives Maß für die Wirksamkeit einer Abschirmmaßnahme dient das → Abschirmmaß.

A. werden üblicherweise eingesetzt zum Schutz der Wohnbebauung vor Geräuschen durch den Betrieb von industriellen und gewerblichen Anlagen sowie vor Geräuschen durch Straßen- und Schienenverkehrsanlagen. *Strauch*

Literatur: Richtlinien für den Lärmschutz an Straßen (RLS 90), bekanntgemacht im Verkehrsblatt, Amtsblatt des Bundesministers für Verkehr (VkBl.) Nr. 7 vom 14.4.1990. – Richtlinie zur Berechnung der Schallimmission von Schienenwegen, Ausg. 1990 – Schall 03, bekanntgemacht im Amtsblatt der Deutschen Bundesbahn Nr. 14 vom 4.4.1990. – VDI 2720, Bl. 1 E: Schallschutz durch Abschirmung im Freien. 2/1991. – VDI 2720, Bl. 2: Schallschutz durch Abschirmung in Räumen. 4/1983.

Absolutfilter ⟨*back-up filter*⟩. Filternde → Abscheider, die in speziellen Anwendungsfällen eine nahezu vollständige Abscheidung der in einem Gas dispergierten Partikeln gewährleisten, werden auf dem Gebiet der → Staubabscheidung zuweilen auch als A. oder Endfilter bezeichnet. Als Beispiel seien aus Glasfasern bestehende Papierfilter in Apparaturen zur gravimetrischen Bestimmung der Partikelkonzentration in gasförmigen Medien genannt. Eine Klassifizierung der sog. A. erfolgt nach den für → Tiefenfilter gültigen Normen. *Schmidt*

Absorber ⟨*absorbent, waste gas treatment*⟩. A. sind Stofftrennapparate, in der Luftreinhaltung überwiegend zur Abtrennung gasförmiger Schadstoffe aus → Abgasen eingesetzt (→ Absorptionsverfahren). Eine Absorptionseinrichtung besteht im wesentlichen aus dem A. (oder Wäscher) und der nachgeschalteten Regeneration bzw. Aufarbeitung der Waschflüssigkeit. Dabei werden die Anlagenkonzeptionen durch ein- oder mehrstufigen Betrieb der A. auf den jeweiligen Anwendungsbereich zugeschnitten. Der A.-Abscheidegrad hängt von den Parametern Stoffübergangszahl, Austauschfläche, Verweilzeit und Konzentrationsgefälle zwischen den Phasen ab. Einer Vergrößerung der Stoffübergangszahlen sind wegen des damit verbundenen steigenden Energieaufwands enge Grenzen gesetzt. Die Auslegung eines A. erfolgt daher über die wirksame Austauschfläche. Sie ist der absorbierten Menge löslichen Gases direkt proportional. Den meist in entgegengesetzter Richtung strömenden Phasen wird durch vielfältige konstruktive Maßnahmen eine möglichst große Berührungsfläche angeboten. Die A. werden dafür mit ruhenden oder bewegten Einbauten ausgerüstet. Aufgrund ihres geringen Druckverlustes werden auch A. ohne Einbauten verwendet.

Zu den A. ohne Einbauten zählen die Sprüh-, Venturi-, Zentrifugal- und Oberflächenwäscher. An den Beispielen des Venturi- und Strahlabsorbers können die unterschiedlichen Prinzipien zur Schaffung von Phasengrenzflächen aufgezeigt werden. Beim → Venturiwäscher wird die Energie zum Zerstäuben der Waschflüssigkeit vor allem durch die Strömungsenergie des Gases aufgebracht, was einen hohen Druckverlust zur Folge hat. Um den Apparat wechselnden Gasbelastungen anzupassen, müssen mehrere Venturirohre parallel geschaltet werden, oder der Querschnitt der Venturikehle muß verstellbar sein. Wegen der hohen Geschwindigkeit ist die Kontaktzeit zwischen Gas und Flüssigkeit klein, die Austauschfläche aber dennoch groß.

Beim Strahlwäscher wird die Waschflüssigkeit im Gleichstrom in das zu reinigende Gas eingedüst. Im Gegensatz zum Venturiwäscher bewegt sich die eingestrahlte Flüssigkeit mit höheren Geschwindigkeiten als das Gas. Der Flüssigkeitsstrahl zerfällt in kleine Tropfen. Der Strahlwäscher ist wie auch der → Sprühwäscher relativ unempfindlich gegen Schwankungen des Gasdurchsatzes. Zwischen den Grenzfällen des Venturi- und Strahlwäschers gibt es zahlreiche unterschiedliche Bauformen.

Zu den A. mit Einbauten gehören die Füllkörper-, Bodenkolonnen- und Wirbelschichtabsorber. Die ein-

Strömungsprinzip	Gegenstrom				Querstrom	Gleichstrom	
Funktionsprinzip	Das Gas strömt im Gegenstrom durch eine mit Flüssigkeit berieselte Füllkörperkolonne	Das Gas perlt in Form von Blasen durch die Flüssigkeit	Die Flüssigkeit wird in einem Gasraum fein zerstäubt		Das Gas strömt im Querstrom durch eine mit Flüssigkeit berieselte Füllkörperschicht	Das Gas wird durch die Flüssigkeit angesaugt und mit dieser vermischt	Die Flüssigkeit wird in der Venturikehle dispergiert
Benennung	Füllkörperwäscher	Gasblasenwäscher Bodenkolonnen	Sprühturmwäscher Düsenwäscher	Rotationswäscher	Füllkörperquerstrom wäscher	Strahlwäscher	Venturiwäscher
Schema	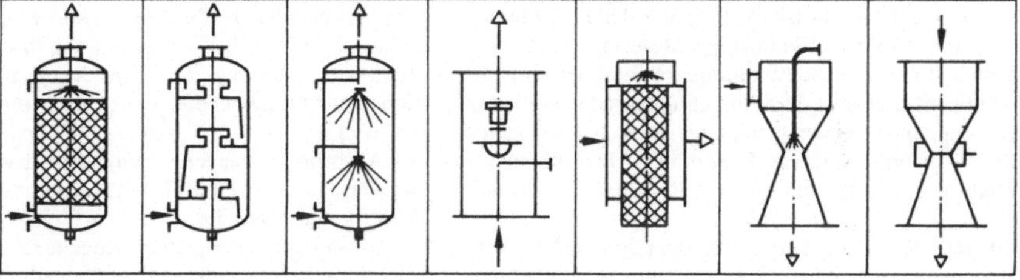						

Absorber: A.-Bauformen.

fachste Bauart ist der Füllkörperwäscher, bei dem die Austauschfläche durch den an den Füllkörpern herunterrieselnden Flüssigkeitsfilm geschaffen wird. Füllkörper werden aus Metall, Kunststoff oder Steinzeug hergestellt. Durch Abscheidung von Feststoffen während des Waschprozesses kann die Füllkörperschicht verstopfen. Wirbelschichtabsorber sind hinsichtlich Verstopfung weniger empfindlich. Die Wirbelschicht kann z. B. aus Kunststoffkugeln bestehen, die zwischen zwei Rosten eine durch die Gasströmung erzeugte wirbelnde Bewegung ausführen. Glocken-, Ventil- und Siebbodenwäscher werden häufig in der mineralölverarbeitenden und chemischen Industrie eingesetzt. Bodenwäscher sind Intensivwäscher mit besonders hohem Stoffaustausch. Rotationsabsorber sind nicht sehr verbreitet, weil sie gegenüber anderen A.-Typen relativ kompliziert aufgebaut sind und einen hohen Energieaufwand erfordern. Sie eignen sich vor allem zur Abscheidung von Gasen mit hoher Löslichkeit, d. h. bei geringem flüssigkeitsseitigen Übergangswiderstand.

A. können auch nach der Strömungsrichtung gekennzeichnet werden (Bild, S. 19). Für die Wahl der optimalen Bauform ist die Kenntnis des für den Absorptionsvorgang geschwindigkeitsbestimmenden Schrittes entscheidend. Liegt der Hauptwiderstand in der flüssigen Phase, ist es wichtig, das Abgas laufend mit neuen Flüssigkeitsschichten in Kontakt zu bringen. Dafür sind besonders Bodenkolonnen und Blasensäulen geeignet. Sprüh- und Filmwäscher bieten dagegen Vorteile, wenn der Hauptwiderstand auf der Gasseite liegt. Neben dem Absorptionsgrad sind für die Auswahl der A. noch folgende Kriterien entscheidend:
- bauartbedingte Verschmutzungs- und Verstopfungsgefahren,
- Platzbedarf,
- Investitionsaufwand und Betriebskosten.

Dombrowski

Absorption von Schall *(sound absorption)*. Bezeichnung für die Umwandlung von Schallenergie in Wärmeenergie beim Auftreffen von Schallwellen auf Grenzflächen oder für die Ableitung der Schallenergie aus einem Schallfeld durch besondere Einrichtungen (Öffnungen, durchlässige, poröse Bauteile).

Gekennzeichnet wird die A. von Schall durch den Schallabsorptionsgrad α. Eine wirksame A. von Schall wird erreicht durch viskose Reibung der Luftschwingung in porösen, offenporigen Materialien, die zur Umwandlung der Schwingungs-(Schall-)energie in Wärmeenergie führt. Der Absorptionsgrad bestimmter Materialien ist frequenzabhängig; die A. tieffrequenter Schalle erfordert größere Dicken des Absorptionsmaterials als die A. hochfrequenter Schalle. *Strauch*

Absorptionsverfahren *(absorption process)*. A. werden eingesetzt, um im → Abgas enthaltene, gasförmige luftverunreinigende Stoffe auszuwaschen. Die Waschflüssigkeit wird als Absorbens (Absorptionswaschmittel), die zu absorbierende gas- bzw. dampfförmige Substanz als Absorptiv und die beladene Waschflüssigkeit als Absorbat bezeichnet. Um eine Verlagerung von Problemen der Luftseite auf die Wasserseite zu vermeiden, ist grundsätzlich eine Regeneration oder Aufbereitung der beladenen Waschflüssigkeit erforderlich; oft ist sogar ein abwasserfreier Betrieb der Abgasreinigungseinrichtung möglich.

Durch Absorption wird ein Gas in einer Flüssigkeit gelöst. Beruht die Aufnahme ausschließlich auf der Löslichkeit des Gases, spricht man von physikalischer Absorption, laufen zusätzliche chemische Reaktionen in der flüssigen Phase ab, spricht man von Chemisorption. Der Absorptionsvorgang wird durch die Transportwiderstände in der gasförmigen und flüssigen Phase, den Konzentrationen bzw. Konzentrationsgradienten und den Reaktionsgeschwindigkeiten beeinflußt. Die Absorptionsisotherme beschreibt den Zusammenhang zwischen der Konzentration des Absorptivs und der gelösten Gasmenge in der Waschflüssigkeit bei konstanter Temperatur (Bild). Sie ist von grundlegender

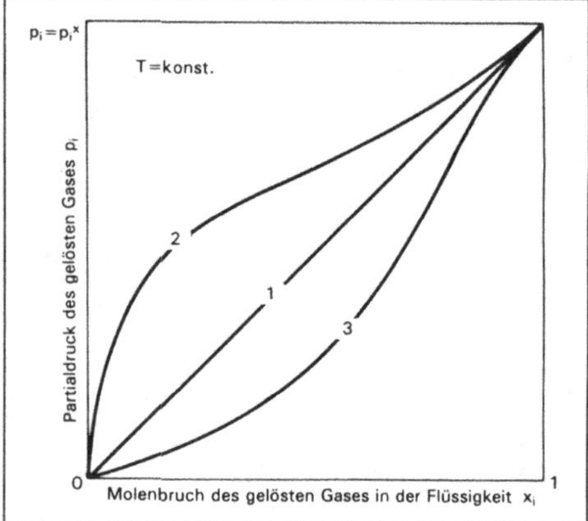

Absorptionsverfahren: Absorptions-Isothermen bei idealem und realem Verhalten der Stoffe.

1 ideal, 2 positive Abweichungen (Partialdruckerhöhung), 3 negative Abweichungen (Partialdruckerniedrigung)

Bedeutung für die Arbeitsweise von Absorption sowie Desorption (bei der Regenerierung). Zur Regenerierung der beladenen Waschflüssigkeit wird das Absorptiv aus dem Absorbat abgetrennt und das Absorbens in den Prozeß zurückgeführt. Im Gegensatz zu Adsorptionseinrichtungen, die i. a. diskontinuierlich einen Wechsel von Beladung und Desorption vorsehen, arbeiten Absorptionsanlagen kontinuierlich, wobei ein Teil der Waschflüssigkeit im Kreislauf durch Absorber und Desorber geleitet wird.

Bei der physikalischen Regeneration muß das Absorptiv in eine andere Phase überführt werden. Eine Überführung in die Gasphase läßt sich durch Temperaturänderung oder Partialdruckerniedrigung, d. h. Druckentspannung oder Verdünnung durch einen Hilfsstoff (Strippen), erreichen. Beispiele für die Überführung des Absorptivs in eine andere flüssige Phase oder in eine feste Phase sind die Extraktion bzw. die Kristallisation.

Bei der chemischen Regeneration erfolgt entweder eine Rückreaktion zwischen Absorbens und Absorptiv, oder das Absorptiv wird in eine Verbindung umgesetzt, die sich leichter aus der Waschflüssigkeit abtrennen läßt. Die Vielfalt der chemischen Regenerationsmöglichkeiten läßt sich an verschiedenen Verfahren zur → Abgasentschwefelung aufzeigen. So werden z. B. als Absorbentien Natriumsulfit (Na_2SO_3), Kaliumsulfit (K_2SO_3) oder Magnesiumverbindungen (MgO, Mg CO_3) eingesetzt, die mit dem SO_2 zu Hydrogensulfit bzw. Sulfit reagieren. Diese Verbindungen lassen sich thermisch wieder in das Absorbens und das Absorptiv aufspalten.

Während bei der physikalischen Absorption nur schwache Wechselwirkungen zwischen Absorptiv und Absorbens bestehen, sind bei der chemischen Absorption erhebliche Wechselwirkungsenergien zwischen Absorptiv und den Reaktanden der Waschflüssigkeit vorhanden. Im allgemeinen treten bei der Absorption sowohl physikalische als auch chemische Effekte auf; die Grenze ist fließend. Wegen ihrer hohen Löslichkeit können z. B. → Ammoniak, → Chlor- und → Fluorwasserstoff allein durch Wasser mit hohem Wirkungsgrad aus Abgasen abgeschieden werden. Die meisten in der → Abgasreinigung eingesetzten A. arbeiten jedoch mit Wasser und einem chemisch aktiven Zusatz. Einige für anorganische Stoffe gebräuchliche Absorptionsmittel sind in der Tabelle zusammengestellt.

Das Absorbens spielt für den technisch-wirtschaftlichen Einsatz von A. eine wichtige Rolle. Die Anforderungen sind u. a.: Verfügbarkeit, Preis, Beladefähigkeit, Selektivität, Dampfdruck, Korrosivität und die Möglichkeiten, das Absorbat zu regenerieren, aufzuarbeiten oder umweltneutral abzuleiten. Hohe Beladefähigkeit und Selektivität ermöglichen kleine Apparategrößen und führen damit zu niedrigen Investitions- und Betriebskosten. Die Waschflüssigkeit, einschließlich der Zusätze, sollte bei der Absorptionstemperatur einen niedrigen Dampfdruck haben oder als Emission nicht wirkungsrelevant sein, weil sonst zusätzliche Emissionsprobleme entstehen. Bei geringer Korrosivität von

Absorptionsverfahren. Tabelle: Absorbentien für gasförmige anorganische Stoffe.

Absorptiv	Absorbens	
	Lösemittel	Zusätze
Phosgen ($COCl_2$)	Wasser	ohne, Natriumhydroxid (NaOH), Kalziumhydroxid ($Ca(OH)_2$)
Brom/Bromwasserstoff (Br_2/HBr)	Wasser	Natriumhydroxid (NaOH)
Chlor (Cl_2)	Wasser	ohne, Natriumhydroxid (NaOH), Natriumsulfit (Na_2SO_3), Natriumthiosulfat ($Na_2S_2O_3$)
Cyanwasserstoff (HCN)	Wasser	Natriumhydroxid (NaOH)
Fluor/Fluorwasserstoff (F_2/HF)	Wasser	ohne, Natriumhydroxid (NaOH), Kalziumhydroxid ($Ca(OH)_2$)
Schwefelwasserstoff (H_2S)	Wasser	Natriumhydroxid (NaOH), Natriumkarbonat (Na_2CO_3), Kaliumkarbonat (K_2CO_3), Kaliumtriphosphat (K_3PO_4), Ammoniak (NH_3), Monoethanolamin ($HOC_2H_4NH_2$), Diethanolamin ($(HOC_2H_4)_2NH$)
Chlorwasserstoff (HCl)	Wasser	ohne, Natriumhydroxid (NaOH), Kalziumhydroxid ($Ca(OH)_2$)
Schwefeldioxid (SO_2)	Wasser	Natriumhydroxid (NaOH), Natriumsulfit (Na_2SO_3), Kalziumhydroxid ($CA(OH)_2$), Magnesiumhydroxid ($Mg(OH)_2$), Ammoniak (NH_3), Kaliumsulfit (K_2SO_3), Kaliumtriphosphat (K_3PO_4)
Stickstoffmonoxid (NO)	Wasser	Eisen (II) EDTA-Komplex (EDTA = Ethylendiamintetraaceticacid)
Stickstoffdioxid (NO_2)	Wasser	ohne, Natriumhydroxid (NaOH), Kalziumhydroxid ($Ca(OH)_2$), Ammoniak (NH_3)

Absorption, Absorbens und Absorbat können für die Abgasreinigungseinrichtung preiswerte Werkstoffe verwendet werden.

A. werden in weiten Bereichen, z. B. bei Kraftwerken, → Abfallverbrennungsanlagen, Kokereien sowie in der zellstoffverarbeitenden Industrie, der Elektroindustrie, der Glasindustrie und der chemischen Industrie eingesetzt.

So werden z. B. Chlor- und Fluorwasserstoff sowie Schwefeldioxid aus Abfallverbrennungsanlagen simultan im mehrstufigen Hochleistungs-Wascher mit Natronlauge oder Kalkmilch als Zusatz abgeschieden. Für diese Stoffe werden → Abscheidegrade von mehr als 95% erreicht.

Auch bei der Abgasentschwefelung bei Kraftwerken oder in der zellstoffverarbeitenden Industrie werden Abscheidegrade von 90% und mehr erreicht. Bei der Abscheidung von Fluorverbindungen aus der Glasindustrie liegt der Abscheidegrad über 95%.

A. können bei der Abscheidung → organischer Stoffe gegenüber der Adsorption Vorteile haben, wenn durch desaktivierende Stoffe im Abgas die Adsorberstandzeit gering und die Konzentration des → Lösemittels hoch ist. So wird z. B. bei der Papierveredelung das als Lösemittel eingesetzte Methanol mit einem Abscheidegrad von mehr als 99% durch Absorption zurückgewonnen.

Bei einer Druckerei konnte durch den Einsatz einer Absorptionsanlage mit integrierter Lösemittelrückgewinnung die Reingaskonzentration unter 75 mg Lösemittel/m^3 gehalten werden. Die Wiederverwertungsrate von Ethanol und Ethylacetat, die zu 90% im Abgas enthalten sind, beläuft sich dabei auf bis zu 90%.

Hinsichtlich emissionsbegrenzender Anforderungen für organische und anorganische luftverunreinigende Stoffe gelten insbesondere die Regelungen der → TA Luft, der Großfeuerungsanlagenverordnung (→ 13. BImSchV, → Großfeuerungsanlage) und der → 17. BImSchV (→ Abfallverbrennungsanlage). So lauten z. B. die Grenzwerte für die anorganischen Stoffe wie Phosgen 1 mg/m^3, Chlorwasserstoff 30 mg/m^3 sowie Fluorwasserstoff 5 mg/m^3 und für organische Stoffe der Klasse I 20 mg/m^3, der Klasse II 100 mg/m^3 und der Klasse III (z. B. Ethanol, Methanol) 150 mg/m^3. *Dombrowski*

Literatur: *Davids, P.; M. Lange*: Die TA Luft '86 – Technischer Kommentar. Düsseldorf 1986. – *Fritz, W.; H. Kern*: Reinigung von Abgasen. Würzburg 1990. – *Menig, H.*: Luftreinhaltung durch Adsorption, Absorption und Oxidation. Wiesbaden 1977.– VDI 3675, Abgasreinigung durch Absorption. 5/1981.

Abstandserlaß *(distance decree)* → Schutzabstand

Abstandsmaß *(attenuation factor, geometrical)*. Logarithmisches Maß zur Kennzeichnung der Schallpegelabnahme in Abhängigkeit vom Abstand zur Schallquelle. Das A. wird üblicherweise mit D_s bezeichnet. Für Schallquellen in der Nähe des Erdbodens, von denen sich der → Schall halbkugelförmig ausbreitet, gilt als A.

$$D_s = 10 \lg \left(2\pi \frac{s^2}{s_0^2} \right) \text{dB}$$

s = Abstand von der Schallquelle in m

s_0 = 1 m

Wird der Abstand s von einer punktförmigen Schallquelle verdoppelt, so beträgt das A. 6 dB; die abstandsbedingte Schallpegeländerung ist somit 6 dB. *Strauch*

Literatur: VDI 2714: Schallausbreitung im Freien. 1/1988.

Abstandsregelung *(regulation of distances)*. Die A. dient dazu, gegenseitige Beeinträchtigungen unterschiedlicher Nutzungen zu vermeiden oder zu vermindern. Neben dem Baurecht findet sie sich vor allem im Immissionsschutzrecht. Nach § 50 des BImSchG sind die für eine bestimmte Nutzung vorgesehenen Flächen einander so zuzuordnen, daß schädliche Umwelteinwirkungen auf die ausschließlich oder überwiegend dem Wohnen dienenden Gebiete sowie auf sonstige schutzbedürftige Gebiete soweit wie möglich vermieden werden. Um diesen Anforderungen zu genügen, sind insbesondere bei der städtebaulichen Planung ausreichende Abstände zwischen störenden und immissionsempfindlichen Gebieten vorzusehen. Anhaltspunkte, wann die Abstände zu emittierenden Anlagen als ausreichend anzusehen sind, enthalten die von einzelnen Ländern herausgegebenen Abstandserlasse. So gibt der nordrhein-westfälische Abstandserlaß vom 21. 3. 1990, geändert durch Erlaß vom 22. 9. 1994, für 196 Anlagearten – eingeteilt in sieben Abstandsklassen – Mindestabstände zu Wohngebieten zwischen 100 und 1 500 m vor. Diese Abstände sind für die Planungsträger nicht verbindlich. Sie besagen nur, daß die Immissionsschutzbehörden bei ihrer Einhaltung keine Bedenken gegen die Planung geltend machen sollen, wenn die störenden Anlagen dem → Stand der Technik entsprechen. *Hansmann*

Literatur: *Dreyhaupt, F.-J.*: Der Abstandserlaß des Landes Nordrhein-Westfalen und seine Folgen für den Städtebau. Städtebauliche Beiträge 1/1979; – *Hansmann, K.*: Erläuterungen zu § 50 BImSchG. In: Landmann/Rohmer: Umweltrecht, Bd. I. – *Marcks, P.*: Die Bedeutung des § 50 BImSchG für die Bauleitplanung. Natur und Recht, 44 ff. 1984.

Abwärme *(waste heat)*. Unter A. ist die ein System verlassende Wärme zu verstehen, ausgenommen ist die Wärme, deren Erzeugung ein Ziel des Prozesses ist. So ist z. B. bei einer → Feuerungsanlage, die Dampf erzeugen soll, diese Dampferzeugung Ziel des Prozesses und somit der anfallende Dampf keine A. Im Gegensatz dazu ist der Wärmeinhalt der → Abgase, die den Schornstein verlassen, A.

Ziel wärmetechnischer Optimierung technischer Prozesse ist es, die anfallende Abwärmemenge möglichst gering zu halten, um auf diese Weise eine Energieeinsparung zu erreichen. In einem Prozeß unvermeidbar anfallende A. kann anderweitig genutzt werden. Die Möglichkeiten für eine solche → Abwärmenutzung sind ganz entscheidend vom Temperaturniveau der A abhängig; allgemein gilt, daß die Nutzungsmöglichkeiten um so besser sind, je höher die Temperatur und damit der Anteil von Exergie der A. ist. Gegebenenfalls ist auch eine Abwärmeaufwertung möglich.

Hinsichtlich des Temperaturniveaus wird die A. häufig zur groben Charakterisierung in vier Bereiche eingeteilt:
- Temperaturen im Bereich der Umgebungstemperatur, d. h. bis ca. 50 °C,
- Niedertemperatur-A. bis ca. 150 °C,
- Mitteltemperatur-A. bis ca. 500 °C,
- Hochtemperatur-A. über 500 °C.

A. kann in diffuser oder gefaßter Form abgegeben werden. Bei der diffusen A. handelt es sich meistens um über große Oberflächen durch Wärmestrahlung und Wärmekonvektion abgegebene Wärme (z. B. Wärmeverluste über die warmen Oberflächen technischer Anlagen). Der diffuse Abwärmestrom kann häufig durch bessere Wärmedämmung reduziert werden; eine Nutzung der diffusen A. ist meist nicht möglich. Gefaßte A. ist an aus dem Prozeß gezielt herausgeführte Stoffströme gebunden (z. B. Kühlflüssigkeiten oder Abluft- oder Abgasströme). *Hoffmann*

Literatur: *Briké, F*: Maßnahmen zu Intensivierung der Abwärmenutzung in der Industrie (Kurzfassung). Hrsg.: Bundesministerium für Forschung und Entwicklung Forschungsbericht T 83-304. 1983. – *Grigull, U.*: Technische Thermodynamik, 3. Aufl. Berlin–New York 1977.

Abwärmenutzung *(waste heat recovery)*. Ziel der A. ist es, die in technischen Prozessen anfallende Abwärme möglichst optimal zu verwerten. Die A. ist somit ein Teil der Wärmenutzung. Häufig wird zwischen aktiver und passiver A. unterschieden. Unter der passiven A. versteht man die Verwertung der Abwärme bei einer Temperatur, die niedriger liegt als die Temperatur, mit der die Abwärme angeboten wird, so daß eine Nutzung durch Einsatz von Wärmetauschern erfolgen kann. Bei der aktiven A. erfolgt eine Abwärmeaufwertung durch Zusatzprozesse, die die Abwärme auf ein höheres Temperaturniveau anheben, auf dem eine Nutzung möglich ist. In der Praxis werden häufig Kombinationen aktiver und passiver Systeme eingesetzt.

Voraussetzung für eine optimale A. ist die sorgfältige wärmetechnische Überprüfung sowohl des Prozesses, der die Abwärme liefert, als auch des Prozesses, der die Abwärme nutzen soll. Dabei sollte in der Regel folgende Reihenfolge eingehalten werden:
- Der Abwärmeanfall sollte so weit reduziert werden, wie dies technisch möglich und wirtschaftlich sinnvoll ist, weil eine Abwärmevermeidung energetisch immer günstiger als eine A. ist.
- Die anfallende Abwärme sollte möglichst weitgehend im gleichen Prozeß wieder eingesetzt werden.
- Die anfallende Abwärme sollte möglichst weitgehend im gleichen Betrieb wieder eingesetzt werden.
- Abwärme, die bei den vorstehenden Schritten nicht verwertbar ist, sollte soweit möglich für eine externe Wärmenutzung (z. B. Einspeisung in Fernwärmenetze) verwendet werden.

Wesentlich für die praktische Verwertbarkeit von Abwärme sind folgende Kriterien:
- Art der Abwärme und Temperaturniveau,
- jährlich anfallende Abwärmemenge und jährlicher Wärmebedarf beim Abnehmer,
- Zeitgang und Zeitdauer des Abwärmeanfalls und des Wärmebedarfs beim Abnehmer,
- andere Aspekte des Umweltschutzes, z. B. Immissionsschutz, Reststofffragen. *Hoffmann*

Literatur: Wärmenutzungsverordnung. VDI-Bericht 857, Düsseldorf 1990. – *Briké, F.*: Maßnahmen zu Intensivierung der Abwärmenutzung in der Industrie (Kurzfassung). Hrsg.: Bundesministerium für Forschung und Entwicklung. Forschungsbericht T 83-304. 1983. – *Cube, H. L. von* u. *F. Steimle*: Wärmepumpen (Grundlagen und Praxis). Düsseldorf 1984.

8. BImSchV *(eighth ordinance based on the Federal Immission Control Act/lawn-mower noise ordinance)*. Rasenmäherlärm-Verordnung vom 13. Juli 1992 (BGBl. I S. 1248), geändert durch Gesetz vom 27. April 1993 (BGBl. I S. 512). Regelt das Inverkehrbringen und die Kennzeichnung sowie den Betrieb von motorbetriebenen Rasenmähern.

❒ Inverkehrbringen und Kennzeichnung (§§ 2 bis 5, 7). Das Inverkehrbringen von Rasenmähern ist abhängig von in § 3 gesetzten „zulässigen Geräuschemissionswerten" (→ Rasenmäher) am Bedienerplatz, deren Einhaltung bei einer Typprüfung von amtlich bekanntgegebenen Meßstellen festzustellen ist. Jedem Rasenmäher ist eine Bescheinigung des Herstellers oder Einführers beizufügen, die die Übereinstimmung des Geräts mit dem typgeprüften auf der Grundlage des Typprüfungsprotokolls bestätigt. Außerdem sind auf jedem Rasenmäher „gut sichtbar" das Herstellerkennzeichen, die Typbezeichnung und der gewährleistete Geräuschemissionswert anzugeben. Die Verordnung findet hinsichtlich des Inverkehrbringens und der Kennzeichnung insbesondere keine Anwendung auf land- und forstwirtschaftliche Geräte sowie auf Geräte ohne eigenen Antrieb.

❒ Betrieb (§ 6). Rasenmäher dürfen an Werktagen in der Zeit von 19 bis 7 Uhr sowie an Sonn- und Feiertagen nicht betrieben werden; ausgenommen ist nur der Betrieb im land- oder forstwirtschaftlichen Einsatz. Besonders lärmarme Rasenmäher (§ 6 Abs. 2) dürfen an Werktagen bis 22 Uhr betrieben werden. Diese bundeseinheitliche Regelung kann durch landesrechtliche/kommunale Bestimmungen, vor allem zum Schutz der Mittags- und Nachtruhe oder von besonders empfindlichen Gebieten, z. B. Kurgebiete, verschärft werden.

❐ Emissionsbegrenzung. Die zulässigen Geräuschemissionswerte gelten unmittelbar nur für das Inverkehrbringen und haben insofern den Charakter von → Emissionsgrenzwerten (→ Emissionsstandard). Sind typgeprüfte Rasenmäher in Verkehr gebracht, so können aus der 8. BImSchV keine anderen Maßnahmen als sich aus den Betriebsregelungen (§ 6) ergebende abgeleitet werden. Das Emissionsverhalten von typgeprüften Rasenmähern im Betrieb ist im Einzelfall nach dem Stand der Lärmminderungstechnik zu beurteilen, wobei die für das Inverkehrbringen maßgeblichen Emissionsgrenzwerte (§ 3) Entscheidungshinweise geben können. Daß aber die dort gesetzten → Schalleistungspegel im Einzelfall unterschritten werden können, signalisiert bereits § 6 mit der Ausnahmevorschrift für besonders lärmarme Rasenmäher. *Dreyhaupt*

18. BImSchV ⟨*eighteenth ordinance based on the Federal Immission Control Act/ordinance on protection from noise of sports facilities*⟩ → Sportanlagen-Lärmschutzverordnung

Adsorbens ⟨*adsorbent*⟩ → Adsorptionsverfahren

Adsorber ⟨*adsorbent*⟩. A. sind Stofftrennapparate; in der Luftreinhaltung überwiegend zur Abtrennung gasförmiger Schadstoffe aus Abgasen eingesetzt (→ Adsorptionsverfahren).

Ein A. besteht im wesentlichen aus einem Behälter, der das Adsorbens in Form einer Schüttschicht enthält. Die Adsorbensschicht kann entweder stationär angeordnet sein oder sie wird durch den Apparat hindurch bewegt. Im ersten Fall spricht man von Festbettadsorbern, im zweiten von Wanderbett- oder Wirbelbettadsorbern. Man unterscheidet zudem zwischen vertikaler oder horizontaler Ausführung. Eine zusätzliche Variante der vertikalen Bauform von Festbett- und Wanderbettadsorbern ist der Ringadsorber, in dem die Adsorbensschüttung ringförmig angeordnet ist (Bild).

Adsorptionseinrichtungen arbeiten überwiegend mit einem körnigen Adsorbens im Festbett. Bei Festbettadsorbern ruht das Adsorbens auf einem Tragrost. Während der Adsorption durchströmt das Abgas den Apparat in der Regel von unten nach oben, beim vertikalen Ringadsorber quer, von außen nach innen. Nach Erreichen der Beladegrenze muß das Adsorbens regeneriert werden. Dies erfolgt durch Desorption der adsorbierten Stoffe, d. h. durch Umkehrung des Adsorptionsvorganges. Festbett-A. werden abwechselnd im Adsorptions- und Desorptionsbetrieb gefahren. Für eine kontinuierliche → Abgasreinigung sind daher mindestens zwei A. erforderlich. Festbett-A. sind nicht für die Reinigung staubhaltiger Abgase einsetzbar. Daher ist für staubhaltige Abgase eine wirksame → Staubabscheidung vorzuschalten.

Bei Wanderbett- und Wirbelbett-A. wird das Adsorbens im Kreislauf zwischen A. und getrennt angeordnetem Regenerator gefahren. Im Gegensatz zum Festbett-A. erfolgen damit Adsorption und Desorption kontinuierlich und gleichzeitig. Beim vertikalen Wanderbett-A. bewegt sich das Adsorbens während der Adsorption von oben nach unten durch den Apparat. Vom Abgas wird es dabei quer durchströmt, beim Ring-A. von innen nach außen. Horizontale Wanderbett-A. werden vom Abgas in der Regel von oben nach unten durchströmt. Beim Wirbelbett-A. wird das Adsorbens oben zugeführt und bewegt sich im Gegenstrom zum Abgas durch den Apparat. Mit Adsorbenskreislauf arbeitende Anlagen sind bis zu einem gewissen Grad staubverträglich, da das Adsorbens von Abrieb und von mit dem Abgas eingetragenen Staub gereinigt werden kann, z. B. durch Absiebung.

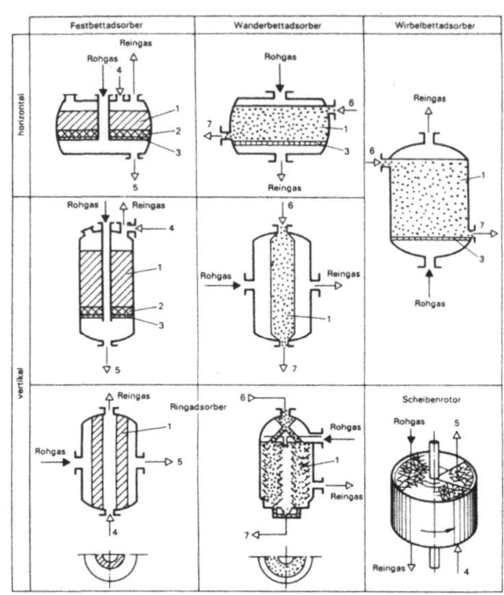

Adsorber: A.-Bauformen.

1 Adsorbens, 2 Wärmespeicher, 3 Tragrost/Wanderbett/Wirbelbett, 4 Desorptionsmedium, 5 Desorptionsmedium mit desorbierten Stoffen, 6 Adsorbens von Regeneration, 7 Adsorbens beladen, zur Regeneration

Eine Sonderbauart ist der sog. Scheibenrotor, in dem anstelle des körnigen Adsorbens ein kreisförmig angeordnetes, gewelltes Aktivkohle-Fasermaterial verwendet wird. Das Adsorbens bewegt sich rotierend. Der Apparat ist in einen Adsorptions- und Desorptionssektor unterteilt, in denen beide Vorgänge kontinuierlich und gleichzeitig erfolgen. Der Scheibenrotor wird bereits häufig zur Lösemittelabscheidung, z. B. bei → Lackieranlagen der Automobilindustrie, eingesetzt. *Pruditsch*

Literatur: *Davids, P.; M. Lange*: Die TA Luft '86 – Technischer Kommentar. Düsseldorf 1986.

Adsorptionsverfahren ⟨*adsorption technology*⟩. A. werden eingesetzt, um an porösen Feststoffen mit großer innerer Oberfläche aus Gasen oder aus Flüssigkeiten Stoffe anzulagern. Bevorzugt werden A. zur Abscheidung von gasförmigen organischen Schadstoffen eingesetzt. Man bezeichnet den Feststoff als Adsorptionsmittel oder Adsorbens, die zu adsorbierende gasförmige (oder flüssige) Substanz als Adsorptiv und, nachdem sie an der Feststoffoberfläche angelagert wurde, als Adsorpt. Die Regenerierung des Feststoffs erfolgt durch Desorption, die Umkehrung der Adsorption, die freigesetzte Substanz bezeichnet man als Desorpt. Die Attraktivität der adsorptiven → Abgasreinigung liegt in der Möglichkeit zur Rückgewinnung von Wertstoffen oder zur Gewinnung anderweitig verwendbarer hochwertiger Produkte. Für die Abscheidung gasförmiger anorganischer Stoffe werden daher nur A. eingesetzt, wenn Weiterverarbeitungsmöglichkeiten für ein Reichgas bestehen (→ BF-Uhde-Verfahren).

Durch Adsorption wird das Adsorptiv an der Feststoffoberfläche angelagert und angereichert. Der Prozeß ist durch folgende Teilschritte gekennzeichnet: konvektiver Transport an den Feststoff, Diffusion an die Oberfläche und durch die Poren an die innere Oberfläche des Adsorbens. Je nach Art der Kräfte, durch die die Moleküle festgehalten werden, unterscheidet man zwischen physikalischer und chemischer Adsorption (Physisorption und Chemisorption). Bei der Physisorption werden nur (physikalische) Effekte zwischen Feststoff und Adsorptiv wirksam. Die chemisorptive Bindung ist einer chemischen Bindung vergleichbar. Die Adsorptionsisotherme beschreibt den Zusammenhang zwischen der Konzentration des Adsorptiv und der Beladungskapazität des Adsorbens für das entsprechende Adsorptiv bei konstanter Temperatur. Sie wird zur Auslegung von Adsorbern herangezogen. Da bei der Adsorption Wärme freigesetzt wird, muß für die Desorption zur Regeneration des Feststoffs Energie zugeführt werden. Die Regeneration erfolgt i. a. durch Temperaturerhöhung, die durch ein Trägergas erreicht wird. Hauptsächlich wird Wasserdampf verwendet, aber auch Luft oder Inertgas und indirekte Beheizung werden eingesetzt. Die Regeneration kann auch durch Druckerniedrigung erfolgen, deren Einsatz ist auf spezielle Anwendungen begrenzt. Das Desorpt (meist ein Gas) enthält die aus dem Abgas entfernte Substanz in angereicherter Konzentration, eine Weiterverwertung ist daher in der Regel nach einer Aufbereitung möglich. Die Aktivität des Adsorbens nimmt ab, wenn Reaktionsprodukte auch nach der Desorption auf der Oberfläche verbleiben, eine Reaktivierung wird dann erforderlich.

Die Anforderungen an die Eigenschaften des Adsorbens für den technisch wirtschaftlichen Einsatz von A. sind:

- große innere Oberfläche von mindestens 100 m^2/g, damit eine hohe Beladungskapazität erzielt wird (Tabelle);
- hohe Selektivität für die Abscheidung des Adsorptivs,
- gute Regenerationseigenschaften,

Adsorptionsverfahren. Tabelle: Typische Kennwerte und Betriebsbedingungen der Adsorption.

Temperaturbereich	20–40 °C
spez. Oberfläche	100–1 500 m^2/g
Schüttdichte	0,3–0,8 g/m^3
Gesamtporenvolumen	0,05–1,1 ml/g

- geringer Transportwiderstand im Porensystem, da der geschwindigkeitsbestimmende Schritt der Adsorption meist der Transport durch Diffusion an die innere Oberfläche ist,
- hohe Stabilität gegen mechanische und thermische Einflüsse,
- geringer Druckverlust.

Zur Abgasreinigung durch A. werden als Adsorbentien partikelförmige Materialien (Kugeln, Zylinder, gebrochenes Korn) verwendet. Praktische Bedeutung haben Aktivkohle und -koks sowie Aktivkohlefasern, Kieselgel, Aluminiumoxide und Zeolithe.

Typische Einsatzgebiete von A. zur Wiedergewinnung von organischen Lösemitteln sind z. B. Beschichtungsbetriebe (Klebebänder, Selbstklebefolien), Faserherstellung (Acetat- u. Viskosefasern), Filmherstellung, Lackierbetriebe, Chemischreinigung, Druckereien sowie zur Geruchsbeseitigung (Fisch-, Fleischmehlfabriken). Die abzuscheidenden → Lösemittel sind u. a. Toluol, Benzol, Aceton oder Alkohol.

Am Beispiel einer Lösemittelrückgewinnung bei der Herstellung von Verpackungsmaterial wird der Einsatz von A. erläutert. Bei der Herstellung von Verpackungsmaterial für Lebensmittel dürfen nur geringe Spuren von Lösemitteln im Produkt zurückbleiben. Durch große Luftmengen bei der Trocknung ergeben sich Abgasvolumenströme mit geringer Lösemittelkonzentration. Es werden verschiedene Lösemittel verwendet, so daß das Abgas aus einem Gemisch von Ethylaceton, Ethanol, Aceton, Toluol u. a. besteht. Ethylacetat und Ethanol machen jedoch 80 bis 90% der gesamten Lösemittel aus. Die Abgasreinigungsanlage besteht aus fünf Festbettadsorbern, von denen vier im Adsorptions- und einer im Desorptionsbetrieb läuft. Bei Temperaturen von ca. 30° C werden 98% der Lösemittel an Aktivkohle abgeschieden. Das Desorpt wird in diskontinuierlich betriebenen Destillationskolonnen zu wiederverwertbarem Ethylacetat bzw. Ethanol aufbereitet. Mit der Adsorptionsanlage lassen sich Reingaswerte unter 100 mg Lösemittel/m^3 ohne weiteres einhalten.

Die Emissionen von → organischen Stoffen werden bei industriellen und gewerblichen Anlagen insbesondere durch die Anforderungen der → TA Luft begrenzt. Für Stoffe der Klasse I (hohe Toxizität) bei einem Massenstrom von 0,1 kg/h oder mehr auf 20 mg/m^3, für Stoffe der Klasse II (mittlere Toxizität) bei einem Massenstrom von 2 kg/h oder mehr auf 100 mg/m^3 und für Stoffe der Klasse III (geringe Toxizität) bei einem Massenstrom von 3 kg/h auf 150 mg/m^3. *Dombrowski*

Literatur: *Baumbach, G.*: Luftreinhaltung. Berlin–Heidelberg 1990. – *Davids, P.*; *M. Lange*: Die TA Luft '86. Technischer Kommentar. Düsseldorf 1986. – VDI-Ber. 730: Fortschritte bei der thermischen, katalytischen und sorptiven Abgasreinigung. Düsseldorf 1989.– VDI 2280 E: Emissionsminderung; Flüchtige organische Verbindungen, insbesondere Lösemittel. Düsseldorf 3/1985. – VDI 3674 E: Abgasreinigung durch Adsorption; Oberflächenreaktion und heterogene Katalyse. Düsseldorf 6/1981.

Äquivalenzparameter ⟨*equivalent parameter*⟩. Auch Halbierungsparameter genannt, ein zur Bildung des äquivalenten Dauerschallpegels oder Mittelungspegels festgelegter Parameter.

Der mit q bezeichnete Ä. gibt an, um wieviel Dezibel ein → Geräusch erhöht werden kann, wenn es nur die halbe Zeitdauer auf den Menschen einwirkt, um gleich lästig zu wirken wie das geringere Geräusch während der gesamten Einwirkdauer.

Bei den von gewerblichen Anlagen, Straßen- und Schienenverkehrsanlagen sowie von Sport- und Freizeitanlagen verursachten Geräuschimmissionen wird der äquivalente Dauerschallpegel mit dem Ä. $q=3$ gebildet; beim äquivalenten Dauerschallpegel nach dem Gesetz zum Schutz gegen Fluglärm wird für q der Wert 4 benutzt.

Wird für den Ä. der Wert $q=3$ gewählt, so ist der Dauerschallpegel der mittleren Schallenergie äquivalent und wird als energieäquivalenter Dauerschallpegel bezeichnet. *Strauch*

Aerosol-Abscheider ⟨*aerosol separator*⟩. Die Auswahl eines A.-A. zur Abtrennung der Partikeln aus dem gasförmigen Medium ist abhängig von der tatsächlich vorliegenden Verteilung der Partikelgrößen, der Rohgaskonzentration und der zu unterschreitenden, maximal zulässigen Reingaskonzentration. Grundsätzlich kommen filternde → Abscheider, insbesondere Schwebstoffilter, aber auch elektrische Abscheider und naßarbeitende Abscheider zur Lösung solcher Trennaufgaben in Frage. *Schmidt*

Aktiv-Kohlefilter ⟨*charcoal filter, activated*⟩ → Adsorptionsverfahren

Aktivkohlekanister ⟨*charcoal canister*⟩. A. werden im Kraftfahrzeug zur Adsorption der aus dem Kraftstoff entweichenden leichtflüchtigen → Kohlenwasserstoffe eingesetzt. Gespült wird diese Filteranlage während des Betriebs des Kraftfahrzeugs, indem durch ein geeignetes System ein Teil der Ansaugluft durch den Kanister geleitet wird. Die aufgefangenen Kohlenwasserstoffe werden dem Brennraum zugeführt und bei der Verbrennung umgesetzt. Der Einsatz dieser A. bei Fahrzeugen mit Ottomotor ist notwendig, um den festgelegten Grenzwert für Verdampfungs- und Verdunstungsemissionen (Verdampfungsemission Kfz) aus dem Tank- und Kraftstoffsystem einzuhalten. Die Größe der A. liegt zwischen 1 bis 4 Liter. *Kind/May*

Aldehyde (Immissionsmessung) ⟨*aldehyde, immission measurement*⟩. A. und Ketone sind überwiegend von Interesse als Zwischenprodukte photochemischer Abbaureaktionen → organischer Verbindungen in der Atmosphäre. Es gibt eine Reihe von Meßverfahren für A., die jedoch für Immissionsmessungen nicht alle geeignet sind.

Prinzipiell ist eine in situ-Messung ohne Anreicherung mit Hilfe der Fourier-Transform-Infrarot-Spektroskopie möglich. Der große meßtechnisch-apparative Aufwand und die noch relativ schlechten Nachweisgrenzen ermöglichen derzeit keine Routineanwendung dieser Technik.

Andere, klassische Meßmethoden beinhalten einen Anreicherungsschritt für die A. bei der Probenahme. Im wesentlichen sind hier zu nennen:
- Die photometrische Gesamtbestimmung von A. mit der 3-Methyl-2-benzothiazolon-hydrazon-Methode: die Methode ist empfindlich, erfordert aber wegen der instabilen Reaktionslösungen kurze Probenahmezeiten und eine umgehende Analyse;
- Das Chromotropsäure-Verfahren: ist spezifisch für → Formaldehyd;
- Die Bestimmung mit Sulfit und Pararosanilin nach VDI 3484, Blatt 1;
- Die 2,4-Dinitrophenylhydrazin-Methode: Hierbei werden die A. auf einem Sorbens, das mit 2,4-Dinitrophenylhydrazin belegt ist, absorbiert und in saurem Milieu zu den entsprechenden Hydrazonen umgesetzt. Nach der Elution erfolgt die Trennung mit Hilfe der Hochdruck-Flüssigkeits-Chromatographie und der Nachweis mit einem UV-Detektor. *Pfeffer*

Literatur: *Kirschmer, P.* und *P. Eynck*: Meßverfahren mit automatisierter Probenahme zur Bestimmung von Aldehyden in der Luft. LIS-Berichte der Landesanstalt für Immissionsschutz NRW, Nr. 92 (1989). – VDI 3484, Bl. 1: Messen gasförmiger Immissionen; Messen von Aldehyden; Bestimmen der Formaldehyd-Konzentration nach dem Sulfit-Pararosanilin-Verfahren 1/1979.

Alkohol-Benzin-Mischkraftstoff ⟨*alcohol-gasoline-blend*⟩. Alkohole lassen sich prinzipiell als Zumischkomponente in beliebiger Zumischrate zu konventionellen Ottokraftstoffen verwenden. Davon werden jedoch wichtige Kraftstoffeigenschaften, z. B. die Flüchtigkeit, erheblich betroffen. Einer Zumischung von Alkoholen sind deshalb durch die in DIN 51 607 festgelegten Mindestanforderungen an die wichtigsten Kraftstoffeigenschaften für unverbleite Ottokraftstoffe Grenzen gesetzt. Zusätzlich sinkt der Kraftstoffheizwert mit steigendem Alkoholgehalt der Mischkraftstoffe, was zu einem volumetrischen Mehrverbrauch führt, trotz in der Regel besserer Wirkungsgrade der Motoren. Deshalb ist die maximale Zumischrate zu Ottokraftstoffen begrenzt, wobei die Grenzwerte in der EG-Richtlinie über den Einsatz von sauerstoffhaltigen Komponenten vom 1. 1. 1988 festgelegt sind. Dabei dürfen Einzelkomponenten individuelle Grenzwerte nicht überschreiten. Zusätzlich ist der Massenanteil des

Sauerstoffs im Kraftstoff auf 2,5 Massen-% für alle EG-Staaten begrenzt. Für einzelne Länder kann dieser Grenzwert auf 3,7 Massen-% angehoben werden.

Die wesentlichsten Auswirkungen der Alkoholzumischung sind:
– Das Siedeverhalten wird negativ beeinflußt, weil der bei niedrigen Temperaturen verdampfende Kraftstoffanteil zunimmt, wodurch Heißstartprobleme der Motoren auftreten. Der Dampfdruck der Mischkraftstoffe nimmt deshalb ebenfalls zu. Durch die hohe Verdampfungswärme, insbesondere von Methanol, wird zusätzlich der Kaltstart verschlechtert.
– Der Heizwert der Mischkraftstoffe nimmt mit steigendem Alkoholanteil ab infolge der Zunahme des Sauerstoffmassenanteils am Gesamtkraftstoff.
– Die Viskosität der Mischkraftstoffe nimmt mit steigendem Alkoholanteil zu.
– Die Klopffestigkeit der Mischkraftstoffe nimmt mit steigendem Alkoholanteil zu, wobei allerdings die Klopffestigkeit des Grundkraftstoffs von entscheidender Bedeutung ist. Klopffestere Kraftstoffe können in Ottomotoren durch eine Anhebung des Verdichtungsverhältnisses bei besserem Wirkungsgrad umgesetzt werden. Die Research Oktanzahl ROZ nimmt deutlich zu, während die Motor Oktanzahl MOZ nur geringfügig ansteigt. Für bereits hochklopffeste Grundkraftstoffe wie Super Plus ist keine deutliche Steigerung der Klopffestigkeit mehr zu erreichen.
– Zur Verbesserung der Löslichkeit von niederen Alkoholen wie Methanol und Ethanol müssen Lösungsvermittler zugegeben werden, weil es sonst bereits bei geringen Wasseranteilen im Kraftstoff zu Entmischungsvorgängen kommt. Tertiärbutanol wird als Lösungsvermittler für Alkoholmischkraftstoffe auf der Basis konventioneller Ottokraftstoffe verwendet, wobei bereits geringe Anteile dieses höheren Alkohols infolge einer synergistischen Wirkung zu einer Stabilisierung des Mischkraftstoffs führen. *Wiedenhöft/May*

Literatur: DIN 51 607: Flüssige Kraftstoffe; Unverbleite Ottokraftstoffe; Mindestanforderungen.

Alkoholkraftstoff ⟨*alcohol fuel*⟩. Alkohole als alternative Kraftstoffe für Verbrennungsmotoren haben Vorteile bezüglich des Umwelteinflusses im Vergleich zu Kohlenwasserstoff-Kraftstoffen.

Die wesentlichen Vorteile von A. sind:
– Das Risiko von Umweltschäden bei Unfällen wird reduziert, weil Alkohole in jedem Verhältnis mit Wasser mischbar sind.
– Alkoholmotoren lassen sich prinzipiell mit höherem Luftüberschuß betreiben. Daraus resultieren geringere Kohlenmonoxidemissionen im Vergleich zu konventionellen Ottokraftstoffen.
– Optimal abgestimmte Alkoholmotoren weisen bei höheren Wirkungsgraden zusätzlich geringere Stickoxidemissionen auf.
– Die Kohlenwasserstoffemissionen sind geringer als im Benzinbetrieb. Die Zusammensetzung der Bestandteile spielt eine wesentliche Rolle. Bei Alkoholmotoren entstehen fast nur einfache Verbindungen, die rasch zerfallen. Polyzyklische Aromaten und solche Verbindungen, die zur Photosmog-Bildung beitragen, sind nicht oder nur in sehr geringen Mengen vorhanden.
– Der niedrigere Schadstoffgehalt im → Abgas bezieht sich sowohl auf Otto- als auch auf Dieselmotoren. Damit lassen sich beim Dieselmotor sowohl die Zusammensetzung der Kohlenwasserstoffe im Abgas als auch die Partikelemissionen reduzieren. Die höhere Aldehydemission des Alkohol-Ottomotors läßt sich mit relativ geringem technischen Aufwand beseitigen. Die Technologie ist erprobt und läßt keine wesentlichen Probleme erwarten.

❒ Schadstoffemissionen von Alkoholmotoren:
– → Kohlenmonoxid. Die Kohlenmonoxidemissionen von Alkoholmotoren zeigen den für alle Kohlenwasserstoffe typischen Verlauf in Abhängigkeit vom Verbrennungsluftverhältnis λ. Alkohole weisen hier prinzipiell keine deutlichen Vorteile gegenüber konventionellen Ottokraftstoffen auf. Auch die bei Alkoholmotoren realisierbaren höheren Verdichtungsverhältnisse infolge der hohen Klopffestigkeit haben keinen signifikanten Einfluß auf die CO-Emission. Diese sind im wesentlichen nur vom Verbrennungsluftverhältnis λ des motorischen Betriebspunkts abhängig. Der Alkoholmotor hat den Vorteil, daß er im Vergleich zu konventionellen Ottokraftstoffen auf Grund der weiteren Zündgrenzen der Alkohole noch mit magererem Gemisch problemlos zu betreiben ist. Damit läßt sich vor allem im Teillastbetrieb eine Motorabstimmung mit geringeren CO-Emissionswerten als im Benzinbetrieb realisieren. Dieser Vorteil läßt sich allerdings nicht für Drei-Weg-Katalysator-Konzepte nutzen, die prinzipbedingt mit stöchiometrischem Verbrennungsluftverhältnis betrieben werden müssen.
– → Kohlenwasserstoffe. Mit steigendem Methanolanteil sinken bei gleichem Verbrennungsluftverhältnis die Kohlenwasserstoffkonzentrationen im Abgas. Für ungeregelte Katalysatorkonzepte haben insbesondere Methanolmotoren den Vorteil, daß sie im für Abgastests besonders wichtigen Teillastgebiet mit magererem Gemisch betrieben werden können als entsprechende Benzinmotoren. Daher sinken zunächst sowohl die HC- als auch CO-Konzentrationen im Abgas. Mit zunehmender Verdichtung, wie sie für Methanolmagerkonzepte verwendet wird, steigen allerdings die Kohlenwasserstoffkonzentrationen wieder an. Dies liegt an den aus der höheren Verdichtung resultierenden ungünstigeren Oberflächen-Volumen-Verhältnissen des Brennraumes. Hier kommt es infolge der Quencheffekte (Verlöschen der Flamme an der kalten Brennraumwand) zum Anstieg der Konzentrationen der unverbrannten Kohlenwasserstoffe im Abgas. Durch die höhere Verdichtung werden zudem bei steigendem Wirkungsgrad niedrigere Abgastemperaturen erreicht. Die Folge sind geringere Nachreaktionen unverbrannter Kohlenwasserstoffbestandteile im Abgassystem. Wegen der unter-

schiedlichen Zusammensetzungen der teiloxidierten bzw. unverbrannten Kraftstoffanteile bei Alkohol- und Benzinmotoren muß auch die Bewertung der HC-Emissionswerte differenziert gesehen werden.

Photochemischer → Smog entsteht durch komplexe chemische Reaktionen zwischen Stickoxiden, Kohlenwasserstoffen und Sauerstoff in der Atmosphäre. Ultraviolettes Sonnenlicht liefert die benötigte Energie. Untersuchungen haben gezeigt, daß Abgas aus Methanolmotoren eine wesentlich geringere Smog-Reaktivität hat als das vergleichbare Benzinmotoren, trotz erheblich höherer Aldehydemissionen der Alkoholmotoren. Diese resultieren im Wesentlichen aus den Quenchzonen des Brennraumes. Auch bei der Betrachtung der gesundheitlichen Aspekte spielt die Zusammensetzung der Kohlenwasserstoffe eine wesentliche Rolle. Das Abgas von Alkoholmotoren enthält im wesentlichen einfache HC-Verbindungen, d.h. langkettige und polycyklische Kohlenwasserstoffe. Aromaten fehlen oder sind nur zu einem verschwindenden Bruchteil im Vergleich zu benzinbetriebenen Motoren nachweisbar.

– Stickoxide. Die Stickoxidkonzentrationen sinken wegen der geringeren Verbrennungstemperatur und des kühleren Brennraums. Mit zunehmender Verdichtung ist ein Ansteigen der NO_x-Emissionswerte zu erwarten. Durch Zurücknahme des Zündzeitpunkts läßt sich eine drastische Senkung der NO_x-Werte des Alkoholmotors erreichen. Dabei muß der Zündzeitpunkt nicht so weit zurückgenommen werden, daß bereits ein Anstieg des Kraftstoffverbrauchs erfolgt. Der hoch verdichtete Alkoholmotor weist einen geringeren Zündbedarf zur Erreichung des optimalen Wirkungsgrads auf als der vergleichsweise niedrig verdichteten Benzinmotor. Durch eine → Abgasrückführung lassen sich die NO_x-Emissionen zudem deutlich senken. Damit ist jedoch ein Anstieg der HC-Emissionen und des Kraftstoffverbrauchs verbunden.

– Sonstige Schadstoffe. In den A. ist weder Schwefel noch Blei enthalten. Daher sind die Abgase frei von diesen Schadstoffen und deren Verbindungen. Bei alkoholbetriebenen Dieselmotoren sind die Abgasbestandteile mengenmäßig geringer. Auch ihre chemische Zusammensetzung ist weniger komplex als bei konventionellen Dieselkraftstoffen. Mit steigendem Alkoholanteil im Kraftstoff sinken die Partikelemissionen. Mit reinem Alkohol können Dieselmotoren fast rußfrei betrieben werden. Die Aldehyd-Emissionen von mit Alkoholen betriebenen Dieselmotoren sind geringer als im Dieselbetrieb, im Gegensatz zu Ottomotoren. Aldehyde sind Reaktionsprodukte der langsamen Verbrennung von Alkoholen. Diese entstehen überwiegend in den Randzonen des Brennraums durch das Verlöschen der Flamme im Bereich der kühlen Zylinderwände. Hierin ist das unterschiedliche Verhalten bezüglich der Aldehydemissionen von Otto- und Dieselmotoren begründet. Unter anderem werden auch unverbrannte Alkoholanteile emittiert, die dann zusammen mit den heißen Abgasen zu Aldehyden aufoxidiert werden. Ein ungünstiges Oberflächen-Volumen-Verhältnis und hohe Verdichtung fördern den Aldehydausstoß ebenso wie niedrige Abgastemperaturen. Durch einen Oxidationskatalysator lassen sich die Aldehydemission deutlich reduzieren. *Wiedenhöft/May*

Altölraffinerie ⟨*used oil refinery*⟩. In der A. werden Gebrauchtöle durch Zweitraffination zu Grundölen und Destillaten aufbereitet. Die Zweitraffination wird (noch) nahezu ausschließlich nach dem Schwefelsäure-Bleicherde-Verfahren durchgeführt. Kennzeichnend für dieses Verfahren sind folgende Stufen:

– Phasentrennung nach → Sedimentation (Grobtrennung von Wasser und Feststoffen)

– Atmosphärische Destillation bis 250 °C (Entfernung niedrig-siedender Bestandteile)

– Chemische Umsetzung der ungesättigten Verbindungen mit konzentrierter Schwefelsäure und anschließende Neutralisation mit Kalk

– Abtrennung des neutralisierten Raffinationsschlammes (Säureteer)

– Vakuumdestillation

– Optische Aufhellung und adsorptive Reinigung durch Bleicherde-Behandlung in Mischern.

Mit den üblichen Verfahren können halogenierte Kohlenwasserstoffe nur unzulänglich entfernt werden. Besser geeignete Verfahren sind:

– Katalytische Hydrodehalogenierung: Dabei werden die → Halogenkohlenwasserstoffe weitgehend in reine Kohlenwasserstoffe umgewandelt. Der dabei entstehende Halogenwasserstoff wird ausgewaschen.

– Natriumverfahren: Entwässertes Altöl wird mit dispergiertem Natrium behandelt. Dabei polymerisieren die Additive auch andere Verunreinigungen oder es werden Natriumsalze gebildet. Die reinen Kohlenwasserstoffe werden durch Vakuum-Destillation abgetrennt.

Grundöle dienen zur Schmierölherstellung, die bei der Destillation gewonnenen Schwerbenzine und Schlämme zur Befeuerung von Anlagen und zur Dampferzeugung. Säureteer und Bleicherde werden auch in der Zementindustrie thermisch verwertet.

A. gehören zu den genehmigungsbedürftigen Anlagen (Anhang zur → 4. BImSchV Nr. 4.4). Es gelten die emissionsbegrenzenden Anforderungen der → TA Luft. Hinsichtlich der Emissionsquellen, der Art der Emissionen und der Emissionsminderungsmaßnahmen wird auf die → Mineralölraffinerien verwiesen. *Angrick*

Literatur: *Davids, P.; M. Lange*: Die TA Luft '86 – Technischer Kommentar. Düsseldorf 1986. – Spezifische Emissionen einer Altölraffinerie. Forschungsvorhaben Nr. 10404347 des Umweltbundesamtes. Berlin 1986.

Aluminiumerzeugung ⟨*aluminium production*⟩. Die A. kann unterteilt werden in:

– Primäre A.: Elektrolyseverfahren zur Gewinnung von Aluminium aus Aluminiumoxid.

– Sekundäre A.: Umschmelzen von Aluminium, insbesondere von Aluminiumschrott und sonstigem aluminiumhaltigem Material.

Primäraluminium – auch Hüttenaluminium genannt – wird aus Aluminiumoxid auf elektrolytischem Wege erzeugt. Das Aluminiumoxid wird kontinuierlich in einer 930–950 °C heißen Kryolithschmelze (Na_3AF_6) gelöst. In die Schmelze, die sich in einer mit Kohle ausgekleideten Eisenwanne (Kathode) befindet, tauchen die Kohlenstoffanoden ein. Bei Anlegen einer Gleichspannung von ca. 4 V wird das Aluminiumoxid in flüssiges Aluminium und Sauerstoff zerlegt. Das flüssige Aluminium sammelt sich am Kohleboden, wird abgesaugt, in Herdschmelzöfen raffiniert und zu Walzbarren oder Masseln vergossen. Weltweit gibt es verschiedene Elektrolyseofentypen. In der Bundesrepublik Deutschland hat sich in den letzten Jahren der mittenbediente vollgekapselte Elektrolyseofen durchgesetzt. Der Betrieb der Öfen wird durch Computer gesteuert. Zur Erzeugung einer Tonne Aluminium werden 2 t Aluminiumoxid benötigt. Der elektrische Energiebedarf für die Elektrolyse beträgt ca. 15 kWh/kg Aluminium.

Beim Betrieb von Elektrolyseöfen entstehen Staub, gasförmige Fluorverbindungen, Schwefeldioxid und Kohlenmonoxid. Schwefeldioxid und Kohlenmonoxid bilden sich beim Abbrand der Kohlenstoffanoden. Der Gesamtauswurf an Staub beträgt ca. 50–60 kg/t Aluminium und an gasförmigen Fluorverbindungen bis 10 kg/t Aluminium. Der Abgasvolumenstrom gekapselter Öfen beträgt 100000 bis 150000 m^3/t Aluminium, als Hallenabluft können bis zu 1500000 m^3/t Aluminium entstehen. Die Rohgaskonzentration im Ofenabgas beträgt ca. 500 mg/m^3 an Staub und ca. 45–60 mg/m^3 an gasförmigen Fluorverbindungen.

Für eine weitgehende Verminderung der beim Elektrolyseprozeß entstehenden Schadstoffe, besonders gasförmige Fluorverbindungen, ist eine nahezu vollständige Abgaserfassung notwendig; mittenbedienbare vollgekapselte Elektrolyseöfen sind dafür besonders geeignet. Krustenbrechen und Aluminiumoxidzufuhr erfolgen automatisch; der gesamte Elektrolyseprozeß wird automatisch geregelt und überwacht. Dadurch können z. B. Anodeneffekte (instabilen Ofenbetrieb durch Verarmen der Kryolithschmelze unter 2 Gew.-% Aluminiumoxid, der sich durch einen plötzlichen Spannungsanstieg am Ofen äußert), die zu höheren und zusätzlichen Schadstoffemissionen führen, schneller erkannt und beseitigt werden. Die Anzahl der Anodeneffekte läßt sich bis zu einem Anodeneffekt pro Tag und Ofen reduzieren. Um die Öffnungszeiten der Öfen so gering wie möglich zu halten, sind Einrichtungen vorzusehen, die ein schnelles Absaugen des Aluminiums und rasches Wechseln der verbrauchten Anoden ermöglichen. Mit derartigen Maßnahmen ist eine mehr als 95%ige Erfassung der Abgase möglich. Für die → Abgasreinigung stehen grundsätzlich zwei → Trockensorptionsverfahren mit nachgeschaltetem Gewebefilter oder elektrostatischem → Abscheider zur Verfügung. Bei dem einen Verfahren wird das Aluminiumoxid zu 100% als Sorbens dem Abgas zudosiert, bevor es im Elektrolyseofen eingesetzt wird. Bei dem anderen Verfahren wird in einem speziellen Wirbelschichtreaktor ebenfalls Aluminiumoxid als Sorbens verwendet. Der Sorbensanteil beträgt in diesem Fall nur einen Bruchteil der für die Produktion eingesetzten Oxidmenge. Das als Sorbens verbrauchte Aluminiumoxid wird bisher nicht für die Aluminiumgewinnung verwendet. Die in der → TA Luft Nr. 3.3.4.1b.1 festgelegten Emissionsbegrenzungen lassen sich mit den beschriebenen Abscheidetechniken in Verbindung mit den gekapselten mittenbedienten Öfen einhalten. Filterstäube werden im allgemeinen einer Wiederverwendung zugeführt (Bild 1).

In Aluminiumschmelzwerken werden Anlagen zum Aufbereiten, Schmelzen und Raffinieren von aluminiumhaltigen Materialien wie Schrott, Späne und Krätze betrieben. Aufbereitungsanlagen sind Mahl- und Klassieranlagen für Krätze, Trocknungsanlagen für mit

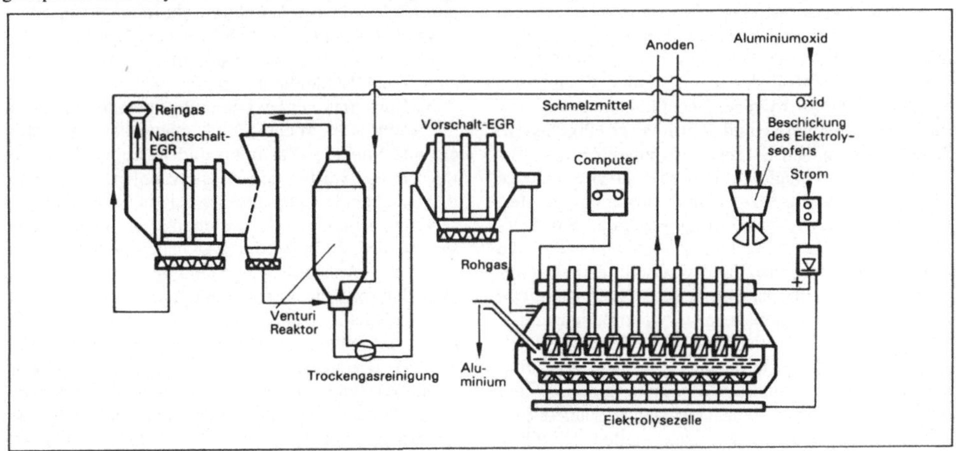

Aluminiumerzeugung 1: Aluminium-Elektrolyse mit Abgasreinigung.

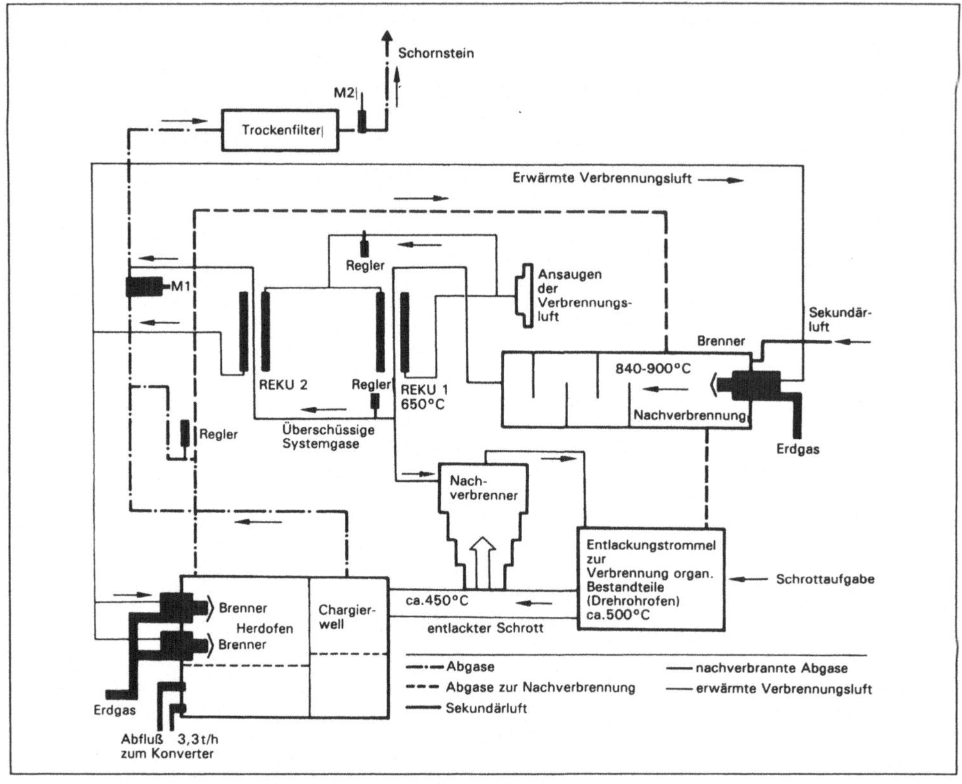

Aluminiumerzeugung 2: Fließbild eines modernen Open-Well-Herdofens.

M1 Meßstelle 1 im Rohgas
M2 Meßstelle 2 im Reingas

Ölen, Schmier- oder Schneidmitteln behaftete Späne und Entlackungsanlagen für Schrott. Drehtrommel oder Herdöfen werden zum Einschmelzen von Aluminiumschrott und aufbereiteten aluminiumhaltigen Materialien verwendet. Das in den Schmelzanlagen erschmolzene Aluminium wird in der Regel in Konvertern zum Raffinieren, Legieren und Warmhalten abgelassen. Schmelzöfen haben Schmelzleistungen von 0,5 bis 7 t/h. In Drehtrommelöfen wird unter einer Salzdecke umgeschmolzen. Im Salz sammelt sich ein großer Teil der eingebrachten Verunreinigungen, das Salz verschlackt. Die Salzschlacken werden aufbereitet zu Aluminium, Schmelzsalz und verunreinigtem Aluminiumoxid, das noch nicht verwertet werden kann. Um den Salzschlackenanfall so gering wie möglich zu halten, sollten Recyclingmaterialien mechanisch soweit aufbereitet werden, daß der Salzverbrauch minimiert werden kann. In modernen Herdschmelzöfen (sog. Open-Well-Herdofen) können weitgehend saubere Einsatzstoffe salzlos eingeschmolzen werden. Die Öfen haben eine Schrottvorwärmung bis zu 400 °C und eine Abgasnachverbrennung (Bild 2). Sie sind energetisch besonders günstig. Im Durchschnitt liegt der Energieaufwand zum Umschmelzen von Aluminium bei einem Zwanzigstel des Bruttoenergieaufwandes für eine Tonne Primäraluminium.

Im Konverter werden Legierungsmetalle, z. B. Kupfer, Magnesium, Mangan, Zink, zugegeben, mit Chlorgas und Stickstoff raffiniert und warmgehalten. Anschließend werden die Aluminiumlegierungen zu Barren vergossen oder direkt flüssig in Gießereien verarbeitet. Kippbare Herdschmelzöfen werden zum Warmhalten, Raffinieren und Abgießen zu Walzblöcken oder Barren von flüssigem Aluminium aus der Aluminiumelektrolyse in Aluminiumhütten und zum Schmelzen von Rücklaufmaterial eingesetzt. In Kokillen- und Druckgußgießereien werden kleinere Induktionstiegelöfen oder brennstoffbeheizte Tiegelöfen zum Einschmelzen von vorlegiertem Barrenmaterial verwendet.

Die Abgase der Schmelzöfen enthalten insbesondere gasförmige anorganische Chlor- und Fluorverbindungen, die Konverterabgase zusätzlich noch Chlorgas. Ferner können noch → organische Stoffe durch Anhaftungen von Farben, Lacken, Ölen oder Fetten enthalten sein, bei unvollständiger Verbrennung auch besondere Stoffe nach Nr. 3.1.7. Abs. 7 TA Luft (z. B. → Dioxine und → Furane). Die Abgase der Schmelzöfen und Konverter werden meist zusammengeführt. Die Abgasmengen betragen zwischen 15 000 und 20 000 m^3/t Aluminium. Im Rohgas können bis 150 mg/m^3 Staub, 100 mg/m^3 gasförmige Fluorverbindungen, im Mittel ca. 250 mg/m^3 gasförmige Chlorverbindungen (im Konverterabgas bis 10 g/m^3) und bis 5 mg/m^3 Chlorgas enthalten sein. Die Abgase der Krätzeaufbereitung sowie der Späneaufbereitung werden in der Regel getrennt abgeleitet. Sie enthalten im wesentlichen Staub und organische Stoffe.

Zur Reinigung der Abgase aus Schmelzöfen und Konvertern ist das Trockensorptionsverfahren mit Gewebefilter am weitesten verbreitet. Als Sorbens wird Kalkhydrat dem Abgasstrom zudosiert. Um zunehmend auch organische Stoffe, insbesondere Dioxine und Furane, zu vermindern, wird dem Kalkhydrat noch Aktivkohle beigemischt.

Anlagen zum Umschmelzen von Aluminium sind – ebenso wie zur Primär-A. – genehmigungsbedürftig nach dem BImSchG. Emissionsbegrenzende Anforderungen enthält die TA Luft.

Mit Trockensorptionsverfahren und nachgeschalteten Gewebefiltern werden die Emissionsbegrenzungen für gasförmige anorganische Chlorverbindungen und Fluorverbindungen sowie für Chlor und Staub gem. TA Luft Nrn. 3.3.3.4.1 und 3.1.6 eingehalten. Die Emissionen an organischen Stoffen (Nr. 3.1.7 TA Luft) sind gering, wenn in den Schmelzofen Einsatzmaterial eingesetzt wird, an dem nur geringfügige organische Stoffe wie Lacke, Farben, Fette oder Öle anhaften. Die Abgase der Spänetrocknungsanlagen werden in der Regel in einer → thermischen Nachverbrennung und Gewebefilter gereinigt. Staubhaltige Abgase von Krätzeaufbereitungsanlagen werden ebenfalls Gewebefiltern zugeführt. *Batz*

Literatur: *Davids, P.; M. Lange*: Die TA Luft '86 – Technischer Kommentar. Düsseldorf 1986. – *Oeters, F.*: Eisen und Stahl. In: Chemische Technologie. Hrsg. K. Winnacker; L. Küchler, Bd. 6, 3. Aufl. München 1973.

Amine (Immissionsmessung) ⟨*amine, immission measurement*⟩. Die A. sind organisch-chemische Verbindungen, die sich vom → Ammoniak (NH_3) ableiten, indem ein oder mehrere H-Atome durch aliphatische oder aromatische Reste ersetzt sind. Je nach der Anzahl der verbleibenden H-Atome unterscheidet man primäre, sekundäre oder, falls alle H-Atome ausgetauscht wurden, tertiäre A. Die niedermolekularen A. sind leichtflüchtige Flüssigkeiten mit hohem Dampfdruck. Sie zeichnen sich durch äußerst unangenehmen, stechenden Geruch nach verfaultem Fisch aus.

Die A. kommen in der Außenluft normalerweise nicht vor. Sie werden jedoch häufig in der chemischen Industrie für Synthesen eingesetzt und emittiert. Eine Freisetzung in größerem Umfang wäre durch → Betriebsstörungen möglich. Zum Messen der Konzentration in einem solchen Fall können Prüfröhrchen verwendet werden (z. B. Drägerröhrchen Triethylamin 5/a). VDI 2467, Bl. 1, beschreibt den Nachweis mit Hilfe der Dünnschichtchromatographie. Zur Probenahme wird die zu untersuchende Luft durch verdünnte Salzsäure geleitet, wobei die A. als Alkylammoniumverbindungen gebunden werden. Nach Einengen der Absorptionsflüssigkeit und anschließendem weitgehenden Eindampfen werden die A. mit 2,4 Dinitrofluorbenzol umgesetzt und die entstandenen Dinitrophenylderivate der primären und sekundären A. dünnschichtchromatographisch analysiert.

Das Blatt 2 der gleichen Richtlinie beschreibt ein Verfahren, bei dem nach der Umsetzung mit 2,4 Dinitrofluorbenzol die chromatographische Auftrennung mit Hilfe der → Hochdruckflüssigkeitschromatographie erfolgt. *Dulson*

Literatur: VDI 2467: Messen gasförmiger Immissionen; Blatt 1: Messen der Konzentration von primären und sekundären Aminen mit der Dünnschicht-Chromatographie; Visuelles und densitometrisches Verfahren. 8/1991. – Blatt 2: Messen der Konzentration primärer und sekundärer aliphatischer Amine mit der Hochleistungsflüssigkeits-Chromatographie (HPLC). 8/1991.

Ammoniak ⟨*ammonia*⟩.

Immissionsmessung. Da A. (NH_3) in der Atmosphäre im chemischen Gleichgewicht mit Ammoniumverbindungen (NH_4^+-Verbindungen) steht, erfolgt eine gemeinsame Beschreibung der Immissionsmeßtechnik. Häufig werden NH_3 und NH_4^+-Verbindungen gemeinsam bestimmt.

Bei den Immissionsmeßverfahren für NH_3 und NH_4^+-Verbindungen stehen manuelle oder überwiegend manuell praktizierte Verfahren im Vordergrund. Die Probenahme erfolgt dabei mittels schwach saurer Absorptionslösungen in Waschflaschen oder Impingern. Es folgt eine Farbreaktion und anschließende photometrische Bestimmung. Alternativ kann die Messung mit einer ionenselektiven Elektrode auf elektrochemischem Wege erfolgen.

Es existieren zwei standardisierte Meßverfahren für NH_3 nach VDI 2461, die dieses Prinzip verwenden:
Blatt 1: Indophenol-Verfahren
Blatt 2: Nessler-Verfahren

Die relativen Nachweisgrenzen bei der Verwendung von Impingern liegen bei einer Probenahmezeit von 30 Minuten bei 2–3 $\mu g/m^3$. Bei beiden Verfahren wird zur Abscheidung von NH_3 die Probeluft durch Schwefelsäure gesaugt, so daß NH_4^+-Verbindungen und teilweise auch Amine mit erfaßt werden.

Varianten dieser Verfahren werden als analytische Endstufen auch im Zusammenhang mit anderen Probenahmetechniken eingesetzt. Als weitere Analysenverfahren kommen neben den bereits erwähnten elektrochemischen Methoden auch Fluoreszenzverfahren und die Ionenchromatographie zum Einsatz.

Die Hauptproblematik aller manuellen Verfahren liegt in der Probenahmetechnik. Die wichtigsten Verfahren sind:

❒ Filterverfahren: Bei Totalfiltermethoden werden auf Filtern mit saurer Imprägnierung (Oxalsäure, Zitronensäure usw.) NH_3- und NH_4^+-Verbindungen gemeinsam erfaßt. Ist eine selektive Bestimmung von NH_3- und NH_4^+-Verbindungen erforderlich, werden inerte Vorfilter zur Partikelabscheidung eingesetzt. Alle Filterverfahren sind wegen der vielfachen Reaktionen und Gleichgewichte während und nach der Probenahme mit vielen Problemen behaftet.

❒ Denuder-Technik: Diese zielt auf die Trennung von Gas- und Partikelphase unter Ausnutzung der unterschiedlichen Diffusionsgeschwindigkeiten. Bei der klassischen Denuder-Technik wird die Probenluft durch ein sauer beschichtetes Glasrohr gesaugt. Während das gasförmige NH^3 an der Rohrwand abgeschieden und dort chemisch fixiert wird, passieren die Partikel weitgehend das Rohr und können auf einem Filter gesammelt werden.

Die Denuder-Technik ist in vielen Varianten fortentwickelt und teilweise auch automatisiert worden (Ringspaltdenuder, Naßdenuder mit sauren Lösungen als Abscheidemedium, Thermo-Desorptionsdenuder). Die analytische Endstufe kann in derartigen Systemen zum Beispiel als Leitfähigkeitsmessung oder in Form einer NO-Messung nach einem Oxidationsschritt realisiert werden.

Während bei der klassischen Technik in der Regel Probenahmezeiten von 24 Stunden erforderlich waren, um akzeptable Nachweisgrenzen zu erzielen, sind mit neueren Varianten auch Probenahmezeiträume von z. B. 30 Minuten realisierbar.

Alle Denuder-Techniken sind sehr laboraufwendig und erfordern in ihrer Anwendung viel Erfahrung.

❒ Als weitere Verfahren zur Immissionsmessung von A. bzw. Ammoniumverbindungen, die in der Praxis allerdings von geringerer Bedeutung sind, kommen in Betracht:

- direkte Leitfähigkeitsverfahren (ohne Denuder),
- direkte Chemilumineszenzverfahren nach Umsetzung von NH_3 zu NO (ohne Denuder).

Beide Techniken sind relativ unempfindlich (Nachweisgrenzen: einige $\mu g/m^3$) und mit weiteren Problemen behaftet. So können bei der Chemilumineszenztechnik außer NH_3 auch andere Stickstoffverbindungen in einem Konverter zu NO umgesetzt werden.

Bei den optischen Verfahren ist neben der Fourier-Transform-Infrarotspektroskopie (FT-IR) die differenzielle optische Absorptionsspektroskopie (→DOAS; Fermeßverfahren) zu nennen. *Pfeffer*

Literatur: VDI 2461: Messung gasförmiger Immissionen; Messen der Ammoniak-Konzentration; Bl. 1: Indophenol-Verfahren. 3/1974. Bl. 2: NESSLER-Verfahren. 5/1976.

Wirkung auf Pflanzen. Wesentliche Quellen für Ammoniakeinträge in die Atmosphäre sind die Tierintensivhaltungen. Die Hintergrund-Immissionskonzentrationen liegen bei $< 1\ \mu g\ m^{-3}$, die Jahresmittelwerte in der Bundesrepublik Deutschland bei $2-4\ \mu g\ m^{-3}$ und in den Niederlanden bei $8\ \mu g\ m^{-3}$. In der Nachbarschaft von Tierintensivhaltungen wurden Luftgehalte bis $80\ \mu g\ m^{-3}$ gemessen. Die trockene/nasse → Deposition schwankt zwischen 20 und $60\ kg\ N\ ha^{-1}\ a^{-1}$.

In Entfernungen < 1 km im Umgebungsbereich von Tierintensivhaltungen können direkte phytotoxische Wirkungen durch NH_3 auftreten. Allerdings ist die Anzahl von Schadensfällen rückläufig, auch in den Niederlanden. In Entfernungen von 1 bis 25 km von der Quelle treten erhöhte NH_4^+-Konzentrationen im Regen- und Nebelniederschlag auf, während bei Entfernungen > 25 km erhöhte NOx-Konzentrationen in der nassen Deposition gemessen werden.

Die Vegetation kann im Umgebungsbereich von A.-Emissionsquellen direkt durch die Aufnahme von NH_3 bzw. NH_4^+ in Form morphologischer Änderungen der Blätter bzw. allgemeiner Wuchsdepressionen geschädigt werden. Die indirekten Wirkungen (einschl. Ammoniumsulfat und NO_3^-) verursachen unspezifisches schütteres Aussehen, Nährstoffimbalanzen, erhöhte Frostsensibilität und eine erhöhte Disposition gegenüber Krankheiten (Folge ist verstärkter Spritzmitteleinsatz). Wenngleich vielfach in forstlichen Ökosystemen ein verbessertes Wachstum auf nährstoffarmen Böden beobachtet werden kann, reagieren empfindliche naturnahe Ökosysteme wie Heide- oder Moorlandschaften mit nachhaltigen Veränderungen von Flora und Fauna. Beobachtungen dieser Art sind in der Lüneburger Heide und der Heide von Arnheim in den Niederlanden bereits festzustellen.

Zum Schutz der Vegetation werden von holländischer Seite für sehr empfindliche bzw. empfindliche Pflanzen (Heide, Koniferen) 6 und $25\ \mu g\ m^{-3}$ als Jahresmittelwert empfohlen. Es bestehen jedoch noch große Unsicherheiten in der Bewertung, weil bisher nur sehr wenige Langzeiterhebungen durchgeführt worden sind. Die UN-ECE empfiehlt als Critical Load einen Wert zwischen 5 und $20\ kg\ N\ ha^{-1}\ a^{-1}$ (Deposition), je nach Empfindlichkeit des Ökosystems. *G. Krause*

Anlage, genehmigungsbedürftige nach dem BImSchG *(installation subject to licencing as used in the Federal Immission Control Act)*. Das BImSchG will seine Ziele in erster Linie durch Anforderungen an die Anlagen erreichen, von denen Emissionen und → Immissionen ausgehen können. Dabei unterscheidet es zwischen den g. A. und den nicht g. A. G. A. sind Anlagen, die in besonderem Maße geeignet sind, schädliche Umwelteinwirkungen oder sonstige Gefahren, erhebliche Nachteile oder erhebliche → Belästigungen für die Nachbarschaft oder die Allgemeinheit herbeizuführen (§ 4 BImSchG). Bei ihnen wird eine präventive behördliche Prüfung vor Beginn der

Errichtung verlangt. Welche Anlagen genehmigungsbedürftig sind, wird in einer besonderen Rechtsverordnung, der Verordnung über g. A. (→ 4. BImSchV), festgelegt. Der Anhang zu dieser Verordnung enthält zwei Kataloge von Anlagearten, nämlich den Katalog der Anlagearten, die der Erteilung einer Genehmigung in einem förmlichen Genehmigungsverfahren bedürfen, und den Katalog der Anlagearten, die in einem vereinfachten Verfahren genehmigt werden können. Ist eine Anlage in der Verordnung über g. A. aufgeführt, bedarf sie auch dann einer Genehmigung, wenn von ihr im konkreten Fall keine schädlichen Umwelteinwirkungen oder sonstigen Gefahren, erheblichen Nachteile oder erheblichen Belästigungen ausgehen können. Andererseits sind Anlagen, die keiner der im Anhang zur 4. BImSchV aufgeführten Anlagearten zugeordnet werden können, in keinem Fall nach dem BImSchG (wohl ggf. nach dem Baurecht oder sonstigen Rechtsvorschriften) genehmigungsbedürftig. Allerdings ist zu beachten, daß eine im Anhang zur 4. BImSchV nicht genannte Anlage Teil oder Nebeneinrichtung einer anderen g. A. sein kann; dann wird sie von dem Genehmigungserfordernis für diese Anlage miterfaßt.

Auf eine Genehmigung nach dem BImSchG besteht grundsätzlich ein Rechtsanspruch. Sie ist zu erteile (§ 6 BImSchG), wenn
– die Erfüllung der Grundpflichten aus § 5 BImSchG und der speziellen Pflichten aus Rechtsverordnungen nach § 7 BImSchG (u. a. aus der → Störfall-Verordnung) sichergestellt ist,
– die Belange des Arbeitsschutzes gewahrt sind und
– andere öffentlich-rechtliche Vorschriften (z. B. nach dem Bau-, Planungs-, Feuerschutz-, Wege- und Naturschutzrecht) dem Vorhaben nicht entgegenstehen.

Die Grundpflichten der Betreiber g. A. beziehen sich auf
– den Schutz vor schädlichen Umwelteinwirkungen und sonstigen Gefahren, erheblichen Nachteilen und erheblichen Belästigungen (→ Schutzprinzip),
– die Vorsorge gegen das Entstehen schädlicher Umwelteinwirkungen, insbesondere durch Einhaltung des → Standes der Technik (→ Vorsorgeprinzip),
– die Vermeidung oder Verwertung der Abfälle (unerwünscht entstehende Stoffe) (→ Abfallpflichten nach dem BImSchG) und
– die → Abwärmenutzung, sofern die Anlage in einer Rechtsverordnung nach § 5 Abs. 2 BImSchG aufgeführt ist.

Die Schutzpflichten und die Abfallpflichten erstrecken sich auch auf den Zeitraum nach einer evtl. Betriebseinstellung (§ 5 Abs. 3 BImSchG).

Sollen Lage, Beschaffenheit oder Betriebsweise einer g. A. nach der erstmaligen Inbetriebnahme wesentlich geändert werden, muß der Anlagenbetreiber hierfür zunächst eine Genehmigung einholen (§ 15 BImSchG). Wesentlich sind alle Änderungen, die im Genehmigungsverfahren zu beurteilende Fragen aufwerfen können. Das ist insbesondere der Fall, wenn zusätzliche oder andere Emissionen hervorgerufen werden, die einen relevanten Immissionsbeitrag verursachen können. Für die Erteilung einer Änderungsgenehmigung müssen dieselben Voraussetzungen erfüllt sein wie bei der Genehmigung einer Neuanlage.

Wird eine Anlageart neu in den Katalog der genehmigungsbedürftigen Anlagen aufgenommen, dürfen bestehende g. A. auch ohne eine besondere immissionsschutzrechtliche Genehmigung weiter betrieben werden. Die bestehenden Anlagen sind jedoch innerhalb von drei Monaten anzuzeigen (§ 67 Abs. 2 BImSchG). Die Überwachungsbehörde kann ihnen gegenüber nachträgliche Anordnungen erlassen; wesentliche Änderungen bedürfen einer besonderen Genehmigung.

Anlagen, für die eine Genehmigung nach Durchführung eines förmlichen Genehmigungsverfahrens erteilt worden ist, genießen einen besonderen Bestandsschutz: Die Nachbarn einer solchen Anlage können aufgrund allgemeiner privat-rechtlicher Ansprüche (z. B. nach §§ 906 oder 1004 des Bürgerlichen Gesetzbuchs) nicht mehr die Einstellung des Betriebs verlangen (§ 14 BImSchG). Gefordert werden können nur Vorkehrungen zum Ausschluß von benachteiligenden Wirkungen; soweit solche Vorkehrungen nach dem Stand der Technik nicht durchführbar oder wirtschaftlich nicht vertretbar sind, kann lediglich Schadensersatz verlangt werden. *Hansmann*

Literatur: *Feldhaus, G.*: Bundes-Immissionsschutzrecht, Bd. 1 A. – *Hansmann, K.*: Erläuterungen zur 4. BImSchV. In: Landmann/Rohmer: Umweltrecht, Bd. I. – *Jarass, H.*: Bundes-Immissionsschutzgesetz. – *Koch/Schening*: Gemeinschaftskommentar zum BImSchG. – *Kutscheidt, E.*: Erläuterungen zu § 4 BImSchG. In: Landmann/Rohmer: Umweltrecht, Bd. I. – *Sellner, D.*: Immissionsschutzrecht und Industrieanlagen, 2. Aufl.

Anlage im Sinne des BImSchG ⟨*installation as used in the Federal Immission Control Act*⟩. A. sind alle ortsfesten Einrichtungen wie Fabriken, Lagerhallen, sonstige Gebäude und andere mit dem Grund und Boden auf Dauer fest verbundene Gegenstände. Darüber hinaus gehören grundsätzlich alle ortsveränderlichen technischen Einrichtungen wie Fahrzeuge, Maschinen und Geräte zu den A.; ausgenommen sind jedoch als Verkehrsmittel eingesetzte Kraftfahrzeuge und ihre Anhänger, Schienen-, Luft- und Wasserfahrzeuge, für die nur einzelne Vorschriften des BImSchG gelten. Schließlich sind A. auch unbebaute Grundstücke, auf denen Emissionen entstehen können. Dabei ist allerdings zu beachten, daß sich aus dem Wesen der A. als einer Einrichtung mit einer gewissen Beständigkeit und Dauer eine Einschränkung ergibt: Werden auf einem unbebauten Grundstück nur gelegentlich Tätigkeiten ausgeübt, die Emissionen verursachen können, so ist es keine A. *Hansmann*

Literatur: *Henkel, M. J.*: Der Anlagenbegriff des Bundes-Immissionsschutzgesetzes; Erläuterungen zu § 3 Abs. 5 BImSchG.

Anlage, nicht genehmigungsbedürftige i. S. des BImSchG *(installation not subjet to licencing as used in the Federal Immission Control Act)*. Das BImSchG unterscheidet zwischen genehmigungsbedürftigen Anlagen und n. g. A. N. g. A. sind alle Anlagen, die nicht in der Verordnung über g. A. (→ 4. BImSchV) aufgeführt sind. Zu ihnen gehören Fabrikationsanlagen, Maschinen, Geräte und Grundstücke, auf denen regelmäßig und auf Dauer emissionsverursachende Tätigkeiten ausgeführt werden. Bloße Werkzeuge wie Hämmer oder Beile sind nach der Verkehrsanschauung keine Anlagen; mit ihnen verursachte Emissionen werden dem Verhalten der sie benutzenden Personen zugerechnet.

N. g. A. sind so zu errichten und zu betreiben (§ 22 BImSchG), daß

– nach dem → Stand der Technik vermeidbare schädliche Umwelteinwirkungen verhindert werden,

– nach dem Stand der Technik nicht in vollem Umfang vermeidbare schädliche Umwelteinwirkungen unter Beachtung des Grundsatzes der Verhältnismäßigkeit auf ein Mindestmaß beschränkt werden und

– sichergestellt wird, daß die beim Betrieb entstehenden Abfälle (unerwünscht anfallende Stoffe) ordnungsgemäß beseitigt werden können.

Besondere Anforderungen an n. g. A. können in Rechtsverordnungen nach § 23 BImSchG festgelegt werden. Derartige Anforderungen enthalten

– die Verordnung über → Kleinfeuerungsanlagen (1. BImSchV),

– die Verordnung zur Emissionsbegrenzung von leichtflüchtigen → Halogenkohlenwasserstoffen (2. BImSchV),

– die Verordnung zur Auswurfbegrenzung von Holzstaub (7. BImSchV),

– die Rasenmäherlärm-Verordnung (8. BImSchV),

– die Sportanlagenlärmschutz-Verordnung (18. BImSchV) und

– die Verordnungen zur Begrenzung der Kohlenwasserstoffemissionen (→ 20. u. → 21. BImSchV). Die Anforderungen aus § 22 BImSchG und aus den Rechtsverordnungen nach § 23 BImSchG können durch behördliche Anordnungen nach § 24 BImSchG durchgesetzt werden. Werden die Anordnungen nicht befolgt oder ruft der Anlagenbetrieb Gefahren für Leben oder Gesundheit von Menschen oder für bedeutende Sachwerte hervor, kann der weitere Betrieb der Anlage untersagt werden (§ 25 BImSchG). *Hansmann*

Literatur: *Feldhaus, G.*: Bundes-Immissionsschutzrecht, Bd. 1 A, Erläuterungen zu §§ 22 ff. BImSchG. – *Hansmann, K.*: Erläuterungen zu §§ 22 ff. BImSchG. In: Landmann/Rohmer: Umweltrecht, Bd. I. – *Henkel, M. J.*: Der Anlagenbegriff des Bundes-Immissionsschutzgesetzes. – *Jarass, H.*: Bundes-Immissionsschutzgesetz, Erläuterungen zu §§ 22 ff. – *Kutscheidt, E.*: Immissionsschutz bei nicht genehmigungsbedürftigen Anlagen, Neue Z. für Verwaltungsrecht 1983, 65 ff. – *Seiler, Ch. M.*: Die Rechtslage der nicht genehmigungsbedürftigen Anlagen i. S. von §§ 22 ff. BImSchG. – *Sellner, D.* u. *W. Löwer*: Immissionsschutzrecht der nicht genehmigungsbedürftigen Anlagen, Wirtschaft und Verwaltung 1980, 221 ff. – *Ziegler, A.*: Zum Anlagenbegriff nach dem Bundes-Immissionsschutzgesetz, Umwelt- und Planungsrecht 1986, 170 ff.

Anordnung *(arrangement/order)*. A. im verwaltungsrechtlichen Sinne sind verbindliche behördliche Gebote und Verbote. Sie sind Verwaltungsakte i. S. des § 35 des Verwaltungsverfahrensgesetzes, durch die öffentlich-rechtliche Pflichten der Adressaten der A. begründet oder konkretisiert werden. A. bedürfen einer besonderen gesetzlichen Ermächtigungsgrundlage. Die Umweltgesetze enthalten zahlreiche derartige Ermächtigungen, um Schutz- oder Vorsorgeanforderungen durchzusetzen. Im Immissionsschutzrecht haben die nachträglichen A. bei genehmigungsbedürftigen → Anlagen (§ 17 BImSchG) und die A. gegenüber den Betreibern nicht genehmigungsbedürftiger Anlagen (§ 24 BImSchG) eine besondere Bedeutung. Durch nachträgliche A. nach § 17 BImSchG können die allgemeinen Grundpflichten der Betreiber genehmigungsbedürftiger Anlagen (§ 5 BImSchG) wie auch die besonderen Pflichten aus den Rechtsverordnungen nach § 7 BImSchG (z. B. aus der → Störfall-Verordnung) jederzeit durchgesetzt werden. Derartige A. kommen insbesondere in Betracht, wenn der → Stand der Technik fortgeschritten ist. Wird aufgrund neuer Erkenntnisse oder aufgrund neuer Tatsachen festgestellt, daß die Allgemeinheit oder die Nachbarschaft nicht (mehr) ausreichend vor schädlichen Umwelteinwirkungen geschützt ist, ist das der Behörde grundsätzlich eingeräumte Ermessen eingeschränkt: Sie darf dann nur in begründeten Ausnahmefällen von A. absehen.

Bei nicht genehmigungsbedürftigen Anlagen kommen A. zur Durchsetzung der Pflichten aus § 22 BImSchG und aus den Rechtsverordnungen nach § 23 BImSchG in Betracht. Hier ist das behördliche Ermessen nur eingeschränkt, wenn es um Leben oder Gesundheit von Menschen oder um bedeutende Sachwerte geht (§ 25 Abs. 2 BImSchG).

Beim Erlaß von A. ist in jedem Fall der Grundsatz der Verhältnismäßigkeit zu beachten. Dabei sind insbesondere Art, Menge und Gefährlichkeit der Emissionen und der → Immissionen sowie die Nutzungsdauer und technische Besonderheiten der Anlage zu berücksichtigen (§ 17 Abs. 2 BImSchG). *Hansmann*

Anorganische Stoffe, gasförmige *(inorganic compounds, gaseous)*. Von den g. a. S. sind → Kohlenmonoxid, Stickstoffoxide und Schwefeldioxid die mengenmäßig bedeutendsten → Luftverunreinigungen; hinzu kommt das → Kohlendioxid als Treibhausgas.

Allgemeine Anforderungen zur Emissionsbegrenzung von g. a. S. bei genehmigungsbedürftigen Anlagen sind in der Nr. 3.1.6 der → TA Luft enthalten, wobei die Stoffe vier Klassen zugeordnet wurden (Tabelle). In dieser Liste der Nr. 3.1.6 sind alle nach derzeitigem Kenntnisstand emissionsrelevanten g. a. S. erfaßt, ausgenommen → Ammoniak (NH_3) und die Kohlenstoff-

Anorganische Stoffe, gasförmige. Tabelle: Allgemeine Emissionsgrenzwerte für dampf- oder gasförmige anorganische Stoffe nach Nr. 3.1.6 der TA Luft

Klasse I Arsenwasserstoff; Chlorcyan; Phosgen; Phosphorwasserstoff; bei einem Massenstrom je Stoff von 10 g/h oder mehr	1 mg/m^3
Klasse II Brom und seine dampf- oder gasförmigen Verbindungen, angegeben als Bromwasserstoff; Chlor; Cyanwasserstoff; Fluor und seine dampf- oder gasförmigen Verbindungen, angegeben als Fluorwasserstoff; Schwefelwasserstoff; bei einem Massenstrom je Stoff von 50 g/h oder mehr	5 mg/m^3
Klasse III dampf- oder gasförmige anorganische Chlorverbindungen, soweit nicht in Klasse I, angegeben als Chlorwasserstoff; bei einem Massenstrom von 0,3 kg/h oder mehr	30 mg/m^3
Klasse IV Schwefeloxide (Schwefeldioxid und Schwefeltrioxid), angegeben als Schwefeldioxid; Stickstoffoxide (Stickstoffmonoxid und Stickstoffdioxid), angegeben als Stickstoffdioxid; bei einem Massenstrom je Stoff von 5 kg/h oder mehr	0,50 g/m^3

oxide (CO_2, CO). In Nr. 3.3 TA Luft sind für einzelne g. a. S. anlagenbezogene spezielle Emissionsbegrenzungen enthalten, die den allgemeinen Anforderungen der Nr. 3.1.6 vorgehen. Emissionsbegrenzungen für CO, NO_x, SO_2 sowie HCl und HF sind des weiteren in der Großfeuerungsanlagen-Verordnung (→ 13. BImSchV) und in der Verordnung über Verbrennungsanlagen für Abfälle und ähnliche brennbare Stoffe (→ 17. BImSchV) aufgeführt.

Zur Emissionsminderung von g. a. S. kommen in erster Linie → Absorptionsverfahren in Betracht. In Einzelfällen sind auch Adsorptions-, Chemisorptions- oder thermische Verfahren geeignet. Die Verringerung der SO_2-Emissionen von über 85% von 1980 bis 1992 bei Kraft- und Fernheizwerken in den alten Bundesländern wurde z. B. im wesentlichen durch → Abgasentschwefelung nach → Kalk-/Kalksteinwaschverfahren erreicht. Große Bedeutung bei der Verminderung der NO_x-Emissionen haben die → Reduktionsverfahren erlangt. So ist die erhebliche NO_x-Reduktion bei Kraft- und Fernheizwerken seit 1982 von 740000 t auf etwa 200000 t im wesentlichen auf den Einsatz von → SCR-Verfahren zurückzuführen. Im Verkehrsbereich nahmen die NO_x-Emissionen trotz einer verstärkten Anwendung der katalytischen → Abgasreinigung aufgrund steigenden Verkehrsaufkommens nicht ab. *Haug*

Literatur: *Davids, P.; M. Lange*: Die Großfeuerungsanlagen-Verordnung – Technischer Kommentar. Düsseldorf 1984. – *Davids, P.; M. Lange*: Die TA Luft '86 – Technischer Kommentar. Düsseldorf 1986. – *Lange, M.* et al: Luftreinhaltung bei Kraftwerks- und Industriefeuerungen. BWK **45** (1993) Nr. 4.

Anspringverhalten ⟨*light-off performance*⟩. Eines der wichtigsten Kriterien zur Beurteilung von → Kfz-Abgas-Katalysatoren ist das Verhalten während des Warmlaufens, auch kurz A. genannt. Da die Kohlenwasserstoff- und die Kohlenmonoxidemission, bedingt durch die unvollständige Verbrennung des Kraftstoffs sowie durch den Sauerstoffmangel bei Kaltstartanreicherung, besonders während der Warmlaufphase hoch sind, soll die Anspringtemperatur für diese Stoffe möglichst tief liegen. Als Anspringtemperatur einer Abgaskomponente i bezeichnet man die Temperatur T_{Ai} vor dem Konverter (Katalysator), bei der der Schadstoff i zu 50% konvertiert wird. Außerdem sollte sich schnell eine hohe Umsatzrate einstellen, damit durch die exothermen Reaktionen ein schnelleres Aufwärmen bis zur Katalysatorbetriebstemperatur erreicht wird. *Kind/May*

Antiklopfmittel ⟨*antiknock additive*⟩ → Bleitetraethyl

Antischall ⟨*antisound*⟩. Mit A. werden Vorgänge bezeichnet, bei denen mit Hilfe einer Schallquelle (Antischallquelle) ein vorhandenes Schalldruckfeld so beeinflußt wird, daß in bestimmten Bereichen des Schallfelds der Schalldruck zu Null wird. Die Auslöschung des Schalldrucks tritt auf, wenn zwei Schallwellen gleicher Frequenz eine bestimmte Phasenverschiebung, und zwar $(2n+1)\pi$ haben und sich überlagern. Dieser elegant erscheinenden Möglichkeit zur Minderung von Geräuschimmissionen stehen in der Praxis wegen der notwendigen Frequenzgleichheit und Phasenverschiebung erhebliche Schwierigkeiten gegenüber, so daß nur in einigen Fällen mit zeitlich konstanten Schallfeldern A. als wirksame Minderungsmaßnahme einsetzbar ist, z. B. bei Transformatoren und Rohrleitungen. *Strauch*

Literatur: *Bergmann, L.; C. Schäfer*: Lehrbuch der Experimentalphysik, Bd. 1. Berlin 1970.

Arsen ⟨*arsenic*⟩. A. ist ubiquitär und tritt in folgenden Konzentrationen auf: Erdrinde 1.5 bis 5 ppm, Braunkohle 0.3 bis 11 ppm, Steinkohle 2 bis 50 ppm, Wasser 0.5 bis 4 ppb, Atmosphäre 1 bis 50 ng/m^3.

A. wird bei der Nichteisenmetallerzeugung als Nebenprodukt gewonnen. Dabei wird As_2O_3 aus der

Dampfphase auskondensiert und zu metallischem A. und anderen Verbindungen verarbeitet. In der Bundesrepublik Deutschland wird die größte Menge A. (ca. 250 t/a) zur Reinigung von mit Zink verunreinigten Elektrolytlösungen und bei der Bleikristallglasherstellung (ca. 150 t/a) als Läuterungs- und Entfärbungsmittel eingesetzt.

Darüber hinaus dienen A.-Verbindungen als Legierungsmittel, zum Galvanisieren und Härten von Metallen sowie zur Herstellung chemischer Produkte (Kunststoffe, Farbstoffe, Holzschutzmittel, Schädlingsbekämpfungsmittel, Korrosionsschutzmittel). Sowohl bei der A.-Gewinnung als auch bei der Verwendung arsenhaltiger Produkte und der Entsorgung arsenhaltiger Abfälle treten relevante A.-Emissionen auf. Vor allem durch den Einsatz arsenhaltiger Rohstoffe (z. B. Kohle, Erze) in thermischen Prozessen werden A.-Emissionen verursacht.

Partikelförmige A.-Verbindungen im → Abgas wie $AsCl_3$ und As_4O_6, können durch filternde → Abscheider abgeschieden werden. Ein großer Teil der A.-Verbindungen im Abgas ist dampfförmig und zum großen Teil filterdurchgängig. Er kann bei Abgasen aus Feuerungen 10 bis 30% und aus Röstprozessen bis zu 50% betragen.

Wesentliche Emissionsquellen sind → Feuerungsanlagen, die → Nichteisenmetallgewinnung, die → Eisen- und Stahlerzeugung, die → Steine/Erden-Industrie (einschl. Glaserzeugung) und → Abfallverbrennungsanlagen.

Primärmaßnahmen, wie z. B. die Substitution von A. bei der → Glasherstellung durch Magnesiumsulfat oder bei der Elektrolytreinigung, werden derzeit erprobt. Durch den Einsatz von Elektroschmelzwannen konnten die A.-Emissionen in der Glasherstellung erheblich gesenkt werden.

Die Abscheidung von A. wird verstärkt in zweistufigen Verfahren durchgeführt. Diese bestehen aus einer optimierten → Staubabscheidung und einer Abscheidung des filterdurchgängigen Anteils.

Die Emissionen an A. und seinen anorganischen Verbindungen (die als krebserzeugend eingestuft sind) müssen im Abgas genehmigungsbedürftiger Anlagen zusammen mit anderen Stoffen der Klasse II der Nr. 2.3 der → TA Luft den Höchstwert von 1 mg/m^3 unterschreiten. Schärfere Anforderungen enthält die Abfallverbrennungsanlagen-Verordnung, wonach die Summe der Emissionen von insgesamt 10 Metallen im Abgas (einschl. A.) insgesamt 0,5 mg/m^3 nicht überschreiten darf (17. BImSchV).

Mit Beschlußvorschlag des Länderausschusses für Immissionsschutz (LAI) vom Mai 1991 ist für genehmigungsbedürftige Anlagen im Anwendungsbereich der TA Luft entsprechend dem zwischenzeitlich erreichten technischen Stand ein niedrigerer Emissionswert empfohlen worden. Danach ist eine Begrenzung des Emissionswertes für A. und seine Verbindungen für Anlagen zur Bleikristallglasherstellung auf 0,5 mg/m^3 und auf 0,1 mg/m^3 für alle übrigen Anlagen als → Stand der Technik anzusehen. *Remus*

Literatur: *Davids, P.; M. Lange*.: Die TA Luft '86 – Technischer Kommentar. Düsseldorf 1986. – Bericht des Länderausschusses für Immissionsschutz an die Umweltministerkonferenz: Krebsrisiko durch Luftverunreinigungen. Hrsg: Ministerium für Umwelt, Raumordnung und Landwirtschaft. Düsseldorf 1992.

Asbest ⟨*asbestos*⟩. A. (*griech.* asbestos, unauslöschlich, unzerstörbar) ist eine Sammelbezeichnung für in der Natur vorkommende silikatische Minerale der Serpentin- und Amphibolgruppe. Hauptabbaugebiete liegen in Kanada, der früheren Sowjetunion (GUS) sowie im südlichen Afrika; in Europa wird A. nur in Italien und Griechenland gewonnen. Zur Serpentingruppe gehört Chrysotil (Weißasbest). Zur Amphibolgruppe zählen Krokydolith (Blauasbest), Amosit (Braunasbest) und weitere unbedeutende Sorten.

A.-Fasern stellen (im Gegensatz zu künstlichen Mineralfasern) ein Bündel von Elementarfibrillen mit einem spezifischen Durchmesser von 0,01 bis 0,1 µm (10^{-6} m) je nach Sorte dar; zum Vergleich: der Durchmesser eines Menschenhaares beträgt etwa 25 bis 100 µm. Die Anzahl dieser Fibrillen pro Bündel bestimmt den Faserdurchmesser. Eingeatmete A.-Fasern können grundsätzlich kanzerogene (Lungenkrebs, Mesotheliom) und bei hohen Belastungen fibrogene (Asbestose) Wirkungen haben.

Ein Schwellenwert für eine kanzerogene Wirkung von A. kann nicht angegeben werden, wohl aber verhält sich die Wahrscheinlichkeit einer Erkrankung etwa proportional zur Belastungskonzentration und Einwirkungsdauer. Die kleinste Einheit für eine mögliche kanzerogene Wirkung mit entsprechend geringer Wirkwahrscheinlichkeit ist eine einzelne Faser. Relativ genaue Vorstellungen für Dimensionen gesundheitlich kritischer Fasern gibt es auf der Basis von Tierversuchen. Es handelt sich um Fasern mit einem Durchmesser D unter 2 µm, einer Länge L über etwa 2,5 µm und einem Verhältnis $L:D \geq 3$. Da A.-Fasern (Büschel) noch nach langer Zeit im Körper zu Einzelfasern (Fibrillen) aufspleißen können, werden bei Immissionsmessungen die atembaren Fasern bis 3 µm Durchmesser mit berücksichtigt. Die kanzerogene Potenz der Einzelfaser steigt mit zunehmender Länge und mit abnehmendem Durchmesser.

In ungefährer Übereinstimmung mit diesen Erkenntnissen wurden die Meßvorschriften gemäß VDI 3492 festgelegt. Dabei unterscheidet man die besonders gefährlichen langen Fasern über 5 µm und die Fasern zwischen 2,5 bis 5 µm (→ Asbestmessung in der Luft).

❐ Einsatzbereiche. Seit dem Zweiten Weltkrieg stieg der A.-Verbrauch in der Bundesrepublik Deutschland auf Spitzenwerte von jährlich 160 000 t (1980) und sank bis 1989 auf 40 000 t; in der ehemaligen DDR betrugen die entsprechenden jährlichen Verbrauchsmengen 75 000 t bzw. 45 000 t. 85% des verbrauchten A. wurden zu Asbestzement (Hoch- und Tiefbau) verarbeitet.

Der Rest ging in die Produkte Brems- und Kupplungsbeläge, Leichtbauplatten, Hitzeschutztextilien, Fußbodenbeläge, Dichtungen, Filtermaterialien, Straßendecken, Spritzmassen, bauchemische Produkte u.a. Mehr als 90% des verarbeiteten A. war Chrysotil, Krokydolith wurde für Sonderanwendungen (Asbestzementrohre im Tiefbau und Spritzasbest) eingesetzt.

Die → Gefahrstoffverordnung von 1986 legte bereits ein grundsätzliches Expositionsverbot für A. fest. Ausnahmen galten für Abbruch-, Sanierungs- und Instandhaltungs-(ASI-)Arbeiten; ferner wurden Übergangsfristen für die Herstellung und Verwendung bestimmter A.-Produkte gesetzt. So war Anfang 1991 die Herstellung der meisten Produkte (z.B. Asbestzement im Hochbau, Scheibenbremsbeläge für Kraftfahrzeuge) verboten. Bereits viel früher waren schwach gebundene Produkte wie Spritzasbest, Leichtbauplatten in den alten Bundesländern verboten (in den neuen seit 1.7.1991). Der A.-Verbrauch im Jahr 1991 wurde für Deutschland auf unter 20000 t eingeschätzt. Ende 1993 ist die Ausnahmefrist für Asbestzement im Tiefbau und fast vollständig für die restlichen Produkte (bestimmte Kupplungsbeläge, Dichtungen u.a.) ausgelaufen. Mit der Novelle der Gefahrstoffverordnung und Schaffung der Chemikalien-Verbotsverordnung wurden 1993 die Verbote auf das Inverkehrbringen aller Asbestprodukte ausgedehnt. Damit sind nicht nur die Beschäftigten im Herstellungs- und gewerblichen Anwendungsbereich, sondern auch private Verbraucher von den Gefahren durch Asbestfeinstaub geschützt.

Seit Anfang 1994 ist das Asbestverbot mit der einzigen Ausnahme von Diaphragmen für die Chloralkalielektrolyse umfassend. Dies ist weltweit einmalig.

❒ Emission/Immission. A.-Fasern werden anlagengebunden aus Produktionsstätten und produktgebunden beim Bearbeiten und Beseitigen sowie beim Verschleiß asbesthaltiger Produkte emittiert. Die Emissionen wurden in den alten Bundesländern für das Basisjahr 1977 erstmalig umfassend untersucht. Es ergaben sich folgende Schwerpunkte: Emissionen durch Produktverwendung entstanden bei Zuschnitt, Bearbeitung, Abrieb, Verschleiß, Verwitterung, Renovierung, Abbruch, Transport oder Beseitigung asbesthaltiger Produkte. Besondere Problembereiche waren Baustellen und der Heimwerkerbereich.

Emissionen aus stationären Anlagen traten auf bei Baustoffgroßhandlungen (Zuschneiden von Asbestzement (AZ-Produkten), der Produktion von Reibbelag, der Herstellung von Asbestzement, bei der Aufbereitung von Asbestmineralien zu A.-Fasern und bei Produktionsbetrieben textiler A.-Produkte.

Die gleichen Emissionsquellen wurden im Umweltbundesamt für das Jahr 1989 erneut geschätzt. Danach ist davon auszugehen, daß verwitterte AZ-Produkte mit etwa 90% die größte Emissionsquelle darstellen.

Eine gleichzeitig durchgeführte Auswertung von Immissionsmessungen in der näheren Umgebung von abwitternden Asbestzementplatten, in der Umgebung von Industrieemittenten und an Stellen ausgewiesener Verkehrsdichte ergab hinsichtlich des Jahresmittelwertes ein für alle drei Fälle vergleichbares Belastungsniveau mit etwa 100 Fasern (kritischer Dimension)/m^3. Die aktuellen kurzzeitigen Konzentrationen können um bis zu einer Zehnerpotenz um diesen Wert schwanken.

❒ Grenz- und Richtwerte. Emissionsbegrenzende Anforderungen wurden in der → TA Luft (Emissionswert 0,1 mg/m^3, bei neuen Anlagen 0,01 mg/m^3) und in den Technischen Regeln für Gefahrstoffe (TRGS 519) für ASI-Arbeiten (Emissionswert 1000 Fasern mit kritischer Dimension/m^3) festgelegt. Sie werden mit Hilfe von hintereinander geschalteten Gewebefiltern eingehalten. Für Arbeitsplätze in Herstellungs- und Verarbeitungsbetrieben gilt die Technische Richtkonzentration (Tabelle, S. 38); darüber hinaus wurden Auslöseschwellen für besondere Schutzmaßnahmen und Orientierungswerte für ASI-Arbeiten festgelegt.

Für die Außenluft hat eine Arbeitsgruppe Krebsrisiko durch → Luftverunreinigungen für den Länderausschuß für Immissionsschutz (LAI) Vorschläge für Beurteilungsmaßstäbe erarbeitet, die vom LAI als Bericht mit dem Titel „Krebsrisiko durch Luftverunreinigungen" 1991 der Umweltministerkonferenz zur Kenntnis gegeben worden ist. Für A. wurde ein Richtwert in der Größenordnung von 100 Fasern (kritischer Dimension)/m^3 im Jahresmittel angegeben.

Für Innenräume gibt es keine Richtwerte für andauernde Belastungen. Hier gilt, daß bei Vorhandensein schwach gebundener A.-Produkte (Asbestsanierung) eine Sanierung grundsätzlich zu prüfen ist und ggf. unverzüglich erfolgen muß. *Lohrer*

Literatur: *Albracht, G.; O. A. Schwerdtfeger* (Hrsg.): Herausforderung Asbest. Wiesbaden 1991. – Ärztliche Mitteilungen. **88** (1991) Nr. 27. A: S. 2402–2409; B: S. 1595–1600; C: S. 1339–1344; – Belastung der Bevölkerung durch Asbest. Empfehlungen des Wissenschaftlichen Beirates der Bundesärztekammer. Sonderdruck Deutsches Ärzteblatt – Ministerium für Umwelt, Raumordnung und Landwirtschaft des Landes Nordrhein-Westfalen. (Hrsg.): Bericht des Länderausschusses für Immissionsschutz (LAI) an die Umweltministerkonferenz (UMK): Krebsrisiko durch Luftverunreinigungen. Düsseldorf 1992.

Asbestmessung in der Luft *⟨asbestos, measurement of in the air⟩*. A. in der Luft wurden früher hauptsächlich in Arbeitsbereichen zur Überwachung der Belastung von Arbeitnehmern und in der Umgebung von asbestbe- bzw. -verarbeitenden Betrieben durchgeführt. Überwiegend waren dabei aus heutiger Sicht hohe Asbestkonzentrationen zu messen, so daß relativ einfache Verfahren ausreichten. Die z.Z. noch tolerierten Asbestfaserkonzentrationen sind um mehrere Zehnerpotenzen niedriger und erfordern höheren meßtechnischen Aufwand.

Zur Bestimmung der Asbestfaserkonzentrationen sind zwei prinzipiell sehr unterschiedliche Methoden verfügbar: die Bestimmung der Asbestmassenkonzentration und die Bestimmung der Faseranzahlkonzentra-

Asbest. Tabelle: Grenz-/Richtwerte für Asbestbelastungen. Die Übersicht stellt die Grenz- und Richtwerte an Arbeitsplätzen und in der Umwelt gegenüber.

Bezeichnung der Werte	Meßmethode	F/m^3
Arbeitsplatz		
TRK-Wert für Chrysotil nach TRGS 102 (gilt nicht für Abbruch, Sanierung und Instandhaltung; für Krokydolith gibt es keinen)	ZH 1/120.31	250000
Auslöseschwelle für besondere Arbeitsschutzmaßnahmen nach TRGS 102 (25% TRK-Wert)	ZH 1/120.31	62500
Orientierungswert für zu treffende Schutzmaßnahmen nach TRGS 519 (Vollschutz) (Nur bei Abriß, Sanierung und Instandhaltung)	ZH 1/120.46	15000
Umwelt, Außenluft:		
Immissions(grenz)wert gemäß Vorschlag des LAI	VDI 3492	100
Umwelt, Innenraumluft:		
Kein Richtwert gegeben! Leitwert nach erfolgreich abgeschlossener Sanierung im Innenraum entsprechend TRGS 519 und Asbestrichtlinien (endgültige/vorläufige Maßnahme); es ist kein akzeptierter Dauerwert, mit den Raumluftwechseln werden diese Restfasern verschwinden	ZH 120.46	≤500/1000

tion. Als biologisch relevante Meßgröße gilt die Faseranzahlkonzentration, während die Asbestmassenbestimmung für Kontrollaufgaben anzusetzen war und heute kaum noch Bedeutung hat.

Asbestfasern unterscheiden sich von den meisten anderen Fasern dadurch, daß sie zur Längsaufspaltung neigen, während andere Fasern bei Beanspruchung quer brechen. Die kleinste nicht mehr spaltbare faserförmige Einheit ist die Elementarfibrille mit einem Durchmesser von 0,02–0,03 µm. So kann aus einer dicken Asbestfaser durch Längsspaltung eine Vielzahl dünner Fasern entstehen.

Die Asbeste werden in die Gruppen Serpentin- und Amphibolasbeste eingeteilt. Da den verschiedenen Asbestgruppen unterschiedliche biologische Relevanz unterstellt wird, ist es notwendig, bei der Konzentrationsbestimmung auch den Asbesttyp zu erkennen.

A. werden heute durchgeführt
– zur Bestimmung der Faserbelastung von Arbeitsplätzen der asbestbe- und -verarbeitenden Industrie,
– in der Außenluft zur Beurteilung der Faserbelastung für die Allgemeinbevölkerung als Folge von Erosion natürlicher Asbestvorkommen oder asbesthaltiger Produkte (z. B. Abwitterung von Asbestzement), des Abriebs von Reibbelägen und der Emission aus asbestver- oder -bearbeitenden Betrieben,
– in Innenräumen, in denen asbesthaltige Produkte verbaut sind,
–– zur Beurteilung der Asbestfaserfreisetzung,
–– als Beurteilungskriterium für den Erfolg von Asbestsanierungsmaßnahmen; dies ist die heute am häufigsten gestellte Meßaufgabe,
– zur Überwachung der Abluft von Abgasreinigungsanlagen.

Die Asbestmasse in Schwebestaub wird bestimmt, indem die staubbeladene Luft mit einem Feinstaub-Probenahmesystem durch ein planes Meßfilter aus Cellulose-Esther gesaugt wird, wobei die Staubpartikel auf dem Filter abgeschieden werden. Aus der Gewichtszunahme des Filters und dem durch den Filter gesaugten Luftvolumen wird die Feinstaubmassenkonzentration errechnet. Der Anteil der Asbestmasse wird mittels Infrarotspektroskopie oder Röntgenbeugung bestimmt. Nachzuweisen sind Asbestgehalte bei Chrysotil von ≥1% und bei Amphibolasbesten von ca. ≥5%.

Dieses Verfahren war bis 1989 zur Arbeitsplatzüberwachung alternativ zur Faserbestimmung üblich. Die Analytik zur Bestimmung der Asbestmasse im IR wird auch heute noch für Bestimmungen im strömenden Reingas eingesetzt.

Zur Bestimmung der Faseranzahlkonzentration stehen mehrere Verfahren mit unterschiedlichem Aufwand und unterschiedlichem Informationsgehalt zur Verfügung. Das geeignete Verfahren wird durch die Meßaufgabe bestimmt.

Allen Verfahren ist gemeinsam, daß die staubbeladene Luft durch ein planes Meßfilter gesaugt wird, wobei die Staubpartikel auf der Oberfläche des Filters abgeschieden werden, sowie das Erkennen der Fasern in einem Mikroskop durch manuelle Auswertung anhand ihrer Geometrie. Ist durch das Vorwissen klar, daß nur oder überwiegend Asbestfasern am Meßort vorliegen, so reicht die Erfassung der Fasern anhand der Morphologie. Dies gilt aber nur noch für wenige Arbeitsplätze, an denen als Fasern ausschließlich Asbestfasern be- oder verarbeitet werden. In den anderen Fällen ist eine Identifizierung jeder einzelnen Faser nötig, weil die Asbestfasern nur einen kleinen, unregelmäßigen Anteil unter allen Fasern ausmachen.

Die zählbare Asbestfaser ist per Konvention definiert und muß alle der folgenden Bedingungen erfüllen:
- Längen- zu Durchmesserverhältnis ≥3 (Merkmal für Faserform)
- Durchmesser ≤3 µm (Voraussetzung für Lungengängigkeit)
- Länge ≥5 µm (den kürzeren Fasern wird eine geringere biologische Relevanz unterstellt).

❒ Lichtmikroskopisches Verfahren. Die Probenahme erfolgt mittels Personal-Sampler auf ein Meßfilter aus Cellulose-Esther o. ä. Das Meßfilter muß vor der Auswertung optisch transparent gemacht werden. Dies erfolgt bei der Herstellung des mikroskopischen Präparates durch Einwirkung von Acetondampf, wodurch das Meßfilter zu einer dünnen Folie kollabiert. Die Faserstruktur des Meßfilters wird dabei zerstört. Als Kontrastflüssigkeit wird vor Auflegen des Deckengläschens ein Tropfen Triactin aufgegeben. Da der Staub bei der Acetondampfbehandlung in die Oberfläche des Filters eingeschlossen wurde, ist kein Abspülen zu befürchten. Das nach kurzer Einwirkungszeit völlig transparente und strukturlose Meßfilter kann nun im Lichtmikroskop unter Phasenkontrastbedingungen nach zählbaren Fasern abgerastert werden. Die Größenbestimmung erfolgt mittels eines Zählnetzes im Okular.

Das Verfahren ist dort einzusetzen, wo überwiegend Asbestfasern vorliegen, oder als Screeningverfahren, wo keine Identifizierung notwendig ist.

❒ Rasterelektronenmikroskopie. Die Probenahme erfolgt auf ein goldbedampftes Kernporenfilter. Organische Komponenten auf dem Meßfilter können mittels Kaltveraschung im Sauerstoffplasma eliminiert werden. Die Goldschicht schützt dabei das ebenfalls organische Meßfilter vor der Zerstörung. Die Auswertung erfolgt im Rasterelektronenmikroskop (REM). Das Filter wird bei 2000facher Vergrößerung im REM abgerastert. Erfüllt eine Faser die geometrischen Voraussetzungen, so kann die chemische Zusammensetzung der Faser durch energiedispersive Röntgenmikroanalyse (EDXA) bestimmt werden. Dazu wird der Elektronenstrahl auf einen Punkt der Faser gerichtet. Die getroffene Stelle wird angeregt und setzt Röntgenstrahlung frei. Diese Röntgenstrahlung wird von einem Detektor erfaßt und nachfolgend energetisch zerlegt. Die Energie der Röntgenstrahlung ist ein Maß für das chemische Element und die Intensität der Strahlung ein Maß für den Massenanteil. Eine Zuordnung zum Massenanteil ist allerdings bestenfalls semiquantitativ möglich. Anhand der chemischen Zusammensetzung erfolgt die Entscheidung über die Faserart. So werden als Leitkomponenten für Chrysotilasbest die Elemente Mg und Si und für die Amphibolasbeste Si und Fe herangezogen. Die Struktur der Faser bleibt dabei unberücksichtigt. Das heißt, daß auch amorphe Fasern ähnlicher chemischer Zusammensetzung als Asbestfasern eingestuft werden können. Das Ergebnis kann also positiv falsch sein.

Anwendungsbereich: Übliche Methode, wo niedrige Konzentrationen nachzuweisen sind und auch eine Faseridentifizierung erforderlich ist, z. B. in der Außenluft, in Innenräumen und an Arbeitsplätzen mit Fasermischungen.

❒ Transmissionselektronenmikroskopie. Bei diesem Verfahren erfolgt die Probenahme auf ein Meßfilter aus Polycarbonat oder Cellulose-Esther ohne vorherige Beschichtung. Während der Präparation wird das Meßfilter mit Kohlenstoff bedampft, wodurch die Fasern in der dünnen Kohlenstoffolie festgehalten werden, so daß anschließend das Meßfilter weggelöst werden kann, z. B. mittels Chloroform.

Die Betrachtung im Transmissionselektronenmikroskop erfolgt im Durchlichtverfahren bei voller Betrachtung der Bildfläche, im Gegensatz zum Rasterelektronenmikroskop, wo das Objekt zeilenförmig abgerastert wird, weshalb beim Transmissionselektronenmikroskop eine deutlich bessere Auflösung erzielt wird. Informationen über die Kristallstruktur können durch Aufnahme von Beugungsbildern gewonnen werden.

Anwendungsbereich: Untersuchung von Flüssigkeitsproben (z. B. Wasser nach dem Passieren von Asbestzementleitungen) und Forschungsaufgaben.

❒ Analytische Rastertransmissionselektronenmikroskopie. Probenahme wie bei der Transmissionselektronenmikroskopie. Das Gerät verbindet die Vorteile der Rasterelektronen- und der Transmissionselektronenmikroskopie, so daß das gleiche Meßobjekt im Transmissions- und im Rastermodus betrachtet werden kann, d. h., es sind hohe Auflösungen, morphologische Erkenntnisse, Informationen über strukturellen Aufbau und chemische Zusammensetzung erhältlich.

Anwendungsbereich: Überall dort, wo dünnste Fasern gleichzeitig hinsichtlich ihrer chemischen Zusammensetzung und Struktur untersucht werden sollen; überwiegend für Forschungszwecke und nicht für Routinekontrollmessungen. *Teichert*

Literatur: TRGS 102: Techn. Richtkonzentrationen (TRK) für gefährliche Stoffe. 9/1993. – TRGS 519: Techn. Regeln für Gefahrstoffe, Asbest – Abbruch-, Sanierungs- oder Instandhaltungsarbeiten – TRGS 519. 3/1995. – ZH 1/120.30 (Berufsgenossenschaftliche Richtlinie): Verfahren zur Bestimmung der Massenanteile von Chrysotil- und Amphibolasbesten. 3/1991. – VDI 3861, Bl. 1: Messen faserförmiger Partikeln; Manuelle Asbest-Staubmessung im strömenden Reingas; IR-spektrographische Bestimmung der Asbeststaub-Massenkonzentration. 12/1989. – ZH 1/120.31: Verfahren zur Bestimmung von lungengängigen Fasern: Lichtmikroskopische Verfahren. 1/1991. – RTM1: Reference Method for the determination of Airborne Asbestos Fibre Concentrations at workplaces by light microscopy (Membrane Filter Method), Recommended Technical Method No. 1 (RTM1), 1979. Asbestos International Association. – 83/477/EWG: Richtlinie des Rates vom 19.9.1982 über den

Schutz der Arbeitnehmer gegen Gefährdung durch Asbest am Arbeitsplatz (Zweite Einzelrichtlinie im Sinne des Artikels 8 der Richtlinie 80/1107/EWG). – ISO/DIS 8672: Workplace air – Determination of the number concentration of airborne inorganic fibres by phase contrast optical microscopy – Membrane filter method. 3/1989. – VDI 3492, Bl. 1: Messen anorganischer faserförmiger Partikel in der Außenluft; Rasterelektronenmikroskopisches Verfahren. 8/1991. – VDI 3492, Bl. 2, E: Messen anorganischer faserförmiger Partikel in Innenräumen; Rasterelektronenmikroskopisches Verfahren; 6/1994. – RTM2: METHOD for the determination of Airborne Asbestos Fibres and Other Inorganic Fibres by Scanning Electron Microscopy; 1984. Asbestos International Association. – ZH 1/120.46: Verfahren zur getrennten Bestimmung von lungengängigen und anderen anorganischen Fasern – rasterelektronenmikroskopisches Verfahren –. – ISO/DIS 10312: Ambient Air – Determination of asbestos fibres – Direct transfer TEM method. 1991.

Asphaltmischanlage ⟨*asphalt blending plant*⟩. In A. werden bituminöse Straßenbaustoffe hergestellt. Die Hauptarbeitsgänge dabei sind:
– Anlieferung der Mineralstoffe
– Beschicken der Trockentrommel und Trocknung des Minerals
– Mischen des Minerals mit Bitumen im Mischer
– Dosierung des Mischguts in das Verladesilo
– Mischgutübergabe und Transport.

Hauptemissionsquellen sind Trockentrommel und Mischer. Die Trockentrommeln werden ausschließlich durch Gewebefilter entstaubt; zur Vorentstaubung ist üblicherweise ein → Massenkraftabscheider vorgeschaltet. Die Abgase der Trockentrommel enthalten an gasförmigen anorganischen Stoffen Schwefeldioxid (SO_2) (bei Öl- und Kohlefeuerungen) sowie → Kohlenmonoxid und Stickstoffoxide (NO_x). Bei Gasfeuerungen ist die NO_x-Konzentration im Abgas geringer als bei Öl- und Kohlefeuerungen, die SO_2-Konzentration im Abgas ist praktisch vernachlässigbar. Bei Beheizung mit Klärschlämmen ist auf das Auftreten toxischer Staubinhaltsstoffe (→ Schwermetalle) zu achten. Zur Minderung diffuser → Staubemissionen werden Kapselungen relevanter Anlagenteile vorgenommen.

Organische Stoffe treten vor allem aus dem Mischer und den Bitumenlagerbehältern aus. Der charakteristische Bitumengeruch wird auf Mercaptane zurückgeführt. Eine Verminderung der organischen Emissionen erfolgt durch folgende Maßnahmen:
– Kapselung relevanter Anlagenteile und Absaugen der entstehenden Dämpfe
– Zuführen der Dämpfe zu einer Nachverbrennungseinrichtung oder der Trockentrommel
– → Gaspendelung beim Umschlag von Bitumen
– Abscheidung der Bitumendämpfe in einem mit Mineralstoffen gefüllten Reaktor durch Adsorption.

Die → 4. BImSchV ordnet in Abhängigkeit von der Produktionsleistung A. dem förmlichen oder dem vereinfachten Genehmigungsverfahren zu; Nr. 3.3.2.15.1 der → TA Luft enthält spezielle emissionsbegrenzende Anforderungen an A. *Angrick*

Literatur: *Brüssel, W.*: Umweltbelastungen aus der Asphaltproduktion. Entsorgungs-Praxis (1989) 11/89, S. 591/602. – *Davids, P.; M. Lange*: Die TA Luft – Technischer Kommentar. Düsseldorf 1986.

ASU ⟨*ASU, special waste gas test*⟩. Abk. Abgassonderuntersuchung; → Abgasprüfverfahren (Kfz)

Atmosphäre ⟨*atmosphere*⟩. Gasförmige Hülle eines Himmelskörpers, speziell die Lufthülle der Erde. Die Erd-A. ist ein Gemisch verschiedener Gase, hauptsächlich Sauerstoff und Stickstoff (Tabelle).

Atmosphäre. Tabelle: Zusammensetzung trockener Luft.

Gas	Volumenanteil (%)	Gewichtsanteil (%)
Stickstoff N_2	78,09	75,52
Sauerstoff O_2	20,95	23,15
Argon Ar	0,93	1,28
Kohlendioxid	0,03	0,05

Zu den genannten Gasen trockener Luft treten weiter noch Edelgase, z. B. Neon, Helium, Krypton und Xenon, des weiteren → Ozon. Außer den natürlichen Anteilen enthält die Luft durch menschliche Tätigkeit freigesetzte Spurenstoffe, insbesondere CO_2, CO, → Fluorchlorkohlenwasserstoffe (FCKW), N_2O, Stickoxide, → Ammoniak, → Methan, Staub und → Ruß. Über Großstädten und Industriegebieten ist die Konzentration der anthropogenen Beimengungen besonders hoch. Durch einige der langlebigen Stoffe, wie insbesondere CO_2 und die FCKW, verändert sich allmählich die natürliche Zusammensetzung der A. mit z. T. schwerwiegenden Folgen für das Klima und die Biosphäre, deren volle Tragweite noch nicht abzusehen ist. Der Gehalt des für das Wetter wichtigsten Bestandteils Wasserdampf in der A. schwankt zeitlich und örtlich zwischen 0 und 4 Volumenprozent.

Der vertikale Aufbau der A. wird bis zu einer Höhe von 100 km durch die Unterschiede in der Temperaturschichtung charakterisiert. Die einzelnen Stockwerke der A. sind Troposphäre, Stratosphäre und Mesosphäre und deren Grenzen Tropopause und Stratopause (Bild). Über diesen Stockwerken werden andere Merkmale für eine Gliederung verwendet, wie die Ionisierung der Gase und der Einfluß des Magnetfelds der Erde. Die Exosphäre, deren Untergrenze heute in etwa 1 000 km Höhe angesetzt wird, ist dadurch charakterisiert, daß in ihrem Bereich schnelle ungeladene Atome ohne Zusammenstoß aus dem Schwerefeld der Erde austreten können. Sie geht ohne deutliche Grenze in den interplanetaren Raum über.

90% der atmosphärischen Luft sind in einer 16 km dicken Schicht, 99% in den untersten 30 km enthalten. Die Energiequelle für alle in der A. ablaufenden Prozesse, wie insbesondere das Wettergeschehen und die atmosphärische Zirkulation, ist die Sonne. Heizfläche

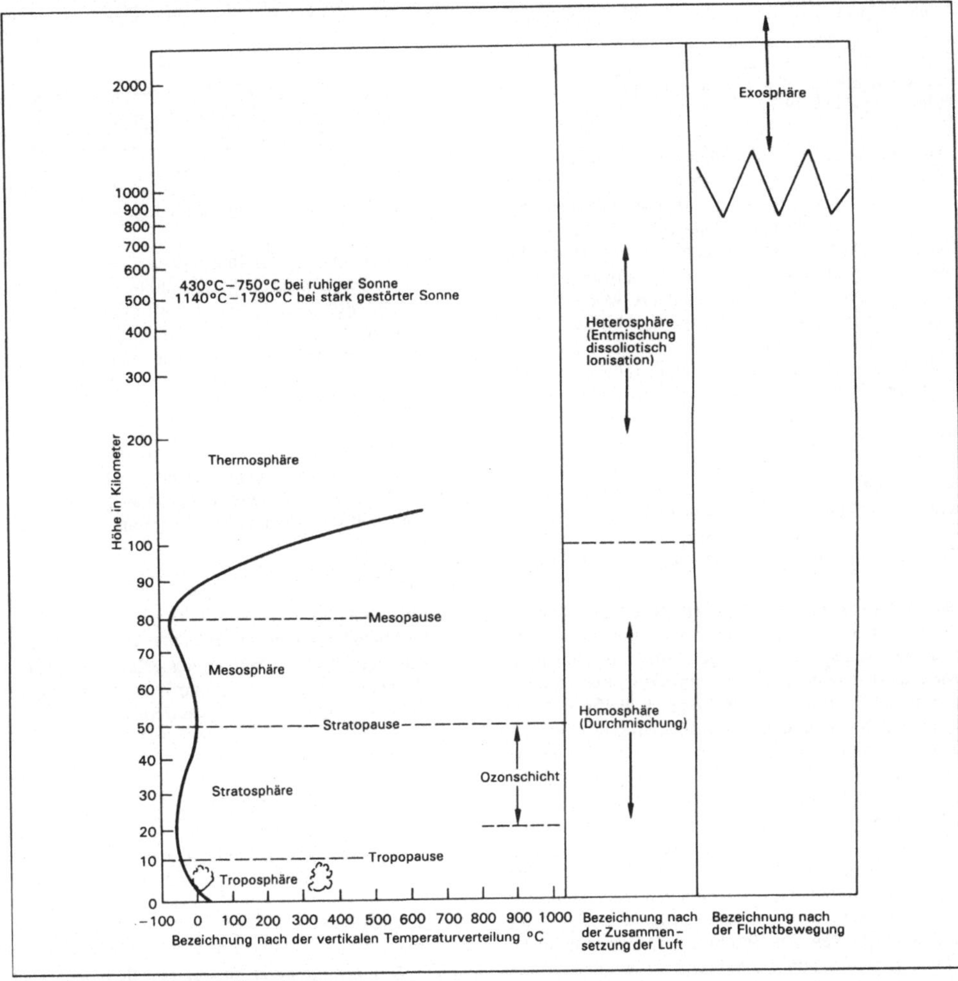

Atmosphäre: Vertikaler Aufbau der A.

für die A. ist hauptsächlich die Erdoberfläche. Beim Durchgang durch die A. wird die Sonnenstrahlung in den einzelnen Spektralbereichen unterschiedlich geschwächt. Durch die Absorption bei der Dissoziation des Sauerstoffs und den Ionisierungsprozessen in der hohen A. sowie durch die Absorption des Ozons in der Stratosphäre wird die schädliche UV-Strahlung herausgefiltert und hierdurch erst Leben auf der Erde in seiner jetzigen Form ermöglicht. Wasserdampf und CO_2 absorbieren den größten Teil der von der Erdoberfläche ausgehenden langwelligen Wärmestrahlung und verursachen hierdurch die sog. Glashauswirkung der A., ein Schutz gegen die Kälte des Weltraums.

An den Staubteilchen sowie den Dunstpartikeln in der A. und den Wolken wird ein Teil der Sonnenstrahlung reflektiert. Staubwolken, die nach Vulkanausbrüchen in die A. gelangen, behindern infolgedessen die Wärmezufuhr zur Erdoberfläche und können die Temperatur merklich senken.

An den Molekülen der Luft erfolgt eine diffuse Streuung, wobei der kurzwellige blaue Bereich des Sonnenspektrums stärker gestreut wird als der langwellige rote. Das Himmelsblau geht hierauf zurück. Wegen der, verglichen mit polnahen Gebieten, stärkeren Sonneneinstrahlung am Äquator bildet sich ein Druckgefälle aus, in dem die A. polwärts getrieben wird. Auf dem Weg zum Pol werden die Luftströme durch die Kraft der Erdrotation in Bewegungsrichtung nach rechts (Nordhalbkugel) oder links (Südhalbkugel) abgelenkt. Das ist das Grundprinzip der atmosphärischen Zirkulation auf der Erde, welche die Sonnenenergie über den gesamten Globus verteilt. *Giebel*

Literatur: *Möller, F.*: Einführung in die Meteorologie (Physik der Atmosphäre) Bd. 1 u. 2, Bibliographisches Institut Mannheim–Wien–Zürich 1973.

Auflage ⟨*imposition/condition for operation*⟩. A. sind Nebenbestimmungen zu einem begünstigenden Verwaltungsakt (Genehmigung, Erlaubnis, Fristverlängerung u. a.), durch die dem Begünstigten ein Tun, Dulden oder Unterlassen vorgeschrieben wird (§ 36 des Verwaltungsverfahrensgesetzes). Z. B. kann eine Genehmigung nach dem BImSchG mit der A. verbunden werden, die Emissionen der Anlage regelmäßig oder in bestimmten zeitlichen Abständen zu messen. Der Verstoß gegen eine A. läßt den Bestand des begünstigenden Verwaltungsaktes unberührt. Er kann aber Anlaß für ein Einschreiten der Überwachungsbehörde geben. Die Behörde kann die Pflichten aus einer A. mit den Mitteln des Verwaltungszwangs (Zwangsgeld, Ersatzvornahme oder unmittelbarer Zwang) durchsetzen oder bei einer entsprechenden Rechtsgrundlage (z. B. § 20 Abs. 1 des BImSchG) die weitere Ausnutzung der Begünstigung bis zur Erfüllung der A. untersagen. *Hansmann*

Ausbreitung im Nahbereich niedriger Quellen ⟨*propagation of air pollutants from near ground sources*⟩. Die Emissionen niedriger Emissionsquellen, die vielfach zu den nicht genehmigungspflichtigen Anlagen gehören, führen in ihrem Nahbereich häufig zu Nachbarschaftsbeschwerden, deren Berechtigung mit Hilfe von Ausbreitungsrechnungen oder evtl. auch Begehungen (bei Gerüchen) nachgewiesen werden muß. Bei den Immissionssimulationen ist zu berücksichtigen, daß die A. im Nahbereich niedriger Quellen durch Gebäude gestört ist. Zu den niedrigen Emissionsquellen gehören insbesondere Holzfeuerungen (von Schreinereien z. B., in denen zu Heizzwecken Holzabfälle verbrannt werden), Räuchereien, Lackierereien und Tierintensivhaltungen. Zu Beschwerden kommt es insbesondere dann, wenn die Schornsteinmündungen oder sonstigen Auslässe niedriger liegen als die Nachbargebäude. Besonders kritisch ist der unmittelbare Nahbereich bis zu einer Quellentfernung von etwa 20–30 m. Die Nachbarn, deren Fenster und auch Gärten von den Abgasfahnen beaufschlagt werden, fühlen sich durch Gerüche oder sichtbare Abgasfahnen belästigt oder fürchten durch unsichtbare Abgase in ihrer Gesundheit geschädigt zu werden.

Zeigen die Ausbreitungsrechnungen oder Begehungen, daß Grenz- oder Schwellenwerte überschritten werden, so sind die → Immissionen zu verringern. Falls die Emissionen nicht reduziert werden können, kommt evtl. eine Erhöhung der effektiven → Quellhöhe durch eine Aufstockung des → Schornsteins oder eine Erhöhung der Austrittsgeschwindigkeit der Abgase, insbesondere zur Vermeidung von stacktip downwash in Frage.

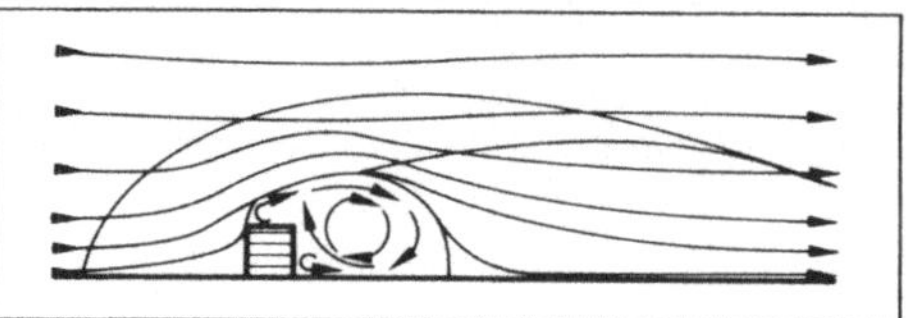

Ausbreitung im Nahbereich niedriger Quellen: Mittlere Luftströmung um ein kubisches Gebäude.

Die Berechnung der Immissionen im Nahbereich niedriger Quellen ist schwierig, weil die A. der Abgase durch die Bebauung stark beeinflußt wird. Hinter Gebäuden tritt ein Leewirbel auf (Bild), in den die Abgasfahne in Abhängigkeit von der effektiven Quellhöhe über dem Leewirbel in unterschiedlichem Maße hineingezogen wird. Durch Vergleich der effektiven Quellhöhe h über der Mitte des Leewirbels mit der Gebäudeabmessung δ = die Höhe hB oder die Breite des Gebäudes, je nach dem, welcher Wert der kleinere ist (die Breite des Gebäudes in bezug auf die Anströmrichtung), lassen sich vier Ausbreitungssituationen unterscheiden:

$$h > hB + 1{,}5\delta \qquad (1)$$

Die Abgasfahne breitet sich relativ unbeeinflußt vom Gebäude aus. Dabei zieht sie eng gebündelt mit dem Wind davon und steigt aufgrund ihres mechanischen und thermischen Impulses allmählich an.

$$0{,}2 < (h - hB)/\delta < 1{,}5 \qquad (2)$$

Die Abgasfahne wird abgesenkt, gerät aber nicht in den Leewirbel. Der Anstieg auf Grund des mechanischen Impulses wird Null, nicht jedoch der Anstieg der Abgasfahne auf Grund ihres thermischen Impulses.

$$0 < (h - hB)/\delta < 0{,}2 \qquad (3)$$

Die Abgasfahne gerät teilweise in den Leewirbel. Für die Konzentrationsberechnung wird in Quellentfernungen $> 10\delta$ der Ausbreitungsparameter σ_Z in Abhängigkeit von den Gebäudedimensionen und der effektiven Quellhöhe vergrößert, σ_Y bleibt unverändert (→ Gauß-Ausbreitungsformel).

$$h < hB \qquad (4)$$

Die Abgasfahne gerät vollständig in den Leewirbel. Für die Konzentrationsberechnung in Quellentfernungen $> 10\delta$ werden σ_Z und σ_Y in Abhängigkeit von Höhe und Breite des Gebäudes vergrößert.

Tritt eine Abgasfahne ganz oder teilweise in die turbulente Leezone hinter einem Gebäude ein (Fälle 3 und 4), dann ist eines der Hauptmerkmale der Ausbreitung ein nach unten und seitwärts gerichteter turbulenter Transport, der in Beziehung zu den Gebäudedimensionen steht. Im Lee von Gebäuden, insbesondere bei diagonaler Orientierung zur Windrichtung, treten axiale Wirbel auf, welche die Schadstoffe rasch in Richtung Erdboden transportieren. Der nach unten gerichtete Transport wird als gebäudebedingter Downwash bezeichnet. Der Teil der Abgase, der in die Nachlaufblase hinter dem Gebäude gelangt, nimmt dabei mit abnehmender effektiver Quellhöhe zu. In Gebäudenähe treten hohe Konzentrationen auf, die um so höher liegen, je niedriger die effektive Quellhöhe über der Mitte des Leewirbels ist. Die Immissionen im Bereich des Leewirbels werden mit empirischen Ausbreitungsgleichungen berechnet, z. B.

$$c = Q/(0{,}5\ F)$$

mit c: Immissionskonzentration im Lee eines Gebäudes im allgemeinen bei vollständigem Einfang in mg/m^3 (Fall 3), Q: Emission in mg/s, F: Angeströmte Fläche des Gebäudes in m^2.

Das stark verwirbelte Strömungsfeld hinter dem Gebäude, in dem die hohen Konzentrationen auftreten, reicht bis zu einer Entfernung vom Schornstein, die etwa der Entfernung 3δ von der Gebäudewand entspricht. Weiter stromabwärts bis zu etwa 10δ schließt sich ein Gebiet mit zum Boden hin abgelenkten Stromlinien an.

Der Anstieg der Abgasfahnen aufgrund ihres mechanischen Impulses wird Null und die Abgasfahne wird darüber hinaus noch weiter abgesenkt. Anschließend erfolgt jedoch wieder ein Anstieg der Fahne auf Grund ihres Wärmeinhalts, sofern die Austrittstemperatur der Abgase über der Temperatur der Umgebungsluft liegt. In allen vier Fallgruppen wird für Quellentfernungen zwischen 3δ und 10δ die Immissionskonzentration linear interpoliert. In den Fällen (1) und (2) ist dabei die Konzentration bis zur Entfernung 3δ vom Gebäuderand Null.

Zur Berechnung der Immissionen kommen folgende analytische Ausbreitungsmodelle in Betracht:
- TA Luft-Modell ab 50–100 m Quellentfernung, je nach den örtlichen Bedingungen
- Gauß-Ausbreitungsformel mit speziellen Ausbreitungsparametern für Quellentfernungen ab 10δ, gewöhnlich der zehnfachen Gebäudehöhe;
- empirische Ausbreitungsformeln zur Abschätzung der Maximalbelastung am Boden bis zu einer Quellentfernung von 3δ von der Gebäudewand, wenn die Abgasfahne ganz oder teilweise in Leewirbel gerät;
- Nahbereichsgleichung für Gebäude, falls die Abgasfahne auf Gebäude trifft.

Außerdem werden zur Berechnung der A. im Nahbereich niedriger Quellen numerische Ausbreitungsmodelle verwendet. *Giebel*

Literatur: *Fackrell, J. E.*: An examination of simple models for building influenced dispersion. Atmosph. Environm. Vol. 18 No 1 (1984) pp. 89/98. – Niederländische Arbeitsgruppe für die Ausbreitung von Luftverunreinigungen: Der Einfluß eines Gebäudes auf die Ausbreitung von Schornsteinfahnen – Empfehlung einer Berechnungsmethode. SCMO-TNO, Delft 1986. – *Pernpeintner, A.*: Der Einfluß von Gebäuden auf die Ausbreitung – Ergebnisse von Versuchen im Windkanal. Lehrstuhl für Strömungstechnik der TU München, Bericht-Nr. 83/21, München 1983. – VDI-Richtlinie 3781, Blatt 4: Bestimmung der Schornsteine für kleinere Feuerungsanlagen. 11/1980.

Ausbreitung von Erschütterungen ⟨*propagation of vibrations*⟩. In einem Kontinuum (Medium) vollzieht sich die A. von Änderungen der Spannungs- oder Verformungszustände in Form von Wellen. Das Kontinuum besteht aus einer Vielzahl von schwingungsfähigen Teilchen, die miteinander gekoppelt sind. Wird eines dieser Teilchen oder auch mehrere, zu Schwingungen angeregt, wird dieses oder werden diese zum Zentrum einer Wellenausbreitung. Kinematisches Kennzeichen für die A. ist das Wandern der Schwingungsphase; dynamisches Kennzeichen ist der Transport von Energie. Beides geschieht mit der Ausbreitungsgeschwindigkeit (Wellengeschwindigkeit) oder der Phasengeschwindigkeit.

Der Vorgang der A. hängt von den Materialeigenschaften des Ausbreitungsmediums, ihrer Verteilung innerhalb des Mediums und den Randbedingungen ab.

Bei auftretenden →Erschütterungen ist besonders deren A. im Boden zu betrachten. Der Boden ist praktisch nie homogen und auch nicht isotrop. Er ist oft aus Bodenschichtungen aufgebaut. Die Schichtgrenzen können parallel oder schräg zur Oberfläche verlaufen. An Schichtgrenzen kommt es zu Reflexionen und Refraktionen von Raumwellen. Die A. von Wellen in einem mehrfach und unregelmäßig geschichteten Boden ist analytisch nur sehr schwierig zu erfassen. Bei der seismischen Prospektion wird häufig die A. einer kurzzeitigen Erschütterung (seismischer Impuls) an der Erdbodenoberfläche durch Messung erfaßt, um Kenntnis über die dynamischen Bodenparameter und über Schichten verschiedener Steifigkeiten ohne direkte Bodenaufschlüsse zu erhalten. *Splittgerber*

Literatur: *Haupt, W.*: Ausbreitung von Wellen im Boden. In Haupt, W. (Hrsg.): Bodendynamik, Grundlagen und Anwendung. Braunschweig 1986. – *Studer, J.* und *A. Ziegler*: Bodendynamik, Grundlagen, Kennziffern, Probleme. Berlin–Heidelberg–New York 1986.

Ausbreitung von Gerüchen ⟨*spread of odorant emissions*⟩. Die A. von Geruchsstoffen wird ebenso wie bei anderen Spurenstoffen durch Windrichtung, Windgeschwindigkeit und Turbulenz bestimmt, wobei jedoch gewisse Besonderheiten zu berücksichtigen sind. Ob und mit welcher Intensität Gerüche in der Umgebung einer Quelle wahrgenommen werden, hängt nicht nur von der Verdünnung durch Windgeschwindigkeit und Turbulenz, sondern auch von Niederschlag, Nebel oder Dunst und von der Sonneneinstrahlung ab: Manche Geruchsstoffe werden bei Regen aus der Atmosphäre ausgewaschen, während Nebel oder Dunst Gerüche festhält und sie noch verstärkt, oder sie werden erst bei hoher Luftfeuchte wahrgenommen, u. a. deshalb, weil eine feuchte Nasenschleimhaut empfindlicher ist als eine trockene.

Die Berechnung von Geruchsimmissionen mit Hilfe von Ausbreitungsmodellen ist schwieriger und mit mehr Unsicherheiten behaftet als die anderer Tracergas-Konzentrationen. Der Hauptgrund hierfür ist, daß Gerüche durch Konzentrationsspitzen im Sekundenbereich verursacht werden, die herkömmlichen Ausbreitungsmodelle aber nur Mittelwerte über längere Zeiträume liefern (Bild).

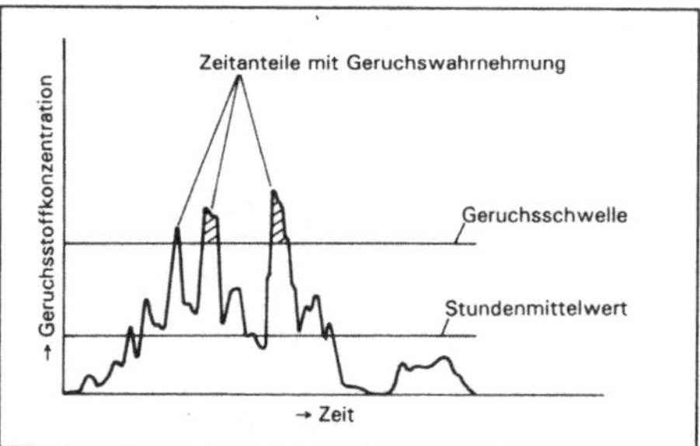

Ausbreitung von Gerüchen: Zeitliche Schwankungen einer Geruchsstoffkonzentration an einem Meßort.

Um die zu Geruchswahrnehmungen führenden Konzentrationsspitzen abzudecken, wurden bisher die mit dem → Gauß-Modell nach → TA Luft berechneten Stundenmittel gewöhnlich mit dem Faktor 10 multipliziert. Aufgrund von Vergleichen zwischen Geruchsfeststellungen bei Begehungen und den Ergebnissen der Ausbreitungsrechnung können sich andere emittentenspezifische Faktoren zur Hochrechnung der Stundenmittelwerte auf Geruchskonzentrationen ergeben.

Geruchsstoffe können als Nebel, als Aerosole oder als Gase freigesetzt werden. Sie werden kontinuierlich, mit Unterbrechungen kontinuierlich, in gelegentlichen oder mehr oder weniger regelmäßigen Schüben emittiert. Schwankungen in der Freisetzung können sich auf das Verhältnis von Konzentrationsspitze/Mittelwert auswirken und sind bei Immissionssimulationen u. U. zu berücksichtigen. Prinzipiell können Geruchsemissionen auf zweierlei Art in ein Ausbreitungsmodell eingegeben werden:

- als Emissionsmassenstrom der geruchserzeugenden Substanz in Gewicht pro Zeiteinheit oder
- als Emissionsmassenstrom an Geruchseinheiten (GE) (→ Geruchszahl).

Der Quotient Konzentrationsspitze/Mittelwert muß in beiden Fällen durch einen Faktor abgedeckt werden. Da eine chemisch-analytische Bestimmung von Geruchsstoffen nur selten möglich ist, weil sie meist in sehr geringen Konzentrationen und vorwiegend als Gemische auftreten, geht in die Ausbreitungsrechnung dementsprechend der Emissionsmassenstrom an Geruchseinheiten ein, der auch als Geruchsstoffstrom bezeichnet wird.

Wenn man mit dem Geruchsstoffstrom in die Ausbreitungsrechnung eingeht, so ergibt sich an Stelle der Immissionskonzentration in mg/m^3 für jeden Aufpunkt die Anzahl der Geruchseinheiten pro m^3 (GE/m^3).

Der Jahresmittelwert hat keine Bedeutung, sondern lediglich die Häufigkeit, mit der wenigstens eine oder mehrere Geruchseinheiten auftreten. Das Überschreiten von 1 GE/m^3 ist dem Überschreiten der Wahrnehmungsschwelle gleichzusetzen. Ein Wert von weniger als einer Geruchseinheit pro m^3 bedeutet, daß nach der Immissionssimulation kein Geruch zu erwarten ist. Ab wieviel GE/m^3 ein Geruch als stärker empfunden wird, ist von einem Geruchsstoff zum andern verschieden. Bei der Abluft aus Schweinemastanstalten sind es etwa 5 GE/m^3. *Giebel*

Literatur: *Hanna, St. R.*: Concentration fluctuations in a smoke plume, Atmospheric Environments **18**, N 6 (1984) pp. 1091/1106. – *Medrow, W. u. Chr. Jürgens*: Die Simulation der Geruchsausbreitung, Staub Reinhaltung der Luft **44** (1984), Nr. 11, S. 475/479.

Ausbreitung von Kfz-Emissionen ⟨*propagation of air pollutants caused by traffic*⟩. Während die A. von Kfz-Emissionen in unbebauten oder wenig bebauten Straßen hauptsächlich von Windrichtung und Windgeschwindigkeit bestimmt wird, werden die Kraftfahrzeugabgase in bebauten Stadtstraßen von turbulenten Strömungen abtransportiert, die durch den Verkehr und die Ablenkung des Windes durch die Gebäude geprägt sind (Bild 1). Für diese beiden Fälle stehen denn auch unterschiedliche Ausbreitungsmodelle zur Verfügung.

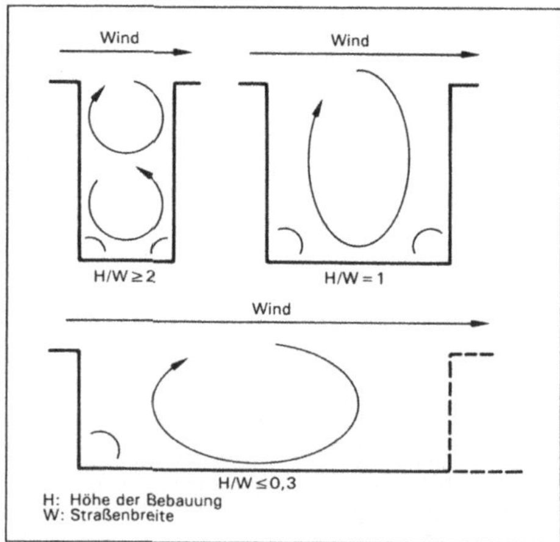

Ausbreitung von Kfz-Emissionen 1: Strömungsformen für Kfz-Abgasimmissionen in Straßen bei Wind-Queranströmung und unterschiedlichen Bebauungsverhältnissen (nach TÜV Rheinland).

Die Strömung in einer Straßenschlucht wird bestimmt durch den Wind über der Straße sowie vor dem Straßenquerschnitt. Der Abtransport der Schadstoffe nimmt mit zunehmender Windgeschwindigkeit zu. Gleichzeitig erhöht sich auch die turbulente Diffusion aufgrund der zunehmenden Turbulenz. In einer Straße existiert aber auch bei Windstille eine Eigenströmung, die insbesondere auf die Bewegung der Fahrzeuge zurückgeht.

Die Konzentrationsverläufe sind bei Queranströmung in einer Straßenschlucht vielfach stark windrichtungsabhängig mit hohen Konzentrationen auf der windzugewandten und niedrigen Konzentrationen auf der windabgewandten Seite (Bild 2). Mit enger werdender Straßenschlucht nehmen die Lee-Luv-Unterschiede ab und kehren sich schließlich um.

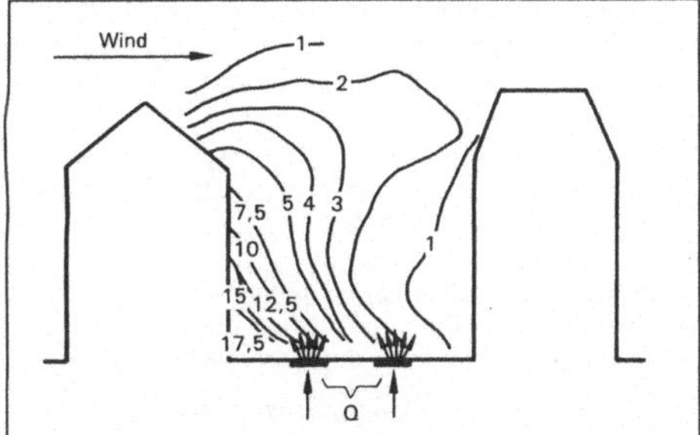

Ausbreitung von Kfz-Emissionen 2: Schadstoffkonzentrations-Verläufe in einer Straßenschlucht nach Windkanalmessungen. Q = Kfz-Abgasemissionen; die Werte an den Isolienien geben das relative Maß der Immissionsbelastung an (nach TÜV Rheinland).

Wenn der Wind parallel zur Straße weht, sinken die → Immissionen. Straßen, die in der Hauptwindrichtung verlaufen, weisen infolgedessen unter sonst gleichen Bedingungen eine geringere Belastung auf als die Straßen quer dazu.

Ein wichtiger Parameter zur Charakterisierung der A. in einer bebauten Straße ist das Bebauungsverhältnis H/W mit H: Höhe der Bebauung und W: Straßenbreite (Breite der Fahrbahn plus Abstand zu den Gebäuden), weil hiermit die verschiedenen Strömungsformen gegeneinander abgegrenzt werden können. Die höchsten Immissionen aus dem Kfz-Verkehr werden in den Straßen der Stadtkerne sowie an stark frequentierten Ausfallstraßen und Querverbindungen gemessen, weil dort die Verkehrsdichte am größten ist. Außerdem hängt die Immissionsbelastung durch den Kfz-Verkehr aber nicht nur vom Verkehrsaufkommen und Verkehrsfluß, sondern auch vom Straßentyp, d. h. der Bebauungsdichte, -höhe und -homogenität sowie der Straßenbreite ab.

Straßenschluchten weisen unter sonst gleichen Bedingungen die höchsten Immissionen durch den Kfz-Verkehr auf, weil in ihnen der Luftmassenaustausch stark herabgesetzt ist. Von den Straßenschluchten sind die schmalen Straßen am meisten benachteiligt.

Bei einer Halbierung der Straßenbreite steigen die Immissionen auf überschläglich das Doppelte an. Im Normalfall sinken die Immissionskonzentrationen mit zunehmendem Abstand vom Straßenrand rasch ab.

Auch in stärker befahrenen Straßenschluchten läßt sich deshalb in Wohnungen und Büros eine gute Luftqualität erzielen, wenn die Belüftung von der Hof- bzw. Gartenseite her erfolgt.

Auf der Straßenseite ist die Luftqualität um so besser, je höher die Wohnung liegt bzw. je größer ihr Abstand vom Straßenrand ist.

Durch die Anpflanzung von Bäumen und Sträuchern zwischen Fahrbahnrand und Wohnbebauung lassen sich die Kfz-Immissionen verringern. Die Bepflanzung hat einen Filtereffekt und sorgt außerdem durch eine erhöhte Luftverwirbelung für eine bessere Verdünnung der → Abgase.

Die Immissionen aus dem Kfz-Verkehr haben einen Tagesgang mit dem Maximum an den Wochentagen zu den Hauptverkehrszeiten morgens und abends. Die höchsten Werte treten bei niedrigen Windgeschwindigkeiten und bodennahen → Inversionen auf. Die Emissionen hängen von der Fahrgeschwindigkeit ab: Die CO-Emissionen steigen mit abnehmender Fahrgeschwindigkeit steil an, während die NO_x-Emissionen bei höheren Fahrgeschwindigkeiten ihre größten Werte erreichen. *Giebel*

Literatur: Forschungsgesellschaft für Straßen- und Verkehrswesen: Merkblatt über Luftverunreinigungen an Straßen, Teil 1 Straßen ohne oder mit lockerer Randbebauung MLuS-82. 1992. – *Johnson, W. B., W. F. Ludwig, Dabbert and R. J. Allen*: An Urban Diffusion Simulation for Carbon Monoxide. J. Air Pollut. Control Assoc. **23** (1973) 490–498. – *Leisen, P., P. Jost, K. S. Sonnborn*: Modellierung der Schadstoffausbreitung in Straßenschluchten – Vergleich von Außenmessungen mit rechnerischer und Wind-Kanal-Simulation. In Berichtsband zum BMFT/TÜV Rheinland-Immissionskolloquium 1981. Abgasbelastungen durch den Kraftfahrzeugverkehr, Köln 1982.

Ausbreitung von schweren Gasen ⟨*propagation of heavy gases*⟩. Die Mehrzahl der Stoffe, welche bei → Störfällen in die Atmosphäre gelangen, sind schwere Gase mit einer Anfangsdichte, welche etwa 1,3–3,5-mal größer ist als die von Luft.

Schwere Gase breiten sich zunächst auf eine andere Weise in der Atmosphäre aus als Tracer-Substanzen. Insbesondere ist die Verdünnung in der Atmosphäre zunächst deutlich geringer. Die Unterschiede kommen hauptsächlich dadurch zustande, daß zu den Parametern, welche die A. bestimmen, nicht nur Windrichtung, Windgeschwindigkeit und Turbulenz gehören, sondern anfangs auch in starkem Maße die Gravitation.

Damit ein Gas Schwergasverhalten zeigt, müssen zwei Bedingungen erfüllt sein: Es ist erforderlich, daß es bei der Freisetzung eine größere Dichte als Luft hat. Des weiteren muß das G. in größeren Mengen in die Atmosphäre gelangen, wobei die kritische Menge in windschwachen Ausbreitungssituationen kleiner ist als

in windstarken. Eine größere Dichte als Luft kann sowohl durch ein
- höheres Molekulargewicht als das von Luft als auch durch
- eine niedrige Temperatur oder auch durch beides zustande kommen.

Treffen hohes Molekulargewicht und niedrige Temperatur zusammen, so ist das Schwergasverhalten besonders stark ausgeprägt.

Außerdem breiten sich bestimmte Aerosole (z. B. → Ammoniak) sowie Polymerisationsprodukte wie schwere Gase aus.

Bei der A. schwerer Gase lassen sich insgesamt drei A.-Phasen unterscheiden:
- Die Gravitationsausbreitung im Nahfeld um die Quelle,
- die Schwergasdiffusion sowie
- nach entsprechender Verdünnung, wenn ihre Dichte sich der der Luft angenähert hat, die A. als → Tracergas.

Sofern in größeren Mengen freigesetzte schwere Gase nicht am Boden in die Atmosphäre gelangen, sinken sie aufgrund ihrer Schwere zu Boden und bilden im Nahbereich um die Quelle einen Schwergas-Pool, aus dem sie in die erste Phase der Schwergasausbreitung, in die Gravitationsphase, übergehen.

Während ihres Auseinanderfließens aufgrund der Schwerkraft bildet sich vielfach ein
- Frontwirbel aus, der die schweren Gase auch in größere Höhen befördert, es erfolgt eine
- stärkere A. quer zur Ausbreitungsrichtung als bei Tracer-Gasen und sogar eine
- A. in Gegenwindrichtung, die bei Schwachwindlagen ziemlich ausgeprägt sein kann.

Als weitere wichtige Folge der Gravitationsausbreitung verdünnen sich die schweren Gase anfangs deutlich weniger mit der Umgebungsluft als passive Spurenstoffe. Während der Gravitationsphase verhält sich die freigesetzte Substanz in gewisser Weise wie eine Flüssigkeit, die am Erdboden ausgegossen wird und auseinanderläuft.

Wenn Schwergaswolken in großen Mengen freigesetzt werden, verändern sie das Wind- und Temperaturprofil, und kalte Gase kühlen darüber hinaus auch noch den Boden ab. Während der Gravitationsphase ist die Abnahme der Konzentrationswerte mit der Quellenentfernung im Gegensatz zur A. passiver Spurenstoffe relativ unabhängig von der Windgeschwindigkeit.

Windgeschwindigkeit und Turbulenz beeinflussen jedoch die Verweildauer der Schwergaswolke sowie die Größe der Fläche, welche von der Schwergaswolke bedeckt wird. Wenn kalte Gase freigesetzt werden, hängt die Dauer der Gravitationsphase darüber hinaus noch von der Wärmebilanz ab, wobei auf der Emissionsseite Masse, Temperatur und spezifische Wärme des freigesetzten G. und auf der Umgebungsseite Turbulenz, Sonneneinstrahlung, Umgebungs- und Bodentemperatur stehen.

Auf die Gravitationsphase folgt die Schwergasdiffusion, bei der in stärkerem Maße Umgebungsluft durch atmosphärische Turbulenz in die Schwergaswolke eingemischt wird, und zwar hauptsächlich an der fortschreitenden Front sowie an der Deckschicht der Wolke.

Während der ersten beiden A.-Phasen wird eine Schwergaswolke ähnlich wie eine Flüssigkeit durch Hindernisse wie Mauern, Gebäude usw. aufgehalten und abgelenkt, wobei sie an den Gebäudefronten hochläuft und an Gebäudeoberkanten hohe Immissionskonzentrationen verursachen kann. Sind die Rauhigkeitselemente hoch, so können sich dazwischen auch bei hohen Windgeschwindigkeiten und starken Turbulenzen längere Zeit hohe Gaskonzentrationen halten.

Am Ende der Schwergasphase beträgt die mittlere Verdünnung der Anfangskonzentration in unbebautem Gelände etwa zwei Größenordnungen. Anschließend erfolgt die A. als Tracergas.

Für die Simulation der A. schwerer Gase wurden spezielle Ausbreitungsmodelle entwickelt (→ Störfallausbreitung). *Giebel*

Literatur: *Schnatz, G. u. S. Hartwig*: Schwere Gase – Modelle, Experimente und Risikoanalyse. Berlin–Heidelberg, 1986. – VDI-Richtlinie 3783 Bl. 2: Ausbreitung von störfallbedingten Freisetzungen schwerer Gase – Sicherheitsanalyse. 7/1990.

Ausbreitung von Spurenstoffen *⟨propagation of trace substances⟩* → Spurenstoffausbreitung

Ausbreitung von Stäuben *⟨propagation of particulate matters⟩*. Im Vergleich zur A. von → Tracergasen können bei der A. normaler schwebfähiger Stäube die Sinkgeschwindigkeit sowie die Ablagerungsgeschwindigkeit für die trockene Ablagerung am Erdboden nicht vernachlässigt werden. Nur im Grenzfall sehr leichter Stäube mit einem aerodynamischen Durchmesser $< 10\ \mu m$ erfolgt die A. wie bei einem Tracergas. Sink- und Ablagerungsgeschwindigkeit hängen von der Korngrößenverteilung sowie der zugehörigen mittleren Partikeldichte der emittierten Stäube ab, Parameter, deren Kenntnis gewöhnlich lückenhaft ist.

Die bisher vorhandenen Ausbreitungsmodelle beschreiben die A. von Stäuben und deren Depositionsverhalten nur in grober Annäherung. Das in der → TA Luft angegebenen Ausbreitungsmodell ist ein sog. Source-Depletion-Modell, eine Erweiterung des Gaußmodells, in dem die Staubablagerung am Erdboden dadurch berücksichtigt wird, daß die Quellstärke als Funktion der Quellentfernung angesetzt wird. Die Verarmung der Abgasfahne erfolgt über die gesamte Höhe gleichzeitig. Für die verschiedenen Größenklassen von Korngrößenverteilungen sind unterschiedliche Ablagerungsgeschwindigkeiten angegeben. Die Sinkgeschwindigkeit der Partikel aufgrund der Schwerkraft wird nicht gesondert berücksichtigt. Mit dem Modell lassen sich die Immissionsbeiträge aufgrund des Schwebstaubs (in mg/m^3) sowie des Staubniederschlags (in $mg/(m^2h)$) berechnen (→ Depositionsgeschwindigkeit, → Sedimentation, → Deposition, trockene). *Giebel*

Ausbreitungsklasse ⟨*propagation type*⟩ → Diffusionsklasse

Ausfalleffektanalyse ⟨*failure mode and effect analysis*⟩. Elemente eines technischen Systems können ausfallen, d. h. die gewünschte Sollfunktion des Elements innerhalb des Systems wird nicht mehr erbracht.

Die A. dient dem Erkennen kritischer Fehlfunktionen von Elementen eines Systems und deren Auswirkungen auf das System. Im Vordergrund steht das Auffinden von Schwachstellen. Bei der A. z. B. an einer verfahrenstechnischen Anlage werden für Gerätefunktionen oder deren Funktionselemente Fehlfunktionen angenommen. Die anzunehmenden Fehlfunktionen werden von der Sollfunktion abgeleitet, z. B.: Eine Füllstandsüberwachung, die ein bestimmtes Flüssigkeitsniveau regeln soll, schaltet zu früh, zu spät bzw. überhaupt nicht. Die für die Fehlfunktion verantwortlichen Ursachen und die resultierenden Auswirkungen werden ermittelt und qualitativ bewertet. Die A. ist sehr übersichtlich und kann leicht auf Vollständigkeit hin überprüft werden.

Die A. ermöglicht die systematische Analyse der Anlagensicherheit z. B. im Rahmen der Erstellung von → Sicherheitsanalysen. Die A. liefert zudem Vorabinformationen für die → Fehlerbaumanalyse, die → Störfallablaufanalyse und die → Risikoanalyse.

Werden anstelle der Fehlfunktionen von Geräten Bedienungsfehler angenommen, spricht man auch von Bedienungsfehleranalysen. Bei der Bedienungsfehleranalyse werden z. B. mit Hilfe von Leitwerten, die menschliche Fehlermöglichkeiten widerspiegeln, alle vorkommenden Tätigkeiten überprüft. Die Leitwerte orientieren sich daran, was ein Mensch bei einer von ihm erwarteten Tätigkeit falsch machen kann. Er kann z. B. eine Handlung gar nicht, zum falschen Zeitpunkt, zu spät usw. ausführen. *Nitsche*

Literatur: DIN 25 448. Ausfalleffektanalyse. 6/1980.

Außenbereich ⟨*outdoor area*⟩. Bezeichnet zum einen den außerhalb der Wohnräume eines Hauses nutzbaren Wohnbereich, wie z. B. Balkon, Garten, Terrasse, der ebenfalls vor unzulässigen → Immissionen, insbesondere durch gewerbliche, verkehrsbedingte oder durch Freizeitaktivitäten verursachte → Geräusche zu schützen ist. Zum anderen wird in § 35 des Baugesetzbuches die (ausnahmsweise) zulässige Bebauung im A. geregelt, wobei unter A. die nicht für die Bebauung vorgesehenen Flächen eines Gemeindegebiets zu verstehen sind. Die für die Bebauung vorgesehenen Flächen werden regelmäßig in Flächennutzungsplänen und Bebauungsplänen dargestellt. *Strauch*

Austauschkoeffizient ⟨*exchange coefficient*⟩ → Diffusionskoeffizient

Autogas ⟨*LPG, liquified petroleum gas*⟩. (auch Erdöl-Gas). A. wird direkt an der Förderstelle aus dem Erdöl in sog. Gasseparatoren gewonnen. Es besteht im wesentlichen aus Propan C_3H_8 und Butan C_4H_{10} und wird mit Hilfe von Tankschiffen in verflüssigter Form in die Verbraucherländer transportiert, wo es als Auto- oder Campinggas Verwendung findet.

Überschüssiges LPG wird direkt an der Bohrstelle abgefackelt, was Energieverlust einerseits und unnötige Emission von → Kohlendioxid und anderen Luftschadstoffen andererseits bedeutet. Im Hinblick auf eine saubere Verbrennung ist A. flüssigen Kraftstoffen überlegen, weil es aus fast reinen Komponenten besteht. Zudem sind Propan und Butan sehr klopffest, was sie zu begehrten Kraftstoffbestandteilen macht. *Croissant/May*

B

Bacharach-Methode ⟨*Bacharach method*⟩. Einfache manuelle Methode zur halbquantitativen Bestimmung der Rußemissionen von → Feuerungsanlagen. Eine standardisierte Version der B.-M. wird bei den → Schornsteinfeger-Messungen zur Bestimmung der → Rußzahl an → Kleinfeuerungsanlagen für leichtes Heizöl (Heizöl EL) eingesetzt. Die B.-M. ist nach einem amerikanischen Meßgeräte-Hersteller benannt, der die Methode in den Markt eingeführt hat.

Bei der B.-M. wird mit einer kleinen Pumpe eine definierte Abgasmenge durch einen weißen Papierfilter gesaugt. Dabei werden die im → Abgas mitgeführten Rußpartikel auf dem Filter abgeschieden und erzeugen eine Schwärzung, die anschließend visuell mit Hilfe der Rußzahl-Vergleichsskala (*Bacharach*-Skala) oder photometrisch ausgewertet wird. Das Meßprinzip ähnelt der in der Immissionsüberwachung eingeführten → Black-smoke-Methode. *Stahl*

Literatur: DIN 51 402, Teil 1: Prüfung der Abgase von Ölfeuerungen. Visuelle und photometrische Bestimmung der Rußzahl. 10/1986.

Bauartzulassung ⟨*building-type permit*⟩. Die B. ist eine vorgezogene Prüfung und Bestätigung der Eignung einer bestimmten Anlage oder eines Anlagenteils für einen bestimmten Zweck. Aufgabe der B. kann es sein, von einer Anlage oder einem Anlagenteil nach Überprüfung unter den Gesichtspunkten des Schutzes vor schädlichen Umwelteinwirkungen oder des Arbeitsschutzes einen Prototyp zu bestimmen, dem alle nachzubauenden Stücke entsprechen müssen. Die B. ersetzt somit eine unbestimmte Anzahl von Eignungsfeststellungen, die ansonsten vor Verwendung der Anlage notwendig wären, die jedoch wegen der Vielzahl von Einzelfallprüfungen einen unverhältnismäßigen Aufwand verursachten.

Sinnvoll ist die Einführung einer B., wenn einerseits die Technik einen Stand erreicht hat, daß allgemein gültige Aussagen für einen bestimmten Anlagetyp oder für ein Anlageteil möglich sind. Zum anderen muß sichergestellt sein, daß der Anlagentyp, der auf seine Eignung hin geprüft werden soll, auch in einer Vielzahl von Fällen zum Einsatz kommt, so daß die Einführung einer B. gerechtfertigt ist. Diese ist nur dann sinnvoll, wenn die für den Einzelfall notwendigen Abweichungen von dem Prototyp nicht die B. wieder in Frage stellen.

§ 33 BImSchG sieht eine Ermächtigung für die Bundesregierung vor, nach Anhörung der beteiligten Kreise im Sinne von § 51 BImSchG durch Rechtsverordnung mit Zustimmung des Bundesrates zum Schutz vor schädlichen Umwelteinwirkungen durch → Luftverunreinigungen, → Geräusche oder → Erschütterungen vorzuschreiben, daß serienmäßig hergestellte Teile von Betriebsstätten und sonstigen ortsfesten Einrichtungen sowie die in § 3 Abs. 5 Nr. 2 BImSchG bezeichneten Anlagen gewerbsmäßig oder im Rahmen wirtschaftlicher Unternehmen nur in den Verkehr gebracht oder eingeführt werden dürfen, wenn die Bauart der Anlage oder des serienmäßig hergestellten Teils zugelassen ist und die Anlage oder der serienmäßig hergestellte Teil dem zugelassenen Muster entspricht. In der Verordnung ist auch das Verfahren der B. zu regeln und zu bestimmen, welche Gebühren und Auslagen dafür zu entrichten sind. *Hoppe/Beckmann*

Literatur: *Feldhaus*: Bundesimmissionsschutzrecht, § 33 BImSchG Anm. 1 ff. 10/1991. – *Jarass*: Bundes-Immissionsschutzgesetz, § 33 Rn. 1 ff. München 1983.

Baugebiet ⟨*building land*⟩. Im Bebauungsplan, der aus dem Flächennutzungsplan entwickelt wird, werden rechtsverbindlich Einzelheiten der städtebaulichen Ordnung festgesetzt.

Ein Merkmal der städtebaulichen Ordnung sind die Art und das Maß der baulichen Nutzung der durch den Bebauungsplan erfaßten Grundstücke und Flächen. Nach der Verordnung über die bauliche Nutzung der Grundstücke (Baunutzungsverordnung – Bau NVO) können die nachstehenden Arten der baulichen Nutzung – auch B. genannt – im Bebauungsplan festgesetzt werden:

- Kleinsiedlungsgebiete (WS)
- reine Wohngebiete (WR)
- allgemeine Wohngebiete (WA)
- besondere Wohngebiete (WB)
- Dorfgebiete (MD)
- Mischgebiete (MI)
- Kerngebiete (MK)
- Gewerbegebiete (GE)
- Industriegebiete (GI)
- Sondergebiete (SO).

Wie die einzelnen B. zu bebauen sind, regelt die BauNVO. So sind z. B. in reinen Wohngebieten (WR) nur Wohngebäude zulässig. Ausnahmsweise können Läden und nicht störende Handwerksbetriebe sowie Anlagen für soziale Zwecke und für Bedürfnisse kirchlicher und kultureller Art zugelassen werden.

Wesentliche Bedeutung für den Geräuschimmissionsschutz hat die bauliche Nutzung der Grundstücke, da die zur Beurteilung von Geräuschimmissionen benutzten → Immissionswerte in Anlehnung an die bauliche Nutzung der Grundstücke nach der BauNVO gestaffelt sind (→ Immissionsrichtwert). *Strauch*

Baulärm ⟨*noise caused by construction equipment*⟩. B. ist der von Baustellen hauptsächlich durch den Betrieb von Baumaschinen und -geräten verursachte → Lärm. Kennzeichnend für B. sind die im allgemeinen zeitliche Begrenztheit des Baustellenbetriebs und die vorwiegend im Freien stattfindenden geräuschintensiven Arbeitsabläufe. Einerseits sind daher die Anwohner einer Baustelle dem davon ausgehenden B. nur eine begrenzte, absehbare Zeit ausgesetzt, andererseits können aber auch wegen des quasi-mobilen Freiluftbetriebs an die Emissionsminderung nicht die spezifisch gleichen Anforderungen wie an eine entsprechende stationäre Anlage gestellt werden, bei der in der Regel Einhausungsbedingungen mit sehr viel weitergehenden Geräuschabschirmmaßnahmen üblich sind.

Baumaschinen/-geräte – und auch Baustellen – sind nicht genehmigungsbedürftige → Anlagen i.S. des BImSchG und unterliegen insbesondere hinsichtlich ihres Betriebs der Verpflichtung zur Einhaltung des → Standes der Technik zur Emissionsminderung und zur Beschränkung der nicht in vollem Umfang vermeidbaren schädlichen Umwelteinwirkungen durch von ihnen ausgehenden B. Zur Konkretisierung und Erreichung dieser Ziele dienen folgende Vorschriften:
- die Baumaschinenlärm-Verordnung (15. BImSchV)
- die Allgemeinen Verwaltungsvorschriften (VwV) zum Schutz gegen Baulärm
  - Acht VwV Emissionsrichtwerte/Emissionswerte,
  - VwV Emissionsmeßverfahren und
  - VwV Geräuschimmissionen.

❐ Emissionsanforderungen. Nach der → 15. BImSchV dürfen Baumaschinen nur in den Verkehr gebracht werden, wenn
- sie zulässige – in EG-Richtlinien, die durch die Aufnahme in die Verordnung in nationales Recht transformiert worden sind, festgesetzte – → Schalleistungspegel nicht überschreiten,
- für den Baumaschinentyp eine EG-Baumusterprüfbescheinigung vorliegt,
- eine EG-Übereinstimmungsbescheinigung beigefügt ist und
- die Maschine mit einer (dauerhaften) EG-Kennzeichnung versehen ist.

Durch in § 3 der Baumaschinenlärm-Verordnung genannten EG-Richtlinien sind als zulässige Emissionswerte Schalleistungspegel festgesetzt für Motorkompressoren, Turmdrehkräne, Schweißstromerzeuger, Kraftstromerzeuger, handbediente Betonbrecher, Abbau-, Aufbruch- und Spatenhämmer sowie für Hydraulikbagger, Seilbagger, Planiermaschinen, Lader und Baggerlader.

Ist eine Baumaschine in Verkehr gebracht, so können für deren Betrieb keine Maßnahmen aus der Baumaschinenlärm-Verordnung mehr veranlaßt werden. Die durch diese Verordnung gesetzten Schalleistungspegel können aber neben den in den VwV: Emissionsrichtwerte/Emissionswerte genannten und nach der VwV: Emissionsmeßverfahren ermittelten Emissionspegeln (→ A-Bewertung) im Einzelfall Hinweise auf den Stand der Lärmminderungstechnik geben; dies gilt insbesondere für die in den VwVen beschriebenen erhöhten Anforderungen an den → Schallschutz, die einer Unterschreitung der nach den VwVen normalerweise anzuwendenden Emissionspegel (→ Schallleistungspegel) von mindestens 5 dB(A) entsprechen. Eine Anpassung der VwV: Emissionsrichtwerte/Emissionswerte, die für Drucklufthämmer, Betonmischeinrichtungen und Transportbetonmischer, Radlader, Kompressoren, Betonpumpen, Planierraupen, Kettenlader, Bagger und Krane in den Jahren von 1971 bis 1976 erlassen worden sind, an die entsprechenden EG-Richtlinien erscheint geboten, um die Kluft zwischen dem Stand der Technik beim Inverkehrbringen einerseits und beim Betrieb der Maschinen andererseits zu schließen.

❐ → Immissionsrichtwerte. Die VwV-Geräuschimmissionen vom 19. August 1970 (Beilage zum Bundesanzeiger Nr. 160 vom 1.9.1970) – die noch an das durch das BImSchG 1974 aufgehobene Gesetz zum Schutz gegen B. von 1965 anknüpft – setzt Immissionsrichtwerte für tags und nachts (20 Uhr bis 7 Uhr) in Abhängigkeit von dem bauplanungsrechtlichen Nutzungscharakter der zu schützenden Gebiete (→ Baugebiete) fest, die weitgehend den Immissionsrichtwerten der → TA Lärm entsprechen. Das vorgeschriebene Verfahren zur Ermittlung des → Beurteilungspegels stimmt ebenso weitgehend mit dem in der TA Lärm beschriebenen Verfahren überein. *Strauch*

Baumaschinenlärm-Verordnung ⟨*ordinance on building machinerey noise*⟩ → Baulärm, → 15. BImSchV

Bauschalldämmaß, bewertetes ⟨*building sound insulation, field-proven*⟩ → Schalldämmaß

Baustellengeräusch ⟨*building site noise*⟩ → Baulärm

Bauweise ⟨*structure, type of*⟩. Bezeichnung für eine in der Bauleitplanung festgesetzte Anordnung von Gebäuden in offener oder geschlossener B. Bei der offenen B. werden die Gebäude mit seitlichem Grenzabstand und bei geschlossener B. ohne seitlichen Grenzabstand errichtet.

Die B. spielt insbesondere bei der → Schallausbreitung von Straßen- und Schienenverkehrsanlagen eine wesentliche Rolle, da eine geschlossene B. wie eine Schallschutzwand (→ Schallschirm) für die weiter von der Geräuschquelle liegende Wohnbebauung wirkt. *Strauch*

Bebauungsdämpfungsmaß ⟨*structure attenuation loss*⟩. Maß für die durch Bebauung auf dem Schallausbreitungsweg verursachte Schallpegelminderung.

Zur Berechnung zu erwartender Geräuschimmissionen von geplanten Anlagen werden nach VDI 2714 für das B. D_G folgende Zusammenhänge genannt:

Für Bebauungen durch industrielle Anlagen, die in der Nähe der zu betrachtenden Schallquellen liegen, gilt

$$D_G = 0{,}05\, s_G \quad \text{(dB)}$$

wobei s_G die Länge des Schallweges durch die Bebauung (in m) ist.

Bei bestimmten Bebauungsarten können, abweichend von dem formelmäßigen Wert 5 dB/100 m, auch Werte von 1 bis 20 dB pro 100 Meter Schallweg durch Bebauung auftreten.

Für Einzelschallquellen und → Schallausbreitung durch lockere Bebauung wird mit

$$D_G = (m\, B\, s_G - D_{BM}) \geq 0 \quad \text{(dB)}$$

gerechnet. Hierbei bedeuten
m = mittlere reziproke Kantenlänge der Gebäude, B = Bebauungsdichte (bebaute Flächengröße/Gesamtflächengröße), s_G = Schallweglänge, D_{BM} = Boden- und Meteorologiedämpfungsmaß.

Wegen der noch nicht in allen Einzelheiten bekannten Zusammenhänge zwischen Pegelminderung und Schallstreuung, Absorption an Bauwerken und Hindernissen, wird für das B. D_G einschließlich des Boden- und Meteorologiedämpfungsmaß D_{BM} bei der Berechnung zu erwartender Geräuschimmissionen in Planungsfällen eine Obergrenze von 15 dB angesetzt.

Strauch

Literatur: VDI 2714: Schallausbreitung im Freien. 1/1988.

Bel ⟨*bel*⟩. Dimensionslose Größe für den Logarithmus des Verhältnisses zweier Energien, Leistungen oder Intensitäten P. Als Logarithmus wird der zur Basis 10 benutzt

$$L = \log_{10} \frac{P_1}{P_2} \quad \text{(Bel)}$$

wobei P z. B. die → Schalleistung oder die Schallenergie ist.

In der Akustik wird üblicherweise mit dem Dezibel = 1/10 Bel = 1 dB gerechnet. *Strauch*

Belästigung ⟨*annoyance*⟩.

Allgemein ⟨*general*⟩. B. sind Beeinträchtigungen des körperlichen oder seelischen Wohlbefindens eines Menschen. Erhebliche B. durch → Immissionen sind schädliche Umwelteinwirkungen i. S. des BImSchG (→ Erheblichkeit). Das BImSchG will vor Gefahren, erheblichen Nachteilen und erheblichen B. schützen. Von den Gefahren sind bloße B. dadurch abzugrenzen, daß bei ihnen noch keine Gesundheitsschäden drohen. Von den Nachteilen unterscheiden sich B. dadurch, daß sie unmittelbare Folgen einer Immission oder einer sonstigen Einwirkung sind. B. werden z. B. durch Geruchsstoffe, durch störende → Geräusche oder durch Schwingungen in Aufenthaltsräumen (→ Erschütterung) hervorgerufen. *Hansmann*

Durch Erschütterungen ⟨*annoyance caused by vibrations*⟩. Art und Grad der B. durch Erschütterungsimmissionen hängen vom Ausmaß der Erschütterungsbelastung und deren Wechselwirkung mit individuellen Eigenschaften und situativen Bedingungen des betroffenen Menschen ab. Bei der B. durch → Erschütterungen sind die wesentlichen Faktoren:
- die Größe (Stärke) der auftretenden Erschütterungen,
- die Frequenz,
- die Einwirkungsdauer,
- die Häufigkeit und Tageszeit des Auftretens und die Auffälligkeit (Überraschungseffekt),
- die Art und Betriebsweise der Erschüttungsquelle.

Bei den individuellen Eigenschaften und den situativen Bedingungen sind von Bedeutung:
- der Gesundheitszustand (physisch, psychisch),
- die Tätigkeit während der Erschütterungseinwirkung,
- die Gewöhnung,
- die Einstellung zum Erschütterungserzeuger,
- die Erwartungshaltung in bezug auf ungestörtes Wohnen, die u. U. von der Art des Wohngebiets (Wohnumfeld) abhängig ist, und in bezug auf die Duldung von wahrnehmbaren Erschütterungen,
- die Sekundäreffekte.

B. durch Erschütterungsimmissionen sind nur auszuschließen, wenn die einwirkenden Erschütterungen nicht wahrnehmbar sind. Wahrgenommene Erschütterungen sind in Wohnungen situationsfremd, ganz gleich, ob sie
- als Ganzkörperschwingungen,
- beim Berühren von Gegenständen in Räumen oder
- indirekt durch hörbare Auswirkungen (Klappern, Vibrieren von Gegenständen) oder
- als sichtbare Auswirkungen (Bewegungen z. B. von Zimmerpflanzen oder Pendelleuchten)

wahrgenommen werden. Die Betroffenen bewerten solche Ereignisse fast immer negativ. Im Regelwerk DIN 4150, Teil 2, Dez. 1992, sind zur Beurteilung von Erschütterungsimmissionen Anhaltswerte angegeben. Erhebliche B. liegen im allgemeinen nicht vor, wenn die Anhaltswerte dieser Norm eingehalten werden. Im Einzelfall ist jedoch eine Prüfung unter Berücksichtigung sowohl der Norm als auch der gegebenen Situation nach Art, Ausmaß und Dauer der B. erforderlich, um festzustellen, ob die B. unzumutbar und damit erheblich ist. *Splittgerber*

Literatur: *Splittgerber, H.*: Die Einwirkung von Erschütterungen auf den Menschen in Gebäuden. Technische Überwachung (1969) 10. – *Splittgerber, H.*: Untersuchungen über die Wahrnehmungsschwelle des Menschen bei einwirkenden mechanischen Schwingungen. Gesundheits-Ingenieur, 1972.

Durch Geräusche ⟨*annoyance caused by noise*⟩. Es ist eine durch → Geräusche beim Menschen hervorgerufene Wirkung z. B. auf das zentrale und vegetative Nervensystem, auf Schlafbedingungen sowie auf die Kommunikation und bestimmte Leistungen.

Als B. kann bereits die Empfindung von Unbehagen, Verdruß, Ärger bezeichnet werden, die auftritt, wenn in die Privatsphäre des Menschen Geräusche eindringen und diese nicht mit den augenblicklichen Tätigkeiten der beschallten Person in Einklang gebracht werden können und somit das Wohlbefinden beeinträchtigen.

B. sind von den meßbaren Eigenschaften eines Geräusches wie Höhe des Schalldrucks, Frequenzzusammensetzung, zeitlicher Verlauf des Schalldrucks (gleichförmiges oder impulsartiges Geräusch, → Impulsgeräusche), Auftreten des Geräusches zu bestimmten Zeitpunkten (abends, nachts), Häufigkeit des Auftretens wie aber auch von der nicht einfach zu erfassenden persönlichen Situation der beschallten Person abhängig.

So kann für die B. durch Geräusche mit ausschlaggebend sein

- der augenblickliche Gesundheitszustand der Person,
- ihre Einstellung zum Geräusch wie auch zum Geräuscherzeuger,
- Erfahrungen mit dem Geräusch, Ärger über evtl. Untätigkeit von Überwachungsstellen zur Unterbindung des Geräusches,
- das Wissen über die Vermeidbarkeit des Geräusches,
- Erwartungen aufgrund der Umweltgüte in bestimmten Wohngebieten.

Untersuchung der Wirkung von → Straßenverkehrsgeräuschen haben gezeigt, daß die B. beim einzelnen Menschen nur zu etwa 30% mit den physikalisch beschreibbaren Schallgrößen zu erklären ist, der übrige Anteil ist von der Person und den Umgebungsbedingungen, bei denen das Geräusch erlebt wird, abhängig.

Der Zusammenhang zwischen B. und physikalischen Eigenschaften des Geräusches wird enger (bis zu 60%), wenn nicht einzelne Personen betrachtet werden, sondern Personenkollektive und Geräuschimmissionskenngrößen, die die mittlere Beschallung des Kollektivs beschreiben.

Geräusch- oder Lärm-Beurteilungsverfahren, die auch auf den Schutz vor erheblichen B. abgestellt sind, einschließlich der zugehörigen Ermittlungs-(Meß-)verfahren, bestehen für Geräusche von Gewerbe- und Industrieanlagen, Straßen- und Schienenverkehrsanlagen, Sport- und Freizeitanlagen sowie von Flugverkehrsanlagen unter Angabe der entsprechenden Geräuschimmissionswerte (→ Immissionsrichtwerte, → Immissionsgrenzwerte, → Geräuschimmissionen-Beurteilung, → Lärmwirkung). *Strauch*

Durch Gerüche ⟨*annoyance by odours*⟩ → Geruchsstunde

Belastungsgebiet ⟨*contaminated area/effected area*⟩. Der Begriff B. wurde mit dem BImSchG von 1974 für mit → Luftverunreinigungen hoch belastete Gebiete eingeführt, in denen zur Verbesserung der Situation Luftreinhaltepläne aufgestellt werden sollten. Mit der am 1. September 1990 in Kraft getretenen Neufassung des BImSchG wurde der Begriff B. durch die Bezeichnung → Untersuchungsgebiet ersetzt. Die Umbenennung hängt damit zusammen, daß die mit dem BImSchG 1974 eingeführten und danach konsequent aufgestellten und durchgeführten Luftreinhaltepläne in B. – neben den allgemeinen Emissionsminderungsmaßnahmen insbesondere nach den Altanlagensanierungskonzepten der → 13. BImSchV und der → TA Luft – zu so erheblichen „Entlastungen" geführt hatten, daß die Strategie der Luftreinhalteplanung überdacht werden mußte. Das Ergebnis war, insbesondere auch unter Berücksichtigung der in → EG-Richtlinien über Luftqualitätsnormen festgesetzten → Immissionsleitwerte, eine Verlagerung der Luftreinhalteplanung in den Vorsorgebereich hinein.

Mit der Abschaffung der Bezeichnung B. wurde auch einem Anliegen der Kommunen, in deren Grenzen solche Gebiete ausgewiesen waren oder ausgewiesen werden sollten, Rechnung getragen, die von Anfang an das mit dem Wort „Belastung" verbundene Negativimage beklagt hatten. *Dreyhaupt*

Benzinbleigesetz ⟨*ordinance on leaded gasoline*⟩. Zur Vermeidung gefährlicher → Luftverunreinigungen durch die zunehmende Bleibelastung der Atmosphäre 1971 erlassenes Bundesgesetz (BzBlG).

❐ Anwendungsbereich und Gesetzeszweck. Gem. § 1 Abs. 2 BzBlG ist das Gesetz anzuwenden auf Otto-Kraftstoffe für Kraftfahrzeugmotoren. Abzugrenzen ist der Anwendungsbereich des Gesetzes von dem des BImSchG und dem des ChemG. Gegenüber dem BImSchG ist das BzBlG aufgrund seiner Spezialität vorrangig. Für die in ihm enthaltenen Regelungen ist das Gesetz auch gegenüber dem ChemG spezieller.

Zweck des Gesetzes ist es, zum Schutz der Gesundheit den Gehalt an Bleiverbindungen und anderen, anstelle von Blei zugesetzten Metallverbindungen, in Otto-Kraftstoffen zu beschränken. Soweit es mit dem Schutz der Gesundheit vereinbar ist, sollen Versorgungsstörungen, Wettbewerbsverzerrungen oder Nachteile hinsichtlich der Verwendbarkeit der Otto-Kraftstoffe vermieden werden.

❐ Gebote und Verbote. Zur Durchsetzung des beabsichtigten Gesundheitsschutzes sieht das Gesetz eine Reihe von Geboten und Verboten vor, zu denen Herstellungs- und Einfuhrverbote, Kennzeichnungspflichten und Überwachungsrechte zählen. Die zentrale Vorschrift des Gesetzes in § 2 BzBlG enthält ein Herstellungs-, Einführungs- und Verbringungsverbot. Gem. § 2 Abs. 1 S. 1, S. 2 BzBlG dürfen Otto-Kraftstoffe, deren Gehalt an Bleiverbindungen, berechnet als Blei, mehr als 0,15 g im Liter (gemessen bei + 15 °C) beträgt, gewerbsmäßig oder im Rahmen wirtschaftlicher Unternehmungen nicht hergestellt, eingeführt oder sonst in den Geltungsbereich des B. verbracht werden.

Für denjenigen, der im geschäftlichen Verkehr Otto-Kraftstoffe an den Verbraucher veräußert, statuiert der Gesetzgeber in § 2a BzBlG Kennzeichnungspflichten (→ 10. BImSchV). *Hoppe/Beckmann*

Literatur: *Hoppe/Beckmann*: Stoffzulassung nach dem Benzinbleigesetz, UPR 1990.

Benzo(a)pyren *(benzopyren)*. B. (Abk.: BaP) ist ein krebserzeugender Stoff und Leitsubstanz für polycyklische aromatische → Kohlenwasserstoffe (PAK).

Es entsteht bei unvollständiger Verbrennung oder Pyrolyse organischen Materials. Die vielfältigen natürlichen und anthropogenen Emissionsquellen von B. entsprechen denen von polycyklischen aromatischen Kohlenwasserstoffen (PAK).

Als wichtigste anthropogene Emissionsquellen von B. kommen in der Bundesrepublik Deutschland in Frage: → Kleinfeuerungsanlagen, Kokereien und der Kfz-Bereich. Demgegenüber dürften andere Quellen, z. B. mittelgroße und große → Feuerungsanlagen, → Abfallverbrennungsanlagen, Hartbrandkohleherstellung, Gummiherstellung, → Räucheranlagen in den Hintergrund treten.

Gegenwärtig kann bei modernen Kokereien mit einem spezifischen B.-Emissionsfaktor von etwa 0,06 g BaP/t Koks gerechnet werden. Zur Verminderung der B.-Emissionen im Kraftfahrzeugverkehr werden motorische und abgasseitige Maßnahmen eingesetzt. Durch Optimierung der Verbrennungsvorgänge im Motor werden deutliche B.-Emissionsminderungen bei gleichzeitiger Senkung des Kraftstoffverbrauchs erreicht. Bei Ottomotoren werden B.-Emissionsminderungen durch Einsatz von geregelten Drei-Wege-Katalysatoren erzielt, bei Dieselmotoren befinden sich → Dieselpartikelfilter in der Serieneinführung.

Für genehmigungsbedürftige Anlagen sind in der → TA Luft in Nr. 2.3 zu krebserzeugenden Stoffen, auch zu B., (in Verbindung mit weiteren der Klasse I zugeordneten Stoffen) emissionsbegrenzende Anforderungen enthalten. Für B. darf bei einem Massenstrom von mehr als 0,5 g BaP/h eine Massenkonzentration im Abgas von 0,1 mg BaP/m^3 nicht überschritten werden. Eine kontinuierliche Messung der B.-Emissionen ist nicht möglich. Als Betriebsparameter zur Kontrolle des Abgasausbrandes wird daher häufig der Gehalt an → Kohlenmonoxid im Abgas begrenzt und überwacht. *Kaschenz*

Literatur: Bestimmung der Schadstoffemissionen im Kokereibetrieb, Forschungsbericht der Bergbau-Forschung Essen 1989. – Maßnahmenplan zur Minimierung des Eintrags bestimmter krebserzeugender Stoffe in die Luft. Bericht des Länderausschusses für Immissionsschutz: Krebsrisiko durch Luftverunreinigungen; herausgegeben vom Ministerium für Umwelt, Raumordnung und Landwirtschaft NRW, Düsseldorf 1992. – *Ratajczak, E. A.*: Emissionsmessungen an kohlegefeuerten Hausbrandfeuerstätten insbesondere im Hinblick auf gesundheitsgefährdende Abgasbestandteile. Forschungsber. der Bergbau-Forschung Essen (seit 1990: Deutsche Montan Technologie) 1987.

Benzol *(benzene)*.

Emissionsmessung. Eine Standardmethode zur Emissionsmessung von B., die gleichzeitig auch Toluol und Xylol mißt, wird auf der Grundlage der → Gaschromatographie in der Richtlinie VDI 2457, Bl. 5 beschrieben. Zur Probenahme mit Anreicherung werden drei Gaswaschflaschen mit Eintauchfritten verwendet, die mit Nitrobenzol gefüllt sind. Die Füllung der Trennsäule wird so gewählt, daß die gesuchten Stoffe von anderen Begleitstoffen und vom Absorptionsmittel gut abgetrennt werden können. Das Chromatogramm wird mit einem → Flammen-Ionisations-Detektor aufgenommen. Die quantitative Bestimmung erfolgt nach der Methode des externen Standards, indem die Peakflächen im Chromatogramm bestimmt und mit den Peakflächen bei Aufgabe von Eichlösungen verglichen werden. Mit spezifisch ausgelegten Prozeßchromatographen kann B. auch zyklisch oder quasikontinuierlich gemessen werden. *Stahl*

Literatur: VDI 2457, Bl. 5: Messen gasförmiger Emissionen; Gas-chromatographische Bestimmung von Benzol, Toluol und Xylol. 6/1981.

Emissionsminderung. B. wird als Ausgangsstoff zur Herstellung von aromatischen Verbindungen in der Chemischen Industrie verwendet. Früher war B. ein gebräuchliches → Lösemittel in vielen Bereichen. Wegen seiner krebserzeugenden Eigenschaften darf es nicht mehr als Lösemittel eingesetzt werden.

B. ist natürlicher Bestandteil in Mineralölprodukten. Hauptemissionsquelle für B. ist der Kraftfahrzeugverkehr einschließlich der Kraftstoffverteilung. B. gelangt auf Grund von Verdampfungsverlusten und mit den Kraftfahrzeugabgasen in die Atmosphäre. Neben den Kraftfahrzeugabgasen – mit einem Anteil von etwa 88% an den Gesamtbenzolemissionen sind die Bereiche Lagerung, Umschlag und Transport von Ottokraftstoffen mit etwa 4% und die Industrie (→ Mineralölraffinerie, → Kokerei, → Industrie, chemische) sowie der gewerbliche Bereich mit etwa 7% beteiligt. Maßnahmen zur Verminderung der B.-Emissionen im Kfz-Bereich sind vor allem

– die Begrenzung des Höchstgehalts an B. im Ottokraftstoff
– die Vermeidung oder Verminderung von Verlusten bei Umschlag und Transport von Ottokraftstoffen durch Anwendung der → Gaspendelung
– die Verminderung von Verdunstungsemissionen bei Ottomotor-Pkw durch Einbau von Aktivkohlefiltern (→ Aktivkohlekanister) sowie
– der Einsatz des geregelten Dreiwegekatalysators bei Ottomotor-Pkw, womit die Benzolkonzentrationen im Abgas um mindestens 90% gemindert werden.

In dem in der Bundesrepublik Deutschland angebotenen Ottokraftstoff ist nach Stichprobenuntersuchungen B. im Mittel im Normalbenzin zu 1,6 Vol.-% und bei unverbleitem und verbleitem Ottokraftstoff zu 2,2 Vol.-% bzw. 3,6 Vol.-% enthalten. Eine EG-Richtlinie begrenzt den zulässigen Höchstgehalt auf 5 Vol.-%. Die Bundesregierung strebt in EU-Verhandlungen eine Senkung des maximal zulässigen B.-Gehaltes im Ottokraftstoff auf 1 Vol.-% an.

Hauptursache für B.-Emissionen aus Industrieanlagen sind diffuse Emissionsquellen, z. B. Dichtungssysteme, Verdichter, Pumpen, Ventile. Emissionen aus diffusen Quellen können durch den Einsatz hochwertiger Anlagenkomponenten (z. B. besondere Dichtungssysteme bei Koksofentüren und Füllöchern) und eine regelmäßige Wartung dieser Teile gering gehalten werden.

Die B.-Emissionen mit dem Abgas aus Kfz werden indirekt über die CH-Abgasgrenzwerte ausreichend begrenzt; ein spezieller → Emissionsgrenzwert für B. ist nicht festgelegt. Für die Emissionen aus den Bereichen Lagerung, Umschlag und Transport von Ottokraftstoffen sowie für Industrieanlagen gelten weitgehend die emissionsbegrenzenden Anforderungen der → TA Luft. In der TA Luft Nr. 2.3 ist der zulässige Emissionshöchstwert im Abgas bei 5 mg B./m^3 festgelegt; zusätzlich sind die Emissionen des krebserzeugenden B. soweit wie möglich zu begrenzen. *Angrick*

Literatur: *Davids, P.; M. Lange*: Die TA Luft '86 – Technischer Kommentar. Düsseldorf 1986. – UBA-Berichte 6/82: Luftqualitätskriterien für Benzol. Berlin 1982.

Immissionsmessung. Das Bild zeigt Orientierungswerte für Benzolimmissionen, die auf den Kraftfahrzeugverkehr zurückzuführen sind. In der Nähe von chemischen Anlagen, in denen B. verarbeitet wird, oder bei Kokereien können sich andere Werte ergeben.

In unbelasteten Gebieten ist mit Konzentrationen unter 1 µg/m^3 zu rechnen. Hinsichtlich der Immissionsmeßtechnik haben sich Methoden mit anreichender Probenahme durchgesetzt. Damit das B. von chemisch ähnlichen Aromaten wie Toluol und Xylol unterschieden wird, ist der Einsatz der → Gaschromatographie für den Nachweis notwendig.

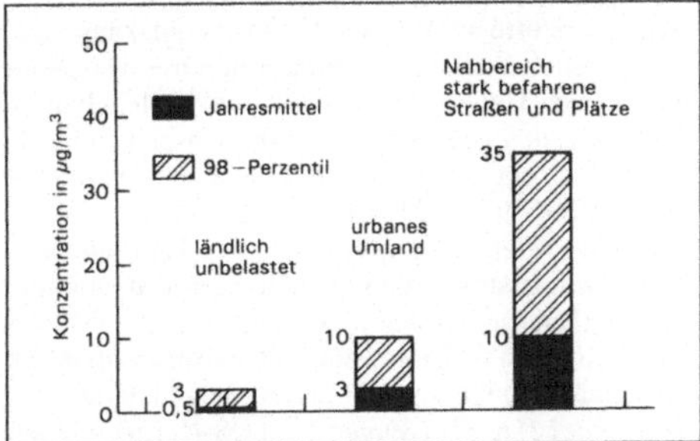

Benzol: Typische B.-Immissionsweile bei unterschiedlichen Bealstungsarten

Als Detektor wird üblicherweise der → Flammenionisationsdetektor (FID) verwendet. Da das B. ein Ionisierungspotential von 9,25 eV hat, läßt es sich auch hervorragend mit einem Photoionisationsdetektor mit 10,2-eV-Lampe nachweisen. Das hat besonders beim Betrieb in Meßstationen Vorteile, weil keine zusätzlichen Betriebsgase wie Wasserstoff benötigt werden. Der gaschromatographische Trennungsschritt verhindert die kontinuierliche Aufzeichnung der B.-Konzentrationen. Es sind jedoch Geräte im Handel, die den gesamten Analysenablauf automatisch durchführen. Bei einem Probenahmeabstand von 1 Stunde rund um die Uhr ergeben sich praktisch quasi-kontinuierliche Messungen des B.

VDI 3482 enthält eine Reihe von Arbeitsvorschriften für den Nachweis von B. Im Blatt 3 wird eine Probenahme mit Gassammelgefäßen (Gasmaus) beschrieben. Die Luftprobe wird über eine zur Anreicherung dienende Vorsäule in einen Gaschromatographen eingebracht. In der entsprechend der Aufgabenstellung ausgewählten Trennsäule wird das B. von den anderen Kohlenwasserstoffen getrennt, in einem nachgeschalteten FID in elektrische Signale umgewandelt und registriert.

Beim Blatt 4 wird die zu untersuchende Luft durch ein Sorptionsrohr, das mit spezieller Aktivkohle gefüllt ist, gesaugt. Aktivkohle besitzt wegen der hohen Adsorptionsenergie gegenüber → organischen Verbindungen – ohne daß der Wasserdampfgehalt der Luft stört – eine große Aufnahmefähigkeit für das B. Die adsorbierten Stoffe werden mit Schwefelkohlenstoff aus dem Sorptionsrohr eluiert und gaschromatographisch analysiert. Anschließend beschreibt die Richtlinie ein Ausführungsbeispiel unter Einsatz einer Kapillarsäule und der splitlosen Probenaufgabe. Die Arbeitsvorschrift im Blatt 5 unterscheidet sich vom Blatt 4 dahin gehend, daß eine gepackte Säule, die mit einer speziellen polaren Trennphase gefüllt ist, verwendet wird.

Bei dem im Blatt 6 beschriebenen Verfahren erfolgt die Probenahme durch Adsorption an festen Sorbenzien. Die Probenahmegefäße dienen gleichzeitig dem Transport der Probe in das Labor, wo die gaschromatographische Analyse durchgeführt wird. Dazu werden die angereicherten Komponenten thermisch desorbiert. *Dulson*

Literatur: Luftqualitätskriterien Benzol, Ber. 6/1982. Umweltbundesamt. Berlin 1982. OECD Environment Monographs No. 5, Control of Toxic Substances in the Atmosphere – Benzene –, July 1986. – VDI 3482: Messen gasförmiger Immissionen; Blatt 3: Gas-chromatographische Bestimmung von aromatischen Kohlenwasserstoffen – Momentprobeaufnahme. 2/1979. – Blatt 4: Gas-chromatographische Bestimmung organischer Verbindungen mit Kapillarsäulen. Probenahme durch Anreicherung an Aktivkohle – Desorption mit Lösemittel. 11/1984. – Blatt 5: Gas-chromatographische Bestimmung von aromatischen Kohlenwasserstoffen. Probenahme durch Anreicherung an Aktivkohle – Desorption mit Lösemittel. 11/1984. – Blatt 6: Gaschromatographische Bestimmung organischer Verbindungen –

Probenahme durch Anreicherung – thermische Desorption. 7/1988.

Bergerhoff-Verfahren *⟨Bergerhoff process⟩*. Das B.-V. ist das gängigste Verfahren zur Messung des Staubniederschlags. Es ist in VDI 2119, Blatt 2 beschrieben. Bei diesem Verfahren wird der atmosphärische Niederschlag in Gefäßen gesammelt, anschließend die Sammelprobe eingedampft und der Eindampfrückstand gravimetrisch bestimmt.

Das Probenahmegerät besteht aus einem Auffanggefäß und einem Ständer mit Schutzkorb (Vogelschutz).

Das Probenahmegerät wird in ca. 1,5 bis 2,0 m über dem Erdboden aufgestellt, wobei Hindernisse, die die Luftbewegung stören können (z. B. Bäume oder Gebäude) mindestens zehnmal so weit von dem Meßgerät entfernt sein sollen wie sie über die Höhe des Meßgerätes hinausragen. Diese Forderung ist bei Messungen in urbanen Gebieten häufig nur schwer einzuhalten.

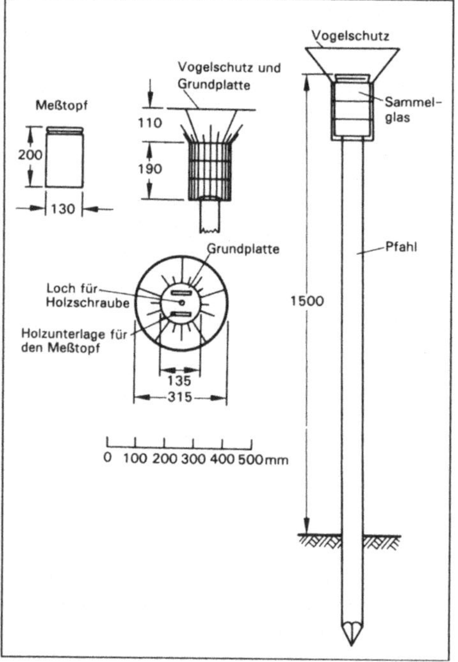

Bergerhoff-Verfahren: Probenahmegerät nach Bergerhoff. (Quelle: VDI 2119, Bl. 2)

Nach einer Expositionszeit von 30±2 Tagen werden die Auffanggefäße ins Labor überführt und nach höchstens 14 Tagen aufgearbeitet. Hierzu wird nach dem Entfernen grober Verunreinigungen (Blätter, Insekten) die Probe vollständig in zuvor unter definierten Bedingungen gewogene Abdampfschalen überführt und bei 105 °C im Trockenschrank eingedampft. Durch erneutes Wiegen wird die Masse des Eindampfrückstandes bestimmt und das Ergebnis unter Berücksichtigung der Auffangfläche des Sammelgefäßes und der Expositionszeit berechnet.

Die Angabe der Meßergebnisse für den Staubniederschlag erfolgt in $g \cdot m^{-2} \cdot d^{-1}$. Die relative Nachweisgrenze wird in der Richtlinie mit 0,035 $g \cdot m^{-2} \cdot d^{-1}$ angegeben.

Neben dem Staubniederschlag selbst sind auch seine Inhaltsstoffe von Bedeutung, beispielsweise in Form seines Gehaltes an Blei-, Cadmium- und anderen Metallverbindungen. In der letzten Zeit sind zunehmend auch organische, schwerflüchtige Komponenten des Staubniederschlags interessant, z. B. → Dioxine und → Furane. Sofern eine Bestimmung derartiger Stoffe vorgenommen werden soll, sind die oben genannten Verfahren im Hinblick auf die Aufarbeitung der Proben ungeeignet.

Das B.-V. ist vergleichsweise einfach zu handhaben und relativ preiswert. Wegen verschiedener grundsätzlicher Probleme (z. B. Glasbruch bei Frost) wurden im Laufe der Zeit verschiedene Varianten und Alternativen entwickelt, beispielsweise unter Verwendung von Sammelgefäßen aus Kunststoffmaterialien. *Pfeffer*

Literatur: VDI 2119, Bl. 2: Messung partikelförmiger Niederschläge; Bestimmung des partikelförmigen Niederschlags mit dem Bergerhoff-Gerät (Standardverfahren). 6/1972.

Betankung, emissionsarme *⟨refueling, emission controlled⟩*. Bei der B. von Kraftfahrzeugen mit Ottokraftstoffen wurden in der Bundesrepublik Deutschland 1992 etwa 51 000 t Benzindampf durch Verdrängung aus dem Tank emittiert; je Liter Benzin werden etwa 1,4 g Kohlenwasserstoffe in die Atmosphäre abgegeben. Neben den Alkanen, die die Hauptmengen der aus dem Kraftstoff verdampfenden Kohlenwasserstoffe stellen (z. B. Butan, Pentan), sind zwei weitere organische Stoffklassen zu berücksichtigen: Alkene und aromatische Kohlenwasserstoffe, insbesondere → Benzol. Die Benzolemissionen bei der B. betragen etwa 500 t/a.

Grundsätzlich können die B.-Emissionen auf zwei Wegen vermindert werden:
– autoseitig, insbesondere durch Adsorption der Kohlenwasserstoffe an Aktivkohle (Aktivkohlekanister);
– tankstellenseitig, insbesondere durch → Gaspendelung in den Unterbodentank der Tankstelle (Stage-II-Systeme), demgegenüber wird die Gaspendelung bis zur Belieferung einer Tankstelle als Stage-I bezeichnet (→ 20. BImSchV, → 21. BImSchV).

Zur wirksamen Verminderung der Emissionen an Kohlenwasserstoffen beim Verdampfen von Ottokraftstoffen (Emissionen beim Heiß-/oder Warmabstellen, Tankemissionen, Emissionen aus Kunststoff-Kraftstoffbehältern) wird eine kleine Aktivkohlefalle (Volumen etwa 1 l) in Fahrzeugen nach US-Norm eingesetzt (Anlage XXIII zur StVZO). Um die Kohlenwasserstoff-Dämpfe aufzunehmen, die bei der Betankung emittiert werden können (etwa 1,4 g Kohlenwasserstoffe pro l Ottokraftstoff), müßte die Falle etwa um den Faktor 5 vergrößert werden.

Für die fahrzeugseitige Lösung zur Verminderung von Kohlenwasserstoffemissionen bei der B. von Kraftfahrzeugen kann im Gegensatz zur tankstellenseitigen Lösung nicht von Systemen ausgegangen werden, die über lange Zeit erprobt und ausreichend optimiert wurden. Erste Kfz-Modelle mit großer Aktivkohlefalle werden untersucht.

Bei der Gaspendelung wird die beim Füllen des Kfz-Tankes verdrängte, mit Benzindampf nahezu gesättigte Luft in den Erdtank der Tankstelle zurückgeführt. Diese Rückführung erfolgt durch einen Doppelschlauch, der die Tanköffnung des Autos über das Zapfventil der Tankstelle mit dem Erdtank gasdicht verbindet (bei einigen Systemen wird die Rückführung durch Ansaugen mittels einer Pumpe unterstützt) (Bild 1, 2).

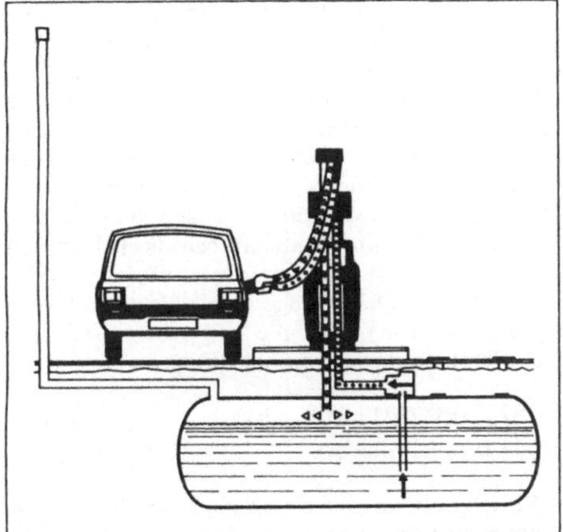

Betankung, emissionsarme 1: Gaspendelungsverfahren (Stage-II-System) an der Tankstelle (schematisiert).

Zur Gaspendelungstechnik liegen bereits langjährige Erfahrungen, insbesondere aus Kalifornien, der Schweiz und Schweden, vor. In der Bundesrepublik Deutschland nimmt die Zahl der Tankstellen mit Gaspendelsystemen nach Erlaß der → 21. BImSchV deutlich zu.

Die durchschnittliche Minderung der Emissionen durch die Gasrückführsysteme lag bei Untersuchungen zwischen 70 und 80%; bei ordnungsgemäßer Bedienung und genormten Einfüllstutzen ist die Reduzierung größer als 90%. *Angrick*

Literatur: TÜV Rheinland e. V. (Hrsg.): Emissionsverminderung beim Tanken. Köln 1990.

Betriebsstörung *⟨malfunction/disturbance of a normal operation⟩*. B. ist eine Abweichung vom bestimmungsgemäßen Betrieb einer Anlage. Der Begriff ist für das Sicherheitsrecht von erheblicher Bedeutung (→ Störfall, → Störfall-Verordnung). Als Störungen sind alle Reaktionen und Betriebszustände anzusehen, die sich nicht im Rahmen der erlaubten Zweckbestimmung der Anlage halten. Dabei kommt es nicht darauf an, ob das Ereignis plötzlich oder schleichend eintritt oder ob die Abweichung vom geplanten Betriebsablauf vom Betreiber der Anlage bewußt herbeigeführt worden ist (etwa um größere Gefahren zu vermeiden). Im Einzelfall kann es schwierig sein, den Betrieb an der Grenze der üblichen und von der Anlage beherrschten Betriebsschwankungen von einer Störung des bestimmungsgemäßen Betriebs zu unterscheiden. *Hansmann*

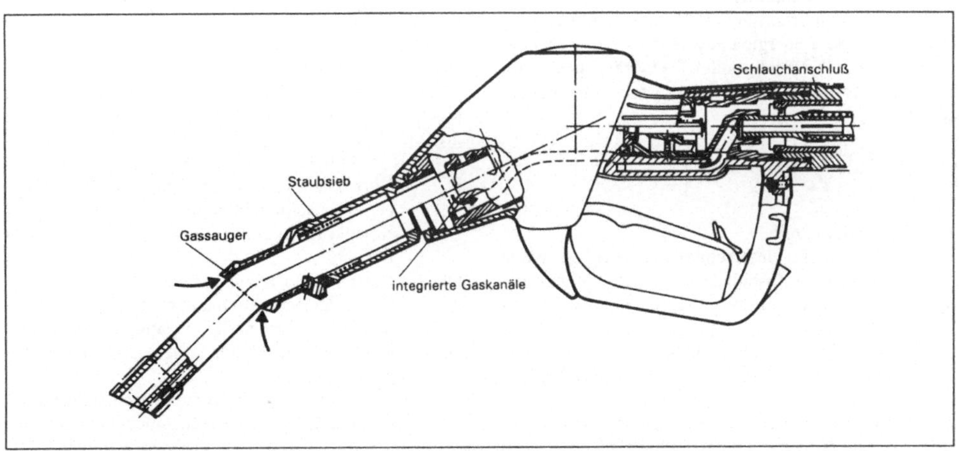

Betankung, emissionsarme 2: Zapfpistole in der Ausführung für Gasrückführung bei der B. von Kraftfahrzeugen mit Ottomotoren.

Beurteilungsfläche *⟨evaluation parcel⟩*. Die → TA Luft (Nr. 2.6.2.3) definiert im Rahmen der Vorgaben für die Meßplanung von Immissionserhebungen die B. als quadratische Teilfläche eines → Beurteilungsgebiets. Die Größe der B. ist in der Regel 1 km×1 km, in besonderen Fällen auch 500 m×500 m. Aus den an den vier Eckpunkten einer B. gewonnenen Meßdaten werden die die B. kennzeichnenden Kenngrößen der Immissionsbelastung berechnet. Kenngrößen nach TA Luft sind der I1-Wert (arithmetischer Mittelwert aller Einzelwerte) und der I2-Wert (98%-Wert der Summenhäufigkeitsverteilung; beim Staubniederschlag der höchste Monatsmittelwert). *Pfeffer*

Beurteilungsgebiet *⟨evaluation area⟩*. Die → TA Luft (Nr. 2.6.2.2) definiert im Rahmen der Vorgaben für die Meßplanung von Immissionserhebungen das B. als die Summe aller → Beurteilungsflächen, die sich vollständig innerhalb eines Kreises um den Emissionsschwerpunkt mit einem Radius befinden, der dem 30fachen der → Schornsteinhöhe entspricht. Zum B. gehören ferner die Beurteilungsflächen, auf denen die für die geplante Anlage berechnete Zusatzbelastung größer als 1% des jeweiligen Grenzwertes ist und die vollständig innerhalb eines Kreises mit dem Radius der 50fachen Schornsteinhöhe liegen. Bei Anlagen, deren Emissionen unterhalb von 30 m Höhe erfolgen, wird ein quadratisches B. von 2 km×2 km, bei großflächigen Emissionsquellen von 4 km×4 km festgelegt. Bei der Beurteilung des Staubniederschlages wird der sich ergebende Radius bzw. die sich ergebende Seitenlänge des B. halbiert. *Pfeffer*

Beurteilungspegel *⟨rating level for noise⟩*. Kennzeichnende Geräuschgröße in Dezibel (dB), die zur Beurteilung der Geräuschimmissionen mit → Immissionswerten, → Immissionsrichtwerten, → Immissionsgrenzwerten verglichen wird.

Der B. L_r wird grundsätzlich für alle Geräuschquellenarten aus dem energieäquivalenten Dauerschallpegel L_{eq} des zu betrachtenden → Geräusches unter Beachtung von Zuschlägen K_i nach folgender Formel berechnet:

$$L_r = 10 \lg \left(\frac{1}{T_r} \sum_{i=0}^{n} 10^{0,1(leq+Ki)}\ T_i \right)$$

T_r = Beurteilungszeit

T_i = Teilzeit, in der unterschiedlich große L_{eq}-Werte auftreten oder Zuschläge zu berücksichtigen sind

K_i = Tonhaltigkeits-, Impuls-, Informations-, Ruhezeitzuschläge

n = Anzahl der Teilzeiten in der Beurteilungszeit; die Summe der Teilzeiten ist gleich der Beurteilungszeit.

Eine Ausnahme bildet der → Fluglärm; zur Beurteilung von Fluglärm nach dem → Fluglärmgesetz wird nicht der energieäquivalente Dauerschallpegel zur Ermittlung des B., sondern ein nach besonderer Formel zu bestimmender äquivalenter → Dauerschallpegel benutzt. Bei Flugzeuglandeplätzen, die nicht dem Fluglärmgesetz unterliegen, wird der B. nach DIN 45643, Teil 1–3: Messung und Beurteilung von Flugzeuggeräuschen, 10/1984, ermittelt.

❒ B. industrieller und gewerblicher Anlagen: Der B. derartiger Anlagen wird nach der → TA Lärm für die Beurteilungszeit 6.00–22.00 Uhr (tags) und 22.00–6.00 Uhr (nachts) aus dem energieäquivalenten Dauerschallpegel des Anlagengeräusches unter Berücksichtigung eines Tonhaltigkeitszuschlages (→ Einzelton) von 0–5 dB(A) und eines Zuschlages von 0–5 dB(A) für impulshaltige Geräusche (→ Impulsgeräusch) sowie eines Abzugs von 3 dB(A) für Meßunsicherheit (→ Meßunsicherheitsabzug) berechnet und mit den Immissionsrichtwerten der TA Lärm verglichen. Für impulshaltige Geräusche und Geräusche mit zeitlich schwankenden Schalldruckpegeln ist nach der TA Lärm der B. mit Hilfe des Taktmaximalwert-Verfahrens zu ermitteln, das die Vergabe eines Impulszuschlags erübrigt.

❒ B. an Straßen: Zum Vergleich mit den Immissionsgrenzwerten der → Verkehrslärmschutzverordnung sind nach Anlage 1 dieser Verordnung berechnete B. zu verwenden. Diese Berechnungsvorschrift hat Rechtsnormcharakter. Der B. ist getrennt für die Tageszeit (6.00–22.00 Uhr) und die → Nachtzeit (22.00–6.00 Uhr) zu berechnen nach der Formel

$$L_r = L_m^{(25)} + D_v + D_{StrO} + D_{Stg} + D_s + D_{BM} + D_B + K \text{ in dB(A)}$$

Zu den Korrekturgliedern D und K, die dem in 25 m Entfernung von der Mitte des Fahrstreifens nach der Formel

$$L_m^{(25)} = 37{,}3 + 10 \lg (M(1 + 0{,}082\, p)) \qquad \text{dB(A)}$$

mit M = Verkehrsstärke in Kfz/h
p = Lkw-Anteil in %

ermittelten Mittelungspegel anzufügen sind, enthält die Vorschrift eine Reihe von Tabellen und Diagrammen, denen die Werte oder Hilfswerte entnommen werden können; auch die Werte $L_m^{(25)}$ können einem Diagramm entnommen werden.

Die Korrekturglieder bedeuten:

D = Korrektur für unterschiedliche zulässige Höchstgeschwindigkeiten

D_{StrO} = Korrektur für unterschiedliche Straßenoberflächen

D_{Stg} = Korrektur für Steigungen und Gefälle

D_S = Pegeländerung durch unterschiedliche Abstände (gegenüber dem Bezugsabstand 25 m)

D_{BM} = Pegeländerung durch Boden- und Meteorologiedämpfung

D_B = Pegeländerung durch topographische Gegebenheiten, bauliche Maßnahmen und Reflexionen (dieser Faktor ist in jedem Falle nach den Richtlinien für den Lärmschutz an Straßen → RLS-90 zu ermitteln)

K = Zuschlag für erhöhte Störwirkung von lichtzeichengeregelten Kreuzungen und Einmündungen.

Für Straßenabschnitte, auf die nach der Vorschrift die Gleichung nicht angewendet werden darf (nicht lange, gerade Fahrstreifen, nicht konstante Emissionen, unterschiedliche Ausbreitungsbedingungen), ist ausdrücklich auf die Rechenverfahren der RLS-90 verwiesen.

❒ B. bei Schienenwegen: Zum Vergleich mit den Immissionsgrenzwerten der Verkehrslärmschutzverordnung sind nach Anlage 2 dieser Verordnung berechnete B. zu verwenden. Diese Berechnungsvorschrift hat Rechtsnormcharakter. Danach wird der B. bei Schienenwegen – getrennt für den Tag (6.00–22.00 Uhr) und für die Nacht (22.00–6.00 Uhr) – für ein Gleis wie folgt berechnet:

$$L_r = L_m^{(25)} + D_{FZ} + D_{IV} + D_{Fb} + D_S + D_{BM} + D_B + S$$

$L_m^{(25)}$ = Mittelungspegel in 25 m Entfernung von der Mitte der Gleisachse, er ist von der mittleren Anzahl der Züge einer Zuggattung (Zugklasse) pro Stunde und vom Prozentsatz der Fahrzeuge mit Scheibenbremsen eines Zuges abhängig,

D_{FZ} = Korrektur zur Berücksichtigung der Fahrzeugart,

D_{IV} = Korrektur für die Zuglänge l und Geschwindigkeit V,

D_{Fb} = Korrektur zur Berücksichtigung unterschiedlicher Gleisbauarten,

D_S = Pegeländerung durch Abstand s zwischen Gleismitte und Immissionsort,

D_{BM} = Pegeländerung durch Boden- und Meteorologiedämpfung auf dem Schallausbreitungsweg,

D_B = Pegeländerung durch topografische Gegebenheiten, bauliche Maßnahmen und Reflexionen auf dem Schallausbreitungsweg,

S = Korrektur um minus 5 dB(A) zur Berücksichtigung der geringeren Störwirkung der → Schienenverkehrsgeräusche gegenüber → Straßenverkehrsgeräuschen (→ Schienenbonus).

Für die einzelnen zu berücksichtigenden Korrekturwerte enthält die Anlage 2 zur Verkehrslärmschutzverordnung Tabellen bzw. Diagramme.

Mit Hilfe der angegebenen Gleichung werden die B. für lange, gerade Gleise berechnet, die auf ihrer gesamten Länge konstante Emissionen und unveränderte Ausbreitungsbedingungen aufweisen.

Falls eine dieser Voraussetzungen nicht zutrifft, muß das Gleis in einzelne Abschnitte unterteilt werden, deren B. nach der Richtlinie zur Berechnung der Schallimmissionen von Schienenwegen – Ausgabe 1990 – Schall 03 (Amtsblatt der Deutschen Bundesbahn Nr. 14 vom 4.4.1990) zu berechnen sind.

❒ B. für Sportlärm, Freizeitaktivitäten und Freizeitanlagen: Für Sportanlagen gilt die → Sportanlagen-Lärmschutzverordnung. Für Freizeitlärm enthält die „Musterverwaltungsvorschrift zur Ermittlung, Beurteilung und Verminderung von Geräuschimmissionen" des Länderausschusses für Immissionsschutz vom Mai 1995 eine spezielle Freizeitlärm-Richtlinie (veröffentlicht u.a. in *Schmatz/Nöthlichs:* Sicherheitstechnik (Loseblattsammlung), Berlin). *Strauch*

Beurteilungszeitraum ⟨*evaluation period*⟩. Der → Meßzeitraum für Immissionsmessungen nach der → TA Luft (Nr. 2.6.2.5) beträgt in der Regel ein Jahr. Dieses Jahr stellt damit den B. dar. Da viele Grenz- und Beurteilungswerte für Immissionen als Jahreskenngrößen definiert sind, stellt das Jahr generell den häufigsten B. dar. Es gibt jedoch Beurteilungsmaßstäbe, die kürzere Zeiträume charakterisieren. Ein Beispiel sind die Maximalen Immissionskonzentrationen der Kommission Reinhaltung der Luft im VDI und DIN, die sog. MIK-Werte, die sich vielfach auf einen Tag oder auf eine halbe Stunde beziehen (→ MIK, maximaler Immissionswert).

Grundsätzlich dürfen aus Immissionsmessungen gewonnene Kenngrößen für die Immissionsbelastung nur mit solchen Grenz-, Richt- oder Beurteilungswerten verglichen werden, denen ein entsprechender B. zugrunde liegt. So ist es z.B. unzulässig, Monatsmittelwerte von Immissionskonzentrationen mit Grenzwerten der TA Luft zu vergleichen, weil diese sich grundsätzlich auf ein Jahr beziehen. *Pfeffer*

Bewuchs ⟨*vegetation*⟩. B. von Bäumen, Sträuchern, Hecken hat als Schallschutzmaßnahme auf dem Schallausbreitungsweg im allgemeinen nur eine geringe Wirksamkeit. Bäume, Sträucher und Hecken reflektieren und absorbieren wohl Schall; die tatsächliche Schallpegelminderung durch einzelne Baumreihen oder durch eine Hecke ist allerdings gering. Nur durch große Bewuchstiefen – 100 m Bewuchstiefe ergeben etwa eine Schalldämmung von 10 dB(A) bei Schallquellen, die die Bewuchshöhe nicht überragen –, ist wirksamer → Schallschutz zu realisieren.

Zu beachten beim B. als Schallschutzmaßnahme ist die notwendige Wirksamkeit unabhängig von der Jahreszeit und somit vom Belaubungszustand der Bäume und Sträucher. Falls Schallschutzpflanzungen vorgesehen werden, kommen hierfür im allgemeinen nur immergrüne Pflanzen in Betracht. Als Maß für die → Dämpfung (Minderung) von Schall infolge von Reflexion und Streuung an Baumstämmen, Ästen, Blättern und infolge von Absorption des Schalls durch den Bodenbewuchs, dient das Bewuchsdämpfungsmaß. Nach VDI 2714: → Schallausbreitung im Freien. 1/1988, wird es mit D_D bezeichnet. Das Bewuchsdämpfungsmaß D_D ist von der Länge des Schallwegs durch den B., von der Frequenz wie aber auch von der Art und Dichte des B. abhängig. Für Planungen kann angenommen werden

$$D_D = \alpha_D \, s_D \qquad \text{dB}$$

α_D = Dämpfungskoeffizient dB/m

s_D = Schallweglänge durch den Bewuchs in m

Als Mittelwert für den Dämpfungskoeffizienten α_D kann für verschiedene Waldarten angesetzt werden:

$$\alpha_D = \left(0{,}006\, f^{\frac{1}{3}}\right) \quad \text{dB/m}$$

f = Terz- oder Oktavmittenfrequenz des Geräusches in Hz

Für überschlägige Rechnungen kann für den Dämpfungskoeffizienten ein Wert von 0,05 dB/m, unabhängig von der Frequenz, angenommen werden.

Strauch

BF-Uhde-Verfahren *⟨BF-Uhde-process⟩.* Das BF-U.-V. ist ein trockenes Verfahren zur simultanen SO_2- und → NO_x-Abgasreinigung. Beim BF-U.-V. wird Aktivkoks aus Steinkohle sowohl als Adsorptionsmittel für SO_2, als auch als Katalysator zur NO_x-Reduktion verwendet. Das Verfahren wurde von der Bergbau-Forschungs-GmbH (Abk. BF), Essen (jetzt: DMT-Gesellschaft für Forschung und Prüfung mbH), entwickelt und wird von der Firma Uhde GmbH, Dortmund, angeboten. Die SO_2-Adsorption und die NO_x-Reduktion erfolgen in zwei getrennten Aktivkoksschichten, so daß das BF-U.-V. bei entsprechender Auslegung auch zur getrennten Reinigung der Abgase von SO_2 und NO_x eingesetzt werden kann. Die wesentlichen Schritte des BF-U.-V. sind Abgaskonditionierung, Adsorption des Schwefeldioxides, katalytische Reduktion der Stickstoffoxide nach Ammoniakzugabe und Regeneration. Bei der Regeneration des Adsorptionsmittels fällt SO_2-Reichgas an, das zu elementarem Schwefel, flüssigem SO_2 oder Schwefelsäure weiterverarbeitet werden kann.

Das Abgas hat vom Kessel kommend nach dem Luftvorwärmer und dem Elektrofilter eine Temperatur um 150 °C und wird vor Eintritt in den Wanderbettadsorber in einem Einspritzkühler auf 120 °C abgekühlt. Die Temperatur wird genau geregelt, weil die SO_2-Adsorption eine möglichst niedrige, die NO_x-Reduktion dagegen eine möglichst hohe Temperatur erfordert. Anschließend durchströmt das Abgas im Kreuzstrom zwei Aktivkoksstufen, in denen der Aktivkoks von oben nach unten wandert. In der ersten Stufe im Unterteil des Adsorbers werden zunächst SO_2, Sauerstoff und Wasserdampf an der inneren Oberfläche des porösen Aktivkokses adsorbiert. In diesem Zustand wird Schwefelsäure gebildet, die im Porensystem gespeichert wird. Bei hohen Abscheidegraden werden Beladungen bis zu 30 Gew.-% erreicht. Gleichzeitig wird Stickstoffdioxid, das weniger als 5% der Stickstoffoxide ausmacht, durch Kohlenstoff zu Stickstoff reduziert und weitere Abgaskomponenten wie → Chlor- und → Fluorwasserstoff, Quecksilber und Arsen adsorptiv an Aktivkoks gebunden. Der beladene Aktivkoks aus der SO_2-Adsorptionsstufe wird der Regeneration zugeführt. Die Verweilzeit des Aktivkokses im Adsorber beträgt in Abhängigkeit von Auslegung und Betriebsweise zwischen 100 und 200 Stunden.

In der zweiten Stufe reagiert Stickstoffmonoxid mit Ammoniak, das als Reduktionsmittel zwischen den Stufen in den Abgasstrom eingedüst wird, zu Stickstoff und Wasser (→ SCR-Verfahren). Zusätzlich bilden sich aus restlichem SO_2 und NH_3 Ammoniumsulfat bzw. -hydrogensulfat, die sich am Aktivkoks anlagern. Am Ausgang des Adsorbers hat das Abgas etwa die Eintrittstemperatur von 120 °C, so daß eine Wiederaufheizung entfällt.

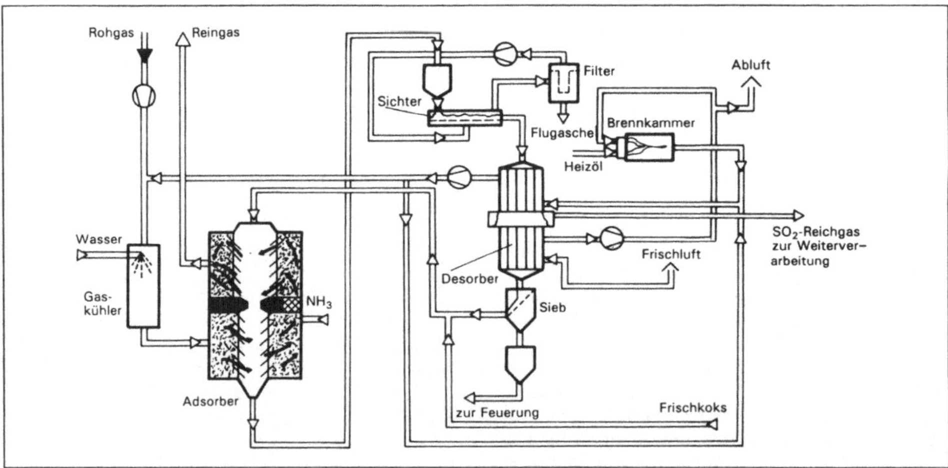

BF-Uhde-Verfahren: Schema des BF-U.-V. zur simultanen SO_2/NO_x-Abscheidung.

Der beladene Aktivkoks vom Adsorber wird zunächst in einem Sichter von Flugasche und Kohlenstaub befreit. Die Regeneration wird in einem Röhrendesorber durchgeführt. Im oberen Teil des Desorbers wird der Aktivkoks indirekt durch Heißgas aus einer gas- bzw. ölgefeuerten Brennkammer auf über 400 °C aufgeheizt. Bei Temperaturen oberhalb von 350 °C wird die adsorbierte Schwefelsäure unter Verbrauch von Kohlenstoff reduziert. Das Desorptionsgas, das in einer Ausgasungskammer in der Mitte des Desorbers anfällt, enthält im wesentlichen SO_2 (20–30%), H_2O (50–60%), CO_2 und N_2. Nach der Ausgasung wird der Aktivkoks im unteren Röhrenwärmetauscher des Desorbers mit Luft, die danach zur Gas- bzw. Ölverbrennung dient, auf 100–130 °C abgekühlt. Die Abgase aus dem Desorber werden vor den Adsorber geleitet. Der verwendete Aktivkoks aus Steinkohle ist ein besonders abriebfestes Granulat mit ca. 5 mm Durchmesser und einer Länge von 5–10 mm. Die innere Oberfläche beträgt aufgrund seiner Porösität zwischen 50 und 200 m^2/g, die wegen des chemischen Verbrauchs ständig zunimmt. Dadurch verringert sich allerdings die mechanische Festigkeit des Aktivkokses, so daß er nach mehreren Umläufen schließlich zerbricht. Der Verlust an Aktivkoks durch Reaktion und Abrieb entspricht etwa 2 bis 2,5% der umlaufenden Menge. Diese Verlustmenge wird als Frischkoks dem regenerierten Aktivkoks vor Rückführung in den Adsorber zugemischt.

Vor der Weiterverarbeitung müssen Verunreinigungen wie Arsenverbindungen, Ammonium- und Quecksilbersulfat, Ammoniak, Chlor- und Fluorwasserstoff aus dem SO_2-Reichgas abgeschieden werden. Zur Herstellung von Schwefelsäure (Erzeugung von elementarem Schwefel, → *Wellman-Lord*-Verfahren) wird das gereinigte SO_2-Reichgas mit Luft auf 11 Vol.-% SO_2 verdünnt und dann in einem Turm mit 98,5%iger Schwefelsäure getrocknet. In mehreren Stufen wird SO_2 an V_2O_5-Katalysatoren zu SO_3 oxidiert, das im Absorberturm zu 96- bis 98%iger Schwefelsäure ausgewaschen wird.

Das BF-U.-V. ist abwasserfrei. Mit dem Verfahren werden Abgasentschwefelungsgrade von über 95% und NO_x-Reduktionsgrade von über 70% erzielt. Für NO_x-Minderungsgrade über 90% ist eine weitere, dritte Aktivkoksschicht notwendig. Anlagen nach dem BF-U.-V. sind bei den Braunkohleblöcken 5 (107 MW_{el}) und 7 (130 MW_{el}) im Kraftwerk Arzberg und bei den Kesseln 3 und 4 (Steinkohle-, Öl- Gasfeuerungen mit Wärmeleistung von insgesamt 230 MW_{th}) bei der Hoechst AG, Frankfurt, in Betrieb. In Arzberg wird als Produkt der → Abgasentschwefelung Schwefelsäure erzeugt, während bei Hoechst das SO_2-Reichgas Verwendung findet. *Haug*

Literatur: *Breihofer, D. et al*: Maßnahmen zur Minderung der Emissionen von SO_2, NO_x und VOC bei stationären Quellen in der Bundesrepublik Deutschland. Studie im Auftrag des BMU/Umweltbundesamt. IIP Uni Karlsruhe. 1991. – *Erath, R.*: Das Bergbau-Forschung/Uhde-Verfahren. Dokumentation Rauchgasreinigung. Düsseldorf 1985.

Biofilter *(biological filter/biofilter)*. Wesentliches Teil eines B. ist die biologisch aktive Schüttschicht, durch die die verunreinigten Abgase geführt, Schadstoffe abgeschieden und biologisch abgebaut werden. Diese Schüttschicht besteht aus einem Trägermaterial für Mikroorganismen. Beim B. werden als festes Filtermaterial vorzugsweise → organische Stoffe (z. B. Torf, Rinde, Hausmüllkompost, Biokompost) eingesetzt; sie dienen gleichzeitig den Mikroorganismen als Nährsubstrat. Bei neueren Entwicklungen wird auch inertes Trägermaterial (z. B. Tonkugeln, Glasschaum) zusammen mit einer zusätzlichen Nährsubstratzugabe benutzt. Für einen einwandfreien Betrieb sind eine gleichmäßige Struktur und Anströmung des Filtermaterials sowie eine ausreichende Sauerstoffversorgung und Drainage notwendig. Ein möglichst großes, gleichmäßig verteiltes Hohlraumvolumen im Trägermaterial bringt geringen Druckverlust und damit geringeren Energieverbrauch mit sich. Bei organischen Trägermaterialien führt die biologische Aktivität zur Kompostierung, d. h. Mineralisierung des Trägermaterials und damit zu einer Zunahme des Druckverlusts, so daß in regelmäßigen Abständen eine Auflockerung oder ein Materialwechsel erforderlich wird. Verbrauchte Filtermaterialien können zur Bodenverbesserung verwendet werden. Der → Abscheidegrad und die biologische Abbauleistung im B. sind proportional zur biologisch aktiven Oberfläche, d. h. eine große innere Oberfläche des Trägermaterials bietet günstige Voraussetzungen für einen Schadstoffabbau in der biologisch aktiven Oberfläche. Organische Substanzen sind auch günstig in Hinblick auf pH-Wert-Stabilität und Feuchtigkeitsspeicherung, die zu einer stabilen Betriebsweise des B. beitragen. Zur Vermeidung einer Austrocknung des Filtermaterials und eines damit gekoppelten Rückgangs der biologischen Aktivität werden die Abgase meist vor Eintritt in das Filtermaterial bis zur Wasserdampfsättigung befeuchtet. Hierfür werden Wäscher einfachster Bauart eingesetzt, mit denen gleichzeitig auch Staubpartikel abgeschieden werden können.

B. werden in Flach- und Etagenbauweise errichtet (Bild). Etagen-B. zeichnen sich durch geringen Platzbedarf aus. Mit B. werden insbesondere Abgase mit geruchsintensiven Stoffen in niedrigen Konzentrationen bis ca. 1 g C/m^3 behandelt; es entstehen praktisch keine Reststoffe, die besonders zu entsorgen sind. Die spezifischen Abbauleistungen eines B. liegen zwischen ca. 20 und 150 g C/m^3 Filtervolumen und Stunde. Bei hohen Schadstoffkonzentrationen in den Abgasen können andere Minderungstechnologien kostengünstiger sein. B. werden unter anderem in Intensivtierhaltungen, → Schlachthöfen, Fettschmelzen, → Kompostwerken, → Tierkörperbeseitigungsanstalten, Kakaoverarbeitungen eingesetzt. Es werden Geruchsminderungsgrade von 90%, teilweise über 99% erreicht. In jüngster

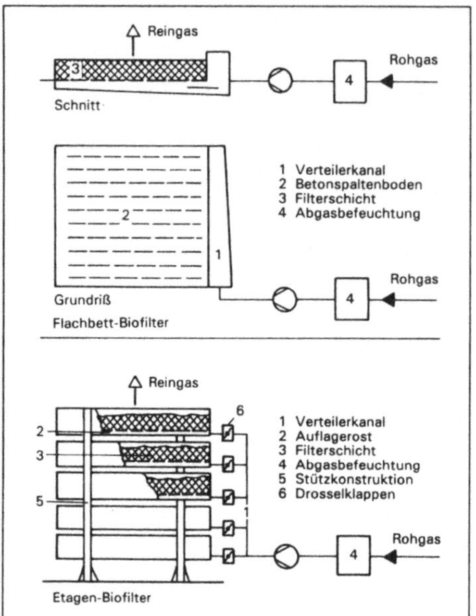

Biofilter: Aufbau von B.

Zeit wurden Untersuchungen durchgeführt, B. zur Abscheidung von → Lösemitteln (z. B. Phenol, Kresol, Benzol, Alkohol) einzusetzen. Abscheideleistungen von 60–95% wurden erreicht. *W. Koch*

Literatur: *Davids, P.; M. Lange*: Die TA Luft '86 – Technischer Kommentar. Düsseldorf 1986. – VDI 3477: Biologische Abgas/Abluftreinigung; Biofilter. 12/1991.

Bioindikator *⟨bioindicator⟩*. Unter B. sind Organismen zu verstehen, die der Erkennung und mengenmäßigen Erfassung von Umweltfaktoren oder -faktorenkombinationen dienen. Zur Erkennung umweltschädlicher Einwirkungen auf Ökosysteme bedient man sich bestimmter Pflanzen, Tiere oder Mikroorganismen als Indikatororganismen, die im Gegensatz zu chemischen oder physikalischen Meßverfahren zwar keine exakten Zahlen über die Konzentration einwirkender Schadstoffe, aber einen klaren Wirkungsbezug liefern. Neben den prinzipiellen Voraussetzungen, daß die B. Stoffwechselveränderungen äußerlich sichtbar anzeigen und auf Schadstoffe spezifisch reagieren, müssen B. darüber hinaus folgenden Anforderungen erfüllen:

- genetische Einheitlichkeit,
- ausreichende Empfindlichkeit der Reaktion,
- Offensichtlichkeit und Quantifizierbarkeit der Wirkung,
- leichte Auswertbarkeit der Signale,
- Standardisierbarkeit, Reproduzierbarkeit,
- statistische Auswertbarkeit der Signale,
- leichte Handhabbarkeit und Wartung.

Entsprechend ihrer praktischen Anwendung werden die B. nach Zeiger-, Test- und Monitororganismen unterteilt, wobei es zwischen diesen Typen hinsichtlich ihrer interpretierbaren Reaktion fließende Übergänge gibt.

❒ Zeigerorganismen: Das Vorkommen oder Fehlen einer Art oder Artengruppe wird durch die Intensität ökologischer Faktoren bestimmt. Daß heißt, bestimmte Arten reagieren empfindlich auf Änderungen ihres Lebensmilieus, u. a. auch durch Schadstoffe. Unterteilt werden die Zeigerorganismen nach stenopotenten und eurypotenten Arten. Erstere zeigen eine geringe Reaktionsbreite und sind positive Zeiger, die über ihr Auftreten die Wirkung eines bestimmten Faktors anzeigen (z. B. plötzliches Auftreten von Stickstoff liebenden Pflanzen auf Grund eines vermehrten N-Eintrags, Auftreten von Veralgungen an Nadelbäumen) oder negative Zeiger, d. h. ihr Fehlen in einem ansonsten geeigneten Lebensraum stellt einen Hinweis auf einen oder mehrere Schadfaktor(en) dar (z. B. Ausfall von Flechten/Moosen nach Einwirkungen von Schwefeldioxid). Eurypotente Arten sind als B. weniger geeignet, weil sie eine große Reaktionsbreite besitzen, d. h. starke Schwankungen eines ökologischen Faktors tolerieren.

Zeigerpflanzen sind besonders geeignet, chronische Wirkungen von → Luftverunreinigungen in niedriger Konzentration aufzuzeigen, ohne allerdings quantitative Beziehungen über Konzentrationen und Einwirkungsdauer eines Luftschadstoffes zuzulassen. Die natürliche Flechtenvegetation stellt eine klassische Gruppe von Zeigerpflanzen in diesem Sinne dar.

❒ Testorganismen: Sie werden vorzugsweise in toxikologischen Labortests eingesetzt. Sie reagieren auf Grund hoher Standardisierung bereits auf geringe Schadstoffmengen sehr spezifisch und dienen daher häufig zur Abschätzung von Gesundheitsgefahren für den Menschen. Die Reaktion besteht häufig in Veränderungen enzymatischer Reaktionen oder auch bei Zoo-Organismen in Änderungen des Bewegungsverhaltens.

Im allgemeinen liefern Testorganismen wie Einzeller, bestimmte Insektenarten oder höhere Tiere quantifizierbare Aussagen. Sie eignen sich daher auch bei der Umweltchemikalienprüfung und anderen Verfahren zur Toxizitätsabschätzung.

❒ Monitororganismen: Das sind Organismen, mit deren Hilfe sich Schadstoffe qualitativ und quantitativ erfassen lassen; dem entsprechend werden sie zum Nachweis von Immissionswirkungen herangezogen. Sie werden in Akkumulations- und Reaktionsindikatoren unterschieden, wobei sowohl auf vorhandene Pflanzenarten in einem Ökosystem zurückgegriffen werden kann (passives Monitoring, z. B. Schwermetallakkumulation in Moosen oder Pilzen) oder Pflanzen in standardisierter Form angezogen und exponiert werden (aktives Monitoring, Standardisierte Graskultur nach *Scholl* u. a. zur Anreicherung von schwefel-, fluor- oder chlorhaltigen Stoffen). Die Reaktionsindikatoren lassen sich in gleicher Weise unterteilen, wobei sie eine spezifische Schadwirkung und Selektivität in Form von Veränderungen der Blätter (Nekrosen, Chlorosen, Habitusveränderungen) anzeigen. Im Rahmen des passiven Monitorings wird auf Pflanzen am natürlichen Standort zurückgegriffen (z.B. Holunder, Klee); beim aktiven Monitoring werden empfindliche Pflanzenarten exponiert (z.B. Tabak, kleine Brennessel als Anzeiger für Ozonwirkungen oder Gladiolen als Anzeiger von Einwirkungen fluorhaltiger Luftverunreinigungskomponenten). Auf Grund dieser breiten Anwendungsmöglichkeiten eignen sich Monitororganismen besonders für systematische Wirkungserhebungen, z.B. im Rahmen von → Wirkungskatastern. Neben Aussagen über die Ursachen einer Schädigung (durch Luftverunreinigungskomponenten) wird auch ein räumlicher und zeitlicher Bezug zu Schadstoffbelastung hergestellt, so daß die Exposition von B. ein klassisches wirkungsbezogenes Meßverfahren darstellt.

Pflanzen sind als B. von besonderer Bedeutung. Sie liefern Erkenntnisse auf verschiedenen biologischen Ebenen, je nachdem, welches spezifische Wirkungskriterium dem einzelnen Organismus zugeordnet ist. Die verschiedenen Ebenen betreffen:
- physiologisch/biochemische Störungen der Zellen (Zellebene)
- submikroskopische Veränderungen an Zellorganellen (Zellorganellebene)
- physiologisch/morphologische Veränderungen an Pflanzenorganen (Organebene)
- Auswirkungen auf den Gesamtorganismus über z.B. vermindertes Wachstum, verminderte Qualität, erhöhte Disposition gegenüber biotischen und abiotischen Faktoren.

Die wichtigsten und am häufigsten eingesetzten Monitororganismen, die auch verfahrenstechnisch ein sehr hohes Maß an Standardisierung erfahren haben, sind die standardisierte Graskultur und das aktive Monitoring von Flechten, das ähnlich standardisiert von *Schönbeck* entwickelt wurde. Darüber hinaus haben sich standardisierte Bioindikatorfächer bewährt, wobei verschiedene, auf unterschiedliche Luftverunreinigungskomponenten spezifisch reagierende Pflanzenarten zeit- und standortgleich exponiert werden; aus schadstoffspezifischen Reaktionen bzw. Akkumulationsvorgängen läßt sich damit die Belastungssituation eines Gebietes erfassen und beschreiben. Hierzu gehören u.a. die Tabaksorte BelW3, die empfindlich auf → Ozon reagiert, und verschiedene Gartengemüse, wie Salat oder Grünkohl, die u.a. → Schwermetalle anzureichern vermögen. Darüber hinaus hat sich Grünkohl, auf Grund seiner langen Standzeit über den Winter und seiner spezifischen Eigenschaft, lipophile organische Substanzen in der stark wachshaltigen Kutikulaschicht der Blätter anzureichern, als sehr guter B. für die Erfassung von → Dioxinen und anderen organischen Luftverunreinigungskomponenten wie → Benzo-a-pyren in der Umwelt bewährt. Als passiver Akkumulationsindikator werden für Dioxine auch Fichtennadeln eingesetzt, wobei die getrennten Jahrgangsanalyse einen Einblick in die Belastungssituation früherer Jahre ermöglicht, da die Desorption von Dioxinen vergleichsweise gering ist. *G. Krause*

Literatur: *Arndt, U., W. Nobel* und *B. Schweizer*: Bioindikatoren – Möglichkeiten, Grenzen und neue Erkenntnisse. 1987. – Bioindikatoren – Wirkungsbezogene Erhebungsverfahren für den Immissionsschutz. VDI-Ber. 609. Düsseldorf 1987. – Bioindikatoren – ein wirksames Instrument der Umweltkontrolle; VDI-Ber. 901, 2, Bd. 1. Düsseldorf 1992. – *Huber, A.* und *W. Huber*: Pflanzen als Schadstoffindikatoren – Verhütung von Schäden. In: Hock, B. und E. Elstner (Hrsg.): Pflanzentoxikologie – Der Einfluß von Schadstoffen und Schadwirkungen auf Pflanzen. Mannheim 1984.

Biowäscher ⟨*biological scrubber*⟩. Der B. (Bild) ist ein → Abscheider für biologisch abbaubare, luftverunreinigende Stoffe im → Abgas. Beim B. werden die luftverunreinigenden Stoffe in einem Sprüh- oder Füllkörperwäscher in einer Waschflüssigkeit absorbiert und anschließend, wie bei der biologischen Abwasserreinigung, durch Mikroorganismen abgebaut, die die abgeschiedenen Schadstoffe als Nährsubstrat verwenden. Die Waschflüssigkeit wird danach in den Wäscher zurückgeführt. Zur Aufrechterhaltung einer ausreichenden biologischen Stoffwechseltätigkeit sind häufig zusätzliche Nährstoffe zuzudosieren. Die Mikroorganismen sind entweder in der Waschflüssigkeit dispergiert oder auf integrierten oder separaten Festkörpern immobilisiert (biologischer Rasen). Für die dispergierten Mikroorganismen ist ein ausreichend großes Belebungsbecken vorzusehen, um die notwendige Verweilzeit für den biologischen Abbauprozeß zu erreichen. Bei Einbauten mit biologischem Rasen ist für eine gleichmäßige Befeuchtung zu sorgen. Größere pH-Wert- und Temperatursprünge sowie Änderungen der Schadstoff- und Sauerstoffkonzentration sind möglichst zu vermeiden. Jede

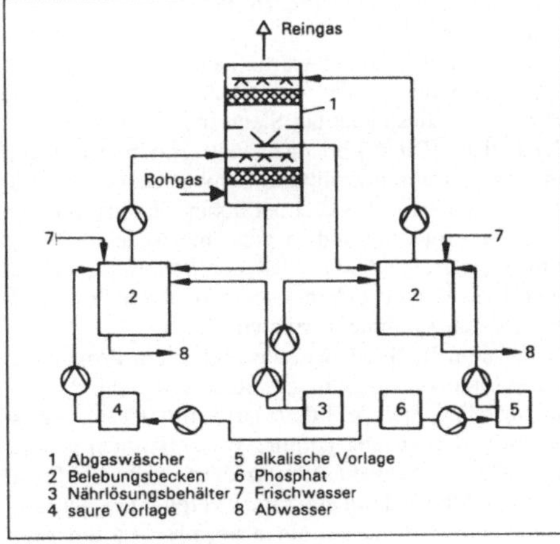

Biowäscher: Aufbau eines B.

große Änderung bedarf zur biologischen Adaption einer Anpassungszeit.

Ein B. benötigt weniger Platz als ein → Biofilter, ist aber störanfälliger bei Stoßbelastungen durch Schadstoffe. Zur Erweiterung der Schadstoff-Aufnahmekapazität können der Waschflüssigkeit Schadstoffpuffer (z. B. Aktivkohle) beigemischt werden. Ferner ist ein höherer Regelaufwand beim Betrieb der Anlage notwendig. B. werden bisher hauptsächlich in Intensivtierhaltungen, aber auch in Anlagen zur Abscheidung von Gerüchen und Lösemitteln eingesetzt (z. B. Tierkörperverwertungen, Leichtmetallgießereien, Druckereien). Olfaktometrische und gas-chromatografische Messungen zeigen, daß Geruchsminderungsgrade bzw. → Abscheidegrade für geruchsintensive Stoffe von über 90% möglich sind.

Das Biomembranverfahren ist eine spezielle Variante des B. Mittels Permeation werden die Schadstoffe aus der Gasphase z. B. durch eine Silikon-Kautschukmembrane in die Flüssigphase überführt. In dieser erfolgt dann der biologische Abbau. Dieses Verfahren wird zur Zeit labortechnisch erprobt.

W. Koch

Literatur: *Davids, P.; M. Lange*: Die TA Luft '86 – Technischer Kommentar. Düsseldorf 1986. – VDI 3478 E: Biologische Abgasreinigung; Biowäscher und Rieselbettreaktionen; 11/1994.

Black-Smoke-Meßverfahren *⟨black smoke method⟩*. Das B.-S.-M. wurde in Großbritannien entwickelt und hat Eingang gefunden in die EG-Richtlinie für SO_2 und Schwebstaub.

Mit Hilfe eines Probenahmegeräts, das das automatische Ziehen von acht Proben erlaubt, wird die Probenluft mit einem geringen Durchsatz von ca. 2 m^3 pro Tag durch ein Filterpapier gesaugt. Nach der Probenahme wird die Schwärzung des Filters mit einem Reflexionsphotometer gemessen. Die so photometrisch gewonnenen B.-S.-Werte werden dann mit Hilfe einer Kalibrierkurve in gravimetrische Einheiten ($\mu g/m^3$) umgerechnet.

Diese Kalibrierkurve wurde jedoch vor langer Zeit mit Staub ermittelt, der wesentlich höhere Rußanteile enthielt, als dies heute bei Staub in urbanen Gebieten der Fall ist. Dies führt dazu, daß gravimetrisch mit anderen Verfahren ermittelte Schwebstaubkonzentrationen etwa zwei- bis dreimal höher sind als mit dem B.-S.-M. erhaltene und in gravimetrische Einheiten umgerechnete Werte. Dies läßt den Schluß zu, daß mit dem B.-S.-M. eine andere Art von Staub erfaßt wird als mit anderen Staubmeßverfahren.

Mit dem B.-S.-M. werden außerdem Proben zur Schwefeldioxid-Messung erhalten, indem die Probenluft nach Passieren des Filters durch mit 0,3%iger Wasserstoffperoxidlösung gefüllte Waschflaschen geleitet wird. Das zu Schwefelsäure oxidierte Schwefeldioxid wird anschließend mit einer stark verdünnten Natriumcarbonat-Lösung gegen einen bei pH=4,5 umschlagenden Indikator titriert.

Pfeffer

Blähen mineralischer Stoffe *⟨expanded-clay products, production of⟩*. Das B., hauptsächlich von Ton, Schiefer oder Perlite, ist eine Branche der → Keramikindustrie. Aufgrund ihrer besonderen wärme- und schallisolierenden Eigenschaften werden die geblähten Produkte überwiegend in der Bauindustrie, z. B. als Zuschlagstoff für Leichtbeton, eingesetzt.

Bei der Aufbereitung wird das Rohmaterial vor dem B. zerkleinert, homogenisiert und zu Pellets gepreßt. In Drehrohröfen (bis ca. 500 t Durchsatz/d) oder auf Sinterrosten wird nach einer Vortrocknung sehr schnell auf ca. 1 200 °C aufgeheizt, um schockartiges Verdampfen des in den Rohpellets enthaltenen Wassers zu erreichen. Die Kügelchen blähen unter starker Hohlraumbildung auf. Durch Temperierung werden die Körper stabilisiert, dann abgekühlt.

Neben Staub, der bei allen Prozeßschritten der Aufbereitung entsteht (bis 10 g/m^3 im Rohgas), treten gasförmige anorganische Fluorverbindungen (bis ca. 30 mg/m^3) und Schwefeloxide (bis 5,0 g/m^3) auf. Bei Verwendung von Blähhilfsmitteln wie Sulfitablauge oder Polystyrol können auch Emissionen an → organischen Stoffen bis zu ca. 100 mg Gesamt-C/m^3 sowie Geruchsstoffe entstehen. Die teilweise beträchtlichen Staubgehalte aus den Nebeneinrichtungen zum Brechen, Fördern, Mahlen, Sieben, Füllen und Granulieren können durch Kapselung und Absaugung der Aggregate mit anschließender → Abgasreinigung in elektrischen oder filternden → Abscheidern auf 50 mg/m^3 Abgas und zum Teil deutlich darunter gesenkt worden.

Eine prozeßseitige Minderung der Emissionen ist vor allem bei dem ersatzlosen Wegfall der Blähhilfsmittel auf organischer Basis erreichbar. Bei Verzicht auf die Zugabe von Polystyrol können die Benzol- und Geruchsstoffemissionen gering gehalten werden.

Die Verringerung von Schwefeloxid- und Fluoridauswürfen ist durch Sorptionseinrichtungen unter Verwendung von Kalk möglich. Der → Emissionswert der TA Luft von 1,0 g SO_2/m^3, ebenso der Wert von 5 mg HF/m^3, ist mit diesem Verfahren einhaltbar.

Anlagen zum B. von Perlite, Schiefer oder Ton sind in Nr. 2.7, Spalte 2, des Anhangs der → 4. BImSchV genannt. Sie bedürfen einer Genehmigung im vereinfachten Verfahren nach BImSchG. Die emissionsbegrenzenden Anforderungen sind in der → TA Luft festgelegt.

Hinrichs

Literatur: *Davids, P.; M. Lange*: Die TA Luft '86 – Technischer Kommentar. Düsseldorf 1986. – VDI 2585: Emissionsminderung; Keramische Industrie. 10/1993.

Blei *⟨lead⟩*. B. kommt in der Natur hauptsächlich als Bleiglanz (PbS) vor. Als ubiquitäres Element tritt es in folgenden Konzentrationen auf: Erdkruste 1 – 20 ppm, Steinkohle 2 – 150 ppm, Braunkohle 0,8 – 1,8 ppm, Erdöl 0,2 – 2,1 ppm, Oberflächenwasser 1 – 60 $\mu g/l$, Atmosphäre 0,01 – 5 ng/m^3, im städtischen Bereich bis ca. 2 $\mu g/m^3$.

B. wird durch Röstreduktions- oder Röstreaktionsverfahren gewonnen. Durch Raffination werden schwermetallhaltige Verunreinigungen (Arsen) abgetrennt.

B. wird in der Bundesrepublik Deutschland hauptsächlich zur Herstellung von Akkumulatoren verwendet sowie zu Bleioxiden und Chemikalien verarbeitet, die zur Herstellung von Bleikristallglas, in Keramiken, als Buntpigmente und als Stabilisatoren in PVC eingesetzt werden. Geringe Anteile werden zur Halbzeugherstellung und für die Herstellung von Kabelmänteln, Formgußteilen, Legierungen, Tuben und Kapseln und schließlich von Bleitetraethyl benötigt.

Bei der Gewinnung und Verwendung bleihaltiger Verbindungen, bei der Entsorgung bleihaltiger Abfälle sowie bei der Verwendung bleihaltiger Rohstoffe in thermischen Prozessen (Kohle, Erze) treten B.-Emissionen auf.

Größter B.-Emittent ist noch der Verkehr. B. wird in Form von Bleitetraethyl dem Ottokraftstoff hauptsächlich zur Erhöhung der Klopffestigkeit zugesetzt. Mit dem → Benzinbleigesetz wurde der Gehalt von B. in Ottokraftstoffen seit 1972 auf 0,4 g/l und seit 1976 auf 0,15 g/l begrenzt. Die seit 1986 auf freiwilliger Basis eingeführten Abgaskatalysatoren für Pkw setzten das Angebot von unverbleitem Benzin voraus; der Verbrauch an bleihaltigem Benzin ist seitdem stark rückläufig.

Ab 1998 wird in Deutschland voraussichtlich bleifreies Benzin das bleihaltige vollständig ersetzt haben. Für bleifreies Benzin begrenzt die DIN 51 607 den → Bleigehalt auf 0,013 g/l, durchschnittlich liegen die Konzentrationen unter 0,004 g/l.

Stationäre Quellen für B.-Emissionen sind die Eisen- und Stahlerzeugung, die → Feuerungsanlagen, die Nichteisenmetallerzeugung, die → Abfallverbrennungsanlagen und die chemische Industrie.

Als Maßnahmen zur Verminderung der luftverunreinigenden Emissionen werden angewandt:
- Substitution von B. in Loten, Plomben und als Pigment für die Kunststoffherstellung und in Anstrichfarben,
- Recycling von Akkumulatoren aus Kfz (Quote >90%),
- Verzicht auf Bleitetraethyl als Zusatz zum Benzin als Antiklopfmittel,
- Einsatz von hochwirksamen Entstaubern (z. B. Gewebefilter oder Schwebstoffilter bei der Akkumulatorherstellung,
- verbesserte Prozeßsteuerung bzw. neue B.-Gewinnungsverfahren (z. B. → QSL-Verfahren),
- Verbesserung der Abgaserfassung und Vermeidung diffuser Abgasquellen.

Emissionsbegrenzende Anforderungen an stationäre Quellen sind insbesondere in der → TA Luft festgelegt. Die Emissionen aller B.-Verbindungen müssen die Grenzwerte der Klasse III der Nr. 3.1.4 der TA Luft einhalten (≤ 5 mg/m^3). Für bestimmte Anlagenarten sind schärfere Emissionswerte festgelegt, z. B. dürfen bei Anlagen zur Herstellung von Bleiakkumulatoren die Emissionen an B. 0,5 mg/m^3 im Abgas nicht überschreiten. Weitergehende Anforderungen enthalten die Großfeuerungsanlagen-Verordnung (→ 13. BImSchV) und die Abfallverbrennungsanlagen-Verordnung (→ 17. BImSchV). Nach der zuletztgenannten Verordnung darf die Summe der Emissionen von 10 Metallen im Abgas (einschließlich B.) insgesamt 0,5 mg/m^3 nicht überschreiten.

Bereits in den 80er Jahren wurden deutliche Verminderungen der B.-Emissionen erreicht, weitere Verminderungen werden durch den Einsatz von unverbleitem Benzin sowie infolge der Erfüllung der Anforderungen von Großfeuerungsanlagen-Verordnung, TA Luft und Abfallverbrennungsanlagen-Verordnung erzielt werden. *Remus*

Literatur: *Balzer, D.*: Bilanzen zum Verbrauch und Verbleib von Blei und Cadmium 1984 bis 1989. Landesgewerbeanstalt Bayern, im Auftrag des Umweltbundesamtes – *Davids, P.; M. Lange*: Die TA Luft '86 – Technischer Kommentar. Düsseldorf 1989. – Verkehr in Zahlen, Bundesministerium für Verkehr. Bonn 1991.

Bleierzeugung und -verarbeitung *(lead production and processing)*. In der Bundesrepublik Deutschland wird Blei etwa zu gleichen Teilen aus Primärrohstoffen und aus Sekundärstoffen, z. B. Akkumulatorenschrott, Altblei und Kabelblei, gewonnen.

Bei der Bleigewinnung aus Primärrohstoffen wie sulfidischen Erzen und Konzentraten werden die Rohstoffe in Röst- und Sinteranlagen entschwefelt und stückig gemacht. Die SO_2-haltigen Abgase werden erfaßt und in einer Doppelkontaktanlage in Schwefelsäure umgewandelt. Der Sinter wird zusammen mit bleihaltigem Rücklaufgut (z. B. Retourschlacken) und Flugstäuben im Schachtofen zu Werkblei reduziert. In den letzten Jahren wurde dieser mehrstufige emissionsintensive Prozeß durch ein neues, umweltfreundliches Verfahren ersetzt: das QSL-Verfahren. Werkblei wird raffiniert. Im Blei enthaltenes Antimon, Arsen, Kupfer, Wismut, Zink, Zinn und Edelmetallen werden in mehreren Prozeßstufen abgetrennt. Dabei kommen Flammöfen, Drehflammöfen und Schmelzkessel zum Einsatz.

Bei der Bleigewinnung aus Sekundärstoffen werden unterschiedliche Verfahren angewandt (Schachtofen-Verfahren, Tonolli-Verfahren und Preussag-Verfahren). Die Verarbeitung von Akkumulatorenschrott hat den größten Anteil. Beim einstufigen Schachtofen-Verfahren wird der Akkuschrott direkt im Schachtofen eingesetzt. Das Tonolli-Verfahren ermöglicht eine rückstandfreie Verwertung der Sekundärrohstoffe. Das Verfahren wird großtechnisch betrieben. Das Preussag-Verfahren ermöglicht ebenfalls eine weitgehend rückstandsfreie Verwertung der Einsatzstoffe.

Das Blei wird in Drehtrommelöfen, z. B. Kurztrommelofen (KTO) und Raffinierkesseln weiterverarbeitet. Neben den großen Blei-Sekundärhütten setzen auch eine große Anzahl kleinerer Betriebe Sekundärmaterial ein. Hier werden vergleichbare Aggregate zur Verarbeitung, wie sie im Primärprozeß üblich sind, angewendet: z. B. Flammöfen, Drehflammöfen und Raffinierkessel.

Emissionsrelevant sind alle Prozeßschritte, z. B. Röstung, Schachtofen, Flammöfen, Drehflammöfen, Schmelzkessel, Gießanlagen, Lagerung, Transport und Zerkleinerung. Als luftverunreinigende Emissionen sind insbesondere bleihaltige Stäube von Bedeutung. Je nach Art des Prozesses und Zusammensetzung der Eingangsstoffe können neben Blei auch Kupfer, Zink, Arsen, Antimon, Cadmium, Nickel, Zinn, Kobalt sowie Quecksilber freigesetzt werden. Bei den gasförmigen Emissionen ist insbesondere Schwefeldioxid oder Schwefelsäure aus dem Röstprozeß von Bedeutung. Bei Einsatz von stark verunreinigten Stoffen bzw. Rücklaufmaterialien können Chlor- und Fluorverbindungen sowie organische Kohlenstoffverbindungen auftreten.

Als primäre Maßnahmen zur Emissionsminderung werden angewandt: Vorsortierung der Einsatzstoffe, Einsatz emissionsarmer Brennstoffe, Verwendung von reinem Sauerstoff statt von Luft bei der Verbrennung, Einhausung von Prozeßanlagen, Umstellung auf Elektroöfen, Anwendung des → QSL-Verfahrens, Optimierung der Prozeßsteuerung durch Einsatz einer Computersteuerung beim Chargieren.

Die Abgaserfassung kann z. B. durch computergesteuerte Klappen und Ventilatoren im Abgasweg dem Chargenverlauf und der Rohgasstaubbeladung angepaßt werden. Durch Einsatz von Gewebefiltern können niedrige Reingasstaubgehalte erreicht werden. Durch Zugabe von Sorbenzien, z. B. Feinkalk, läßt sich die Abscheidewirkung von Gewebefiltern für Stäube weiter erhöhen, zusätzlich werden gasförmige luftverunreinigende Stoffe, z. B. Chlor- oder Fluorverbindungen, mit abgeschieden. Spezielle Abgasinhaltsstoffe, wie Cadmium und Arsen, können durch besondere Behandlungsschritte zu verkaufsfähigen Produkten aufgearbeitet werden. Bei trockener, gleichmäßig anfallender bleihaltiger Abluft im Bereich der Montage von Bleiakkumulatoren werden erfolgreich Schwebstoffilter (Absolutfilter) eingesetzt und so Reingasstaubgehalte von weniger als 0,1 mg Blei/m^3 erreicht.

Abgeschiedene Stäube sind in geschlossenen Systemen zu transportieren, umzuschlagen, zu lagern und möglichst einer Wiederverwertung zuzuführen. Schlacken werden weitgehend ebenfalls verwertet, z. B. als Straßenbaustoffe. Die in der Reinigung der Röstgase anfallende technische Schwefelsäure wird in der Regel im eigenen Betrieb wieder eingesetzt.

Emissionsbegrenzung: Anlagen zum Rösten und Sintern von Nichteisenmetallerzen, Anlagen zur Gewinnung von Nichteisenrohmetallen, Schmelzanlagen für Nichteisenmetalle, Gießereien für Nichteisenmetalle sowie Anlagen zur Herstellung von Bleiakkumulatoren sind genehmigungsbedürftig nach BImSchG. Dazu gehören auch Anlagen zur Gewinnung von Blei. Emissionsbegrenzende Anforderungen sind in der → TA Luft festgelegt. Wichtige Regelungen betreffen die Staubbegrenzung, z. B. dürfen die staubförmigen Emissionen im Abgas von Bleihütten 10 mg/m^3 bzw. bei der Bleiakkumulatoren-Herstellung 0,5 mg/m^3 nicht überschreiten; in anderen Fällen dürfen Werte von 20 mg Staub/m^3 nicht überschritten werden. *Leder*

Literatur: *Davids, P.: M. Lange*: Die TA Luft '86 – Technischer Kommentar. Düsseldorf 1986. – Emissionsminderung in einer Fabrikationsanlage zur Herstellung von Bleiakkumulatoren. Altanlagenvorhaben Nr. 1057 des Umweltbundesamtes. Berlin 1983.

Bleigehalt von Kraftstoffen ⟨*lead content of fuels*⟩. Der B. von Ottokraftstoffen wurde ab 1976 in der Bundesrepublik Deutschland durch das → Benzinbleigesetz auf 0,15 g Blei pro Liter Kraftstoff begrenzt. Im Zusammenhang mit der Einführung der Katalysator-Technologie Mitte der 80er Jahre mußten gleichzeitig unverbleite Kraftstoffe bereitgestellt werden, weil die bei der Verbrennung von verbleiten Kraftstoffen entstehenden Bleiverbindungen die katalytisch aktive Schicht abdecken und eine Konvertierung der Schadstoffe verhindern (→ Katalysatorvergiftung). Aus diesem Grund wurden die Qualitäten Super bleifrei, Normal bleifrei und Super Plus eingeführt, die als unverbleite Kraftstoffe einen maximalen B. von 0,013 g Blei pro Liter Kraftstoff aufweisen dürfen.

Croissant/May

Bleitetraethyl ⟨*tetra ethyl lead/TEL*⟩. Zur Erhöhung der Klopffestigkeit werden den Ottokraftstoffen Antiklopfmittel zugesetzt. Die dabei am häufigsten verwendeten Zusätze sind die Bleiverbindungen B. TEL und Bleitetramethyl, TML (*engl*: Tetra Methyl Lead):

	TEL	TML
Aussehen	wasserhelle Flüssigkeit	wasserhelle Flüssigkeit
Formel	$Pb(C_2H_5)_4$	$Pb(CH_3)_4$
Molekulargewicht kg/kmol	323,45	267,35
Bleigehalt Gewicht.-%	64,16	77,51
Dichte (20 °C) g/ml	1,650	1,995
Siedepunkt °C	199	110

TEL wird normalerweise in Form von Antiklopffluids verkauft und in den USA ethyl-fluid, in Europa octel genannt. In Fahrzeugkraftstoffen findet man in den USA die Handelsbezeichnung Motor Mix und in Europa die Bezeichnung Motor-Octel, (→ Bleigehalt von Kraftstoffen). *Croissant/May*

Bleitetramethyl ⟨*tetra methyl lead*⟩ → Bleitetraethyl

Blendung *⟨glare⟩*. Beeinträchtigung von Sehfunktionen oder unangenehm empfundener Sehzustand durch zu hohe Leuchtdichten, zu hohe Leuchtdichtekontraste oder ungünstige Leuchtdichteverteilung im Blickfeld. B. kann durch zeitlich konstantes oder durch zeitveränderliches Licht hervorgerufen werden.

Je nach Wirkung unterscheidet man zwischen verschiedenen Arten der B., insbesondere:
– Physiologische B.: Herabsetzung von Sehfunktionen (z. B. Unterschiedsempfindlichkeit, Formen, Empfindlichkeit).
– Psychologische B.: Störempfindung durch einen als unangenehm empfundenen Sehzustand; kann zur Störung des Wohlbefindens, zu Unbehagen und frühzeitiger Ermüdung führen.
– Relativblendung: B. durch zu hohe Leuchtdichtekontraste im Blickfeld; durch eine höhere mittlere Leuchtdichte im Blickfeld wird der Kontrast und damit die Blendwirkung gemildert.
– Absolutblendung: Einschränkung des Sehvermögens durch zu hohe Leuchtdichte im Blickfeld, die auch nicht mehr durch Erhöhung der mittleren Leuchtdichte im Blickfeld gemildert werden kann.

Im Rahmen des Immissionsschutzes (→ Lichtimmission) ist insbesondere die störende B. (psychologische B.) durch technische Lichtquellen in den natürlichen Dunkelstunden von Bedeutung. Zur Beurteilung der störenden B. als erhebliche Belästigung im Sinne des → Bundes-Immissionsschutzgesetzes kann als aktueller Erkenntnisstand die Licht-Richtlinie des Länderausschusses für Immissionsschutz, die auf der LiTG-Publikation Nr. 12 aufbaut, herangezogen werden. Danach werden vom Immissionsort aus der Raumwinkel Ω_s der Lichtquelle und die Umgebungsleuchtdichte L_u ermittelt und daraus eine maximal zulässige, über Ω_s gemittelte Leuchtdichte $\overline{L}_{max}$ (→ Immissionswert) in cd/m^2 gemäß folgender Gleichung berechnet:

$$\overline{L}_{max} = k\sqrt{L_u/\Omega_s}$$

Es bedeutet:
k: Proportionalitätsfaktor zur Festlegung von $\overline{L}_{max}$ nach Tabelle
L_u: Maßgebende Leuchtdichte der Umgebung in cd/m^2 im Winkelbereich von ± 10° um die zu beurteilende Lichtquelle. Falls die aus Messungen ermittelte Umgebungsleuchtdichte $\overline{L}_{u,\,meß}$ kleiner als 0,1 cd/m^2 ist, wird mit $L_u = 0{,}1$ cd/m^2 gerechnet; ist $\overline{L}_{u,\,meß}$ größer als 0,1 cd/m^2, so gilt $\overline{L}_{u,\,meß} = L_u$.
Ω_s: Raumwinkel der zu beurteilenden Lichtquelle in sr.

Zur Beurteilung wird vom Immissionsort aus die über den Raumwinkel Ω_s gemittelte Leuchtdichte $\overline{L}_s$ der Lichtquelle ermittelt und mit dem Immissionswert $\overline{L}_{max}$ verglichen, der nach o. g. Gleichung in Verbindung mit dem entsprechenden k-Wert der Tabelle berechnet wird.

Die Immissionswerte gelten für zeitlich konstantes Licht, das mindestens zweimal in der Woche jeweils länger als 1 Stunde eingeschaltet wird. Wenn die Anlage seltener oder kürzer betrieben wird, können z. B. unter Berücksichtigung des Zeitpunkts des Auftretens und der Ortsüblichkeit im Einzelfall auch höhere Leuchtdichtewerte als $\overline{L}_{max}$ zugelassen werden.

Zeitlich veränderliches Licht (Wechsellicht) ist i. a. lästiger als zeitlich konstantes Licht gleicher maximaler Amplitude. Daher können die gemessenen Maximalwerte der zu beurteilenden Lichtquellen mit einem Faktor 2 bis 5 multipliziert und dann mit den Immissionswerten für Gleichlicht verglichen werden.

Blendung. Tabelle: Proportionalitätsfaktor k zur Festlegung der Immissionswerte $\overline{L}_{max}$ technischer Lichtquellen für Zeiten ohne Tageslicht.

Zeile	Immissionsort (Einwirkungsort)	Proportionalitätsfaktor k	
		nach 6.00 h vor 22.00 h	22.00 – 6.00 h
1	Kurgebiete, Krankenhäuser, Pflegeanstalten; reine Wohngebiete (§ 3 BauNVO [1])) [2]),	32	32
2	allgemeine Wohngebiete (§ 4 BauNVO), besondere Wohngebiete (§ 4 a BauNVO), Dorfgebiete (§ 5 BauNVO)	64	32
3	Mischgebiete (§ 6 BauNVO)	96	32
4	Kerngebiete (§ 7 BauNVO) [3]), Gewerbegebiete (§ 8 BauNVO), Industriegebiete (§ 9 BauNVO)	n. v.[4])	160

Quelle: Licht-Richtlinie
1) BauNVO: Baunutzungsverordnung
2) Für diese Gebiete gilt bis zu einer täglichen Benutzungsdauer von einer Stunde Zeile 2
3) Kerngebiete können in Einzelfällen bei niedrigem allgemeinem Beleuchtungsniveau auch Zeile 3 zugeordnet werden.
4) n. v.: Kein Wert vorgeschrieben

Der Anwendungsbereich der Gleichung ist auf $L_u \leq 10$ cd/m² und 10^{-7} sr $\leq \Omega_s \leq 10^{-3}$ sr beschränkt.

Die Anwendung des Beurteilungsschemas gilt nur unter der Voraussetzung, daß vom Immissionsort aus bei üblicher Nutzung des betroffenen Raums der Blick zur Lichtquelle hin möglich ist. *Assmann*

Literatur: Messung und Beurteilung von Lichtimmissionen, LiTG-Publikation Nr. 12. Hrsg.: Deutsche Lichttechnische Gesellschaft e. V.; Berlin 1991. – Länderausschuß für Immissionschutz: Messung und Beurteilung von Lichtimmissionen (Licht-Richtlinie); Erich Schmidt Verlag, Berlin 1994.

Blockheizkraftwerk ⟨*combined heat and power plant/CHP*⟩. B. (BHKW) sind Anlagen zur kombinierten Strom- und Wärmeerzeugung für (dezentrale) Nahversorgungs- und entsprechende industrielle/gewerbliche Zwecke; sie gehören begrifflich zum umfassenderen Bereich der Kraft-Wärme-Kopplung. Zur Energieerzeugung werden eingesetzt:

– → Feuerungsanlagen mit nachgeschalteter Dampferzeugung,
– → Verbrennungsmotoranlagen und
– → Gasturbinenanlagen.

B. selbst sind nicht im Katalog der genehmigungsbedürftigen Anlagen im Anhang der → 4. BImSchV enthalten; die Genehmigungsbedürftigkeit nach dem BImSchG richtet sich jeweils nach den genannten Energieerzeugungsanlagen.

Als Koppelprozeßanlagen dienen B. der rationellen (gemeinsamen) Strom- und Wärmeerzeugung, die gegenüber der getrennten Stromerzeugung in Kondensationskraftwerken und der davon unabhängigen Wärmeerzeugung in Kesselanlagen bedeutende energetische Vorteile bietet. Sowohl die Bauarten und technischen Konzeptionen als auch die Anwendungs- und Einsatzbereiche von B. sind vielfältig. Nicht nur die Kombinationsmöglichkeiten der genannten Energieerzeugungsanlagen, sondern mehr noch die der einsetzbaren Kraft- und Brennstoffe bestimmen die Vielfalt der B.-Konfigurationen in der Praxis und auch die Abgaszusammensetzung. Überwiegend werden eingesetzt

– bei Feuerungsanlagen feste, flüssige und gasförmige Brennstoffe wie Stein- oder Braunkohle, Heizöle und → Erdgas,
– bei Verbrennungsmotoranlagen Motorenkraftstoffe, Heizöle und Erdgas,
– bei Gasturbinenanlagen Erdgas und leichtes Heizöl.

Im Zuge der Energieeinsparungsbestrebungen werden jedoch zunehmend auch andere (alternative) Energieträger genutzt bzw. in Erwägung gezogen, z. B. Grubengas, Deponiegas, Biogas, Kokereigas, nachwachsende Rohstoffe und andere Biomasse.

Das in deutschen Steinkohlebergwerken aus Gründen der Grubensicherheit abgesaugte Grubengas, das mit etwa 25 m³/t Steinkohlenförderung und mit 90–95% Methan anfällt (durch die Wetterführung sinkt der Methangehalt jedoch auf ca. 43%), ist grundsätzlich in allen Energieerzeugungsanlagen energetisch nutzbar. Diese Nutzung – statt der bisherigen Ableitung in die Luft – vermindert die Methan-Emission und ist daher auch aus Klimaschutzgründen erwünscht.

Das gilt entsprechend auch für Deponiegas, dessen Heizwert etwa 50% geringer ist als der von Erdgas und das in gleicher Weise wirtschaftlich und – wegen seiner Klimawirksamkeit (Methan) – ökologisch sinnvoll genutzt werden kann. Der Einsatz in Verbrennungsmotoranlagen (Magergemisch) und Feuerungsanlagen ist technischer Standard; auch die Nutzung in Gasturbinen ist möglich.

Die Nutzung von nachwachsenden Rohstoffen und anderer Biomasse sowie von daraus gewonnenen Energieträgern wie Biogas oder Bioethanol in B. ist vielfältig möglich, z. B. Verbrennung von Biomasse in Feuerungsanlagen, Vergasung von Biomasse und Nutzung des gereinigten Gases in Verbrennungsmotoren, Vorvergasung von Biomasse und anschließende thermische Nutzung in Heißgasbrennern mit nachgeschalteten Kesseln (relativ geringe Stromausbeute), Einblasung feinstvermahlener Biomassepartikel in Gasturbinen-Brennkammern (erprobt, aber noch nicht serienreif).

Vorbild für die Vergasung von Biomasse ist der klassische *Imbert*-Vergaser, der während des 2. Weltkrieges und in der ersten Nachkriegsphase als Brennstofferzeuger für Kraftfahrzeugmotoren (Holzkocher) eingesetzt war. Unter Luftreinhalteaspekten sind jedoch die Maßnahmen zur Emissionsminderung für den Betrieb stationärer Verbrennungsmotoren mit derartigen Vergasungsanlagen so aufwendig, daß sie noch nicht marktreif sind.

Die im Genehmigungsverfahren festzusetzenden Maßnahmen zur Abgas-Emissionsminderung richten sich nach den Vorschriften der → TA Luft für Feuerungsanlagen, Verbrennungsmotoranlagen bzw. Gasturbinenanlagen.

B. stellen regelmäßig bedeutende Lärmquellen dar, deren Problematik noch dadurch verschärft wird, daß derartige Anlagen oft zur Nahbereichsversorgung in dicht besiedelten Gebieten errichtet werden und damit die Möglichkeit der Immissionsminderung durch einen → Schutzabstand weitgehend entfällt. Im Mittelpunkt der Lärmminderungsmaßnahmen steht der bauliche → Schallschutz. In festen Bauteilen kann sich der → Schall verlustarm als → Körperschall über weite Strecken ausbreiten. Zur Vermeidung von Körperschallbrücken zwischen Schallquelle und Gebäude werden die Aggregate schwingungsisoliert aufgestellt; die Rohrleitungen sowie die Lüftungs- und Abgaskanäle werden mit elastischen Elementen akustisch getrennt aufgehängt. Zur → Dämmung des Luftschalls trägt in der Regel die massive Bauweise von B.-Gebäuden bei, die einer schalltechnisch gebotenen Einhausung gleichkommt; dabei ist auf die → Dämpfung von Zu- und Abluftgeräuschen, insbesondere des Auspuffgeräuschs, besonders zu achten. Zur Verminderung von Schallreflexionen innerhalb des Maschinenraums sind Maßnahmen zur Schalldämpfung mittels Absorptionsmaterialien wie Steinwolle, Glasfasermatten oder Schaumstoffe erforderlich. Bei Bedarf kann für einzelne besonders lärmintensive Aggregate eine Schallschutzkapsel vorgesehen werden. *Kaier*

Literatur: *Paul, R.*: Technik und Emissionen kleinerer BHKW-Anlagen; In: Möglichkeiten und Grenzen der Kraft-Wärme-Kopplung; VDI-Berichte 923. Düsseldorf 1991.

Bodendämpfungsmaß *⟨ground attenuation loss⟩*. Maß für die → Dämpfung (Minderung) des sich in Bodennähe ausbreitenden → Schalls durch Interferenz oberhalb des Bodens verlaufender Schallstrahlen mit am Boden reflektierten Schallstrahlen.

Da diese Wechselwirkung freier und reflektierter Schallstrahlen in Bodennähe von meteorologischen Bedingungen mitbeeinflußt wird, werden in der Praxis diese beiden Effekte zu einem Boden- und Meteorologiedämpfungsmaß D_{BM} zusammengefaßt.

Bei Geräuschimmissionsprognosen (→ Schallimmissionsprognose) wird das B. und Meteorologiedämpfungsmaß nach folgender Formel berechnet:

$$D_{BM} = \left(4{,}8 - \frac{2\,h_m}{s_m}\left(17 + \frac{300}{s_m}\right)\right) \quad \text{dB}$$

s_m = Abstand zwischen Schallquelle und Immissionsort in m

h_m = mittlere Höhe der Verbindungslinie Schallquelle/Immissionsort über dem Boden in m. *Strauch*

Literatur: VDI 2714: Schallausbreitung im Freien. 1/1988.

Bolzplatz *⟨field for play rough⟩*. Ballspielplatz für Kinder und Jugendliche in der Nähe von Wohnbebauungen. Die etwa 20×40 m^2 großen mit Aschen- oder Allwetterbelägen versehenen Plätze sind häufig Anlaß zu Beschwerden anliegender Bewohner über → Geräusche, die von der Nutzung dieser Plätze ausgehen.

Grund dieser Beschwerden sind sowohl die vom Ballspiel selbst verursachten Geräusche (Balltreten, Auftreffen der Bälle auf die Platzeinzäunung) als auch die von den spielenden Kindern und Jugendlichen durch Zurufe, Freudens- und Mißfallenskundgebungen erzeugten Geräusche → Freizeitlärm). *Strauch*

Brandbekämpfungsmittel (halonhaltig) *⟨fire retardant, halogen-containing⟩*. Die weltweit technisch wichtigsten bromhaltigen Verbindungen, Halon 1301 – Bromtrifluormethan – CF_3Br, Halon 1211 – Bromchlordifluormethan – CF_2ClBr und Halon 2402 – Dibromtetrafluorethan – $C_2F_4Br_2$ (Nomenklatur s. → Halone), werden fast ausschließlich zur Feuerlöschung und Explosionsunterdrückung verwendet. B. sind bei normaler Löschkonzentration für den Menschen von geringer Toxizität. Dies gilt jedoch nicht uneingeschränkt für die bei Bränden entstehenden Zersetzungsprodukte wie Bromwasserstoff (HBr), Flußsäure (HF) und Salzsäure (HCl).

Nach Transport der unter troposphärischen Bedingungen stabilen Halone in die Stratosphäre werden sie dort wie die FCKW photolytisch zersetzt und zerstören über Kettenreaktionen die stratosphärische → Ozonschicht; dabei sind die entstehenden Br-Atome bei der Ausbildung von Reaktionsketten wesentlich wirksamer als Cl-Atome (→ Ozonloch). *Wiesen*

Braunkohlenbrikettierung *⟨lignite briquetting⟩*. Veredlungsverfahren zur Herstellung von Braunkohlenbriketts durch Trocknung und Brikettierung von Braunkohle. Für die Brikettierung wird die Rohbraunkohle zunächst auf eine Körnung <5 mm aufbereitet und auf rd. 18 Gew.-% Restwassergehalt getrocknet. Bei diesem Wassergehalt weist die Trockenbraunkohle (Weichbraunkohle) ein günstiges Verformungsverhalten auf, so daß ohne Zusatz von Bindemitteln durch physikalisch-chemische Kräfte ein stabiler Formkörper erzeugt werden kann. Hierfür wird die Trockenbraunkohle in Strangpressen bei Drücken um 100 MPa verarbeitet. Sämtliche Produktionseinheiten der B. sind an moderne Entstaubungsanlagen angeschlossen. Dank moderner Elektrofilter, Gewebefilter und Naßabscheider mit Wirkungsgraden von 99,9% können die in der → TA Luft geforderten Grenzwerte von 100 mg Staub/m^3 (feucht), bzw. 75 mg/m^3 (trocken) sicher eingehalten werden. Lärmschutzmaßnahmen und Abwasserbehandlung sind ebenfalls nach dem → Stand der Technik realisiert. Braunkohlenbriketts haben einen Heizwert von 19,5 MJ/kg bei günstigen Verbrennungseigenschaften und geringen Emissionen.

Die SO_2-Emissionsgrenzwerte der 13. BImSchV werden bei Feuerungen bis 100 und sogar 300 MW mit Braunkohlenbriketts ohne Rauchgasentschwefelung eingehalten. Von den im Jahr 1995 in der Bundesrepublik Deutschland produzierten $4{,}6 \cdot 10^6$ t Braunkohlenbriketts wurden rd. ¾ im Hausbrand eingesetzt. Die gegenüber 1993 deutlich gesunkene Produktion beruht auf den drastischen Absatzeinbußen in den beiden ostdeutschen Revieren. Diese Entwicklung wird voraussichtlich auch in den nächsten Jahren, bedingt durch die Substitution von Briketts durch andere Energieträger in den neuen Bundesländern, anhalten. *Wolfrum/Erken*

Literatur: Braunkohle **36** (1984), S. 403–442. – Jahrbuch der Dampferzeugungstechnik, Bd. 1. Kap. II. 4.5. Ausgabe Essen 1985/86. – *Böcker, D.; H.-B. Koenigs*: Von der Brikettfabrik zum Veredlungsbetrieb. Braunkohle **40** (1988), Nr. 7, S. 188–200. – *Ewers, J.; J. Kwasny*: Jahresübersichten der Energietechnik und Energiewirtschaft, BWK, April 1992. – *Kurtz, R.*: Braunkohle 36. S. 153–170f. und S. 284–291. – *Schwirten, D.*: Perspektiven der Veredlung von Braunkohle. Braunkohle **43** (1991), Nr. 12, S. 8–16.

Brennstoffe, schwefelarme *⟨low sulfure fuels⟩*. Brennstoffe entstehen bzw. entstanden aus pflanzlichen und tierischen Lebensprozessen. Die aus der gegenwärtigen Pflanzen- und Tierwelt gewinnbaren Energie-

Brennstoffe, schwefelarme. Tabelle: Schwefelgehalt einiger Brennstoffe.

Brennstoff	Herkunft	Typische mittlere Schwefelgehalte (1977)
Rohöl	– Mittlerer Osten (Kuwait)	2,5 Massen-%
	– Nordafrika (Libyen)	0,15 Massen-%
	– Venezuela (Tia Juara M.)	1,55 Massen-%
	– Nordsee (Forties Field)	0,29 Massen-%
	– Alaska (Prudhoe Bay)	0,82 Massen-%
Braunkohle	– Deutschland (Rhein. Revier)	0,35 Massen-%
	(Leipziger Revier)	2 Massen-%
Steinkohle	– Deutschland (Ruhrgebiet)	1,8 Massen-%
Erdgas	– Kanada (Edson)	1,9 Volumen-%
	– Kuwait (Burgan)	0,1 Volumen-%
	– Deutschland (Scholen)	6,1 Volumen-%
	– Frankreich (Lacq)	14,9 Volumen-%

Die Schwefelgehalte beziehen sich auf den trockenen, ballaststofffreien Brennstoff.

träger sind regenerative Brennstoffe (Biomasse). Als fossile Brennstoffe werden die aus der Biomasse älterer Erdperioden durch Einwirkung von hohem Druck und unter Luftabschluß entstandenen Brennstoffe bezeichnet.

Regenerative Brennstoffe haben aufgrund ihres Entstehungsprozesses einen niedrigen Schwefelgehalt. Auch einige fossile Brennstoffe bestimmter Herkunft weisen geringe Schwefelgehalte auf und sind (ohne daß besondere Aufbereitungsverfahren eingesetzt werden), als schwefelarm zu bezeichnen (Tabelle). Dazu gehören verschiedene Erdgas- und Rohölsorten. Meist ist der Schwefelgehalt fossiler Brennstoffe so hoch, daß er durch technische Maßnahmen verringert werden muß. Es kommen vor allem chemisch-physikalische Entschwefelungsverfahren zur Anwendung.

In der Bundesrepublik Deutschland ist für → Kleinfeuerungsanlagen meist der Einsatz von s. B. vorgeschrieben. Kleinfeuerungsanlagen für flüssige Brennstoffe dürfen nur mit Heizöl EL betrieben werden (→ 3. BimSchV; Schwefelgehalt ab 1. 10. 1996 maximal 0,05 Gewichts-%). In mittelgroßen → Feuerungsanlagen werden häufig schweres Heizöl oder Steinkohle mit einem Schwefelgehalt von 1 Massen-% eingesetzt. Um die geltenden Abgasanforderungen (insbesondere bei Neuanlagen) einzuhalten, ist eine zusätzliche → Abgasreinigung mit einem → Abscheidegrad von ca. 50% erforderlich. Bei Steinkohle ist häufig durch Aufbereitungsverfahren, die vorrangig der Bergeabtrennung dienen, auch eine deutliche Verringerung des Schwefelgehalts zu erreichen. Bei der im Ruhrgebiet geförderten Ballastkohle wird durch Kohle-Entpyritisierung der Schwefelgehalt von ca. 1,5 Massen-% auf unter 1 Massen-% gesenkt (Vollwertkohle). Eine weitere Absenkung läßt sich durch eine zusätzliche (aufwendige) Minderung des organischen Schwefelanteils erreichen. *B. Krause*

Literatur: *Viessmann, H.*: Heizungshandbuch. Allendorf 1987. – DIN 51 603: Heizöle; Mindestanforderungen. – Ullmanns Encyklopädie der technischen Chemie, Bd. 10, 14. Weinheim 1977.

Brennwertkessel ⟨*residual heat boiler*⟩. Heizkessel, bevorzugt für die Verbrennung von Erdgas, aber auch Heizöl, mit Nutzung der Kondensationswärme, also des oberen Heizwerts H_o des Brennstoffs, und Rauchgasrückkühlung unter die Kondensationstemperatur werden in der Fachsprache B. genannt; sie können mit gleitenden Kesselwassertemperaturen gefahren werden. Der energetische Kesselwirkungsgrad von über 90% liegt um bis zu 10%-Punkte über dem von Kesseln ohne Nutzung der Kondensationswärme. Bezogen auf den unteren Heizwert H_u haben B. einen 1,07fachen feuerungstechnischen Wirkungsgrad. B. sind damit gute Beispiele für besonders rationelle Energiewandlung/Energieanwendung.

Von ökologischer Relevanz ist die umweltverträgliche Entsorgung des Kondensats, das große Teile der im Abgasstrom enthaltenen Schadstoffe enthält und neutralisiert werden muß, sowie die kondensatverträgliche korrosionsbeständige Konstruktion des Rauchgas-Schornsteins in gut wärmegedämmter Glas- oder Edelstahlbauweise. *C.-J. Winter*

BTX-Kohlenwasserstoffe ⟨*BTX-hydrocarbons/Benzene-Toluene-Xylene-hydrocarbons*⟩. Allgemein übliche Abkürzung für die ersten Vertreter der homologen Reihe der aromatischen → Kohlenwasserstoffe Benzol, Toluol und Xylol. In der Immissionsmeßtechnik werden beim Xylol meistens die isomeren ortho-, meta- und para-Xylole sowie das Ethylbenzol zusammengefaßt ausgewertet. Wenn auch das Benzol aufgrund seiner kanzerogenen Wirkung die wichtigste Komponente ist, spielen besonders in der Innenraumluft Toluol und Xylol eine große Rolle, weil beide in Klebern, Lackfarben und Faserstiften als Lösungsmittel eingesetzt werden und häufig der Anlaß für Beschwerden sind.

Bei der analytischen Bestimmung von Benzol mit Hilfe der → Gaschromatographie werden Toluol und die Xylole automatisch mit erhalten, so daß diese Gruppe zu einem Begriff wurde. Alle Methoden, die für den Nachweis von Benzol geeignet sind, können also auch für die gesamte Gruppe verwendet werden (→ Organische Verbindungen, leichtflüchtige). *Dulson*

bubble policy ⟨*bubble policy*⟩. Die b. p. ist ein Element der US-amerikanischen Luftreinhaltepolitik. Mit diesem Konzept soll in Ergänzung zur → offset policy bestehenden Firmen die Möglichkeit gegeben werden, die Luftreinhaltevorschriften für existierende Emissionsquellen auf möglichst kostengünstige Weise zu erfüllen. Das b.-p.-Konzept betrachtet mehrere Emissionsquellen als eine einzige Quelle und erlegt der ganzen Gruppe von Quellen eine Emissionsbegrenzung entsprechend der Summe der Einzelbegrenzungen auf. Die Betriebe können um ihre Emissionsquellen gedanklich eine *Blase* (oder Glocke, daher kommt z. T. auch die Bezeichnung Glockenpolitik) konstruieren und ihre Minderungsmaßnahmen so ergreifen, daß die Gesamtemissionen aus der Blase die Summe aller Einzelemissionen, die sich bei Anwendung der vorgeschriebenen Minderungstechnologien für jede einzelne Quelle ergibt, nicht überschreitet und keine Verschlechterung der Immissionssituation erfolgt. Damit besteht die Möglichkeit, an Stellen, wo eine weitergehende Minderung kostengünstig durchgeführt werden kann, Überschußminderungen vorzunehmen. Im Gegenzug können an anderen Quellen innerhalb der Blase die Emissionen über das gesetzlich Vorgeschriebene hinaus erhöht werden. Damit lassen sich unverhältnismäßig schwierige und teuere Minderungsmaßnahmen umgehen. Diese b. p. ist sowohl innerbetrieblich als auch überbetrieblich möglich. Voraussetzung ist u. a. der Nachweis, daß keine Erhöhung der Emission oder der Immission erfolgt, daß die Überschußminderungen tatsächlich entstehen und dauerhaft sind und die Einhaltung der Grenzwerte überwacht werden kann (→ Kompensationsregelung). *Wackerbauer*

Bundes-Immissionsschutzgesetz ⟨*Federal Immission Control Act*⟩. Zweck des B.-I. (BImSchG) ist es, Menschen, Tiere und Pflanzen, den Boden, das Wasser, die Atmosphäre sowie Kultur- und sonstige Sachgüter vor schädlichen Umwelteinwirkungen und, soweit es sich um genehmigungsbedürftige Anlagen handelt, auch vor Gefahren, erheblichen Nachteilen und erheblichen → Belästigungen, die auf andere Weise herbeigeführt werden, zu schützen (→ Schutzprinzip) und dem Entstehen schädlicher Umwelteinwirkungen vorzubeugen (→ Vorsorgeprinzip). Um diesen Zweck zu erreichen, enthält das B.-I. anlagen-, stoff- und gebietsbezogene Vorschriften. Regelungen, die sich ausschließlich auf das umweltschädliche Verhalten von Personen beziehen, kennt das B.-I. nicht. Derartige Bestimmungen sind dem Landesimmissionsschutzrecht vorbehalten.

Die anlagebezogenen Vorschriften des B.-I. beziehen sich auf den industriellen Bereich, den häuslichen und kleingewerblichen Bereich sowie auf den Verkehrsbereich. Für den industriellen Bereich sind die Bestimmungen über genehmigungsbedürftige Anlagen von besonderer Bedeutung. Diese Anlagen dürfen nur errichtet und betrieben werden, wenn sie im Einzelfall nach einer entsprechenden behördlichen Prüfung zugelassen worden sind. Die Zulassung setzt ein entsprechendes Genehmigungsverfahren voraus. Die Genehmigung ist zu erteilen, wenn die Erfüllung der immissionsschutzrechtlichen Pflichten sichergestellt, die Belange des Arbeitsschutzes gewahrt sind und andere öffentlich-rechtliche Vorschriften dem Vorhaben nicht entgegenstehen.

Errichtung und Betrieb genehmigungsbedürftiger Anlagen unterliegen der behördlichen Überwachung. Zu diesem Zweck haben die Vertreter und Beauftragten der Überwachungsbehörden das Recht zum Betreten der Anlage und zur Vornahme von Prüfungen sowie ein Auskunftsrecht. Der Überwachung dient auch die Pflicht des Anlagenbetreibers, nach Ablauf von jeweils zwei Jahren der Behörde mitzuteilen, ob und welche Abweichungen vom Genehmigungsbescheid einschließlich der in Bezug genommenen Unterlagen eingetreten sind. Aus ähnlichen Gründen ist der Betreiber auch zur Anzeige von Betriebsstillegungen und zu Mitteilungen zur Betriebsorganisation verpflichtet.

Aus Überwachungsgründen können außerdem Ermittlungen von Emissionen und → Immissionen sowie sicherheitstechnische Prüfungen angeordnet werden. Wird bei der Überwachung festgestellt, daß die Anforderungen aus dem BImSchG nicht oder nicht vollständig erfüllt werden, können behördliche Anordnungen nach § 17 BImSchG getroffen werden. Unter bestimmten Voraussetzungen kann eine Genehmigung auch nachträglich widerrufen werden. Als Widerrufsgrund kommt insbesondere die Notwendigkeit in Betracht, schwere Nachteile für das Gemeinwohl zu verhüten oder zu beseitigen.

Soweit Anlagen i. S. des B.-I. nicht der Genehmigungspflicht unterworfen sind, unterliegen sie den Vorschriften über nicht genehmigungsbedürftige Anlagen. Auch diese Anlagen sind ähnlich wie die genehmigungsbedürftigen Anlagen von den zuständigen Behörden zu überwachen.

Für den Verkehrsbereich kennt das B.-I. Grundanforderungen über die Beschaffenheit und den Betrieb von Fahrzeugen, die durch Rechtsverordnungen des Bundes zu konkretisieren sind. Für den Bau von Straßen und Schienenwegen begründet das B.-I. nur unter dem Gesichtspunkt der Lärmbekämpfung besondere Anforderungen. Für den Neubau und die wesentliche Änderung derartiger Verkehrswege enthält die

→ Verkehrslärmschutzverordnung (16. BImSchV) bestimmte → Immissionsgrenzwerte.

Stoffbezogene Regelungen ermöglicht das B.-I. durch Anforderungen an Brennstoffe, Treibstoffe, Schmierstoffe, sonstige Stoffe und Erzeugnisse aus derartigen Stoffen. Dadurch kann → Luftverunreinigungen bei der Verwendung dieser Stoffe und Erzeugnisse frühzeitig begegnet werden.

Zum gebietsbezogenen Immissionsschutz enthält das B.-I. einen besonderen Teil über die behördliche Luftreinhaltestrategie und zur Aufstellung von Lärmminderungsplänen. Zur Luftreinhalteplanung können durch Rechtsverordnung der Landesregierung → Untersuchungsgebiete festgesetzt werden. In ihnen sind → Emissionskataster aufzustellen, die die Grundlage für Luftreinhaltepläne bilden. Für bestimmte lärmbelastete Gebiete müssen Lärmminderungspläne erstellt werden. Um der gesteigerten Schutzbedürftigkeit einzelner Gebiete Rechnung tragen zu können, werden die Landesregierungen außerdem ermächtigt, für bestimmte Gebiete die Errichtung und den Betrieb von Anlagen ganz oder teilweise zu untersagen oder von bestimmten Anforderungen abhängig zu machen. Für Gebiete, in denen während austauscharmer Wetterlagen ein starkes Anwachsen schädlicher Umwelteinwirkungen durch Luftverunreinigungen zu befürchten ist, können die Landesregierungen sog. → Smogverordnungen erlassen. Unabhängig von Smogsituationen können für bestimmte Straßen oder Gebiete Verkehrsbeschränkungen aus Gründen der Luftreinhaltung verfügt werden.

Langfristig ist der Planungsgrundsatz des § 50 BImSchG für den gebietsbezogenen Immissionsschutz von besonderer Bedeutung. Dieser Grundsatz betrifft die Zuordnung von Flächen, insbesondere die Frage des Abstandes von Flächen unterschiedlicher Nutzung (→ Abstandsregelung).

Zur Durchführung des B.-I. sind bisher 22 Rechtsverordnungen des Bundes erlassen worden. Zu erwähnen sind insbesondere die Verordnung über Kleinfeuerungsanlagen (→ 1. BImSchV), die Verordnung über genehmigungsbedürftige Anlagen (→ 4. BImSchV), die Verordnung über Immissionsschutz- und Störfallbeauftragte (→ 5. BImSchV), die Emissionserklärungs-Verordnung (→ 11. BImSchV), die → Störfall-Verordnung (→ 12. BImSchV), die Verordnung über Großfeuerungsanlagen (→ 13. BImSchV) und die Verordnung über Abfallverbrennungsanlagen (→ 17. BImSchV).

Hansmann

Literatur: *Engelhardt, H.*: Bundes-Immissionsschutzgesetz, 2. Aufl. – *Feldhaus, G.*: Bundes-Immissionsschutzrecht. – *Hansmann, K.*: Bundes-Immissionsschutzgesetz, 10. Aufl. – *Hansmann, K.; E. Kutscheidt* und *E. Rehbinder*: Erläuterungen zum Bundes-Immissionsschutzgesetz. In: Landmann/Rohmer, Umweltrecht, Bd. I. – *Jarass, H.*: Bundes-Immissionsschutzgesetz. – *Schmatz, H.* und *M. Nöthlichs*: Sicherheitstechnik Bd. VIII: Immissionsschutz. – *Sellner, D.*: Immissionsschutzrecht und Industrieanlagen, 2. Aufl. – *Stich, R.* und *K.-W. Porger*: Immissionsschutzrecht des Bundes und der Länder. – *Ule, C.-H.* und *H.-W. Laubinger*: Bundes-Immissionsschutzgesetz.

C

Cadmium ⟨*cadmium*⟩. C. ist ein silberweißes Metall. Es kommt in der Natur hauptsächlich als Sulfid vor. Sein Anteil an der Erdkruste beträgt ca. 0,07 – 0,5 ppm. Für Steinkohlen werden mittlere Gehalte von ca. 2 ppm C. angegeben; Erdöl und Braunkohle haben sehr viel geringere Gehalte. Die C.-Konzentrationen in der Atmosphäre betragen zwischen 1 ng/m^3 und 60 ng/m^3. C. kommt stets vergesellschaftet vor, vor allem mit Zink sowie mit Blei und Kupfer. Die Gewinnung von C. ist deshalb an die Produktion dieser → Schwermetalle gekoppelt. Als Sekundärrohstoffe dienen überwiegend Produktionsreststoffe aus der Pigmentherstellung und aus Akkuschrott. Der größte Verbraucher von C. mit steigender Tendenz ist die Nickel-C.-Batterieherstellung. Stark rückläufig hingegen ist der Einsatz von C. zur Herstellung von lichtechten Pigmenten (rot, gelb), als Stabilisierungsmittel in Kunststoffen, v.a. in PVC, und in der Galvanotechnik.

Neben den Emissionen bei der thermischen Gewinnung von C. sowie der Herstellung und Verwendung chromhaltiger Verbindungen, wird bei der Verbrennung von Kohle, Erdöl, Dieselkraftstoffen und Schmierölen C. freigesetzt. Ferner enthalten Klärschlämme und Abfälle z.T. hohe C.-Mengen die bei der Verbrennung freigesetzt werden können. Als größte C.-Emittenten kommen die Nichteisenmetallerzeugung und die Eisen- und Stahlerzeugung in Frage. Weitere C.-Emissionen stammen aus → Abfallverbrennungsanlagen, aus → Feuerungsanlagen, aus der → Steine/Erden-Industrie (einschließlich Glaserzeugung) und aus der chemischen → Industrie.

Als Maßnahmen zur Verminderung der luftverunreinigenden C.-Emissionen werden angewandt:
- Einsatz von hochwirksamen Entstaubern (z.B. Gewebefilter oder Schwebstoffilter in der Akkumulatorenherstellung) und kontinuierliche Funktionskontrolle,
- Verbesserung der Abgaserfassung und Vermeidung diffuser Abgasquellen durch Kapselung der Chargenvorbereitung und Sekundärgaserfassung an den Reduktionsöfen,
- Umstellung auf neue Verfahren bzw. Optimierung der Prozeßsteuerung,
- Erhöhung der Recyclingquoten bei Sekundärrohstoffen, z.B. Akkuschrott, cadmiumhaltigen Kunststoffen und Abfällen aus der Pigmentherstellung,
- Substitution und Verzicht des Einsatzes von C. in Kunststoffen, als Pigment sowie als Korrosionsschutz (galvanisches Beschichten).

In Deutschland wurde für bestimmte Produkte (z.B. Kinderspielzeug) ein Anwendungsverbot ausgesprochen (→ Gefahrstoffverordnung).

Die EG-Richtlinie 76/769/EWG (zuletzt geändert durch die EG-Richtlinie 91/338/EWG) begrenzt den Gehalt von C. in bestimmten Kunststoffen ab Juni 1994 auf 100 ppm. Die EG-Richtlinie 91/157/EWG limitiert den C.-Gehalt von Batterien und Akkumulatoren. Durch beide Richtlinien wird sich das Emissionspotential bei Hausabfall-Verbrennungsanlagen leicht verringern.

Emissionsmindernde Anforderungen sind insbesondere in der → TA Luft festgelegt. Die Emissionen aller C.-Verbindungen und weiterer entsprechend klassifizierter Stoffe müssen den Wert der Klasse I der Nr. 3.1.4 der TA Luft (0,2 mg/m^3) unterschreiten.

Aufgrund des Beschlusses des Länderausschusses für Immissionsschutz (LAI) vom Mai 1991 ist entsprechend dem → Stand der Technik ein Emissionswert von 0,1 mg/m^3 für C. und seine Verbindungen einzuhalten. Schärfere Anforderungen enthält die Abfallverbrennungsanlagen-Verordnung (→ 17. BImschV), wonach bei diesen Anlagen die Summe der Emissionen von Cadmium und Thallium sowie deren Verbindungen 0,05 mg/m^3 nicht überschreiten darf.

Die Gesamtemission an C. nahm infolge der Erfüllung der Anforderungen von TA Luft, der Großfeuerungsanlagen-Verordnung (→ 13. BImSchV) und der Abfallverbrennungsanlagen-Verordnung erheblich ab und wird noch weiter abnehmen. *Remus*

Literatur: *Davids, P.; M. Lange*: Die TA Luft '86 – Technischer Kommentar. Düsseldorf 1986. – Bericht des Länderausschusses für Immissionsschutz an die Umweltministerkonferenz: Krebsrisiko durch Luftverunreinigungen. Hrsg.: Ministerium für Umwelt, Raumordnung und Landwirtschaft des Landes Nordrhein-Westfalen. Düsseldorf 1992.

CAS-Nr. ⟨*CAS registration number*⟩. CAS, Abk. *engl.* Chemical Abstract System, stellt eine vom Chemical Abstract Service der American Chemical Society geführte systemfreie Verschlüsselung von chemischen Substanzen dar. Die jeder chemischen Substanz zugeordnete Registriernummer, die sog. CAS-Nr., wird in den Chemical Abstracts bekannt gemacht und international zur eindeutigen Identifikation von Chemikalien verwendet. Die CAS-Nr. wird sequentiell für alle Substanzen vergeben, die erstmalig in das chemische Registrierungssystem aufgenommen werden. Eine Registriernummer besteht aus maximal neun Ziffern, die durch Trennstriche in drei Gruppen aufgeteilt werden. Der erste Teil der Nummer besteht aus maximal sechs

Ziffern, der zweite Teil hat zwei Ziffern und der letzte Teil erhält nur noch eine einzelne Ziffer, eine Prüfziffer, die die Gültigkeit der Nummer überprüft. Die CAS-Nr. kann in der allgemeinen Form wie folgt geschrieben werden:

$$N_8N_7N_6N_5N_4N_3 - N_2N_1 - P$$

Zur Berechnung der Prüfziffer P wird die gewichtete Quersumme

$$8 \times N_8 + 7 \times N_7 + 6 \times N_6 + 5 \times N_5 + 4 \times N_4$$
$$+3 \times N_3 + 2 \times N_2 + N_1$$

gebildet. Die Prüfziffer ist dann gleich dem Rest, der sich bei Division durch 10 ergibt. So ist z. B. 107-07-3 eine gültige CAS-Nr., denn für die gewichtete Quersumme ergibt sich

$$8 \times 0 + 7 \times 0 + 6 \times 0 + 5 \times 1 + 4 \times 0 + 3 \times 7$$
$$+2 \times 0 + 1 \times 7 = 33$$

Die Division durch 10 ergibt den Rest 3.

Die CAS-Nr. ist insbesondere von Vorteil bei den Verbindungen, die unter mehreren synonymen Bezeichnungen bekannt sind. Die CAS-Nr. wird nicht nur in Wissenschaft und Technik (z. B. MAK-Werte-Liste), sondern auch in deutschen Rechtsvorschriften verwendet, wie in der Gefahrstoff-Verordnung und in der → Störfall-Verordnung. *Fischer/M. Schön*

Chemilumineszenz-Meßverfahren ⟨*chemical luminescence measurement method*⟩. Das C.-M. ist in der Praxis der Luftreinhaltung das Standardverfahren zur kontinuierlichen → Emissionsüberwachung von Stickstoffoxiden sowie zur kontinuierlichen Immissionsmessung von Stickstoffoxiden und Ozon. Das Verfahren ist in den USA und in der EG-Richtlinie betreffend Luftqualitätsnormen für Stickstoffdioxid (85/203/EWG) als Referenzmeßverfahren festgelegt.

Das C.-M. beruht darauf, daß bei einigen chemischen Reaktionen eine charakteristische Strahlung entsteht, die als Chemilumineszenz bezeichnet wird. Zur Bestimmung von Stickstoffmonoxid (NO) wird die Chemilumineszenz gemessen, die bei der Oxidation mit Ozon entsteht:

$$NO + O_3 \rightarrow NO_2 + O_2 + h\nu.$$

Die Reaktion und C.-M. findet in einer Reaktionskammer statt. In diese Kammer strömt Luft, die vorher über einen Ozonisator geleitet wurde. Im Ozonisator wird ein Teil des Luftsauerstoffs durch UV-Bestrahlung oder durch eine elektrische Entladung in Ozon umgewandelt. Durch eine weitere Eintrittsöffnung wird der Reaktionskammer ein konstanter Probegasstrom zugeführt.

Die Chemilumineszenz mit einem Intensitätsmaximum bei einer Wellenlänge von 1,2 μm wird nach optischer Filterung mit einem Photoelektronen-Vervielfacher gemessen. Die Intensität der Chemilumineszenz ist bei konstanten Reaktionsbedingungen und bei Über-

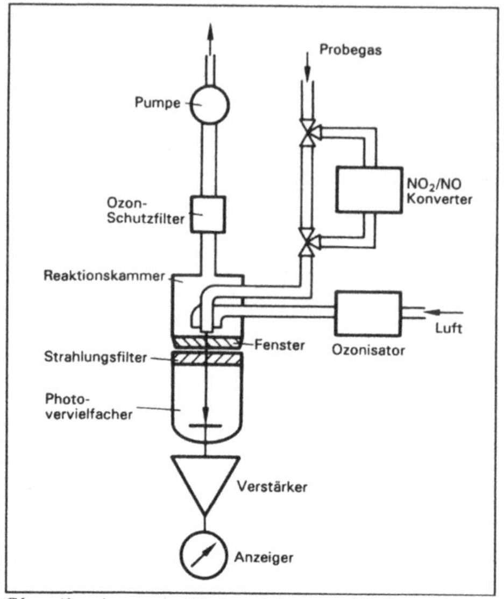

Chemilumineszenz-Meßverfahren: Meßanordnung (schematisch).

schuß von Ozon dem Massenstrom des Probegases proportional. Ein stabiler Meßeffekt erfordert eine Thermostatisierung der Reaktionskammer und konstante Druckverhältnisse. Im Ausgang der Reaktionskammer befindet sich zur Vermeidung einer Umweltbelastung ein Ozon-Schutzfilter. Soll anstelle oder neben NO Stickstoffdioxid (NO_2) gemessen werden, so wird das Probegas durch einen thermischen oder katalytischen Konverter geleitet, der NO_2 zu NO reduziert.

Zur Messung von → Ozon wird die Chemilumineszenzreaktion in der Gasphase zwischen O_3 und Äthen (C_2H_4) ausgenutzt, deren Intensitätsmaximum bei einer Wellenlänge von 435 nm liegt. *Stahl*

Literatur: VDI 2456: Messen gasförmiger Emissionen; Bl. 5: Messen von Stickstoffmonoxid-Gehalten; Chemilumineszenz-Analysator; Thermo Electron Modell 10. 5/1978. – Bl. 6: Messen der Summe von Stickstoffmonoxid und Stickstoffdioxid als Stickstoffmonoxid unter Einsatz eines Konverters. 5/1978. – Bl. 7: Messen von Stickstoffmonoxid-Gehalten; Chemilumineszenz-Analysatoren (Atmosphärendruckgeräte). 4/1981. – VDI 2453, Bl. 5: Messen gasförmiger Immissionen; Messen von Stickstoffmonoxid-Gehalten; Messen von Stickstoffdioxid-Gehalten unter Verwendung eines Konverters, Chemilumineszenz-Analysator Monitor Labs 8440. 12/1979. – Bl. 6: Chemilumineszenz-Analysator Bendix 8101 C. 11/1980. – VDI 2468, Bl. 4: Messen gasförmiger Immissionen; Messen der Ozonkonzentration; Chemilumineszenz-Verfahren; Bendix Ozone Monitor 8002. 5/1978.

Chemischreinigung ⟨*dry cleaning*⟩. In C.-Maschinen werden Textilien, Leder, Pelze und ähnliches Behandlungsgut in einem → Lösemittel, das eine Schmutzentfernung bewirkt, gereinigt. Dem Lösemittel können zur Verbesserung des Reinigungseffekts oder zur Ausrüstung des Behandlungsguts Hilfsmittel zugesetzt werden. In die Maschine ist in der Regel ein Schleuder- und Trocknungsvorgang integriert, um das Lösemittel vom Behandlungsgut zu entfernen. Die Maschine ist häufig mit einer Aufarbeitungsanlage (Destillation) für das Lösemittel verbunden. In der C. werden insbesondere solche Waren behandelt, die bei einer konventionellen Wäsche durch Schrumpfen, Knittern, Verfärbungen o. ä. beschädigt werden können.

Während der Behandlung wird die Ware zunächst im Lösemittel gereinigt, danach geschleudert und in einem erwärmten Luftstrom, der zur Abscheidung des Lösemittels über eine Tieftemperatur-Kondensation geführt wird, getrocknet. Da danach der Lösemittelgehalt in der Ware noch relativ hoch ist, wird bei älteren C.-Anlagen zum Abschluß des Behandlungsablaufs Raumluft angesaugt, durch die Ware geführt und über Dach abgeleitet. Zur Verringerung der Emissionen muß dieses Abgas über einen → Abscheider (meist Aktivkohle) geführt werden. Neuere Anlagen saugen kein Abgas ab, sondern führen die erwärmte Trocknungsluft in einem internen Kreislauf nach Abkühlung über einen Aktivkohle-Abscheider und danach erneut über das Behandlungsgut. Die Lösemittelverluste neuerer C.-Anlagen betragen weniger als 1% (bezogen auf die gereinigte Ware). Weitere Reduktionen der Lösemittelemissionen sind zu erzielen durch eine meßtechnische Überwachung der Trocknung (Lösemittelgehalt in der Trocknungsluft) und geschlossene Handhabung (z. B. Gaspendelsysteme) von Lösemitteln und Rückständen.

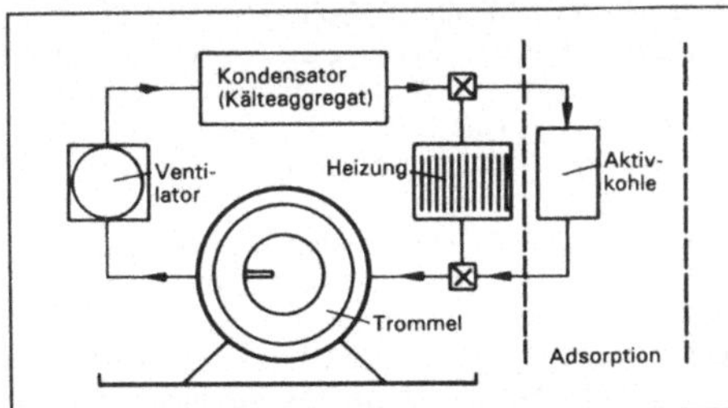

Chemischreinigung: Moderne C.-Anlage mit geschlossenem Luftkreislauf.

Die in der C. heute verwendeten Lösemittel sind toxikologisch und ökologisch kritisch zu bewerten. Tetrachlorethen kann bei chronischer Einwirkung zu nervösen Störungen sowie Leber- und Nierenschäden führen; ferner besteht der begründete Verdacht eines krebserzeugenden Potentials. Bei seiner Freisetzung in Boden und Grundwasser kann die Umwelt schwerwiegend beeinträchtigt werden (→ Chlorkohlenwasserstoffe). In der Vergangenheit hat der Betrieb von C. zu hohen Tetrachlorethen-Belastungen im Betriebsraum und angrenzenden Nachbarräumen geführt. Die Konzentrationen in Nachbarräumen lagen bei Untersuchungen in Deutschland 1988/89 weit über dem Vorsorgerichtwert des Bundesgesundheitsamtes von 0,1 mg/m^3. Zur Reduktion dieser Nachbarraum-Belastungen sind neben den o. a. maschinentechnischen Maßnahmen, die die Freisetzung im Betriebsraum verringern, eine diffusionshemmende Auskleidung der Betriebsräume mit speziellen Tapeten, Anstrichen oder Zwischendecken erforderlich. Das zweite in der C. verwendete Lösemittel, FCKW R 113, trägt zum Abbau der stratosphärischen → Ozonschicht bei (→ Fluorchlorkohlenwasserstoffe). Seit 1992 werden in Deutschland in der C. verstärkt halogenfreie, hochsiedende Kohlenwasserstoffe als Ersatz von FCKW R 113 und in geringerem Umfang auch von Tetrachlorethen eingesetzt. Die marktverfügbaren Maschinen sind teilweise in der Lage, den Lösemittelverlust (bezogen auf das Gewicht der gereinigten Ware) auf weniger als 1% zu begrenzen. Eine abschließende toxikologische Bewertung dieser Lösemittel steht noch aus.

Die Emissionen und Nachbarraumbelastungen von C., in denen halogenierte Lösemittel verwendet werden, werden durch die → 2. BImSchV geregelt (meßtechnische Überwachung der Trocknung, Emissionsgrenzwerte, geschlossene Handhabung von Lösemitteln/Rückständen, Ausstattung der Betriebsräume). Die Verwendung von FCKW in der C. ist durch diese Verordnung ab 1993 untersagt.

Zum Ersatz halogenierter Lösemittel in der C. sind wäßrige Reinigungssysteme (modifizierte Waschverfahren) entwickelt worden. Mit einer – zumindest teilweisen – Substitution von Tetrachlorethen durch wäßrige Reinigungssysteme ist mittelfristig zu rechnen.

Brackemann

Literatur: *Kurz, J.; E. Hager*: Wegweiser für praktischen Umweltschutz in der Textilreinigung, Hrsg.: Forschungsinstitut Hohenstein. 1990. – Länderausschuß für Immissionsschutz: Perchlorethylen (PER). 1988.

Chemischreinigungsanlage *⟨dry cleaning facility⟩*. Die Verordnung zur Emissionsbegrenzung von leichtflüchtigen Halogenkohlenwasserstoffen (→ 2. BImSchV) verpflichtet dazu, die Einhaltung der gestellten Anforderungen zur Emissionsbegrenzung von einem nach § 26 des → Bundes-Immissionsschutzgesetzes akkreditierten Meßinstitut durch erstmalige Messungen und, soweit keine kontinuierlichen Messungen vorgenommen werden, durch jährlich wiederkehrende Messungen feststellen zu lassen. Neu errichtete C. müssen mit einer Meßvorrichtung ausgerüstet sein, die die Beladetür mit Beginn des Reinigungsprozesses verriegelt und erst wieder freigibt, wenn nach Abschluß des Trocknungsvorganges die Tetrachlorethen-Konzentration in der Trocknungsluft am Austritt aus dem Trommelbereich auf 2 g/m^3 abgesunken ist. Bei größeren Anlagen mit einem Abgasvolumenstrom von mehr als 500 m^3/h soll außerdem die Tetrachlorethen-Konzentration im Abgas hinter dem → Abscheider kontinuierlich gemessen werden. Anstelle der kontinuierlichen Messung kann auch eine Kontrolleinrichtung verwendet werden, die eine

Zwangsabschaltung der C. auslöst, sobald die Konzentration im Reingas 1 g/m^3 übersteigt. *Stahl*

Literatur: Einfache kontinuierlich arbeitende Meßeinrichtungen für Meßaufgaben der 2. BImSchV. Forschungsbericht 104 02 176 des Bekleidungsphysiologischen Instituts Hohenstein, im Auftrag des Umweltbundesamtes. Bönnigheim 1991.

Chemisorptionsverfahren *⟨chemisorption process⟩*. Als C. werden Verfahren zur Emissionsminderung bezeichnet, bei denen das Sorptionsmittel als trockenes Additiv oder in einer Lösung oder Suspension, die durch Sprühtrocknung verdampft wird, mit dem im Abgas enthaltenen Schadstoff reagiert. Das feste Endprodukt von C. besteht aus überschüssigem Sorptionsmittel, den Reaktionsprodukten und im Abgas enthaltenem Staub; es kann in einem nachgeschalteten Entstauber abgeschieden werden. Als Sorptionsmittel können z. B. Calcium-, Natrium-, Magnesium- oder Aluminium-Verbindungen verwendet werden, wobei Calciumverbindungen, Natronlauge und Aluminiumoxid in der Praxis Bedeutung erlangt haben. Anlagen nach C. werden u. a. bei → Feuerungs- und → Abfallverbrennungsanlagen, in der Aluminium-, Zement-, Glas-, Eisen- und Stahlindustrie sowie der keramischen Industrie eingesetzt. C. sind insbesondere zur Abscheidung von Halogenwasserstoffen (HCl, HF), Schwefeloxiden, Schwefel- und Cyanwasserstoff geeignet.

Die C. können nach Primär- und Sekundärverfahren unterschieden werden. Bei den Primärverfahren wird das Sorptionsmittel schon in den Prozeßbereich (z. B. dem Einsatz- oder Brennstoff) zugegeben, so daß es bereits während der Prozeßreaktion bzw. der Verbrennung mit den Schadstoffen reagiert (→ Trockenadditiv-Verfahren, → Direktentschwefelung). Bei den Sekundärverfahren wird das Sorptionsmittel erst nach der Prozeß- oder Feuerungsanlage im Abgaskanal oder einem nachgeschalteten Reaktor zudosiert (→ Trockensorptionsverfahren, → Sprühsorptionsverfahren).

Mit den C. lassen sich hohe → Abscheidegrade (>80%) nur bei überstöchiometrischer Zugabe des Sorptionsmittels erzielen. Die anfallenden Reststoffgemische können im allgemeinen nur nach einer zusätzlichen Aufbereitung verwertet werden. *Haug*

Literatur: *Davids, P.; M. Lange*: Die Großfeuerungsanlagen-Verordnung, – Technischer Kommentar. Düsseldorf 1984. – *Davids, P.; M. Lange*: Die TA Luft '86 – Technischer Kommentar. Düsseldorf 1986 – VDI 3928 E: Abgasreinigung durch Chemisorption. 6/1992.

Clor *⟨chlorine⟩*.

Emissionsmessung. Standardmethoden zur Emissionsmessung von C. werden in der Richtlinie VDI 3488 behandelt. Für Einzelmessungen stehen zwei handanalytische Methoden zur Verfügung, die unterschiedliche Konzentrationsbereiche abdecken. Bei dem in Blatt 1 beschriebenen Methylorange-Verfahren wird eine saure Methylorangelösung durch C. ausgebleicht und photometrisch vermessen. Bei dem in Blatt 2 beschriebenen Bromid-Jodid-Verfahren wird Brom aus einer sauren Kaliumbromidlösung durch C. freigesetzt und anschließend jodometrisch bestimmt. Beide Methoden sind wegen ihrer Querempfindlichkeit gegenüber NO_2 bzw. SO_2 für die Untersuchung von Rauchgasen nicht geeignet.

Da es nur wenige Anlagen zur Herstellung und Verarbeitung von C. gibt, die nach den Vorschriften der → TA Luft laufend überwacht werden müßten, gibt es zur kontinuierlichen Messung von Cl_2 keine eignungsgeprüfte Meßeinrichtung. Fehlgeschlagen sind auch Versuche, ein modifiziertes HCl-Meßgerät zur Messung von Cl_2 einzusetzen. *Stahl*

Literatur: Modellhafte Eignungsprüfung eines Emissionsmeßgerätes für molekulares Chlor. Forschungsbericht 83-104 02 154 des TÜV Norddeutschland, im Auftrag des Umweltbundesamtes, Oktober 1983. – VDI 3488: Messen gasförmiger Emissionen; Messen der Chlorkonzentration; Bl. 1: Methylorange-Verfahren. 12/1979. – Bl. 2: Bromid-Jodid-Verfahren. 11/1980.

Emissionsminderung. C. zählt zu den bedeutendsten Grundstoffen der chemischen Industrie (→ Chlorchemie). Das zentrale Verfahren zur C.-Herstellung ist die elektrolytische Umsetzung einer Kochsalzlösung (NaCl). Als Kuppelprodukt fällt Natronlauge (NaOH) an. Das in der Bundesrepublik hergestellte C. wird fast ausschließlich im Inland verarbeitet, während NaOH hohe Exportraten aufweist. Im Gegensatz zu früheren Zeiten hat sich C. vom teilweise unerwünschten Nebenprodukt zum Hauptprodukt entwickelt.

Die drei wichtigsten Prozesse zur Gewinnung von C. nach einem Elektrolyseverfahren sind: Amalgam-, Diaphragma- sowie Membran-Verfahren.

Außer C.-Emissionen (Cl_2), die bei allen Verfahren zur C.-Herstellung auftreten, sind insbesondere die Emissionen von Quecksilber (Hg; Amalgam-Verfahren) und von → Asbest (Diaphragma-Verfahren) von Bedeutung.

Die chlorhaltigen Abgase werden in der Regel mittels Natronlaugewäsche gereinigt. Die entstehende Bleichlauge wird entweder innerbetrieblich verwendet oder verkauft. Bei quecksilberhaltigen Prozeßabgasen wird metallisches Quecksilber in die ionische Form überführt und abgetrennt; es werden Wäschen mit chlorhaltiger Sole bzw. alkalischer Hypochloritlösung und das Kalomel-Verfahren zur Hg-Abscheidung eingesetzt. Die asbesthaltige Abluft aus der Verarbeitung und Bearbeitung von Asbest zur Herstellung oder Erneuerung der Diaphragmen wird mit hochwirksamen Gewebefiltern gereinigt.

Die wirksamste Minderungstechnik ist die Umstellung der C.-Produktion auf das Membran-Verfahren. Neben dem Vorteil eines geringen Strombedarfs sind die Vermeidung von Hg- und Asbest-Emissionen zu nennen. Wesentliche Schritte für diese Umstellung sind in der Bundesrepublik Deutschland bzw. in der EU bereits erfolgt.

Anlagen zur Herstellung von C. sind genehmigungsbedürftig nach BImSchG. Emissionsbegrenzende

Anforderungen enthält die → TA Luft. Die Emissionen an C. im Abgas dürfen in der Regel 1 mg/m^3 nicht überschreiten. *Spilok/Drotleff*

Literatur: *Büchner, W., et al.*: Industrielle Anorganische Chemie. Weinheim 1984. – *Davids, P.; M. Lange*: Die TA Luft '86 – Technischer Kommentar. Düsseldorf 1986. – *Schmidt, L.*: Der Rohstoff Chlor. Herstellung und Handhabung. Experten Forum, 16. 3. 1991. Bayer AG Leverkusen.

Immissionsmessung. Elementares C. kommt aufgrund der hohen Reaktionsfähigkeit in der normalen Außenluft nicht vor. Es wird in erster Linie durch Unfälle freigesetzt. Zum Nachweis sind in diesen Fällen Prüfröhrchen geeignet (z.B. Dräger-Röhrchen 0,2 mit einem Anzeigebereich von 0,2 bis 3 ppm, was einer unteren Grenze von 590 µg/m^3 entspricht).

VDI 2458, Blatt 1, beschreibt ein Verfahren, bei dem die zu untersuchende Luft durch eine Schwefelsäure-Methylorange-Lösung geleitet wird. Die Schwächung der Farbintensität ist ein Maß für die in der Probe enthaltene Menge C. und wird photometrisch bestimmt. Die relative Nachweisgrenze dieses Verfahrens liegt bei 15 µg/m^3. *Dulson*

Literatur: VDI 2458, Bl. 1: Messung gasförmiger Immissionen, Messen der Chlorkonzentration, Methylorangeverfahren. 12/1973.

Chlorchemie *⟨chlorine chemistry⟩*. Die C. umfaßt die Prozesse für Produkte, die mit Hilfe von Chlor hergestellt werden. Chlororganische Verbindungen haben in allen Lebensbereichen Eingang gefunden. Als Risiken der C. für Mensch und Umwelt werden diskutiert: Energieverbrauch bei der Chlorherstellung, verfahrensbedingte Emissionen von CKW und Hilfsstoffen wie Quecksilber, Störfallgefahren beim Umgang mit Chlorverbindungen (z. B. Chlorausbruch, Phosgenfreisetzung) und beim Brand von Chlorchemikalien (z. B. Dioxinbildung beim Brand von PVC), Probleme bei der Beseitigung chlorhaltiger Abfälle sowie Gefahren für Mensch und Umwelt bei der Anwendung von Chlorprodukten, z. B. Lösemittel, FCKW und Pflanzenschutzmittel.

Viele umweltbelastende Stoffe sind Abkömmlinge der C.. Häufig sind sie durch hohe Persistenz und gute Akkumulierbarkeit, z. B. in Fettgeweben, gekennzeichnet. Beispiele sind die Stoffe bzw. Stoffgruppen DDT, PCB, chlorierte Lösemittel (FCKW, CKW, → Dioxine). *Spilok/Drotleff*

Literatur: *Meerkamp v. Embden, J.*: Chemie mit Chlor – Pauschalausstieg wenig hilfreich. Chemische Industrie 3/92, S. 6–10. – UBA-Texte 55/91: Handbuch Chlorchemie I, Gesamtstofffluß und -Bilanz. Im Auftrag des Umweltbundesamtes. Hrsg.: Umweltbundesamt Berlin 1992. – Handbuch Chlorchemie II. Ausgewählte Produktrichtlinien. Hrsg.: Umweltbundesamt 1992.

Chlorkohlenwasserstoff (CKW) *⟨chlorinated hydrocarbons⟩*. Leichtflüchtige CKW können bei ihrer Freisetzung verschiedene schwerwiegende Beeinträchtigungen der natürlichen Lebensgrundlagen verursachen. Neben den atmosphärenchemischen Auswirkungen besteht die Möglichkeit der Kontamination von Lebensmitteln und Wohnräumen mit CKW über den Luftpfad im Nahbereich einer emissionsrelevanten Verwendung.

CKW sind in Boden und Wasser nahezu persistent, werden also kaum abgebaut. Einträge haben in der Vergangenheit zu Boden- und Wasserverunreinigungen geführt, die aufwendige Sanierungsmaßnahmen bei kontaminierten Standorten sowie umfangreiche Behandlungen bei der Trinkwassergewinnung erforderlich machten und machen.

Beim Menschen können leichtflüchtige CKW Schädigungen von Leber, Nieren und Zentralnervensystem hervorrufen. Darüber hinaus stehen drei der wichtigsten leichtflüchtigen CKW (Trichlorethen, Tetrachlorethen, Dichlormethan) in dem begründeten Verdacht, ein krebserzeugendes Potential zu besitzen.

Mengenmäßig wichtige Einsatzstoffe aus der Gruppe der leichtflüchtigen CKW sind in Deutschland Dichlormethan (Methylenchlorid), Tetrachlorethen (Perchlorethylen), Trichlorethen (Trichlorethylen) und 1,1,1-Trichlorethan (Methylchloroform). Die früher verwendeten Stoffe Tetrachlormethan und Trichlormethan (Chloroform) haben heute aus toxikologischen Gründen nur eine untergeordnete Bedeutung (hauptsächlich in geschlossenen Anwendungen der chemischen und pharmazeutischen Industrie). Die o. a. leichtflüchtigen CKW werden insbesondere als Löse- und Reinigungsmittel, zur Entfernung von Beschichtungen (Abbeizen) und in der Extraktion eingesetzt. Wichtigste Branche bei diesen Anwendungen ist die metallbe- und -verarbeitende Industrie, in der CKW für die Oberflächenbehandlung (→ Oberflächenbehandlungsanlage) eingesetzt werden. Von geringerer Bedeutung ist die Verwendung als Lösemittel in der → Chemischreinigung sowie in der Elektro- und Elektronikindustrie. Auf Grund der toxikologischen und ökologischen Wirkungen sind Maßnahmen zur Emissionsminderung erforderlich. Der Verbrauch an leichtflüchtigen CKW in Deutschland ist daher in den letzten Jahren deutlich rückläufig.

Über 90% der dem Markt zugeführten Menge an leichtflüchtigen CKW werden in die Luft emittiert, etwa 5% werden als Sonderabfall entsorgt und etwa 1% gelangt ins Abwasser und von dort größtenteils durch Strippeffekte wieder in die Atmosphäre.

Die Verwendung von leichtflüchtigen CKW wird insbesondere durch die → 2. BImSchV geregelt. In ihr sind technische Anforderungen (geschlossene Anlagen, meßtechnische Überwachung, → Emissionsgrenzwerte) sowie Verwendungsverbote (FCKW, 1,1,1-Trichlorethan ab 1993) für Oberflächenbehandlungsanlagen, Chemischreinigungen und Extraktionsanlagen festgelegt.

Höhersiedende CKW werden vielfältig sowohl in Produkten als auch als Zwischenprodukte in chemischen Synthesen verwendet. Sie dienen als Lösemittel,

Kondensator- und Transformatorflüssigkeiten (insbesondere polychlorierte Biphenyle, PCB), Weichmacher in Kunststoffen (z. B. Chlorparaffine), Insektizide (z. B. DDT, Lindan) und Holzschutzmittel. Mit steigendem Chlorierungsgrad weisen diese Stoffe dabei in der Regel eine zunehmende Stabilität auf und können sich in Umwelt und Nahrungskette anreichern. Das Inverkehrbringen und die Verwendung einzelner CKW, die als Insektizide, Kondensator- oder Transformatorflüssigkeiten eingesetzt wurden, ist in Deutschland untersagt (→ Gefahrstoffverordnung). *Brackemann*

Literatur: VDI-Bericht 745: Halogenierte organische Verbindungen in der Umwelt, Band I und II. Düsseldorf 1989.

Chlorwasserstoff ⟨*hydrogen chloride*⟩.

Emissionsmessung. Standardmethoden zur Emissionsmessung von C. werden in der Richtlinie VDI 3480 behandelt. Verschiedene handanalytische Methoden zur Messung in Abgasen mit einem geringen Anteil an chloridhaltigen Partikeln sind in Blatt 1 beschrieben. Das Probegas wird durch zwei hintereinandergeschaltete Absorptionsgefäße mit destilliertem Wasser gesaugt. Die Chloridionen werden, abgestimmt auf den Konzentrationsbereich, durch Titration mit Kaliumchromat als Indikator, durch potentiometrische Titration oder photometrisch mit Quecksilberthiocyanat gemessen. Die Verfahren werden für Einzelmessungen und zur Kalibrierung kontinuierlich messender Analysatoren eingesetzt.

Zur kontinuierlichen Messung von HCl stehen mehrere eignungsgeprüfte Meßeinrichtungen zur Verfügung, die nach verschiedenen Meßverfahren arbeiten: Potentiometrie (VDI 3480 Bl. 3), Gasfilterkorrelationsverfahren (VDI 3480 Bl. 2) und Konduktometrie.

Stahl

Literatur: *Jockel, W.*: Modellhafte Untersuchung von Meßeinrichtungen zur kontinuierlichen Chlorid-Emissionsüberwachung. Staub – Reinhalt. Luft **40** (1980), S. 145/150. – VDI 3480: Messen gasförmiger Emissionen; Messen von Chlorwasserstoff; Bl. 1: Messen der Chlorwasserstoff-Konzentration von Abgas mit geringem Gehalt an chloridhaltigen Partikeln. 7/1984. – Bl. 2: Kontinuierliches selektives Messen von Chlorwasserstoff mit dem SPECTRAN 677 IR. 1/1992. – Bl. 3: Kontinuierliches Messen von gasförmigen anorganischen Chlorverbindungen mit dem ECOMETER. 1/1992.

Emissionsminderung. Hauptemittenten für C. (HCl) sind Kohlekraftwerke, → Abfallverbrennungsanlagen, → Industriefeuerungen, die NE-Metall- sowie die → Steine und Erden-Industrie (Grobkeramik, Glasproduktion). Die im Brennstoff enthaltenen Chlorverbindungen werden bei der Verbrennung als C. freigesetzt. Deutsche Steinkohle hat üblicherweise Chlorgehalte bis 0,2 Gew.-% bei Vollwertkohle und bis zu 0,6 Gew.-% bei Ballastkohle. Daraus ergeben sich maximale Rohgaskonzentrationen von rund 600 mg HCl/m^3. Bei Verfeuerung rheinischer Braunkohle werden im Abgas Konzentrationen von max. 30 mg HCl/m^3 erreicht (Mittelwert bei etwa 5 mg HCl/m^3). Der mengenmäßig bedeutendste luftverunreinigende Stoff im Abgas von Abfallverbrennungsanlagen ist im allgemeinen C. Chlorträger im Abfall sind chlorhaltige Polymere, wie z. B. PVC und Alkalichloride. Die inhomogene, stark schwankende Zusammensetzung von Abfall führt zu sehr unterschiedlichen Konzentrationen im Abgas. Die C.-Konzentrationen im Rohgas liegen meist zwischen 1 000 und 4 000 mg/m^3 bei der Hausabfallverbrennung und bis zu 20 000 mg/m^3 bei der Sonderabfallverbrennung.

In der → TA Luft ist in Nr. 3.1.6 ein allgemeiner Grenzwert von 30 mg HCl/m^3 festgelegt, zusätzlich gibt es in Nr. 3.3 spezielle anlagenbezogene Begrenzungen. Desweiteren sind Grenzwerte für C. in der Großfeuerungsanlagen-Verordnung (→ 13. BImSchV) und in der Verordnung über Verbrennungsanlagen für Abfälle und andere brennbare Stoffe (→ 17. BImSchV) festgelegt. Beispielsweise dürfen entsprechend der 17. BImSchV bei Abfallverbrennungsanlagen die anorganischen gasförmigen Chlorverbindungen, angegeben als C., als Tagesmittel einen Grenzwert von 10 mg/m^3 im Abgas nicht überschreiten.

Zur Einhaltung der Emissionsbegrenzungen für C.-Emissionen ist häufig eine → Abgasreinigung erforderlich. Aufgrund der hohen Löslichkeit sind → Abscheidegrade von über 98% durch Absorption erreichbar. Es werden auch chemische und → Adsorptionsverfahren angewendet.

Insbesondere durch den Ausbau der → Abgasentschwefelung bei Kraftwerken, mit der auch C. abgeschieden wird, hat sich die C.-Emission aus Kohlekraftwerken inzwischen erheblich verringert. *Haug*

Literatur: *Davids, P.; M. Lange*: Die Großfeuerungsanlagen-Verordnung – Technischer Kommentar. Düsseldorf 1984. – *Davids, P.; M. Lange*: Die TA Luft '86. Technischer Kommentar. Düsseldorf 1986. – Der Rat von Sachverständigen für Umweltfragen: Abfallwirtschaft, Sondergutachten 1990, Stuttgart 1991.

Immissionsmessung. Eine → VDI-Richtlinie für die Immissionsmessung von C. gibt es derzeit nicht. Höhere Konzentrationen, z. B. in Brand- oder sonstigen Störfällen können mit Prüfröhrchen (z. B. Dräger-Röhrchen Salzsäure 1/a, Meßbereich 1 bis 10 ppm) erfaßt werden.

Immissionskonzentrationen können gemessen werden, indem man die Probeluft durch eine stark verdünnte Natronlauge leitet (Waschflasche). Erfaßt werden sowohl C. als auch die Chloride in Summe. Der Nachweis in der Absorptionslösung erfolgt durch Ionenchromatographie, ionenselektive Elektroden oder photometrisch nach dem Quecksilberrhodanid-Verfahren. Hierbei wird durch C. Rhodanid freigesetzt, das mit Eisen(-III)salz einen roten Farbkomplex bildet.

Dulson

Literatur: *Lahmann, E.* und *M. Möller*: Chlorid-Immissionsmessungen in der Umgebung einer Müllverbrennungsanlage. Schriftenreihe Verein Wasser-, Boden- und Lufthygiene 33, (1970). S. 29–33.

Chrom *(chromium/chrome)*. C. kommt in der Natur hauptsächlich als Chromeisenstein (Chromit) vor. Sein Anteil an der Erdkruste beträgt ca. 5 bis 1500 ppm. Weiterhin tritt es in folgenden durchschnittlichen Konzentrationen auf: Steinkohle 5 bis 80 ppm, Braunkohle 1–8 ppm, Erdöl 0,001–1 ppm, Wasser 0,3–10 µg/l, Atmosphäre 10–70 ng/m^3. Zur Gewinnung von C. wird Chromit eingesetzt.

Durch alkalisch oxidierenden Aufschluß von Chromit wird bei ca. 1100 °C Natriumchromat gewonnen, das zu Natriumdichromat weiterverarbeitet wird. Natriumdichromat nimmt eine Schlüsselstellung bei der weiteren Herstellung von C.-Verbindungen in der chemischen Industrie ein.

Bei der Herstellung von C. bzw. C.-Verbindungen und auch bei der Anwendung chromhaltiger Stoffe treten relevante C.-Emissionen in das Abgas und Abwasser auf. C. und seine Verbindungen werden hauptsächlich als Staubinhaltsstoff emittiert. Die meisten C.-Emissionen entstehen durch thermische Prozesse, z. B. bei der Kohleverbrennung und in der → Metallindustrie. In der Bundesrepublik Deutschland werden C.-Emissionen hauptsächlich aus → Feuerungsanlagen und aus der Eisen/Stahlerzeugung in die Atmosphäre abgegeben. Weitere C.-Emittenten sind die Glasindustrie, die Zementindustrie und die Abfallverbrennung.

Als Maßnahmen zur Verminderung luftbelastender C.-Emissionen werden angewandt:
- die Substitution von C.-Pigmenten zur Herstellung von Korrosionsschutzmitteln,
- der Einsatz von hochwirksamen Entstaubern (z. B. Gewebefilter),
- die Erfassung diffuser Emissionen und Zuführung zu einer Abgasreinigungseinrichtung.

Emissionsbegrenzende Anforderungen sind insbesondere in der → TA Luft festgelegt. Cr-VI-Verbindungen sind als krebserzeugend eingestuft, unterliegen den Regelungen der Nr. 2.3 der TA Luft und sind der Klasse II zugeordnet; die Emissionen dürfen einen Höchstwert von 1 mg/m^3 nicht überschreiten. Die Emissionen aller C.-Verbindungen einschließlich weiterer entsprechend klassierter Stoffe müssen darüber hinaus die Grenzwerte der Klasse III der Nr. 3.1.4 der TA Luft von 5 mg/m^3 einhalten. Schärfere Anforderungen enthält die Abfallverbrennungsanlagen-Verordnung; danach dürfen die Emissionen von 10 Metallen im Abgas (dazu gehört C.) insgesamt 0,5 mg/m^3 nicht überschreiten. *Remus*

Literatur: *Davids, P.; M. Lange*: Die TA Luft '86 – Technischer Kommentar. Düsseldorf 1986. – TÜV Rheinland: Emissionen von Metallverbindungen in der chemischen Industrie. UBA-Bericht Nr. 7810403589, 1978.

Chromatographie *(chromatography)*. Die C. ist eines der wichtigsten analytischen Verfahren zum Nachweis individueller Komponenten in Gemischen. Das gemeinsame Kennzeichen der C. ist das Vorhandensein einer stationären und einer mobilen Phase. Das Gemisch wird in die mobile Phase gegeben und entlang der stationären Phase bewegt. Abhängig von der physikalischen und chemischen Eigenschaft treten die einzelnen Komponenten des Gemisches mit dieser Phase in intensive Wechselwirkung physikalischer Art.

Entscheidend hierbei sind sich ständig wiederholende Gleichgewichtseinstellungen. Da der Gleichgewichtskoeffizient eine stoffspezifische Größe ist, dauern diese Einstellungen unterschiedlich lange, so daß die verschiedenen Komponenten des Gemisches das Ende der Trennstrecke zu unterschiedlichen Zeiten erreichen. Hier muß nun lediglich ein geeigneter Detektor die Ankunft melden, damit der jeweilige Stoff identifiziert werden kann.

Je nach Wahl der stationären oder mobilen Phase unterscheidet man grundsätzlich verschiedene chromatographische Verfahren:
- Dünnschichtchromatographie (→ Gaschromatographie)
- Flüssigchromatographie (→ Hochdruckflüssigkeitschromatographie). *Dulson*

Clausanlage *(Claus unit)*. C. werden im Bereich der Kohleveredelung, der → Mineralölraffinerien und der Erdgasförderung sowie in Abgasentschwefelungseinrichtungen (→ BF-Uhde-Verfahren) betrieben.

In C. wird → Schwefelwasserstoff in einem stöchiometrischen Verhältnis mit Schwefeldioxid vermischt und an einem Katalysator zu Schwefel umgesetzt; dieses Verfahren ist mit dem Namen des Chemikers *Claus* (1796–1864) verbunden. Der eingesetzte Schwefelwasserstoff kann aus natürlichen Quellen stammen (saures Erdgas) oder aus hydrierenden Prozessen der Verarbeitung von Erdöl und Kohle hervorgehen. Das benötigte Schwefeldioxid wird in einem separaten Verfahrensschritt durch Verbrennung eines Schwefelwasserstoff-Teilstroms hergestellt oder aber stammt aus anderen Quellen (z. B. Abgase, Röstgase).

Beim Einsatz von C. steht zunächst die Produktion von Schwefel im Vordergrund. Durch seine Gewinnung als Produkt wird jedoch auch die Schwefelwasserstoff- bzw. Schwefeldioxidemission entsprechend vermindert.

C. gehören zu den immissionsschutzrechtlich genehmigungsbedürftigen Anlagen (Nr. 4.1 d des Anhangs zur → 4. BImSchV). Es gelten die emissionsbegrenzenden Anforderungen der → TA Luft; für C. sind spezielle Anforderungen in Nr. 3.3.4.1d.2.1 festgelegt, insbesondere ein Schwefelemissionsgrad. Der Schwefelemissionsgrad einer C. richtet sich nach der Auslegung der katalytischen Einrichtung und dem Abgasreinigungsverfahren. Die Schwefel-Ausbeute des *Claus*-Prozesses kann bei dreistufiger Auslegung der katalytischen Einrichtung und optimaler Zufuhr der gasförmigen Reaktionspartner bei mindestens 97% (bezogen auf den Schwefeleinsatz in Schwefelwasserstoff) angesetzt werden. Daraus ergibt sich ein Schwefelemissionsgrad von 3%; dies entspricht der Emissionsbegrenzung der TA Luft für die kleinste Anlagenkategorie (Schwefelerzeugung unter 20 t/d). Um den Schwefelemissionsgrad von 3% zu unterschreiten, ist es erforderlich, dem *Claus*-Prozeß einen weiteren Verfahrensschritt nachzuschalten. Das Restgas des Prozesses enthält neben den Einsatzgasen Schwefelwasserstoff und Schwefeldioxid auch Schwefelverbindungen aus Nebenreaktionen, z. B. Kohlenoxidsulfid. Wegen dieser Restgaszusammensetzung sind die nachgeschalteten Verfahrensschritte, deren Prinzip eine Ausdehnung des *Claus*-Prozesses ist, hinsichtlich ihres Wirkungsgrades beschränkt. Mit diesen Verfahren läßt sich der Gesamt-Schwefelgewinnungsgrad (aus Basisprozeß und ergänzendem Verfahrensschritt) auf 98% steigern. Damit kann den Anforderungen der TA Luft für C. mit einer Kapazität von 20–50 t/d entsprochen werden.

Um höhere emissionsbegrenzende Anforderungen zu erfüllen, sind weitere Verfahrensschritte erforderlich: Beispielsweise wird das *Claus*-Endgas einer Abgasreinigungseinrichtung zugeführt. Hierzu werden zunächst in einer Hydrierstufe alle Schwefelkomponenten in Schwefelwasserstoff überführt; anschließend wird der Schwefelwasserstoff in einer nachgeschalteten Waschstufe nahezu vollständig selektiv entfernt und wieder dem *Claus*-Prozeß zugeführt. Das Abgas der Waschstufe wird in einer katalytischen Nachverbrennung verbrannt. Bei dieser Prozeßführung ist der Gesamt-Schwefelgewinnungsgrad theoretisch nicht begrenzt; in der Praxis werden Werte bis 99,9% erreicht. Die Anforderung der TA Luft für C. mit einer Kapazität über 50 t/d (Schwefelemissionsgrad max. 0,5%, entsprechend einem Schwefelgewinnungsgrad von 99,5%) können damit erfüllt werden.

Im Bereich der Kohleveredelung gibt es nur wenige C. Sie werden im Zusammenhang mit Kokereien betrieben und haben Kapazitäten von weniger als 20 t/d. Im Bereich der Mineralölverarbeitung werden C. überwiegend mit Kapazitäten von 20–50 t/d betrieben; nur wenige Raffinerien überschreiten mit ihren Schwefelerzeugungs-Kapazitäten die 50-t/d-Grenze. Die größten C. werden im Bereich der Erdgasförderung und -aufbereitung betrieben. *Angrick*

Literatur: *Davids, P.; M. Lange*: Die TA Luft '86 – Technischer Kommentar. Düsseldorf 1986.

CO_2-Abgabe ⟨*carbon dioxide levy*⟩. Nach dem Beschluß der Bundesregierung vom 7. November 1990 sollen die CO_2-Emissionen in der Bundesrepublik bis zum Jahr 2005 gegenüber 1987 um 25–30% reduziert werden. Zur Erreichung dieses Ziels war zunächst eine restverschmutzungsabhängige CO_2-A. auf nationaler Ebene vorgesehen. Nachdem die EG-Kommission im Jahr 1991 den Vorschlag zur Einführung einer EG-weiten kombinierten Energie- und Kohlendioxidsteuer unterbreitete, wurde deren gemeinschaftsweite Einführung diskutiert. Nachdem in den Folgejahren jedoch keine Einigung der EG-Mitgliedsländer auf die gemeinsame Einführung der Kombisteuer erreicht werden konnte, wurde den einzelnen Staaten wiederum der nationale Alleingang bei der CO_2-A. freigestellt. In der Bundesrepublik hat nach der Selbstverpflichtungserklärung der deutschen Wirtschaft zur Reduzierung der CO_2-Emissionen vom März 1995 die Bundesregierung im Gegenzug ihren Verzicht auf die Einführung einer CO_2-A. für die Industrie erklärt. Vorstellbar ist jetzt nurmehr eine Belastung der Emittentengruppen private Haushalte, Verkehr und Kleinverbraucher.

Wackerbauer

Coulometrie ⟨*coulometry*⟩. Die C. ist eine variantenreiche elektrochemische Methode, die in der Praxis der Luftreinhaltung zur Emissions- und Immissionsmessung von Gasen eingesetzt wird. Coulometrische Meßverfahren gibt es beispielsweise für Schwefeldioxid, Stickstoffdioxid und Ozon. Besondere Bedeutung haben Standardmethoden auf der Grundlage der C. zur summarischen Bestimmung → organischer Verbindungen in Luft- und Wasserproben.

Die C. beruht auf der elektrolytischen Umsetzung von Stoffen. Nach dem *Faraday*schen Gesetz ist die bei der Stoffumwandlung verbrauchte Elektrizitätsmenge der umgesetzten Stoffmenge proportional. Bei der direkten coulometrischen Umsetzung wird die Substanz elektrolytisch umgewandelt, deren Menge bestimmt werden soll. Bei der indirekten Umsetzung wird eine Substanz erzeugt, die dann mit der zu bestimmenden Substanz reagiert.

Die C. ist Teil einer Standardmethode zur diskontinuierlichen Emissionsmessung organischer Verbindungen, die in der Richtlinie VDI 3481, Bl. 2 beschrieben wird. Zur coulometrischen Bestimmung werden die bei der Probenahme in einem Sorptionsrohr an Kieselgel adsorbierten → organischen Stoffe in einem dreistufigen Ofen thermisch desorbiert und zu Kohlendioxid verbrannt.

Das Kohlendioxid wird in eine Elektrolysezelle geleitet und in einer schwach alkalischen Bariumperchloratlösung absorbiert. Die dadurch bewirkte Abnahme der Alkalität wird durch eine exakt gesteuerte Elektrolyse kompensiert. Die dazu erforderliche elektrische Ladung ist ein Maß für den Kohlenstoffgehalt in der Probe. *Stahl*

Literatur: *Birkle, M.*: Meßtechnik für den Immissionsschutz. München–Wien 1979. – VDI 3481, Bl. 2: Messen gasförmiger Emissionen; Bestimmung des durch Adsorption an Kieselgel erfaßbaren organisch gebundenen Kohlenstoffs in Abgasen. 4/1980.

D

Dämmung ⟨*vibration isolation*⟩. Zur Schwingungsisolierung werden bei der Aktivisolierung am Aufstellungsort der emittierenden Anlage oder Maschine und bei der Passivisolierung am Aufstellungsort des zu schützenden Objekts Federelemente eingebaut, durch die die Übertragung von Schwingungsenergie vermindert werden soll. Die Federelemente können für die Energieübertragung als „Damm" wirken.

Im Zusammenhang mit mechanischen Schwingungen wird die D. als Schwingungsdämmung bezeichnet. Die Durchlässigkeit V_D ist ein geeignetes Maß zur Kennzeichnung der Isolierung bzw. der D. Bei der Schwingungsisolierung wird die erreichbare Isolierwirkung häufig am Ersatzbild des linearen, einläufigen Schwingers beschrieben. Bei sinusförmiger Erregung dieses Schwingers ist die Durchlässigkeit V_D das Verhältnis zwischen der Antwortamplitude und der Erregeramplitude. Bei der Aktivisolierung wird dieses Verhältnis durch die in den Aufstellungsort noch übertragenen dynamischen Restkräfte F_U und den Erregerkräften F_E gebildet. Zur Beurteilung der Isolierwirkung wird häufig der Wert $(1-V_D)$ angegeben und dieser als D. bezeichnet. Er ist der Teil der Erregerkräfte, der durch die schwingungsisolierte Aufstellung der Maschine „abgeschirmt" wird. Der Wert $(1-V_D)$ heißt auch Isolierfaktor.

Die D. darf nicht mit der → Dämpfung verwechselt werden. Bei der Dämpfung, jedoch nicht bei der D., wird dem Schwingungssystem Schwingungsenergie durch Umwandlung in andere Energieformen entzogen, wie z. B. durch Reibungskräfte in Wärme.

Splittgerber

Literatur: VDI 2062, Bl. 1: Begriffe und Methoden. 1/1976.

Dämpfung ⟨*damping*⟩.

Erschütterungen. Bei mechanischen Schwingern versteht man unter D. allgemein die Dissipation von kinetischer und potentieller Energie. Dabei wird dem schwingenden System irreversibel Energie durch Umwandlung in andere Energieformen, meistens in Wärme, entzogen oder Energie in die Umgebung abgeleitet.

Die D. bewirkt, daß freie Schwingungen abklingen und harmonisch erregte erzwungene Schwingungen in der Resonanz endlich groß bleiben. Bei freien Schwingungen wird die anfängliche Energie mit zunehmender Zeitdauer zerstreut, und bei erzwungenen stationären Schwingungen muß die durch D. umgewandelte Energie laufend ersetzt werden. Man unterscheidet bei Schwingungssystemen zwischen innerer und äußerer D. Zur inneren D. zählen die Material- bzw. Werkstoffdämpfung und die D. in der Struktur des Systems, wie die D. an Fügestellen und Kontaktflächen innerhalb des Systems. Zur äußeren D. gehören die Abgabe von Energie an das umgebende Medium, z. B. bei Maschinenfundamenten und schwingenden Bauwerken durch Reibung an Kontaktflächen zu Nachbarbauwerken, zur umgebenden Luft und zum Baugrund (Bettung). Auch zusätzlich am Schwingungssystem angeordnete Dämpfer zählen zur äußeren D. Um allgemein die D. der Berechnung zugänglich zu machen, bildet man D.-Modelle und ermittelt deren Kraftgesetze. Einfache Elemente solcher Modelle sind Federn, Viskosedämpfer (Dämpfer mit schwinggeschwindigkeitsproportionaler Dämpfungskraft) und *Coulomb*-Dämpfer (Reibungsdämpfer). *Splittgerber*

Literatur: DIN 1311, Bl. 2: Einfache Schwinger. 12/1974. – *Krämer, E.*: Maschinendynamik. Berlin–Heidelberg–New York 1984. – VDI 2062, Bl. 1: Begriffe und Methoden. 1/1976. – *Waas, G.*: Dämpfung von Bauwerksschwingungen. In: Dolling, H.-J. (Hrsg.): Dämpfung – Duktilität. Vortragsband der Dt. Gesellschaft für Erdbeben-Ingenieurwesen und Baudynamik, Berlin 1989.

Geräusche Als D. bei → Geräuschen wird die Abnahme der Schalldruckpegel durch Umwandlung der Schallenergie in andere Energieformen, z. B. in Wärme, bezeichnet. Die D. von Schallenergie wird z. B. bei → Schalldämpfern für Abgaskanäle, Auspuffanlagen, Ansaugleitungen u. ä. genutzt. *Strauch*

Dämpfungsmaß ⟨*damping coefficient*⟩. D. ist die allgemeine Bezeichnung für eine Schalldruckpegelminderung in dB durch schallmindernde Einflüsse, wie z. B. Bewuchs, Meteorologie, Bebauung und Hindernisse (→ Schallschirm, → Bebauungsdämpfungsmaß, → Bewuchs, → Bodendämpfungsmaß).

Strauch

Dauerschallpegel, äquivalenter ⟨*sound pressure level, equivalent*⟩. Bezeichnung für einen → Schallpegel konstanter Größe, der einem zeitlich schwankenden Schallpegelverlauf äquivalent ist.

Bei den meisten Schallvorgängen, die von gewerblichen Anlagen, Verkehrsanlagen oder Freizeit- und Sporteinrichtungen verursacht werden, ist der Schalldruckpegel zeitlich nicht konstant. Zur Beurteilung dieser Geräuschimmissionen (Vergleich mit einem → Immissionswert) oder zur Abschätzung notwendiger Minderungsmaßnahmen wird der zeitlich schwankende Schallpegelverlauf durch einen Einzahlwert gekennzeichnet.

Der ä. D., Bezeichnung L_{eq}, wird aus einem über die Dauer T zeitlich schwankenden Schallpegel nach folgendem Mitteilungsvorgang gebildet:

$$L_{eq} = \frac{q}{\lg 2}\left(\frac{1}{T}\int_0^T 10^{\frac{\lg 2}{q} L} dt\right) \quad \text{dB}$$

T = Mittelungszeit
q = Halbierungsparameter, nennt den Pegelwert, um den das → Geräusch bei Halbierung der Einwirkzeit erhöht werden muß, um gleich laut oder gleich störend zu sein wie das ursprüngliche Geräusch.
L = momentaner Schalldruckpegel

Wird der Halbierungsparameter q=3 gewählt, entspricht die zeitliche Mittelung der Schalldruckpegel einer Mittelung der Schallenergie des Geräuschs über den Mittelungszeitabschnitt; daher werden diese Mittelungs- oder ä. D. auch energieäquivalente Dauerschallpegel genannt.

Bei der Beurteilung von Geräuschimmissionen in der Nachbarschaft von gewerblichen/industriellen Anlagen, Straßen- und Schienenverkehrsanlagen wie auch Freizeit- und Sportanlagen wird zur Ermittlung der Beurteilungsgröße (→ Beurteilungspegel Lr) der energieäquivalente Dauerschallpegel Leq mit dem Halbierungsparameter q=3 benutzt.

Für die nach dem → Fluglärmgesetz ermittelten Lärmschutzzonen an Verkehrsflughäfen und militärischen Flugplätzen wird nicht der energieäquivalente Dauerschallpegel (q=3), sondern ein ä. D. mit q=4 benutzt; er wird folgendermaßen ermittelt:

$$L_{eq} = 13{,}3 \log\left(\sum_{i=1}^{n} \frac{g_i\, t_i}{T} 10^{L_i/13{,}3}\right) \quad \text{dB}$$

T = 6 Monate des Jahres mit stärkstem Flugbetrieb
L_i = maximaler Schalldruckpegel des Vorbei- oder Überflugs
t_i = Überflugdauer, entspricht der Dauer, in dem der Pegel ≤ 10 dB unter dem Maximalwert liegt
g_i = 1 für Tagflüge
g_i = 5 für Nachtflüge *Strauch*

Literatur: DIN 45641: Mittelung von Schallpegeln. 6/1990. Gesetz zum Schutz gegen Fluglärm vom 30.3.1971, BGBl. I S. 282.

Deposition, nasse ⟨*wet deposition*⟩. Bezeichnung für die auf der Erdoberfläche zusammen mit Niederschlägen in fester oder flüssiger Form abgeschiedene Menge von atmosphärischen Spurenstoffen pro Zeit- und Flächeneinheit, sofern die Niederschlagsintensität >0,1 mm/h beträgt. Bei der D. durch geringere Niederschlagsintensitäten wie Wolken, Nebel oder Tau spricht man von *feuchter D.* Da die Konzentration von Spurenstoffen in Wolkenwasser deutlich höher als in Regenwasser liegt, ist die feuchte D. in manchen Gebieten sehr wirksam. Bei der n. D. unterscheidet man zwischen Ausregnen (*engl.* rain out oder in-cloud scavenging) und Auswaschen (*engl.* washout oder below cloud scavenging). Man nimmt an, daß durch die n. D. Partikel, die als Kondensationskerne dienen, sowie die meisten löslichen Gase rasch aus der Atmosphäre entfernt werden. Eine obere Grenze für die Wirksamkeit der n. D. ergibt sich wahrscheinlich dadurch, daß durch einsetzenden Regen die Konzentration rasch auf Null abfällt. Wird die n. D. bezüglich der abgeschiedenen Menge an Spurenstoffen mit der trockenen D. am Boden verglichen, so ergibt sich, daß in Industrie- und Großstadtgebieten und deren Umgebung die trockene Deposition und in Reinluftgebieten die n. D. überwiegt.

In der Bundesrepublik Deutschland ist die n. D. von größerer Bedeutung als die trockene, z.B. für Sulfat, Nitrat, Chlorid, Blei und Cadmium. *Giebel*

Deposition, trockene ⟨*dry deposition*⟩. Die t. D. am Boden ist neben der nassen → Deposition eine bedeutsame Senke, durch die viele Spurenstoffe wieder aus der Atmosphäre ausgeschieden werden. Abgesehen von der chemischen Beschaffenheit des abgelagerten Stoffs ist die t. D. für Gase wie für Partikel abhängig von vielen Variablen, z.B. von der Windgeschwindigkeit, der Rauhigkeitslänge der den Boden bedeckenden Vegetation oder Bebauung, ihrer Oberfläche pro m^2 Bodenfläche, der Art der Oberfläche (chemische Beschaffenheit des Gesteins, Spaltöffnung der Pflanzen geöffnet oder geschlossen). Die Schwankung der t. D. ist je nach Art der Oberfläche bei ein und demselben Stoff relativ groß. Bei SO_2 ist sie z.B. über taubedecktem Wald mehr als 20mal so wirksam wie über trockenem Schnee. Sehr wirksam ist die t. D. auch über Stadtgebieten. Eine große Rolle spielt die Temperaturschichtung der Atmosphäre; über einer Süßwasserfläche wurden z.B. für SO_2 durch Messung der vertikalen SO_2-Gradienten in Abhängigkeit von der Temperaturschichtung folgende → Depositionsgeschwindigkeiten als Maß für die t. D. gefunden:

Temperaturschichtung	↑ Depositionsgeschwindigkeit (cm/s)
labil	4,2
neutral	2,2
stabil	0,2

Giebel

Depositionsgeschwindigkeit ⟨*deposition velocity*⟩. Die D. kennzeichnet das Verhältnis zwischen der flächenbezogenen Aufnahmemenge der → Luftverunreinigung und ihrer Dichte (bzw. Konzentration) innerhalb der Atmosphäre, d.h.

$$v_d = [\text{Masse}][\text{Fläche}]^{-1}[\text{Zeit}]^{-1} / \left([\text{Masse}][\text{Volumen}]^{-1}\right).$$

Sie hat damit die Dimension [Länge] $[\text{Zeit}]^{-1}$. Als Maßeinheit wird in der Regel $[\text{cm s}^{-1}]$ verwendet. Als sehr anschaulich hat sich ihr reziproker Wert, nämlich der Depositionswiderstand in der Dimension [Zeit] $[\text{Länge}]^{-1}$ erwiesen, weil für ihn wie in der Elektrizitätslehre die *Kirchhoffschen Gesetze* gelten. In Bild 1 sind die Vorgänge der trockenen → Deposition an der Blattoberfläche im Detail dargestellt.

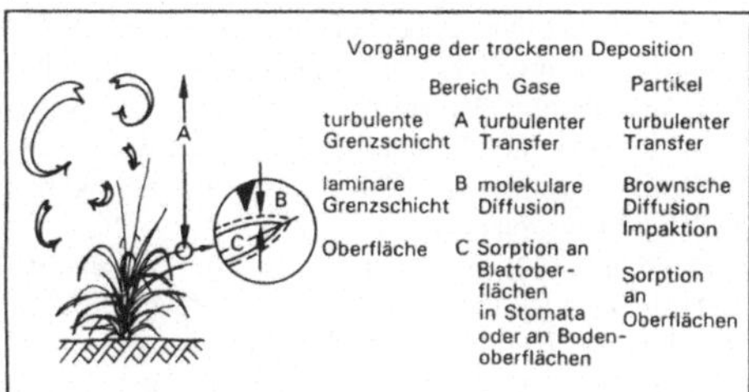

Depositionsgeschwindigkeit 1: Vorgänge der trockenen Deposition.

Aus Bild 2 ist zu erkennen, daß sich die einzelnen Widerstände in Reihe verstärken, bei paralleler Anordnung jedoch vermindern, wobei für die D. über einem Bestand der resultierende Gesamtwiderstand maßgeblich ist. Der Depositionswiderstand in der turbulenten Grenzschicht bestimmt sich im wesentlichen durch die Rauhigkeit der Oberfläche im aerodynamischen Sinne, die beim Wald extrem hoch, bei einer glatten Oberfläche, z. B. Beton, extrem niedrig ist.

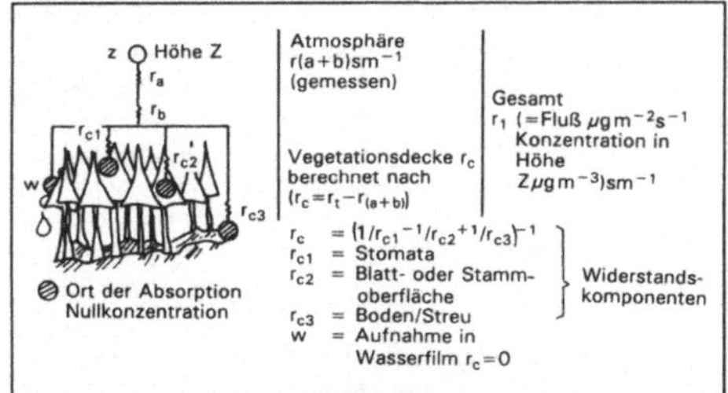

Depositionsgeschwindigkeit 2: Widerstände der trockenen Deposition von Spurengasen.

Die Ermittlung der D. ist nur in Annäherung möglich, wobei einfach strukturierte Modelloberflächen wie kurz geschnittenes Gras noch die zuverlässigsten Werte erbringen. Grundsätzlich bestehen zur Ermittlung der D. folgende Möglichkeiten:

– Die Elementflüsse F2, F3, F4 und F6 (Bild 3) enthalten noch jeweils einen Teilbeitrag aus der Luft und einen Teilbeitrag aus dem Boden. Wie leicht ersichtlich, ist dieses System unterbestimmt, so daß zu verschiedenen Hilfsannahmen gegriffen werden muß, die die Aussagefähigkeit entsprechender Untersuchungen mehr oder minder in Frage stellen.

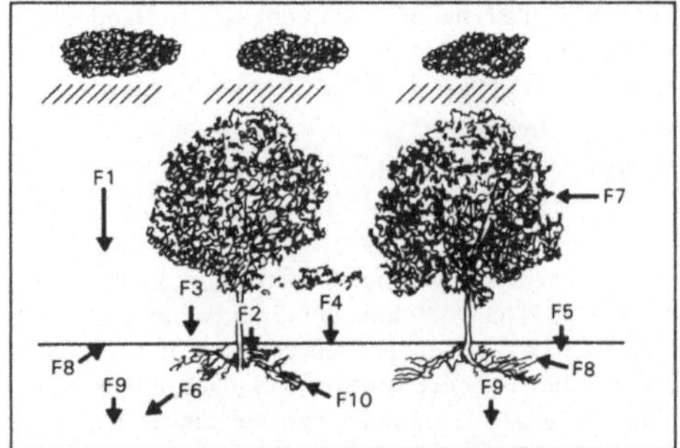

Depositionsgeschwindigkeit 3: Schematische Darstellung der einzelnen Elementflüsse in einem Wald-Ökosystem.

F1 Niederschlag im Freiland, F2 Stammablauf im Waldbestand, F3 Kronentraufe im Waldbestand, F4 Stoffeintrag durch Laub-/Nadelfall (Bestandesabfall), F5 Trockene Deposition auf den Boden, F6 Wurzelausscheidungen in den Boden, F7 Deposition im Kronendach durch Impaktion, Ad- und Absorption, F8 Teilfluß in den Boden, der sich als Differenz zwischen Eintrag und Austrag ergibt und damit zur Anreicherung führt, F9 Auswaschung aus dem Boden in das Grundwasser, F10 Aufnahme aus dem Boden durch die Wurzel

– Bei der sog. Gradientenmethode werden oberhalb der Akzeptoroberfläche höhenabhängige Konzentrationsmessungen der Luftverunreinigung zusammen mit Messungen der Windgeschwindigkeit und der Temperatur durchgeführt. Hierbei wird der experimentell ermittelte Wärmefluß über verschiedene theoretische Modellannahmen mit dem Stofffluß verknüpft. Dieses Verfahren ist für hohe Vegetationsflächen, wie Wald, nicht geeignet.

– Die Kovarianz- oder Eddy-Korrelation-Methode geht von dem Produkt zwischen der Summe aus dem zeitlichen Mittel der vertikalen Windgeschwindigkeit bzw. ihrer turbulenten Abweichung und der Summe des zeitlichen Mittels der Konzentration der Luftverunreinigung bzw. ihrer turbulenten Abweichung aus. Dieses Produkt führt über einen zeitlich integralen Ansatz unmittelbar zum vertikalen Massenfluß. Voraussetzung sind extrem schnell ansprechende Meßgeräte sowie repräsentative Meßorte. Daher bestehen auch hier Einschränkungen in der Gültigkeit der Ergebnisse.

– Durch Vergleich der Schadstoffdichten am Rande und in der Mitte eines Waldbestands zusammen mit der Wind-(=Transport-)geschwindigkeit lassen sich ebenfalls Abschätzungen der D. vornehmen. Diese führten bei einem 35jährigen Fichtenbestand für Schwefeldioxid, bei dem die Konzentration innerhalb des Bestands im Vergleich zur Meßstelle oberhalb der Krone bis zu 65% herabgesetzt war, zu Werten von 0,5 bis 0,9 cm s^{-1}, was in der Spanne anderer üblicher Angaben in der Literatur liegt. Bei derselben Untersuchung wurden im übrigen für den Bestandsrand folgende Stickstoffdepositionen in kg N ha^{-1} a^{-1}, getrennt für Freilandniederschlag und Impaktion, ermittelt:

NH_4-N	Freiland	11,4
	Impaktion	22,1
NO_3-N	Freiland	9,7
	Impaktion	19,0
	Summe	62,2.

Von dem dem Wald zugeführten Ammonium wurden etwa 4 kg N ha^{-1} a^{-1} aus der Impaktion und etwa 2 kg N ha^{-1} a^{-1} aus dem Niederschlag von der Nadel aufgenommen. Diese Mengen gelangen erst mit dem Nadelstreu auf den Boden und verstärken dann den unmittelbaren Eintrag aus der Luft. Dieses Beispiel zeigt, daß auch der Begriff der D. von stark vereinfachten Bedingungen ausgeht und daß die tatsächlichen Depositionsverhältnisse demgegenüber weit verwickelter sind. *Prinz*

Literatur: VDI-Kommission Reinhaltung der Luft (Hrsg.): Säurehaltige Niederschläge – Entstehung und Wirkung auf terrestrische Ökosysteme. Düsseldorf 1983.

Desonox-Verfahren *⟨Desulfurization-Denitrification-process⟩*. Das D.-V. ist ein kombiniertes, katalytisches Verfahren zur SO_2- und → NO_x-Abgasreinigung. Als Endprodukt fällt eine 70%ige Schwefelsäure an. Bei der Entwicklung des Verfahrens arbeiteten die Firmen Lentjes AG, Düsseldorf, Degussa AG, Hanau, Lurgi GmbH, Frankfurt und die Stadtwerke Münster GmbH zusammen. Die Hauptkomponenten des D.-V. sind ein Heißgaselektrofilter, ein Kombireaktor zur NO_x-Reduktion und zur SO_2-Oxidation sowie ein Wärmetauscher- und Waschsystem.

Nach dem Kessel, z. B. eines Kohlekraftwerks, wird das Abgas zunächst in einem Elektrofilter bei 450–460 °C weitgehend entstaubt und gelangt anschließend in den Kombireaktor. In der ersten Reaktorstufe mit Katalysatoren auf TiO_2-Basis werden die Stickstoffoxide nach Ammoniakzugabe in Wasserdampf und Stickstoff umgewandelt (→ SCR-Verfahren). In der zweiten Reaktorstufe mit Katalysatoren auf V_2O_5-Basis wird Schwefeldioxid zu Schwefeltrioxid oxidiert. Nach dem Reaktor wird das Abgas von ca. 450 auf 140 °C abgekühlt. Bei Unterschreiten des Schwefelsäure-Taupunkts kondensieren im letzten Wärmetauscher bereits etwa 25% der Schwefelsäure aus. In diesem Kondensationsbereich werden Glasröhren-Wärmetauscher eingesetzt. Das nachfolgende Waschsystem besteht aus drei Stufen. In der ersten Waschstufe wird in das Abgas etwa 80 °C heiße Schwefelsäure eingesprüht. Dabei kondensiert weitere Schwefelsäure aus, und SO_3 wird abgeschieden. Zwischen erster und zweiter Waschstufe durchströmt das Abgas einen → Tropfenabscheider. In der zweiten Waschstufe werden → Chlor- und → Fluorwasserstoff mit Wasser bei 50 °C ausgewaschen.

Zusätzlich kann in dieser Waschstufe Wasserstoffperoxid (H_2O_2) zugegeben werden, um restliches SO_2 zu oxidieren. Ein Teilstrom des Waschwassers wird kontinuierlich abgezogen; über einen Stripper werden die Halogenverbindungen abgeschieden und einer Neutralisationsanlage zugeführt. Die im Stripper ablaufende Dünnsäure wird in der ersten Waschstufe eingesetzt. In der dritten Waschstufe wird das Abgas durch direkten Wärmetausch mit heißer Schwefelsäure aus der ersten Stufe auf 80 °C wieder aufgeheizt. Die sich bildenden H_2SO_4-Aerosole durchlaufen ungehindert alle Prozeßstufen und werden vor dem → Schornstein in einem nassen Elektrofilter abgeschieden.

Mit dem D.-V. lassen sich Entschwefelungsgrade von über 90% und NO_x-Reduktionsgrade bis zu 95% erzielen. Das Endprodukt, eine 70%ige Schwefelsäure, kann in der chemischen Industrie verwertet werden. Anlagen nach dem D.-V. betreiben die Stadtwerke Münster im Steinkohle-Heizkraftwerk Hafen. *Haug*

Literatur: *Breihofer, D. et al*: Maßnahmen zur Minderung der Emissionen von SO_2, NO_x und VOC bei stationären Quellen in der Bundesrepublik Deutschland. Studie im Auftrag des BMU/Umweltbundesamt, IIP Uni Karlsruhe, 1991. – *Ohlms, N.*: Betriebserfahrungen mit der ersten Desonox-Pilotanlage. Special, Betriebserfahrungen mit Rauchgasreinigungsanlagen. Düsseldorf 1990.

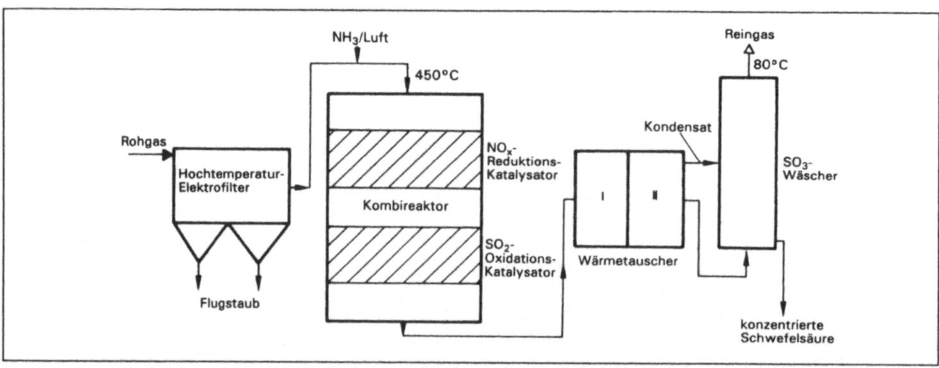

Desonox-Verfahren: Ablaufschema des D.-V. zur kombinierten SO_2/NO_x-Abscheidung.

Desorption ⟨*desorption*⟩ → Adsorptionsverfahren, → Absorptionsverfahren

Detektor ⟨*detector/monitoring instrument*⟩. D. ist der Sammelbegriff für Einrichtungen, die geeignet sind, beim Auftreten bestimmter chemischer Verbindungen oder physikalischer Ereignisse ein Signal abzugeben. In der Analytik handelt es sich in den weitaus überwiegenden Fällen um Substanzen, die beim Eintreten in den D. durch physikalische oder chemische Prozesse ein elektrisches Signal erzeugen, das elektronisch verstärkt und angezeigt werden kann. Die Güte eines D. läßt sich durch bestimmte Kenngrößen beschreiben. Für die moderne instrumentelle Analytik ergeben sich daraus folgende Forderungen an einen D.:

- große Empfindlichkeit,
- hohe Selektivität,
- niedrige Querempfindlichkeit,
- schnelles Ansprechverhalten,
- große Linearität des Signals über einen weiten Konzentrationsbereich.

Wichtigste D. für die Erfassung von → Luftverunreinigungen sind:

❒ Der Photomultiplier. Er wird eingesetzt bei optischen Meßverfahren im Infrarotbereich (Infrarotabsorptionsspektrometrie) über den sichtbaren Bereich (Photometrie) bis zum ultravioletten Bereich des Spektrums (Ultraviolett-Absorptionsspektrometrie). Man findet den Photomultiplier in kontinuierlich aufzeichnenden Monitoren für z. B. → Kohlenmonoxid und → Kohlendioxid (nichtdispersive Infrarotspektrometrie), → Ozon oder Schwefeldioxid. Weiterhin bei der Atomabsorptionsspektrometrie, bei der → Hochdruckflüssigkeitschromatographie und bei der Flammenphotometrie.

❒ Das Ampermeter. Es wird eingesetzt, wenn durch die Messung die Änderung eines elektrischen Stroms registriert wird (→ Coulometrie).

❒ Der → Flammenionisationsdetektor (FID). Hierbei handelt es sich um den gebräuchlichsten D. in der → Gaschromatographie zum Nachweis → organischer Verbindungen (→ Gesamtkohlenwasserstoffe).

❒ Der Elektroneneinfangdetektor (ECD). Ein hochempfindlicher D. für Verbindungen mit Elektronenmangel, z. B. Halogen- oder Nitroverbindungen. Der Einsatz erfolgt in Gaschromatographen.

❒ Das Massenspektrometer (→ Massenspektrometrie). Ein aufwendiger aber sehr wichtiger D. bei der Messung von Immissionen. Im Scan-Modus erlaubt er durch Aufnahme des Massenspektrums eine Identifizierung der Komponenten, im SIM-Modus handelt es sich durch Registrierung einzelner Ionen-Massen um einen äußerst spezifischen D. von hoher Empfindlichkeit. Das Massenspektrometer wird als D. verwendet zusammen mit Gaschromatographen, Hochdruckflüssigkeitschromatographen und am ICP (Induktiv gekoppeltes Plasma). *Dulson*

Literatur: *Kaiser, R.*: Chromatographie in der Gasphase, Bd. I–IV, Hochschultaschenbücher. Mannheim.

Dezibel ⟨*decibel*⟩ → Bel

Dibenzo-p-dioxine, polybromierte ⟨*PBDD/polybrominated dibenzo-p-dioxins*⟩ → Dioxine

Dibenzo-p-dioxine, polychlorierte ⟨*PCDD/polychlorinated dibenzo-p-dioxins*⟩ → Dioxine

Dibenzofurane, polybromierte ⟨*PBDF/polybrominated dibenzofurans*⟩ → Furane

Dibenzofurane, polychlorierte ⟨*PCDF/polychlorinated dibenzofurans*⟩ → Furane

Dieselpartikelemission ⟨*diesel particulate emissions/soot emissions*⟩. Als Abgasbestandteil von Dieselmotoren bestehen Dieselpartikel weitgehend aus Kohlenstoffagglomerationen mit angelagerten unverbrannten Kohlenwasserstoffen (hauptsächlich → polycyklische aromatische Kohlenwasserstoffe) und Schwefelverbindungen. Definitionsgemäß umfaßt die Partikelemission alle Substanzen, die bei Temperaturen unterhalb 52 °C auf einem speziellen, teflonbeschichteten Glasfaser-Filter mit festgelegter Porenweite aufgefangen werden können. Damit umfaßt der Begriff Partikel auch Flüssigkeitströpfchen, metallischen Abrieb, Rostpartikel o. ä. *Kallenbach/May*

Dieselpartikelfilter ⟨*soot trap*⟩. System zur Abscheidung von Rußpartikeln aus dem Abgas von Dieselmotoren. Während die gasförmigen Emissionen des Dieselmotors das Filter ungehindert durchströmen können, werden die Feststoffe (→ Dieselpartikelemission) durch das Filtermedium zurückgehalten. Bei zunehmender Beladung des Filters mit Partikeln steigt der Abgasgegendruck an, so daß das Filtermedium ausgetauscht oder regeneriert werden muß. D. können als Wechselfilter, Zentrifuge, Ölbadpartikelfilter, elektrostatische Filter oder → Rußabbrennfilter realisiert werden. *Kallenbach/May*

Dieselpartikelfilter-Regeneration ⟨*soot filter regeneration*⟩. Nachträgliche Verbrennung von Dieselrußpartikeln in einem → Dieselpartikelfilter mit dem Ziel, den Abgasgegendruck eines sauberen Filters wiederherzustellen. Für eine vollständige Regeneration ist es notwendig, die Temperatur der Partikel bis zum Selbstentzündungspunkt zu steigern und für einen ausreichenden Abgasstrom zu sorgen, dessen Sauerstoffgehalt die Verbrennung unterstützt und der die bei der Verbrennung freigewordene Wärme aus dem Filter heraustransportiert. Die verschiedenen Regenerationsmethoden lassen sich in zwei Gruppen unterteilen:

❒ Aktive Regeneration. Dabei erhöht man durch geeignete Maßnahmen die Abgastemperatur so weit, daß die Selbstentzündungstemperatur der Partikel in den meisten Motorbetriebspunkten erreicht wird. Dies kann einerseits durch motorseitige Maßnahmen wie Drosselung der Ansaugluft, Verschiebung des Einspritzzeitpunkts oder die Verwendung eines Abgasturboladers, andererseits durch Zufuhr von Sekundärenergie mittels elektrischer Heizwicklungen oder Dieselbrenner (→ Rußabbrennfilter) erfolgen.

❒ Passive Regeneration, auch Selbstregeneration. Die Selbstzündungstemperatur der Dieselpartikel liegt normalerweise zwischen 500 und 600 °C. Diese Temperatur erreicht das Abgas nur bei Vollast oder im vollastnahen Bereich. Daher wird die Selbstzündungstemperatur so weit herabgesetzt, daß eine Regeneration des Dieselpartikelfilters über einen weiten Betriebsbereich des Motors möglich ist. Dies kann beispielsweise durch die Zugabe von geeigneten Additiven zum Kraftstoff wie Ferrocen oder durch eine katalytische Beschichtung der Filteroberfläche erreicht werden.

Kallenbach/May

Dieselrauchmessung *⟨exhaust gas opacity test⟩* → Schwärzungszahl nach Bosch

Diffusion *⟨diffusion, metrological⟩*. Durchmischung ohne Einwirkung äußerer Kräfte. Unterschieden werden die molekulare D. aufgrund der *Brownschen* Molekularbewegung und die turbulente oder *Eddy*-D., bei der die Durchmischung durch turbulente Wirbel (=Eddies) erfolgt.

Aufgrund der D. sind anfänglich getrennte Stoffe nach einiger Zeit vollkommen durchmischt; analog dazu werden durch die D. Eigenschaften wie Temperatur, Impuls und Feuchte homogenisiert. Die Stärke der D. ist proportional zum räumlichen Gradienten der betrachteten Stoffeigenschaft. Der Proportionalitätsfaktor wird als → Diffusionskoeffizient bezeichnet. Er ist abhängig von der Mischungsweglänge und – im Falle der molekularen D. – von der Zähigkeit bzw. – bei turbulenter D. – von der Turbulenzintensität. In der Atmosphäre ist die molekulare D. im allgemeinen gegen die turbulente D. vernachlässigbar.

Die Ausbreitung von Luftverunreinigungen in der Atmosphäre wird neben dem Transport durch den mittleren Wind vor allem durch die turbulente D. bestimmt. Je stärker sie ist, desto schneller nimmt die Konzentration mit wachsender Quellentfernung ab (→ Spurenstoffausbreitung).

Wichmann-Fiebig

Diffusionsklasse *⟨diffusion type⟩*. Sie werden dem Turbulenzzustand der Atmosphäre zugeordnet, sofern keine detaillierteren Angaben über die Turbulenz vorliegen. Die Klassifizierung erfolgt anhand von Windgeschwindigkeit, Bedeckungsgrad und Tageszeit. I. a. werden in Abhängigkeit von der Schichtungsstabilität sechs D. unterschieden: stark stabil, stabil, neutral, leicht labil, labil, stark labil. Während im englischsprachigen Raum vor allem die Einteilung in D. nach *Pasquill-Gifford-Turner* verwendet wird, ist in Deutschland die Klassifizierung nach *Klug-Manier* gebräuchlich.

Um unter Verwendung der D. die Ausbreitung von → Luftverunreinigungen berechnen zu können, müssen die benötigten Turbulenzparameter für jede D. empirisch bestimmt werden. Derartige Parameter sind z. B. die Halbwertsbreiten der Abgasfahne parallel, senkrecht und quer zur Ausbreitungsrichtung sowie die Mischungsschichthöhe.

Wichmann-Fiebig

Diffusionskoeffizient *⟨diffusion coefficient⟩*. Proportionalitätskonstante zur Bestimmung der → Diffusion. Diffusion auf Grund der *Brownschen* Molekularbewegung wird durch einen molekularen D. beschrieben, der von der Zähigkeit und Temperatur des diffundierenden Stoffs abhängt. Die Durchmischung durch Turbulenz wird durch den turbulenten D. beschrieben, der in der Atmosphäre wegen unterschiedlicher Turbulenzstrukturen keinen konstanten Zahlenwert annimmt.

Um die atmosphärische Diffusion berechnen zu können, müssen entweder die turbulenten Diffusionsvorgänge selbst modelliert oder der turbulente D. mit Hilfe empirischer Ansätze bestimmt werden. Solche Ansätze beschreiben den D. in Abhängigkeit von der Mischungsweglänge und von denjenigen Parametern, die die Turbulenzintensität bestimmen; dies sind vor allem Windscherung und thermische Schichtung.

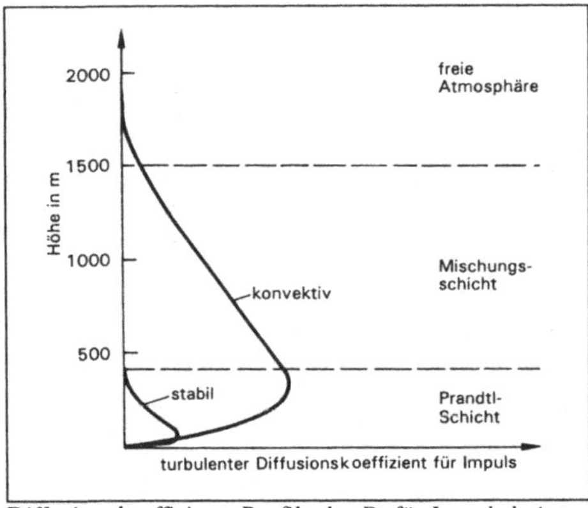

Diffusionskoeffizient: Profile des D. für Impuls bei stabiler und labiler thermischer Schichtung.

Die turbulenten D. für verschiedene meteorologische Parameter – Konzentration, Impuls, Temperatur usw. – unterscheiden sich, weil die Durchmischung jeweils anderen Gesetzmäßigkeiten unterliegt. Dies spiegelt sich in verschiedenen Profilformen in der planetarischen Grenzschicht wider.

Wichmann-Fiebig

Dioxine *⟨dioxins⟩*.

Allgemein. Die polychlorierten Dibenzo-p-dioxine (PCDD) werden häufig kurz als D. bezeichnet. Sie sind eine Verbindungsklasse aromatischer Ether, d. h. sauerstoffverknüpfte Phenylringe. Die Anzahl der Chloratome im Molekül wird durch das Präfix Mono-(1) bis

Dioxine. Tabelle 1: Strukturformeln der PCDD/PCDF sowie die durch Chlorsubstitution möglichen Verbindungen, eingeteilt nach Chlorierungsgrad (Homologe), Isomere und Kongenere.

Polychlordibenzo-p-dioxine
(PCDD)

Polychlordibenzofurane
(PCDF)

Anzahl der Chloratome	Anzahl der PCDD-Isomere	Anzahl der PCDF-Isomere
1	2	4
2	10	16
3	14	28
4	22	38
5	14	28
6	10	16
7	2	4
8	1	1
Kongenere	75	135

Octa-(8) bezeichnet. Die unterschiedliche Stellung der jeweiligen Chloratome im Molekül gibt die systematische Bezifferung wieder. Den D. chemisch eng verwandt sind die polychlorierten Dibenzofurane (PCDF) (→ Furane). Tabelle 1 zeigt die Strukturformeln sowie die durch Chlorsubstitution möglichen Verbindungen an D. und PCDF. Insgesamt ergeben sich 75 verschiedene Kongenere für die D. und 135 verschiedene Kongenere für die PCDF. Sowohl der Chlorierungsgrad als auch die Stellungsisomerie haben erheblichen Einfluß auf die Eigenschaften der jeweiligen Verbindungen. Neben den polychlorierten sind die polybromierten und die gemischt-halogenierten Dibenzo-p-dioxine und -furane von Bedeutung (PBDD/PBDF bzw. PHalDD/PHalDF). Polybromierte D. und Furane können bei chemischen oder thermischen Prozessen bei Anwesenheit von Bromverbindungen entstehen, z. B. bei Verschwelung von Kunststoffen mit bromhaltigen Flammschutzmitteln oder bei der Verwendung scavenger-haltiger Ottokraftstoffe.

D. und Furane sind sehr stabil gegen chemische und thermische Einflüsse. Sie sind weitgehend inert gegen Laugen und Säuren. Bei der Verbrennung sind sie im unteren Temperaturbereich sehr beständig; bei Temperaturen von 1 000 °C werden sie bei technisch üblichen Verweilzeiten praktisch vollständig verbrannt.

Auf Grund ihrer physikalisch-chemischen Eigenschaften reichern sich D. und PCDF im Boden und in der Nahrungskette an. Sie werden in der Umwelt durch Lichteinwirkung und mikrobiell kaum bzw. nur sehr langsam abgebaut.

Die herausgehobene Verbindung hinsichtlich ihres Risikos ist das 2,3,7,8-TCDD (sog. Sevesogift, wegen der herausragenden Bedeutung dieses Stoffes beim Chemie-Unfall im Juli 1976 in Seveso, Italien). Zur Risikobeurteilung von 2,3,7,8-TCDD beim Menschen wird vor allem auf Ergebnisse aus Tierversuchen zurückgegriffen. Für die Berechnung einer für den Menschen als unschädlich unterstellten Ausnahmemenge werden zusätzliche Sicherheitsfaktoren von 100 bis 1 000 berücksichtigt. Am besten ist das 2,3,7,8-TCDD toxikologisch untersucht. Für die übrigen D. und Furane gibt es noch keine ausreichenden Untersuchungen, die eine fundierte toxikologische Bewertung erlauben. Es ist jedoch bekannt, daß alle PCDD/PCDF-Kongenere mit 2,3,7,8-Substitution grundsätzlich das gleiche Wirkungsprofil zeigen. Weiterhin gibt es Anhaltspunkte dafür, daß sich die Wirkungsstärken mehrerer Kongenere im Gemisch addieren. Auf der Grundlage dieser Zusammenhänge und wegen des unterschiedlichen Vermögens der einzelnen Kongenere, Enzyme zu induzieren, wurden sog. Toxizitäts-Äquivalenzwerte (TE) für D. und Furane entwickelt. Das toxische Äquivalent von 2,3,7,8-TCDD wird dabei gleich 1 gesetzt. In Tabelle 2 werden nach verschiedenen Methoden ermittelte Äquivalenzwerte wiedergegeben.

Dioxine. Tabelle 2: Systeme unterschiedlicher Toxizitätsäquivalenzfaktoren, d. h. Wichtungsfaktoren bezogen auf 2,3,7,8-Tetrachlordibenzodioxin.

Struktue	Toxizitätsäquivalente			
	Eadon USA	Nordisches System	BGA D	Internat. System (NATO (CCMS)*)
2378-Cl4DD	1	1	1	1
12378-Cl5DD	1	0,5	0,1	0,5
123478-Cl6DD	0,033	0,1	0,1	0,1
123678-Cl6DD	0,033	0,1	0,1	0,1
123789-Cl6DD	0,033	0,1	0,1	0,1
1234678-Cl7DD	0	0,01	0,01	0,01
OCDD/Cl8DD	0	0,001	0,001	0,001
2378-Cl4DF	0,33	0,1	0,1	0,1
12378-Cl5DF	0,33	0,01	0,01	0,05
23478-Cl5DF	0,33	0,5	0,1	0,5
123478-Cl6DF	0,011	0,01	0,1	0,1
123678-Cl6DF	0,011	0,01	0,1	0,1
123789-Cl6DF	0,011	0,01	0,1	0,1
234678-Cl6DF	0,011	0,01	0,1	0,1
1234678-Cl7DF	0	0,01	0,01	0,01
1234789-Cl7DF	0	0,01	0,01	0,01
OCDF/Cl8DF	0	0,001	0,001	0,001
andere Cl4DD/F	0	0	0,01	0
andere Cl5DD/F	0	0	0,01	0
andere Cl6DD/F	0	0	0,01	0
andere Cl7DD/F	0	0	0,01	0

*) Die Äquivalenzfaktoren der 17. BimSchV sind damit identisch.

Als international weitgehend verbindlich wurden die von einer Arbeitsgruppe der NATO/CCMS ermittelten Werte vereinbart; manchmal auch als I-TEF bezeichnet (Abk. *engl.* International Toxicity Equivalence Factor). Auf dieser Grundlage ist auch der → Emissionsgrenzwert von 0,1 ng TE/m^3 im Abgas von → Abfallverbrennungsanlagen in der → 17. BImSchV festgelegt.

Wegen der hohen Langlebigkeit der D. und Furane ist der wesentliche Teil der heutigen Umweltbelastungen durch Einträge aus früheren Jahren verursacht. Schätzungen versuchen daher, den Eintrag etwa in den zurückliegenden 20 Jahren zu ermitteln.

D. und Furane werden nicht gezielt zu irgendeinem Zweck hergestellt. Sie entstehen ausschließlich als unerwünschte Nebenprodukte bei chemischen und thermischen Prozessen. Das Vorkommen von PCDD/PCDF wird heute in den industrialisierten Ländern als ubiquitär betrachtet. Hauptquellen für den Eintrag von D. und Furanen in die Umwelt sind nach heutigem Kenntnisstand die Produktion und Verwendung chlororganischer Stoffe der chemischen Industrie und die thermischen Prozesse. Hinzu kommen u. a. unkontrollierte Brände (z. B. von PCB-haltigen Transformatoren, von PVC).

M. Lange

Emissionsminderung.

❐ Produktionsprozesse der → Chlorchemie. D. und → Furane (PCDD/PCDF) können bei bestimmten Produktionsprozessen entstehen. Der Eintrag in die Umwelt kann vor allem über die (bestimmungsgemäße) Verwendung des Produktes und über die Produktionsabfälle erfolgen. Zuerst wurden PCDD/PCDF als Nebenprodukte bei der Herstellung von Chlorphenolen beobachtet. Durch die technische Produktion von 2,4,5-Trichlorphenol (2,4,5-T), einem Pflanzenschutzmittel mit einem Gehalt bis zu 0,01% D., sind die PCDD/PCDF erst als toxikologisch relevant in Erscheinung getreten. Polychlorierte Biphenyle (PCB) waren regelmäßig mit Dibenzofuranen verunreinigt und wurden darüber hinaus durch Transformatorenbrände zu D.-Quellen. Die breite Anwendung von PCB in offenen und geschlossenen Systemen, der massive Einsatz von Pentachlorphenol (PCP) vor allem als Holzschutzmittel und 2,4,5-T in der Landwirtschaft haben innerhalb kurzer Zeit zu einer weltweit nachweisbaren D.- und Furanbelastung geführt. Als neue Quelle für den laufenden D.-Eintrag wurde vor einigen Jahren die D.-Bildung bei der Zellstoff- und Papierherstellung (Chlorbleiche) erkannt. Inzwischen werden in Deutschland chlorfreie Bleichverfahren eingesetzt.

❐ Thermische Prozesse. Ende der 70er Jahre wurden erstmals PCDD/PCDF in Filterstäuben und → Abgasen von Müllverbrennungsanlagen in den Niederlanden und in den USA nachgewiesen. Diese Ergebnisse wurden bei weiteren Messungen an → Abfallverbrennungsanlagen weltweit bestätigt. Inzwischen wurde die Bildung von D. und Furanen bei verschiedenen thermischen Prozessen nachgewiesen. Nachfolgend sind einige relevante Quellen genannt.

- Kabelverschwelung (in der Bundesrepublik Deutschland seit 1991 nicht mehr in Betrieb),
- Hausabfallverbrennung (Abfallverbrennungsanlage),
- Krankenhausabfallverbrennung,
- Sonderabfallverbrennung,
- Verbrennungsmotoren in Kraftfahrzeugen (bei Verwendung von brom- und chlorhaltigen Scavengern im Benzin) (→ 19. BImSchV),
- Sinteranlagen,
- Nichteisen-Sekundärmetallschmelzen (z. B. Aluminium-, Kupferrückgewinnung),
- Eisen- und Stahlschrottverwertung (z. B. in Elektrostahlwerken),
- Verbrennung von Holzwerkstoffresten,
- Hausbrandfeuerstätten für Holz, Kohle oder Öl,
- Deponiegasverbrennung.

Abfallverbrennungsanlagen sind nur zu einem geringen Anteil an der D.-Belastung in der Bundesrepublik Deutschland beteiligt. Bei bestehenden älteren Anlagen betragen die Abgaskonzentrationen ca. 1 – 15 ng TE/m^3. Abfallverbrennungsanlagen, die Ende der 80er Jahre in Betrieb gegangen sind, haben Emissionswerte, die häufig um 1 ng TE/m^3 liegen. Alle diese Anlagen müssen bis spätestens Ende 1996 den → Emissionsgrenzwert der → 17. BImSchV = 0,1 ng TE/m^3 einhalten.

❐ Emissionsminderungsmaßnahmen. Um niedrige Emissionswerte, z. B. den Grenzwert von 0,1 ng TE/m^3 der 17. BImSchV für Abfallverbrennungsanlagen einzuhalten, sind besondere Minderungsmaßnahmen zu treffen. Folgende Techniken werden eingesetzt:

- Einsatzstoffbezogene Maßnahmen, z. B. Vorbehandlung von verunreinigtem Recyclingmaterial, Verzicht auf Scavenger im Benzin.
- Feuerungstechnische Maßnahmen, z. B. ausreichend hohe Temperaturen und Verweilzeiten sowie gute Durchmischung der Gase in Hinblick auf einen guten Ausbrand.
- Verringerung der Dioxinbildung im Abgasweg, z. B. Zugabe von Inhibitoren, Vermeidung oder Verminderung von Flugascheablagerungen durch geeignete Abgasführung und optimierte Reinigung von Heizflächen und Abgaszügen.
- Anwendung von Abgasreinigungsverfahren.

Verschiedene wirksame Abgasreinigungsverfahren stehen zur Verfügung:

- Optimierte konventionelle Staubabscheider (insbesondere Gewebefilter in Verbindung mit einem Kalksorptionsverfahren).
- Flugstromreaktor mit Herdofen- oder Aktivkoksstaub (Zudosierung eines Kalkstein/Koksstaubgemisches in den Abgasstrom sowie nachgeschaltetes Gewebefilter).
- Festbettreaktor unter Verwendung von Herdofen- oder Aktivkoks.
- Katalytische Oxidation unter Einsatz eines TiO_2-Katalysators.

Mit den drei zuletzt genannten Verfahren lassen sich Emissionswerte von 0,1 ng TE/m^3 im Abgas sicher einhalten. Bei Verwendung von Herdofen- oder Aktivkoks im Flugstromreaktor oder im Festbett fallen beladene Reststoffe an, die geeignet behandelt und entsorgt werden müssen. Reststoffe aus dem Flugstromreaktor werden in der Regel als Sonderabfall entsorgt. Bei der katalytischen Oxidation werden D. und Furane mit Wirkungsgraden von 95% und mehr zerstört.

Soweit dioxinbeladene Reststoffe, insbesondere Filterstäube, anfallen, sind die Reststoffe besonders zu behandeln. Verschiedene Verfahren stehen zur Verfügung, z. B.:

- die katalytische Behandlung von Filterstaub und anderen Reststoffen im Niedertemperaturbereich unter Sauerstoffmangelbedingungen,
- die Behandlung der Filterstäube nach dem Drei-R-Verfahren (3 R=Rauchgas-Reinigung mit Rückstandsbehandlung),
- mehrere Flugascheeinschmelzverfahren,
- die Verbrennung von beladenem Herdofenkoks.

❐ Emissionsbegrenzung. Die 17. BImSchV legt einen D.-Grenzwert von 0,1 ng TE/m^3 für Anlagen zur Verbrennung von Abfällen und ähnlichen brennbaren Stoffen fest. Für alle übrigen genehmigungsbedürftigen Anlagen gilt das generelle Emissions-Minimierungsgebot der → TA Luft (Nr. 3.1.7 Abs. 7). Zur Ausfüllung dieses Minimierungsgebots orientieren sich Genehmigungsbehörden häufig am Grenzwert der 17. BImSchV. *M. Lange*

Literatur: *Lange, M.*: Minimierung der Dioxin- und Furanemissionen aus Abfallverbrennungsanlagen. Umwelt **21** (1991) Nr. 3 Special, S. E35/E40. – 10th Intern. Meeting DIOXIN '90, Sept. 1990 Bayreuth. – Dioxine und Furane – ihr Einfluß auf die Umwelt und Gesundheit. 1. Auswertung des 2. Intern. Dioxin-Symposiums im Nov. 1992 in Berlin, Bundesgesundhbl. Sonderheft Mai 1993. – Sachstandsbericht von Bundesgesundheitsamt und Umweltbundesamt zum Dioxin-Symposium Januar 1990, Karlsruhe Symposiumsbände 1 – 3 zu Organohalogen Compounds – Siebzehnte Verordnung zur Durchführung des Bundes-Immissionsschutzgesetzes (Verordnung über Verbrennungsanlagen für Abfälle und ähnliche brennbare Stoffe – 17. BImSchV) vom 23. Nov. 1990. – UBA-Berichte 5/85: Sachstand Dioxine. Hrsg.: Umweltbundesamt. Berlin 1985. – VDI-Ber. 634: Dioxin. Eine technische, analytische ökologische und toxikologische Herausforderung. Düsseldorf 1987. – VDI-Ber. 745: Halogenierte organische Verbindungen in der Umwelt. Düsseldorf 1989. – Vogg et al.: Das 3 R-Verfahren, ein Baustein zur Schadstoffminderung bei der Müllverbrennung; VGB Kraftwerkstechnik 68 (1988), 3, S. 258–261.

Immissionsmessung. Die Analytik von D. und → Furanen ist sehr aufwendig. Diese sind zu einem großen Teil in der Partikelphase gebunden. Dementsprechend werden zur Probenahme unterschiedliche Varianten bewährter Methoden zur Messung des Schwebstaubs und des Staubniederschlags eingesetzt. Der heute weitgehend praktizierte Ablauf der Messung läßt sich folgendermaßen umreißen:

Zur Probenahme für Konzentrationsmessungen werden in der Regel modifizierte LIB-Geräte eingesetzt (LIB-Filterverfahren nach VDI 2463 Bl. 4). Der modifizierte Probenahmekopf enthält ein Glasfaserfilter zur Abscheidung der Partikelphase. Zur Erfassung der gasförmigen Anteile ist dem Partikelfilter ein Polyurethanschaum als Adsorptionseinheit nachgeschaltet. Zur Anreicherung einer für die nachgeschaltete Aufarbeitung und Analyse ausreichenden Substanzmenge werden in der Regel rund 1 000 mm^3 Probeluft durchgesetzt. Die Probenahme kann über einen Zeitraum von drei Tagen oder aber auch beispielsweise über einen Monat erfolgen. Nach der Probenahme werden Filter und Polyurethanschäume einer Toluolextraktion in Soxhletheißextratoren unterzogen.

Zur Erfassung der D.- und Furan-Deposition wird meist das Bergerhoff-Gerät eingesetzt (→ *Bergerhoff-Verfahren*). Gegenüber der Bestimmung des Staubniederschlags muß die Aufarbeitung der so gewonnenen Proben jedoch modifiziert werden, weil bei einem Eindampfen der Probe hohe Verluste an D. u. F. eintreten können. Stattdessen erfolgt die Zugabe von HCl und eine anschließende Filtration der Probe über Glasfaserfilter. Die wäßrige Phase wird mit Toluol extrahiert. Mit dieser Lösung erfolgt anschließend eine Soxhletextraktion des Filters.

Die weitere Aufarbeitung ist in beiden Fällen (Konzentrations- oder Depositionsmessung) identisch. Der Soxhletextraktion schließen sich je nach Matrix diverse säulen-chromatographische Reinigungsschritte an. Verbreitet ist dabei die → Chromatographie an saurem und basischem Kieselgel (gemischte Säule), an Aluminiumoxid sowie die Reinigung unter Einsatz der → Hochdruckflüssigkeitschromatographie.

Im letzten Schritt werden die D. u. Furane (F.) gaschromatographisch auf einer polaren oder unpolaren Quarzkapillare getrennt und massenfragmentographisch nachgewiesen (Gaschromatographie/Massenspektrometrie-Kopplung, GC/MS). Die polare Kapillare ermöglicht eine weitgehende Auftrennung der einzelnen PCDD/PCDF-Kongenere, auf der unpolaren Säule ist nur eine Trennung der Homologengruppen möglich. Die Identifizierung der Kongenere erfolgt in der Regel anhand der Molmasse, der charakteristischen Isotopenverhältnisse und der Retentionszeiten. Die Quantifizierung erfolgt über die Methode des inneren Standards. Hierbei handelt es sich um eine Reihe ^{13}C-markierter Verbindungen, die vor Beginn der Probenaufarbeitung, d. h. vor der Soxhletextraktion, zugegeben werden. Verluste, die im Laufe der Aufarbeitung, des sogenannten clean up, eintreten, werden auf diese Weise automatisch im Analysenergebnis kompensiert.

Üblicherweise werden folgende Parameter bei einer D.-/F.-Analyse bestimmt:

- besonders relevante Einzelkongenere, insbesondere 2,3,7,8-substituierte Einzelisomere,
- Summe der tetrachlorierten D. und F.,
- Summe der pentachlorierten D. und F.,
- Summe der hexachlorierten D. und F.,
- Summe der heptachlorierten D. und F.,
- das octachlorierte D. und F.,
- Summe aller PCDD und PCDF.

Weiterhin hat es sich im Rahmen der Bewertung von D.-/F.-Analysen als zweckmäßig erwiesen, das Analysenergebnis in Form sog. Toxizitätsäquivalente (TE) zusammenzufassen. *Pfeffer*

Literatur: VDI 2463 Bl. 4: Messen von Partikeln; Messen der Massenkonzentration von Partikeln in der Außenluft; LIB-Filterverfahren; 12/1976.

Direktentschwefelungsverfahren ⟨*direct desulfurization process/limestone injection*⟩. Mit dem D. werden Schwefeloxide, Chlor- und Fluorwasserstoff bei → Feuerungsanlagen durch Zugabe von Sorptionsmittel (kalkhaltige Additive) in den Feuerraum im Temperaturbereich um 1 100 °C abgeschieden. Die Schadstoffe reagieren mit den Additiven bei Temperaturen zwischen 800 und 1 100 °C zu den entsprechenden Salzen. Die Reaktionsprodukte werden mit der Flugasche ausgetragen. Die Komponenten des D. sind Vorrats- und Zwischensilos für die Additive und für das Produkt sowie die Dosier- und Einblaseeinrichtungen.

Im Gegensatz zu den → Trockenadditiv-Verfahren wird das Sorptionsmittel getrennt vom Brennstoff mit konstanter Luftmenge oberhalb des Flammenbereichs in den Kessel eingeblasen. Einblasort und Anzahl der Düsen richten sich nach den jeweiligen Kesselverhältnissen. Die Düsenanordnung und die Einblasgeschwindigkeit (etwa 50 m/s) müssen aufeinander abgestimmt sein, damit der Additivstrahl nicht auf die Feuerraumwände auftrifft. Oberhalb von 1 250 °C sintern die Additive zusammen und reagieren mit der Flugasche. Daher darf an der Stelle der Additiveinblasung diese Temperatur nicht überschritten werden, weil sonst die Schadstoffeinbindung stark abnimmt. Das Optimum der Schadstoffeinbindung liegt mit Kalkstein und Branntkalk als Additive bei 850 °C sowie mit Dolomit (Calcium-/Magnesiumcarbonat) bei 800–850 °C.

Die → Abscheidegrade hängen im wesentlichen von Schwefel-, Chlor- und Fluorgehalten des eingesetzten Brennstoffs, vom Additiv und der Kesselart ab. Um im Dauerbetrieb Entschwefelungsgrade von 50–60% zu erzielen, müssen Additivmengen im Ca/S-Verhältnis zwischen 2 und 4,5 zugeführt werden. Größere Additivmengen zur Verbesserung des Abscheidegrads würden den Wirkungsgrad des Kessels sehr beeinträchtigen. Das D. ist daher bevorzugt für kleinere Steinkohlefeuerungen mit wenigen Betriebsstunden im Jahr geeignet. Als Reststoff fällt im Staubabscheider ein Gemisch aus Flugasche und Kalkprodukten ($CaSO_4$, CaO, geringer Anteil an CaCl und CaF) an. Der Anteil an Kalkprodukten beträgt je nach Feuerraum- und Abscheidebedingungen sowie Aschegehalt des Brennstoffs zwischen 40–80 Gew.-%. Dieser Reststoff ist nur beschränkt verwertbar, z. B. im Straßen- und Wegebau als Bodenersatz, im Landschaftsbau als Verfüllmaterial und in industriellen Produktionsprozessen zur Neutralisation von Schlämmen. Meistens muß jedoch der Reststoff des D. als Abfall deponiert werden.

Haug

Literatur: *Breihofer, D. et al*: Maßnahmen zur Minderung der Emissionen von SO_2, NO_x und VOC bei stationären Quellen in der Bundesrepublik Deutschland. Studie im Auftrag des BMU/Umweltbundesamt. IIP Uni Karlsruhe November 1991. – *Davids, P.; M. Lange*: Die Großfeuerungsanlagen-Verordnung – Technischer Kommentar. Düsseldorf 1984.

Distickstoffmonoxid *⟨nitrous oxide⟩*. D. war bislang nicht Bestandteil von Immissionsmeßprogrammen, hat aber in der letzten Zeit an Bedeutung gewonnen, weil es wie → Methan und → Kohlendioxid den Klimahaushalt verändert und zum sog. → Treibhauseffekt beiträgt.

D. in der Außenluft läßt sich gaschromatographisch (→ Gaschromatographie) nachweisen. Die Luftprobe wird auf einer gepackten Säule (Trennsäule), gefüllt mit Porapak Q, getrennt und mit einem He-Ionisationsdetektor oder einem Elektroneneinfangdetektor nachgewiesen. Bei einem Probevolumen zwischen 1 und 10 ml beträgt die Nachweisgrenze 2 ppbv.

Dulson

Literatur: *Seiler, W.* und *R. Conrad*: Field Measurements of Natural and Fertilizer-Induced N_2O Release Rates from Soil. JAPCA 31, (1981) pp. 767.

Diversität *⟨diversity⟩*. Begriff aus der → Sicherheitstechnik. Es handelt sich um wichtige Einrichtungen der Sicherheitssysteme gefahrenträchtiger Anlagen, die physikalisch oder technisch verschiedenartig ausgelegt werden. Eine diversitäre Auslegung von Sicherheitssystemen dient der Beherrschung sog. abhängiger Fehler. Diese werden bei einer genauen Untersuchung auf ursächlich verknüpftes Folgeversagen im Rahmen der Störfallanalyse identifiziert.

Das Prinzip der D. besagt, daß für jede Sicherheitsfunktion nebeneinander verschiedenartige Prozeßgrößen das Anregesignal bewirken, verschiedenartige Verarbeitungsstränge die Signale umsetzen und in der Wirkungsweise, mindestens aber im Konstruktionsprinzip, verschiedenartige Stellglieder die sicherheitstechnische Aktion auslösen. Eine diversitäre Auslegung schützt in erster Linie gegen systematische Fehler in Konstruktion und Kalibrierung, in gewissem Umfang aber auch gegen Verknüpfungen. *Merz*

DOAS *⟨DOAS⟩*. Abk. *engl.* für Differential Optical Absorption Spectroscopy. D.-Systeme gehören zu den aktiven optischen → Fernmeßverfahren und ermöglichen eine räumlich integrierende Messung gasförmiger Luftschadstoffe (Emissions- und Immissionsmessung). Im Unterschied zu anderen optischen Fernmeßverfahren nach dem DAS-Prinzip (→ LIDAR) verwenden D.-Systeme keinen Laser, sondern eine breitbandige Lichtquelle (z. B. Xenon-Hochdrucklampe) in Kombination mit einem hochauflösenden Gitterspektrometer.

Lichtsender und -empfänger sind in der Regel voneinander getrennt am Anfang und Ende der gewählten Meßstrecke angeordnet, die je nach Meßaufgabe und Auslegung des Meßsystems bis zu 10 km lang sein kann. Das am Ende der Meßstrecke ankommende Licht wird mit einem Spiegelteleskop empfangen, im Spektrometer zerlegt und photoelektrisch detektiert. Zwischen Spektrometer und Detektor befindet sich eine rotierende Scheibe mit mehreren radialen Schlitzen, mit denen der für die Messung ausgewählte Spektralbereich abgetastet wird. Diese Abtastung muß so schnell erfolgen, daß sich in dieser Zeit der Zustand der Atmosphäre nur unwesentlich ändert. Die bei der Abtastung gespeicherten Meßwerte bilden die Grundlage für die nachfolgende elektronische Spektralanalyse. Unter günstigen Bedingungen kann mit einem D.-System die über die Meßstrecke gemittelte Konzentration mehrerer Luftschadstoffe seriell bestimmt werden. *Stahl*

Literatur: *Platt, U.; D. Perner*: Measurements of Atmospheric Trace Gases by Long Path Differential UV/Visible Absorption Spectroscopy. In: Optical and Laser Remote Sensing. Hrsg. D. K. Killinger, A. Mooradian. Berlin–Heidelberg–New York 1983.

Dobson-Einheit *⟨Dobson unit⟩* (Gesamtozonmenge). In der Geophysik ist es üblich, den Gesamtozongehalt einer vertikalen Luftsäule zwischen Erdboden und der Sonne in der relativen Einheit Dobson (DU: Dobson-Unit) anzugeben. Die Pionierarbeiten *Dobsons* auf dem Gebiet des stratosphärischen → Ozons werden damit gewürdigt. Der Ozongehalt, der in der englischsprachigen Literatur auch Total Ozone Column Density, d. h. Gesamtozonsäulendichte, genannt wird, entspricht der Gesamtozonmenge in der Luftsäule und nicht der Konzentration an einem Punkt. Die Bezeichnung Säulendichte geht dabei auf den aus der Lichtabsorption gebräuchlichen Begriff der optischen Dichte zurück, weil zur Bestimmung des Ozongehalts ein → Absorptionsverfahren eingesetzt wird. Die Messungen werden mit einem Dobson-Spektrometer durchgeführt, wobei das Instrument die Lichtintensität des Sonnenlichts bei zwei verschiedenen Wellenlängen im Bereich der Absorptionsbande des Ozons vergleicht. Eine D.-E. entspricht dabei dem Absorptionsmaß bzw. der Gesamtozonsäulendichte, die eine 0,01 mm dicke → Ozonschicht besitzt, wenn dabei Ozon auf 1 013 mbar und 273 K (Normalbedingungen) bezogen wird. Da die atmosphärische Gesamtozonsäulendichte ungefähr 300 DU beträgt, wäre sie, würde sie auf Normalbedingungen bezogen, 3 mm dick (→ Ozonloch). *Wirtz*

Drei-Weg-Katalysator ⟨*three way regulated catalyst*⟩ → Kfz-Abgas-Katalysator

13. BImSchV ⟨*thirteenth Ordinance based on the Federal Immission Control Act/ordinance on large-scale firing installations*⟩. Verordnung über Großfeuerungsanlagen vom 22. Juni 1983 (BGBl. I S. 719), auch als Großfeuerungsanlagen-Verordnung zitiert. Gilt für (genehmigungsbedürftige) → Feuerungsanlagen mit einer Feuerungsleistung von 50 MW und mehr (bei Gasfeuerungen ab 100 MW) und regelt im wesentlichen die Begrenzung der Emissionen an Staub, Kohlenmonoxid, Stickstoffoxiden, Schwefeldioxid und Halogenverbindungen (→ Chlorwasserstoff) – jeweils für Feststoff-, Öl- und Gasfeuerungen – mit Übergangsfristen für Altanlagen, deren Nachrüstung das eigentliche Ziel der Verordnung war.

Diese Verordnung war die umweltpolitische Antwort auf die Herausforderung, den Ende der 70er/Anfang der 80er Jahre festgestellten ausgedehnten neuartigen → Waldschäden angemessen zu begegnen. Damit wurde erstmals das bereits seit 1974 mit dem BImSchG (§ 5 Abs. 1 Nr. 2) kodifizierte → Vorsorgeprinzip konsequent angewandt und praktisch zum Durchbruch gebracht: 1985 wurde das BImSchG mit dem Ziel einer umfassenden Altanlagensanierung novelliert (§§ 7, 17), 1986 folgte die darauf basierende → TA Luft mit fortschrittlichen Emissionsbegrenzungen und mit stringenten Regelungen zur Nachrüstung aller anderen genehmigungsbedürftigen Anlagen, von denen mit der → 17. BImSchV 1990 die → Abfallverbrennungsanlagen noch einmal zur Schwerpunktsetzung in einem neuen umweltsensiblen Bereich besonders geregelt wurden.

Zu den → Emissionsgrenzwerten der 13. BImSchV, zum Stand der Nachrüstung und zur Emissionsüberwachung: → Großfeuerungsanlagen. *Dreyhaupt*

3. BImSchV ⟨*third Ordinance based on the Federal Immission Control Act/ordinance on sulphur content of lightgrade heating oil and diesel oil*⟩. Verordnung über Schwefelgehalt von leichtem Heizöl und Dieselkraftstoff vom 15. Januar 1975 (BGBl. I S. 264), zuletzt geändert durch Verordnung vom 26. September 1994 (BGBl. I S. 2640). Es handelt sich um eine brenn- bzw. kraftstoffbezogene Regelung mit einer Begrenzung des Höchstgehalts an Schwefelverbindungen (berechnet als Schwefel) in leichtem Heizöl und Dieselkraftstoff; vom 1. Oktober 1996 an gilt grundsätzlich eine Begrenzung von 0,05 Gewichtsprozent. *Dreyhaupt*

Druckanlage ⟨*printing facility/press*⟩. Die von Druckfarben ausgehenden Lösemittelemissionen in der Bundesrepublik Deutschland liegen bei etwa 100 000 t/a, die fast ausschließlich in D. verursacht werden.

Die → Lösemittel werden jeweils abhängig vom Druckverfahren eingesetzt. Im Offsetdruck werden hochsiedende Mineralöle (Siedebereich 230–270 °C) enthaltende Druckfarben verwendet, daneben enthält auch das Offsetwasser bis zu 10% Isopropanol. Werden die Druckfarben in einer Gasflammen- oder Heißlufttrocknung nachbehandelt (Heat-set-Verfahren), werden neben den Lösemitteln auch Zersetzungsprodukte des Bindemittels emittiert. Das Trocknerabgas wird in der Regel einer thermischen Abgasreinigungseinrichtung zugeführt. Das Heat-set-Verfahren kommt vorwiegend zum Drucken von Illustrierten, Werbeprospekten mit Auflagen von kleiner 1 Mio. zum Einsatz. Das Cold-set-Verfahren ohne anschließende Trocknung wird im Zeitungsdruck eingesetzt. Im Illustrationstiefdruck wird fast ausschließlich Toluol als Lösemittel verwendet, das in der Regel durch Adsorption zurückgewonnen und wiederverwendet wird. Der Illustrationstiefdruck wird vorwiegend beim Druck von Illustrierten und Büchern mit hohen Auflagen (größer 1 Mio.) eingesetzt. Im Flexo- und Spezialtiefdruck sind die Lösemittel überwiegend Ethanol und Ethylacetat. Diese Druckverfahren kommen vor allem im Verpakkungsdruck zum Einsatz. Papier oder papierähnliche Materialien werden hauptsächlich mit wäßrigen Farben mit sehr niedrigen Lösemittelgehalten bedruckt, bei Kunststoff ist der Einsatz von wäßrigem System aufgrund von Haftungsproblemen noch in der Entwicklung.

Das Abgas kann durch thermische, Adsorptions-, Absorptions- oder biologische Verfahren gereinigt werden. D. werden auch in Verbindung mit Beschichtungsanlagen, z. B. zum Silikonisieren, Lackieren oder Kaschieren, eingesetzt; aus den Einsatzstoffen können ebenfalls Lösemittel freigesetzt werden.

Anlagen zum Bedrucken von bahnen- oder tafelförmigen Materialien mit Rotationsdruckmaschinen einschließlich der zugehörigen Trockner sind nach Nr. 5.2 des Anhangs der → 4. BImSchV genehmigungspflichtig, soweit die Farben und Lacke

– organische Lösemittel mit einem Anteil von mehr als 50 Gew.-% an Ethanol enthalten und insgesamt 50 Kilogramm oder mehr je Stunde eingesetzt werden, oder

– sonstige organische Lösemittel enthalten und von diesen 25 Kilogramm oder mehr je Stunde eingesetzt werden.

Emissionsbegrenzende Anforderungen enthält die → TA Luft. Von Bedeutung sind insbesondere die Reduzierung der Abgasmenge durch Umluftführung oder Aufkonzentrierung und die Begrenzung der organischen und geruchsintensiven Stoffe nach Nr. 3.1.7 der TA Luft: → Organische Stoffe sind im Abgas für Stoffe der Klasse I auf 20 mg/m^3, für Stoffe der Klasse II auf 0,1 g/m^3 und für Stoffe der Klasse III auf 0,15 g/m^3 zu begrenzen; treten bei Einhaltung dieser Emissionswerte erhebliche Geruchsbelästigungen auf, können auch weitergehende Anforderungen gestellt werden. *Hanhoff-Stemping*

Literatur: *Angrick, M.; W. Koch*: Abgasreinigungsverfahren für gasförmige Stoffe, Teil 1, 2. EntsorgungsPraxis (1991) 7–8, 9,

S. 402/406, S. 480/492. – *Davids, P.; M. Lange*: Die TA Luft '86 – Technischer Kommentar. Düsseldorf 1986.

Düsenwäscher ⟨*spray tower*⟩ → Sprühwäscher

Dynamisierungsklausel ⟨*dynamisme clause*⟩. Bezeichnung für emissionsbegrenzende Regelungen innerhalb des Immissionsschutzrechts – speziell zur Luftreinhaltung –, wonach Möglichkeiten, Emissionen durch dem → Stand der Technik entsprechende Maßnahmen weiter zu vermindern (als dort konkret angegeben), auszuschöpfen sind. Bisher sind D. in der → 13. BImSchV zur Fortschreibung von Emissionsgrenzwerten (→ Emissionsstandards) und in Nr. 3.3 der → TA Luft zur Fortschreibung von Emissionswerten enthalten und kommen auch zur Anwendung. Von derartigen Vorbehalten zur dynamischen Verschärfung der Anforderungen zur Emissionsminderung, d. h. ohne spätere Änderung der Vorschrift selbst, wird vom Vorschriftengeber im Hinblick auf die notwendige Rechtssicherheit nur dann Gebrauch gemacht, wenn der im Zeitpunkt der Festsetzung dem Stand der Technik entsprechende Emissionsstandard auf mittlere Sicht erkennbar verbesserungsfähig erscheint, d. h. die Zeichen der technischen Entwicklung konkret auf einen baldigen Fortschritt zu niedrigeren Emissionsstandards hinweisen.

So enthält die 13. BImSchV für Großfeuerungsanlagen hinsichtlich der dort festgesetzten Emissionsgrenzwerte für Stickstoffoxide die Vorschrift, daß „die Möglichkeiten, die Emissionen durch feuerungstechnische oder andere dem Stand der Technik entsprechende Maßnahmen weiter zu vermindern, auszuschöpfen sind". Dieser Vorbehalt ist bereits ein Jahr nach Inkrafttreten der Regelung von der Umweltministerkonferenz für eine drastische Absenkung der Stickstoffoxidemissionswerte als Ausgangsbasis für das damals anlaufende Altanlagensanierungsprogramm für Großfeuerungsanlagen in Anspruch genommen worden.

In der TA Luft sind die emissionsbegrenzenden Anforderungen (Emissionswerte) regelmäßig in Form von Emissionswerten enthalten. In Nr. 3.3 sind jedoch für einzelne Anlagearten und Schadstoffe Emissionswerte mit einer D. verbunden. Der Länderausschuß für Immissionsschutz hat im Mai 1991 „Empfehlungen zur Konkretisierung von D. der TA Luft" verabschiedet, die folgende Anlagearten und Schadstoffe betreffen:
– → Feuerungsanlagen für feste Brennstoffe bzw. für Heizöle: Stickstoffoxide und Schwefeloxide;
– Selbstzündungsmotoren: Stickstoffoxide und → Ruß;
– Gasturbinen: → Stickstoffoxide;
– Koksöfen: Stickstoffoxide;
– Zementöfen: Stickstoffoxide;
– Anlagen zum Brennen von Bauxit, Dolomit, Gips, Kalkstein, Kieselgur, Magnesit, Quarzit oder Schamotte: Stickstoffoxide;
– Glasschmelzöfen: Stickstoffoxide;
– Anlagen zum Brennen keramischer Erzeugnisse: Schwefeloxide;
– Anlagen zum Schmelzen mineralischer Stoffe: Stickstoffoxide;
– Wärme- und Wärmebehandlungsöfen: Stickstoffoxide;
– Kontinuierliche Beizanlagen: Stickstoffoxide;
– Katalytische Spaltanlagen: Stickstoffoxide und Schwefeloxide;
– Anlagen zur Serienlackierung von Automobilkarossen und sonstige Anlagen zum Lackieren (Spritzzonen): Organische Stoffe;
– Bedruckungsanlagen: Organische Stoffe;
– Anlagen zum Tränken von Mineralfasern: → Organische Stoffe;
– Motorprüfstände: Stickstoffoxide. *Dreyhaupt*

E

ECE-Test *⟨ECE test procedure⟩.* Kfz-Abgas-Prüfverfahren für den Bereich der Wirtschaftskommission der Vereinten Nationen für Europa ECE (Economic Commission for Europe), basierend auf vergleichenden Untersuchungen des Fahrverhaltens im Stadtverkehr in Frankreich, Großbritannien, Schweden und der Bundesrepublik Deutschland.

Ermittelt werden die Emissionen mittels eines als repräsentativ erachteten Fahrzyklus, dem Europa-Test-Zyklus (Bild 1), der vom Testfahrzeug auf einem Rollenprüfstand (Fahrleistungsprüfstand) viermal durchfahren werden muß. Die → Abgase werden dabei in einem oder mehreren Beuteln gesammelt und anschließend die Schadstoffkonzentrationen ermittelt. Daraus ergeben sich die Schadstoffemissionen in g/Test. Mit Einführung des ECE-Reglements ECE R 15/04 im Jahre 1982 wurde für die Probennahme das CVS-Verfahren (CVS=Constant Volume Sampling) bindend vorgeschrieben.

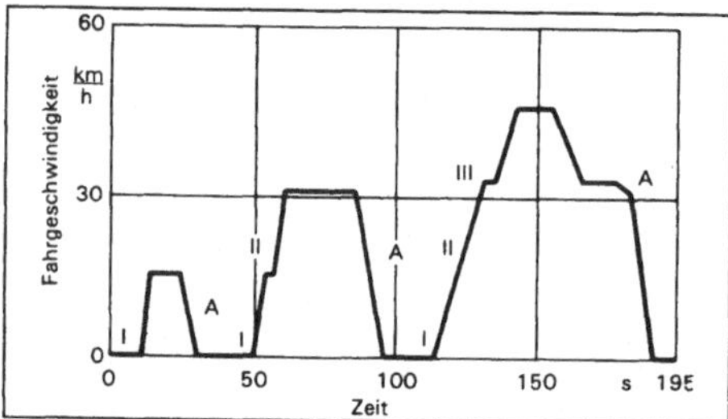

ECE-Test 1: Europa-Test-Zyklus (Stadtzyklus).

I bis III: Gang, A: Auskuppeln, Maximale Geschwindigkeit 50 km/h, Mittlere Geschwindigkeit 18,7 km/h, Zykluszeit 195 s, Zyklusfahrstrecke 1 013 m, Anzahl der Zyklen 4, Leerlauf 31%

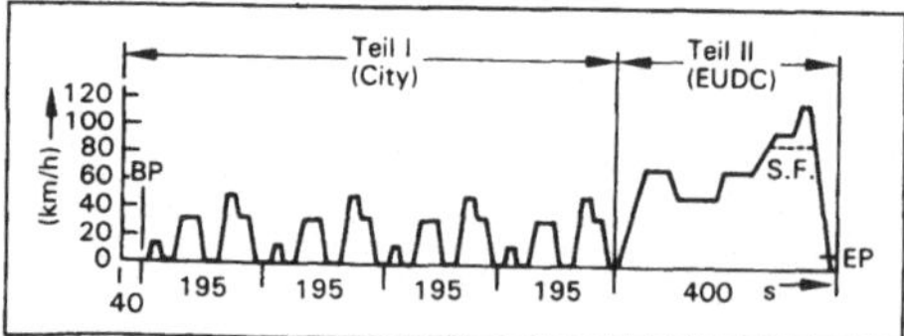

ECE-Test 2: Europa-Test-Zyklus (inkl. EUDC).

Gesamte Testdauer 1 220 s, Testlänge 11,007 km, Mittlere Geschwindigkeit 32,5 km/h, Maximale Geschwindigkeit 120 km/h, EUDC: Extra Urban Driving Cycle, BP: Beginn Probenahme, S. F.: Schwach motorisierte Fahrzeuge, EP: Ende Probenahme

Seit 1992 gilt ein neuer Europäischer Testzyklus (Bild 2), der aus dem bisherigen Stadtzyklus und einem zusätzlichen außerstädtischen Anteil, dem EUDC (Extra Urban Driving Cycle), besteht, bei dem Geschwindigkeiten bis 120 km/h gefahren werden. Diese Erweiterung soll dem hohen Verkehrsaufkommen außerhalb der Städte mit höherer Geschwindigkeit gerecht werden. Entsprechend der neuen Grenzwertsetzung (→ Kfz-Abgas-Grenzwerte) werden die Schadstoffe in g/km bestimmt. *Kind/May*

EG-Richtlinien über Luftqualitätsnormen *⟨EC-Directives relating to air quality standards⟩.* Die EG hat für die Luftschadstoffe Schwefeldioxid, Schwebestaub, Stickstoffdioxid, Blei und Ozon Richtlinien über Luftqualitätsnormen erlassen, die inzwischen mit der → 22. BImSchV in deutsches Recht umgewandelt wurden.

❒ Richtlinie des Rates über Grenzwerte und Leitwerte der Luftqualität für Schwefeldioxid und Schwebestaub (80/779/EWG) vom 15. Juli 1980 (ABl. EG Nr. L 229 S. 30), geändert durch Richtlinie 89/427/EWG vom 21. Juni 1989 (ABl. EG Nr. L 201 S. 53). Darin sind

– Grenzwerte für die Immissionskonzentrationen von Schwefeldioxid und Schwebestaub bei gleichzeitiger Berücksichtigung beider Schadstoffe sowie für Schwebestaub allein und

– Leitwerte für die Immissionskonzentrationen sowohl von Schwefeldioxid als auch von Schwebestaub angegeben.

❒ Richtlinie des Rates betreffend einen Grenzwert für den Bleigehalt in der Luft (82/884/EWG) vom 3. Dezember 1982 (ABl. EG Nr. L 378 S. 15). Enthält einen → Immissionsgrenzwert zum Schutz des Menschen von 2 $\mu g\,Pb/m^3$ als Jahresmittelwert. Die Mitgliedstaaten „können jederzeit einen strengeren Wert" festsetzen.

❒ Richtlinie des Rates über Luftqualitätsnormen für Stickstoffdioxid (85/203/EWG) vom 7. März 1985 (ABl. EG Nr. L 87 S. 1). Sie gibt sowohl einen Grenzwert zum Schutz des Menschen als auch Leitwerte für Immissionskonzentrationen von NO_2 an.

❒ Richtlinie des Rates über die Luftverschmutzung durch Ozon (92/72/EWG) vom 21. September 1992 (ABl. EG Nr. L 291 S. 1). Enthält fünf Immissionskonzentrations-Schwellenwerte, drei zum Schutz der menschlichen Gesundheit, zwei zum Schutz der Vegetation (→ Immissionswert. EG-Richtlinien). *Dreyhaupt*

Literatur: *Dreyhaupt, F. J.:* Rechtsgrundlagen Luft (Kapitel X-2 mit Anhang XI-1.1 Wichtige Grenz-, Richt- und Orientierungswerte Luft), in Wichmann/Schlipköter/Fülgraff: Handbuch der Umweltmedizin. Landsberg 1992.

Eignungsprüfung *⟨suitability test⟩*. Bei der Überwachung der Luftreinhaltung nach Rechts- und Verwaltungsvorschriften zum → Bundes-Immissionsschutzgesetz werden vorzugsweise Meßgeräte eingesetzt, die eine E. erfolgreich bestanden haben und vom Bundesumweltministerium als geeignet bekanntgegeben wurden. Eine Verpflichtung, eignungsgeprüfte Meßgeräte zu verwenden, besteht bei folgenden Meßaufgaben:
- kontinuierliche → Emissionsüberwachung genehmigungsbedürftiger Anlagen (→ 13. BImSchV, → 17. BImSchV, TA Luft);
- kontinuierliche Immissionsüberwachung (→ Immissionsmeßnetze der Bundesländer in Untersuchungsgebieten nach § 44 BImSchG; 4. BImSchVwV);
- Emissionsmessungen an Kleinfeuerungsanlagen (→ 1. BImSchV; → Schornsteinfeger-Messungen).
- Emissionsmessungen an Anlagen der → 2. BImSchV.

Mit dem E.-Verfahren sollen eine ausreichende Qualität und Vergleichbarkeit der Messungen gewährleistet und eine bundeseinheitliche Praxis bei der Überwachung der Emissionen und Immissionen sichergestellt werden. In staatlichen Richtlinien ist konkret festgelegt, was geprüft werden soll und anhand welcher Kriterien die Ergebnisse der Prüfung zu bewerten sind. Diese Richtlinien, die sich zum einen an den Meßaufgaben orientieren, zugleich aber auch den Stand der Meßtechnik berücksichtigen, enthalten vor allem zu den für die Qualität der Messungen maßgeblichen Verfahrenskenngrößen Mindestanforderungen, deren Erfüllung in der E. nachzuweisen ist. Welche Untersuchungen jeweils zu dem Nachweis erforderlich sind, muß das beauftragte Prüfinstitut, orientiert an einem von den Prüfinstituten gemeinsam ausgearbeiteten Prüfplan, im Einzelfall beurteilen und festlegen.

Für die Durchführung einer E. sind nur wenige Prüfinstitute zugelassen. Die im Rahmen einer E. notwendigen Laborversuche dienen vorzugsweise dazu, die von den Meßgeräteherstellern angegebenen Verfahrenskenngrößen zu verifizieren und zu vervollständigen. Ausschlaggebend für die Eignungsfeststellung ist aber erfahrungsgemäß die Felderprobung unter den Einsatzbedingungen der Praxis, weil dabei Schwierigkeiten aufgedeckt werden, die unter Laborbedingungen nicht auftreten. Nach Abschluß einer E. erstellt das beauftragte Prüfinstitut über das Ergebnis einen Prüfbericht, der von den zuständigen Behörden des Bundes und der Länder begutachtet wird. Fällt das Ergebnis insgesamt positiv aus, so erfolgt die Eignungsbekanntgabe im Gemeinsamen Ministerialblatt.

Das Verfahren der E. hat sich in Deutschland im Laufe der Jahre zu einem erfolgreichen Programm entwickelt. Einen Eindruck davon vermittelt die Übersicht zur kontinuierlichen Emissionsüberwachung (Bild). In der linken Spalte sind die Schadstoffe zusammengestellt, die nach der → TA Luft kontinuierlich gemessen werden sollen. In der rechten Spalte sind die Meßprinzipien aufgeführt, die den eignungsgeprüften Geräten zugrundeliegen. Die Verknüpfungen zeigen, daß zu allen relevanten Schadstoffen eignungsgeprüfte Meßgeräte angeboten werden und in den meisten Fällen Geräte nach unterschiedlichen Meßprinzipien zur Auswahl stehen. Eine Ausdehnung des E.-Verfahrens auf weitere Meßaufgaben ist in Vorbereitung. *Stahl*

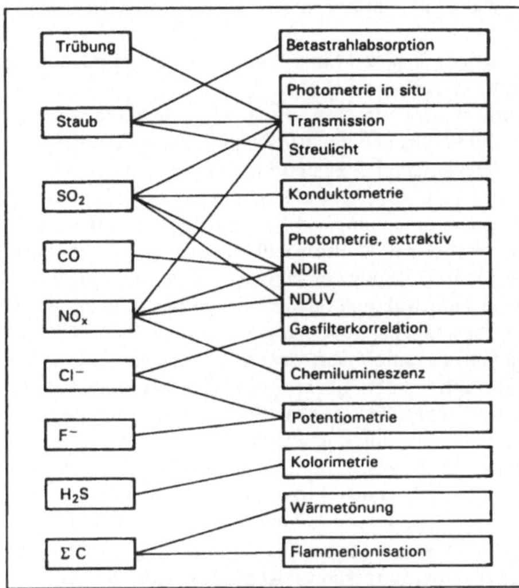

Eignungsprüfung: Meßprinzipien eignungsgeprüfter Emissionsmeßeinrichtungen.

Literatur: Luftreinhaltung. Leitfaden zur kontinuierlichen Emissionsüberwachung. Hrsg. Umweltbundesamt. UBA-Berichte, Band 11/90. Berlin 1990. – Richtlinien über die Eignungsprüfung, den Einbau, die Kalibrierung und die Wartung von Meßeinrichtungen zur fortlaufenden Überwachung der Emissionen besonderer Stoffe; hier: Systeme mit Langzeitprobenahme. Rundschreiben des BMU vom 8. 11. 1994. Gemeinsames Ministerialblatt 1995, S. 128. – Richtlinien für die Bauausführung und Eignungsprüfung von Meßeinrichtungen zur kontinuierlichen Überwachung der Immissionen. Rundschreiben des BMI vom 19.8.1981. Gemeinsames Ministerialblatt 1981, S. 355, zuletzt geändert durch Rdschr. vom 29. 10. 1992 (GMBl. S. 1143). – Anforderungen an die Bauausführung und die Prüfung von Meßgeräten und Vorrichtungen nach der Allgemeinen Verwaltungsvorschrift zur 1. BImSchV. RdSchv. d. BMI vom 17. 1. 1977 (GMBl. S. 63), zuletzt geändert mit RdSchr. vom 15. 9. 1988 (GMBl. s. 565). – Bundeseinheitliche Praxis bei der Überwachung der Emissionen aus Anlagen gemäß der 2. BImSchV: Richtlinien über die Eignungsprüfung, die Bauausführung, den Einbau, die Kalibrierung und die Wertung von Meßeinrichtungen für kontinuierliche Emissionsmessungen oder regelmäßige Prozeßkontrollen; RdSchr. d. BMU vom 22. 1. 1993 (GMBl. S. 173).

Einäscherungsanlage *⟨crematorium⟩*. E. dienen der Einäscherung von Leichnamen bei der Feuerbestattung. Dazu gehören neben dem eigentlichen Verbrennungsvorgang das Einfahren des Sargs in den Einäscherungsofen sowie die Ascheentnahme bzw. Urnenbefüllung. Eine E. besteht im wesentlichen aus den Komponenten Einfahrvorrichtung für den Sarg, Hauptbrennraum, Nachbrennraum, Staubabscheider und Schornstein. Die Dauer eines Einäscherungsvorgangs beträgt ca. 60 Minuten bei einer Temperatur von 650–800 °C.

→ Organische Verbindungen in den bei der Verbrennung von Leichnam und Sarg entstehenden Rohgasen werden bei 850 °C im Nachbrennraum verbrannt. Zur Aufrechterhaltung der Mindesttemperatur im Nachbrennraum während des Einäscherungsvorgangs kann eine zusätzliche Beheizung notwendig sein. Die den Nachbrennraum verlassenden Rohgase müssen abgekühlt werden, bevor sie den Entstaubungseinrichtungen zugeführt werden. Bei indirekter Kühlung in einem Wärmetauscher kann z. B. die Verbrennungsluft vorgewärmt werden. Zur Entstaubung werden Zyklone, Elektrofilter, Gewebefilter und Kombinationen von Zyklonen und Gewebefiltern eingesetzt.

Der Einsatz weiterer Abgasreinigungseinrichtungen zur Abscheidung saurer Abgasbestandteile ist in E. nicht üblich. Die Emissionen an → Chlorwasserstoff und → Fluorwasserstoff können durch primäre Maßnahmen weitgehend gemindert werden. Hierzu bietet sich insbesondere die Verwendung emissionsarmer Materialien für Sarg, Sargausstattung und Totenwäsche an (chlor- und fluorfrei bzw. -arm). Wegen der vergleichsweise geringen Emissionen an Schwefeloxiden und Stickstoffoxiden werden im allgemeinen darüber hinaus keine weitergehenden Minderungsmaßnahmen angewandt.

E. sind genehmigungsbedürftig nach BImSchG (Nr. 10,24 des Anhangs der → 4. BImSchV). Empfehlungen zur Anwendung emissionsbegrenzender Maßnahmen enthält die Richtlinie VDI 3892. *Bade*

Literatur: VDI-Richtlinie 3891, Emissionsminderung: Einäscherungsanlagen, 8/1992.

EINECS ⟨*EINECS/European Inventory of Existing Commercial Chemical Substances*⟩. Europäisches Verzeichnis der auf dem Markt vorhandenen chemischen Stoffe (Europäisches Altstoffverzeichnis). In EINECS sind diejenigen chemischen Stoffe aufgeführt und beschrieben, die zwischen dem 1. Januar 1971 und dem 18. September 1981 in der EG auf dem Markt waren; EINECS ist von Bedeutung bei der Durchführung des Chemikaliengesetzes (ChemG), weil die in dieser Inventar-Liste enthaltenen Stoffe als sog. alte Stoffe oder Altstoffe EG-konform nicht der Anmeldepflicht (§ 4 ChemG) unterliegen; die Chemikalien-Altstoffverordnung verweist direkt auf EINECS.

Die Aufstellung von EINECS obliegt der EG-Kommission gemäß Artikel 13 Abs. 1 der EG-Richtlinie 67/548/EWG; Einzelheiten sind in der Entscheidung der Kommission vom 11. Mai 1981 (81/437/EWG, ABl. EG Nr. L 167, S. 31) geregelt. Das EINECS setzt sich zusammen aus dem 1982 von der Kommission aufgestellten Europäischen Kern- oder Grundverzeichnis ECOIN (European Core Inventory) und aus den späteren Zusatzmeldungen der Mitgliedstaaten (vgl. 81/437/EWG).

Das 1990 bekanntgemachte EINECS-Hauptverzeichnis (Mitteilung der Kommission im ABl. EG Nr. C 146 A vom 15. Juni 1990, S. 1) besteht aus einer Liste, in der die Stoffe – in aufsteigender Reihenfolge nach EINECS- und CAS-Nrn. geordnet – mit ihrer chemischen Bezeichnung und der Summenformel aufgeführt sind.

Die EINECS-Nrn. sind nach § 6 der → Gefahrstoffverordnung bei der Kennzeichnung gefährlicher (alter) Stoffe als EWG-Nummer anzugeben; für neue Stoffe wird als → EWG-Nr. die → ELINCS-Nr. angegeben. *Dreyhaupt*

Eingriff Unbefugter ⟨*unauthorized intervention*⟩. E. U. sind mögliche Gefahrenquellen beim Betrieb gefährlicher Anlagen. Gegen sie sind deshalb entsprechende Vorkehrungen zu treffen. So bestimmt § 3 Abs. 2 der → Störfall-Verordnung ausdrücklich, daß bei der Erfüllung der Sicherheitspflichten E. U. zu berücksichtigen sind. Nach § 7 Abs. 2 Nr. 5 des Atomgesetzes darf die Genehmigung für kerntechnische Anlagen nur erteilt werden, wenn der erforderliche Schutz gegen Störmaßnahmen oder sonstige Einwirkungen Dritter gewährleistet ist. Als unbefugt sind alle Personen anzusehen, denen ein Eingriff in den Anlagenbetrieb nicht gestattet ist. Hierbei kann es sich um Personen handeln, die

– von außen in zerstörerischer oder den sicheren Betrieb störender Absicht auf die Anlage einwirken,
– sich unbefugt Zugang zu dem betroffenen Anlagenbereich verschafft haben oder
– bewußt und gewollt von ihren Befugnissen im Rahmen des Anlagenbetriebs abweichen. *Hansmann*

Eintrittswahrscheinlichkeit ⟨*entry probability of/probability of occurence*⟩. Begriff aus der → Sicherheitstechnik, der die Wahrscheinlichkeit für das Auftreten einer → Betriebsstörung, den Ausfall einer sicherheitstechnisch wichtigen Komponente oder das Ereignis eines Stör-/Unfalls in einer gefahrenträchtigen Anlage zahlenmäßig ausdrückt. Das Produkt aus E. eines Schadensereignisses und Ausmaß des Schadens bezeichnet man als Risiko.

In der Kerntechnik und bei vergleichbaren technischen Risiken kommt es angesichts des möglichen großen Schadensausmaßes darauf an, die E. für einen → Störfall oder einen Unfall extrem klein zu halten (→ Sicherheitskonzept).

Beim Ausfall von Komponenten wird zwischen zwei Arten von E. unterschieden:

– Die Versagenswahrscheinlichkeit P als die Wahrscheinlichkeit, daß eine im Betrieb befindliche Komponente in einem gegebenen Zeitintervall ausfällt. Manchmal bezieht man die Wahrscheinlichkeit auch

auf das Zeitintervall und erhält dann eine Größe der Dimension einer reziproken Zeit.
– Die Unverfügbarkeit Q als die Wahrscheinlichkeit, daß eine nicht in Betrieb befindliche (Stand-by) Komponente bei Anforderung nicht verfügbar ist. *Merz*

21. BImSchV ⟨*twentyfirst Ordinance based on the Federal Immission Control Act/ordinance on limitation of hydrocarbon emissions at the refueling of motor vehicles*⟩. Verordnung zur Begrenzung der Kohlenwasserstoffemissionen bei der Betankung von Kraftfahrzeugen vom 7. Oktober 1992 (BGBl. I S. 1730). Regelt die Errichtung, die Beschaffenheit, den Betrieb und die Überwachung von Tankstellen, soweit Kraftfahrzeuge mit Ottokraftstoffen betankt werden. Die Abgabe von Dieselkraftstoff wird nicht erfaßt; dies erschien dem Verordnungsgeber bei der Verfolgung des Ziels, die Kohlenwasserstoffemissionen im Zusammenhang mit der Kfz-Betankung deutlich zu vermindern, wegen der wesentlich geringeren Flüchtigkeit dieses Kraftstoffs nicht notwendig. Die Regelung korrespondiert mit der gleichzeitig erlassenen → 20. BImSchV, die die Kohlenwasserstoffemissionen beim Umfüllen und Lagern von Ottokraftstoffen begrenzt.

Wesentlicher Inhalt der 21. BImSchV ist die grundsätzliche Einführung von Gasrückführungssystemen (sog. Saugrüssel) an Ottokraftstofftanksäulen, um die beim Betankungsvorgang aus dem Fahrzeugtank austretenden Kohlenwasserstoffemissionen dem Lagertank wieder zuzuführen (→ Betankung, emissionsarme). Der Tankstellenbetreiber hat im Zuge der Eigenkontrolle das Gasrückführungssystem einmal jährlich von einem Fachbetrieb auf einwandfreien Zustand überprüfen zu lassen; außerdem hat er bei der Inbetriebnahme und dann alle fünf Jahre das System von einem anerkannten Sachverständigen abnehmen zu lassen.

Die Verordnung gilt nicht für bestehende kleinere Tankstellen (Ottokraftstoffabgabemenge bis zu 1 000 m^3/a) und nicht für das Betanken von Kraftfahrzeugen, die für den Einsatz eines Gasrückführungssystems nicht geeignet sind, wie insbesondere Motorräder.

Für neue Tankstellen gilt die Verordnung vom 1. Januar 1993 an; für bestehende Tankstellen gelten grundsätzlich Übergangsfristen von drei bis fünf Jahren, gestaffelt nach Ottokraftstoffabsatz einerseits und der Luftvorbelastung am Standort der Tankstelle andererseits:
– drei Jahre für Tankstellen
– – mit einem Ottokraftstoffabsatz von mehr als 5 000 m^3/a oder
– – mit einem Ottokraftstoffabsatz von 2 500 bis 5 000 m^3/a, wenn die Tankstelle in einem → Untersuchungsgebiet liegt;
– vier Jahre für nicht in einem Untersuchungsgebiet gelegene Tankstellen mit einem Absatz von 2 500 bis 5 000 m^3/a;
– fünf Jahre für Tankstellen mit einem Absatz zwischen 1 000 und 2 500 m^3/a. *Dreyhaupt*

Einwirkungsbereich ⟨*exposure range for noise control*⟩. Als E. einer geräuscherzeugenden Anlage ist der Bereich außerhalb des Werksgeländes definiert, in dem die Anlage → Geräusche verursacht, die dem geringsten Immissionswert minus 10 dB (Immissionswert für nachts in reinen Wohngebieten 35 dB (A)) entspricht. Der E. ist bei der Genehmigung von Anlagen von Bedeutung.

Nach der → TA Lärm darf die Genehmigung zur Errichtung einer Anlage nur erteilt werden, wenn
– die dem jeweiligen Stand der Lärmbekämpfungstechnik entsprechenden Lärmschutzmaßnahmen vorgesehen sind und
– die → Immissionsrichtwerte im gesamten E. der Anlage außerhalb der Werksgrundstücksgrenzen nicht überschritten werden. *Strauch*

Einzelereignis ⟨*single event (noise)*⟩. Hiermit werden → Schalle bezeichnet, die kurzzeitig ein oder mehrere Male während eines → Beurteilungszeitraums – Tag (6–22 Uhr) oder Nacht (22–6 Uhr) – auftreten, z. B. Abblasen von Dampf oder Gasen über Sicherheitsventile, Abfackeln von Raffinerieprodukten über Hoch- oder Bodenfackeln, Überflüge von zivilen oder militärischen Flugzeugen mit Überschallgeschwindigkeit.

E. sind zu unterscheiden von seltenen → Ereignissen. *Strauch*

Einzelton ⟨*pure tone*⟩. Ein E. in einem → Geräusch ist eine aus dem Frequenzspektrum herausragende Frequenz mit deutlich höherem Schalldruckpegel als die benachbarten Frequenzen; man spricht dann von Tonhaltigkeit der Geräusche. Tonhaltige Geräusche oder Geräusche mit einem oder mehreren E. werden häufig als störender empfunden als Geräusche ohne E., so daß in den Beurteilungsverfahren des Geräuschimmissionsschutzes diese Störwirkung durch einen Zuschlag von bis zu 6 dB zum äquivalenten Dauerschallpegel berücksichtigt wird.

Ein Ermittlungsverfahren für die Einzeltonerkennung wie auch für die Bestimmung der Höhe des Zuschlags ist in der DIN 45 681 E. „Bestimmung der Tonhaltigkeit von Geräuschen und Ermittlung eines Tonzuschlages für die Beurteilung von Geräuschimmissionen", 1/92, beschrieben.

Als Hilfe für die Entscheidung, ob ein Tonhaltigkeitszuschlag oder Einzeltonzuschlag (K_{Ton}) bei der Bestimmung des → Beurteilungspegels eines Geräusches gerechtfertigt ist, wird z. B. in VDI 2058: Beurteilung von Arbeitslärm in der Nachbarschaft, gesagt, daß ein E. dann vorhanden sein kann, wenn in einem Terzspektrum der Pegel der Terz, in dem der E. liegt, die benachbarten Terzpegel um 5 dB und mehr überragt.

Zur Höhe des Einzeltonzuschlags wird hier ausgeführt, daß je nach Auffälligkeit des Einzeltons ein

Zuschlag von 3 oder 6 dB in den Zeiten, in denen der Ton auftritt, zu vergeben ist. Die gleiche Regelung ist auch in der → Sportanlagen-Lärmschutzverordnung getroffen, wobei der Zuschlag von 6 dB nur bei besonderer Auffälligkeit des E. gilt. *Strauch*

Eisenerzeugung und -verarbeitung *(iron production and processing)*. Dazu gehört die hüttenmäßige Gewinnung von Roheisen auf Erzbasis, die Stahlerzeugung auf Roheisen- wie auch auf Schrottbasis, die Verarbeitung von Stahl zu Breitband, Profilen, Stäben und Draht und die Herstellung von Eisen-, Temper- und Stahlgußerzeugnissen in Gießereien. Erzeugung und Verarbeitung werden in folgende Bereiche unterteilt: → Roheisengewinnung, → Rohstahlerzeugung und Eisen-, Temper- und Stahlgießereien. Oft wird auch der Begriff gemischtes Hüttenwerk verwendet. Hierunter versteht man die Roheisengewinnung auf Erzbasis mit der Rohstahlerzeugung und der Stahlweiterverarbeitung bis zum Walzprodukt. Gemischte Hüttenwerke haben sehr hohe Leistungen, so daß Abgasvolumenströme von mehr als 1 Mio. m^3/h in Abgasreinigungseinrichtungen zu behandeln sind. Gießereien sind Anlagen mit kleineren Leistungen und Abgasvolumenströmen von max. 150 000 m^3/h. Typische luftverunreinigende Stoffe sind Staub mit Schwermetallanteilen, gasförmige → anorganische Stoffe (z. B. SO_2, NO_x, Fluorverbindungen) sowie gasförmige → organische Stoffe, die insbesondere beim Einsatz von Schrott auftreten können. Sehr verbreitet ist die → Staubabscheidung mittels Gewebefilter oder elektrostatischem → Abscheider. Die trocken anfallenden Filterstäube können weitgehend verwertet werden. Zur Deckung des Energiebedarfs wird Abwärme verstärkt genutzt. Häufig sind umfangreiche und wirksame Lärmemissionsminderungsmaßnahmen wegen des ganztägigen und oft durchgehenden Wochenendbetriebes notwendig. *Batz*

Elektrolichtbogenofen *(electric arc furnace)*. In E. wird Stahl nach dem Herdschmelzverfahren hergestellt; dazu werden feste Materialien wie Stahlschrott und Zusätze eingesetzt. Zur Herstellung von legierten und hochlegierten Stählen werden noch Legierungselemente wie Nickel- und Ferrolegierungen zugegeben. Zum Einschmelzen des Einsatzes wird elektrische Energie über Graphitelektroden zugeführt. Eine Chargendauer (die Zeit von Abstich zu Abstich) beträgt bis zu vier Stunden. Kürzere Chargenzeiten von unter einer Stunde werden mit UHP-Öfen (Ultra-High-Power) erzielt. Die Abstichgewichte von E. betragen 10 bis 150 t.

→ Staubemissionen entstehen beim Chargieren, Einschmelzen, Frischen und Feinen sowie beim Abstich, bei der Pfannenmetallurgie und beim Gießen. Je nach Art der erschmolzenen Stahlqualität und des eingebrachten Schrotts enthalten die Stäube unterschiedliche Anteile an Blei, Chrom-III-Verbindungen sowie an krebserzeugenden → Schwermetallen wie Nickel, Cadmium und Chrom-VI-Verbindungen. Die Abgasmengen betragen zwischen 6000 und 15 000 m^3/t Stahl, die anfallenden Staubmengen ca. 15 kg/t Stahl. Die Rohgasstaubgehalte im Abgas liegen dabei zwischen 0,5 und 3 g/m^3. Mit den Verunreinigungen des eingesetzten Schrotts werden auch organische Bestandteile in den Prozeß eingebracht. Sie führen zu Emissionen an → organischen Stoffen im Abgas.

Bei E. werden in der Regel die beim Einschmelzen entstehenden Abgase über das vierte Deckelloch direkt abgesaugt. Durch Einhausungen bzw. – bei kleineren Anlagen – Teileinhausungen werden die beim Chargieren und Abgießen entstehenden Abgase von bestehenden und neuen Anlagen nahezu vollständig erfaßt (max. Erfassungsgrade über 95%) (Bild). Zur → Staubabscheidung werden in der Bundesrepublik Deutschland bei ca. 80% aller E. Gewebefilter verwendet; in Einzelfällen noch Elektrofilter. Die → Emissionsgrenzwerte für Gesamtstaub von 20 mg/m^3 und die Emissionsgrenzwerte für krebserzeugende Stoffe und Schwermetalle, z. B. Cd 0,1 mg/m^3, Ni 1 mg/m^3, lassen sich damit sicher einhalten. Abgeschiedene Filter-

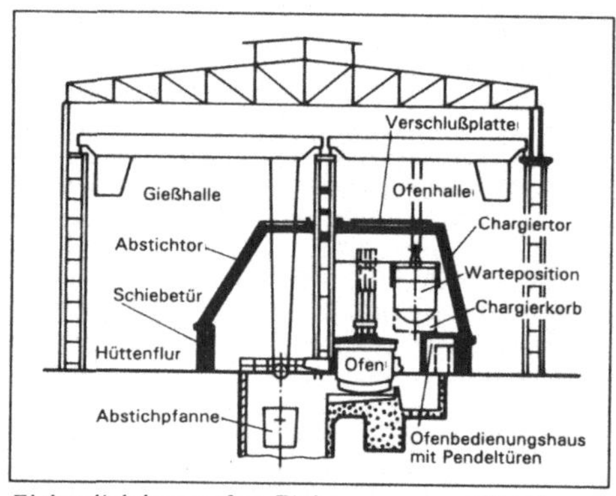

Elektrolichtbogenofen: Einhausung eines 50-t-E.

stäube werden gezielt nach den Gehalten an Staubinhaltstoffen besonderen Aufbereitungsverfahren zugeführt und verwertet. Durch eine Einhausung des E. lassen sich auch die Lärmemissionen deutlich verringern.

E. sind genehmigungsbedürftig nach dem BImSchG. Emissionsbegrenzende Anforderungen enthält die → TA Luft; von besonderer Bedeutung sind die Regelungen zur Begrenzung der Emissionen an krebserzeugenden oder toxischen Schwermetallen (Nrn. 2.3 und 3.1.4), diffuser Staubemissionen (Nr. 3.1.5) und von staub- und gasförmigen Stoffen (Nrn. 3.3.3.3.1 3.1.3 und 3.1.7). *Batz*

Literatur: *Davids, P.; M. Lange:* Die TA Luft '86 – Technischer Kommentar. Düsseldorf 1986. – *Grubert, K.; H. U. Haering; D. Marchand; S. Muth:* Einsatz enger Elektroofen-Einhausungen zur Abgaserfassung und Lärmminderung; Betriebserfahrungen an zwei 50-t-Lichtbogen- und zwei 15-t-Induktionsöfen. Stahl und Eisen **104** (1984) Nr. 5, S. 235/239. – *Schneider, A.; H. Lünig:* Umweltschutz im neuen Elektrostahlwerk Witten mit Bodenabstich-Lichtbogenofen. Stahl und Eisen **103** (1983) Nr. 3, S. 111/116.

Elektronenstrahlverfahren *⟨electron bombardment process⟩*. Das E. ist ein trockenes Abgasreinigungsverfahren zur simultanen SO_2- und NO_x-Abscheidung. Dabei werden die Produkte Ammoniumsulfat (NH_4SO_4) und Ammoniumnitrat (NH_4NO_3) erzeugt, die als Kunstdünger verwertbar sind. Der komplexe Reaktionsmechanismus des E. läßt sich vereinfacht folgendermaßen darstellen:

– Bildung freier Radikale durch Bestrahlung des Abgases mit energiereichen Elektronen aus einer Beschleunigeranlage,

– Oxidation von SO_2 und NO_x durch die Radikale O, OH, HO_2 in Gegenwart von Wasser zu H_2SO_4 und HNO_3,

– Neutralisation der Säuren durch Zugabe von Ammoniak; dies führt zur Bildung der festen Endprodukte Ammoniumsulfat und -nitrat, die in Filtern aus dem Abgas entfernt werden.

Grundlegende Forschungsarbeiten zum E. wurden von 1978 bis 1981 von der Universität Tokio und dem Japan Atomic Energy Research Institute durchgeführt. Mit der Erprobung des Verfahrens an Pilotanlagen wurde in Japan und USA 1980 begonnen. Seit 1983 wird in der Bundesrepublik Deutschland an der Entwicklung des E. gearbeitet. Ende 1985 wurde eine Pilotanlage für einen Teilgasstrom von 20000 m^3/h am Rheinhafen-Dampfkraftwerk Block 7 des Badenwerks in Karlsruhe in Betrieb genommen. Diese Pilotanlage wurde von der Arbeitsgemeinschaft Badenwerk AG, Fa. Steinmüller GmbH und dem Institut für Thermische Strömungsmaschinen der Universität Karlsruhe, dem Laboratorium für Aerosolphysik und Filtertechnik des Kernforschungszentrums Karlsruhe sowie dem Lehrstuhl für Kraft- und Arbeitsmaschinen der Universität Karlsruhe betreut.

Bisher gibt es keine großtechnische Betriebsanlage nach dem E. Weltweit wird jedoch die Entwicklung und Erprobung des E. fortgesetzt. So sind z. Z. Pilotanlagen nach dem E. in Polen und in Japan in Betrieb.

Haug

Literatur: *Häßler, G. et al:* Rauchgasreinigung nach dem Elektronenstrahlverfahren. VGB Kraftwerkstechnik 68 (1988) Nr. 4. – *Schikarski, W. et al:* Stand der industriellen Anwendung des Elektronenstrahlverfahrens zur Rauchgasreinigung. VDI-Bericht 667. Düsseldorf 1988.

Elektrosmog *⟨electrosmog⟩*. E. bezeichnet populär die überall im Alltag auftretenden elektrischen und magnetischen Felder im Zusammenhang mit deren vermuteten gesundheitlichen Auswirkungen.

Der Begriff impliziert fälschlicherweise eine Verwandtschaft mit dem allgemein bekannten → Smog. Elektrische und magnetische Felder haben aber im Vergleich zu chemischen Stoffen völlig andere und darüber hinaus in den verschiedenen Frequenzbereichen unterschiedliche Wirkungen. Sie sind nicht stofflicher Natur wie der Smog, und nach Abschalten der Quelle verschwinden sie augenblicklich. Eine Anreicherung elektromagnetischer Felder bei bestimmten Wetterlagen oder durch dauernde Abstrahlung aus einer Quelle ist nicht möglich. Es sollte deshalb aus sachlichen Erwägungen der Begriff des elektrischen oder magnetischen Feldes bzw., bei hohen Frequenzen, der elektromagnetischen Welle beibehalten werden. Diese Felder und Wellen können in ihrer Wirkung auf die menschliche Gesundheit bewertet werden. Hierbei spielen die Frequenz, die Feldstärke und andere physikalische Parameter eine wesentliche Rolle (→ Strahlung, nichtionisierende, → Strahlenschutzrichtlinien für nichtionisierende Strahlen).

Matthes

Elektrostraßenfahrzeug *⟨electric vehicle⟩*. Ein E. ist ein elektrisch angetriebenes autonomes oder leitungsgebundes Straßenfahrzeug. Autonome Elektrofahrzeuge sind Elektrospeicherfahrzeuge, die ihre Energie aus einer mitgeführten Batterie beziehen. Elektrohybridfahrzeuge sind zum Teil ebenfalls Elektrospeicherfahrzeuge.

Leitungsgebundene Straßenfahrzeuge wie Obus (Oberleitungsbus) und Duobus beziehen ihre Antriebsenergie aus einer Fahrleitung (Oberleitung).

E. erzeugen am Einsatzort keine Abgase und nur geringe Fahrgeräusche. Je nach Erzeugung der elektrischen Energie (Wasserkraft, Kernkraft, fossile Brennstoffe, Solarenergie) kann dem E. ein Abgasanteil zugerechnet werden.

Kahlen

11. BImSchV *⟨eleventh Ordinance based on the Federal Immission Control Act/emissions declaration ordinance⟩*. Emissionserklärungsverordnung vom 12. Dezember 1991 (BGBl. I S. 2213), zuletzt geändert durch die → Gefahrstoffverordnung vom 26. Oktober 1993 (BGBl. I S. 1782). Regelt im wesentlichen Inhalt, Umfang und Form der Emissionserklärung über luftverunreinigende Stoffe, die der Betreiber einer genehmigungsbedürftigen Anlage nach § 27 BImSchG alle zwei Jahre abzugeben hat. Befreit von der Erklärungspflicht sind Betreiber von in § 1 der 11. BImSchV enumerativ aufgeführten Anlagen, die ausschließlich oder primär wegen anderer als luftverunreinigender Emissionen in den Katalog genehmigungsbedürftiger Anlagen (→ 4. BImSchV) aufgenommen worden sind; darüber hinaus können auf Antrag Befreiungen erteilt werden, wenn im Einzelfall von der Anlage nur in geringem Umfang Luftverunreinigungen ausgehen können.

Inhalt und Umfang der Emissionserklärungen ergeben sich aus den Anhängen 1 und 2 der Verordnung mit den zugehörigen Erläuterungen. Dabei wird unterschieden nach sog. vollständigen und vereinfachten Erklärungen. Für die vereinfachten Erklärungen wird auf die detaillierte Angabe der Emissionsdaten verzichtet, die bei den vollständigen Erklärungen – über die gemeinsamen Erklärungsgegenstände wie Anlagen- und -betriebsdaten, Quellendaten und Einsatzstoffdaten hinaus – obligatorisch sind. Die Vereinfachung kommt insbesondere Betreibern von Anlagen zugute, die der Lagerung von Stoffen dienen, im wesentlichen nur wegen ihres Geruchsstoffpotentials in den Katalog der 4. BImSchV aufgenommen worden sind oder nur ein geringes, mit nicht genehmigungsbedürftigen Anlagen vergleichbares Schadstoff-Emissionspotential aufweisen. Der geforderte Inhalt der vereinfachten Erklärungen ist jedoch so abgestimmt, daß er qualitativ und quantitativ ausreicht, um die Berechnung der Emissionen der Anlagen unter Anwendung von Emissionsfaktoren durch die auswertenden Behörden zu gewährleisten.

Hinsichtlich der Form der Emissionserklärungen enthält die Verordnung Formulare als unverbindliche Muster. Mit Zustimmung der Behörde kann die Emissionserklärung auf Datenträgern abgegeben werden.

Die Emissionserklärung dient zum einen der Überwachung der Anlage durch die Überwachungsbehörde und zum anderen – soweit die Anlage in einem → Untersuchungsgebiet liegt – als Beitrag zur Erstellung des → Emissionskatasters nach § 46 BImSchG. Da die Ermittlung der Emissionen zur Aufstellung des Emissionskatasters unter Zugrundelegung der Systematik der Emissionserklärung zu erfolgen hat, ist die volle Kompatibilität zwischen Emissionserklärung und Emissionskataster für die Emittentengruppe genehmigungsbedürftige Anlagen gegeben. *Dreyhaupt*

ELINCS *⟨ELINCS/European List of Notified Chemical Substances⟩.* Europäische Liste der angemeldeten chemischen Stoffe. ELINCS wird gemäß Artikel 13 Abs. 2 der EG-Richtlinie 67/548/EWG komplementär zu → EINECS (Europäisches Altstoffverzeichnis) von der EG-Kommission geführt und enthält alle in den Mitgliedstaaten angemeldeten chemischen Stoffe. Einzelheiten enthält der Beschluß der Kommission 85/71/EWG vom 21. Dezember 1984 (ABl. EG Nr. L 30 vom 2. Januar 1985, S. 33). Die ELINCS enthält in der Regel für jeden angemeldeten Stoff folgende Angaben:
- EWG-Nr. = ELINCS-Nr.,
- Anmeldungs-Nr(n). = Aktenzeichen,
- Handelsbezeichnung des Stoffes,
- Stoff-Bezeichnung nach dem IUPAC-System (International Union of Pure and Applied Chemistry).

Bei einem → gefährlichen Stoff gibt die ELINCS die Einstufung im Sinne von Anhang I der Richtlinie 67/548/EWG (Gefahrenstoffverordnung) an.

Die erste ELINCS mit den in der Zeit vom 18. September 1981 bis 30. Juni 1990 der EG gemäß Art. 6 der Richtlinie 67/548/EWG gemeldeten Stoffe ist im ABl. EG Nr. C 139 vom 29. Mai 1991 veröffentlicht worden; die Liste wird jährlich fortgeschrieben und im Abl. EG bekanntgemacht.

Die ELINCS-Nrn. sind nach § 6 der → Gefahrstoffverordnung bei der Kennzeichnung gefährlicher (neuer) Stoffe als EWG-Nummer anzugeben. *Dreyhaupt*

Emission *⟨emission⟩.*

Allgemein. Der Begriff (*lat.* emittere = aussenden) kann in einem doppelten Sinne verwandt werden. Als E. bezeichnet man einmal den Vorgang, daß Stoffe, Schallwellen usw., die eine → Immission hervorrufen können, den Bereich der Entstehungsstelle überschreiten. Unter E. versteht man darüber hinaus die luftverunreinigenden Stoffe, → Geräusche, → Erschütterungen usw. selbst, und zwar im Zeitpunkt ihres Übertritts aus dem Bereich der Entstehungsstelle.

Nach der Legaldefinition des BImSchG sind E. die von einer Anlage ausgehenden Luftverunreinigungen, Geräusche, Erschütterungen, Licht, Wärme, (nicht ionisierende) Strahlen und ähnliche Erscheinungen. Hier wird also auf das Objekt, das Immissionen hervorrufen kann, und nicht auf den Vorgang seiner Abgabe abgestellt.

→ Luftverunreinigungen sind Veränderungen der natürlichen Zusammensetzung der Luft, insbesondere durch Rauch, Ruß, Staub, Gase, Aerosole, Dämpfe oder Geruchsstoffe (§ 3 Abs. 4 BImSchG). Zu den luftverunreinigenden Gasen gehört auch aus Anlagen emittiertes → Kohlendioxid, zu den Dämpfen auch Wasserdampf.

Geräuschemissionen bestehen aus Schallwellen. Sie werden als → Lärm bezeichnet, wenn sie Nachbarn oder Dritte stören können oder stören würden (Nr. 2.11 TA Lärm).

Als Erschütterungsemission bezeichnet man den Übertritt von Schwingungsenergie von einer → Erschütterungsquelle in die Umgebung.

Als E. im weitesten Sinne werden aus einer E.-Quelle austretende Stoffe und Energien bezeichnet; diese können über Abgase, Abwässer, Reststoffe oder Abfälle usw. an die Umweltmedien Luft, Wasser, Boden abgegeben werden.

Die E.-Quellen lassen sich grundsätzlich in drei große Gruppen einteilen:
- E., die durch die Tätigkeit des Menschen direkt, z. B. durch Kraftwerke, Industrie, Verkehr, Gebrauch von Chemikalien, entstehen,
- E., die durch Eingriffe des Menschen in die Natur ganz oder teilweise verursacht werden, z. B. durch Landbau, Tierhaltung oder Brandrodung,
- E., die vom Menschen nicht beeinflußt werden, z. B. Vulkanausbrüche, Gewitter, Emissionen aus Ozeanen.

Vom Menschen beeinflußte E. (die beiden ersten Gruppen) werden als anthropogene E. bezeichnet; die übrigen als natürliche E. (dritte Gruppe).

Hansmann/M. Lange

Landwirtschaft. Dazu zählen neben den Lärm- und → Staubemissionen auch gasförmige E. und Aerosole. Lärmemissionen stammen vorwiegend von den Arbeitsgeräuschen der Maschinen und Geräte, aber auch von Anlagen, wie z. B. Heubelüftungsanlagen, und aus den durch Tiere verursachten → Geräuschen.

Staubförmige E. treten auf bei der Getreide- und Heuernte, bei der pneumatischen Förderung von trockenen Gütern bzw. Produkten, bei der Bodenbearbeitung und bei Transportfahrten vom Feld zum Hof unter bestimmten Witterungsbedingungen sowie beim Ausbringen von staubförmigen Düngemitteln und bei der Stallhaltung der Tiere.

Gasförmige E. entstehen neben der Tierhaltung und den tierischen Exkrementen (Flüssigmist = Gülle, Festmist) auch bei der Verwendung spezieller Futtermittel in der Tierhaltung, z. B. bei der Aufbereitung von Küchenabfällen für Fütterungszwecke. Geruchsemissionen bestehen in der Regel aus Vielstoffgemischen, über deren Zusammensetzung wenig bekannt ist.

Aerosole entstehen in Abhängigkeit von der Applikationstechnik und den Witterungsbedingungen beim Einsatz von Pflanzenschutzmitteln, aber auch bei der Ausbringung von Gülle. Aerosole treten jedoch auch auf während der Blüte von landwirtschaftlichen Nutzpflanzen, genau so wie während der Blüte von Wildpflanzen. *H. Schön/Zeisig*

Emission, diffuse ⟨*emission, diffuse*⟩. D. E. treten – meist flächenhaft – bei Emissionsquellen ohne definierte Abgasvolumenströme auf und stehen damit im Gegensatz zu den aus gefaßten Quellen – insbesondere Punktquellen wie → Schornsteine – austretenden Emissionen.

Für d. E. lassen sich keine Emissionsbegrenzungen als Massenkonzentrationen im Abgas (z. B. in mg/m^3) festlegen. Daher werden für d. E., abweichend von dem üblichen Vorgehen, die emissionsbegrenzenden Anforderungen in der Regel durch bauliche und betriebliche Maßnahmen festgelegt.

Für Prozesse oder Anlagenteile, die mit besonders relevanten d. E. verbunden sind, enthält die → TA Luft Anforderungen
- in Nr. 3.1.5 für staubförmige d. E. bei Aufbereitung, Herstellung, Transport, Lagerung und Umschlag staubender Güter,
- in Nr. 3.1.8 für dampf- oder gasförmige d. E. beim Verarbeiten, Fördern und Umfüllen von flüssigen → organischen Stoffen; auf die speziellen Regelungen für → Mineralölraffinerien ist besonders hinzuweisen.

Die Anforderungen unterscheiden nach dem Gefährdungspotential der Stoffe und dem zur Minderung der d. E. erforderlichen Aufwand; damit wird dem Verhältnismäßigkeitsgrundsatz Rechnung getragen.

In vielen Fällen lassen sich Förder-, Umschlag- oder Transporteinrichtungen einhausen oder kapseln. Bei vollständiger Kapselung (ohne Luftaustritt) werden d. E. vermieden; bei weitgehender Einhausung werden häufig Abgase abgesaugt; d. E. lassen sich dadurch in gefaßte Emissionen überführen. *M. Lange*

Literatur: *Davids, P.; M. Lange*: Die TA Luft '86. Technischer Kommentar. Düsseldorf 1986.

Emissionsbegrenzung für Flugtriebwerke ⟨*emission restriction for aircraft engines*⟩. Im Annex 16, Volume II, zur Convention on International Civil Aviation der ICAO sind E. für gasförmige Schadstoffe und Partikel durch Fluggasturbinen festgelegt worden, die nach dem 1. 1. 1986 gefertigt wurden und deren Schub größer als 26,7 kN ist. Ihre Einhaltung ist von der ICAO ihren Mitgliedsländern empfohlen worden.

Annex 16, Vol. II schreibt auch vor, wieviele Triebwerke für den Nachweis zu untersuchen sind, welche Brennstoffe für die Abnahmeversuche zulässig sind, wie die Probeentnahme und die Messung zu erfolgen hat, (einschließlich der Kalibrierung der Meßgeräte) und wie auszuwerten ist. *Winterfeld*

Literatur: International Standards and Recommended Practices, Environmental Protection, Annex 16 to the International Convention on Civil Aviation, Volume II, Aircraft Engine Emissions, 1. Ed. 1981, ICAO.

Emissionserklärung ⟨*emission declaration*⟩ → Emissionskataster, → 11. BImSchV

Emissionsfernüberwachung ⟨*emission remote supervision*⟩ → Emissionsüberwachung, kontinuierliche

Emissionsgrad ⟨*emission rate*⟩. Der Begriff E. wird in mehreren Luftreinhaltevorschriften verwendet (z. B. → TA Luft, → 13. BImSchV). E. ist das Verhältnis der im → Abgas emittierten Masse eines luftverunreinigenden Stoffes zu der mit den Brenn- und Einsatzstoffen zugeführten Masse; er wird als Vomhundertsatz (Prozent) angegeben. Der E. kann bei Abgasreinigungseinrichtungen auch als das Pendant zum → Abscheidegrad angesehen werden: E. und Abscheidegrad einer Einrichtung ergänzen sich zu 100.

Besondere Bedeutung hat die Begrenzung des Schwefel-E. für → Großfeuerungsanlagen in der 13. BImSchV. Z. B. wird für Anlagen ≥ 300 MW_{th} über die Einhaltung eines → Emissionsgrenzwertes von 400 mg SO_2/m^3 im Abgas hinaus gefordert, daß gleichzeitig ein Schwefel-E. von 15% nicht überschritten werden darf. Damit ist bei Verbrennung relativ schwefelarmer Kohle der Schwefel-E. die maßgebliche Anforderung; z. B. dürfen bei Einsatz einer Vollwertkohle mit einem Gehalt von 1 Gew.-% Schwefel ca. 300 mg SO_2/m^3 im Abgas nicht überschritten werden. Durch die Festlegung eines höchstzulässigen Schwefel-E. wird im Ergebnis erreicht, daß schwefelreiche Kohle in Großanlagen, die mit Abgasentschwefelungseinrichtungen ausgerüstet sind, gelenkt und damit schwefelarme Kohle für kleinere Anlagen besser verfügbar gemacht wird.

Der Begriff E. kann noch in folgendem Zusammenhang verwendet werden: Bei Hochtemperaturprozessen (z. B. Glasschmelzen) verdampfen Einsatzstoffe, insbesondere Metalle wie Arsen oder Blei z. T. in das Abgas. Hierbei wird als E. das Verhältnis der in das

Rohgas abgegebenen Masse an Arsen oder Blei zu der im Einsatzstoff enthaltenen Masse des Elements definiert. In diesem Sinn können E. für Prozesse festgelegt werden. *M. Lange*

Literatur: *Davids, P.; M. Lange:* Die Großfeuerungsanlagen-Verordnung. Technischer Kommentar. Düsseldorf 1984.

Emissionsgrenzwert Luft *⟨emission limit value air⟩.* E. sind im Immissionsschutzrecht angewandte → Emissionsstandards mit Rechtsnormcharakter und damit unmittelbarer Verbindlichkeit für Betroffene. Für den Bereich der Luftreinhaltung sind E. festgesetzt in der

– Verordnung über Kleinfeuerungsanlagen (→ 1. BImSchV, → Kleinfeuerungsanlagen),
– Verordnung zur Emissionsbegrenzung von leichtflüchtigen → Halogenkohlenwasserstoffen (→ 2. BImSchV),
– Verordnung zur Auswurfbegrenzung von Holzstaub (→ 7. BImSchV),
– Verordnung über Großfeuerungsanlagen (→ 13. BImSchV, Großfeuerungsanlagen),
– Verordnung über Verbrennungsanlagen für Abfälle und ähnliche brennbare Stoffe (→ 17. BImSchV, → Abfallverbrennungsanlagen) und
– Verordnung zur Begrenzung der Kohlenwasserstoffemissionen beim Umfüllen und Lagern von Ottokraftstoffen (→ 20. BImSchV). *Dreyhaupt*

Emissionskataster *⟨emission inventory⟩.* Das E. hat seine Grundlage in § 46 BImSchG und ist ein Element der Luftreinhalteplanung. Prinzipiell stellt das E. eine systematische Zusammenstellung aller Quellen anthropogener Luftverunreinigungen in einem abgegrenzten Gebiet dar, geordnet nach dem geographischen Standort jeder Quelle (Koordinatensystem) und den Emissionsbedingungen (Quellenabmessungen, Abgasmenge und -temperatur, Schadstoffart und -konzentration/-menge, Häufigkeit und Dauer der Emission); aus Praktikabilitätsgründen werden mehr oder weniger diffuse Quellentypen zu Linienquellen (z. B. Straßen als Kfz-Abgasquellen) und Flächenquellen (z. B. Häuserblocks als Hausbrandabgasquellen) zusammengefaßt. Das E. enthält damit für das gesamte Gebiet und für jede beliebige Teilfläche die Quellenkonfiguration, die zur Transformation von Emissionen in Immissionen mit Hilfe der Ausbreitungsrechnung (→ Spurenstoffausbreitung) notwendig ist.

Das nach § 46 BImSchG im Rahmen der Luftreinhalteplanung von den Ländern in → Untersuchungsgebieten und gleichgestellten Gebieten aufzustellende E. beschränkt sich auf Angaben über Art, Menge, räumliche und zeitliche Verteilung und die Austrittsbedingungen von Luftverunreinigungen bestimmter Anlagen und Fahrzeuge. In der Fünften Allgemeinen Verwaltungsvorschrift zum BImSchG (E. in Untersuchungsgebieten – 5. BImSchVwV) vom 24. April 1992 (GMBl. S. 317), berichtigt durch Bekanntmachung vom 24. März 1993 (GMBl. S. 343), ist insbesondere geregelt, welche Emittentengruppen zu erfassen, welche Schadstoffe in welcher Weise zu erheben und wie die Ergebnisse darzustellen sind.

❒ Emittentengruppen. Als solche unterscheidet die 5. BImSchVwV im wesentlichen die beiden im BImSchG vorgeprägten Anlageblöcke „genehmigungsbedürftig“ und „nicht genehmigungsbedürftig“ sowie die Gruppe Verkehr. Im einzelnen sind folgende Emittentengruppen ausgewiesen:

– Die genehmigungsbedürftigen Anlagen; sie decken sich mit den Anlagen, für die eine Emissionserklärung nach der → 11. BImSchV vorgeschrieben ist.
– Die nicht genehmigungsbedürftigen → Kleinfeuerungsanlagen nach der → 1. BImSchV mit dem gesamten Hausbrandbereich.
– Sonstige nicht genehmigungsbedürftige (gewerbliche) Anlagen wie Chemischreinigungs- und ähnliche Anlagen nach der → 2. BImSchV, Holzverarbeitungsanlagen nach der → 7. BImSchV sowie andere Anlagen, wie z. B. Lackierereien, Druckereien, Räucher- und Röstanlagen und Tankstellen; ferner der entsprechende nicht gewerbliche Bereich wie landwirtschaftliche Tierhaltung und Anlagen der Bundesbahn, Bundespost und Bundeswehr.
– Verkehr: Umfaßt den Straßen-, Schienen- und Schiffsverkehr, Flugplätze sowie den Verkehr im landwirtschaftlichen und militärischen Bereich.

Für die Emittentengruppen, die nicht der 1., 2., 7. oder 11. BImSchV zugeordnet sind, wird die Erfassung ausdrücklich eingeschränkt auf die für die Aufstellung des E. erforderlichen Emissionen.

❒ Zu erhebende → Luftverunreinigungen. Es sind alle Luftverunreinigungen – vorrangig als Einzelstoffe – zu erheben, die zur Darstellung der in der 5. BImSchVwV vorgegebenen Stoffe bzw. Stoffgruppen im E. erforderlich sind; dazu gehören Staub, Blei, Schwefeldioxid, Stickstoffoxide, → Kohlenmonoxid, Chlor, Fluor, Cadmium, Thallium, → Asbest, gasförmige → organische Verbindungen, → Benzol, Dieselpartikel, → Dioxine, krebserzeugende Stoffe nach 2.3 der TA Luft und → Ammoniak.

❒ Art und Umfang der Erhebung. Die Ermittlung der Emissionen hat grundsätzlich durch die zuständige Behörde unter Zugrundelegung der Systematik der Emissionserklärung nach der 11. BImSchV zu erfolgen. Wenn keine spezifischen anlagenbezogenen Kenntnisse des Emissionsverhaltens vorliegen, können die Emissionen mittels allgemeiner Kennwerte, die sowohl Grunddaten, wie z. B. Brennstoff- oder Kraftstoffverbrauch oder auch Fahrleistungen, als insbesondere auch Emissionsfaktoren betreffen, berechnet werden; dieses Verfahren kommt in der Praxis in allen Emittentengruppen mit Ausnahme der genehmigungsbedürftigen Anlagen zur Anwendung.

Bei allen Erhebungen ist das Ziel zu verfolgen, aus den erhobenen und geordneten Daten das E. darzustellen, die Quellen- und Emissionskonfiguration für Ausbreitungsrechnungen zur Verfügung zu haben und Überwachungsmaßnahmen ableiten zu können. Die Probleme der, bis auf den Bereich der genehmigungsbedürftigen Anlagen, in allen Emittentengruppen angewandten pauschalen Ermittlungsverfahren liegen primär in der Grunddatenerfassung und sehr viel weniger in der Bereitstellung von spezifischen Emissionsfaktoren.

Für die Emittentengruppe genehmigungsbedürftige Anlagen enthalten die nach der 11. BImSchV regelmäßig abzugebenden Emissionserklärungen die notwendigen Daten, die voll der dem E. zugrunde zu legenden Systematik entsprechen. In allen übrigen Bereichen sind von den Behörden oder den von ihnen beauftragten Sachverständigen die vorerwähnten Berechnungsverfahren anzuwenden, deren erste Stufe die Ermittlung der Grunddaten ist; hierfür gibt es keine einheitlichen Methoden.

Insbesondere für den Kleinfeuerungsanlagenbereich (Einzelfeuerungen) sieht § 46 BImSchG die Möglichkeit vor, durch Rechtsverordnung der Landesregierungen „geeignete Stellen" zu bestimmen, die die dort eingesetzten Brennstoffe und die Höhe der → Schornsteine ermitteln: hierfür kommen die Bezirksschornsteinfegermeister in Frage, zu deren Aufgaben nach § 13 Abs. 1 Nr. 10 des Schornsteinfegergesetzes auch die Feststellung und Weiterleitung der für die Aufstellung von E. erforderlichen Angaben gehört. Von dieser Möglichkeit ist auch Gebrauch gemacht worden, z. B. in Nordrhein-Westfalen durch die Verordnung über Angaben zum E. Hausbrand vom 6. Juli 1976 (GV. NW. S. 250). In der Praxis orientieren sich die Grunddatenermittlungen primär am Wärmebedarf innerhalb der einzelnen Teile des Erhebungsgebiets und an der entsprechenden Energieverbrauchsstruktur bezogen auf die einzelnen eingesetzten Brennstoffarten. Dabei gibt es Hilfestellungen auch durch die Bezirksschornsteinfegermeister.

Im gewerblichen Bereich können die immissionsschutzrechtlichen Überwachungsbehörden bei Betriebsrevisionen von Anlagen der entsprechenden Emittentgruppe formularmäßig die notwendigen Grunddaten erfassen und für die Berechnung der Emissionen zur Verfügung stellen.

In der Quellengruppe Verkehr basieren die Grunddatenerhebungen auf der Art und Anzahl der bewegten Fahrzeuge und des Verkehrsablaufs.

❐ Darstellung des E. Während das eigentliche E. mit Datenmengen, die nur mittels der EDV gespeichert und für die o. g. Zwecke jederzeit eingesetzt werden können, zur entsprechenden Disposition der zuständigen Behörde verbleibt, beschränkt sich das zur Veröffentlichung in einem → Luftreinhalteplan bestimmte E. in der Regel auf eine flächenhafte Darstellung im 1 km^2-Raster mit Angabe der Jahresemission jedes relevanten Stoffes in kg oder $t/km^2 \cdot a$, wobei die Anteile der einzelnen Emittentengruppen angegeben werden.

Dreyhaupt

Literatur: *Dreyhaupt, F. J. et al.*: Handbuch zur Aufstellung von Luftreinhalteplänen. Köln 1979. – Luftreinhalteplan Rheinschiene Süd 1992; herausgegeben vom Ministerium für Umwelt, Raumordnung und Landwirtschaft des Landes Nordrhein-Westfalen, Düsseldorf 1992. – VDI 3782 Bl. 1: Ausbreitung von Luftverunreinigungen in der Atmosphäre; Ausbreitungsmodell für Luftreinhaltepläne; 10/1992.

Emissionsmeßverfahren *⟨emission measurement⟩*

Geräusche → Geräuschemissionsmessung

Luftverunreinigungen. Sie werden in der Praxis der Luftreinhaltung für die → Emissionsüberwachung eingesetzt. Die gebräuchlichen E. arbeiten nach den gleichen chemischen und physikalischen Prinzipien, die in anderen Bereichen der Meßtechnik und Analytik angewandt werden, sind aber für den Anwendungsbereich spezifiziert. Die Auswahl geeigneter E. ist abhängig von der Art der Emissionen und der Betriebsweise der emittierenden Anlagen.

E. dienen vorzugsweise dazu, emittierte Schadstoffe als Elemente, Verbindungen oder Species zu identifizieren und zu quantifizieren. Bei sehr komplexen Stoffgemischen ist es aus Aufwandsgründen oft erforderlich, sich auf die Bestimmung von Summenparametern oder Leitsubstanzen zu beschränken. Am häufigsten werden die Emissionen als Massenkonzentration bestimmt. Um die gewonnenen Meßwerte vergleichen zu können, wird meistens eine Normierung gefordert. Zu diesem Zweck müssen verschiedene den Zustand des Abgases kennzeichnende Bezugsgrößen, zum Beispiel Temperatur, Druck, Feuchte oder Sauerstoffgehalt, mitgemessen werden. Bei partikelförmigen Emissionen werden bedarfsweise auch bestimmte physikalische Eigenschaften wie Anzahl, Größenverteilung oder Morphologie der Partikel untersucht. (Gasemissionsmessung, Staubemissionsmessung).

Die vielkomponentige Zusammensetzung der Abgase verlangt meist E. hoher Selektivität und geringer Querempfindlichkeit. Quantitative Messungen, insbesondere Grenzwertüberwachungen sind nur möglich, wenn die Meßverfahren zuverlässig, reproduzierbar und kalibrierfähig sind. Für die kontinuierliche Emissionsüberwachung ist zusätzlich eine hohe Verfügbarkeit und Wartungsfreiheit zu fordern.

Standardisierte E. sind in entsprechenden → VDI-Richtlinien beschrieben. Zum einen gibt es eine Reihe von handanalytischen Verfahren mit dem Vorzug, daß sich systematische Fehler vergleichsweise gut erkennen lassen. Sie werden für Einzelmessungen eingesetzt, haben aber auch Bedeutung als Referenzmeßverfahren und → Kalibrierverfahren. Zum anderen gibt es physikalische und physikalisch-chemische Verfahren, die sich automatisieren und für die kontinuierliche Emissionsüberwachung einsetzen lassen. Diese Verfahren müssen für quantitative Messungen kalibriert werden. Für orientierende Messungen stehen einfache Indikatorverfahren wie Prüfröhrchen oder Meßgeräte mit elektrochemischen Zellen zur Verfügung.

Bei den E. werden besondere Anforderungen an die Probenahme gestellt, die gewöhnlich unter schwierigen Bedingungen erfolgt. Dazu gehören z. B. hohe Abgastemperaturen, hohe Feuchte- und Staubgehalte, aggressive Abgasbestandteile oder starke Erschütterungen. Die meisten E. arbeiten mit einer extraktiven Probenahme: aus dem zu untersuchenden Abgas wird ein Teilgasstrom abgesaugt. In der Regel ist vor der Analyse eine Meßgasaufbereitung erforderlich, bei der beispielsweise Staubpartikel oder andere störende Begleitstoffe entfernt werden und das Meßgas gekühlt und getrocknet wird. Es gibt auch E., die als in situ-Meßverfahren ausgelegt sind und bei denen eine Probenaufbereitung nicht möglich ist.

Insbesondere bei der Bestimmung von Massenkonzentrationen und der Überprüfung von → Emissionsgrenzwerten müssen Probenahme und Ablauf der Messungen so gestaltet sein, daß die erzielten Meßergebnisse für die Emissionen der Anlage repräsentativ sind. Bei Anlagen, bei denen die Schadstoffkonzentrationen zeitlich wie räumlich stark variieren, ist diese Forderung nur durch eine sorgfältige Meßplanung zu erfüllen. Der Ort der Probenahme ist so zu wählen, daß die zur Messung herangezogenen Abgasproben den Mittelwert der gesuchten Schadstoffkonzentration ergeben. Bei einem sehr ausgeprägten Konzentrationsprofil im Meßquerschnitt des Abgaskanals sind Netzmessungen durchzuführen. *Stahl*

Literatur: *Düwel, L.*: Verfahren und Geräte zur Messung und Überwachung von Emissionen luftfremder Stoffe. In: Handbuch für Immissionsschutzbeauftragte. Hrsg. F. J. Dreyhaupt. Köln 1978. – VDI-Handbuch Reinhaltung der Luft, Bd. 4, 5. Hrsg. Verein Deutscher Ingenieure. Düsseldorf.

Emissionsstandard *⟨emission standard⟩*. E. sind eine im wesentliche auf das Immissionsschutzrecht bezogenen Untergruppe von → Umweltstandards und beinhalten allgemein Werte zur Begrenzung von Emissionen wie → Luftverunreinigungen, → Geräuschen, → Erschütterungen und Licht; Geräusch-E. sind jedoch auch im Straßenverkehrsrecht (§ 49 StVZO) und im Luftfahrtrecht (→ Geräuschemissionswert). E. zur Luftreinhaltung ebenfalls im Straßenverkehrsrecht (§ 47 StVZO) (→ Kfz-Abgas-Grenzwert) gesetzt.

Je nach ihrer rechtlichen Qualität und Zielsetzung werden im Immissionsschutzrecht E. als → Emissionsgrenzwerte oder Emissionswerte bezeichnet. Die Unterscheidung ist gegeben durch den Grad der Verbindlichkeit der Regelungsnorm. Die Festsetzung emissionsbegrenzender Werte in Rechtsverordnungen mit direkter Außenwirkung gegenüber den Betroffenen hat in aller Regel Grenzwertcharakter, d. h. bei Nichteinhaltung des Emissionsgrenzwertes ist die Norm verletzt. Emissionsbegrenzende Werte in Verwaltungsvorschriften wie → TA Luft und → TA Lärm, die nur die Behörde anweisen, wie das zugrunde liegende Recht (BImSchG) einheitlich anzuwenden ist, erhalten erst durch Verwaltungshandeln (Genehmigung, Anordnung) Außenwirkung; sie werden in der Regel als Emissionswerte bezeichnet und sind von der Behörde nicht schematisch anzuwenden wie Emissionsgrenzwerte, die – wenn nicht besonders normiert – der Behörde keinen Spielraum lassen.

In der immissionsschutzrechtlichen Praxis sind die beiden Begriffe nur im Bereich der Emissionsminderung von Luftverunreinigungen und Geräuschen durch konkrete staatliche Regelungen in Rechtsverordnungen und/oder allgemeinen Verwaltungsvorschriften ausgeprägt.

Für den Bereich der Luftreinhaltung besteht ein entsprechendes umfangreiches Regelwerk (→ Emissionsgrenzwert Luft, → Emissionswert TA Luft), in dem die E. in der Regel als Massenkonzentrationen im Abgas, aber auch als → Emissionsgrad, → Reinigungsgrad oder – speziell – Geruchsminderungsgrad (→ Geruchszahl) angegeben sind. Die daneben in zahlreichen → VDI-Richtlinien, die hauptsächlich Prozeß- und zugehörige Abgasreinigungstechnologien beschreiben, enthaltenen konkreten Daten zur Emissionsbegrenzung an bestimmten Anlagen haben zwar teilweise auch den Charakter von E., sind jedoch in diesem Punkt angesichts der Dichte und Stringenz der staatlichen Regelungen, z. T. mit → Dynamisierungsklauseln, weitgehend ausgeschöpft. Diese Richtlinien sollen jedoch nach der TA Luft (3.1.1 und 3.1.10 mit den in Anhang F im einzelnen aufgeführten VDI-Richtlinien) „zu Prozeß- und Gasreinigungstechniken" herangezogen werden, wenn die TA Luft keine oder keine vollständigen Regelungen zur Begrenzung der Emissionen enthält.

Im Bereich des Lärmschutzes sind in der → 8. BImSchV und in der → 15. BImSchV (in Verbindung mit bestimmten EG-Richtlinien) „zulässige Geräuschemissionswerte" hinsichtlich des Inverkehrbringens von Rasenmähern bzw. Baumaschinen (→ Baulärm) festgesetzt, die entsprechend ihrem Rechtsnormcharakter als Emissionsgrenzwerte anzusprechen sind.

Daneben sind in VDI-Richtlinien als E. im weitesten Sinne einzustufende Emissionskennwerte technischer Schallquellen (ETS) angegeben, die u. a. zur Ermittlung des Standes der Lärmminderungstechnik für bestimmte (serienhafte) Maschinen und Geräte dienen können: die ETS stellen insoweit nur Hilfsgrößen dar und haben mehr Informations- als emissionsbegrenzenden Charakter.

Entsprechende Werte für den Bereich der Erschütterungen existieren nicht, weil das bei Schallquellen in der Regel zur Bestimmung der ETS angewendete → Hüllflächenverfahren bei Erschütterungsemissionen nicht einsetzbar ist. Gleichwohl wird dort der Begriff Emissionskennwert für durch Messung von Schwingungsgrößen in einem Bezugsabstand von der → Erschütterungsquelle ermittelte charakteristische Emissionswerte verwendet, denen aber keine emissionsbegrenzenden Werte im Sinne von E. gegenüberstehen. *Dreyhaupt*

Literatur: VDI-Handbuch Reinhaltung der Luft. Bd. 2, 3: Beschränkung der Emission luftfremder Stoffe. Düsseldorf.

Emissionsüberwachung *(emission monitoring)*. Die E. dient zur Kontrolle technischer Luftreinhaltemaßnahmen. Vorrangiger Zweck ist die Überprüfung von Auflagen zur Emissionsbegrenzung. Pflichten zur E. sind im → Bundes-Immissionsschutzgesetz verankert und in dazu erlassenen Rechts- und Verwaltungsvorschriften näher bestimmt. Für die E. von Kraftfahrzeugen ist die Straßenverkehrszulassungsordnung (StVZO) bestimmend (→ Abgasuntersuchung).

Anforderungen an die E. genehmigungsbedürftiger Anlagen sind in Nr. 3.2 der → TA Luft festgelegt, die allgemeine Anweisungen zur Einrichtung von Meßplätzen oder Probenahmestellen enthält (Bild). Die weiteren Vorschriften verteilen sich auf die drei Aufgabenbereiche Einzelmessungen, kontinuierliche Messungen und fortlaufende Überwachung der Emissionen besonderer Stoffe. Die TA Luft behandelt zu den drei Aufgaben jeweils das Meßprogramm, meßtechnische Anforderungen sowie die Auswertung und Beurteilung der Meßergebnisse.

Für mengenmäßig besonders bedeutsame Schadstoffe wird eine kontinuierliche Emissionsüberwachung gefordert, sofern der Emissionsmassenstrom der gesamten Anlage festgelegte Schwellenwerte überschreitet. Für besonders → gefährliche Stoffe, deren kontinuierliche Messung wünschenswert, aber technisch zu aufwendig wäre, wird ersatzweise als fortlaufende Überwachung die regelmäßige Ermittlung von Tagesmittelwerten der Schadstoffkonzentration verlangt. Diese Verpflichtung ist ebenfalls an bestimmte Massenstromschwellen geknüpft. Für alle weiteren Schadstoffe, für die Emissionsbegrenzungen gelten, sind Einzelmessungen (erstmalige und wiederkehrende Messungen) durchzuführen.

Bei den meßtechnischen Anforderungen geht es um die Auswahl von → Emissionsmeßverfahren und -geräten. Für kontinuierliche Messungen sollen nur Meßeinrichtungen und Auswertesysteme eingesetzt werden, die eine Eignungsprüfung vorweisen können. Die Meßverfahren sollen dem Stand der Meßtechnik entsprechen. Diese Anforderung kann in der Regel als erfüllt angesehen werden, wenn die in meßtechnischen → VDI-Richtlinien dargestellten Meßverfahren angewandt werden.

Den drei Meßaufgaben sind drei unterschiedliche Beurteilungskriterien zugeordnet. Für die kontinuierlichen Messungen gilt ein dreistufiges Kriterium, das eine begrenzte Zahl von Überschreitungen des Emissionswertes (EW) zuläßt. Die Emission besonderer Stoffe wird anhand von Tagesmittelwerten beurteilt. Bei den Einzelmessungen darf kein Meßwert (in der Regel: Halbstundenmittelwert) die festgelegte Emissionsbegrenzung überschreiten. In den Beurteilungskriterien kommt die unterschiedliche Zweckbestimmung der Messungen und die Verschiedenartigkeit der Randbedingungen zum Ausdruck. Einzelmessungen werden nach vorheriger Ankündigung durchgeführt. Der Betreiber hat dadurch Gelegenheit, die Anlage und die Emissionsminderungseinrichtungen optimal einzustellen und erforderlichenfalls zu überholen. Kann die Anlage die gestellten Anforderungen unter diesen günstigen Bedingungen nicht einhalten, ist davon auszuge-

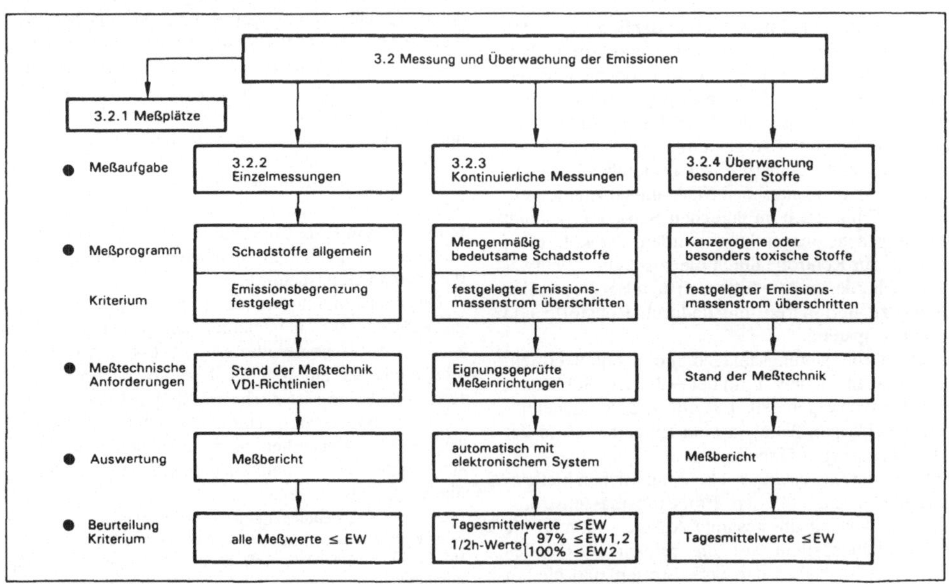

Emissionsüberwachung: Konzept der TA Luft für genehmigungsbedürftige Anlagen.

hen, daß erst recht im Dauerbetrieb Grenzwertüberschreitungen auftreten werden. Kontinuierliche Messungen erfassen dagegen auch sämtliche ungünstigen Betriebszustände. Deshalb dürfte die kontinuierliche Überwachung trotz der Zulassung einer beschränkten Überschreitung der festgelegten Massenkonzentration im allgemeinen die strengere Anforderung sein.

Speziell für → Großfeuerungsanlagen und → Abfallverbrennungsanlagen sind ähnliche Programme zur E. in den zugehörigen Verordnungen (→ 13. BImSchV, → 17. BImSchV) festgelegt.

Auflagen zur E. gibt es auch für kleinere Anlagen, die keiner immissionsschutzrechtlichen Genehmigung bedürfen. Die größte Gruppe dieser Anlagen sind die → Kleinfeuerungsanlagen, also vor allem die Haushaltsfeuerungen, die teilweise nach der → 1. BImSchV einmal jährlich vom zuständigen Bezirksschornsteinfeger durch Messungen überprüft werden müssen (→ Schornsteinfeger-Messungen). Für eine andere große Gruppe von Anlagen, darunter → Chemischreinigungsanlagen, sind Auflagen zur E. in der → 2. BImSchV enthalten.

Die E. im Kraftfahrzeugbereich hat den Zweck, bei der Typprüfung, der Serienprüfung oder der Überprüfung der im Verkehr befindlichen Fahrzeuge festzustellen, ob die festgelegten Emissionsbegrenzungen nicht überschritten werden. Die anzuwendenden Meß- und Prüfverfahren sind in Anlagen der Straßenverkehrs-Zulassungsordnung ausführlich dargestellt (→ Abgasprüfverfahren). *Stahl*

Literatur: *Davids, P.; M. Lange:* Die TA Luft '86. Technischer Kommentar. Düsseldorf 1986.

Emissionsüberwachung, kontinuierliche *⟨emission monitoring, continuous⟩.* Die k. E. gehört zum Maßnahmenkatalog des → Bundes-Immissionsschutzgesetzes. Im Unterschied zu Einzelmessungen erlauben kontinuierliche Messungen, den Betrieb einer Anlage und der nachgeschalteten Abgasreinigungseinrichtungen nahezu lückenlos zu überwachen. Dadurch wird sichergestellt, daß die technischen Maßnahmen zur Begrenzung der Emissionen im täglichen Betrieb angewandt und weitgehend ausgeschöpft werden. Die k. E. dient nicht nur zur Kontrolle durch die zuständige Überwachungsbehörde, sondern hilft auch dem Betreiber, seine Anlage zu optimieren und dadurch Rohstoffe und Kosten zu sparen.

Für → Großfeuerungsanlagen und → Abfallverbrennungsanlagen ist die k. E. in der → 13. BImSchV bzw. → 17. BImSchV geregelt. Für alle anderen genehmigungsbedürftigen Anlagen sind Einzelheiten in der → TA Luft geregelt (Tabelle).

Die für die Ausrüstung mit kontinuierlichen Meßeinrichtungen maßgeblichen Emissionsmassenströme beziehen sich auf die gesamte Anlage, während die Überwachungspflicht auf die relevanten Quellen beschränkt ist. Neben den Schadstoffen sind die zur Auswertung und Beurteilung notwendigen Bezugs-

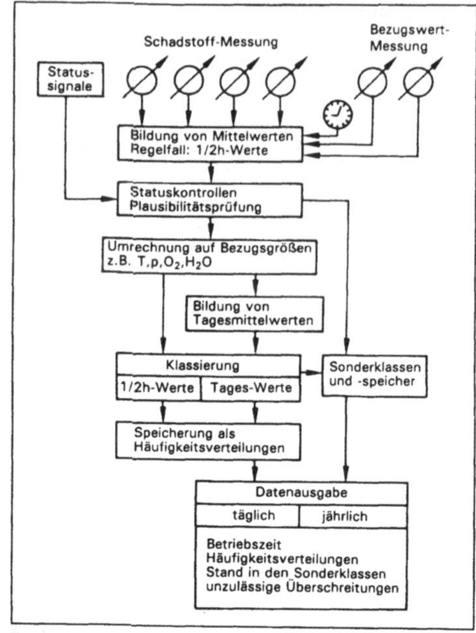

Emissionsüberwachung, kontinuierliche: Auswerteschema.

größen kontinuierlich zu messen. Für die k. E. sollen nur Meßeinrichtungen eingesetzt werden, die eignungsgeprüft sind.

Die kontinuierlichen Messungen sollen unter Verwendung eines eignungsgeprüften elektronischen Auswertesystems nach den Bestimmungen einer bundeseinheitlichen Richtlinie (s. Literatur) fortlaufend automatisch ausgewertet werden. Der Meßwertrechner hat bei dem Einsatz z. B. an → Feuerungsanlagen die sich aus dem Bild ergebenden Funktionen zu erfüllen.

Werte, die in die Vertrauens- bzw. Toleranzbereiche oberhalb der Beurteilungsschwellen fallen, werden in Sonderklassen erfaßt. Die Ausgabe der Häufigkeitsverteilungen zum Jahresabschluß bildet die Grundlage für die Beurteilung der kontinuierlichen Messungen durch die Überwachungsbehörde.

Das Instrumentarium der k. E. erlaubt auch, die gewonnenen Meßdaten telemetrisch an zentraler Stelle, z. B. bei der Behörde zusammenzuführen, d. h. Emissionsmeßnetze aufzubauen. Eine solche Emissionsfernüberwachung ist zuerst in Niedersachsen erfolgreich erprobt worden. Der Deutsche Bundestag hat 1990 in einer Entschließung zum Bundes-Immissionsschutzgesetz empfohlen, bei der k. E. die Datenfernübertragung zu nutzen. *Stahl*

Literatur: Luftreinhaltung. Leitfaden zur kontinuierlichen Emissionsüberwachung. Hrsg. Umweltbundesamt. UBA-Berichte, Bd. 11/90. Berlin 1990. – Richtlinien über die Auswertung kontinuierlicher Emissionsmessungen. Rundschreiben des BMU vom 26. 7. 1988. Gemeinsames Ministerialblatt 1988,

Emissionsüberwachung, kontinuierliche. Tabelle: Allgemeine Auflagen der TA Luft

Staubförmige Emissionen					
Schadstoffe/Meßobjekt	Anwendungsbereich nach Nr. 3.2.3.2 TA Luft				
Abgastrübung	Staubemissionen der Anlage > 2 kg/h				
Staubkonzentration	Staubemissionen der Anlage > 5 kg/h				
Besondere Stäube	Emission der Anlage [g/h]: Staubinhaltsstoffe nach TA Luft				
	Klasse	I	II	III	
krebserzeugende Stoffe	Nr. 2.3	Klasse	> 2,5	> 25	> 125
anorganische Stoffe	Nr. 3.1.4	Klasse	> 5	> 25	> 125
organische Stoffe	Nr. 3.1.7	Klasse	> 500	–	–

Gasförmige Emissionen		
Schadstoffe	Meßobjekt	Anwendungsbereich nach Nr. 3.2.3.3 TA Luft
		Emissionen der Anlage [kg/h]
Schwefeldioxid	SO2	> 50
Stickstoffoxide	NO_X oder NO	> 30 angegeben als NO_2
Kohlenmonoxid	CO	
– als Leitsubstanz bei Verbrennungsprozessen		> 5
– in allen anderen Fällen		> 100
Fluor und anorganische Fluorbedingungen	F^-	> 0,5 angegeben als HF
anorganische Chlorverbindungen	CI^-	> 3 angegeben als HCI
molekulares Chlor	CI_2	> 1
Schwefelwasserstoff	H_2S	> 1
Organische Verbindungen	Gesamt C	Stoffe nach Nr. 3.1.7 > 1 (Klasse I) > 10 (Klasse I – III insgesamt)

S. 426–430. – VDI-Special: Automatisierte Meß-Systeme für den Umweltschutz (Sonderteil der Zeitschriften BWK, Brennstoff-Wärme-Kraft, TÜ-Technische Überwachung und Umwelt). Düsseldorf 1988.

Emissionswert TA Luft *⟨emission value according to Technical Instructions on Air Quality Control⟩*. E. sind → Emissionsstandards unterhalb der Verbindlichkeit von → Emissionsgrenzwerten. E. sind im Bereich der Luftreinhaltung in der → TA Luft festgesetzt. Dabei handelt es sich nach § 48 BImSchG um Werte, „deren Überschreiten nach dem Stand der Technik vermeidbar ist"; sie dienen der Vorsorge gegen schädliche Umwelteinwirkungen „durch dem Stand der Technik entsprechende Emissionsbegrenzungen" (§ 5 Abs. 1 Nr. 2 BImSchG).

Aus der TA Luft, die als allgemeine Verwaltungsvorschrift keine unmittelbare Verbindlichkeit für die Betroffenen hat, sondern nur den Behörden als Anweisung zur Umsetzung des BImSchG dient, ergeben sich E. als entsprechende „Grundlagen für Emissionsbegrenzungen" (2.1.5). Prinzipiell besteht ein hierarchisches System

– rechtsnormativ festgesetzte Emissionsgrenzwerte mit unmittelbarer Außenwirkung,
– in Verwaltungsvorschriften festgelegte E. mit interner Behördenwirkung und
– in Einzelverwaltungsakten wie Genehmigung oder Anordnung festgesetzte, den Betroffenen verpflichtende Emissionsbegrenzungen, die auf den Emissionswerten beruhen.

Von den möglichen Emissionsbegrenzungen kommen in der Praxis im wesentlichen in Frage: zulässige Massenkonzentrationen, -verhältnisse und -ströme sowie zulässige → Emissionsgrade und einzuhaltende Geruchsminderungsgrade (→ Geruchszahl). Die TA Luft enthält in 2.3 und 3 eine Vielzahl von E., die der Behörde zur speziellen Festsetzung der beschriebenen Emissionsbegrenzungen vorgegeben sind.

Dreyhaupt

Emissionszertifikat *⟨emissions certificate/tradable emissions permit⟩* → Umweltzertifikat

Energieeinsparungsgesetz *⟨energy saving act⟩*. Das Gesetz zur Energieeinsparung in Gebäuden (EnEG)

vom 22. Juli 1976 (BGBl. I S. 1873), geändert durch Gesetz vom 20. Juni 1980 (BGBl. I S. 701), dient unmittelbar der Schonung fossiler Energieressourcen, mittelbar aber durch Verringerung der Wärmeabgabe in die Umgebung und der CO_2-Emissionen auch dem Umweltschutz; primäres Ziel des EnEG ist eine möglichst weitgehende Vermeidung von Energieverlusten beim Beheizen und Kühlen von Gebäuden sowie bei der Brauchwasserversorgung, wobei als Grenzen der Anforderungen der → Stand der Technik einerseits und die wirtschaftliche Vertretbarkeit andererseits vorgesehen sind. Materielle Vorschriften über konkrete Maßnahmen zur Energieeinsparung sind jedoch im EnEG nicht enthalten, sondern nur Ermächtigungen für die Bundesregierung zum Erlaß entsprechender Rechtsverordnungen; das EnEG selbst verpflichtet also noch niemanden zu Energieeinsparungsmaßnahmen.

Das EnEG erfaßt grundsätzlich alle zu beheizenden Gebäude, vor allem Neubauten. Einzelheiten dazu, insbesondere auch hinsichtlich der Geltung für bereits bestehende Gebäude, sowie die konkreten Anforderungen zum Wärmeschutz von Gebäuden werden im Rahmen der Ermächtigung nach dem EnEG in der → Wärmeschutzverordnung (WärmeschutzV) geregelt.

Hinsichtlich der heizungstechnischen und Brauchwasseranlagen sieht der Ermächtigungsrahmendes EnEG im wesentlichen Anforderungen an neu zu errichtende, aber auch eingeschränkt an bestehende Anlagen – bis hin zu Nachrüstungsgeboten – vor. Anforderungen an den Betrieb der Anlagen können sich dagegen uneingeschränkt auf neue wie auf alte Anlagen erstrecken. Die entsprechenden Regelungen sind in der → Heizungsanlagen-Verordnung (HeizAnlV) enthalten.

Mit der Neufassung der WärmeschutzV und der HeizAnlV im Jahr 1994 soll durch Verschärfung der Anforderungen an den baulichen Wärmeschutz und an die Beschaffenheit und den Betrieb von Heizungs- und Brauchwasseranlagen unmittelbar der Energieverbrauch, mittelbar aber insbesondere die CO_2-Emission im Gebäudebereich deutlich weiter vermindert werden. Unmittelbare immissionsschutztechnische Maßnahmen zur Minderung der Emissionen von luftverunreinigenden Stoffen aus Anlagen zur Gebäudebeheizung oder Brauchwasserversorgung sind nicht Gegenstand des EnEG und der darauf gestützten WärmeschutzV und HeizAnlV; diese Regelungen sind in der → 1. BImSchV (Kleinfeuerungsanlagenverordnung) enthalten, einschließlich der ursprünglich in der HeizAnlV getroffenen Regelungen zur Begrenzung der Abgasverluste.

Dreyhaupt

Entschwefelung *(desulphurization)*. Schwefel ist in Rohölen in verschiedenen Schwefelverbindungen enthalten, als → Schwefelwasserstoff bis hin zu komplexen schwefel-organischen Verbindungen. Im → Erdgas ist Schwefel als Schwefelwasserstoff enthalten. Bei der Verbrennung entsteht aus den Schwefelverbindungen Schwefeldioxid. Zur Verminderung der SO_2-Emissionen werden Heizöl und Gas in der Regel entschwefelt (→ Brennstoffe, schwefelarme).

Erdgas kann Schwefelwasserstoff von mehr als 25 Vol.-% enthalten; bei Anteilen unter 1 Vol.-% werden die Erdgase als Leangase, mit mehr als 1 Vol.-% als Sauergase bezeichnet. Sauergas wird durch Absorption des Schwefelwasserstoffs (Wäscher mit Natronlauge; wäßrige Aminlösungen) und anschließender Zuführung zu einer → Clausanlage aufbereitet. Das Clausprozeßabgas wird einer → Abgasreinigung zugeführt. Das entschwefelte und getrocknete Erdgas darf gemäß dem DVGW-Arbeitsblatt G 260 max. 5 mg Schwefelwasserstoff/m^3 enthalten.

Rohöle werden in → Mineralölraffinerien in der Regel einer hydrierenden E. unterzogen (E. mit Wasserstoff bei Temperaturen zwischen 300 °C und 400 °C, Drücken von 25 bis 70 bar in Anwesenheit von Kobalt-Molybdän-Katalysatoren).

Der Schwefelgehalt der Mitteldestillate aus Erdöl (Heizöl EL und Dieselkraftstoffe) ist durch die → 3. BImSchV seit dem 1. 10. 1996 auf einen zulässigen Schwefel-Höchstgehalt von 0,05 Gew.-% beschränkt.

Angrick

Literatur: *Schlemm, F.; H. Sandkühler:* Technische Anforderungen an Sauergasförder- und Reinigungssysteme infolge der Umweltgesetzgebung in der Bundesrepublik Deutschland. Beitrag zum ECE-Symposium über Gaswirtschaft und Umwelt, Stuttgart, 27.–31. 10. 1986. – Deutsche BP (Hrsg.): Das Buch vom Erdöl. Hamburg 1989. – DVGW-Richtlinien für die Gasbeschaffenheit, Arbeitsblatt GLSO, Dtsch. Verein von Gas- und Wasserfachmännern, Eschborn.

Entschwefelungsgips *(FDG-gypsum)*. E. ist das Produkt der → Abgasentschwefelung mittels → Kalk-/Kalksteinwaschverfahren. Beim E. handelt es sich wie beim Naturgips um Calciumsulfat-Dihydrat ($CaSO_4 \cdot 2H_2O$). Die chemische Zusammensetzung von E. zeigt die Tabelle. Im Gegensatz zum Naturgips, der bis zu 20 Gew.-% Inertstoffe enthalten kann, ist der Anteil der Nebenbestandteile im E. nur gering. Den Hauptanteil bilden die Silikate, die über den Kalkstein und Spuren von Flugasche in den Gips gelangen. Während Eisen-, Aluminium- und Magnesiumverbindungen durch den Kalkstein in den Gips eingetragen werden, stammen Chlor- und Fluorverbindungen aus der Kohle. Die Halogengehalte lassen sich durch Vorwäsche bei der Abgasentschwefelung und einen zusätzlichen Waschgang bei der mechanischen Gipstrocknung gering halten. Wegen der hohen Wirksamkeit von modernen Elektrofiltern sind die Gehalte an Spurenelementen aus dem Staub im Abgas sehr niedrig. Gleiches gilt für radioaktive Substanzen wie Radium-226 und Thorium-228, deren Anteil im E. an der unteren Grenze der Spannweite liegt, die bei Naturgipsen ermittelt worden ist. E. kann wegen seiner chemischen Zusammensetzung und seines hohen Reinheitsgrades, der nur mit den besten Naturgipsen vergleichbar ist, problemlos als Baustoff und in anderen Verwendungsbereichen eingesetzt werden.

Entschwefelungsgips. Tabelle: Chemische Zusammensetzung.

Feuchtigkeit	Gew.-%	6 – 12
Kristallwasser		20,0 – 20,7
CaO	Gew.-%	32,4 – 33,1
SO_3	(wf)	44,0 – 46,0
SiO2		2,5 – 6,3
$Fe_2O_3 + Al_2O_3$		0,3 – 1,0
MgO		0,1 – 0,8
Na_2O	g/kg	0,1 – 0,2
K2O	(wf)	0,1 – 0,2
Cl		< 0,3
F		< 1
SO_2		< 0,5
As		< 0,1
Cd		< 0,2
Cr		0,8
Co	mg/kg	0,8
Hg	(wf)	< 0,5
Ni		0,4
Pb		6
Se		< 11
Zn		14

Chem. reines $CaSO_4$. 2 H_2O hat zum Vergleich 20,9% Kristallwasser, 32,6% CaO und 46,5% SO_3

Der E. wird hauptsächlich anstelle des Naturgipses in der traditionellen Gips- und Zementindustrie als Baugips, für Gipsbauplatten oder für Bauelemente aus Gips und als Zumahlstoff für Zement eingesetzt. Darüber hinaus kann der E. auch als Ersatzstoff für Asbestprodukte, als Zusatzstoff für Gasbetonsteine und zur Herstellung von gipsgebundenen Holzspanplatten, Estrichmasse sowie Gipssandsteinen verwendet werden.

Haug

Literatur: *Bechert, J. et al:* Vergleich von Naturgips und REA-Gips. Gutachterliche Stellungnahme im Auftrag der VGB-Forschungsstiftung, Essen (Projekt 88) und des Bundesverbandes der Gips- und Gipsbauplattenindustrie e. V., Darmstadt. – *Haug,N.:* Verwertung von Gips aus der Abgasentschwefelung bei Feuerungsanlagen. Müll-Handbuch. Berlin 1989.

Entstaubung *⟨dust separation⟩* → Staubabscheidung

Entstaubungsverfahren *⟨dust separation, methods of⟩*. Grundprinzip jedes Verfahrens zur → Staubabscheidung ist, die in gasförmigen Medien dispergierten festen oder flüssigen Partikeln in Bereiche zu transportieren, in denen die dispergierenden Kräfte nicht mehr bestimmend sind. Die verschiedenen E. unterscheiden sich in den Transportmechanismen und der Realisierung der angesprochenen Bereiche (Bild).

In → Massenkraftabscheidern werden die Partikeln durch die Schwerkraft oder die Fliehkraft in Bereiche transportiert, aus denen sie von der Hauptströmung

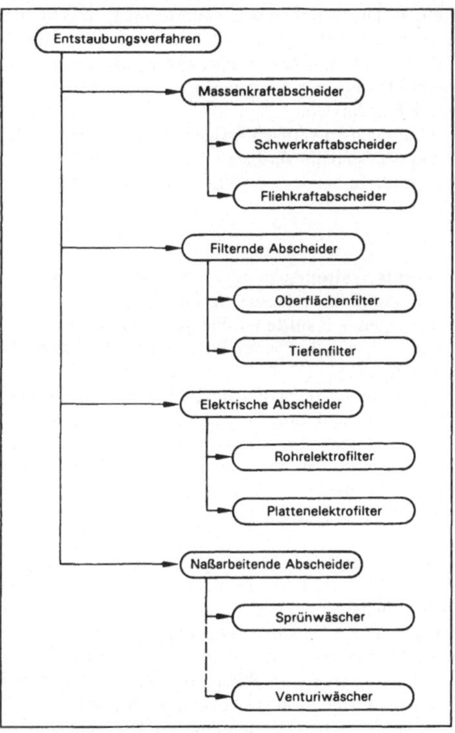

Entstaubungsverfahren: Gliederung der häufigsten E.

nicht mehr mitgerissen werden können. Bei elektrischen → Abscheidern erfolgt dieser Transport durch elektrische Kräfte; hierzu müssen die Partikeln vorher gezielt aufgeladen werden. In filternden → Abscheidern werden die Partikeln durch unterschiedliche Mechanismen an Elemente poröser, gasdurchströmter Systeme transportiert. Solche Elemente können z. B. Fasern oder Körner sein. Dort werden sie durch Haftkräfte festgehalten. Bei naßarbeitenden → Abscheidern werden die Partikeln zunächst von größeren Tropfen eingefangen und anschließend zusammen mit diesen aus dem Gasstrom entfernt.

Die Leistungsfähigkeit der einzelnen E. ist sehr unterschiedlich. Eine Charakterisierung ist u. a. über den Fraktionsabscheidegrad möglich. Das Betriebsverhalten hängt entscheidend von den Eigenschaften der abzuscheidenden Partikeln und des Trägergases ab.

Schmidt

Entstickungsverfahren *⟨denitrification process⟩* → NO_x-Abgasreinigung

Erdgas *⟨natural gas⟩* Es besteht aus Methan mit wechselndem Gehalt an Ethan, Propan und Butan sowie Stickstoff, Schwefelwasserstoff, Kohlendioxid und

Helium. Die →Kohlenwasserstoffe im E. lassen sich unter Druck verflüssigen und durch Tieftemperaturdestillation trennen. Technisch dient E. als Brenn- und Heizstoff sowie als Ausgangsbasis für die Herstellung von z.B. Acetylen.

Eine nicht zu vernachlässigende anthropogene Methanquelle sind die Verluste des E. von $(70 \pm 15) \times 10^6$ t CH_4 pro Jahr bei der Gewinnung und Verteilung.

Wiesen

Ereignis, seltenes *⟨rare event⟩*. Mit s. E. werden →Geräusche bezeichnet, die nicht dauernd, sondern nur gelegentlich auftreten. Sie gelten als selten, wenn sie an höchstens 3–5% der Tage oder Nächte eines Jahres auftreten.

Nach der →Sportanlagen-Lärmschutzverordnung gelten Überschreitungen der →Immissionsrichtwerte durch besondere Ereignisse und Veranstaltungen als selten, wenn sie an höchstens 18 Kalendertagen eines Jahres auftreten. *Strauch*

Erheblichkeit *⟨relevance to/importance⟩*. Der Begriff der E. ist für das Immissionsschutzrecht von grundlegender Bedeutung. E. ist das entscheidende Kriterium, um schädliche Umwelteinwirkungen von noch hinzunehmenden Umwelteinwirkungen abzugrenzen. Wann →Immissionen als erheblich anzusehen sind, ist aufgrund einer Güterabwägung zu ermitteln, auf die – wie es in der amtlichen Begründung zum BImSchG heißt – in einem hochindustrialisierten und dicht besiedelten Land nicht verzichtet werden kann. Dabei hängt es vom Zweck der einzelnen Rechtsnorm ab, welche Umstände in die Güterabwägung einzustellen sind. Letztlich kommt es darauf an, was das Gesetz den möglicherweise durch Immissionen Betroffenen zumuten wollte. Kriterien für die Zumutbarkeit sind neben den objektiv feststellbaren Umständen wie Schadstoffkonzentration, Lautstärke, zeitliches Verhalten der Immissionsbelastung u.a. auch
- die besonderen örtlichen Verhältnisse (Wohngebiet, Gewerbegebiet),
- der Erwartungshorizont der Betroffenen,
- deren besonderes Schutzbedürfnis,
- ihre Rechtsposition (Bestandsschutz, Verpflichtung zur Rücksichtnahme im Nachbarverhältnis),
- die Möglichkeiten eines passiven Schutzes.

Bei der Prüfung der Zumutbarkeit von Immissionen (und damit auch bei der Beurteilung der E.) ist nicht auf das Empfinden des individuell Betroffenen abzustellen. Ob eine das zumutbare Maß übersteigende →Belästigung zu erwarten ist, kann – wie das Bundesverwaltungsgericht ausgeführt hat – nicht nach der Auswirkung auf überempfindliche oder ungewöhnlich unempfindliche Personen, sondern allein danach bewertet werden, wie der normal empfindende Mensch hierauf reagiert. *Hansmann*

Ernste Gefahr *⟨serious hazard⟩*. Der Begriff der e. G. wird im Anschluß an die EG-Richtlinie 82/501/EWG in der →Störfall-Verordnung verwandt. Er bezeichnet eine qualifizierte Gefahr, bei der schwerwiegende Schäden für die Arbeitnehmer, die Nachbarn oder die Allgemeinheit drohen. Nach § 2 Abs. 2 der Störfall-Verordnung ist e. G. eine Gefahr, bei der
- das Leben von Menschen bedroht wird oder schwerwiegende Gesundheitsbeeinträchtigungen von Menschen zu befürchten sind,
- die Gesundheit einer großen Zahl von Menschen beeinträchtigt werden kann oder
- die Umwelt, insbesondere Tiere und Pflanzen, der Boden, das Wasser, die Atmosphäre sowie Kultur- oder sonstige Sachgüter geschädigt werden können, falls durch eine Veränderung ihres Bestandes oder ihrer Nutzbarkeit das Gemeinwohl beeinträchtigt würde.

Eine e. G. ist nicht anzunehmen, wenn ausschließlich Personen gefährdet werden, die verpflichtet sind, eingetretene Störungen des bestimmungsgemäßen Betriebs und ihre Folgen zu beseitigen. *Hansman*

Erschütterungen *⟨vibrations⟩*.

Allgemein. Mit E. werden alle Schwingungsarten der beim Betrieb technischer ortsfester oder mobiler Anlagen oder bei der Anwendung technischer Verfahren (z.B. Sprengungen), aber auch durch natürliche Vorgänge (z.B. Erdbeben) verursachten unerwünschten mechanischen Schwingungen von festen Körpern bezeichnet, die in der Umgebung der →Erschütterungsquelle, auf dem Ausbreitungsweg und beim Einwirken in baulichen Anlagen auftreten.

Sie sind häufig aus harmonischen Schwingungen mit mehreren Frequenzen und unregelmäßig schwankenden Amplituden zusammengesetzt. Die Begriffe E. und Schwingungen werden auch synonym verwendet. Im Umweltschutz, hier beim Schutz vor E., interessieren häufig die mechanischen Schwingungen mit Frequenzen von etwa 1 Hz bis 80 Hz, in seltenen Fällen auch die bis zu etwa 300 Hz.

Bei der Einwirkung auf Sachgüter, z.B. auf Bauwerke sowie auf erschütterungsempfindliche Anlagen und Geräte, können E. Schäden oder Nachteile bewirken. Bei der Einwirkung auf Menschen sind E. subjektiv wahrnehmbare, störende, belästigende oder gar gesundheitlich gefährdende mechanische Schwingungen. E. werden haptisch (*griech.* haptein = berühren) wahrgenommen.

E. können durch Naturkräfte wie Erdbeben und Seegang hervorgerufen werden.

E. können klassifiziert werden in determinierte und nichtdeterminierte, d.h. zufallsbedingte mechanische Schwingungen. In Bezug auf die Einwirkungsdauer können E. stationär, d.h. zeitlich länger andauernd auftreten oder zeitlich vorübergehend (transient) einmalig oder wiederholt mit mehr oder weniger großen Pausen zwischen den einzelnen Ereignissen.

Durch anthropogene Vorgänge verursachte E. gehen von technischen Anlagen aus, z. B. beim Betrieb von Schmiedehämmern, Fallwerken, Rammen, Rüttlern, Pressen, Webmaschinen, Sägegattern, Zentrifugen, Kompressoren, beim Betrieb von Verkehrsfahrzeugen oder bei Sprengungen.

Haben Schwingungen nicht nur zeitlichen, sondern auch räumlichen Charakter, werden sie als Wellen bezeichnet. E. werden durch feste elastische Kontinua übertragen. Übertragungsmedien sind insbesondere der Erdboden und bauliche Anlagen. Die sich im Boden in Form von Wellen ausbreitenden E. werden an geologischen Schichtgrenzen, am Grundwasserspiegel und anderen Inhomogenitäten im Boden reflektiert und refraktiert. Die Berechnung der Erschütterungsausbreitung ist deshalb sehr komplex. Bei Untersuchungen von E.-Problemen hat sich die im Bild dargestellte Unterteilung des Systems in die drei Bereiche Emission, Transmission und → Immission bewährt.

E. gehören nach dem → Bundesimmissionsschutzgesetz (BimSchG) zu den zu beachtenden Emissionen und Immissionen.

Die Erschütterungsemission kennzeichnet die für die betrachteten Wirkungen wesentlichen physikalischen Größen, die von einer Erschütterungsquelle ausgehen und an die Umgebung (Erdboden, Bauteile) abgegeben werden. Um die Emission der jeweiligen Erschütterungsquelle möglichst zutreffend zu erfassen und zu charakterisieren, ist wegen der oft vorliegenden Vielfalt der erregenden Kräfte und ihrer möglichen unterschiedlichen Wirkungsrichtungen im Raum die Art der Maschine oder Anlage und der Mechanismus der Erschütterungserregung zu beachten. Anders als in der Akustik ist es bei einer auf dem Boden gegründeten Maschine nicht möglich, die kennzeichnenden Schwingungsgrößen und damit die durch eine Hüllfläche hindurchtretende Schwingungsenergie zu messen, da die Hüllfläche nur an der Erdoberfläche zugänglich ist. Es

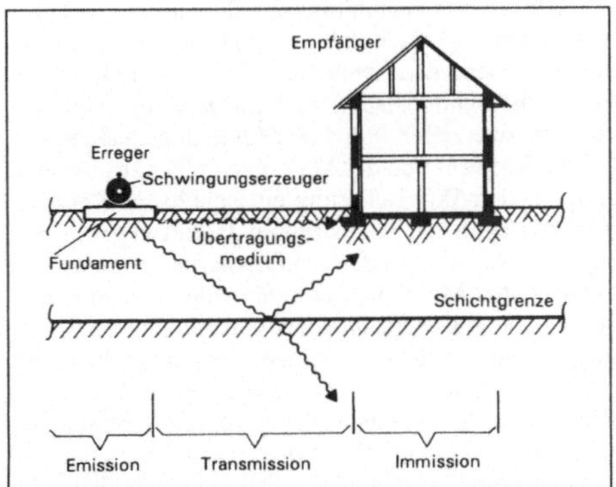

Erschütterungen: System zur Untersuchung von E. Es werden drei Bereiche unterschieden: Emission, Transmission und Immission.

besteht nur die Möglichkeit, die Erschütterungsemission durch Schwingungsgrößen in definierten Entfernungen vom Maschinenfundament bzw. von den Anlagen an der Bodenoberfläche zu erfassen. Dabei wird jedoch das komplizierte dynamische System Maschine-Fundament-Baugrund nur unzureichend erfaßt.

Der Begriff Erschütterungsimmission bezeichnet den Übertritt von Schwingungsenergie bzw. der für die betrachteten Wirkungen verwendeten physikalischen Größen aus einer Umgebung, z. B. dem Boden oder einem Bauwerk, zu einem Empfänger, d. h. zu dem Objekt, auf das die E. einwirken. Das sind meistens Gebäude oder Bauteile, aber auch Menschen, die sich in Gebäuden aufhalten. Zweck der Messungen von Erschütterungsimmissionen ist es, Daten für die Beurteilung der möglichen Schädlichkeit von E. bei baulichen Anlagen oder der Belastung für Menschen in Gebäuden zu liefern. Messungen der Erschütterungsimmissionen werden überwiegend in Gebäuden durchgeführt. Bei Messungen auf dem Erdboden, die dann notwendig sind, wenn die Erschütterungswirkungen auf geplante, aber noch nicht vorhandene Bauwerke abgeschätzt werden sollen, ergeben sich Unsicherheiten durch die Übertragungsbedingungen vom Erdboden in das Bauwerk.

E. werden wegen der physikalischen Verwandtschaft und der zum Teil gleichartigen Probleme in engem Zusammenhang zum → Lärm gesehen.

Beim Betrieb von technischen Anlagen an Aufstellungsorten, die mit betroffenen Bauwerken über feste Körper, z. B. über den Erdboden oder über Bauteile, verbunden sind, können durch → Körperschall sog. Sekundärgeräusche auftreten. Dabei wird durch die Bauteile, die durch E. dynamisch erregt werden, die angrenzende Luft in Räumen zu hörbarem → Schall angeregt.

Die möglichen Wirkungen von E. auf Menschen sind nicht nur von physikalischen, sondern auch von psychologischen und soziologischen Faktoren, den sog. Moderatoren, abhängig. Zu den letzteren gehören u. a. die Umgebungssituation, die persönliche Einstellung zum Erschütterungserzeuger, der Gesundheitszustand der Betroffenen sowie die Tätigkeit während der Erschütterungseinwirkung.

Bei den Einwirkungen von E. auf Gebäude und auf Bauteile werden zusätzlich zu den vorhandenen, aus statischen Belastungen herrührenden Spannungen, dynamische Spannungen verursacht. Werden dabei Bruchspannungen überschritten, treten Schäden in Form von Rissen auf. Bei Einwirkungen von E. auf den Baugrund können Setzungen oder Sackungen auftreten.

Zu den Maßnahmen zur Minderung von E. gehören die Entwicklung von erschütterungsarmen Verfahren und Technologien sowie Isoliermaßnahmen an der Erschütterungsquelle, im Ausbreitungsmedium und am betroffenen Objekt.

Im Umweltschutz sind E. meist nur bis zu einigen hundert Metern von der Erschütterungsquelle von

Bedeutung. Auftretende und als nicht zumutbar beurteilte E. lassen sich nachträglich oft nur mit großem Aufwand mindern. E. sollten deshalb bereits bei der Planung von technischen Anlagen, von Baugebieten und von Verkehrsanlagen beachtet werden. Bedingt durch den enger werdenden Lebensraum rücken Erschütterungserreger, z. B. Verkehrsanlagen, und schutzbedürftige Objekte, z. B. Wohngebiete, immer näher zusammen. Dadurch werden die Probleme des Erschütterungsschutzes zunehmend bedeutsamer.

Splittgerber

Literatur: *Splittgerber, H.*: Erschütterungen, Erschütterungsemissionen und -immissionen. In Haupt, W. (Hrsg.): Bodendynamik. Braunschweig 1986. – *Splittgerber, H.*: Wirkung von Erschütterungen. In Dreyhaupt, F. J. (Hrsg.): Handbuch für Immissionsschutzbeauftragte. Köln, 1978.

Beurteilung. Sie erfolgt bei der Einwirkung auf Menschen in Gebäuden aufgrund der Belastung, d. h. anhand von physikalisch meßbaren Größen unter Einbeziehung der dadurch ausgelösten Beanspruchung und → Belästigung. Bei der Einwirkung von E. auf bauliche Anlagen erfolgt die Beurteilung anhand von meßtechnisch erfaßten Schwingungsgrößen.

Nach dem Regelwerk VDI 2057, Blatt 3, wird die Beanspruchung des Menschen bei einwirkenden Schwingungen anhand der bewerteten Schwingstärke K beurteilt. Dabei werden folgende Kriterien berücksichtigt:

- Wohlbefinden (Komfort),
- Leistungsfähigkeit,
- Gesundheit.

Bei Problemen des Immissionsschutzes ist besonders das Kriterium „Wohlbefinden" von Bedeutung. Die auftretenden Erschütterungswirkungen sind in aller Regel nicht so groß, daß Beeinträchtigungen der Leistungsfähigkeit oder gar eine Gefährdung der Gesundheit zu befürchten sind. Das Kriterium Wohlbefinden ist nach der jeweils vorliegenden Situation zu beurteilen. Bei einer Fahrt in einem Fahrzeug wird man z. B. bei höherer Bewerteter Schwingstärke K noch von Wohlbefinden sprechen, während beim Aufenthalt in Gebäuden der gleiche Wert als belästigend empfunden wird.

Das im Regelwerk DIN 4150, T. 2, Dez. 1992, beschriebene Verfahren zur Beurteilung von Erschütterungsimmissionen berücksichtigt die Belästigung in folgender Weise:

Die Schwingungsgröße wird an einem Beurteilungsmeßort ermittelt. Aus der Schwingungsgröße wird eine bauwerksbezogene Bewertete Schwingstärke KB_F gewonnen.

Für den → Beurteilungszeitraum wird die maximale Bewertete Schwingstärke KB_{Fmax} und, falls erforderlich, die Beurteilungsgröße KB_{FTr} bestimmt und mit Anhaltswerten verglichen, die nach Einwirkungsorten entsprechend der baulichen Nutzung ihrer Umgebung und nach der Tageszeit des Auftretens unterteilt sind. Somit werden auch Einflüsse der Ortsüblichkeit und der Zeitpunkt des Auftretens der E. berücksichtigt. Der Grad der Belästigung ist von individuellen und situativen Bedingungen abhängig. Belästigungen sind nur auszuschließen, wenn die einwirkenden E. nicht wahrnehmbar sind. Erhebliche Belästigungen liegen im allgemeinen nicht vor, wenn die Anhaltswerte der Norm eingehalten werden. Bei Einhaltung der genannten Anhaltswerte ist zu erwarten, daß auch die Sekundäreffekte in der Regel nicht zu einer erheblichen Belästigung führen. Treten dennoch in Einzelfällen erhebliche Sekundäreffekte auf, z. B. durch Resonanz oder durch Sekundärschall, ist eine spezielle Untersuchung und Beurteilung notwendig.

Bei der Einwirkung von E. auf bauliche Anlagen werden im Regelwerk DIN 4150, T. 3, Ausg. Mai 1986, Verfahren zur Beurteilung und Anhaltswerte angegeben mit dem Ziel, Schäden im Sinne einer Verminderung des Gebrauchswertes von Gebäuden zu vermeiden. Im Sinn dieser Norm ist eine Verminderung des Gebrauchswertes von Gebäuden oder Bauteilen durch Erschütterungseinwirkungen.

Die Beurteilung von E. nach dieser Norm geschieht anhand von meßtechnisch erfaßten Schwingungsgrößen und Vergleich mit Anhaltswerten. Die Schwingungsgrößen sind an vorgegebenen Meßorten festzustellen.

Splittgerber

Literatur: *Gasch, R.*: Beurteilung der dynamischen Beanspruchung von Bauwerksteilen. VDI-Bericht 113, 1967. – *Splittgerber, H.*: Verformung von Gebäuden in waagerechter Richtung durch Sprengerschütterungen, Teil 1: Berechnungsverfahren. VDI-Z (1969) Nr. 11; Teil 2: Beispiel zur Berechnung und Folgerungen für eine Beurteilung von Sprengerschütterungen auf Gebäude. VDI-Z (1969) Nr. 17.

Minderungsmaßnahmen. Die Maßnahmen zur Schwingungsabwehr bzw. Schwingungsentstörung werden ganz allgemein zusammenfassend auch als Minderungsmaßnahmen bezeichnet. Zum Schutz vor unerwünschten E. gibt es vielfältige Möglichkeiten. Wirksame und zugleich zweckgerechte Maßnahmen im Bereich der → Erschütterungsquelle sind nur in enger Zusammenarbeit zwischen den Maschinenherstellern, den Betreibern, den Herstellern von Isolatoren, Isoliermatten usw. und meistens auch hinzugezogenen Fachberatern zu erzielen. Reichen Minderungsmaßnahmen bei der Konstruktion der Maschinen nicht aus, so muß z. B. bei der Aktivisolierung ein geeigneter Kompromiß zwischen der angestrebten Isolierwirkung und einer noch ausreichenden Standsicherheit der elastisch aufgestellten Maschine gefunden werden. Um geeignete Minderungsmaßnahmen am Erreger, bei der Transmission und auch bei der Passivisolierung bzw. der → Abschirmung auszuführen, muß man die Größe, die Richtung und die Frequenz der zu vermindernden dynamischen Lasten bzw. E. kennen, was vorher die Messung und die Beurteilung der Schwingungen bzw. der Erschütterungsimmissionen erfordert.

Die Maßnahmen am Erreger selbst zielen darauf ab, bereits das Entstehen von E. weitgehend zu vermeiden.

Diese Maßnahmen sind vor allem Aufgabe des Konstrukteurs bzw. des Betreibers. Durch sinnvolle Planung bei der Wahl der einzusetzenden Maschinen, ihres Aufstellungsortes und ihrer Gründung läßt sich die Erschütterungsausbreitung ebenfalls erheblich einschränken.

Als betriebliche Maßnahme ist allgemein zu empfehlen, den Standort auf dem Betriebsgelände so zu wählen, daß der Abstand zu den nächst betroffenen Wohnhäusern möglichst groß ist. *Splittgerber*

Literatur: *Splittgerber, H.*: Verfahren und Vorrichtungen zur Begrenzung von Erschütterungsemissionen. In Dreyhaupt, F. J. (Hrsg.): Handbuch für Immissionsschutzbeauftragte. Köln 1978. – VDI 2062, Bl. 1: Begriffe und Methoden. 1/1976.

Regelwerke. Angaben zum Entstehen, Messen, Beurteilen und Mindern von E. sind in folgenden Regelwerken enthalten:

❒ ISO-Standards:
ISO 2631/1: Evaluation of human exposure to whole-body vibration – Part 1: General requirements. 1. edition – 1985-05-15.
ISO 2631/2: Evaluation of human exposure to whole-body vibration – Part 2: Continuous and shock-induced vibration in buildings. (1 to 80 Hz) 1. edition – 1989-02-15.
ISO 4866: Mechanical vibration and shock – Vibration of buildings – Guidelines for the measurement of vibrations and evaluation of their effects on buildings. 1. edition 1990 (E)
ISO 2041: Vibration and shock. 2. edition – 1990-08-01.

❒ DIN-Normen:
DIN 1311: Schwingungslehre:
Blatt 1: Kinematische Begriffe. Ausg. Febr. 1974.
Blatt 2: Einfache Schwinger. Ausg. Dez. 1974.
Blatt 3: Schwingungssysteme mit endlich vielen Freiheitsgraden. Ausg. Dez. 1974.
Blatt 4: Schwingende Kontinua, Wellen, Ausg. Febr. 1974.
DIN 4024: Maschinenfundamente
Teil 1: Elastische Stützkonstruktionen für Maschinen mit rotierenden Massen. Ausg. Apr. 1988.
Teil 2: Steife (starre) Stützkonstruktionen für Maschinen mit periodischer Erregung. Ausg. Entwurf Apr. 1988.
DIN 4150: Erschütterungen im Bauwesen
Teil 1: Grundsätze, Vorermittlung und Messung von Schwingungsgrößen, Vornorm Ausg. Sept. 1975.
Teil 2: Einwirkungen auf Menschen in Gebäuden, Vornorm. Ausg. Sept. 1975 und Norm Ausg. Dez. 1992.
Teil 3: Einwirkungen auf bauliche Anlagen. Ausg. Mai 1986.
DIN 45 669: Messung von Schwingungsimmissionen.
Teil 1: Anforderungen an Schwingungsmesser, Ausg. Jan. 1981.
Teil 2: Meßverfahren. Ausg. Jan. 1984.
Teil 2A1: Meßverfahren, Änderung 1. Ausg. Nov. 1989
DIN 45 667: Klassierverfahren für das Erfassen regelloser Schwingungen. Ausg. Okt. 1969.

❒ VDI-Richtlinien:
VDI 2057: Einwirkungen mechanischer Schwingungen auf den Menschen.
Blatt 1: Grundlagen, Gliederung, Begriffe. Ausg. Mai 1987.
Blatt 2: Bewertung. Ausg. Mai 1987.
Blatt 3: Beurteilung. Ausg. Mai 1987.
Blatt 4.1: Messung und Beurteilung von Arbeitsplätzen in Gebäuden. Ausg. Mai 1987.
VDI 2062: Schwingungsisolierung.
Blatt 1: Begriffe und Methoden. Ausg. Jan. 1976.
Blatt 2: Isolierelemente. Ausg. Jan. 1976.

❒ Richtlinie des Länderausschusses für Immissionsschutz: Messung, Beurteilung und Verminderung von Erschütterungsimmissionen (Erschütterungs-Richtlinie); herausgegeben vom Länderausschuß für Immissionsschutz. Berlin 1995.

Splittgerber

Sekundäreffekte. Die durch einwirkende E. in Wohnungen und vergleichbar genutzten Räumen verursachten sichtbaren Bewegungen von Gegenständen oder hörbaren Geräusche werden als Sekundäreffekt bezeichnet. Dazu gehören z. B.:
– sichtbare Schwingungsbewegungen von Lampen, Bildern und Blumen,
– hörbares Klappern von Türen, Fenstern; Vibrieren von Gläsern, Geschirr, Töpfen,
– Wandern von Gläsern, Geschirr in Schränken oder Regalen.

Die Sekundäreffekte zählen zu den situativen Bedingungen, die Einfluß auf die → Belästigung durch E. haben und deswegen sollte man sie wegen ihrer Störungen beim Beurteilen der Erträglichkeit von Erschütterungsimmissionen in Wohnungen im allgemeinen nicht außer acht lassen. Der bei einwirkenden E. von schwingenden Raumbegrenzungsflächen abgestrahlte Sekundärschall ist gesondert zu betrachten; er wird nach Geräusch-Richtlinien beurteilt. *Splittgerber*

Literatur: *Splittgerber, H.*: Die Einwirkung von Erschütterungen auf den Menschen in Gebäuden. Technische Überwachung 10 (1969).

Erschütterungsmeßeinrichtung *⟨vibrations measurement device⟩*. Einrichtungen zum Messen von Erschütterungsemissionen und Erschütterungsimmissionen bestehen in der Regel aus einzelnen miteinander verbundenen Geräten bzw. Bauteilen. Wesentliche Komponenten sind: der Schwingungsaufnehmer (Geber), ein Meßwertwandler, ein Meßsignalverstärker und Anzeige- bzw. Registriergeräte.

Das Funktionsschema einer E., das im Prinzip alle Gerätefunktionen beinhaltet, ist in Bild 1 dargestellt. Die gewählte Aufteilung in Funktionsblöcke kann je nach der Realisierung auch in anderer Weise vorgenommen werden. Die Schwingungsaufnehmer haben

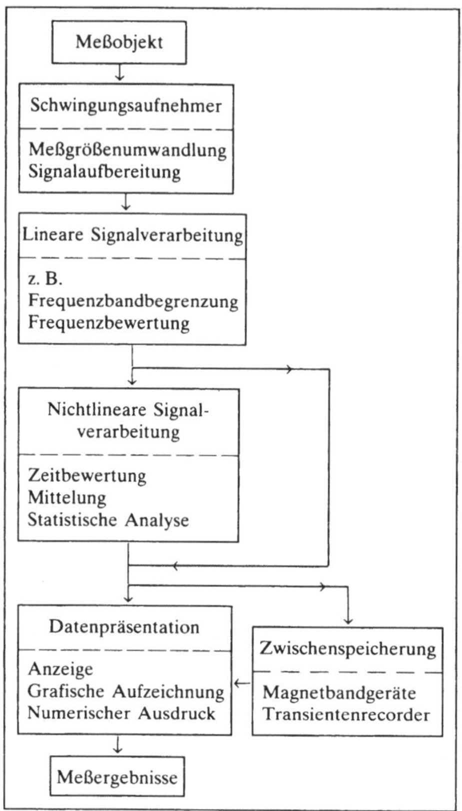

Erschütterungsmeßeinrichtung 1: Funktionsschema einer E. Signalfluß.

die Aufgabe, die kinematische Meßgröße des Meßobjektes, nämlich den Schwingweg, die Schwinggeschwindigkeit bzw. die Schwingbeschleunigung, zu erfassen. Diese Größen werden mit Hilfe eines mechanisch-elektrischen Wandlers, der z. B. nach dem induktiven Prinzip arbeitet bzw. den Piezoeffekt ausnutzt, in ein elektrisches Signal umgewandelt. Als Schwingungsaufnehmer dienen sog. „Absolut-Aufnehmer", die zur Messung kein festes Bezugssystem benötigen.

Bei Absolutaufnehmern wird eine Masse mit Hilfe von Federn und Dämpfern an ein Gehäuse gekoppelt – sog. seismisches Prinzip – (Bild 2). Der Aufbau erfolgt in der Weise, daß die schwingungstechnischen Berechnungen eines Ein-Massen-Schwingers die Eigenschaften des Schwingungsaufnehmers genügend zutreffend kennzeichnen. Meßgröße ist die Relativbewegung zwischen der Gerätemasse und dem Gerätegehäuse. Für den einsetzbaren Meßbereich des Geräts wird angestrebt, daß die Masse als Bezugssystem möglichst in Ruhe bleibt. Das wird erreicht, wenn die Eigenfrequenz des Aufnehmers deutlich unterhalb bzw. weit oberhalb

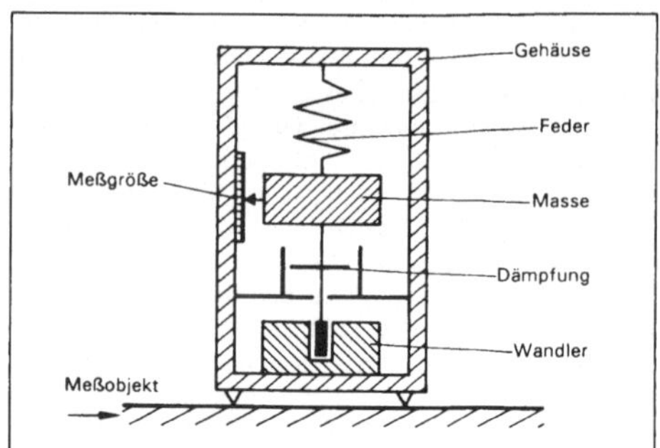

Erschütterungsmeßeinrichtung 2: Schematischer Aufbau eines Schwingungsaufnehmers.

des Arbeitsfrequenzbereiches liegt. Je nachdem, ob der Schwingungsaufnehmer ein der Schwinggeschwindigkeit (Schnelle) oder der Schwingbeschleunigung proportionales elektrisches Signal erzeugt, spricht man von Schwinggeschwindigkeits- oder Schwingbeschleunigungsaufnehmern. Der Meßsignalverstärker ist ein Bindeglied zwischen dem Schwingungsaufnehmer und dem Anzeige- bzw. Registriergerät. Er ist immer dann notwendig, wenn das Ausgangssignal des Aufnehmers zu klein ist, um das Anzeigegerät anzusteuern. Die Präsentation der Meßsignale erfolgt je nach gefordertem Meßergebnis durch ein Anzeigegerät, durch ein Registriergerät (Oszilloskope, Lichtstrahloszillographen, Thermoschreiber o. ä.) oder nach Digitalisierung der Meßsignale und Signalbearbeitung in einem Prozeßrechner in Form von ausgedruckten Daten oder Plots. Falls erforderlich, können weitere Geräte, z. B. zur Zwischenspeicherung der Signale, verwendet werden, wenn eine spätere Auswertung der Meßsignale im Labor erfolgen soll. Im Regelwerk DIN 45 669, Teil 1, sind die Anforderungen an E., die dort als Schwingungsmesser bezeichnet werden, sowie Prüfmethoden festgelegt worden, und zwar für Meßgeräte, die zur Messung von Schwingungsimmissionen verwendet werden. Im Regelwerk DIN 45 669, Teil 2, sind u. a. Angaben zur Ankopplung des Schwingungsaufnehmers in verschiedenen Anwendungsbereichen, z. B. bei Messungen an harten Flächen oder an solchen, die mit elastischen Belägen (Filz, Teppich) verkleidet sind, gemacht mit dem Ziel, resonanzbedingte Meßfehler zu vermeiden. *Splittgerber*

Erschütterungsquelle ⟨*vibration source*⟩. E. sind Maschinen, gewerbliche und industrielle Anlagen oder sonstige Systeme, durch die infolge von dynamischen Lasten in der Umgebung, besonders im Erdboden, → Erschütterungen erregt werden. Die von den E. ausgehenden Erschütterungen werden durch die Erschütterungsemission charakterisiert.

Die E. bilden als Emissionsstruktur einen Teilbereich des im Immissionsschutz zu betrachtenden Gesamtsy-

stems, zu dem das Ausbreitungssystem, die Transmission, und die Immissionsstruktur, z. B. betroffene Gebäude, gehören. Bedeutsame E. sind insbesondere
- in der Metallindustrie: Schmiedehämmer, Schmiedepressen, Pressen für die Blechbearbeitung, Walzwerke, Strangpressen, Fallwerke, Schrottscheren, Shredderanlagen,
- in der Industrie der Steine und Erden: Sprengungen in Tagebaubetrieben, Brecher, Schwingsiebe, Zentrifugen, Pumpen,
- in der Textilindustrie: Webmaschinen und Webstühle,
- in der holzverarbeitenden Industrie: Sägegatter,
- in der chemischen Industrie: Zentrifugen, Schleudern, Kompressoren, Drehkolbenverdichter,
- in der Bauindustrie: auf Baustellen eingesetzte schwere Baugeräte wie Rüttler, langsam und schnell schlagende Rammen, Vibrationsrammen, Aufbruchmeißel, Ziehgeräte für Rammgüter, Bodenverdichter, Abbruch- und Baugrubensprengungen,
- im Verkehr: Fahrzeuge im Straßen- und Schienenverkehr,
- im untertägigen Bergbau: Sprengungen. In Gebieten mit untertätigem Bergbau können durch den Abbau bedingte Entspannungsschläge im Gebirge auftreten, die an der Erdoberfläche als Erschütterungen wahrgenommen werden. *Splittgerber*

Erschütterungsschaden ⟨*damage caused by vibrations*⟩. Ein E. ist ein Schaden an baulichen Anlagen, der durch einwirkende → Erschütterungen verursacht wird. Unter Schäden wird bei Gebäuden besonders das Entstehen von Rissen verstanden. Dabei unterscheidet man zwischen durchgehenden Rissen, die Bauteile wie Decken und Wände zerstören bzw. deren Tragfähigkeit mindern, und Oberflächenrissen. Diese können als Putzrisse auftreten und damit als architektonische Schäden einzustufen sein, aber sich teilweise auch bis in die Bauteile hinein erstrecken. Oberflächenrisse werden nach der Breite der Risse klassifiziert in feine, mittlere, breite und klaffende Risse. Sie entstehen dort, wo bereits Spannungen aus Eigengewicht, Verkehrslasten und nicht bekannten Lasten so groß sind, daß die dynamischen Zusatzspannungen bei einwirkenden Erschütterungen ausreichen, Risse zu verursachen oder zu vergrößern.

Durch vertikal einwirkende Erschütterungsimmissionen und die dadurch bewirkten dynamischen Belastungen entstehen selten E., weil die Konstruktionsteile von Gebäuden im wesentlichen für senkrechte Lasten bemessen sind. Durch Schwingbeschleunigungen in horizontalen Richtungen werden Gebäude mehr gefährdet, weil ihre Aufnahme von horizontalen Kräften nur für geringe Lasten vorgesehen ist. Besonders gefährdet sind Konstruktionsteile aus Mauerwerk wegen ihrer nur geringen Zug- und Schubfestigkeit. Kritisch sind auch die Stellen, an denen Mauerwerksscheiben durch Schlitze, Nischen, Tür- und Fensteröffnungen geschwächt sind.

Die bei der Einwirkung von Erschütterungen auftretenden Risse unterscheiden sich nur in Ausnahmefällen von den Spannungsrissen, die durch andere Einwirkungen, z. B. durch ungleichmäßige Setzungen des Bauwerks, auftreten können. Im Regelwerk DIN 4150, T. 3, werden Anhaltswerte genannt, bei deren Einhaltung E. im Sinne einer Verminderung des Gebrauchswertes von Gebäuden nicht zu erwarten sind. In der Norm wird definiert, welche E. zu einer Verminderung des Gebrauchswertes führen. Bei Wohngebäuden und in ihrer Konstruktion und/oder ihrer Nutzung gleichartigen Bauten und bei Bauten, die wegen ihrer Erschütterungsempfindlichkeit nicht den gewerblich genutzten Bauten, Industriebauten und ähnlich strukturierte Bauten und den Wohngebäuden entsprechen und besonders erhaltenswert sind (z. B. unter Denkmalschutz stehen), gelten Risse im Putz von Wänden, die Vergrößerung von bereits vorhandenen Rissen und das Abreißen der Trenn- und Zwischenwände von tragenden Wänden oder Decken als Verminderung des Gebrauchswertes. Wirken Erschütterungen auf Bauwerke ein, können diese *ursächlich* oder *auslösend* für E. sein. Da die vorhandenen Spannungen in einem Bauteil in der Praxis selten bekannt sind, ist bei zusätzlicher dynamischer Einwirkung bezüglich des Eintritts von möglichen E. nur eine Wahrscheinlichkeitsaussage möglich. Dabei treten prinzipiell zwei verschiedene Fälle auf:
- eine einmalige Einwirkung, z. B. eine Abbruchsprengung, verursacht Erschütterungen, die auf eine größere Anzahl von Bauwerken einwirken. Dabei erhebt sich die Frage, ob und bei welcher Anzahl der Bauwerke der Eintritt von E. wahrscheinlich ist.
- die Einwirkung tritt mehr oder weniger regelmäßig in Abständen auf, z. B. durch Gewinnungssprengungen in Steinbrüchen, oder sie tritt andauernd stationär mit einer mehr oder weniger großen Zahl von Lastwechseln auf und wirkt auf ein Bauwerk ein. Dabei erhebt sich die Frage, ob und mit welcher Wahrscheinlichkeit und nach welcher Anzahl von Lastwechseln der Eintritt von E. zu erwarten ist.

Systematische Untersuchungen mit Hilfe statistischer Methoden sind bisher nicht durchgeführt worden. Auch die Dauerschwingfestigkeit von überwiegend im Hochbau verwendeten Materialien und Bauteilen ist kaum untersucht worden. Die empirisch aufgrund zahlreicher Messungen abgeleiteten Anhaltswerte sind als eine nichtquantifizierte Wahrscheinlichkeitsaussage zu werten. Rückschlüsse von der Art der E. auf die → Erschütterungsquelle sind nur in Ausnahmefällen möglich.

E. können auch bei der Einwirkung von starken Luftwechseldrucken, wie sie durch Explosionen oder Detonationen und auch beim → Überschallknall verursacht werden, durch Zerbersten von Glasscheiben und Dachziegeln auftreten. Erschütterungsimmissionen, die über den Boden in Gebäude eingeleitet werden, verursachen nicht nur dynamische Beanspruchungen des

Gebäudes, sondern bewirken auch dynamische Lastwechsel in dem unter dem Gebäude anstehenden Baugrund.

Im Rahmen des Immissionsschutzes, besonders bei Sprengerschütterungen, sind auch die Auswirkungen auf weitere bauliche Anlagen zu beachten, z. B. auf erdverlegte Rohrleitungen. Bei diesen können E. in Form von Rohrbrüchen und Schäden an Dichtungen, Muffen und Flanschen auftreten. *Splittgerber*

Literatur: *Bendel, H.*: Erschütterungen und Gebäudeschäden. Nobel-Hefte, 1975. – *Splittgerber, H.*: Wirkung von Erschütterungen auf Menschen und Gebäude. In Haupt, W. (Hrsg.): Bodendynamik. Braunschweig 1986.

1. BImSchV ⟨*first Ordinance based on the Federal Immission Control Act/ordinance on small-scale firing installations*⟩. Verordnung über Kleinfeuerungsanlagen vom 15. Juli 1988 (BGBl. I S. 1059), zuletzt geändert durch Verordnung vom 20. Juli 1994 (BGBl. I, S. 1680). Gilt für die Errichtung, die Beschaffenheit und den Betrieb von nicht genehmigungspflichtigen Feuerungsanlagen (i. d. R. Feuerungswärmeleistung unter 1 MW bei Feststoff-, unter 5 MW bei Öl- und unter 10 MW bei Gasfeuerungen) und enthält Vorschriften

- über zulässige Brennstoffe,
- über Beschaffenheit, Betrieb und → Emissionsgrenzwerte von Feuerungsanlagen für feste Brennstoffe, Ölfeuerungsanlagen und Gasfeuerungsanlagen,
- über die Ableitbedingungen der Abgase (→ Schornsteine) bei Anlagen mit einer Feuerungswärmeleistung von 1 MW oder mehr (darunter gilt nur Bauordnungsrecht) sowie
- zur Überwachung, insbesondere zu den regelmäßig wiederkehrenden Abgasmessungen durch den Bezirksschornsteinfegermeister (→ Schornsteinfeger-Messung).

Die Emissionsbegrenzungen beziehen sich bei feststoffgefeuerten Anlagen auf die Massenkonzentration an Staub und Kohlenmonoxid sowie auf den Grauwert der Abgasfahne (→ Ringelmann-Methode), bei Ölfeuerungsanlagen auf die → Rußzahl nach der → Bacharach-Methode. An Öl- und Gasfeuerungen müssen die Stickstoffoxid-Emissionen durch feuerungstechnische Maßnahmen nach dem → Stand der Technik begrenzt werden; außerdem gelten Grenzwerte für die Abgasverluste, d. h. für das Verhältnis zwischen dem Wärmeinhalt des Abgases und der Verbrennungsluft, bezogen auf den Heizwert des Brennstoffs. Die Abgasverlustgrenzwerte stellen mittelbare Emissionsgrenzwerte dar, indem sie den Wirkungsgrad der Brennstoffausnutzung maximieren und damit die auf den Brennstoffeinsatz bezogene spezifische Emission an Schadstoffen minimieren.

Geregelt ist auch der Betrieb offener Kamine: sie dürfen nur gelegentlich und dann grundsätzlich nur mit naturbelassenem stückigen Holz betrieben werden. (→ Kleinfeuerungsanlage). *Dreyhaupt*

EU-Wert ⟨*EU-value*⟩. Grenzwerte der EG für eine berufsbedingte Exposition gegenüber gefährlichen Arbeitsstoffen. Grundlage ist bisher die Richtlinie 80/1107/EWG zum Schutz der Arbeitnehmer vor der Gefährdung durch chemische, physikalische und biologische Arbeitsstoffe bei der Arbeit vom 27. November 1980 (ABl. EG Nr. L 327, S. 8), geändert durch die Richtlinie 88/642/EWG vom 16. Dezember 1988 (ABl. EG Nr. L 356, S. 74), in der – je nach Arbeitsstoff – die Aufstellung von Grenzwerten als Belastungshöchstwerte oder von Grenzwerten biologischer Indikatoren am Arbeitsplatz vorgesehen ist. Während für bestimmte Arbeitsstoffe verbindliche Grenzwerte in Einzelrichtlinien vorgesehen sind, werden für andere Stoffe Richtgrenzwerte festgesetzt, die die Mitgliedstaaten bei der Festsetzung von Grenzwerten i. S. der Richtlinie 80/1107/EWG berücksichtigen müssen.

Eine erste Liste von Richtgrenzwerten für berufsbedingte Expositionen in der Luft am Arbeitsplatz (Arbeitsplatzkonzentration) – für einen Bezugszeitraum von 8 Stunden – enthält die Richtlinie 91/322/EWG vom 29. Mai 1991 (ABl. EG Nr. L 177, S. 22). Diese Richtgrenzwerte sind mit der → TRGS 900 als Grenzwerte in nationales Recht umgesetzt worden und sind dort in der Liste der sog. Luftgrenzwerte als EU-W. ausgewiesen; inoffiziell werden sie auch als europäische MAK-Werte bezeichnet. *Dreyhaupt*

Europa-Test ⟨*euopean test procedure*⟩ → ECE-Test

EWG-Nr. ⟨*EEC-No.*⟩ → EINECS, → ELINCS, → Gefahrstoffverordnung

F

Fahrverbot bei Ozon-Alarm ⟨*driving ban at ozon alert*⟩ → Verkehrsbeschränkung, außerhalb Smogalarm

Fail-Safe-Prinzip ⟨*fail-safe principle*⟩. Begriff aus der → Sicherheitstechnik. Das Prinzip dient der Folgenverhütung von Einzelfehlern, aber auch anderer Fehlertypen, in einem System. Man versteht darunter das Prinzip der sicheren Richtung einer Ablaufabfolge. Danach sollen Sicherheitssysteme so konzipiert sein, daß die Anlage bei ihrem Ausfall von selbst in einen sicheren Zustand übergeht. So soll z. B. die Unterbrechung einer Instrumentenleitung von selbst das gleiche Ergebnis haben, als zeige das Instrument einen unzulässigen Meßwert an. In einem Kernreaktor werden z. B. die Abschaltstäbe so durch Elektromagnete gehalten, daß ein Ausfall ihrer Stromversorgung unmittelbar ihr Hineinfallen in den Reaktorkern zur Folge hat. Das F.-S.-P. ist deshalb mit dem bekannten Ruhestromprinzip verwandt, wo ein System für den Ruhezustand (hier der normale Betrieb ohne Sicherheitsaktionen) Energie braucht, im energielosen Zustand aber seine Funktion vollführt. *Merz*

Fallout ⟨*fallout*⟩. Ursprünglich im Zusammenhang mit Atombombenversuchen aktueller Begriff, der heute aber auch konventionell verwendet wird. Unter F. (=Ausfall) versteht man die trockene Ablagerung von Stäuben, Aerosolen und Gasen aus der Luft auf Pflanzen und den Boden.

Der F. tritt in zwei Formen auf: Der Nah-F. besteht aus den schwereren bei einer Explosion (konventionell oder nuklear) in die Luft geschleuderten Teilchen. Sie fallen innerhalb von einigen Tagen in der Nähe des Emissionsorts und in einem Gebiet, das je nach den Wetterbedingungen oft mehrere hundert Kilometer windabwärts liegt, zur Erde. Die andere Form, der sogenannte weltweite F., besteht aus leichteren Teilchen, die in die obere Atmosphäre gelangen und die sich über die atmosphärische Strömungen über einen weiten Teil der Erde verbreiten. Sie gelangen dann hauptsächlich zusammen mit Niederschlägen (→ Rainout oder Washout) in Zeiträumen zwischen Monaten und einigen Jahren zur Erde. *Merz*

Faserplattenherstellung ⟨*fibre-board production*⟩ → Spanplattenherstellung

FCKW ⟨*CFC*⟩ → Fluorchlorkohlenwasserstoffe.

FCKW-Ersatzstoffe ⟨*CFC alternative compounds*⟩. Das sind Substanzen bzw. Substanzklassen, die an Stelle der → Fluorchlorkohlenwasserstoffe in vielen Anwendungsbereichen (Reinigung, Kälte/Klima, Kunststoffverschäumung) eingesetzt werden. Die F.-E. müssen folgende Anforderungen erfüllen:

- kein Beitrag zum Ozonabbau in der Stratosphäre;
- ein möglichst geringer Beitrag zur Verstärkung des → Treibhauseffektes;
- ein möglichst geringer Energieaufwand bei der Anwendung der Ersatzstoffe sowie bei der Herstellung dieser Verbindungen;
- geringe toxikologische und ökotoxikologische Risiken.

Typische F.-E. sind z. B. teilhalogenierte H-FCKW und H-FKW (H-Fluorkohlenwasserstoffe), die wegen ihres Wasserstoffgehalts in der Atmosphäre kurzlebiger sind und deshalb weit weniger stark zur Akkumulation neigen. Ihr Ozonzerstörungspotential (→ Ozonloch) und ihre Klimawirksamkeit (→ Treibhauseffekt) sind entsprechend kleiner. H-FKW 141 b (1,1-Dichlor-1-fluorethan, CH_3CCl_2F) wird z. B. in der PUR-Schaumstoffherstellung, in der Kältetechnik und in der Elektronikreinigung anstelle von FCKW 11 eingesetzt. H-FKW 142 b (1-Chlor-1,1-Difluorethan, CH_3CClF_2) wird als Treibmittel bei der Polystyrol-Verschäumung und in Spraydosen verwendet. Der Mechanismus des Abbaus der H-FCKW ist zur Zeit noch nicht ganz klar. Es wird jedoch vermutet, daß sich perhalogenierte Carbonylverbindungen wie CF_2O, $CClFO$, CCl_2O und CF_3CClO bilden. Inwieweit diese Verbindungen direkt aus der Troposphäre (zum Beispiel durch Hydrolyse) entfernt werden oder selbst weiteres Chlor in die Stratosphäre transportieren, ist zur Zeit noch nicht zu quantifizieren. Bei den halogenfreien Ersatzstoffen für FCKW haben sich Propan (C_3H_8) und Butan (C_4H_{10}) als Treibmittel für Spraydosen und Pentan (C_5H_{12}) als Verschäumungsmittel von Kunststoffen bewährt.

Weitere F.-E. sind Dimethylether (CH_3OCH_3) und Aceton ($(CH_3)_2CO$), die brennbar sind und somit nur in geschlossenen, explosionsgeschützten Anlagen verwendet werden können. Für einige Anwendungsbereiche können auch → Kohlendioxid (CO_2), Stickstoff, → Ammoniak (NH_3) oder Helium benutzt werden. *Wiesen*

FCKW-freie Produkte und Verfahren ⟨*CFC-free products*⟩. FCKW und andere ozonabbauende Stoffe (→ Fluorchlorkohlenwasserstoffe) sind anwendungstechnisch für viele Verwendungen gut und einfach einsetzbare Stoffe (Unbrennbarkeit, toxikologische Unbedenklichkeit, geringe Wärmeleitfähigkeit etc.). Da die

FCKW-freie Produkte und Verfahren. Tabelle: Lebensdauer, GPW-Werte und ODP-Werte von FCKW, CKW und einigen diskutierten Ersatzstoffen

Stoff	Lebensdauer (Jahre)	GWP für einen Zeithorizont von			ODP
		20 Jahren	100 Jahren	500 Jahren	
CO2	120	1	1	1	0
FCKW					
R 11	60	4 500	3 500	1 500	1,0
R 12	130	7 100	7 300	4 500	0,96
R 113	90	4 500	4 200	2 100	0,85
R 114	200	6 000	6 900	5 500	0,71
R 115	400	5 500	6 900	7 400	0,4
H-FCKW					
R 22	15	4 100	1 500	510	0,05
R 123	1,6	310	85	29	0,02
R 124	6,6	1 500	430	150	0,02
R 141 b	8	1 500	440	150	0,11
R 142 b	19	3 700	1 600	540	0,05
H-FKW					
R 125	28	4 700	2 500	860	0
R 134 a	16	3 200	1 200	420	0
R 143 a	41	4 500	2 900	1 000	0
R 152 a	1,7	510	140	47	0
Chlorkohlenwasserstoffe (CKW)					
CCl_4	50	1 900	1 300	460	1,13
CH_3CCl_3	6	350	100	34	0,12

Quelle: GWP-Werte aus Intergovernmental Panel on Climate Change (IPCC), Working Group I, Scientific Assessment of Climate Change (1990) und ODP-Wert aus Appendix to WMO-Report No. 20 on Scientific Assessment of Stratospheric Ozone (AFEAS Report) (1989)

chemische Stabilität auch die ökologisch kritischen Auswirkungen der FCKW verursacht, müssen bei F. P. weniger stabile Stoffe zum Einsatz kommen, wenn ein schnellerer Abbau dieser Stoffe in der Atmosphäre erfolgen soll. Es gibt keinen Stoff oder keine Stoffgruppe, die FCKW in allen Einsatzbereichen direkt ersetzen kann (Drop-in-Substitut). Vielmehr müssen in jeder Anwendung die Alternativen geprüft und bewertet werden. Diese schließen sowohl den Einsatz von Ersatzstoffen als auch von grundsätzlich anderen Verfahren, Technologien und Produkten ein. Die Bewertung von Ersatzstoffen oder Ersatztechnologien für FCKW-haltige Produkte bzw. Verfahren darf dabei nicht ausschließlich auf das Kriterium Ozonabbau beschränkt bleiben (→ FCKW-Ersatzstoff).

In der Tabelle sind die ODP-Werte (Abk. *engl.* Ozone Depletion Potential), die die ozonabbauende Wirkung angeben, von verschiedenen Ersatzstoffen aufgeführt. Die Angaben erfolgen relativ zum FCKW R 11, der den ODP-Wert 1 erhält (Erläuterungen zum Kurzzeichensystem: Fluorchlorkohlenwasserstoffe). Weiter enthält die Tabelle die Treibhausbeiträge der Stoffe (GWP-Werte = Global Warming Potential). Diese werden bezogen auf Kohlendioxid (CO_2) angegeben und sind für verschiedene Zeithorizonte aufgeführt. Ein sehr langer Zeithorizont entspricht in etwa einer Gleichgewichtsbetrachtung (die betreffenden Stoffe sind abgebaut und ein neues atmosphärisches Gleichgewicht ist erreicht) und gibt Auskunft darüber, welche Temperaturerhöhung sich als Folge der Emission letztendlich einstellt. Diese Auswirkung ist ein Beurteilungskriterium für diese Stoffe. Noch bedeutsamer für die Beurteilung einiger Auswirkungen auf die Biosphäre ist die Geschwindigkeit, mit der sich die Temperaturerhöhung vollzieht. Diese wird beim GWP-Wert mit kürzeren Zeithorizonten besonders berücksichtigt. Eine schnelle Temperaturerhöhung macht z. B. einigen Pflanzen eine Anpassung an die veränderten Verhältnisse unmöglich, eine Schädigung von Ökosystemen wäre die Folge.

Teilfluorierte Kohlenwasserstoffe (H-FKW) werden ebenfalls als FCKW-Ersatzstoffe entwickelt. Sie enthalten kein Chlor oder Brom im Molekül, können also die → Ozonschicht nicht schädigen. Aber auch sie sind von langer Lebensdauer in der Atmosphäre (Tabelle) und tragen damit nicht unerheblich zum → Treibhauseffekt bei. In einigen Bereichen sind sie jedoch die einzigen Stoffe, die FCKW schnell ersetzen können. Der Einsatz erscheint somit aus ökologischer Sicht vertretbar, wobei allerdings Emissionen soweit wie möglich vermieden werden müssen. Das bedeutet, daß z. B. bereits begonnene Anstrengungen zur Hermetisierung von Kältemittelkreisläufen sowie die Entsorgung von Kältemitteln und Kühlgeräten auch in der FCKW-freien Zeit weiter fortgeführt werden müssen.

Halogenfreie Kohlenwasserstoffe (z.B. Alkane, Alkohole, Ester etc.) weisen nur eine kurze atmosphärische Lebensdauer auf (wenige Tage). Sie haben deshalb nur einen geringen Einfluß auf das Klima. Bei ihrem Abbau treten jedoch unter bestimmten Bedingungen erhebliche Konzentrationen an → Photooxidantien (→ Los Angeles Type Smog) auf, so daß auch ihre Emissionen gemindert werden müssen. Auch ihre toxikologische Eignung muß für den einzelnen Anwendungsfall geprüft werden.

Der Ersatz von FCKW durch andere halogenhaltige Stoffe wie H-FCKW oder H-FKW birgt ökologische Risiken in sich. Es sollten deshalb soweit wie möglich Ersatzstoffe und Ersatzverfahren eingesetzt werden, die ohne halogenhaltige Substanzen auskommen. Halogenfreie Stoffe können z. B. als Treibmittel für Schaumkunststoffe (z. B. Pentan bei der Herstellung von Polyurethan-Hartschäumen zur Wärmedämmung), als Lösemittel (z. B. Alkohole zur Reinigung elektronischer Bauteile) oder als Kältemittel (z. B. Propan in Kälteanlagen oder Propan/Butan in Haushaltskühlgeräten) eingesetzt werden. Ihre Brennbarkeit verlangt allerdings eine explosionsgeschützte Ausführung der Anlagen, in denen sie eingesetzt werden. Ähnliches gilt für → Ammoniak, das sich auf Grund seiner thermodynamischen Eigenschaften hervorragend als Kältemittel eignet, aber wegen seiner Toxizität und des unangenehmen Geruchs erhöhte Anforderungen an die Anlagen stellt. Vielfach können aber auch ganz andere Techniken oder Produkte Alternativen zum FCKW-Einsatz darstellen. Hier seien neue Lötverfahren bei der Herstellung elektronischer Bauteile, die eine Reinigung (in FCKW) überflüssig machen, sowie der Einsatz von Schaumglas, expandiertem Polystyrolschaum (EPS, *Styropor*) und Vakuumisolationsmaterialien zur Wärmedämmung beispielhaft erwähnt.

Für den Ersatz ozonabbauender Stoffe gibt es keine allgemeingültige Lösung; vielmehr muß in jedem Einzelfall geprüft werden, welche Lösung bei einer Gesamtbetrachtung die günstigste ist. Vielfach ist dabei der Einsatz von Stoffen und Verfahren erforderlich, die größere Anforderungen an den Umgang mit diesen Stoffen und die technische Ausführung der Anlage stellen. *Brackemann*

Literatur: *Brackemann, H.*: FCKW-Ausstieg: Zur Frage der ökologischen Bewertung von Ersatzstoffen und -technologien, Entsorgungs-Praxis 1–2 (1991) S. 29–33. – Berichte 7/89 des Umweltbundesamtes: Verzicht aus Verantwortung: Maßnahmen zur Rettung der Ozonschicht. Berlin 1989. – Bundesminister für Umwelt, Naturschutz und Reaktorsicherheit (Hrsg.): Tagungsband Alternativen zu FCKW und Halonen. Konferenz 24.–26.2.1992, Berlin.

FCKW-Vermeidung *⟨CFC avoidance⟩*. → Fluorchlorkohlenwasserstoffe (FCKW) werden in Deutschland vor allen verwendet als:
- Treibgas in Sprays (Aerosole),
- Treibmittel zur Herstellung von Kunststoffschäumen (z. B. expandiertes Polystyrol),
- Reinigungs- und Lösemittel (Entfettung, Trocknung, → Chemischreinigung),
- Kältemittel in Kühl- und Klimaanlagen.

Wegen des nachhaltigen Einflusses der Emissionen von FCKW auf die → Ozonschicht verbietet die FCKW-Halon-Verbots-Verordnung vom 6. Mai 1991 (BGBl. I S. 1090), geändert durch Gesetz vom 24. Juni 1994 (BGBl. I S. 1416, 1423), FCKW für die verschiedenen Anwendungsbereiche schrittweise bis zum Jahr 2000. Bis dahin ist die Verwertung bzw. ordnungsgemäße Entsorgung der noch in Verkehr befindlichen FCKW bzw. FCKW-haltigen Produkte/Geräte sicherzustellen.

FCKW-Vermeidung. Tabelle: Fristen gem. FCKW-Halon-Verbotsverordnung

FCKW	Frist
– Treibgas in Spraydosen	1991
– Verpackungsmaterial, Geschirr	1991
aus Schaumstoff, Montageschäume	1991
– Kühl- und Kältemittel	
Großanlagen	1992
mobile Großanlagen	1994
Kleinanlagen	1995
– Schaumstoffe (ausg. Dämmstoffe)	1992
– Reinigungs- und Lösemittel	1992
– Dämmstoffe	1995
Teilhalogenierte FCKW	
– Montageschäume	1993
– Kühl- und Kältemittel	2000
– Schaum- und Dämmstoffe	2000

In einer Selbstbindung haben sich die FCKW-Hersteller verpflichtet, die bei der Entsorgung von Haushaltskältegeräten und von Kälte- und Klimageräten in Industrie und Gewerbe anfallenden FCKW und FCKW-haltigen Kälteöle zurückzunehmen, aufzuarbeiten oder einer ordnungsgemäßen Entsorgung zuzuführen.

Die Substitution der FCKW ist im Treibgasbereich relativ einfach (Aerosole, Umstellung auf Handpumpen, CO_2-, N_2O-, N_2-, Propan-, Butan-, Isobutan-, andere Kohlenwasserstoff- und Dimethylether-Treibgase), im Kältemittelbereich jedoch schwieriger, weil hier nicht nur das FCKW zu ersetzen ist, sondern auch die Geräte entsprechend geändert werden müssen (→ FCKW-Ersatzstoffe).

Für die als Feuerlöschmittel verwendeten → Halone (Fluorchlorbromkohlenwasserstoffe), die in ihrer Umweltbelastung den FCKW vergleichbar sind, gibt es noch keine geeigneten Ersatzstoffe. Daher ist der Einsatz von Halonen auf ein Minimum zu reduzieren (z. B. keine Probeflutungen mit Halonen bei stationären Feuerlöschanlagen). *Blickwedel*

Fehlerbaumanalyse *⟨fault tree analysis⟩*. Bei der F. wird ein unerwünschtes Ereignis (→ Störfall) eines Systems, z. B. einer gefährlichen Anlage, vorgegeben und die dafür möglichen Ursachen analysiert. Dazu stellt man einen Fehlerbaum auf, in dem zuerst das unerwünschte Ereignis als Spitze des Baums zu definieren ist. In dem Fehlerbaum werden dann die logischen Verknüpfungen des Versagens von Systemeinheiten grafisch mit z. B. UND- oder ODER-Verknüpfungssymbolen dargestellt (Bild). Die Ereignisse werden stufenweise immer feiner aufgelöst, möglichst bis zu Elementarereignissen. Im Fehlerbaum können dann die einzelnen Störungsverläufe von den Elementarereignissen bis zum unerwünschten Ereignis nachvollzogen werden. Die F. hat zum Ziel, möglichst alle möglichen Ausfallkombinationen, die zu dem unerwünschten Ereignis führen können, zu ermitteln. Die Qualität des Fehlerbaums und damit der F. hängt ganz entscheidend von den Erfahrungen und dem Fachwissen der Ersteller des Fehlerbaums ab sowie von der Kenntnis des zu analysierenden Systems. Bei der Aufstellung eines Fehlerbaumes kann auf die Ergebnisse von → Ausfalleffektanalysen und → Störfallablaufanalysen zurückgegriffen werden.

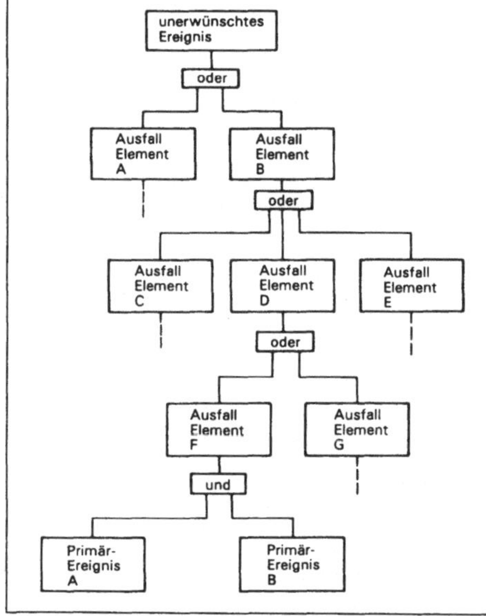

Fehlerbaumanalyse: Fehlerbaum-Darstellung.

Die Größe des Fehlerbaums hängt zum einen von der Komplexität des zu betrachtenden technischen Systems ab und zum anderen von der gewünschten oder erforderlichen Auffächerung in immer weiter verzweigte Elementarereignisse. So umfassen Fehlerbäume komplexer technischer Systeme bis zu mehreren tausend Ereignissen mit den entsprechenden logischen Verknüpfungen.

Werden in den Fehlerbaum Wahrscheinlichkeiten zu den Ausfallkombinationen eingetragen, so läßt sich dann für das unerwünschte Ereignis eine Wahrscheinlichkeit berechnen. Die Ergebnisse der quantitativen Auswertung hängen sehr stark von Unsicherheiten der angenommenen Wahrscheinlichkeiten für die Einzelereignisse ab. Die Unsicherheiten relativieren sich, wenn Zweige eines Fehlerbaumes oder alternative Systeme verglichen werden und dabei auf die gleichen Eingangsdaten zurückgegriffen wird.

Die F. dient der qualitativen als auch der quantitativen Analyse der → Sicherheitstechnik einer Anlage, z. B. im Rahmen der Erstellung von → Sicherheitsanalysen oder → Risikoanalysen.

Im Gegensatz zur F. werden bei der Störfallablaufanalyse Fehlfunktionen einzelner Systemelemente angenommen und die daraus resultierenden Ereignisse und Störfälle analysiert (systemanalytische Methoden). *Nitsche*

Literatur: DIN 25 424: Fehlerbaumanalyse Teil 1. 9/1991; Teil 2, 4/1990.

Feinstaub *⟨fine particles/fine dust⟩*. Als F. wird ein Teil des Gesamtschwebstaubs bezeichnet, der nach oben hin durch einen bestimmten aerodynamischen Partikeldurchmesser begrenzt ist.

In den für den Bereich des Arbeitsschutzes geltenden Technischen Regeln für Gefahrstoffe → TRGS 900 ist F. als der alveolengängige Staubanteil definiert. Dieser umfaßt ein Staubkollektiv, das ein Abscheidesystem passiert, das in seiner Wirkung der theoretischen Trennfunktion eines Sedimentations-Abscheiders entspricht, der Teilchen mit einem aerodynamischen Durchmesser von 5 µm zu 50% abscheidet (Johannesburger Konvention von 1959). Der Durchlaßgrad eines solchen Vorabscheiders beträgt für Staubteilchen der Dichte 1 (1,0 g/cm^3) mit einem aerodynamischen Durchmesser von

1,5 µm 95%,
3,5 µm 75%,
5,0 µm 50%,
7,1 µm 0%.

Mit dem sog. PM-10-Verfahren (particulate matter 10 µm) werden Partikel mit einem aerodynamischen Durchmesser bis zu 10 µm erfaßt (50% Erfassungsanteil; sog. medianer cut-off). Es ist geplant, das PM-10-Verfahren auch in der Europäischen Union als Referenzverfahren einzuführen.

Ein Meßverfahren für F. ist auch durch das in VDI 2463, Bl. 3 (Entwurf) beschriebene TBF 50f Filterverfahren gegeben. Das Verfahren arbeitet mit einem Zyklon als Vorabscheider, mit dem etwa 50% aller Partikel mit einem aerodynamischen Durchmesser von 4 µm erfaßt werden. Der Filterdurchmesser beträgt 50 mm, der Luftdurchsatz etwa 3 m^3/h. *Pfeffer*

Literatur: VDI 2463, Bl. 3 E: Messen von Partikeln; Messen der Massenkonzentration von Partikeln in der Außenluft; TBF 50f Filterverfahren. 12/1976.

Feinstaubabscheidung ⟨*fine dust separation*⟩. Zur Entfernung von → Feinstäuben aus gasförmigen Medien eignen sich bei entsprechender Auslegung folgende → Entstaubungsverfahren: Filternde → Abscheider, elektrische → Abscheider und naßarbeitende → Abscheider. *Schmidt*

Fernmeßverfahren ⟨*remote measurement methods*⟩. F. sind dadurch gekennzeichnet, daß der Ort der Messung vom eigentlichen Meßgerät entfernt sein kann. Die meisten F. beruhen darauf, daß das Meßobjekt mit elektromagnetischer Strahlung in Wechselwirkung tritt und die dadurch veränderte Strahlung vom Meßgerät empfangen und analysiert wird. Seltener werden zur Fernmessung Schallwellen verwendet. F. können zur Überwachung größerer Flächen und Räume oder unzugänglicher Orte eingesetzt werden und erlauben damit Aussagen, die sich durch den Einsatz konventioneller Meßmethoden überhaupt nicht oder nur mit einem unvertretbaren Aufwand erzielen lassen. Deshalb gibt es seit über zwanzig Jahren intensive Bemühungen, F. für die Umweltüberwachung zu entwickeln und zu erproben. Es konnte überzeugend nachgewiesen werden, daß F. eine Fülle neuartiger Meßaufgaben erschließen. Bisher ist es aber nur in Einzelfällen gelungen, F. in die Überwachungspraxis einzuführen. Es gibt nur wenige ausgereifte Systeme, die bei vertretbarem personellen und apparativen Aufwand den Erfordernissen im praktischen Einsatz gerecht werden.

F. eignen sich besonders zur Überwachung von Oberflächengewässern (Beispiele: Ortung von Ölteppichen; Abschätzung der Eutrophierung durch Bestimmung des Chlorophyll-Gehaltes) und für Untersuchungen in der freien Atmosphäre. Für die Bestimmung von Schadstoffen in den verschiedenen Umweltmedien werden vorzugsweise optische F. eingesetzt. Für die Bestimmung verschiedener hydrologischer oder meteorologischer Parameter sind F. erprobt, die Mikrowellen oder Schallwellen verwenden (Beispiele: Aufnahme von Temperaturprofilen und Geschwindigkeitsfeldern). Sehr bewährt haben sich Untersuchungen zur atmosphärischen Schichtung mit Hilfe von SODAR-Geräten. Dabei wird – in Analogie zum RADAR-Prinzip – ein intensiver Schallimpuls in die Atmosphäre abgestrahlt, und die in verschiedenen Höhen reflektierten Anteile werden analysiert. Auf diese Weise können Inversionsschichten oder Abgasfahnen aus hohen Schornsteinen geortet werden.

Man unterscheidet zwischen aktiven und passiven F.:

– passive F. nutzen die Eigenstrahlung der zu untersuchenden Materie oder eine andere natürliche Strahlung (z. B. das Tageslicht);

– aktive F. besitzen einen Sender, der die passende Strahlung emittiert (z. B. → DOAS, → LIDAR).

Sie haben den Vorteil, daß die Meßbedingungen besser definiert und gezielt veränderbar sind. Dies erleichtert auch die Kalibrierung des Meßsystems. *Stahl*

Ferntransport von Luftverunreinigungen ⟨*long distance transport of pollutants*⟩. Transport von Schadstoffen in der Atmosphäre über Entfernungen von 500 km und mehr. Durch solche F. (auch großräumiger Transport oder grenzüberschreitender Transport) werden → Luftverunreinigungen über Länder hinweg verteilt. Ein Beispiel für einen natürlichen F. ist die Verfrachtung von Sahara-Staub nach Europa.

Der F. v. L. führt zu einer weit verbreiteten, im Jahresmittel relativ homogen verteilten Hintergrundbelastung (background). Während einzelner Episoden jedoch, z. B. bei winterlichen Smogepisoden, können Quellgebiete mit hoher Emissionsdichte sowie Einzelquellen mit großen Emissionsmassenströmen in Transportrichtung in Entfernungen von 500 km und mehr regional erhebliche Immissionsbeiträge verursachen und eine regionale Smoglage erheblich beeinflussen.

So emittieren starke Einzelquellen (z. B. Kraftwerke) über hohe → Schornsteine und bei großer Schornsteinüberhöhung in Höhenschichten von bis zu 500 m über dem Erdboden. Bei stabiler Temperaturschichtung der Atmosphäre erfolgt der Transport der Schadstoffe überwiegend in der Höhe. Dadurch ist die Schadstoffverringerung in der Abgasfahne durch → Deposition relativ gering, so daß auch noch in großen Entfernungen höhere Schadstoffkonzentrationen in der Abgasfahne vorliegen. Bei Auflösung der stabilen Temperaturschichtung (→ Inversion) durch Sonneneinstrahlung werden die Schadstoffe zum Boden hin ausgetauscht und verursachen dann in großen Entfernungen hohe Immissionskonzentrationen.

Mit zunehmender Transportzeit und den langen Verweilzeiten werden die ursprünglich emittierten Schadstoffe zunehmend chemisch umgesetzt. Die chemischen Umsetzungsprodukte, z. B. Sulfate und Nitrate, werden am Boden abgelagert und reichern sich an (Säuredeposition). So wird das Waldsterben mit der zunehmenden Bodenversauerung in Verbindung gebracht.

Mit Hilfe von Ausbreitungsmodellen können die europaweiten Ablagerungen von Schadstoffen errechnet werden. Gleichzeitig können Bilanzen über grenzüberschreitende Importe und Exporte von Schadstoffen zwischen einzelnen Ländern aufgestellt werden.

Ein weiteres Beispiel für F. ist die Ausbreitung der beim Reaktorunfall in Tschernobyl freigesetzten radioaktiven Wolke über Europa.

Gleichzeitig spielen F.-Effekte bei der Bildung sommerlicher Ozonepisoden eine Rolle. Die zur photochemischen Bildung von → Ozon erforderlichen Vorläufersubstanzen werden bei sonnenscheinreichen Hochdruckwetterlagen oft länderweit verfrachtet und dabei chemisch umgesetzt. *Külske*

Fernwärme *⟨district heating⟩.* Unter F. bzw. F.-Versorgung versteht man die Wärmeversorgung – meist im Bereich der Gebäudeheizung – aus einer zentralen Wärmequelle über Verteilernetze. Als Heizmedium dient Heißwasser oder Dampf. Für die Bereitstellung der Wärme gibt es verschiedene Möglichkeiten:

– Große zentrale Einheiten zur Wärmeerzeugung werden Fernheizwerke (FHW) genannt. Sie bieten gegenüber Einzelfeuerungen in Gebäuden aus Sicht des Umweltschutzes den Vorteil, daß Feuerung und Regelung besser optimiert werden können und Maßnahmen zur → Abgasreinigung möglich sind. Auf Grund relativ hoher Kosten für F.-Verteilernetze ist aus wirtschaftlichen Gründen eine hohe Wärmeverbrauchsdichte in der Umgebung des Fernheizwerkes erforderlich, die in der Regel nur in Ballungsgebieten anzutreffen ist.

– Werden Wärme- und Stromerzeugung gekoppelt (Kraft-Wärme-Kopplung), spricht man von Heizkraftwerken (HKW). Wird als Brennstoff bei Fernheizwerken oder Heizkraftwerken Hausabfall verwendet, handelt es sich um Abfallheizwerke (MHW) bzw. Abfallheizkraftwerke (MHKW).

– Als kleinere Einheiten zur Stromerzeugung und F.-Versorgung kleinerer Gemeinden oder großer Gebäudekomplexe (z. B. Krankenhäuser) werden → Blockheizkraftwerke (BHKW) mit Verbrennungsmotoren eingesetzt.

– Die in der Industrie vorhandenen Abwärmepotentiale können ebenfalls zur F.-Versorgung herangezogen werden; zur Zeit geschieht dies jedoch nur in Ausnahmefällen.

Bei den Verteilernetzen unterscheidet man zwischen Freileitungen und erdverlegten Leitungen. Freileitungen sind kostengünstig, werden aber aus räumlichen und optischen Gründen in Stadtgebieten nur sehr begrenzt eingesetzt. Erdverlegung erfolgt entweder in einem Betonkanal oder direkt. Die Kanalverlegung bietet den Vorteil hoher Betriebssicherheit durch gute Wartungsmöglichkeiten, ist aber sehr kostenintensiv. Direkte Erdverlegung erfolgt meist in Doppelmantelrohren (z. B. aus Stahl und/oder Kunststoff) mit einer Isolierung im Zwischenraum. *Hoffmann*

Literatur: Gesamtstudie über die Möglichkeiten der Fernwärmeversorgung in der Bundesrepublik Deutschland, 12 Teile. Hrsg.: Bundesministerium für Forschung und Technologie. Bonn 1977. – *Stumpf, H.* u. *E. Windorfer*: Fernwärme in der Bundesrepublik Deutschland. 2. Aufl. Karlsruhe 1986.

Ferrolegierung (Emissionsminderung) *⟨ferro-alloy emission control⟩.* F. sind Vorlegierungen des Eisens mit Mangan, Silizium, Chrom, Titan, Vanadium, Molybdän oder anderen für die Herstellung von legiertem Stahl notwendigen Legierungsstoffen. Sie werden im Verlauf des Schmelzprozesses dem flüssigen Eisen zugesetzt. Bekannte F. sind Ferrosilizium, Ferrochrom oder Ferromolybdän.

Als Emissionsquellen bei der Erzeugung von F. sind von Bedeutung: Etagenröstöfen, Elektroherdöfen, Pfannenreaktionen, Schlackenabkühlung, Zerkleinerungsanlagen, Lagerplätze. Folgende luftverunreinigenden Stoffe sind relevant: Je nach Art der F. können die staubförmigen Emissionen im Abgas insbesondere SiO_2, FeO, Al_2O_3, Cr_2O_3, SiC, MnO_2, CaO als Inhaltsstoffe enthalten. Als gasförmige Emissionen entstehen insbesondere Schwefeldioxid und Kohlenmonoxid.

Zur Emissionsminderung werden folgende Techniken eingesetzt: Bei Neuanlagen können staubhaltige Abgase an emissionsrelevanten Quellen, z. B. Röstung, Reduktion und Schmelzen, Pfannenreaktion, Zerkleinerung sowie Lagerung und Transport, durch Kapselung praktisch vollständig erfaßt und mit Gewebefiltern auf Reingasstaubgehalte von kleiner 10 mg/m^3 entstaubt werden. Gasförmige Emissionen von Schwefeldioxid aus der Röstung können über ein angepaßtes Bleikammerverfahren in verwertbare Schwefelsäure umgewandelt werden, was die Konzentrationen von Schwefeldioxid auf weniger als 100 mg/m^3 absenkt. Beim Umgang mit staubenden Einsatzstoffen, z. B. Erzen, Konzentraten, Rücklaufmaterial, Filterstäuben mit erhöhten Anteilen an gesundheitsgefährdenden → Schwermetallen, ist eine Lagerung und Handhabung im geschlossenen System erforderlich.

Der mit filternden → Abscheidern zurückgehaltene Staub kann über Schleusen in geschlossenen Behältern gesammelt werden. Je nach Staubzusammensetzung kann dieser Reststoff häufig wieder im Betrieb nach einer Pelletierung oder Brikettierung eingesetzt werden. Die Schlacken werden weitgehend aufbereitet und verwertet, z. B. als Straßenbaustoff. Die bei der Reinigung der Röstgase erzeugte Schwefelsäure ist in der Regel im eigenen Betrieb wieder einzusetzen.

Anlagen zur Erzeugung von F. sind genehmigungsbedürftig nach BImSchG (Nr. 3.2 des Anhangs der → 4. BImSchV). Emissionsbegrenzende Anforderungen enthält die → TA Luft. Neben den speziellen Anforderungen der Nr. 3.3.3.2.3 (Abgaserfassung und Begrenzung der staubförmigen Emissionen im Abgas auf ≤ 20 mg/m^3) sind von besonderer Bedeutung die übergreifenden Anforderungen der

– Nr. 2.3 zur Begrenzung der Emissionen an krebserzeugenden Stoffen (z. B. Nickel, Chrom, Cobalt),

– Nr. 3.1.4 zur Begrenzung der Emissionen an staubförmigen anorganischen Stoffen, insbesondere an Schwermetallen (z. B. Vanadium),

– Nr. 3.1.5 zur Begrenzung diffuser staubförmiger Emissionen,

– Nr. 3.1.6 zur Begrenzung der Emissionen an dampf- und → gasförmigen anorganischen Stoffen (z. B. $SO_2 \leq 0{,}50$ g/m³). *Leder*

Literatur: *Davids, P.; M. Lange*: Die TA Luft '86 – Technischer Kommentar. Düsseldorf 1986. – VDI 2576: Emissionsminderung; Elektrothermische und metallothermische Erzeugung von Ferrolegierungen. 5/1983.

Feuerbestattung ⟨*cremation*⟩ → Einäscherungsanlage

Feuerungsanlage ⟨*firing installation*⟩. F. sind Einrichtungen zur Erzeugung von Wärme durch Verbrennung von festen, flüssigen oder gasförmigen Brennstoffen. Sie dienen zur Dampferzeugung oder Erwärmung von Heißwasser oder sonstigen Wärmeträgermedien für Industrie und Gewerbebetriebe, für Heizwerke und Gebäudeheizungen. Art und Größe der F. richten sich nach Verwendungszweck und Brennstoffart.

Die Verbrennung findet im Feuerraum statt, dessen Gestaltung maßgeblich auf die Güte der Verbrennung Einfluß nimmt. Weitere Komponenten der F. dienen der Zuführung und Verteilung von Brennstoff und Verbrennungsluft in den Feuerraum, dem Abführen der Abgase und Verbrennungsrückstände (Asche, Schlacke) sowie der Wärmeübertragung.

F. müssen entsprechend den Stadien der Verbrennung (bei Festbrennstoffen: Erwärmung, Trocknung, Entgasung, Vergasung) ausgelegt und den Brennstoffeigenschaften angepaßt werden.

F. für feste Brennstoffe, z. B. Steinkohle, Braunkohle, Holz und Torf, werden meist als Rostfeuerung oder auch als Staubfeuerung oder → Wirbelschichtfeuerung ausgeführt. Je nach Art der Feuerung wird der Brennstoff entweder im Festbett, im Wirbelbett oder in einer Flugstaubwolke verbrannt. Als Verbrennungsrückstände fallen Asche und/oder Schlacke an.

Bei F. für flüssige Brennstoffe, z. B. leichtes Heizöl (Heizöl EL) oder schweres Heizöl (Heizöl S), werden Brennstoff und Verbrennungsluft über einen Brenner als feiner Nebel in den Feuerraum eingebracht. Je nach Art der Überführung des Brennstoffs in eine brennfähige Form unterscheidet man zwischen Verdampfungsbrenner (nur von Bedeutung bei → Kleinfeuerungsanlagen), Vergasungsbrenner und Zerstäubungsbrenner. Öl-F. verbrennen im Vergleich zu Festbrennstoff-F. weitgehend rückstandsfrei. Die sich in Abhängigkeit von Ausbrandgüte und Brennstoffqualität bei der Verbrennung bildende Flugstaubmenge, ein Gemisch aus Metalloxiden (Asche), Koks und Ruß, ist in der Regel gering. Lediglich bei Einsatz von schwerem Heizöl können bei ungünstigen Ausbrandbedingungen relevante Flugstaubmengen auftreten.

F. für gasförmige Brennstoffe, z. B. Erdgas und Stadtgas, ermöglichen eine weitgehend schadstoffarme und rückstandslose Verbrennung. Die Verbrennung läuft schneller ab als bei festen oder flüssigen Brennstoffen, weil weder Vergasung noch Verdampfung des Brennstoffs erforderlich ist. Die Zufuhr von Brennstoff und Luft erfolgt über Gasbrenner, die eine stabile und nahezu vollständige Verbrennung ermöglichen. Im Kleinfeuerungsanlagenbereich werden atmosphärische Brenner und Gasgebläsebrenner eingesetzt; bei größeren Anlagen dominieren Hochdruckbrenner.

Bei F. sind hauptsächlich die Emissionen von Staub (mit Staubinhaltsstoffen), Schwefeloxiden, Stickstoffoxiden und Kohlenmonoxid von Bedeutung. Bei Verbrennung von Kohle können auch HCl- und HF-Emissionen relevant sein.

Die immissionsschutzrechtlichen Anforderungen an F. ergeben sich aus der → 13. BImSchV (→ Großfeuerungsanlagen), der → 1. BImSchV (→ Kleinfeuerungsanlagen) und im übrigen aus der → TA Luft.

Die emissionsbegrenzenden Anforderungen der TA Luft an F. unterscheiden gemäß den Nrn. 1.2 und 1.3 der → 4. BImSchV zwischen Anlagen, die herkömmliche Brennstoffe (z. B. Kohle, Heizöl EL, Erdgas, Holz), und Anlagen, die sonstige brennbare Stoffe (z. B. Stroh, Holz mit halogenorganischen Bestandteilen, Altöl) einsetzen.

Die emissionsbegrenzenden Anforderungen der TA Luft an F. für den Einsatz herkömmlicher Brennstoffe sind grundsätzlich abschließend (Tabelle, S. 122). Die Emissionswerte für NO_x und SO_2 wurden jedoch aufgrund der → Dynamisierungsklausel mit Beschluß des Länderausschusses für Immissionsschutz im Mai 1991 verschärft.

Je nach Bauart, Brennstoff und Betriebszustand der F. variieren die Emissionen an luftverunreinigenden Stoffen in einem weiten Bereich. Sie können durch geeignete brennstoff-, feuerungs- oder abgasseitige Maßnahmen wirksam gemindert werden.

Der größte Anteil der → Staubemissionen wird durch Kohle- und Holz-F. verursacht. Zur → Staubabscheidung werden → Massenkraftabscheider (Zyklone oder Multizyklone) und hochwirksame Elektrofilter oder Gewebefilter eingesetzt. Staubabscheidesysteme für Öl-F. sind aufgrund des niedrigen Aschegehaltes von Heizölen in der Regel nicht erforderlich. Staubemissionen aus Gas-F. sind unbedeutend.

Schwefeldioxid (SO_2) wird aufgrund des relativ hohen Schwefelgehaltes der Brennstoffe Kohle und Heizöl hauptsächlich aus Kohle- und Öl-F. emittiert. Während bei Öl- und Gasfeuerungen praktisch der gesamte mit den Brennstoffen eingebrachte Schwefel emittiert wird, findet bei festen Brennstoffen eine teilweise Einbindung in die Asche statt.

Geeignete Maßnahmen zur SO_2-Minderung sind die Umstellung auf schwefelarme → Brennstoffe und der Einsatz von Entschwefelungstechniken. Im Geltungsbereich der TA Luft werden zur → Abgasentschwefelung vorrangig → Trockensorptionsverfahren (Kalkzugabe zum Brennstoff oder in den Feuerraum) oder Sprühabsorptionsverfahren eingesetzt. Hierdurch können Entschwefelungsgrade zwischen 40% und 80% erzielt werden. Naßwaschverfahren auf Kalk-/Kalksteinbasis ermöglichen Entschwefelungsgrade von über 90%; sie werden in der Regel bei Großfeuerungsanlagen eingesetzt.

Die Höhe der NO_x-Emissionen aus F. ist abhängig von der Brennstoffzusammensetzung (chemisch gebundener Stickstoffgehalt) und der Feuerungstechnik (Temperatur und Sauerstoffverfügbarkeit während der Verbrennung). Hohe Feuerraumtemperaturen sowie hohe Luftvorwärmungen führen ebenso zu hohen NO_x-Emissionen wie der Einsatz hoch stickstoffhaltiger Brennstoffe. Zur Minderung der NO_x-Emissionen bieten sich prinzipiell feuerungstechnische Maßnahmen (z. B. gestufte Brennstoff-/Luftzufuhr in den Feuerraum, Abgasrezirkulation) und abgasseitige Maßnahmen (z. B. → SNCR-Verfahren, → SCR-Verfahren) an. Die Einhaltung der Emissionswerte der TA Luft für NO_x ist i. a. allein durch feuerungstechnische Maßnahmen möglich.

Bei dem Betrieb von F. fallen überwiegend folgende Reststoffe an: Grobasche bzw. Schlacke, Flugasche bzw. Filterstaub und Reststoffe aus der Abscheidung gasförmiger Stoffe. Menge und Qualität der anfallenden Reststoffe hängen neben der Brennstoffzusammensetzung wesentlich von der Feuerungs- und Abgasreinigungstechnik ab.

Die Aschen aus größeren F. im Kraftwerksbereich werden weitgehend verwertet, z. B. in der Zement- und Betonindustrie, im Bergbau und im Straßenbau. Naßwaschverfahren zur → Entschwefelung erlauben die Erzeugung von qualitativ hochwertigen Sekundärrohstoffen (z. B. → Entschwefelungsgips). Die Verbrennungsrückstände aus kleineren F. lassen sich ebenfalls vielfältig verwerten. Bei Einsatz von Trockensorptions- und Sprühabsorptionsverfahren zur Entschwefelung fällt ein Gemisch aus Asche und Entschwefelungsprodukten an, das i. a. nur schwer verwertbar ist. Derartige Reststoffe waren bisher nur in geringen Mengen kontinuierlich zu verwerten. Sie können grundsätzlich nur in aufbereiteter Form in der Baustoffindustrie, im

Feuerungsanlage. Tabelle: Emissionswerte der TA Luft für F. bei Einsatz von herkömmlichen festen, flüssigen und gasförmigen Brennstoffen in mg/m³.

	Feuerungsanlagen für den Einsatz von		
	festen Brennstoffen	Heizölen	gasf. Brennstoffen
O_2-Bezug	Kohle: 7% Sonstige: 11%	3%	3%
Staub	$\geq$ 5 MW: 50 < 5 MW: 150	80 C) (50) Heizöl EL: Rußzahl 1	Industriegas: 50 Gichtgas: 10 Sonstige: 5
CO	250 bei Einzelfeuerungen < 2,5 MW nur bei Nennlast	170	100
Gesamtkohlenstoff	Bei Torf, Holz u. Holzverarbeitungsresten: 50		
NO_x	500 A) 400 1) 300 Wirbelschicht E)	Heizöl EL: 250 Sonstige: 450 A) 300 2)	200
SO_2	2 000 B) 1 000 3) Wirbelschichtfeuerungen 400 oder S-Emissionsgrad max. 25%	1 700 D) 850 4) < 5 MW: 0,3% S	Verbundgase: 200 – 800 Kokereigas: 100 Flüssiggas: 5 Erdölgas: 1 700 Sonstige: 35

A) Feuerungstechnische Maßnahmen sind auszuschöpfen
B) Weitergehende Minderungsmaßnahmen sind auszuschöpfen, z. B. Zugabe basischer Sorbentien in den Feuerraum
C) Bei Heizöl mit max. 1% Schwefel
D) Weitergehende Minderungsmaßnahmen sind auszuschöpfen, z. B. Einsatz schwefelarmer Öle
E) Bei zirkulierender Wirbelschicht sowie stationärer Wirbelschicht > 20 MW
Konkretisierte Dynamisierungsklauseln:
1) Für Rost- und Staubfeuerungen (Neuanlagen), ausgenommen:
   - Einzelfeuerungen bis 10 MW bei Einsatz von Steinkohle (Rostfeuerungen), Einzelfeuerungen bis 20 MW (Staubfeuerungen)
   - Feuerungsanlagen für den Einsatz von Holz, das nicht naturbelassen ist, soweit keine Holzschutzmittel aufgetragen sind und Beschichtungen nicht aus halogenorganischen Verbindungen bestehen
2) Zielwert, Einzelfallprüfung (Neuanlagen)
3) Braunkohlefeuerungen: für Neu- und Altanlagen
   Sonstige: für Neuanlagen ab 10 MW, für Altanlagen bei Einzelfeuerungen ab 10 MW
4) Für Neuanlagen ab 10 MW, für Altanlagen bei Einzelfeuerungen ab 10 MW

Erd- und Landschaftsbau und als Verfüllmaterial im Bergbau eingesetzt werden. *Weiss*

Literatur: *Davids, P.; M. Lange*: Die TA Luft '86 – Technischer Kommentar. Düsseldorf 1986. – *Mayr, F. (Hrsg.)*: Handbuch der Kesselbetriebstechnik. Gräfelfing/München 1980. – Luftreinhaltung '88. Hrsg. Umweltbundesamt. Berlin 1989. – Taschenbuch für den Maschinenbau, Dubbel. 16. Aufl. Berlin–Heidelberg–New York 1987.

Feuerungssystem, NO_x-armes ⟨*firing system, low NO_x*⟩. Die Emissionen an Stickstoffoxiden (NO_x) werden bei → Feuerungsanlagen durch feuerungstechnische (Primär-) und durch abgasseitige (Sekundär-) Maßnahmen vermindert. Die feuerungstechnischen Maßnahmen sind darauf gerichtet, den Verbrennungsprozeß so zu steuern, daß die Bildung von NO_x soweit wie möglich unterdrückt sowie entstandenes NO_x möglichst am Brenner oder im Feuerraum wieder reduziert wird.

Dieses Grundprinzip wird in der Praxis häufig durch eine Stufenverbrennung realisiert. Zunächst erfolgt eine Teilverbrennung unter Luftmangel und eine anschließende langsame, relativ kalte Nachverbrennung mit geringem Luftüberschuß. Eine Stufenverbrennung ist sowohl im Feuerraum als auch am einzelnen Brenner möglich. Bekannte Ausführungsformen für den Feuerraum sind die OFA-Technik (Over Fire Air), die BOOS-Technik (Burners out of Service) und die BBF-Technik (Biased-Burner-Firing). Bei der OFA-Technik werden im Feuerraum oberhalb der obersten Brennerebene zusätzlich Luftdüsen angebracht. Alle Brenner werden mit Luftmangel betrieben; die für einen guten Abgasausbrand notwendige Verbrennungsluft wird durch die zusätzlichen Luftdüsen zugegeben.

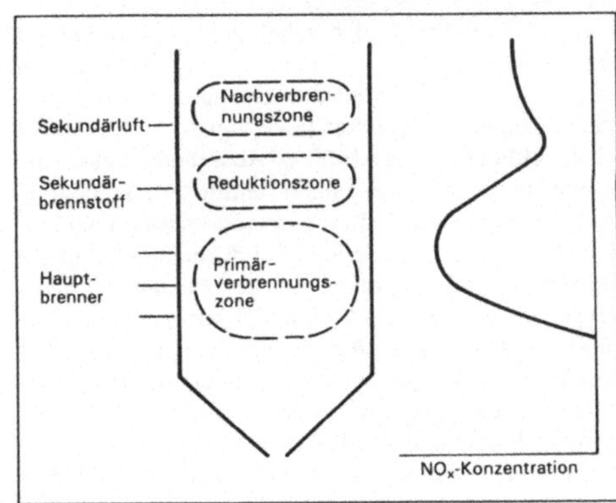

Feuerungssystem, NO_x-armes, 1: Prinzip In Furnace NO_x-Reduction (nach Kolar*).*

Die BOOS-Technik ist eine noch einfachere Variante der Stufenverbrennung und insbesondere für die Nachrüstung von Altanlagen interessant. Hierbei wird die oberste Brennerebene lediglich mit Luft beaufschlagt, die übrigen Brenner werden mit Luftmangel betrieben. Ein Nachteil dieses Systems sind gewisse Leistungseinbußen. Diese können bei Anwendung der BFF-Technik vermieden werden. Hierbei werden die unteren Brenner brennstoffreich und die oberen Brenner luftreich betrieben.

Eine besondere Technik der gestuften Verbrennung ist die NO_x-Reduktion im Feuerraum (*engl.* In-Furnace-NO_x-Reduction, IFNR) (Bild 1). Durch gestufte

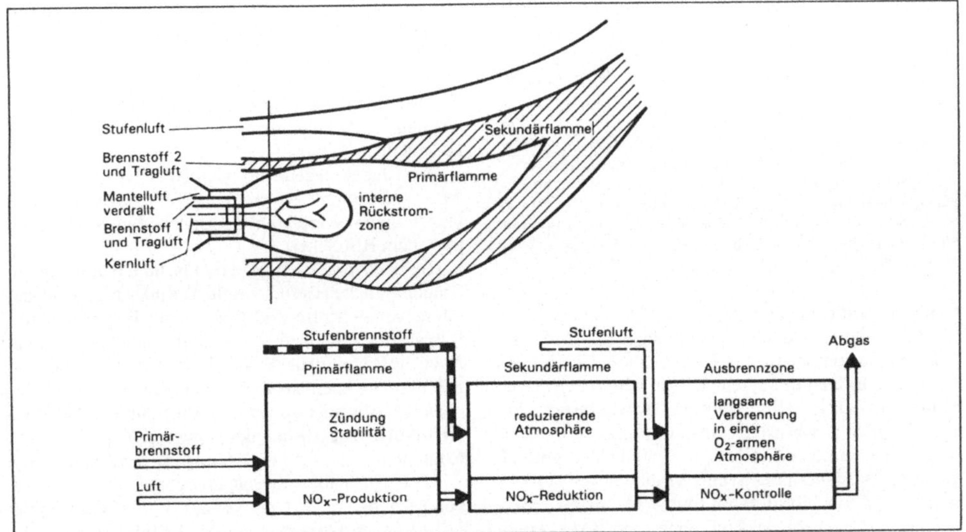

Feuerungssystem, NO_x-armes, 2: Kombinierte Brennstoff-/Luftstufung in einer Einzelflamme.

Brennstoffaufgabe werden dabei in der Feuerung zwei getrennte Verbrennungszonen erzeugt. Während im unteren Teil der überwiegende Teil der Feuerungswärmeleistung mit NO_x-armer Feuerungstechnik erbracht wird, schließt sich nach einer Ausbrandstrecke eine zweite Brennstoffzugabe unter deutlichem Sauerstoffmangel an. Erst oberhalb dieser Zone wird die fehlende Verbrennungsluft über Oberluftdüsen zugegeben. In der reduzierenden Atmosphäre der zweiten Verbrennungszone wird ein Großteil des zuvor gebildeten NO zu Stickstoff reduziert. Auf diese Weise kann die NO_x-mindernde Wirkung von zwei verschiedenen Feuerungstechniken (NO_x-arme Brenner, gestufte Brennstoffzugabe) addiert werden.

Ein speziell für Tangentialfeuerungen entwickeltes System ist das Low NO_x Concentric Firing System (LNCFS), das auch als Richfireball-System bezeichnet wird. Bei diesem Stufenverbrennungssystem werden die Brennstoff- und Luftdüsen so angeordnet und beaufschlagt, daß der im Zentrum der Tangentialfeuerung vorhandene Flammenball mit Sauerstoffmangel brennt. Luftzugaben in die Peripherie und in den oberen Feuerungsbereich sorgen für den erforderlichen Ausbrand.

Ein weiteres Beispiel für ein N. F. ist die → Wirbelschichtfeuerung.

Die für den Feuerungsraum beschriebenen Minderungsprinzipien Luftstufung und Brennstoffstufung werden – häufig in Verbindung mit einer Abgasrezirkulation zur Absenkung des O_2-Partialdruckes und der Verbrennungstemperatur – auch beim NO_x-armen Brenner in der Einzelflamme angewandt. Es gibt sowohl Brenner, die ausschließlich für eine Luftstufung konstruiert sind als auch Brenner der neueren Generation mit kombinierter Brennstoff- und Luftstufung (Bild 2).

Die mit Luftstufung erreichbaren Minderungsraten bewegen sich zwischen 20 und 40%. Mit der kombinierten Brennstoff-Luftstufung sind Minderungsraten von mehr als 50% zu erzielen. *Wagenknecht*

Literatur: *Davids, P.; M. Lange*: Die Großfeuerungsanlagen-Verordnung, Technischer Kommentar. Düsseldorf 1984. – *Kolar, J.*: Stickstoffoxide und Luftreinhaltung. Berlin–Heidelberg–New York 1990. – *Schumacher, A.*: Feuerungstechnische Maßnahmen zur Verminderung der SO_2- und NO_x-Emission aus Industrie-Dampfkesselanlagen. Energieanwendung **40** (1991), Nr. 2, S. 43–50. – *Strauß, K.; F. Thelen*: Neue Dampferzeuger mit NO_x-armer Steinkohlenstaubfeuerung. Kraftwerke (1990) S. 163–168.

Feuerverzinkung ⟨*hot galvanizing*⟩. F. ist ein Schmelztauchverfahren, bei dem Gegenstände, meist aus Stahl, einen Korrosionsschutz aus Zink erhalten. Durch Entfetten und Beizen in Säuren, z. B. in verdünnter Salzsäure, wird eine metallisch saubere Oberfläche erzeugt. Danach wird das Werkstück mit einer Flußmittelschicht überzogen und in das flüssige Zinkbad von 450 °C getaucht. Das Flußmittel ist eine Mischung aus Ammonium- und Zinkchlorid. Beim Eintauchen in das Zinkbad entstehen erhebliche Emissionen an Zinkoxid und Flußmittelstoffen. Die schadstoffhaltigen Abgase werden weitgehend erfaßt und in der Regel mittels Gewebefilter gereinigt. Da die entstehende Menge luftverunreinigender Stoffe abhängig ist von der aufgebrachten Flußmittelmenge, ist eine sehr intensive Vorbehandlung des Verzinkungsgutes anzustreben.

Das Trockenverzinkungsverfahren hat gute Voraussetzungen für einen minimierten Flußmittelverbrauch. Bei diesem Verfahren wird das Verzinkungsgut nach den ersten Vorbehandlungsstufen in ein Flußmittelbad getaucht, anschließend getrocknet und dann verzinkt. Der Tauchvorgang dauert 5–10 Minuten. Die Abgase werden durch eine Randabsaugung oder Einhausung am Verzinkungsbad erfaßt. Der höchste Erfassungsgrad (ca. 95%) wird mit der Einhausung erreicht. Die Rohgasbeladung an staub- und gasförmigen luftverunreinigenden Stoffen beträgt ca. 100 mg/m^3. Da die gasförmigen Schadstoffe beim Absenken der Temperatur auf unter 20 °C sublimieren, können sie im Gewebefilter weitgehend abgeschieden werden. Der anfallende Filterstaub läßt sich zu Flußmittel, Zinkoxid und Zink aufarbeiten.

Anlagen zur F. sind genehmigungsbedürftig nach der → 4. BImSchV. Emissionsbegrenzende Anforderungen enthält die → TA Luft. Von besonderer Bedeutung sind die Regelungen zur Begrenzung der Emissionen von staub- und gasförmigen Stoffen (Nr. 3.3.3.9.1); die staubförmigen Emissionen im Abgas dürfen 10 mg/m^3 und die Emissionen an anorganischen gasförmigen Chlorverbindungen, angegeben als HCl, 20 mg/m^3 nicht überschreiten. *Batz*

Literatur: *Davids, P.; M. Lange*: Die TA Luft '86 – Technischer Kommentar. Düsseldorf 1986.

FID ⟨*FID/Flame Ionization Detector*⟩ → Flammen-Ionisations-Detektor

Filterbauarten ⟨*filters, types of*⟩ → Abscheider, filternd

Fischmehlfabrik ⟨*fish-meal plant*⟩. Anlagen zur Herstellung von Fischmehl oder Fischöl haben heute keinen bedeutenden Anteil an der Produktion von Tierfutter.

Derartige Anlagen sind nach Nr. 7.16 des Anhangs zur → 4. BImSchV genehmigungsbedürftig (förmliches Genehmigungsverfahren) (→ Genehmigungsverfahren nach dem BImSchG).

Die bei der Herstellung von Fischmehl anfallenden Brüden enthalten Geruchsstoffe. Die relevanten geruchsintensiven → Stoffe sind Ammoniak, Trimethylamin, Polysulfide, Schwefelwasserstoff und Mercaptane. Auch die Raumluft der F. enthält Geruchsstoffe. Sie wird z. T. den Trocknern als Zuluft beigegeben.

Durch Anwendung verfahrenstechnischer Maßnahmen (kurze Lagerzeiten der Rohware, Kapselung und Erfassung der Abluft) und Reinigung der Abluft durch Zyklone zur Staubvorabscheidung und → Biofilter mit vorgeschaltetem Wäscher können die Vorschriften der → TA Luft, insbesondere der Nr. 3.1.9 hinsichtlich der geruchsintensiven Stoffe, eingehalten werden. Zur

Überwachung der Geruchsemissionen wird die → Olfaktometrie eingesetzt.

Die Herstellung von Fischmehl ist mit dem Anfall von Abwasser (Brüden, Kondensations-, Kühl- und Reinigungswasser) verbunden; bei der Abwasserreinigung ist die 7. Abwasserverwaltungsvorschrift zu beachten. *Fank*

Flächenschalleistungspegel ⟨*areal sound power level*⟩. Mit dem F. wird die → Schallemission einer flächenhaften Schallquelle gekennzeichnet, er wird auch flächenbezogener Schalleistungspegel genannt.

Flächenhafte Schallquellen sind flächenmäßig ausgedehnte Schallquellen, z. B. Erdölraffinerien, chemische Werke, Rangierbahnhöfe, aber auch Großparkplätze. Im Gegensatz zu einer punktförmigen Schallquelle verringert sich der Schalldruckpegel im Umfeld flächenhafter Schallquellen infolge der flächigen Quellenverteilung nur wenig, so daß zur Einhaltung von → Immissionswerten in der Nachbarschaft von flächenhaften Schallquellen im allgemeinen größere Abstände notwendig sind als bei einer → Punktschallquelle gleicher → Schalleistung.

Bei Planungen von Gewerbe- und Industriegebieten, bei denen keine Detailinformationen über Art und Größe der anzusiedelnden Firmen und Betriebe vorliegen, werden zur Ermittlung notwendiger Abstände zu schutzwürdigen Baugebieten die Industrie- oder Gewerbegebiete als flächenhafte Schallquellen betrachtet. Für die Abstandsermittlung wird vorausgesetzt, daß die Schallemissionen der im Gebiet später siedelnden Firmen gleichmäßig über die Industrie- bzw. Gewerbegebietsfläche verteilt ist.

Als kennzeichnende Emissionsgröße hierfür wird der F. benutzt. F. ist folgendermaßen definiert:

$$L_w'' = L_w - 10 \lg \frac{S}{S_0} \quad \text{(dB)}$$

L_W = Schalleistung aller Schallquellen auf der Fläche S,
S = Flächengröße in m^2
S_0 = Bezugsfläche 1 m^2

Für den Planungsfall, daß Abstände zwischen geplanten Industrie- oder Gewerbegebieten und schutzwürdiger Bebauung zu ermitteln sind, wird für ein Industriegebiet ein F. von 65 dB und für Gewerbegebiete ein Wert von 60 dB angesetzt.

Zur Berechnung der Geräuschimmissionen in bestimmten Abständen von der emittierenden Fläche, wird die aus dem F. und der Flächengröße S ermittelte Schalleistung L_W als Punktschallquelle im Flächenmittelpunkt angenommen und von hier aus die Schallausbreitungsrechnung vorgenommen.

Die Flächenschallquelle kann immer dann unter vernachlässigbarer Ungenauigkeit als Punktquelle betrachtet werden, wenn der Abstand zwischen Immissionsort und Flächenmittelpunkt etwa doppelt so groß ist wie die größte Diagonale der emittierenden Fläche.

Der F. wird weiterhin für den Planungsfall benutzt, wenn emittierende und schutzbedürftige Baugebiete abstandsmäßig fixiert sind und die Emission in dem emittierenden Gebiet so zu rationieren ist, daß die Immissionswerte im schutzbedürftigen Gebiet eingehalten werden. *Strauch*

Literatur: DIN 18005: Schallschutz im Städtebau. 5/1987. – *Strauch, H.*: Hinweise zur Anwendung flächenbezogener Schallleistungspegel. LIS-Bericht. Essen 1982.

Flammen-Ionisations-Detektor ⟨*flame ionization detector*⟩. Der FID ist in der Praxis der Luftreinhaltung ein Standardmeßgerät zur summarischen Bestimmung → organischer Verbindungen. Für die kontinuierliche → Emissionsüberwachung und für den Einsatz in → Immissionsmeßnetzen gibt es verschiedene FID, die eine Eignungsprüfung absolviert haben. Bei Immissionsmessungen wird meist dem FID eine gaschromatographische Trennsäule vorgeschaltet, die den lufthygienisch bedeutungslosen Methananteil abtrennt. Der FID ist auch der am häufigsten in der → Gaschromatographie eingesetzte Detektor.

Das Prinzip des FID beruht darauf, daß organische Verbindungen in einer Wasserstoff-Flamme leicht ionisiert werden können. Die Ionisation wird in einer als Ionisationskammer gestalteten Brennkammer erzeugt und gemessen (Bild). Über die zentrale Brennerdüse

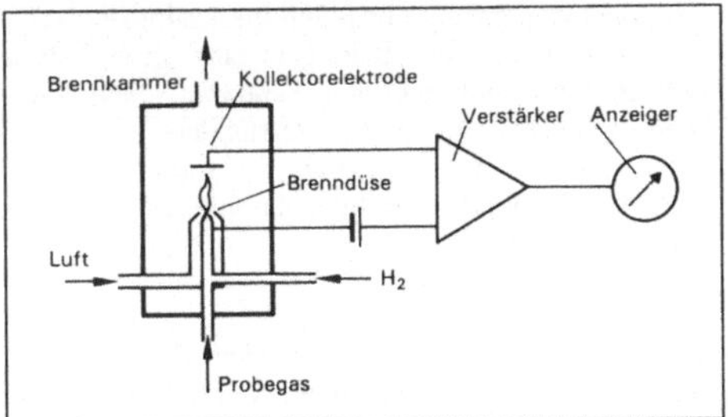

Flammen-Ionisations-Detektor: Meßanordnung (schematisch).

wird Wasserstoff zugeführt, der aus einer Gasflasche entnommen oder in einem Wasserstoffgenerator elektrolytisch erzeugt wird. Durch einen Ringspalt um die Düse strömt Luft oder Sauerstoff in die Brennkammer. Enthält das dem Wasserstoff zugemischte Probegas organische Verbindungen, so entsteht eine Ionenwolke, die durch ein elektrisches Feld abgesaugt wird und einen elektrischen Strom bildet. Der Ionisationsstrom ist über viele Größenordnungen näherungsweise proportional zum Massenstrom der organisch gebundenen Kohlenstoffatome.

Es besteht allerdings eine geringe Abhängigkeit von der strukturellen Bindung der C-Atome im jeweiligen Molekül, die als Strukturfehler bezeichnet wird. Die Qualität der Messung wird wesentlich durch die Detektorgeometrie und die Konstanz der Gasströme bestimmt. *Stahl*

Literatur: VDI 3481: Messung gasförmiger Emissionen; Bl. 1: Messen der Kohlenwasserstoff-Konzentration; Flammen-Ionisations-Detektor (FID). 8/1975. – Bl. 3: Messen von flüchtigen organischen Verbindungen, insbesondere von Lösemitteln, mit dem Flammen-Ionisations-Detektor (FID). 10/1995. – VDI 3483: Messen gasförmiger Immissionen; Bl. 1: Messen der Summe organischer Stoffe mit einem Flammen-Ionisations-Detektor (FID); Grundlagen. 12/1979. – Bl. 2: Messen der Summe organischer Stoffe ohne Methan mit dem Flammen-Ionisations-Detektor (FID); Siemens U 100. 11/1981. – Bl. 4: Messen der Summe organischer Stoffe und von Methan mit dem Flammen-Ionisations-Detektor (FID); Bendix 8202. 11/1981. – Verbesserung des Kohlenwasserstoffanalysenverfahrens. Forschungsbericht der Volkswagenwerk AG, i. A. des Umweltbundesamtes vom Februar 1980.

Flammenphotometrischer Detektor (FPD) ⟨*flame photometric detector*⟩. Der FPD ist die gerätetechnische Realisierung der Flammenphotometrie. In der Regel wird dabei mit einer reduzierenden Wasserstoffflamme (H_2-Überschuß) gearbeitet. Das zu untersuchende Meßgut (Flüssigkeit oder Gas bzw. Luft) wird in diese Wasserstoffflamme gebracht, in der die Aufspaltung der Verbindungen in Atome und die Anregung der Atome erfolgt. Die Intensität der entstehenden Atomemissionsstrahlung wird meist mit Photomultipliern gemessen.

Im Bereich der Emissions- und Immissionsmeßtechnik wird als FPD in der Regel eine ganz spezielle Realisierung zum kontinuierlichen automatischen Nachweis von Schwefelverbindung verstanden. In der reduzierenden Wasserstoffflamme entstehen aus den Schwefelverbindungen Schwefelatome, die rekombinieren

$$S + S \rightarrow S_2^*$$

wobei angeregte S_2^*-Moleküle entstehen, die unter Lichtemission im Wellenlängenbereich von etwa 320 nm bis 460 nm in den Grundzustand übergehen. Mit einem optischen Filter wird daraus der Bereich um 394 nm zum Schwefelnachweis ausgewählt.

Die Lichtemission geht also nicht auf eine Atomemission, sondern auf einen Chemilumineszenzeffekt zurück. Da es sich um eine Reaktion zwischen zwei Schwefelatomen handelt, ergibt sich entsprechend den Ansätzen zur Chemilumineszenz eine quadratische Eichfunktion.

Die heute auf dem Markt angebotenen FPD werden vielfach mit einem elektronisch linearisierten Ausgang ausgerüstet.

Der FPD für Schwefelnachweis wird sowohl als eigenständiges Meßgerät für die Summe aller Schwefelverbindungen als auch in der → Gaschromatographie als Detektor für Schwefelverbindungen eingesetzt. *Birkle*

Literatur: *Birkle, M.*: Meßtechnik für den Immissionsschutz. München–Wien 1979.

Flechtenexpositionsverfahren ⟨*lichen exposure method*⟩. Für die Erfassung der phytotoxischen Gesamtwirkung aller → Luftverunreinigungen ist von *Schönbeck* das im Bild dargestellte Flechtenkarussell als komponenten-unspezifischer Reaktionsindikator entwickelt

Flechtenexpositionsverfahren: Flechtenexpositionskarussell (nach Schönbeck*).*

worden. Hierzu wird die unter immissionsfreien Bedingungen natürlich vorkommende Blattflechte Hypogymnia physodes (Syn. Parmelia physodes) mit ihrer natürlichen Flechtenunterlage von Eichenbäumen entnommen und zu je sechs Exemplaren (= Wiederholungen) auf kleine Trägerbretter übertragen. Wie beim *Mank*-Karussell wechselt die Expositionsrichtung ständig mit dem Wind, hier infolge der aufgesetzten Windschalen.

Dem F., bei dem nach einer Expositionszeit von ungefähr einem Jahr der Grad der Absterberate durch Vergleich der photographierten Thallusflächen vor und nach Exposition ermittelt wird, kommt ein hohes Maß an Standardisierung und damit Repräsentanz zu. Ähnlich wie bei chemisch-analytischen Meßverfahren sind zudem Nachweisgrenze, Meßbereich und Reproduzierbarkeit der Methode ermittelt worden. Im Gegensatz zu der häufig alternativ verwendeten Kartierungsmethode der natürlichen Flechtenflora sind Abhängigkeiten von der Existenz bestimmter Trägerbäume, von klimatischen Einflußgrößen und von anderen Störfaktoren im wesentlichen auszuschließen. Andererseits wurde inzwischen festgestellt, daß der Anspruch, alle phytotoxischen Luftverunreinigungen zu erfassen, bei dem F. nicht ganz erfüllbar ist. Während Hypogymnia physodes auf die klassischen Luftverunreinigungen wie Schwefeldioxid, Stickstoffoxide, → Fluorwasserstoff, → Chlorwasserstoff und → Schwermetalle sehr empfindlich reagiert, ist sie gegenüber → Photooxidantien wie Ozon offensichtlich weitgehend resistent. *Prinz*

Literatur: *Schönbeck, H.*: Eine Methode zur Erfassung der biologischen Wirkung von Luftverunreinigungen durch transplantierte Flechten. Staub – Reinh. Luft **29** (1969) S. 14–18. – VDI 3799, Bl. 2: Messung von Immissions-Wirkungen. Ermittlung und Beurteilung phytotoxischer Wirkungen von Immissionen mit Flechten; Verfahren der standardisierten Flechtenexposition. 10/1991.

Fliehkraftabscheider *⟨centrifugal collector⟩*. Bei diesem → Massenkraftabscheider, der auch häufig Zyklon genannt wird, werden die Partikeln unter Ausnutzung der in einer Wirbelströmung auftretenden Zentrifugalkräfte aus dem Gasstrom abgetrennt. Ein F. besteht meist aus dem drallerzeugenden Einlauf, dem zylindrischen und/oder konischen Abscheideraum, dem Tauchrohr und dem oft durch einen Kegel von der Hauptströmung geschützten Staubsammelbehälter. (Bild).

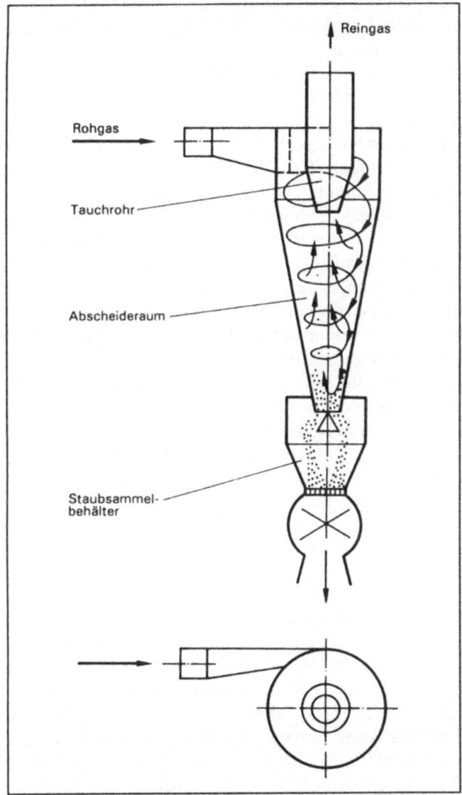

Fliehkraftabscheider: Schematischer Aufbau.

Zur → Staubabscheidung aus Gasströmen haben sich F. wegen des einfachen Aufbaus und der großen Betriebssicherheit in der Industrie bewährt. Sie werden nicht nur bei der holzverarbeitenden Industrie, der Zementindustrie, bei pneumatischen Förderanlagen und – meist als Vorabscheider – in der Hüttenindustrie eingesetzt, sondern auch in der chemischen Industrie, in der Lebensmittelindustrie und im Kraftwerksbau. Zyklone werden mit Außendurchmessern von 0,02–6 m gebaut und lassen sich bei Drücken zwischen 0,01 und 100 bar und Temperaturen bis über 1 000 °C betreiben. Den anwendungstechnischen Vorteilen steht das im Vergleich zu anderen → Entstaubungsverfahren geringere Abscheidevermögen gegenüber, das durch eine richtige Auslegung jedoch häufig verbessert werden kann.

Im Zyklon herrscht eine dreidimensionale, turbulente, zweiphasige Drehsenkenströmung. Es werden folgende Bereiche unterschieden: Einlaufströmung, Hauptströmung, Grenzschichtströmung und Tauchrohrströmung.

Zur Erzeugung der Drehströmung im Zyklon ist eine entsprechende Strömungsführung im Einlaufteil erforderlich. Dabei wird zwischen Axialeinlauf und Tangentialeinlauf in den Ausführungen Schlitz, Rohr, Spirale und Wendel unterschieden. Ein Großteil der Partikeln wird bereits im Einlaufbereich an die Wand geschleudert. Die Hauptströmung wird durch die lokale Umfangs-, Radial- und Axialgeschwindigkeitskomponente beschrieben. Die Zentrifugalbeschleunigung, die auf die in der rotierenden Strömung in axialer und tangentialer Richtung mitbewegten Partikeln wirkt, bestimmt die abscheidende Kraft. Deshalb kommt dem radialen Verlauf der Umfangsgeschwindigkeitskomponente entscheidende Bedeutung für das Trennergebnis zu.

Der an die Wand geschleuderte Staub läuft als Strähne in spiralförmigen Bahnen zum Staubsammelbehälter. Dieser Transport wird durch Geschwindigkeiten und Instabilitäten der Grenzschichtströmung entlang der Zyklonwand bestimmt. Partikeln in der Grenzschichtströmung des Deckels können direkt in das Reingas gelangen und verschlechtern den → Gesamtstaubabscheidegrad.

Die Strömung im Tauchrohr ist für das Betriebsverhalten des Zyklons bestimmend. Sowohl die maximal auftretende Umfangsgeschwindigkeit im Abscheidebereich der Hauptströmung als auch der Druckverlust des Zyklons hängen wesentlich vom Durchmesser des Tauchrohrs ab.

Zur Berechnung der Abscheidung eines Zyklons haben sich im wesentlichen zwei Theorien bewährt. Dabei handelt es sich um das Trennflächen- und das Trennflächenverweilzeitmodell. Ergebnis des ersten Modells ist eine sog. Grenzkornpartikelgröße x_{Gr}. Im Idealfall werden Partikeln mit einem Durchmesser $x > x_{Gr}$ abgeschieden, Partikeln mit $x < x_{Gr}$ verbleiben im Gasstrom. Um einen der Realität entsprechenden Fraktionsabscheidegrad zu erhalten, werden Trennkurven definierter, empirisch festgelegter Form und durch x_{Gr} bestimmter Lage verwendet. Ergebnis des zweiten Modells ist direkt eine Kurve für den Fraktionsabscheidegrad. Eine Verschiebung der Trennkurve zu kleineren Partikelgrößen hin und damit eine bessere Abscheidung kann u. a. durch eine Verkleinerung des Tauchrohrdurchmessers oder durch eine Vergrößerung des Gasdurchsatzes erzielt werden. Bei beiden Maßnahmen erhöht sich jedoch der Druckverlust. Der Gesamtstaubabscheidegrad eines Zyklons nimmt ebenfalls mit steigender Feststoffkonzentration im Rohgas zu. Diese Zunahme kann mit einem Sedimentationsvorgang und einer verstärkten Partikelagglomeration im Einlaufteil des Zyklons erklärt werden.

Der Druckverlust und der damit verbundene Energiebedarf eines Zyklons sind neben dem Abscheidevermögen zwei weitere, wichtige Auslegungsgrößen. Der Gesamtdruckverlust setzt sich aus den Anteilen der Einlaufströmung, der Hauptströmung und der Tauchrohrströmung zusammen, wird jedoch im wesentlichen durch die Geometrie des Auslaufs bestimmt. Durch unterschiedliche konstruktive Maßnahmen, wie Einbau einer Austrittsspirale, eines Drallkreuzes, eines Krümmers, kann versucht werden, Drallenergie in Druckenergie umzuwandeln. Dabei ist eine störende Rückwirkung auf die Hauptströmung zu vermeiden.

Schmidt

Literatur: *Dullien, F. A. L.*: Introduction to industrial gas cleaning. San Diego 1989. – *Löffler, F.*: Staubabscheiden. Stuttgart–New York 1988. – *Mothes, H.*, u. *F. Löffler*: Zur Berechnung der Partikelabscheidung in Zyklonen. Chem. Eng. Process **18** (1984), S. 53/85. – *Rentschler, W.*: Abscheidung und Druckverlust des Gaszyklons in Abhängigkeit von der Staubbeladung. Dissertation Universität Stuttgart. 1990. – *Schmidt, E., Ch. Wadenpohl* u. *F. Löffler*: Mathematische Beschreibung von Agglomerationsvorgängen im Zykloneinlauf. Chem.-Ing.-Tech. **64** (1992) Nr. 1, S. 76/78.

Fluglärm ⟨*aircraft noise*⟩. Unter F. werden alle Geräusche verstanden, die von Luftfahrzeugen, insbesondere von Flugzeugen und Hubschraubern, beim Starten, Landen und Rollen auf dem Flugplatz sowie beim Überflug verursacht werden. Zum Schutz vor F. werden primär die Geräuschemissionen von Luftfahrzeugen begrenzt, während auf der Immissionsseite lediglich in der Nachbarschaft von Flugplätzen passive Lärmschutzmaßnahmen ergriffen werden.

❐ Emissionsbegrenzung. Die Geräuschemission von Luftfahrzeugen ist nach § 2 des Luftverkehrsgesetzes i.d.F. vom 14. Januar 1981 (BGBl. I S. 61), zuletzt geändert durch Gesetz vom 19. Oktober 1994 (BGBl. I S. 2979, 2999), Gegenstand der Verkehrszulassung; die technische Ausrüstung des Luftfahrzeugs muß u.a. so gestaltet sein, „daß das durch seinen Betrieb entstehende Geräusch das nach dem jeweiligen Stand der Technik unvermeidbare Maß nicht übersteigt". Der entsprechende Nachweis ist nach § 3 der Luftverkehrs-Zulassungs-Ordnung (LuftVZO) i.d.F. der Bekanntmachung vom 13. März 1979 (BGBl. I S. 308), zuletzt geändert durch Verordnung vom 23. November 1992 (BGBl. I S. 1965), dem Antrag auf Musterzulassung beizufügen. Nach § 10 erteilt die Zulassungsbehörde für das einzelne Luftfahrzeug bei der Verkehrszulassung ein Lärmzeugnis, wenn die Einhaltung der nach § 3 Abs. 2 bekanntgemachten Lärmgrenzwerte (Lärmschutzanforderungen für Luftfahrzeuge [LSL]) durch Übereinstimmung des Luftfahrzeugs mit dem Muster nachgewiesen ist. Das Lärmzeugnis muß u.a. die Geräuschpegel und ihre 90%igen Vertrauensbereichsgrenzen enthalten. Nicht in Deutschland erteilte Lärmzeugnisse oder ihnen entsprechende Urkunden werden als gültig anerkannt, wenn die international im ICAO Annex 16 festgesetzten Lärmemissionsgrenzwerte nicht überschritten werden.

Die LSL vom 1. Januar 1991 (Beilage zum Bundesanzeiger Nr. 54a vom 19. März 1991) enthalten Lärmgrenzwerte, Bestimmungen über die anzuwendenden Verfahren zur Ermittlung der Lärmpegel sowie Bestimmungen für die Erteilung von Lärmzulassungen und Lärmzeugnissen; dabei werden unterschieden:

- Unterschallflugzeuge mit Strahltriebwerken,
- Propellerflugzeuge über 5700 kg bzw. über 9000 kg Starthöchstmasse,
- Propellerflugzeuge bis zu 9000 kg Starthöchstmasse und Motorsegler sowie
- Hubschrauber.

❐ Immissionsseitige Maßnahmen. Für die Ermittlung und Beurteilung der F.-Immissionen in der Nachbarschaft von Verkehrsflughäfen und militärischen Flugplätzen gilt das → Fluglärmgesetz. In deren Umgebung werden Lärmschutzbereiche rechnerisch ermittelt und in Rechtsverordnungen festgesetzt. Der äquivalente Dauerschallpegel Leq wird nach der Anlage zu § 3 des Fluglärmgesetzes berechnet, wobei als Bezugszeit die sechs verkehrsreichen Monate eines Jahres gelten. Eingangsdaten für die Flugbetriebs- bzw. Fluglärmprognose sind die luftrechtlich genehmigte Flugplatzanlage und der voraussehbare Flugbetrieb in zehn Jahren.

Zur Beurteilung des F. an Flugplätzen, die nicht dem Fluglärmgesetz unterliegen, wird DIN 45643 Teil 1–3 herangezogen. An Landeplätzen, auf denen ganz überwiegend kleine Propellerflugzeuge mit einem Höchstgewicht bis zu 5,7 t nach Sichtflugregeln verkehren, gilt die Verordnung über die zeitliche Einschränkung des Flugbetriebs mit Leichtflugzeugen und Motorseglern an Landeplätzen vom 16. August 1976 (BGBl. I S. 2216), wenn der Flugbetrieb 20000 Flugbewegungen pro Jahr übersteigt. Danach sind insbesondere nichtgewerbliche Platzrunden- und Schulflüge zu den besonders lärmsensiblen Tageszeiten werktags sowie sonn- und feiertags verboten.

❐ Militärischer Tiefflug. Durch militärische Tiefflüge ergeben sich für große Teile der Bevölkerung erhebliche Lärmbelastungen, wobei Tiefflüge bis zu einer Mindesthöhe von 150 m in besonders ausgewiesenen Tieffluggebieten durchgeführt werden. Die Bundeswehr beschränkt grundsätzlich Tiefflüge

- auf Gebiete außerhalb von Großstädten,
- auf Werktage (montags–freitags), und dann auf die Zeiten 7–17 Uhr mit Mittagspause 12.30–13.30 Uhr,
- nachts auf bestimmte Strecken und auf die Zeit bis Mitternacht (Flughöhe nicht unter 300 m).

Gegenüber dem F. in Flugplatznähe weist der militärische Tiefflug bei Direktüberflügen wesentlich schnellere Pegelanstiege und höhere → Maximalpegel auf. Ein startendes oder landendes Kampfflugzeug verursacht am Immissionsort einen → Schallpegel, der im Mittel etwa um den Faktor 10 langsamer ansteigt als bei einem schnellen Direktüberflug in 150 m Höhe. Die typische Belastungsdauer des Einzelüberflugs liegt in der Größenordnung von einigen Sekunden; die Maximalpegel erreichen etwa 110–120 dB. Der Tiefluglärm kann beim Menschen Angst- und Schreckreaktionen, Blutdruckanomalien sowie akute Veränderungen biochemischer Parameter hervorrufen; bei Risikopersonen ist eine akute Herz-Kreislauf-Schädigung nicht auszuschließen. *Strauch*

Literatur: DIN 45643 Teil 1–3: Messung und Beurteilung von Flugzeuggeräuschen; Oktober 1984. – *Ising, H. et al.*: Belästigung und Gesundheitsgefährdung durch militärischen Tieffluglärm; in: F. Poustka (Hrsg.): Die physiologischen und psychischen Auswirkungen des militärischen Tiefflugbetriebs, Bern/Stuttgart/Toronto 1989.

Fluglärmgesetz *⟨aircraft noise act⟩*. Das F. (Gesetz zum Schutz gegen → Fluglärm, BGBl. I S. 282, geändert am 16.12.1986, BGBl. I S. 2441 – FluglG) gilt dem Schutz der Allgemeinheit vor Gefahren, erheblichen Nachteilen und erheblichen Belästigungen durch Fluglärm in der Umgebung von Flugplätzen (§ 1 FluglG).

Das Gesetz sieht einerseits passive Lärmschutzmaßnahmen in der Umgebung von Flughäfen und Flugplätzen durch die Festsetzung von Lärmschutzbereichen vor; es enthält außerdem Vorschriften für den aktiven Lärmschutz, z. B. durch Genehmigungs- und Verhaltenspflichten beim Luftverkehrsbetrieb.

❒ Aktiver Fluglärmschutz. Die wichtigsten Rechtsgrundlagen für aktive Fluglärmschutzmaßnahmen befinden sich in den Vorschriften des LuftVG, die dort durch § 15 FluglG eingefügt worden sind, daneben in der Luftverkehrsordnung, der Luftverkehrszulassungsordnung sowie in einigen zum LuftVG erlassenen Rechtsverordnung. Anforderungen werden an die Vermeidung von Fluglärmwerten bei der Verkehrszulassung nach dem LuftVG für deutsche Luftfahrzeuge gestellt. Daneben sind Flugplatzhalter, Luftfahrzeughalter und Luftfahrzeugführer verpflichtet, beim Betrieb von Luftfahrzeugen in der Luft und am Boden vermeidbare Geräusche zu verhindern und die Ausbreitung unvermeidbarer auf ein Mindestmaß zu beschränken, um die Bevölkerung vor Gefahren, erheblichen Nachteilen und erheblichen → Belästigungen durch Lärm zu schützen.

Auch bei der Neuanlage oder Erweiterung von Flughäfen ist der Schutz vor Fluglärm in den Zulassungsverfahren zu berücksichtigen.

Der Unternehmer eines dem Linienverkehr angeschlossenen Verkehrsflughafens hat außerdem auf dem Flughafen und in seiner Umgebung Anlagen zur fortlaufend registrierenden Messung der durch die an- und abfliegenden Flugzeuge entstehenden Geräusche einzurichten und zu betreiben.

❒ Passiver Fluglärmschutz. Maßnahmen zur passiven Fluglärmbekämpfung sind ausführlich in den §§ 1–14 FluglG geregelt. Zum Schutz vor Fluglärm werden für Verkehrsflughäfen, die dem Linienverkehr angeschlossen sind sowie für militärische Flughäfen mit Betrieb von Flugzeugen mit Strahltriebwerken zu sog. Lärmschutzbereich festgesetzt. Gemäß § 2 FluglG umfaßt der Lärmschutzbereich das Gebiet außerhalb des Flugplatzgeländes, in dem der äquivalente Dauerschallpegel des Fluglärms 67 dB (A) übersteigt. Nach dem Maß der Lärmbelastung gliedert sich der Lärmschutzbereich in zwei Schutzzonen: Die erste umfaßt das Gebiet, in dem der äquivalente Dauerschallpegel 75 dB (A) übersteigt, die zweite das übrige Gebiet des Lärmschutzbereichs.

Die Festsetzung eines Lärmschutzbereichs hat weitgehende Rechtsfolgen für die betroffenen Gebiete: so gilt für schutzbedürftige Gemeinschaftseinrichtungen, namentlich für Krankenhäuser, Altenheime, Erholungsheime und Schulen, ein Bauverbot. Ausnahmen hiervon sind nur zugelassen, wenn dies zur Versorgung der Bevölkerung mit öffentlichen Einrichtungen dringend geboten ist.

Darüber hinaus dürfen in der inneren Schutzzone 1 Wohnungen nicht errichtet werden. Alle darin erlaubten baulichen Anlagen sowie alle Wohngebäude in der Schutzzone 2 unterliegen besonderen Schallschutz-Anforderungen. Für nicht nur unwesentliche Wertminderung von Grundstücken, die durch ein Bauverbot betroffen sind, sieht das Gesetz eine Entschädigung vor. Gemäß § 9 FluglG können Aufwendungen für bauliche Schallschutzmaßnahmen den Eigentümern betroffener Grundstücke erstattet werden.

Hoppe/Beckmann

Fluorchlorkohlenwasserstoffe (FCKW) *⟨chlorofluor carbons⟩*

Atmosphärenchemie. Bei den FCKW handelt es sich um voll- oder teilhalogenierte Verbindungen, die anthropogenen Ursprungs sind und somit nicht von natürlichen Quellen emittiert werden. Die teilhalogenierten → Kohlenwasserstoffe werden oftmals auch als H-FCKW bezeichnet. Die FCKW gehören aufgrund ihrer Infrarotabsorption zu den klimarelevanten → Spurengasen mit einem hohen Treibhauspotential (→ Treibhauseffekt) und tragen darüber hinaus zum Abbau der stratosphärischen Ozonschicht bei (→ Ozonloch).

Zur Kennzeichnung der FCKW bedient man sich folgender Nomenklatur:

```
FCKW 1 1 4
     | | └─ Anzahl der Fluoratome
     | └─── Anzahl der Wasserstoffatome +1
     └───── Anzahl der Kohlenstoffatome −1
            Chloratome werden nicht mitgezählt
```

Neben Tetrachlorkohlenstoff (CCl_4) sind FCKW 11 ($CFCl_3$), 12 (CF_2Cl_2), 113 ($CFCl_2$-CF_2Cl) und 114 (CF_2Cl-CF_2Cl) die wichtigsten vollhalogenierten Kohlenwasserstoffe. Die Konzentrationen dieser Spezies sind in den letzten Jahrzehnten stark gestiegen. Sie liegen in der Nordhemisphäre geringfügig über den Werten in der Südhemisphäre, weil mehr als 90% der globalen Emissionen in den Industrienationen in der Nordhemisphäre erfolgen. In der Tabelle sind für die wichtigsten FCKW und H-FCKW die Konzentrationen und der jährliche Anstieg angegeben.

FCKW werden als Lösungs- und Reinigungsmittel, als Kältemittel in der Klima- und Kältetechnik, als Verschäumungsmittel in der Kunststoffbranche sowie als Treibmittel in Spraydosen (Druckgaspackungen) eingesetzt. Tetrachlorkohlenstoff (CCl_4) wird vor allem als Lösungsmittel und als Zwischenprodukt für die Herstellung von FCKW 11 und 12 verwendet.

Zu den wichtigsten teilhalogenierten Kohlenwasserstoffen zählen Methylchlorid (CH_3Cl) und Methylchloroform (CH_3CCl_3) sowie das ein Wasserstoffatom enthaltende H-FCKW 22 (CHF_2Cl). Methylchlorid ist ein industrielles Zwischenprodukt für die Synthese von FCKW 11 und 12 sowie H-FCKW 22. Methylchlorid ist nicht nur anthropogenen Ursprungs, sondern wird auch durch natürliche Prozesse im Ozean gebildet und in die Atmosphäre abgegeben. Zusätzlich wird CH_3Cl auch bei der Verbrennung von Biomasse gebildet.

Methylchloroform wird hauptsächlich als Entfettungsmittel in der → Metallindustrie und als Lösungsmittel für Farben, Lacke und Klebstoffe verwendet. Wegen seiner geringen Toxizität und schlechten Entflammbarkeit hat CH_3CCl_3 andere Reinigungsmittel weitgehend ersetzt. Das H-FCKW 22 findet vor allem als Kältemittel Verwendung.

Während die vollhalogenierten Verbindungen in der Troposphäre chemisch inert sind und erst in der Stratosphäre photolytisch gespalten werden, können die teilhalogenierten Verbindungen zu einem erheblichen Teil bereits in der Troposphäre durch die Reaktion mit OH-Radikalen abgebaut werden. Ihre atmosphärischen

Fluorchlorkohlenwasserstoff. Tabelle: Konzentrationen, globaler Anstieg und atmosphärische Lebensdauer einiger halogenierter Substanzen.

Substanz	Konzentration pptV	Anstieg/ Jahr %	Lebensdauer Jahre
CFCl3	255 – 268	3,7	55
CF2Cl2	453	3,8	116
CFCl2CF2Cl	64	9,1	110
CF2ClCF2Cl	15 – 20	~ 6	220
CCl4	107	1,2	47
CF2ClBr	1,8 – 3,5	20	19
CF3Br	1,6 – 2,5	15	77
CH3Cl	600		
CH3CCl3	135	3,7	6
CHF2Cl	110	6,5	16

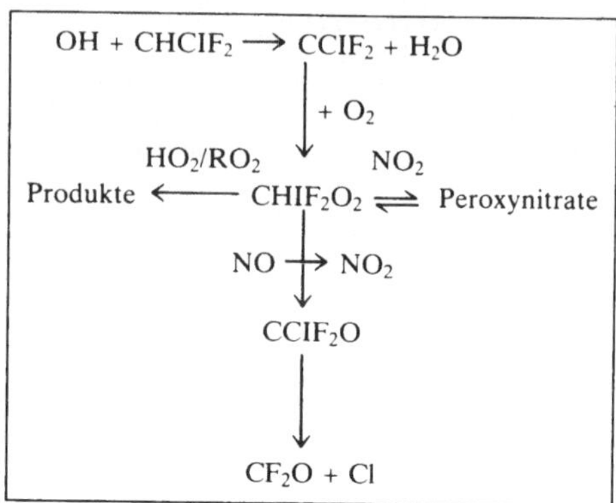

Fluorchlorkohlenwasserstoff: Mechanismus der Oxidation von H-FCKW in der Troposphäre am Beispiel des H-FCKW 22.

Lebensdauern sind somit erheblich kürzer als die der vollhalogenierten Verbindungen. Der typische Verlauf der OH-initiierten Reaktion der H-FCKW wird im Bild am Beispiel des H-FCKW 22 gezeigt. Wie in diesem Reaktionsschema zu erkennen ist, wird das Chloratom in dem Oxidationsprozeß eliminiert, während die Fluoratome in der oxidierten Form der Verbindung CF_2O gespeichert bleiben. Das Chloratom wird durch Reaktion mit z. B. CH_4 in Salzsäure überführt und mit dem Regen aus der Troposphäre ausgewaschen. CF_2O ist stabil gegenüber anderen Reaktanden und wird vermutlich durch Hydrolyse in CO_2 und Flußsäure (HF) umgewandelt.

Entsprechend einer internationalen Vereinbarung (Montrealer Protokoll) soll die Produktion von Tetrachlorkohlenstoff, vollhalogenierter FCKW und der → Halone bis zum Jahr 2000 weltweit vollständig eingestellt sein. Die Einstellung der Produktion der H-FCKW CH_3CCl_3 und CHF_2Cl soll im Jahr 2005 erfolgen. Reduktionsmaßnahmen sind z. B. konstruktive und prozeßtechnische Maßnahmen wie die Rückgewinnung von Reinigungsmitteln mittels Kondensation und Prozeßumstellungen. In der Klima- und Kältetechnik werden Adsorptions-Kältemaschinen eingesetzt. Bei Betrieb und Wartung werden Verbrauchsreduzierungen angestrebt, ebenso sollen Verwertung und Entsorgung gebrauchter Kältemittel in Recyclingkonzepten besser organisiert werden. In Spraydosen werden Alternativ-Treibmittel wie Stickstoff, → Kohlendioxid und Distickstoffoxid eingesetzt. (→ FCKW-Ersatzstoff, → FCKW-freie Produkte, → FCKW-Vermeidung).

Becker/Wiesen

Immissionsmessung. Obwohl die FCKW bei den chemischen Vorgängen zum Abbau des Ozongürtels in der Stratosphäre eine große Rolle spielen, ist die Konzentration in der normalen Außenluft so gering, daß zur Messung anreichernde Probenahmeverfahren eingesetzt werden müssen. Ein Standardmeßverfahren für die F. gibt es allerdings nicht.

Zur Probenahme der FCKW mit einem Siedepunkt ab etwa −40 °C eignet sich die Absorption an Molekularsieben oder an porösen Polymeren (z. B. Tenax) bei niedrigen Temperaturen (Thermogradientenrohr). Der Nachweis erfolgt gaschromatographisch+ (→ Gaschromatographie) mit einem Elektroneneinfangdetektor. Auf Grund der Flüchtigkeit der F. setzt man Trennsäulen ein, die mit porösen Polymeren (z. B. Parapack QS) gefüllt sind. Damit eine ausreichende Trennleistung erreicht wird, sollte der Ofen des Gaschromatographen kühlbar sein (Cryo-Option). *Dulson*

Fluor-Immissionsmessung *⟨fluorine ambient air control⟩*. F. kommt auf Grund der hohen Reaktionsfähigkeit in der Natur elementar nicht vor, sondern nur in Form seiner Fluoride. Das wird in den Immissionsmeßverfahren berücksichtigt.

Ein Meßverfahren, das für orientierende Messungen geeignet ist, weil es nicht zwischen gas- und partikelförmigen Fluor-Verbindungen unterscheidet, nutzt eine Farbreaktion. Zur Absorption der Fluor-Verbindungen wird die zu untersuchende Luft durch einen mit Natriumhydroxid-Lösung gefüllten Impinger gesaugt. Aus der Absorptionslösung werden die Fluoridionen durch Schwefelsäure als Fluoridwasserstoff freigesetzt, durch Destillation abgetrennt und im Destillat nach der Alizarin-Komplexon-Methode photometrisch bestimmt.

Für das nachfolgend beschriebene Verfahren wird ein Partikel-Vorabscheider verwendet. Dennoch wird neben allen molekulardispers vorliegenden Fluor-Verbindungen auch ein unbestimmter Anteil von partikelförmigen Fluor-Verbindungen erfaßt. Die jedoch von der Hauptmenge der Partikeln befreite Probeluft wird mittels einer Pumpe durch ein Sorptionsrohr gesaugt, das mit natriumcarbonatbeschichteten Silberkugeln gefüllt ist. Die in dieser Sammelphase angereicherten Fluor-Ionen werden mit einer sauren Pufferlösung eluiert und mit einer ionenselektiven Lanthanfluorid-Elektrode analysiert.

Beim dritten Meßverfahren wird zur Abscheidung partikelförmiger Substanzen die Probeluft durch einen Membranfilter und anschließend zur Abtrennung der Meßkomponenten durch zwei Sorptionsrohre gesaugt, die ebenfalls mit sodabeschichteten Silberkugeln gefüllt sind. Das zweite Sorptionsrohr dient zur Kontrolle der quantitativen Absorption. Die in der Sammelphase angereicherten Fluor-Ionen werden je nach analytischem Verfahren mit Wasser oder Pufferlösung eluiert. Der Nachweis geschieht photometrisch oder mit der ionenselektiven Elektrode. Dieses Meßverfahren ist zur Bestimmung der Fluor-Ionenkonzentration gemäß → TA Luft geeignet. Die Nachweisgrenze aller drei Verfahren liegt zwischen 0,5 und 1 $\mu g/m^3$. Beim elektrochemischen Verfahren können sogar noch bis zu 0,1 $\mu g/m^3$ erfaßt werden. *Dulson*

Literatur: VDI 2452, Bl. 1: Messen von Immissionen, Messen der Gesamt-Fluorionen-Konzentration, Impinger-Verfahren. 3/1978. – Bl. 2: Messen gasförmiger Immissionen; Messen der Fluor-Ionen-Konzentration; Silberkugel-Sorptionsverfahren mit Vorabscheidung und elektrischem Nachweis. 2/1975. – Bl. 3: Messen gasförmiger Immissionen; Messen der Fluoridionen-Konzentration; Silberkugel-Sorptionsverfahren mit beheiztem Membranfilter. 7/1987.

Fluorwasserstoff *⟨hydrogen fluoride⟩*.

Emissionsmessung. Standardmethoden zur Emissionsmessung von F. werden in der Richtlinie VDI 2470 behandelt. Zwei handanalytische Methoden sind in Blatt 1 beschrieben. Das Probegas wird über ein aus Quarz gefertigtes beheiztes Probenahmesystem durch hintereinander geschaltete Absorptionsgefäße mit Natriumhydroxid-Lösung gesaugt. Die Fluoridionen werden entweder nach Abtrennung durch Wasserdampf-Destillation photometrisch nach der Alizarin-Komplexan-Methode oder potentiometrisch mit einer fluoridionensensitiven Elektrodenkette bestimmt. Die Verfahren werden für Einzelmessungen und zur Kalibrierung kontinuierlich messender Analysatoren eingesetzt und können als Referenzmeßverfahren bezeichnet werden.

Zur kontinuierlichen Messung anorganischer gasförmiger Fluorverbindungen steht nur eine eignungsgeprüfte Meßeinrichtung zur Verfügung, die als Meßprinzip die Potentiometrie (Messung mit Hilfe einer ionensensitiven Elektrodenkette) anwendet. *Stahl*

Literatur: Mindestanforderungen an fortlaufend aufzeichnende Meßeinrichtungen zur Erfassung von anorganischen gasförmigen Fluorverbindungen. Forschungsbericht IV.2-1224/74 des Rheinisch-Westfälischen TÜV i. A. des Umweltbundesamtes, Oktober 1979 – VDI 2470, Bl. 1: Messen gasförmiger Emissionen; Messen gasförmiger Fluor-Verbindungen; Absorptions-Verfahren. 10/1975.

Emissionsminderung. Hauptemittenten für F. (HF) sind Kraftwerke, Industriefeuerungen, die NE-Metall- sowie die Steine- und Erden-Industrie (Grobkeramik, Glasproduktion). Die im Brennstoff enthaltenen Fluorverbindungen werden bei der Verbrennung als F. freigesetzt.

In der → TA Luft ist für F. unter Nr. 3.1.6 ein allgemeiner Emissionswert von 5 mg HF/m^3 → Abgas festgelegt; zusätzlich gibt es in Nr. 3.3 spezielle anlagenbezogene Begrenzungen (z. B. 1 mg HF/m^3 bei Elektrolyseöfen in der Aluminiumindustrie). Desweiteren sind → Emissionsgrenzwerte für F. in der Großfeuerungsanlagen-Verordnung (→ 13. BImSchV) und in der Verordnung über Verbrennungsanlagen für Abfälle und andere brennbare Stoffe (→ 17. BImSchV) festgelegt. Beispielsweise dürfen entsprechend der 17. BImSchV bei → Abfallverbrennungsanlagen die anorganischen Fluorverbindungen, angegeben als HF, als Tagesmittel einen Grenzwert von 1 mg/m^3 im Abgas nicht überschreiten.

Zur Begrenzung der F.-Emissionen sind insbesondere Absorptions- und Chemisorptionsverfahren geeignet. Zur Abgasreinigung bei Tunnelöfen in der keramischen Industrie werden häufig → Trockensorptionsverfahren eingesetzt. Insbesondere durch den Ausbau der → Abgasentschwefelung bei Kraftwerken sowie von Sorptionsanlagen in Abfallverbrennungs- und Industrieanlagen, mit denen auch F. abgeschieden wird, ist die F.-Emission erheblich zurückgegangen. *Haug*

Literatur: *Davids, P.; M. Lange*: Die Großfeuerungsanlagen-Verordnung – Technischer Kommentar. Düsseldorf 1984. – *Davids, P.; M. Lange*: Die TA Luft '86 – Technischer Kommentar. Düsseldorf 1986.

Immissionsmessung. Das gebräuchlichste Verfahren zur Immissionsmessung von F. bzw. Fluoriden ist das Silberkugel-Sorptionsverfahren.

Zur Probenahme können Impinger (VDI 2452, Bl. 1), Sorptionsrohre (VDI 2452, Bl. 2, 3), spezielle Filter oder Denuder (Diffusionstrennrohre) eingesetzt werden. Zur analytischen Bestimmung können vor allem photometrische, elektrochemische oder ionenchromatographische Verfahren dienen. *Pfeffer*

Literatur: VDI 2452: Messen von Immissionen; Bl. 1: Messen der Gesamt-Fluoridionen-Konzentration; Impinger-Verfahren. 3/1978. – Bl. 2: Messen der Fluor-Ionen-Konzentration; Silberkugel-Sorptionsverfahren mit Vorabscheidung und elektrochemischem Nachweis. 2/1975. – Bl. 3: Messen der Fluoridionen-Konzentration; Silberkugel-Sorptionsverfahren mit beheiztem Membranfilter. 7/1987.

Wirkung auf Pflanzen. Zu den reaktionsfähigsten → Luftverunreinigungen zählen die gasförmigen Fluorverbindungen. Gasförmiges Fluor kommt nur in seinen Verbindungen vor und reagiert in der Atmosphäre sofort mit Wasser unter Bildung von F. (HF). Weitere phytotoxisch relevante Fluorverbindungen sind: Siliziumtetrafluorid (SiF_4) und Kieselfluorwasserstoffsäure (H_2SiF_6).

Fluor ist nicht pflanzenessentiell, kommt aber in Pflanzen natürlicherweise in Konzentrationen zwischen 5 und 50 ppm vor. Es wird rasch über die Stomata der Blätter aus der Luft passiv aufgenommen. Alle Faktoren, die die Öffnungsweite der Stomata beeinflussen wie Temperatur, Luftfeuchte, Licht, Nährstoffgehalt etc. bestimmen daher die Aufnahmemenge. Fluor kann ferner durch die Wurzeln aufgenommen werden, wobei die Aufnahmemenge zum einen durch die Löslichkeit des Fluorsalzes, zum anderen durch die Bodenart selbst bestimmt wird. Allerdings spielt die Bodenaufnahme im Hinblick auf eine Schädigung der Pflanze selbst bei sehr hohen Bodengehalten keine bedeutende Rolle.

Fluorid wird in den Pflanzen nur akropetal (nach oben gerichtet) mit dem Transpirationsstrom transportiert und vermag sich in den Blättern und Nadeln, vorzugsweise an der Nadelspitze bzw. den Blatträndern, anzureichern, wo i. d. Regel auch die ersten Symptome einer Schädigung beobachtet werden können. Wie auch bei den anderen Schadgasen bestimmt die Konzentration und Dauer der Einwirkung die Aufnahmemenge, die daher für den Grad der Schadensausprägung bestimmend ist. Im Gegensatz zu anderen Luftschadstoffen besteht aber keine strikte Abhängigkeit der Schadensausprägung von der Dosis, weil Fluorid zum einen in beachtlichen Mengen aus den Blättern über den Regen ausgewaschen und zum anderen in Verbindungen überführt werden kann, die nicht phytotoxisch sind. Daher ist der Grad der Schadensausprägung bei akut toxischen Einwirkungen oft wesentlich stärker als es der Blattfluorgehalt vermuten läßt. Gleichwohl können auch niedrige Konzentrationen an F. bei langen Einwirkungsperioden nachteilig für langlebige Organismen wie Koniferen sein.

Der biochemische Toxizitätsmechanismus ist komplex und führt über Additionsreaktionen und Interaktionen zu Veränderungen im Kationen- und Phosphathaushalt, wobei es auch zur Hemmung bestimmter Enzymreaktionen wie der Glykolyse und Glykogenese kommt. Ferner vermag Fluorid in den Krebs-Zyklus einzugreifen (Enolaseinhibierung) und zur Anhäufung von intermediär-metabolischen Säuren führen. Die Folge ist u. a. die Bildung von Fluoracetat, das für Tiere stark toxisch ist (Fluorose bei Wiederkäuern).

Die relative Empfindlichkeit der Pflanzen gegenüber F. variiert nicht nur von Pflanzenart zu Pflanzenart, sondern auch innerhalb einer Art. Empfindliche Pflanzen wie einige Gladiolenvarietäten reagieren bereits auf Konzentrationen von 0,8 $\mu g/m^3$, während andere Arten keine Effekte bei einem Mehrfachen dieser Konzentration zeigen. Der Grad der Schädigung der Pflanzen hängt von einer Vielzahl von Einflußvariablen (Temperatur, Luftfeuchte, Ernährungsstatus) ab, so daß kein quantitativer Zusammenhang zwischen Blattschädigung, Luftkonzentration und F-Blattgehalt angegeben werden kann. Der Einfluß fluorhaltiger Immissionen manifestiert sich, von wenigen Ausnahmen abgesehen (akute Einwirkung), in der Anreicherung von Fluorid im Pflanzenmaterial, daher ist die chemische Pflanzenanalyse ein wesentliches Nachweiskriterium bei der Ursachenanalyse. Bei Koniferen liegen die Normalgehalte in Reinluftgebieten i. d. R. bei <5 µg/g TS und bei Laubgehölzen bei <10 µg/g TS. Schädigungen sind beim 5- bis 10fachen dieses Wertes zu erwarten.

Die Anreicherung von Fluorid in den Blattrandzonen ist bei breitblättrigen Pflanzenarten die Ursache für die Ausbildung von Randnekrosen, die im allgemeinen hell- bis dunkelbraun verfärbt und als charakteristisches Schadsymptom zu werten sind. Bei hohen Konzentrationen kommt es zur Ausbildung fein verteilter Chlorosen, später Nekrosen zwischen den Blattvenen. Fluoreinwirkungen führen bei Nadelgehölzen jeweils nur an den jüngsten Nadeln zu Spitzennekrosen, die zur Nadelbasis fortschreiten. Gelegentlich treten auch rötlich-braune Bandierungen zwischen gesundem und erkranktem Gewebe auf. Wie auch bei den übrigen Luftschadstoffen, können von Pflanzenart zu Pflanzenart verschiedene Übergänge in der Symptomatik auftreten. *G. Krause*

Formaldehyd *⟨formaldehyde⟩*.

Emission. F. ist u. a. Ausgangsstoff in Bindemitteln, Holzwerkstoffen, härtbaren Formmassen, Kunststoffen und Harzen für verschiedene Anwendungszwecke, z. B. der Textil- und Papierveredelung. Je nach Reaktionspartner ist F. mehr oder weniger stabil eingebunden. In Holzwerkstoffen werden überwiegend Harnstoff-Formaldehydharze eingesetzt, die unter Luftfeuchtigkeit zur Abgabe von F. (Hydrolyse) neigen. Dies gilt auch für Aminoplast-Ortschäume und bestimmte Holzlacke. Formaldehydhaltige Produkte können daher teilweise zu erheblichen Belastungen der Innenraumluft führen (→ Innenraumluft-Reinhaltung). Zur Vermeidung unzumutbarer Belastungen wurde vom Bundesgesundheitsamt ein Richtwert von 0,1 ml/m^3 (0,12 mg/m^3) empfohlen. Dieser Richtwert ist Grundlage der Regelungen in der Chemikalien-Verbotsverordnung für Holzwerkstoffe und Möbel (formaldehydarme → Holzprodukte). Darüber hinaus ist der Gehalt an F. in Wasch-, Reinigungs- und Pflegemitteln auf 0,2 Gew.-% begrenzt.

F. ist eine sehr reaktive Verbindung und hat in der Atmosphäre eine Halbwertzeit von nur wenigen Stunden. F.-Emissionen haben daher hauptsächlich in der Umgebung größerer Quellen (z. B. Spanplattenwerke) eine Bedeutung. Bei unvollständigen Verbrennungen, z. B. in Kraftfahrzeugmotoren, entsteht ebenfalls F.

F. gehört zu den → organischen Stoffen und ist in der → TA Luft der Klasse I der Nr. 3.1.7 zugeordnet. Genehmigungsbedürftige Anlagen müssen für Stoffe der Klasse I einen Emissionswert von 20 mg/m^3 unterschreiten. *Plehn*

Literatur: Formaldehyd. Gemeinsamer Bericht des Bundesgesundheitsamtes, der Bundesanstalt für Arbeitsschutz und des Umweltbundesamtes. Hrsg.: Der Bundesminister für Jugend, Familie und Gesundheit, Band 148. 1984.

Emissionsmessung. Eine Standardmethode zur Emissionsmessung von F., die gleichzeitig auch andere kurzkettige aliphatische Aldehyde summarisch erfaßt, ist unter der Bezeichnung MBTH-Verfahren in der Richtlinie VDI 3862, Blatt 1 beschrieben. Bei diesem handanalytischen Verfahren wird das Probegas durch zwei Waschflaschen geleitet, wobei mit der zweiten Flasche die Vollständigkeit der Aldehydabsorption kontrolliert wird. Die Absorptionslösung enthält MBTH · HCl (3-Methyl-2-Benzothiazolinonhydrazon-Hydrochlorid), das empfindlich auf die Gruppe der aliphatischen Aldehyde reagiert. Bei der anschließenden Reaktion mit Eisenchlorid entsteht in zwei Oxidationsschritten ein blau gefärbter Cyanin-Komplex, der photometrisch vermessen wird. *Stahl*

Literatur: VDI 3862, Bl. 1: Messen gasförmiger Emissionen; Messen aliphatischer Aldehyde (C_1 bis C_3) nach dem MBTH-Verfahren. 12/1990.

Immissionsmessung. Lufthygienisch hat F. einen großen Stellenwert bei der Bewertung von Innenraumluft; als Quelle kommen formaldehydharzhaltige Spanplatten oder Harnstoff-Formaldehydschäume zur Isolierung in Frage. Auch Tabakrauch enthält F.

Für Immissionsmessungen wird am häufigsten die Sulfit-Pararosanilin-Methode eingesetzt. Bei der Probenahme wird das F. in bidestilliertem Wasser bzw. bei gleichzeitiger Anwesenheit von Schwefeldioxid (Konzentration >0,4 mg/m^3 Luft) in einer Tetrachloromercurat-Lösung (TCM-Lösung) absorbiert. Zur Analyse werden der Absorptionslösung Pararosanilin- und Natriumsulfitlösung zugegeben. Die Intensität des sich bildenden rot-violetten Farbstoffes wird photometrisch gemessen. Unter Ausnutzung der Farbreaktion mit Pararosanilin kann die F.-Konzentration auch kontinuierlich gemessen und aufgezeichnet werden.

Für den photometrischen Nachweis ist die Acetylaceton-Methode ebenfalls geeignet. Der Nachweis beruht auf der *Handtz*schen Reaktion. Die Probenahme erfolgt durch Anreicherung in bidestilliertem Wasser. Anschließend wird mit Acetylaceton und Ammoniumacetat das Diacetyldihydrolutidin gebildet. Ein Nachweis für F., der auch andere flüchtige Aldehyde und Ketone erfaßt, ist das DNPH-Verfahren. Die Aldehyde und Ketone werden auf einem Adsorbens, das mit 2,4-Dinitrophenylhydrazin belegt ist, adsorbiert und dort im sauren Milieu (Belegung mit Phosphorsäure) zu den entsprechenden Hydrazonen derivatisiert. Diese werden mit Acetonitril eluiert und mittels → Hochdruckflüssigkeitschromatographie (HPLC) getrennt. Die Detektion erfolgt mit einem UV-Detektor bei 365 nm.

Für Langzeitmessungen werden manchmal Passivsammler eingesetzt. Als Screeningverfahren und für die Überprüfung am Arbeitsplatz sind Prüfröhrchen geeignet (z. B. Dräger-Röhrchen Formaldehyd 0,2/a). *Dulson*

Literatur: VDI 3484: Messen gasförmiger Immissionen; Bl. 1: Messen von Aldehyden, Bestimmen der Formaldehyd-Konzentration nach dem Sulfit-Pararosanilin-Verfahren. 1/1979. – VDI 4300: Messen von Innenraumluftverunreinigungen; Bl. 3 E: Probenahmestrategie für Formaldehyd. 12/1995.

Formaldehydarme Holzprodukte *⟨forestry products, formaldehyde-free⟩* → Holzprodukt, formaldehydarmes

Freileitung, elektrische *⟨overhead cable⟩*. Die elektrische Energieversorgung umfaßt die Erzeugung und Verteilung elektrischer Energie. Die Verteilung dieser Energie erfolgt in Deutschland über ein dichtes Netz von Hochspannungsleitungen, wodurch ein nennenswerter Teil der Fläche der Bundesrepublik mit elektrischen und magnetischen Feldern beaufschlagt wird.

Häufig, vor allem in Ballungsräumen, wurde und wird teilweise auch heute noch unmittelbar unter Hochspannungsleitungen gebaut. Dabei sind besondere Sicherheitsaspekte zu berücksichtigen. An die Bauausführung werden bestimmte Anforderungen bzgl. der Bauhöhe gestellt, so daß ein Berühren der Leitung oder ein elektrischer Überschlag auf das Gebäude oder auf Personen verhindert wird. Außerdem soll eine nennenswerte Rückwirkung des Gebäudes auf die Leitung bzw. den Energietransport vermieden werden. Überlegungen zu einer möglichen gesundheitlichen Beeinflussung oder → Belästigung durch das Einwirken der elektrischen und magnetischen Felder standen bisher meist im Hintergrund. Durch die zunehmende Sensibilisierung der Bevölkerung für Fragen der Umwelt gewinnen aber derartige Überlegungen zunehmend nicht nur bei e. F., sondern allgemein bei Einrichtungen der Energieversorgung, wie z. B. bei Transformatoranlagen und Niederspannungsverteilungen in Häusern, an Bedeutung.

Die erzeugten Felder sind bei den einzelnen Komponenten der Energieversorgung unterschiedlich (Bild). Es kann nicht grundsätzlich ausgeschlossen werden, daß in öffentlich und privat zugänglichen Bereichen Feldstärken auftreten, die zu direkten und indirekten Wirkungen auf Menschen und zur Funktionsbeeinflussung elektronischer Geräte führen können. Damit ist in der Regel zwar keine nachweisliche gesundheitliche Gefahr verbunden, es kann aber zu einer Belästigung und Minderung der Lebensqualität durch Elektrisie-

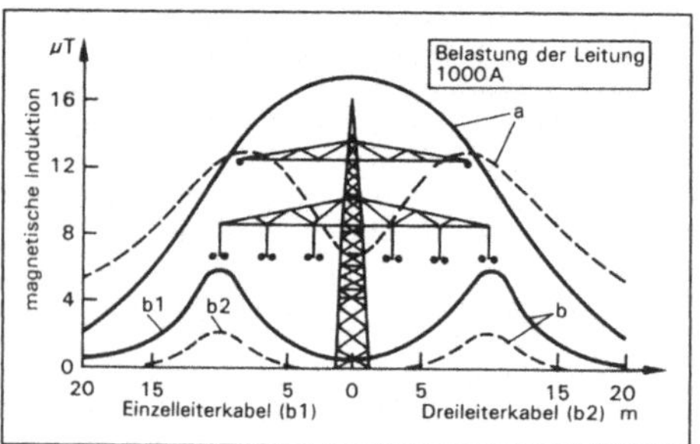

Freileitung, elektrische: Magnetische Induktion in der Umgebung einer 110-kV-F. und entsprechender Erdkabel.

a Freileitung bei unterschiedl. techn. Ausführung
b Erdkabel bei unterschiedl. techn. Ausführung

rungen und Störung elektronischer Geräte (z. B. Fernseh- und Audiogeräte) kommen. Für Patienten mit Herzschrittmacher kann eine Beeinflussung ihres Schrittmachers und eine daraus resultierende mögliche Gesundheitsgefährdung nicht ausgeschlossen werden. Die Wahrscheinlichkeit einer ernstlichen Bedrohung für diesen Personenkreis wird aber allgemein als eher gering eingeschätzt. *Matthes*

Literatur: *Haubrich, H. J.*: Das Magnetfeld im Nahbereich von Drehstromfreileitungen. Elektrizitätswirtschaft 73, 18, 1974. – *Matthes, R.* and *H. J. Bernhardt*: Evaluation of the interference of electric and magnetic fields with the performance of unipolar cardiac pacemakers. Proceedings of the IVth European and XIIIth Regional Congress of IRPA. 1987.

Freizeitlärm ⟨*noise caused by leisure activities*⟩. Mit F. werden die durch Freizeitaktivitäten verursachten → Geräusche in der Nachbarschaft von Freizeitanlagen bezeichnet.

Zur Beurteilung von Geräuschimmissionen, die durch die Nutzung derartiger Einrichtungen verursacht werden, wird unterschieden zwischen Freizeit- und Sportanlagen.

Eine Definition von Sport- und Freizeitanlagen zur Anwendung der jeweiligen Beurteilungsrichtlinie besteht noch nicht, so daß im Einzelfall diese Zuordnung vorgenommen werden muß. Spielwiesen, Bolzplätze, Abenteuerspielplätze und ähnliche Anlagen, die nicht von Sportvereinen genutzt werden, gelten üblicherweise als Freizeitanlagen, wozu aber auch Rummel- und Kirmesplätze gehören. Die zunehmende Freizeit einerseits sowie der zunehmende Anspruch auf Ruhe andererseits führt zu Konflikten zwischen Freizeitnutzenden und Anwohnern von Freizeitanlagen, insbesondere in den sog. → Ruhezeiten, in denen im allgemeinen nicht gearbeitet wird.

Die Beschwerden, vor allem von Anwohnern von Tennisanlagen, Fußballplätzen, Bolzplätzen, Minigolfanlagen u. ä. Anlagen, betreffen hauptsächlich Aktivitäten in den Abendstunden sowie an Sonn- und Feiertagen.

Neben dem Auftreten der Freizeitgeräusche in den Ruhezeiten sind beschwerdeverstärkend besondere Eigenarten von Freizeitgeräuschen zu nennen, und zwar die starke Impulshaltigkeit der Tennisspielgeräusche (→ Impulsgeräusche), die Tonhaltigkeit des Geräusches beim Betrieb von Auto- und Flugzeugmodellen sowie die → Informationshaltigkeit der Lautsprecherdurchsagen und Musikwiedergaben auf Sportplätzen, Rummelplätzen und Kirmesveranstaltungen.

Zur Berücksichtigung der Eigenarten von Freizeitgeräuschen, soweit sie von Sportanlagen ausgehen, dient die → Sportanlagenlärmschutzverordnung. Zur Ermittlung und Beurteilung von Geräuschen durch Freizeiteinrichtungen, die nicht Sportanlagen sind, kann die „Freizeitlärm-Richtlinie" im M Musterverwaltungsvorschrift zur Ermittlung, Beurteilung und Verminderung von Geräuschimmissionen des Länderausschusses für Immissionsschutz vom Mai 1995 herangezogen werden (u. a. im *Schmalz-Nöthlichs:* → Sicherheitstechnik (Loseblattsammlung), Berlin). *Strauch*

Fremdgeräusch ⟨*extraneous noise*⟩. Das ist jedes → Geräusch an einem Immissionsort, das nicht von der zu beurteilenden Geräuschquelle verursacht wird.

Bei der Genehmigung von Anlagen nach dem → Bundes-Immissionsschutzgesetz sind F. von wesentlichem Einfluß, weil nach Nr. 2.213 der → TA Lärm die Genehmigungsbehörde die Durchführung notwendiger Lärmschutzmaßnahmen zur Einhaltung von → Immissionswerten durch die in Rede stehende Anlage befristet aussetzen kann, wenn F. ständig einwirken. Die Frist ist abhängig von der Dauer der vorhandenen

F.; nach Ablauf der Frist muß die Anwesenheit der F. überprüft werden. F. werden nach der → Sportanlagen-Lärmschutzverordnung dann als ständig vorherrschend an einem Immissionsort angesehen, wenn der → Beurteilungspegel in mehr als 95% der Nutzungszeit vom F. übertroffen wird. *Strauch*

5. BImSchV ⟨*fifth Ordinance based on the Federal Immission Control Act/ordinance on immission control and hazardous incident officers*⟩. Die Verordnung über Immissionsschutz- und Störfallbeauftragte vom 30. Juli 1993 (BGBl. I S. 1433) ersetzt unter Einbeziehung der Störfallbeauftragten und des Inhalts der 6. BImSchV die Verordnung über Immissionsschutzbeauftragte vom 14. Februar 1975 (BGBl. I S. 504/727) und enthält im wesentlichen folgende Regelungen:
- Enumerative Auflistung derjenigen genehmigungsbedürftigen → Anlagen nach dem BImSchG, für die ein → Immissionsschutzbeauftragter zu bestellen ist (Anhang I), während die Pflicht zur Bestellung eines Störfallbeauftragten unmittelbar an den Betrieb von Anlagen anknüpft, für die nach § 1 Abs. 2 der Störfallverordnung besondere Sicherheitspflichten gelten. Die Bestellungspflicht obliegt dem Anlagenbetreiber; er kann beide Beauftragungen auf dieselbe Person erstrecken;
- Bestellung mehrerer → Immissionsschutz- oder → Störfallbeauftragter auf Anordnung der Behörde;
- Bestellung eines gemeinsamen Immissionsschutz- oder Störfallbeauftragten für mehrere Anlagen eines Betreibers;
- Bestellung eines Konzern-Immissionsschutz- oder Störfallbeauftragten mit Genehmigung der Behörde;
- Bestellung eines nicht betriebsangehörigen Immissionsschutz- oder Störfallbeauftragten mit Genehmigung der Behörde;
- Erteilung von Ausnahmen von der Bestellungspflicht;
- Anforderungen an die Fachkunde und an die Fortbildung der Beauftragten;
- Anforderungen an die Zuverlässigkeit der Beauftragten.

❒ Fachkunde. Sie erfordert in der Regel
- den Abschluß eines Studiums auf den Gebieten des Ingenieurwesens, der Chemie oder Physik an einer Hochschule,
- die Teilnahme an anerkannten Lehrgängen zur Vermittlung bestimmter Kenntnisse (Anhang II) und
- während einer zweijährigen praktischen Tätigkeit erworbene Kenntnisse über die Anlagen, für die die Bestellung erfolgen soll, oder über vergleichbare Anlagen.

Anhang II der 5. BImSchV gibt getrennt für Immissionsschutzbeauftragte (Abschnitt A) und für Störfallbeauftragte (Abschnitt B) die Bereiche an, in denen Kenntnisse vorliegen müssen und auf die sich die Fortbildung erstrecken muß.

Ausnahmen von den Fachkundevoraussetzungen können von der Behörde unter bestimmten Voraussetzungen zugelassen werden.

❒ Zuverlässigkeit. Diese erfordert, daß der Immissionsschutz- oder Störfallbeauftragte auf Grund seiner persönlichen Eigenschaften, seines Verhaltens und seiner Fähigkeiten zur ordnungsgemäßen Erfüllung seiner Aufgaben geeignet ist. In der Verordnung sind konkrete Tatbestände aufgeführt, bei deren Vorliegen die erforderliche Zuverlässigkeit in der Regel nicht gegeben ist. *Dreyhaupt*

15. BImSchV ⟨*fifteenth Ordinance based on the Federal Immission Control Act/ordinance on noise of building machines*⟩. Baumaschinenlärm-Verordnung vom 10. November 1986 (BGBl. I S. 1729), zuletzt geändert durch Verordnung vom 14. März 1996 (BGBl. I S. 513). Regelt ausschließlich das Inverkehrbringen von Baumaschinen auf der Grundlage zulässiger → Schalleistungspegel, die den Charakter von → Emissionsgrenzwerten (→ Emissionsstandard) für den Vorgang des Inverkehrbringens haben und nicht unmittelbar für deren späteren Betrieb gelten. Die 15. BImSchV gilt nur für Baumaschinen, deren Geräuschemissionen in EG-Richtlinien geregelt sind, und dient damit der Harmonisierung. (→ Baulärm). *Dreyhaupt*

Furan-Immissionsmessung ⟨*furans immission monitoring*⟩ → Dioxine/Immissionsmessung

Furane ⟨*furans*⟩. Die polychlorierten Dibenzofurane (PCDF) sind mit den polychlorierten Dibenzo-p-dioxinen (PCDD) chemisch eng verwandt und z.T. auch von vergleichbarer Toxizität. Es gibt insgesamt 135 verschiedene Chlorhomologe und Stellungsisomere. Die Anzahl der Chloratome im Molekül wird durch das Präfix Mono-(1) bis Octa-(8) bezeichnet.

Auch die polybromierten Dibenzofurane (PBDF) und die gemischt-halogenierten Dibenzofurane (PHalDF) sind umweltbedeutsam. Hinsichtlich ihrer Wirkungen auf die Umwelt sind PBDF und PHalDF bisher weniger umfassend als die PCDF untersucht. Auch die Nachweisverfahren haben nicht den gleichen Entwicklungsstand wie die Analyseverfahren für PCDF.

F. werden in vergleichbaren Quellenbereichen wie die Dioxine emittiert. Zu den Emissionsquellen und Minderungsmaßnahmen: → Dioxine. *M. Lange*

G

Gaschromatographie ⟨*gas chromatography*⟩. Die G. stellt eine leistungsfähige Analysemethode zur Trennung komplexer Stoffgemische dar. Voraussetzung hierfür ist, daß sich die zu untersuchenden Proben im Einlaßteil des Gaschromatographen vollständig und ohne Zersetzung verdampfen lassen. Die Probe wird von einem Trägergasstrom übernommen und einer Trennsäule zugeführt, wo eine Zerlegung in die Einzelkomponenten erfolgt. Der Nachweis erfolgt dann in einem nachgeschalteten Detektionssystem. Als Kriterium für die Identität einer Verbindung wird im allgemeinen die Retention (Retentionszeit, Retentionsendex) herangezogen. Das Signal des Detektors ist abhängig von der Quantität der Komponenten, so daß in einem Arbeitsgang eine qualitative und quantitative Analyse durchgeführt werden kann.

Gaschromatographische Analysen werden diskontinuierlich, ggf. mit zyklischen oder aperiodischen Wiederholungen, durchgeführt. Die gleichzeitige Bestimmung organischer Einzelkomponenten oder Stoffgruppen bei Gehalten bis zu wenigen 10^{-3} mg/m^3 ist in der Praxis erprobt.

Welche Anreicherungs-, Dosier-, Trenn- und Detektionssysteme eingesetzt werden, richtet sich nach der jeweiligen analytischen Aufgabenstellung (Bild 1). Dementsprechend ergibt sich auch ein sehr unterschiedlicher Zeitaufwand. Die Analysenzeiten (ohne Probenvorbereitung) schwanken zwischen wenigen

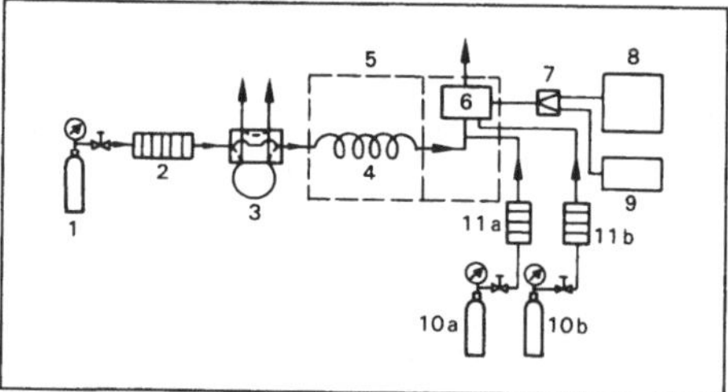

Gaschromatographie 1: Beispiel für den Aufbau der gaschromatographischen Apparatur mit Flammenionisationsdetektor.

1 Druckgasbehälter mit Druckmesser und Reduzierventil für Trägergas, 2 Reinigungsvorlage für Trägergas, 3 Dosiersystem (Probeneinlaßteil), ggf. heizbar bzw. thermostatisierbar, 4 Trennsäule, 5 thermostatisierte Kammer (Säulenofen), 6 Detektor (FID), 7 Verstärker, 8 Registriergerät, 9 Integrator, 10 Druckgasbehälter mit Druckmesser und Reduzierventil für Betriebsgase – a) Wasserstoff, b) synthetische bzw. gereinigte Luft – 11 Reinigungsvorlage für Betriebsgase – a) Wasserstoff, b) synthetische bzw. gereinigte Luft

Minuten für niedermolekulare Komponenten und mehreren Stunden bei schwierigen Trennproblemen.

❒ Probenahmeverfahren. Die Probenahmetechnik orientiert sich an der Meßaufgabe (Komponenten, Konzentrationsbereich, Zeitverhalten usw.) sowie an der nachfolgenden Probenaufbereitung und dem eingesetzten Analysenverfahren. Die Probenahme muß also hinsichtlich der erfaßten Probenmenge, der Querempfindlichkeit und des Nachweisvermögens des Analysenverfahrens der Meßaufgabe angepaßt sein.

❒ Probendosierverfahren. Je nach Art der Probenahme stehen Luftproben bzw. flüssige oder feste Sammelphasen, die die interessierenden Immissionskomponenten enthalten, für die Analyse zur Verfügung. Daraus ergibt sich eine unterschiedliche Weise der Probendosierung. Die Probenaufgabe kann getrennt von der Probenahme erfolgen oder integrierter Bestandteil des Bestimmungsverfahrens sein, wie z. B. bei der Speicherdosierung.

– Probendosierung von Gasen. Diese erfolgt über besondere Probeneinlaßsysteme. Dabei wird zuerst ein bekanntes, absperrbares Volumen eines zumeist schleifenförmigen Rohrstücks oder das Volumen der Kükenbohrung eines Hahns mit dem zu untersuchenden Probegas gefüllt. Durch Spülen mit dem Probegas oder wiederholtes Evakuieren ist sicherzustellen, daß weder eine Kontaminierung durch Fremdgase noch eine Anreicherung des Meßobjektes erfolgt.

Anschließend wird, nach entsprechender Umschaltung der Gasflußwege, mit Hilfe eines Trägergases die abgemessene Probegasmenge direkt in den angeschlossenen Gaschromatographen eingeleitet.

Mit Probeneinlaßsystemen dieser Art können üblicherweise Probenvolumina von 0,1 ml bis 10 ml dosiert werden.

– Probendosierung von Flüssigkeiten. Bei einigen Verfahren wird die Probe in einer flüssigen Phase gesammelt und angereichert oder von einer festen Phase mit einer Flüssigkeit eluiert. Nach der Probenaufbereitung liegt die Probe in flüssiger Phase vor; sie wird – ggf. nach einem Verdünnungs- oder Teilungsschritt – mit Hilfe von Injektionsspritzen über den Septumeinlaß des Gaschromatographen dosiert.

– Probendosierung durch Desorption von einer festen Sammelphase. Werden zur Sammlung und Anreicherung der Probe feste Phasen verwendet, müssen die Komponenten zur Analyse zuvor desorbiert werden. Das kann durch Elution oder Extraktion geschehen oder durch thermische Desorption bzw. Verdrängung durch ein flüssiges Desorbens (Dampfraumanalyse, Head-

Space-Technik). Das Sorptionsrohr mit der Sammelphase wird zur thermischen Desorption direkt an den Gaschromatographen angeschlossen. Die zu bestimmenden Komponenten werden durch Erhitzen des Sorptionsmaterials desorbiert und im Trägergasstrom, ggf. unter Einschalten geeigneter Zwischenauffänger, auf die Trennsäule aufgebracht. Die Probe steht für eine Einmalanalyse zur Verfügung; eine Probenteilung ist nicht möglich.

❐ Trennsäulen. Als analytische Trennsäulen werden hauptsächlich gepackte Säulen und Kapillarsäulen verwendet. Als Säulenmaterial finden rostfreier Stahl, Glas, Quarz u. a. Verwendung. Die Säulen können gerade, U-förmig oder gewendelt sein.

Gepackte Säulen sind mit dem trennwirksamen Material (stationäre Phase) gefüllt. Entsprechend dem Trennproblem kann dabei die Füllung aus einem festen Adsorptionsmaterial (*engl.* Gas Solid Chromatography: GSC) oder aus einem Material bestehen, bei dem auf einem festen Träger eine flüssige Trennphase aufgebracht ist (*engl.* Gas Liquid Chromatography: GLC).

Bei Kapillarsäulen wird die trennwirksame Schicht (flüssig oder fest) an der Innenwandung der Kapillare so angebracht, daß ein gasdurchgängiger Mittelkanal frei bleibt.

Es gibt eine große Auswahl an Trägermaterialien sowie an festen und flüssigen Phasen mit unterschiedlicher und oft sehr spezifischer Trennwirkung. Der Erfolg einer gaschromatographischen Trennung ist wesentlich abhängig von der richtigen Auswahl der Trennmedien. Hierbei sind u. a. die chemische Struktur sowie die Polarität der zu trennenden Komponenten und der Phase zu berücksichtigen. Die GSC-Technik mit einem festen, auch bei höheren Temperaturen nicht flüchtigen oder sich verändernden Adsorptionsmaterial hat sich bei der Messung gasförmiger Immissionen wegen ihrer Langzeitstabilität als besonders vorteilhaft erwiesen (Tabelle 1).

Trennsäulen können je nach Verwendung und Alterungszustand ihre Trennwirkung verändern. Daher ist

Gaschromatographie. Tabelle 1: Übersicht über Art und Charakteristik gebräuchlicher Trennsäulen-Typen (Auswahl)

Typ / Charakteristik	gepackt	kapillar
Länge	1 bis 4 m	10 bis 200 m
Innendurchmesser	2 bis 4 mm	0,1 bis 0,7 mm
Tennleistung	mäßig	hoch
Probenbelastbarkeit	sehr groß (mg-Bereich)	gering (ng-Bereich)
Spezifischer Strömungswiderstand	sehr groß	gering

ihre Leistungsfähigkeit entsprechend den Anforderungen der Aufgabenstellung zu überprüfen.

❐ Gasversorgung. Für die G. ist eine mobile Phase (Trägergas) erforderlich, wofür z. B. Stickstoff oder Helium verwendet wird. Ferner werden, je nach Art des benutzten Detektors, auch Wasserstoff als Brenngas, gereinigte Luft (z. B. für FID und FPD) und evtl. noch andere Gase benötigt. Wichtig, besonders im Hinblick auf eine Spurenanalyse, sind der Reinheitsgrad der verwendeten Gase und die Konstanz des Volumenstroms.

❐ Detektorsysteme. Man unterscheidet in der G. zwischen unspezifischen, gruppenspezifischen und stoffspezifischen Detektoren (Tabelle 2).

Gaschromatographie. Tabelle 2: Übersicht über Anwendungsmöglichkeiten und Leistungsfähigkeit gebräuchlicher Detektoren.

Typ	Anwendungsmöglichkeit	Bereich linearer Anzeige von Absolutmengen	untere Grenze d. Meßbereichs der erfaßbaren Absolutmengen
Wärmeleitfähigkeitsdetektor (WLD)	anorganische und organische Substanzen	10^4	mg
Flammenionisationsdetektor (FID)	Kohlenwasserstoffe	10^6 bis 10^7	ng
Elektroneneinfangdetektor (ECD)	halogenierte Kohlenwasserstoffe	10^3 bis 10^4	pg
Thermoionisationsdetektor (PND; TID)	P- und N-haltige Substanzen	10^6	ng
Flammenphotometrischer Detektor (FPD)	P- und S-haltige Substanzen	10^3 bis 10^4	ng
Photoionisationsdetektor (PID)	organische und einige anorganische Substanzen	10^6 bis 10^7	pg bis ng
Massenspektrometer (MS)	anorganische und organische Substanzen	10^4	pg bis ng

❒ Kalibrieren. Die Kalibrierung gaschromatographischer Immissionsmeßverfahren schließt die Probenahme, die Probenvorbereitung, die analytische Bestimmung und die Auswertung ein. Aus den dabei gewonnenen Meßwerten wird die Kalibrierfunktion gebildet, deren Umkehrfunktion als Analysenfunktion der Auswertung zugrunde gelegt wird.

Bei den → Kalibrierverfahren unterscheidet man solche mit externem oder internem Standard bzw. das Standardadditionsverfahren.

Zur Kalibrierung und Überprüfung von Probenahme- und Analysenverfahren werden Prüfgase benötigt, die wie eine Probe behandelt und analysiert werden.

❒ Auswerten. Das Gaschromatogramm liefert gleichzeitig qualitative und quantitative Informationen (Bild 2).

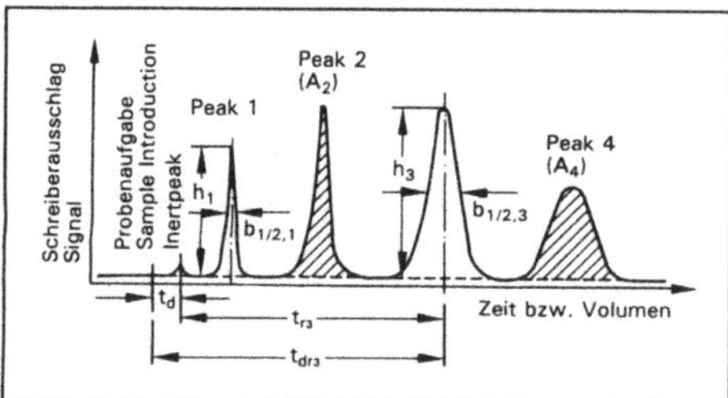

Gaschromatographie 2: Auswertung von Gaschromatogrammen.

t_{dr} Bruttoretentionszeit, t_r Nettoretentionszeit, t_d Durchbruchszeit (Totzeit), h Peakhöhe, $b_{1/2}$ Halbwertsbreite, A Peakfläche

– Qualitative Auswertung: Ziel ist die Identifizierung einer oder mehrerer unbekannter Substanzen durch Ermittlung der für eine Verbindung jeweils charakteristischen Größe aus einem registrierten Chromatogramm. Stoffspezifisch ist dabei die Nettoretentionszeit bzw. das Nettoretentionsvolumen, das durch Multiplikation des (korrigierten) Trägergasvolumenstroms mit der Nettoretentionszeit erhalten wird.

– Quantitative Auswertung: Die quantitative Aussage über Konzentration bzw. Menge einer gaschromatographisch getrennten Komponente erhält man durch Auswertung des Detektorsignals. In Übereinstimmung mit dem gewählten Kalibrierverfahren bedient man sich hierzu der Methoden des externen oder des internen Standards, wobei die Analysenwerte innerhalb des Konzentrationsbereiches der Kalibrierung liegen müssen.

Gaschromatographische Immissionsmeßverfahren eignen sich zur quantitativen Bestimmung einzelner Komponenten bzw. – rechnerisch oder meßtechnisch zusammengefaßt – zur Bestimmung von Gruppen organischer Immissionskomponenten. In jedem Fall muß geprüft werden, ob die untersuchten Komponenten vollständig erfaßt werden und welche Querempfindlichkeiten die analytische Bestimmung unterliegt.

Die Bestimmung einer Einzelkomponente oder mehrerer Komponenten aus derselben Probe ermöglicht in vielen Fällen unter Berücksichtigung der charakteristischen Konzentrationsverhältnisse eine Identifizierung von Immissionen und Zuordnung zu möglichen Emissionsquellen. Spezifische Nachweisverfahren gestatten darüber hinaus häufig die Unterscheidung zwischen Kohlenwasserstoffen aus anthropogenen oder natürlichen Quellen.

Dulson

Literatur: *Kaiser, R. E.*: Chromatographie in der Gasphase, Bd. I–IV. Mannheim–Wien–Zürich. – VDI 3482, Bl. 1: Messen gasförmiger Immissionen; Mehrkomponentenmessung organischer Verbindungen; Grundlagen der gaschromatographischen Bestimmung. 2/1986.

Gasemissionsmessung *⟨gas emission measurement⟩*. Standardmethoden zur G. werden in Richtlinien des VDI-Handbuchs Reinhaltung der Luft, Bd. 5, behandelt (Tabelle). Die → VDI-Richtlinien beschreiben vollständige Meßverfahren, zu denen neben der eigentlichen Analytik die Probenahme und Probenaufbereitung sowie die Auswertung und Darstellung der Ergebnisse gehört.

Gasemissionsmessung. Tabelle: VDI-Richtlinien zur G.

Stoff	VDI-Richtlinie	Blatt
Anorganische Stoffe:		
Chlor	3488	1 + 2
Chlorwasserstoff	3480	1 – 3
Fluor-Verbindungen	2470	1
Kohlenmonoxid	2459	6 + 7
Kohlenstoffdisulfid	3487	1
Schwefeldioxid	2462	1 – 6, 8
Schwefeltrioxid	2462	7
Schwefelwasserstoff	3486	1 – 3
Stickstoffoxide	2456	1 – 10
Organische Stoffe:	2457	1 – 7
	2460	1 – 3
	3481	1 – 3
Acrylnitril	3863	1 – 3
Aldehyde	3862	1
PAH	3872	1 + 2
	3873	1
PCDD, PCDF	3499	1 + 2
Vinylchlorid	3493	1

Für die Durchführung diskontinuierlicher Messungen (Einzelmessungen) gibt es eine Reihe bewährter handanalytischer Bestimmungsmethoden, von denen nur ein Teil außerhalb des Labors unmittelbar vor Ort eingesetzt werden kann. Bei nachträglicher Analyse im Labor muß sichergestellt sein, daß die Proben durch Lagerung und Transport nicht verfälscht werden. Die Qualität der Messung hängt sehr wesentlich von der Probenahmetechnik ab. Häufig wird zur Probenahme eine geeignete Absorptionsflüssigkeit verwendet (Bild).

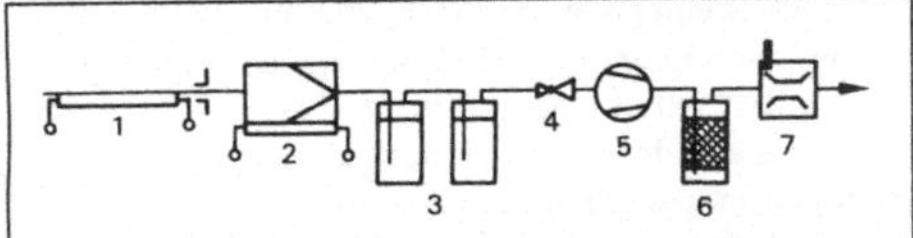

Gasemissionsmessung: Probenahmevorrichtung für diskontinuierliche Messungen. (Legende im Text)

Aus dem Abgaskanal wird über eine gekrümmte und meist beheizte Sonde (1) ein Probegasstrom abgesaugt und bei Bedarf in einem beheizten Quarzwollefilter (2) von Staub gereinigt. Durch die Beheizung wird die Bildung von Kondensat verhindert. Der Probegasstrom wird anschließend durch wenigstens zwei hintereinander geschaltete Gaswaschflaschen (z. B. Frittenwaschflaschen oder Impinger) (3) geleitet. Ein Drosselventil (4) dient zur Dosierung des Probegasstrom. Hinter der Saugpumpe (5) wird das Probegasvolumen, bei Bedarf nach Passieren eines Trockenturms (6), in einem Gasvolumenmeßgerät (7) gemessen. Diese Probenahmetechnik impliziert, daß die Messung einen Mittelwert über die jeweilige Probenahmezeit liefert. Neben Gaswaschflaschen finden auch andere Sammelsysteme, z. B. evakuierte Gassammelgefäße oder Adsorptionsrohre, Anwendung.

Für die kontinuierliche → Emissionsüberwachung werden vorzugsweise automatische Meßgeräte eingesetzt, die eine Eignungsprüfung vorweisen können. Bei Analysengeräten mit extraktiver Probenahme hat ebenfalls die Probegasaufbereitung wesentlichen Einfluß auf die Qualität und Zuverlässigkeit der Messung. Staubfilter und Probegaskühler sorgen dafür, daß das Probegas staubfrei und trocken in den Analysator eintritt. Außerdem werden Volumenstrom, Druck und Temperatur des Probegases durch geeignete Regler definiert eingestellt und gemessen. Bisweilen ist es auch erforderlich, Störkomponenten aus dem Probegas auszufiltern, die sonst eine zu große Querempfindlichkeit des Meßgerätes verursachen würden. Es gibt auch Gasanalysatoren, die ohne extraktive Probenahme direkt im Abgaskanal messen (In-situ-Meßverfahren).

Für orientierende Emissionsmessungen können einfachere Meßverfahren und -geräte eingesetzt werden. Dazu zählen die hauptsächlich für Untersuchungen am Arbeitsplatz entwickelten Prüfröhrchen-Verfahren oder Meßgeräte mit elektrochemischen Sensoren. *Stahl*

Literatur: *Düwel, L.*: Verfahren und Geräte zur Messung und Überwachung von Emissionen luftfremder Stoffe. In: Handbuch für Immissionsschutzbeauftragte. Hrsg. F. J. Dreyhaupt. Köln 1978. – Luftreinhaltung. Leitfaden zur kontinuierlichen Emissionsüberwachung. Hrsg. Umweltbundesamt. UBA-Ber., Bd. 11/90. Berlin 1990. – VDI-Handbuch Reinhaltung der Luft, Bd. 5. Hrsg. Verein Deutscher Ingenieure. Düsseldorf.

Gasmeßverfahren, photometrisch ⟨*gas measurement methods, photometric*⟩. In der Praxis der Luftreinhaltung sehr häufig angewandte Methoden zur kontinuierlichen → Emissionsüberwachung von Gasen. Dabei wird die Wechselwirkung von Licht mit den Molekülen des gesuchten Gases ausgenutzt, die sehr spezifisch von der Molekülstruktur abhängt. Heteroatomige Moleküle besitzen beispielsweise im infraroten, teilweise auch im ultravioletten Spektralbereich charakteristische Absorptionslinien.

Bei der denkbar einfachsten Meßanordnung für ein Absorptionsphotometer mit extraktiver Probenahme (Bild) wird das Licht einer Strahlungsquelle durch ein optisches Filter auf den gewünschten Spektralbereich eingeengt, tritt durch eine vom Meßgas durchströmte Küvette und trifft dann auf einen Photodetektor, dem eine elektronische Signalverarbeitung nachgeschaltet ist. Ein Teil des Lichts wird von den Schadstoffmolekülen absorbiert. Die Lichtschwächung ist daher ein Maß für die Schadstoffkonzentration.

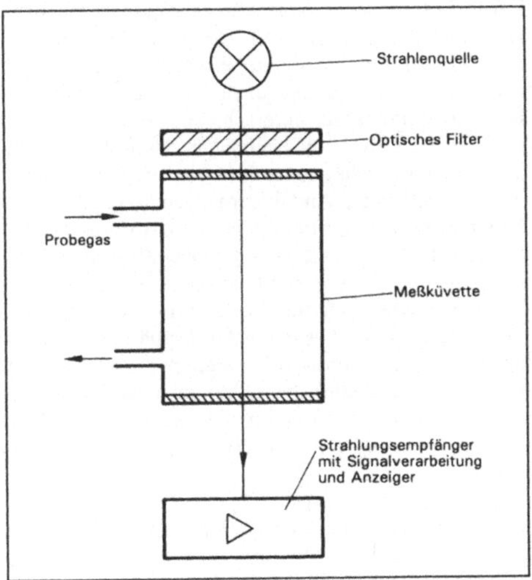

Gasmeßverfahren, photometrische: Einfachste Anordnung für ein Absorptionsphotometer.

Diese einfache Photometeranordnung ist für die Dauerüberwachung nicht geeignet, weil sich durch Veränderungen im Meßsystem, z. B. durch Alterung der Lichtquelle, die Lage des Nullpunkts unkontrolliert verschiebt. Dieser Meßfehler kann vermieden werden durch eine regelmäßige Nullpunktkorrektur oder durch einen internen Vergleichsstandard, der auf unterschiedliche Weise erzeugt werden kann. Zweistrahl-Photometer besitzen parallel zum Meßstrahlengang einen identisch aufgebauten Vergleichsstrahlengang, bei dem nur die Meßkomponente ausgeschlossen ist. Beim Zweilinien-Verfahren (Verfahren der differentiellen Absorption) wird auf zwei benachbarten Wellenlängen gemessen, von denen die eine durch die Meßkomponente stark und die zweite nur schwach absorbiert wird. Praktische Bedeutung für die Emissionsüberwachung haben insbesondere das NDIR-Verfahren und das Gasfilterkorrelationsverfahren. Es gibt auch photometrische Meßeinrichtungen, die ohne extraktive Probenahme direkt im Abgaskanal messen (In-situ-Meßverfahren). *Stahl*

Literatur: *Birkle, W.*: Meßtechnik für den Immissionsschutz. München–Wien 1979. – *Schaefer, W.*: Photometrische Analysenmeßgeräte. Betriebsanalysenmeßtechnik – zur Qualitätssicherung und im Umweltschutz. Hrsg.: K. Fleck. Berlin 1981.

Gaspendelung ⟨*vapour balance*⟩. Die G. ist die einfachste zur Verfügung stehende technische Möglichkeit zur Emissionsminderung beim Umfüllen von Flüssigkeiten.

Hierzu wird das beim Umfüllen verdrängte Gas/Luft-Gemisch über eine Pendelleitung zwischen den Umfüllbehältern ausgetauscht. Dies wird in der Praxis durch eine Rohr-im-Rohr-Lösung erreicht. Bei Anwendung der G. werden Emissionen praktisch vollständig vermieden. Die Pendelleitung ist mit gasdichten Anschlüssen zu versehen. Da das zurückgeführte Gasvolumen dem umgefüllten Flüssigkeitsvolumen nicht immer genau entsprechen wird (Temperaturunterschiede; zusätzliche Verdampfung der Flüssigkeit während des Umfüllvorgangs), ist das Gasaustauschsystem mit Überdruck-/Unterdruckventilen ausgestattet. An Überdruckventilen austretende Gase müssen dann gereinigt (z. B. durch Adsorption oder Kondensation) oder anderweitig verwendet werden (wie Einleitung in die Gassammelleitung).

Durch G. wird nicht nur die Emission des verdrängten Gas-/Luftgemisches in die Atmosphäre vermieden, sondern auch die Verdunstung weiterer Flüssigkeit im Gasraum des Entnahmebehälters ganz oder teilweise unterbunden, weil die Flüssigkeit mit einem Gas überschichtet wird, das mit dem Dampf dieser Flüssigkeit bereits gesättigt ist.

Erfahrungen mit Gaspendelsystemen liegen in vielen Anwendungsbereichen der chemischen Industrie und beim Umschlag von Ottokraftstoffen vor.

Die Nr. 3.1.8.6 TA Luft nennt beispielhaft die G. als besondere Maßnahme zur Verminderung der Emissionen beim Umfüllen von flüssigen → organischen Stoffen. Innerhalb der Mineralölversorgungskette für Kraftstoffe (von der Mineralölraffinerie bis zur Betankung des Kraftfahrzeuges) ist die G. Stand der Emissionsminderungstechnik. *Angrick*

Literatur: *Angrick, M.*: Kohlenwasserstoffemissionen und deren Minderung bei der Kraftstoffgewinnung und -verteilung. Entsorgungs-Praxis (1989) Nr. 11, S. 602/610. – *Davids, P.; M. Lange*: Die TA Luft '86 – Technischer Kommentar. Düsseldorf 1986.

Gasturbinenanlage ⟨*gas turbine*⟩. Stationäre G. zum Antrieb von Generatoren oder Arbeitsmaschinen sind genehmigungsbedürftig nach dem BImSchG; die Art des Genehmigungsverfahrens richtet sich entsprechend Nr. 1.5 des Anhangs zur → 4. BImSchV nach der Feuerungswärmeleistung: G. mit einer Feuerungswärmeleistung von 50 MW oder mehr unterliegen dem förmlichen, kleinere Anlagen dem vereinfachten Verfahren (→ Genehmigungsverfahren nach dem BImSchG); ausgenommen von der Genehmigungspflicht sind Gasturbinen mit geschlossenem Kreislauf.

G. sind aus der Flugtriebwerksentwicklung hervorgegangen und werden hauptsächlich zur Stromerzeugung im Spitzenlastbereich, zur Heizwärmeerzeugung, als Kombianlagen (mit nachgeschaltetem Abhitzekessel zur Wärme- oder Stromerzeugung) sowie im Gastransportnetz (Gastransport und -speicherung) eingesetzt. Die Abgasemissionen von G. entsprechen denen von Gas- bzw. Ölfeuerungsanlagen und betreffen in erster Linie NO_x, aber auch CO und – beim Einsatz flüssiger Brennstoffe – Ruß (→ Rußzahl), organische Stoffe (HC) und SO_2.

Die Anforderungen zur Emissionsminderung sind in 2.3, 3.1.5, 3.1.6 und 3.1.7 der → TA Luft enthalten; besondere Anforderungen an G. sind in 3.3.1.5.1 vorgegeben, woraus sich spezifische Einrichtungen und Maßnahmen zur Emissionsminderung ableiten. Dabei ist von Bedeutung, daß die in 3.3.1.5.1 der TA Luft enthaltene → Dynamisierungsklausel für die NO_x-Emissionsminderung durch einen Beschluß des Länderausschusses für Immissionsschutz vom Mai 1991 zu einer Herabsetzung der NO_x-Emissionswerte mit dem Vorschlag entsprechender technischer Maßnahmen geführt hat, nämlich die NO_x-arme trockene Verbrennung und die Einspritzung von Wasser oder Dampf in die Brennkammer von Gasturbinen. Die Dampfeinblasung kann auch zur Leistungs- und Wirkungsgradsteigerung genutzt werden; man spricht dann vom STIG-Prozeß (Steam Injected Gas Turbine Cycle) oder auch vom *Cheng*-Zyklus (nach dem von *D. Yu Cheng* an der Univ. Santa Clara, Kalifornien, entwickelten thermischen Kreisprozeß, welcher den Gasturbinen- und den Dampfturbinenprozeß in einer Maschine vereinigt).

Die Nr. 3.3.1.5.1 berücksichtigt jedoch nicht die mit zunehmender Tendenz eingesetzten alternativen Brennstoffe wie Deponiegas, Grubengas, Biogas und Biomasse, für die ggfs. die allgemeinen Vorschriften zur Emissionsminderung heranzuziehen sind (Nrn. 2.3, 3.1.5, 3.1.6 und 3.1.7 der TA Luft).

Maßnahmen zur Lärmminderung: → Blockheizkraftwerk. *Kaier*

Literatur: *Davids, P.; M. Lange*: Die TA Luft '86. Technischer Kommentar. Düsseldorf 1986.

Gasvorwärmer (GAVO) ⟨*gas pre-heater*⟩. G. sind Wärmetauscher, die zur Wiederaufheizung des Abgases nach der nassen → Abgasentschwefelung und zur Erwärmung des Abgases auf die erforderliche Reaktionstemperatur bei den → SCR-Verfahren (Tailgas) eingesetzt werden. Die Bezeichnung G. wurde analog zu dem Begriff LUVO (Luftvorwärmer für die Verbrennungsluft) gewählt.

Als G. werden bevorzugt regenerative kontinuierlich arbeitende Wärmetauscher verwendet, bei denen das Erwärmen und Abkühlen gleichzeitig und ohne Unterbrechung der Abgasströme erfolgt. Das die Wärme

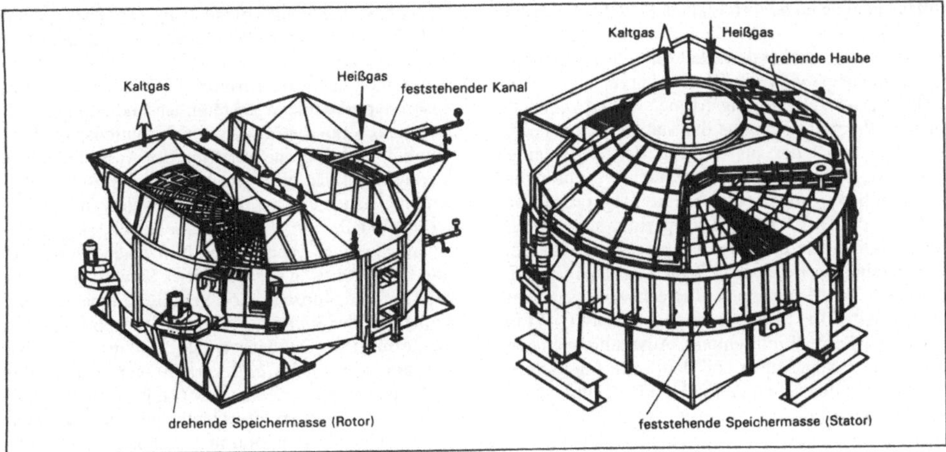

Gasvorwärmer: Bauarten von kontinuierlich arbeitenden Abgasvorwärmern.

speichernde Material durchläuft kontinuierlich die Warm- und Kaltperioden. Die zwei üblichen Bauarten (Bild) entsprechen dem Rotor- und Statorprinzip. Beim Rotorprinzip ist die Speichermasse in einem Rotor angeordnet und bewegt sich zwischen den festen Abgaskanälen. Beim Statorprinzip ist die Speichermasse feststehend. Die Abgasströme werden über umlaufende Flügelhauben zugeführt. Bei beiden Bauarten werden die Abgase im allgemeinen im Gegenstrom durch die Speichermasse geleitet. Die Speichermasse besteht im wesentlichen aus Profilblechen, die zu Paketen zusammengefaßt und so eingebaut sind, daß sie axial durchströmt werden. Die kontinuierlich arbeitenden Regeneratoren besitzen gegenüber Rekuperatoren (z. B. Rohrbündelwärmetauscher) einige Vorteile wie einfache und preiswerte Bauelemente, kleines Bauvolumen, geringe Beeinflußung der Wärmeleistung durch Verschmutzung und gute Reinigungsmöglichkeiten. Nachteilig sind Spaltströme und Schleusleckagen zwischen heißem und kaltem Abgasstrom. Die Größe des Spaltstromes wird beeinflußt durch die Temperaturen und Druckdifferenz der Abgase sowie die Güte des Abdichtsystems. Die Schleusleckage hängt von der Drehzahl des Rotors bzw. der Flügelhauben und dem Bauvolumen des Wärmetauschers ab. *Haug*

Gauß-Ausbreitungsformel ⟨*Gaussian dispersion formula*⟩. Formel zur Berechnung gasförmiger Immissionskonzentration in der Umgebung von Emittenten nach dem *Gauß*-Fahnenmodell der → TA Luft (→ Gauß-Modell):

$$C(x,y,z) = \frac{10^6}{3600 \cdot 2\pi} \frac{Q}{u_h\, \sigma_y\, \sigma_z} \exp\left(-\frac{y^2}{2\sigma_y^2}\right)$$

$$\left[\exp\left(-\frac{(z-h)^2}{2\sigma_z^2}\right) + \exp\left(-\frac{(z+h)^2}{2\sigma_z^2}\right)\right]$$

Es bedeuten:

x,y,z in m	kartesische Koordinaten der Immmissionsorte in Ausbreitungsrichtung (x), senkrecht zur Ausbreitungsrichtung horizontal (y) und vertikal (z)
c(x,y,z) in mg/m^3	Massenkonzentration der gasförmigen Luftverunreinigung (Immissionskonzentration) am Immissionsort mit den Koordinaten (x,y,z) für jede einzelne Ausbreitungssituation
z in m	Höhe des Immissionsortes über der Flur
Q in kg/h	Emissionsmassenstrom des emittierten luftverunreinigenden Stoffs aus der Emissionsquelle
h in m	Effektive Quellhöhe (s. a. Anhang C Nr. 6 der TA Luft)
u_h in m/s	Windgeschwindigkeit in effektiver Quellhöhe (nach Formel IV des Anhangs C der TA Luft)
σ_y, σ_z in m	Horizontale und vertikale Ausbreitungsparameter, die die Aufweitung der Abgasfahne mit zunehmender Entfernung zum Emittenten in Abhängigkeit von der Ausbreitungsklasse (Diffusionsklasse; s. a. Anhang C Nr. 9 der TA Luft) beschreiben.

Es gilt folgende Entfernungsabhängigkeit für die Ausbreitungsparameter: sy = F · xf, sz = G · xg. Die Zahlenwerte für die Koeffizienten F und G sowie die Exponenten f und g sind Anhang C Nr. 10 der TA Luft zu entnehmen. Aus Anhang C Nr. 9 TA Luft ist zu entnehmen, welche Ausbreitungsklasse in Abhängigkeit von Jahreszeit, Tageszeit, Windgeschwindigkeit und Bewölkungszustand vorliegt. *Külske*

Gauß-Modell ⟨*Gaussian model*⟩. Mathematisch-meteorologische Modelle zur Berechnung der Schadstoffausbreitung in der Atmosphäre. Modellkennzeichen ist die Annahme, daß die Konzentrationsverteilung in der Abgasfahne quer und vertikal zur Transportrichtung die Form einer *Gauß*schen Glockenkurve hat.

Die *Gauß*-Ausbreitungsformel des *Gauß*-Fahnenmodells ergibt sich aus der statistischen Theorie der Turbulenz oder als Lösung der allgemeinen Diffusionsgleichung unter folgenden einschränkenden Randbedingungen: der Ausbreitungsprozeß ist - stationär, die Diffusion in Transportrichtung ist vernachlässigbar, die quer und senkrecht zur Ausbreitungsrichtung vorliegende Diffusion ist räumlich konstant. Das *Gauß*-Fahnenmodell errechnet für jede Ausbreitungssituation (gekennzeichnet durch Windgeschwindigkeit, Windrichtung, Ausbreitungsklasse) eine mittlere Abgasfahne und damit die Immissionskonzentration für beliebige Punkte im Raum oder auf der Erdbodenoberfläche (Zeitmittel z. B. über eine Stunde).

Bei Berücksichtigung aller Ausbreitungssituationen eines Jahres (8 760 Stunden) erhält man für jeden vorgegebenen Punkt in der Umgebung der Quelle eine Häufigkeitsverteilung von Immissionskonzentrationen, so daß Jahresmittelwerte und Perzentilwerte berechnet werden können. Für die Anwendung des Modells benötigt man neben den meteorologischen Daten die emittierte Schadstoffmenge in Masse pro Zeiteinheit, die Schornsteinbauhöhe, die effektive → Quellhöhe, die Ortskoordinaten des → Schornsteins und die der Immissionspunkte. Die effektive Quellhöhe errechnet sich aus der Abgasmenge, der Abgastemperatur, der Austrittsgeschwindigkeit der Abgase in Abhängigkeit von der Windgeschwindigkeit und der Temperaturschichtung der Atmosphäre. Die Anwendung des Modells setzt voraus, daß das Gelände eben ist und daß die emittierten Stoffe keinen chemischen und physikalischen Umwandlungen unterliegen.

Die Ausbreitungsformel des *Gauß*-Fahnenmodells liefert in vielen Fällen mit ausreichender Sicherheit Aussagen über Immissionsbelastungen aus bestehenden oder geplanten Anlagen (Immissionsprognosen); sie ist in der → TA Luft zur Immissionsberechnung vorgeschrieben (→ Gauß-Ausbreitungsformel). Der Vorteil dieses Modells gegenüber komplexeren Modellen besteht vor allem darin, daß die Streuungen, die die Auffächerung der Abgasfahne beschreiben, aus experimentellen Ausbreitungsuntersuchungen gewonnen wurden. Das Modell stellt damit ein empirisch bestätigtes Modell dar. Es ist insbesondere einsetzbar für Quellentfernungen bis 15 km. Durch Erweiterungen des Modells können → Inversionen, Effekte trockener und nasser → Deposition, → Sedimentation und lineare chemische Umsetzungen der Schadstoffe berücksichtigt werden.

In Fällen, in denen die Anwendungsvoraussetzungen nicht erfüllt sind, sind komplexere Ausbreitungsmodelle einzusetzen.

Eine Erweiterung des Anwendungsbereiches von *G.*-M. liefert das *Gauß*-Wolkenmodell. Es ermöglicht im Gegensatz zum *Gauß*-Fahnenmodell Immissionsberechnungen auch dann, wenn die meteorologischen Ausbreitungsbedingungen räumlich und zeitlich variieren, und wenn die Emission nicht stationär ist. Eine räumlich und zeitliche Variation der Ausbreitungsbedingungen ist häufig gegeben in orographisch gegliedertem Gelände und bei langen Transportzeiten.

Das Modell verfolgt die von Quellen über kurze Zeiten freigesetzten (Abgas-/Abluft-)Wolken (Puffs) auf ihrem Transportweg (Trajektorien). Es wird angenommen, daß die Konzentrationsverteilung innerhalb der Wolke in jeder Richtung (auch in Transportrichtung) die Form einer Gaußschen Glockenkurve hat. Die Streuungswerte der *Gauß*-Verteilungen werden den Ausbreitungsexperimenten des Gauß-Fahnenmodells entnommen. Emittiert eine Quelle zeitlich kontinuierlich, so wird die Emission in eine Folge von Einzelwolken zerlegt, deren Ausbreitung unabhängig voneinander berechnet wird. Man erhält als Ergebnis z. B. den zeitlichen Verlauf der Immissionskonzentration während einer Episode. *Külske*

Literatur: VDI 3782 Bl. 1: Ausbreitung von Luftverunreinigungen in der Atmosphäre; Gaußsches Ausbreitungsmodell für Luftreinhaltepläne. 10/1992.

Gebietsart *⟨area, type of⟩* → Baugebiet

Gefährliche Stoffe *⟨dangerous substances/hazardous substances⟩*. G. S. können bei der Herstellung, Verwendung und Entsorgung zu schädlichen Auswirkungen auf den Menschen und seine Umwelt führen. Zum Schutz vor diesen Auswirkungen verfügt das Umweltrecht über entsprechende Gesetze (Chemikaliengesetz, → Bundes-Immissionsschutzgesetz, Abfallgesetz, Wasserhaushaltsgesetz). Regelungsgrundlagen für den Umgang mit g. S. sind im wesentlichen im Chemikaliengesetz (ChemG) enthalten. Das Chemikaliengesetz ist ein medien- und fachübergreifendes Stoffgesetz, das gleichermaßen den Arbeitsschutz, den allgemeinen Gesundheitsschutz und den Umweltschutz berücksichtigt. Die Merkmale g. S. sind dort im einzelnen beschrieben (§ 3a ChemG). Hierzu gehören u. a.:

- explosionsgefährlich
- brandfördernd und entzündlich
- giftig, ätzend und reizend
- sensibilisierend
- krebserzeugend, fruchtschädigend und erbgutverändernd
- sonstige chronisch schädigende Eigenschaften oder
- umweltgefährlich.

G. S. sind gemäß den Bestimmungen des Chemikaliengesetzes einzustufen, zu verpacken und zu kennzeichnen.

Die → Gefahrstoffverordnung (GefStoffV) enthält besondere Regelungen über den Umgang mit g. S. und für bestimmte Stoffe auch Herstellungs- und Verwendungsverbote.

Praxisorientierte Regeln für den Umgang und den Ersatz g. S. werden auf Empfehlungen des Ausschusses für Gefahrstoffe (AGS) als Technische Regeln für Gefahrstoffe (TRGS) vom Bundesminister für Arbeit und Sozialordnung erlassen. *Plehn*

Literatur: Chemikalien-Verbotsverordnung vom 14. 10. 1993 (BGBl. I S. 1720), geändert durch Gesetz vom 25. Juli 1994 (BGBl. I S. 1689). – Gesetz zum Schutz vor gefährlichen Stoffen (Chemikaliengesetz, ChemG). Bundesgesetzblatt 1990, Teil I, S. 521/547.

Gefährlichkeitsmerkmal *⟨hazard characterization⟩*. Zur Konkretisierung der Definition → gefährlicher Stoffe und gefährlicher Zubereitungen in § 3a ChemG (→ Gefahrstoffverordnung) werden in § 4 GefStoffV die entsprechenden G. beschrieben. Darüber hinaus enthält Anhang I Nr. 1 – hinsichtlich gefährlicher Zubereitungen in Verbindung mit Anhang II – der GefStoffV detaillierte Einstufungskriterien. Die G. sind auch Gegenstand des Anhangs IV der → Störfall-Verordnung.

Die G. waren in der G.-Verordnung vom 17. Juli 1990 (BGBl. I S. 1422) geregelt, bis diese Definitionen 1993 unter Anpassung an EG-Recht in § 4 der GefStoffV übernommen wurden. Die gefährlichen Eigenschaften sind mit ihren G. konditional verknüpft, d. h. Stoffe und Zubereitungen (hier unter Umweltrelevanzgesichtspunkten betrachtet) sind

– sehr giftig, wenn sie in sehr geringer Menge bei Einatmen, Verschlucken oder Aufnahme über die Haut zum Tode führen oder akute oder chronische Gesundheitsschäden verursachen können;

– giftig, wenn sie in geringer Menge bei Einatmen, Verschlucken oder Aufnahme über die Haut zum Tode führen oder akute oder chronische Gesundheitsschäden verursachen können;

– mindergiftig, wenn sie bei Einatmen, Verschlucken oder Aufnahme über die Haut zum Tode führen oder akute oder chronische Gesundheitsschäden verursachen können;

– ätzend, wenn sie lebende Gewebe bei Berührung zerstören können;

– reizend, wenn sie – ohne ätzend zu sein – bei kurzzeitigem, länger andauerndem oder wiederholtem Kontakt mit Haut oder Schleimhaut eine Entzündung hervorrufen können;

– sensibilisierend, wenn sie bei Einatmen oder Aufnahme über die Haut Überempfindlichkeitsreaktionen hervorrufen können, so daß bei künftiger Exposition gegenüber dem Stoff oder der Zubereitung charakteristische Störungen auftreten;

– krebserzeugend, wenn sie bei Einatmen, Verschlucken oder Aufnahme über die Haut Krebs erregen oder die Krebshäufigkeit erhöhen können;

– fortpflanzungsgefährdend (reproduktionstoxisch), wenn sie bei Einatmen, Verschlucken oder Aufnahme über die Haut nicht vererbbare Schäden der Nachkommenschaft hervorrufen oder deren Häufigkeit erhöhen (fruchtschädigend) oder eine Beeinträchtigung der männlichen oder weiblichen Fortpflanzungsfunktionen oder -fähigkeit zur Folge haben können;

– erbgutverändernd, wenn sie bei Einatmen, Verschlucken oder Aufnahme über die Haut vererbbare genetische Schäden zur Folge haben oder deren Häufigkeit erhöhen können;

– auf sonstige Weise chronisch schädigend, wenn sie bei wiederholter oder länger andauernder Exposition einen anderen als auf krebserzeugende, fortpflanzungsgefährdende oder erbgutverändernde Einflüsse beruhenden Gesundheitsschaden verursachen können;

– umweltgefährlich, wenn sie selbst oder ihre Umwandlungsprodukte geeignet sind, die Beschaffenheit des Naturhaushalts, von Wasser, Boden oder Luft, Klima, Tieren, Pflanzen oder Mikroorganismen derart zu verändern, daß dadurch sofort oder später Gefahren für die Umwelt herbeigeführt werden können.

Die auf den gefährlichen Eigenschaften beruhenden Einstufungen gefährlicher Stoffe (Gefahrstoffverordnung) finden auch ihren Niederschlag in der Zuordnung von stoff- oder zubereitungsspezifischen Hinweisen auf besondere Gefahren (→ R-Satz) und von Sicherheitsratschlägen (→ S-Satz). *Dreyhaupt*

Gefahr *⟨hazard⟩*. Unter G. versteht die Rechtsordnung die objektive Möglichkeit eines Schadenseintritts. Sie ist nicht bei jedem theoretisch denkbaren Schadensereignis gegeben, sondern nur bei einem solchen, das unter Ausschöpfung aller Erkenntnismöglichkeiten ernsthaft in Betracht kommt und damit hinreichend wahrscheinlich ist. Im Sicherheitsrecht wird zwischen verschiedenen Gefahrenarten unterschieden. Von allgemeiner Bedeutung ist insbesondere die Unterscheidung zwischen konkreter G. (hinreichende Wahrscheinlichkeit eines Schadenseintritts aufgrund eines tatsächlich vorliegenden Sachverhalts) und abstrakter G. (hinreichende Wahrscheinlichkeit eines Schadenseintritts bei einem gedachten typischen Sachverhalt). Bei → Störfällen i. S. der → Störfall-Verordnung geht es immer um konkrete G. Derartige G. sind bereits vorbeugend zu verhindern (→ ernste Gefahr).

Hansmann

Gefahrenabwehr *⟨risk reduction⟩*. Im polizeirechtlichen Sinne liegt eine Gefahr vor, wenn eine Sachlage besteht, die bei ungehindertem Geschehensablauf mit hinreichender Wahrscheinlichkeit zu einem Schaden führt. Hinsichtlich des Grades der Wahrscheinlichkeit muß differenziert werden nach dem Rang des bedrohten Rechtsguts und nach dem Ausmaß des zu befürchtenden Schadens.

Grundsätzlich liegt dieser polizeirechtliche Gefahrenbegriff auch dem Umweltrecht zugrunde. Angesichts des katastrophalen Schadensumfanges, den z. B. Störfälle bei Kernkraftwerken oder Chemiebetrieben annehmen können, muß die Wahrscheinlichkeit des Schadenseintrittes bei solchen Anlagen gegen Null gehen. Außerdem sind Gefahren, die aus der Errichtung und dem Betrieb großtechnischer Anlagen herrühren, nicht mehr – wie im allgemeinen Polizeirecht – nach der allgemeinen Lebenserfahrung zu beurteilen. Deshalb besteht z. B. bei kerntechnischen Anlagen eine Gefahr erst dann nicht mehr, wenn es nach dem Stand von Wissenschaft und Technik praktisch ausgeschlossen erscheint, daß Schadensereignisse eintreten werden. Ungewißheiten jenseits dieser Schwelle praktischer Vernunft haben ihre Ursache in den Grenzen des menschlichen Erkenntnisvermögens. Sie sind deshalb unentrinnbar und insofern als sozialadäquate Lasten von allen Bürgern zu tragen. Dieser vom BVerfG für das Atomrecht entwickelte Standard der praktischen Vernunft dürfte auch auf andere Bereiche des Umweltschutzrechts übertragbar sein. *Hoppe/Beckmann*

Literatur: *Drews/Wacke/Vogel; Martens*: Gefahrenabwehr. Köln u. a. 1986. – *Hansen/Dix*: Die Gefahr im Polizeirecht, im Ordnungsrecht und im technischen Sicherheitsrecht. Köln u. a. 1982.

Gefahrenabwehrplan *⟨contingency plan⟩*. Nach der → Störfall-Verordnung hat der Anlagenbetreiber i. S. des § 1 Abs. 2 der Verordnung betriebliche Alarmpläne und G., die mit den für Katastrophenschutz und allgemeine → Gefahrenabwehr zuständigen Behörden abgestimmt sind, aufzustellen, fortzuschreiben und den Inhalt diesen Behörden mitzuteilen. Die Anforderungen an diese Pläne sollen in einer Allgemeinen Verwaltungsvorschrift zur Störfall-Verordnung konkretisiert werden. Inhaltlich umfaßt der betriebliche Alarmplan und G. alle betrieblichen (z. B. Brände, Freisetzungen, Explosionen und sonstige Unfälle) und außerbetrieblichen Gefährdungsmöglichkeiten (z. B. Ereignisse aus Nachbaranlagen, Unfälle beim Gefahrguttransport), die betrieblichen Sicherheitseinrichtungen (→ Sicherheitstechnik) und das Verhalten des Betriebspersonals im Gefahrenfall. *Nitsche*

Literatur: Technisch-wissenschaftliche Grundlagen für Richtlinien zur Gefahrenabwehrplanung in der Umgebung von Anlagen der chemischen Industrie, Berlin. Umweltbundesamt Texte 28/86. – Theorie und Praxis der Gefahrenabwehrplanung bei gefährlichen Industrieanlagen nach der Störfall-Verordnung. Tagungsband zum FGU-Seminar am 26. und 27. 10. 1987. Umweltbundesamt Texte 15/88. Berlin 1988.

Gefahrenquelle *⟨source of hazard⟩*. G. im Sinne der → Störfall-Verordnung sind mögliche Gefahrenursachen. Gleichgültig ist dabei, ob die Gefahr erst im Zusammenwirken mit anderen Ursachen hervorgerufen werden kann. Nach der Störfall-Verordnung sind betriebliche und umgebungsbedingte G. zu unterscheiden. Als betrieblich sind G. dann anzusehen, wenn sich die Möglichkeit des Gefahreneintritts aus dem Betrieb der Anlage ergibt. Umgebungsbedingt sind solche externen (nicht betriebsbedingten) G., mit denen an dem vorgesehenen Standort eher als an anderen Standorten gerechnet werden muß. Umgebungsbedingte G. können naturbedingt (z. B. Erdbeben, Hochwasser) oder zivilisationsbedingt (Gefahren durch benachbarte Industrieanlagen, Flugzeugabsturz) sein. Gegen betriebliche und umgebungsbedingte G. sind nach § 3 Abs. 1 der Störfall-Verordnung Vorkehrungen zu treffen.

→ Sicherheitsanalyse *Hansmann*

Gefahrstoff *⟨hazardous substance⟩* → gefährliche Stoffe, → Gefahrstoffverordnung

Gefahrstoff-/Gefahrgut-Schnellauskunft (GSA) *⟨dangerous substances, rapid response information⟩*. In den letzten Jahren haben sich immer wieder Stör- und Unfälle mit umweltgefährdenden Stoffen ereignet. Deshalb wurde eine einheitliche und verläßliche Datenbasis für die wichtigsten Eigenschaften, Erkennungsmerkmalen und erforderlichen Gegenmaßnahmen der Problemstoffe immer wichtiger. Angestrebt wird eine flächendeckende Informationsversorgung für die Bundesrepublik Deutschland. Dabei sollten die verschiedenen Möglichkeiten der Datenübermittlung und Kommunikation genutzt werden: Netzzugriff über die von der Deutschen Telekom zur Verfügung gestellten Leitungssysteme, dezentrale Mehrplatz- sowie Arbeitsplatz-Versionen (PC) für den stationären oder mobilen Einsatz.

Die Aufgaben der GSA sind für umweltgefährdende Stoffe mit folgenden Schwerpunkten umrissen:

- Schnelle verläßliche und umfassende Informierungsmöglichkeit,
- Bekämpfung von Störfällen und Unfällen,
- Überprüfung von Lagerung und Transport,
- Hinweise zum bestimmungsgemäßen Umgang, die zur Vermeidung von Gefahren und Schäden kurzfristig benötigt werden.

Die entsprechenden Daten werden den mit Umweltschutzaufgaben betrauten Behörden sowie den Vollzugsbehörden (z. B. Polizei und Feuerwehr) zur Verfügung gestellt. Es handelt sich hier um eine ressortübergreifende Aufgabe, die schwerpunktmäßig beim BMU angesiedelt ist, aber auch wichtige andere Ressorts betrifft. Diese Aufgabe ist zudem in Kooperation mit den Ländern zu bearbeiten, weil es sich wesentlich um Länderzuständigkeiten (Vollzug) handelt.

Die Daten müssen einheitlich, aktuell und fachlich verläßlich, dabei aber einfach verständlich sein. Vor Ort muß ein einfacher und schneller Zugang zu den Daten möglich sein.

Die Daten der GSA sollen nicht nur von Spezialisten (z. B. im Umweltbereich tätige Chemiker und Toxikologen) verwendet werden, sondern auch von chemischen Laien. Die GSA kann daher insbesondere wesentlicher Bestandteil eines Umweltführungs-Informationssystems sein. Die Texte, die der GSA zugrunde liegen, müssen sich durch eine knappe und verständliche Form auszeichnen und fachlich absolut zuverlässig und aktuell sein.

In der Konzeption der GSA wurden für verschiedene Benutzergruppen sog. Datenmasken entwickelt (z. B. Feuerwehr- und Polizeimaske), in der die für diese Gruppen wichtigen Daten mit einer geeigneten Benutzeroberfläche angeboten werden.

Die Daten der GSA dienen vor allem den Aufgaben der „ersten halben Stunde“, bevor fachlich geschulte Experten hinzugezogen werden können; die Daten müssen deshalb ohne Recherche des genauen fachlichen Hintergrunds verständlich sein. Für den Dateninput werden Experten herangezogen, die die nötigen Bewertungen vornehmen sowie Aktualität und Verläßlichkeit sicherstellen.

Das Datenmodell der GSA besteht gegenwärtig aus sieben Teilsystemen/Datenmasken: Immissionsschutz/Störfall, Gewässerschutz, Gefahrgut/Verkehr, Polizei, Feuerwehr, Bodenschutz, Seehäfen/Küste.

Typische Grunddaten der GSA sind:
- Stoffidentität, physikalische und chemische Daten,
- Gesetzliche und andere bindende Vorschriften, z. B. zu Kennzeichnungspflichten und Transportbegleitpapieren,
- Art der Gefahr, die von dem Stoff bei seiner unfall- oder störfallbedingten Freisetzung ausgeht,
- Maßnahmen für die Vorbeugung und Abwehr drohender Gefahren,
- Bekämpfung und Eindämmung eingetretener Gefahren/Schäden,
- kurzfristig erkennbare Gesundheitsschädigungen (Symptome).

Die GSA wurde im Dezember 1989 im UBA fertiggestellt und für die allgemeine Benutzung durch die zuständigen Behörden und Stellen freigegeben. Der gegenwärtige Datenbestand umfaßt ca. 5000 Stoffe und soll um wichtige weitere Merkmale und Stoffe erweitert werden. Es ist geplant, die GSA in einen zentralen Stoffdatenpool von Bund und Ländern (GSBL) einzubeziehen, der die in Deutschland vorhandenen Gefahrstoffsysteme zusammenfaßt und bündelt. *Seggelke*

Gefahrstoffverordnung (GefStoffV) ⟨*ordinance on hazardous substances*⟩. Kurzbezeichnung für die Verordnung zum Schutz vor gefährlichen Stoffen vom 26. Oktober 1993 (BGBl. I S. 1783), zuletzt geändert durch Verordnung vom 19. September 1994 (BGBl. I S. 2557), die die GefStoffV vom 26. August 1986 abgelöst hat. Sie dient im wesentlichen der Ausführung des Chemikaliengesetzes (ChemG) und enthält insbesondere Regelungen über die Einstufung, die Kennzeichnung und Verpackung von → gefährlichen Stoffen, Zubereitungen und bestimmten Erzeugnissen sowie über den Umgang mit Gefahrstoffen, um den Menschen vor arbeitsbedingten und sonstigen Gesundheitsgefahren sowie die Umwelt vor stoffbedingten Schädigungen zu schützen.

Mit der G. werden insbesondere die EG-Richtlinie 67/548/EWG zur Angleichung der Rechts- und Verwaltungsvorschriften für die Einstufung, Verpackung und Kennzeichnung gefährlicher Stoffe und die EG-Richtlinie 67/769/EWG für Beschränkungen des Inverkehrbringens und der Verwendung gewisser gefährlicher Stoffe und Zubereitungen, die beide inzwischen vielfach fortgeschrieben worden sind, in nationales Recht umgesetzt. Mit der EG-Richtlinie 91/325/EWG zur 12. Anpassung an den technischen Fortschritt der Richtlinie 67/548/EWG vom 8. Juli 1991 (ABl. EG Nr. L 180 S. 1) wurden erstmalig Bestimmungen zur Einstufung von Stoffen aufgrund bestimmter Auswirkungen auf die Umwelt eingeführt, die ebenso in die G. übernommen worden sind wie das mit der Richtlinie 92/32/EWG zur siebten Änderung der Richtlinie 67/548/EWG vom 30. April 1992 (ABl. EG Nr. L 154, S. 1) eingeführte Gefahrensymbol für umweltgefährliche → Stoffe (Gefahrenkennbuchstabe N).

❒ Gefährliche Stoffe und Gefahrstoffe. Als gefährliche Stoffe und gefährliche Zubereitungen werden in § 3a Abs. 1 des ChemG konkret solche genannt, die
- explosionsgefährlich,
- brandfördernd,
- hochentzündlich,
- leicht entzündlich,
- entzündlich,
- sehr giftig,
- giftig,
- mindergiftig,
- ätzend,
- reizend,
- sensibilisierend,
- krebserzeugend,
- fruchtschädigend,
- erbgutverändernd oder
- umweltgefährlich sind oder
- sonstige chronisch schädigende Eigenschaften besitzen.

Ausgenommen sind dabei ausdrücklich gefährliche Eigenschaften der ionisierenden Strahlen. Die Eigenschaft „fruchtschädigend“ ist in § 4 der GefStoffV durch das → Gefährlichkeitsmerkmal „fortpflanzungsgefährdend (reproduktionstoxisch)“ konkretisiert worden.

Der Gefahrstoff-Begriff ist in § 19 Abs. 2 ChemG weitergehend definiert; er umfaßt nicht nur die aufgeführten gefährlichen Stoffe und Zubereitungen, sondern u. a. auch noch solche – und zusätzlich Erzeugnisse –, die explosionsfähig sind oder erfahrungsgemäß Krankheitserreger übertragen können.

Die genannten gefährlichen Stoffeigenschaften sind in § 4 der G. konkretisiert (Gefährlichkeitsmerkmal); die Verordnung über die Gefährlichkeitsmerkmale von Stoffen und Zubereitungen nach dem Chemikaliengesetz (Gefährlichkeitsmerkmaleverordnung – ChemGefMerkV) vom 17. Juli 1990 (BGBl. I S. 1422) ist mit der GefStoffV 1993 aufgehoben worden.

Die Einstufung und Kennzeichnung gefährlicher Stoffe und Zubereitungen ist in den §§ 4a, 4b, 5–7 und 9 sowie in den Anhängen I, II und III der Gef-

StoffV detailliert geregelt; § 8 betrifft – in Verbindung mit Anhang III – die Kennzeichnung von Erzeugnissen.

Nach § 5 GefStoffV hat der Hersteller oder Einführer gefährlicher Stoffe oder Zubereitungen diese vor dem Inverkehrbringen einzustufen (§§ 4a und 4b), zu verpacken (§ 10) und zu kennzeichnen (§§ 6 und 7).

❐ Die Einstufung gefährlicher Stoffe ist in § 4a, die von gefährlichen Zubereitungen in § 4b geregelt. Die o.g. Gefährlichkeitsmerkmale (§ 4) werden in Anhang I Nr. 1 durch einen „Leitfaden für die Einstufung und Kennzeichnung gefährlicher Stoffe und Zubereitungen" weiter konkretisiert mit dem Ziel, eine Zuordnung aller toxischen und physikalisch-chemischen Eigenschaften derjenigen Stoffe und Zubereitungen, die bei ihrer üblichen Verwendung eine Gefahr darstellen können, zu den jeweiligen Gefährlichkeitsmerkmalen zu gewährleisten (Einstufung); gleichzeitig werden konkrete Vorschriften für die zugehörige Kennzeichnung gegeben.

Für gefährliche Zubereitungen enthält Anhang II zusätzliche Bestimmungen hinsichtlich ihrer Einstufung und Kennzeichnung, die die Besonderheiten von Zubereitungen als Gemische, Gemenge oder Lösungen von Stoffen berücksichtigen. Die Einstufung (§ 4b) hat daher in Verbindung mit dem „Leitfaden" (Anhang I Nr. 1) zu erfolgen; für Schädlingsbekämpfungsmittel gelten besondere Einstufungskriterien (Anhang II Nr. 2).

❐ Die Kennzeichnung gefährlicher Stoffe (§ 6) und gefährlicher Zubereitungen (§ 7) muß neben der Stoff- bzw. Zubereitungsbezeichnung und der Firmenangabe des Herstellers, des Einführers oder des Vertriebsunternehmers insbesondere Angaben zu den Gefahren und zu Vorsichtsmaßnahmen enthalten. Die den Einstufungen zugeordneten Kennzeichnungsvorschriften in den Anhängen I und II betreffen nicht nur bestimmte, den einzelnen Gefahrenarten zugeordnete Gefahrensymbole, Gefahrenbezeichnungen und Gefahrenkennbuchstaben, sondern auch konkrete Hinweise auf die besonderen Gefahren (→ R-Sätze) sowie Sicherheitsratschläge (→ S-Sätze). Für die Kennzeichnung von Stoffen ist auch die Angabe der dem Stoff zugeordneten EWG-Nummer, d.h. der EINECS-Nummer bzw. ELINCS-Nummer vorgeschrieben.

Anhang I enthält auch Vorschriften über die Einstufung und Kennzeichnung aufgrund bestimmter stofflicher Auswirkungen auf die Umwelt, wobei in Gewässer und in nichtaquatische Umwelt (bis hin zur Ozonschicht) unterschieden wird (→ Stoff, umweltgefährlich). Für bestimmte Stoffe, Zubereitungen und Erzeugnisse, z.B. asbesthaltige Zubereitungen und Erzeugnisse, schwermetallhaltige Zubereitungen und PCB- oder PCT-haltige Erzeugnisse, sind in Anhang III zusätzliche Kennzeichnungsvorschriften gegeben.

❐ Bekanntmachung gefährlicher Stoffe. Eine wichtige Änderung der GefStoffV 1993 gegenüber der von 1986 betrifft die Bekanntmachung der in Anhang I der EG-Richtlinie 67/548/EWG – in der Fassung der jeweiligen Fortschreibungs-Richtlinie – aufgeführten, von der EG gemeinschaftlich eingestuften gefährlichen Stoffe. Eine entsprechende tabellenmäßige Auflistung war bisher in Anhang VI der GefStoffV 1986 enthalten.

In der GefStoffV 1993 wird statt dessen in § 4a direkt auf Anhang I der EG-Richtlinie 67/548/EWG – in der Fassung der jeweiligen Anpassungen – Bezug genommen, wobei für die nationale Anwendung eine entsprechende Veröffentlichung (Bekanntmachung) durch den Bundesminister für Arbeit und Sozialordnung im Bundesanzeiger vorgesehen ist. Mit Bekanntmachung vom 16. September 1993 (Bundesanzeiger Nr. 229a vom 7. Dezember 1993) ist Anlage I der EG-Richtlinie 67/548/EWG i.d.F. der 19. Anpassung (Richtlinie 93/72/EWG vom 1. September 1993 – ABl. EG Nr. L 258, S. 19 mit Anhang in ABl. EG L 258 A) in der für die Bundesrepublik geltenden Form veröffentlicht worden; die erste Fortschreibung erfolgte mit Bekanntmachung vom 11. Mai 1994 (BAnz. Nr. 113 vom 21. Juni 1994, S. 6439–44). Auch hier werden für jeden Stoff u.a. die chemische Bezeichnung und die → CAS-Nr., die EWG-Nr. (→ EINECS-Nr. bzw. → ELINCS-Nr.), die Gefahrenkennbuchstaben sowie die R- und S-Sätze angegeben, so daß kein grundsätzlicher inhaltlicher Unterschied zu Anhang VI der GefStoffV 1986 besteht. Neu ist jedoch bei bestimmten Stoffen die Angabe von Konzentrationsgrenzen für Zubereitungen, die diese gefährlichen Stoffe enthalten; den jeweiligen Konzentrationsgrenzen (Gewichtsprozent des Stoffes bezogen auf das Gesamtgewicht der Zubereitung) sind der Gefahrenkennbuchstabe und die erforderlichen R-Sätze zugeordnet.

❐ Verbote und Beschränkungen. Die G. enthält zentral alle Verbots- und Beschränkungsregelungen für Gefahrstoffe sowie entsprechende Erzeugnisse hinsichtlich deren Herstellung und Verwendung (§ 15 mit Anhang IV). Damit werden auch frühere dezentrale Regelungen, wie z.B. in der Pentachlorphenol-Verbotsverordnung, abgelöst. Die entsprechenden Verbote und Beschränkungen des Inverkehrbringens sind in der Chemikalien-Verbotsverordnung geregelt.

Dreyhaupt

Genehmigungsverfahren nach dem BImSchG *⟨licensing procedure as used in Federal Immission Control Act⟩*. Das G. für genehmigungsbedürftige Anlagen wird in §§ 10 und 19 des BImSchG sowie in der Verordnung über das Genehmigungsverfahren (→ 9. BImSchV) geregelt. Dabei ist zwischen einem förmlichen G. (Verfahren mit Öffentlichkeitsbeteiligung) und einem vereinfachten G. zu unterscheiden. Für die im Anhang zu Nr. 1 der Anlage zu § 3 des Gesetzes über die Umweltverträglichkeitsprüfung aufgeführten Anlagearten ist das (förmliche) G. außerdem unter Einschluß einer Umweltverträglichkeitsprüfung durchzuführen.

Das G. beginnt stets mit der Einreichung eines schriftlichen Genehmigungsantrags bei der nach dem jeweiligen Landesrecht zuständigen Behörde. Dem Antrag sind alle zur Prüfung der Genehmigungsvoraussetzungen erforderlichen Zeichnungen, Erläuterungen und sonstigen Unterlagen beizufügen. Nach Prüfung der Unterlagen auf ihre Vollständigkeit ist das Vorhaben bei Durchführung eines förmlichen Verfahrens öffentlich bekanntzumachen. Der Antrag und die Unterlagen sind dann einen Monat lang zur allgemeinen Einsicht auszulegen. Während der Auslegungsfrist und eines Zeitraums von zwei Wochen nach dem Ende der Auslegung können Einwendungen gegen das Vorhaben durch jedermann vorgebracht werden. Nach Ablauf dieser Frist können keine Einwendungen mehr erhoben werden (auch nicht in einem späteren Gerichtsverfahren; materielle Präklusion). Die rechtzeitig vorgebrachten Einwendungen sind in einem besonderen Erörterungstermin mit dem Antragsteller und den Einwendern zu erörtern.

Parallel zur Öffentlichkeitsbeteiligung sind von allen Behörden, deren Aufgabenbereich durch das Vorhaben berührt wird, Stellungnahmen zu dem Genehmigungsantrag einzuholen. Das gilt auch für vereinfachte G., in denen die Öffentlichkeitsbeteiligung entfällt. Zur Aufklärung des Sachverhalts, insbesondere der zu erwartenden Auswirkungen des Anlagenbetriebs, hat die Genehmigungsbehörde ggf. auch Sachverständigengutachten anzufordern.

Sind die Genehmigungsvoraussetzungen (→ Anlage, genehmigungsbedürftige nach dem BImSchG) nach der Überzeugung der Genehmigungsbehörde erfüllt, ist die Genehmigung zu erteilen. Fehlen einzelne Genehmigungsvoraussetzungen, kann deren Einhaltung aber durch Modifikationen des Anlagenbetriebs oder durch zusätzliche Maßnahmen (z. B. Abgasreinigung oder Schallschutzmaßnahmen) sichergestellt werden, so können der Genehmigung entsprechende Bedingungen oder Auflagen beigefügt werden (§ 12 Abs. 1 BImSchG); auf Antrag kann die Genehmigung auch für einen bestimmten Zeitraum (Befristung) erteilt werden (§ 12 Abs. 2 BImSchG). Kann die Erfüllung der Genehmigungsvoraussetzungen auch nicht durch derartige Nebenbestimmungen sichergestellt werden, ist der Antrag abzulehnen. Der Genehmigungsbescheid ist dem Antragsteller und im förmlichen Verfahren grundsätzlich auch allen Einwendern zuzustellen. Wenn mehr als 300 Zustellungen an Einwender vorzunehmen wären, können diese jedoch durch eine öffentliche Bekanntmachung der Genehmigung ersetzt werden.

Die im förmlichen wie auch die im vereinfachten Verfahren erteilte Genehmigung schließt andere die Anlage betreffende behördliche Entscheidungen, insbesondere die Baugenehmigung, ein (§ 13 BImSchG). Ausgenommen von dieser Konzentrationsvorschrift sind jedoch Planfeststellungen, bergrechtliche, atomrechtliche und – abgesehen von der Eignungsfeststellung nach dem Wasserhaushaltsgesetz – auch wasserrechtliche Entscheidungen. Soweit die Konzentrationswirkung reicht, brauchen andere Genehmigungen, Erlaubnisse usw. nicht eingeholt zu werden. Die immissionsschutzrechtliche Genehmigung darf dann aber auch nur erteilt werden, wenn die Voraussetzungen für die eingeschlossenen Entscheidungen vorliegen.

Hansmann

Literatur: *Feldhaus, G.*: Bundes-Immissionsschutzrecht, Erläuterungen zu § 10 BImSchG und zur 9. BImSchV. – *Kutscheidt, E.*: Erläuterungen zu § 10 BImSchG und zur 9. BImSchGV. In: Landmann/Rohmer: Umweltrecht, Bd. I. – *Pütz, M.* u. *K.-H. Buchholz*: Die Genehmigungsverfahren nach dem Bundes-Immissionsschutzgesetz, 4. Aufl.

Geräusch ⟨*noise*⟩. G. sind, wie auch die häufig synonym benutzten Begriffe → Schall und → Lärm, Schwingungen eines elastischen Mediums (Luft, fester Körper, Flüssigkeit) im Hörbereich des Menschen.

Als G. gelten solche Schwingungsvorgänge, die zeitlich und in ihrer Frequenzzusammensetzung keinen festen Gesetzmäßigkeiten gehorchen, im Gegensatz z. B. zu einem Klang, dessen Frequenzen in einem ganzzahligen Verhältnis zueinander stehen. *Strauch*

Geräuschbelästigung ⟨*noise annoyance*⟩ → Belästigung, → Beurteilungspegel

Geräuschemissionsmessung ⟨*noise emissions, measurement of*⟩. Sie dient zur Ermittlung der die Emission kennzeichnenden Größe einer Schallquelle.

Die wesentliche Geräuschemissionskenngröße ist der → Schalleistungspegel L_W als Maß für die von einer Schallquelle an die Umgebung abgestrahlte → Schalleistung. Üblicherweise wird diese Schalleistung einer Schallquelle mit Hilfe des → Hüllflächenverfahrens ermittelt. Bei Anwendung dieses Verfahrens werden auf einer die Schallquelle umhüllenden Fläche (Halbkugel- oder Quaderoberfläche) die Schalldruckpegel gemessen und aus diesen Meßwerten unter Berücksichtigung von Korrekturen für Reflexionen und → Fremdgeräusche sowie der Hüllflächengröße der Schalleistungspegel berechnet:

$$L_W = \overline{L}_p + L_S$$

$\overline{L}_p$ = korrigierter, mittlerer Schalldruckpegel auf der Hüllfläche S

L_S = Meßflächenmaß

$$= 10 \lg \frac{S}{S_0} \quad (mit\, S_0 = 1 m^2)$$

Die allgemeinen akustischen Grundsätze für die Messung der Schalleistung sind in der DIN 45 635, Teil 1 festgelegt.

Zur Berücksichtigung maschinenspezifischer Eigenarten (Bauformen, Betriebsbedingungen) sind spezielle Meßbedingungen in Folgeblättern zur DIN 45 635, Teil 1 vorgegeben.

Für Maschinen wird zur Kennzeichnung der → Schallemission üblicherweise die Schalleistung benutzt. Abweichend hiervon wird zur Emissionskennzeichnung und Vorgabe von Emissionswerten bei Fahrzeugen des Straßenverkehrs der Schalldruckpegel in

7,5 m Abstand von der Fahrzeugmitte benutzt, der bei der Vorbeifahrt des Fahrzeugs unter spezifizierten Betriebsbedingungen auftritt. *Strauch*

Literatur: DIN 45635, Teil 1: Geräuschmessung an Maschinen, Luftschallemission, Hüllflächenverfahren, Rahmenverfahren für 3 Genauigkeitsklassen. 4/1984.

Geräuschemissionswerte ⟨*noise emissions, criteria of*⟩. Als G. von technischen Einrichtungen wie Kraftfahrzeuge, Maschinen und Geräte werden zulässige → Schalleistungspegel oder zulässige Schalldruckpegel in bestimmten Abständen von der Schallquelle bezeichnet, die unter definierten Betriebsbedingungen nicht überschritten werden dürfen. G. sind z. B. festgelegt für Baumaschinen in der → 15. BImschV (→ Baulärm).

Ebenfalls gelten für Kraftfahrzeuge des Straßenverkehrs Emissionswerte, die bei beschleunigter Vorbeifahrt in 7,5 m Abstand von der Fahrzeugmitte nicht überschritten werden dürfen (§ 49 der StVZO).

Für → Rasenmäher sind G. als Schalleistungspegel in der → 8. BImSchV festgelegt.

Außerdem gelten zum Schutz gegen → Fluglärm G. als Schalldruckpegel in einem bestimmten Abstand unterhalb der Überflugbahn wie auch seitlich von der Flugbahn bei Start- und Landevorgängen. *Strauch*

Geräuschimmissionen-Beurteilung ⟨*noise immissions, assesment of*⟩. Die G.-B. wird durch Vergleich des aus Messung oder Berechnung ermittelten → Beurteilungspegels mit dem → Immissionswert, → Immissionsrichtwert oder → Immissionsgrenzwert (zulässiger Wert) vorgenommen, und zwar entsprechend der jeweiligen Art der Geräuschquelle getrennt für die Tages- und Nachtzeit sowie in Abhängigkeit von der baulichen Nutzung der belasteten Grundstücke.

Die zulässigen Werte wie auch die Ermittlung der Beurteilungspegel sind für unterschiedliche Geräuscharten in verschiedenen Vorschriften bzw. Regelwerken angegeben:

- für → Geräusche von gewerblichen und industriellen Anlagen in der Technischen Anleitung zum Schutz gegen → Lärm (→ TA Lärm), deren Anwendung in einigen Punkten durch VDI 2058: Beurteilung von Arbeitslärm in der Nachbarschaft. 9/1985, ergänzt wird,
- für Geräusche durch Baustellen in den Verwaltungsvorschriften Geräuschimmission vom 19. 8. 1970 (Beilage zum Bundesanzeiger Nr. 160 vom 1. 9. 1970),
- für Geräusche neuerrichteter Straßen- und Schienenverkehrsanlagen in der Verkehrsanlagenlärmschutzverordnung (16. BImSchV),
- für Sportanlagengeräusche in der Sportanlagenlärmschutzverordnung (18. BImSchV),
- für Geräusche von Freizeiteinrichtungen in der „Freizeitlärm-Richtlinie" des Länderausschusses für Immissionsschutz (→ Freizeitlärm),
- für Geräusche des Flugverkehrs an Verkehrsflughäfen und militärischen Flugplätzen im Gesetz zum Schutz gegen → Fluglärmgesetz,
- für → Fluglärm von Flugplätzen, die nicht dem Fluglärmgesetz unterliegen, in DIN 45643 T 1–3: Messung und Beurteilung von Flugzeuggeräuschen. 10/1984,
- zur Beachtung der Geräuschimmissionen bei der Bauleitplanung in der DIN 18005: Schallschutz im Städtebau. 5/1987. *Strauch*

Geräuschimmissionsmessung ⟨*noise immissions, measurement of*⟩. G. werden an bestimmten Aufpunkten durchgeführt. Ziel ist es, aussagefähige Kenngrößen der Schalldruckpegel der jeweils zu untersuchenden Geräuscharten wie

- Geräusche von Gewerbe- und Industrieanlagen,
- Geräusche des Straßen- und Schienenverkehrs,
- Geräusche des Luftverkehrs,
- Geräusche von Freizeit- und Sportanlagen und
- Geräusche von Baustellen

zu ermitteln und zur Beurteilung der Immissionssituation die Kenngrößen mit → Immissionswerten oder -richtwerten zu vergleichen.

Die Bedingungen für Immissionsmessungen der verschiedenen Geräuscharten sind in unterschiedlichen Regelwerken festgelegt (→ Beurteilungspegel), wobei für alle Messungen im Wohnbereich als kennzeichnender Meßort ein Punkt außerhalb des Wohnraums, und zwar etwa 0,5 m vor dem geöffneten Fenster gewählt wird.

Mit der Verlegung des Meßorts nach außen vor das Wohnraumfenster ist der Raumeinfluß (Ausstattung des Wohnraumes) auf das Meßergebnis zu vernachlässigen, so daß etwa vergleichbare Meßergebnisse auch bei unterschiedlicher Wohnraumausstattung erreicht werden.

Die G. müssen so geplant und durchgeführt werden, daß die Ergebnisse eindeutig der in der Aufgabenstellung benannten Anlage zuzuordnen sind. Diese Forderung kann immer dann schwierig zu erfüllen sein, wenn neben den interessierenden Anlagegeräuschen andere, ebenfalls pegelmitbestimmende Geräusche auf den Immissionspunkt einwirken.

Das Meßergebnis muß aussagefähig (repräsentativ) sein für

- das zeitliche Auftreten des zu untersuchenden Anlagengeräusches hinsichtlich der Betriebsbedingungen der Anlage,
- die für eine Beurteilung der Geräuschsituation maßgebenden Schallausbreitungsbedingungen (→ Schallausbreitung) und
- das örtliche Auftreten im Hinblick auf den zu betrachtenden Immissionsort.

Die G. muß ferner so geplant und durchgeführt werden, daß sie grundsätzlich unter gleichen Bedingungen wiederholt werden kann.

Diese Forderung ist in Bezug auf die Emissionsbedingungen (→ Schallemission) einer Anlage häufig leichter zu erfüllen als bezüglich der für die Schallausbreitung maßgebenden Bedingungen, weil diese bei G.

im allgemeinen nicht vollständig erfaßbar und somit auch nicht vollständig beschreibbar sind.

Die durch die G. erzielten Ergebnisse, die Bedingungen, unter denen sie durchgeführt wurde, sowie alle Annahmen und Voraussetzungen für den Meßablauf müssen in einem Meßprotokoll festgehalten werden. *Strauch*

Geräuschspitze *⟨noise peak⟩*. G. sind kurzzeitig auftretende Schalldruckpegel einer Anlage, deren Werte erheblich über den überwiegend von der Anlage verursachten Geräuschen liegen.

Für diese betrieblich bedingten G. wird wegen der insbesondere während der → Nachtzeit erhöhten Störwirkung gegenüber einem gleichförmigen Geräusch eine Begrenzung dieser Spitzen bei der Beurteilung der Geräuschimmissionen vorgenommen.

Bei Gewerbe- und Industrieanlagengeräuschen dürfen nach der → TA Lärm die G., gekennzeichnet durch den maximalen Schalldruckpegel L_{AFmax}, während der Nachtzeit den geltenden → Immissionswert um bis zu 20 dB und – in Ergänzung dazu – nach VDI 2058, Bl. 1: Beurteilung von Arbeitslärm in der Nachbarschaft, 9/1985, während der Tageszeit um bis zu 30 dB überschreiten. *Strauch*

Geruchsausbreitung *⟨odour dispersion⟩* → Ausbreitung von Gerüchen

Geruchseinheit *⟨odour unit⟩* → Kennwerte, olfaktometrische

Geruchsimmissionsprognose *⟨odour immission prognosis⟩* → Olfaktometrie

Geruchsmessung *⟨olfactometry⟩* → Olfaktometrie

Geruchsschwelle *⟨odour threshold⟩* → Kennwerte, olfaktometrische, → Verfahrenskenngrößen, olfaktometrische

Geruchsstoff *⟨odorant⟩* → Stoff, geruchsintensiv

Geruchsstunde *⟨hour of odour⟩*. In bezug auf die Grenzen der Zumutbarkeit von Gerüchen wurden 1975 erstmalig bestimmte Prozentsätze der Zeit im Jahr mit Geruchswahrnehmungen genannt, nämlich 3 bzw. 5% der Jahresstunden. Eine G. ist dabei dann gegeben, wenn innerhalb einer Zeitstunde die Geruchsschwelle für wenigstens 6 Minuten überschritten wird. Bei Begehungen, bei denen die Geruchserhebungen in weniger als einer Stunde durchgeführt werden, liegt eine G. dann vor, wenn in wenigstens 10% der Erhebungszeit Gerüche wahrgenommen werden. Nach der Geruchsimmissions-Richtlinie des Länderausschusses für Immissionsschutz ist ein Meßzeitintervall (Aufenthaltszeit von 10 Minuten an einer Meßstelle) als G. zu zählen, wenn während dieses Meßzeitintervalls in mindestens 10% der Zeit Geruchsimmissionen festgestellt werden. Die Kenngröße für die vorhandene Geruchsbelastung, die mit dem vorgegebenen Geruchsimmissionswert zu vergleichen ist (relative Häufigkeit der Geruchsstunden), ergibt sich aus der Berziehung

$$I_v = \frac{k \cdot n_v}{N}$$

mit N=Stichprobenumfang, n_v=Summe der G. und k=Korrekturfaktor (über Richtlinie vorgegeben). *Giebel*

Literatur: Länderausschuß für Immissionsschutz: Feststellung und Beurteilung von Geruchsimmissionen. Geruchsimmissions-Richtlinie; Berlin 1994.

Geruchszahl *⟨odour unit⟩*. G. ist nach der → TA Luft (2.1.6) das olfaktometrisch (→ Olfaktometrie) gemessene Verhältnis der Volumenströme bei Verdünnung einer Abgasprobe (mit Neutralluft) bis zur Geruchsschwelle; sie wird angegeben als Vielfaches der Geruchsschwelle (→ Kennwert, olfaktometrischer):

$$G = \frac{V1 + V2}{V1} = 1 + \frac{V2}{V1}$$

mit G = Geruchszahl, V1 = Volumenstrom der Abgasprobe und V2 = Volumenstrom der Verdünnungs-(Neutral-)Luft.

G. ist der dimensionslose Verdünnungsfaktor oder die Verdünnungszahl. Die TA Luft bevorzugt den Begriff G., um deutlich zu machen, daß es sich um eine Maßzahl zur Beurteilung von Gerüchen handelt. Der G. kommt bei der Durchführung von Geruchsminderungsmaßnahmen eine emissionsbegrenzende Bedeutung zu, indem ein olfaktometrisch zu bestimmender Geruchsminderungsgrad festgesetzt wird (3.1.9 der TA Luft), der als technischer Wirkungsgrad die Minderung der Geruchsstoffemission beschreibt:

$$\eta = \frac{G1 - G2}{G1} = 1 - \frac{G2}{G1}$$

mit G1 = G. im Rohgas, G2 = G. im Reingas.

Zur Kennzeichnung von Gerüchen werden auch die Geruchseinheit (GE) und die Geruchsstoffkonzentration (GE/m^3) verwendet (→ Kennwert, olfaktometrischer); die Geruchsstoffkonzentration an der Geruchsschwelle ist per definitionem 1 GE/m^3. Die numerischen Werte von Geruchseinheiten und Geruchsstoffkonzentrationen entsprechen der G.; an der Geruchsschwelle hat die G. den Wert 1.

Mit der Einführung der G. in die TA Luft sind die Behörden bei der Anwendung dieser Verwaltungsvorschrift an diesen Begriff gebunden. *Dreyhaupt*

Gesamtkohlenwasserstoffe *⟨total hydrocarbons⟩*. Sammelbezeichnung für die Kohlenwasserstoff-Verunreinigungen in der Luft, die von einem → Flammen-Ionisations-Detektor (FID) angezeigt werden. Die G. werden häufig als THC (*engl.* Total Hydro Carbon) abgekürzt. Die Messung der G. ist nur sinnvoll, wenn die Zusammensetzung des Gemisches bekannt und einigermaßen konstant ist. Der Vorteil der G.-Messung liegt darin, daß die Luft nur durch einen FID geleitet wird und man somit ein kontinuierliches Meßsignal erhält. Störend wirkt hierbei jedoch der hohe Methangehalt, der ein natürlicher Bestandteil der Luft ist. Es ist deshalb üblich, vor der Messung das Methan durch einen kurzen chromatographischen Schritt abzutrennen. Man erhält so alle 1 bis 3 min ein Meßsignal der sog. Nichtmethankohlenwasserstoffe (*engl.* Non-Methane-Total-Hydro-Carbon, NMTHC).

In den meisten Fällen der Immissionsmessung von → Kohlenwasserstoffen geht es jedoch um eine gezielte Fragestellung, wie z.B. die Benzolkonzentration in der Straßenluft. Meßtechnisch läßt sich das nur mit chromatographischen Verfahren ermitteln.

Dulson

Gesamtstaub ⟨*total dust*⟩ → Staubemissionen

Gesamtstaubabscheidegrad ⟨*overall collection efficiency*⟩. In einem Apparat zur → Staubabscheidung wird von einer aufgegebenen Menge M_A die Menge M_G abgeschieden und die Menge M_F durchgelassen. Der G. T_{ges} stellt das Verhältnis der abgeschiedenen zur aufgegebenen Menge dar und wird deshalb auch als Grobgutmengenanteil bezeichnet.

$$T_{ges} = \frac{M_G}{M_A} = \frac{M_G}{M_G + M_F} = 1 - \frac{M_F}{M_A}$$

Ist der Fraktionsabscheidegrad T(x) des Trennapparates bekannt, kann der G. T_{ges} für eine gegebene Verteilungsdichte q(x) der Partikelgrößen x im Aufgabegut (A) berechnet werden:

$$T_{ges} = \int_{x_{min}}^{x_{max}} T(x) \cdot q_A(x) \cdot dx$$

Der so bestimmte G. ist von der Mengenart abhängig, in der die Verteilungsdichte gemessen wird. Häufige Mengenarten sind Masse und Anzahl.

Der G. $T_{ges,tot}$ einer Reihenschaltung zweier Trennapparate ergibt sich aus den Abscheidegraden $T_{ges,1}$ und $T_{ges,2}$ der einzelnen Apparate.

$$T_{ges,tot} = T_{ges,1} + (1 - T_{ges,1}) \cdot T_{ges,2}$$

Schmidt

Gewebefilter ⟨*fabric filter*⟩ → Oberflächenfilter

Gewerbegebiet ⟨*industrial estate area*⟩. G. dienen nach § 8 BauNVO vorwiegend der Unterbringung von nicht erheblich belästigenden Gewerbebetrieben. Zulässig sind nach § 8 Abs. 2 BauNVO Gewerbebetriebe aller Art, Lagerhäuser, Lagerplätze und öffentliche Betriebe, Geschäfts-, Büro- und Verwaltungsgebäude sowie Tankstellen und Anlagen für sportliche Zwecke. Ausnahmsweise können in einem G. Betriebswohnungen, die dem Gewerbebetrieb zugeordnet und ihm gegenüber in Grundfläche und Baumasse untergeordnet sind, sowie Anlagen für kirchliche, kulturelle, soziale und gesundheitliche Zwecke sowie Vergnügungsstätten zugelassen werden.

Hoppe/Beckmann

Gießerei ⟨*foundry*⟩. Das Herstellen von metallischen Gegenständen durch Gießen erfolgt in G. Hier wird besonders auf Eisen-, Temper- und Stahlgießereien eingegangen, in denen alle Grauguß- und Stahlgußqualitäten einschließlich der legierten chemisch- und hitzebeständigen Grauguß- und Stahlgußqualitäten erzeugt werden. Die Darstellungen lassen sich auf NE-Metallgießereien, insbesondere solche, die Sandgußformen verwenden, übertragen.

Der Gießereibetrieb kann in folgende Bereiche aufgeteilt werden: Schmelzerei, Sandaufbereitung, Kernherstellung, Formerei, Gieß-, Kühl- und Ausleerbereich, Gußputzerei und Wärmebehandlung, Sandregenerierung (Bild).

Zum Erschmelzen von Gußeisen werden Kupolöfen, Induktionsöfen oder Drehrohröfen eingesetzt. Einsatzmaterialien sind Stahl- und Gußschrott, Kreislaufmaterial, Legierungsmetalle, Zuschlagsstoffe (z.B. Kalkstein, Dolomit, Bauxit, Kieselstein, Kohlenstoff), Koks als Energie- und Kohlenstoffträger, ferner Gas, Öl und elektrischer Strom als Energieträger sowie Sauerstoff. Stahlgußqualitäten werden in der Regel in Elektrolichtbogenöfen und Induktionsöfen erschmolzen. In der Sandaufbereitung werden Altsande aufbereitet und Sandmischungen für die Formerei hergestellt. Bei der Sandaufbereitung handelt es sich um Transport-, Sieb- und Sichteinrichtungen sowie um Sandmisch- und Kühleinrichtungen. In der Kernmacherei werden überwiegend auf speziellen Kernschießmaschinen, hauptsächlich nach dem Hot-Box-Verfahren, Croning-Verfahren oder Cold-Box-Verfahren, Kerne hergestellt. Als Material werden Quarzsand oder regenerierter Altsand und als Bindemittel Kunstharze verwendet. In der Formerei werden Gießformen mit Modellen hergestellt, hauptsächlich aus bentonit- oder kunstharzgebundenem Sand. Zur gezielten Bildung von Hohlräumen im Gußstück werden in die Gießform Kerne eingelegt. Der Gieß-, Kühl- und Ausleerbereich schließt sich in der Regel der Formerei direkt an. Nach dem Abkühlen werden in der Gußputzerei die Sand- und Kernreste sowie Steiger und Angüsse von den Gußstücken entfernt. Zur Anwendung kommen mechanische und thermische Trenn- und Schleifeinrichtungen sowie Strahlanlagen. Zum Härten, Weichglühen und Spannungsarmglühen werden Gußstücke in Wärmebehandlungsöfen bei Temperaturen von 500 bis 1 000 °C über längere Zeiten behandelt.

Die Emissionen luftverunreinigender Stoffe der G. sind sehr verschieden und entstehen in allen Bereichen (Tabelle).

Induktionsöfen und Drehrohröfen sind mit Abgaserfassungseinrichtungen wie nachführbare Hauben, Teileinhausungen und Einhausungen ausgerüstet. Die

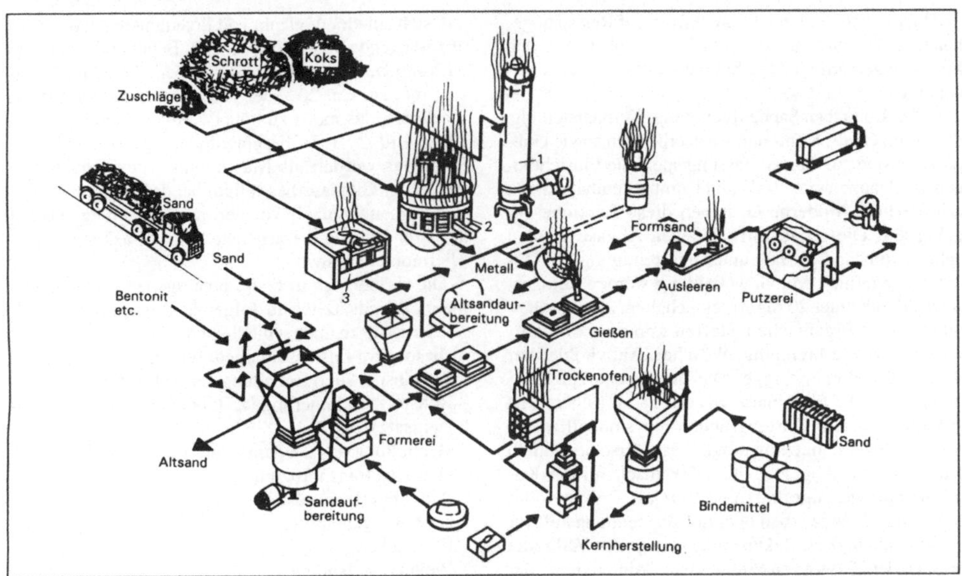

Gießerei: Fließschema einer Grauguß- Stahlguß-G. mit Hauptemissionsquellen.

1 Kupolofen, 2 Elektrolichtbogenofen, 3 Induktionsofen, 4 Schmelzbehandlung

Gießerei. Tabelle: Gießereianlagen einschließlich Schmelzanlagen und ihre wesentlichen Emissionen.

Emissionen / Anlagenteil	Anorganische Stoffe feste						gasförmige							Organische Stoffe					
	Staub	Blei	Cadmium	Nickel	Chrom	Mangan	CO	H_2S	SO_2	NO_x	HF	NH_3	HCN	Gesamt-C	Formaldehyd	Phenol	Amine	Benzol	PAH
Schmelzanlagen																			
Kupolofen	×	×	×	×	×	×	×	×	×	×	×	×	×	×					
Elektrolichtbogenofen	×	×	×	×	×	×	×			×	×			×					
Induktionsofen	×	×	×	×	×	×				×	×			×					
Kernmacherei																			
Hot-Box-Verfahren	×													×	×	×			
Croning-Verfahren	×											×	×	×	×	×			
Cold-Box-Verfahren	×													×		×	×		
Sandaufbereitung	×																		
Formen, Gießen, Kühlen, Ausleeren	×											×	×	×	×	×	×	×	×
Putzerei	×			×	×	×													
Wärmebehandlungsöfen									×										

→ Abgase werden durch Gewebefilter auf Reststaubgehalte von weniger als 20 mg/m^3 gereinigt. Die in den Filteranlagen anfallenden Stäube werden in der Regel deponiert.

In den Bereichen Sandaufbereitung, Kernherstellung, Formerei, Gieß-, Kühl- und Ausleerbereich sowie Gußputzerei sind zur Abgaserfassung spezielle Einrichtungen wie Hauben oder Teil- und Kompletteinhausungen erforderlich. Moderne G. haben diese Bereiche gut gekapselt. Die schadstoffbeladenen Abgase werden nahezu vollständig erfaßt und Abgasreinigungseinrichtungen zugeführt. Mit Gewebefiltern werden Reingasstaubgehalte unter 20 mg/m^3 eingehalten. Zur Abscheidung von → organischen Stoffen kommen die thermische Nachverbrennung, Wäscher, Aktivkohlefilter oder → Biofilter in Frage. Die thermische Nachverbrennung, z. B. für Abgase aus der Kernmacherei, ist aus Energie- und Kostengründen nur sinnvoll, wenn eine → Abwärmenutzung möglich ist. Verschiedentlich wird z. B. das Abgas aus der Kernmacherei der Kupolofenanlage zugeführt und dort als Primär- oder Sekundärluft zugegeben oder als Verbrennungsluft für den eigenbeheizten Rekuperator verwendet. Verbreitet ist auch der Einsatz von Wäschern mit Aufbereitung der Waschflüssigkeit, in Einzelfällen auch durch biologische Regenerierung. Biofilter werden in G. insbesondere zur Abscheidung von → Benzol großtechnisch erprobt. Darüber hinaus ist zur Benzolabscheidung neben der thermischen Nachverbrennung prinzipiell das Aktivkohlefilter geeignet. Mit den genannten Abgasreinigungsverfahren können die Emissionen organischer Stoffe der Klasse I Nr. 3.1.7 → TA Luft unter 20 mg/m^3 und von Benzol unter 5 mg/m^3 im Abgas gesenkt werden. Im Hinblick auf die verschiedenen Emissionen aus G. können auch kombinierte Reinigungseinrichtungen eine günstige Problemlösung sein. Bei Wärmebehandlungsöfen werden NO_x-arme Brenner eingesetzt, mit denen der Emissionswert für NO_x von 500 mg/m^3 eingehalten werden kann.

Die Abgasvolumenströme der verschiedenen Gießereianlagen liegen zwischen 10000 m^3/h und 100000 m^3/h.

G. sind genehmigungsbedürftig nach dem BImSchG. Emissionsbegrenzende Anforderungen enthält die TA Luft; von besonderer Bedeutung sind die Regelungen zur Begrenzung der Emissionen an krebserzeugenden oder toxischen → Schwermetallen (Nrn. 2.3 und 3.1.4), diffuser → Staubemissionen (Nr. 3.1.5) und von staub- und gasförmigen Emissionen (Nrn. 3.3.3.3.1, 3.3.3.7.1, 3.1.3, 3.1.6 und 3.1.7). *Batz*

Literatur: *Batz, R.*: Stand der Technik bei der Emissionsminderung in Eisen-, Stahl- und Tempergießereien. Gießerei **73** (1986) Nr. 3, S. 55–61. – *Davids, P.; M. Lange*: Die TA Luft '86. Technischer Kommentar. Düsseldorf 1986.

Glasherstellung *(glass manufacturing)*. Die G. ist ein Teil der → Steine-Erden-Industrie. Die Produktion verteilt sich auf eine Vielzahl von Erzeugnissen, wovon der überwiegende Teil Hohlglas, z. B. Behälterglas für Verpackungen, Trinkgläser, Glaskolben für Fernsehbildschirme, ist. Ca. 20% der Glasproduktion entfällt auf Flachglas, das meist zu höherwertigen Produkten veredelt wird (z. B. Isolierglas, Spiegelglas). Hohl- und Flachglas werden als Massengläser bezeichnet. Der Anteil der Glasfaserherstellung an der Gesamtproduktion ist mengenmäßig von geringer Bedeutung; das gilt auch für das sog. verarbeitete Glas (Glasinstrumente, Thermometer usw.).

Die G. läßt sich trotz des heterogenen Produktsortiments grundsätzlich in folgende Prozeßschritte aufgliedern, die zu unterschiedlichen Umweltbelastungen, insbesondere Luftbelastungen, führen können:
- Antransport und Entladung der Rohstoffe
- Rohstoffzerkleinerung (z. B. bei Altglas- und Scherbeneinsatz)
- Herstellung des Gemenges aus den Rohstoffen
- Gemengetransport zum Ofen
- Aufschmelzen des Rohmaterials und Herstellung einer homogenen Flüssigmasse
- Formgebung
- Weiterverarbeitung.

Die Rohstoffe für die G. variieren je nach Produkt beträchtlich. Mengenmäßig von besonderer Bedeutung sind Kalknatrongläser, die überwiegend aus Sand, Soda und Kalk hergestellt werden. Bleigläser enthalten außerdem Bleioxide, Borsilikatgläser Bortrioxid. Spezialgläser können darüber hinaus zahlreiche Beimengungen enthalten. Die in geringen Mengen zugegebenen Färbungsmittel enthalten überwiegend Oxide von Metallen wie Kupfer, Eisen, Chrom, Mangan, Kobalt, Nickel oder Vanadium, teilweise auch Selen und Cadmium. Der Einsatz von Altglas in der Hohlglasindustrie nimmt weiter zu.

Zentraler Prozeßschritt bei der G. ist das Schmelzen bei Temperaturen von meist über 1500 °C. Es werden Hafenschmelzen (in beweglichen Schmelzgefäßen mit geringem Durchsatz für die Spezialglasherstellung und in Mundblashütten) sowie Wannenschmelzen (zur Verarbeitung größerer Glasmengen) unterschieden. Während in Hafenöfen max. ca. 2 t Glas/d erschmolzen werden können, produzieren kontinuierlich betriebene Wannenöfen bis zu 900 t/d. Feuerführung, Ofenkonstruktion und Verbrennungsluftvorwärmung (regenerativ oder rekuperativ) sind je nach Anwendung verschieden. Als Energieträger kommen im wesentlichen Erdgas, Heizöl oder Strom zur Anwendung. Zur Homogenisierung der aufgeschmolzenen Masse ist eine Entfernung von Gasblasen durch Zusätze (Läuterungsmittel, z. B. Salpetersäure) erforderlich. Das geschmolzene Glas kann nach einer Ruhephase verarbeitet werden.

Bei der G. treten hauptsächlich Emissionen an Staub, Schwefeloxiden, Fluor- und Chlorverbindungen sowie Stickstoffoxiden auf; in Sonderfällen können es auch → Schwermetalle oder Borverbindungen sein.

Hauptemissionsquelle für feste und gasförmige luftverunreinigende Stoffe ist der Schmelzprozeß. Der Staub in den Abgasen der Schmelzöfen mit Rohgasgehalten zwischen 80 und 400 mg/m^3 besteht überwiegend aus Verdampfungs- und Kondensationsprodukten der Glasschmelze und hat daher einen sehr geringen mittleren Partikeldurchmesser (< 1 µm). Er besteht im wesentlichen aus wasserlöslichen Sulfaten. Im Rohgas der Schmelzöfen können Schwefeloxidkonzentrationen bis 3,0 g/m^3 auftreten, bei Läuterung mit Schwefelverbindungen auch höhere Werte.

Auf Grund der hohen Prozeßtemperaturen und der intensiven Verbrennungsluftvorwärmung entstehen bei der G. in der Regel hohe Massenkonzentrationen an Stickstoffoxiden im Abgas. Ohne NO_x-Minderungsmaßnahmen liegen die Emissionen häufig bei 1,0–2,5 g/m^3 im Abgas. Bei Verwendung von nitrathaltigen Läuterungsmitteln können deutlich höhere Werte vorkommen.

Gasförmige anorganische Fluorverbindungen in den Abgasen entstehen durch Inhaltsstoffe im Rohmaterial (z. B. bei Verwendung des Gesteins Phonolith) oder durch Altglaszugabe mit erhöhten Anteilen an Kalziumfluorid. Im Rohgas treten meist Konzentrationen von 10 bis 20 mg HF/m^3 auf.

Gasförmige anorganische Chlorverbindungen im Abgas bilden sich überwiegend aus den in den Rohstoffen und im Recyclingmaterial enthaltenen Chloriden. Die Chloridfracht im Rohgas kann durch Zuführung der Abgase der Heißendvergütungsanlage beträchtlich erhöht werden. Durchschnittlich sind im Rohgas 50 bis 100 mg HCl/m^3 enthalten.

Werden Läuterungs- und Entfärbungsmittel eingesetzt, können je nach Zugabe Arsen-, Selen-, Cer- und Antimon-Verbindungen im Abgas auftreten; diese Elemente werden nur teilweise von der Glasschmelze aufgenommen. Bei der Bleiglasproduktion können beträchtliche Mengen vor allem an Bleisulfaten im Abgas vorhanden sein.

Neben dem Glasschmelzprozeß können auch bei der Rohstoffaufbereitung, dem Rohstoffhandling und bei der Gemengeaufbereitung staubhaltige Abgase entstehen. Auch die Scherbenzerkleinerung führt zu Staubbildung.

Technische Verfahren zur Emissionsminderung bei der G. betreffen Rohstoff-, Prozeß- und Abgasreinigungsmaßnahmen (Bild).

Verringerte Staubbildung bei Gemengeherstellung und -transport ist durch Kapselung von Aggregaten oder durch Anfeuchten von Rohstoffen möglich. Eine fallfreie Einlage des Gemenges, ein gleichmäßiger Schmelzprozeß und niedrige Oberofentemperaturen tragen zur Staubunterdrückung bei. Eine Auswahl von Rohstoffen und ein weitgehender Verzicht auf gesundheitsgefährdende Stoffe dienen der Verminderung der Emissionen an toxischen Staubinhaltsstoffen. In der Regel sind darüber hinaus wirksame Staubabscheider erforderlich, überwiegend filternde → Abscheider. Speziell zur Reinigung von Abgasen und zur sicheren Ein-

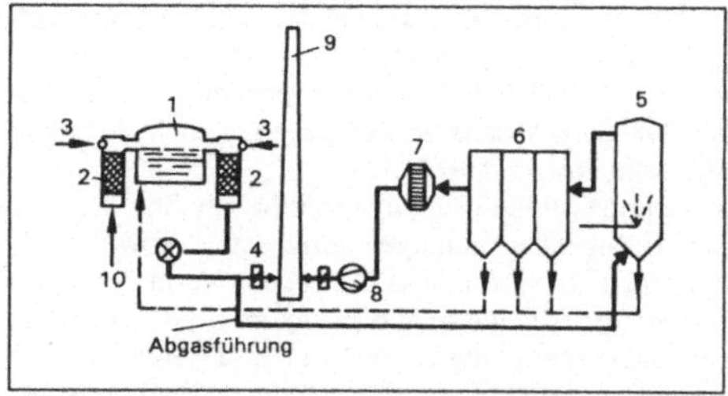

Glasherstellung: Abgasführung einer Glasschmelzwanne.

1 Glasschmelzwanne, 2 Regeneratoren, 3 Feuerung (alternierend), 4 Bypassführung für Notfälle, 5 Sorptionsstrecke, 6 Elektro- oder Gewebefilter, 7 Katalysator, 8 Gebläse, 9 Schornstein, 10 Frischluft

haltung von 50 mg Staub/m^3 bei Massenglaswannen haben sich elektrische Abscheider bewährt, deren Wirkungsgrad für die → Staubabscheidung bei Abgasen aus Blei-, Borat- und Spezialwannen allerdings meist nicht ausreicht. Mit filternden → Abscheidern lassen sich im Dauerbetrieb Staubemissionswerte von 10 mg/m^3, teilweise von 5 mg/m^3 und auch darunter, einhalten.

Die Bildung von Stickstoffoxiden im Ofen beeinflussen stoffliche und betriebliche Maßnahmen: der Einsatz NO_x-armer Brenner, die Vermeidung von Kaltluft an der Flammenwurzel durch Düsensteinabdichtung, die Senkung der Oberofentemperatur sowie gestufte Brennstoff- und Luftzufuhr sind wirkungsvolle Möglichkeiten zur NO_x-Emissionsminderung. Damit lassen sich NO_x-Minderungsgrade von 50% und mehr erreichen. Ofenbauliche Modifikationen bei Neuanlagen (z. B. Verkleinerung der Feuerzone) bewirken eine sehr geringe NO_x-Bildung. Der Massenstrom an NO_x kann durch eine Vorwärmung des Gemenges mit Ofenabgas gesenkt werden. Dies führt gleichzeitig zur besseren Nutzung der Prozeßwärme, zur Vorabscheidung saurer Ofenabgasbestandteile und zu einem gleichmäßigen Betrieb der Wanne. Soweit möglich, ist auf eine Nitratläuterung zu verzichten.

Zusätzlich zur prozeßtechnischen NO_x-Minderung kommen abgasseitige Verfahren zur Anwendung, insbesondere die selektive katalytische Reduktion (→ SCR-Verfahren) und selektive nicht katalytische Reduktion (→ SNCR-Verfahren). Zum SCR-Verfahren gibt es bei der G. erste Betriebserfahrungen; vor allem das Problem der Verstaubung der Anströmflächen durch glasspezifische Stäube ist dabei zu lösen. Offensichtlich kommt hier dem Feuchtegehalt des Abgases besondere Bedeutung zu. Die grundsätzliche Eignung des SCR-Verfahrens zur deutlichen NO_x-Minderung wurde nachgewiesen. Bei Anwendung von SNCR-Verfahren ist auf den Einbau im optimalen Temperaturbereich (Temperaturfenster) und geringen Schlupf an NH_3 zu achten. Im Gegensatz zur Spezialglasindustrie finden SCR- und SNCR-Verfahren bei der Massen-G. nur zögernd Anwendung.

Die Schwefeloxidemissionen (SO_2, SO_3) lassen sich durch Einsatz schwefelarmer Roh- und Brennstoffe und durch zusätzlichen Einbau einer Sorptionsstufe begrenzen. Die SO_2-Abscheideraten liegen je nach Verfahren zwischen 30% und 90%.

Sorptionsstufen werden vorrangig zur Abscheidung von Halogenverbindungen eingesetzt. Sowohl mit trockenen als auch mit halbtrockenen Verfahren unter Zugabe von Kalziumoxid oder -hydroxid ist eine weitgehende Einbindung dieser Stoffe möglich. Die im nachgeschalteten Filter abgeschiedenen Reaktionsprodukte können wieder der Schmelze zugeführt werden. Weitergehende Maßnahmen können die Abgase der Heißendvergütungsanlage, in der Hohlgläser durch Beschichten mit Titan- oder Zinnchlorid schlagunempfindlicher gemacht werden, erfordern. Die Abgase dieser Teilanlage mit erhöhten Chloridgehalten werden oft in den Ofenabgasstrom geführt. Diese Maßnahme macht eine Sorptionsstufe zur Chloridabscheidung und -ausschleusung aus dem Prozeß erforderlich.

Anlagen zur G., auch aus Altglas, einschließlich der Glasfasern, die nicht für medizinische oder fernmeldetechnische Zwecke bestimmt sind, sind in Nr. 2.8, Spalte 1, des Anhangs der → 4. BImSchV enthalten. Die Errichtung und der Betrieb dieser Anlagen bedarf daher einer Genehmigung nach dem BImSchG in einem Verfahren mit Öffentlichkeitsbeteiligung.

Emissionsbegrenzende Anforderungen enthält die → TA Luft insbesondere in den Nrn. 2.3 (krebserzeugende → Stoffe) sowie 3.1 (übergreifende Regelungen), 3.2 (Überwachung) und 3.3.2.8.1. Der Grenzwert für Staub von 50 mg/m³ läßt sich durch Einsatz wirksamer Staubabscheider unterschreiten. Weitergehende Entstaubungsmaßnahmen können sich zur Einhaltung der Emissionswerte für krebserzeugende oder toxische Schwermetalle bei Farb- und anderen Sondergläsern ergeben (z.B. 0,1 mg/m³ für Cadmium, 5 mg/m³ für Blei). Aufgrund des Beschlusses der Umweltministerkonferenz 1991 wird für die Begrenzung der Arsenemissionen bei Anlagen zur Herstellung von Bleiglas ein Wert von 0,5 mg/m³ und bei den übrigen relevanten Anlagen von 0,1 mg/m³ empfohlen. Weitere wichtige emissionsbegrenzende Anforderungen betreffen

– Schwefeldioxid	Glasschmelzöfen	1,80 g/m³
	Hafenöfen und Tageswannen	1,10 g/m³
– Fluorverbindungen		5 mg/m³
– Chlorverbindungen		30 mg/m³

Bei den Stickstoffoxiden gilt die → Dynamisierungsklausel. Bei Glasschmelzöfen sollen 0,50 g NO_x/m^3 als Zielwert (nach einer Einzelfallprüfung) eingehalten werden. Bei Anwendung der Nitratläuterung sind höhere Werte zulässig.

Integrierter Umweltschutz bei der G. beinhaltet auch weitergehende Maßnahmen zur Wärmenutzung. Neben der bereits praktizierten Verbrennungsluftvorwärmung kann die entstehende, im Abgas enthaltene Wärme z.B. zur Einlegegutvorwärmung, Dampferzeugung, Kraft-Wärme-Kopplung, aber auch zur Fernwärmeauskopplung genutzt werden. Eine Integration der abgasreinigenden Prozeßstufen bleibt dabei gewährleistet.

Das Glas kann durch Säurepolieren oder Mattätzen behandelt werden. Polieren und Ätzen werden in Säurebädern durchgeführt. Für das Ätzen kommt überwiegend Flußsäure zum Einsatz, zum Polieren ein Gemisch aus Flußsäure und Schwefelsäure. Als Emissionen treten neben Staub hauptsächlich anorganische Fluorverbindungen (HF, SiF_4) und Schwefelsäure auf, die durch Kapselung der Säurebäder erfaßt und in Naßwäschern mit HF-haltiger Sorptionslösung oder in trockenen Sorptionsverfahren in Form von → Schüttschichtfiltern mit vorgeschalteter Kondensationsstufe abgeschieden werden können. Die anfallenden Schlämme aus der Säureneutralisation und aus dem Wäscher werden (noch) deponiert. Bei der Herstellung von Glasfasern werden die faserhaltigen Abgase aus den Zerfaserungseinrichtungen separat im filternden Abscheider erfaßt. Bei der Weiterverarbeitung zu Faserwerkstoffen können Abgase mit → organischen Stoffen (z.B. Formaldehyd, Phenol) entstehen, die meist einer thermischen Abgasreinigung oder Wäschern zugeführt werden müssen.

Anlagen zum Säurepolieren oder Mattätzen von Glas oder Glaswaren unter Verwendung von Flußsäure sind in Nr. 2.9, Spalte 2 des Anhangs der 4. BImSchV genannt und unterliegen damit dem vereinfachten Genehmigungsverfahren. Die emissionsbegrenzenden Anforderungen sind in den allgemeinen Regelungen der Nr. 3.1 der TA Luft festgelegt. *Hinrichs*

Literatur: *Davids, P.; M. Lange*: Die TA Luft '86 – Technischer Kommentar. Düsseldorf 1986. – Luftreinhaltung '88. Hrsg.: Umweltbundesamt Berlin 1989. – VDI 2578: Emissionsminderung; Glashütten. 1988.

Graskultur, standardisierte ⟨*grass culture, standardized*⟩. Das Verfahren der s. G. ist von *Scholl* entwickelt worden, um als komponenten-spezifischer Akkumulationsindikator innerhalb des → Wirkungskatasters die an denselben Meßstellen exponierten Reaktionsindikatoren (z.B. Flechtenexpositionsverfahren nach *Schönbeck*) hinsichtlich des Immissionseinflusses besser interpretieren zu können. Dieses Ziel setzt voraus, daß die akkumulierende Fang-Pflanze gegenüber → Luftverunreinigungen vergleichsweise resistent ist, damit ihre Aufnahmeeigenschaften durch den aufgenommenen Schadstoff selbst nicht verändert werden.

Bei der s. G. wird Welsches Weidelgras (Lolium multiflorum) der Sorte Lema zunächst in Tonschalen mit einem Durchmesser von 12 cm und einer Höhe von 3 cm ausgesät, die mit einer handelsüblichen Einheitserde gefüllt sind. Die eigentliche Exposition erfolgt in besonderen Pflanzenkulturgefäßen (Bild). Diese sind im unteren Bereich mit einer standardisierten Nährlö-

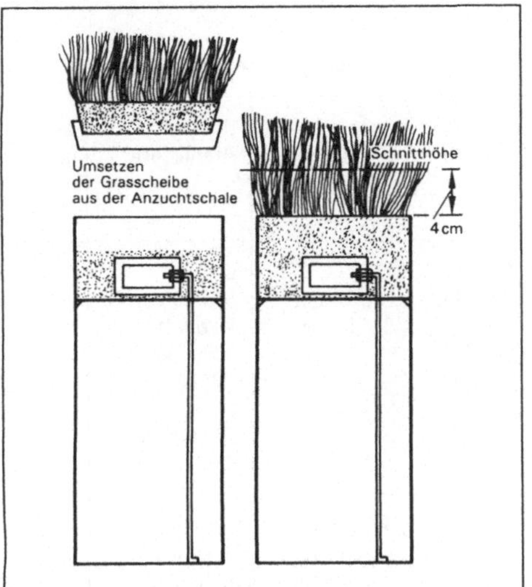

Graskultur, standardisierte: Schematische Darstellung des Expositionsgefäßes (Pflanzenkulturgefäß) im Graskultur-Verfahren (nach Scholl*).*

sung gefüllt. Oberhalb einer Siebplatte befindet sich ein Teil des Wachstumssubstrates, das durch eine keramische Kerze, die über einen Schlauch mit der Nährlösung verbunden ist, gleichmäßig durchfeuchtet wird. Nach der Exposition wird der Aufwuchs abgeschnitten, getrocknet, gemahlen und nach gängigen Verfahren analysiert, z. B. auf Blei, Zink, Cadmium, Chlor, Fluor, Schwefel.

Im Gegensatz zum Akkumulationsindikator IRMA hat die Graskultur als wachsende Pflanze einige Eigenschaften, die bei dem Einsatz im Rahmen des Wirkungskatasters genau zu beachten sind. Zunächst ist zu bedenken, daß die Biomasse als Bezugsgröße sich ständig verändert. Dies kann bei variierendem Immissionseinfluß bedeutend sein für den analytisch nachweisbaren Schadstoffgehalt in der Graskultur, indem bei geringem Wachstum, z. B. bei Beginn der Vegetationsperiode, und einer einmaligen Immissionsepisode zu Beginn der Expositionszeit besonders hohe Immissionsdosen feststellbar sind. Andererseits erhöht sich damit gleichzeitig die Übertragbarkeit der Untersuchungsergebnisse auf die Verhältnisse bei normalen Nutzpflanzen, z. B. Weidegras. Es läßt sich allerdings nachweisen, daß bei konstanter Immissionsbelastung oder bei statistisch zufällig verteilten Immissionsschwankungen trotz Biomassenzuwachs die analytisch ermittelte Immissionsdosis proportional der mittleren Immissionsbelastung ist.

Zu berücksichtigen ist auch noch, daß zur Erhöhung der räumlichen Repräsentanz, d. h. zur weitgehenden Ausschaltung des Einflusses von Bodenpartikeln, die Vegetationsgefäße 1,50 m über Bodenniveau exponiert werden. Durch die freie Anströmbarkeit der Graskultur kann somit die Immissionsdosis als etwas höher angenommen werden als beim Weidegras. Für andere Pflanzen müßten entsprechende Umrechnungsfaktoren ermittelt werden, weil die Morphologie der Pflanze naturgemäß einen großen Einfluß auf die Aufnahme von Luftverunreinigungen, insbesondere in der partikulären Form hat. Bei gas- oder dampfförmigen Luftverunreinigungen mit kutikulärer Aufnahme, z. B. bei lipophilen Substanzen, spielt auch die Art und Form der Kutikula eine Rolle. Bei der stomatären Aufnahme sind noch alle klimatischen Faktoren zu beachten, die die Öffnungsweite der Stomata beeinflussen. Dies kann aber im Hinblick auf die Übertragbarkeit der Ergebnisse auf andere Pflanzen, die grundsätzlich ähnlich reagieren, im Sinne der Repräsentanzerhöhung als ausgesprochen vorteilhaft gewertet werden. *Prinz*

Literatur: *Scholl, G.*: Ein biologisches Verfahren zur Bestimmung der Herkunft und Verbreitung von Fluorverbindungen in der Luft. 26/I Sonderh. Landw. Forsch. **22** (1971) S. 29–35. – VDI 3792, Bl. 1: Messen der Wirkdosis; Verfahren der standardisierten Graskultur. 7/1978.

Grobstaubabscheidung *⟨coarse dust separation⟩.* Unter Grobstaub versteht man feste luftverunreinigende Stoffe, die von strömendem Gas noch getragen werden können, die aber in ruhendem Gas nach relativ kurzer Zeit aussedimentiert sind. Typische Partikelgrößen liegen je nach Materialdichte im Bereich von 5–500 µm. Für die Abscheidung grober Stäube aus Gasen werden in erster Linie → Massenkraftabscheider, im besonderen → Fliehkraftabscheider, eingesetzt. *Schmidt*

Großfeuerungsanlage *⟨large furnace⟩.*
Emissionen/Emissionsbegrenzung. G. sind Feuerungsanlagen mit einer Feuerungswärmeleistung von mehr als 50 MW beim Einsatz fester und flüssiger Brennstoffe und von mehr als 100 MW beim Einsatz gasförmiger Brennstoffe. G. dienen meist der Stromerzeugung (Kraftwerke) oder – bei Wärmeauskopplung – der Fernwärmeversorgung (Heizwerke, Fernheizwerke und Heizkraftwerke). Hauptkomponenten einer G. sind Feuerraum, Dampfkessel, Einrichtungen zur Brennstoffaufbereitung (z. B. Kohlemühlen), Aggregate zur Wärmerückgewinnung (Economizer, Wärmetauscher), Einrichtungen zur Stromerzeugung (Dampfturbinen, Generatoren), Abgasreinigungseinrichtungen, Abgaskanäle, Schornstein.

Der größte Teil der G. in der Bundesrepublik Deutschland wird mit Braun- oder Steinkohle als Staubfeuerungen betrieben. Der stückige Brennstoff wird in einer Kohlemühle gemahlen und über Staubbrenner in den Feuerraum geblasen und gezündet. Beim Einsatz von Rohbraunkohle wird aufgrund des hohen Feuchtegehaltes die Kohle vor Einblasen in den Feuerraum getrocknet. Mahl- und Trocknungsvorgang werden in der Mahltrocknung gekoppelt.

Großfeuerungsanlage. Tabelle 1: Emissionsgrenzwerte der 13. BImSchV (mg/m^3).

Schadstoff		Neuanlagen für			Übergangswerte für Altanlagen [c]) [f]) für		
		feste Brennstoffe	flüssige Brennstoffe	gasförmige Brennstoffe	feste Brennstoffe	flüssige Brennstoffe	gasförmige Brennstoffe
Staub		50	50	5 10 Gichtgas 100 Industriegas	125 80 Braunkohle	≤ 100 000 m^3/h; 50 bis 100 (leistungsabhängig) > 100 000 m^3/h: 50	–
Schwermetalle As, Pb, Cd, Cr, Co, Ni		Beim Einsatz anderer fester Brennstoffe als Kohle oder Holz: 0,5	Für DIN-Heizöle mit mehr als 12 ppm Nickel und flüssige Brennstoffe ohne Norm: 2	–	Beim Einsatz anderer fester Brennstoffe als Kohle oder Holz: 1,5	Für DIN-Heizöle mit mehr als 12 ppm Nickel und flüssige Brennstoffe ohne Norm: 2	–
SO_2	> 300 MWth	400 und 15% max. Emissionsgrad [a])	Heizöl EL oder 400 und 15% max. Emissionsgrad [a])	35 5 Flüssiggas 100 Kokereigas 200 bis 800 Verbundgase	Restnutzung > 30 000 h: wie Neuanlagen h) Restnutzung ≤ 30 000 h: 2 500 (3 200) [g])	2 500 (3 400) [g])	–
	100 bis 300 MWth	2 000 und 40% max. Emissionsgrad (nur Rost-/Staubfeuer. Für Kohle) [c])	1 700 und 40% max. Emissionsgrad		Restnutzung > 10 000 h: [h]) 2 500 (3 200) [g])	2 500 (3 400) [g])	–
	≤ 100 MWth	2 000 [c]) (2 500) [g])	1 700 (3 400) [g])				
NO_x (gerechnet als NO_2). Weitergehende Minderungsmaßnahmen nach dem Stand der Technik sind auszuschöpfen		800 1 800 Schmelzfeuerung	450	350	1 000 1 300 b) 2 000 Schmelzfeuerung	700	500
CO		250	175	100	250	175	100

noch: Großfeuerungsanlage. Tabelle 1: Emissionsgrenzwerte der 13. BImSchV (mg/m³).

Schadstoff	Neuanlagen für			Übergangswerte für Altanlagen [e]) [f]) für		
	feste Brennstoffe	flüssige Brennstoffe	gasförmige Brennstoffe	feste Brennstoffe	flüssige Brennstoffe	gasförmige Brennstoffe
HCl	100 [d]) (> 300 MW_{th}) 200 [d]) (≤ 300 MW_{th})	Beim Einsatz anderer flüssiger Brennstoffe als Heizöle nach DIN: 30	–	–	–	–
HF	15 [d]) (> 300 MW_{th}) 30 [d]) (≤ 300 MW_{th})	Beim Einsatz anderer flüssiger Brennstoffe als Heizöle nach DIN: 5	–	–	–	–
O_2-Bezugswert (trocken, 1013 (mbar, 0 °C)	5% Schmelzfeuerung 6% Trockenfeuerung 7% Rostfeuerung Wirbelschicht	3%	3%	5% Schmelzfeuerung 6% Trockenfeuerung 7% Rostfeuerung Wirbelschicht	3%	3%

a) Bei Brennstoffen mit hohen oder stark schwankenden Schwefelgehalten: 650 mg/m³ u. max. Abscheideleistung.
b) Kohlenstaubtrockenfeuerung.
c) Wirbelschichtfeuerung: 400 mg/m³ oder 25% max. Emissionsgrad.
d) Ausgenommen Wirbelschichtfeuerung.
e) Anforderungen für Neuanlagen müssen spätestens am 1. 7. 1988, in den neuen Bundesländern 1. 7. 1996 erfüllt werden.
f) Die SO_2-Emissionsbegrenzungen für die Restnutzung gelten nur bis zum 1. 4. 1993, in den neuen Bundesländern bis zum 1. 4. 2001; danach gelten die gleichen Anforderungen wie für Neuanlagen.
g) Für einen Zeitraum von maximal 1 Jahr (Kohle) bzw. 6 Monaten (Öl) zulässiger Ausnahmewert bei Versorgungsengpässen für schwefelarme Brennstoffe.
h) Restnutzung < 10 000 h: wie Genehmigungsbescheid.

Die entstehenden Brüden werden in den Feuerraum geleitet.

Staubfeuerungen werden mit trockenem Ascheabzug (Trockenfeuerungen) oder flüssigem Ascheabzug (Schmelzkammerfeuerungen) betrieben. Bei Schmelzkammerfeuerungen liegen die Temperaturen im unteren Teil des Feuerraums oberhalb der Ascheerweichungstemperaturen. Schmelzkammerfeuerungen wurden ursprünglich betrieben, um die aus dem Abgas abgeschiedenen Stäube durch Rückführung in den Feuerraum einzuschmelzen und damit ihre Handhabbarkeit und Verwertung zu verbessern. Die hohen Verbrennungstemperaturen fördern aber die Bildung von Stickstoffoxiden. Auch die erhöhten Anforderungen zur NO_x-Emissionsminderung haben zu einem Rückgang des Anlagenbestandes zugunsten der Trockenfeuerungen geführt.

Verschärfte Umweltanforderungen haben die Entwicklung von Wirbelschichtfeuerungsanlagen gefördert. In diesen ist eine weitgehend emissionsarme Verfeuerung von festen Brennstoffen möglich. Von den verschiedenen Typen wird bisher nur die zirkulierende → Wirbelschichtfeuerung im G.-Bereich großtechnisch betrieben.

Emissionsbegrenzende Anforderungen für G. sind in der Großfeuerungsanlagen-Verordnung (→ 13. BImSchV) von 1983 festgelegt. Für Staub, Staubinhaltsstoffe, Schwefeldioxid, Stickstoffoxide, Kohlenmonoxid und gasförmige Chlor- bzw. Fluorverbindungen sind → Emissionsgrenzwerte in Abhängigkeit von Feuerungswärmeleistung und Anlagentyp festgelegt (Tabelle 1). Für Stickstoffoxide enthält die Verordnung auf Grund der zum Zeitpunkt des Inkrafttretens der Verordnung absehbaren Entwicklung der Minderungstechnik zunächst nur Höchstwerte, die sich an feuerungstechnischen Maßnahmen orientieren und zusätz-

Großfeuerungsanlage. Tabelle 2: Stickstoffoxid-Emissionsgrenzwerte für G. (Beschluß der Umweltministerkonferenz vom 5. April 1984)

	Brennstoffart	Feuerungswärmeleistung	Stickstoffoxide im Abgas (angegeben als NO_2)
Neuanlagen	feste Brennstoffe	> 300 MW	200 mg/m³
		50 – 300 MW	400 mg/m³
	flüssige Brennstoffe	> 300 MW	150 mg/m³
		50 – 300 MW	300 mg/m³
	gasförmige Brennstoffe	> 300 MW	100 mg/m³
		100 – 300 MW	200 mg/m³
Altanlagen Bis 30 000 h Restnutzung	feste Brennstoffe	> 50 MW	650 mg/m³ (1 300 mg/m³ bei Schmelzf.)
	flüssige Brennstoffe	> 50 MW	450 mg/m³
	gasförmige Brennstoffe	> 100 MW	350 mg/m³
Bei unbegrenzter Restnutzung	feste Brennstoffe	> 300 MW	200 mg/m³
		50 – 300 MW	650 mg/m³ (1 300 mg/m³ bei Schmelzf.)
	flüssige Brennstoffe	> 300 MW	150 mg/m³
		50 – 300 MW	450 mg/m³
	gasförmige Brennstoffe	> 300 MW	100 mg/m³
		100 – 300 MW	350 mg/m³

lich eine → Dynamisierungsklausel, die vorsieht, daß die Stickstoffoxid-Emissionen durch feuerungstechnische oder andere dem → Stand der Technik entsprechende Maßnahmen weiter zu vermindern sind.

Bereits im April 1984 wurde diese Dynamisierungsklausel durch Beschluß der Umweltminister-Konferenz konkretisiert; die entsprechenden NO_x-Emissionswerte sind in Tabelle 2 enthalten.

Der Vollzug der Anforderungen der 13. BImSchV ist in den alten Bundesländern praktisch abgeschlossen. Die öffentlichen Elektrizitätsversorgungsunternehmen (EVU) haben bis zum 30. Juni 1988 eine elektrische Kraftwerksleistung von ca. 38 000 MW fristgerecht mit Abgasentschwefelungseinrichtungen nachgerüstet. Dadurch konnte die SO_2-Emission von 1 550 kt (1982) um 88% auf 180 kt (1989) verringert werden. Insgesamt, einschließlich industrieller und kommunaler Kraftwerke, werden 42 000 MW_{el} mit Abgasentschwefelungseinrichtungen betrieben. Überwiegend werden → Kalk-/Kalksteinwaschverfahren eingesetzt. Auch die Nachrüstung der EVU-Kraftwerke mit Maßnahmen zur Begrenzung der NO_x-Emissionen wurde in den alten Bundesländern 1990/91 weitgehend abgeschlossen. Hiervon sind ca. 54 000 MW installierter Leistung betroffen. Die Nachrüstung der EVU-Kraftwerke mit feuerungstechnischen Maßnahmen erbrachte eine NO_x-Minderung von ca. 740 kt (1982) auf ca. 510 kt (1988). Seit 1989 ist ein weiterer deutlicher Rückgang durch Anwendung abgasseitiger Maßnahmen zu verzeichnen; hauptsächlich kommt das Verfahren der selektiven katalytischen Reduktion (→ SCR-Verfahren), vereinzelt auch die selektive nichtkatalytische Reduktion (→ SNCR-Verfahren) zum Einsatz.

Der Vollzug der Anforderungen der Großfeuerungsanlagen-Verordnung in den neuen Ländern wird teils durch Stillegung teils durch Nachrüstung der Altanlagen mit modernen Abgasreinigungseinrichtungen einen drastischen Rückgang der Emissionen mit sich bringen. Altanlagen, die auf Dauer weiter betrieben werden sollen, sind auf Grund des Einigungsvertrags bis spätestens zum 1. Juli 1996 mit wirksamen Abgasentschwefelungseinrichtungen und Maßnahmen zur Begrenzung der NO_x-Emissionen nachzurüsten.

Bade

Literatur: *Davids, P.; M. Lange*: Die Großfeuerungsanlagen-Verordnung – Technischer Kommentar. Düsseldorf 1984. – Umweltbundesamt (Hrsg.), Luftverschmutzung durch Stickstoffoxide, Berichte 3/90. Berlin 1990.

Emissionsüberwachung. Die Verordnung über G. (→ 13. BImSchV) enthält im 4. Teil ein Programm zur Messung und Überwachung der Emissionen, das die Betreiber allgemein verpflichtet, die Einhaltung der Anforderungen zur Emissionsbegrenzung durch erstmalige und wiederkehrende Messungen ermitteln zu lassen. Für die mengenmäßig besonders relevanten Schadstoffe werden kontinuierliche Messungen verlangt (Bild). G. für feste und flüssige Brennstoffe müssen mit Emissionsmeßeinrichtungen für Staub, Kohlenmonoxid, Stickstoffoxide und Schwefeldioxid ausgerüstet werden. Bei G. für gasförmige Brennstoffe wird nur eine kontinuierliche CO-Messung, bei sehr großen Anlagen auch eine NO_x-Messung verlangt. Zusätzlich sind die zur Auswertung benötigten Bezugsgrößen (Abgastemperatur und -sauerstoffgehalt) kontinuierlich zu messen. Außerdem ist die Einhaltung des in der Verordnung festgelegten Schwefelemissionsgrads (→ Emissionsgrad) fortlaufend nachzuweisen. Wie das am zweckmäßigsten geschieht, hängt sehr wesentlich von der Beschaffenheit und Betriebsweise der Anlage ab und soll deshalb im Einzelfall von der zuständigen Behörde festgelegt werden. Die Messungen zur kontinuierlichen → Emissionsüberwachung sollen unter Verwendung eines eignungsgeprüften elektronischen Auswertesystems fortlaufend automatisch ausgewertet werden. Nähere Einzelheiten sind in staatlichen Richtlinien festgelegt.

Stahl

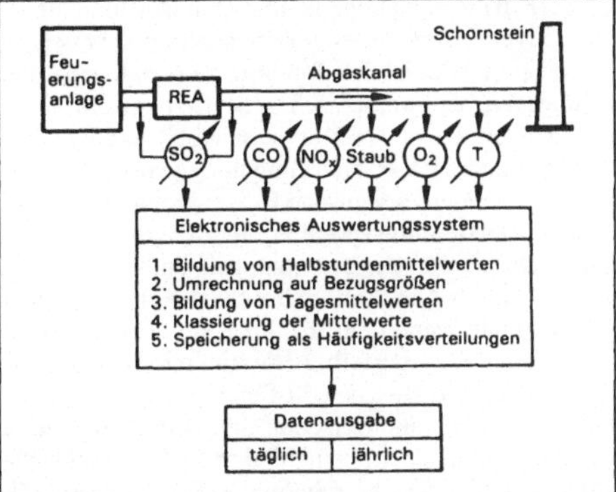

Großfeuerungsanlage: Kontinuierliche Emissionsüberwachung.

Literatur: *Davids, P.; M. Lange*: Die Großfeuerungsanlagen-Verordnung. Technischer Kommentar. Düsseldorf 1984. – Richtlinien über die Auswertung kontinuierlicher Emissionsmessungen. Rundschreiben des BMU vom 26.7.1988. Gemeinsames Ministerialblatt 1988, S. 426–430.

GuD-Kraftwerk/GuD-Prozeß *⟨gas & steam power station⟩* → Kombikraftwerk

H

Haldenemission ⟨*emissions from stocks*⟩ → Lagerung staubender Güter

Halogenkohlenwasserstoffe (HKW) ⟨*halogenated hydrocarbons*⟩.

Allgemein. Als H. wird übergreifend eine Gruppe von Stoffen bezeichnet, bei denen die Wasserstoffatome von → Kohlenwasserstoffen ganz oder teilweise durch Halogenatome (insbesondere Fluor, Chlor, Brom) ersetzt sind. Zu den H. gehören u. a. die → Chlorkohlenwasserstoffe (CKW), → Fluorchlorkohlenwasserstoffe (FCKW) und halogenierte makromolekulare Stoffe (z. B. Polyvinylchlorid (PVC), Polytetrafluorethylen (PFTE)). H. werden mit höherem Halogenanteil zunehmend stabiler, was sich z. B. in einer höheren chemischen Beständigkeit und Unbrennbarkeit der Stoffe zeigt. So zählen hoch- bzw. vollständig fluorierte Alkane zu den stabilsten → organischen Stoffen überhaupt. Diese Eigenschaften begründen auch die weite Verbreitung von H. in unterschiedlichen Einsatzgebieten. Da die Halogen-Kohlenstoffbindungen in der Natur kaum vorkommen und somit nur wenige biologische Abbauwege existieren und diese Bindungen chemisch relativ stabil sind, weisen H. nach ihrer Freisetzung verglichen mit anderen organischen Stoffen häufig relativ lange Lebensdauern in der Umwelt auf. Dies bedingt u. a. ihre ökologischen Schädigungspotentiale. *Brackemann*

Literatur: VDI-Ber. 745: Halogenierte organische Verbindungen in der Umwelt, Band I und II. Düsseldorf 1989.

Immissionsmessung. Auf Grund der steigenden Bedeutung werden die H. bereits von einigen Länder-Immissionsmeßnetzen routinemäßig erfaßt. Die Auswertung berücksichtigt in erster Linie die folgenden H.: Trichlormethan (Chloroform), Tetrachlormethan (Tetrachlorkohlenstoff), 1,1,1-Trichlorethan (Methylchloroform), Trichlorethen (Trichlorethylen, TRI), Tetrachlorethen (Perchlorethylen, PER).

Die Konzentration aller anderen H. ist in der normalen Außenluft kleiner als 10 ng und damit unter der Nachweisgrenze. Die genannten Verbindungen liegen in urbanen Ballungsgebieten in Konzentrationen von 0,5 bis 1,5 $\mu g/m^3$ vor. Lediglich das Tetrachlorethen weist höhere Konzentrationen auf, die um 2 $\mu g/m^3$ betragen und in der Nähe von chemischen Reinigungen 20 $\mu g/m^3$ erreichen können.

Da die H. zu den leichtflüchtigen → Kohlenwasserstoffen gehören, werden sie wie → BTX-Kohlenwasserstoffe meistens direkt mit ihnen zusammen, gaschromatographisch gemessen. Als Detektor wird der Elektroneneinfangdetektor eingesetzt. Sollen die BTX-Kohlenwasserstoffe gleichzeitig erfaßt werden, wird ein Flammenionisationsdetektor nachgeschaltet. *Dulson*

Halogenverbindung ⟨*halogenated compound*⟩. Sammelbegriff für organische und anorganische Stoffe, die ein oder mehrere Halogenatome (Fluor, Chlor, Brom oder Jod) enthalten. In → organischen Stoffen besteht in der Regel eine kovalente Bindung zum Halogenatom, wohingegen bei anorganischen Stoffen sowohl kovalente Bindungen (z. B. Chlorwasserstoff) als auch ionische Bindungen (z. B. Natriumchlorid) vorliegen können. Insbesondere organische H. werden in vielen chemischen Herstellungsverfahren als Zwischenprodukte eingesetzt, können bei Umsetzungen, an denen andere H. beteiligt sind als (unerwünschte) Nebenprodukte entstehen und werden als Produkte für verschiedenste Verwendungen hergestellt. Aufgrund ihrer häufig relativ zu anderen organischen Stoffen hohen Stabilität und ihrer toxischen, ökotoxischen oder klimarelevanten Wirkungen sind sie von erheblicher Bedeutung für die Umwelt (Chlor, → Chlorchemie, → Chlorwasserstoff, → Chlorkohlenwasserstoff, Fluor, → Fluorwasserstoff, → Fluorchlorkohlenwasserstoff, → Halogenkohlenwasserstoff, → Halone, → Dioxine, → Furane). *Brackemann*

Halone ⟨*halons*⟩. H. sind → Halogenkohlenwasserstoffe, die neben Fluor- und Chloratomen auch Bromatome enthalten. Die weltweit technisch wichtigsten bromhaltigen Verbindungen Halon 1301 – Bromtrifluormethan – CF_3Br, Halon 1211 – Bromchlordifluormethan – CF_2ClBr und Halon 2402 – Dibromtetrafluorethan – $C_2F_4Br_2$ werden fast ausschließlich zur Feuerlöschung und Explosionsunterdrückung verwendet (→ Brandbekämpfungsmittel).

Zur Kennzeichnung der H. bedient man sich folgender Nomenklatur:

```
Halon  1 2 1 1
       | | | └ Anzahl der Bromatome
       | | └── Anzahl der Chloratome
       | └──── Anzahl der Fluoratome
       └────── Anzahl der Kohlenstoffatome
```

Schätzungen der H.-Verbrauchsmengen in der Bundesrepublik liegen zwischen 1 300 und 2 000 Jahrestonnen, wobei in den vergangenen 15 Jahren der Einsatz drastisch gestiegen ist.

Da H. in der Troposphäre sehr langlebig und reaktionsträge sind, ist der wichtigste Abbauweg für diese Substanzklasse die Photolyse in der Stratosphäre bei

Wellenlängen zwischen 190 und 220 nm. H. sind somit die Quelle der Bromradikale in der Stratosphäre, die in katalytischen Reaktionen zur → Ozonzerstörung beitragen (→ Ozonloch). Die Bromatome der H. zerstören das Ozon im Vergleich zu den aus FCKW entstandenen Chloratomen wirksamer und haben daher ein um den Faktor drei bis zehn höheres Ozonzerstörungspotential als diese Spurengase. Da die H. im infraroten Wellenlängenbereich des Spektrums Strahlung absorbieren, führen sie auch noch zu einer Verstärkung des → Treibhauseffektes. Mit einer Verminderung der FCKW-Emissionen muß somit auch eine Verminderung der Halonemission einhergehen. *Wiesen*

Hartbrandkohle *⟨hard burned charcoal⟩*. Als H. werden Werkstoffe aus dem chemischen Element Kohlenstoff bezeichnet, die z. B. aus Koks und Bindemitteln durch thermische Behandlung bei 800 bis 1 300 °C hergestellt werden. In der Bundesrepublik Deutschland werden mehr als 320 000 t jährlich erzeugt (Stand 1991). Etwa 65% der Produktion werden als Elektrodenmaterial bei elektrometallurgischen oder elektrochemischen Prozessen verwendet, z. B. bei der Aluminium-Schmelzflußelektrolyse, der Erzeugung von Ferrolegierungen oder der Alkalichloridelektrolyse. H. unterscheidet sich von Werkstoffen aus Elektrographit durch größere Festigkeit, geringere Wärmeleitfähigkeit und höheren elektrischen Widerstand.

Bei der Herstellung von H. wird Petrolkoks zur Vergleichsmäßigung zu Pulver gemahlen und danach mit Bindemitteln (flüssigem Pech) zu einer plastisch verformbaren Masse gemischt und z. B. mit Pressen zu Formkörpern verarbeitet. Die Formkörper werden in gas- oder ölbeheizten Öfen gebrannt. Im Brennprozeß wird das Bindemittel, das in der plastischen Masse die Koksteilchen miteinander verklebt, langsam verkokt, so daß Formkörper aus ursprünglich eingesetztem Petrolkoks und verkoktem Bindekoks entstehen. Die gebrannten Formkörper werden dann in Graphitierungsöfen elektrisch auf ca. 3 000 °C aufgeheizt, wodurch die speziellen physikalischen und chemischen Eigenschaften der H. entwickelt werden.

Die Verkokung des Bindepeches geschieht unter definierten Bedingungen in sog. Ringöfen. Das Prinzip des Ringofens beruht darauf, daß mehrere Brennkammern hintereinander geschaltet sind und die heißen Rauchgase aus der Brennkammer dazu dienen, die nachfolgenden Kammern aufzuheizen. Dabei kühlt sich das Rauchgas ab und verläßt die Kammer mit ca. 100 °C. Das Feuer wird täglich um eine Kammer versetzt, und damit werden auch die Einbau-, Ausbau- und Kühlzone um eine Kammer verschoben. Die Kammern sind im Ring hintereinander geschaltet. Die Ringofenabgase enthalten Bindemitteldämpfe sowie thermische Zersetzungsprodukte von Steinkohlenteerpech, d. h. → organische Stoffe mit einem hohen Anteil an PAK.

Die herkömmliche Reinigung der Ringofenabgase erfolgt durch hintereinander geschaltete Elektrofilter. Neuerdings wird auch die thermische → Nachverbrennung als Abscheideverfahren erfolgreich eingesetzt, um insbesondere die Emissionen an krebserzeugenden Stoffen, wie z. B. Benzo(a)pyren, Dibenz(a,h)anthracen und weiteren PAK, so gering wie möglich zu halten ($\leq 0{,}1$ mg je m^3 Abgas). *Angrick*

Literatur: VDI 3467 E: Emissionsminderung; Herstellung von Werkstoffen aus Kohlenstoff und Elektrographit. 1/1995.

HAZOP-Verfahren *⟨HAZOP process⟩* → PAAG-Verfahren

Heizungsanlagen-Verordnung *⟨ordinance for heating systems⟩*. Die auf das → Energieeinsparungsgesetz gestützte Verordnung über energiesparende Anforderungen an heizungstechnische Anlagen und Brauchwasseranlagen (HeizAnlV) vom 22. März 1994 (BGBl. I S. 613) hat die erstmalig 1978 erlassene und zuletzt i. d. F. von 1989 gültige H.-V. abgelöst; mit der neuen Regelung wird auch die EG-Richtlinie 92/42/EWG vom 21. Mai 1992 über die Wirkungsgrade von mit flüssigen oder gasförmigen Brennstoffen beschickten neuen Warmwasserheizkesseln (ABl. EG Nr. L 197, S. 17/Nr. L 195, S. 32) in nationales Recht umgesetzt. Ziel der H.-V. ist – parallel zur → Wärmeschutzverordnung – die deutliche Verringerung des Energieverbrauchs und damit auch der Luftverunreinigungs-, insbesondere der CO_2-Emissionen im Gebäudebereich.

Die H.-V. gilt für heizungstechnische sowie der Brauchwasserversorgung dienende Anlagen und Einrichtungen mit einer Nennwärmeleistung von 4 kW oder mehr, wenn sie in Gebäuden zum dauernden Verbleib eingebaut oder aufgestellt werden (Neuanlagen) oder sind (Altanlagen). Altanlagen werden nur unter bestimmten Bedingungen erfaßt, insbesondere soweit sie erweitert oder umgerüstet werden oder für sie ausdrücklich spezielle Nachrüstgebote vorgesehen sind (z. B. Einrichtungen zur Steuerung und Regelung bei Zentralheizungen). Ausgenommen vom Anwendungsbereich der H.-V. sind Anlagen und Einrichtungen in Heizkraftwerken und in Abfallheizwerken sowie Anlagen in Gebäuden mit sehr geringem Jahres-Heizwärmebedarf (<22 kWh/m^2 Nutzfläche · a oder <7 kWh/m^3 Gebäudevolumen · a); mit letzterer Ausnahme soll die Entwicklung innovativer Gebäudetechniken gefördert werden, die den aktuellen Niedrigenergiehaus-Standard von 50 – 100 kWh/m^2 · a bzw. 16 – 32 kWh/m^3 · a noch erheblich übertreffen (Wärmeschutzverordnung).

Der Anwendungsbereich der H.-V. erstreckt sich grundsätzlich auf alle Arten von heizungstechnischen sowie der Versorgung mit Brauchwasser dienenden Anlagen und Einrichtungen, d. h. es fallen sowohl Zentralsysteme als auch Einzelgeräte, sowohl Anlagen mit Wärmeerzeugern für feste, flüssige oder gasförmige Brennstoffe als auch andere, wie z. B. fernwärmeversorgte, solar oder elektrisch beheizte Systeme und

Geräte oder auch Wärmepumpen unter die Verordnung. Neben den Wärmeerzeugern (Einheit von Wärmetauscher und Feuerungseinrichtung) gehören auch Maschinen, Apparate, Verteilungsnetze, Rohrleitungszubehör, Abgas-, Verbrauchs- bzw. Entnahme- sowie Regelungs- und Meßeinrichtungen und andere in funktionellem Zusammenhang stehende Bauteile, die jeweils bestimmten Anforderungen der H.-V. unterliegen, zu den Anlagen und Einrichtungen.

So gilt insbesondere das Gebot der Wärmedämmung nicht nur generell für Wärmeerzeuger, Heiz- und Brauchwasserspeicher, sondern ebenso für Wärmeverteilungsanlagen (Rohrleitungen und Armaturen). Zentralheizungen und Brauchwasseranlagen sind mit selbsttätig wirkenden Einrichtungen zur Steuerung bzw. Regelung der Wärmezufuhr bzw. der Zirkulationspumpen auszustatten; die Brauchwassertemperatur im Rohrnetz darf grundsätzlich 60 °C nicht überschreiten. Heizungstechnische Anlagen müssen mit selbsttätig wirkenden Einrichtungen zur raumweisen Temperaturregelung ausgerüstet sein (z. B. Thermostatventile an Heizkörpern).

Bei Zentralheizungen und Brauchwasseranlagen mit einer Nennwärmeleistung >11 kW ist der Betreiber verpflichtet, die Bedienung, Wartung und Instandhaltung nach bestimmten Maßgaben durchzuführen oder durchführen zu lassen. Wartung und Instandhaltung dürfen nur von Fachkundigen (Personen mit den entsprechenden notwendigen Kenntnissen und Fertigkeiten) vorgenommen werden; für die Bedienung genügt ein Eingewiesener, d. h. eine von einem Fachkundigen über Bedienungsvorgänge an den zentralen regelungstechnischen Einrichtungen unterrichtete Person (Funktionskontrolle; Vornahme von Schalt- und Stellvorgängen wie An- oder Abstellen, Überprüfen bzw. Anpassen der Einstellungen von Temperaturen und Zeitprogrammen).

Ein wichtiger Bestandteil der H.-V. sind die aus der EG-Richtlinie 92/42/EWG umgesetzten Bestimmungen über öl- und gasgefeuerte Wärmeerzeuger für Warmwasserzentralheizungen: Ab 1. 1. 1998 dürfen derartige Anlagen nur eingebaut werden, wenn sie mit dem CE-Zeichen nach der EG-Richtlinie und mit der EG-Konformitätserklärung versehen sind. In diesem Zusammenhang werden die Begriffe Standardheizkessel, Niedertemperatur-Heizkessel (NT-Kessel) und → Brennwertkessel entsprechend der EG-Richtlinie neu eingeführt bzw. neu bestimmt; maßgeblich ist in der Praxis stets die Kesseltypausweisung in der EG-Konformitätserklärung. Nach der EG-Richtlinie sind
- Standardheizkessel: Kessel, bei denen die durchschnittliche Betriebstemperatur durch ihre Auslegung beschränkt sein kann;
- NT-Kessel: Kessel, die kontinuierlich mit einer Eintrittstemperatur von 35–40 °C funktionieren können und in denen es unter bestimmten Umständen zur Kondensation kommen kann; hierunter fallen auch Brennwertkessel für flüssige Brennstoffe;
- Brennwertkessel: Kessel, die für die permanente Kondensation eines Großteils der in den Abgasen enthaltenen Wasserdämpfe konstruiert sind.

Die verschiedenen Kesseltypen müssen für die Verleihung des CE-Zeichens und der EG-Konformitätserklärung den sich aus der Tabelle ergebenden Wirkungsgradanforderungen bei Nennleistung (Pn) und bei Teillast (30% Belastung) entsprechen.

Standardheizkessel dürfen ab 1. 1. 1998 grundsätzlich nicht mehr eingebaut werden. Nur Kessel ≤30 kW können auf Antrag ausnahmsweise in Gebäuden zugelassen werden, die vor dem 1. Juni 1994 errichtet worden sind, wenn die Kosten für die Anpassung des → Schornsteins für die Verwendung eines NT- oder Brennwertkessels unverhältnismäßig hoch wären.

Dreyhaupt

Heizungsanlagen-Verordnung. Tabelle: Wirkungsgradanforderungen an Heizkessel für flüssige und gasförmige Brennstoffe nach Art. 5 der EG-Richtlinie 92/42/EWG.

Heizkesseltyp	Leistungs-intervalle	Wirkungsgrad bei Nennleistung		Wirkungsgrad bei Teillast	
	kW	Durchschnittliche Wassertemperatur des Heizkessels (in °C)	Formel der Wirkungsgradanforderung (in %)	Durchschnittliche Wassertemperatur des Heizkessels (in °C)	Formel der Wirkungsgradanforderung (in %)
Standardheizkessel	4 bis 400	70	≥ 84 + 2 log Pn	≥ 50	≥ 80 + 3 log Pn
Niedertemperatur-Heizkessel *)	4 bis 400	70	≥ 87,5 + 1,5 log Pn	40	≥ 87,5 + 1,5 log Pn
Brennwertkessel	4 bis 400	70	≥ 91 + 1 log Pn	30 **)	≥ 97 + 1 log Pn

*) Einschließlich Brennwertkessel für flüssige Brennstoffe.

**) Kessel-Eintrittstemperatur (Rücklauftemperatur).

High-Dust-Verfahren *⟨high dust method⟩* → SCR-Verfahren

High-Volume-Sampler *⟨high volume sampler⟩*. Das H.-V.-S.-Prinzip (HV 100) ist ein Probenahmeverfahren zur Messung von Schwebstaub. Es zeichnet sich durch einen sehr hohen Luftdurchsatz von rund 100 m^3/h und einen großen Filterdurchmesser von 257 mm bei einer freien Filterfläche von 414 cm^2 aus.

Der Vorteil des Verfahrens besteht aus der großen abgeschiedenen Staubmasse, was für nachfolgende chemische Analysen von Vorteil ist. Nachteilig ist die hohe Geräuschentwicklung.

Das Verfahren ist in VDI 2463, Bl. 2 (Entwurf) näher beschrieben.

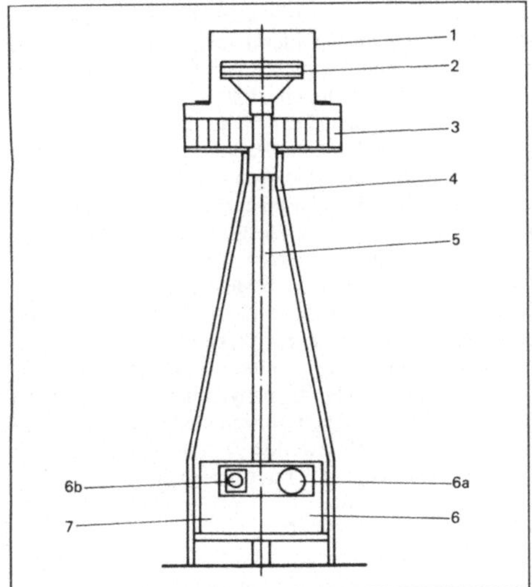

High-Volume-Sampler: Aufbau des Probenahmegeräts HV 100. (Quelle: VDI 2463, Bl. 2)

1 Schutzhaube (abnehmbar), 2 Filterhalter mit Filter (heizbar, abnehmbar), 3 Vorabscheider (heizbar), 4 Dreibein, 5 Verbindungsrohr, 6 Gebläse, Durchflußregler, 6 a Durchflußmesser, 6 b Programmschaltwerk, 7 Motor

Das HV-100-Gerät stammt aus den USA. Empfehlenswert ist aber eine Modifikation aus Deutschland, bei der das Probenahmevolumen nicht mit einem Schwebekörper-Durchflußmesser, sondern mit einem nach dem Flügelradprinzip arbeitenden, sogenannten Quantometer gemessen wird. *Pfeffer*

Literatur: VDI 2463, Bl. 2 E: Messen von Partikeln; Messen der Massenkonzentration von Partikeln in der Außenluft; High Volume Sampler – HV 100. 7/1977.

Hintergrundgeräusch *⟨background noise⟩*. H. ist das an einem Immissionsort vorhandene schwächste → Fremdgeräusch, das nicht einer einzeln erkennbaren Schallquelle zugeordnet werden kann. Das H. beschreibt die geräuschmäßige Ausgangssituation am Immissionsort während der Zeiten, in denen bestimmte Schallquellen, insbesondere eine zu beurteilende Schallquelle, akustisch nicht hervortreten.

Die kennzeichnende Größe des H. ist nach VDI 2058, Bl. 1: Beurteilung von Arbeitslärm in der Nachbarschaft. 9/1985, der Pegel des Fremdgeräusches, der zu 95% der Beobachtungszeit erreicht oder überschritten wird. *Strauch*

Hochdruckflüssigkeitschromatographie *⟨HPLC/ High Performance Liquid Chromatography⟩*. Die H. ist ein in der Immissionsmeßtechnik vielfältig eingesetztes Verfahren zur Trennung komplexer Substanzgemische. Während der Einsatz der → Gaschromatographie zur Stofftrennung einen gewissen Dampfdruck und thermische Stabilität der zu trennenden Komponenten erfordert, findet die H. überwiegend Anwendung zur Trennung von Stoffgemischen mit niedrigen Dampfdrücken und/oder höherer (thermischer) Labilität. Dementsprechend wird die H. in der Immissionsmeßtechnik häufig zur Trennung höhermolekularer Stoffe, beispielsweise von → polycyclischen aromatischen Kohlenwasserstoffen (PAK oder PAH) eingesetzt.

Beim Trennvorgang durchläuft eine mobile, flüssige Phase (meist ein Lösungsmittelgemisch) unter hohem Druck (ca. 200 bar; in Sonderfällen höher) eine gepackte Säule, die eine stationäre Phase enthält. Die Bestandteile der Probe, die in der mobilen Phase gelöst ist, unterliegen unterschiedlichen Wechselwirkungen mit der stationären Phase. Auf Grund der verschiedenen sich einstellenden Adsorptions- oder Verteilungsgleichgewichte passieren die einzelnen Stoffe die Trennsäule mit unterschiedlichen Geschwindigkeiten und treten bei einer gut verlaufenden Trennung nacheinander aus der Trennsäule aus.

Bezüglich der Trenntechniken werden generell drei Varianten unterschieden:

– In Normalphasensystemen wird eine polare, stationäre Phase wie Silicagel oder Aluminiumoxid in Verbindung mit einem unpolaren Lösungsmittel (z. B. n-Hexan) zur Trennung überwiegend polarer Verbindungen verwendet.

– Umkehrphasensysteme nutzen unpolare, stationäre Phasen (meist lange Alkylketten, chemisch an poröses Kieselgel oder Polymere gebunden) und polare mobile Phasen (beispielsweise Wasser/Methanol/Acetonitril-Gemische) zur Trennung überwiegend unpolarer Verbindungen.

– Eine spezielle Variante der H. stellt die Ionenchromatographie dar.

Im Anschluß an die Trennung erfolgt die Quantifizierung der einzelnen Stoffe mit einem Detektor. Besonders weit verbreitet sind UV-Fluoreszens- und UV-Absorptionsdetektoren. Besonders komfortabel sind Diodenarray-Detektoren, die simultan die Absorption in einem Spektralbereich von ca. 190 bis 800 nm

Wellenlänge erfassen können. In besonderen Fällen sind andere Detektoren einsetzbar. Auch die Kopplung mit einem Massenspektrometer als Detektor ist möglich. *Pfeffer*

Literatur: *Jansen, A.*: Umweltanalytik – Einsatzmöglichkeiten der HPLC. LABO 7–8/1990. – James P. Lodge Jr. (Ed.): Methods of Air Sampling and Analysis. 3. Ed. Chelsea, Michigan 1989.

Hochofen *⟨blast furnace⟩* → Roheisengewinnung

Hochspannungsfreileitung *⟨high voltage transmission line⟩* → Freileitung, elektrische

Holzindustrie *⟨forestry products⟩*. Zur H. gehören die Holzbearbeitung (bei der aus Holz oder verwertbaren Holzresten Holzwaren hergestellt werden) und die Holzverarbeitung (bei der aus Holzwaren höher veredelte Erzeugnisse hergestellt werden). Zum bearbeitenden Bereich zählen Sägewerke, Hobelwerke, Plattenherstellung, Imprägnieranlagen, Furnierwerke sowie Betriebe der Holzwerkstoffindustrie (z. B. Herstellung von Sperrholz, Furnierplatten, Tischlerplatten, Spanplatten, MDF-Platten (mitteldichte Faserplatten)). Der holzverarbeitende Bereich umfaßt die Herstellung von Möbeln und von weiteren Produkten aus Holz, z. B. Türen, Fenster, Särge. Holz und ggfs. Verbund- und Beschichtungsstoffe durchlaufen hierbei unterschiedliche Veredelungsschritte, z. B. Beizen, Spachteln, Bedrucken, Gießen, Spritzen, Tauchen und Trocknen. Eine mechanische Formgebung ist häufig vorgeschaltet.

Je nach Beschichtungsmaterial und Be- oder Verarbeitungsverfahren entstehen nach Art und Umfang unterschiedliche Emissionen. Bei der mechanischen Formgebung entstehen hauptsächlich Stäube, deren Emissionen seit Jahren mit wirksamen Gewebefiltern gemindert werden. Gasförmige Emissionen aus Veredelungsprozessen enthalten überwiegend → Lösemittel, die mit den Verfahren der thermischen oder katalytischen Nachverbrennung, Absorption, Adsorption oder biologischen → Abgasreinigung vermindert werden können. Ziel ist jedoch, möglichst lösemittelfreie oder -arme Beschichtungsstoffe zu verwenden, bei denen die Entstehung von luftverunreinigenden Emissionen weitgehend vermieden werden kann.

Bei der Holzstoffbearbeitung zur Herstellung von Sperrholzplatten werden Furnierhölzer verleimt, gepreßt, gesäumt und geschliffen. Die wesentlichen Emissionen sind die Holzstäube und die bei der Verleimung freigesetzten organischen Schadstoffe. Zur → Staubabscheidung werden Gewebefilter eingesetzt.

Der besonders emissionsrelevante Produktionsbereich ist die Herstellung von Spanplatten und Faserplatten.

Atembare Holzstäube sind entsprechend der MAK-Werte-Liste in der Klasse III B (Stoffe mit begründetem Verdacht auf krebserzeugendes Potential) und Eichen- sowie Buchenstäube in der Gruppe III A 1 (Stoffe, die beim Menschen erfahrungsgemäß bösartige Geschwülste verursachen) eingestuft. Die Emissionen dieser Holzstäube sind möglichst gering zu halten.

Anlagen zur Herstellung von Holzfaserplatten, Holzspanplatten oder Holzfasermatten sind gemäß Nr. 6.3 Spalte 1 des Anhangs zur → 4. BImSchV im förmlichen Verfahren zu genehmigen. In Nr. 3.3.6.3.1 der → TA Luft sind besondere Anforderungen an die Emissionsminderung gestellt. Alle übrigen Anlagen der H. sind nicht genehmigungsbedürftig; für sie gilt die → 7. BImSchV. *W. Koch*

Literatur: VDI 3462: Emissionsminderung; Holzbearbeitung und -verarbeitung; Bl. 1 E: Rohholzverarbeitung/Meßtechnische Anleitung; 8/1995. – Bl. 2: Holzwerkstoffherstellung; 10/1995.

Holzprodukt, formaldehydarmes *⟨forestry products, low formaldehyde concentration⟩*. Holzwerkstoffe (Spanplatten, Tischlerplatten, Furnierplatten und Faserplatten) sind die wichtigsten Quellen von → Formaldehyd in Innenräumen. Hohe Formaldehydgehalte in Holzwerkstoffen und den daraus hergestellten Holzprodukten (Möbel, Türen, Parkett usw.) haben in der Vergangenheit häufig zu erheblichen Belastungen der Innenraumluft geführt (→ Innenraumluft-Reinhaltung). Dabei wurde der vom Bundesgesundheitsamt empfohlene Richtwert für Formaldehyd in der Innenraumluft von 0,1 ppm teilweise um ein Mehrfaches überschritten. Nach der Chemikalien-Verbotsverordnung dürfen Holzwerkstoffe nicht in den Verkehr gebracht werden, wenn sie im Prüfraum zu einer Ausgleichskonzentration größer 0,1 ppm Formaldehyd führen; dies gilt auch für Möbel. Die Ausgleichskonzentration ist nach den im Prüfverfahren für Holzwerkstoffe veröffentlichten Kriterien zu bestimmen. Hierzu gehören:

- Größe des Prüfraums: 12 m^3
- Temperatur: 23 °C ± 1 °C
- relative Luftfeuchte: 1 $h^{-1} \pm 0{,}1\ h^{-1}$
- Beladung: 1 m^2 Platte/m^3 Luftvolumen.

Die Bestimmung der Formaldehyd-Konzentration im Prüfraum ist relativ aufwendig. Die Prüfdauer bis zum Erreichen der Ausgleichskonzentration beträgt 10–25 Tage. Das Prüfraumverfahren dient daher hauptsächlich als Referenzverfahren. Die Verwendung abgeleiteter Prüfmethoden (z. B. der Gasanalysenmethode nach DIN 52 368 oder der Perforatormethode nach DIN EN 120) ist zulässig, wenn der Nachweis einer hinreichend großen Korrelation zur Prüfraummethode gegeben ist. Holzprodukte, die diesen Anforderungen genügen, enthalten im Vergleich zu früher deutlich weniger Formaldehyd. Unter ungünstigen Umständen, die deutlich von den Prüfbedingungen abweichen (hohe Raumbeladung und geringer Luftwechsel sowie höhere Temperatur und Luftfeuchte), sind Überschreitungen des Richtwertes von 0,1 ppm Formaldehyd möglich. Dann kann nur durch die Verwendung f. H. (gekennzeichnet mit dem Umweltzeichen) oder formaldehydfreier Holzwerkstoffplatten die Einhaltung des Richtwerts erreicht werden. *Plehn*

Literatur: DIN 52368: Prüfung von Spanplatten. Bestimmung der Formaldehydabgabe durch Gasanalyse. 9/1984. – DIN EN 120: Spanplatten. Bestimmung des Formaldehydgehaltes. Extraktionsverfahren genannt Perforatormethode. 5/1990. – Prüfverfahren für Holzwerkstoffe: Bekanntmachung des Bundesgesundheitsamtes. Bundesgesundheitsblatt 10/91. – Umweltfreundliche Beschaffung. 3. Aufl. Hrsg.: Umweltbundesamt. 1993.

Hüllflächenverfahren ⟨*enveloping surface method*⟩ Ein Geräuschmeßverfahren (Emissionsmessung) zur Ermittlung der von einer Geräuschquelle an die umgebende Luft abgestrahlten → Schalleistung.

Mit Hilfe von Schalldruckpegelmessungen auf einer Hüllfläche, die die Maschine umgibt, und unter der Voraussetzung, daß das Quadrat des Schalldrucks proportional zur Schalleistung und zur Flächengröße der Hüllfläche ist, wird die Schalleistung, und zwar üblicherweise die A-bewertete Schalleistung wie folgt bestimmt:

$$L_{WA} = \overline{L}_{pA} + L_S \qquad \text{dB}$$

$\overline{L}_{pA}$ = Mittelwert der Schalldruckpegel auf der Hüllfläche in dB

$$L_s = 10 \lg \frac{S}{S_o}$$

S = Inhalt der Hüllfläche in m^2

S_o = 1 m^2

Auf einfachen Hüllflächen (Kugel-, Quaderoberfläche) wird an wenigen Meßpunkten der Schalldruckpegel L_{pA} gemessen, daraus ein Mittelwert gebildet und zu diesem das Meßflächenmaß L_S, eine logarithmische Größe des Hüllflächeninhalts, addiert.

Das H. ist anwendbar bei freier → Schallausbreitung sowie für Messungen in üblichen Maschinen- und Betriebsräumen, wobei hier gegebenenfalls Umgebungskorrekturen bei der Schalleistungsberechnung vorzunehmen sind. *Strauch*

Literatur: DIN 45635, Teil 1: Geräuschmessung an Maschinen, Luftschallimmission, Hüllflächenverfahren. 4/1984.

I

Immission ⟨*immission*⟩. I. (*lat.* immittere = hineinsenden) sind Einwirkungen auf die Umwelt eines zu schützenden Akzeptors (Mensch, Tier, Pflanze, Sachgut). Eine I. liegt vor, wenn
- mit physischen Mitteln auf Menschen, Tiere, Pflanzen oder leblose Sachen eingewirkt wird (psychische Einwirkungen – z. B. Beleidigungen durch Gesten u. ä. – sind keine I.),
- die Einwirkungen in irgendeiner Form nachteilige Folgen haben können (auf den Grad der Schädlichkeit kommt es bei der Begriffsbestimmung nicht an),
- die Einwirkungen unmittelbar (z. B. durch Geräusche) oder mittelbar (z. B. durch Absorption des Sonnenlichts durch verunreinigte Luft) durch menschliches Verhalten verursacht sind (Einwirkungen durch die Luft in ihrer natürlichen Zusammensetzung sind keine I.) und
- die Einwirkungen über die bestehende Umwelt an die betroffenen Menschen, Tiere, Pflanzen oder Sachen herangetragen bzw. in den Boden, das Wasser oder die Atmosphäre eingetragen werden.

Nach der Legaldefinition des BImSchG sind I. auf Menschen, Tiere und Pflanzen, den Boden, das Wasser, die Atmosphäre sowie Kultur- und sonstige Sachgüter einwirkende → Luftverunreinigungen, → Geräusche, → Erschütterungen, Licht, Wärme, Strahlen und ähnliche Umwelteinwirkungen (§ 3 Abs. 2 BImSchG). Dieser Begriff steht in einem engen Zusammenhang mit dem Begriff der Emission. Emissionen werden zu I., wenn sie in einen Bereich gelangen, in dem sie unmittelbar auf einen Akzeptor einwirken können. Zwischen dem Verlassen des Emissionsbereichs und dem Eintritt in den Immissionsbereich liegt eine Transmission vor. *Hansmann*

Immissionsgrenzwert ⟨*immission limit value*⟩. Als I. wird im bundesdeutschen Immissionsschutzrecht nur ein immissionsbegrenzender Wert mit rechtsnormativer – und damit gegenüber Dritten unmittelbarer – Verbindlichkeit bezeichnet. Im Sprachgebrauch wird diese besondere Bedeutung gegenüber Begriffen wie → Immissionswert, → Immissionsrichtwert, → Immissionsleitwert oder maximale Immissionswerte (MI-Werte) nicht immer berücksichtigt.

Im Bereich der Lärmimmissionen sind I. zum Schutz der Nachbarschaft vor schädlichen Umwelteinwirkungen durch Verkehrsgeräusche in § 43 Abs. 1 BImSchG vorgesehen und in der → Verkehrslärmschutzverordnung festgesetzt; diese I. dürfen unter Zugrundelegung des in § 3 der Verordnung festgelegten Verfahrens zur Berechnung des → Beurteilungspegels nicht überschritten werden. Für den Fall der Überschreitung sind nach § 42 BImSchG Entschädigungen für Schallschutzmaßnahmen an betroffenen baulichen Anlagen vorgesehen.

Auch die → Sportanlagen-Lärmschutzverordnung enthält für Dritte unmittelbar verbindliche immissionsbegrenzende Werte, die jedoch nicht als I., sondern als Immissionsrichtwerte bezeichnet sind. Dies hat seinen Grund darin, daß die Errichtung und der Betrieb einer Sportanlage nicht immer von der Einhaltung der Werte abhängen; ihnen fehlt insoweit der Grenzwertcharakter. Die Überprüfung der Einhaltung der grundsätzlich festgelegten Immissionsrichtwerte (§ 2 Abs. 2 der Verordnung), die nach einem in der Verordnung geregeltem Ermittlungs- und Beurteilungsverfahren vorgenommen wird, ist mit weiter differenzierenden Bewertungsvorschriften gekoppelt; außerdem soll die Behörde nicht bei jeder Überschreitung der Werte eingreifen.

Für den Bereich der Luftreinhaltung sind I. in einigen EG-Richtlinien über Grenzwerte und Leitwerte der Luftqualität enthalten (EG-Richtlinien über Luftqualitätsnormen):
- Richtlinie 80/779/EWG für Schwefeldioxid und Schwebestaub, geändert durch Richtlinie 89/427/EWG,
- Richtlinie 82/884/EWG für Blei,
- Richtlinie 85/203/EWG für Stickstoffdioxid.

Entsprechende I. sind für diese Stoffe in der → 22. BImSchV festgesetzt.

Im Bereich der nichtionisierenden → Strahlung ist eine Verordnung über elektromagnetische Felder (→ Elektrosmog) in Vorbereitung, in der I. für elektrische und magnetische Feldstärken bzw. magnetische Flußdichten vorgesehen sind. *Dreyhaupt*

Immissionskataster ⟨*immissions inventory*⟩. Im Rahmen der Luftreinhalteplanung sind in → Untersuchungsgebieten und gleichgestellten Gebieten „Art und Umfang bestimmter Luftverunreinigungen in der Atmosphäre, die schädliche Umwelteinwirkungen hervorrufen können, in einem bestimmten Zeitraum oder fortlaufend festzustellen sowie die für ihre Entstehung und Ausbreitung bedeutsamen Umstände zu untersuchen" (§ 44 Abs. 1 BImSchG). Für diese Feststellungen und Untersuchungen gilt die 4. Allgemeine Verwaltungsvorschrift zum BImSchG (Ermittlung von → Immissionen in Untersuchungsgebieten – 4. BImSchVwV) vom 26. November 1993 (GMBl. S. 827), in der im wesentlichen Vorschriften über die Meßobjekte (Luftverunreinigungskomponenten, meteorologische Einflußgrößen), über Zahl und Lage der Meßstellen, über die Meßverfahren und Meßgeräte sowie über die Auswertung der Meßergebnisse enthalten sind.

Wichtigstes Ergebnis dieser Immissionsmessungen in einem Untersuchungsgebiet ist das I., das gemeinsam mit dem → Emissionskataster hinsichtlich der Frage auszuwerten ist, ob ein → Luftreinhalteplan aufzustellen ist. Ist diese Frage zu bejahen, so wird das I. Bestandteil des Luftreinhalteplans. Die Darstellung des I. in einem Luftreinhalteplan erfolgt u. a. jeweils schadstoffbezogen in einem dem Untersuchungsgebiet überlagerten Flächen- oder Meßstellenraster in mit den Immissions- oder → Immissionsgrenzwerten vergleichbaren Werten. *Dreyhaupt*

Immissionsleitwert ⟨*ambient air characteristic/immission characteristic*⟩. → Immissionsstandard mit Vorsorgecharakter. I. haben bisher nur Anwendung gefunden im BImSchG für den Bereich der Luftreinhaltung, und zwar durch Verweis auf entsprechendes EG-Recht; I. sind demnach maßgeblich als ein Kriterium für die Ausweisung von → Untersuchungsgebieten (§ 44 Abs. 1) und fakultative Voraussetzung (Kann-Bestimmung) für die Aufstellung eines → Luftreinhalteplans als Vorsorgeplan (§ 47 Abs. 1). Diese Bestimmungen sind wirksam im Zusammenhang mit den in den EG-Richtlinien über
- Grenzwerte und Leitwerte der Luftqualität für Schwefeldioxid und Schwebestaub (80/779/EWG) und
- Luftqualitätsnormen für Stickstoffdioxid (85/203/EWG)

festgesetzten I. für die genannten Luftschadstoffe (→ Immissionswert EG-Richtlinien). Nach diesen EG-Richtlinien dienen die I. der langfristigen Vorsorge für Gesundheit und Umweltschutz sowie als Bezugspunkte für die Festlegung spezifischer Regelungen innerhalb von Gebieten, die von den Mitgliedstaaten bestimmt werden. *Dreyhaupt*

Immissionsmeßnetz ⟨*ambient air monitoring network/immissions monitoring network*⟩. In der Bundesrepublik Deutschland werden von den Bundesländern sowie vom Bund verschiedenartige I. betrieben. Dabei ist zu unterscheiden zwischen Meßnetzen, die aus automatischen, rechnergesteuerten Meßstationen (Meßcontainer) bestehen, und fiktiven Meßnetzen, die in Form eines vorgegebenen Rasters (z. B. des Koordinatennetzes nach *Gauß-Krüger*) nur die Meßorte für Immissionsmessungen verschiedener Art definieren. Eine weitere Variante sind Meßnetze zur Erfassung des Staubniederschlags mit entsprechend exponierten Sammelgefäßen.

Hintergrund für die Errichtung automatischer, in der Regel telemetrischer I. in den Ländern sind die entsprechenden Regelungen des BImSchG über → Untersuchungsgebiete und Smoggebiete (→ Smogverordnung).

In der 4. Allgemeinen Verwaltungsvorschrift zum BImSchG „Ermittlung von Immissionen in Untersuchungsgebieten" (4. BImSchVwV) wurden umfangreiche Regelungen getroffen, die sicherstellen, daß die Vergleichbarkeit der von verschiedenen Stellen betriebenen Meßnetze gewährleistet ist.

Am Beispiel eines Bundeslandes (NRW) wird im folgenden das TEMES-Meßnetz, das vom Landesumweltamt NRW (LUA) betrieben wird, näher beschrieben.

Das Telemetrische Echtzeit-Mehrkomponenten-Erfassungs-System TEMES wurde Mitte der siebziger Jahre konzipiert mit dem Ziel der generellen Luftqualitätsüberwachung in Nordrhein-Westfalen. Gleichzeitig sollte das Meßnetz alle Anforderungen an ein modernes Echtzeit-Informationssystem erfüllen. Die Hauptaufgaben von TEMES sind:
- die allgemeine Luftqualitätsüberwachung in NRW,
- die unmittelbare Information über die Luftbelastung in Echtzeit mit Hinweisen auf Ursachen und Trends,
- die Funktion als Smogalarm-System. Die Daten dem Ballungsraum vorgelagerter Stationen liefern dabei wichtige Informationen im Rahmen der Früherkennung von Smogsituationen,
- die Kontrolle der Wirksamkeit von Emissionsminderungsmaßnahmen,
- der Vergleich der Luftqualität in verschiedenen Regionen der Bundesrepublik Deutschland sowie innerhalb der Europäischen Gemeinschaft.

Das TEMES-System wurde in den Jahren seit 1977 aufgebaut und besteht aus insgesamt 76 automatischen Meßstationen. 66 Stationen befinden sich in den Untersuchungsgebieten im Ballungsraum Rhein/Ruhr. Zu den Stationen im Ballungsraum kommen zehn Stationen in Waldgebieten und anderen, überwiegend ländlichen Gebieten Nordrhein-Westfalens.

Das System der ortsfest betriebenen TEMES-Stationen wird ergänzt durch acht mobile Stationen des sog. MILIS-Systems (Mobile Immissionsmessungen). Diese Stationen werden für begrenzte Zeiträume zwischen einem Monat und einem Jahr an wechselnden Standorten im Rahmen unterschiedlicher Fragestellungen betrieben.

Gemessen werden die → Luftverunreinigungen Schwefeldioxid (SO_2), Schwebstaub, Stickstoffmonoxid (NO), Stickstoffdioxid (NO_2), → Kohlenmonoxid (CO) und → Ozon (O_3). An 37 Stationen werden außerdem bis zu sieben meteorologische Parameter registriert.

Jeder in TEMES/MILIS integrierte Meßplatz liefert nicht nur ein Stromsignal für den eigentlichen Meßwert, sondern darüber hinaus eine Reihe digitaler Informationen. Diese sog. Statussignale zeigen zum einen den jeweiligen, aktuellen Betriebszustand an (Messung des Außenluftparameters, Wartung, Kalibrierung etc.), auf der anderen Seite liefern sie Informationen über mögliche Fehlerzustände. Auf diese Weise werden wichtige Baugruppen der Meßplätze ständig überwacht (Durchflüsse von Gasen und Lösungen, Temperaturen in Meßkammern, Lampenintensitäten, Hochspannungversorgungen etc.).

Weiterhin enthält jeder Meßplatz für gasförmige Luftschadstoffe eine Kalibriereinheit, die ein schadstofffreies Nullgas und zwei Prüfgase definierten Gehalts liefert. Kalibrierzyklen können manuell oder vollautomatisch in bestimmten Abständen (z. B. alle 25 Stunden) durch Prozeßrechnersteuerung initialisiert werden.

Alle TEMES-Meßstationen sind über fest geschaltete Datenleitungen der Deutschen Telekom (Hauptanschlüsse für Direktruf) ständig mit einer Prozeßrechneranlage (Prozeßrechner) im LUA in Essen verbunden. Dabei sind jeweils vier bis sieben Stationen zu einem Knoten zusammengefaßt.

Einmal in jeder Minute werden auf Anforderung der Prozeßrechneranlage die Meßwerte und die Statusinformationen aller Meßplätze in allen Meßstationen von Datenendeinrichtungen abgetastet über die Datenleitungen an das LUA übertragen (300 Bit/s).

Die Rechnerzentrale besteht aus einem ausfallgeschützten Doppelrechnersystem. Zwei autonome Einheiten aus Ein-/Ausgabeprozessoren, Zentraleinheit, Gleitkommarechnerwerk und Kommunikationsprozessor greifen gleichzeitig auf den Datenspeicher zu. Der Kommunikationsprozessor bedient die seriellen Schnittstellen und transferiert die Daten zwischen den Schnittstellen und aufrufenden Programmen.

Der Computer sammelt die Daten, berechnet nach verschiedenen Plausibilitätsprüfungen Halbstunden-, Stunden-, Dreistunden- und 24-Stundenmittelwerte und speichert die Daten ab.

In einer Luftqualitätsüberwachungszentrale laufen schließlich alle Informationen zusammen. Die Meßergebnisse können hier jederzeit und in Echtzeit in Form von Tabellen oder Grafiken auf Bildschirmen, Druckern und Plottern dargestellt werden.

Die MILIS-Stationen verfügen über eine eigene Datenerfassung über einen Personalcomputer. Ihre Daten werden täglich oder bei Bedarf über das normale Telefonnetz oder per Funktelefon von der LIS abgerufen und übertragen.

Über das telemetrische Meßnetz hinaus werden in NRW weitere Meßsysteme zur Luftqualitätsüberwachung betrieben (Tabelle).

Ein teilautomatisiertes Meßnetz, sog. LIB-Meßstationen (LIB-Verfahren), dient dabei der Erfassung von Schwebstaub sowie anorganischer und organischer Inhaltsstoffe des Schwebstaubes.

Im Rahmen diskontinuierlich betriebener Erhebungssysteme werden als wichtigste Routineprogramme Messungen für leichtflüchtige → organische Stoffe sowie Erhebungen für den Staubniederschlag und dessen anorganische Inhaltsstoffe durchgeführt. *Pfeffer*

Literatur: *Buck, M. und H.-U. Pfeffer*: Air Quality Surveillance in the State North Rhine-Westphalia of the Federal Republic of Germany, US-Ber. der Landesanstalt für Immissionsschutz

Immissionsmeßnetz. Tabelle: Meßsysteme für Luftqualitätsuntersuchungen; Struktur der Immissionsüberwachung in NRW.

Kontinuierliche Meßsysteme	Teilautomatisierte Meßsysteme	Diskontinuierliche Meßverfahren	Spezialanalytik
TEMES/MILIS	LIB-Verfahren	Mehrkomponenten-Messungen	Sondereinsatz
● Schwefeldioxid ● Stickstoffmonoxid ● Stickstoffdioxid ● Kohlenmonoxid ● Schwebstaub ● Ozon ● Windrichtung ● Wingeschwindigkeit ● Lufttemperatur ● Luftdruck ● Relative Feuchte ● Strahlungsbilanz ● Niederschlag	Schwebstaubinhaltsstoffe ● Blei ● Cadmium ● Nickel ● Kupfer ● Eisen ● Arsen ● Beryllium ● Benzo[a]pyren ● Benzo[e]pyren ● Benz[a]anthracen ● Dibenz[a,h]-anthracen ● Benzo[ghi]perylen ● Coronen	● Depositionsmessungen (Staubniederschlag und Inhaltsstoffe) ● Ruß ● Benzol und andere Kohlenwasserstoffe ● Halogenierte Kohlenwasserstoffe ● Aldehyde und Ketone ● Polychlorierte Biphenyle ● Polyhalogenierte Dibenzodioxine und Dibenzofurane	Großes anorganisches und organisches Komponentenspektrum mit Hilfe von Spezialinstrumentarium: ● Prüfröhrchen ● Sensoren ● Kontinuierliche Meßgeräte ● Gaschromatographen ● Mobile GC/MS-Kopplung ● Mobiles REM ● Meteorologische Meßgeräte

Nordrhein-Westfalen, Heft 70 (1987). – *Pfeffer, H.-U.*: Das Telemetrische Echtzeit-Mehrkomponenten-Erfassungs-System TEMES zur Immissionsüberwachung in Nordrhein-Westfalen. Staub – Reinhaltung der Luft **42** (1982), Nr. 6 233–236.

Immissionsmeßstation ⟨*ambient air monitoring station*⟩. I. werden in großem Umfang zur Erfassung von → Luftverunreinigungen eingesetzt. Dies geschieht meist im Rahmen größerer Immissionsmeßnetze, die von allen Bundesländern in Deutschland betrieben werden. Darüber hinaus sind auch Einzelstationen, z. B. in kommunalen Zuständigkeiten, im Einsatz.

Trotz vieler Unterschiede im Detail ähneln sich die verschiedenen Typen von I. In der 4. BImSchVwV (Immissionsmeßnetz) sind wesentliche Anforderungen festgeschrieben. In der Regel handelt es sich um Container, die in etwa die Größe einer Fertiggarage haben. Die Stationen sind klimatisiert und verfügen über ausreichend dimensionierte Elektroinstallationen. Die zu analysierende Luft wird über Probenahmesysteme den im Inneren der Station installierten Meßplätzen zugeführt.

Immissionsmeßstation 1: TEMES-Station (Außenansicht).

Von besonderer Bedeutung im Hinblick auf die Vergleichbarkeit der mit unterschiedlichen Stationen erho-

Immissionsmeßstation 2: TEMES-Station (Innenansicht).

benen Daten ist die exakte Definition der Probenahmesysteme.

Weiterhin müssen I. Anforderungen erfüllen hinsichtlich:
- bautechnischer Bestimmungen (Festigkeit, Wärmeisolierung),
- Klimatisierung,
- Elektroinstallation (u. a. mehrere, getrennte Stromkreise für Datenverarbeitung/Datenübertragung, Probenahmesysteme und Analysengeräte, Klimatisierung etc.),
- Überwachbarkeit der Station und ihrer Funktionen durch Statussignale,
- Abgasbehandlung,
- Erfassung meteorologischer Größen,
- Schnittstellen zwischen Meßgeräten, Datenerfassungs- und Datenübertragungseinrichtungen.

In die I. werden die Meßplätze zur Erfassung von Luftverunreinigungen sowie ggf. meteorologischer Parameter (→ Immissionsmeßnetz (Tabelle)) eingebaut. An Luftverunreinigungen werden heute routinemäßig und kontinuierlich gemessen: Schwefeldioxid, Stickstoffmonoxid, Stickstoffdioxid, Kohlenmonoxid, Ozon, Schwebstaub, Gesamtkohlenwasserstoffverbindungen.

Im Einzelfall können andere Stoffe hinzukommen. Automatische Meßplätze zur kontinuierlichen Erfassung einzelner → organischer Verbindungen, z. B. für Benzol, Toluol, Xylole etc., befinden sich weitgehend noch im Erprobungsstadium. *Pfeffer*

Literatur: *Pfeffer, H.-U.; H. Dobrick; R. Junker*: Qualitätssicherung in automatischen Immissionsmeßnetzen. Anforderungen an die Telemetrischen Echtzeit-Immissionsmeßsysteme TEMES und MILIS in NRW. LIS-Berichte der Landesanstalt für Immissionsschutz Nordrhein-Westfalen, Heft 100, 1992. – Richtlinien über die Wahl der Standorte und die Bauausführung automatisierter Meßstationen in telemetrischen Immissionsmeßnetzen. Rundschreiben des BMI vom 2.2.1983 (GMBl. S. 78).

Immissionsmeßverfahren *⟨immissions measurement methods⟩* → Immissionsmeßnetz, → Immissionsmeßstation

Immissionsrate *⟨immission rate⟩*. Die I. ist eine Meßgröße für die Beurteilung der Einwirkung von → Luftverunreinigungen auf Materialien. Die I. oder Aufnahmerate ist die von der Flächeneinheit des Materials in der Zeiteinheit aufgenommene Stoffmenge, angegeben meist in der Einheit Milligramm pro Quadratmeter und Tag ($mg \cdot m^{-2} \cdot d^{-1}$). Wegen der speziellen Mechanismen bei der Einwirkung von Luftverunreinigungen auf Sachgüter ist diese Größe in der Regel von größerer Bedeutung als die momentanen Konzentrationen der Stoffe in der Luft.

Die Bestimmung von I. für spezifische Materialien ist schwierig. Daher bedient man sich standardisierter Objekte und Oberflächen zur Messung dieser Größe, insbesondere der Immissions-Raten-Meß-Apparatur IRMA (→ IRMA-Verfahren).

Andere Varianten von I.-Meßverfahren sind das Glockenverfahren nach *Liesegang*, das Bleidioxidkerzen-Verfahren oder das SAM (Surface Active Monitoring)-Verfahren.

(→ MIR) *Pfeffer*

Literatur: VDI 3794, Bl. 1: Bestimmung von Immissions-Raten; Bestimmung der Immissions-Rate mit Hilfe des IRMA-Verfahrens 1982.

Immissionsrichtwert *⟨immission indicative value⟩*. → Immissionsstandard unterhalb der Verbindlichkeitsschwelle von → Immissionsgrenzwerten. I. werden im Regelwerk des BImSchG nur auf dem Gebiet des Lärmschutzes verwendet, und zwar

– expressis verbis in der → TA Lärm (2.32) und in Verwaltungsvorschriften zum → Baulärm,
– dem Charakter nach in der → Sportanlagen-Lärmschutzverordnung (Immissionsgrenzwert).

Die I. der TA Lärm (2.321) sind im Hinblick auf ein unterschiedliches Schutzbedürfnis des Menschen gegen Lärm (→ Lärmwirkungen) einerseits – tags/nachts – und der Notwendigkeit der Rücksichtnahme in einer Industriegesellschaft gegenüber bestimmten wirtschaftlichen Betätigungen (Betrieb von mit Geräuschemissionen verbundenen Anlagen) andererseits festgesetzt. Letzterer Gesichtspunkt schlägt sich nieder in der graduellen Abstufung der I. entsprechend der baulichen Nutzung des Gebiets, in dem angemessener Schutz vor Lärm gewährt werden soll. Besonderen Schutz genießen Krankenhäuser, Pflegeanstalten und Wohnungen, die mit einer Lärm emittierenden Anlage baulich verbunden sind. Die Tabelle gibt die I. nach 2.321 der TA Lärm wieder. Die beschriebenen Gebiete korrespondieren grundsätzlich mit den in Bauleitplänen auszuweisenden → Baugebieten.

Ist ein Bebauungsplan nicht aufgestellt oder weicht in einem ausgewiesenen Gebiet die tatsächliche Nutzung erheblich von der festgesetzten ab, so ist von der tatsächlichen baulichen Nutzung auszugehen. Beim Zusammentreffen von Gebieten sehr unterschiedlicher Nutzung und Schutzwürdigkeit kann – entsprechend dem nicht schematischen Charakter des Richtwerts – durch eine Art Mittelwertbildung ein Interessenausgleich geschaffen werden. Im übrigen sind die I. nicht allein auf die von der betrachteten Anlage ausgehenden → Geräusche abgestellt, sondern wegen ihres Akzeptorbezugs auf die gesamte Geräuschbelastung im Einwirkungsbereich der Anlage.

Immissionsrichtwert. Tabelle: I. der TA-Lärm (Nachtzeit 22 – 6 Uhr)

a) Gebiete, in denen nur gewerbliche oder industrielle Anlagen und Wohnungen für Inhaber und Leiter der Betriebe sowie für Aufsichts- und Bereitschaftspersonen untergebracht sind		70 dB(A)
b) Gebiete, in denen vorwiegend gewerbliche Anlagen untergebracht sind	tagsüber nachts	65 dB(A) 50 dB(A)
c) Gebiete mit gewerblichen Anlagen und Wohnungen, in denen weder vorwiegend gewerbliche Anlagen noch vorwiegend Wohnungen untergebracht sind	tagsüber nachts	60 dB(A) 45 dB(A)
d) Gebiete, in denen vorwiegend Wohnungen untergebracht sind	tagsüber nachts	55 dB(A) 40 dB(A)
e) Gebiete, in denen ausschließlich Wohnungen untergebracht sind	tagsüber nachts	50 dB(A) 35 dB(A)
f) Kurgebiete, Krankenhäuser und Pflegeanstalten	tagsüber nachts	45 dB(A) 35 dB(A)
g) Wohnungen, die mit der Anlage baulich verbunden sind	tagsüber nachts	40 dB(A) 30 dB(A)

Zur Feststellung, ob der I. eingehalten ist, gilt der nach 2.422.5 der TA Lärm ermittelte → Beurteilungspegel, der mit dem I. zu vergleichen ist.

Dreyhaupt

Immissionsschutzbeauftragter ⟨*immission control officer*⟩. Der I. ist eine Person, der innerbetrieblich vornehmlich die fachkundige Beratung der Unternehmensleitung obliegt. Er soll sicherstellen, daß die Erfordernisse des Immissionsschutzes innerhalb des Betriebs artikuliert werden. Man spricht deshalb auch vom *Immissionsschutzgewissen* des Betriebs. Die Bestellung eines oder mehrerer I. ist für bestimmte genehmigungsbedürftige Anlagen generell durch die → 5. BImSchV vorgeschrieben. Für andere genehmigungsbedürftige und für nicht genehmigungsbedürftige Anlagen kann die zuständige Behörde entsprechende Anordnungen nach § 53 Abs. 2 des BImSchG treffen. Der I. wird in der Regel von dem Betreiber der Anlage im Rahmen eines Beschäftigungsvertrags eingestellt. Mit einem nicht betriebsangehörigen I. ist ein entsprechender Dienst- oder Werkvertrag abzuschließen. Seine besonderen Aufgaben werden dem I. durch eine schriftliche Bestellung übertragen; der zuständigen Behörde ist die Bestellung durch den Anlagenbetreiber anzuzeigen (§ 55 Abs. 1 BImSchG). Aufgabe des I. ist es (§ 54 BImSchG),

- darauf hinzuwirken, daß umweltfreundliche Verfahren angewandt und umweltfreundliche Erzeugnisse hergestellt werden,
- bei neuartigen Verfahren und Erzeugnissen deren Umweltverträglichkeit zu prüfen,
- soweit dies nicht Aufgabe des Störfallbeauftragten ist, die Einhaltung der gesetzlichen und behördlichen Umweltschutzanforderungen innerbetrieblich zu überwachen und Vorschläge zur Beseitigung von Mängeln zu unterbreiten sowie
- die Betriebsangehörigen über die Erfordernisse des Immissionsschutzes aufzuklären.

Der Anlagenbetreiber ist verpflichtet, vor bestimmten Entscheidungen, die für den Immissionsschutz bedeutsam sein können, rechtzeitig eine Stellungnahme des I. einzuholen und sie der Stelle vorzulegen, die über die Investition oder die Einführung von Verfahren oder Erzeugnissen entscheidet (§ 56 BImSchG). Um die innerbetriebliche Stellung des I. zu stärken, wird der Betreiber verpflichtet, ihm in bedeutsamen Angelegenheiten ein unmittelbares Vortragsrecht bei der Geschäftsleitung einzuräumen (§ 57 BImSchG). Durch ein Benachteiligungsverbot und einen besonderen Kündigungsschutz soll die Unabhängigkeit des I. gewährleistet und seine Stellung innerhalb des Betriebs gestärkt werden (§ 58 BImSchG). *Hansmann*

Literatur: *Dreyhaupt, F.-J.*: Handbuch für Immissionsschutzbeauftragte. – *Feldhaus, G.*: Bundes-Immissionsschutzrecht, Erläuterungen zu §§ 53 ff. BImSchG. – *Hansmann, K.*: Erläuterungen zu §§ 53 ff. BImSchG. In: Landmann/Rohmer: Umweltrecht, Band I. – *Jarass, H.*: Bundes-Immissionsschutzgesetz. Erläuterungen zu §§ 53 ff. – *Kahl, G.*: Die neuen Aufgaben und Befugnisse der Betriebsbeauftragten nach Wasser-, Immissionsschutz- und Abfallrecht. – *Salzwedel, J.*: Die Stellung des Umweltschutzbeauftragten im Verwaltungsrecht. VDI-Bericht 696, S. 43 ff. – *Stich, R.*: Die Betriebsbeauftragten für Immissionsschutz, Gewässerschutz und Abfall. In: Gewerbearchiv 1976, 145 ff.

Immissionsstandard ⟨*ambient air quality standard/ immission standard*⟩. Als I., die eine auf das Immissionsschutzrecht bezogene Untergruppe von → Umweltstandards darstellen, werden allgemein Werte zur Begrenzung von → Immissionen wie → Luftverunreinigungen, → Geräusche, → Erschütterungen und Licht bezeichnet. Auf der staatlichen Ebene gesetzte I. werden je nach ihrer rechtlichen Qualität und ihrer Zielsetzung als → Immissionsgrenzwerte, → Immissionswerte, → Immissionsrichtwerte oder → Immissionsleitwerte angegeben. Derartige Regelungen existieren für die Bereiche Luftreinhaltung (→ Immissionswert TA Luft) und Lärmschutz (Immissionsgrenzwert, Immissionsrichtwert).

Für den Bereich der Geruchsimmissionen sieht die Geruchsimmissions-Richtlinie des Länderausschusses für Immissionsschutz (→ Geruchsstunde) Immissionswerte vor, die in relativen Häufigkeiten von Geruchsstunden ausgedrückt sind.

Daneben werden im Bereich der Luftreinhaltung in → VDI-Richtlinien unter dem Oberbegriff maximale Immissionswerte (MI-Werte) entwickelte MIK-Werte (→ MIK), MIR-Werte (→ MIR) und MID-Werte (→ MID) verwendet sowie Werte der → WHO-Luftqualitätsleitlinien.

Im Bereich der Erschütterungen werden in DIN-Normen, z. T. auch in VDI-Richtlinien angegebene Immissionsanhaltswerte zur Beurteilung von Erschütterungen angewendet; 1995 hat der Länderausschuß für Immissionsschutz eine Erschütterungs-Richtlinie bekanntgegeben (→ Erschütterungen: Regelwerke).

Zur Begrenzung von → Lichtimmissionen – konkret zur Vermeidung unerwünschter → Raumaufhellung und störender Blendung sieht die Licht-Richtlinie des Länderausschusses für Immissionsschutz , Immissionswerte vor, die nach Baugebieten gestaffelt sind.

Dreyhaupt

Immissionswert ⟨*immission value*⟩. → Immissionsstandard mit einem Verbindlichkeitsgrad unterhalb von → Immissionsgrenzwerten. Während für den Erlaß von Immissionsgrenzwerten eine Rechtsnorm (Gesetz oder Verordnung) notwendig ist – mit direkter Bindungswirkung für die Betroffenen –, werden I. nach § 48 Abs. 1 BImSchG in allgemeinen Verwaltungsvorschriften zur Durchführung des BImSchG festgesetzt, die sich nur an die zuständigen Behörden wenden und diesen als verbindliche Richtschnur ihres Verwaltungshandelns dienen. Die Ermächtigung des § 48 BImSchG erstreckt sich konkret auf „I., die zu dem in § 1 genannten Zweck nicht überschritten werden dürfen", d. h. sie müssen den Schutz des Menschen und der anderen in § 1 BImSchG genannten Schutzgüter vor schädlichen Umwelteinwirkungen gewährleisten, sie müssen aber auch dem Entstehen schädlicher Umwelteinwirkungen vorbeugen. I. können daher Gefahrenabwehr- oder Vorsorgecharakter haben. Der Vorsorgecharakter wäre z. B. dann gegeben, wenn die → Immissionsleitwerte aus EG-Richtlinien in eine allgemeine Verwaltungsvorschrift transformiert werden sollten; sie könnten dann auch die Bezeichnung „Immissionsleitwerte" behalten. Für den Verbindlichkeitsgrad von als Immissionsstandards erlassenen immissionsbegrenzenden Werten ist nicht die Bezeichnung maßgeblich, sondern die Art des Regelwerks und die Zweckbestimmung der Werte.

Für den Bereich der Luftreinhaltung sind I. in der → TA Luft festgesetzt (→ Immissionswert TA Luft), für den Bereich des Lärmschutzes in der → TA Lärm, wo sie als → Immissionsrichtwerte bezeichnet sind.

Für den Bereich der → Lichtimmissionen sind Immissionswerte in der Licht-Richtlinie des Länderausschusses für Immissionsschutz (→ Blendung, → Raumaufhellung) vorgesehen; entsprechend sind in der Geruchsimmissions-Richtlinie (→ Geruchsstunde) Geruchs- Immissionswerte vorgegeben. Entsprechendes gilt für Erschütterungen (Erschütterungs-Richtlinie, → Erschütterungen: Regelwerke). *Dreyhaupt*

Immissionswert EG-Richtlinien *⟨immission value according to EC-directives⟩*. Bei den I., die in EG-Richtlinien (→ EG-Richtlinien über Luftqualitätsnormen) festgelegt sind, werden → Immissionsgrenzwerte, → Immissionsleitwerte und Immissions-Schwellenwerte unterschieden. Während Grenzwerte bei der für alle EG-Richtlinien obligatorischen Umsetzung in nationales Recht von den Mitgliedstaaten als verbindliche Immissionsgrenzwerte zum Schutz vor schädlichen Umwelteinwirkungen durch → Luftverunreinigungen festzusetzen sind, dienen (niedrigere) Leitwerte der langfristigen Vorsorge für Gesundheit und Umwelt sowie als Bezugswerte bei der Festlegung nationaler Sonderregelungen für bestimmte Gebiete, wie z. B. in der Bundesrepublik Deutschland als maßgebliche Werte für die Aufstellung von Luftreinhalteplänen als Vorsorgepläne in → Untersuchungsgebieten gemäß § 47 Abs. 1 BImSchG.

Schwellenwerte sind nur für → Ozon vorgesehen (→ EG-Richtlinien über Luftqualitätsnormen) und sind nicht als Grenzwerte in dem vorbeschriebenen Sinne zu verstehen; sie haben vielmehr im wesentlichen den Charakter von Warnwerten im Falle von Sommersmog-Episoden (→ 22. BImSchV), bei deren Überschreitung die Bevölkerung zu informieren ist, insbesondere auch hinsichtlich der von den Betroffenen zu ergreifenden Vorsorgemaßnahmen (neben den administrativen Maßnahmen zur Konzentrationsminderung).

Die entsprechend den EG-Richtlinien über Luftqualitätsnormen als Grenzwerte umzusetzenden I. für Blei, Stickstoffdioxid, Schwefeldioxid und Schwebestaub sind in der Bundesrepublik Deutschland zunächst nur in die → TA Luft als allgemeine Verwaltungsvorschrift übernommen worden. Nach den Urteilen des Europäischen Gerichtshofs vom 30. 5. 1991 hatte die Bundesrepublik insoweit nicht alle erforderlichen Maßnahmen getroffen, um die I. der EG-Richtlinien verbindlich festzulegen. Aus diesem Grunde wurde die 22. BImSchV erlassen, in die dann auch die Ozon-Schwellenwerte aufgenommen worden sind. *Dreyhaupt*

Immissionswert TA Luft *⟨immission value according to the Technical Instructions on Air Quality Control⟩*. Die → TA Luft legt in 2.5 für insgesamt zehn Luftschadstoffe I. fest und unterscheidet dabei I.
- zum Schutz vor Gesundheitsgefahren (2.5.1) und
- zum Schutz vor erheblichen Benachteiligungen und → Belästigungen (2.5.2).

Diese Unterscheidung bedeutet aber nicht, daß die entsprechenden I. jeweils nur bei der Prüfung gelten, ob Gesundheitsgefahren drohen bzw. ob erhebliche Benachteiligungen oder Belästigungen zu erwarten sind; vielmehr kennzeichnet die Differenzierung nur dasjenige Schutzgut, an dem sich der jeweilige I. primär orientiert. Beide I.-Kategorien sind sowohl bei der Prüfung auf Gesundheitsgefahren als auch auf Nachteile und Belästigungen anzuwenden, haben aber dann unterschiedliche Aussagekraft.

So stellen I. nach 2.5.1 in Bezug auf die Beurteilung von Gefahren für die menschliche Gesundheit die Grenzlinie zwischen schädlichen und unschädlichen Umwelteinwirkungen dar, d. h. diese Werte haben eine zweiseitige Aussagekraft: Einhaltung der I. bedeutet „unschädlich", Überschreitung „schädlich".

Die I. nach 2.5.2 sind auf das empfindlichste Schutzgut ausgerichtet und dementsprechend sehr niedrig angesetzt. In Bezug auf den Schutz vor Gesundheitsgefahren ist davon auszugehen, daß bei Einhaltung dieser I. keine Gefahren für die menschliche Gesundheit auftreten. Im Falle der Überschreitung ist aber – anders als bei Anwendung der I. nach 2.5.1 – nicht automatisch die Schädlichkeitsschwelle überschritten, vielmehr muß in einer Einzelfallprüfung die Grenze zur Gesundheitsgefahr bestimmt werden, die über dem I. nach 2.5.2 liegen kann. Dies bedeutet, daß den I. nach 2.5.2 insoweit nur eine einseitige Aussagekraft zukommt.

Die I. nach 2.5 werden als Langzeit- und Kurzzeitwerte angegeben, wobei die Bezeichnungen
- IW 1 = I. für die Langzeitbelastung als Jahresmittelwert und
- IW 2 = I. für die Kurzzeitbelastung als 98%-Wert der Summenhäufigkeitsverteilung (bei Immissionskonzentrationen) bzw. als Monatsmittelwert (bei Immissionsdosen für Staubniederschlag)

eingeführt sind.

IW 1 und IW 2 nach 2.5.1 und 2.5.2 sind als Grenzwerte nur zum Vergleich mit den nach 2.6 ermittelten

Immissionskenngrößen I 1 bzw. I 2 heranzuziehen; sie gelten nur in Verbindung mit den dort festgelegten Verfahren zur Bestimmung der Immissionskenngrößen.

Die Immissionskenngrößen werden für die tatsächlich vorhandene Belastung (Vorbelastung mit den Kenngrößen I 1 V bzw. I 2 V) durch Immissionsmessung nach den in 2.6 festgelegten Bedingungen, insbesondere hinsichtlich → Beurteilungsgebiet, → Beurteilungsfläche, → Meßhöhe, → Meßzeitraum, → Meßstellendichte und → Meßhäufigkeit, ermittelt. Ist für eine neue Emissionsquelle, z. B. in einem Genehmigungsverfahren, die dadurch entstehende Zusatz-Immissionsbelastung zu berücksichtigen, so werden die Kenngrößen für die Zusatzbelastung I 1 Z und I 2 Z durch Anwendung eines Ausbreitungsmodells (2.6.4) berechnet; die Kenngrößen für die Gesamtbelastung ergeben sich dann zu

- I 1 G = I 1 V + I 1 Z (2.6.5.2) und
- I 2 G = I 2 V + I 2 Z (2.6.5.3 Abs. 2) bzw. I 2 G wird gemäß 2.6.5.3 Abs. 1 mit Hilfe des Nomogramms in Anhang D ermittelt.

Soweit I. in der TA Luft nicht festgelegt sind, können bei der Prüfung, ob schädliche Umwelteinwirkungen durch → Luftverunreinigungen vorliegen oder zu erwarten sind, andere Luftqualitätskriterien wie → Maximale Immissionswerte (→ VDI-Richtlinien) oder die → WHO-Luftqualitätsleitlinien als Erkenntnisquellen zu Rate gezogen werden. *Dreyhaupt*

Literatur: *Dreyhaupt, F. J.*: Rechtsgrundlagen Luft (Kap. X-2 mit Anhang XI-1.1 Wichtige Grenz-, Richt- und Orientierungswerte Luft), in Wichmann/Schlipköter/Fülgraff: Handbuch der Umweltmedizin. Landsberg 1992.

Impulsbewertung *⟨pulsating noise, assesment of⟩*. Durch die I. von → Geräuschen wird die höhere Störwirkung impulsartiger Geräusche gegenüber zeitlich konstanten Geräuschen durch besondere gerätetechnische Eigenschaften des → Schallpegelmessers berücksichtigt.

Bei Schallpegelmessern hängt der angezeigte Meßwert von der Dauer des zu messenden Schalls ab. Kurzzeitige Schalle werden mit einem geringeren Wert angezeigt als Dauerschalle. Diese dynamische Eigenschaft des Meßgeräts wird als Zeitbewertung bezeichnet. Üblich sind die Zeitbewertungen Fast (F), Slow (S) und Impuls (I).

Toleranzen für die Zeitbewertungen sind festgelegt in den Normen DIN IEC 651: Schallpegelmesser und DIN IEC 804: Integrierende mittelwertbildende Schallpegelmesser. *Strauch*

Impulsgeräusch *⟨pulsating noise⟩*. Als I. werden → Geräusche bezeichnet, deren Schalldruckpegel sich kurzzeitig um etwa 5 dB oder mehr ändert.

Typische I. sind z. B. Geräusche beim Abschießen von Munition, beim Bearbeiten von Werkstücken mit Schmiedehämmern, bei Rammarbeiten, aber auch beim Tennisspielen und Schreiben mit Schreibmaschinen.

I. werden im allgemeinen störender empfunden als Geräusche mit zeitlich konstant verlaufendem Schalldruckpegel gleicher Schallenergie wie I. Zur Berücksichtigung dieser höheren Störwirkung wird der Mittelungspegel von I. mit einem Impulszuschlag von 3 oder 6 dB zur Beurteilung der Geräuschimmissionen versehen.

Der Impulszuschlag kann entfallen, wenn als Meßgröße nicht der Schalldruckpegel mit der Zeitbewertung F (Fast), sondern mit der Zeitbewertung I (Impuls), also die Meßgröße L_{AI} (t) benutzt wird. *Strauch*

Literatur: DIN 45 645, T. 1 E: Einheitliche Ermittlung von Beurteilungspegeln aus Messungen – Geräuschimmissionen in der Nachbarschaft –. 8/1991.

Industrie, chemische *⟨chemical industry⟩*. Die c. I. ist eine Branche, die mit Hilfe von chemischen und physikalischen Verfahren der Stoffumwandlung, Stoffveredelung sowie Weiterverarbeitung eine Vielzahl von Produkten herstellt.

Die c. I. nimmt neben dem Maschinen- und Fahrzeugbau, gemessen am Jahresumsatz, eine führende Stelle in der Wirtschaft der Bundesrepublik Deutschland ein. Die wichtigsten Produktionssparten der c. I. sind:

- Anorganische Grundstoffe und Chemikalien
- Organische Grundstoffe und Chemikalien
- Düngemittel
- Pflanzenbehandlungs- und Schädlingsbekämpfungsmittel
- Kunststoffe und synthetischer Kautschuk
- Chemiefasern
- Farbstoffe, Farben, Lacke usw.
- Pharmazeutische Erzeugnisse

Innerhalb der Sparten wird eine Vielzahl von chemischen Stoffen eingesetzt bzw. erzeugt; das Altstoffverzeichnis der EG enthält über 100 000 chemische Stoffe (→ EINECS).

Ein wesentliches Merkmal chemischer Reaktionen ist, daß neben dem gewünschten Produkt stets auch Nebenprodukte anfallen, die möglichst ebenfalls verwertet werden, aber auch in die Luft, in das Wasser und damit – sowie über Abfallstoffe – in die Umwelt gelangen, obwohl die c. I. bestrebt ist, weitgehend geschlossene Stoffkreisläufe zu fahren. In das → Abgas gelangende luftverunreinigende Stoffe sind durch geeignete Emissionsminderungstechniken gering zu halten. Im Vordergrund stehen dabei zunächst primäre Minderungsmaßnahmen. Ein Beispiel ist die Optimierung der Prozeßführung, u. a. in vorgegebenen Konzentrations-, Druck- und Temperaturbereichen. Damit werden möglichst hohe Ausbeuten an gewollten Produkten und die Minimierung der Entstehung von luftverunreinigenden Stoffen und von Reststoffen erzielt.

In Fällen, in denen zur Einhaltung von Emissionswerten primäre Minderungsmaßnahmen nicht ausreichen, sind Abgasreinigungsverfahren anzuwenden; zur Abscheidung gasförmiger Stoffe werden z. B. eingesetzt: Absorption, Adsorption, Kondensation, katalytische Oxidation bzw. Reduktion, biologische → Abgasreinigung.

Die meisten Anlagen der c. I. sind im Anhang der → 4. BImSchV (insbesondere Nrn. 4.1–4.3) genannt und damit genehmigungsbedürftig nach dem BImSchG. Emissionsbegrenzende Anforderungen enthält die → TA Luft. Die wichtigste produktbezogene Regelung ist das Chemikaliengesetz mit der → Gefahrstoffverordnung.

Neben den im Normalbetrieb entstehenden Emissionen luftverunreinigender Stoffe können auch → Störfälle in chemischen Anlagen zu nicht unerheblichen Belastungen von Mensch und Umwelt führen.

Drotleff/Spilok

Literatur: *Dibbern, D.*: VCI-Liste: Grundlage für Überprüfung. Chemische Industrie 4/88. – *Franck, H. G.; J. W. Stadelhofer*: Industrielle Aromatenchemie. Berlin–Heidelberg–New York 1978. – *Pohle, H.* : Chemische Industrie. Weinheim 1991.

Industriefeuerung ⟨*industrial combastion plant*⟩. I. sind die im Bergbau und im verarbeitenden Gewerbe zur Dampf-, Warm- und Heißwassererzeugung oder sonstigen Wärmeträgererwärmung (z. B. Thermoöl) eingesetzten → Feuerungsanlagen. Hierzu zählen auch Feuerungsanlagen im Umwandlungssektor (Raffinerien, Kokereien, jedoch nicht Kraft- und Heizkraftwerke). Unterfeuerungen in industriellen Prozessen gehören zu den I., sofern die Wärmeübertragung indirekt erfolgt. Die Feuerungswärmeleistung von I. liegt in der Regel im Megawattbereich.

Die am häufigsten eingesetzten Feuerungsbauarten zum Einsatz fester Brennstoffe sind

– Rostfeuerungen, überwiegend mit Steinkohlenkoks beschickt,
– Staubfeuerungen, insbesondere für den Einsatz von Braunkohlenstaub,
– → Wirbelschichtfeuerungen mit einem weiten Brennstoffband, insbesondere zum Einsatz ballastreicher Stein- und Braunkohlen.

Wichtige Brennerbauarten für den Einsatz von flüssigen Brennstoffen sind Druck-, Rotations- und Injektions-Zerstäubungsbrenner. Bei gasförmigen Brennstoffen dominieren Hochdruckbrenner. Niederdruckbrenner finden aufgrund des zurückgehenden Aufkommens von Gicht- und Generatorgas stetig weniger Anwendung.

Die Kessel von I. werden zu ca. 70% als Flammrohr-Rauchrohr- und zu ca. 30% als Wasserrohrkessel ausgeführt. Dabei werden Öl- und Gasfeuerungen vorwiegend mit Flammrohr-Rauchrohr-Kesseln versehen, während Festbrennstoff-Feuerungen insbesondere bei größeren Leistungen mit Wasserrohrkesseln ausgeführt werden.

Der überwiegende Teil der I. fällt immissionsschutzrechtlich in den Geltungsbereich der → TA Luft. Nur wenige Anlagen haben Feuerungswärmeleistungen von 50 MW und mehr und fallen damit unter die → 13. BImSchV (bei Gasfeuerungen: 100 MW und mehr) (→ Großfeuerungsanlage).

Die emissionsbegrenzenden Anforderungen für die kleineren Anlagen ergeben sich aus der TA Luft (insbesondere Nr. 3.3.1.2.1. für I. mit festen Brennstoffen, 3.3.1.2.2. für heizölgefeuerte I. und 3.3.1.2.3. für gasgefeuerte I.).

Beckers

Literatur: *Hüsken, D.*: Industriekessel für flüssige, gasförmige und feste Brennstoffe. In: Die Industriefeuerung, Nr. 50, Hrsg.: Niepenberg, H. P. Essen 1990. – *Kaier, U.*: Folgerungen und Maßnahmen bei Feuerungen und Abluftanlagen. In: VDI-Ber. Nr. 772. Düsseldorf 1989. – Umweltbundesamt: Luftreinhaltung '88, Tendenzen – Probleme – Lösungen. Berlin 1989.

Industriegebiet ⟨*industrial area*⟩. I. dienen gemäß § 9 Abs. 1 BauNVO ausschließlich der Unterbringung von Gewerbebetrieben, und zwar vorwiegend solcher Betriebe, die in anderen → Baugebieten unzulässig sind. Das sind vornehmlich auch die Betriebe, die einer immissionsschutzrechtlichen Genehmigung nach dem → Bundes-Immissionsschutzgesetz bedürfen. Zulässig sind im I. Gewerbebetriebe aller Art, Lagerhäuser, Lagerplätze und öffentliche Betriebe sowie Tankstellen. Ausnahmsweise können in einem Industriegebiet Betriebswohnungen und Anlagen für kirchliche, kulturelle, soziale, gesundheitliche und sportliche Zwecke zugelassen werden.

Hoppe/Beckmann

Industrielack, emissionsarm ⟨*low-solvent paints for industrial applications*⟩. E. I. zeichnet sich durch einen niedrigen Lösemittelgehalt aus, der in der Regel kleiner als 20% ist. Je nach Anwendungsbereich wurden unterschiedliche emissionsarme Systeme entwickelt. Neben → Lösemitteln können weitere → organische Verbindungen emittiert werden, die aus dem Bindemittel stammen, wobei es sich um Monomere, Oligomere oder auch um Spaltprodukte handelt. Diese Emissionen treten vor allem bei Trocknern auf und sind in Art und Ausmaß von der Trocknungstemperatur abhängig.

Bei wässrigen Systemen wird Wasser als Löse- oder Verdünnungsmittel verwendet; hier ist zwischen Wasserlacken (das Bindemittel ist in der wässrigen Phase gelöst) und Dispersionslacken (das Bindemittel ist in der wässrigen Phase dispergiert) zu differenzieren. Wasserlacke enthalten zur Optimierung der anwendungstechnischen Eigenschaften bis zu 20% organische Lösemittel. Die in der Praxis verwendeten Wasserlacke sind weder echte Lösungen noch reine Dispersionen. Optische Qualität sowie mechanische und chemische Beständigkeit der Wasserlacke entsprechen denen der konventionellen Lacke. Ein bedeutender Anwendungsbereich der Wasserlacke ist die Automobilserienlackierung.

High solids entsprechen noch weitgehend den konventionellen Lacken; sie haben jedoch einen höheren Feststoffanteil und sind somit lösemittelärmer. Man unterscheidet Einkomponenten- (1K) und Zweikomponentensysteme (2K):

Bei Einkomponentensystemen werden niedrig polymerisierte Bindemittel verwendet, die somit noch leicht löslich sind und zur Einstellung der gewünschten Verarbeitungskonsistenz lediglich einen Lösemittelanteil zwischen 10 und 30% benötigen. Beim Trocknen reagiert das Harz aus und bildet einen makromolekularen Lackfilm. Es kommt jedoch zu zusätzlichen Emissionen von Monomeren, Oligomeren, Crack- und Kondensationsprodukten; die Emission nimmt mit steigendem Feststoffgehalt zu.

Ebenfalls zu den lösemittelarmen Einkomponentensystemen gehören Beschichtungsstoffe, die nicht durch Wärme, sondern durch UV- und Elektronenstrahlen gehärtet werden. Derartige Systeme können völlig lösemittelfrei sein, wenn die Viskosität der Ausgangsmonomeren die Verarbeitung noch zuläßt. Vorteilhaft sind der geringe Energieverbrauch, weil keine großen Luft- und Materialmengen aufgeheizt werden müssen, und der geringere Aufwand für die → Abgasreinigung. Erhöhter Aufwand ist für den Arbeitsschutz erforderlich: beim Auftreffen der energiereichen Elektronenstrahlung auf Metall entsteht Röntgenstrahlung, die abgeschirmt werden muß. Die Reizwirkung der Acrylsäurederivate macht weitere Arbeitsschutzmaßnahmen erforderlich.

Zweikomponentensysteme bestehen aus zwei verschiedenen niedrigmolekularen Komponenten, die bei der Anwendung vermischt werden und zum filmbildenden Endprodukt aushärten. Die Reaktion kann thermisch oder katalytisch beschleunigt werden. Im Unterschied zu den Einkomponentensystemen werden bei der Trocknung keine flüchtigen Kondensationsprodukte freigesetzt; wenn nicht bei höheren Temperaturen getrocknet wird, entstehen auch keine Emissionen von Monomeren, Oligomeren und Crackprodukten. Der Lösemittelgehalt liegt zwischen etwa 5 und 30%.

Ein- und Zweikomponentenlacke werden in weiten Bereichen der industriellen Lackierung eingesetzt, z. B. 2K-Lacke in der Automobilreparaturlackierung, UV-Acrylate in der Möbelindustrie.

Pulverlacke sind völlig lösemittelfreie Beschichtungsstoffe, die die Anforderungen an einen e. I. in besonderer Weise erfüllen. Als Emissionen sind nur mögliche Spaltprodukte zu beachten. Sie werden vor allem durch elektrostatische Sprühverfahren trocken aufgetragen und durch Erwärmung geschmolzen, wodurch die Filmbildung einsetzt. Der fehlverspritzte Anteil des Pulvers kann im Vergleich zu Naßlacken (relativ) einfach zurückgewonnen und wiederverwertet werden. Die Pulverlacke werden neben der Beschichtung von Metallen (Fassadenelemente, Waschmaschinen und Kühlschränke, Sanitär-Armaturen u. a.) auch zur Beschichtung von Keramik und anderen hitzebeständigen Materialien eingesetzt; weitere Anwendungsfelder werden kontinuierlich erschlossen.

Zur Verminderung der Emissionen ist neben dem Einsatz von e. I. das Auftragverfahren von Bedeutung. (→ Lackieranlage, → Lacke, schadstoffarme).

Hanhoff-Stemping

Literatur: Lacke. In: Ullmanns Encyklopädie der technischen Chemie, Bd. 15, 4. Aufl., Weinheim–New York 1978.

Informationshaltigkeit *⟨content of information (noise)⟩*. Ein → Geräusch ist informationshaltig, wenn dem Hörer bewußt oder unbewußt besondere Aufmerksamkeit durch das Geräusch abverlangt wird. Typische informationshaltige Geräusche sind Musik und Sprache, die immer dann störend sein können, wenn sie unfreiwillig mitgehört werden und im Zeitpunkt des Auftretens nicht mit den Intentionen des Hörers übereinstimmen.

Zur Berücksichtigung dieser Störwirkung, die insbesondere im Umfeld von Sport- und Freizeiteinrichtungen auftreten können, sieht die → Sportanlagen-Lärmschutzverordnung je nach Auffälligkeit einen Zuschlag von 3 oder 6 dB zum Mittelungspegel des informationshaltigen Geräusches vor. *Strauch*

Inhärente Sicherheit *⟨inherent safety⟩*. Sicherheitseigenschaft einer technischen Anlage, insbesondere einer kerntechnischen Anlage, durch die die Betriebssicherheit als Ganzes durch passiv ablaufende Ereignisse sichergestellt ist. Das heißt, das System pendelt sich bei einem → Störfall in der Anlage selbsttätig ohne direkten Eingriff des Betriebspersonals oder andere aktive Maßnahmen auf einen ungefährlichen Zustand ein (inhärent vom *lat.* inhaerere = an etwas haften, innewohnen). *Merz*

Innenraumluft-Reinhaltung *⟨indoor air control⟩*. Innenräume sind ein wesentlicher Teil der Umwelt des Menschen. In Mitteleuropa halten sich die meisten Menschen die überwiegende Zeit des Tages in Innenräumen auf. Darüber hinaus sind einige Personengruppen (z. B. Kleinkinder, Kranke und alte Menschen) an den Aufenthalt in einem bestimmten Raum gebunden. Diese Menschen sind zugleich besonders sensibel gegenüber Verunreinigungen der Innenraumluft.

Der I.-R. kommt auch aus weiteren Gründen eine besondere Bedeutung zu:

– Zur Einsparung von Heizenergie werden seit Anfang der siebziger Jahre zunehmend dichte Fenster eingebaut, was den Luftaustausch erheblich verringert. Als Folge kann die Konzentration von → Luftverunreinigungen entsprechend ansteigen.

– Gleichzeitig hat die Anzahl neuer Baustoffe, Ausstattungsmaterialien und Haushaltsprodukte zugenommen. Bei der Entwicklung dieser neuen Produkte stehen meist technische Anforderungen und nicht das Emissionsverhalten im Vordergrund (emissionsarme Produkte).

Abgesehen von einem geringfügigen Schutz der Gebäudehülle vor Konzentrationsspitzen von Luftverunreinigungen in der Außenluft ist bei vielen Stoffen mit höherer Konzentration in der Innenraumluft zu rechnen (Tabelle).

Baustoffe und Ausstattungsmaterialien sowie Produkte des Heimwerker- und Hobbybereiches können eine Vielzahl von Chemikalien emittieren. Hierzu gehören → Kohlenwasserstoffe, → Chlorkohlenwasserstoffe, Alkohole, Ester, Ketone und andere flüchtige → organische Verbindungen oder → Lösemittel. Diese Produkte lassen sich aufgrund der von ihnen ausgehenden Belastungen als vorübergehende oder andauernde Emissionsquelle einstufen. Durch den Einsatz lösemittelarmer Produkte (z. B. schadstoffarmer → Lacke) lassen sich auch vorübergehende Belastungen der Innenraumluft bei Renovierungsarbeiten deutlich verringern. Durch ausreichende Lüftung können die verbleibenden unvermeidbaren Luftbelastungen vermindert werden. Luftbelastungen aus dauerhaften Emissionsquellen lassen sich dagegen durch Lüftung nur vorübergehend verringern und sind daher besonders zu beachten. Mit Formaldehydleimen hergestellte Holzwerkstoffe und Möbel aus Holzwerkstoffen können z. B. als nahezu permanente Quelle für → Formaldehyd angesehen werden. Der Einsatz formaldehydarmer → Holzprodukte kann hier Abhilfe schaffen. Besonders Baustoffe und andere weitgehend fest mit dem Gebäude verbundenen Materialien sollten aus Vorsorgegründen dauerhaft keine Emissionen in die Innenraumluft verursachen.

Reinigungs- und Pflegemittel sowie andere Haushaltsprodukte gehören zwar nicht zu den dauerhaften Emissionsquellen, werden aber meist regelmäßig angewendet. Hierdurch können sie ebenfalls erheblich zur Innenraumbelastung beitragen.

Weitere Quellen von Luftverunreinigungen in Innenräumen können offene Feuerstellen (Gasherde, offene Kamine), Rauchen und der Baugrund (Radon und Altlasten) sein. Neben organischen Stoffen werden durch diese Quellen auch Stickoxide, Kohlenmonoxid und Staub freigesetzt. Der Hausstaub wirkt zusätzlich als Trägermedium für schwerflüchtige organische Stoffe (Holzschutzmittel, Weichmacher u. a.) sowie für Mikroorganismen und Allergene.

Für die Bewertung gesundheitlicher Auswirkungen von Luftverunreinigungen in Innenräumen existieren bisher nur erste Ansätze. Für einige Einzelstoffe, z. B. Formaldehyd und Perchlorethylen, werden Richtwerte empfohlen. Beim Perchlorethylen wurde dieser Wert in der → 2. BImSchV für Räume neben → Chemischreinigungen verbindlich festgelegt. In der Innenraumluft befindet sich jedoch ein komplexes Stoffgemisch, dessen Quellen und gesundheitliche Auswirkungen sich einer kausalen Zuordnung vollständig entziehen. Deshalb sollte der besonders im Immissionsschutzrecht

Innenraumluft-Reinhaltung. Tabelle: Konzentration einiger Luftinhaltsstoffe in Innenräumen im Vergleich zur Außenluft in zufällig untersuchten Wohnungen. (Quelle: SRU)

Stoff bzw. Stoffgruppe	Verhältnis der Konzentrationen Innen/Außen	Bemerkungen
Schwefeldioxid	ca. 0,5	
Stickstoffdioxid	≤ 1	
	2 – 5	NO_2-Quelle innen
Kohlendioxid	1 – 10	
Kohlenmonoxid	≤ 1	
	1 – 5	CO-Quelle innen
Schwebstaub	0,5 – 1	ohne Tabakrauch
	2 – 10	mit Tabakrauch
Formaldehyd	≤ 10	
höhere aliphatische Kohlenwasserstoffe	2 – 5	
aromatische Kohlenwasserstoffe	1 – 3	
leicht flüchtige Halogenkohlenwasserstoffe	10 – 50	
polychlorierte Biphenyle	5 – 10	
Radon	bis zu 5	Wohnräume
	bis zu 10	Kellerräume
N-Nitrosodimethylamin	≤ 1	ohne Tabakrauch
	> 1	mit Tabakrauch

verankerte Vorsorgegedanke auch auf das Emissionsverhalten von Produkten in die Innenraumluft angewandt werden. Dies würde bedeuten, daß Schadstoffemissionen z. B. aus Baustoffen nach dem → Stand der Technik zu minimieren sind.

Die Stoffgemische in der Innenraumluft werden auch als eine Ursache für das sog. sick building syndrom angesehen. Besonders Benutzer von klimatisierten Räumen klagen über eine Reihe unspezifischer Beschwerden, wie Augen- und Schleimhautreizungen, Kopfschmerzen, Müdigkeit und mangelnde Konzentrationsfähigkeit.

In der Vergangenheit wurden einzelne, heute als besonders kritisch erkannte Stoffe wie → Asbest, polychlorierte Biphenyle und Holzschutzmittel auch in Innenräumen verwendet. Heute können diese Stoffe unzumutbare Belastungen verursachen, die umfangreiche und kostenintensive Sanierungsmaßnahmen erforderlich machen, z. B. die Asbestsanierung. *Plehn*

Literatur: Konzeption der Bundesregierung zur Verbesserung der Luftqualität in Innenräumen. Reihe Umweltpolitik. Hrsg.: Bundesumweltministerium, 1992. – Luftverunreinigungen in Innenräumen – Sondergutachten. Hrsg.: Rat von Sachverständigen für Umweltfragen (SRU). Stuttgart–Mainz 1987.

Inversion ⟨*inversion*⟩. Atmosphärenschicht, in der die potentielle Temperatur mit der Höhe zunimmt (das lat. invertere=umdrehen, umkehren bezieht sich auf die Temperatur). Auf Grund der resultierenden positiven Schichtungsstabilität werden in solchen Schichten Vertikalbewegungen unterdrückt. Der Vertikalaustausch zwischen den Luftschichten wird behindert. Bei einer niedrigen I.-Untergrenze reichern sich bodennah emittierte Luftverunreinigungen unter der I. an, was zu erhöhten Immissionskonzentrationen führt (→ Smog).

Eine I. kann verschiedene Ursachen haben; es wird zwischen Strahlungsinversion, Absinkinversion und Advektionsinversion unterschieden. Allen I.-Typen gemeinsam ist ihr Auftreten bei vornehmlich windschwachen Wetterlagen. Die bei stärkerem Wind angeregte dynamische Turbulenz würde andernfalls trotz der positiven Schichtungsstabilität zu einer Durchmischung und damit zu einer indifferenten Schichtung führen. *Wichmann-Fiebig*

IRMA-Verfahren ⟨*IRMA-method*⟩. Der Begriff IRMA steht für Immissions-Raten-Meßapparat, der von *Luckat* entwickelt wurde. Der Grundgedanke war, ein Immissionsmeßgerät zu schaffen, das ähnliche Aufnahmeeigenschaften für Luftverunreinigungen aufweist wie Materialien, so daß zu standardisierten Materialobjekten (→ Mank-Karussell) als komponenten-unspezifische Reaktionsindikatoren, die im Rahmen eines → Wirkungskatasters dem Einfluß von Luftverunreinigungen ausgesetzt sind, korrelative Beziehungen hergestellt werden können. IRMA ist dabei als ein komponenten-spezifischer Akkumulationsindikator anzusehen.

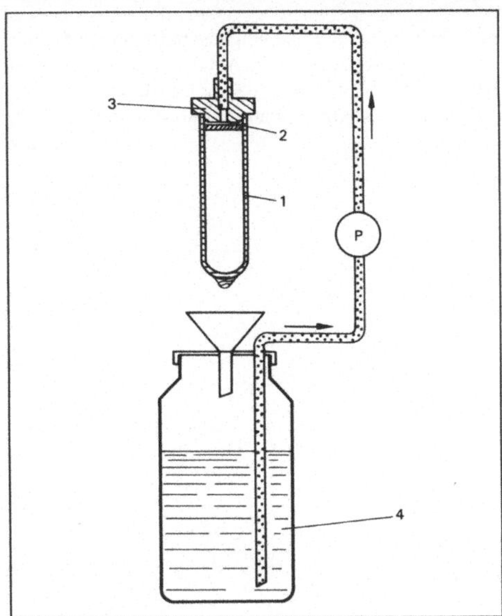

IRMA-Verfahren: Schema des IRMA-Geräts. (Quelle VDI 3794, Bl. 1).

1 Trägerkörper, 2 Ringnute, 3 Verteilerkopf, 4 Vorratsgefäß, P Schlauchquetschpumpe

Beim I.–V. wird ein Trägerkörper, z. B. eine Soxleth-Hülse ständig von einer basischen Absorptionslösung benetzt. Die frei von der Außenluft umströmte Hülse stellt somit eine standardisierte und zugleich optimale reaktive Aufnahmefläche mit maximaler Senkeneigenschaft dar. Der von der Hülse abfallende Tropfen wird in einem Vorratsbehälter gesammelt, von dem aus die Absorptionslösung kontinuierlich wieder zum oberen Hülsenrand hochgepumpt wird. Hierdurch kommt es mit der Zeit zu einer Anreicherung mit sauren Immissionskomponenten (z. B. Sulfit, Sulfat, Chlorid, Fluorid, Nitrit, Nitrat), deren Gehalt in der Lösung nach vierzehntägiger Expositionszeit im Labor mit den gängigen Verfahren der chemischen Analysentechnik bestimmt wird. Im Grundsatz ist auch die Erfassung basischer Komponenten (z. B. → Ammoniak) möglich, wenn eine saure Absorptionsflüssigkeit gewählt wird.

Nach eingehenden Untersuchungen sowohl im Freiland als auch im Windkanal ist die mit IRMA gemessene → Immissionsrate I in etwa proportional dem Produkt aus Konzentration c und der Wurzel aus der Windgeschwindigkeit u ($I = k \cdot c \cdot \sqrt{u}$). Innerhalb des realistischen Meßbereichs gilt aber in Annäherung auch die Beziehung $I \approx k \cdot c \cdot u$, d. h. der gemessene IRMA-Wert ist weitgehend massenstrom-proportional. Der Proportionalitätsfaktor k ist, auf den Hülsenquerschnitt bezogen, $< 0{,}05$. Dies bedeutet, daß

trotz der optimalen Senkeneigenschaft von IRMA nur ein vergleichsweise geringer Anteil (<5%) aus dem an der Hülse vorbeidriftenden Strom an Luftverunreinigungen aus der Atmosphäre herausgeschnitten wird.
Prinz

Literatur: *Luckat, S.*: Ein Verfahren zur Bestimmung der Immissionsrate gasförmiger Komponenten. Staub – Reinhaltung Luft **32** (1972) S. 484–486. – VDI 3794, Bl. 1: Bestimmung von Immissions-Raten; Bestimmung der Immissions-Rate mit Hilfe des IRMA-Verfahrens. 11/1982.

J

Justieren ⟨*adjust*⟩. Bezeichnet nach DIN 1319, Teil 1: Grundbegriffe der Meßtechnik, Allgemeine Grundbegriffe, 6/1985, den Vorgang in der Meßtechnik, ein Meßgerät so einzustellen, daß die Meßabweichung möglichst klein wird.
Strauch

K

Kaffeeherstellung *⟨coffee production⟩*. Rohkaffee und Rohkakao werden vor der Röstung gereinigt (Staubgehalt bis 3 Gew.-% im Rohgas), die Rohbohnen entsprechend der gewünschten Geschmacksqualitäten gemischt. Die Röstung erfolgt in kontinuierlich oder diskontinuierlich betriebenen Anlagen, in denen der Kaffee auf 200–260 °C und der Kakao bis auf 150 °C erhitzt wird. Die eigentliche Röstzeit dauert je nach eingesetztem Röstverfahren 1,5 bis 10 Minuten. Bei der Trocknung und Röstung werden die erwünschten chemischen Reaktionen zur Aromabildung initiiert sowie unerwünschte (unangenehme) Geruchs- und Geschmacksstoffe entfernt. In modernen Röstanlagen werden die Heißgase zur Minimierung des Abgasvolumenstromes weitgehend zirkuliert.

Mit dem Röstvorgang von Kaffee ist ein Gewichtsverlust von 11–20% verbunden. Es werden u. a. organische Zersetzungsprodukte, Wasserdampf, Kaffeehäutchen abgegeben. Bei stark geröstetem Kaffee erreichen die freigesetzten organischen Zersetzungsprodukte eine Größenordnung von 140 g/kg Kaffee; hieraus resultieren gasförmige luftverunreinigende Emissionen bis zu 10 g/m^3 Abgas. Folgende Substanzen sind im Abgas enthalten: Aldehyde, Alkohole, Phenole, Carbonsäuren, Carbonsäureester, Ketone, stickstoff- und schwefelhaltige Verbindungen. Insbesondere stickstoffhaltige (z. B. Amine) und schwefelhaltige Verbindungen (z. B. Mercaptane) prägen den Geruch bei Kaffeeröstereien. Zusätzlich werden am Ende der Röstphase Silberhäutchen (ca. 2 g/m^3) freigesetzt.

Bei der Trocknung und Röstung von Kakao werden bis zu 0,2 Gew.-% Geruchsstoffe im Abgas freigesetzt (u. a. organische Säuren, Aldehyde, Ester sowie schwefel- und stickstoffhaltige Verbindungen). Die gemessenen → Geruchszahlen erreichen Werte bis zu 1 600 000.

Zur Minderung der gasförmigen Emissionen bei der Kakao- und Kaffeeröstung werden prozeßbezogene und abgasseitige Maßnahmen eingesetzt. Dazu gehören eine weitgehende Kapselung der Anlage, die Minimierung des Abgasvolumenstroms durch eine weitgehende Kreislaufführung der Röstgase und eine integrierte thermische Behandlung in eine Brennkammer. Zur Reinigung des ausgeschleusten Teilgasstroms der Röstabgase dient überwiegend thermische oder katalytische → Nachverbrennung. Bei den Kakaoröstanlagen werden darüber hinaus auch Absorptions- und Adsorptionseinrichtungen sowie → Biofilter eingesetzt. Es werden Gesamtkohlenstoff-Konzentrationen von deutlich unter 50 mg/m^3 Abgas erreicht.

Um eine Überröstung des Kaffees zu vermeiden, bedarf es einer möglichst schnellen Abkühlung am Ende des Röstprozesses. Sie erfolgt meist durch intensive Frischluftkühlung (ca. 5–10 m^3/kg Kaffee), die mit einer signifikanten Geruchsemission gekoppelt ist; die Eindüsung von Wasser verursacht eine deutlich geringere Geruchsemission.

Die geröstete Kakaobohne wird zur Vermeidung des Austritts des Kakaofettes gekühlt und anschließend entschalt und zerkleinert. Dabei ist mit → Staubemissionen (bis zu 1 Gew.-% im Abgas) und Geruchsemissionen zu rechnen. Die geröstete und gemahlene Kakaomasse durchläuft zur Aromaverbesserung eine Wärmebehandlung (Dünnschichtveredelung) zur Entgasung. Es werden Essigsäure, Aromastoffe und weitere Geruchsstoffe emittiert. Die Abgase werden erfaßt und den bereits o. a. Minderungstechniken zugeführt.

Zur Herstellung von Kakaopulver werden 50 bis 58% Kakaofett abgepreßt und für die Schokoladenherstellung die gewünschten Zutaten zugemischt. Die Schokoladenmasse wird zur Veredelung bei 50–80 °C über 20 Stunden in Conchen (muschelförmige Wannen) durchgewalkt. Auch diese Verarbeitungsschritte sind mit Geruchsemissionen verbunden.

Wegen der unvermeidbaren Geruchsbelästigungen in der Nähe von Anlagen zur K. sollten sie in einem ausreichenden Abstand von der Wohnbebauung angesiedelt werden (→ Schutzabstand).

In dem Anhang der → 4. BImSchV, Spalte 2, sind folgende Anlagen genannt und damit im vereinfachten Verfahren nach dem BImSchG genehmigungsbedürftig:
– Anlagen zum Rösten oder Mahlen von Kaffee oder Abpacken von gemahlenem Kaffee mit einer Leistung von jeweils 250 kg oder mehr je Stunde in Nr. 7.29,
– Anlagen zum Rösten von Kakaobohnen mit einer Leistung von 75 kg und mehr je Stunde in Nr. 7.30,
– Anlagen zur Herstellung von Kakaomasse aus Rohkakao oder thermischer Veredelung von Kakao- und Schokoladenmasse in Nr. 7.31.

Emissionsbegrenzende Anforderungen enthält die → TA Luft, speziell für Anlagen der Nr. 7.30 in Nr. 3.3.7.30.1, die sich weitgehend mit der Geruchsminderung befassen. *W. Koch*

Literatur: VDI 3893: Emissionsminderung; Kakao- und Schokoladenindustrie, 12/1989. – VDI 3892 E: Emissionsminderung; Kaffeeverarbeitende und -bearbeitende Industrie; Anlagen mit einem Mindestdurchsatz von 250 kg pro Stunde, 10/1992.

Kakaoherstellung *⟨cocoa production⟩*. → Kaffeeherstellung

Kalibrieren *⟨calibration⟩*. K., auch als Einmessen bezeichnet, heißt nach DIN 1319, Teil 1: Grundbegriffe der Meßtechnik, Allgemeine Grundbegriffe. 6/1985, im Bereich der Meßtechnik die Meßabweichung am fertigen Meßgerät feststellen.

Beim K. erfolgt im Gegensatz zum Justieren kein technischer Eingriff am Meßgerät. Bei anzeigenden Meßgeräten wird durch K. die Meßabweichung zwischen der Anzeige und dem richtigen oder als richtig geltenden Wert festgestellt. *Strauch*

Kalibrierverfahren *⟨calibration methods⟩*. Ein wesentliches Element der Qualitätssicherung bei der Umweltanalytik ist das Kalibrieren der routinemäßig eingesetzten Meßverfahren und -geräte.

Zur Kalibrierung der in der Praxis der Luftreinhaltung eingesetzten Meßverfahren und -geräte werden vorzugsweise K. unter Verwendung von Referenzmaterial angewandt. Referenzmaterialien sind Substanzen oder Substanzgemische, deren Zusammensetzung innerhalb gegebener Grenzen bekannt ist und bei denen die zur Kalibrierung benötigten Eigenschaften hinreichend genau festgelegt sind. Zu den Referenzmaterialien gehören insbesondere Prüfgase und Prüfaerosole, deren Herstellung und Verwendung in den Richtlinienreihen VDI 3490, 3489 und 3491 behandelt werden.

Ist die stoffliche Zusammensetzung der in der Praxis zu untersuchenden Proben mit Hilfe von Referenzmaterial nur unzureichend nachzubilden, empfehlen sich K., bei denen mit Hilfe eines Referenzmeßverfahrens Vergleichsmessungen durchgeführt werden. Diese Empfehlung gilt insbesondere für die Kalibrierung automatischer Emissionsmeßeinrichtungen, weil die Eigenschaften der Abgasproben häufig nur unvollständig bekannt sind und bestimmte Störeinflüsse und Querempfindlichkeiten nur auf diese Weise erkannt werden können. Um bei der Kalibrierung durch Vergleichsmessungen den Anspruch der Repräsentativität zu erfüllen, sind der zeitliche Verlauf und die räumliche Verteilung der Emissionen über den Meßquerschnitt zu berücksichtigen. Ist die räumliche Variation gering, genügen Vergleichsmessungen an einem Punkt in der Nähe der Probenahme der zu kalibrierenden Meßeinrichtung. Andernfalls sind die Vergleichsmessungen als Netzmessungen durchzuführen. *Stahl*

Literatur: DIN 1319, Teil 1: Grundbegriffe der Meßtechnik; Allgemeine Grundbegriffe. 6/1985. – *Hartkamp, H., N. Buchholz, F. Klukas* u. *J. Münch*: Ermittlung und Erprobung von Kalibrierverfahren für Immissionsmeßnetze. UBA-Materialien 3/83. Hrsg. Umweltbundesamt. Berlin 1983. – VDI 3950, Bl. 1 E: Kalibrierung automatischer Emissionsmeßeinrichtungen. 7/1994. – Richtlinien über die Festlegung von Referenzverfahren, die Auswahl von Äquivalenzmeßverfahren und die Anwendung von Kalibrierverfahren. Rundschreiben des BMU vom 9. 2. 1988. Gemeinsames Ministerialblatt 1988, S. 191/651.

Kaliindustrie (Abgasreinigung) *⟨potash industry⟩*. → Abgas- und Abluftreinigung sind bei der Produkttrocknung und bei Absaugsystemen an Apparaten und Transportmitteln vorzunehmen.

Zur Produkttrocknung sind überwiegend Trockentrommeln mit vorgeschalteter Brennkammer im Einsatz (Bild) Als Brennstoffe dienen Erdgas, Heizöl oder Braunkohlenstaub. Der Produktdurchsatz beträgt bis zu 70 t/h. Die heißen Rauchgase von 800–1 000 °C und die mechanisch entwässerten Kristallisate oder Konzentrate durchlaufen die Trommel im Gleichstrom. Dadurch wird eine extreme Überhitzung des Salzes vermieden. Das Trommelende mündet in ein feststehendes Ausfallgehäuse, in dem der Hauptteil des Produkts durch Schwerkraftwirkung abgetrennt wird. Die Abgastemperatur beträgt 140–180 °C, der Abgasvolumenstrom 30 000–60 000 m^3/h. Der Staubgehalt des Roh-

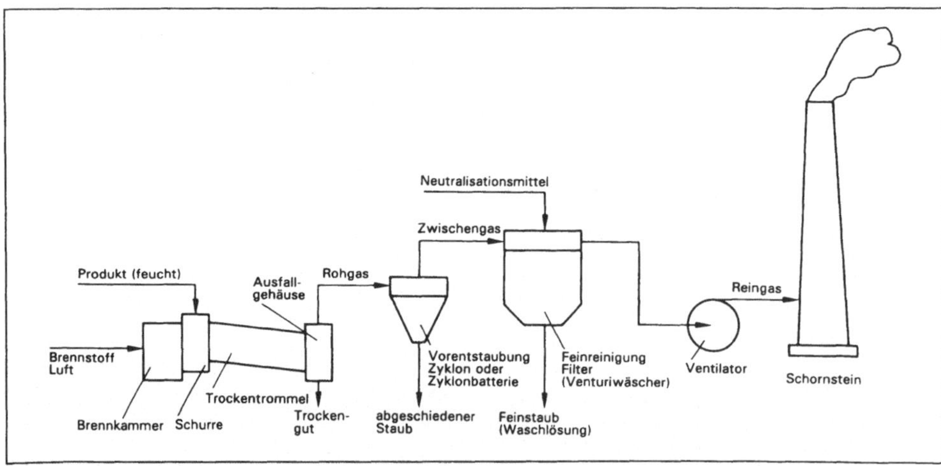

Kaliindustrie: Schema der Kalitrocknung mit Abgasreinigung.

gases ist mit 100–150 g/m^3 extrem hoch und erfordert eine mehrstufige Abgasbehandlung.

Vereinzelt werden – vorwiegend für klassierte Konzentrate und Grobkristallisate – Wirbelschichttrockner verwendet. Das Produkt bewegt sich horizontal über das Wirbelbett und wird dort von den unten einströmenden Heizgasen nach dem Querstromprinzip getrocknet.

Als charakteristische Bestandteile von Trocknerabgasen gelten Staub und HCl. Außerdem tritt SO_2 auf, wenn der Brennstoff Schwefel enthält. HCl wird durch thermische Spaltung des in den Produkten als Nebenbestandteil stets vorhandenen $MgCl_2$ (bis 1%) nach der Summenformel $MgCl_2 + H_2O = MgO + 2\,HCl$ gebildet. Der Umsetzungsgrad ist von der Trocknungstemperatur und von anlagenspezifischen Faktoren abhängig. Im Rohgas können 0,05–1 g HCl/m^3 enthalten sein.

Zur Minimierung der entstehenden Schadstoffe sind folgende Primärmaßnahmen geeignet:
– Staub: Erzeugung feinkornarmer Primärprodukte (nur sehr bedingt möglich).
– HCl: Senkung des $MgCl_2$-Gehalts der Produkte im technologischen Prozeß; Reduzierung und Regelung der Abgastemperatur.
– SO_2: Verwendung S-armer (oder -freier) Brennstoffe.

Mit den Primärmaßnahmen ist eine hinreichende Senkung der Emissionswerte von Staub und HCl nicht erreichbar; sie dienen hauptsächlich der Aufwandsminimierung.

Die differenzierten Grenzwerte werden ausschließlich durch folgende sekundäre Maßnahmen sichergestellt.

❒ Vorentstaubung: Zyklon oder Zyklonbatterie; Reduzierung des Staubgehalts auf 0,5–1,5 g/m^3. Der abgeschiedene Staub wird in den Produktstrom zurückgeführt.

❒ Feinreinigung:
– Neutralisationsgewebefilter mit Zusatz von Kalkhydrat in den Abgasstrom; Reduzierung des Staubgehalts auf ≤50 mg/m^3, des HCl-Gehalts auf ≤30 mg/m^3. Der abgeschiedene Staub wird zusammen mit dem geringen Anteil an Neutralisationsmittel dem Kalidüngemittel zugefügt.
– Naßverfahren in Form von → Venturiwäschern mit angeschlossenem → Tropfenabscheider (Bild); die Reingasgehalte betragen 100 mg Staub/m^3, <30 mg HCl/m^3. Die Apparate werden mit einem alkalischen Medium (NaOH, KOH, K_2CO_3) beschickt. Die abgeschiedene salzhaltige Waschflüssigkeit wird in den Fabrikprozeß übernommen.
– Elektrofilter in Altanlagen: Erreichbar sind Reingasgehalte von 100 mg Staub/m^3; HCl wird nicht abgeschieden.

Die Überwindung des statischen Widerstands der Abgasreinigungssysteme erfolgt durch entsprechend ausgelegte Abgasventilatoren und ist mit einem bis zu fünffach höheren Elektroenergieaufwand verbunden.

Bezüglich SO_2 sind in der Regel keine Sekundärmaßnahmen erforderlich.

Die Rohluft der Absaugsysteme an Fabrikapparaten (Zerkleinerung, Siebung, Granulierung, Verladung) und Transportmitteln (Bandübergabestellen, Schurren) enthält in der Regel 25 g Salzstaub/m^3, in Einzelfällen bis 100 g/m^3.

Zur Entstaubung werden überwiegend Gewebeabscheider marktüblicher Bauart eingesetzt. Diese garantieren einen Reinluftgehalt von ≤50 mg/m^3. Als betriebssicher haben sich auch kombinierte Trocken-/Naßsysteme, bestehend aus Zyklon und Rotationsnaßabscheider oder venturiähnlichen → Abscheidern erwiesen. Diese können höhere Rohluftbeladungen von 100 g/m^3 aufnehmen. Die erreichbaren Reinluftgehalte betragen ≤100 mg/m^3. Die Löslichkeit der Salze ist ein Vorteil bei der Betriebsweise dieser Apparatekombination. *Schramm*

Literatur: *Knöpfel, N.*: Reduzierung der HCl-Emission einer Kalisalztrocknung durch Neutralisationsgewebefilter. Vortrag. Zweite Intern. Konferenz über Kali-Technologie. Hamburg 1991. – *Mohry, H.; H. G. Riedel*: Reinhaltung der Luft. Leipzig 1981.

Kalkindustrie *(line production)*. Die K. zählt ebenso wie die sehr ähnliche Dolomitindustrie zum Bereich Steine und Erden (→ Steine-Erden-Industrie). Die in beiden Industriezweigen erzeugten Produkte Branntkalk bzw. Sinterdolomit oder Dolomitkalk finden vor allem in der Eisen- und Stahlindustrie, im Baugewerbe und in der Landwirtschaft Anwendung.

Die Herstellung von Kalk und Dolomit umfaßt den Abbau der Rohstoffe im Tagebau, die Verwendung von Mahl- und Klassieranlagen sowie den Brennprozeß im Ofen. Als Brennaggregate werden überwiegend Schachtöfen verschiedener Bauart sowie Drehrohröfen eingesetzt. Die Ofenleistungen reichen von 50 bis 1 200 t/d.Gängige Brennstoffe sind Stein- und Braunkohle, Koks, Heizöl und Gas, in Einzelfällen auch Altöl und Altreifen.

→ Staubemissionen entstehen im Steinbruch, beim Brechen, Mahlen und Klassieren sowie beim Brennen und Verladen als auch beim innerbetrieblichen Transport. Beim Brennen in den Schachtöfen treten Rohgasstaubgehalte bis 10 g/m^3, in Drehrohröfen über 50 g/m^3 auf. Außerdem ist beim Brennen mit hohen Konzentrationen an Stickstoffoxiden, → Kohlenmonoxid (teilweise über 10 g/m^3) und gasförmigen → organischen Stoffen im Abgas zu rechnen. Schwefelverbindungen, soweit sie überhaupt in den Ofen gelangen, werden wegen des hohen Einbindevermögens des Brennguts nur in geringen Mengen emittiert.

Prozeßseitige Maßnahmen zur Emissionsminderung finden vereinzelt Anwendung. Sie betreffen vor allem die NO_x-Minderung, wenn in den Öfen NO_x-arme Brenner eingesetzt werden. Die in Schachtöfen schwierig zu beherrschenden CO- und Gesamt-C-Emissionen können durch Einbau einer separaten Brennkammer

Kalkindustrie. Tabelle: Daten zur Ofenentstaubung in der K.

Ofen	Ofenleistung (t/d)	spez. Ab volumen (kg/m³)	Rohgasstaub-gehalt (g/m³)	Abgas-reinigung (E = Elektro-filter) (G = Gewebe-filter)	Reingasstaub-gehalt (mg/m³)
Schachtöfen (einfache Bauart)	50 – 375	1,3 – 3,0	bis 5	E, G	5 – 50
Ringschachtöfen	80 – 600	1,5 – 2,5	bis 10	E, G	
Gleichstrom-Gegenstrom-Regenerativ-Ofen	150 – 650	2,3 – 3,0	bis 5	G, E	
sonstige Öfen (Doppelschräg-, Querstromöfen)	80 – 220	1,7 – 2,5	bis 7	G, E	
Drehrohröfen	150 – 1 200	3,0 – 4,0	bis 20	E, E	

zur Optimierung der Verbrennung beeinflußt werden. Damit sind Emissionswerte von 0,10 g CO/m^3 zu erzielen. Auch die Verwendung reinen Sauerstoffs anstelle von Luftsauerstoff verringert die Emission von unverbrannten Abgasbestandteilen.

Die Staubquellen, z. B. Brech-, Mahl- und Klassiereinrichtungen sowie Verladevorrichtungen, lassen sich mit filternden → Abscheidern, evtl. nach vorheriger Kapselung, entstauben. Emissionswerte von 50 mg Staub/m³ und weniger sind damit sicher einzuhalten. Die Brennöfen sind überwiegend an Elektro- oder Gewebefilter angeschlossen. Bei der Füllung der Schachtöfen mit Roh- und Brennstoffen tritt während kurzer Zeit (ca. 3 min. pro Stunde) Rohgas aus, weil in dieser Zeit Abscheider auf Grund undefinierter Ansaugbedingungen nicht angeschlossen sind. Der Einbau einer Chargierschleuse gewährleistet eine ununterbrochene → Abgasreinigung (Tabelle).

Ausgesiebte Feinanteile des Rohmaterials, die sich wegen ihrer Größe zur Aufgabe in den Schachtofen nicht eignen, weil sie den Verbrennungsluftwiderstand des Ofens zu stark erhöhen, können in Drehrohröfen der K. gebrannt, brikettiert und dem Schachtofen in dieser Form zugeführt oder im Steinbruch abgelagert werden.

Anlagen zum Brennen von Kalkstein und Dolomit sind (neben weiteren Anlagen) in der Nr. 2.4, Spalte 2, des Anhangs der → 4. BImSchV genannt. Sie bedürfen einer Genehmigung nach dem BImSchG im vereinfachten Verfahren. Emissionsbegrenzende Anforderungen enthält die → TA Luft, z. B. 50 mg Staub/m³ Abgas. Unter Berücksichtigung des Beschlusses des Länderausschusses für Immissionsschutz vom Mai 1991 zur Konkretisierung der Dynamisierungsklauseln der TA Luft sollen 0,50 g NO_x/m^3 Abgas eingehalten werden. *Hinrichs*

Literatur: *Davids, P.; M. Lange*: Die TA Luft '86 – Technischer Kommentar. Düsseldorf 1986.

Kalkwaschverfahren, Kalksteinwaschverfahren *⟨quickline scrubbling process⟩*. Die K. sind Verfahren zur → Abgasentschwefelung mit Absorption des Schwefeldioxids in einer alkalischen Waschflüssigkeit. Als Absorptionsmittel dienen Branntkalk (CaO), Kalkhydrat ($Ca[OH]_2$) oder Kalkstein ($CaCO_3$). Als Produkt fällt Gips an, der vielseitig verwertet werden kann (→ Entschwefelungsgips). Die K. sind mit einem Anteil von rund 90% die am weitesten verbreiteten Verfahren zur → Entschwefelung der Abgase aus Kohle- oder Ölfeuerungsanlagen. Das Grundkonzept der verschiedenen K. besteht aus den Verfahrensschritten (Bild):
- Absorption der Schwefeloxide und anderer Abgaskomponenten wie Chlor- und Fluorwasserstoff,
- pH-Wert-Regelung der Waschflüssigkeit durch Zugabe des Absorptionsmittels,
- Oxidation der Absorptionsprodukte zu Sulfat,
- Gipssuspensionverarbeitung (Gipsgewinnung),
- Abwasseraufbereitung.

SO_2 sowie HCl und HF werden in einem Wäscher, mit oder ohne Vorwaschstufe, durch Besprühen mit der im Kreislauf geführten alkalischen Waschflüssigkeit absorbiert. Insbesondere durch die Absorption von SO_2 sinkt der pH-Wert der Waschlösung und wird durch Zugabe des Absorptionsmittels wieder auf den Anfangswert angehoben.

Neben dem pH-Wert und der Verweilzeit des Abgases in der Waschzone ist der Wasserfaktor (Verhältnis von Waschflüssigkeit zu Abgasvolumenstrom) entscheidend für die Abscheideleistung des → Absorbers. Werte für wichtige Parameter der K., wie sie in modernen Betriebsanlagen gefahren werden, sind in der Tabelle zusammengestellt.

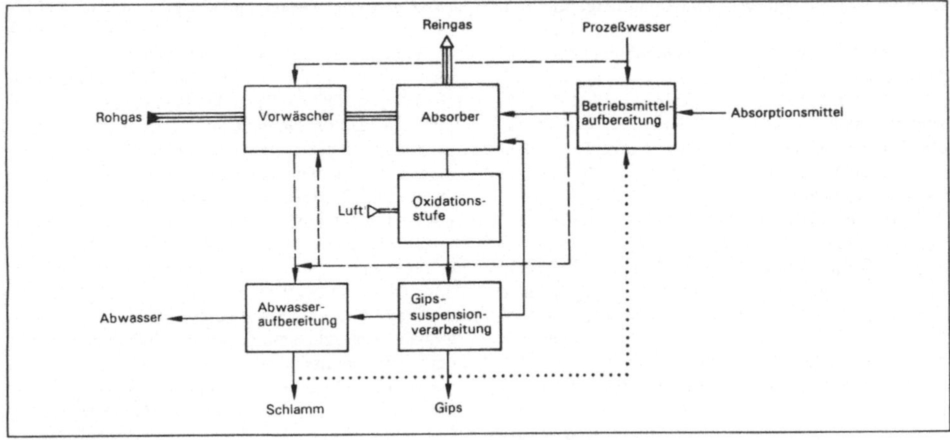

Kalkwaschverfahren: Schematischer Ablauf der Abgasentschwefelung.

Am Austritt des Absorbers werden durch wassergespülte →Tropfenabscheider Flüssigkeitströpfchen aus dem gereinigten Abgas entfernt. Die Großfeuerungsanlagen-Verordnung (→ 13. BImSchV) erlaubt die Ableitung der gereinigten Abgase sowohl über den →Schornstein als auch über den →Kühlturm, fordert jedoch bei der Ableitung über den Schornstein eine Abgastemperatur von mindestens 72 °C, um einerseits einen genügend großen thermischen Auftrieb sicherzustellen und andererseits ein Kondensieren und damit ein Ausregnen von Tröpfchen am Schornstein zu vermeiden. Während zu Beginn der 80er Jahre die Wiedererwärmung der gereinigten Abgase noch durch Vermischen des gereinigten Teilabgasstroms mit dem ungereinigten erreicht wurde, wurden ab Mitte der 80er Jahre in der Bundesrepublik Deutschland Wärmetauscher zwischen Roh- und Reingas (→Gasvorwärmer) eingesetzt. Das Gebläse konnte nach dem Wäscher angeordnet werden. Daraus ergeben sich wesentliche Vorteile:

– Durch das kleinere Volumen des kalten Reingases ist der Leistungsbedarf für das Naßgebläse um über 20% geringer als beim Heißgasgebläse. Die Anlage läßt sich sehr kompakt bauen.

– Im Wärmetauscher ist der Reingasdruck höher als der Rohgasdruck; der Wäscherwirkungsgrad wird kaum noch durch eine Rohgasleckage verschlechtert.

Voraussetzung für einen einwandfreien Betrieb des Naßgebläses sind eine wirkungsvolle Tropfenabscheidung und eine sorgfältige Werkstoffauswahl für die Laufschaufeln.

Die zunächst gebildeten SO_2-Absorptionsprodukte Calciumsulfit und -bisulfit werden im Absorbersumpf zum Teil durch den im Abgas enthaltenen Sauerstoff zu Sulfat ($CaSO_4$) oxidiert. Zur vollständigen Oxidation der Sulfite zum Produkt Entschwefelungsgips ist im allgemeinen noch eine zusätzliche Luftzufuhr notwendig. Der nach der Oxidationsstufe ausgeschleuste Teilstrom der Waschflüssigkeit hat einen Gipsanteil von 7–18 Gew.-%. Diese Gipssuspension wird zunächst in einem Eindicker und/oder Hydrozyklon aufkonzentriert und anschließend in Zentrifugen, Trommel- oder Bandfilter auf eine Feuchte um 10 Gew.-% entwässert. In der Filtrationsstufe können lösliche Bestandteile wie Chloride ausgewaschen werden. Je nach Verwertung des Gipses sind noch eine Kompaktierung und/oder thermische Trocknung nachgeschaltet.

Über das Abgas gelangen die sauren Verbindungen Chlorwasserstoff, Fluorwasserstoff und Salpetersäure sowie in geringem Umfang Schwermetalle in das Waschmedium. Zusätzlich werden durch das Absorptionsmittel und Prozeßwasser weitere Verunreinigungen eingetragen. Um einen zu hohen Gehalt dieser Stoffe im Entschwefelungsgips zu vermeiden, wird ein Teilstrom aus dem Kreislauf als Abwasser ausgeschleust.

Kalkwaschverfahren. Tabelle: Übliche Werte für wichtige Parameter der K. zur Abgasentschwefelung

pH-Wert der Waschflüssigkeit	Absorbereintritt 5 – 6,5 nach Absorption 3,5 – 4,5
Wasserfaktor	8 – 16 l/m^3
Ca/S-Verhältnis	1 – 1,15 (nur bei Einsatz von Kalkstein ist mit einem höheren Verbrauch von 5 – 15% gegenüber dem stöchiometrischen Bedarf zu rechnen)
Abgastemperatur im Absorber (Taupunktstemperatur)	45 – 50 °C (Steinkohlekraftwerk) 65 °C (Braunkohlekraftwerke)

Üblich ist eine zweistufige Abwasseraufbereitung, mit der die Anforderungen nach § 7a Wasserhaushaltsgesetz eingehalten werden. In der ersten Stufe (Neutralisation) wird das Abwasser durch Zugabe von Calciumhydroxid oder Schlamm aus der ersten Sedimentationsstufe von gelöstem Gips gereinigt. Die Schlammpartikel bilden hierbei Kristallisationskeime. Durch den Anstieg des pH-Werts fallen gleichzeitig Calciumfluorid sowie Spurenelemente, meist als Metallhydroxide, aus. Flockungshilfsmittel beschleunigen diesen Vorgang. Das vorgereinigte Abwasser aus dem Überlauf der ersten Sedimentationsstufe wird in einem zweiten Sedimentationsbecken mit Hilfe von Flockungsmitteln nachgereinigt. Der Schlamm des Eindickers wird in einer Kammerfilterpresse entwässert. Falls an einem Standort kein Abwasser in einen Vorfluter eingeleitet werden darf, ist das Abwasser aus der Abgasentschwefelung einzudampfen.

Prinzipiell arbeiten alle K. nach dem im Bild dargestellten Verfahrensschema. Die Möglichkeit einer Vorwäsche ist als gestrichelte Variante eingezeichnet. Die Optimierung einzelner Verfahrensschritte sowie die Anforderungen an die Gipsqualität (z. B. Einhaltung zulässiger Chlorid- oder Schwermetallgehalte) und an die Zusammensetzung des Abwassers (Einleitbedingungen in den Vorfluter) haben zu vielen Verfahrensvarianten geführt, z. B.:

– Einkreisverfahren: Die Vorwäsche, SO_2-Absorption und Oxidation der Absorptionsprodukte sind in einem Wäscher untergebracht. Für die Vorwäsche wird ein Teil des Abwassers verwendet. Diese kompakte Bauweise führt zu einem hohen Chloridgehalt im Waschkreislauf und damit im Entschwefelungsgips. Chlorid ist bei der Gipsaufbereitung auszuwaschen.

– Einkreisververfahren mit integriertem Vorwäscherkreislauf: Der Vorwäscher ist von der SO_2-Absorption abgekoppelt, jedoch sind die Waschkreisläufe nicht getrennt. Dadurch wird der größte Teil der Chloridfracht im Vorwäscher abgetrennt. Durch die hohe Eindickung im Vorwäscher ist die Abwassermenge wesentlich geringer als bei einer Einkreiswäsche.

– Zweikreisverfahren: Zweistufiger Absorber mit getrennten Waschkreisläufen, die sich auf die optimalen Absorptionsbedingungen einstellen lassen (pH-Wert, Wasserfaktor). Die Abwassermenge liegt in der Grössenordnung wie beim Einkreisverfahren.

Mit der Entwicklung der modernen K. wurde etwa Ende der sechziger Jahre begonnen. Anfang der siebziger Jahre haben weltweit die meisten Hersteller von Abgasentschwefelungsanlagen mit komplizierten Absorberbauformen begonnen, wie sie insbesondere für die Naßentstaubung eingesetzt wurden. So kamen zunächst Venturi-, Radialstrom-, Wirbelbett- u. a. Wäscher zum Einsatz. Die Waschflüssigkeit wurde mit hohen pH-Werten von 11 bis 12 in den Wäscher eingedüst. Es gab Probleme durch Ablagerungen und Verstopfungen, die mechanisch entfernt werden mußten. Wesentliche Verbesserungen konnten danach durch Senkung des pH-Wertes der Waschflüssigkeit und Einsatz einfacher Gegenstromsprühwäscher mit und ohne Einbauten erzielt werden. Die Aufbereitung der Kalkmilch und die Sulfitoxidation wurden jedoch noch in aufwendigen Nebenanlagen durchgeführt. Bei der heutigen sog. dritten Generation der K. wird die SO_2-Absorption mit pH-Werten um 6 betrieben. Durch hohe Wasserfaktoren lassen sich dennoch → Abscheidegrade von über 95% erreichen. Als Absorptionsmittel wird im wesentlichen kostengünstiger Kalkstein verwendet, der teilweise pneumatisch als Mehl direkt in den Absorber eingeblasen wird. Die Oxidation erfolgt bereits im Absorber. Diese Generation der K. hat Verfügbarkeiten wie andere bewährte Kraftwerkskomponenten, so daß durch die Abgasentschwefelung der Blockbetrieb kaum noch beeinträchtigt wird. *Haug*

Literatur: *Breihofer, D. et al.*: Maßnahmen zur Minderung der Emissionen von SO_2, NO_x und VOC bei stationären Quellen in der Bundesrepublik Deutschland. Studie im Auftrag des BMU/Umweltbundesamt. IIP Uni Karlsruhe November 1991. – *Hildebrand, M.*: 10 Jahre Emissionsbilanzen der Stromversorger (1982 bis 1991). Elektrizitätswirtschaft **91** (1992) Nr. 18. – Luft-Reinhaltung '88. Hrsg. Umweltbundesamt, Berlin 1989.

Kamin *⟨stack/chimney⟩* → Schornstein

Katalysatorvergiftung *⟨catalyst poisoning⟩*. Wesentlichen Einfluß auf die Wirksamkeit einer Kfz-Abgasreinigung mit Hilfe der Katalyse hat neben der thermischen Alterung auch die Vergiftung des Katalysators. Das Ausmaß des Wirkungsgradverlustes ist bestimmt durch die Intensität und die Einwirkdauer der schädigenden Einflüsse. Man unterscheidet zwischen der chemischen und der mechanischen Vergiftung.

❑ Chemische Vergiftung: Reaktionen von Kraftstoff- und Öladditiven sowie Abriebrückständen mit der Zwischenschicht, den hier eingelagerten Promotoren sowie den katalytisch-aktiven Materialien.

❑ Mechanische Vergiftung: Abdeckung der aktiven Zentren durch Additive.

Man unterscheidet die Katalysator-Gifte nach ihrer Quelle:

– Gifte aus dem Kraftstoff: Blei, Brom, Chlor, Schwefel, Phosphor, Mangan, Silicium;

– Gifte aus den Schmierstoffen: Schwefel, Barium, Phosphor, Zink, Calcium, Magnesium, Bor, Aschen;

– Gifte durch Abriebpartikel von Motor und Abgaskrümmer: Kupfer, Eisen, Nickel, Chrom.

(→ Kfz-Abgas-Katalysator). *Kind/May*

Kennwerte, olfaktometrische *⟨olfactonietric characteristics⟩*. Die Geruchsschwelle ist diejenige Konzentration an Geruchsträgern in der Riechprobe, die in 50% der Fälle zu einer Geruchsempfindung führt. Es wird zwischen Individualschwelle bzw. Kollektivschwelle einerseits und Entdeckungs- (Detektions-) bzw. Erkennungs- (Identifikations-) Schwelle andererseits unterschieden. Für die Umweltschutztechnik bedeutsam sind vor allem als Kollektivschwellen ermittelte Entdeckungsschwellen. Die als Kollektivschwelle definierte Entdeckungsschwelle ist diejenige Geruchsträgerkonzentration, die bei Mehrfachdarbietung bei 50% der Probanden einer Riecherstichprobe zu der Empfindung „Ich rieche etwas" führt; demgegenüber würde die Erkennungsschwelle auf eine Qualitätsempfindung (es riecht nach...) abstellen. Im Falle repräsentativ zusammengesetzter Riecherstichproben erlauben Kollektivschwellen im Rahmen der Fehlerstreuung Rückschlüsse auf die Grundgesamtheit (Bevölkerung).

Da die Menge der Geruchsträger im Falle stofflich undefinierter Gemische nicht in Teilchenzahl- (mol) bzw. Masseneinheiten (mg) angegeben werden kann, ist die Maßeinheit der Geruchsstoffmenge die Geruchseinheit GE bzw., im Falle von Konzentrationen, GE/m^3. Die Geruchsstoffkonzentration an der Geruchsschwelle ist definitionsgemäß 1 GE/m^3.

Die Verdünnungszahl Z ist das Mischungsverhältnis der Volumenströme bei der Geruchsschwellenbestimmung, also Probenluft plus Neutralluft dividiert durch Probenluft. Die Verdünnungszahl $\hat{Z}$ an der Geruchsschwelle ist der Zahlenwert der Geruchsschwelle oder der Absolutwert der Geruchsstoffkonzentration der untersuchten Gasprobe ($c_{od,\ p}$) relativ zur Geruchsschwellenkonzentration ($\hat{c}_{od}$), die gemäß Konvention 1 GE/m^3 beträgt; od steht für odour und p für Probe. Formal gilt also: $\hat{Z}=c_{od,\ p}/\hat{c}_{od}$. Über die logarithmierte Form, also $\log\ \hat{Z}=\log\ (c_{od,\ p}/\hat{c}_{od})$ läßt sich, in Analogie zum → Schallpegel in Dezibel (dB) und entsprechend der *Weber-Fechner*-Regel ein Geruchspegel wie folgt einführen (VDI 3881, Bl. 1): $L_{od}=10\times\log\ \hat{Z}\ dB_{od}$ (TL), wobei der Zusatz TL für Threshold Level steht. Diese physiologisch korrekte und intermodale Vergleiche ermöglichende Darstellung hat sich in der meßtechnischen Praxis gegenüber der GE-Darstellung gleichwohl noch nicht durchsetzen können.

(→ Verfahrenskenngrößen, olfaktrometrische)

Winneke

Keramikindustrie ⟨*ceramic industry*⟩. Die K. ist Teil der → Steine-Erden-Industrie und wird aufgeteilt in Grob- und Feinkeramikherstellung. Zur Grobkeramik zählen keramische Baustoffe wie Ziegel, Steinzeug, Wand- und Bodenplatten, feuerfeste Steine (Schamottesteine, Silikasteine) und geblähte mineralische Produkte. Die Produktion feinkeramischer Erzeugnisse bezieht sich hauptsächlich auf Porzellan, Steingut, Tonwaren und Schleifmittel. Hinzu kommt noch die Herstellung von Sonderkeramiken für High-Tech-Anwendungen.

Der für große Teile der Grobkeramik charakteristische produktionsnahe Tagebau ist für feinkeramische Betriebe nur selten gegeben. Für die Keramikproduktion lassen sich folgende Prozeßschritte unterscheiden:

- Aufbereitung des Rohmaterials (Zerkleinerung, Siebung),
- Masseherstellung (im wesentlichen Gieß-, Dreh- oder Preßmassen),
- Formgebung,
- Trocknung,
- Vorbrennen zum Glasieren oder Dekorieren,
- Brennen der Rohlinge bzw. der vorgebrannten Teile,
- Nachbearbeiten.

Die Rohstoffe der K. variieren je nach Produkt beträchtlich. Überwiegend kommen Tone und Kaoline sowie Quarz und Feldspat zur Anwendung. Glasurrohstoffe können Schwermetalle enthalten. Als Porosierungsmittel werden häufig Sägespäne oder Polystyrol verwendet; als Brennstoffe oder Zusatzstoffe können z. B. auch Sulfitablauge, Teerpech, Naphthalin eingesetzt werden.

Zentrale Phase der Keramikherstellung ist das Brennen bei Temperaturen, die meist zwischen 800 und 1700 °C liegen. Überwiegend werden kontinuierlich betriebene Öfen wie Tunnel-, Schnellbrand- oder Drehrohröfen eingesetzt, bei denen das Brenngut durch den Ofen transportiert wird, vereinzelt auch periodisch betriebene Herdwagen- und Haubenöfen. Als Brennstoffe werden Erdgas, Heizöl, Propan, Butan, evtl. auch Steinkohle oder der Energieträger Strom eingesetzt.

Vor allem können Staub, → Fluorwasserstoff, Schwefeldioxid, → Chlorwasserstoff (insbesondere bei der Salzglasur) und organische gasförmige Stoffe wie → Benzol, → Formaldehyd, Aldehyde und evtl. auch polyzyklische aromatische → Kohlenwasserstoffe emittiert werden. Hauptquelle für luftverunreinigende Emissionen, außer Staub, ist der Brennprozeß. → Staubemissionen können bei allen Prozeßstufen auftreten. Durch Kapselung von Übergabestellen, Verringerung von Fallhöhen und Schaffen geeigneter Luftverdrängungsräume lassen sich prozeßseitig die diffusen Emissionen verringern. Teilweise kann ebenso wie beim Brennprozeß auf Staubabscheidevorrichtungen verzichtet werden. Bei gas- oder ölbeheizten Öfen ergeben sich oft Staubkonzentrationen unter 20 mg/m^3 im Rohgas.

Schwefeldioxid resultiert in der K. überwiegend aus den Rohstoffen (Ton), z. T. auch aus den Brenn- und Hilfsstoffen (Sulfitablauge). Eine gezielte Rohstoffwahl mit dem Ziel der SO_2-Minderung ist nur selten möglich. Als Abscheidetechniken stehen vor allem Trocken- oder Quasitrockensorptionseinrichtungen zur Verfügung, mit denen hohe Abscheideraten erzielt und der in der → TA Luft festgelegte Emissionswert von 0,50 g SO_2/m^3 eingehalten werden kann. Mit diesen → Abscheidern werden die Fluorwasserstoffgehalte gleichzeitig sehr wirksam um über 90% auf Werte um 1–2 mg/m^3 in den Abgasen gemindert.

Besonders sind die Emissionen an → organischen Stoffen zu beachten. Neben den Schwelgasen bei der Porosierung, bei denen neben Geruchsstoffen auch erhöhte Konzentrationen an toxischen Stoffen auftreten können, z. B. Benzol (bis 20 mg/m^3) oder Formaldehyd (bis 200 mg/m^3), werden → organische Verbindungen auch bei Ausbrennvorgängen, z. B. zur Porosierung oder bei der Tränkung von Produkten (Feuchtigkeitsschutz) emittiert. In der Ziegelindustrie können als primäre Minderungsmaßnahmen anorganische Porosierungsmittel eingesetzt werden.

Durch Optimierung der Abgasführung in den Öfen sind die Emissionen organischer Stoffe ebenfalls erheblich zu senken. Als Abgasreinigungsverfahren eignet sich grundsätzlich die thermische → Nachverbrennung. Damit lassen sich niedrige Emissionswerte, z. B. für Benzol 5 mg/m^3 und für Formaldehyd 20 mg/m^3, einhalten. Die Verwendung von speziellen Formölen kann die Entstehung von Benzol und Geruchsstoffen ebenfalls erheblich mindern. Polycyklische aromatische Kohlenwasserstoffe können bei der Herstellung feuerfester Produkte, z. B. beim sog. Pechtränken, auftreten. Zur Minderung dieser Emissionen sind sowohl prozeßtechnische Maßnahmen, wie z. B. die Veränderung der Brennbedingungen oder der Ersatz von teerhaltigen Bindemitteln, als auch Verfahren zur thermischen oder katalytischen Nachverbrennung geeignet.

Anlagen zum Brennen keramischer Erzeugnisse sind in der Nr. 2.10, Spalten 1 und 2, des Anhangs der → 4. BImSchV genannt und daher nach dem BImSchG genehmigungsbedürftig. Emissionsbegrenzende Anforderungen sind in der → TA Luft festgelegt.

Reststoffe, die in der K. anfallen, werden weitgehend wiederverwertet. Ein Problem stellen die in großen Mengen anfallenden reagierten Schüttschichtfilterstoffe dar, deren Wiedereinsatz bisher nur in Teilen der Hintermauerziegelproduktion gelingt.

Vor allem in der feinkeramischen Industrie wurde eine Rücklaufrate von über 95% der aus der Masseaufbereitung und Gerätereinigung anfallenden Abwässer realisiert. Die mit Flockungsmitteln in Kläranlagen oder durch Sedimentation in Absetzbecken abgeschiedenen Schlämme können in den Prozeß zurückgeführt werden. *Hinrichs*

Literatur: *Davids, P.; M. Lange*: Die TA Luft '86 – Technischer Kommentar. Düsseldorf 1986. – *Greipel, W.; U. Welzel*: Verfahren zur Abgasreinigung in der keramischen Industrie, Staub-Reinhaltung der Luft 51 (1991), 219–223. – Bayerisches Staatsministerium für Landesentwicklung und Umweltfragen: Organische Stoffe als Preßhilfsmittel bei Geschirrporzellan und bei technischer Keramik – Möglichkeiten zur Emissionsminderung. München 1989.– VDI 2585: Emissionsminderung; Keramische Industrie. 10/1993.

Kfz-Abgas-Grenzwert ⟨*exhaust limit for motor vehicles*⟩. → Emissionsstandards zur Luftreinhaltung für Kraftfahrzeuge, die in der StVZO (§ 47 mit Anlagen XXIII und XXIV) gesetzt werden. Sie basieren zunächst auf Beschlüssen (Empfehlungen) der 1947 zur Förderung des wirtschaftlichen Wiederaufbaus in Europa gegründeten Wirtschaftskommission der Vereinten Nationen für Europa (Economic Commission for Europe, ECE), der über 30 Mitgliedstaaten aus West-, Mittel- und Osteuropa sowie aus USA und Canada angehören. Seit Mitte der 60er Jahre befaßt sich die ECE auch mit der Belastung der Umwelt durch Kraftfahrzeugabgase und hat in diesem Zusammenhang Grenzwerte vorgeschlagen, die von der EG erstmals 1970 in Richtlinien umgesetzt (Tabelle 1) und dann in nationales Recht (StVZO) übernommen worden sind.

Die entsprechende Entwicklung der in deutsches Recht transformierten ECE/EG-Kfz-A.-G. für PKW ist von den Anfängen in 1970 an bis 1990 in Tabelle 1 dargestellt. Das daraus deutlich werdende Grenzwertsystem ist so aufgebaut, daß die grundsätzlich auf → Kohlenmonoxid, → Kohlenwasserstoffe, Stickstoffoxide und Partikel bezogenen Grenzwerte in g/Test einmal die Typenprüfung (T) und zum anderen die Serienprüfung (S) betreffen, beide in Abhängigkeit von der Bezugsmasse des Fahrzeugs (Bezugsgewicht), ab 1988 in Abhängigkeit vom Motorhubraum. Die Grenzwertdimension g/Test bezieht sich auf den der Prüfung zugrunde liegenden Test- oder Fahrzyklus (→ ECE-Test). Die Typprüfungsgrenzwerte sind stets schärfer als die Serienprüfungsgrenzwerte, um die produktionsbedingten Streuungen in der Serienfertigung zu berücksichtigen; beide Grenzwertkategorien gelten nur für die Typenzulassung bzw. die Betriebserlaubnis und betreffen nicht das in Betrieb befindliche Fahrzeug, das lediglich einer → Abgasuntersuchung (AU) (früher: Abgassonderuntersuchung, ASU) unterworfen wird. Tabelle 1 gibt mit den vermerkten Absenkungen der Standards von Stufe zu Stufe einen Überblick über die erreichten Fortschritte in der Pkw-Abgas-Emissionsminderung. Die neueren Grenzwerte für Pkw sind – ebenso wie für Lkw und Busse, Motorräder und Mopeds – im folgenden angegeben.

❒ Pkw und leichte Nutzfahrzeuge. Maßgeblich ist für Pkw die Richtlinie 94/12/EG vom 23. März 1994 zur Änderung der Richtlinie 70/220/EWG (ABl. EG Nr. L 100 S. 40), die durch Verordnung vom 25. Oktober 1994 (BGBl. I S. 3127) in die StVZO übernommen worden ist. Sie gilt für Kfz mit Otto- oder Dieselmoor bis zu 2,5 t Gesamtmasse und mit bis zu sechs Sitzplätzen (Tabelle 2). Bereits mit der Richtlinie 91/441/EWG vom 26. Juni 1991 (ABl. EG Nr. L 243 S. 1) waren Grenzwerte für Pkw eingeführt worden, die sich erheblich von den bisherigen (Tabelle 1) unterschieden: sie sind hinsichtlich der Bezugsmasse bzw. des Hubraums nicht mehr abgestuft, weisen eine andere Grenzwertdimension auf (g/km statt g/Test) und beziehen sich auf einen erweiterten Fahrzyklus mit außerstädtischem Anteil (ECE-Test). Die Richtlinie 94/12/EG führt über strengere Grenzwerte (Tabelle 2) hinaus eine weitere Neuerung ein: auf besondere Serienprüfungsgrenzwerte wird verzichtet, die Serienprüfung bezieht sich auf die für die Typprüfung vorgeschriebenen Grenzwerte, wobei limitierte statistische Abweichungen zugelassen sind.

Für Pkw mit mehr als sechs Sitzplätzen und einer Gesamtmasse > 2,5 t sowie für leichte Nutzfahrzeuge gelten noch die mit der Richtlinie 93/59/EWG vom 28. Juni 1993 (ABl. EG Nr. L 186 S. 21) nach Bezugsmassen abgestuften Typgrenzwerte (Tabelle 2); dabei werden bis längstens 1. Januar 1997 Erleichterungen hinsichtlich der Höchstgeschwindigkeit des außerstädtischen Fahrzyklus im ECE-Test gewährt.

Kfz-Abgas-Grenzwert. Tabelle 1: ECE/EG-Abgasvorschriften für Pkw (Quelle: Daimler-Benz 1989, aktualisiert)

ECE	EWG		Bezugmasse kg		≤ 750		. . . ≤ 850		. . . ≤ 1 020		. . . ≤ 1 250		. . . ≤ 1 470		. . . ≤ 1 700		. . . ≤ 1 930		. . . ≤ 2 150		> 2 150	
Regelung	Richtlinie	Anwendungsbereich [11])	Schwgm. Kl. kg		680		800		910		1 130		1 360		1 590		1 810		2 040		2 270	
			(Schwgm. Kl. lbs)		(1 500)		(1 750)		(2 000)		(2 500)		(3 000)		(3 500)		(4 000)		(4 500)		(5 000)	
			Einsatz	[g/Test]	Typpr.	Serie	T.	S.	T.	S.	T.	S.	T.	S.	T.	S.	T.	S.	T.	S.	T.	S.
ECE-R 15/00	70/220/EWG	Fahrzeuge mit Otto-Motor bis 3 500 kg zulässige Gesamtmasse	1. 10. 71	HC	8.0	10.4	8.4	10.9	8.7	11.3	9.4	12.2	10.1	13.1	10.8	14.0	11.4	14.8	12.1	15.7	12.8	16.6
				CO	100	120	109	131	117	140	134	161	152	182	169	203	186	223	203	244	220	264
				NO_x	ab 1. 10. 75 mitzumessen und anzugeben und ab 1. 3. 77 begrenzt																	
			Ab 1975: Absenkung des Standards bezogen auf 1971 um: HC = 15%, CO = 20%																			
R 15/01	74/290/EWG		1. 10. 75	HC	6.8	8.8	7.1	9.3	7.4	9.5	8.0	10.4	8.6	11.1	9.2	11.9	9.6	12.6	10.3	13.3	10.9	14.1
				CO	80	96	87	105	94	112	107	129	122	136	135	162	149	178	163	195	176	211
ECE-R 15/02	77/102/EWG		1. 3. 77	NO_x	10.0	12.0	10.0	12.0	10.0	12.0	12.0	14.4	14.0	16.8	14.5	17.4	15.0	18.0	15.5	18.6	16.0	19.2
				NO_x [2])	12.5	15.0	12.5	15.0	12.5	15.0	15.0	18.0	17.5	21.0	18.1	21.8	18.8	23.0	19.4	23.3	20.0	24.0
			Ab 1979: Absenkung des Standards bezogen auf 1971 um: HC = 25%, CO = 35%, bezogen auf 1977 um: NOx = 15%																			
ECE-R 15/03	78/665/EWG		1. 10. 79	HC	6.0	7.8	6.3	8.2	6.5	8.5	7.1	9.2	7.6	9.9	8.1	10.5	8.6	11.2	9.1	11.8	9.6	12.5
				CO	65	78	71	85	76	91	87	104	99	119	110	132	121	145	132	158	143	172
				NO_x	8.5	10.2	8.5	10.2	8.5	10.2	10.2	12.2	11.9	14.3	12.3	14.8	12.8	15.4	13.2	15.8	13.6	16.3
				NO_x [3])	10.6	12.7	10.6	12.7	10.6	12.7	12.7	15.2	14.8	17.8	15.3	18.5	16.0	19.2	16.5	19.7	17.0	20.3
ECE-R 15/04	83/351/EWG	Fahrzeuge mit Otto- und Diesel-Motor bis 3 500 kg zulässige Gesamtmasse	Ab 1982: Absenkung [4]) der Standars bezogen auf 1971 (HC)/1977 (NOx) um: (HC + NOx) ≈ 40%, CO = 50% Übergang auf Verdünnungsmeßmethode (CVS) und Einführung eines Summengrenzwertes für HCFID + NOx)																			
			1. 10. 82	CO				58 (T.)		70 (S.)	67	80	76	91	84	101	93	112	101	121	110	132
				(HC + NOx) 5)				19.0 (T.)		23.8 (S.)	20.5	25.6	22.0	27.5	23.5	29.4	25.0	31.3	26.5	33.1	28.0	35.0
				(HC + NOx) 6)				23.7 (T.)		29.7 (S.)	25.6	30.0	27.5	34.3	29.3	36.7	31.2	39.1	33.1	41.3	35.0	43.7

EWG	Anwendungsbereich	Einsatz [8])	Hubraum / g/Test)	CO		HC + NO_x		NO_x		PM [8]) [9]) [10])	
88/436/EWG	Fahrzeuge mit Otto- und Diesel-Motor bis 2 500 kg zulässige Gesamtmassen und ≤ 6 Pers.	Ab 1988 bis 1993 nach Motorhubraum gestaffelte Grenzwerte und Einsatzdaten. Absenkung 7) bezogen auf 1971 (HC)/1977 (NOx) um: (HC + NOx) ≈ 85% (Fzge: > 2 l), 75% (Fzge. 1.4 . . . 2 l), 40% (Fzge. < 1.4 l); CO ≈ 87% (Fzge. > 2 l), 75% (Fzge. .4 . . . 2 l), 59% (Fzge. < 1,4 l); NOx ≈ 77% (Fzge. > 2 l), 40% (Fzge. < 1,4 l)									
		1. 10. 88 (1. 10. 89)	> 2 l	25 (T.)	30 (S.)	6.5	8.1	3.5	4.4	1.1	1.4
		1. 10. 91 (1. 10. 93)	1.4 . . . 2 l	30 (T.)	36 (S.)	8	10	–	1.1	1.4	
						(Diesel > 2 l müssen diese Grenzwerte erfüllen)					
		1. 10. 90 (1. 10. 91)	< 1.4 l	45 (T.)	54 (S.)	15	19	6	7.5	1.1	1.4
89/458/EWG		1. 7. 92 (1. 1. 93)	< 1.4 l	19 (T.)	22 (S.)	5	5.8	-	–		

Bemerkungen

[1]) jeweils frühester Einsatztermin (ECE)
[2]) für Pkw mit autom. Getriebe bis 1. 3. 79
[3]) für Pkw mit autom. Getriebe bis 1. 10. 81, für leichte Nutzfarzeuge bis 1. 10. 85
[4]) Absenkung um (HC + NOx) geschätzt, da zuvor kein Summengrenzwert vorhanden und Übergang von NDIR- zu FID-Messung bei der HC-Bestimmung
[5]) für Pkw mit Beförderungskapazität ≤ 6 Personen
[6]) für Pkw mit beförderungskapazität ≤ 6 Personen und Nfz. bis 3 500 kg zul. Gesamtmasse
[7]) Absenkungsraten gerechnet a. d. Basis repräsentativer Fzge. i. d. einzelnen Hubraumklasse
[8]) Erstes Einsatzdatum für neue Typzulassung. Datum in Klammern für erstmalige Fzg.-Zulassung zum Verkehr, für PM 1. 10. 89/1. 10. 90
[9]) Grenzwerte für 2. Absenkungsstufe sind bis 1989 festzulegen (Soll: 0.8/1.0 g/Test)
[10]) Particulate Matter = Feststoff-Grenzwert für Diesel
[11]) zusätzlich müssen Fzge. mit Otto-Motoren folgende Prüfungen/Grenzwerte erfüllen: Leerlauf-CO ab 1. 7. 59: 4.5 Vol.-%; ab 1. 10. 76: 4.5 Vol.-% im gesamten frei zugänglichen Leerlauf-Einstellbereich; ab 1. 10. 79: 3.5 Vol.-% dto.; Kurbelgehäuse-Emission: ab 1. 1. 69: 0,15% des verbrauchten Kraftstoffs; ab 1. 10. 82 = 0.0

Kfz-Abgas-Grenzwert. Tabelle 2: Abgasgrenzwerte für Pkw und leichte Nutzfahrzeuge mit bis zu 3,5 t Gesamtmasse und Otto- oder Dieselmotoren gemäß Richtlinien 94/12/EG und 93/59/EWG (in g/km)

Fahrzeugklasse	Bezugsmasse	Grenzwerte				
		Kohlenmonoxid		Summe Kohlenwasserstoffe + Stickoxide		Partikel
	t	Benzin	Diesel	Benzin	Diesel	Diesel
Fahrzeuge zur Personenbeförderung mit bis zu 6 Sitzplätzen und 2,5 t Gesamtmasse	Alle Kategorien	2,2	1,0	0,5	0,7*)	0,08*)
Fahrzeuge zur Personenbeförderung mit mehr als 6 Sitzplätzen und mehr als 2,5 t Gesamtmasse sowie leichte Nutzfahrzeuge (= Fahrzeuge zur Güterbeförderung mit bis zu 3,5 t Gesamtmasse)	≤ 1,25	2,72		0,97		0,14
	1,25 – 1,7	5,17		1,4		0,19
	> 1,7	6,9		1,7		0,25

*) Bei Fahrzeugen mit Dieselmotoren mit Direkteinspritzung beträgt bis zum 30. September 1999 der Wert 0,9 bzw. 0,10.

❐ Lkw und Busse. Maßgeblich ist die Richtlinie 91/542/EWG vom 1. Oktober 1991 zur Änderung der Richtlinie 88/77/EWG (Abl. EG Nr. L295 S. 1) mit Änderung durch Richtlinie 96/1/EG vom 22. Januar 1996 (Abl. EG Nr. L40 S. 1); die Richtlinie 91/542/EWG ist mit Verordnung vom 21. Dezember 1992 (BGBl. S. 2397) in die StVZO übernommen worden. Die Vorschriften gelten für ab dem 1. Juli 1992 neu in Verkehr kommende Fahrzeuge mit Dieselmotor. Die nach Typenprüfungs- und Serienprüfungswerten sowie zeitlich gestaffelte Regelung ergibt sich aus Tabelle 3. Bemerkenswert ist die zukunftsgerichtete Absenkung der Grenzwerte zum 1. Oktober 1995 mit der Besonderheit, daß der Serienprüfungsgrenzwert sich nicht mehr vom Typenprüfungsgrenzwert unterscheidet: für die Serienprüfung gelten die für die Typzulassung verbindlichen Grenzwerte, wobei limitierte statistische Abweichungen zugelassen sind. Die Grenzwerte haben – anders als bei den Pkw – die Dimension g/kWh, ermittelt in dem vorgeschriebenen 13-Punkte-Test (Tabelle 4).

❐ Motorräder. Hierfür gilt die ECE-Regelung Nr. 40 (§ 47 Abs. 7 StVZO). Die Typzulassungs- und Seriengrenzwerte nach der Verordnung zur ECE-Regelung Nr. 40 vom 29. Dezember 1992 (BGBl II 1993 S. 110) ergeben sich aus Tabelle 5; sie werden ermittelt in dem Stadtzyklus des ECE-Tests. Die Übernahme der ECE-Regelung in eine EG-Richtlinie ist vorgesehen, wobei die Werte stufenweise bis Ende der 90er Jahre verschärft werden sollen.

Kfz-Abgas-Grenzwert. Tabelle 3: EG-Abgasgrenzwerte für Lkw mit Dieselmotoren gemäß Richtlinien 91/542/EWG und 96/1/EG (in g/kWh).

Art und Einsatzdatum	Kohlenmonoxid	Kohlenwasserstoffe	Stickoxide	Partikel
Typenzulassung ab 1. 7. 1992	4,5	1,1	8,0	0,36 *)
Seriengrenzwert ab 1. 7. 1992	4,9	1,23	9,0	0,4 **)
Typenzulassung/ Seriengrenzwert ab 1. 10. 1995	4,0	1,1	7,0	0,15***)

*) Bei Motorenleistung ≤ 85 kW: 0,612 g/kWh (Faktor 1,7)
**) Bei Motorenleistung ≤ 85 kW: 0,68 g/kWh (Faktor 1,7)
***) Bis zum 30. 9. 1997 gilt für Motoren mit einem Hubraum pro Zylinder von weniger als 0,7 dm^3 und einer Höchstleistungsdrehzahl von über 3000 min^{-1} der Wert 0,25.

Kfz-Abgas-Grenzwert. Tabelle 4: 13-Punkte-Test (Motorprüfstandstest) zur Ermittlung der Abgas-Grenzwerte für Lkw mit Dieselmotoren.

Meßpunkt	Motordrehzahl	Last in%	Wichtungsfaktor
1	Leerlauf	–	0,25/3 **)
2	Zwischendrehzahl *)	10	0,08
3	Zwischendrehzahl	25	0,08
4	Zwischendrehzahl	50	0,08
5	Zwischendrehzahl	75	0,08
6	Zwischendrehzahl	100	0,25
7	Leerlauf	–	0,25/3
8	Nenndrehzahl	100	0,10
9	Nenndrehzahl	75	0,02
10	Nenndrehzahl	50	0,02
11	Nenndrehzahl	25	0,02
12	Nenndrehzahl	10	0,02
13	Leerlauf	–	0,25/3

*) Zwischendrehzahl entspricht Drehzahl bei maximalem Drehmoment, falls diese zwischen 0,60 und 0,75 × Nenndrehzahl liegt, sonst 0,60 × Nenndrehzahl.

**) An den Meßpunkten 1, 7 und 13 jeweils 3 Messungen, deren Summe durch 3 geteilt und mit 0,25 multipliziert wird.

Kfz-Abgas-Grenzwert. Tabelle 5: Abgasgrenzwerte für Motorräder gemäß ECE-Regelung Nr. 40 (in g/km)

	Kohlenmonoxid		Kohlenwasserstoffe	
	2-Takt	4-Takt	2-Takt	4-Takt
Typenzul.-Grenzwert *)	12,8 – 32	17,5 – 35	8,0 – 12,0	4,2 – 6,0
Seriengrenzwert *)	16 – 40	21 – 42	10,4 – 16,8	6,0 – 8,4

*) Spannweite der Grenzwerte in Abhängigkeit vom Bezugsgewicht

Kfz-Abgas-Grenzwert. Tabelle 6: Abgasgrenzwerte für Mopeds gemäß ECE-Regelung Nr. 40 (in g/km)

	Kohlen-monoxid	Kohlen-wasserstoffe
Typenzul.-Grenzwert	8,0	5,0
Seriengrenzwert	9,6	6,5

❐ Mopeds. Es gilt die durch Verordnung vom 26. Oktober 1981 (BGBl. II S. 930) übernommene ECE-Regelung Nr. 47 (§ 47 Abs. 8 StVZO). Die Typzulassungs- und Seriengrenzwerte ergeben sich aus Tabelle 6; sie werden ermittelt in dem Stadtzyklus des ECE-Tests. Die Übernahme der ECE-Regelung in eine EG-Richtlinie ist vorgesehen, wobei die Werte stufenweise bis Ende der 90er Jahre verschärft werden sollen. *Dreyhaupt*

Kfz-Abgas-Katalysator ⟨*motor vehicle exhaust gas catalyst*⟩. Manche chemische Reaktionen sind dadurch zu beschleunigen, daß den Ausgangsstoffen Substanzen beigefügt werden, die an der chemischen Umsetzung beteiligt sind, aus dieser allerdings unverändert hervorgehen. Solche Stoffe wirken als Katalysatoren. Die Wirkungsweise eines Katalysators besteht darin, daß er mit einem der Ausgangsstoffe eine reaktionsfähige Zwischenverbindung bildet, die mit einem Reaktionspartner so weiter reagiert, daß der Katalysator im Laufe der Reaktion wieder freigesetzt wird. Katalysatoren setzen also die benötigte Aktivierungsenergie herab, wodurch die Reaktion bei wesentlich niedrigeren Temperaturen ablaufen kann als ohne Katalysator.

Beim Einsatz von Katalysatoren im Kfz-Bereich, und hier insbesondere bei Kraftfahrzeugen mit Ottomotor, werden mit Hilfe der katalytischen Nachbehandlung die im → Abgas enthaltenen Schadstoffe umgesetzt. Als rechtlich limitierte Schadstoffe im Abgas von Ottomotoren gelten Kohlenmonoxid (CO), Stickoxid (NO) und unverbrannte Kohlenwasserstoffe (CnHm). Sie entstehen durch eine unvollkommene Verbrennung im Motor. Die Höhe der im Abgas auftretenden Schadstoffkonzentrationen ist abhängig vom Verbrennungsluftverhältnis (Luftverhältnis). Im Idealfall sollte im Abgas nach dem Katalysator lediglich Kohlendioxid (CO_2), Stickstoff (N_2) und Wasser (H_2O) enthalten sein.

Zur Unterscheidung der Kfz-A.-K. sind zwei Hauptkriterien – nach der Bauart und nach dem Wirkprinzip – maßgebend:

❒ Bauarten:
- Einbettkatalysatoren
- Mehrbettkatalysatoren
- – Schüttgut-Katalysatoren
- – Monolith-Katalysatoren
- – – keramischer Katalysator
- – – metallischer Katalysator.

❒ Wirkprinzipien:
- selektiver Katalysator
- multifunktionaler Katalysator
- – ungeregelter Katalysator
- – geregelter Katalysator.

Die Unterscheidung innerhalb der Bauarten zwischen Einbett- und Mehrbettkatalysatoren bezieht sich auf die Teilung der Reaktorräume eines Katalysators. Bei Schüttgutkatalysatoren ist dies die Teilung der Schütträume, bei monolithischen Waben ist dies eine Teilung in Längsrichtung. Schüttgutkatalysatoren werden heute in Fahrzeugen nicht mehr verwendet. Statt dessen kommen in der Regel Monolithe aus Keramik oder Metall zum Einsatz, die gegenüber den Granulat-Trägern erhebliche Vorteile haben.

Kfz-A.-K. bestehen im wesentlichen aus dem Träger, je nach Trägertyp einer Zwischenschicht (Wash-Coat) und der eigentlichen katalytischen Schicht (Bild).

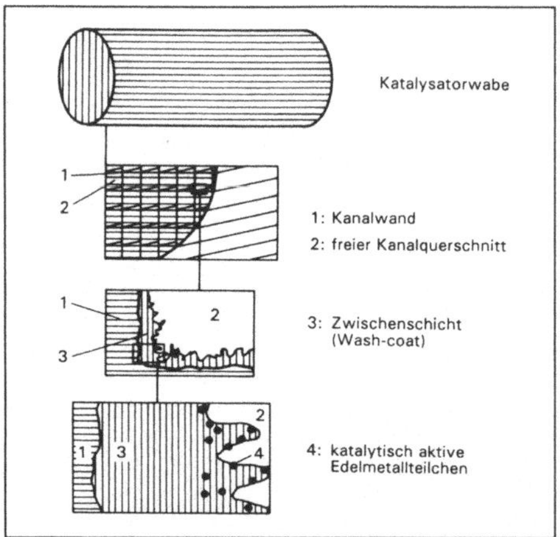

Kfz-Abgas-Katalysator: Schema einer Katalysator-Wabe.

Die Hauptaufgabe des Trägers ist es, eine hohe geometrische Oberfläche für die eigentliche katalytisch aktive Schicht bereitzustellen, um auf kleinstem Raum eine größtmögliche Wirkfläche zu erzielen. Im Laufe der Entwicklung stellte sich die Monolith-Form (Wabenkörper) als die beste Trägerform heraus. Dabei muß die erforderliche mechanische und thermische Festigkeit gegeben sein. Ferner soll möglichst wenig Abgasgegendruck aufgebaut werden, damit der Leistungsverlust des Motors nicht zu groß wird.

In der Kfz-Technik werden sowohl keramische als auch metallische Träger verwendet; sie unterscheiden sich in wesentlichen Punkten.

Heute werden Keramikwaben hauptsächlich aus Codierit ($Mg_2 Al_4 Si_5 O_{18}$), einer thermisch und mechanisch hoch belastbaren Keramik mit geringem Wärmeausdehnungs-Koeffizienten, im Strangpreßverfahren hergestellt. Das Aufbringen der Zwischenschicht ist relativ unproblematisch. Ausreichende mechanische Festigkeit wird in der Wabe erst ab Wandstärken von 0,15 mm erreicht. Dadurch ist der freie Querschnitt des Keramikträgers ca. 10–15% geringer und der Abgasgegendruck bis zu 40% höher im Vergleich zum Metallmonolithen. Die Wärmeleitfähigkeit beträgt $\lambda_w = 1{,}4$ W/(m · K), die spezifische Wärmekapazität liegt bei $c = 1{,}05$ kJ/(kg · K).

Zur Herstellung der Metallwaben werden Edelstahlbleche (z. B. Fecralloy) mit einer Wandstärke von 0,04 mm verwendet. Die gebräuchlichste Ausführung besteht aus zwei Blechschichten (Wellblech und glattem Blech), die aufeinandergelegt, gerollt und durch Hartlöten zu einem Bauteil verbunden werden. Das Aufbringen der Zwischenschicht ist hier schwieriger als beim Keramikträger. Die Wärmeleitfähigkeit des Metalls liegt mit $\lambda_w = 14$ W/(m · K) um den Faktor 10 höher und die spezifische Wärmekapazität mit $c = 0{,}5$ kJ/(kg · K) um die Hälfte niedriger als die entsprechenden Werte der Keramik.

Keramische und metallische Trägermaterialien haben nur eine niedrige geometrische Oberfläche und sind für das direkte Aufbringen der katalytischen Schicht ungeeignet, weshalb die Wände der Monolithkanäle mit einer Zwischenschicht belegt werden. Dieser Wash-Coat besteht aus γ-Al_2O_3 mit einer Dicke von etwa 0,025 mm und vergrößert die geometrische Oberfläche um ein Vielfaches.

Im allgemeinen Sprachgebrauch umfaßt der Begriff Katalysator das gesamte System Träger, Zwischenschicht und katalytische Schicht. Katalytisch wirksam ist jedoch nur die auf der Wash-Coat aufgebrachte Edelmetallbeschichtung aus Platin und Rhodium. Platin dient als Oxidationsbeschleuniger, während Rhodium die reduzierenden Reaktionen unterstützt.

Hauptsächlich werden im Automobil drei Verfahren der katalytischen → Abgasreinigung angewendet: Oxidationskatalysator, Doppelbettkatalysator, Drei-Weg-Katalysator.

Der Oxidationskatalysator soll die vollständige Oxidation von CO zu CO_2 und die Umsetzung von unverbrannten Kohlenwasserstoffen HC zu Kohlendioxid CO_2 und Wasser H_2O ermöglichen. Dazu ist ein erheblicher Sauerstoffanteil im Abgas nötig. Bei Betriebspunkten des Motors, die ein fettes Gemisch verlangen

($\lambda < 1$), muß daher dem Abgas zwischen Motorauslaß und Katalysatoreintritt Sekundärluft zugemischt werden, meistens durch eine vom Motor angetriebene Luftpumpe. Wird der Motor im Luftüberschußgebiet ($\lambda > 1$) betrieben, wie dies beim Dieselmotor die Regel ist, kann auf die Sekundärluftzuführung verzichtet werden. Der Nachteil dieses Verfahrens ist, daß die Stickoxid-Emissionen kaum verändert werden.

Die fehlende Verminderung der Stickoxide durch den Oxidationskatalysator führte zur Entwicklung des Doppelbettkatalysators. Bei diesem Verfahren befinden sich in einem Gehäuse ein Reduktionskatalysator und ein Oxidationskatalysator. Zuerst strömt das Abgas durch den Reduktionskatalysator, wo die Stickoxide durch Kohlenmonoxid zu Stickstoff reduziert werden. Diese Reduktion ist aber nur ausreichend, wenn der Motor im fetten Bereich ($\lambda < 1$) betrieben wird, weil nur dann genügend CO im Abgas enthalten ist. In einem nachfolgenden freien Querschnitt wird Sekundärluft zugeführt und mit dem Abgasstrom vermischt. Das nun mit Sauerstoff angereicherte Abgas strömt in den Oxidations-Katalysator, in dem CO und HC zu CO_2 und H_2O aufoxidiert werden. Der Nachteil des Verfahrens ist, daß der Motor mit fettem Gemisch betrieben werden muß, was einen erheblichen Kraftstoffmehrverbrauch zur Folge hat.

Den heutigen Stand der Technik stellt der Drei-Weg-Katalysator dar. Mit der Bezeichnung Drei-Weg-Katalysator soll zum Ausdruck kommen, daß in einem Katalysator gleichzeitig die drei Schadstoffe CO, HC und NO reduziert bzw. oxidiert werden können. Wie alle Katalysatoren, deren katalytische Schicht aus Edelmetallen (z. B. Platin und Rhodium) besteht, muß auch der Drei-Weg-Katalysator mit unverbleitem Kraftstoff betrieben werden (→ Katalysatorvergiftung). Die Reduktion von NO zu molekularem Stickstoff erfolgt auch hier, wie beim Doppelbettkatalysator, durch CO.

Will man zusätzlich noch die Schadstoffe Kohlenmonoxid und unverbrannte Kohlenwasserstoffe oxidieren, muß der Katalysator in einem sehr engen Bereich um das stöchiometrische Luftverhältnis $\lambda = 1$ betrieben werden.

Die wichtigsten, beim Einsatz eines Kfz.-A.-K. ablaufenden Reaktionen sind:

❒ Oxidationsreaktionen

$$HnCm + (m + n/4) \leftrightarrow m\,CO_2 + n/2\,H_2O$$

$$HnC + 2\,H_2O \leftrightarrow CO_2 + (2 + n/2)\,H_2$$

$$CO + 1/2\,O_2 \leftrightarrow CO_2$$

$$CO + H_2O \leftrightarrow CO_2 + H_2$$

❒ Reduktionsreaktionen

$$NO + CO \leftrightarrow 1/2\,N_2 + CO_2$$

$$2\,(m + n/4)\,NO + HnCm \leftrightarrow (m + n/4)\,N_2 + n/2\,H_2O + m\,CO_2$$

$$NO + H_2 \leftrightarrow 1/2\,N_2 + H_2O$$

❒ Nebenreaktionen

$$SO_2 + 1/2\,O_2 \leftrightarrow SO_3$$

$$SO_2 + 3\,H_2 \leftrightarrow H_2S + 2\,H_2O$$

$$5/2\,H_2 + NO \leftrightarrow NH_3 + H_2O$$

$$2\,NH_3 + 5/2\,O_2 \leftrightarrow 2\,NO + 3\,H_2O$$

$$NH_3 + CH_4 \leftrightarrow HCN + 3\,H_2$$

$$H_2 + 1/2\,O_2 \leftrightarrow H_2O$$

Ein Maß für die Wirksamkeit eines Katalysators wird durch die Konvertierungsrate K (Umsatzrate, Konversionsrate oder Wirkungsgrad) gegeben. Sie ist bezüglich einer Abgaskomponente i wie folgt definiert:

$$K_i = \frac{x_{i,\,ein} - x_{i,\,aus}}{x_{i,\,ein}}$$

mit

x = Molanteil einer Komponente i

ein = Molanteil unmittelbar vor dem Katalysator

aus = Molanteil unmittelbar nach dem Katalysator.

Neben der Katalysatorvergiftung hat die thermische Alterung großen Einfluß auf die Desaktivierung des Katalysators; hierunter wird die Abnahme der Konvertierungsrate mit der Zeit infolge der Temperaturbeanspruchung im Betrieb verstanden. *Kind/May*

Klärschlammverbrennung ⟨*waste sludge incineration*⟩. Die K. ist in Deutschland seit 1969 großtechnisch erprobt und wird in zahlreichen Anlagen betrieben, in denen Klärschlamm allein oder gemeinsam mit Abfall verbrennt. Überwiegend erfolgt die K. in Wirbelschichtöfen mit und ohne Verkokung, vereinzelt in Etagenöfen und Etagenwirbelschichtöfen. K.-Anlagen sind → Abfallverbrennungsanlagen und unterliegen der 17. BImSchV.

Wirbelschichtöfen zur K. sind Öfen mit einem Düsenboden, durch den die Verbrennungsluft von unten in den Ofenraum eintritt. Oberhalb des Düsenbodens befindet sich eine Sandschicht, Körnung 0,5–3 mm, die durch die Luft fluidisiert wird. Die Feuerraumtemperaturen liegen i. a. oberhalb von 800 °C, in der Wirbelschicht je nach Schlammbeschaffenheit zwischen 650 und 900 °C. In die Wirbelschicht wird der Klärschlamm vom Ofenkopf oder mittels Lanzen oder Wurfbeschickern über dem oder in das Sandbett eingetragen. Der Klärschlamm wird getrocknet, aufgerieben und nach erfolgter Zündung verbrannt, inerte Bestandteile (Asche) mit dem Rauchgasvolumenstrom ausgetragen. Bei Anreicherung in der Wirbelschicht kann auch über den Sandabzug Asche mit dem Wirbelsand ausgetragen werden. Zum Anfahren und Regeln kann die Verbrennungsluft in einer vorgeschalteten Brennkammer mittels Gas oder Heizöl auf max. 750–800 °C vorgewärmt werden. Für die Dimensionierung der Düsenböden ist die spezifische Wasserverdampfungsleistung (kg H_2O/m^2) zu beachten. Die Werte liegen je nach Anlage zwischen 300–800 kg H_2O/m^2 Düsenboden. Im Sinne einer problemlosen Feuerungsführung sind niedrige Werte zu bevorzugen. Die in den Rauchgasen enthaltene Energie wird zur Verbrennungsluftvorwärmung bis zu 450 °C und/oder zur Dampferzeugung genutzt.

Die Vortrocknung des Klärschlamms aus der Abhitzenutzung der Verbrennung – Energie-Recycling – erlaubt gegenüber der Wirbelschichtverbrennung ohne Vortrocknung eine Verbrennung ohne Zusatzstoffe. Der Grad der Vortrocknung wird so eingestellt, daß eine selbstgängige Verbrennung ohne Zusatzbrennstoff möglich ist. Wesentlicher Vorteil ist eine Reduktion der Anlagengröße, weil die spezifischen Rauchgasmengen je t Klärschlammsubstanz geringer sind. Zu beachten ist hier die Rückführung von CSB, BSB und Ammonium über die kondensierten Brüden in die Abwasserbehandlungsanlage. In Summe kann dies bis zu einer um etwa 10% erhöhten Belastung der biologischen Abwasserbehandlungsanlage führen.

Etagenöfen sind ebenfalls Öfen mit mehreren Stockwerken. Der von oben eingeführte Klärschlamm wird mittels Rechen, die an einer senkrechten Welle (Königswelle) befestigt sind, von einer zur anderen Etage nach unten gefördert. Die oberen Zonen dienen der Trocknung, die mittleren der Verbrennung und die unteren der Kühlung der entstehenden Asche.

Verbrennungsluft und Rauchgase strömen im Gegenstrom zum Klärschlamm. Die am Kopf des Ofens abgezogenen Brüden, die mit Geruchsstoffen beladen sind, werden bei modernen Öfen über ein Rauchgasrezirkulierungsgebläse in die Verbrennungszone zurückgeführt, wo sie bei ca. 850 °C ausbrennen können. Die Rauchgase verlassen das System nach erfolgtem Ausbrand.

Die Asche wird über Kühlschnecken am untersten Boden ausgetragen. Zum Auffahren und Regeln sind die Etagenöfen wie die Wirbelschichtöfen mit einer vorgeschalteten Brennkammer versehen.

Der Etagenwirbler ist eine Kombination aus Wirbelschichtofen und Etagenofen. Durch die integrierte Vortrocknung im aufgesetzten Etagenteil kann die Baugröße gegenüber einem Wirbelschichtofen ohne Vortrocknung vermindert werden.

Daneben können andere Verbrennungskapazitäten genutzt werden, um Klärschlamm zu verbrennen:
- Steinkohlekraftwerke mit Schmelzkammerfeuerung (mit Schlackeverwertung),
- Zementdrehrohröfen (mit und ohne Mineralverwertung),
- Asphalt-Mischgutanlagen (mit und ohne Mineralverwertung).

Andere Verfahren werden in Demonstrationsanlagen untersucht:
- → Schwelbrennverfahren,
- Niedertemperatur-Konvertierung,
- Cormin-Verfahren,
- Wirbelschichtpyrolyse,
- Drehrohrpyrolyse,
- Pyrolyse mit Rückstandsvergasung.

Die heutigen Anforderungen an die K. umfassen neben der Reduzierung des Abfallvolumens auch eine möglichst weitgehende Ausnutzung der bei der Verbrennung frei werdenden Wärme. Aufgrund des mineralischen Anteils im Schlamm fallen ca. 30% der verbrannten TS-Mengen als Asche an.

Zur Erfüllung des Verwertungsgebots und zur weiteren Reduktion der Entsorgungskosten wird versucht, die Verbrennungsschlacken zu verwerten. Einsatzmöglichkeiten hierfür bestehen im Straßenbau als Tragschicht, als Dammschüttmaterial sowie in der Zementindustrie als Füller. Neuere Entwicklungen zielen auch auf einen Einsatz bei der Ziegelproduktion. Dem Vorteil der relativ hohen Reduktion der zu entsorgenden Trockensubstanz steht der hohe technische Aufwand zur Kontrolle der Emissionen gegenüber. Die Rauchgasreinigung allein kann bis zu einem Drittel der gesamten Verbrennungskosten ausmachen. *Mertsch*

Kleinfeuerungsanlage ⟨*small combustion plant*⟩. Die Errichtung, der Betrieb und die Überwachung von K. werden durch die Erste Verordnung zur Durchführung des BImSchG (Verordnung über K., → 1. BImSchV) geregelt. Der Geltungsbereich der 1. BImSchV erstreckt sich in Abhängigkeit vom Brennstoff, mit dem die K. betrieben wird, auf unterschiedliche Bereiche der Feuerungswärmeleistung und zwar für Festbrennstoffe von 0–1 MW, für Flüssigbrennstoffe (Heizöl EL) von 0–5 MW und für Gasbrennstoffe von 0–10 MW Feuerungs-Wärmeleistung. Die Überwachung der K. geschieht durch das Schornsteinfeger-Handwerk im Rahmen wiederkehrender Messungen.

❒ Emissionsanforderungen. Die 1. BImSchV nennt in Abhängigkeit vom Brennstoff und von der Nennwärmeleistung → Emissionsgrenzwerte für verschiedene Luftschadstoffe aus K. Darüber hinaus werden auch Anforderungen an die rationelle Energieverwendung gestellt. Die → Staubemissionen sind z. B. für alle festen Brennstoffe auf 0,15 g/m^3 und die CO-Emissionen je nach Festbrennstoff auf Werte zwischen 0,3 und 4 g/m^3 im Abgas (jeweils bezogen auf 13 Vol.-% O_2) begrenzt.

Bei Gas- und Ölfeuerungsanlagen werden minimale Abgasverluste im Hinblick auf eine rationelle Energieverwendung gefordert. Für Neuanlagen gelten Abgasverlustwerte von 9–11%. Zusätzlich werden bei Ölfeuerungen noch die Rußemissionen und die Emissionen an Ölderivaten begrenzt und überwacht. Das Abgas muß hierbei frei von Ölderivaten sein, und die → Rußzahl darf im allgemeinen den Wert von 2 nicht überschreiten.

K. unterliegen nicht nur den nationalen Regelungen der 1. BImSchV, sondern auch europäischen Anforderungen, insbesondere der Bauprodukten-Richtlinie der EG. Konkretisiert wird diese Richtlinie durch harmonisierte europäische Normen (CEN). Eine Richtlinie der EG über Mindestwirkungsgrade für Warmwasser-Heizkessel ist 1992 in Kraft getreten.

Kleinfeuerungsanlage. Tabelle: Emissionsfaktoren für K. der Haushalte in kg/TJ

Brennstoff	CO_2	Staub	SO_2	NO_X (NO_2)	CO	VOC
Steinkohle	93 000	250	400	50	5 000	500
Steinkohlenkoks	105 000	50	500	50	5 000	5
Steinkohlenbriketts		250	500	50	5 000	300
Braunkohlenbriketts	97 000	350	140	100	4 500	450
Holz		200	1	50	6 000	800
Heizöl EL	74 000	1,5	75	45	30	4
Erdgas und Spaltgas	56 000	0,1	0,5	50	30	2
Kokereigas	44 000	0,1	12	50	60	5
Flüssiggas	65 000	0,1	2	75	60	5

❒ Emissionsfaktoren. Die Tabelle zeigt Emissionsfaktoren für K. im Haushaltsbereich, die nach Brennstoffarten aufgeschlüsselt sind. Die mittleren Emissionsfaktoren sind insbesondere für feste Brennstoffe mit größeren Unsicherheiten behaftet, weil über die durchschnittlichen Heizgewohnheiten der Feuerungsanlagenbetreiber keine zuverlässigen Angaben vorliegen.

❒ Emissionsminderungsmaßnahmen. Zur Emissionsminderung bei K. kommen aus Kostengründen vor allem Primärmaßnahmen (emissionsarme Brennstoffe sowie feuerungstechnische Optimierung) in Betracht.

Bei älteren Anlagen können u. a. Heizöladditive oder Feuerraumeinbauten (Heizeinsätze) in geringem Umfang zur Emissionsminderung beitragen; größere Erfolge werden erzielt, wenn Kessel und Brenner durch emissionsarme und energiesparende Neuanlagen ersetzt werden.

Der Notwendigkeit zur Emissionsminderung bei K. wurde auch durch Einführung von Emissionsanforderungen in DIN-Normen zum Teil Rechnung getragen. Aus Sicht der Luftreinhaltung sind die in DIN-Normen eingeführten emissionsrelevanten Anforderungen jedoch nur bedingt geeignet, die Entwicklung des Standes der Technik zur Emissionsminderung voranzutreiben. Als wesentlich wirksamer haben sich die Umweltzeichen für Heizungsanlagen und deren Komponenten erwiesen. So konnten z. B. seit Einführung des Umweltzeichens für Gasspezialheizkessel die NO_x-Emissionen dieser Anlagen in sehr kurzer Zeit durch Einbau NO_x-mindernder Einsätze oder durch → Abgasrückführung erheblich vermindert werden. *B. Krause*

Literatur: *Struschka, M. et al.*: Schadstoffemissionen von Kleinfeuerungsanlagen. Stuttgart 1988. – Umweltbundesamt: Luftreinhaltung '88. Berlin 1989.

Kleinfiltergerät ⟨*small filter device*⟩. Das K. GS 050 zur Messung des Schwebstaubs wird in der VDI 2463, Bl. 7 beschrieben. Das Probenahmesystem und der Probeluftvolumenstrom des K. entsprechen denjenigen des Basisverfahrens für den Vergleich von nichtfraktionierenden Schwebstaub-Meßverfahren nach Bl. 8 der Richtlinie.

Das K. arbeitet mit einer Drehschieberpumpe, einem Volumendurchsatz von 2,7 bis 2,8 m^3/h und Filtern mit 50 mm Durchmesser. Zeitpunkt und Dauer der Probenahme werden durch eine Schaltuhr gesteuert. Die im Probenahmezeitraum gesammelte Staubmasse wird gravimetrisch bestimmt. Das Bezugvolumen wird mit Hilfe eines Flügelradanemometers gemessen und das Meßergebnis als Massenkonzentration angegeben.

Der Aufbau des Probenahmesystems des K. ist in VDI 2463 Bl. 8 beschrieben.

Die Geräuschentwicklung des K. ist gering, Filterkopf und Filter sind einfach zu wechseln. Auch auf Grund seiner geringen Abmessungen und seines geringen Gewichts ist das Gerät einfach handhabbar und auch für mobile Einsätze gut geeignet. *Pfeffer*

Literatur: VDI 2463, Bl. 7: Messen von Partikeln; Messen der Massenkonzentration (Immission); Filterverfahren; Kleinfiltergerät GS 050. 8/1982. – Bl. 8: Basisverfahren für den Vergleich von nichtfraktionierenden Verfahren. 8/1982.

Körperschall ⟨*structure-borne sound*⟩. Als K. werden Schallereignisse bezeichnet, die in festen Körpern entstehen oder sich hier ausbreiten. K. ist zu beachten im Hochbau (Trittschalldämmung) sowie im Maschinen- und Fahrzeugbau.

Im Immissionsschutz hat K. eine erhebliche Bedeutung, wenn Wohnräume mit einer geräuschverursachenden Anlage baulich verbunden sind.

Im Gegensatz zu von Anlagen verursachtem Luftschall, der durch Erhöhung der Dämmwerte der Wohnungsumfassungsbauteile im Wohnraum verringert werden kann, ist für K. diese Maßnahme wirkungslos. Eine wirksame Minderung von K. kann durch teilweise oder vollständige Unterbrechung des K.-Übertragungswegs erreicht werden.

Eine wirksame Minderungsmaßnahme ist das Einbringen einer weichen Zwischenschicht (Dämmschicht) in den Übertragungsweg des K. Ausführungsbeispiele hierfür sind Fasermatten, Gummifederelemente, schwimmender Estrich, elastische Lagerungen u. ä.

Berücksichtigt werden die besonderen Eigenarten und die damit zusammenhängenden aufwendigen Minderungsmöglichkeiten des K. im Immissionsschutz dadurch, daß in der → TA Lärm wie auch in der VDI 2058, Bl. 1: Beurteilung von Arbeitslärm in der Nachbarschaft, 9/1985, für Wohnräume, in die K. übertragen wird, gegenüber Luftschall besondere Meß- und Beurteilungsverfahren für Geräuschimmissionen gelten.

Bei der Übertragung von K. gilt nach diesen Vorschriften, daß im Wohnraum bei geschlossenen Fenstern und Türen gemessen wird und der → Beurteilungspegel mit einem Immissionsrichtwert zu vergleichen ist, der unabhängig von der baulichen Nutzung des Wohngrundstücks ist und 5–10 dB unter dem Wert liegt, der in reinen Wohngebieten außen vor dem geöffneten Fenster bei Luftschallübertragung gilt.

Strauch

Kohlendioxid *⟨carbon dioxide⟩.*

Atmosphärenchemie. K. (CO_2) ist neben dem Wasserdampf das wichtigste klimarelevante atmosphärische Spurengas. In der Troposphäre ist es mit einer Verweilzeit von 50–200 Jahren gut durchmischt. Änderungen der troposphärischen Konzentrationen lassen sich deshalb bereits mit Hilfe weniger über die Erde verteilter Meßstationen mit ausreichender Auflösung erfassen. In der Entwicklungsgeschichte der Erde wiesen die CO_2-Konzentrationen in der Eis- und Zwischeneiszeit größere Schwankungen auf, die über Bohrkernanalysen im polaren Eis zurückverfolgt werden können. Die mittlere troposphärische CO_2-Konzentration beträgt z. Zt. ~350 ppmV (mit leicht höheren Werten in der Nordhemisphäre).

Die Konzentration durchläuft einen Jahresgang, der im wesentlichen von der Biosphäre bestimmt wird. Im Sommer überwiegt die CO_2-Aufnahme aufgrund der verstärkten Photosynthese der Vegetation. Im Herbst und Winter wird durch mikrobielle Zersetzung der abgestorbenen Biomasse das CO_2 wieder in die Atmosphäre abgegeben. Die jahreszeitliche Schwankung liegt in der Südhemisphäre bei 1,2 ppmV, wächst aber in der Nordhemisphäre auf maximal 15 ppmV (bei 55 bis 65° nördlicher Breite) an.

Neben diesen natürlichen Schwankungen wird das Gleichgewicht zwischen Biosphäre und Atmosphäre durch den Menschen in unterschiedlicher Form und Intensität gestört. So wird z. B. durch die Verbrennung des fossilen Kohlenstoffs der natürliche Kohlenstofffluß aus den Sedimenten in die Atmosphäre um ein Vielfaches erhöht und dadurch zusätzlich CO_2 in die Atmosphäre abgegeben. Die anthropogene CO_2-Emission durch die Verbrennung fossiler Brennstoffe beträgt etwa 6,6 Milliarden Tonnen Kohlenstoff pro Jahr. Mit Hilfe der aus Eisbohrkernen gewonnenen Daten ist eine detaillierte Rekonstruktion der CO_2-Zunahme in der Troposphäre während der vergangenen 200 Jahre möglich. Danach beginnt das CO_2 um das Jahr 1800 in der Troposphäre anzusteigen. Zur letzten Jahrhundertwende wurden bereits Werte von 295 ppmV erreicht. Die im Jahre 1958 auf Hawaii begonnene Direktmessungen schließen sich bei einem Wert von 315 ppmV an die aus Eisbohrkerndaten rekonstruierte zeitliche Entwicklung an. Zu dieser Zeit betrug der jährliche Anstieg 0,6 ppmV pro Jahr. Diese Rate ist 1990 auf einen Wert von ~1,8 ppmV pro Jahr angestiegen. Bei einer mittleren globalen troposphärischen CO_2-Konzentration von 350 ppmV entspricht dies einem prozentualen Anstieg von 0,5% pro Jahr (Bild).

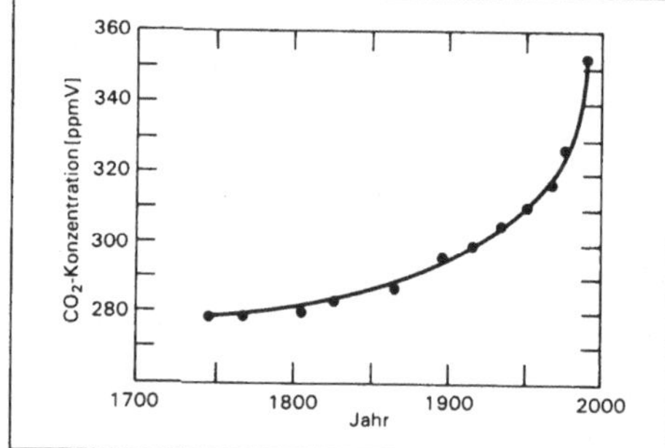

Kohlendioxid: Verlauf der CO_2-Konzentration in Abhängigkeit von der Zeit.

Zusätzlich wird der atmosphärische CO_2-Gehalt durch die Rodung von Wäldern und durch die landwirtschaftliche Nutzung ehemaliger Waldböden erhöht. Der Anstieg wäre noch schneller, wenn das atmosphärische CO_2 nicht mit dem geologischen Kohlenstoffkreislauf unmittelbar gekoppelt wäre. Diese Kopplung erfolgt im wesentlichen durch den Kohlenstoffaustausch zwischen der gut durchmischten Oberflächenwasserschicht und dem Tiefenwasser der Ozeane. Die Wechselwirkung zwischen Atmosphäre und Ozean hängt von Faktoren ab, die bis heute noch nicht genau verstanden sind. Bei völligem Verzicht auf den Einsatz fossiler Energieträger würde die zeitliche Abnahme der CO_2-Konzentration mit der durch den geochemischen Kohlenstoffkreislauf festgelegten Verweilzeit von ca. 120 Jahren erfolgen. Dies bedeutet, daß, selbst wenn es gelänge, die anthropogene CO_2-Gesamtemissionsrate auf dem gegenwärtigen Stand einzufrieren, die troposphärische CO_2-Konzentration weiter ansteigen und im Jahr 2050 einen Wert von ~415–480 ppmV, im Jahr 2100 sogar einen Wert von 460–560 ppmV erreichen würde. Um die CO_2-Konzentration auf dem heutigen Stand einzufrieren, müßten die globalen anthropogenen Emissionen heute um 60–80% reduziert werden.

Im Gegensatz zur Erwärmung der Troposphäre führt die Zunahme des atmosphärischen CO_2-Gehaltes zu einer Abkühlung in der Stratosphäre. Der Grund hierfür liegt darin, daß das Kohlendioxid für einen großen Teil der infraroten Ausstrahlung in den Weltraum verantwortlich ist. Die gleichzeitig ablaufende Erwärmung der Stratosphäre durch die Ozonabsorption im kurzwelligen Spektrum der Sonnenstrahlung wird dadurch zum Teil wieder kompensiert. *Wiesen*

Emissionen. K. entsteht bei der Oxidation (Verbrennung, Atmung, biologische Zersetzung) von kohlenstoffhaltigen Stoffen, insbesondere durch Verbrennung fossiler Energieträger. Anthropogenes K. ist am → Treibhauseffekt der Atmosphäre etwa zu 50% beteiligt. Die andere Hälfte entfällt auf die → Fluorchlorkohlenwasserstoffe (FCKW), → Methan, flüchtige → organische Verbindungen (ohne Methan), → Kohlenmonoxid und Distickstoffoxid (N_2O).

Die Höhe der CO_2-Emissionen bei der Verbrennung eines fossilen Brennstoffes hängt ursächlich ab von der Brennstoffzusammensetzung (Kohlenstoffgehalt, Heizwert). Unter Voraussetzung einer vollständigen Verbrennung der Energieträger (in → Großfeuerungsanlagen) ergeben sich mittlere spezifische CO_2-Emissionsfaktoren für die jeweiligen Energieträger (Tabelle 1).

Kohlendioxid. Tabelle 1: Spezifische CO_2-Emissionsfaktoren fossiler Energieträger.

Energieträger	spezifischer CO_2-Emissionsfaktor in (kg CO_2/GJ)
Braunkohle	111
Steinkohle	92
Heizöl schwer	78
Heizöl leicht	74
Erdgas	56

Die weltweiten CO_2-Emissionen aus der Verbrennung fossiler Energieträger haben sich in 4 Jahrzehnten fast vervierfacht, von 5800 Mio. t (1950) auf 22300 Mio. t (1990). Neben der Höhe des Energieverbrauchs ist auch die Struktur nach Energieträgern für die CO_2-Emissionen von Bedeutung. Einige Länder mit hohen bzw. geringen energiebedingten CO_2-Emissionen pro Einwohner sind in der Tabelle 2 genannt.

Der weltweite Durchschnitt der spezifischen Emissionen betrug 1990 4,2 t CO_2 pro Einwohner.

In den OECD-Staaten wurden im Jahre 1990 insgesamt 10385 Mio. t CO_2 emittiert. Das sind 46,5% der CO_2-Emissionen aus der Energienutzung weltweit, bei einem Anteil der OECD-Staaten an der Weltbevölkerung von 15,5%. Damit wurden in den OECD-Staaten durchschnittlich 12,4 t CO_2 pro Einwohner emittiert.

Eine Minderung der CO_2-Emissionen ist im wesentlichen nur durch die Verringerung des Einsatzes fossiler Energieträger, d. h. durch Energieeinsparung und rationelle Energieanwendung sowie durch Substitution kohlenstoffreicher durch kohlenstoffärmere bzw. -freie Energieträger (z. B. Erdgas, regenerative Energien, Kernenergie) möglich.

Kohlendioxid. Tabelle 2: Daten zu CO_2-Emissionen (1990).

Land	t CO_2 pro Einwohner	t CO_2/a
USA	20,8	5 230
Australien	16,3	278
Saudi Arabien	14,7	219
CSFR	14,4	226
Bundesrepublik Deutschland (gesamt)	12,7	1 008
UdSSR	12,5	3 602
Japan	8,9	1 099
Schweden	6,4	55
China	2,2	2 459
Indien	0,7	627

Nach gegenwärtigem Kenntnisstand ist eine wirkungsvolle und effektive → Kohlendioxidabscheidung und -entsorgung durch technische Maßnahmen nicht praktikabel. *Kaschenz*

Emissionsmessung. Verschiedene Meßaufgaben der → Emissionsüberwachung erfordern eine Messung des K.-Gehalts im Abgas.

Bei den → Schornsteinfeger-Messungen an → Kleinfeuerungsanlagen wird nach den Vorschriften der Kleinfeuerungsanlagen-Verordnung (→ 1. BImSchV) an Öl- und Gasfeuerungen aus der Messung des K.-Gehalts im Abgas und der Differenz zwischen Abgas- und Raumlufttemperatur der Abgasverlust bestimmt. Zur Messung von K. werden einfache Meßgeräte eingesetzt, die allerdings eine Eignungsprüfung bestanden haben sollen. Gebräuchliche Meßprinzipien sind die Volumenometrie und die Wärmeleitfähigkeitsmessung. Anstelle des K.-Gehalts kann auch der Sauerstoff-Gehalt gemessen werden (→ Sauerstoffmessung).

An größeren, genehmigungsbedürftigen Feuerungsanlagen wird üblicherweise zur Normierung der Emissionsmessungen der Sauerstoffgehalt im Abgas bestimmt. Statt dessen kann aber auch der K.-Gehalt gemessen werden. Voraussetzung dafür ist, daß der Kohlenstoffgehalt des eingesetzten Brennstoffs bzw. der bei vollständiger Verbrennung erzielbare maximale CO_2-Gehalt im Abgas bekannt ist. Der Ersatz der O_2-Messung durch eine CO_2-Messung bietet sich an, wenn mit einem optischen In-situ-Meßverfahren mehrere gasförmige Abgasbestandteile in Kombination gemessen werden sollen. Im Unterschied zu CO_2 ist O_2 einer optischen Messung nicht zugänglich (photometrische Gasmeßverfahren).

Standardmethode zur kontinuierlichen Emissionsmessung von K. ist das NDIR-Verfahren. Bisher gibt es noch keine Verpflichtung, die K.-Emissionen großer Anlagen in Hinblick auf die schädlichen Klimaauswirkungen kontinuierlich zu messen. Im Zusammenhang mit der im § 5 Abs. → 2 BImSchV vorgesehenen Wärmenutzungsverordnung wird aber eine solche Auflage erwogen. *Stahl*

Immissionsmessung. Als Immissionsmeßverfahren für K. kommt nur die nichtdispersive Infrarotspektroskopie (NDIR-Verfahren) in Frage. Zur Messung findet keine Zerlegung der Infrarotstrahlung statt. Statt dessen wird die Absorption in einer Wechsellicht-Photometer-Anordnung mit zwei parallelen Strahlengängen und einem selektiv wirkenden Strahlungsempfänger gemessen. In den Strahlengängen befinden sich die Meß- und eine Vergleichskammer, die mit der zu messenden Komponente gefüllt ist. Durch unterschiedliche Absorption eines Infrarotlichtstrahls in der Meß- und Vergleichskammer läßt sich das Meßsignal erzeugen.

Die Kalibrierstandards bestehen aus einem Gemisch von K. in synthetischer Luft oder in Reinstickstoff. Aus Stabilitätsgründen wurde überwiegend Stickstoff verwendet. Durch eine Druckabhängigkeit kann das Ergebnis dann jedoch fehlerhaft sein. Von der WMO (World Meteorological Organization) wurde deshalb bei der Scribbs Institution of Oceanography in La Jolla, Kalifornien, ein Primärstandard entwickelt, der weltweit für die Ur-Kalibrierung von Geräten und Eichgasen verwendet wird. Er ist auf ein K./Stickstoffgemisch bezogen. Mittlerweile gibt es auch stabile Kalibriergemische in Luft. Diese werden heute üblicherweise als Sekundär- oder Arbeitsstandards verwendet. *Dulson*

Kohlendioxidabscheidung/-entsorgung *⟨carbon dioxide capture and disposal⟩*. Die K. ist eine denkbare Möglichkeit zur Minderung der Emissionen von → Kohlendioxid (CO_2), indem das bei der Verbrennung fossiler Energieträger entstehende CO_2 abgeschieden, z. T. stofflich verwertet, insbesondere aber von der Erdatmosphäre isoliert endgelagert wird. Die K. wird vorrangig unter dem Aspekt einer Verringerung des CO_2-Eintrages in die Atmosphäre im Hinblick auf den → Treibhauseffekt diskutiert. Die Voraussetzung für eine sinnvolle K. ist, daß der Energieaufwand für Abscheidung, Verdichtung, Transport und eventuelle Endlagerung von CO_2 klein gegenüber dem Heizwert jener Menge an fossilem Brennstoff ist, aus der das CO_2 entstanden ist. Nach derzeitigem → Stand der Technik sind vor allem die Verringerung des Energiebedarfs, die rationelle Energieanwendung und die Wahl der Energieträger die wichtigsten Maßnahmen zur Verringerung der CO_2-Emissionen.

Kohlendioxid ist eine sehr beständige Verbindung, nahezu chemisch inert, und zerfällt (dissoziiert) erst bei Temperaturen um 2000 °C. In Verbindung mit Wasser wird nur ein geringer Anteil (ca. 0,1%) in Kohlensäure (H_2CO_3) umgewandelt, das übrige CO_2 wird – in Abhängigkeit von Druck und Temperatur – im Wasser gelöst. In einigen organischen Lösungsmitteln (z. B. Aceton, Ethanol, Methanol) ist CO_2 gut löslich. Aufgrund dieser Eigenschaften wird bei den technischen Verfahren zur K. angestrebt, ein möglichst reines CO_2 ohne Fremdgasverdünnung (z. B. durch Stickstoff) und ohne Verunreinigung mit anderen Stoffen zu erhalten. Das reine CO_2 kann als Gas, Flüssigkeit oder Trockeneis aus dem Prozeß ausgekoppelt werden, um z. T. stofflich verwertet oder endgelagert zu werden.

Die K. aus dem Abgas von Verbrennungsprozessen ist technisch mittels wässriger Aminlösungen grundsätzlich möglich, aber für einen breiten Einsatz bisher zu energie- und kostenaufwendig. Zur K. aus Abgas im technischen Maßstab gibt es Einzelbeispiele; so wird in den USA in bestimmten Fällen CO_2 aus dem Abgas von Erdgasfeuerungen abgetrennt und zur Steigerung der Ölausbeute in den dortigen Erdölfeldern eingesetzt. CO_2 wird dabei mit Hilfe eines im Kreislauf geführten Absorptionsmittel auf Alkanolamin-Basis abgetrennt. Zur Desorption wird Wasserdampf verwendet. Sollte dieses Verfahren zur K. bei Abgasen fossil gefeuerter Kraftwerke angewendet werden, würde der Wirkungsgrad auf etwa die Hälfte verringert.

Energetisch günstiger, aber gegenwärtig auch nicht wirtschaftlich, ist die Zerlegung der Verbrennungsluft in Sauerstoff und Stickstoff und anschließende Verbrennung der fossilen Brennstoffe mit reinem Sauerstoff. Die Verbrennungstemperatur ist mit rückgeführtem CO_2 als Inertgasanteil bei der Verbrennung einzustellen. Das Abgas besteht fast vollständig aus CO_2, das gezielt aufbereitet und entsorgt werden müßte.

Für → Kombikraftwerke mit integrierter Kohlevergasung sind prinzipiell zwei Möglichkeiten der K. denkbar, wobei zuverlässige wissenschaftlich-technische Untersuchungen zur Bewertung der Verfahren fehlen. Bei der Kohlevergasung mit Sauerstoff ist durch eine Konvertierung das entstandene Brenngas in eine Mischung aus CO_2 und Wasserstoff (H_2) zu überführen. Das CO_2 kann daraus über Wäscher (z. B. nach dem Rectisol-Verfahren) abgetrennt werden, eine bei der Synthesegasherstellung erprobte Technik. Als Brenngas für die Gasturbine verbleibt dann reiner Wasserstoff. Eine andere Variante besteht in einer Kohlevergasung mit rückgeführtem CO_2. Das dann fast vollständig aus → Kohlenmonoxid (CO) bestehende Brenngas müßte mit reinem Sauerstoff, gewonnen durch energieaufwendige Luftzerlegung, in den Gasturbinen-Brennkammern verbrannt werden, um nahezu reines CO_2 zu erhalten. Entsprechende Kombikraftwerke könnten elektrische Wirkungsgrade bis etwa 35% erreichen.

Eine weitere Konzeptidee, um das CO_2 möglichst rein und ohne Fremdgasverdünnung entstehen zu lassen und dann abzuscheiden, besteht in der Kohleverstromung in einem Hochtemperatur-Brennstoffzellensystem.

Reines Kohlendioxid ist für einige Wirtschaftszweige ein wichtiger Roh- und Hilfsstoff. Z. B. wird CO_2 in der Sodaherstellung als ein Rohstoff, bei der Schaumstoffherstellung als Treibmittel, in der chemischen Industrie und Metallurgie häufig als Schutzgas und in der Lebensmittelindustrie als Treib- und Druckmittel eingesetzt. Bei vielen Anwendungen findet – wenn auch zeitlich verzögert – letztlich eine Emission des verwerteten CO_2 statt. Desweiteren liegt der gesamte industrielle CO_2-Bedarf um mehrere Größenordnungen unter den CO_2-Emissionen fossiler Feuerungen und stellt somit praktisch keine Senke dar.

Zur CO_2-Entsorgung und zum dauerhaften Fernhalten des CO_2 von der Erdatmosphäre kommt für das in großen Mengen anfallende CO_2 praktisch nur das Verpressen von gasförmigem CO_2 in leere Erdöl- und Erdgasfelder oder das Verpressen von flüssigem CO_2 bzw. Versenken von festem CO_2 (Trockeneis) in der Tiefsee infrage. Zu den ökologischen Auswirkungen einer Tiefseelagerung und zum tatsächlichen Rückhaltevermögen der Tiefsee gibt es keine zuverlässigen Untersuchungen. In Erdgasfeldern kann theoretisch nur etwa die Menge an CO_2 aufgenommen werden, die der CO_2-Bildung bei der Verbrennung dieses → Erdgases entspricht. Weitere, insbesondere auch energetisch zu prüfende Vorstellungen zur CO_2-Endlagerung bestehen in einer dauerhaften CO_2-Bindung an Silikate (entsprechend dem natürlichen Verwitterungsprozeß) oder Deponierung in anderen natürlichen oder künstlichen Hohlräumen der Erdkruste.

Im Rahmen der Untersuchungen zur Vermeidung und Reduktion energiebedingter klimarelevanter Spurengase sind für die Enquete-Kommission Vorsorge zum Schutz der Erdatmosphäre des Deutschen Bundestages auch Entsorgungsmöglichkeiten von CO_2 untersucht worden. Diese Untersuchungen aus dem Jahre 1989 kommen zu dem Schluß, daß bei der gegenwärtigen Struktur der Energienutzung fossiler Brennstoffe nicht an eine wirkungsvolle K. durch Deponierung zu denken ist. *Kaschenz*

Literatur: *Fricke, J.; U. Schüßler; R. Kümmel*: CO_2-Entsorgung, Physik in unserer Zeit, **20** (1989) S. 56–61. – *Pruschek, R.*: CO_2-Rückhaltung in Kraftwerken – Möglichkeiten und Probleme. VDI-Ber. 941. Düsseldorf 1992. – *Pruschek, R.; U. Renz; E. Weber*: Kohlekraftwerk der Zukunft, im Auftrag des Ministers für Wirtschaft, Mittelstand und Technologie des Landes Nordrhein-Westfalen. Düsseldorf 1990. – *Seifritz, W.*: CO_2-freie Kohleverstromung in einem Hochtemperatur-Brennstoffzellensystem, BWK **42** (1990) Nr. 5, S. 249–253. – *Seifritz, W.*: Zur Begriffsbestimmung CO_2-entsorgter fossiler Kraftwerke, BWK **44** (1992), S. 269–270. – *Voß, A.*: Energie und Klima: Ist eine klimaverträgliche Energieversorgung erreichbar? BWK **43** (1991), S. 19–31.

Kohlenmonoxid ⟨*carbon monoxide*⟩.

Emissionen. K. (CO) entsteht überwiegend bei der unvollständigen Verbrennung fossiler Brenn- und Kraftstoffe und sonstigen kohlenstoffhaltigen Materials. Hauptverursacher von K.-Emissionen sind die Kraftfahrzeugmotoren im Straßenverkehr. Als weitere wesentliche Emittenten folgen kleinere Industriefeuerungsanlagen sowie einige industrielle Prozesse und die mit Festbrennstoffen betriebenen → Feuerungsanlagen der Haushalte und Kleinverbraucher.

Im Gegensatz zu den Verbrennungsprodukten Schwefeloxide (SO_x) und Stickstoffoxide (NO_x) hat K. keine weiträumige Bedeutung, weil es sich relativ schnell mit dem Sauerstoff der Luft zu → Kohlendioxid (CO_2) umwandelt. Lokal können insbesondere in Verkehrsspitzenzeiten oder bei Inversionswetterlagen höhere K.-Konzentrationen auftreten. Zur Minderung der K.-Emissionen im Verkehrsbereich kommen bei Kraftfahrzeugen mit Ottomotoren Dreiwegekatalysatoren zum Einsatz. Diese verringern gleichzeitig die Emissionen an Stickstoffoxiden (NO_x) und → Kohlenwasserstoffen (HC). Bei Kraftfahrzeugen mit Dieselmotoren können die sich bereits auf einem niedrigen Niveau bewegenden K.-Emissionen (bei Einsatz von Kraftstoff mit sehr geringen Schwefelgehalten) durch die Verwendung von Oxidationskatalysatoren noch weiter gemindert werden. Entsprechendes gilt für den Betrieb von stationären Motoren.

Aus wirtschaftlichen Gründen und zur Vermeidung von Korrosion wird insbesondere bei den größeren Feuerungsanlagen durch Optimierung des Verbrennungsprozesses die Brennstoffenergie weitestgehend ausgenutzt und ein hoher Abgasausbrand erzielt. Das Ergebnis sind niedrige K.-Emissionen. Bei den → Kleinfeuerungsanlagen, die mit festen Brennstoffen betrieben werden, sind die Optimierungsmöglichkeiten aus Aufwandsgründen sehr begrenzt. Hier kann eine durchgreifende Senkung der K.-Emissionen im wesentlichen nur durch Ersatz der Feuerungsanlagen für Festbrennstoffe durch öl- oder gasgefeuerte Anlagen erfolgen.

Besondere Bedeutung hat das K. als Leitsubstanz für den Abgasausbrand bei den → Abfallverbrennungsanlagen. In der → 17. BImSchV sind sehr scharfe Grenzwerte (z. B. ein Stundenmittelwert von 100 mg/m^3) festgelegt. Zusammen mit der als Gesamtkohlenstoff gemessenen Konzentration → organischer Stoffe gibt die CO-Konzentration einen Hinweis auf den Grad der thermischen Zersetzung der im → Abgas enthaltenen organischen Verbindungen.

Die K.-Emissionen im Abgas von Feuerungsanlagen sind nach → TA Luft und Großfeuerungsanlagenverordnung (GFAVO) begrenzt. Beispielsweise enthält die → 13. BImSchV (GFAVO) Emissionsbegrenzungen

bei Einsatz von festen Brennstoffen von 250 mg/m^3,

bei Einsatz von flüssigen Brennstoffen von 175 mg/m^3,

bei Einsatz von gasförmigen Brennstoffen von 100 mg/m^3.

Wagenknecht

Literatur: Umweltbundesamt (Hrsg.): Luftreinhaltung '88. Berlin 1989.

Emissionsmessung. Standardmethoden zur Emissionsmessung von K. werden in der Richtlinie VDI 2459 behandelt. Das in Blatt 7 beschriebene Iodpentoxid-Verfahren ist das einzige von Prüfgasen unabhängige naßchemische CO-Meßverfahren. Dabei wird die Gasprobe bei hoher Temperatur über Iodpentoxid geleitet, das in der Probe enthaltene K. zu Kohlendioxid oxidiert und eine äquivalente Menge Iod freigesetzt, die titrimetrisch bestimmt wird. Das Iodpentoxid-Verfahren wird zur Überprüfung von CO-Prüfgasen und zu Vergleichsmessungen eingesetzt und kann als Referenzmeßverfahren bezeichnet werden.

Zur kontinuierlichen Messung von CO stehen rund 12 eignungsgeprüfte Meßeinrichtungen zur Verfügung, die nahezu ausschließlich nach dem NDIR-Verfahren (VDI 2459, Blatt 6) arbeiten. Die CO-Messung mit NDIR-Geräten ist – auch wegen der umfangreichen Untersuchungen im Kraftfahrzeugbereich – seit vielen Jahren erprobt. Deshalb werden in der Praxis NDIR-Geräte auch für Einzelmessungen eingesetzt. *Stahl*

Literatur: VDI 2459: Messen gasförmiger Emissionen; Messen der Kohlenmonoxidkonzentration; Bl. 7: Iodpentoxidverfahren. 2/1994. – Bl. 6: Verfahren der nichtdispersiven Infrarot-Absorption. 11/1980. – Modelluntersuchungen mit Meßeinrichtungen zur fortlaufenden Aufzeichnung von Kohlenmonoxid-Emissionen. Forschungsber. IV.2-870/74 des Rheinisch-Westfälischen TÜV Essen, vom Dezember 1975 i. A. des Umweltbundesamtes.

Immissionsmessung. Zur Immissionsmessung von K. werden praktisch ausschließlich automatische Meßgeräte nach dem nichtdispersiven Infrarotabsorptionsverfahren eingesetzt (NDIR-Verfahren). In VDI 2455, Bl. 1 und Bl. 2 werden zwei – heute allerdings veraltete – Geräte beschrieben. Bei grundsätzlich gleicher Meßtechnik (NDIR-Absorption) existieren unterschiedliche Gerätevarianten. Geräte älterer Bauart verwenden in der Regel Vergleichsküvetten, die mit Stickstoff als nicht im Infrarotbereich absorbierendes Referenzgas enthalten. Neuere Geräte nutzen die tatsächliche Matrix des Probegases als Referenz. Für die Vergleichsmessung wird entweder das CO auf chemischen Wege aus der Probeluft entfernt oder aber es wird die CO-Absorption durch eine in den Strahlengang geschaltete, mit CO gefüllte Küvette ausgeblendet (Gasfilterkorrelationsverfahren). Durch diese und weitere Spezialtechniken, z. B. die Cross-flow-Technik, lassen sich sowohl die Selektivität wie auch die Nachweisgrenze erheblich verbessern. *Pfeffer*

Literatur: VDI 2455: Messung gasförmiger Immissionen; Messung der Kohlenmonoxid-Konzentration; Blatt 1: Ultrarot-Absorptionsverfahren (URAS 1 und 2). 8/1970. – Bl. 2: Ultrarot-Absorptionsverfahren (UNOR 2). 10/1970.

Kohlenstoffdisulfid ⟨*carbon disulphide*⟩. K. (CS_2, Schwefelkohlenstoff) wird technisch heute meist durch Umsetzung von Methan oder → Erdgas mit Schwefel bei ca. 650 °C hergestellt. Als Nebenprodukt fällt → Schwefelwasserstoff an.

Das wichtigste Anwendungsgebiet von K. ist die Herstellung von Viskoseprodukten. Mit Hilfe von K. reagiert die Alkalizellulose zu dem spinnfähigen Natriumzellulosexanthogenat (Viskoselösung).

Zu den wichtigsten → organischen Stoffen, die mit CS_2 synthetisiert werden, zählen 2-Mercaptobenzothiazol, Ethylenthioharnstoff und Tetramethylthiuramdisulfid. Diese Verbindungen werden u. a. in der Kautschukindustrie als Vulkanisationsbeschleuniger eingesetzt. Auch für die Synthese von Pflanzenschutzmitteln (z. B. Metam) und Arzneimittelwirkstoffen (z. B. das Antituberkulosemittel Tiocarlid) wird CS_2 benötigt.

Größter Emittent an K. ist die Viskoseindustrie. Die spinnfähige Viskoselösung wird in den Spinnmaschinen durch Düsen in ein saures Spinnbad gepreßt. Unter Bildung von CS_2 zersetzt sich das Xanthogenat wieder in die ursprüngliche Zellulose. Daneben entsteht durch Nebenreaktionen Schwefelwasserstoff.

Die spezifischen Abgasvolumina liegen je nach Viskoseprodukt bei 50 000 – 750 000 m^3/h mit Emissionskonzentrationen an CS_2 von 180 – 1 500 mg/m^3. Um wirksame Reinigungstechniken anwenden zu können, werden Anlagenteile gekapselt und die Abgasvolumenströme gering gehalten. Für die erfaßten → Abgase mit erhöhten CS_2- und H_2S-Gehalten können als Abgasreinigungsverfahren Adsorption an Aktivkohle, Herstellung von Schwefelsäure sowie biologische → Abgasreinigung eingesetzt werden.

Insbesondere die Adsorption an Aktivkohle (Sulfosorbon-Verfahren) hat sich in der Anwendung bewährt. CS_2 wird an der A-Kohle adsorbiert und nach Desorption wieder in den Prozeß zurückgeführt, während H_2S an Schwefel oxidiert wird. So konnte z. B. bei einer Anlage zur Herstellung von Viskose-Filamentgarnen das Abgasvolumen von 750 000 m^3/h mit einer CS_2-Fracht von 173 mg/m^3 auf 650 000 m^3/h und 100 mg/m^3 gemindert werden.

Anlagen zur Herstellung von K. und Viskoseprodukten sind genehmigungsbedürftig nach BImSchG (Nr. 4.1 der Spalte 1 des Anhangs zur → 4. BImSchV). Besondere emissionsbegrenzende Anforderungen enthält Nr. 3.3.4.1 h.3 der → TA Luft. Z. B. dürfen die Emissionen an CS_2 im Abgas in der Regel 100 mg/m^3 nicht überschreiten. Für Viskoseprodukte liegen die Grenzwerte bei 150 – 600 mg/m^3. *Spilok/Drotleff*

Literatur: *Büchner, W. et al.*: Industrielle Anorganische Chemie. Weinheim 1984. – *Davids, P.; M. Lange*: Die TA Luft '86 – Technischer Kommentar. Düsseldorf 1986. – *Seifert, K.*: Emissionsminderung von Schwefelwasserstoff und Kohlendisulfid bei der Herstellung von textilem Viskose-Filamentgarn, Enka AG, Kelsterbach; im Auftrag des Umweltbundesamtes. Berlin 1990. – VDI 3452 E: Auswurfbegrenzung; Viskoseherstellung und -verarbeitung; Schwefelwasserstoff und Schwefelkohlenstoff. 3/1977.

Kohlenwasserstoff (Immissionsmessung) ⟨*hydrocarbons, immissions monitoring*⟩. Bei den K. spielen immissionsseitig zwei Gruppen eine besondere Rolle:

❐ Benzin-K. Diese stellen ein kompliziertes Gemisch aliphatischer, naphthenischer und aromatischer K. von C_4 bis etwa C_{14} dar. Das Maximum liegt bei C_5 bis C_9. Aufgrund der Flüchtigkeit gelangen sie leicht in die Umwelt (leichtflüchtige → organische Verbindungen). Die wichtigste Komponente in dieser Gruppe ist das → Benzol.

Bei der Bewertung einer Immissionssituation

beschränkt sich die Frage meist auf die hygienisch relevanten Verbindungen, in diesem Fall auf das Benzol. Eine Summenbestimmung der K. führt hier nicht weiter (→ Gesamtkohlenwasserstoffe). VDI 3482 enthält mehrere Analyseverfahren, die alle eine gaschromatographische Bestimmung beinhalten. Die Methoden unterscheiden sich hauptsächlich durch das Probenahmeverfahren:

Momentprobenahme (aliphatische K.), – Bl. 2
Momentprobenahme (aromatische K.), – Bl. 3
Anreicherung an Aktivkohle, Einsatz von Kapillarsäulen, – Bl. 4
Anreicherung an Aktivkohle, Nachweis der aromatischen K., – Bl. 5
Thermische Desorption, – Bl. 6

❐ Polyzyklische aromatische K. (PAK). Sie entstehen durch unvollständige Verbrennung von organischem Material. Sie bestehen aus drei und mehr kondensierten Benzolkernen. PAK haben einen niedrigen Dampfdruck und kommen in der Luft in erster Linie an Rußpartikel gebunden vor.

Gesundheitlich haben die PAK besondere Bedeutung, weil einige von ihnen nachgewiesenermaßen krebserregend sind. Zu nennen wäre hier das Benzo[a]pyren, das gleichzeitig als Leitkomponente für diese Schadstoffgruppe gilt.

Die Probenahme zur Untersuchung der PAK erfolgt mit Glasfaserfiltern, die mit Toluol extrahiert werden. Der Extrakt wird mit Hilfe der Säulenchromatographie (→ Chromatographie) gereinigt und anschließend gaschromatographisch oder hochdruckflüssigkeitschromatographisch getrennt. Die Methoden sind ausführlich in VDI 3875 beschrieben. *Dulson*

Literatur: VDI 3482, Messen gasförmiger Immissionen; Bl. 2: Gaschromatographische Bestimmung von aliphatischen Kohlenwasserstoffen – Momentprobenahme. 2/1979. – Bl. 3: Gaschromatographische Bestimmung von aromatischen Kohlenwasserstoffen – Momentprobenahme. 2/1979. – Bl. 4: Gaschromatographische Bestimmung organischer Verbindungen mit Kapillarsäulen; Probenahme durch Anreicherung an Aktivkohle; Desorption mit Lösemittel. 11/1984. – Bl. 5: Gaschromatographische Bestimmung von aromatischen Kohlenwasserstoffen; Probenahme durch Anreicherung an Aktivkohle; Desorption mit Lösemittel. 11/1984. – Bl. 6: Gaschromatographische Bestimmung organischer Verbindungen – Probenahme durch Anreicherung; Thermische Desorption. 7/1988. – VDI 3875, Messen von Immissionen; Bl. 1 E: Messen von Innenraumluftverunreinigungen; Messen von polycyclischen aromatischen Kohlenwasserstoffen (PAH); Gaschromatographische Analyse. 8/1991. – Bl. 2: Messen von Innenraumluft; Messen von polycyclischen aromatischen Kohlenwasserstoffen (PAH); HPLC Analyse, Vorentwurf.

Kohlenwasserstoff, chloriert ⟨*chlorinated hydrocarbons*⟩ → Chlorkohlenwasserstoff

Kohlenwasserstoff, polyzyklisch aromatisch ⟨*PAH/polycyclic aromatic hydrocarbons*⟩. PAK sind von Natur aus im Erdöl, Kohle und Teer enthalten. PAK entstehen vor allem bei unvollständiger Verbrennung fossiler Brennstoffe sowie bei Pyrolyse-Prozessen und werden auch bei Umschlag und Transport PAK-haltiger Stoffe sowie bei der Verarbeitung von kohle- und teerhaltigen Produkten freigesetzt. Chemische Analysen von Verbrennungsgasen und Abgasen aus der Verarbeitung → organischer Stoffe ergaben weit über 100 verschiedene PAK, deren Konzentration und Mengenanteile außerordentlich stark von den Bedingungen der unvollständigen Verbrennung/Pyrolyse und der Zusammensetzung des organischen Materials/Brennstoffs abhängen. Als Leitsubstanz für die Emissionen von PAK dient Benzo(a)pyren (BaP). Natürliche Emissionsquellen von PAK sind insbesondere Wald- und Steppenbrände sowie aktive Vulkane. P. wurden auch im Tabakrauch nachgewiesen.

Die hauptsächlichen anthropogenen Emissionsquellen sind Hausbrandfeuerstätten (insbesondere bei Einsatz von Holz und Kohle als Brennstoff), Kokereien und der Kfz-Bereich. Großfeuerungsanlagen (Kraftwerke), Industriefeuerungen sowie Feuerungsanlagen für gasförmige Brennstoffe haben praktisch vernachlässigbare PAK-Emissionen.

Weitere Quellen mit geringen Anteilen an den Gesamtemissionen sind → Abfallverbrennungsanlagen, Hartbrandkohle-Herstellung und → Räucheranlagen.

Technische Maßnahmen zur Verminderung von PAK-Emissionen sind der Ersatz fester Brennstoffe durch andere Energieträger und die Anwendung von Feuerungsanlagen mit einem weitgehenden Ausbrand der Abgasbestandteile. Reichen diese Maßnahmen nicht aus, werden filternde Staubabscheider (PAK treten meist staubförmig bzw. an Stäube angelagert auf) oder thermische Abgasreinigungseinrichtungen eingesetzt.

Emissionsbegrenzende Anforderungen für genehmigungsbedürftige Anlagen enthält die → TA Luft. Insbesondere die Anforderungen der Nr. 2.3 für krebserzeugende Stoffe sind einzuhalten; PAK sind als krebserzeugende Stoffe mit besonders hohem Risikopotential der Klasse I zugeordnet. Über den Emissionshöchstwert von 0,1 mg/m^3 hinaus gilt das Minimierungsgebot, wonach die Emissionen so weit wie möglich zu begrenzen sind (TA Luft Einstufung). *Angrick*

Literatur: Umweltbundesamt Berichte 1/79: Luftqualitätskriterien für ausgewählte polyzyklische aromatische Kohlenwasserstoffe. Berlin 1979.

Kokerei ⟨*coking plant*⟩ (thermische Steinkohleveredelungsanlage). Die Verkokung ist eine trockene Destillation, bei der Steinkohle unter Luftabschluß auf eine Temperatur von mindestens 800 °C erhitzt wird. Die Verkokung findet in genormten Koksöfen statt. Ziel der Verkokung ist die Erzeugung von Koks für industrielle, insbesondere metallurgische Zwecke. Koks zeichnet sich durch einen sehr hohen Kohlenstoffanteil (>97% waf) und einen sehr geringen Anteil an flüchtigen Bestandteilen aus. Bei der Verkokung kann nur Kohle eingesetzt werden, die bestimmten Anforderun-

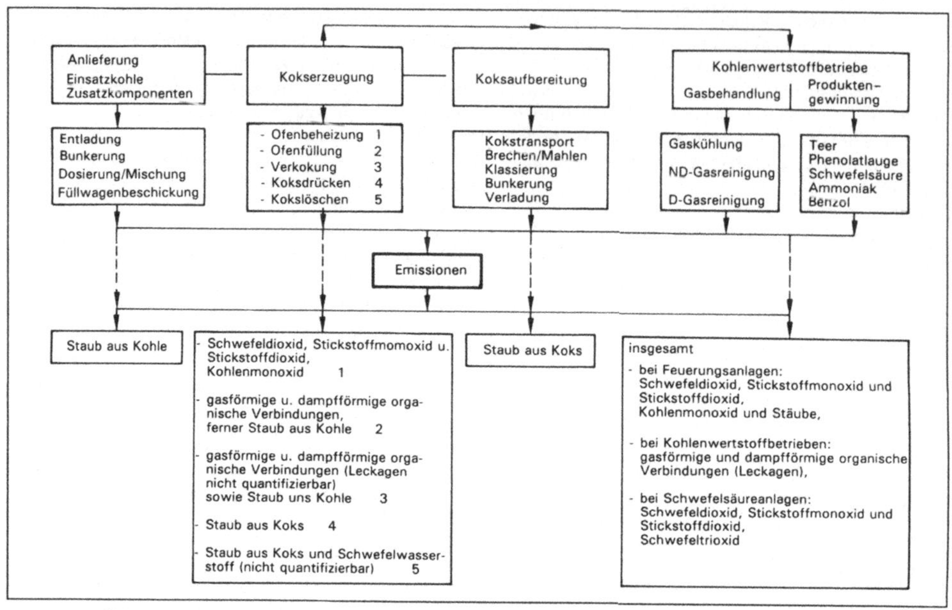

Kokerei 1: Überblick über die von den einzelnen Betriebsbereichen einer K. ausgehenden Luftverunreinigungen.

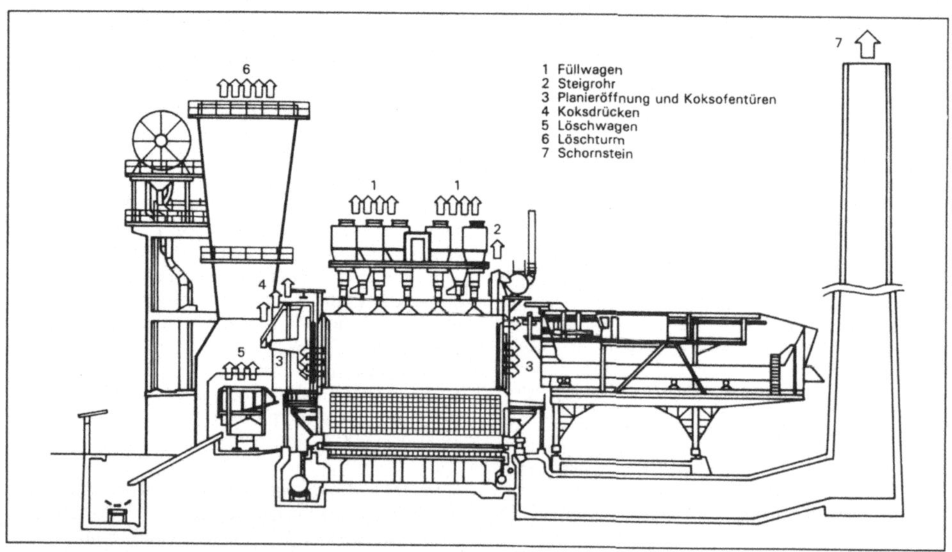

Kokerei 2: Emissionsstellen des Koksofenbetriebs.

gen genügt (Kokskohle). Bei der thermischen Zersetzung der Steinkohle (Pyrolyse) im Koksofen fällt Koksofengas an. Die Garungsdauer des Kokses hängt von den Dimensionen des Koksofens ab und beträgt bei mittlerer Kammerbreite etwa 16 Std. Der ausgegarte Koks wird mit der Druckmaschine aus dem Koksofen gedrückt und unter einem Löschturm zunächst mit Wasser gekühlt, dann zum Ausdampfen gelagert und schließlich in einzelne Kokssorten klassiert. Für neue K. ist statt der Naßlöschung die Kokstrockenkühlung vorgesehen. Dieses Verfahren ist geeignet, Wärme zurückzugewinnen und die Emissionen zu senken. Die

→ Luftverunreinigungen, die von Koksöfen und dem gesamten Kokereibetrieb ausgehen können, zeigt Bild 1. Die Emissionsquellen des Koksofens ergeben sich aus Bild 2. Problematisch sind die gas- und dampfförmigen → organischen Verbindungen, bei denen es sich an den gezeigten Emissionsquellen im wesentlichen um polyzyklische aromatische → Kohlenwasserstoffe (PAH), insbesondere → Benzo(a)pyren und ähnliche Schwelgasprodukte handelt. Im Hinblick auf cancerogene Wirkung dieser Stoffe müssen die Emissionen so gering wie möglich gehalten werden. Dazu dienen insbesondere folgende Vorrichtungen und Maßnahmen:
- Verbesserung der Abdichtung von Ofentüren und Füllöchern
- Begrenzung der Anzahl von Zwischenlagerbehältern von Kokereiprodukten
- Gaspendelsysteme
- Lagerung und Handhabung von Kokereiprodukten unter Abschluß der Außenluft
- Geschlossene Füllsysteme
- Füllgasabsaugung
- Haubensysteme zum Einfangen und Absaugen von Emissionen.

Das Abwasser von K. enthält eine Reihe problematischer Inhaltsstoffe wie Phenole, Cyanide, Ammonium- und Schwefelverbindungen, die vor Einleitung in die Vorflut mit biologischer Behandlung, durch Extraktions- oder → Absorptionsverfahren oder durch Abwasserverbrennung entfernt werden müssen. *Weber*

Kokstrockenkühlung ⟨*coke dry quenching*⟩. Die trockene Kokskühlung ist ein modernes Verfahren der Kokereitechnologie, bei dem, im Gegensatz zum konventionellen Naßlöschverfahren, die fühlbare Wärme des Kokses zurückgewonnen und die Umweltbelastung durch Senken der Staub- und Gasemissionen reduziert wird. Die K. besteht im wesentlichen aus einem Kühlschacht, einem Abhitzekessel und Entstaubungseinrichtungen (Bild). Die erste K. in Deutschland wurde 1983 als Demonstrationsanlage auf der Kokerei Hansa in Betrieb genommen. Eine weitere Produktionsanlage mit zwei Einheiten befindet sich auf der Kokerei August Thyssen. Die bisher größte Anlage mit einer Kapazität von 250 t/h wurde 1992 beim Neubau der Kokerei Kaiserstuhl III realisiert. *Schabronath*

Kombikraftwerk ⟨*combined cycle power station*⟩. Im K. werden durch Kombination eines Gasturbinen- und eines Dampfturbinen-Prozesses (zu einem GuD-Prozeß) fossile Brennstoffe mit hohem Wirkungsgrad und bei geringen luftverunreinigenden Emissionen zur Stromerzeugung genutzt.

Bei konventionellen Kraftwerken auf der Grundlage des Dampfturbinen-Prozesses beträgt die den Wirkungsgrad bestimmende, nutzbare Temperaturdifferenz zwischen Dampfturbinen-Eintritts- und Kühlwasser-Temperatur etwa 500 K. Mit der Gasturbine wird eine wesentlich höhere Prozeßeintrittstemperatur und nutzbare Temperaturdifferenz (von über 1 000 K) ermöglicht. Gegenwärtig werden – begrenzt aus Materialgründen – maximale Gasturbinen-Eintrittstemperaturen von etwa 1 150 °C erreicht, Steigerungen sind absehbar.

Für die Kombination von Gas- und Dampfturbine in einem GuD-Prozeß eines Kraftwerkes gibt es vier grundsätzliche Möglichkeiten:

❐ K. mit Erdgas-/Heizöl-befeuerter Gasturbine und ungefeuertem Abhitzedampferzeuger (auch GuD-

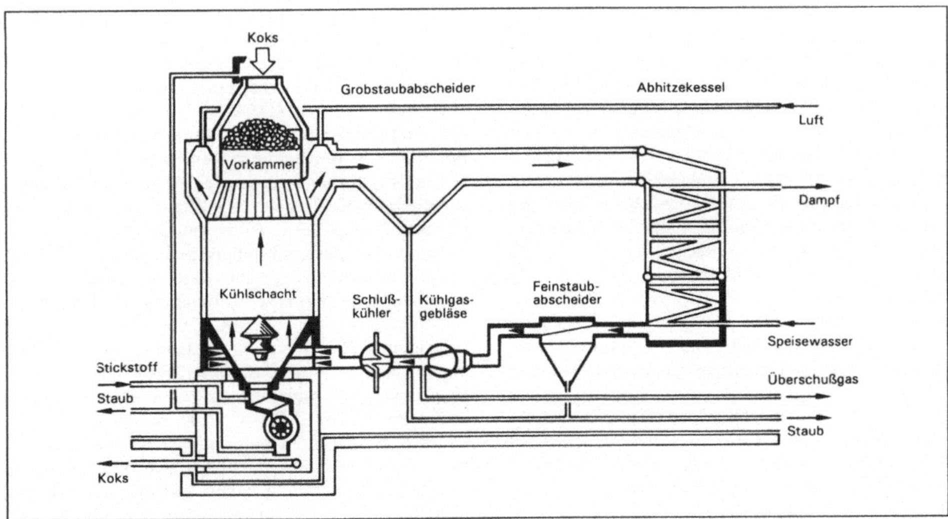

Kokstrockenkühlung: Verfahrensschema einer Anlage zur K.

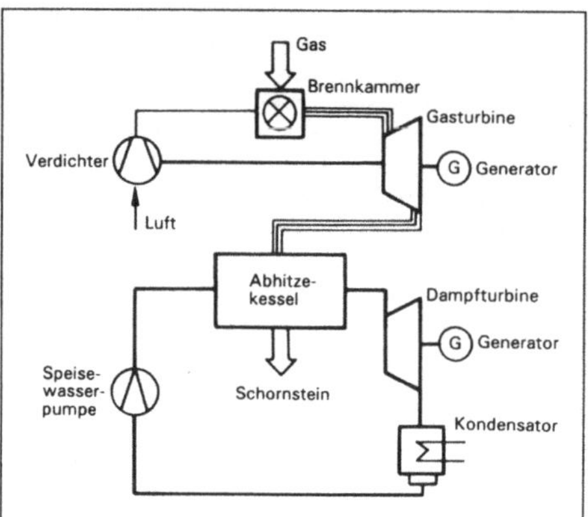

Kombikraftwerk: K. mit Erdgas-/Heizöl-befeuerter Gasturbine und ungefeuertem Abhitze-Dampferzeuger (GUD-Kraftwerk).

Kraftwerk) (Bild): Der Verdichter der → Gasturbinenanlage komprimiert und fördert die Verbrennungsluft in die Brennkammern. Der Brennstoff Erdgas oder leichtes Heizöl wird in den Brennkammern mit der komprimierten Luft verbrannt. Das heiße, stark komprimierte Abgas treibt die Gasturbine an und wird entspannt. Die Gasturbinenleistung dient zum Antrieb sowohl des Generators als auch des Luft-Verdichters. Im Abhitzedampferzeuger wird dem entspannten, aber noch bis etwa 600 °C heißem Abgas Wärme entzogen und Wasserdampf unter hohem Druck erzeugt. Dieser Dampf treibt eine konventionelle Dampfturbine mit Generator zur Stromerzeugung an. Das übliche Leistungsverhältnis zwischen der Gasturbine und der Dampfturbine liegt bei etwa 2 : 1. Bei Einsatz von Erdgas werden in gegenwärtig bestehenden K. dieser Art elektrische Netto-Wirkungsgrade von 52% erreicht, für projektierte Anlagen werden bis 55% als Wirkungsgrad angegeben. Auf Grund des hohen Wirkungsgrades und der geringen spezifischen Emissionen von → Kohlendioxid aus der Verbrennung von Erdgas haben erdgasgefeuerte K. im Vergleich zu konventionellen Steinkohle-Dampfkraftwerken (mit Wirkungsgraden von 42%, wobei Anlagen zur → Abgasreinigung enthalten sind), erheblich geringere (um etwa 55%) CO_2-Emissionen.

❐ K. mit integrierter Kohlevergasung: Diese K. entsprechen im Aufbau grundsätzlich den zuerst genannten, wobei anstelle von Erdgas gereinigtes Brenngas aus einer Kohlevergasungsanlage eingesetzt wird. Neben dem noch heißen Abgas nach der Gasturbine wird auch die Rohgaswärme aus der Kohlevergasung (bei Temperaturen über 1 000 °C) zur Dampferzeugung für den Dampfturbinen-Prozeß genutzt. Gegenwärtig können mit diesen K. in Pilotanlagen elektrische Netto-Wirkungsgrade um 46% erreicht werden.

K. mit integrierter Kohlevergasung erfüllen folgende Umweltschutzziele bei der Kohleverstromung:

– hoher Wirkungsgrad, damit geringe CO_2-Emissionen und Ressourcenschonung;
– geringe Emissionen von luftverunreinigenden Stoffen sowie Behandlung von kleinen Gasvolumenströmen bei der Brenngasreinigung;
– mögliche Verwertung von Reststoffen der Kohlevergasung (glasartig);
– Einsatz unterschiedlicher Kohlequalitäten möglich.

Demonstrations-K. mit integrierter Steinkohlevergasung sind z. B. in den USA (Plaquemine und Daggett-Cool Water Project mit 100 MWel seit 1984), in Schottland (Westfield) und Indien (Trichy mit 6 MWel) in Betrieb. Für das geplante Demonstrations-K. mit integrierter Braunkohlevergasung, KoBra, am Standort Goldenberg/Köln ist die Inbetriebnahme Ende der 90er Jahre vorgesehen (320 MWel, Wirkungsgrad von 46%).

❐ K. mit Erdgas-/Heizöl-befeuerter Gasturbine und fossil (z. B. Kohle) befeuertem Dampferzeuger: Hierbei kann die Verbindung des Gasturbinen-Prozesses mit dem Dampfturbinen-Prozeß entweder abgasseitig oder dampfseitig erfolgen. Bei der abgasseitigen Verknüpfung (auch bezeichnet als Kombi-Block) dient das entspannte noch heiße Abgas der Gasturbine (mit einem O_2-Gehalt von etwa 15%) als Verbrennungsluft für den Kohle-Dampferzeuger, der eine Dampfturbine antreibt. Bei der dampfseitigen Verknüpfung (auch bezeichnet als Verbund-Block) wird Dampf aus dem Abhitzedampferzeuger nach der Gasturbine (entspricht GuD-K.) über verschieden mögliche Verbundschaltungen in den Dampfturbinen-Prozeß nach einem konventionellen Kohle-Dampferzeuger eingespeist. Diese Vorschaltung einer Gasturbine (auch als Topping bezeichnet) kann auch an bestehenden konventionellen Kohle-Kraftwerken zur Steigerung des Wirkungsgrades angewendet werden. Der elektrische Netto-Wirkungsgrad dieser Schaltung nimmt stark mit dem Leistungsanteil der Gasturbine zu. Er liegt bei dem üblichen Leistungsverhältnis zwischen Gasturbine und Dampfturbine von etwa 1 : 4 und bei Einsatz von Steinkohle bei etwa 46%.

❐ K. mit druckaufgeladener Kohle-Feuerungsanlage: Bei diesem K. treiben die heißen, unter Druck stehenden und weitgehend gereinigten Abgase einer druckaufgeladenen Kohle-Feuerungsanlage eine Gasturbine. Druckaufgeladene → Feuerungsanlagen können relativ klein und kompakt, mit relativ geringen spezifischen Investitionskosten ausgeführt werden. Bei der druckaufgeladenen → Wirbelschichtfeuerung wird die Wirbelbettemperatur bei etwa 900 °C gehalten. Dies ergibt zwar geringe NO_x-Emissionen, begrenzt aber die Eintrittstemperatur in die Gasturbine und damit den Wirkungsgrad des Kombikraftwerks auf Werte von gegenwärtig etwa 43%. Z. B. ist ein K. mit Druckwirbelschichtfeuerung (Steinkohle) in Värtan/Schweden seit 1990 in Betrieb und erreicht bei zwei Druckwirbelschichtfeuerungen und zwei Gasturbinen mit je 17 MWel sowie einer Dampfturbine mit 135 MWel einen Wirkungsgrad von etwa 43%. Weitere Anlagen

Kombikraftwerk. Tabelle: Einsatzstoffe, Emissionen und Reststoffe bei K. der 600 MWel-Klasse im Vergleich (nach Müller u. Emsperger mit einheitlichem Bezug: Steinkohle mit unterem Heizwert von 25 MJ/kg, C-Gehalt von 66%, Aschegehalt von 10%, Schwefelgehalt von 1,2%; Erdgas mit Heizwert von 50 MJ/kg).

Art des Kraftwerks (KW)	Wirkungsgrad (%)	Einsatzstoffe (g/kWh)			Emissionen (g/kWh)			Reststoffe (g/kWh)	Abwärme des Kühlwassers (MJ/kWh)
		Kohle	Erdgas	Kalkstein	CO_2	SO_2	NO_2		
konv. Steinkohle-Dampf-KW mit REA und DENOX (SCR)	42	340		13	830	0,60	0,60	Asche 34 Gips 20	4,3
Kombi-KW mit Druck-Wirbelschichtfeuerung	43	335		25	810	0,59	0,59	Asche/Gips Kalk/Gemisch 62	3,6
Kombi-KW mit Erdgas-Gasturbine und Steinkohle-Dampferzeuger	46	220	47	8	660	0,38	0,27	Asche 22 Gips 13	3,4
Kombi-KW mit integrierter Steinkohlevergasung	46	310			760	0,15	0,30	Schlacke 31 Schwefel 4	3,2
Kombi-KW mit Erdgas-Gasturbine (GUD-KW)	52		140		380	–	0,35	–	2,6

mit gleichen Druckwirbelschichtmodulen sind seit 1990 in Escatron/Spanien (Braunkohle) und in Tidd/USA (Steinkohle) in Betrieb. Hauptproblem ist die hierbei notwendige Heißgasreinigung auf Gasturbinen-Erfordernisse. Das gilt insbesondere für die sich erst in der Entwicklung befindlichen K. mit Druckkohlenstaubfeuerung.

In der Tabelle sind für die Arten der K. die Einsatzstoffe, die Emissionen von Luftschadstoffen und die Reststoffe, jeweils pro erzeugter Kilowattstunde Strom, zusammenfassend aufgeführt. *Kaschenz*

Literatur: *Keppel, W.; H. Kotschenreuther*: Kombinierte Gas-Dampfturbinen-Kraftwerke schonen die Umwelt, Energiewirtschaftliche Tagesfragen **40** (1990) S. 340–344. – *Lovis, J.; B. Rukes; E. Wittchow*: Kraftwerkskonzepte mit Gasturbinen. Energie **43** (1991) S. 26–32. – *Müller, R.; W. Emsperger*: Kombiprozesse und ihr Beitrag zum Umweltschutz, Energiewirtschaftliche Tagesfragen **40** (1990) S. 334–338. – *Pruschek, R.; U. Renz; E. Weber*: Kohlekraftwerk der Zukunft. Studie im Auftrag des Ministers für Wirtschaft, Mittelstand und Technologie des Landes Nordrhein-Westfalen. Düsseldorf 1990. – *Weinzierl, K.*: Perspektiven neuer Kohlekraftwerkstechniken. VDI-Bericht 941. Düsseldorf 1992.

Kompensationsregelung ⟨*compensation arrangement*⟩. K. im Sinne des Umweltrechts ist eine Vorschrift, die ein Zurückbleiben hinter bestimmten Umweltanforderungen zuläßt, wenn an anderer Stelle überobligatorische Entlastungen der Umwelt vorgenommen werden. Das Immissionsschutzrecht enthält an verschiedenen Stellen K. Das BImSchG (§ 7 Abs. 3) ermächtigt die Bundesregierung, in Rechtsverordnungen vorzusehen, daß bei bestehenden Anlagen von den allgemeinen Anforderungen zur Vorsorge gegen schädliche Umwelteinwirkungen abgewichen werden darf, wenn durch technische Maßnahmen (nicht: durch Betriebsstillegungen!) an anderen Anlagen insgesamt eine weitergehende Minderung von Emissionen derselben oder in ihrer Wirkung auf die Umwelt vergleichbaren Stoffen erreicht wird als bei Beachtung der allgemeinen Anforderungen und wenn hierdurch der Schutzzweck oder der Vorsorgezweck des Immissionsschutzrechts gefördert wird. Unter denselben Voraussetzungen können auch in Verwaltungsvorschriften nach § 48 des BImSchG K. getroffen werden. Dementsprechend sieht Nr. 4.2.10 TA Luft vor, daß die

Behörde im Hinblick auf betriebsbereit erstellte Anlagen von den allgemeinen Sanierungsanforderungen abweichen soll, wenn in einem Sanierungsplan technische Ausgleichsmaßnahmen an einer Altanlage oder an mehreren Altanlagen desselben Betreibers oder eines Dritten vorgesehen sind, die zu einer weitergehenden Verringerung der Emissionsfrachten im jeweiligen Kalenderjahr führen als die Summe der Minderungen, die durch Erlaß nachträglicher Anordnungen bei den beteiligten Anlagen erreichbar wäre. Zusätzlich wird die Vergleichbarkeit der in die Kompensation einbezogenen Stoffe und ein räumlicher Zusammenhang zwischen den betroffenen Emissionsquellen verlangt; das Zurückbleiben einzelner Anlagen hinter dem Stand der Technik wird nur für einen begrenzten Zeitraum gestattet.

Weitergehende Kompensationsmöglichkeiten ergeben sich aus § 17 Abs. 3a des BImSchG. Danach können auch nicht betriebsbereite, aber bereits genehmigte Anlagen im Rahmen der Ermessensausübung vor dem Erlaß nachträglicher Anordnungen in eine Kompensation einbezogen werden. Ein bestimmter räumlicher und zeitlicher Bezug zwischen den zugelassenen Emissionen und den Verbesserungen wird nicht ausdrücklich verlangt. Allerdings muß durch die Kompensation insgesamt der Gesetzeszweck (Schutz und Vorsorge) gefördert werden.

Die praktische Bedeutung der K. ist relativ gering. Das liegt einmal daran, daß mit ihr in der Regel nur ein zeitlicher Aufschub der allgemein geforderten Emissionsminderungsmaßnahmen erreicht werden kann. Zum anderen ist mit Beschwerden aus der Nachbarschaft von Anlagen zu rechnen, wenn diese nicht dem Stand der Technik angepaßt werden. Am ehesten kommen K. bei verschiedenen Emissionsquellen derselben Anlage in Betracht. *Hansmann*

Kompostwerk *⟨composting plant⟩*. Die Kompostierung dient der Umwandlung von organischen Reststoffen in pflanzenverträgliche Mittel zur Bodenverbesserung. Hierbei wird das zu kompostierende Gut durch Mikroorganismen im aeroben Milieu zersetzt. In der Bundesrepublik Deutschland verarbeiten etwa 20 K. Hausabfall oder Klärschlamm allein oder im Gemisch zu Kompost. Zunehmend werden auch Bioabfälle aus der getrennten Sammlung sowie Pflanzenabfälle kompostiert.

Zwei Verfahrensvarianten finden Anwendung: die offene (statische) Kompostierung in Mieten und die geschlossene (dynamische) Kompostierung in Rottetrommeln oder Rottetürmen. Bei der ersten Variante befindet sich das Kompostiergut in ruhiger Mietenlagerung und wird bei Bedarf umgesetzt, bei der zweiten Variante wird das Gut ständig bewegt.

Insbesondere die offene Mietenkompostierung kann Geruchs- und → Staubemissionen verursachen. Gerüche lassen sich vermindern, wenn in den Mieten anaerobe Zonen vermieden werden, die Mieten zur Verhinderung von Geruchsbelästigungen der Nachbarschaft nur bei günstigen Windverhältnissen umgesetzt werden und wenn das Mietenabwasser sofort abgeleitet wird. Noch wirksamer ist zur Geruchsminderung die Absaugung der Mietenluft und ihre Reinigung in → Biofiltern oder → Biowäschern oder die Einhausung der Mieten mit Absaugung der Abluft und Abluftreinigung. Bei starkem Wind auftretende Staubverwehungen sind durch Befeuchten der Mieten zu vermeiden. Ebenso wie die Mietenabluft enthält die Abluft der Rottereaktoren geruchsintensive Stoffe. Sie werden entsprechend in Biofiltern oder -wäschern abgebaut.

K. sind ab einer Durchsatzleistung von mehr als 0,75 t/h genehmigungsbedürftig nach dem BImSchG; sie sind in Nr. 8.5 des Anhangs der → 4. BImSchV genannt. Emissionsbegrenzende Anforderungen enthält die → TA Luft; insbesondere die Regelungen zur Begrenzung der Staubemissionen (Nr. 3.1.3) und zur Begrenzung der Emissionen geruchsintensiver Stoffe (Nr. 3.1.9) sind von Bedeutung. *Wagenknecht*

Literatur: *Davids, P.; M. Lange*: Die TA Luft '86 – Technischer Kommentar. Düsseldorf 1986. – *Fricke, K.; Th. Turk; H. Vogtmann*: Grundlagen der Kompostierung. Berlin 1990.

Kondensationsverfahren *⟨condensation process⟩*. Ziel des K. bei der → Abgasreinigung ist es, durch Abkühlung von luftverunreinigenden Stoffen in Abgasen unter den Taupunkt einen Phasenübergang in den flüssigen Zustand und eine Abtrennung der flüssigen Phase zu erreichen. Bestimmt wird der Übergang in erster Linie von dem Kondensationspunkt des Dampf-/Gasgemisches. Das ist die Temperatur, bei der unter gegebenem Druck der Übergang vom dampfförmigen in den flüssigen Aggregatzustand erfolgt. Um einen möglichst hohen Reinigungseffekt zu erzielen, sollte die Kondensation unter Druck durchgeführt werden. Bei der Abkühlung eines organische Lösemittel enthaltenden Abgases fällt solange Kondensat an, bis die Sättigungskonzentration erreicht ist (Bild).

Typische Anwendungsbereiche des K. sind die Abscheidung von Tri- und Perchlorethylen bei Entfettungsanlagen, Methylenchloridabscheidung in der Folien herstellenden Industrie und die Schwefelkohlenstoffabscheidung bei der Viskoseherstellung.

In der Regel wird das K. nur zur Vorabscheidung und Rückgewinnung organischer Lösemittel eingesetzt. Voraussetzung für den wirtschaftlichen Betrieb des K. ist, daß relativ kleine Abluftmengen mit hohen Lösemittelkonzentrationen vorliegen und die Rückgewinnung vergleichsweise teurer Einsatzstoffe möglich ist. Verfahrenstechnisch bietet sich das K. an, wenn wasserlösliche Substanzen aus einem Abgas mit hohem Wasserdampfgehalt zu entfernen sind.

Bei den K. ist nach direkter und indirekter Abkühlung zu unterscheiden. Beim indirekten Abkühlen (Oberflächenkühlen) ist das Kühlmittel durch eine Metallwand von sich niederschlagendem Kondensat

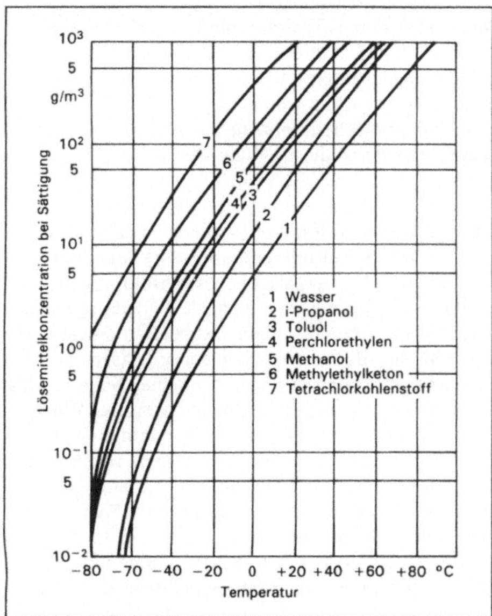

Kondensationsverfahren 1: Sättigungs-Konzentration von Lösemitteln.

getrennt, das kontinuierlich oder diskontinuierlich ausgeschleust werden kann. Übliche indirekte Kühler wie der Rohrbündelwärmetauscher weisen eine große Oberfläche auf.

Bei der direkten Kondensation oder Einspritz- bzw. Sprühkondensation tritt das Kühlmittel in direkten Kontakt mit dem Gas-/Dampfgemisch. Durch den effektiveren Wärmeaustausch werden bei gleicher Effizienz kleinere Kühlereinrichtungen benötigt. Als weitere Vorteile sind zu nennen:
- keine Verschmutzungen an den Kühlerflächen,
- verringerte Explosionsgefahr,
- hohe → Abscheidegrade.

Nachteilig bei der direkten Kühlung ist, daß das Kühlmittel und das Kondensat als Gemisch anfallen und zu behandeln sind (z. B. durch Destillation). Eine Ausnahme ergibt sich, wenn der abzuscheidende Stoff hydrophob ist. Er läßt sich dann leicht vom Kühlwasser abtrennen.

Das auch nach der Kondensation noch lösemittelhaltige Abgas wird zur Vermeidung von Emissionen und dadurch bedingter Lösemittelverluste im Kreislauf geführt. Um höhere Abscheideraten zu erzielen, ist der Einsatz einer mehrstufigen Kondensation notwendig. Ein Beispiel einer solchen Verfahrensweise zeigt Bild 2. Es handelt sich um die fraktionierte Abscheidung von Methylenchlorid, Isopropanol und Wasser. Die erste Stufe, die Vorkondensation, dient vor allem zur Vorkühlung der Prozeßabgase. Gleichzeitig werden hochsiedende Stoffe wie Wasser und Isopropanol zu einem großen Teil abgeschieden. Im zweiten Schritt der Hauptkondensation, wird mit Hilfe von Kältemaschinen das Abgas auf −30 °C abgekühlt und Methylenchlorid auskondensiert. Mit dem beschriebenen Verfahren läßt sich das Methylenchlorid bis unter die Nachweisgrenze abscheiden. Durch optimierte Betriebsführung kann der Energieverbrauch minimiert werden. Um Lösmittelgemische fraktioniert abzuscheiden, besteht darüber hinaus die Möglichkeit einer zweifachen, temperaturgesteuerten Vorkondensation bei verschiedenen Temperaturen. Der Einsatz derart aufwendiger Verfahren führt zu besonders reinen Produkten bei erhöhten Kosten.

Der Emissionswert der → TA-Luft in Nr. 3.1.7 für organische Stoffe der Klasse III von 150 mg/m³ ist mit Hilfe der K. allein nur in Einzelfällen zu erreichen. Im allgemeinen schließt sich an das K. ein weiteres Abgasreinigungsverfahren an, z. B. → Adsorptionsverfahren, thermische oder katalytische Nachverbrennung, in dem ein Teilstrom des Abgases vom Restlösemittel gereinigt und an die Atmosphäre abgegeben werden kann.

Remus

Literatur: *Baum, F.*: Luftreinhaltung in der Praxis. München 1988. – *Davids, P.; M. Lange*: Die TA Luft '86 – Technischer Kommentar. Düsseldorf 1986. – VDI 2280: Auswurfbegrenzung: Organische Verbindungen insbesondere Lösemittel. 8/1977. – VDI 2280 E: Emissionsminderung; Flüchtige organische Verbindungen, insbesondere Lösemittel. 3/1985.

Konzentrationsangabe ⟨*concentration, specification of*⟩. Im Bereich der Emissions- und Immissionsmeßtechnik werden Meßergebnisse in der Regel als Massenkonzentrationen angegeben, weil die einschlägigen Grenz- und Richtwerte entsprechend formuliert wurden. Die häufigsten K. sind:

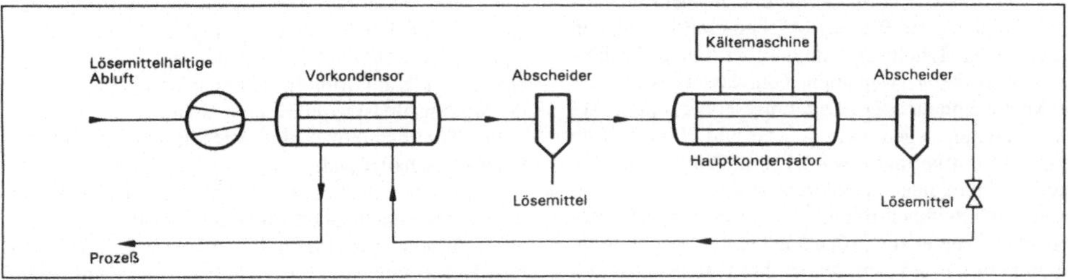

Kondensationsverfahren 2: Fraktionierte Lösemittel-Rückgewinnung durch Kondensation.

– mg/m^3 (Milligramm pro Kubikmeter) entsprechend 10^{-3} g/m^3
– $\mu g/m^3$ (Mikrogramm pro Kubikmeter) entsprechend 10^{-6} g/m^3
– ng/m^3 (Nanogramm pro Kubikmeter) entsprechend 10^{-9} g/m^3
– pg/m^3 (Picogramm pro Kubikmeter) entsprechend 10^{-12} g/m^3
– fg/m^3 (Femtogramm pro Kubikmeter) entsprechend 10^{-15} g/m^3

Bei der Angabe von Massenkonzentrationen ist die Angabe der Bezugsbedingungen (Druck, Temperatur) wichtig. Häufig werden die K. auf Normbedingungen bezogen.

Alternativ zur Angabe von Massenkonzentrationen werden oft auch Verdünnungsverhältnisse angegeben. Neben Daten in Volumenprozent sind dies vor allem → ppm, → ppb und → ppt. *Pfeffer*

Kraftstoffbeschaffenheit, -kennzeichnung ⟨*fuel characteristic/fuel marking*⟩ → 10. BImSchV

Krematorium ⟨*crematorium*⟩ → Einäscherungsanlage

Kühlturm ⟨*cooling tower*⟩. In einem thermischen Kraftwerk kann nur etwa grob 40% der mit dem Brennstoff zugeführten Primärenergie in Strom umgewandelt werden. Der überwiegende Teil wird als Wärme an die Umgebung abgegeben, soweit nicht Wärmenutzung stattfindet. Da gewöhnlich keine Gewässer zur Kühlung vorhanden sind, die die Abwärme ohne unzulässige Aufheizung des Vorfluters abführen können, wird sie meist über K. an die Atmosphäre abgegeben. In der Bundesrepublik werden dafür überwiegend Naturzug-Naß-K. mit Höhen zwischen 80 und 170 m eingesetzt. Ihre Abwärmeleistung liegt gewöhnlich zwischen 1000 und 2500 MW. Daneben gibt es Naturzug-Trockensowie Ventilator-K. Die Naturzug-Naß-K. haben den Nachteil, daß sie Wasser mit der aufgeheizten Kühlturmfahne an die Atmosphäre abgeben. Die Austrittsgeschwindigkeit der → Kühlturmschwaden aus der Kühlturmmündung liegt bei 2–3 m/s, ihre Austrittstemperatur bei 25 °C. Ein Teil des emittierten Wassers kondensiert und macht die Kühlturmfahne zur sichtbaren Schwadenfahne. Beim Betrieb eines Naturzug-Naß-K. werden erwärmte Luft, Wasserdampf sowie aus dem verrieselten Wasser mitgerissene und aus dem Wasserdampf kondensierte Wassertröpfchen emittiert. In den mitgerissenen Tröpfchen sind darüber hinaus die Beimengungen des verwendeten Kühlwassers wie Salze und Keime enthalten. Die Durchmesser der mitgerissenen Tröpfchen liegen zwischen 50 und 300 µm. Ihre Konzentration beträgt etwa 0,1 g/m^3. Ohne Tropfenfangeinrichtung liegt die Konzentration höher. Die kondensierten Tröpfchen treten im Vergleich zu den mitgerissenen in einer etwa 10fach höheren Konzentration, also mit etwa 1 g/m^3 auf, wobei ihre Durchmesser mit Werten zwischen 1 und 10 µm wesentlich kleiner sind. Die kondensierten Tröpfchen breiten sich infolgedessen wie ein Gas aus, während die mitgerissenen Tröpfchen in Richtung Erdboden sinken und auf Straßen, die in unmittelbarer Kühlturmnähe verlaufen, im Winter Glatteis verursachen können; bei K. mit Tropfenfangeinrichtungen ist diese Gefahr weniger groß.
Giebel

Kühlturmschwaden ⟨*cooling tower plume*⟩. Die im Bereich von K. auftretenden Auswirkungen auf die Umwelt bestehen hauptsächlich in geringfügigen Temperatur- und Feuchteänderungen, dem Niederschlag der mitgerissenen Tröpfchen im Nahbereich sowie einer Verminderung der Sonnenscheindauer durch den Schattenwurf der sichtbaren Schwadenfahne. Niederschlag am Boden tritt vor allem dann auf, wenn bei Windgeschwindigkeiten ab etwa 8 m/s aus dem Regenraum des Kühlturms Tröpfchen ausgetragen werden. Bei einer Luftfeuchte von mehr als 90% können ausfallende Tröpfchen noch bis in 1 km Entfernung vom Kühlturm den Erdboden erreichen. Meist ist der Niederschlag jedoch auf das Kraftwerksgelände beschränkt. Bei Temperaturen unterhalb des Gefrierpunkts kann der Niederschlag zur Eisbildung am Boden führen. Dies wird jedoch nur in der näheren Umgebung des Kühlturms beobachtet und auch nur in seltenen Fällen, weil hierfür eine Niederschlagsintensität von mehr als 0,025 mm/h zur Benetzung erforderlich ist.

Bei hoher Luftfeuchte und hoher Windgeschwindigkeit verbunden mit starker vertikaler Luftbewegung, wie sie beim Durchzug einer Wetterfront auftritt, können auch einzelne Schwadenfetzen in Bodennähe gelangen.

Die sichtbare Schwadenfahne ist umso länger, je kleiner das Sättigungsdefizit bzw. je größer die relative Luftfeuchte ist. Bei 40–50% Luftfeuchte wurden z. B. immer nur Schwadenstummel von 100–200 m Länge gefunden; bei 75–80% Feuchte kommen Schwaden bis 1 km Länge zustande; geht die relative Luftfeuchte jedoch über 90% hinaus, bilden sich sichtbare Schwadenfahnen von einigen km Länge.

Nach Messungen in der Umgebung eines Kühlturms wurde die größte Verminderung der Sonnenscheindauer in Höhe von 5–10% bis zu einer Entfernung von 1 km gefunden. Die tägliche Beschattungszeit betrug an einem Ortspunkt meist weniger als 15 Minuten und war selten größer als 2 Stunden. Insgesamt ist zu der Abschattung durch K. festzustellen, daß
– gerade an Schönwettertagen mit ansteigender Temperatur die Kühlturmfahne immer kleiner wird, weil der Verdunstungsprozeß rascher abläuft,
– die Kühlturmfahne eine verhältnismäßig kleine Fläche beschattet und
– die Beschattungsfläche sich im Laufe des Tages mit dem Sonnenstand ändert und damit der Beschattungseffekt für eine einzelne Stelle im Einwirkungsbereich des Kühlturms sich noch verringert (Kühltürme, Rauchgasableitung über Kühlturm). *Giebel*

Literatur: *Ernst, G., B. J. G. Leidinger* u. a.: Kühlturm und Rauchgas-Entschwefelungsanlage des Modellkraftwerkes Völklingen. VDI Fortschritt-Ber., Reihe 15, Nr. 45 (1984). – *Hanna, S. R.*: Rise and condensation of large cooling tower plumes. J. Appl. Meteorol. **11** (1972) 793–799. – VDI-Ber. 298, Wärmetechnische Grundlagen und Messungen, Kap. Schwadenausbreitung, insbes. *J. Frank*: Problematik der Beschattung durch Schwadenfahnen aus Naturzug-Naßkühltürmen. Düsseldorf 1977. – VDI-Richtlinie 3784, Bl. 1: Ausbreitung von Emissionen aus Naturzug-Naßkühltürmen, Beurteilung von Kühlturmauswirkungen, 6/1986. – VDI-Richtlinie 3784, Bl. 2: Ausbreitungsrechnung bei Ableitung von Rauchgasen über Kühltürme. 3/1990.

Kunststofferzeugung und -verarbeitung ⟨*plastic production and processing*⟩. Die K. verursacht aufgrund der Flüchtigkeit der eingesetzten Rohstoffe sowie der im Produkt enthaltenen Restmonomere, Hilfsstoffe und Zersetzungsprodukte luftverunreinigende Emissionen aus den Betriebsanlagen. Anlagen zur Herstellung von Kunststoffen sind in Nr. 4.1 der → 4. BImSchV genannt und nach dem BImSchG genehmigungsbedürftig. Hierzu gehören u. a. Anlagen zur Herstellung von Polyolefinen (Polyethylen und Polypropylen), Polyvinylchlorid und Polyacrylnitril sowie Anlagen zur Herstellung von Polyurethan-Schaumstoffen.

Bei der Herstellung von Polyurethan-Schaumstoffen sind neben den üblichen Emissionen von Monomeren, Hilfsstoffen usw. besonders die möglichen Emissionen von Treibmitteln zu beachten (→ Fluorchlorkohlenwasserstoffe, → FCKW-freie Produkte und Verfahren). Bei dem Betrieb von Anlagen zur K. sind hohe Anforderungen an die Sicherheit, den Immissionsschutz und den Arbeitsschutz zu stellen, weil die Monomeren teilweise brennbare Gase, krebsverdächtige bzw. krebserzeugende Stoffe oder Stoffe mit anderen schädigenden Eigenschaften sind. Die Polymerisation sowie die anschließende Intensiventgasung werden in geschlossenen Systemen durchgeführt. Mit der Intensiventgasung wird ein monomerenarmes Rohprodukt angestrebt, um Monomerenemissionen bei der Weiterverarbeitung und aus dem Fertigprodukt weitgehend zu reduzieren. Dies gilt besonders für die krebserregenden Monomere Vinylchlorid und Acrylnitril.

Bei der Herstellung von Polyvinylchlorid (PVC) werden die Abgase der Polymerisation und der Intensiventgasung einer Vinylchlorid-Rückgewinnungsanlage zugeführt. Die Abgase dieser Rückgewinnungsanlage können z. B. durch → thermische Nachverbrennung gereinigt werden. Der im PVC verbliebene Restmonomerengehalt wird bei der Aufarbeitung freigesetzt und gelangt in die Atmosphäre. Daher begrenzt die → TA Luft den Restgehalt an Vinylchlorid je nach PVC-Art auf 10 mg/kg bis 1,5 g/kg. Bei über 80% des in der Bundesrepublik Deutschland hergestellten PVC's liegt der Monomerenanteil unter 1 mg/kg nach der Intensiventgasung.

Anlagen zur K., z. B. durch Extrusion, Tiefziehen, Blasformen und Kalandrieren, sind nicht genehmigungsbedürftig. Je nach Verarbeitungsbedingungen können bei der K. besonders in Anlagennähe Geruchsbelästigungen durch Hilfsstoffe und Zersetzungsprodukte auftreten. Zu den genehmigungsbedürftigen K.-Anlagen gehören Anlagen zur Verarbeitung von bestimmten ungesättigten Polyesterharzen und Epoxidharzen sowie Anlagen zur Herstellung bahnförmiger Materialien unter Verwendung von Weichmachern. Bei der Verarbeitung ungesättigter Polyesterharze zu Glasfaserkunststoffen sind besonders die geruchsbelästigenden Styrolemissionen zu beachten; bei der Weich-PVC-Herstellung müssen die Abgase von Weichmachern und geruchsintensiven Zersetzungsprodukten gereinigt werden. *Plehn*

Literatur: *Davids, P.; M. Lange*: Die TA Luft '86 – Technischer Kommentar. Düsseldorf 1986.

Kupfergewinnung und -verarbeitung ⟨*copper extraction a. processing*⟩. Bei der K. aus Primärrohstoffen werden überwiegend Erze und Konzentrate eingesetzt, daneben aber auch verstärkt (bis ca. 50%) Recyclingstoffe (wie z. B. Blech-, Rohr- und Drahtschrott, Messingschrott) verwendet.

Die sulfidischen Erze werden hauptsächlich nach dem Prinzip des Schwebeschmelzverfahrens aufbereitet. Das Produkt ist Kupferstein (Kupferanteil 49%). Die SO_2-haltigen → Abgase werden erfaßt und in einer Doppelkontaktanlage in Schwefelsäure umgewandelt.

Die für oxidische Vorstoffe eingesetzten Schachtöfen erzeugen ebenfalls Kupferstein. Dieser wird in Konvertern zu Rohkupfer verblasen. Über die Stufen Anodenofen bzw. Anodenschachtofen, Pol- und Gießofen gelangt aus beiden Herstellungswegen das Anodenkupfer in die Kupferelektrolyse. Aus dem daraus gewonnenen Reinstkupfer entstehen die Produkte Kupferstranggußformate, Kupferdraht und Kupferpulver.

Neben den reinen Kupferprodukten werden Mischprodukte, abgetrennte Produkte, z. B. Baustoffe aus Schlacke, erzeugt.

Bei der K. aus Sekundärrohstoffen werden überwiegend Rohr-, Blech- und Drahtschrott, Rotguß, Messingschrott, Galvanikschlämme, Filterstäube und Produktionsrückläufe (z. B. Schlacken, Krätzen) einschließlich Elektronikschrott eingesetzt.

Die oxidischen Einsatzstoffe werden in Schachtöfen zu Schwarzkupfer verschmolzen und anschließend in Konvertern zusammen mit Legierungsschrott zu Rohkupfer verblasen. Die Raffination zu Elektrolytkupfer erfolgt in vergleichbaren Stufen wie im Primärprozeß (z. B. über Anodenöfen). Die komplexe Verfahrensweise einer großen Sekundär-Kupferhütte ist im Bild dargestellt.

Emissionsrelevant sind insbesondere folgende Prozeßschritte:

– Schwebeschmelzofen, Schachtofen
– Konverter, Trommelöfen, Anodenöfen, Pol- und Gießöfen, Elektrolyse einschließlich der Lagerung, Transport, Umschlag und Zerkleinerung.

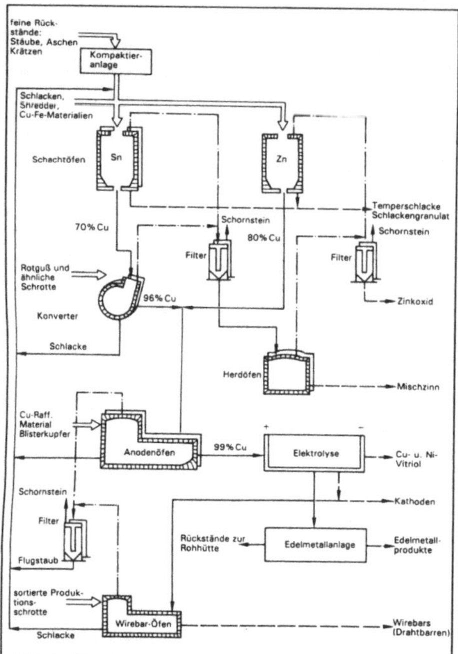

Kupfergewinnung und -verarbeitung: K. aus Sekundärrohstoffen.

Linienart	
═══════	Vorstoffe
- - - - - - -	Verkaufsprodukte
───────	Zwischenprodukte
—·—·—·—	staubbeladenes Rohgas

Als luftverunreinigende Emissionen sind vor allem folgende Stoffe von Bedeutung: Kupfer, Blei, Zink, Arsen, Antimon, Cadmium, Nickel, Zinn, Kobalt und Quecksilber.

Zu den gasförmigen Emissionen gehören insbesondere Arsen und Quecksilber sowie Schwefeldioxide. Bei Einsatz von stark verunreinigten Schrotten und entsprechenden Recyclingstoffen können Chlor- und Fluorverbindungen sowie organische Kohlenstoffverbindungen auftreten.

Zur Emissionsminderung werden als Primärmaßnahmen angewandt: Vorsortierung der Einsatzstoffe, Einsatz von emissionsarmen Brennstoffen, Verwendung von reinem Sauerstoff anstelle von Luft bei der Verbrennung, Einhausung von Prozeßanlagen, Umstellung auf Elektroöfen, totale Verfahrensänderung und Umstellen Produktion auf den Rotationskonverter, Prozeßsteuerung durch Einsatz von Computersteuerung beim Chargieren (Gewichtssteuerung, Dosierung) und Optimierung der Prozeßtemperatur (Vermeidung von Materialverlusten, Materialschonung).

Die Abgaserfassung kann z. B. durch computergesteuerte Klappen und Ventilatoren im Abgasweg dem Chargenverlauf und der Rohgasstaubbeladung angepaßt werden. Durch Einsatz von Gewebefiltern sind niedrige Reingasstaubgehalte zu erzielen. Durch Zugabe von Sorbenzien, z. B. Feinkalk, läßt sich die Abscheidewirkung von Gewebefiltern für Stäube weiter erhöhen, und es werden zusätzlich gasförmige luftverunreinigende Stoffe, z. B. Chlor- und Fluorverbindungen, mit abgeschieden. Abgeschiedene Stäube sind in geschlossenen Systemen zu transportieren, umzuschlagen, zu lagern und weitgehend einer Wiederverwertung zuzuführen. Schlacken werden möglichst verwertet, z. B. als Straßenbaustoffe. Die in der Reinigung von SO_2-haltigen Abgasen gewonnene Schwefelsäure wird meist im eigenen Betrieb wieder verwendet.

Emissionsbegrenzung: Anlagen zum Rösten und Sintern von Nichteisenmetallen, Anlagen zum Gewinnen von Nichteisenrohmetallen, Schmelzanlagen für Nichteisenmetalle, Gießereien für Nichteisenmetalle sind genehmigungspflichtig nach BImSchG (Nrn. 3.1, 3.2, 3.4 und 3.8 des Anhangs zur → 4. BImSchV). Dazu gehören auch Anlagen zur K. Besondere emissionsbegrenzende Anforderungen sind in den Nrn. 3.3.3.2.2, 3.3.3.4.2 und 3.3.3.8.1 der → TA Luft festgelegt. Wichtige allgemeine Regelungen in Nr. 3.1.4 betreffen die Staubbegrenzung für eine Reihe von Schwermetallen.

Leder

Literatur: *Davids, P. und M. Lange*: Die TA Luft '86 – Technischer Kommentar. Düsseldorf 1986. – Emissionsminderung schwermetallhaltiger Stäube an einer Erzkonzentrat-Löschanlage durch nachträgliche Kapselung und Bau einer Filteranlage. Altanlagenvorhaben Nr. 1081 des Umweltbundesamtes (1987). – *Landau, M.; H. Trawlsen*: Die neue Kupferelektrolyse der Norddeutschen Affinerie. Erzmetall **43** (1990) Nr. 9, S. 357–361. – Verminderung schwermetallhaltiger Staubemissionen durch Einhausen eines Thomasofens und Abgasreinigung durch Gewebefilter. Altanlagenvorhaben Nr. 1102 des Umweltbundesamtes (1987).

Kupolofen ⟨*cupola furnace*⟩. Der K. ist ein Schachtofen und das am häufigsten eingesetzte Schmelzaggregat in Eisen-, Temper- und Stahlgießereien. An der Gicht wird mit Stahl-, Gußschrott oder Roheisen sowie Koks und Zuschlagstoffen beschickt. Das flüssige Gußeisen wird unten abgestochen. Grundsätzlich werden zwei Arten von K. unterschieden: der Kaltwind-K. mit einer Schmelzleistung bis 8 t/h und mit Obergichtabsaugung sowie der Heißwind-K. mit einer Schmelzleistung über 8–70 t/h und Untergichtabsaugung. Der Heißwind-K. wird mit auf 500–600 °C vorgewärmter Luft betrieben. Beim K.-Prozeß entstehen folgende luftverunreinigende Stoffe: Staub mit teilweise krebserzeugenden und toxischen Schwermetallen, Schwefeldioxid, Stickstoffoxide, gasförmige → organische Stoffe, → Kohlenmonoxid und → Kohlendioxid.

Der Abgasvolumenstrom bei Kaltwind-K. beträgt ca. 3000 m^3/t Flüssigeisen, bei Heißwind-K. liegt er zwischen 1200–1500 m^3/t. Die Rohgasstaubgehalte betragen 10 bis 20 g/m^3. Mit Gewebefiltern (Bild 1) können Reststaubgehalte von unter 20 mg/m^3 eingehalten werden. In Bild 2 ist das Fließbild eines Heißwind-K. mit

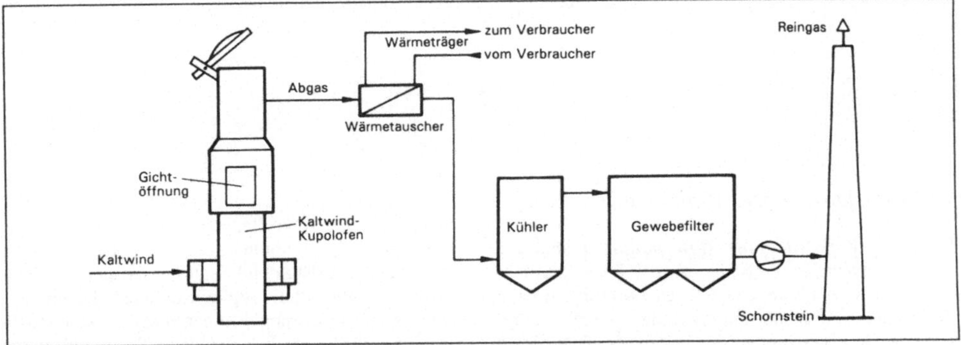

Kupolofen 1: Kaltwind-K. mit Gewebefilter Entstaubung und Abgaswärmenutzung.

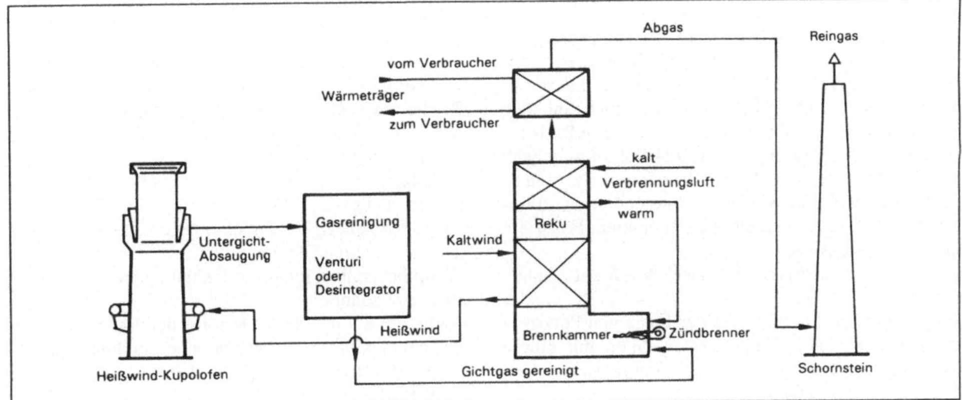

Kupolofen 2: Heißwind-K. mit eigenbeheiztem Rekuperator und Abgaswärmenutzung im Reingas (Untergicht-Absaugung).

Wäscher als Gichtgasreinigungseinrichtung, eigenbeheiztem Rekuperator und Abgaswärmenutzung wiedergegeben. Mit Naßreinigungssystemen lassen sich Reststaubgehalte von unter 50 mg/m^3 einhalten. Die hierbei anfallenden Schlämme werden (noch) deponiert.

Durch den Einsatz von Gewebefiltern und eine sehr weitgehende → Abwärmenutzung (Heißwind von 600 °C und Dampferzeugung zum Betrieb einer Turbine für Strom und Preßluft) läßt sich bei K.-Anlagen ein thermischer Wirkungsgrad von 75% erreichen. Der im Gewebefilter abgeschiedene Staub kann in den K. zurückgeführt werden. Dabei reichert sich Zink im Staub an. Ist ein Zinkgehalt von über 30% erreicht, wird der Staub ausgeschleust und einer NE-Metallhütte zur Verwertung zugeführt. Diese Staubrückführung ist auch bei Kaltwind-K. mit Gewebefiltern möglich. Die beim K. anfallende Schlacke wird für den Straßen- und Wegebau verwendet.

K. sind genehmigungsbedürftig nach dem BImSchG (Nr. 3.3 des Anhangs zur → 4. BImSchV). Emissionsbegrenzende Anforderungen enthält die → TA Luft; von besonderer Bedeutung sind die Regelungen zur Begrenzung der Emissionen an krebserzeugenden oder toxischen Schwermetalle,7n (Nrn. 2.3 und 3.1.4), diffuser Staubemissionen (Nr. 3.1.5) und von staub- und gasförmigen Emissionen (Nrn. 3.3.3.3.1, 3.1.6 und 3.1.7). *Batz*

Literatur: *Batz, R.*: Stand der Technik bei der Emissionsminderung in Eisen-, Stahl- und Tempergießereien. Gießerei **73** (1986) Nr. 3, S. 55–61. – *Davids, P.; M. Lange*: Die TA Luft '86 – Technischer Kommentar. Düsseldorf 1986. – *Freunscht, E.; A. Rudolf*: Konzeption einer modernen Heißwind-Kupolofenanlage. Gießerei **76** (1989) Nr. 10/11, S. 328–335.

Kurbelgehäuseentlüftung ⟨*crankcase ventilation*⟩. In früheren Jahren wurden die Kurbelgehäusegase aus Kfz-Verbrennungsmotoren (Blow-by) unbehandelt in die Atmosphäre geleitet (offene K.). Da diese Gase im Verhältnis zu dem Abgas des Motors ein Vielfaches an Kohlenwasserstoff-Konzentrationen enthalten, sind heute Kontrollsysteme vorgeschrieben, die diese Gase dem Ansaugsystem des Motors und damit dem Brennraum zuführen (geschlossene K.). *Kind/May*

L

Lachgas ⟨*nitrous oxide*⟩ → Distickstoffmonoxid

Lacke, schadstoffarme ⟨*low pollutant coatings (paints & varnishes)*⟩. Als s. L. werden Lacke bezeichnet, deren Gehalte an organischen Lösemitteln nach dem Stand der Technik minimiert, die weitgehend frei von → gefährlichen Stoffen sind und die der DIN 55 945 entsprechen. Die Anforderungen sind in der Vergabegrundlage für das Umweltzeichen RAL-UZ 12a S. L. festgelegt.

S. L. bilden auf der Oberfläche der zu schützenden und ggf. farblich zu gestaltenden Materialien (z. B. Holz, Metall, Kunststoff oder mineralische Untergründe) nach dem Auftrocknen eine zusammenhängende Schicht, die als Lackfilm bezeichnet wird. Die Basis für die Beschichtung ist ein organisches Polymer. Je nach Art des Polymers (Bindemittel) können s. L. organische Lösemittel und Wasser enthalten oder auch lösemittelfrei sein; ggf. enthalten sie Pigmente, Füllstoffe und sonstige Zusätze.

Grundsätzlich lassen sich zwei Arten s. L. unterscheiden:
– Wasserhaltige Produkte auf der Basis von Polymerdispersionen und Alkydharzemulsionen mit einem maximalen Gehalt an flüchtigen → organischen Verbindungen von 10 Gew.-%.
– Festkörperreiche Produkte (High-Solid-Lacke) auf Alkydharz- oder Acrylatbasis mit einer Begrenzung des Gehalts an flüchtigen organischen Verbindungen auf maximal 15 Gew.-% im Lack.

S. L. werden hauptsächlich im Bautenbereich eingesetzt, z. B. als
– Universallacke für innen und außen,
– Speziallacke für Fenster, Heizkörper, Fußböden und Wände,
– Lasuren für Innen- und Außenanstriche von Holz,
– Klarlacke für Holz (Möbel, Paneele und Parkett).

Bei jeder genannten Variante ist im Vergleich zu konventionellen Lacken mit mehr oder weniger starken Änderungen der typischen Applikationseigenschaften, z. B. Verarbeitbarkeit, Witterungsresistenz, Haftbarkeit oder Erscheinungsbild zu rechnen. Deshalb werden je nach Art des zu beschichtenden Objekts oder nach der Art des Untergrunds verschiedene Lacke benötigt. Dies gilt auch für den Anstrichaufbau.

❐ Emissionen: Auf Wasser basierende Lacke emittieren im Vergleich zu konventionellen lösemittelhaltigen Systemen beim Trocknen, infolge ihres geringen Gehalts an organischen Lösemitteln, deutlich geringere Mengen flüchtiger organischer Verbindungen (→ VOC). Sie enthalten neben Cosolventien weitere Additive, die z. B. die Benetzung verbessern oder die als rheologische Stellmittel (Verdicker) oder zur Unterdrückung von Schaumbildung, Frostschäden und Bakterien- bzw. Pilzbefall (Topfkonservierer) dienen.

❐ Emissionsminderung: Mit der Vergabegrundlage für das Umweltzeichen RAL-UZ 12a S. L. (gültig seit 1. 1. 1987) werden Qualitätsstandards für Lacke festgelegt, die deutlich schärfer als die gesetzlichen Regelungen sind und im wesentlichen die folgenden Anforderungen enthalten:
– Ausschluß von Inhaltsstoffen, die nach der → Gefahrstoffverordnung eine Kennzeichnung erfordern bzw. Begrenzung auf maximal 50% der Menge, ab der die Kennzeichnungspflicht beginnt;
– Verbot der Verwendung krebserzeugender, fruchtschädigender, erbgutverändernder sowie sonstiger chronisch schädigenden Stoffe;
– mengenmäßige Beschränkung von Fungiziden, die den Lack während der Lagerung vor Pilzbefall schützen (Topfkonservierer) und die Haltbarkeit von Außenanstrichen verlängern;
– Ausschluß von Pigmenten auf der Basis von Blei, Cadmium, Chrom-VI-Verbindungen und anderen giftigen Metallen (Ausnahme: Blei-Sikkative ≤0,1-Gew. %);
– Minimierungsgebot und Obergrenzen für organische Lösemittel und andere flüchtige organische Verbindungen entsprechend ihrer Umweltrelevanz nach der Klassierung der → TA Luft (Stoffe nach Nr. 3.1.7, Klasse I: 0,5 Gew.-%, Klasse II: 5,0 Gew.-%, Klasse III und maximale Summe 10,0 Gew.-% für wasserbasierende und max. 15,0 Gew.-% für die festkörperlichen High Solid Lacke).

❐ Verbrauch und Emissionsentwicklung: Gegenwärtig tragen ca. 1 000 Lacke das Umweltzeichen RAL-UZ 12a, die von etwa 100 Herstellerfirmen angeboten werden. Der Anteil der s. L. an den jährlich verbrauchten Bautenlacken beträgt schätzungsweise 30% und liegt im Heimwerkerbereich bereits bei über 50%.

Eine Fortschreibung der RAL-UZ 12a mit verschärften Anforderungen ist vorgesehen (→ Industrielacke, emissionsarm). *Thurner*

Literatur: *Goldschmidt, A.; B. Hantschke; E. Knappe; G.-F. Vock*: Glasurit-Handbuch Lacke und Farben. 11. Aufl. Hannover 1984. – DIN 55 945: Beschichtungsstoffe. 12/1988. – RAL Deutsches Institut für Gütesicherung und Kennzeichnung e. V.: Umweltzeichen, Produktanforderungen, Zeichenanwender und Produkte. Bonn 1992. – Ullmann's Encyclopedia of Industrial Chemistry. Bd. A 18, 5. Aufl. Weinheim–New York 1991.

Lackieranlage *⟨coating plant⟩*. Gegenstände aus verschiedenen Werkstoffen (Stahl, Kunststoff, Holz u.a.) werden mit Lacken beschichtet, um die Oberfläche gegen mechanische oder chemische Einflüsse oder Lichteinwirkung zu schützen und gleichzeitig die Oberflächenqualität und das Aussehen zu verbessern.

Für das Auftragen der Lacke stehen, neben der handwerklichen Verarbeitung, in industriellen L. verschiedene Auftragstechniken zur Verfügung. Dabei bestimmen der jeweilige Werkstoff, das Auftragsverfahren, die spätere Beanspruchung und das Aussehen die chemische Zusammensetzung des Lacks (Tabelle).

L. sind umweltrelevant vor allem auf Grund der Emissionen an organischen Lösemitteln (die bei Naßlacken zugesetzt werden), durch Emissionen an Lackpartikeln (die bei der Spritzlackierung entstehen) und durch Reststoffe (Lackschlamm). Lackschlamm gilt als besonders überwachungspflichtiger Abfall/Reststoff.

Zur Verminderung oder Vermeidung von Lösemittelemissionen aus L. sind neben dem Einsatz lösemittelarmer bzw. -freier Lacke (→ Industrielacke, emissionsarme) Auftragsverfahren mit hohem Wirkungsgrad geeignet. Der Auftragswirkungsgrad ist definiert als der auf dem Produkt verbleibende Lackanteil, bezogen auf den Gesamteinsatz. Beim Spritzlackieren bestimmt der Auftragswirkungsgrad den Anfall an Lackschlamm. Die Wahl des Auftragsverfahrens ist Einschränkungen unterworfen. Das Spritzlackieren ist das mit Abstand emissionsintensivste Lackierverfahren durch mehr oder weniger hohe Verluste abprallender Lackpartikel und weil überwiegend Lacke mit relativ niedriger Viskosität verarbeitet werden müssen.

Die Emission kann durch Kapselung oder Umluftführung stark reduziert werden; die Reinigung eines geringeren Abgasstroms erfordert weniger Aufwand. Zur Vorbehandlung des Abgases aus Handspritzzonen hat sich der Einsatz eines Adsorbtionsrades (→ Adsorptionsverfahren) bewährt. Damit ist eine kontinuierliche Ad- und Desorbtion möglich; die meist geringen Lösemittelgehalte werden aufkonzentriert.

Zur Reinigung des Abgases aus L. kommen seit Jahren thermische, Adsorptions- und Absorptions- sowie biologische Verfahren zum Einsatz.

Größere L. sind genehmigungsbedürftig nach BImSchG. Nr. 5.1 des Anhanges der → 4. BImSchV nennt Anlagen zum Lackieren von Gegenständen oder bahnen- oder tafelförmigen Materialien einschließlich der zugehörigen Trocknungsanlagen, soweit die Lacke organische Lösemittel enthalten und von diesen mehr als 25 kg je Stunde eingesetzt werden. In der → TA Luft sind emissionsbegrenzende Anforderungen an genehmigungsbedürftige L. festgelegt. Von besonderer Bedeutung sind die folgenden Anforderungen
– Nr. 3.1.2: Vermeidung bzw. Minimierung von Emissionen, z.B. durch Kapselung von Anlagenteilen, gezielte Abgaserfassung und Umluftführung,
– Nr. 3.1.7: Begrenzung der Emissionen → organischer

Lackieranlage. Tabelle: Übersicht über Lackauftragsverfahren und ihre Charakteristiken.

Auftragsverfahren für Naßlacke	Einschränkungen		Auftragungs-Wirkungsgrad abhängig von der Geometrie
	Dimensionen	Geometrie	
Fluten	begrenzte Arbeitsbreite	keine schöpfenden Teile	85 – 95%
Gießen	begrenzte Arbeitsbreite	nur ebene Oberflächen	90 – 98%
Konventionelles Tauchen	begrenztes Arbeitsvolumen	keine schöpfenden Teile	80 – 90%
Walzen	begrenzte Arbeitsbreite	nur ebene Flächen	95 – 98%
Coil-Coating	begrenzte Arbeitsbreite	nur ebene Flächen	95 – 98%
Elektrotauchen	begrenztes Arbeitsvolumen	keine schöpfenden Teile	90 – 98%
Luftzerstäubung Hochdruck			20 – 50%
Luftzerstäubung Niederdruck			50 – 65%
Airmixzerstäubung			20 – 80%
Airlesszerstäubung			20 – 80%
Elektrostatische Pistolenapplikat.		keine Faradayschen Käfige	40 – 70%
Elektrostatische Hochrotationszerstäubung		keine Faradayschen Käfige	60 – 90%

Luftfahrtemission. Tabelle: Mittlere Emissionsindizes des Flugverkehrs (ohne Flugzeuge mit Kolbenmotoren).

Stoffe je nach Wirkungsrelevanz der Stoffklassen I–III (20 mg/m³, 0,10 g/m³ oder 0,15 g/m³),
– Nr. 3.1.9: Anforderung zur Begrenzung der Emissionen geruchsintensiver Stoffe,
– Nr. 3.3.5.1: Begrenzung der staubförmigen Emissionen auf 3 mg/m³. Diese Anforderungen können durch den Einsatz von Elektrofiltern oder Wäschern eingehalten werden. Im Abgas der Trockner dürfen die Emissionen organischer Stoffe 50 mg/m³ (gemessen als Gesamtkohlenstoff) nicht überschreiten. Dieser Wert kann z. B. mit einer thermischen Verbrennungseinrichtung eingehalten werden.

Die TA Luft unterscheidet bei den anlagenspezifischen Anforderungen zwischen a) Anlagen zur Serienlackierung von Automobilkarossen, ausgenommen Omnibusse und Aufbauten von Lastkraftwagen, (Nr. 3.3.5.1.1) und b) sonstigen Anlagen zum Lackieren (Nr. 3.3.5.1.2).

Für das Abgas der Spritzzonen der Anlagen nach a) und für das Abgas der manuellen Spritzzonen nach b) gelten spezielle Anforderungen. Die Emissionen an organischen Lösemitteln der Anlagen nach a) dürfen für die gesamte Anlage je Quadratmeter Rohbaukarosse bei Uni-Lackierungen 60 g und bei Metalleffekt-Lackierungen 120 g/m³ nicht überschreiten. Die TA Luft enthält dazu Dynamisierungsklauseln, wonach die Möglichkeiten, die Emissionen durch Einsatz lösemittelarmer oder -freier Lacke, Lackauftragsverfahren mit hohem Auftragswirkungsgrad, Umluftverfahren oder Abgasreinigung zu vermindern, auszuschöpfen sind. Die Dynamisierungsklauseln sind im Mai 1991 durch den Länderausschuß für Immissionsschutz konkretisiert worden, so daß für das Abgas der gesamten Anlagen nach a) Emissionswerte für organische Stoffe von 35 g/m² Rohbaukarosse für Neuanlagen und 45 g/m³ für Altanlagen, für die manuellen Spritzzonen der Anlagen nach b) die Emissionswerte für organische Stoffe der Nr. 3.1.7 Klasse II und III als Zielwerte empfohlen werden.

Nicht genehmigungsbedürftige Anlagen, also z. B. kleinere Spritzanlagen in Autowerkstätten, haben ihre Bedeutung regional in ihrer häufig anzutreffenden Nähe zu Wohnbebauungen und der damit verbundenen Belästigungswirkung sowie überregional in ihrer bundesweit hohen Anzahl und dadurch in ihrer hohen Emissionsfracht. Nach dem BImSchG sind die nach dem → Stand der Technik vermeidbaren schädlichen Umwelteinwirkungen auf ein Mindestmaß zu beschränken. Im Einzelfall werden ggfs., insbesondere bei erheblicher Geruchsbelästigung, immissionsschutzrechtliche Anordnungen durch die zuständige Behörde getroffen. Möglichkeiten zur Reduzierung der Lösemittel-Emissionen aus diesen Anlagen sind insbesondere mit dem Einsatz von emissionsarmen bzw. -freien Lacken gegeben. *Hanhoff-Stemping*

Literatur: *Angrick, M. u. W. Koch*: Abgasreinigungsverfahren für gasförmige organische Stoffe, Teil 1 u. 2, Entsorgungspraxis (1991) 7–8, 9 S. 402/406 u. S. 480/492. – *Davids, P.; M. Lange*: Die TA Luft '86 – Technischer Kommentar. Düsseldorf 1986. – VDI 3455 E: Emissionsminderung; Anlagen zur Serienlackierung von Automobilkarossen. 5/1993.

Lärm ⟨*noise*⟩. Mit L. werden Geräusche und Schalle benannt, die die Stille oder eine gewollte Schallaufnahme stören oder auch Geräusche und Schalle, die zu → Belästigungen oder zu Gesundheitsstörungen führen; Geräusche werden zu L., wenn sie eine beeinträchtigende Wirkung auf den Menschen haben.

L., → Geräusch und → Schall werden häufig gleichbedeutend benutzt, wobei jedoch zu betonen ist, daß die Begriffe Schall und Geräusch den mit physikalischen Größen beschreibbaren Schwingungsvorgang kennzeichnen, L. dagegen die nicht einfach zu erfassenden subjektiv-individuellen Faktoren, die in der persönlichen Situation der beschallten Person begründet sind, mit berücksichtigt.

L. ist mit → Schallpegelmessern, die die physikalischen Größen Schalldruck, Frequenz, zeitlicher Verlauf des Schalldrucks erfassen, nicht zu messen (→ Lärmwirkung). *Strauch*

Literatur: Lärm und Lärmwirkungen, Ein Beitrag zur Klärung von Begriffen. Bundesminister des Inneren, 2/1980. – Belästigung durch Lärm: Psychische und körperliche Reaktionen, Interdisziplinärer Arbeitskreis für Lärmwirkungsfragen beim Umweltbundesamt, Berlin, Z. für Lärmbekämpfung **37** (1990).

Lärmarmes Konstruieren ⟨*noise abatment by design*⟩. L. K. von Maschinen und Anlagen ist die effektivste Maßnahme zur Minimierung der Geräuschemission (→ Schallemission) und damit der Geräuschimmission.

Für lärmarme Konstruktionen müssen die Entstehungsmechanismen von → Geräuschen bei Maschinen- und Anlagenelementen bekannt sein sowie konstruktive Mittel zur Vermeidung der Geräuschentstehung.

Hinweise für l. K. enthält VDI 3720, Bl. 1 mit Folgeblättern. In diesen Richtlinien werden z. B. als Konstruktionsmerkmale angeführt, daß stoßartige Berührungen von Maschinenelementen mit großen Kraftspitzen zu vermeiden sind, ebenfalls periodische Einwirkungen von Kräften auf schwingungsfähige Maschinenteile mit großen schallabstrahlenden Oberflächen, turbulente Strömungen von Flüssigkeiten sowie sonstige Vorgänge, die schwingungsanregend wirken können.

Als wirksame lärmmindernde Konstruktionsmittel werden beispielhaft genannt:
– elastische Verbindungselemente zur Vermeidung von → Körperschall,
– Vergrößerung der Materialmasse an Einleitungsstellen von Kräften,
– Maßnahmen zur Verringerung der Oberflächenschwingung großer Bauteile durch unterschiedlichen Materialaufbau des Bauteils (Verbundbleche, Entdröhnungsbeläge) u. ä. *Strauch*

Literatur: VDI 3720, Bl. 1: Lärmarmes Konstruieren; Allgemeine Grundlagen. 11/1980. – Bl. 2: Beispielsammlung. 11/1982. –

Bl. 3 E: Systematisches Vorgehen. 4/1978. – Bl. 4: Rotierende Bauteile und deren Lagerung. 1/1984. – Bl. 5: Hydrokomponenten und -systeme. 3/1984. – Bl. 6 E: Mechanische Eingangsimpedanzen von Bauteilen, insbesondere von Normprofilen. 7/1984. – Bl. 7 E: Beurteilung von Wechselkräften bei der Schallentstehung. 6/1989. – Bl. 9.1: Leistungsgetriebe, Minderung der Körperschallanregung im Zahneingriff. 1/1990.

Lärmbelästigung ⟨*noise annoyance*⟩ → Belästigung durch Geräusche

Lärmimmissionsanteil ⟨*noise immissions, part of*⟩. L. ist der Anteil einer geräuscherzeugenden Anlage oder eines Anlagenkomplexes an der Gesamtgeräuschimmision, die infolge der → Schallemissionen aller beteiligten Geräuschquellen an einem Immissionsort auftritt.

Wirken mehrere Anlagen oder Produktionsstätten verschiedener Betreiber auf einen Immissionsort ein, so sind zur Einhaltung des → Immissionsrichtwerts, der für die Summe aller einwirkenden Geräuschimmissionen gilt, den einzelnen Anlagen oder Produktionsstätten Immissionsanteile zuzuweisen.

Diese Zuweisung muß sowohl bei der Planung neuer Anlagen als auch bei der Sanierung vorhandener Geräuschsituationen mit Überschreitungen zulässiger → Immissionswerte vorgenommen werden.

Bei der Planung emittierender Anlagen in bauleitplanerisch ausgewiesenen Baugebieten ist die Vergabe von L. dadurch möglich, daß die Baugebietsfläche geräuschemissionsmäßig so rationiert wird, daß Immissionswerte im Umfeld des Gebiets nicht überschritten werden. Durch die in Anspruch genommene Anlagenfläche wird eine zulässige Geräuschemission der Anlage ermittelt, die sicherstellt, daß Immissionswerte in schutzwürdigen Gebieten durch die Summe der im Baugebiet siedelnden Anlagen und Betriebe eingehalten werden (→ Flächenschalleistungspegel).

Bei der Sanierung unzulässig hoch belasteter Immissionsorte durch das Einwirken verschiedener Produktionsanlagen besteht noch kein festgeschriebenes Verfahren, nach welchen Kriterien L. für die einzelnen Anlagen oder Produktionsstätten zu vergeben sind. *Strauch*

Lärmkarte ⟨*noise map*⟩. Darstellung der Geräuschimmissionen in einem Gebiet in Stadt- bzw. Landkarten. In L., die auch als Schallimmissionspläne bzw. Schallimmissionskataster bezeichnet werden, wird die vorhandene oder zu erwartende Geräuschbelastung üblicherweise durch Kurven gleicher Mittelungspegel oder Kurven gleicher → Beurteilungspegel für die Geräuscharten Industrie/Gewerbe, Straßenverkehr, Schienenverkehr, Flugverkehr sowie Sport/Freizeit dargestellt. L. (Schallimmissionskataster) sind ein erster notwendiger Schritt bei der Aufstellung von Lärmminderungsplänen, weil aus diesem Kataster in Verbindung mit der baulichen Nutzung des betrachteten Gemeindegebietes der Minderungsbedarf der Geräusche zu erkennen ist. *Strauch*

Literatur: DIN 18 005, Teil 2: Schallschutz im Städtebau, Richtlinien für die schalltechnische Bestandsaufnahme.

Lärmminderungsplan ⟨*noise abatment plan*⟩. L. sind nach § 47 a BImSchG in Wohngebieten und anderen schutzwürdigen Gebieten aufzustellen, wenn in den Gebieten nicht nur vorübergehend schädliche Umwelteinwirkungen durch Geräusche hervorgerufen werden oder zu erwarten sind und die Beseitigung oder Verminderung ein abgestimmtes Vorgehen gegen verschiedenartige Lärmquellen erfordert.

Voraussetzung für die Aufstellung eines Planes mit Inhalten über notwendige Minderungsmaßnahmen, Zuständigkeiten, Kosten und Termine ist die Erfassung der Geräuschbelastung in den vorgenannten Gemeindegebieten durch die einwirkenden Geräuschquellen. Danach sind bei Überschreitung von → Immissionswerten in den schutzwürdigen Gebieten geeignete Minderungsmaßnahmen vorzusehen, die die Belastung auf ein tolerables Maß begrenzen können (→ Schallschutz).

Die Geräuschbelastung (→ Belästigung durch Geräusche) in Städten und Gemeinden wird hauptsächlich verursacht durch den Straßen- und Schienenverkehr, durch industrielle und gewerbliche Anlagen, durch den Flugverkehr sowie durch den Betrieb von Sport- und Freizeitanlagen.

Zur Aufstellung von L. ist folgendes Vorgehen zweckmäßig:

– Auffinden von → Untersuchungsgebieten durch überschlägige Prüfung der Geräuschimmissionen im Gemeindegebiet, wo schädliche Umwelteinwirkungen durch Geräusche vorliegen könnten.

– Ermittlung der Geräuschimmissionen in den Untersuchungsgebieten für die verschiedenen Geräuschquellenarten.

– Feststellung der baulichen Nutzung in den Untersuchungsgebieten mit den zugehörigen Immissionswerten für die verschiedenen Geräuscharten.

– Feststellung von Immissionswertüberschreitungen in den Untersuchungsgebieten bei den unterschiedlichen Geräuschquellenarten (Konfliktgebiete).

– Zusammenstellung von Maßnahmen zur Minderung oder zur Verhinderung eines weiteren Anstiegs der Geräuschimmissionen in den Konfliktgebieten mit Kosten-, Zeit- und Zuständigkeitsvorgaben (Maßnahmenplan).

Die Durchsetzung der in einem L. vorgesehenen Maßnahmen obliegt den jeweils zuständigen Trägern öffentlicher Verwaltung im Rahmen der geltenden Rechtsvorschriften. Sind planungsrechtliche Festlegungen vorgesehen, so entscheidet der zuständige Planungsträger, ob und inwieweit Planungen in Betracht zu ziehen sind. *Strauch*

Literatur: Lärmminderungspläne, Ziele und Maßnahmen. Hrsg.: Der Minister für Umwelt, Raumordnung und Landwirtschaft NRW, Düsseldorf 1986. – Lärmminderungspläne Niedersachsen, Modellvorhaben des Umweltbundesamtes, UFO Plan Nr. 10906001, Materialien, Stand: Oktober 1990. – *Strauch, H.*:

Methoden zur Aufstellung von Lärmminderungsplänen. LIS-Berichte Nr. 9.

Lärmschutzmaßnahmen ⟨*noise control works*⟩ → Schallschutz

Lärmschutzwall ⟨*noise protection wall*⟩ → Schallschirm

Lärmschutzzone ⟨*noise protection area*⟩. Bereich außerhalb des Betriebsgeländes von Verkehrsflughäfen und militärischen Flugplätzen, in denen äquivalente Dauerschallpegel – berechnet nach dem → Fluglärmgesetz – von $L_{eq} > 67$ dB(A) durch den Betrieb des Flugplatzes im Endausbauzustand zu erwarten sind.

Strauch

Lärmwirkung ⟨*noise effect/noise impact*⟩. Mit L. wird die Reaktion eines Menschen auf ein einwirkendes Schallereignis (→ Schall) bezeichnet.

Eine L. beim Menschen ist u. a. abhängig von Eigenschaften des Geräusches, von Eigenarten der Person, auf die das Geräusch einwirkt, wie auch von Bedingungen des Umfeldes, in dem das Geräusch vom Menschen erlebt wird.

Wesentliche Eigenschaften des Geräusches sind mit physikalischen Größen beschreibbar und meßbar; hierzu gehören der die → Lautstärke charakterisierende Schalldruckpegel, das Frequenzspektrum zur Kennzeichnung der Geräuschart (Frequenzanalyse), der zeitliche Schallpegelverlauf und die Häufigkeit des Geräuschauftretens während der Einwirkdauer.

Die ebenfalls die L. beeinflussenden Eigenarten der Person, wie z. B. die subjektive Bewertung des Geräusches (Einstellung zum Geräuschverursacher, zum Betreiber der Geräuschquelle), die Persönlichkeitsstruktur, die physiologische Lage der beschallten Person, Intention der Person während des Geräuschauftritts, Reaktion der Person über vermutete Vermeidbarkeit, über Untätigkeit oder Nachlässigkeit von Behörden, Aufsichts- oder Überwachungsstellen, sind meßtechnisch nicht zu erfassen.

Untersuchungen über den Zusammenhang zwischen der Wirkung von Geräuschen beim Menschen und den physikalischen Beschreibungsgrößen dieser Geräusche haben ergeben, daß eine Erhöhung der Geräuschstärke im allgemeinen auch eine verstärkte Wirkung beim Menschen zu Folge hat, daß aber, wie z. B. Untersuchungen über die Störwirkung von → Straßenverkehrsgeräuschen ergeben haben, zwischen der Geräuschwirkung bei den einzelnen Personen und den physikalischen Größen des Geräusches nur ein loser Zusammenhang besteht. Die Untersuchungen haben gezeigt, daß bei einzelnen Personen nur zu etwa $^1/_3$ mit den vorgenannten physikalischen Beschreibungsgrößen die Wirkung des Geräusches zu erklären ist; die restliche Wirkung ist auf bereits erwähnte subjektiv-individuelle Faktoren, die in der persönlichen Situation des Betroffenen liegen, sowie auf die Umfeldbedingungen des Geräuschauftrittes zurückzuführen.

Enger wird allerdings der Zusammenhang zwischen Geräuschwirkung und physikalischen Beschreibungsgrößen, wenn nicht einzelne Personen, sondern Personenkollektive, wenn Mittelwerte von Wirkungsaussagen dieses Personenkollektivs und mittlere Geräuschbelastungswerte aus dem Umfeld dieser Personen betrachtet werden.

Die Wirkung von Geräuschen beim Menschen kann von unterschiedlicher Art sein; besondere Bedeutung haben die Wirkungsbereiche:

- Störung der Kommunikation und der Informationsverarbeitung;
- Beeinflussung des physiologischen Gleichgewichts;
- Minderung des psychischen Wohlbefindens;
- Beeinträchtigung von Schlaf;
- Beeinträchtigung von Leistung;
- Hörverlust.

Bei den im Nachbarschaftsschutz auftretenden Geräuschen kann auf Grund von Vorwissen über die Schallpegelhöhe dieser Geräusche die Wirkungsart Hörverlust vernachlässigt werden. Im allgemeinen dürfte hier auch die Wirkungsart Beeinflussung des physischen Gleichgewichts eine zu vernachlässigende Rolle spielen, allerdings ist nicht auszuschließen, daß bei bestimmten Personen bei einer dauernden Minderung des psychischen Wohlbefindens eine Beeinflussung des physiologischen Gleichgewichts folgen kann, weil die Grenze zwischen diesen beiden Wirkungsarten je nach Persönlichkeitsstruktur fließend sein kann.

Bei den üblichen Geräuschsituationen dürfte die Wirkungsart Minderung des psychischen Wohlbefindens eine wesentliche Rolle spielen. Bei dieser Wirkungsart spielen die das Geräuscherleben mitbestimmenden Umfeldbedingungen wie Ärger über den Geräuschverursacher, über evtl. Aufsichtspflichtverletzungen der Verantwortlichen, Nichteingehen auf Vorschläge zur Emissionsminderung u. ä. eine wesentliche Rolle, kurz: hier spiegelt sich im allgemeinen gesprochen die individuell empfundene Störung und → Belästigung des Geräusches wider.

Geräusche im Schlafraum können den Schlaf des Menschen beeinträchtigen, sie können u. a.

- die Schlaftiefe verändern,
- das Einschlafen verhindern oder erschweren,
- die unterschiedlichen Schlafstadien verkürzen.

Die in Laborexperimenten und Felduntersuchungen ermittelten Ergebnisse über Zusammenhänge zwischen Schallpegeln im Schlafraum und Schlafstörungen variieren stark. So zeigen Untersuchungen über das Aufwachen bei Vorhandensein von Straßen- oder → Schienenverkehrsgeräuschen, daß Schläfer bei maximalen Schalldruckpegeln zwischen 40 und 70 dB(A) aufwachten, wobei die zum Aufwachen führenden Pegel bei Eisenbahngeräuschen höher waren als die von Straßenverkehrs-Geräuschen.

Lärmwirkung. Tabelle: Zusammenhang zwischen akustischen Werten und L.

Anhaltswerte			Lärmwirkungen
Mittelungspegel L_m dB(A)		Maximalpegel dB(A)	
außen	innen	innen	
–	38	40	Schlafqualitätsänderungen
			Schwellenwert für
–	–	40	– physiologische Änderungen (EEG im Wachzustand)
–	45	–	– Kommunikationsstörungen
45 – 55	–	–	Bevölkerungsreaktionen (0 – 20% Gestörte)
–	–	55	– vegetative Reaktionen im Schlaf
–	–	55	99% Satzverständlichkeit
–	–	60	Schwellenwert für Aufwachen
–	–	60	Primäre Wirkungen (vegetativ)
65	–	–	Deutliche Bevölkerungsreaktionen (30 – 70% Gestörte, 5 – 15% Beschwerden)
–	–	75	Signifikante vegetative Wirkungen
80	–	–	60 – 90% der Bevölkerung stark gestört
–	85	–	Beginn der Lärmschwerhörigkeit
–	–	100	Mögliche Grenze des physiologischen Gleichgewichts
–	–	≥ 130	Extraaurale Symptome mit Krankheitswert

Quelle: Umweltgutachten 1987 (nach Jansen)

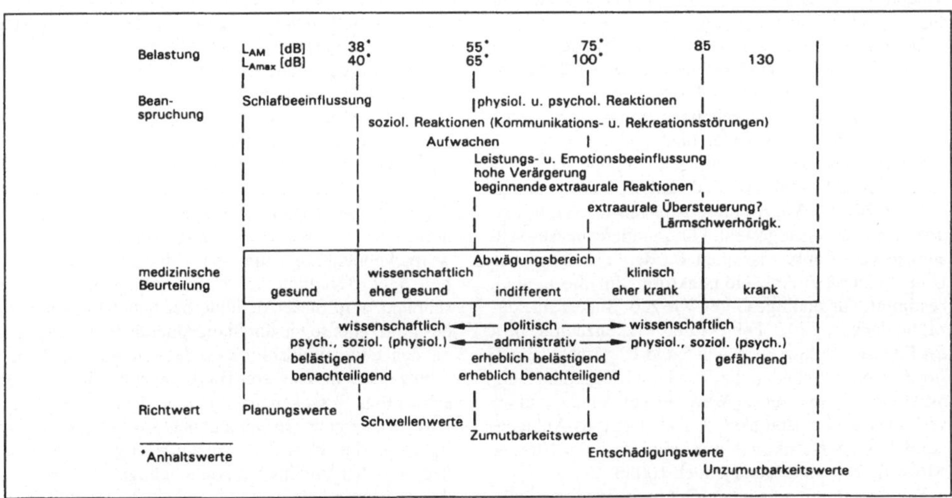

Lärmwirkung: Kriterien für Lärmbeurteilungen. Quelle: Umweltgutachten 1987 (nach Jansen)

Sozialwissenschaftliche Untersuchungen zu Schlafstörungen in Abhängigkeit von außen vor dem Schlafraum vorliegenden Mittelungspegeln der Geräusche durch Befragen der Bewohner ergaben, daß bei Mittelungspegeln von 40–45 dB(A) keiner der Befragten sich wesentlich gestört fühlte und bei Mittelungspegeln von 70 dB(A) 65% der Befragten sich wesentlich gestört fühlten.

Auf Grund der bisher vorliegenden Ergebnisse zu Schlafstörungen sollte für einen ungestörten Schlaf durch Straßenverkehrsgeräusche der Mittelungspegel im Schlafraum 30 dB(A) nicht überschreiten.

Die Tabelle (S. 215) gibt den Stand der L.-Forschung über den Zusammenhang zwischen Geräuschkenngrößen (Mittelungspegel und maximaler Schalldruckpegel) und Wirkungphänomenen an. Im Bild (S. 215) ist ein Vorschlag für Kriterien zur Lärmbeurteilung (aus dem Umweltgutachten des Sachverständigen Rats für Umweltfragen) wiedergegeben. *Strauch*

Literatur: *Jansen, G., W. Klosterkötter*: Lärm und Lärmwirkungen, Ein Beitrag zur Klärung von Begriffen. Hrsg.: Bundesminister des Inneren. 2/1980. – Interdisziplinärer Arbeitskreis für Lärmwirkungsfragen beim Umweltbundesamt, Berlin: Belästigung durch Lärm: Psychische und körperliche Reaktionen, Z. für Lärmbekämpfung **37** (1990). – Der Rat von Sachverständigen für Umweltfragen; Umweltgutachten 1987. Stuttgart–Mainz 1987.

Lagerung staubender Güter ⟨*storage of dusty materials*⟩. Die Halden- bzw. Freilagerung staubender Schüttgüter ist weit verbreitet. Offene Lagerhalden dienen dabei der L. von Einsatzstoffen, Zwischen- und Fertigprodukten, aber auch der Zwischenlagerung von Produktionsreststoffen oder -abfällen. In vielen Fällen wird nur kurze Zeit (zwischen-)gelagert. Dadurch finden beim Auf- und Abbau des Lagers häufige Umschlagvorgänge statt. In anderen Fällen handelt es sich um echte Langzeitlager (z. B. Kohlehalden). Durch Windangriff können Lagerhalden zu Staubemittenten werden, wodurch gerade im Lee einer Anlage erhebliche Staubemissionen auftreten können.

Der Betrieb (Aufbau und Abbau) der Halde, ist stets mit dem Transport und Umschlag staubender Güter verbunden, woraus die größten Staubemissionen resultieren. Die von Halden ausgehenden Emissionen werden als diffuse Emissionen bezeichnet.

Ortsfeste offene Lager sind genehmigungsbedürftig nach BImSchG (vgl. Nr. 9.10 und 9.11 des Anhangs zur → 4. BImSchV). An diese Anlagen werden besondere Anforderungen gestellt. Für orientierende Abschätzungen von Staubemissionen wurden auf Grund von Untersuchungen Emissionsfaktoren für die L. s. G. bestimmt. Für staubige Güter, wie z. B. Sinter, Stückerze, Schlacken, Koks, Feinerz und Erzkonzentrat, liegt der Emissionsfaktor zwischen 5 und 10 g/(m^{2}d) (Emission in g pro m^2 Haldenoberfläche und Tag). Laut Definition bezieht sich dieser Wert nur auf den die Anlage verlassenden Feinstaubanteil. Dabei gilt als Anlagenbereich eine Halbkugel mit dem Radius = 10fache Abwurfhöhe, mindestens jedoch 100 m.

Die Abwehung gelagerten Gutes hängt im wesentlichen von folgenden Parametern ab: Materialeigenschaften, Meteorologie, Haldenkenngrößen, Umgebungsbedingungen, Umschlag- und Verladeeinrichtungen.

Zu den Materialeigenschaften zählen Stoffart, Dichte, Korngrößenverteilung, Feuchtigkeit, Partikelform und Oberflächeneigenschaften. Zusammen bestimmen sie die Staubneigung eines Stoffs, den Feinstaubanteil und dessen Flugeigenschaften. Kohlen und Erze haben bei der Ablagerung eine durchschnittliche Feuchte von 5–7%, so daß im Moment der Ablagerung quasi keine Staubentwicklung auftritt. Wichtige meteorologische Parameter sind Windgeschwindigkeit und Windrichtung. Die geringste Erosion ist zu beobachten, wenn die Hauptwindrichtung in Richtung der Haldenlängsachse liegt. Es hat sich gezeigt, daß die Abwehung mit Zunahme der Windgeschwindigkeit überproportional zunimmt. Bei Windgeschwindigkeiten unter 4 m/s sind keine Emissionen zu beobachten.

Die Größe und Form der Halde sowie deren Böschungswinkel, aber auch die Haldenumgebung, bestimmen maßgeblich den Grad der Abwehung. Durch richtig plazierte Windbarrieren, z. B. Bepflanzungen oder Windschutzzäune, können ungünstige Effekte wie Turbulenzen und Verwirbelungen, die zu verstärkten Staubemissionen führen, vermieden werden.

Die wirksamste Maßnahme zur Vermeidung staubförmiger Emissionen stellt die geschlossene L. in Hallen oder in Silos/Bunkern dar. Diese L. wird meistens für staubende Güter mit besonders wirkungsrelevanten Inhaltsstoffen oder zur Chargenvorbereitung in der Steine-Erden- und Nichteisenmetall-Industrie angewandt. Silos haben gegenüber Hallen eine bessere Raumnutzung und sind bei geeigneten Guteigenschaften zu bevorzugen. Bei der Einlagerung muß die Verdrängungsluft erfaßt und z. B. durch Gewebefilter gereinigt werden. Bei der geschlossenen L. sind explosive Eigenschaften bestimmter Staub-/Luftgemische zu beachten. Um nicht die gesamte Hallenluft absaugen zu müssen, wird heute vielfach eine automatisierte Aus- und Einlagerung betrieben, so daß lediglich die Bedienungsstände belüftet werden müssen.

Bei langfristig angelegten Vorratslagern oder Endlagern (z. B. Bergehalden) kann durch eine Begrünung der Haldenoberfläche eine sehr gute Emissionsminderung erreicht werden. Eine übliche Maßnahme der weitgehenden Emissionsvermeidung ist das Besprühen oder Beregnen der Halde mit Wasser. Eingeschränkt wird diese Methode bei hoher Fließneigung des Lagerguts sowie durch die Qualitätsanforderungen an das Gut. Windschutzbepflanzungen und Windschutzzäune im Luv von Halden können die Windgeschwindigkeit senken und somit der Erosion entgegenwirken. Die gleichen Maßnahmen im Lee führen häufig zu Turbulenzen und Verwirbelungen und haben dadurch eher ungünstige Auswirkungen auf die Haldenabwehung.

Die Emissionen aus dem Haldenauf- und -abbau sind i. d. R. weitaus höher als die Emissionen aus der reinen Haldenabwehung. Zur Minimierung der vom Haldenbetrieb ausgehenden Staubemissionen sind grundsätzlich die unter Umschlag von staubenden Gütern genannten Maßnahmen anzuwenden. Darüber hinaus sollte die Ein- und Auslagerung ggf. hinter Windschutzwällen geschehen; prinzipiell ist dabei auf eine ausreichende Befeuchtung zu achten. Bei emissionsbegünstigenden Wetterlagen (langanhaltende Trockenheit, hohe Windgeschwindigkeit) sollten die Ein- und Auslagerungen – wenn möglich – unterbleiben. Zu den genannten Emissionsquellen können Emissionen aus Aufbereitungs- und Vergleichmäßigungsvorgängen hinzukommen, weil diese teilweise im Freien stattfinden.

Zum Transport des Lagerguts auf dem Gelände eines Lagerplatzes sind möglichst Bänder in geschlossener Bauform einzusetzen. Als Neuentwicklungen in diesem Bereich sind der Rollgutförderer und die Rohrzugbahn zu nennen. Ist der Einsatz von Fahrzeugen notwendig, so ist der gleisgebundene Betrieb dem Transport mit Frontlader oder Kettenfahrzeug vorzuziehen. Auch an sich nicht staubende Güter können zu starken Emissionen beitragen, wenn das Gut durch Fahrzeugreifen oder -ketten fein zermahlen und aufgewirbelt wird. Bei stark staubenden Gütern oder nur geringem Abstand zu Wohngebieten ist meist eine Überbauung der Anlage mit einer Halle notwendig.

Auf Grund der spezifischen Anforderungen an genehmigungsbedürftige Anlagen und den umfangreichen baulichen und betrieblichen Anforderungen der Nr. 3.1.5 der TA-Luft an die L. und den Umschlag staubender Güter ist mit einer Reduzierung der Emissionen aus den diffusen Quellen, einschließlich der Haldenlagerung, zu rechnen. *Remus*

Literatur: *Davids, P.; M. Lange*: Die TA Luft '86, Technischer Kommentar. Düsseldorf 1986. – Umweltbundesamt: Luft Reinhaltung '88 – Tendenzen – Probleme – Lösungen. Berlin 1989. – Umweltbundesamt: Emissionsfaktoren für Luftverunreinigungen – Feuerungs- und Aufbereitungsanlagen sowie Lagerung und Umschlag fester und flüssiger Stoffe. Berlin 1980.

Lagerung und Umschlag von organischen Flüssigkeiten *(storage and distribution of liquids)*. Dabei kommt es zu Luftbelastungen durch Emissionen von organischen Stoffen. Mengenmäßig wichtigste organische Flüssigkeiten sind die Kraftstoffe, insbesondere Ottokraftstoffe. Die Mineralölversorgungskette für Kraftstoffe umfaßt den Transport des Produktes mit Straßentankwagen, Kesselwagen, Tankschiff und Pipeline von der → Mineralölraffinerie bis zur Tankstelle (Stage I) und die Betankung des Kfz (Stage II). Dabei muß neben der direkten Auslieferung an die Tankstelle oft der Weg über raffinerieferne Tanklager gegangen werden. Bei jedem einzelnen Schritt innerhalb der Versorgungskette kann es bei Be- und Entladung zu erheblichen Kohlenwasserstoff-Emissionen kommen, wenn nicht Gegenmaßnahmen getroffen werden. Bei Anwendung der → Gaspendelung werden Emissionen nahezu vollständig vermieden. Der Umfang der Emissionen hängt ganz wesentlich von der Zusammensetzung der gehandhabten Stoffe, der Art der Handhabung, den Umgebungs- und Produkttemperaturen und vor allem von der Wirksamkeit der eingesetzten Minderungstechniken ab. Insbesondere trifft dies für Ottokraftstoffe zu, wobei raffineriespezifische Gegebenheiten, die Spezifikation für Normal- und Superkraftstoffe sowie die jahreszeitlich bedingten Umgebungstemperaturen von Bedeutung sind. Die Kohlenwasserstoff-Konzentration im emittierten Kohlenwasserstoff-Luft-Gemisch liegt zwischen 0,6 und 1,2 kg/m^3.

Die materiellen Anforderungen zur Luftreinhaltung an größere Tanklager sind in der → TA Luft geregelt, mit speziellen Anforderungen an Lagerung, Tankanstrich und Umschlag.

Für die Umfüllung gilt grundsätzlich die allgemeine Regelung in Nr. 3.1.8.6 der TA Luft. Danach sind z. B. Gaspendelung oder Absaugung und Zuführung des Abgases zu einer Abgasreinigungseinrichtung durchzuführen. Bei deren wirksamer Anwendung werden Emissionswerte von 150 mg C/m^3 und von weniger als 5 mg Benzol/m^3 eingehalten (→ 20.BImSchV, → 21.BImSchV). *Angrick*

Literatur: *Davids, P.; M. Lange*: Die TA Luft '86 – Technischer Kommentar. Düsseldorf 1986.

Lambdasonde *(lambdasond/oxygen sensor)*. Eine optimale Funktion des Drei-Weg-Katalysators setzt den Motorbetrieb bei einem Luftverhältnis $\lambda = 1$ voraus, was durch eine sog. λ-Regelung realisiert wird. Zu diesem Zweck wird eine Sauerstoffsonde oder L. als Meßfühler vor dem Katalysator in die Abgasleitung eingesetzt. Den Meßergebnissen entsprechend, wird die dem Motor zugeführte Kraftstoffmenge kontinuierlich korrigiert und dadurch der gewünschte λ-Wert erreicht.

Die L. ist ein innen und außen mit gasdurchlässigen Platinelektroden versehenes Röhrchen aus Zirkondioxid, das in ein Metallgehäuse eingebaut ist. Die Außenseite des Röhrchens befindet sich im Abgasstrom, während der innere Raum mit der Atmosphäre in Verbindung steht. Die äußere Platinschicht ist durch eine Spinellschicht abgedeckt. Für die O_2-Bestimmung muß das Motorabgas an der Außenelektrode der Sonde im stöchiometrischen Gleichgewicht stehen. Die Innenseite des Röhrchens steht unter dem Sauerstoffpartialdruck der Luft, während an der Außenseite der Sauerstoffpartialdruck der stöchiometrischen Abgaszusammensetzung anliegt. Demzufolge kommt es zu einem Sauerstoffionentransport über Fehlstellen im Kristallgitter des ZrO_2 in Richtung des kleineren Partialdruckes. Dadurch stellt sich eine meßbare Spannung ein, die von dem Verhältnis der Sauerstoffpartialdrücke in Abgas und Luft zueinander abhängig ist und durch die *Nernstsche* Gleichung beschrieben wird. Beim Übergang von $\lambda < 1$ auf $\lambda > 1$ fällt die Spannung sehr stark ab, weshalb sich die Sondenspannung gut als Einflußgröße zur Regelung des Luftverhältnisses eignet.

Da die Funktion der L. stark von der Temperatur abhängig ist, wird sie außer durch das Abgas oft auch elektrisch beheizt, um nach dem Kaltstart möglichst schnell die Betriebstemperatur von ca. 350 bis 800 °C zu erreichen. *Kind/May*

Landes-Immissionsschutzrecht ⟨*state immission control act*⟩. Das Immissionsschutzrecht der Bundesrepublik Deutschland ist im wesentlichen im BImSchG und in den hierzu ergangenen Durchführungsverordnungen sowie in normkonkretisierenden Verwaltungsvorschriften des Bundes (→ TA Luft, → TA Lärm) enthalten. Daneben hat das L.-I. eine nicht zu unterschätzende Bedeutung. Außer den Zuständigkeits- und Gebührenregelungen zu den bundesrechtlichen Vorschriften gibt es immissionsschutzrechtliche Landesverordnungen und in einigen Ländern (Bayern, Brandenburg, Nordrhein-Westfalen) auch eigene Landes-Immissionsschutzgesetze. Wichtige Landesverordnungen sind die Smog-Verordnungen und die Untersuchungsgebiets-Verordnungen.

Die Landes-Immissionsschutzgesetze enthalten insbesondere Regelungen über das nicht auf den Betrieb von Anlagen bezogene Verhalten von Personen. In diesem Zusammenhang geht es u. a. um das Verbrennen von Gegenständen im Freien, um ruhestörende Betätigungen zur Nachtzeit, um die Benutzung von Musikinstrumenten, um das Abbrennen von Feuerwerkskörpern und um das Halten von Tieren ohne unzumutbare Lärm- und Geruchsimmissionen. Als allgemeine Grundregel enthält das nordrhein-westfälische Landes-Immissionsschutzgesetz folgende Vorschrift: Jeder hat sich so zu verhalten, daß schädliche Umwelteinwirkungen vermieden werden, soweit das nach den Umständen des Einzelfalles möglich und zumutbar ist. Zur Konkretisierung dieser allgemeinen Verpflichtung können die zuständigen Behörden Anordnungen im Einzelfall erlassen. *Hansmann*

Literatur: *Hansmann, K.*: Erläuterungen zum nordrhein-westfälischen Landes-Immissionsschutzgesetz. In: Boisserée/Oels/Hansmann/Schmitt: Immissionsschutzrecht, 3. Aufl., Bd. I, B II 1.1. – *Pudenz, W.*: Zum Verhältnis von Bundes- und Landes-Immissionsschutzrecht. Natur und Recht 1991, 359 ff.

Laserstrahlung ⟨*laser radiation*⟩. Das Wort Laser ist die Abk. für *engl.* Light Amplification by Stimulated Emission of Radiation und bezieht sich auf die Art der Strahlenerzeugung. 1960 ist ein Laser mit einem Rubinkristall erstmalig realisiert worden (*Maiman*). Die L. zeichnet sich durch Monochromasie, Kohärenz, Intensität und Strahlenbündelung aus. Kommerziell verfügbare Systeme decken den Wellenlängenbereich von ca. 200 nm bis 10000 nm ab.

Meßtechnische und optische Anwendungen des Lasers nutzen eher seine Kohärenz und Monochromasie, Materialbearbeitung und medizinische Therapie vor allem die Möglichkeit optischer Fokussierung zur berührungslosen Applikation sehr hoher Leistungsdichten.

Durch stimulierte Emission in einem optisch angeregten Lasermedium wird mit Hilfe eines optischen Resonators L. geringer Bandbreite und hoher zeitlicher Kohärenz erzeugt. Durch das Prinzip der Strahlungsverstärkung können – zumindest kurzzeitig – Leistungsdichten erreicht werden, die das der Sonnenstrahlung um das 15fache übersteigen.

Für den Nachweis hoher Leistungen werden überwiegend Thermosäulen verwendet, die über einen weiten Spektralbereich wellenlängenunabhängig sind.

Aufgrund seiner hohen gepulsten Leistungsdichten treten bei L. neben photochemischen und thermischen Effekten thermo-mechanische und sog. nichtthermische Effekte auf.

Für die L. sind das Auge und die Haut die kritischen Organe. Von besonderer Bedeutung sind retinale Schäden im sichtbaren und angrenzenden kurzwelligen IR-Bereich (400–1400 nm). (→ Strahlenschutzrichtlinien, → Strahlung, nichtionisierende). *Steinmetz*

Lautstärke ⟨*loudness*⟩. Merkmal des Höreindrucks eines → Geräusches, das anhand einer Skala als laut/leise beschrieben wird. Als Maß für die L. eines Geräusches wird der Lautstärkepegel L benutzt. Es ist der Schalldruckpegel eines 1-kHz-Tones, der von einer oder von mehreren Versuchspersonen als gleichlaut empfunden wird wie das lautstärkemäßig zu kennzeichnende Geräusch.

Der L.-Pegel wird mit Phon bezeichnet; er ist sowohl ein objektiv meßbares (Schalldruckpegel) wie auch ein subjektives (Einstufung durch die Versuchsperson als gleichlaut) Maß des Geräusches.

Umfangreiche Untersuchungen über L.-Pegel von Tönen haben zu Ergebnissen geführt, die als Kurven gleicher L.-Pegel zusammengestellt worden sind. Diesen Kurven ist zu entnehmen, daß z. B. ein Ton der Frequenz 50 Hz mit einem Schalldruckpegel von 50 dB gleichlaut empfunden wird wie ein 1-kHz-Ton mit einem Schalldruckpegel von 10 dB.

Diese Frequenzabhängigkeit der L.-Pegel wird bei der Beurteilung von Geräuschimmissionen dadurch berücksichtigt, daß eine Frequenzbewertung des Geräusches nach der sog. A-Kurve (→ A-Bewertung) im Meßgerät vorgenommen wird, die näherungsweise dem Kurvenlauf der L.-Pegel entspricht.

Eine weitere Möglichkeit zur Bestimmung der L. eines Geräusches ist nach DIN 45631 die Berechnung aus dem Frequenzspektrum des Geräusches.

Strauch

Literatur: DIN 45630, Bl. 2: Grundlagen der Schallmessung, Normalkurven gleicher Lautstärkepegel. – DIN 1318: Lautstärkepegel, Begriffe, Meßverfahren. – DIN 45631: Berechnung des Lautstärkepegels aus den Geräuschspektrum, Verfahren nach E. Zwicker. – *Zwicker, E., R. Feldtkeller*: Das Ohr als Nachrichtenempfänger. Stuttgart 1967.

Lichtimmission ⟨*obtrusive light*⟩. Künstlich verursachte Einwirkung von Licht auf die Allgemeinheit oder die Nachbarschaft, insbesondere auf Menschen.

Licht ist für den Menschen sichtbare elektromagnetische Strahlung; der Wellenlängenbereich erstreckt sich von etwa 380 nm bis 780 nm. Die Wellenlängenzusammensetzung des Lichts bestimmt den Farbeindruck; z. B. ergeben Wellenlängen um 480 nm blaues,

Wellenlängen um 530 nm grünes und Wellenlängen um 680 nm rotes Licht.

L. werden i. a. durch künstliche Lichtquellen in Zeiten der Dunkelheit verursacht. In Sonderfällen können aber auch in den Hellstunden des Tages durch Reflexionen des Sonnenlichts an spiegelnden Flächen (z. B. große spiegelnde Glasscheiben) Lichteinwirkungen künstlich verursacht werden. Es gibt zeitlich konstante und zeitveränderliche L.

Der Begriff der L. wird im Bereich des Immissionsschutzes verwendet. Licht gehört zu den Emissionen und Immissionen im Sinne des → Bundes-Immissionsschutzgesetzes (BImSchG); dabei werden die von Anlagen im Sinne dieses Gesetzes ausgehenden Emissionen betrachtet. Für die Beleuchtungseinrichtungen von Fahrzeugen gelten besondere Vorschriften. Öffentliche Verkehrswege – und damit auch die zugehörige Beleuchtung – sind aus dem Anlagenbegriff des Bundes-Immissionsschutzgesetzes ausgenommen.

Nach dem BImSchG hat der Betreiber von Beleuchtungseinrichtungen dafür Sorge zu tragen, daß keine schädlichen Umwelteinwirkungen durch Licht verursacht werden.

Licht kann insbesondere folgende Wirkungen verursachen:
- Physiologische Schäden der Augen oder der Haut durch zu hohe Bestrahlungsstärken
- Beeinträchtigung des Sehvermögens durch zu hohe Leuchtdichten bzw. Leuchtdichteunterschiede (Absolutblendung, physiologische Blendung).
- → Belästigung durch zu hohe Leuchtdichteunterschiede oder Beleuchtungsstärken: störende Blendung (psychologische Blendung), Auffälligkeit, unerwünschte Raumaufhellung.
- Nachteile wirtschaftlicher Art (z. B. Preisnachteile durch ungünstige Beeinflussung des Blühzeitpunkts von Pflanzen oder der Tierhaltung).

Bei den im Bereich des Immissionsschutzes auftretenden Lichteinwirkungen durch künstliche Lichtquellen lassen sich i. a. Schädigungen der Augen oder der Haut ausschließen. Die Anwendung von → Laserstrahlung ist durch spezielle Vorschriften geregelt.

Eine Beeinträchtigung des Sehvermögens ist z. B. für Verkehrsteilnehmer von besonderer Bedeutung, wenn sich dadurch Hindernisse oder wichtige Vorgänge im Verkehrsraum nicht mehr rechtzeitig erkennen lassen.

Für die Wohnnachbarschaft von Lichtquellen ist jedoch weniger das Sehvermögen wichtig, um z. B. noch bestimmte Dinge erkennen zu können, sondern eher die Entspannung und Ungestörtheit oder der Wunsch nach Dunkelheit in den natürlichen Dunkelstunden ohne Benutzung von Vorhängen oder Rollläden. Nachbarbeschwerden über L. beziehen sich dementsprechend meistens auf Belästigungen. Als Begründung wird dabei die störende Blendung und/oder die unerwünschte Raumaufhellung in Wohnräumen genannt.

Beschwerden betreffen häufig Lichtreklameanlagen, Anlagen zur Beleuchtung bestimmter Bereiche wie Höfe, Lagerplätze etc. und Sportplatzbeleuchtungsanlagen. In Einzelfällen können auch andere Ursachen wie große erleuchtete Fenster oder Sonnenlichtreflexionen Beschwerden auslösen.

Zur Beurteilung der Lästigkeit von L. müssen Maßstäbe angegeben werden, die auf physikalisch-technische Größen und Regelungen zurückgreifen und die eine Aussage über das Ausmaß der zu beurteilenden Wirkung gestatten.

Allgemeine Verwaltungsvorschriften – wie etwa die → TA Luft für Luftverunreinigungen oder die → TA Lärm für Geräusche – sind für die Beurteilung von L. nicht erlassen worden; auch liegen entsprechende Normen nicht vor. Deshalb kann auf die Licht-Richtlinie des Länderausschusses für Immissionsschrift (→ Blendung, → Raumaufhellung) zurückgegriffen werden.

Meßgröße zur Beurteilung der unerwünschten Raumaufhellung ist die durch die zu untersuchende Beleuchtungsanlage verursachte Vertikal-Beleuchtungsstärke in der Fensterebene am Immissionsort. Die Beurteilung der störenden Blendung erfolgt anhand der Leuchtdichte der zu untersuchenden Lichtquelle. Als Beurteilungskriterien gibt die Licht-Richtlinien Immissionswerte für die Raumaufhellung und für die Blendung an; ausschlaggebend für die Beurteilung ist das jeweils schärfere Kriterium.

Die Beurteilung bezieht sich in der Regel auf Zeiten der Dunkelheit. Unabhängig vom tatsächlichen Beleuchtungsniveau werden aus Gründen der Einfachheit die genannten photometrischen Größen stets auf den spektralen Hellempfindlichkeitsgrad für das Tagessehen bezogen.

L. im Hellen können in Form von Spiegelungen des Sonnenlichts auftreten. Die Reflexionen unterscheiden sich dabei nicht grundsätzlich von der direkten Sonneneinstrahlung und sind dementsprechend zu beurteilen. Wenn jedoch durch große spiegelnde Flächen die Reflexionen aufgrund ihrer Intensität und Einstrahlrichtung die natürlichen Lichtverhältnisse deutlich verändern, so daß das Sehen im üblichen Blickfeld über einen längeren Zeitraum erheblich eingeschränkt wird, so ist dies bei der Beurteilung im Einzelfall mit zu berücksichtigen. Als Kriterium läßt sich z. B. die Absolutblendung durch die Reflexionen unter Berücksichtigung der Einwirkzeit heranziehen; ein abgeschlossenes Beurteilungssystem gibt es jedoch noch nicht.

Die Verminderung von L. bedeutet die Absenkung der Lichtausstrahlung der Leuchten in die Richtung zum Immissionsort hin. Dies läßt sich durch geeignete Leuchtentypen, durch die Wahl von Aufstellungsort, Neigung und Höhe der Leuchten und durch Blenden an den Leuchten erreichen. Mehrere räumlich verteilte Leuchten können aus der Sicht des Nachbarschaftsschutzes günstiger als wenige zentrale sein. Zeitlich veränderliches Licht, das auf die Nachbarschaft einwirken kann, ist möglichst zu vermeiden, da es bei gleicher Leuchtdichte bzw. Beleuchtungsstärke i. a. als wesentlich störender empfunden wird als zeitlich konstantes Licht. *Assmann*

Licht-Richtlinie ⟨*lighting ordinance*⟩ → Blendung, → Raumaufhellung.

LIDAR ⟨*LIDAR/Light Detection and Ranging*⟩. L.-Systeme gehören zu den aktiven optischen → Fernmeßverfahren und ermöglichen eine ortsaufgelöste Messung partikel- und gasförmiger Schadstoffe in der Atmosphäre. Das L.-Prinzip entspricht im wesentlichen dem RADAR-Prinzip, mit dem Unterschied, daß anstelle von Mikrowellen Licht im UV-, IR- oder sichtbaren Spektralbereich verwendet wird. Mit Hilfe eines Lasers wird ein Lichtimpuls hoher Leistung emittiert. Ein kleiner Teil des Lichtes wird durch Mie-Streuung an Molekülen in Rückwärtsrichtung gestreut, von einem Spiegelteleskop empfangen und im Meßsystem analysiert. Intensität und Spektrum des rückgestreuten Lichtes liefern ergiebige Informationen über die stoffliche Zusammensetzung der Atmosphäre. Die Zeitanalyse des rückgestreuten Lichtes ermöglicht eine Aussage in Abhängigkeit von der Entfernung zwischen Meßsystem und Meßort.

L.-Systeme zur Messung gasförmiger Luftschadstoffe arbeiten vorzugsweise nach dem DAS-Prinzip (DAS: Abk. für Differential Absorption Spectroscopy). Dabei werden kurz nacheinander zwei Lichtimpulse unterschiedlicher Wellenlänge emittiert. Die Wellenlängen sind so ausgewählt, daß die beiden Lichtimpulse in der Atmosphäre in gleicher Weise rückgestreut, aber von der zu messenden Schadstoffkomponente unterschiedlich stark absorbiert werden. Aus der Differenz kann die gesuchte Schadstoffkonzentration, aus der Laufzeit der jeweils zugehörige Meßort bestimmt werden. *Stahl*

Literatur: *Hinkley, E. D.* (Ed.): Laser Monitoring of the Atmosphere. Topics in Applied Physics, Vol. 14. Berlin–Heidelberg–New York 1976. – *Weber, K., V. Klein* u. *W. Diehl*: Optische Fernmeßverfahren zur Bestimmung gasförmiger Luftschadstoffe in der Troposphäre. In: Aktuelle Aufgaben der Meßtechnik in der Luftreinhaltung. VDI-Ber. 838, S. 201–246. Düsseldorf 1990.

Linienschallquelle ⟨*line noise source*⟩. Mit L. wird eine Schallquelle bezeichnet, die linienförmig aufgebaut, d. h. nur in eine Richtung ausgedehnt ist. Typische L. sind Straßen- und Schienenverkehrsanlagen. *Strauch*

Lösemittel ⟨*solvents (emission control)*⟩. Als L. werden meist bei Raumtemperatur und unter Normaldruck flüssige anorganische oder organische Verbindungen bezeichnet, die Gase, Flüssigkeiten oder Feststoffe lösen können, ohne diese chemisch zu verändern. Die flüssige Mischung zwischen dem gelösten Stoff und dem im Überschuß eingesetzten L. bezeichnet man als Lösung. Das wichtigste L. ist Wasser.

Als L. im engeren Sinne gelten flüssige organische Stoffe, die farblos bzw. hell, wasserfrei, chemisch möglichst lange Zeit beständig sind und ohne Rückstand verdampfen, neutral reagieren, einen schwachen oder angenehmen Geruch haben und möglichst wenig toxisch und biologisch abbaubar sein sollten. Die wichtigsten Stoffklassen organischer L. sind: Alkohole, Carbonsäureamide, Carbonsäureester, Ether und Glykolether, Halogenkohlenwasserstoffe, Ketone, Kohlenwasserstoffe, Schwefelverbindungen sowie Stickstoffverbindungen.

An L. werden nach dem Verwendungszweck jeweils spezielle Anforderungen hinsichtlich Lösevermögen, Verdampfbarkeit, Siedegrenzen, Entflammbarkeit, Wassermischbarkeit und Verschnittfähigkeit gestellt. Da viele L. sowohl brennbare als auch gesundheitsschädliche oder reizende Stoffe bzw. Gifte sind, wurden sie als → gefährliche Stoffe eingestuft und müssen entsprechend gekennzeichnet sein (→ Gefahrstoffverordnung).

Abgestuft nach ihrem Risikopotential werden die L., soweit es sich um organische Stoffe handelt, in der → TA Luft in verschiedene Klassen mit unterschiedlichen Emissionsbegrenzungen eingestuft (Nr. 3.1.7 TA Luft); die jeweiligen Massenkonzentrationen im Abgas, die nicht überschritten werden dürfen, sind in:
– Klasse I: 20 mg/m^3 (z. B. Stickstoffverbindungen wie Nitrobenzol, Pyridin, Halogenkohlenwasserstoffe, wie Tetrachlormethan, Tetrachlorethan, 1,1,2-Trichlorethan)
– Klasse II: 100 mg/m^3 (z. B. Toluol, Xylol, 2-Ethoxyethanol, 2-Butoxyethanol)
– Klasse III: 150 mg/m^3 (z. B. aliphatische Alkohole, Kohlenwasserstoffe, Ketone).

Etwa 40% der Luftverunreinigungen durch L. werden von stationären, genehmigungsbedürftigen Anlagen verursacht, deren Emissionen auf Grund der Anforderungen der TA Luft begrenzt werden. Die restlichen 60% werden von nicht genehmigungsbedürftigen Anlagen und bei der Verwendung von Produkten emittiert.

Nach Umsetzung der in Kraft befindlichen Regelungen (z. B. TA Luft, → 2. BImSchV, FCKW-Halon-Verbots-VO (→ FCKW-Vermeidung)) und eines zusätzlichen Verzichts auf die L.-Verwendung, z. B. auf Grund der Anforderungen von Umweltzeichen, ist mit einer rückläufigen L.-Emissionsentwicklung zu rechnen. In Bereichen der chemischen Industrie, Pharmaindustrie, Reproduktionsverfahren und Lebensmittelextraktion sind erhebliche Emissionsminderungen durch optimierte Kapselung, Lösemittelrückgewinnung und Abgasreinigung bei genehmigungsbedürftigen → Anlagen erreichbar.

Substitutionsmaßnahmen mit lösemittelarmen bzw. lösemittelfreien Einsatzstoffen und -verfahren sind als weitergehende Maßnahmen zur Minderung der VOC-Emissionen, insbesondere auch im Bereich der nicht genehmigungsbedürftigen Anlagen, zielführend. Hierzu zählen u. a.:

– die Substitution lösemittelhaltiger Einsatzstoffe (Lacke, Klebstoffe, Druckfarben, Trennmittel u. a.) in der industriellen Verarbeitung durch lösemittelarme bzw. lösemittelfreie Materialien;
– Anwendung neuer Verfahren mit überkritischen Gasen (z. B. Kohlendioxid) als L. in der chemischen und pharmazeutischen Industrie;
– Einsatz von Inertgasen als Treibmittelersatz für FCKW und Kohlenwasserstoffe;
– Substitution von Halogenkohlenwasserstoffen durch tensidhaltige wäßrige Systeme bei der Oberflächenreinigung (z. B. Industrie, Textilien);
– weitgehende Substitution lösemittelhaltiger Produkte durch wäßrige Systeme für den kleingewerblichen und privaten Endverbraucher;
– Verzicht auf Kohlenwasserstoffe als Treibmittel in Aerosolen. *Thurner*

Literatur: *Hommel, G.*: Handbuch der gefährlichen Güter. Bd. 1–4; 4. Lfg. Berlin–Heidelberg–New York. 1980. – Ullmanns Encyklopädie der technischen Chemie. Bd. 16, 4. Aufl. Weinheim–New York. 1978.

Lösemittelemittierende Anlage ⟨*solvent borne materials/facilities*⟩. Lösemittel enthaltende Stoffe (Lacke, Druckfarben, Klebstoffe u. a.) werden in vielen verschiedenen Anlagentypen verarbeitet; besonders emissionsrelevant sind → Lackieranlagen, → Druckanlagen und Anlagen zum Beschichten, Imprägnieren und Tränken unter Einsatz von Kunstharz- oder Kunststofflösungen.

Die Emissionen können insbesondere durch den Einsatz von lösemittelarmen bzw. -freien Produkten, durch optimale Prozeßführung und durch nachgeschaltete Abgasreinigungssysteme vermindert werden. Lackieranlagen, Druckanlagen sowie Anlagen zum Beschichten, Imprägnieren und Tränken von bahnen- oder tafelförmigen Materialien einschließlich der Trocknungsanlagen sind im Anhang der → 4. BImSchV (insbesondere Anlagen nach Nrn. 5.1 – 5.3) genannt und deshalb genehmigungspflichtig nach BImSchG. Emissionsbegrenzende Anforderungen an diese Anlagen sind in der → TA Luft festgelegt. Von besonderer Bedeutung ist die Begrenzung der Emissionen organischer Stoffe im Abgas nach Nr. 3.1.7 TA Luft (Lösemittel).

Nicht genehmigungsbedürftige Anlagen sind nach dem BImSchG so zu betreiben, daß nach dem → Stand der Technik vermeidbare schädliche Umwelteinwirkungen auf ein Mindestmaß beschränkt werden.

Hanhoff-Stemping

Literatur: *Angrick, M.; W. Koch:* Abgasreinigungsverfahren für gasförmige Stoffe, Teil 1, 2. EntsorgungsPraxis 7–8, 9 (1991), S. 402/406, 480/492. – *Davids, P.; M. Lange:* Die TA Luft '86 – Technischer Kommentar. Düsseldorf 1986.

Lösemittelrückgewinnung ⟨*solvent recovery*⟩ → Adsorptionsverfahren

London Type Smog ⟨*London type smog/particle induced smog*⟩. Der Begriff → Smog wurde 1905 vom Londoner Hygiene-Kongreß geprägt. Er wurde damals im Sinne einer ungesunden Konzentration von Rauch in der Luft verwendet und entspricht heute einem meteorologisch bedingten Luftverunreinigungsphänomen, das allgemein als L. T. S. bezeichnet wird, weil die ersten mit nachhaltigen gesundheitlichen Folgen verbundenen „air pollution episodes" (→ Smogepisode) Ende des 19. Jahrhunderts in London registriert wurden. Die Probleme der Luftverunreinigung sind in England bereits sehr früh beschrieben worden (*Evelyn* 1661); sie hingen zusammen mit der infolge der Holzknappheit auf der Insel als Brennstoff verwendeten Steinkohle. Mit der relativ frühen Industrialisierung und der damit verbundenen Bildung von Ballungszentren wuchsen dort die Probleme und führten in London im Januar/Februar 1880 – nach der ersten überhaupt überlieferten Episode von 1873 ebenfalls in London – bei „großer Kälte und außerordentlich dickem Nebel" zu einer registrierten „Nebelkatastrophe" mit einer Übersterblichkeitsrate in der ersten Februarwoche von annähernd 100%, d. h. die Zahl der Todesfälle lag in dieser Woche etwa doppelt so hoch wie in den ersten Januarwochen bei normalem Winterwetter (*Bach*).

Im Prinzip bestimmen auch heute noch die Londoner Phänomene von 1880 die Entstehung von Smog: Emissionsintensität und besondere meteorologische Bedingungen. In emissionsintensiven Ballungsgebieten kann es bei einer länger andauernden austauscharmen → Wetterlage infolge einer die Konvektion hemmenden bodennahen → Inversion mit geringen Windgeschwindigkeiten zu einer gesundheitsbedrohenden Anreicherung der in dem Gebiet emittierten Luftverunreinigungen unterhalb der Inversionsschicht kommen; unter bestimmten Bedingungen können zusätzlich Schadstoffe durch Advektion in das Smoggebiet transportiert werden (advehierter Smog). Länger anhaltende austauscharme Wetterlagen, die zu Smog führen können, treten in Mitteleuropa bevorzugt in den kalten Wintermonaten auf (Smogepisode). Zur Abwehr von Gesundheitsgefahren bei Smogsituationen dienen in der Bundesrepublik Deutschland außer den durch Vorsorgemaßnahmen generell erreichten erheblichen Emissionsminderungen, die bereits erkennbar zu einer Verringerung der Eintrittswahrscheinlichkeit von Smogalarm geführt haben, in → Smogverordnungen der einzelnen Bundesländer geregelte Smogalarmpläne, die im wesentlichen aktive Maßnahmen zur akuten Emissionsminderung vorsehen. *Dreyhaupt*

Literatur: *Bach, C.*: Mitteilungen über die Internationale Ausstellung von Apparaten und Einrichtungen zur Vermeidung des Rauches (International exhibition of smoke preventing appliances) in London 1881; Zeitschrift des VDI 1882, Januarheft Sp. 40–47, Februarheft Sp. 81–92. – *Evelyn, J.*: Fumifugium or the Inconveniencie of the Aer and Smoak of London dissipated. London 1661. – *Spelsberg, G.*: Rauchplage. Köln 1988.

Los Angeles Type Smog ⟨*Los Angeles type smog/photochemical smog*⟩ (auch Sommersmog). Zuerst zu Beginn der 50er Jahre in Los Angeles auf Grund von Schleimhautreizungen, Material- und Pflanzenschäden beschriebener Typus von starker Luftverschmutzung, der durch photochemische Bildung sekundärer Luftverunreinigungen (mit Ozon als Leitsubstanz) aus primär emittierten Vorläuferstoffen (Stickoxide und flüchtige organische Verbindungen) entsteht.

Zu den photochemisch gebildeten sekundären Luftverunreinigungen gehören neben Ozon als wichtigster Komponente weitere → Photooxidantien wie Peroxyacetylnitrat (PAN), Aldehyde und Ketone, Wasserstoffperoxid, Salpeter- und Schwefelsäure sowie organische Nitrite und Nitrate.

Für die zuerst in Los Angeles festgestellten Wirkungen auf den Menschen (Schleimhautreizungen, insbesondere Tränenreiz, Kopfschmerz und Atembeschwerden, Verschlechterung der Lungenfunktion) ist das gesamte Stoffgemisch verantwortlich, wobei z. B. der Tränenreiz überwiegend durch die Begleitstoffe des Ozons (Aldehyde, PAN), die Wirkung auf die Atemwege überwiegend durch das Ozon selbst verursacht wird.

Die photochemische Bildung der sekundären Luftverunreinigungen hat eine hohe Sonneneinstrahlung zur Voraussetzung, weil sie an die Photolyse von Stickstoffdioxid als Primärschritt durch den kurzwelligen Anteil des Sonnenlichts (290–380 nm) gekoppelt ist. In Mitteleuropa tritt dieser Typus von Luftverunreinigung nur im Sommerhalbjahr (Mitte Mai bis Mitte September) in wirkungsseitig relevanten Konzentrationen auf, in südlicher gelegenen Gebieten wie Los Angeles jedoch bis weit in den Herbst hinein.

Neben dem sonnigen Klima Kaliforniens und der hohen Dichte des Kraftfahrzeugverkehrs mit erheblichen Emissionen von Vorläuferstoffen gibt es im Becken von Los Angeles weitere Faktoren, die die Bildung von → Smog begünstigen. Dazu gehört neben der Topographie (von hohen Bergen eingeschlossene Bucht am Meer, die wie ein photochemischer Reaktor wirkt) und einem ausgeprägten Land/Meer-Windsystem, das belastete Luftmassen vormittags vom Meer her wieder in das Becken zurücktransportiert, vor allem auch eine im Sommer relativ niedrig liegende ganztägige → Inversion, die die Mischungsschicht auf einige 100 m über Grund eingrenzt. Unter diesen Bedingungen kam es vor allem in den 70er Jahren zu sehr hohen Konzentrationen von Ozon (>1 000 $\mu g/m^3$), PAN (>50 ppb, jeweils Stundenmittelwerte) und anderen Photooxidantien.

Durch verschiedene Maßnahmen der Luftreinhaltung wurde und wird in Los Angeles der Bildung von Smog entgegengewirkt. Die kurzfristigen Maßnahmen sind in einer Sommersmogverordnung zusammengefaßt, die neben der Alarmstufe 1 bei Ozonkonzentrationen von 400 $\mu g/m^3$ (Warnung der Bevölkerung) auch weitere Stufen mit verpflichtenden Reduktionen der Emissionen aus Kraftfahrzeugverkehr und Industrie vorsieht (Alarmstufe 2 bei 700 $\mu g/m^3$, Alarmstufe 3 ab 1 000 $\mu g/m^3$ Ozon, jeweils Stundenmittelwerte). Als entscheidender werden von den Behörden in Los Angeles jedoch die langfristigen Maßnahmen zur dauerhaften Senkung der Emissionen angesehen, die wiederum den Verkehr als auch die industriellen Emissionen betreffen und in → Luftreinhalteplänen (air quality management plans) zusammengefaßt sind.

Neben Los Angeles haben eine Reihe weiterer Städte wie Tokio, Osaka, Athen und Mexiko-City kurzfristige Maßnahmen in Form von → Smogverordnungen erlassen. Diese Städte weisen zum Teil topographische und klimatologische Gegebenheiten auf, die denen in Los Angeles ähneln.

Zu Beginn der 70er Jahre zeigte es sich, daß Smog auch in Mitteleuropa auftreten kann, allerdings mit erheblich niedrigeren Konzentrationen an Photooxidantien. Nur vereinzelt wurde im vergangenen Jahrzehnt ein Schwellenwert von 360 $\mu g/m^3$ für Ozon an Meßstationen in Deutschland erreicht oder überschritten. Die höchste Ozonkonzentration wurde bisher 1976 in Mannheim gemessen (543 $\mu g/m^3$ als Dreistundenmittel). 1990 betrug der Höchstwert 373 $\mu g/m^3$ (Köln-Hürth, Halbstundenmittel). In den kühleren Sommern 1984 bis 1988 traten niedrigere Ozonkonzentrationen auf.

Noch größer sind die Konzentrationsunterschiede bei den photochemisch gebildeten Begleitstoffen wie den Peroxyacylnitraten und den Aldehyden, so daß sich eine andere Zusammensetzung des Photooxidantiengemisches ergibt. In Mitteleuropa übersteigen z. B. die Konzentrationen an PAN nur sehr vereinzelt Werte von einigen ppb.

Auch in Meteorologie und Orographie unterscheiden sich die Verhältnisse in Mitteleuropa deutlich vom Becken in Los Angeles. Weithin fehlt die Abgeschlossenheit des Beckens und das Land/Meer-Windsystem, vor allem aber erreichen die Mischungsschichthöhen bei sommerlichen Hochdruckwetterlagen in Mitteleuropa typische Werte von 1 500–2 000 m. Ganztägige Inversionen unter 1 000 m Höhe fehlen.

Diese Faktoren führen dazu, daß die Bildung von Photooxidantien in Mitteleuropa in der Regel weiträumig verläuft. Es kommt oftmals innerhalb der mitteleuropäischen Hochdruckgebiete zu Transporten von Ozon und Vorläuferstoffen über mehrere Hundert Kilometer. Der Beitrag einzelner Städte zu den Ozonkonzentrationen liegt in Abhängigkeit von ihrer Größe und der Windgeschwindigkeit meist unterhalb von 10–20%. Nur unter besonders stagnierenden Bedingungen (sehr geringe Windgeschwindigkeiten, Hin- und Zurücktransport belasteter Luftmassen) kann der regionale Beitrag großer Ballungsräume an den Ozonmaxima 30–40% erreichen. Sowohl die geringere Häufigkeit von Sommersmog-Episoden, die niedrigeren Ozonkonzentrationen als auch der weiträumige Charakter der Ozonbildung in Mitteleuropa verglichen mit Los Angeles haben dazu geführt, daß Verordnungen auf lokaler oder regionaler Basis nach überwiegender Einschätzung als wenig geeignetes Mittel zur Bekämpfung des Sommersmogs angesehen werden. Das 1995 erlassene „Ozongesetz" (§ 40a–e BImSchG) sieht deshalb großräumige Verkehrsbeschränkungen zur Senkung von Ozonspitzenwerten vor, die ein Bundesland oder auch mehrere umfassen können (→ Verkehrsbeschränkung, außerhalb Smogalarm). Übereinstimmung besteht darin, daß umfassende und dauerhafte Reduktionen der Emissionen von Vorläuferstoffen (Stickoxide und flüchtige organische Verbindungen) erforderlich sind, um Episoden mit Sommersmog in Mitteleuropa zu verhindern. Dies ist vor allem deshalb erforderlich, weil wirkungsbezogene Ozonbeurteilungsmaßstäbe auch in Mitteleuropa im Verlauf von Sommersmogepisoden überschritten werden. Sowohl die Bundesländer als auch einige Nachbarstaaten (z. B. die Niederlande) haben deshalb ein Informations- und Warnsystem für die Bevölkerung bei hohen Ozonkonzentrationen aufgebaut. Ab 180 $\mu g/m^3$ werden aktuelle Verhaltensempfehlungen für gegenüber Ozon besonders empfindliche Personen gegeben. Ab 360 $\mu g/m^3$ wird die Bevölkerung allgemein vor hohen Ozonkonzentrationen gewarnt. Die EG-Richtlinie 92/72/EWG über die Luftverschmutzung durch Ozon (→ EG-Richtlinien über Luftqualitätsnormen) ist inzwischen mit der → 22. BImSchV in nationales Recht umgesetzt worden. *Bruckmann*

Literatur: Luftqualitätskriterien für photochemische Oxidantien. Umweltbundesamt, Berichte 5/83. Berlin 1983. – Die erhöhten Ozonkonzentrationen des Sommers 1990. Synoptische Darstellung der Luftbelastung in der Bundesrepublik Deutschland. Bericht des Länderausschusses für Immissionsschutz. Hrsg.: Minister für Umwelt, Raumordnung und Landwirtschaft des Landes NW. Düsseldorf 1992.

Low-Dust-Verfahren ⟨*low-dust method*⟩ → SCR-Verfahren

Luftabsorption ⟨*air absorption*⟩. Durch die L. wird bei der → Schallausbreitung die Schallenergie verringert. Durch Molekülschwingungen der Luft wird bei der L. Schallenergie in Wärmeenergie umgewandelt.

Die L. bei der Schallausbreitung hängt von der Lufttemperatur, von der Luftfeuchte und von der Frequenz des Schallvorgangs ab. Bei tieffrequenten Geräuschen tritt eine geringere L. als bei höherfrequenten auf; ebenfalls ist bei höheren Lufttemperaturen die L. geringer als bei tieferen Temperaturen; auch höhere relative Luftfeuchtigkeiten haben geringere L. zur Folge als niedrige relative Luftfeuchtigkeiten.

Zur Bestimmung der Größe der L. bei der Schallausbreitung wird der L.-Koeffizient α_L benutzt. Der Koeffizient gibt die Pegelabnahme pro Meter Ausbreitungsweg des Schalls an. In VDI-2714 sind die L.-Koeffizienten α_L in 10^{-2} dB/m in Abhängigkeit von den Luftdaten und von der Frequenz angegeben.

Bei Planungen wird im allgemeinen die L. für eine Lufttemperatur von 10 °C und eine rel. Luftfeuchte von 70% berücksichtigt.

Die Pegelminderung, bezeichnet als Luftabsorptionsmaß D_L, wird somit folgendermaßen bestimmt:

$D_L = \alpha_L s_m$
D_L = Luftabsorptionsmaß in dB
α_L = Luftabsorptions-Koeffizient
s_m = Länge des Schallweges in m. *Strauch*

Literatur: VDI 2714: Schallausbreitung im Freien. 1/1988.

Luftaustausch ⟨*air circulation, exchange*⟩. Die Turbulenz in der Atmosphäre bewirkt einen Austausch der Luft zwischen den verschiedenen Höhen über dem Boden. Mit dem L. werden auch Eigenschaften der Luft, z. B. Wärme, Feuchtigkeit, Bewegungsgröße oder Luftbeimengungen, ausgetauscht. Durch den Austausch erfolgt ein turbulenter Transport von Luftbeimengungen von Orten hoher Konzentration zu Orten niedriger Konzentration und damit ein Ausgleich von Konzentrationsunterschieden. Die Intensität des L. ist stark wechselhaft. Sie kann quantifiziert werden durch die Größe des Austauschkoeffizienten. Er ist im wesentlichen abhängig von der Bodenrauhigkeit, von der Windgeschwindigkeit und von der Temperaturschichtung der Atmosphäre. Große Bodenrauhigkeit und höhere Windgeschwindigkeiten führen zu einer Erhöhung des L. Bei stabiler Temperaturschichtung und damit verminderter Turbulenz ist der L. wesentlich geringer als bei indifferenter bzw. labiler Schichtung. Der turbulente Austausch übertrifft in der Wirkung den durch molekularen Diffusion bedingten Austausch um mehrere Zehnerpotenzen. Er ist von großer Bedeutung für die Ausbildung der planetarischen Grenzschicht und für den Energieaustausch zwischen Erdoberfläche und Atmosphäre. *Külske*

Luftfahrtemissionen ⟨*air traffic, emissions from*⟩. Die Problematik der L. wurde in den USA schon in den 70er Jahren erkannt. Durch die US Environmental Protection Agency wurden in Zusammenarbeit mit der Luftfahrtindustrie Grenzwerte für die zulässige Schadstoffemission von Flugtriebwerken am Boden und in Flughafennähe erarbeitet, welche die ICAO 1981 übernommen und ihren Mitgliedern zur Einhaltung empfohlen hat. Diese Grenzwerte sind im Annex 16, Vol II der Convention on International Civil Aviation niedergelegt. Sie beziehen sich auf den Start- und Lande-Zyklus und haben durch technische Weiterentwicklung der Triebwerke zu einer erheblichen Verminderung der CO- und HC-Emissionen sowie des Rauchs geführt. Grenzwerte für den Reiseflug in der Höhe sind noch nicht erlassen. Diese Frage ist in den letzten Jahren durch die Ozon-Problematik und neuere Erkenntnisse der Atmosphärenchemie ins Blickfeld gerückt, wobei den L. aus folgenden Gründen besondere Bedeutung beigemessen wird:

– Ein nennenswerter Teil der emittierten Schadstoffe, vor allem NO_x, wird direkt in die obere Troposphäre und in die untere Stratosphäre eingebracht.

– Ein beträchtlicher Anteil der in Flughafennähe und am Boden erzeugten Schadstoffmengen fällt an wenigen, stark frequentierten Flughäfen an. So wurden z. B.

1984 für den Nahbereich des Flughafens Frankfurt ca. 21% aller CO- und ca. 41% aller HC-Emissionen der Luftfahrt in Deutschland ermittelt.
– Wachstumsprognosen für den Luftverkehr lassen für die nächsten 20 bis 25 Jahre eine erhebliche Zunahme der Lufttransportleistungen und damit auch der L. erwarten.
– Im gleichen Zeitraum ist als Folge bereits erlassener Vorschriften mit einer fühlbaren Reduzierung der Emissionen anderer, bodengebundener Schadstoffquellen zu rechnen.
– Da nur ein geringer Anteil der am Boden erzeugten Schadstoffe durch Diffusion oder Austausch in die Stratosphäre gelangt, ist die Luftfahrt dort die einzige relevante anthropogene Schadstoffquelle.

Auf Grund dieser Erkenntnisse sind in der westlichen Welt neue Forschungsprogramme zur Verminderung der wesentlichen Schadstoffe, vor allem der Stickoxide, in Gang gekommen. *Winterfeld*

Literatur: *Barrett, M.*: Aircraft Pollution, Environmental Impacts and Future Solutions, WWF-Research Paper, WWF-International, Gland (CH) 1991. – *Grieb, H.*: Umweltbelastung durch den zivilen Flugverkehr. Technische Unterlagen MTU-EB/ETWV, MTU München, 1989. – *Weyrauther, G., J. Brostbaus, I. Höne, G. Schulz*: Ermittlung der Abgasemissionen aus dem Flugverkehr über der Bundesrepublik Deutschland. TÜV Rheinland, Institut für Energietechnik und Umweltschutz, Köln 1988.

Luftgrenzwert *⟨air limit value⟩* → EU-Wert, → MAK-Wert, → TRGS 900

Luftreinhalteplan *⟨clean air plan⟩*. Der L. ist mit dem BImSchG 1974 eingeführt worden mit dem Ziel, für luftverunreinigungsmäßig hochbelastete Gebiete ein besonderes Untersuchungs- und Handlungsinstrumentarium zur gezielten Verbesserung der komplexen Luftverunreinigungssituation in solchen Gebieten bereitzustellen. Das L.-Konzept setzt daher an belasteten Gebieten an, die im BImSchG 1974 als → Belastungsgebiete bezeichnet wurden, seit der BImSchG-Novelle 1990 aber wegen der stärkeren Ausrichtung der L. auf Vorsorgemaßnahmen in → Untersuchungsgebiete umbenannt worden sind. Das Konzept reflektiert ferner die Notwendigkeit der Gesamtbetrachtung der Luftverunreinigungssituation und der unterschiedlichen Emittentengruppen (Industrie, Haushalte und Kleingewerbe, Verkehr und Landwirtschaft) in einem solchen Gebiet zur konkreten Beurteilung der manifesten und drohenden Gefahren oder Nachteile für Mensch und Umwelt sowie effektiver, mit Prioritäten versehener Gegenmaßnahmen.

Das konzeptionelle Instrumentarium, das in Untersuchungsgebieten und in gleichgestellten Gebieten zur Anwendung kommt und schließlich in den L. einmündet, gliedert sich in Untersuchungs- und Auswertungsmaßnahmen (→ Emissionskataster, → Immissionskataster, → Wirkungskataster, Verursacheranalyse und Prognose der Luftverunreinigungsentwicklung) und in Sanierungs- bzw. Vorsorgemaßnahmen. Alle diese Instrumente sind Gegenstand der Regelungen in den §§ 44–47 BImSchG (§ 44 Untersuchungsgebiet; §§ 44/45 Immissionskataster; § 46 Emissionskataster; § 47 Luftreinhalteplan). Im L. werden die einzelnen Elemente in logischer Weise miteinander verknüpft; der L. enthält im wesentlichen
– die Darstellung der festgestellten Emissionen und Immissionen (Emissions- und Immissionskataster),
– Feststellungen über Auswirkungen und Ursachen der → Luftverunreinigungen (Wirkungskataster und Verursacheranalyse),
– eine Abschätzung der zu erwartenden künftigen Veränderungen der Emissions- und Immissionsverhältnisse (Prognose der Entwicklung der Luftverunreinigungen) und
– die Maßnahmen zur Verminderung der Luftverunreinigung und zur Vorsorge.

§ 47 BImSchG sieht hinsichtlich der Aufstellung von L. zwei Arten vor: den L. als Sanierungsplan und den L. als Vorsorgeplan (L. zur Vorsorge gegen schädliche Umwelteinwirkungen durch Luftverunreinigungen); die Anforderungen an den Inhalt des L. bleiben von der Planart unberührt. Ferner unterscheidet § 47 zwischen einer zwingenden Verpflichtung der Behörde zur Aufstellung eines L. und einer „Soll"- sowie einer „Kann"-Bestimmung:
– Ein L. ist als Sanierungsplan zwingend aufzustellen, wenn die Auswertung des Immissionskatasters ergibt, daß → Immissionswerte zum Schutz vor Gesundheitsgefahren (→ 22. BImSchV, 2.5.1 → TA Luft) oder von der EG festgesetzte → Immissionsgrenzwerte (→ EG-Richtlinien über Luftqualitätsnormen, 22. BImSchV) überschritten sind.
– Ein L. als Sanierungsplan soll aufgestellt werden, wenn schädliche Umwelteinwirkungen durch Luftverunreinigungen auftreten oder zu erwarten sind, ohne daß die vorgenannten Grenzwerte überschritten sind; dies kann der Fall sein, wenn nicht limitierte Luftschadstoffe auftreten und sich aus entsprechenden → Immissionsstandards Gefahren für Mensch oder Umwelt ableiten lassen oder wenn sich aus dem Wirkungskataster solche Fakten ergeben.
– Ein L. kann als Vorsorgeplan aufgestellt werden, wenn im Immissionsschutzrecht oder von der EG festgesetzte → Immissionsleitwerte überschritten sind oder die Überschreitung zu erwarten ist oder wenn die durch Ziele der Raumordnung und der Landesplanung vorgesehene Nutzung des Gebiets beeinträchtigt werden kann.

L. können auf bestimmte luftverunreinigende Stoffe, auf bestimmte Teile eines Untersuchungsgebiets und auf bestimmte Arten von Emissionsquellen beschränkt werden.

Der L. hat keine konstitutive Wirkung, d. h. er kann Dritte nicht unmittelbar binden. Zur Durchsetzung der im L. vorgesehenen Maßnahmen sind Anordnungen oder sonstige Entscheidungen der jeweils zuständigen Träger öffentlicher Verwaltung notwendig; ihnen wird in § 47 Abs. 3 BImSchG eine Verpflichtung zu entsprechendem Handeln auferlegt. *Dreyhaupt*

Literatur: *Dreyhaupt, F. J. et al.*: Handbuch zur Aufstellung von Luftreinhalteplänen. Köln 1979. – Länderausschuß für Immissionsschutz: Durchsetzung von Luftreinhalte- und Lärmminderungsplänen (LP) gem. §§ 47 Abs. 3, 47a Abs. 4 BImSchG; UPR 1991/9, S. 334–339. – Länderausschuß für Immissionsschutz: Überprüfung der Konzeption der Luftreinhaltepläne; herausgegeben vom Ministerium für Umwelt, Raumordnung und Landwirtschaft des Landes Nordrhein-Westfalen, Düsseldorf 1992. – Ministerium für Umwelt, Raumordnung und Landwirtschaft des Landes Nordrhein-Westfalen (Hrsg.): Luftreinhalteplan Rheinschiene Süd 1992. Düsseldorf 1992.

Luftschadstoff, phytotoxisch *⟨air pollutant, phytotoxic⟩*. Stoffe, die zu Luftverunreinigungen führen, können flüssig, gasförmig oder fest sein. Flüssige Stoffe, als Rauch oder Nebel emittiert, werden abhängig von ihrer Teilchengröße rasch im Umgebungsbereich des Emittenten an entsprechenden Rezeptoren abgeschieden (> 10 µm), als Aerosol (< 10 µm) über weite Gebiete, vergleichbar den Gasen, verteilt oder treten unter bestimmten meteorologischen Bedingungen von der flüssigen in die Gasphase über und breiten sich wie gasförmige Luftverunreinigungen aus. Stäube mit Korngrößen > 20 µm sedimentieren im Umgebungsbereich des Emittenten, während → Feinstäube mit < 20 µm (Schwebstaub) ähnlich wie Gase über weite Gebiete verteilt werden können. Ihre phytotoxische Relevanz wird in der Regel durch die Staubinhaltsstoffe (→ Schwermetalle, Chlororganika etc.) bestimmt. Die Verfrachtungsweite ist abhängig von der Quellhöhe, der Temperatur und anderen Emissionsparametern.

Die wichtigsten Quellen der Luftverunreinigung sind Industrie, Hausbrand und Verkehr. Die Schadstofffracht der industriellen Quellen wird durch die Qualität (Schadstoffgehalt) der eingesetzten Roh-, Kraft- und Brennstoffe, ihren mineralischen Anteilen und dem Stand der Produktions-, Verbrennungs- und Emissionsminderungstechnik bestimmt. Über hohe → Schornsteine werden Schadstoffe auch in entferntere Gebiete eingetragen. In Ballungsgebieten sind verkehrsbedingte Luftverunreinigungen wie → Kohlenmonoxid, Dieselruß, → Benzol, Stickoxide, Kohlenwasserstoffverbindungen und eingeschränkt noch Bleiverbindungen von Bedeutung. Im wesentlichen verkehrsbedingt sind auch die Photooxidanten mit Ozon als Leitkomponente (Sommersmog). In landwirtschaftlich geprägten Gebieten mit starker Tierintensivhaltung können Emissionen von → Ammoniak und anderen stickstoffhaltigen Reaktionsprodukten (z. B. Ammoniumsulfat-Aerosol) zur Gefährdung naturnaher Ökosysteme beitragen.

Neben den vielen Substanzen, die bei einer stark differenzierten industriellen Struktur emittiert werden, können durch Reaktionsprozesse in der Atmosphäre wie Oxidation, Reduktion, Polymerisation oder Kondensation neue Schadstoffe entstehen, deren Spezies häufig schwer erkennbar und deren phytotoxische Wirkungen weitgehend unbekannt sind.

Zu den phytotoxisch wirksamsten Gasen zählt → Fluorwasserstoff (HF), das bei Prozessen der Aluminium- und Phosphatdüngemittelherstellung sowie aus Betrieben der keramischen Industrie freigesetzt wird. Es hat aber im Gegensatz zu Schwefeldioxid keine ubiquitäre Bedeutung. Nach entsprechenden Luftreinhaltemaßnahmen kommt es lediglich vereinzelt im Umgebungsbereich lokaler Quellen (vor allem an Koniferen) zu irreversiblen Schäden.

Gleiches gilt prinzipiell für → Chlorwasserstoff, das bei der Herstellung von Kunststoffen und anderen chemischen Produkten, bei der Abfallverbrennung und bei bestimmten keramischen Prozessen freigesetzt wird. Chlorwasserstoff ist ebenfalls hoch phytotoxisch, die Belastungen der Außenluft sind aber in der Regel sehr niedrig und damit ohne Bedeutung für die Vegetation.

Aus dem komplexen Gemisch der nitrosen Gase (NO_x) kommt dem Stickstoffdioxid (NO_2) und dem Stickstoffmonoxid (NO) auf Grund ihrer ubiquitären Verbreitung, ihres phytotoxischen Potentials und ihrer Beteiligung an der Bildung säurehaltigen Niederschlägen die größte Bedeutung zu.

Die Ausweitung der tierischen Produktion in Intensivhaltungen führt zunehmend zu einer Belastung der Atmosphäre durch Ammoniak (NH_3), das rasch zu Ammoniumverbindungen umgewandelt wird. Während Ammoniak im Emittentennahbereich vor allem auf Koniferen (Nadelgehölze) stark phytotoxisch wirkt, haben die Ammoniumverbindungen keine direkten phytotoxischen Eigenschaften, können aber in naturnahen Ökosystemen (Heidelandschaften) über einen verstärkten Stickstoffeintrag das Nährstoffgleichgewicht der Böden (trophische Wirkung) verschieben und damit zu Veränderungen im Artenspektrum führen (indirekte Wirkung).

Im Umgebungsbereich von Metallhütten haben vor allem in der Vergangenheit schwermetallhaltige → Staubemissionen (einschl. Haldenabwehungen) zu einer nachhaltigen Kontamination des Bodens und zu einer direkten bzw. indirekten Beeinträchtigung des Pflanzenwachstums geführt (z. B. in Stolberg, Rheinland, und in Freiberg, Sachsen). *G. Krause*

Literatur: *Däßler, H.-G.*: Einfluß von Luftverunreinigungen auf die Vegetation. Jena 1981. – *Guderian, R.*: Air Pollution, Ecological Studies 22. Berlin 1977. – *Hock, B.; E. F. Elstner*: Pflanzentoxikologie – Der Einfluß von Schadstoffen und Schadwirkungen auf Pflanzen. Mannheim 1984.

Luftverunreinigung in Innenräumen *⟨indoor air pollution⟩* → Innenraumluft-Reinhaltung

Luftverunreinigungen *⟨air pollutants⟩*.

Wirkungen auf Menschen. Gemäß der Richtlinie VDI 2310 Bl. 1 versteht man unter Wirkungen von L. auf den Menschen alle Reaktionen des menschlichen Organismus auf → Immissionen. Zur Wirkung gehört demnach auch die Veränderung in der chemischen Zusammensetzung wie z. B. von Organkonzentrationen durch aus der Luft aufgenommene Substanzen. In Abgrenzung davon sind nachteilige Wirkungen Beeinträchtigungen der Gesundheit und Leistungsfähigkeit sowie → Belästigungen: „Physiologische, biochemische Veränderungen oder Änderungen in der normalen chemischen Zusammensetzung von Organen und Körperflüssigkeiten können im allgemeinen erst dann als nachteilig bezeichnet werden, wenn begründet ein Zusammenhang mit einer Krankheitswert besitzenden Reaktion im Organismus bzw. einer Leistungseinbuße angenommen werden kann. Entsprechendes gilt für Belästigungen. Hierbei steht jedoch nicht die Krankheit im engeren Sinne im Vordergrund, sondern eine erhebliche Störung des Wohlbefindens." (VDI 2310 Bl. 1).

Gesundheitsgefahren bedeuten immissionsbedingte Befunde, die an sich ohne Krankheitswert sind, aber entsprechende Normwerte oder eine Bandbreite von Normwerten signifikant überschreiten, sofern den Betroffenen ein deutlich höheres Erkrankungsrisiko als der Allgemeinbevölkerung zugemutet wird. Eine Gesundheitsschädigung liegt vor, wenn durch direkte Einwirkung von Schadstoffen funktionelle und/oder morphologische Veränderungen des menschlichen Organismus eingetreten sind, die die natürliche Variationsbreite signifikant überschreiten.

Entscheidend für die Entfaltung einer Wirkung ist die Dosis (in Abhängigkeit von der Art einer luftverunreinigenden Komponente, der Dauer ihrer Einwirkung und ihrer Konzentration sowie der individuellen Disposition). Ergebnisse epidemiologischer Untersuchungen, Erfahrungen aus der Arbeitsmedizin, Erkenntnisse aus Tierversuchen, weiterhin auch Experimente und Modelle zur Persistenz und zur Akkumulation von Schadstoffen in unterschiedlichen Medien bilden die Grundlage für die Bestimmung der „minimalen schädlichen Dosis" einer luftverunreinigenden Komponente unter bestimmten Randbedingungen. Aus dieser Kenntnis lassen sich dann Beurteilungsmaßstäbe (Orientierungswerte, MI-Werte, Immissions-(Grenz)-Werte usw.) ableiten, um den Menschen vor Gesundheitsschädigungen und erheblichen Belästigungen zu schützen, im erweiterten und idealen Sinn auch sein körperliches und seelisches Wohlbefinden im Sinne der Gesundheitsdefinition der Weltgesundheitsorganisation zu bewahren. Der ADI-Wert (*engl.* acceptable daily intake, DTA=duldbare tägliche Aufnahme) gibt diejenige Dosis eines Schadstoffes an, die nach dem gegenwärtigen Kenntnisstand bei lebenslanger täglicher Aufnahme nicht zu Gesundheitsstörungen führt.

Man kann akute (kurzfristige) und chronische (längerfristige) sowie lokale (vor allem auf Atemwege und Lungenfunktionen) und systemische (nach Resorption der Stoffe auf Organe wie Leber, Niere oder Zentralnervensystem) Wirkungen in Abhängigkeit von den chemischen und physikalischen Eigenschaften der Luftschadstoffe unterscheiden. Treten mehrere Luftschadstoffe mit vergleichbaren Wirkungsmechanismen gleichzeitig auf, so sind Kombinationswirkungen (koergistische und synergistische Effekte) zu erwarten, was in der Regel mit einer Verstärkung der Wirkung verbunden ist (z. B. gleichzeitiges Auftreten von Schwefeldioxid und Schwebstaub).

Man unterscheidet Luftschadstoffe mit Reizpotential (Wirkort: Auge, Larynx, Trachea, Bronchien, Bronchiolen, Alveolen und Kapillaren) wie – mit unterschiedlichen Angriffsorten – z. B. → Ammoniak, → Chlorwasserstoff, → Fluorwasserstoff, Schwefeldioxid, saure Aerosole, → Ozon, Stickstoffdioxid und Schwebstaub, die in höheren Konzentrationen zu akuten und chronischen Atemwegserkrankungen und Beeinträchtigungen der Lungenfunktion führen können, und Stickgase, wie → Kohlenmonoxid und → Schwefelwasserstoff, die die Sauerstoffversorgung der Organismen beeinflussen. Kanzerogen wirkende Luftschadstoffe sind z. B. Arsen, → Asbest, → Benzol, Cadmium, Dieselruß, polyzyklische aromatische → Kohlenwasserstoffe (PAH, Leitkomponente Benzo(a)pyren) und 2,3,7,8-TCDD.

Eine hinsichtlich ihre Wirkung bedeutsame Gruppe von L. stellen die Schwebstoffe mit ihren verschiedenen Bestandteilen dar. Zu diesen gehören Rußteilchen, → Schwermetalle (z. B. Blei, Cadmium, Zink, Nickel, Arsen, Beryllium, Eisen, Kupfer) und PAH. Die Wirkung hängt von den Inhaltsstoffen und Partikelgröße der Feinstaubteilchen ab. Neuere epidemiologische Studien, d. h. umfangreiche humanmedizinische Wirkungsuntersuchungen an größeren Bevölkerungskollektiven mit statistisch-analytischer Auswertung, zeigen, daß Gesundheitseffekte auch noch bei sehr niedrigen Konzentrationen Feinstaub (Tagesmittel unter 200 $\mu g/m^3$ PM 10; PM 10 bedeutet einen aerodynamischen Durchmesser von 10 μm) auftreten und daß gesundheitliche Effekte stärker korreliert sind mit den feinen Partikeln.

Weitere Luftschadstoffe, denen in den vergangenen Jahren verstärkt Bedeutung zugemessen wurde, sind Kohlenwasserstoffe, polyhalogenierte Dibenzodioxine und -furane, sowie polychlorierte Biphenyle (PCB) und Pentachlorphenol (PCP). Damit zeigt sich auch der zunehmende Trend, die Wirkungsuntersuchungen auf solche Stoffe auszurichten, die mengenmäßig weniger in Erscheinung treten, die aber auf Grund des vorhandenen Wirkungspotentials (toxisch, kanzerogen und/oder akkumulierend) von besonderer Bedeutung sind. Seit Beginn der 90er Jahre treten auch die Kfz-bedingten Immissionen (z. B. im Ruhrgebiet) mit ihren Auswirkungen (häufigere Atemwegserkrankungen und Allergien, verschlechterte Lungenfunktion bei Personen aus stark verkehrsbelasteten Arealen) immer mehr in den Vordergrund, während die Belastung durch die früher in den Städten vorherrschenden Luftverunreinigungen Schwefeldioxid, Staub und Schwermetalle an Bedeutung verliert. *E. Koch*

Literatur: *Wichmann, H. E.; W.-H. Schlipköter ; G. Fülgraff* (Hrsg.): Handbuch der Umweltmedizin – Toxikologie, Epidemiologie, Hygiene, Belastungen, Wirkungen, Diagnostik, Prophylaxe. Landsberg/Lech 1992 ff (Loseblatt-Sammlung). – Ministerium für Umwelt, Raumordnung und Landwirtschaft des Landes NRW (Hrsg.): Wirkungskataster zu den Luftreinhalteplänen des Ruhrgebietes 1993. Düsseldorf 1993. – *Dreyhaupt, F. J.* (Hrsg.): Handbuch für Immissionsschutzbeauftragte. Köln 1978 – Länderausschuß für Immissionsschutz: Krebsrisiko durch Luftverunreinigungen. Düsseldorf 1992 (hrsg. v. Ministerium für Umwelt, Raumordnung und Landwirtschaft des Landes Nordrhein-Westfalen).

Wirkung auf die Vegetation. Luftschadstoffe lassen sich in primäre und sekundäre L. unterteilen. Primäre L. werden nach ihrer Freisetzung ohne chemische Umwandlung auf oberirdische Teile der Vegetation abgelagert, im Pflanzengewebe angereichert (Schadstoffanreicherung) und lösen nach Überschreiten einer Wirkungsschwelle Pflanzenschäden aus. Zu den klassischen gasförmigen Verunreinigungskomponenten zählen Schwefeldioxid (SO_2), → Fluorwasserstoff (HF), → Chlorwasserstoff (HCl) und die Stickstoffoxide (NO_2, NO) sowie → Ammoniak (NH_3). Komponenten, die in der Atmosphäre während der Transmission eine chemische Umwandlung erfahren, werden als sekundäre L. bezeichnet. Hierzu zählen vor allem → Ozon (O_3) und PAN (→ Peroxyacetylnitrat), die Hauptkomponenten des photochemischen Smogs (→ Photooxidantien). Im Gegensatz zu den klassischen Komponenten können sie nur schwer oder gar nicht chemisch-analytisch im Pflanzenmaterial nachgewiesen werden, da sie nahezu vollständig metabolisiert werden.

Die genannten anorganischen Komponenten können mit atmosphärisch gebundenem Wasser zu Säuren reagieren. Über Niederschläge (Regen, Schnee, Nebel, Tau etc.) gelangen sie entweder direkt auf Blätter und Nadeln oder wirken indirekt über eine Veränderung der Bodeneigenschaften (→ Saurer Regen, → Waldschäden, neuartige). Hierbei kommt den als Nährstoff wirksamen Stickstoffverbindungen eine besondere Bedeutung zu, weil sie auf Grenzböden in Wäldern zu Nährstoffimbalanzen und in oligotrophen und ombrotrophen Ökosystemen wie Heidelandschaften oder Hochmooren zur Veränderung im Arteninventar führen können.

Staubförmige Schadstoffe sind entweder anthropogenen (Zementstaub, metallhaltige Stäube) oder natürlicher Ursprungs (Winderosion). Häufig dient inerter Staub als Schadstoffträger für phytotoxische Substanzen. In der Regel ist daher die chemische Zusammensetzung für das Schadausmaß bestimmender als die physikalischen Eigenschaften (Verkrustungen auf Blättern etc.), wenn man einmal vom Partikeldurchmesser absieht. Im Gegensatz zu den gasförmigen Komponenten überwiegt bei den Stäuben die indirekte Wirkung über den Boden, wo sie häufig auf Grund ihrer Persistenz im Boden angereichert und von den Pflanzen über das Wurzelsystem aufgenommen werden.

Komplexe → organische Verbindungen natürlichen (z. B. Terpene) wie anthropogenen Ursprungs (z. B. Chloraromaten, Aldehyde, Phenole, Ethylen) vermögen u. a. über kumulative Effekte die Wachstumsprozesse der Pflanzen negativ zu beeinflussen und führen zu Wechselwirkungen mit anderen Luftschadstoffen. Sie lösen in der Regel keine schadstoffspezifischen Symptomen aus, vermögen aber vielfach Primärsymptome in ihrer Ausprägung zu verschleiern.

Die Emittenstruktur einer Region bestimmt das in der Atmosphäre vorliegende Komponentenspektrum (Immissionstyp), so daß eine Vielzahl von Komponenten gleichzeitig oder alternierend einwirken kann. Sie führen entweder zu Wirkungsverstärkungen (Synergismus) oder heben sich gegenseitig in ihrer Wirkung auf (Kompensation) oder sind gegenseitig wirkungsneutral (additive Wirkung). Durch Überlagerung von Symptomen einzelner Komponenten und andere ungünstiger Milieufaktoren kann es zu unspezifischen Symptomen kommen.

Schadstoffe werden auf Pflanzenoberflächen trocken und naß abgelagert (→ Deposition) und über die Blatt-/Nadeloberfläche(Kutikula) oder die Spaltöffnungen (Stomata) aufgenommen und angereichert. Unter trockener Deposition wird die trockene Ablagerung luftgetragener Gase, Aerosole und Stäube verstanden, während die nasse Deposition den Stoffeintrag über Regen, Schnee, Nebel, Tau umfaßt. Schadstoffe können dabei entweder durch den niederströmenden Regen aus der Atmosphäre ausgewaschen (wash out), oder, wenn bereits im Wolkenwasser gebunden, ausgeregnet werden (rain out). Der direkte Eintrag von Schadstoffen über die Berührung zwischen der wasserdampf-gesättigten Atmosphäre (Wolken) und der Pflanzenoberfläche stellt einen weiteren wirkungsrelevanten Eintragspfad dar (Scavenging, neuartige Waldschäden).

Die Pflanzenreaktion wird durch die Konzentration und Einwirkungsdauer (Dosis), die artspezifische Resistenz der Pflanzen und die äußeren Wachstumsfaktoren wie Boden, Klima, Nährstoffe bestimmt. Während in früherer Zeit akut toxische Wirkungen (hohe Konzentration bei kurzen Einwirkungszeiten) im Umgebungsbereich singulärer Quellen zu schadstoffspezifischen Reaktionen an der Vegetation führten, sind nach entsprechenden Luftreinhaltemaßnahmen heute Pflanzen und Ökosysteme überwiegend durch chronische Einwirkungen in niedriger Konzentration gefährdet.

L.-Komponenten führen je nach Art, Konzentration und Einwirkungszeit makroskopisch zu morphologischen Veränderungen, die sich u. a. in Verkrüppelung, Zwergwuchs oder ganz generell in Habitusveränderungen manifestieren können. Sie sind zuerst an Verfärbungen und absterbenden Gewebepartien (Chlorosen, Nekrosen) der Blätter und Nadeln zu erkennen, wobei einzelne Luftschadstoffe in akut schädigender Konzentration zu charakteristischen Symptombildern führen (Pflanzenreaktion).

Bevor es zur Ausprägung makroskopisch sichtbarer Symptome kommt, finden in den Blättern/Nadeln biochemische, physiologische und feinstrukturelle Veränderungen auf Zellebene statt, sogenannte latente Schäden. Sie können bereits Wuchsänderungen und Ertragsminderungen auslösen, ohne sichtbare oder genauer definierbare Symptomstrukturen zu anzuzeigen. Vitalitätsschwächung führt häufig zu einer erhöhten Anfälligkeit gegenüber anderen Streßfaktoren (Disposition) wie Trockenheit, Kälte, Nährstoffdefizit oder biotischen Schaderregen. Chronische Wirkungen sind zunächst nicht durch das Absterben von Zellverbänden gekennzeichnet, sondern, vergleichbar mit den latenten Schäden, durch die Auslenkung bestimmter Stoffwechselvorgänge auf Grund einer langsamen Schadstoffakkumulation im Pflanzengewebe. Wird der Reparaturmechanismus angegriffen bzw. das Detoxifikationspotential der Pflanze erschöpft, kommt es in späteren Stadien entweder zu sichtbaren, zum Teil schadstoffspezifischen Symptomen (Chlorosen, Nekrosen) oder unspezifischen Seneszenzerscheinungen (vorzeitige Alterung, Welkeerscheinungen etc.).

Die Wirkung von L. auf die Vegetation wurde in zahlreichen Begasungsexperimenten und auch Freilandexperimenten untersucht. Im Laufe der vergangenen 30 Jahre konnten für die meisten relevanten Luftschadstoffe oder deren Kombinationen Dosis-Wirkungsbeziehungen abgeleitet werden, die die wesentliche Bewertungsgrundlage für schadstoffbegrenzende Immissionskonzentrationen darstellen.

Ferner wurden u. a. Kenntnisse über Aufnahmemechanismen (Absorption, Akkumulation, Desorption), Symptomatik, artspezifisches Resistenzverhalten, den Einfluß innerer und äußerer Wachstumsfaktoren (Genetik, Habitus, Temperatur, Luftfeuchte, Licht, Boden) sowie deren Wechselwirkungen ermittelt. Diese Kenntnisse sowie Beobachtungen in immissionsbelasteten Gebieten stellen die Grundlage des differentialdiagnostischen Instrumentariums dar, mit dessen Hilfe immissionsbedingte Vegetationsschäden erkennbar sind.

Artspezifische Reaktionen, sei es mit Bezug auf Symptomatik oder auf Schadstoffakkumulation, führten zur Entwicklung von → Bioindikatoren. Bereits um 1860 erkannte man, daß die Artenzusammensetzung des natürlichen Flechtenbewuchses als ein Kriterium für die Luftbelastung angesehen werden konnte. Grundlage ist die Erkenntnis, daß Lebewesen ganz generell auf äußerlich induzierte Reize zum Zweck der Lebenserhaltung reagieren und sich diese spezifischen Reaktionen als Indikatoren für die Einwirkungen von L. verwenden lassen. *G. Krause*

Literatur: *Däßler, H.-G.*: Einfluß von Luftverunreinigungen auf die Vegetation – Ursachen-Wirkungen-Gegenmaßnahmen. Jena 1981. – *Guderian, R.*: Air pollution. Ecological Studies 22, New York–Heidelberg–Berlin 1977. – *Mudd, J. B.; T. T. Kozlowski*: Responses of plants to air pollution. New York 1975. – *Smith, W. H.*: Air pollution and forests – Interactions between air contaminants and forest ecosystems. New York–Heidelberg–Berlin 1981.

Wirkung auf Tiere. Beim Tier ist zwischen Wild- und Nutztier zu unterscheiden. Einwirkungen von L. auf Wildtiere mit der Folge der Anreicherung dieser Stoffe im tierischen Organismus bzw. in den Anhangsorganen sowie Weitergabe innerhalb der Nahrungskette werden zumeist unter dem Gesichtspunkt des Biomonitoring (→ Wirkungskataster) untersucht. Beispiele sind Analysen der Schwermetallgehalte in Federn von Tauben und Raubvögeln, in Innereien von Nagetieren und vor allem in der Nähe von Autobahnen in Regenwürmern, hier insbesondere bezüglich Cadmium, sowie in Innereien von jagdbaren Wildtieren.

Bei Nutztieren sind früher Blei- und Fluorvergiftungen über das Futter in der Nachbarschaft von Schwermetall- und Aluminiumhütten, von Glas- und Emaillierwerken sowie von Ziegeleien von großer Bedeutung gewesen. Dabei waren Wiederkäuer besonders gefährdet.

Bei der Bleivergiftung treten im akuten Fall Koliken und Lähmungserscheinungen auf. Nach chronischer Einwirkung stehen Appetitverlust, Gewichtsabnahme und allgemeine Schwächung im Vordergrund. Wichtig ist die Anreicherung von Blei wie aller anderen Schwermetalle, insbesondere Cadmium, in Leber und Niere. Daher sind entsprechend kontaminierte Innereien ggf. vom menschlichen Verzehr auszuschließen. Nach der Futtermittelverordnung besteht ein Grenzwert von 40 mg Blei (kg Futter)$^{-1}$ bei 88% Trockensubstanz. In der Regel werden nur 10% der aufgenommenen Menge resorbiert. Vergiftungen sind heute in der Regel ausgeschlossen.

Fluorvergiftungen (sog. Fluorosen) waren früher in der Umgebung von Aluminiumhütten sowie der anderen bereits genannten Fluorquellen ein großes Problem. Hier stand im wesentlichen die chronische Einwirkung im Vordergrund. Die Folge einer Fluorose sind Appetitverlust, aber auch Entkalkung der Knochen, d. h. eine ausgeprägte Osteoporose. Weitere Wirkungen sind schmerzhafte Knochendeformationen (Exostosen) und Zahnschäden, die zugleich ein besonders typisches Symptom darstellen. Je nach Tierart wird ein Richtwert von 40 bis 150 mg Fluor (kg Pflanzentrockensubstanz)$^{-1}$ zum Ausschluß von Fluorosen angesehen.

Im übrigen reagieren Säugetier bzw. Warmblüter ähnlich wie der Mensch auf L. Daher sind auch alle Wirkungen von L. auf den Menschen von grundsätzlich gleicher Bedeutung für das Nutztier, allerdings mit ungleich niedrigerem Schutzanspruch.

In neuerer Zeit ist das Problem der Aufnahme chlorierter → Kohlenwasserstoffe, insbesondere → Dioxine, unter dem Schwerpunkt der Kontamination tierischer Nahrungsmittel im Vordergrund der Diskussion (Transfer- und Akkumulationsvorgänge, Wirkung von L. auf den Boden). Der Mensch erreicht allein durch die Aufnahme von Dioxinen über Fleisch und Fisch die tägliche Dosis von 1 pg (kg Körpergewicht)$^{-1}$ Tag^{-1}, gemessen in internationalen Toxizitätsäquivalenten. Diese Dosis sollte nach allgemeiner Anschauung als Vorsorge zum

Ausschluß gesundheitlicher Wirkung nicht überschritten werden. Weitere 0,6 pg (kg Körpergewicht)$^{-1}$ Tag^{-1} kommen allein durch die Aufnahme der ebenfalls Dioxine enthaltenden Kuhmilch hinzu. *Prinz*

Wirkung auf den Boden. Als Verwitterungsprodukt der äußeren Erdrinde ist der Boden der Entwicklung und ständigen Veränderung unterworfen. Zu den aus der Verwitterung stammenden anorganischen Bestandteilen (im wesentlichen Tonminerale und Pflanzennährstoffe) kommen organische Bestandteile (Humus und Folgeprodukte) sowie Bodenfauna und Bodenflora. Entsprechend unterscheidet man physikalische (Wasser- und Luftführung), chemische (auf Ionenaustausch beruhende Bindung bzw. Freisetzung von Nähr- und Schadstoffen) sowie biologische Eigenschaften (Humuszersetzung bzw. Mineralisierung unter Mitwirkung von Bodenflora und Bodenfauna). Das Untergrundgestein bestimmt naturgemäß ganz wesentlich die Bodenart (z. B. sandiger Lehm) und den Bodentyp (z. B. Braunerde) sowie den Nährstoffstatus.

Veränderungen der physikalischen Eigenschaften durch Eintrag von L. sind vergleichsweise unbedeutend; weit bedeutender sind die Veränderungen der chemischen Eigenschaften. Damit kommt es gleichzeitig zu unmittelbaren Auswirkungen auf die Bodenfauna (z. B. Collembolen, Nematoden), auf die Bodenflora (z. B. Pilze, insbes. Mykorrhiza, Bakterien) und auf die Vegetation. Eingetragene Luftschadstoffe können Nährstoffcharakter (z. B. Stickstoffverbindungen) oder Schadstoffcharakter (z. B. → Schwermetalle, → organische Verbindungen) besitzen oder verwickelte Folgewirkungen im Boden hervorrufen (z. B. Säureeinträge).

❒ Stickstoffverbindungen. Sie gelangen im wesentlichen als Ammonium (Nähe von Tierintensivhaltungen) und Nitrat (Folgeprodukte der NO_x-Emissionen) in den Boden. Der Eintrag beträgt im Freiland 10–20 kg N ha^{-1} a^{-1} und unter dem Kronendach von Waldbäumen 20–40, max. 60 kg N ha^{-1} a^{-1}, hiervon $^2/_3$ als NH_4-N. Die Aufnahme durch Pflanzen ist sehr unterschiedlich. Bei Waldbäumen liegt diese i. a. nicht über 15 kg ha^{-1} a^{-1} (Bild 1). Entsprechend kommt es zu einem Überschuß in der Zufuhr, der entweder an den Grundwasserträger weitergegeben wird oder mit oder ohne chemische Umwandlung zu einer Überdüngung führt.

Der ungestörte ökosystemare Stickstoffkreislauf umfaßt die in Bild 2 dargestellten Reaktionen. Hieraus ist zu entnehmen, daß unter der Bedingung eines geschlossenen Kreislaufes die Protonenbilanz ausgeglichen ist, weil unter Einschluß von Streuzersetzung (links unten) und Mineralisierung (rechts unten) genauso viele H^+- wie OH-Ionen gebildet werden. Eine versauernde Wirkung tritt erst dann ein, wenn organische Masse entfernt oder NH_4^+ im Überschuß zugeführt wird, allgemein, wenn im molaren Maßstab $(NH_4^+{}_{in} + NO_3^-{}_{aus}) - (NH_4^+{}_{aus} + NO_3^-{}_{in}) > 0$ ist. Allerdings ist dabei zu berücksichtigen, daß die Emission von

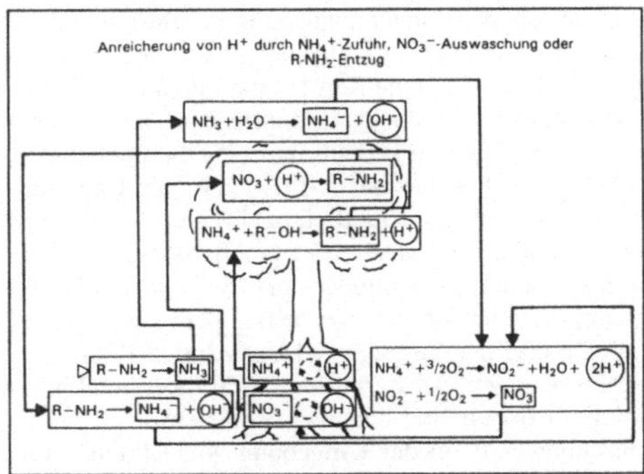

Luftverunreinigungen 1: Wirkung auf den Boden: Bilanz der Stickstoff-Einträge und -Austräge in einem Wald-Ökosystem.

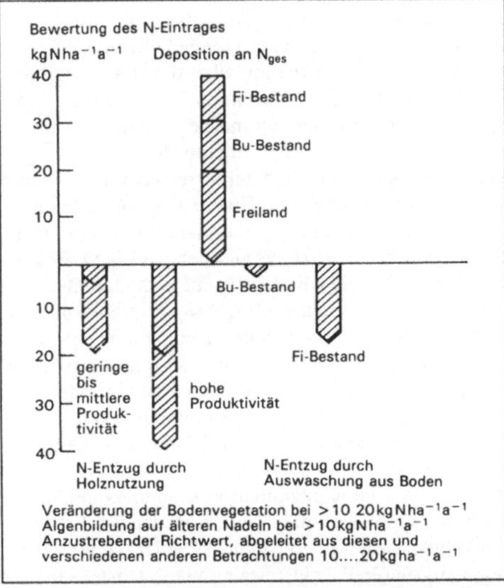

Luftverunreinigungen 2: Wirkung auf den Boden: Schematische Darstellung des ungestörten Stickstoffkreislaufs in einem Wald-Ökosystem.

→ Ammoniak entsprechend der Reaktion von $NH_3 + H_2O \rightarrow NH_4^+ + OH^-$ zunächst zu einer basischen Reaktion in der Atmosphäre führt. Bedeutsamer als die versauernde Wirkung überhöhter Ammoniak-Emissionen ist somit die Stickstoffüberdüngung von Wald- oder naturnahen Ökosystemen.

❒ Schwermetalle. Sie reichern sich entsprechend ihrer komplexbildenden Eigenschaften vorwiegend im Oberboden an (Blei z. B. weit stärker als Cadmium). Daher führen langanhaltende Einträge bei hoher Persistenz im Boden zu einer ausgesprochenen Akkumulation bzw. kaum zu einer Abnahme, wenn die Immission wieder zurückgeht (Transfer- und Akkumulationsvorgänge).

Wirkung auf die Bodenfauna und Bodenflora sowie auf das Wurzelsystem (Auflaufschäden) sind die Folge. In der Regel ist jedoch die Kontamination von Nahrungs- und Futterpflanzen durch Aufnahme der Schwermetalle über die Wurzeln bedeutsamer, die komponenten-, pflanzen- und bodenabhängig ist, z. B. bei Cadmium etwa 10mal höher als bei Blei, bzgl. Thallium bei Raps etwa 25mal höher als bei Spinat, außerdem bei niedrigem pH höher als bei hohem pH. Bei Niederschlagsgrenzwerten ist somit immer neben dem Eintragspfad Luft-Pflanze der Eintragspfad Luft-Boden-Pflanze zu berücksichtigen. Schwerpunkte der Schwermetallbelastung im Boden sind dort, wo hohe Schwermetallimmissionen, z. B. in der Umgebung von Hütten (Stolberg, Duisburger Bereich), über lange Zeit eingewirkt haben.

❒ Organische Verbindungen. Das Problem der Einwirkung organischer Verbindungen auf den Boden ist erst in jüngster Zeit erkannt worden. Ähnlich wie bei den Schwermetallen steht die Aufnahme der im Boden akkumulierten Luftverunreinigungen über die Wurzeln in Konkurrenz zur Aufnahme über die Blätter und den Sproß (Transfer- und Akkumulationsvorgang). Ggf. kann es auch zu einer sekundären Immission durch Freisetzung leichtflüchtiger organischer Verbindungen aus dem Boden kommen, die ihrerseits dann in die dem Boden nächstbenachbarten Blätter aufgenommen werden. Als Schätzmaß für die mögliche Pflanzen-Bioakkumulation bei Aufnahme aus der wäßrigen Bodenphase in die Wurzel wird häufig der n-Octanol/Wasser-Verteilungskoeffizient herangezogen. Komponenten von Bedeutung sind vermutlich vor allem chlorierte → Kohlenwasserstoffe sowie polycyklische aromatische Kohlenwasserstoffe. Insgesamt sind die Transferraten wegen der Molekülgröße jedoch nur sehr gering, zumal die Wurzel vornehmlich ionare Bindungsformen aufnimmt. Andererseits sind die Futter- und Nahrungspflanzen für eine Kontamination besonders gefährdet, bei denen der verzehrbare Teil im Boden wächst (z. B. Wurzelgemüse). Am Beispiel der → Dioxine sind im ungünstigsten Fall Transferraten von höchstens 0,1 ng TE (kg Pflanzentrockenmasse)$^{-1}$/1 ng TE (kg Bodentrockenmasse)$^{-1}$ zu erwarten.

❒ Säurehaltige Niederschläge. Der Eintrag von Säuren ist zur Kalkung gegenläufig. Die Kalkung ist in jedem Fall erforderlich bei Biomasseentzug (Erhaltungskalkung). Ein gewisser Säuregrad, z. B. infolge der aus Veratmung stammenden Kohlensäure, ist Voraussetzung, um die Verwitterung der Untergrundgesteine bzw. der Tonminerale (Fortschreitung der Bodenentwicklung) und damit den Nährstoffaufschluß zu gewährleisten. Außerdem ist die Salpetersäurebildung durch Mineralisierung der Humusstoffe eine wichtige natürliche, ökosystemare Säurequelle, die im starken Maße temperaturabhängig ist (Säureschübe bei trocken-warmer Witterung). Der Boden hat gegenüber dem Säureeintrag zahlreiche Puffermechanismen, die innerhalb verschiedener Pufferbereiche wirksam werden. Diese sind Kohlensäure/Carbonat-Pufferbereich (pH 6,2–8,6), Silikat-Pufferbereich (pH 5,0–6,2), Austauscher-Pufferbereich (pH 4,2–5,0), Aluminium-Pufferbereich (pH 3,0–4,2) sowie Eisen-Pufferbereich (pH < 3,0). Wird die Kapazität eines bestimmten Pufferbereichs überschritten, so wird der nächst niedrige angesteuert. Im Austauscher-Pufferbereich gehen im wesentlichen Kationen-Nährstoffe verloren wie Calcium, Magnesium, Kalium. Im Aluminium-Pufferbereich werden freie Aluminiumionen entsprechend $AlOOH \cdot H_2O + 3\,H^+ \rightarrow Al^{3+} + 3\,H_2O$ gebildet. Diese wirken auf die Wurzel toxisch und hemmen die Nährstoffaufnahme, wobei die einzelnen Pflanzenarten unterschiedlich empfindlich reagieren. Die Aluminiumtoxizität wird im Zusammenhang mit der Ursache der neuartigen → Waldschäden zum Teil kontrovers diskutiert. *Prinz*

Wirkung auf Materialien. Seit dem 17. Jh. ist bekannt, daß Schäden an Materialien in verunreinigter Luft stärker ausgeprägt sind als in reiner Luft. Dabei handelt es sich vor allem um Metallkorrosionen (Ursache Schwefeldioxid und andere saure Gase), Zerstörung von Bausteinen (Ursache Schwefeldioxid und andere saure Gase), Erosion und Verfärbung von Anstrichen und organischen Beschichtungen (Ursache Schwefeldioxid und Schwefelwasserstoff), Brüchigwerden und Verfärben von Papier (Ursache Schwefeldioxid), herabgesetzte Haltbarkeit sowie Ausbleichen von Textilien (Ursache Schwefeldioxid, Stickstoffmonoxid), Alterung von Gummi und Plastik (Ursache → Ozon), Verwitterung von Keramik und Glas (Ursache saure Gase, insbes. → Fluorwasserstoff) u. a. (Tabelle). Die Vernichtung kulturhistorisch bedeutsamer Bau- und Kunstwerke ist dabei von besonderer Bedeutung, weil diese grundsätzlich unersetzbar sind. Beispiele hierfür sind historische Bauwerke aus Naturstein, Stein- und Bronzeskulpturen sowie mittelalterliche Glasgemälde (Natursteinschäden, Stahlkorrosion, Materialschäden). Die mittelalterlichen Glasgemälde sind besonders gefährdet, weil zu der langen Expositionszeit noch die mindere Glasqualität der damaligen Herstellung kommt. Durch Wasser in Verbindung mit Schwefeldioxid kommt es zum Verlust von Alkaliionen (Kalium und Natrium), wodurch die chemisch-physikalische Struktur des Glases an der Oberfläche zerstört wird, die zumeist noch Träger aufgetragener Farben ist.

Für alle Akzeptoren mit passiver Aufnahme der L. gilt, daß neben der Schadstoffkonzentration die Windgeschwindigkeit sowie die chemische und physikalische Beschaffenheit der Akzeptoroberfläche aufnahme- und damit wirkungsbestimmend sind. Zu den wichtigen Oberflächeneigenschaften zählen die Feuchte bzw. das Vorhandensein eines Wasserfilms; bei säurehaltigen L. außerdem die Alkalität des Materials sowie als allgemeiner physikalischer Faktor die Rauhigkeit der Oberfläche.

Luftverunreinigungen, Wirkung auf Materialien. Tabelle: Übersicht über die verschiedensten Arten immissionsbedingter Materialschäden (nach Harter)

Material	Art des Schadens	Luft- verunreinigung	Andere Umweltfaktoren	Bestimmungsmethode
Metalle	Korrosion, Mattwerden	SO_2 und andere saure Gase	Luftfeuchtigkeit, Salz, Staub	Gewichtsverlust nach Entfernen der Korrosionsschicht
Werkstein	Oberflächen- erosion, schwarze Krusten	SO_2 und andere saure Gase	Mechan. Erosion, Staub, Luft- feuchte, Tempe- raturänderungen, Salze, CO_2, Mi- kroorganismen	Gewichtsverlust, Reflexionsver- lust, chemische Analyse
Keramik und Glas	Oberflächen- erosion, Krusten- bildung	Saure Gase, ins- besondere Fluor	Luftfeuchtigkeit	Abnahme der Oberflächenrefle- xion und Lichtdurchlässigkeit, Änderung in der Dicke, chemische Analyse
Farben und organische Beschich- tungen	Oberflächen- erosion, Verfärbung, Verunreini- gung	SO_2, H_2S_2	Luftfeuchtigkeit, UV und sichtba- res Licht, Staub, mechanische Erosion, Mikro- organismen, Ozon	Gewichtsverlust, Verlust der Reflexion, Abnahme der Dicke
Papier	Brüchigwerden, Verfärbung	Schwefeldioxid	Luftfeuchtigkeit, physikalische Beanspruchung, säurehaltige Sub- stanzen bei der Herstellung	herabgesetzte Haltbarkeit beim Knicken, pH-Änderung, Mes- sung des Molekulargewichtes, Änderung der Zerreißfestigkeit
Foto- grafische Materialien	Schäden im mikroskopi- schen Bereich	Schwefeldioxid	Staub, Luftfeuch- tigkeit	Visuelle und mikroskopische Untersuchung
Textilien	Verringerte Zerreißfestig- keit	Schwefel- und Stickstoffoxide	Staub, Luftfeuch- tigkeit, UV und sichtbares Licht, physikalische Beanspruchung, Waschen	Herabgesetzte Zerreißfestigkeit, chemische Analyse (Molekular- gewicht)
Textil- farben	Ausbleichen, Farb- änderung	Stickstoffoxide	Temperatur- schwankungen, UV und sichtba- res Licht, Ozon	Messung der Reflexion und des Farbwertes
Leder	Herab- setzung der Haltbarkeit, gepuderte Oberfläche	Schwefeldioxid	Physikalische Beanspruchung, Rückstände von Säuren aus der Produktion	Herabsetzung der Zerreißfestig- keit, chemische Analyse
Gummi	Sprödigkeit	Ozon	UV und sichtba- res Licht, physi- kalische Bean- spruchung	Verlust an Elastizität, Widerstand, Messung der Rißhäufigkeit und Rißtiefe

Der Einfluß von Windgeschwindigkeit und Schadstoffkonzentration wird implizit durch Meßgeräte erfaßt, die auf dem Prinzip eines Standardakzeptors beruhen, wie dies z. B. bei dem → IRMA-Verfahren der Fall ist. Bei Turm- bzw. Mastmessungen konnte mit diesem Verfahren nachgewiesen werden, daß die → Immissionsrate, aber auch die Stahlkorrosion deutlich mit der Höhe über Grund zunehmen, obwohl die Schwefeldioxidkonzentration nahezu konstant bleibt. Ursache ist hier die Zunahme der Windgeschwindigkeit mit der Höhe.

Die immissionsbedingte Korrosion quantitativ und reproduzierbar zu erfassen, ist nicht einfach. In der Regel geschieht dies über die Ermittlung des Gewichtsverlustes, wobei beim Stahl unter Verwendung einer bestimmten Beizlösung, die neben Wasser in bestimmten Anteilen Salzsäure und Formalin enthält, die Korrosionsschicht zunächst abgelöst werden muß. Bei Natursteinen stellen die starke Heterogenität des Materials sowie die im allgemeinen niedrigen Gewichtsverluste ein besonderes Problem dar. Wichtig ist es daher, die Exponate so auszubilden, daß bei möglichst geringem Volumen eine möglichst große Oberfläche zustande kommt. Dies wird am ehesten durch dünne Plättchen gewährleistet.

Inzwischen liegen auch für die schwierig zu handhabenden Natursteine erstaunlich hohe Korrelationen zwischen dem Grad der L. und dem Grad der Korrosion vor. Beispielhaft werden für den Zusammenhang zwischen dem Gewichtsverlust beim Baumberger Kalksandstein bzw. beim Krensheimer Muschelkalk Korrelationen von $r^2=0{,}36$ bzw. $r^2=0{,}80$ angegeben. Die zugehörigen Schadensfunktionen betragen

$$V = 0{,}03\,D + 0{,}5 \quad \text{bzw.}$$

$$V = 0{,}018\,D + 0{,}6$$

mit V = Gewichtsverlust in % und D = IRMA-Immissionsrate von SO_2 in mg $m^{-2}d^{-1}$.

Unter Berücksichtigung der historischen Verwitterung an Gebäuden und Grabsteinen wurde auch der jährliche Abtrag abgeschätzt. Die ermittelten Werte liegen bei Sandstein zwischen 0,08 und 0,39 mm a^{-1}, bei Granit etwa um den Faktor 10 niedriger.

Sehr eindeutige Korrelationen liegen seit langem zwischen der Korrosionsrate von Stahl und der Immissionsrate für Schwefeldioxid vor. Das Ergebnis einer solchen Untersuchung für verschiedene Meßstellen im westlichen Ruhrgebiet Anfang der 70er Jahre zeigt Bild 3.

Die Korrelation konnte noch einmal verbessert werden, indem in das Regressionsmodell der Zeitanteil mit relativer Luftfeuchtigkeit > 75% aufgenommen wurde. Hierbei wurde auch versucht, die natürliche Korrosionsrate abzuleiten, die auf $1{,}50 \pm 0{,}49$ g $m^{-2}d^{-1}$ geschätzt wurde, im Vergleich zu 4,50 g $m^{-2}d^{-1}$ an höchst belasteter Stelle in damaliger Zeit. Für andere Gebiete und andere Materialien wurde eine Vielzahl weiterer Schadensfunktionen, auch unter Heranziehung der Chloridbelastung abgeleitet.

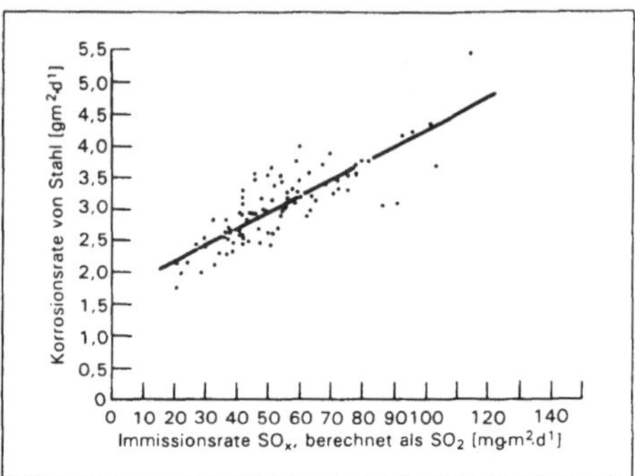

Luftverunreinigungen 3: Wirkung auf Materialien: Zusammenhang zwischen den Korrosionsraten exponierter Stahlproben und IRMA-Werten für Schwefeldioxid.

Beim Gummi ist wegen seiner Indikatorfunktion der quantitative Immissions-/Schadenzusammenhang vergleichsweise gut abgesichert. Der Verlust der Elastizität als der bestimmenden Wirkungsgröße ist streng proportional zum Produkt aus Konzentration · Zeit. Allerdings ist der Elastizitätsverlust schlecht deutbar, wenn man hieraus den Verlust an Gebrauchswert oder den wirtschaftlichen Schaden ableiten will.

Bei mittelalterlichen Glasgemälden wird geschätzt, daß es im letzten Jahrhundert zu einem Dickenverlust von 0,5 mm gekommen ist.

Die wirksamste Abhilfemaßnahme für Materialien aller Art ist, wie in jedem anderen Fall einer immissionsbedingten Schädigung, die Reduzierung der Emissionen. Dennoch sind gerade bei Materialien, und hier insbesondere bei Natursteinen und Glasgemälden, passive Schutzmaßnahmen von besonderer Bedeutung.

Prinz

Literatur: *Harter, P.*: Acid deposition – materials and health effects. ICTIS/TR36, IEA Coal Reserch, London 1986. – Die Einwirkung von Luftverunreinigungen auf ausgewählte Kunstwerke mittelalterlicher Glasmalerei. Materialien 2/84; Umweltbundesamt. Berlin 1984.

M

MAK-Wert *⟨threshold limit value at working places⟩* → Maximale Arbeitsplatzkonzentration

Mank-Karussell *⟨Mank's carrousel⟩*. Das M.-K., nach seinem Erfinder benannt, dient dazu, Stahlbleche im Freiland so zu exponieren, daß sie sich (entsprechend vom Wind angetrieben) ständig drehen und damit fortlaufend die Expositionsrichtung wechseln.

Mank-Karussell: Gestell zur Exposition von Stahlproben.

Hierzu sind jeweils fünf 1 mm starke, 50 mm × 100 mm große Probebleche an einem frei drehbaren Stern befestigt. Durch die ständige Richtungsänderung der Probebleche wird gewährleistet, daß richtungsabhängige klimatische und emittenten-spezifische Faktoren keinen Einfluß nehmen.

Die Expositionszeit des M.-K., das als komponentenunspezifischer Reaktionsindikator im → Wirkungskataster eingesetzt werden kann, beträgt jeweils 14 Tage. Im Labor wird nach einer speziellen Methode das Korrosionsprodukt mit einer Sparbeize quantitativ entfernt. Der ermittelte Gewichtsverlust wird dann auf die Gesamtoberfläche des Probeblechs bezogen und als Mittelwert der fünf Bleche eines Meßorts in Gramm pro Quadratmeter und Tag angegeben.

Für die Anwendung im Wirkungskataster ist wichtig, daß nach Möglichkeit an den selben Meßorten auch IRMA-Werte gewonnen werden, um über Korrelations- bzw. Regressionsanalyse eine objektive Zuordnung der Korrosionsraten zum Immissionseinfluß vornehmen zu können. Die bislang ermittelten Korrelationskoeffizienten ($r^2 \approx 0{,}7$) sind außerordentlich hoch. Aus dem Ordinatenabschnitt der experimentell ermittelten Regressionsgleichung läßt sich eine natürliche Korrosionsrate ableiten, für die z. B. die in der Atmosphäre normal anzutreffende Kohlendioxid-Konzentration bereits ausreicht. Von maßgeblichem Einfluß ist die Luftfeuchte, die somit innerhalb des Wirkungskatasters eine wesentliche Störgröße darstellen kann, wenn die klimatischen Verhältnisse an den einzelnen Meßorten stark unterschiedlich sind. Allerdings trifft dieser Einfluß auch für andere Materialobjekte zu, so daß die Übertragbarkeit der mit dem M.-K. ermittelten Werte u. U. in wünschenswerter Weise sogar erhöht wird. *Prinz*

Massenkraftabscheider *⟨gravity centrifugal separator⟩*. M. dienen zur Abscheidung von festen oder flüssigen Partikeln aus Gasen. Das Prinzip dieses Abscheidetyps besteht darin, daß hauptsächlich aufgrund massenproportionaler Feldkräfte die Partikeln in Zonen des → Abscheiders geraten, aus denen sie vom Strömungsmittel nicht mehr heraustransportiert werden können. Solche Feldkräfte können durch die Erdbeschleunigung (→ Schwerkraftabscheider) und die Zentrifugalbeschleunigung in umgelenkten oder rotierenden Strömungen (→ Fliehkraftabscheider) hervorgerufen werden.

M. zeichnen sich durch einen einfachen Aufbau, geringe Investitions- und Betriebskosten und große Zuverlässigkeit aus. Allerdings sind diese Apparate nur zur Abscheidung relativ grober Partikeln geeignet und werden deshalb häufig als Vorabscheider eingesetzt. *Schmidt*

Literatur: VDI 3676: Massenkraftabscheider. Mai 1980.

Massenspektrometrie *⟨mass spectrometry⟩*. Die M. ist eine analytische Methode zur Identifizierung vorzugsweise organischer Moleküle. Das hierfür benötigte Gerät heißt Massenspektrometer. Es besteht aus drei Funktionsgruppen, die sich in einem Hochvakuum befinden. Es sind dies die Ionenquelle, das Massenfilter und ein Detektor. Den zu untersuchenden Molekülen wird in der Ionenquelle eine bestimmte Energie übertragen. Hierzu gibt es verschiedene Möglichkeiten. Am häufigsten ist die Elektronenstoßionisierung. Hierbei durchfliegt ein Elektron mit 70 eV das Molekül und überträgt einen Teil seiner Energie. Je nach Höhe dieses Betrags wird ein Elektron des Moleküls herausgeschlagen und letzteres erhält eine positive Ladung, oder aber es gerät derart in Schwingungen, daß es in geladene Bruchstücke fragmentiert.

Der Ort der Fragmentierung im Molekül und die dabei evtl. ablaufenden chemischen Umlagerungsvorgänge sind durch seinen Aufbau vorgegeben. Die Anzahl der Bruchstücke und deren Gewicht müssen nun ermittelt werden. Sie ergeben dann das sog. Massenspektrum. Aus dem Massenspektrum kann man durch Anwendung chemischer Regeln und Reaktionsschemata auf die Struktur der analysierten Verbindung schließen. Dies ist oft sehr kompliziert und langwierig. Für Routineuntersuchungen, bei denen hinsichtlich der vorkommenden Strukturen die Möglichkeiten eingeschränkt sind, geschieht die Identifizierung meistens durch einen Computer. Man verwendet dazu Spektrenbibliotheken, die zum Vergleich dienen.

Der Rechner blättert die Einträge durch und macht innerhalb von Sekunden Identifizierungsvorschläge. Eine häufig verwendete Spektrensammlung ist die NBS-Bibliothek (National Bureau of Standards) mit über 42 000 Eintragungen.

Die in der Ionenquelle erzeugten geladenen Teilchen werden durch eine Ziehelektrode aus der Quelle entfernt, durch ein System elektronischer Linsen fokussiert und zum Massenfilter hin beschleunigt. Je nach der Bauart des Massenfilters ergibt sich die Bezeichnung des verwendeten Geräts.

❐ Quadrupol-Massenspektrometer. Der Massenfilter besteht aus vier Rundstäben, an denen ein Hochfrequenzwechselfeld, dem eine Gleichspannung überlagert ist, anliegt. Nur ein Ion einer bestimmten Masse ist in der Lage, die Stäbe auf einer stabilen Bahn zu durchfliegen. Ein Scan kommt durch die schnelle Änderung des Verhältnisses Gleich- zu Wechselspannung zustande. Das Quadrupol ist sehr schnell und kann über einen großen Massenbereich springen. Allerdings ist die Auflösung gering. Wegen der kompakten Bauweise wird es in der Routine-Immissionsmessung bevorzugt zusammen mit einem Gaschromatographen gekoppelt betrieben. Die sog. Ion-Trap (Ionenfalle) ist eine spezielle Bauform des Quadrupols.

❐ Sektorfeld-Massenspektrometer. Das geladene Teilchen durchfliegt ein Magnetfeld. Der Ablenkungsradius ist abhängig von der Masse des Teilchens. In der Praxis geht man so vor, daß man zum Scan das Magnetfeld hochfährt und die abgelenkten Teilchen auf einen Kollektorspalt treffen läßt. Ist dem Magneten ein elektrostatischer Analysator nachgeschaltet, spricht man von einem doppeltfokussierenden Gerät. Man erlangt hiermit eine hohe Auflösung, die für eine Feinmassenbestimmung verwendet werden kann. Die Feinmassenbestimmung nutzt die Tatsache, daß mit Ausnahme des Kohlenstoffs alle anderen Isotopen von der nominellen Masse abweichen. Durch Bestimmung der Masse auf 1 Millionstel genau kann die Isotopenzusammensetzung berechnet werden. Sektorfeld-Geräte sind wegen der großen Magnetspulen sehr schwer, groß und unhandlich. Auch diese Geräte können mit einem Gaschromatographen gekoppelt werden. Man erhält dann eines der leistungsfähigsten Großgeräte der modernen instrumentellen Analytik. Derartige Einheiten werden beispielsweise bei der Dioxinuntersuchung eingesetzt.

❐ Flugzeit-Massenspektrometer. Die geladenen Teilchen treten gleichzeitig aus der Ionenquelle aus und werden in einem Flugrohr beschleunigt. Die leichten Ionen erreichen als erste das Ende der Flugstrecke. Dieses Massenspektrometer wird nur für Spezialaufgaben eingesetzt.

Wird der Massenfilter so geschaltet, daß alle Ionen gleichzeitig den Detektor erreichen, spricht man vom Totalionenstrom. Dies ist die übliche Betriebsweise, wenn das Massenspektrometer als gaschromatographischer Detektor verwendet wird. Man erhält Chromatogramme, die denen von einem Flammenionisationsdetektor ähneln. Im Peakmaximum wird dann automatisch ein Scan ausgelöst, so daß das Massenspektrum für die anschließende Auswertung vorliegt. Moderne rechnergesteuerte Geräte scannen ständig im Sekundenabstand und berechnen den Totalionenstrom durch Integration über alle Massen. Das hat den Vorteil, daß auch Spektren vorliegen, die beispielsweise zwischen den Peaks lagen und für eine Untergrundkorrektur verwendet werden können.

Wird der Massenfilter andererseits so eingestellt, daß nur eine Masse während des chromatographischen Laufs registriert wird (Single Ion Monitoring), so besitzt man mit dem Massenspektrometer einen äußerst selektiven Detektor. Als Detektor im Massenspektrometer verwendet man Sekundärelektronenvervielfacher, die bei Auftreffen eines geladenen Teilchens eine Schar von Elektronen freisetzen, die entsprechend verstärkt werden können. *Dulson*

Literatur: *Budzikiewicz, H.*: Massenspektrometrie; Eine Einführung. Weinheim 1980.

Maximale Arbeitsplatz-Konzentration (MAK) ⟨*maximal concentration of the workplace air*⟩. MAK ist in der → Gefahrstoffverordnung legaldefiniert als diejenige Konzentration eines Stoffes in der Luft am Arbeitsplatz, bei der im allgemeinen die Gesundheit der Arbeitnehmer nicht beeinträchtigt wird. MAK-Werte werden von der MAK-Wert-Kommission wissenschaftlich ermittelt und jährlich aktuell veröffentlicht. Die Kommission beschreibt den MAK-Wert als die höchstzulässige Konzentration eines Arbeitsstoffes als Gas, Dampf oder Schwebstoff in der Luft am Arbeitsplatz, die nach dem gegenwärtigen Stand der Kenntnis auch bei wiederholter und langfristiger, in der Regel täglich 8stündiger Exposition, jedoch bei Einhaltung einer durchschnittlichen Wochenarbeitszeit von 40 Stunden, i. a. die Gesundheit der Beschäftigten nicht beeinträchtigt und diese nicht unangemessen belästigt. In der Regel wird der MAK-Wert als Durchschnittswert über einen Arbeitstag oder eine Arbeitsschicht integriert. Dem Wirkungscharakter bestimmter Stoffe entsprechend werden zusätzlich Expositionsspitzen durch Kurzzeitwerte begrenzt.

MAK-Werte dienen dem Schutz der Gesundheit am Arbeitsplatz; sie sind nicht geeignet, mögliche Gesundheitsgefährdungen durch lang andauernde Einwirkungen von Verunreinigungen der freien Atmosphäre, z. B. in der Nachbarschaft von schadstoffemittierenden Anlagen, anhand konstanter Umrechnungsfaktoren abzuleiten. Zum einen gelten die MAK-Werte nur für gesunde Personen im arbeitsfähigen Alter, während Luftverunreinigungen auch besonders empfindliche und anfällige Personen wie Kleinkinder und Kranke betreffen können; zum anderen sind MAK-Werte auf eine Expositionszeit von etwa 40 Stunden pro Woche abgestellt, während die Einwirkung von Luftverunreinigungen bis zu 168 Stunden in der Woche betragen kann.

Von Bedeutung für den Umweltschutz ist die MAK-Werte-Liste jedoch wegen der darin vorgenommenen Einstufung von Arbeitsstoffen in die Kategorien „krebserzeugend", „erbgutverändernd" und „fruchtschädigend" – in der Liste in der Spalte „Schwangerschaft" berücksichtigt –, weil die für Arbeitsstoffe festgestellten derartigen Wirkungen im Hinblick auf die Kausalitätsaussage grundsätzlich auch auf Luftschadstoffe übertragen werden können. So verweist die → TA Luft in den Vorschriften über die Emissionsbegrenzung von krebserzeugenden Stoffen (Nrn. 2.3, 3.1.4 und 3.1.7) dezidiert auf die MAK-Werte-Liste und (noch) nicht auf die → TRGS 905.

❐ Krebserzeugende → Stoffe. In Teil III der MAK-Werte-Liste werden sie eingestuft als eindeutig krebserzeugend (Gruppe III A) und als Stoffe mit begründetem Verdacht auf krebserzeugendes Potential (Gruppe III B). In der Gruppe III A werden unterschieden: III A1 = Stoffe, die beim Menschen erfahrungsgemäß bösartige Geschwülste zu verursachen vermögen, und III A2 = Stoffe, die sich bislang nur im Tierversuch als krebserzeugend erwiesen haben. Dementsprechend werden in der Liste jeweils in der Spalte „krebserzeugend" die betroffenen Stoffe mit III A1, III A2 oder III B gekennzeichnet; für solche Stoffe – und auch für die als erbgutverändernd eingestuften Stoffe – sind in der weit überwiegenden Zahl der Fälle aus Vorsorgegründen von der MAK-Wert-Kommission keine zulässigen Konzentrationswerte (MAK-Werte) angegeben, insbesondere weil sich Krebs und Mutationen erst nach Jahren und Jahrzehnten, unter Umständen erst in künftigen Generationen, manifestieren und die Wirkungs- und Reparaturmechanismen noch nicht ausreichend erforscht sind. Da aber für eine Reihe dieser Stoffe von einer technischen Unvermeidbarkeit ausgegangen werden muß und Expositionen gegenüber diesen Stoffen nicht völlig ausgeschlossen werden können, werden für die Praxis im Arbeitsschutz Richtwerte (Technische Richtkonzentration [TRK]) angegeben, die als Grundlage für die zu treffenden Schutzmaßnahmen und für die meßtechnische Überwachung am Arbeitsplatz dienen. Diese Werte werden aber – entsprechend der rein wissenschaftlich orientierten Aufgabenstellung der MAK-Wert-Kommission – nicht von ihr vorgeschlagen, sondern gemäß der Gefahrstoffverordnung vom Ausschuß für Gefahrstoffe. Festgesetzt werden die TRK-Werte in der vom Bundesarbeitsminister erlassenen TRGS 102.

❐ Erbgutverändernde Stoffe. Diese werden in drei Gruppen unterteilt:
- Gruppe 1: Stoffe, für die beim Menschen eine erbgutverändernde Wirkung nachgewiesen wurde.
- Gruppe 2: Stoffe, für die im Tierversuch mit Säugern eine erbgutverändernde Wirkung nachgewiesen wurde.
- Gruppe 3: Stoffe, für die eine Schädigung des genetischen Materials der Keimzellen beim Menschen oder im Tierversuch nachgewiesen wurde.

In der MAK-Werte-Liste 1995 waren erst sechs Stoffe in der Spalte „Erbgutverändernd" markiert.

❐ Fruchtschädigende Stoffe. Hinsichtlich dieser Stoffe geht die MAK-Wert-Kommission davon aus, daß eine vorbehaltlose Bezugnahme von MAK- und BAT-Werten (Biologische Arbeitsstofftoleranzwert [BAT]) auf Schwangere nicht zulässig ist, weil die Einhaltung dieser Werte den sicheren Schutz des Ungeborenen nicht „in jedem Fall" gewährleistet. Als fruchtschädigend wertet die Kommission jede „Stoffeinwirkung, die eine gegenüber der physiologischen Norm veränderte Entwicklung des Organismus hervorruft, die prä- oder postnatal zum Tod oder zu einer permanenten morphologischen oder funktionellen Schädigung der Leibesfrucht führt". In der MAK-Werte-Liste werden zur Klassifizierung der fruchtschädigenden Stoffe in der Spalte „Schwangerschaft" vier Gruppen unterschieden:
- Gruppe A: Ein Risiko der Fruchtschädigung ist sicher nachgewiesen. Bei Exposition Schwangerer kann auch bei Einhaltung des MAK-Wertes und des BAT-Wertes eine Schädigung der Leibesfrucht auftreten.
- Gruppe B: Ein Risiko der Fruchtschädigung muß als wahrscheinlich unterstellt werden. Bei Exposition Schwangerer kann eine solche Schädigung auch bei Einhaltung des MAK-Wertes und des BAT-Wertes nicht ausgeschlossen werden.
- Gruppe C: Ein Risiko der Fruchtschädigung braucht bei Einhaltung des MAK-Wertes und des BAT-Wertes nicht befürchtet zu werden.
- Gruppe D: Eine Einstufung in eine der Gruppen A – C ist noch nicht möglich. Für jeden in Gruppe D eingestuften Stoff ist im Einzelfall den von der Senatskommission herausgegebenen wissenschaftlichen Begründungen zu entnehmen, ob die vorliegenden Daten eher für eine Einstufung nach C oder nach B sprechen und welche weiteren Untersuchungen für eine definitive Einstufung notwendig erscheinen. *Dreyhaupt*

Literatur: Deutsche Forschungsgemeinschaft: MAK- und BAT-Werte-Liste 1995. Weinheim 1995. – TRGS 102: Technische Richtkonzentrationen (TRK) für gefährliche Stoffe, Ausg. Sept. 1993; Bundesarbeitsblatt 9/1993, S. 65 (zuletzt geändert mit BArbBl. 5/1995, S. 35). – TRGS 905: Verzeichnis krebserzeugender, erbgutverändernder und fortpflanzungsgefährdender Stoffe, Ausg. April 1995; BArbBl. 4/1995, S. 70 (zuletzt geändert mit BArbBl. 10/1995, S. 46).

Maximale Immissionsdosis *⟨maximum immission dose⟩* → MID

Maximale Immissionskonzentration *⟨maximum immission concentration⟩* → MIK

Maximale Immissionsrate *⟨maximum immission rate⟩* → MIR

Maximaler Immissions-Wert (MI-Wert) *⟨maximal immission value⟩*. Als MI-W. werden in → VDI-Richtlinien ausgewiesene Maximale Immissions-Konzentrationen (MIK-Werte) (→ MIK), Maximale Immissions-Dosen (MID-Werte) (→ MID) und Maximale Immissionsraten (MIR-Werte) (→ MIR) bezeichnet. Da am Anfang dieser Richtlinien-Serie nur konzentrationsbegrenzende Werte in der Diskussion waren und die erste Richtlinie dieser Art (1966) die Oberbezeichnung „Maximale Immissions-Konzentrationen (MIK)" trug (VDI 2306), hat sich in der Praxis stärker der Begriff MIK-Wert synonym für alle drei genannten Maximalwertkategorien eingeführt als die korrekte Sammelbezeichnung MI-W., die 1974 mit der VDI 2310 eingeführt wurde.

Die Grundlagen zur Ermittlung von MI-W. sind in VDI 2309 Bl. 1 zusammengefaßt, ebenso die prinzipiellen Inhalte der darauf fußenden stoffbezogenen Richtlinien. MI-W.-Richtlinien enthalten danach in der Regel als wesentliche Elemente:
- die Darstellung der für die MI-Wertableitung relevanten naturwissenschaftlichen und medizinischen Kenntnisse,
- die Gegenüberstellung von Immissionskenngrößen und damit korrelierter Wirkungen,
- die Angabe der zur Ableitung der MI-Werte herangezogenen Wirkungskriterien,
- die Begründung der MI-W. sowie
- die Ausweisung der MI-W.

Zielsetzung und Bedeutung von MI-W. sind in VDI 2310 Bl. 1 behandelt.

In VDI-Richtlinien derart abgeleitete MI-W. stellen Sachverständigenäußerungen der Kommission Reinhaltung der Luft im VDI und DIN dar und gehören zu den Technischen Regeln im Umweltschutz (→ Technische Regeln Luftreinhaltung). Die entsprechenden Richtlinien zielen darauf ab, MI-W. bekanntzumachen, bei deren Einhaltung der Schutz von Mensch, Tier oder Pflanze vor schädlichen Einwirkungen von Luftverunreinigungen nach dem zum Zeitpunkt der Veröffentlichung vorhandenen Wissensstand und nach Maßgabe der zugehörigen Kriterien gewährleistet ist. Die MI-W. selbst können allerdings keine unmittelbare verbindliche Wirkung haben; sie sind in erster Linie Entscheidungshilfen für die Ableitung rechtlicher Normen zur Immissionsbegrenzung. Gleichwohl können MI-W. in der Praxis der Immissionsschutzbehörden eine wichtige Rolle spielen, z.B. wenn Immissionswerte in der → TA Luft nicht oder nur mit einseitiger Aussagekraft (→ Immissionswert TA Luft) angegeben sind und die Behörde in eine Einzelfallbeurteilung eintreten muß.

Bei jeglicher Anwendung von MI-W. ist – auch aus Aktualitätsgründen – stets der gesamte Richtlinieninhalt zu berücksichtigen. *Dreyhaupt*

Literatur: *Dreyhaupt, F. J.*: Rechtsgrundlagen Luft (Kapitel X-2 mit Anhang XI-1.1 Wichtige Grenz-, Richt- und Orientierungswerte Luft). In Wichmann/Schlipköter/Fülgraff: Handbuch der Umweltmedizin. Landsberg, 1992. – VDI 2306: Maximale Immissions-Konzentrationen (MIK); Organische Verbindungen; März 1966 (1992 ersatzlos zurückgezogen). – VDI 2309 Bl. 1: Ermittlung von Maximalen Immissions-Werten; Grundlagen. März 1983. – VDI 2310: Maximale Immissions-Werte. Sept. 1974. – VDI 2310 Bl. 1: Zielsetzung und Bedeutung der Richtlinien Maximale Immissions-Werte. Okt. 1988.

Maximalpegel *⟨maximal level⟩*. Der während einer Meßdauer festgestellte oder in einer Beurteilungszeit zu erwartende größte Wert des Schalldruck- oder Schallleistungspegels einer interessierenden Schallimmission oder -emission. Die Bezeichnung des M. ist L_{max}.

Bei der Beurteilung von Geräuschimmissionen wird der M. neben dem → Beurteilungspegel, der mit dem → Immissionswert verglichen wird, als Kriterium herangezogen. Der M. soll den für den Beurteilungspegel geltenden Immissionswert während der Tageszeit um nicht mehr als 30 dB und während der → Nachtzeit um nicht mehr als 20 dB überschreiten. *Strauch*

Meßdauer *⟨measurement duration⟩*. Die M. ist die notwendige Dauer einer Geräuschmessung, um das zu beurteilende Geräusch repräsentativ für den → Beurteilungszeitraum zu erfassen. Einfluß auf die M. bei Geräuschimmissionen von Anlagen haben die Betriebsbedingungen bezüglich des zeitlichen Verlaufs der Geräuschemission (→ Schallemission) sowie meteorologische Einflußgrößen bei der → Schallausbreitung. Die M. kann relativ kurz sein bei Geräuschmessungen im Nahbereich von Anlagen, die zeitlich konstant Geräusche emittieren; längere M. wird notwendig bei zufällig schwankenden Geräuschemissionen und größeren Meßabständen von der Anlage. *Strauch*

Literatur: TA Lärm. Allg. Verw. Vorschrift der BReg. Juli 1968. – VDI-Richtlinie 2058, Bl. 1: Beurteilung von Arbeitslärm in der Nachbarschaft. 9/1985. – VDI 3723, Bl. 1: Anwendung statistischer Methoden bei der Kennzeichnung schwankender Geräuschimmissionen. 5/1993.

Meßgebiet *⟨measurement area⟩* → Beurteilungsgebiet

Meßhäufigkeit *⟨measurement frequency⟩*. Bei diskontinuierlichen Immissionsmessungen mit Stichprobencharakter ist die M. festzulegen. Die → TA Luft (Nr. 2.6.2.8) schreibt für gasförmige Schadstoffe 26 Messungen pro Meßpunkt und Jahr vor (das ergibt 104 Messungen je → Beurteilungsfläche), sofern zu erwarten ist, daß die Belastung höher ist als 80% des Grenzwertes. Ansonsten genügen 13 Messungen pro Meßpunkt und Jahr. Für Schwebstaub und seine Inhaltsstoffe Blei und Cadmium fordert die TA Luft 120 Messungen pro Meßpunkt und Jahr, sofern zu erwarten ist, daß die Belastung höher ist als 80% des Grenzwertes, in anderen Fällen 60 Messungen pro Meßort und Jahr. *Pfeffer*

Meßhöhe ⟨*measurement height*⟩. Die M. über Flur kann bei Immissionsmessungen einen erkennbaren Einfluß auf das Ergebnis haben. Die gilt insbesondere, wenn sich im Nahbereich des Probenahmeortes Emissionsquellen mit niedriger Austrittshöhe befinden, z.B. Kraftfahrzeugverkehr. Die → TA Luft (Nr. 2.6.2.4) schreibt vor, daß die Immissionen in der Regel in 1,50 m bis 4 m Höhe über dem Grund sowie in mehr als 1,50 m seitlichem Abstand von Bauwerken zu messen sind. Vorschriften zur M. bei kontinuierlichen Messungen finden sich ferner in den Richtlinien über die Wahl der Standorte und die Bauausführung automatisierter Meßstationen in telemetrischen → Immissionsmeßnetzen. Im Rahmen spezieller Untersuchungen kann es sinnvoll sein, Messungen in anderen Höhen vorzunehmen. *Pfeffer*

Meßort ⟨*measurement place*⟩.

Erschütterungen. Die Wahl des M. richtet sich bei der Messung von Erschütterungsimmissionen nach der in Betracht stehenden Beurteilung.

Bei der Einwirkung von mechanischen Schwingungen auf den Menschen sollen die Schwingungsgrößen zur Ermittlung der Bewerteten Schwingstärke KB nach VDI 2057 grundsätzlich an der Stelle der Einleitung der Schwingungen in den menschlichen Körper gemessen werden. Nähere Einzelheiten für die Wahl des M. sind in DIN 4150 Teil 2 angegeben. Bei der Beurteilung der Einwirkung von → Erschütterungen auf bauliche Anlagen sind nach DIN 4150 Teil 3 die Schwingungsgrößen am Fundament des betroffenen Gebäudes, in der Deckenebene des obersten Vollgeschosses und bei der Beurteilung von Deckenschwingungen in vertikaler Meßrichtung etwa in Feldmitte der Decke zu messen. Diese Punkte sind für diese Beurteilung die M. Die M. zur Beurteilung von Erschütterungsimmissionen werden manchmal auch als Beurteilungs-M. oder auch als Bezugs-M. bezeichnet. Die Lage der M. und gegebenenfalls auch weitere Angaben zu den gewählten Meßpunkten müssen im Meßprotokoll genau beschrieben sein. Wegen der Abhängigkeit der Erschütterungseinwirkung von der Einwirkungsrichtung ist die Meßrichtung von besonderer Bedeutung. *Splittgerber*

Literatur: DIN 4150, Teil 2: Einwirkungen auf Menschen in Gebäuden. 12/1992, T. 3: Einwirkungen auf bauliche Anlagen. 5/1986.

Geräusche. Der Ort in der Umgebung der Geräuschquelle, an dem die Meßgröße mit einem oder mehreren Meßgeräten erfaßt wird.

M. und Meßpunkt werden häufig gleichbedeutend benutzt. Wegen der Eindeutigkeit von Begriffen bei der Meßplanung und -durchführung sollte der M. die geographische Lage, gekennzeichnet z.B. durch Rechts-, Hochwert im Gauß-Krüger-Netz oder durch Flurstücksnummern oder Straßennamen mit Hausnummern, beschreiben, der Meßpunkt jedoch den zur Beurteilung der Geräuschimmission nach dem Beurteilungsverfahren vorgeschriebenen Punkt der Meßgeräteaufstellung.

So gilt z.B. als M. das der emittierenden Anlage nächstgelegene Wohnhaus; als Meßpunkt gilt nach dem Beurteilungssystem der → TA Lärm der Punkt 0,5 m vor dem geöffneten Fenster des am stärksten vom Anlagengeräusch belasteten Wohnraums dieses Hauses. *Strauch*

Meßstellendichte ⟨*measurement sites, density of*⟩. Die M. gibt bei Immissionsmessungen an, wie viele Meßstellen (Meßpunkte) pro Flächeneinheit vorhanden sind. Eine derartige Angabe ist sinnvoll bei einer regelmäßigen Anordnung von Meßstellen. Die → TA Luft (Nr. 2.6.2) geht in der Regel von einem Meßstellenabstand von 1 km aus. Bei einer regelmäßigen Anordnung der Meßstellen in Form eines quadratischen Rasters ergibt sich damit eine Dichte von einer Meßstelle pro km^2 (→ Beurteilungsfläche, → Beurteilungsgebiet). Eine derartige M. ist im Hinblick auf den Meßaufwand nur bei diskontinuierlichen Messungen realisierbar. Sofern bei der Durchführung kontinuierlicher Immissionsmessungen mit Hilfe automatischer Meßstationen ebenfalls ein regelmäßiges Raster zugrunde gelegt wird, wählt man meistens einen Meßstellenabstand von 4 km oder von 8 km. Damit ergeben sich M. von einer Meßstelle pro 16 km^2 bzw. pro 64 km^2. *Pfeffer*

Meßunsicherheitsabzug ⟨*measurement inaccuracy, deduction for*⟩. Ein nach der → TA Lärm bei der Ermittlung des → Beurteilungspegels im Hinblick auf die Meßunsicherheit vorzunehmender Abzug von 3 dB(A).

Die Bezeichnung M. ist strittig, weil die Meßunsicherheit eines Ergebnisses aus einer Zufallskomponente und aus einer unbekannten systematischen Abweichung (systematische Komponente) besteht, die sowohl positiv als auch negativ sein können und somit nur einen Abzug von 3 dB nicht rechtfertigen.

Die später als die TA Lärm erschienene VDI Richtlinie 2058 sieht keinen einseitigen M. vor, sondern nennt eine gerätebedingte Meßunsicherheit von ±2 dB(A).

Auf Grund der neueren Normen für → Schallpegelmesser betragen die Meßunsicherheitsgrenzen für Geräte der Klasse 1 und 2, die für Geräuschimmissionsmessungen eingesetzt werden sollen, ±0,7 dB bzw. ±1,0 dB.

Der Abzug von 3 dB zur Bildung des Beurteilungspegels nach der TA Lärm kann somit nicht mit der Meßunsicherheit begründet werden, sondern ist als eine Konvention anzusehen, nicht zu vermeidende Unsicherheiten bei der Ermittlung des Beurteilungspegels dem Betreiber einer Anlage nicht anzulasten.

Strauch

Literatur: VDI-Richtlinie 2058, Bl. 1: Beurteilung von Arbeitslärm in der Nachbarschaft. 9/1985. – DIN IEC 651: Schallpegelmesser. 12/81. – DIN 1319, Teil 3: Grundbegriffe der Meßtechnik, Begriffe für die Meßunsicherheit und für die Beurteilung von Meßgeräten und Meßeinrichtungen. 8/1983.

Meßzeitraum ⟨*measuring period*⟩. Der M. für Immissionsmessungen nach der → TA Luft beträgt in der Regel ein Jahr (Nr. 2.6.2.5). Ein kürzerer M. kann zugelassen werden, wenn Messungen in einem kürzeren Zeitraum eine ausreichende Beurteilung der im Laufe eines Jahres auftretenden Immissionen zulassen. Ein Zeitraum von sechs Monaten soll dabei nicht unterschritten werden.

Grundsätzlich dürfen aus Immissionsmessungen gewonnene Kenngrößen für die Immissionsbelastung nur mit solchen Grenz-, Richt- oder Beurteilungswerten verglichen werden, denen ein entsprechender → Beurteilungszeitraum zugrunde liegt. So ist es beispielsweise unzulässig, Monatsmittelwerte von Immissionskonzentrationen mit → Immissionswerten der TA Luft zu vergleichen, weil diese sich grundsätzlich auf ein Jahr beziehen.

Pfeffer

Metallindustrie ⟨*metal industry*⟩. Unter M. wird die hüttenmäßige Gewinnung von Metallen aus Erzen und Sekundärrohstoffen (z. B. Schrott) verstanden. Die M. wird im allgemeinen in die beiden Bereiche Eisen- und Stahlindustrie (→ Eisenerzeugung und -verarbeitung) sowie Nichteisen (NE)-Metallindustrie (→ Nichteisenmetallgewinnung und -verarbeitung) unterteilt. Bei Anlagen zur Metallgewinnung und -verarbeitung haben Emissionen an Staub, insbesondere bei der NE-Metallgewinnung oft mit besonders wirkungsrelevanten Staubinhaltsstoffen (z. B. Schwermetalle), sowie gasförmige → anorganische Stoffe (z. B. SO_2) eine besondere Bedeutung. Neben Quellen mit gefaßten Abgasen treten bei der Handhabung von Einsatzstoffen, Produkten und Rohstoffen oft diffuse Emissionen auf, die gezielte Minderungsmaßnahmen (z. B. Einhausen und Abgaserfassung) erfordern (→ Umschlag staubender Güter).

Leder/Batz

Literatur: *Winnacker, K.; L. Küchler*: Chemische Technologien – Band 6 Metallurgie. München 1973.

Methan ⟨*methane*⟩. M. (CH_4) ist der einfachste Kohlenwasserstoff und mit ca. 84% Hauptbestandteil des trockenen Erdgases. Darüber hinaus tritt M. als Grubengas, eingeschlossen in Kohlenflözen, und als Sumpfgas durch anaerobe Vergärung von Cellulose auf. Durch analoge Prozesse wird es auch im Pansen von Wiederkäuern oder z. B. beim Abbau von Klärschlamm (Klärgas) oder beim Abbau von Abfällen in Deponien (Deponiegas) gebildet.

M. findet vielseitige Verwendung, z. B. als Bestandteil im Erdgas für Heizzwecke oder als Synthesegas zur industriellen Herstellung von → Ruß, Gummi, Acetylen usw. Durch Erdgasgewinnung und -nutzung werden weltweit jährlich ca. 35–45 Mio. t M. freigesetzt, durch Kohlegewinnung und -nutzung ca. 25–35 Mio. t.

Neben Kohlendioxid, Kohlenmonoxid, Stickstoffoxiden und anderen flüchtigen organischen Verbindungen (→ VOC) trägt auch M. zum → Treibhauseffekt bei. M. hat im Vergleich mit CO_2 ein um den Faktor 21 höheres Treibhauspotential (volumenbezogen). Der Anteil des M. am zusätzlichen Treibhauseffekt wird mit 13% angegeben.

Etwa 80% der anthropogenen M.-Freisetzung entfallen auf nichtfossile Quellen wie Reisanbau, Nutztierhaltung, Mülldeponien und Verbrennung von Biomasse. Ein Anteil von 20% wird der Nutzung fossiler Energieträger zugerechnet.

Messungen des M.-Gehalts in der Atmosphäre zeigen deutliche Zuwachsraten. Eine Verminderung der M.-Emissionen aus anthropogenen Quellen kann z. B. durch Verringerung der Leckagen bei der Erdgasgewinnung und -nutzung sowie durch verbesserte Ausnutzung von Grubengas, Biogas und Deponiegas erreicht werden. Gegenwärtig werden lediglich 60–70% des abgesaugten Grubengases in Deutschland genutzt. Neuartige Verfahren zur M.-Anreicherung, z. B. mit Hilfe von Molekularsieben, ermöglichen, aus dem abgesaugten Grubengas einen höherwertigen Energieträger herzustellen, der in Kraftwerken oder Kokereien verwertet werden könnte.

B. Krause

MI-Wert ⟨*maximum immission value*⟩ → Maximaler Immissions-Wert

MID ⟨*maximum immission dose*⟩. Abk. für Maximale Immissions-Dosis (→ Maximaler Immissions-Wert). MID-Werte sind auf Akzeptorkörper oder -flächen bezogen und werden angegeben als Verhältnis der aus der Außenluft aufgenommenen Masse Schadstoff zur Masse der Akzeptorsubstanz (z. B. mg/kg) bzw. zur Akzeptorfläche (z. B. mg/m^2). Ein Beispiel für die Anwendung von MID-Werten sind die Schadstoffbegrenzungen in Futtermitteln für Nutztiere. Dabei wird davon ausgegangen, daß sich emittierte Schadstoffe, etwa Nickel oder Zink, staubförmig auf oberirdischen Futterpflanzenteilen oder auf dem Boden niederschlagen und direkt bzw. über den Transfer Boden/Pflanze das Futter kontaminieren. Die Angabe der MID-Werte zum Schutz der Nutztiere erfolgt in Schadstoffmasse pro Futtereinheit der Gesamtfutterration (z. B. mg/kg Futter) und oft zusätzlich – entsprechend umgerechnet – in Schadstoffmasse bezogen auf die Körpermasse der Tiere und den Aufnahmezeitraum (z. B. mg/kg Körpermasse und Tag). So gibt z. B. die VDI 2310 Bl. 31 die MID-Werte für Zink zum Schutz landwirtschaftlicher Nutztiere wie folgt an:

Tierart	MID (mg/kg Futter mit 88% Trockenmasse)	entspricht etwa einer Zink-Dosis (mg/kg Körpermasse und Tag)
Rind	500	20
Schaf	300	15
Schwein	1 000	30 bis 40
Huhn	1 000	60 bis 80

Dreyhaupt

Literatur: VDI 2309 Bl. 1: Ermittlung von Maximalen Immissions-Werten, Grundlagen. März 1983. – VDI 2310 Bl. 31: Maximale Immissionswerte; Maximale Immissions-Werte für Zink zum Schutz der landwirtschaftlichen Nutztiere. Juli 1991. – (Entsprechende Richtlinien für andere Schadstoffe: VDI 2310 Bl. 26: ...für Fluoride...; Dez. 1987, Bl. 27E: ...für Blei...; Okt. 1995, Bl. 28E: ...für Cadmium...; März 1990, Bl. 29E: ...für Thallium...; Jan. 1992, Bl. 30: ...für Nickel...; Juli 1991, Bl. 32: ...für PCB...; Nov. 1995, Bl. 33E: ...für Quecksilber in organischer Bindungsform...; Sept. 1992, Bl. 34E: ...für Vanadium...; Sept. 1992).

MIK *⟨maximum immission concentration⟩.* Abk. für Maximale Immissions-Konzentration (→ Maximaler Immissions-Wert). MIK-Werte sind angegeben im Verhältnis Masse Schadstoff zu Volumen Luft, z. B. in mg/m^3.

MIK-Werte werden stets mit Bezug auf
– das jeweilige Schutzgut, z. B. Mensch oder Vegetation (in letzterem Falle mit Unterscheidung in sehr empfindliche, empfindliche und weniger empfindliche Pflanzen), sowie
– die unterschiedliche Dauer der Einwirkung (z. B. kurzzeitig, langzeitig, Vegetationsperiode) als Mittelwerte angegeben.

Nicht berücksichtigt ist in den MIK-Wert-Angaben die in der Immissionsmeß- und Beurteilungspraxis auftretende räumliche und zeitliche Heterogenität (→ Beurteilungsgebiet, → Beurteilungszeitraum, → Immissionswert TA Luft,); der Anwender der MIK-Werte muß im Einzelfall Beurteilungsgebiet und Beurteilungszeitraum in eigener Verantwortung festlegen. *Dreyhaupt*

Literatur: VDI 2309 Bl. 1: Ermittlung von Maximalen Immissions-Werten. Grundlagen. März 1983. – VDI 2310 Bl. 3: Maximale Immissions-Werte zum Schutz der Vegetation; Maximale Immissions-Konzentrationen für Fluorwasserstoff; Dez. 1989, Bl. 6: ...für Ozon; April 1989, Bl. 11: Maximale Immissions-Werte zum Schutz des Menschen; Maximale Immissions-Konzentrationen für Schwefeldioxid; Aug. 1984, Bl. 12: ...für Stickstoffdioxid; Juni 1985, Bl. 15: ...für Ozon (und photochemische Oxidantien); April 1987, Bl. 19: ...für Schwebstaub; April 1992.

Mindestabstand *⟨minimum distance⟩* → Schutzabstand

Mineralfaserherstellung *⟨mineral fibres, production of⟩.* Glas- und Steinwolle für Isolierungszwecke und textile Glasfasern für die Verstärkung von Werkstoffen sind die bedeutendsten anorganischen Fasern.

Anlagen zur Herstellung von nichttextilen Mineralfasern ähneln weitgehend den Aggregaten der → Glasherstellung, auch die Emissionen sind ähnlich. Abweichende Emissionsverhältnisse treten bei den Verfahrensstufen Fördern, Lagern und Endarbeiten auf.

Zur Emissionsminderung von faserförmigem Staub haben vor allem zwei Entwicklungen, die aus Rationalisierungsgründen eingeführt wurden, beigetragen: der Übergang von der mechanischen zur pneumatischen Rohfilzbildung und die weitgehende Verwendung von Schmälzmitteln (hochviskose und klebrige Öle) und Bindemitteln. Die Staub-Emissionsbegrenzung der → TA Luft von 50 mg/m^3 kann mit filternden → Abscheidern eingehalten und zum Teil deutlich unterschritten werden. Der abgeschiedene Staub kann dem Produktionsprozeß wieder zugeführt werden.

Bei der Weiterverarbeitung zu Faserwerkstoffen können Abgase mit organischen Stoffen (z. B. Formaldehyd, Phenol) entstehen, die einer thermischen oder biologischen Abgasreinigungseinrichtung zugeführt werden müssen.

Anlagen zur Herstellung von Glasfasern, soweit sie nicht für medizinische oder fernmeldetechnische Zwecke bestimmt sind, sind in der Nr. 2.8 Spalte 1 des Anhangs der → 4. BImSchV genannt und deshalb im Verfahren mit Öffentlichkeitsbeteiligung genehmigungsbedürftig. Besondere emissionsbegrenzende Anforderungen sind in Nr. 3.3.2.8.1 der TA Luft festgelegt. Aktuell wird die Frage der Kanzerogenität von Faserstäuben diskutiert, nachdem die MAK-Wert-Kommission festgestellt hat, daß eine Reihe von faserförmigen Stäuben in Tierversuchen Tumoren erzeugt hat; so hat sie u. a. Glasfasern und Steinwolle in der MAK- und BAT-Werte-Liste 1995 „als ob III A2" eingestuft (→ maximale Arbeitsplatz-Konzentration; siehe auch Bek. d. BMA vom 15. 1. 1996 „Grenzwerte für Künstliche Mineralfasern", Bundesarbeitsblatt 3/1996, S. 90). *Hinrichs*

Literatur: *Davids, P.; M. Lange*: Die TA Luft '86 – Technischer Kommentar. Düsseldorf 1986. – Luftreinhaltung '88, Hrsg.: Umweltbundesamt. Berlin 1989.

Mineralölraffinerie *⟨crude oil refinery⟩.* In einer M. sind Verarbeitungsanlagen zusammengefaßt, in denen aus Rohöl marktgängige Mineralölprodukte hergestellt werden. Der Begriff Raffinerie weist noch auf die frühere Hauptaufgabe hin, die durch einfache Destillation aus dem Rohöl gewonnenen Fraktionen mittels Chemikalienzugabe zu reinigen (zu raffinieren). Heute werden neben sog. Hydroskimming-Anlagen (Kraft- und Brennstoff-Raffinerien), die hauptsächlich Otto- und Dieselkraftstoffe sowie Heizöle herstellen, die sogenannten Vollraffinerien betrieben, die ein sehr umfangreiches Produktionsprogramm haben. Darüber hinaus gibt es Spezialraffinerien, die z. B. Schmierstoffe herstellen oder gebrauchte Schmierstoffe aufarbeiten (Altölraffinerien).

Jede M. besteht aus einer Vielzahl von Prozeß- und Nebenanlagen, deren Zusammenstellung und Auslegung durch die technische Entwicklung und Markterfordernisse bestimmt werden. So hat sich z. B. in den letzten Jahren aufgrund der starken Bedarfsverschiebung von schweren zu leichten Mineralölprodukten die Raffineriestruktur durch den Bau von Konversions(Crack)-Anlagen stark geändert.

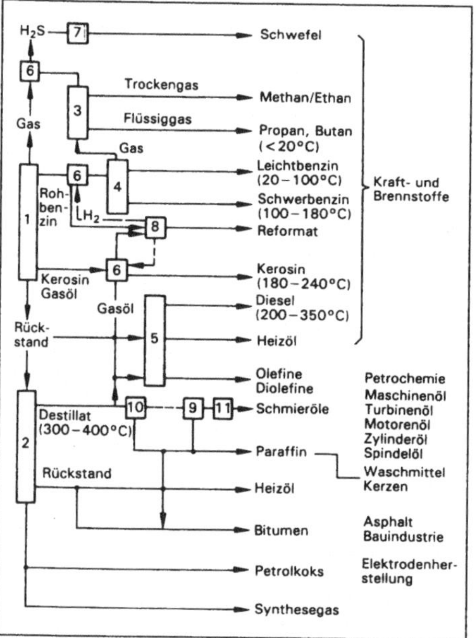

Mineralölraffinerie: Schematische Darstellung.

1 atmosphärische Destillation, 2 Vakuumdestillation, 3 Gaszerlegung, 4 Benzinfraktionierung, 5 Cracken, katalytisch, 6 hydrierende katalytische Raffination, 7 Claus-Anlage, 8 Reformer, 9 Entparaffinierung, 10 Schmierölextraktion, 11 Schmierstoff-Raffination (H_2SO_4, Bleicherde)

Erste Verarbeitungsstufe in einer M. ist die Destillation (Stufe 1, 2) (Bild). Durch sie wird das Rohöl nach Siedebereichen in eine Reihe von Grundprodukten getrennt:
- leichtsiedende Produkte (hieraus entstehen die Kraft- und Brennstoffe)
- hochsiedende Produkte (hieraus entstehen die Schmierstoffe)
- Destillationsrückstände (hieraus entstehen die schweren Heizöle und Bitumen).

Der erste Schritt ist eine Destillation unter Atmosphärendruck. Das Rohöl wird in der Regel vorher in einem Entsalzer von Salzwasser befreit, das bei der Förderung und dem Transport des Rohöls eingeschleppt wird. Das Dampf-Flüssigkeitsgemisch wird in den Destillationstürmen aufgetrennt. Die leichtesten Produkte (Methan, Ethan, Propan, Butan) werden am Kolonnenkopf als Gase abgezogen. Die nicht verdampften schwersten Anteile fließen zum Boden der Kolonne und werden dort abgezogen; dieser Destillationsrückstand kann Endprodukt sein und als schweres Heizöl verwendet werden. Im Mittelteil der Kolonne werden von verschiedenen Böden das Petroleum (Kerosin) sowie die Gasöle (Leichtgasöl und Schwergasöl) abgeleitet.

Aus dem Kopfprodukt werden nach Kondensation eine Gasfraktion, ein Benzinschnitt und wäßriges Kondensat gewonnen. Die Gasfraktion des Kopfproduktes wird durch erneute Destillation weiter getrennt (Bild, Flüssiggas-Trennanlage, Nr. 3). Der Benzinschnitt wird in zwei weiteren Destillationsvorgängen in Schwerbenzin (Straightrun-Benzin), Leichtbenzin, Flüssiggas und Raffineriegas aufgetrennt (Bild, Nr. 4).

Der Rückstand der atmosphärischen Destillation kann in einer Vakuumdestillation bei einem Druck von ca. 50 mbar weiter destilliert werden. Bei der Vakuumdestillation werden verschiedene Wachsdestillate (Zylinderöl, Maschinenöl, Spindelöl) sowie Vakuum-Gasöl und als Vakuum-Rückstand Destillat-Bitumen sowie schwere Heizölkomponenten gewonnen. Bei der Vakuumdestillation werden in der Regel Temperaturen von 400 °C nicht überschritten; bei diesen Temperaturen setzen jedoch bereits Zersetzungsprozesse ein (Crackvorgänge).

Die Bandbreite der aus einem Rohöl erzeugten Produkte läßt sich durch Destillation nur in engen Grenzen bestimmen. Um auf eine durch den Markt bestimmte Bedarfsstruktur flexibel reagieren zu können, werden in M. verstärkt Konversionsverfahren eingesetzt, die eine Umwandlung schwerer Destillate in leichtere Produkte ermöglichen. Dabei werden drei Verfahrensarten angewandt:
- thermisches Spalten (Cracken),
- katalytisches Cracken,
- Hydrocracken.

Durch thermisches Spalten werden schwerere, höher siedende Fraktionen in leichtere → Kohlenwasserstoffe umgewandelt. Die entstehenden Destillate werden nachbehandelt.

Auch das katalytische Cracken dient der Erzeugung niedermolekularer Kohlenwasserstoffe aus schwereren Produkten. Als Katalysatoren werden meist körnige synthetische Aluminiumsilikate im Fließbett verwendet. Dabei befindet sich der Katalysator in einem kontinuierlichen Umlauf durch die Anlage (Reaktor und Regenerator).

Beim hydrierenden Spalten (Hydrocracken) werden in einer Wasserstoffatmosphäre Erdölrückstände zu leichtsiedenden Stoffen, meist gesättigten Kohlenwasserstoffen, umgewandelt, ohne dabei die mit dem thermischen und katalytischen Cracken zwangsweise verbundene Erzeugung von Koks oder schweren Rückständen in Kauf zu nehmen. Als Katalysatoren werden Metalle (Nickel, Palladium, Chrom, Wolfram, Platin), als Katalysatorträger wird in der Regel Aluminiumsilikat verwendet. Durch die reduzierende Atmosphäre werden schwefel- und stickstoffhaltige Verbindungen in → Schwefelwasserstoff bzw. → Ammoniak überführt. Das Reaktionsgemisch wird in einer Hochdruckstufe in eine flüssige und eine gasförmige Phase getrennt und weiter verarbeitet. Entstehender Schwefelwasserstoff wird einer → Clausanlage zugeführt.

Durch katalytisches Reformieren werden Fertigprodukte mit sehr hoher Oktanzahl (hoher Klopffestigkeit) gewonnen. Das Verfahren ist durch eine Kombination verschiedener chemischer Reaktionen gekennzeichnet. Den Reformern wird eine hydrierende → Entschwefelung vorgeschaltet, um eine → Katalysatorvergiftung zu verhindern. Die Katalysatoraktivität nimmt infolge von Koksablagerungen ab. Eine Katalysatorregeneration (meist diskontinuierlich) ist erforderlich. Dabei auftretende Emissionen an Stickstoffoxiden und Schwefeldioxid sind durch prozeßtechnische Maßnahmen zu vermindern.

Während durch katalytisches Cracken die Benzinausbeute, bezogen auf den Rohöleinsatz, erhöht wird, dient das katalytische Reformieren der Benzinveredelung. Reformatbenzin hat einen hohen Anteil an aromatischen Kohlenwasserstoffen (ca. 55%).

In M. wird auch Bitumen produziert. Dabei wird ein Teil des bei der Vakuumdestillation entstehenden Rückstandes durch Einblasen von Luft (Blasverfahren) in Oxidations- oder Blasbitumen umgewandelt.

In Petrolkoksanlagen werden Rückstände der atmosphärischen Destillation und der Vakuumdestillation verkokt.

Durch hydrierende Entschwefelung werden das leichte Heizöl und das gesamte Kopfprodukt der Rohöldestillation einschließlich des Naphtha mit Wasserstoff bei 300 bis 400 °C und 60 bar in Anwesenheit von Kobalt-Molybdän-Katalysatoren entschwefelt. Der entstehende Schwefelwasserstoff wird einer Clausanlage zugeführt.

Zur Gewinnung von aromatischen Kohlenwasserstoffen hoher Reinheit, z. B. aus Reformatbenzin, werden Extraktionsverfahren mit Lösemitteln eingesetzt. Die Flüssig-Flüssig-Extraktion ist die bei weitem häufigste Methode zur Gewinnung reinen → Benzols und Toluols. Als weiteres Extraktionsverfahren wird die Adsorption an Molekularsieben angewandt. Damit werden z. B. aus der Gasölfraktion n-Paraffine abgetrennt; übrig bleiben Isoparaffine, Naphthene und einfache Aromaten.

Die Herstellung verschiedener Schmieröle für sehr unterschiedliche Einsatzzwecke erfordert spezielle Verfahren, die unter dem Begriff Schmierölraffination zusammengefaßt werden.

Bei katalytischen Verfahren mit Wasserstoff entstehen Restgase und wäßrige Kondensate, die Schwefelwasserstoff enthalten. Ältere Finishing-Verfahren arbeiten mit Schwefelsäure oder Bleicherde; dabei entstehen Säureteer und ölhaltige Bleicherden, die als Reststoffe zu verwerten oder als Abfälle zu entsorgen sind.

Die Notwendigkeit, Einsatz-, Zwischen- und Endprodukte der Mineralölverarbeitung innerhalb einer M. zu transportieren und zu lagern, erfordert eine Reihe von Nebenanlagen: Tanklager für Rohöl, Tanklager für Zwischen- und Fertigprodukte, Mischanlagen und -einrichtungen für Fertigprodukte, Verladeeinrichtungen für den Abtransport von Produkten.

M. haben je nach Verarbeitungstiefe, d. h. Produktpalette und Konversionsrate, eine hohe Zahl an Einzelfeuerungen. Der Brennstoffeigenverbrauch der M. liegt in der Größenordnung von 5% bezogen auf den Gesamteinsatz.

In der Bundesrepublik Deutschland werden bisher keine Abgasentschwefelungsanlagen in Feuerungsanlagen der M. betrieben; die derzeit einzige Abgasentschwefelungsanlage bei einer M.-feuerung in Europa wird in Österreich bei der ÖMV in Wien-Schwechat betrieben.

M. stellen eine Emissionsquelle für viele Stoffgruppen dar: insbesondere für SO_2, NO_x, Stäube, Benzol, organische Stoffe, Schwefelwasserstoff, polyzyklische aromatische Kohlenwasserstoffe, geruchsintensive Stoffe. Die Emissionen stammen sowohl aus diffusen Quellen als auch aus gefaßten Quellen (z. B. Feuerungsanlagen). Als emissionsmindernde Maßnahmen kommen der Einsatz schadstoffarmer Brennstoffe, feuerungstechnische Maßnahmen, Abgasreinigungsverfahren sowie bei Emissionen aus diffusen Quellen der Einsatz besonders emissionsarmer und verschleißempfindlicher Anlagenteile (z. B. Dichtungen, Pumpen, Ventile) in Betracht.

M. gehören zu den genehmigungsbedürftigen → Anlagen (Nr. 4.4 des Anhangs zur → 4. BImSchV) und bedürfen des Genehmigungsverfahrens mit Öffentlichkeitsbeteiligung. Die emissionsbegrenzenden Anforderungen sind in der → TA Luft enthalten, die in Nr. 3.3.4.4.1 spezielle Anforderungen für M. festlegt. Bei den Raffineriefeuerungen sind in Abhängigkeit von der Feuerungswärmeleistung die Anforderungen der → 13. BImSchV oder der TA Luft zu erfüllen.

Angrick

Literatur: *Davids, P.; M. Lange*: Die TA Luft '86 – Technischer Kommentar. Düsseldorf 1986. – *Zerbe, C.*: Mineralöle und verwandte Produkte. Berlin–Heidelberg–New York 1969.

MIR ⟨*maximum immission rate*⟩. Abk. für Maximale Immissions-Rate (→ Maximaler Immissions-Wert). MIR-Werte sind auf Akzeptorkörper oder -flächen bezogen und werden angegeben als das Verhältnis der mittleren Schadstoffaufnahme aus der Außenluft zur Masse der Akzeptorsubstanz in der Zeiteinheit (z. B. mg/kg · d) bzw. zur Akzeptorfläche in der Zeiteinheit (z. B. $mg/m^2 \cdot d$). MIR-Werte sind bisher in VDI-Richtlinien noch nicht festgesetzt worden. Jedoch sind

Immissionsraten-Bestimmungen durchaus geläufig in der Immissionsmeßtechnik (→ IRMA-Verfahren).

Dreyhaupt

Literatur: VDI 2309 Bl. 1: Ermittlung von Maximalen Immissions-Werten. Grundlagen. März 1983. – VDI 3794 Bl. 1: Bestimmung von Immissionsraten. Bestimmung der Immissionsrate mit Hilfe des IRMA-Verfahrens. Nov. 1982.

Mittelungspegel ⟨*mean sound pressure level*⟩ → Dauerschallpegel, äquivalenter

Mittelungsverfahren ⟨*average method*⟩. M. bei Schallpegelmessungen sind notwendig, wenn zeitlich oder örtlich schwankende → Schallpegel zu einem Einzahlwert zusammengefaßt werden sollen. Bei Geräuschmessungen ist es üblich, M. zu benutzen, die Mittelwerte von zeitlich oder räumlich schwankenden Schallenergiegrößen (→ Schalleistung, Schallintensität) und nicht von den hiermit zusammenhängenden Schallfeldgrößen (Schalldruck, Schallschnelle) bilden.

Diese M. werden daher auch energetische Mittelung genannt und erfordern beim Mitteln von Schalldruckpegeln eine Umwandlung des Schalldrucks in eine energieproportionale Größe (Quadrierung des Schalldrucks). Das Ergebnis des M. wird Mittelungspegel genannt und wird, weil ein schwankender Pegel durch einen äquivalenten Mittelwert ersetzt wird, auch als äquivalenter bzw. energieäquivalenter Dauerschallpegel L_{eq} bezeichnet.

M. für Schallpegel sind in DIN 45641: Mittelung von Schallpegeln. 6/1990, festgelegt. Nach dieser Norm wird das Ergebnis einer zeitlichen Mittelung äquivalenter → Dauerschallpegel L_{eq} genannt, das Ergebnis einer örtlichen oder räumlichen Mittelung Mittelungspegel $\overline{L}$.

Eine Kombination aus zeitlicher und räumlicher Mittelung wird hiernach als Mittelungspegel $\overline{L}_{eq}$ bezeichnet.

Als Reihenfolge der Indizes zur Unterscheidung von Mittelungspegeln sollte nach dieser Norm folgendermaßen vorgegangen werden

- Index für die physikalische Größe, z. B. L_p für Schalldruckpegel;
- Index für die benutzte Frequenzbewertung, z. B. L_{pA} für den A-bewerteten Schalldruckpegel;
- Index für die Zeitbewertung, z. B. L_{pAF} für den A-bewerteten Schalldruckpegel mit der Zeitbewertung Fast (F);
- Index für das M., z. B. L_{pAFeq} für die zeitliche Mittelung des Schalldruckpegels (A- und F-bewertet);
- Index für die Mittelungsdauer T, z. B. $L_{pAFeq\,T=60\,s}$ für die Mittelungsdauer von 60 Sekunden.

Der Mittelungspegel aus n einzelnen, örtlich unterschiedlichen Schalldruckpegeln L_i, die A-bewertet und mit der Zeitbewertung „Fast" ermittelt wurden, wird entsprechend der Norm 45641 nach folgender Gleichung berechnet:

$$\overline{L}_{pAF} = 10\lg\left(\frac{1}{n}\sum_{i=1}^{n} 10^{0.1\,L_i}\right)\text{dB}.$$

Strauch

Mitwindsituation ⟨*downwind, situation of*⟩. Eine für die → Schallausbreitung günstige Wettersituation. Bei Mitwind, also Wind, der von der Schallquelle zum Immissionsort mit Geschwindigkeiten zwischen 1 bis 5 m/s weht, werden gegenüber anderen Windsituationen die höchsten → Schallpegel am Immissionsort bei konstanten Werten der → Schallemission und der Schallausbreitung festgestellt. Ähnlich gute Schallausbreitungs-Bedingungen sind auch bei → Inversion der Lufttemperatur zu beobachten.

Wind- und Schallgeschwindigkeit addieren sich richtungsabhängig, so daß die Schallausbreitung mit dem Wind schneller und gegen den Wind langsamer erfolgt. Durch unterschiedlich große Windgeschwindigkeiten infolge → Bewuchs und Bebauung am Boden gegenüber größeren Höhen, treten Krümmungen der Schallstrahlen zum Boden hin bei Mitwind und Krümmung der Schallstrahlen vom Boden weg bei Gegenwind auf, die zu Schattenzonen bei Gegenwind führen.

Geräuschmessungen bei M. sind im Gegensatz zu anderen Wettersituationen reproduzierbar, so daß es in der Praxis üblich ist, Messungen bei Mitwind durchzuführen.

Als eine M. wird Wind definiert, der während der Meßdauer unter einem Winkel von ±60° von der Schallquelle zum Immissionsort mit einer Geschwindigkeit von größer 1 m/s weht, wobei die Winddaten in 5 – 10 m Höhe über Grund am Meßort festgestellt werden.

Der Wind erzeugt bei der Umströmung des Schallpegelmessers (Mikrophon) Strömungsgeräusche, die den Meßwert des zu untersuchenden Geräusches verfälschen können. Geräuschmessungen bei großen Schalldruckpegeln des Nutzgeräusches können daher bei höheren Windgeschwindigkeiten noch vorgenommen werden gegenüber Messungen von Nutzgeräuschen mit niedrigen Schalldruckpegeln. *Strauch*

Literatur: *Bethge/Meurers*: TA Lärm, Kommentar. Köln–Berlin–Bonn–München. – Sportanlagen-Lärmschutzverordnung, 7/1991. – VDI 2058: Schutz vor Arbeitslärm in der Nachbarschaft. 11/1985. – VDI 2714: Schallausbreitung im Freien. 1/1988.

Mobilfunk ⟨*mobile telecommunication*⟩. Beim M. werden Informationen drahtlos mit Hilfe elektromagnetischer Wellen übertragen. Die dafür eingesetzten Geräte sind so klein, daß sie in der Hand gehalten oder in Fahrzeugen eingebaut ortsunabhängig benutzt werden können. Durch diesen körpernahen Betrieb können strahlenhygienische Probleme entstehen.

Die historische Entwicklung der drahtlosen Nachrichtenübertragung in Deutschland begann mit Versuchen im Jahre 1918 in Berlin. Das erste, weitgehend flächendeckende Funknetz (A-Netz) wurde 1958 installiert. 1972 wurde es vom technisch verbesserten B-Netz abgelöst, das heute noch in Betrieb ist. Derzeit wird für das Autotelefon hauptsächlich das C-Netz benutzt.

Das 1991 eingeführte D-Netz arbeitet erstmals nach einer internationalen Norm, die eine Verwendung der Geräte auch im Ausland zuläßt. Außerdem bietet die eingesetzte Digitaltechnik erhebliche technische Vorteile beim Betrieb.

Parallel zu dieser schnellen technischen Weiterentwicklung des M. wachsen aber auch Befürchtungen in der Öffentlichkeit, daß durch die von den M.-Geräten und den Basisstationen abgestrahlten hochfrequenten elektromagnetischen Wellen nachteilige Wirkungen auf Mensch und Umwelt eintreten könnten. Besondere Beachtung müssen dabei die Probleme der gegenseitigen elektromagnetischen Verträglichkeit (EMV) elektronischer Geräte und die biologischen Wirkungen auf Grund der vom Körper absorbierten Hochfrequenzenergie finden (→ Strahlung, nichtionisierende).

Unter EMV-Problemen subsumiert man die gegenseitige Störung verschiedener Funkdienste sowie die Funktionsbeeinflussung von technischen Systemen und Geräten oder elektronischen Implantaten durch Einwirken von elektromagnetischen Feldern. Seit einigen Jahren werden Aspekte der elektromagnetischen Verträglichkeit bereits in der Herstellungsphase elektrotechnischer Produkte berücksichtigt. Auf europäischer Ebene harmonisierte EMV-Normen und -Richtlinien tragen zusätzlich zur gegenseitigen Verträglichkeit der Geräte bei. Für medizinische Implantate, z. B. Herzschrittmacher, bestehen keine ausreichenden EMV-Vorschriften. Trotzdem ist im Bereich des Mobiltelefons, wegen der hier verwendeten Frequenzen und Geräteleistungen, eine Beeinflussung von implantierten Herzschrittmachern unwahrscheinlich.

Biologische Wirkungen, z. B. auf das zentrale Nervensystem, Verhaltensänderungen, Stoffwechselstörungen oder grauer Star werden bei intensiver Hochfrequenzbestrahlung nur ausgelöst, wenn bestimmte Schwellenwerte der Energieabsorption im Körper überschritten werden. Für verschiedene biologische Wirkungen können derartige Schwellen, z. B. der spezifischen Energieabsorption gemessen in J/kg Körpermasse oder der spezifischen Absorptionsrate (SAR) in W/kg Körpermasse, angegeben werden.

Biologische Wirkungen die nicht direkt von der Energieabsorption im Körper abhängen, sog. nichtthermische Wirkungen, die für den Gesundheitsschutz von Bedeutung sind, konnten unter den derzeitigen Rahmenbedingungen des M. nicht identifiziert werden. In diesem Zusammenhang stehende ungeklärte Detailfragen bedürfen der weiteren wissenschaftlichen Erforschung.

Nationalen und internationalen Strahlenschutzkonzepten entsprechend ist bei der Installation von M.-Basisstationen darauf zu achten, daß die durch den Betrieb der Station verursachte hochfrequente Exposition bei der Bevölkerung in keinem Fall zu SAR-Werten führt, die, bezogen auf den gesamten Körper, 0,08 W/kg überschreiten. Dabei sind eventuelle Hochfrequenzimmissionen aus anderen Quellen mit zu berücksichtigen.

Im Nahbereich der Sendeantennen von M.-Geräten tritt während des Betriebs eine sehr inhomogene Energieabsorption im Körper auf. Sie ist abhängig von der Sendeleistung, der Frequenz, vom Antennentyp, vom Abstand und der Orientierung der Antenne, insbesondere zum Kopf, sowie von der Betriebsart des Geräts. Unabhängig von diesen Parametern muß sichergestellt sein, daß kein Bereich im Körper um mehr als 0,5 bis 1 K erwärmt wird. Wegen der eingeschränkten Wärmeabfuhr aufgrund der fehlenden Blutzirkulation wird das Auge in diesem Zusammenhang als kritisches Organ betrachtet. Um unzulässige Temperaturerhöhungen zu vermeiden, ist im Nahbereich von M.-Antennen sicherzustellen, daß die SAR-Werte 20 mW/10 g in Teilkörperbereichen nicht überschreiten. Dabei ist eine Mittelung über maximal 10 g Gewebemasse zulässig. Bei kurzfristigem Betrieb bzw. im beruflich kontrollierten Bereich sind Teilkörper-SAR-Werte von 100 mW/10 g tolerierbar. *Matthes*

Literatur: Empfehlung der Strahlenschutzkommission: Schutz vor elektromagnetischer Strahlung beim Mobilfunk. Bundesanzeiger Nr. 43. 1992. – Schutz vor elektromagnetischer Strahlung beim Mobilfunk. Veröffentlichungen der Strahlenschutzkommission Band 22. Stuttgart 1992.

Motorprüfstand ⟨*engine test bench*⟩. M. dienen im wesentlichen der Erprobung neu entwickelter Motoren sowie für Leistungs- und Dauertests. Die ständig aufwendiger werdenden Versuche zur Entwicklung neuer Verbrennungsmotoren bzw. neuer Motorkomponenten können nur in geringem Maß durch Testfahrten mit entsprechend ausgerüsteten Fahrzeugen realisiert werden, weil eine sehr umfangreiche Meßtechnik sowie exakt reproduzierbare Versuchsbedingungen erforderlich sind. Vorteilhafter ist es, entweder das gesamte Fahrzeug (Fahrleistungsprüfstand) oder nur einen Motor auf einen Prüfstand zu montieren. M. werden, in unterschiedlichsten Ausführungen, von allen Kraftfahrzeug- und Motorherstellern in großer Zahl betrieben; je nach Größe der Entwicklungsabteilung können weit über 100 Prüfstände installiert sein.

❒ Aufbau. Zu einem M. gehören prinzipiell ein Prüfraum, in dem der Prüfling montiert ist, eine Meßwarte für das Bedienungspersonal sowie Versorgungsräume (Lufttechnik, Leistungselektronik, Kraftstoff). Mit der umfangreichen Meßtechnik werden Parameter wie Drehzahl, Drehmoment, Temperaturen, Drücke, Kraftstoffverbrauch und Abgaszusammensetzung erfaßt. Folgende Komponenten werden im → Abgas kontinuierlich gemessen: Gesamtkohlenwasserstoffe (FID), Stickoxide (Chemoluminiszenz-Detektor), Kohlenmonoxid (NDIR), Kohlendioxid (NDIR) und Sauerstoff (Paramagnetismus). Zur weiteren Verbesserung der Abgasanalytik befinden sich Mehrkomponentensysteme in der Entwicklung; dabei kommen Verfahren wie Fouriertransform-Spektroskopie, Diodenlaser sowie Massenspektroskopie zur Anwendung.

Mittels einer Belastungseinheit (Bremse) können unterschiedliche Belastungszustände für den Prüfling simuliert werden. Verwendet werden hierfür Wirbelstrombremsen, Gleichstrom- und Asynchronmaschinen.

❐ Betrieb. Grundsätzlich lassen sich Prüfstände in drei Kategorien unterteilen:

– An Prüfständen *mit* Verbrennungsmotoren werden bestimmte Betriebsstoffe oder Nebenaggregate mit einem fest eingebauten Motor untersucht; der Motor ist hier Bestandteil des Prüfstands und wird nur im Verschleißfall ausgetauscht.

– Von größerer Bedeutung sind Prüfstände *für* Verbrennungsmotoren, hier ist der Verbrennungsmotor der Prüfling und wird nach Versuchsende gewechselt. Diese Prüfstände werden eingesetzt zum Entwickeln und Testen neuer Motorkonzepte sowie zur Erprobung von Motorkomponenten (Lichtmaschinen, Keilriemen, Einspritzpumpen, Katalysatoren etc.). Durch Funktions- und Verschleißtests werden die Verbrennungsmotoren bis zur Serienreife entwickelt. Typische Aufgaben an solchen Prüfständen, die meist automatisiert sind und damit die Möglichkeit bieten, eine Versuchsreihe reproduzierbar mit mehreren Prüflingen zu wiederholen, sind die Optimierung von Kraftstoffverbrauch, Abgasemission, Geräuschentwicklung, Leistung und Lebensdauer.

– Zur Erlangung der Abgaszulassung schreibt der Gesetzgeber jedoch die Überprüfung an einem im Fahrzeug eingebauten Verbrennungsmotor auf dem Rollenprüfstand (Fahrleistungsprüfstand) vor. Z. B. müssen zur Erlangung der Abgaszulassung in den USA bestimmte Flottenversuche über 50000 bzw. 100000 Meilen nachgewiesen werden. Derartige Tests werden derzeit auf Rollenprüfständen und damit zeit- und kostengünstiger als im realen Fahrbetrieb durchgeführt.

❐ Umweltschutz.

– Genehmigungsbedürftigkeit. In der → 4. BImSchV ist unter Nr. 10.15 die Genehmigungspflicht für Prüfstände für oder mit Verbrennungsmotoren mit einer Leistung von 300 KW oder mehr festgelegt. Dabei kommt das vereinfachte Genehmigungsverfahren (→ Genehmigungsverfahren nach dem BImSchG) zur Anwendung. Zur Beurteilung der Leistung eines Prüfstands ist die auf Grund der Auslegung der Belastungseinheit maximal mögliche Motorleistung heranzuziehen. Das Genehmigungserfordernis ist auch dann gegeben, wenn mehrere Prüfstände einer gemeinsamen Anlage jeder für sich eine Leistung unter 300 kW haben, die Summe ihrer Leistungen jedoch diesen Wert erreicht oder übersteigt.

Für sog. Einstellstände, an denen jeder Motor nur einer kurzen Funktionsprüfung unterzogen wird, ist die Frage nach der Genehmigungspflicht nur nach Prüfung des Einzelfalls zu beantworten.

Rollenprüfstände sind in der Regel keine Prüfstände für Verbrennungsmotoren im Sinne der 4. BImSchV, weil hier nur eine kurzzeitige Überprüfung bestimmter Funktionen des Gesamtfahrzeugs erfolgt (z. B. im Werkstattbetrieb). Werden auf Rollenprüfständen jedoch länger andauernde Versuche an dem im Fahrzeug eingebauten Motor wie Untersuchungen des Emissionsverhaltens unter simulierten Verkehrsbedingungen durchgeführt, so sind diese Prüfstände genehmigungsrechtlich den üblichen M. gleichzusetzen.

– Schadstoffemissions-Begrenzung. Auf Grund der Vielfalt von M. und ihrer unterschiedlichen Einsatzbereiche sind in 3.3.10.15.1 der → TA Luft Emissionsanforderungen festgelegt für Stickstoffoxide, Staub, Schwefeloxide und → organische Stoffe. Für krebserzeugende Stoffe gilt Nr. 2.3 der TA Luft; relevant sind hier → Benzol und, im Abgas von Dieselmotoren, Verbindungen aus der Gruppe der → polycyclischen aromatischen Kohlenwasserstoffe (Benzo-a-pyren) sowie Rußpartikel (Dieselruß). Benzo-a-pyren ist in 2.3 Klasse I eingestuft (→ TA Luft-Einstufung).

Da bereits weitestgehend ungeregelte und geregelte Katalysatoren für Ottomotoren mit Vergaserkraftstoff eingesetzt werden, lassen sich die Stickstoffoxide, Kohlenmonoxid und die organischen Stoffe deutlich reduzieren. Damit wird den vom Länderausschuß für Immissionsschutz in den Empfehlungen zur Konkretisierung der → Dynamisierungsklauseln der TA Luft (1991) erhobenen Forderungen nach Katalysatoreinsatz Rechnung getragen.

Bei Dieselmotoren liegt das Schwergewicht auf der Reduzierung der Rußemissionen. Dazu sind von verschiedenen Herstellern motorische → Rußfilter entwickelt worden.

Fallweise ist es unvermeidbar, Prüfstände auch ohne Katalysator zu betreiben. Beispielsweise ist in einem sehr frühen Entwicklungsstadium eines Motors meist noch kein entsprechend angepaßter Katalysator verfügbar oder ein Prüfmotor wird unter derart extremen Betriebszuständen betrieben, daß ein Katalysator sofort zerstört würde. Auch an sog. Einstellständen ist der Katalysatoreinsatz problematisch.

Es wird intensiv untersucht, ob eine Emissionsminderung auch durch nachgeschaltete Sekundärmaßnahmen (thermische → Nachverbrennung, Oxidationskatalysator, Wäscher etc.) realisiert werden kann, die jedoch so angeordnet sein müssen, daß sie nicht auf den Betrieb des Motors rückwirken können (Erhöhung des Staudrucks).

In der Tabelle sind beispielhaft die Ergebnisse von Emissionsmessungen an einem M. sowohl für einen Otto- als auch für einen Dieselmotor dargestellt, die z. T. unter extremen Bedingungen (Anfettung) betrieben wurden, so daß die Meßergebnisse über einen weiten Bereich streuen.

Motorprüfstand. Tabelle: Beispielhafte Ergebnisse von Emissionsmessungen an einem M.

	6-Zylinder-Ottomotor mit und ohne Katalysator	5-Zylinder-Diesel-motor ohne Rußfilter
Komponente	Konzentrationen (mg/m^3)	
CO	34 – 20 000	80 – 300
CO_2	2,4 – 8,0	1,6 – 4,8
NOx *	16 – 1 410	166 – 320
Gesamt-C **	17 – 270	33 – 67
Benzol	0,8 – 30	0,8 – 3
Benzo(a)pyren	0,0016	0,0019
Schwebstaub	4,8	35 – 62

* angegeben als NO_2
** Silicagel-Methode

Bezugssauerstoffgehalt 5%
Die z. T. sehr hohen Emissionswerte wurden bei extremen Betriebszuständen gemessen.

– Lärmminderung. Im Hinblick auf den Lärm am Arbeitsplatz ist zum einen die Unfallverhütungsvorschrift Lärm und zum anderen die Arbeitsstättenverordnung heranzuziehen. Moderne M. werden in weitestgehend gekapselten Räumen aufgestellt, so daß die entsprechenden Anforderungen erfüllbar sind.

Im Hinblick auf den Lärm in der Nachbarschaft ist eine Beurteilung nach der → TA Lärm erforderlich. Wegen der Kapselung der Prüfräume ist die Einhaltung dieser Anforderungen i. a. unproblematisch.

Die Lärm-Immissionsrichtwerte haben jedoch besondere Bedeutung für Dauerlauf-Rollenprüfstände, weil diese nicht in geschlossenen Hallen, sondern nur überdacht aufgestellt werden. Folgende Maßnahmen werden zum → Schallschutz u. a. angewandt: schallabsorbierende Verkleidung der Dachunterseite, schallabsorbierende Abdeckung des gesamten Radkastens der angetriebenen Räder, ausreichende Dimensionierung der Fahrtwindgebläse, die lärmärmeren Teillast-Betrieb ermöglicht. Falls diese Maßnahmen nicht ausreichen, ist die gesamte Anlage mit einer Lärmschutzwand abzuschirmen.

– Ableitung der Abgase. Die Abgase von M. sind nach 2.4 der TA Luft so abzuleiten, daß ein ungestörter Abtransport mit der freien Luftströmung ermöglicht wird. *Matalla*

N

Nachtchemie ⟨*night time chemistry*⟩. Nachts entfällt die Photolyse und damit die Produktion der OH-Radikale, die tagsüber die Chemie der Troposphäre überwiegend bestimmen. Nachts dagegen entstehen NO_3-Radikale durch die Reaktion von NO_2 mit O_3 (1):

$$NO_2 + O_3 \rightarrow NO_3 + O_2 \quad (1)$$

Es stellt sich ein Gleichgewicht zwischen NO_3, NO_2 und N_2O_5 ein:

$$NO_3 + NO_2 + M \Leftrightarrow N_2O_5 + M \quad (2)$$

Die Reaktionen von NO_3-Radikalen, N_2O_5 und O_3 (→ Ozon) bestimmen die N. in der Troposphäre. Die wichtigsten Reaktionen für NO_3 und O_3 mit reaktiven organischen Spurengasen (→ ROG) sind im Bild schematisch dargestellt.

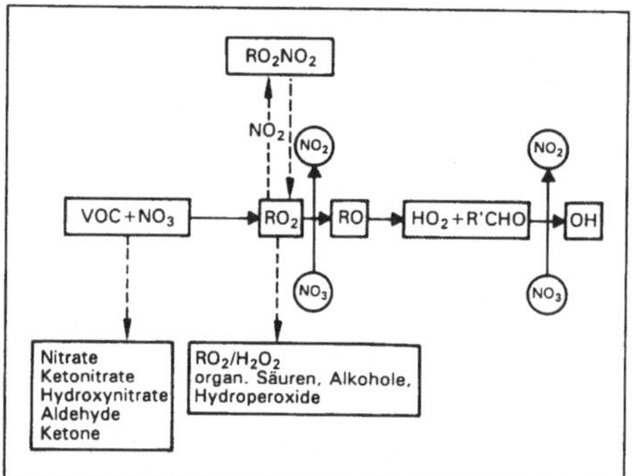

Nachtchemie: Schematische Darstellung der N. der Troposphäre.

N_2O_5 wird von feuchten Aerosolen aufgenommen und in Salpetersäure umgewandelt. Die Hauptbedeutung dieser Prozesse für die N. ist die Umwandlung von NO_x in HNO_3 ohne die Beteiligung von OH-Radikalen. Die Reaktionen von NO_3-Radikalen mit Alkanen (3) und Aldehyden (4) stellen ebenfalls eine Quelle für HNO_3 dar, wenn auch nur von untergeordneter Bedeutung:

$$RH + NO_3 \rightarrow R + HNO_3 \quad (3)$$

$$RCHO + NO_3 \rightarrow RCO + HNO_3. \quad (4)$$

Die Reaktionen von ungesättigten ROG mit NO_3 führen zur Bildung von organischen Nitraten und Aldehyden.

Die nitrathaltigen Produkte sind nachts relativ reaktionsträge und deshalb für den NO_x-Ferntransport von Bedeutung. In letzter Zeit gibt es Hinweise, daß OH-Radikale auch nachts durch die NO_3-Reaktion mit HO_2- bzw. RO_2-Radikalen entstehen können (5):

$$HO_2 + NO_3 \rightarrow OH + NO_2 + O_2 \quad (5)$$

Barnes/Becker

Nachteil ⟨*disadvantage*⟩. N. sind wertbeeinträchtigende Folgen eines bestimmten Tuns, Duldens oder Unterlassens. Nach dem BImSchG sind erhebliche N. durch Immissionen als schädliche Umwelteinwirkungen zu werten (→ Erheblichkeit). N. sind einerseits von den Gefahren und andererseits von den → Belästigungen abzugrenzen. Unter N. im Sinne des BImSchG werden vor allem Vermögenseinbußen verstanden, die durch Immissionen oder andere Einwirkungen hervorgerufen werden, ohne zu einem unmittelbaren Schaden an einem bestimmten Schutzgut zu führen (z. B. Wertminderung eines Grundstücks infolge des Anstiegs der Immissionsbelastung durch Geruchsstoffe). Auch Einschränkungen der Nutzungsmöglichkeiten einer Sache sind N. So sind Geräuschimmissionen als N. anzusehen, wenn sie dazu führen, daß die Fenster nachts geschlossen bleiben müssen oder Außenanlagen (Balkon, Terrasse) nicht mehr zu Erholungszwecken genutzt werden können. *Hansmann*

Nachtzeit ⟨*night time*⟩. Zur → Geräuschimmissionen-Beurteilung (→ Beurteilungspegel) wird die Zeit zwischen 22.00 und 6.00 Uhr als Beurteilungszeit für die Nacht benutzt.

In diesem Achtstunden-Zeitabschnitt wird im allgemeinen die lauteste volle Nachtstunde zur Kennzeichnung der Geräuschsituation bestimmt.

Bei der Beurteilung der Geräusche von Sportanlagen wie auch von Baustellen (→ Baulärm) bestehen hiervon abweichende Regelungen. So endet z. B. bei Sportanlagen die N. sonntags um 7.00 Uhr; bei Baustellen gilt als N. die Zeit von 20.00 bis 7.00 Uhr.

Strauch

Nachverbrennung, thermische ⟨*after burning/post combustion*⟩. Bei der t. N. (TNV), häufig auch thermische Verbrennung (TV) oder thermische Abgasreinigung (TAR) genannt, werden im Abgas enthaltene brennbare Luftschadstoffe, die oft geruchsintensiv sind, mit Luftsauerstoff bei Temperaturen zwischen 750 und 900 °C verbrannt. Unter der Voraussetzung einer vollständigen Verbrennung reagieren die Elemente Kohlenstoff und Wasserstoff zu Kohlendioxid und Wasser.

Sind zusätzliche Elemente im Abgas enthalten oder läuft die Verbrennung nur unvollständig ab, führt das zu unerwünschten Emissionen (z. B. HCl, SO_2, CO).

Abzugrenzen ist die t. N. gegen die Flammenverbrennung, die bei Temperaturen um 1300 °C arbeitet, und die katalytische Verbrennung, die bei ca. 250–500 °C betrieben wird. Die t. N. wird vorrangig in folgenden Bereichen eingesetzt:
- Lösemittel und Weichmacher verarbeitende Prozesse,
- Oberflächentechnik und Lackierindustrie,
- chemische, petrochemische und Raffinerie-Prozesse,
- Nahrungs- und Genußmittelindustrie,
- Aufbereitungsprozesse (Trocknung und Verbrennung von Abfällen).

Die vollständige Verbrennung der Schadstoffe wird von folgenden Parametern bestimmt:
- Art der Schadstoffe,
- Verweilzeit,
- Verbrennungstemperatur,
- Vermischung der Reaktionspartner,
- Verbrennungsluft.

Maßgeblich beeinflußt werden diese Parameter durch die Brenner- und Brennkammergestaltung. Bestimmte Gasinhaltsstoffe, z. B. Organohalogenverbindungen, verbrennen erst bei höheren Temperaturen als 900 °C vollständig. Die Verweilzeit sowie die Verbrennungstemperatur muß für einen vollständigen Umsatz durch Verschieben des Reaktionsgleichgewichtes in Richtung der Verbrennungsprodukte ausreichen. Dazu ist eine intensive Vermischung der Reaktionspartner notwendig. In der Regel müssen diese Parameter experimentell abgestimmt werden.

Die t. N. zeichnet sich vor allem aus durch:
- große Flexibilität gegen Betriebsschwankungen (Durchsatz und Zusammensetzung des Abgases),
- bekannte Technologie mit einfachem und robustem Aufbau,
- hohen Umsetzungsgrad bei optimierten Betriebsbedingungen,
- Entbehrlichkeit einer Vorentstaubung.

Nachteilig ist der oftmals hohe Zusatzenergiebedarf. Eine autotherme t. N. ist (außer beim Thermoreaktor) erst bei Konzentrationen ab ca. 5 g Gesamt-C/m^3 im Abgas möglich. Meist enthält das Abgas bei großen Volumenströmen nur geringe Schadstoffkonzentrationen, so daß eine Verbrennung in der Regel nur durch zusätzliche Stützbrenner aufrecht erhalten werden kann. Durch Kapselung oder gezieltes Absaugen kann das Abgasvolumen häufig erheblich reduziert werden. Vielfach werden auch Verfahren angeboten, bei denen die Lösemittel im Abgas in einer Vorstufe durch gezielte Ad- und Desorptionsvorgänge aufkonzentriert werden.

Stets ist eine Wärmenutzung anzustreben (Bild 1). Mindestens sollten die Verbrennungsluft wie auch die zu reinigenden Abgase, die meist auf niedrigem Temperaturniveau vorliegen, vorgewärmt werden. Die t. N. sollte in den Produktionsprozeß integriert werden. Die Investitionen für Wärmetauscher betragen oftmals bis zu 30% der Gesamtkosten der Anlage; allerdings kann sich der Brennstoffbedarf um 20–30% verringern. Durch den reduzierten Brennstoffeinsatz verringert sich auch die Bildung zusätzlicher Emissionen aus dem Brennstoff bei der Verbrennung. Die NO_x-Emission läßt sich durch eine NO_x-arme Verbrennung gering halten; dazu gehören u. a. ein niedriger Luftüberschuß und gleichmäßige Verbrennungsführung.

Da die Schadgase über ihren Flammpunkt hinaus erwärmt werden, ist auf die Explosionsproblematik zu achten. Geeignete Maßnahmen gegen eine Rückzündung sind zu ergreifen. Die drei gängigen Verfahren für t. N. sind:
- t. N. mit Abgasvorwärmung,
- t. N. mit Abgas- und Verbrennungsluftvorwärmung,
- t. N. mit Abgasvorwärmung unter Einsatz eines Combustors (Einheit aus Brenner und Brennraum, auf zusätzliche Verbrennungsluftzufuhr wird verzichtet).

Die organischen Emissionen werden bei den meisten Produktionsanlagen durch Anforderungen der → TA-Luft begrenzt; sie liegen je nach Schadstoffklasse zwischen 20 und 150 mg/m^3. Durch die t. N. lassen sich bei entsprechender Auslegung und ordnungsgemäßem Betrieb (bei Umsetzungsgraden von meist größer als 98%) Emissionswerte von weniger als 20 mg Gesamt-C/m^3 einhalten. Die Restemissionen an CO und NO_x liegen dabei im Bereich um 100 mg/m^3.

Eine Weiterentwicklung der t. N. sind die regenerativen oder autothermen Nachverbrennungsanlagen, auch Thermoreaktoren genannt (Bild 2). Sie bestehen

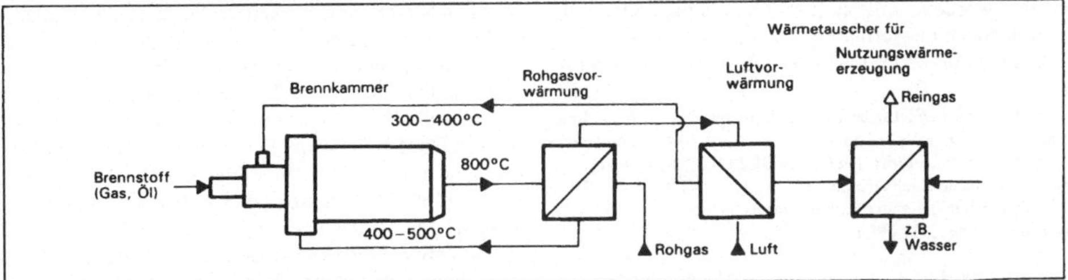

Nachverbrennung, thermische 1: Schema einer Anlage mit Wärmenutzung.

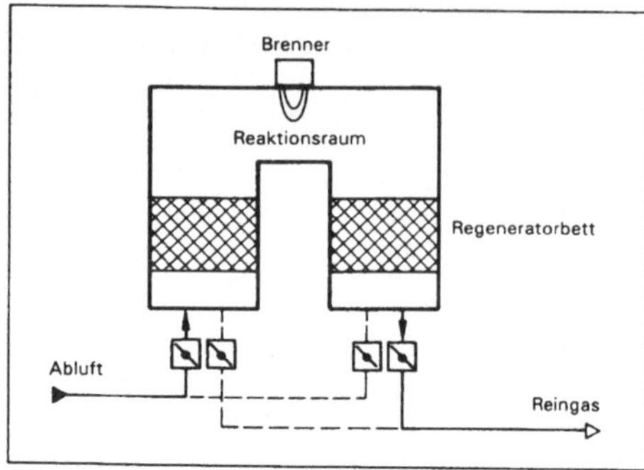

Nachverbrennung, thermische 2: Prinzip des Thermoreaktors.

aus zwei regenerativen Wärmetauschersegmenten, zwischen denen eine Stützfeuerung besteht. Die thermische Oxidation der Schadstoffe setzt bereits in den oberen Schichten des Regeneratorbetts ein und endet im Oxidationsraum des Reaktionsbehälters. Durch die Absperrklappen kann vorgegeben werden, welches der Wärmetauschersegmente zuerst durchströmt wird. Durch kurze Umschaltzeiten (ca. 60 bis 180 Sekunden) läßt sich ein sehr konstantes Temperaturniveau im Thermoreaktor einstellen.

Die wesentlichen Vorteile des Thermoreaktors sind der hohe thermische Wirkungsgrad und das weitgehend konstante Temperaturniveau, durch das Temperaturspitzen von über 1 300 °C, wie bei der konventionellen t. N. möglich, vermieden werden. Daraus resultiert eine geringere NO_x-Bildung im Reaktor. Ab einer Konzentration von ca. 2 g C/m^3 ist der Betrieb nahezu autotherm. Es werden bereits Thermoreaktoren mit einem Durchsatz von über 100 000 m^3/h betrieben. Reingaskonzentrationen von 10 mg CO/m^3, 5 mg Gesamt-C/m^3 und 10 mg NO_x/m^3 werden erreicht.

Aufgrund des hohen Energiebedarfs sowie der zusätzlichen brennstoffspezifischen Emissionen (u. a. auch wegen der CO_2-Problematik), sollte der Einsatz der t. N. auf Anwendungsbereiche beschränkt werden, in denen andere Verfahren keinen ausreichenden Wirkungsgrad erzielen und in denen besondere Abgasinhaltsstoffe (toxische oder kanzerogene Stoffe) thermisch zerstört werden müssen. Soweit Lösemittel verwendet werden, sollten Rückgewinnungsverfahren (→ Kondensationsverfahren, → Adsorptionsverfahren, → Absorptionsverfahren) bevorzugt eingesetzt werden. *Remus*

Literatur: *Baum, F.*: Luftreinhaltung in der Praxis. München 1988. – *Davids, P.; M. Lange*: Die TA Luft '86, Technischer Kommentar. Düsseldorf 1986. – VDI 2442: Abgasreinigung durch thermische Nachverbrennung. 6/1987. – VDI-Bericht 730: Fortschritte bei der thermischen, katalytischen und sorptiven Abgasreinigung. Düsseldorf 1989.

Naßabscheider *⟨wet scrubber⟩* → Abscheider, naßarbeitend

Naßkühlturm-Abwärmenutzung *⟨wet cooling tower, waste heat utilization⟩*. Die gekoppelte Produktion von Strom und Wärme ist eine alte, bewährte Technik mit vielfältigen Anwendungen. Der Stromertrag ist um so geringer, je höher die Temperatur der Abwärme ist. Bei Wärmekraftwerken mit Kreislaufkühlung (Naßkühltürmen) bleibt bei maximalem Stromertrag eine Temperatur von etwa 30 °C im Kühlwasser. Dieses Temperaturniveau ist für Produktionsprozesse oder Gebäudeheizung wertlos. Mit einer möglichen Abkühlspanne von weniger als 10 °C ist die Energiedichte gering und damit der Aufwand für das Transportsystem ebenso wie für den Transport hoch. Eine Nutzung dieser geringwertigen Wärme ist daher nur in unmittelbarer Nähe eines Wärmekraftwerks möglich.

Stützt sich die Wärmenutzung allein auf die Abwärmequelle, so entfallen die Investitionen für die herkömmliche Wärmeerzeugung wie Kesselanlage, Abgasanlage, Brennstofflager oder Versorgungsanschluß. Dann wird auch eine größtmögliche Ressourcenschonung und Umweltentlastung erreicht, da je nach Art des Wärmeverteilsystems weitere Energie nahezu oder ganz entfallen kann. Die alleinige Versorgung mit Abwärme setzt voraus, daß die Abwärmequelle zu jeder Zeit den Temperaturanspruch und den Leistungsbedarf des Wärmenutzers decken kann. Dieser Anforderung werden Grundlastkraftwerke mit mehreren voneinander unabhängigen Blöcken gerecht, deren Betrieb nicht durch z. B. jahreszeitliche Schwankungen der Energieversorgung oder des Kühlsystems beeinträchtigt wird. Kann diese Forderung nicht erfüllt werden, bleiben Anwendungen möglich, bei denen eine zeitweilige Einschränkung oder Unterbrechung der Wärmeversorgung toleriert werden kann.

Unter diesen Randbedingungen wurden Anfang der 70er Jahre die Systeme Agrotherm, Hortitherm und Limnotherm zur sinnvollen Nutzung von Niedertemperaturabwärme in Landwirtschaft, Gartenbau und Fischproduktion entwickelt. Agrotherm und Hortitherm nutzen die Wärme des Wassers vor der Abkühlung im Kühlturm, Limnotherm nutzt das warme Wasser nach der Abkühlung im Kühlturm. *Rumpf*

Natursteinschäden *⟨natural stone damages⟩*. Hauptbestandteile der wichtigsten Natursteine, insbesondere der Sandsteine, sind Silikate in Form von Quarzpartikeln, die mit Karbonaten miteinander vernetzt sind. Diese Karbonate sind gegen Verwitterung besonders empfindlich. Daher sind Kalksteine, Marmor, Dolomite und kalk- bzw. magnesiumhaltige Sandsteine besonders gefährdet. Schwefeldioxid ist der Hauptschädiger, aber auch Stickstoffverbindungen in Wechselwirkung mit nitrophilen Bakterien können den Stein schädigen. Zusätzliche Voraussetzung für den Korrosionsprozeß ist die Anwesenheit von Wasser, entweder als hohe relative Luftfeuchtigkeit oder als Wasserfilm. Selbst Schwefeldioxid-Konzentrationen bis 1 700 $mg\,m^{-3}$

bewirken keinerlei Schäden am Marmor bei gleichzeitig trockener Luft.

Unabwendbar ist im feuchten Medium eine natürliche Verwitterung entsprechend der Reaktion

$$CaCO_3 + CO_2 + H_2O \rightarrow Ca(HCO_3)_2 \rightarrow Ca^{2+} + 2\ HCO_3{}^-$$

Das entstehende Calciumbicarbonat ist im Gegensatz zum Calciumcarbonat in hohem Maße wasserlöslich und wird daher durch Regen ausgewaschen. Eine bedeutend schnellere Reaktion erfolgt durch Schwefeldioxid entsprechend

$$CaCO_3 + SO_2 (+ \tfrac{1}{2}\ O_2) + 2\ H_2O \rightarrow CaSO_4 \cdot 2\ H_2O + CO_2$$

Hierbei entsteht als Zwischenprodukt Calciumsulfit in unterschiedlichem Hydrationszustand, d. h. $CaSO_3 \cdot n\ H_2O$ mit n = 0,5, 2 oder 5. Die Oxidation von Schwefeldioxid wird an der Oberfläche der Materialien durch katalytische Substanzen, die wie Eisen und Mangan in der Staubauflagerung enthalten sind, wesentlich begünstigt. Auch Auflagerung von → Ruß oder Flugasche oder Anwesenheit von Stickstoffdioxid und insbesondere → Ozon beschleunigen den Korrosionsprozeß durch erhöhte Oxidation.

Die Reaktion setzt zunächst die Adsorption des gasförmigen Schwefeldioxids an der Steinoberfläche voraus. Dieser Mechanismus ist entgegen weit verbreiteter Ansicht weit wirkungsvoller als die Aufnahme der Sulfit- oder Sulfat-Ionen in Form des sog. Sauren Regens. So sind die im Regen stark exponierten Teile eines Gebäudes i. a. nur gering geschädigt, weil der Regen die trocken adsorbierten Schadstoffe immer wieder abwäscht. Bei der Adsorption wird die → Depositionsgeschwindigkeit, die für Schwefeldioxid bei maximal 0,3 $cm\,s^{-1}$ liegt, wesentlich von der Anwesenheit eines Feuchtigkeitsfilms an der Steinoberfläche sowie dem Grad der Alkalität des Materials bestimmt. Interessant ist der Vergleich mit der im Windkanal ermittelten Depositionsgeschwindigkeit der IRMA als optimale Senke, die je nach Windgeschwindigkeit 0,5 bis 1,5 $cm\,s^{-1}$ beträgt. Dieses Ergebnis steht in guter Übereinstimmung mit parallelen Freilandexpositionen von Steinplättchen und → IRMA, bei denen eine SO_2-Immissionsrate von 120 $mg\,m^{-2}\,d^{-1}$, gemessen mit IRMA, einer SO_2-Aufnahme von etwa 25 $mg\,m^{-2}\,d^{-1}$ beim Krensheimer Muschelkalk bzw. von etwa 60 $mg\,m^{-2}\,d^{-1}$ beim Baumberger Kalksandstein gegenüberstanden. Diese Steinarten unterscheiden sich sowohl in der Porosität (12 bzw. 20 Vol.-%) als auch in der Wasserkapazität (6 bzw. 16 Vol.-%). Bei dieser Untersuchung waren zwei Probenserien exponiert worden, für die getrennt die Korrelationen ermittelt wurden. Die Korrelationskoeffizienten betrugen für den Baumberger Sandstein $r^2 = 0{,}88$ und $r^2 = 0{,}92$ sowie für den Krensheimer Muschelkalk $r^2 = 0{,}56$ und $r^2 = 0{,}72$.

In Anwesenheit von Sulfaten bildet sich ebenfalls Calciumsulfat bzw. in Anwesenheit von Nitrat Calciumnitrat entsprechend folgender Reaktion

$$CaCO_3 + SO_4{}^{2-} + 2\ H^+ + H_2O \rightarrow CaSO_4 \cdot 2\ H_2O + CO_2$$

$$CaCO_3 + 2\ NO_3{}^- + 2\ H^+ \rightarrow Ca(NO_3)_2 + CO_2 + H_2O.$$

Schließlich können auch Ammoniumsalze reagieren, z. B. entsprechend der Reaktion

$$(NH_4)_2SO_4 + CaCO_3 \rightarrow CaSO_4 + (NH_4)_2CO_3$$

bzw.

$$NH_4HSO_4 + CaCO_3 \rightarrow CaSO_4 + NH_4HCO_3$$

oder NH_3 bzw. $NH_4{}^+$ werden durch nitrifizierende Bakterien zunächst zu $NO_3{}^-$ aufoxidiert. In jedem Fall entstehen lösliche Produkte.

In der Regel dringt das trocken deponierte Schwefeldioxid mit der Feuchtigkeit in das Steininnere bis in max. 25 mm Tiefe, hauptsächlich aber bis 5 mm unterhalb der Steinoberfläche ein. Daher erfolgt die Gipsbildung vorwiegend innerhalb dieser Anreicherungszone unterhalb der Steinoberfläche. Zum Auswaschen des Gipses durch Regen kommt als wesentlicher Wirkungsmechanismus noch der Kristallisationsdruck hinzu, mit der Folge einer flächenhaften Absprengung der äußersten, wenige Millimeter starken Steinschicht, weil bei der Umwandlung von Calcit zu Anhydrit eine Volumenvergrößerung um 28% entsteht. Bei der Hydration kommen weitere 19% hinzu. Das plattenartige Absprengen der äußeren Steinschichten kann immer wieder vorkommen.

Der aus dem Stein herausgelöste Gips kristallisiert an der Steinoberfläche und nimmt dabei kohlenstoffhaltige Partikel aus der Atmosphäre, aber auch Mikroorganismen auf. Daraus bildet sich eine schwarze Kruste, die das Austrocknen der Steine verhindert und somit den Korrosionsprozeß beschleunigt.

Stickstoffoxide (NO_x) reagieren, verglichen mit Schwefeldioxid, nur langsam mit Carbonatgesteinen. Wichtig ist die Wechselwirkung mit Schwefeldioxid, wobei Stickstoffmonoxid die Oxidation des Schwefeldioxids herabsetzt, Stickstoffdioxid die Oxidation hingegen erhöht. Bei einem molaren NO/NO_2-Verhältnis von 12 sind die Redox-Verhältnisse gerade ausgeglichen. Eine Umsetzung der Stickstoffoxide mit dem Calciumcarbonat setzt eine vorherige Oxidation zu Salpetersäure voraus.

In neuerer Zeit wurde auch die Bedeutung von Bakterien, z. B. der Gattung Thiobacillus, als mikrobiologische Steinzerstörer erkannt. Diese oxidieren Schwefelverbindungen, einschließlich Schwefelwasserstoff als Beispiel einer Schwefelverbindung, auf niedrigster Oxidationsstufe. Algen, Pilze und Flechten wirken wegen ihrer Kohlendioxid-Ausscheidung ebenfalls korrosiv. Außerdem verlängern sie, wie die schwarzen Krusten, die Durchfeuchtungsphase des Steins.

Kunststeine, einschließlich Beton, können ebenfalls von der immissionsbedingten Korrosion betroffen sein. I. a. ist aber ihre Widerstandskraft gegenüber → Luftverunreinigungen deutlich höher als die der karbonathaltigen Sandsteine. *Prinz*

Nebenbestimmung *⟨peripheral clause⟩*. N. im Sinne des Verwaltungsrechts sind modifizierende oder ergänzende Regelungen zu einem Verwaltungsakt (Genehmigung, Erlaubnis, Fristverlängerung oder sonstige behördliche Regelung eines Einzelfalles mit unmittelbarer Außenwirkung). Als N. kommen in Betracht: Bedingung, Befristung, Auflage, Widerrufsvorbehalt und Auflagenvorbehalt. Ein Verwaltungsakt, auf den ein Anspruch besteht, darf mit einer N. nur versehen werden, wenn sie durch Rechtsvorschriften zugelassen ist oder wenn sie sicherstellen soll, daß die gesetzlichen Voraussetzungen des Verwaltungsaktes erfüllt werden (§ 36 Abs. 1 des Verwaltungsverfahrensgesetzes). Im übrigen dürfen einem Verwaltungsakt N. nach pflichtgemäßem Ermessen der Behörde beigefügt werden. In keinem Fall darf jedoch eine N. dem Zweck des Verwaltungsaktes zuwiderlaufen (§ 36 Abs. 3 des Verwaltungsverfahrensgesetzes). *Hansmann*

Nebeneinrichtung *⟨peripheral installation/subsidary installation⟩*. N. sind Gebäude, Maschinen, Geräte und Grundstücksflächen, die zum Betrieb einer genehmigungsbedürftigen Anlage i. S. des BImSchG zwar nicht zwingend erforderlich sind, die im konkreten Fall jedoch dem Betrieb einer derartigen Anlage dienen. Sie werden von dem Genehmigungserfordernis miterfaßt (§ 1 Abs. 2 der → 4. BImSchV), wenn sie mit den betriebsnotwendigen Anlageteilen oder Verfahrensschritten in einem räumlichen und betriebstechnischen Zusammenhang stehen und für
- das Entstehen schädlicher Umwelteinwirkungen,
- die Vorsorge gegen schädliche Umwelteinwirkungen oder
- das Entstehen sonstiger Gefahren, erheblicher Nachteile oder → Belästigungen von Bedeutung sein können.

N. können auch mehreren genehmigungsbedürftigen Anlagen zuzuordnen sein. *Hansmann*

9. BImSchV *⟨ninth Ordinance based on the Federal Immission Control Act/ordinance on licensing procedure⟩*. Verordnung über das Genehmigungsverfahren vom 29. Mai 1992 (BGBl. I S. 1001), geändert durch Verordnung vom 20. April 1993 (BGBl. I S. 494). Konkretisiert die Vorschriften der §§ 10, 19 BImSchG über förmliche und vereinfachte Genehmigungsverfahren (→ Genehmigungsverfahren nach dem BImSchG) und regelt die Anforderungen, denen das Genehmigungsverfahren für Anlagen genügen muß, für die zusätzlich eine Umweltverträglichkeitsprüfung (UVP) durchzuführen ist. Im wesentlichen enthält die 9. BImSchV Vorschriften über
- die Antragstellung und die im Vorfeld des Vorhabens durch die Genehmigungsbehörde vorzunehmende Beratung des Antragstellers,
- den Antragsinhalt und die dem Antrag beizufügenden Antragsunterlagen,
- den Gegenstand der UVP und die Unterrichtung des Antragstellers über den voraussichtlichen Untersuchungsrahmen der UVP,
- die öffentliche Bekanntmachung des Vorhabens und deren Inhalt, die öffentliche Auslegung des Antrags und der Antragsunterlagen, die Akteneinsicht sowie die Erhebung von Einwendungen gegen das Vorhaben,
- die Beteiligung anderer Behörden und die Einholung von Sachverständigengutachten,
- den Zweck und die Durchführung des Erörterungstermins sowie
- die Entscheidung und den Inhalt des Genehmigungsbescheides. *Dreyhaupt*

19. BImSchV *⟨nineteenth Ordinance based on the Federal Immission Control Act/Scavenger ordinance⟩*. Verordnung über Chlor- und Bromverbindungen als Kraftstoffzusatz vom 17. Januar 1992 (BGBl. I S. 75). Verbietet grundsätzlich das Inverkehrbringen
- von Chlor- und Bromverbindungen als Zusatz zu Kraftstoffen zum Betrieb von Kraftfahrzeugen sowie
- von Kraftstoffen zum Betrieb von Kraftfahrzeugen, die Chlor- oder Bromverbindungen enthalten.

Die Regelung dient der Vermeidung der Entstehung von bromierten und gemischthalogenierten Dioxinen und Furanen in Kraftfahrzeugabgasen, nachdem Untersuchungen ergeben hatten, daß die dem verbleiten Benzin als Scavenger zugesetzten Additive 1,2-Dichlorethan und 1,2-Dibromethan für deren Entstehung ursächlich waren. Scavenger (Reiniger) sind nach dem englischen Sprachgebrauch Kraftstoffadditive, die im Kraftfahrzeugmotor den Brennraum (Zylinder, Kolben, Ventile) von bleihaltigen Ablagerungen freihalten (reinigen) sollen. Die 19. BImSchV wird daher inoffiziell auch als Scavenger-Verordnung bezeichnet. *Dreyhaupt*

Nichteisenmetallgewinnung und -verarbeitung *⟨non-ferrous metal production and processing⟩*. Nichteisenmetalle (NE-Metalle) umfassen verschiedene Metallgruppen. Mengenmäßig und aus der Sicht der Luftreinhaltung sind die Gewinnung und Verarbeitung von Aluminium, Blei, Kupfer und Zink besonders bedeutsam. Bei den Prozessen können vor allem Emissionen an Staub mit z. T. besonders wirkungsrelevanten Staubinhaltstoffen auftreten. Neben Quellen mit gefaßten Abgasen treten bei der Handhabung von Einsatzstoffen, Produkten und Rohstoffen oft diffuse Emissionen auf, die gezielte Minderungsmaßnahmen erforderlich machen.

Anlagen zum Rösten und Sintern von NE-Metallen zur Gewinnung von NE-Rohmetallen sowie Schmelzanlagen für NE-Metalle sind genehmigungsbedürftig nach dem BImSchG; sie sind im Anhang der → 4. BImSchV (Nrn. 3.1 und 3.4) genannt. Emissionsbegrenzende Anforderungen enthält die → TA Luft (→ Aluminiumerzeugung; → Bleierzeugung; → Kupfergewinnung; → Zinkgewinnung). *Leder*

Literatur: *Davids, P.; M. Lange*: Die TA Luft '86 – Technischer Kommentar. Düsseldorf 1986. – *Winnacker, K.; L. Küchler*: Chemische Technologie, Bd. 6, Metallurgie. München 1973.

Nickel *⟨nickel⟩*. Die Gewinnung von N. (Ni) aus primären Rohstoffen (Konzentrate, Erze) ist in der Bundesrepublik Deutschland praktisch bedeutungslos. Die Hauptmenge des Bedarfs wird als reines N.-Metall, als Ferronickel, als nickelhaltiger Schrott oder in Form von N.-Verbindungen importiert. In Umschmelzwerken werden aus sekundären Rohstoffen (z. B. nickelhaltigem Schrott) N. und N.-Legierungen erschmolzen.

N. wird zu über 90% als Legierungsmetall in der Stahl- und NE-Metallindustrie und zur galvanischen Oberflächenbeschichtung von Metallen (Vernickeln) eingesetzt. Der Rest wird zur Herstellung von Nickel-Cadmium-Batterien, in Katalysatoren und in Pigmenten für Kunststoffe verwendet.

Staubförmige N.-Emissionen in die Luft entstehen bei Transport, Lagerung und Aufbereitung der Rohstoffe, bei thermischen Prozessen der N.-Erzeugung und -Verarbeitung sowie beim Verbrennen nickelhaltiger Brenn- und Abfallstoffe (→ Feuerungsanlagen, → Abfallverbrennungsanlagen). Die wichtigsten industriellen N.-Emittenten sind Schweröl-Feuerungsanlagen, Steinkohle-Feuerungsanlagen sowie im Bereich der Eisen- und Stahlindustrie insbesondere Sinteranlagen und Hochöfen.

Einige N.-Verbindungen sind als krebserzeugend eingestuft, so daß – bei genehmigungsbedürftigen Anlagen – die Emissionen dieser N.-Verbindungen soweit wie möglich zu minimieren sind. N. und seine Verbindungen sind in Nr. 3.1.4 → TA Luft (zusammen mit weiteren wirkungsrelevanten Metallen) der Klasse II mit einem Emissionswert von 1 mg/m^3 im → Abgas zugeordnet. Die → 13. BImSchV (GFAVO) und die → 17. BImSchV enthalten ebenfalls Emissionsbegrenzungen für Metalle, einschließlich N.

In den letzten Jahren wurden bei vielen Anlagen der Eisen- und Stahlindustrie, der NE-Metallindustrie und bei Feuerungsanlagen wirksame filternde → Abscheider (z. B. Gewebefilter) zur Abgasentstaubung eingesetzt. Mit filternden Abscheidern werden die emissionsbegrenzenden Anforderungen erfüllt bzw. oftmals unterschritten. Die verbesserte Entstaubung in Verbindung mit dem Rückgang des Einsatzes schweren Heizöls in Feuerungsanlagen haben zu einem ständigen Rückgang der N.-Emissionen geführt. *Pruditsch*

Literatur: Luftreinhaltung '88 Tendenzen – Probleme – Lösungen. Hrsg.: Umweltbundesamt. Berlin 1989. – Metallstatistik 1978 bis 1988. Metallgesellschaft AG. 76. Jahrgang, Frankfurt/M. 1989. – TÜV Rheinland e. V.: Datenerhebung über die Emissionen umweltgefährdender Schwermetalle, Forschungsvorhaben Nr. 104 02 588 des Umweltbundesamtes. Berlin 1991.

Nitratimmissionsmessung *⟨nitrate immission control⟩*. Die partikelgebundene N. stellt eine wichtige Senke für Stickoxid-Verunreinigungen der Außenluft dar. Andererseits gelangen auf diese Art große Mengen an N. in den Boden. Für die Bewertung von Grundwasserverunreinigungen ist es wichtig zu wissen, welcher Anteil des Nitrats auf landwirtschaftliche Aktivitäten oder auf den Eintrag aus der Luft zurückzuführen ist.

Die Analyse von partikelgebundenen Anionen in der Außenluft ist in VDI 3497 Blatt 1–4 beschrieben. Blatt 1 beschreibt die verlustarme Probenahme von Chlorid, Nitrat und Sulfat im Partikelgrößenbereich bis zu einer medianen Abscheidegröße von 5 µm. Mit dem erwähnten Verfahren werden die in der Luft dispergierten Partikel auf PTFE-Membranfiltern gesammelt. Das Bezugsvolumen wird z. B. durch die Anwendung einer kritischen Düse und der Kenntnis der Probenahmezeit oder mit einem Gasvolumenmeßgerät ermittelt. Die auf den Membranfiltern gesammelten Partikel werden analytisch aufgearbeitet.

Anleitungen hierzu geben die Blätter 3 und 4 der VDI 3497. Blatt 3 beschreibt die Analyse mittels Ionenchromatographie mit Suppressortechnik. Der Suppressor tauscht die Natriumionen des Laufmittels gegen Protonen. Dadurch weisen die Anionen, die in die entsprechende Säure dissoziiert sind, gegenüber dem Laufmittel eine hohe Leitfähigkeit auf. Die Methode im Blatt 4 funktioniert auf die gleiche Art und Weise, nur wird anstelle des Suppressors ein Fünfelektroden-Leitfähigkeitsdetektor verwendet. *Dulson*

Literatur: VDI 3497: Messen partikelgebundener Anionen in der Außenluft; Bl. 1 E: Verlustarme Probenahme für Chlorid, Nitrat und Sulfat im Partikelgrößenbereich bis zu einer medianen Abscheidegröße von 5 µm. 12/1987. – Bl. 2: Isotopenverdünnungsanalyse für Sulfat auf Filtern. 9/1991. – Bl. 3: Analyse von Chlorid, Nitrat und Sulfat mittels Ionenchromatographie mit Suppressortechnik nach Aerosolabscheidung auf PTFE-Filtern. 7/1988. – Bl. 4: Analyse von Chlorid, Nitrat und Sulfat mittels Ionenchromatographie (IC) mit der Einsäulentechnik nach Aerosolabscheidung auf PTFE-Filtern. 9/1991.

NMHC *⟨NMHC/Non-Methan-HydroCarbon⟩*. (Nicht-Methan-Kohlenwasserstoffe). Dieser Begriff umfaßt alle → Kohlenwasserstoffe außer Methan. Heute wird er weitgehend durch die Bezeichnungen → VOC (Volatile Organic Compound) oder → ROG (Reactive Organic Gases) ersetzt. Bei VOC wird jedoch Methan mit einbezogen. *Wiesen*

NO_x-Abgasreinigung *⟨NO_x-flue gas treatment/NO_x-FGT⟩*. Die N. ist eine wirksame Maßnahme zur Verminderung der NO_x-Emissionen in der Industrie. Bei der N. wird häufig auch von Entstickung gesprochen, obwohl nicht der Stickstoff (ein natürlicher Bestandteil der Luft) das Ziel der Reinigung ist, sondern die Stickstoffoxide, die bei dem zur N. am häufigsten eingesetzten → SCR-Verfahren und → SNCR-Verfahren zu Stickstoff und Wasserdampf reduziert werden. Anlagen zur N. sind insbesondere bei Kraftwerken und → Industriefeuerungen, → Abfallverbrennungsanlagen, in der Stahl- und Eisenindustrie, in der Glas- sowie der chemischen Industrie in Betrieb.

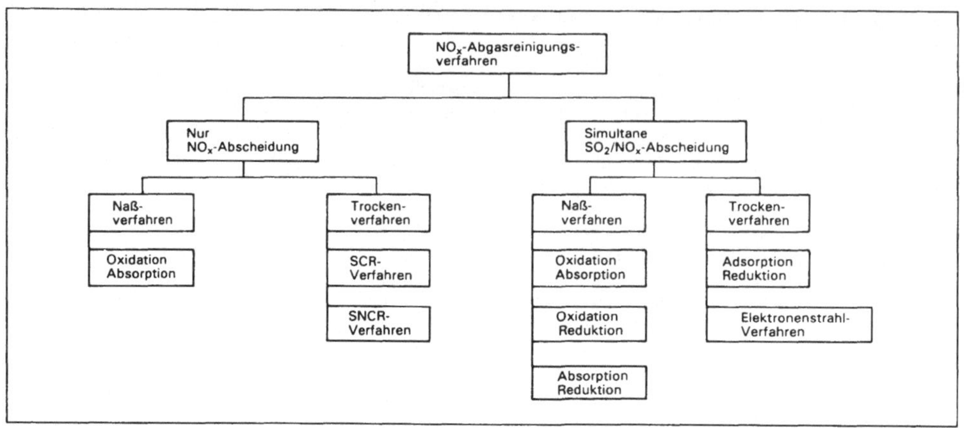

NO_x-Abgasreinigung: Klassifikation von Verfahren zur NO_x-Abscheidung.

Wie bei der → Abgasentschwefelung wurde auch mit der breiten Anwendung der N. etwa Mitte der siebziger Jahre in Japan begonnen. In der Bundesrepublik Deutschland wird seit Mitte der achtziger Jahre die N. im größeren Umfang angewandt. Zunächst wurde weltweit eine Vielzahl technischer Verfahren entwickelt und erprobt. Darunter waren trockene und nasse Verfahren, Verfahren nur zur NO_x-Abscheidung und zur → simultanen SO_2/NO_x-Abscheidung (Bild). Bei den Naßverfahren handelt es sich überwiegend um simultane SO_2/NO_x-Abscheideverfahren. Die einzelnen Verfahren unterscheiden sich durch das Absorptionsprinzip und den sich daran anschließenden Reaktionsmechanismus. Während Stickstoffdioxid ähnlich wie Schwefeldioxid gut löslich ist, läßt sich Stickstoffmonoxid nur schwierig in Lösung bringen. Bei den Oxidations-/Absorptionsverfahren wird deshalb in einem ersten Schritt das NO zu NO_2 oxidiert. Dies geschieht entweder in der Gasphase durch Zugabe von Ozon oder Chlordioxid bzw. in der flüssigen Phase durch Zusatz oxidierender Substanzen wie Kaliumpermanganat, Wasserstoffperoxid, alkalischer Chlorit- oder Hypochlorit-Lösungen zur Waschflüssigkeit. In der absorbierten Phase wird NO_2 in Ammonium- bzw. Alkalinitrat umgesetzt, je nachdem, ob Ammoniak oder alkalische Absorptionsmittel zugegeben werden. Naßverfahren zur NO_x-Abscheidung bei Abgasen aus Feuerungsanlagen und Verbrennungsprozessen haben sich im großtechnischen Betrieb nicht durchsetzen können.

Zur alleinigen NO_x-Abscheidung werden Oxidations-/Absorptionsverfahren bei Salpetersäureanlagen eingesetzt, bei denen kein SO_2 im Abgas enthalten ist. Zur N. sind jedoch die SCR-Verfahren dominierend, mit denen NO_x-Reduktionsgrade um 90% erzielt werden. Zum Teil kommen auch SNCR-Verfahren in Betracht (typische Reduktionsgrade liegen bei 50–60%).

Haug

Literatur: *Davids, P.; M. Lange*: Die Großfeuerungsanlagen-Verordnung – Technischer Kommentar. Düsseldorf 1984. – Luftverschmutzung durch Stickstoffoxide: Ursachen, Wirkung, Minderung. Hrsg.: Umweltbundesamt. Berlin 1990. – VDI 3476: Katalytische Verfahren der Abgasreinigung. 6/1990.

O

Oberflächenbehandlungsanlage ⟨*surface treatment plant*⟩. Anlage, in der → Lösemittel oder wäßrige Systeme auf die Oberfläche von Gegenständen oder Materialien einwirken und dabei einen Effekt auf der Oberfläche erzielen (z. B. Abtragen oder Aufbringen von Stoffen). Die Gegenstände oder Materialien sind z. B. aus Metall, Glas, Keramik, Kunststoff oder Material-Kombinationen. Ziel der Oberflächenbehandlung ist überwiegend die Entfernung von Stoffen, Verunreinigungen, Rückständen, Beschichtungen o. ä. sowie das Aufbringen von Stoffen (z. B. Phosphatierung, Öle als Korrosionsschutz). Dieser Behandlung schließt sich häufig ein Beschichtungsvorgang an (→ Lackieranlage), bei dem gleichmäßige Ausbildung, Haftung und Dauerhaftigkeit der Beschichtung wesentlich durch die in der O. erzielte Qualität des Behandlungsgutes beeinflußt wird.

In Deutschland werden zur Oberflächenbehandlung wäßrige Systeme (etwa 70–80% der Anwendungen), → Chlorkohlenwasserstoffe (CKW, insbesondere Dichlormethan, Trichlorethen, Tetrachlorethen) (etwa 20–25%) und in geringerem Umfang halogenfreie organische Lösemittel (Kohlenwasserstoffe, Alkohole, Ester etc.) eingesetzt.

Leichtflüchtige Chlorkohlenwasserstoffe werden auf Grund ihres ausgezeichneten Lösevermögens für Öle, Fette und andere organische Materialien, ihrer weitgehenden Inertheit gegenüber den zu reinigenden Werkstoffen, ihrer Schwerentflammbarkeit sowie ihrer guten Destillierbarkeit in vielen industriellen O. eingesetzt. Die Gesamtzahl der industriellen Anlagen, die halogenierte Lösemittel benutzen, wird auf etwa 10000 in der Bundesrepublik Deutschland geschätzt.

In O. werden CKW in unterschiedlichen Verfahren zum Reinigen des Behandlungsgutes eingesetzt. Eine Kombination verschiedener Methoden kann notwendig sein, um bestimmte Oberflächenqualitäten zu erzielen und trägt außerdem zu einer Minimierung des Lösemitteleinsatzes bei. Zunächst wird häufig ein Tauchbad (warm oder kalt) eingesetzt, das zur Unterstützung des Reinigungsvorgangs mit Ultraschall beaufschlagt werden kann. Weiter finden Spritzverfahren Anwendung, bei denen die Werkstücke bei hohem Druck mit flüssigem Lösemittel in einem Spritzstrahl gereinigt werden. Beim Kondensations- oder Dampfentfetten wird das Behandlungsgut in eine sogenannte Sattdampfzone (mit Lösemittel gesättigte Luft) oberhalb von siedendem Lösemittel gebracht. Das Lösemittel kondensiert am Behandlungsgut und spült so die Verunreinigungen ab. Das Dampfentfetten dient typischerweise der Feinreinigung am Abschluß des Behandlungsprozesses. Bei mehreren Behandlungsbädern wird das Lösemittel entgegen dem Prozeßablauf geführt, so daß nur das am stärksten verunreinigte Lösemittelbad der internen Aufarbeitung zugeführt wird und längere Standzeiten möglich sind.

Bei modernen O. wird der Lösemittelverlust durch anlagentechnische Maßnahmen wie Kapselung,

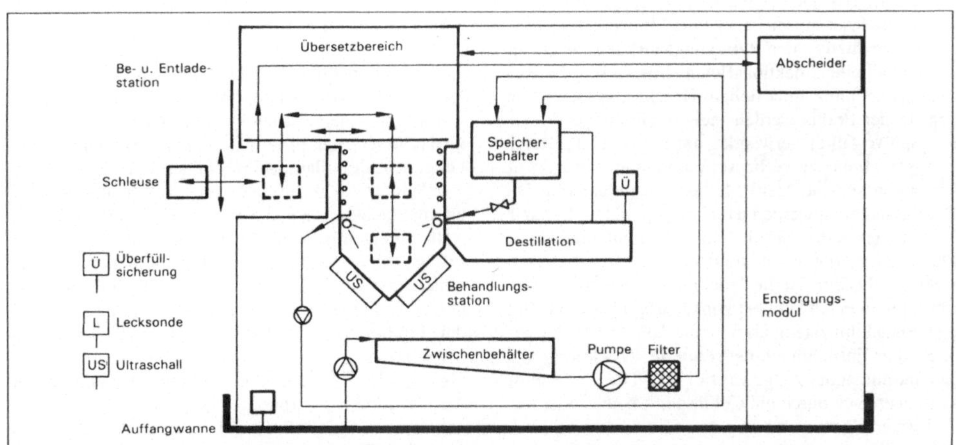

Oberflächenbehandlungsanlage: Moderne O. mit geschlossenem Luftkreislauf.

Schleusentechnik, Tieftemperaturkondensation und Adsorptionsabscheidung (z. B. an Aktivkohle oder Molekularsieb) deutlich gegenüber früheren offenen Anlagen (teilweise mit Randabsaugung) reduziert. In O. wird das Lösemittel in der Regel in einem anlageninternen Kreislauf durch eine mechanische Abtrennung der Feststoffe über Filter und eine Destillation aufgearbeitet und erneut zur Behandlung eingesetzt (Bild). Eine weitere Aufarbeitung erfolgt betriebsextern durch Redestillateure.

Auf Grund der von CKW ausgehenden ökologischen und toxikologischen Belastungen werden an die Ausführung der Anlagen strenge Anforderungen gestellt. Diese sind überwiegend in der → 2. BImSchV festgelegt. O. müssen geschlossen gebaut sein und in der Regel über ein meßtechnisch überwachtes Schleusensystem verfügen; abgesaugtes Abgas muß über einen → Abscheider geführt, Lösemittel sowie Reststoffe müssen in geschlossenen Vorrichtungen gehandhabt werden. Weitere Anforderungen an den Umgang mit wassergefährdenden Stoffen ergeben sich aus dem Wasserrecht. Das Verbot der Vermischung verschiedener Lösemittel und die Rücknahmepflicht durch den Vertreiber sind in der Verordnung über die Entsorgung gebrauchter halogenierter Lösemittel (HKWAbf-Verordnung) vom 23. Oktober 1989 (BGBl. I S. 1918) festgelegt.

Zur Vermeidung des Gebrauchs von CKW-Lösemitteln, aber auch aus anwendungstechnischen Gründen werden in vielen O. wäßrige Systeme eingesetzt. Bei der Anwendung ist die Auswahl der für das Behandlungsproblem richtigen Tensid/Komplexbildner-Kombination von wesentlicher Bedeutung. Diese hängt insbesondere von dem Behandlungsgut, der Verschmutzung und dem erforderlichen Reinigungsergebnis ab. Ebenso ist eine Anpassung des Behandlungsverfahrens erforderlich; wäßrige Reinigungssysteme sind im Spritz-, Tauch- oder einem kombinierten Spritz- und Tauchverfahren einsetzbar. In den Tauchbädern kann zur Unterstützung der Reinigungswirkung zusätzlich Ultraschall oder Injektionsfluten (Einpressen des Reinigungsmediums unter hohem Druck) eingesetzt werden. In der Praxis werden meist mehrstufige Wasch- und Spülverfahren verwendet, um einerseits das Reinigungsergebnis zu verbessern und andererseits die Menge an verbrauchtem Medium zu reduzieren. Die Badflüssigkeiten werden dabei entgegen dem Behandlungsablauf ausgetauscht, so daß nicht alle Bäder gleichzeitig erneuert werden müssen. Beim Einsatz wäßriger Systeme ist die Trocknung gegenüber CKW-Lösemitteln erschwert. So wird häufig im letzten Bad eine Behandlungstemperatur nahe 100 °C gewählt, um nach der Entnahme eine schnelle Trocknung des Behandlungsguts zu gewährleisten. Die Trocknung kann aber auch durch ein Gebläse mit heißer oder kalter Luft erfolgen.

Um Belastungen des Abwassers zu verringern, ist ein Aufarbeiten der eingesetzten Bäder erforderlich. Durch Feststoffilter, Schwerkraft-Ölabscheider, Zentrifugen, Verdampfer und Ultrafiltration gelingt es, die Standzeit der Bäder deutlich zu erhöhen und die Medien über längere Zeit im Kreislauf zu führen. Dadurch wird der Wasser-/Chemikalienverbrauch gering gehalten; die Häufigkeit des Neuansatzes und die Beseitigung gebrauchter Bäder werden reduziert. Die Abfälle enthalten einen wesentlich reduzierten Wasseranteil und können in Abhängigkeit von ihren Inhaltsstoffen verwertet oder müssen als Sonderabfall entsorgt werden.

Halogenfreie organische Lösemittel haben in der jüngsten Vergangenheit steigende Bedeutung in Folge der Substitution von Chlorkohlenwasserstoffen und besonders auch FCKW in der Oberflächenbehandlung bekommen. Hauptsächlich kommen Alkohole, Ketone und aliphatische Kohlenwasserstoffe zum Einsatz. Alle Stoffe dieser Gruppe sind brennbar, wobei allerdings zu unterscheiden ist, ob der Flammpunkt ober- oder unterhalb der Raumtemperatur liegt. Wird während des Verfahrensablaufs die Temperatur des Lösemittels über den Flammpunkt erhöht bzw. bilden sich während des Trocknungsvorganges Lösemittel/Luft-Gemische, die innerhalb der Explosionsgrenzen liegen, so ist eine explosionsgeschützte Ausführung der Anlagen erforderlich. Bei Verfahrensweisen mit Arbeitstemperaturen unterhalb des Flammpunkts sind die zu treffenden sicherheitstechnischen Maßnahmen weniger umfangreich.

Angaben zu erforderlichen Maßnahmen zum Explosionsschutz beim Betrieb von O. mit brennbaren Lösemitteln finden sich in den Richtlinien des Hauptverbandes der gewerblichen Berufsgenossenschaften (ZH 1/10 (Ex-RL), (ZM 1/562, ZH 1/566). Danach sind keine gesonderten Maßnahmen erforderlich, wenn der Flammpunkt des Lösemittels mindestens 40 °C beträgt und die Betriebstemperatur mindestens 15 °C unter dem Flammpunkt verbleibt sowie das Lösemittel nicht zerstäubt/vernebelt wird. *Brackemann*

Oberflächenfilter ⟨*surface filter*⟩. Als O. werden filternde → Abscheider bezeichnet, bei denen möglichst wenige aus einem Gasstrom abzuscheidende Partikeln in das Innere des Filtermediums eindringen. An der Oberfläche des Filtermediums bildet sich relativ schnell eine Schicht aus abgeschiedenen Partikeln aus, die auch häufig Staubkuchen genannt wird. Dieser Staubkuchen stellt das eigentliche, hochwirksame Filtermedium dar. Infolge des Anwachsens der Partikelschicht nimmt der Druckverlust kontinuierlich zu. Die Filter müssen daher periodisch regeneriert werden. Der Staubkuchen ist dabei möglichst vollständig vom Filtermedium zu lösen. Deshalb werden diese Filter auch häufig Abreinigungsfilter genannt. O. dienen allgemein zur Abscheidung von Partikeln aus Gasen bei hohen Staubgehalten in der Größenordnung g/m^3 bis zu einigen 100 g/m^3. Dies ist der typische Fall der sog. Industrieentstaubung.

Als Filtermaterial werden meist Faserschichten eingesetzt. Es können aber auch Körner als Grundelemente verwendet werden. Diese sind entweder lose aufgeschüttet (→ Schüttschichtfilter) oder fest miteinander verbunden. Zum zweiten Fall gehören z. B. Sintermetalle oder Kornkeramiken in starrer Kerzenform zur Heißgasfiltration (bis über 1 000 °C). Vereinzelt kommen auch membranartige Medien, z. B. Lochfolien, zum Einsatz. Bei den weitaus am häufigsten eingesetzten Filtermedien handelt es sich jedoch neben Geweben um verfestigte Vliese und Filze. O. werden daher zuweilen auch als Gewebe- bzw. Tuchfilter bezeichnet. Die Medien werden als flexible Schläuche und Taschen, als in ihrer Bewegung eingeschränkte Patronen und als starre Kerzen konfektioniert. Typische Filteranströmgeschwindigkeiten liegen bei 20–200 $m^3/(m^2 \cdot h)$; bei der Auslegung von O. stellt dieser, auch spezifische Filterflächenbelastung genannte Wert eine wichtige Größe dar. Der Druckverlust bewegt sich zwischen 1 000 und 3 000 Pa (Bild 1).

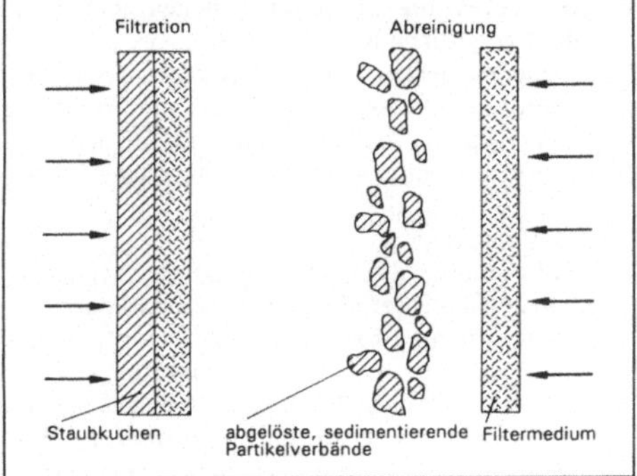

Oberflächenfilter 1: Schematische Darstellung der Filtrations- und Abreinigungsphase.

Bei einem idealen Abreinigungsfilter erfolgt die Partikelabscheidung ausschließlich an der Oberfläche. Bei realen Filtern dringen Partikeln jedoch zunächst in das Filtermedium ein und können auch auf die Reingasseite gelangen. Dieser Zustand entspricht dem der → Tiefenfilter. Sobald sich ein Staubkuchen ausgebildet hat, nimmt der Partikeldurchtritt stark ab. Allerdings steigt der Durchströmungswiderstand stetig an, bis bei Erreichen eines vorgegebenen Enddruckverlustes die Abreinigung ausgelöst wird. Die Abreinigung kann bei Unterbrechung der Rohgaszufuhr durch Schütteln oder durch Spülen mit Reingas erfolgen. Ohne Unterbrechung der Rohgaszufuhr kann man ein Ablösen des Staubkuchens durch Auslösen eines kurzzeitigen Druckluftstoßes auf der Reingasseite hervorrufen. Nach der Abreinigung stellt sich ein sog. Restdruckverlust ein. Dieser Wert sollte nach einigen Zyklen konstant werden, um eine lange Standzeit des Filtermaterials (bis zu 2 Jahren und mehr) zu ermöglichen. Durch die Beanspruchung des Filtermaterials beim Abreinigungsvorgang und das Fehlen einer schützenden Staubschicht nach der Abreinigung steigt die Reingaskonzentration zunächst steil an (Bild 2).

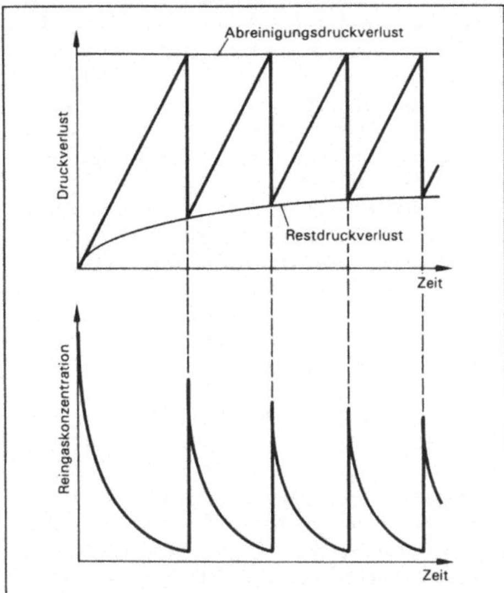

Oberflächenfilter 2: Zeitlicher Verlauf von staubbedingtem Druckverlust und Reingaskonzentration.

Zur Beschreibung des Durchströmungswiderstandes und der Abscheideleistung von O. existieren zahlreiche empirische Näherungsgleichungen und einige Modellansätze. Im Vergleich zu anderen → Entstaubungsverfahren steht man aufgrund der Komplexität der Vorgänge jedoch erst am Anfang einer theoretischen Beschreibung oder gar Voraussage des Betriebsverhaltens. *Schmidt*

Literatur: *Löffler, F., H. Dietrich* und *W. Flatt*: Staubabscheidung mit Schlauchfiltern und Taschenfiltern. 2. Aufl. Braunschweig 1991. – VDI 3677: Filternde Abscheider. 7/1980.

Öko-Audit *⟨eco-auditing⟩* → Umwelt-Audit

Offset policy *⟨offset policy⟩*. Die o. p. – zu deutsch etwa Kompensations-Politik (→ Kompensationsregelung) – ist ein Element der US-amerikanischen Luftreinhaltepolitik. Zu Beginn der achtziger Jahre haben die Umweltbehörden der USA versucht, ihre Auflagenpolitik flexibler zu gestalten und einen „kontrollierten Umwelthandel“ zuzulassen. Damit sollte zum einen ein Ansiedlungsstop für Betriebe in Belastungsgebieten vermieden und zum anderen eine Verringerung der Emissionen an der kostengünstigsten Stelle erreicht werden. Die o. p. gestattet neueren ortsfesten Anlagen oder wesentlich geänderten bestehenden Anlagen, Luftreinhalteanforderungen in Belastungsgebieten dadurch zu erfüllen, daß sie im Ausgleich zu den selbst verursachten zusätzlichen Emissionen Emissionsminderungen bei anderen (Alt-)Anlagen erreichen. Hierbei muß die Gesamtbelastung sinken, d.h. bezogen auf den entsprechenden Schadstoff müssen mehr Emissionen vermieden werden als der hinzukommende Betrieb verursacht. Diese Ausgleichspolitik ermöglicht damit neues Wirtschaftswachstum in Belastungsgebieten bei gleichzeitiger relativer Verbesserung der Luftqualität. Der Ausgleich kann dadurch erreicht werden, daß die neuen Firmen für alte Betriebe neue Vermeidungstechnologien kaufen, Produktionsumstellungen in den bestehenden Betrieben finanzieren oder die alten Betriebe aufkaufen und ganz oder teilweise stillegen. Die weitaus überwiegende Zahl solcher o. p. fand jedoch unternehmensintern als Ausgleich für neue Emissionsquellen statt, der externen Ausgleichspolitik zwischen neuen und alten Betrieben kam in der Praxis nur geringe Bedeutung zu. Der interne Ausgleich von Emissionen bei bestehenden Emissionsquellen wird durch die → bubble policy ermöglicht. *Wackerbauer*

Olfaktometer *⟨olfactometer⟩*. O. sind Geräte, die definierte dynamische Verdünnungen zweier Volumenströme, eines Geruchsprobenluftstroms und eines neutralen Luftstroms, ermöglichen, die Vorgabe des so erstellten Gemisches an Probanden unter physiologischen Bedingungen gestatten und Vorrichtungen zur Registrierung der Antworten vorsehen. Dynamisch verdünnende O. arbeiten mit Pumpen oder nach dem Gasstrahlprinzip (Bild). Die Vorgabe der zu beurteilenden Mischluft erfolgt typischerweise in einer der Gesichts- oder Nasenform angepaßten Maske oder aber durch nach oben offene Riechrohre (→ Olfaktometrie). *Winneke*

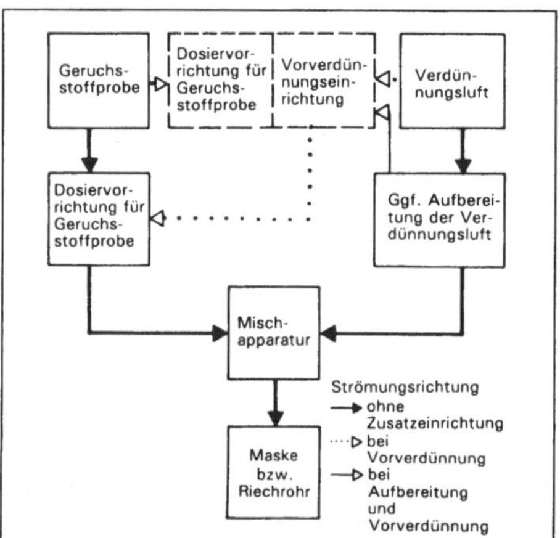

Olfaktometer: Schematische Darstellung des O.-Prinzips (dynamische Verdünnung).

Olfaktometrie *⟨olfactometry⟩*. Unter O. (*lat.* olfacere = riechen) versteht man die kontrollierte Darbietung von Geruchsstoffen durch Verdünnung mit Neutralluft und das Erfassen der dadurch beim Menschen hervorgerufenen Sinnesempfindungen (VDI 3881, Blatt 1). Definitorische und verfahrenstechnische Einzelheiten der O. sind in verschiedenen → VDI-Richtlinien dargestellt (VDI 3881, Blatt 1–4). Die O. ist ein vollständiges Meßverfahren. Physiologische Grundlage dieses wirkungsbezogenen Meßverfahrens ist die Aktivierung der primären Riechzellen, von denen sich etwa 20 Millionen im Riechepithel in der oberen Nasenmuschel befinden, durch Riechstoffmoleküle, die Weiterleitung der durch die Rezeptoraktivierung erzeugten bioelektrischen Signale in den Fasern des Riechnerven und die abschließende Verarbeitung dieser Signale in den nachgeschalteten nervösen Strukturen. Es sind dies vor allem die beiden Riechkolben (bulbi olfactorii) als erste Umschaltstellen und die primären Riechzentren im Neocortex. Über den Primärprozeß der Geruchsempfindung, die Aktivierung der Riechzellen im Riechepithel, liegen noch keine abschließend gesicherten Erkenntnisse vor.

Anwendungsgebiete der O. im Rahmen des technischen Umweltschutzes sind vor allem die Ermittlung des Wirkungsgrads von Maßnahmen zur Geruchsminderung sowie Immissionsprognosen durch Ausbreitungsrechnung auf der Grundlage olfaktometrischer Emissionsmessungen.

Die Bestimmung des Wirkungsgrads (η_{od}) von Minderungsmaßnahmen erfolgt durch Geruchskonzentrations-Bestimmung bzw. durch die Ermittlung des Geruchsstoffstroms (q_{od}) von Roh- und Reingas. Der Geruchstoffstrom ist das Produkt aus Geruchstoffkonzentration und Volumenstrom. Der technische Wirkungsgrad einer Minderungsmaßnahme ist demnach

$$\eta_{od} = \frac{q_{od,\,roh} - q_{od,\,rein}}{q_{od,\,roh}}$$

bzw., im Falle eines trotz Maßnahme unveränderten Abgasvolumenstroms,

$$\eta_{od} = \frac{c_{od,\,roh} - c_{od,\,rein}}{c_{od,\,roh}}$$

Die Bestimmung des technischen Wirkungsgrads läßt mögliche Änderungen der Geruchsintensität (Geruchsstärkeempfindung) oder der hedonischen Wirkung (angenehm-unangenehm-Empfindung) von Roh- und Reingas außer Acht und macht daher gegebenenfalls wirkungsbezogene Zusatzbetrachtungen erforderlich.

Die Geruchsimmissionsprognose durch Ausbreitungsrechnung erfordert Kenntnisse des Geruchsstoffstroms, der effektiven Austrittshöhe und der für die Ausbreitung relevanten topographischen und meteorologischen Verhältnisse. Im Planungs- oder Beschwerdefall ermöglicht sie jahresrepräsentative Angaben zu durchschnittlichen Geruchsstoffkonzentrationen bzw.

zur Häufigkeit qualifizierter Geruchsschwellenüberschreitungen für relevante Aufpunkte in der Nachbarschaft von Punkt- oder Flächenquellen. Durch entsprechende Umformung des Ausbreitungsalgorithmus lassen sich über die effektive Austrittshöhe auch Schornsteinhöhenberechnungen unter Beachtung von Immissionsvorgaben durchführen.

Erhebliche Geruchsbelästigungen gelten nach dem BImSchG als schädliche Umwelteinwirkungen. Es liegen empirische Belege dafür vor, daß sowohl durchschnittliche Geruchsstoffkonzentrationen als auch Häufigkeiten von Geruchsschwellenüberschreitungen in Wohngebieten statistisch gesicherte Zusammenhänge mit dem durchschnittlichen Grad der Geruchsbelästigung aufweisen (→ Kennwerte, olfaktometrische; → Verfahrenskenngrößen, olfaktometrische).

Winneke

Literatur: VDI 3881: Olfaktometrie – Geruchsschwellenbestimmung – Bl. 1: Grundlagen. 05/1986. – Bl. 2: Probenahme. 01/1987. – Bl. 3: Olfaktometer mit Verdünnung nach dem Gasstrahlprinzip. 11/1986. – Bl. 4E: Anwendungsvorschriften und Verfahrenskenngrößen. 12/1989.

Organische Stoffe *⟨organic compounds⟩*. O. S. sind chemische Verbindungen mit einem Kohlenstoffgrundgerüst. Außer Kohlenstoff können Wasserstoff, Sauerstoff, Stickstoff, Schwefel und andere Elemente enthalten sein. Die belebte Natur ist aus o. S. aufgebaut. O. S. gehören zu verschiedenen chemischen Stoffgruppen, die Zahl der einzelnen Stoffe ist nicht zu benennen. Beispielhaft seien folgende Verbindungsklassen genannt: Kohlenwasserstoffe, Aldehyde, Ketone, Alkohole, Ether, Ester, Amine, Merkaptane.

Die verschiedenen o. S. unterscheiden sich erheblich in ihrem Verhalten in der Umwelt und in ihren Wirkungen auf den Menschen. Flüchtige organische Stoffe (→ VOC – Volatile Organic Compounds) tragen zur Bildung von → Photooxidantien bei. O. S. mit hoher Lebensdauer in der Atmosphäre, d. h. geringer photochemischer Reaktivität (z. B. halogenierte o. S. – CKW, FCKW, Halone) sind an der Zerstörung der → Ozonschicht in der Stratosphäre beteiligt oder klimawirksam (→ Methan). Darüber hinaus sind einzelne o. S. auf Grund bestimmter Eigenschaften (Toxizität, Geruch) von lokaler Bedeutung (z. B. Benzol, organische Schwefelverbindungen).

Dominierende Quellen für Luftverunreinigungen durch Emission o. S. sind die Lösemittelverwendung in Industrie, Gewerbe und Haushalten sowie der Straßenverkehr (zusammen fast 90% der Gesamtemissionen).

Neben den anthropogenen Emissionsquellen gibt es natürliche Emissionen von o. S. (z. B. Wälder, Sümpfe). Der Anteil der natürlichen Emissionen von o. S. (ohne Methan) beträgt in der Bundesrepublik Deutschland etwa 10% der anthropogenen Emissionen.

In der Nr. 3.1.7 TA Luft sind die o. S. abgestuft nach dem Risikopotential der einzelnen Stoffe in verschiedene Klassen mit unterschiedlich strengen Anforderungen zur Luftreinhaltung eingeteilt. Die Emissionsbegrenzungen für die einzelnen Klassen berücksichtigen den Stand der Abgasreinigungstechnik (→ TA Luft Einstufung).

Die schärfsten Anforderungen gelten für krebserzeugende Stoffe (Nr. 2.3 TA Luft). Vergleichbar scharfe emissionsbegrenzende Anforderungen werden an hochtoxische Stoffe gestellt, die gleichzeitig von hoher Persistenz und Akkumulierbarkeit sind (Nr. 3.1.7 Abs. 7 TA Luft). Dazu gehören z. B. polyhalogenierte Dibenzodioxine und -furane sowie polyhalogenierte Biphenyle. Wie bei den krebserzeugenden Stoffen wird eine besondere Minimierung der Emissionen gefordert; der Emissionsmassenstrom ist soweit wie möglich zu begrenzen. Dazu sind alle Maßnahmen (emissionsarme Einsatzstoffe und Prozeßtechniken sowie Abgasreinigungsverfahren) voll auszuschöpfen.

Die Emissionen von o. S. aus stationären Anlagen werden in den Vorschriften nach dem BImSchG (z. B. → TA Luft, → 2. BImSchV) sowie durch produktbezogene Maßnahmen (z. B. Umweltzeichen) besonders wirksam begrenzt.

Zur Vermeidung oder Verminderung der Emissionen von o. S. aus mobilen Quellen (Motorabgasen) ist als wichtigste technische Maßnahme der Einsatz geregelter Dreiwege-Katalysatorfahrzeuge zu nennen. Die Kohlenwasserstoff-Verdunstungsemissionen werden besonders wirksam durch den Einbau von Aktivkohlefiltern (kleiner Kohlekanister) gemindert.

Die Abgasemissionen von Kfz werden in Regelungen der StVZO begrenzt (→ Kfz-Abgas-Grenzwert).

Angrick

Literatur: *Angrick, M.*: Emissionsminderung organischer Stoffe. EntsorgungsPraxis (1990) Nr. 10 S. 582/586. – *Davids, P.; M. Lange*: Die TA Luft '86 – Technischer Kommentar. Düsseldorf 1986. – UBA Texte 11/91: ECE-VOC Task Force. Emissions of VOC from Stationary Sources and Possibilities of their Control. Forschungsvorhaben Nr. 104 04 349 des Umweltbundesamtes, Berlin 1991.

Organische Stoffe, persistente *⟨persistent organic compounds/POC⟩*. Unter der Bezeichnung p. o. S. werden viele chemisch unterschiedliche Stoffe zusammengefaßt, die schwer abbaubar und akkumulierbar sind. Z. B. können sie sich in Gewässersedimenten und Klärschlämmen anreichern und zur Kontamination der Nahrungskette beitragen. Zu den p. o. S. gehören → polycyclische aromatische Kohlenwasserstoffe ebenso wie Organohalogenverbindungen, z. B. polychlorierte Biphenyle, Pentachlorphenol (PCP) sowie die polychlorierten Dibenzodioxine und -furane.

In den letzten Jahren sind viele p. o. S. in hohen Konzentrationen in entlegenen Gebieten (z. B. Arktis, Antarktis), weit von industriellen und landwirtschaftlichen Aktivitäten entfernt, gefunden worden. Die p. o. S. gelangen sowohl durch weiträumigen grenzüberschreitenden Transport in der Luft wie auch durch das Wasser in diese Gebiete.

Emissionen von p. o. S. sind ausschließlich anthropogenen Ursprungs. Wichtige Schritte zur Minderung ihrer Emissionen sind international durch die Beschlüsse der 3. Internationalen Nordsee-Schutzkonferenz (Den Haag, 1990) eingeleitet worden (Emissionsminderung einzelner Stoffe um mindestens 50% bis 1995 nach dem → Stand der Technik). National wird die Emission von p. o. S. insbesondere durch die anlagenbezogenen emissionsbegrenzenden Anforderungen der → TA Luft, der → 2. BImSchV und der → 17. BImSchV sowie durch Verwendungsbeschränkungen oder -verbote begrenzt (→ 19. BImSchV, → Gefahrstoffverordnung, Chemikalien-Verbots-Verordnung). *Angrick*

Literatur: *Davids, P.; M. Lange*: Die TA Luft '86 – Technischer Kommentar. Düsseldorf 1986.

Organische Verbindungen *(organic compounds)*. Standardmethoden zur Emissionsmessung o. V. werden in den Richtlinien VDI 2457, 2460 und 3481 behandelt. Weitere Richtlinien beschreiben Standardmethoden zur Messung wichtiger Einzelstoffe oder Stoffgruppen: VDI 3493 (Vinylchlorid), 3499 (polychlorierte Dibenzodioxine und -furane), 3862 (Aldehyde), 3863 (Acrylnitril), 3872+3873 (→ polycyclische aromatische Kohlenwasserstoffe).

Die wichtigste Methode für Einzelmessungen ist die gas-chromatographische Bestimmung, deren Grundlagen in der Richtlinie VDI 2457, Blatt 1 dargestellt sind. Die → Gaschromatographie erlaubt es, auch in komplexen Stoffgemischen die Konzentration einzelner Komponenten selektiv zu bestimmen, wobei Störungen durch Querempfindlichkeiten bei geeigneter Auswahl der Trennsäule und des nachgeschalteten Detektors weitgehend vermieden werden können. Eine andere universelle Methode zur selektiven Bestimmung einzelner Komponenten ist die infrarotspektrometrische Bestimmung organischer Verbindungen, deren Grundlagen in der Richtlinie VDI 2460, Blatt 1 dargestellt sind. Die Infrarotspektroskopie hat zwar für die Emissionsmessung o. V. eine geringere Bedeutung als die Gaschromatographie, hat sich aber für einige Stoffe und Stoffgruppen (z. B. Dimethylformamid und Kresole) als Standardmethode bewährt.

Diese analytischen Methoden kommen im allgemeinen im Labor zum Einsatz. Sie setzen eine Probenahmetechnik voraus, die es erlaubt, dem Abgas der untersuchten Anlage eine für die Emissionsverhältnisse repräsentative Probe zu entnehmen und, durch Lagerung und Transport möglichst unverfälscht, für die analytische Untersuchung bereitzustellen. Eine Übersicht über verschiedene Probenahmetechniken enthält die Richtlinie VDI 2457, Blatt 1 (Bild).

In der Praxis der → Emissionsüberwachung ist die Bestimmung der Einzelkomponenten, die sehr oft a priori nicht bekannt sind, außerordentlich schwierig und sehr aufwendig. Deshalb wird vielfach darauf verzichtet und eine Summenbestimmung vorgenommen. Dies ist vernünftig, wenn z. B. der Wirkungsgrad einer

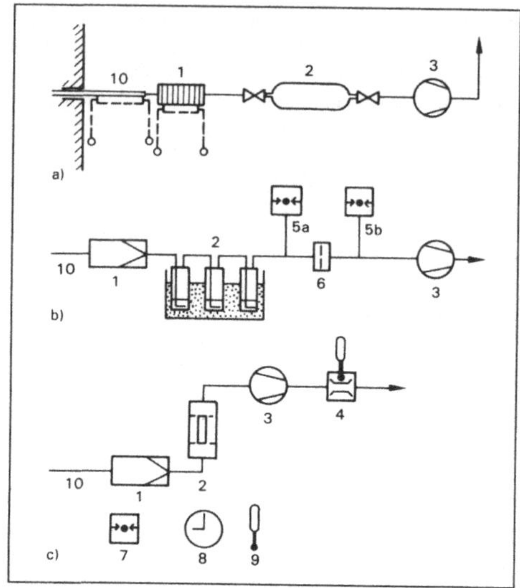

Organische Verbindungen: Emissionsmessung. Beispiel einer Probenahmeeinrichtung mit
a) Gassammelgefäß
b) Gaswaschflaschen und kritischer Düse
c) Sorptionsrohren und Gasvolumenmeßgerät.

1 Staubvorabscheider, ggf. beheizt, 2 Sammelsystem, 3 Pumpe, 4 Gasvolumenmeßgerät mit Thermometer, 5 Druckmesser vor und nach der kritischen Düse, 6 kritische Düse, 7 Barometer, 8 Uhr, 9 Thermometer, 10 Probenahmesonde, ggf. beheizt

Abgasreinigungsanlage überprüft oder deren Funktionsfähigkeit überwacht werden soll. Eine handanalytische summarische Methode, die häufig für Einzelmessungen und zur Kalibrierung kontinuierlich messender Analysatoren eingesetzt wird und als Referenzmeßverfahren bezeichnet werden kann, ist das Verfahren nach VDI 3481, Blatt 2: Bestimmung des durch Adsorption an Kieselgel erfaßbaren organisch gebundenen Kohlenstoffs in Abgasen. Bei dieser Methode wird der Probegasstrom durch zwei Sorptionsrohre gesaugt, die mit Kieselgel gefüllt sind. Die meisten im Probegas enthaltenen o. V. werden dabei adsorbiert. Nach Abschluß der Probenahme werden die adsorbierten Stoffe im Sauerstoffstrom bei erhöhter Temperatur desorbiert und zu Kohlendioxid verbrannt, das maßanalytisch oder mit Hilfe der → Coulometrie bestimmt wird.

Zur kontinuierlichen summarischen Bestimmung von o. V. als Gesamtkohlenstoffgehalt stehen verschiedene eignungsgeprüfte Meßeinrichtungen zur Verfügung. Das bevorzugte Meßverfahren ist der → Flammen-Ionisations-Detektor (FID), eine Alternative die Wärmetönungsmessung. *Stahl*

Literatur: VDI 2457: Messen gasförmiger Emissionen; Gaschromatographische Bestimmung organischer Verbindungen; Bl. 1 E: Grundlagen 3/1991. – VDI 2460: Messen gasförmiger

Emissionen; Infrarotspektrometrische Bestimmung organischer Verbindungen; Bl. 1: Grundlagen. 3/1973. – VDI 3481: Messen gasförmiger Emissionen; Bl. 1: Messen der Kohlenwasserstoff-Konzentration; Flammen-Ionisations-Detektor (FID). 8/1975. – Bl. 2: Bestimmung des durch Adsorption an Kieselgel gebundenen Kohlenstoffs in Abgasen. 4/1980.

Organische Verbindungen, leichtflüchtige ⟨*volatile organic compounds*⟩. Unter den l. o. V. werden alle organische Verbindungen zusammengefaßt, deren Siedepunkt etwa zwischen + 20 °C (Raumtemperatur) und 150 °C liegt. Davor liegen die gasförmigen und dahinter die schwerflüchtigen organischen Verbindungen. Die l. o. V. umfassen insbesondere den gesamten Bereich der Benzinkohlenwasserstoffe einschließlich des Benzols, Toluols und Xylols (→ BTX-Kohlenwasserstoffe), die → Halogenkohlenwasserstoffe und alle gängigen Lösungsmittel. Letztere spielen besonders bei der Verunreinigung der Innenraumluft eine große Rolle.

Gaschromatographische Verfahren sind heute derart fortentwickelt, daß die Immisionsmessung der l. o. V. bereits zu den Routineprogrammen vieler Meßinstitutionen gehört.

Die Probenahme vor Ort kann als Momentprobe in Gasmäusen oder speziellen Kunststoffbeuteln oder anreichernd an Aktivkohle oder speziellen Polymeren erfolgen. Zur Analyse kann aus der Gasmaus ein Aliquot mit einer Gasspritze entnommen und direkt in den Gaschromatographen injiziert werden. Die Empfindlichkeit reicht jedoch nur für sehr stark verunreinigte Luft aus.

Von der Aktivkohle wird die Probe mit Schwefelkohlenstoff extrahiert und diese Lösung chromatographiert. Von polymeren Adsorptionsmitteln läßt sich die Luftprobe thermisch desorbieren. Hierzu ist eine spezielle Aufgabeapparatur für den Gaschromatographen notwendig. Dieses Verfahren läßt sich automatisieren. Entsprechend hergerichtete Geräte können in Meßstationen vollautomatisch betrieben werden. In Abhängigkeit von der Analysedauer kann dann im Abstand von ein bis zwei Stunden eine Messung der l. o. V. rund um die Uhr erfolgen.

Wegen der niedrigen Siedepunkte dieser Substanzklasse ist es günstig, wenn der Ofenraum des Gaschromatographen kühlbar ist (Cryo-Option), so daß das Temperaturprogramm (→ Gaschromatographie) bei niedrigen Temperaturen gestartet werden kann. Ist das nicht möglich, kann man speziell für die l. o. V. entwickelte Trennsäulen einsetzen. Es handelt sich hierbei um sog. PLOT-Säulen (*engl.* porous layered open tubular). Das sind etwa 20 m lange Quarzkapillarsäulen mit einem inneren Durchmesser von 0,53 mm und einer inneren Beschichtung mit einem Kunststoffpulver. Als besonders geeignet hat sich das Porapak U® erwiesen, da es am wenigsten empfindlich gegen Feuchtigkeit ist.

Als Detektoren verwendet man sowohl den Flammenionisationsdetektor, den Elektroneneinfangdetektor als auch den Photoionisationsdetektor. *Dulson*

Oxidantien ⟨*oxidants*⟩. Der Begriff O. leitet sich von der Kaliumjodid-Meßmethode ab. Bei der Absorption von oxidierenden Spurengasen in KJ-Lösung wird Jod freigesetzt, welches kolorimetrisch oder coulometrisch bestimmt werden kann. Heute versteht man im weiteren Sinne unter O. (oder → Photooxidantien) Verbindungen, die in der Atmosphäre bei der Oxidation von Kohlenwasserstoffen in Gegenwart von Stickoxiden unter Einwirkung von Sonneneinstrahlung entstehen. Typische Komponenten dieser sekundären Schadstoffbelastung sind Aldehyde und andere Carbonylverbindungen, Ozon, organische Säuren, organische Nitrate, Peroxynitrate, Salpetersäure und Wasserstoffperoxid und organische Hydroperoxide. *Barnes/Becker*

Oxidationskatalysator ⟨*oxidative catalyst*⟩ → Kfz-Abgas-Katalysator

Oxidationsverfahren ⟨*oxidation process*⟩. Zur → Abgasreinigung werden O. (oder → Reduktionsverfahren) eingesetzt, um gas- oder dampfförmige → Luftverunreinigungen in umweltverträglichere Stoffe zu überführen. Die O. bieten sich sowohl für die Oxidation von klassischen Luftverunreinigungen wie CO, SO_2 und NO_x an, wie auch von heterogen zusammengesetzten Gasgemischen mit organischen und anorganischen Inhaltsstoffen. Die bei den O. entstehenden Verbindungen werden an die Atmosphäre abgegeben oder durch zusätzliche Abgasreinigungseinrichtungen zurückgehalten.

Die Oxidation kann in der Gasphase, der absorbierten oder adsorbierten Phase durchgeführt werden. Man unterscheidet trockene und nasse O. Kennzeichnend für nasse O. ist, daß die Oxidation in der wasserarmen Gasphase im Vergleich zu den Oxidationsvorgängen in der feuchten Gasphase und flüssigen Phase praktisch ohne Bedeutung ist.

Unter trockener Oxidation versteht man z. B. die thermische Umsetzung (→ Nachverbrennung, thermische oder katalytische) von brennbaren Gasinhaltsstoffen zu Kohlendioxid und Wasser. Als Oxidationsmittel dient der Luftsauerstoff. Ein anderes trockenes O. ist das → Elektronenstrahlverfahren.

Zu den nassen O. zählt die oxidierende Gaswäsche. Zur vollständigen Oxidation müssen in der Regel starke Oxidationsmittel zugesetzt werden. Üblicherweise handelt es sich dabei um Verbindungen auf Sauerstoff- oder Chlorbasis oder um Kaliumpermanganat. Die Abgasreinigung geschieht in → Absorbern. Die Oxidationsmittel werden in Wasser gelöst oder direkt in den Waschkreislauf eingebracht. Die Verfahren können ein- oder mehrstufig sein.

Bedeutung haben die nassen O. vor allem dort, wo heterogene Gasgemische mit häufig geruchsintensiven Stoffen zu reinigen sind. Dazu gehören beispielsweise Abgase aus der Verarbeitung tierischer Produkte, Intensivtierhaltung, Nahrungs- und Genußmittelindustrie sowie Abfallentsorgungsanlagen.

Ein Beispiel der Verminderung von geruchsintensivem Schwefelwasserstoff ist die Oxidation mit hypochloriger Säure. Sprüht man Chlor gemeinsam mit Wasser in den Absorber ein, bilden sich hypochlorige Säure und Salzsäure. Die hypochlorige Säure setzt sich mit dem Schwefelwasserstoff und dem Luftsauerstoff zu Schwefeldioxid, Wasser und Chlor um. Bei genauer Steuerung der stöchiometrischen Bedingungen, ist die Reinluft quasi schwefelwasserstofffrei und die resultierende Chlorgasmenge minimiert. *Remus*

Literatur: *Baumbach, G.*: Luftreinhaltung. Berlin–Heidelberg 1990. – *Davids, P.; M. Lange*: Die TA Luft '86 – Technischer Kommentar. Düsseldorf 1986. – VDI 2443: Abgasreinigung durch oxidierende Gaswäsche. 10/1995.

Ozon ⟨*ozone*⟩.

In der Stratosphäre. O. (chem. Formel – O_3) ist eines der wichtigsten Spurengase in der Atmosphäre. So ist es seiner Anwesenheit zu verdanken, daß die UV-B-Strahlung der Sonne nicht bis auf die Erdoberfläche vordringt, sondern bereits in der Atmosphäre absorbiert wird. Diese Schutzwirkung wird vor allem durch das stratosphärische O. verursacht. Etwa 90% der Gesamtmenge des O. befindet sich in der Stratosphäre und nur etwa 10% in der Troposphäre. Im Gegensatz zur nützlichen Wirkung des stratosphärischen O. als UV-Filter hat O. in der Troposphäre eine Reihe schädlicher Eigenschaften, die negative Auswirkungen auf Pflanzen, Tiere und Menschen haben (siehe weitere Beiträge).

O. wird in der Stratosphäre durch die Photolyse von Sauerstoff bei Wellenlängen $\lambda < 240$ nm gebildet (Chapman Zyklus).

Der Ozonumsatz in der Stratosphäre beträgt ~ 120 Mrd. t/a. Die Ozonmenge in der Stratosphäre sollte gerade dem Gleichgewicht zwischen ozonbildenden und ozonzerstörenden Reaktionen entsprechen. In Wirklichkeit ist die gefundene O.-Konzentration in der Stratosphäre jedoch viel kleiner, als diesem Gleichgewicht entsprechen würde. Dazu tragen neben dem Transport in ozonärmere Bereiche vor allem Reaktionszyklen bei, in denen O. durch andere Radikale als Sauerstoffatome angegriffen wird. Satelittenmessungen des Ozongehalts über der südlichen Erdhalbkugel zeigen, daß vor 1980 der Mittelwert direkt über dem Südpol während des antarktischen Frühlings ca. 250 DU (= Dobson Unit, → Dobson-Einheit) betrug, 1983 bis 1986 jedoch auf einen Wert von ca. 175 DU absank. Ebenso konnte mit Hilfe von Satellitenaufnahmen gezeigt werden, daß der die Antarktis umgebende Gürtel hoher Ozonkonzentration sich seit 1979 deutlich verringert hat. (Zu Auswirkungen des Ozonabbaus: → Ozonloch). In der globalen Stratosphäre außerhalb der Polarbereiche hat die Ozonkonzentration weniger gravierend, aber auch merklich abgenommen. Im Breitenband von 30 bis 64 °N betrugen die Ozonverluste seit 1970 etwa 2% in den Jahresmittel-Konzentrationen. Bei Mittelungen über die Wintermonate waren die Verluste erheblich stärker und betrugen bis zu 5,5% bei 55 °N.

Die atmosphärische Ozonverteilung weist als Folge des Ineinandergreifens photochemischer und meteorologischer Prozesse starke Variationen in Abhängigkeit von der geographischen Breite und der Jahreszeit auf. Aus dem Hauptquellgebiet, das sich in etwa 30–35 km Höhe über den Tropen befindet, wird mit der allgemeinen Zirkulation ständig Ozon polwärts und in niedrigere Höhen transportiert. Dieser Transport, der im Spätwinter am stärksten ist, bewirkt auf der Nordhalbkugel, daß die untere Stratosphäre (10–25 km Höhe) mit wachsender geographischer Breite zunehmend mit O. aufgefüllt ist. Entsprechend nimmt die Gesamtozonsäulendichte von etwa 250 DU am Äquator auf 400 bis 500 DU (je nach Jahreszeit) über dem Nordpol zu. Da sich die Zirkulation aufgrund unterschiedlicher Land-See-Verteilung in der Südhemisphäre von der in der Nordhemisphäre unterscheidet, nimmt die Gesamtozonsäulendichte auf der Südhalbkugel nur bis zu einem Maximum von ca. 400 DU bei 55 °S zu und von dort zu einem Minimum von ca. 300 DU am Südpol wieder ab.

Bild 1 zeigt, daß die Ozonkonzentration ein Maximum in der mittleren Stratosphäre aufweist. Wie man aus der gemessenen Höhenverteilung erkennt, ist auch in der Troposphäre O. vorhanden, wobei die Konzentration von der geographischen Breite abhängt. *Wiesen*

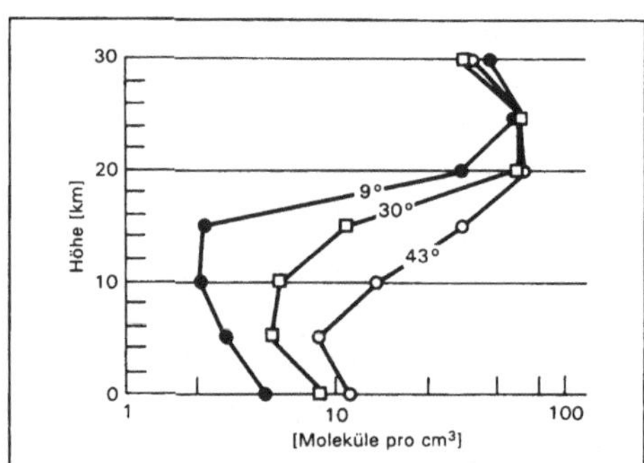

Ozon 1: O.-Konzentration in der Atmosphäre als Funktion der Höhe über dem Erdboden und der geographischen Breite.

In der Troposphäre. Nach der Entdeckung des O. (O_3) durch *C. Schönbein* im Jahre 1839 wurde sehr bald eine Nachweismethode durch Verfärbung mit Jod-Stärkepapier entwickelt, mit der überall in der Luft geringe Ozonkonzentrationen gefunden wurden; wie O. in der Atmosphäre entsteht und was es bewirkt, blieb für lange Zeit aber ungeklärt. In den Folgejahren wurden wegen der oxidierenden Eigenschaften dem O., z. T. unter dem Namen Aran, gewisse die Gesundheit fördernde Wirkungen zugeschrieben. Mit der Weiterentwicklung des Wissens über geophysikalische und geochemische Zusammenhänge rückten die höheren Schichten der Erdatmosphäre zunächst stärker in den Vordergrund der Interessen. Man entdeckte die stratosphärische → Ozonschicht und erkannte, daß in den höheren Luftschichten Ozon über die Photolyse von molekularem Sauerstoff mit nachfolgender Anlagerung der Sauerstoffatome an den molekularen Sauerstoff O. entsteht. In der Folgezeit wurden die Ozonkonzentrationen in der Troposphäre ausschließlich auf Transport aus der Stratosphäre (Stratospheric Injections) zurückgeführt wobei der Abbau an der Erdoberfläche als Senke angesehen wurde. Erst nach dem Zweiten Weltkrieg mit Entwicklung des individuellen Kraftfahrzeugverkehrs in Ballungsgebieten schenkte man dem Phänomen des Photosmogs größere Beachtung. Da Photosmog sich in dieser Zeit vor allem in Los Angeles entwickelte, wurde er im Gegensatz zu saurem Nebel (→ London Type Smog) auch mit → Los Angeles Type Smog bezeichnet. Photosmog ist gekennzeichnet durch die Abnahme der Sicht, durch Augenreizungen, Hustenreiz, Pflanzenschäden und Zerstörung von Materialien aus Naturgummi. Als Meßmethode diente die Jodfreisetzung in einer KJ-Lösung, die auf alle stark oxidierenden Spurenstoffe anspricht. Man beobachtete, daß die registrierten oxidierenden Substanzen vor allem im Sonnenschein entstanden, folgerichtig wurden sie mit → Photooxidantien bezeichnet. Zahlreiche durchgeführte Luftmessungen zwischen 1950 bis 1960 in Los Angeles brachten als Ergebnis, daß Photooxidantien in mit Kohlenwasserstoffen und Stickoxiden (NO und NO_2) verunreinigter Luft bei Sonneneinstrahlung entstehen. Als wichtigste oxidierende Spezies konnte dabei O. identifiziert werden. Es entwickelte sich die Vorstellung, daß O. als Produkt bei der NO_2-Photolyse auftritt:

$$NO_2 + h\nu \rightarrow NO + O$$

$$O + O_2 + M \rightarrow O_3 + M$$

$$O_3 + NO \rightarrow O_2 + NO_2$$

Da O. aber relativ schnell mit NO zurückreagiert, bildet dieses Reaktionssystem eine stationäre Ozonkonzentration aus, die immer weit unterhalb der beobachteten Konzentration der Photooxidantien lag (Photostationäres Gleichgewicht).

Weitere Untersuchungen führten schließlich zu dem Schluß, daß bei der atmosphärischen Oxidation von Kohlenwasserstoffen Zwischenprodukte entstehen müssen, die sehr rasch NO zu NO_2 oxidieren und damit zur Bildung von Überschußozon führen. Erst in den letzten Jahren erkannte man in den organischen Peroxyradikalen RO_2 und den HO_2-Radikalen die gesuchten Zwischenprodukte:

$$RO_2 + NO \rightarrow RO + NO_2$$

$$HO_2 + NO \rightarrow OH + NO_2$$

Inzwischen wird das Phänomen des Photosmogs in allen Ballungsgebieten beobachtet, auch in West- und Nordeuropa. Tatsächlich ist in der verschmutzten Luft bei Gefährdung durch Photooxidantien die Photolyse von NO_2 nicht immer geschwindigkeitsbestimmend, sondern die Rückführung von NO zu NO_2 über die Reaktionen mit RO_2- und HO_2-Radikalen. Im Smogsystem durchläuft NO mehrere 100 Mal am Tag den Zyklus NO → NO_2 → NO, wobei bei jedem Umlauf ein Ozonmolekül entsteht. Nach dem heutigen Wissensstand ist auch unter Reinluftbedingungen der stratosphärische Anteil an der troposphärischen Ozonkonzentration mit ca. 20% vergleichsweise gering. Es gibt eine durch natürliche und anthropogene Vorläuferemissionen bedingte Ozonbildung in der Troposphäre, durch die die Ozonhintergrundkonzentration entscheidend mitbestimmt wird.

Z. Zt. gibt es eine Diskussion darüber, um wieviel die Ozonhintergrundkonzentration während der letzten Jahrzehnte angestiegen ist. Alles deutet darauf hin, daß auf der Nordhalbkugel in der freien Troposphäre die mittlere Jahreskonzentration von weniger als 40 im letzten Jahrhundert heute bis auf über 90 $\mu g/m^3$ zugenommen hat. In den Ballungsräumen wird infolge der Emission von NO_x und gasförmigen organischen Verbindungen (→ VOC) im Winter durch Reaktionen mit NO die Ozonhintergrundkonzentration deutlich erniedrigt. Im Sommer dagegen laufen photochemische Reaktionen ab, wodurch zumindestens für kurze Zeiten die Ozonkonzentration in Bodennähe deutlich ansteigt, bei schweren Sommersmogepisoden bis zu 1 000 $\mu g/m^3$. Bei einem h-Mittelwert über 180 $\mu g/m^3$ als Informationswert wird in Deutschland die Situation der Luftqualität im weiteren Tagesverlauf sorgfältig analysiert. Die hohen Ozonspitzen setzen sich häufig aus am Tage über einem Ballungsgebiet gebildetem O. und dem über Nacht an der oberen Grenze der Mischungschicht gespeichertem O., das tagsüber bei der Lufterwärmung nach unten transportiert wird, zusammen.

Hohe Ozonkonzentrationen sind meistens mit Großwetterlagen verbunden, bei denen die mittäglichen Ozonwerte im Sommer von der Nordsee bis zum Alpenrand überall ansteigen. Im Mittelmeerraum wird am Rande von Ballungsräumen ebenfalls erhöhte Ozonbildung im Sommer beobachtet. Die iberische Halbinsel mit dem Zentrum über Madrid zeigt besonders deutlich eine Ozonfahne, die bis weit in die freie Troposphäre ansteigt und gelegentlich über Ferntransport bis nach Westeuropa gelangt (Bild 2). Der primäre Oxidationsschritt erfolgt durch Reaktionen mit OH-Radikalen, die wiederum bei der O_3-Photolyse in Gegenwart von Wasserdampf entstehen.

Charakteristisch für den schnellen Aufbau von O. und anderen Photooxidantien ist die Ausbildung einer Radikalkette:

$$OH \xrightarrow{O_2} RO_2 \xrightarrow[NO]{\uparrow NO_2} RO \xrightarrow{O_2} HO_2 \xrightarrow[NO]{\uparrow NO_2} OH$$

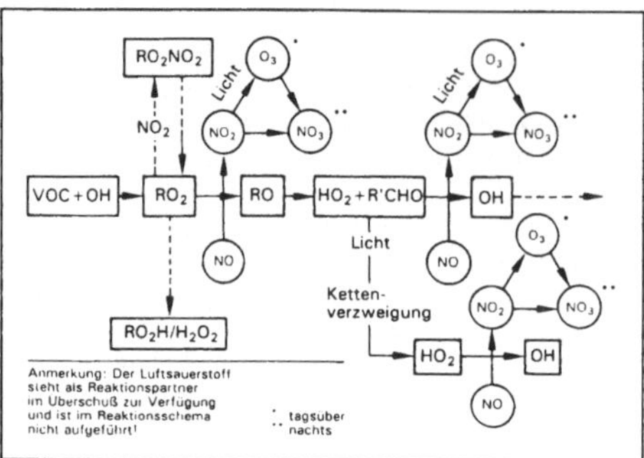

Ozon 2: VOC-Oxidation über OH/HO_2-Radikalkette, die in Gegenwart von NO_x zur troposphärischen Ozonbildung führt.

Zur Vollständigkeit sei auch noch erwähnt, daß O. mit Stickstoffdioxid zu NO_3-Radikalen reagiert, die ihrerseits schneller mit VOC-Komponenten reagieren als O_3 selbst. Mit diesem Mechanismus wird auch während der Nacht eine begrenzte VOC-Oxidation weiterlaufen.

O. reagiert relativ schnell mit biogenen Alkenen, die über Waldgebieten emittiert werden. Dabei entstehen als Produkte neben Carbonsäuren auch Wasserstoffperoxid und organische Hydroperoxide.

O. und auch andere Photooxidantien beschleunigen die Oxidationsvorgänge in Regen- und Nebeltröpfchen, z. B. die Bildung von Schwefelsäure aus der SO_2-Oxidation. *Barnes/Becker*

Literatur: *Becker, K. H. u. J. Löbel* (Hrsg.): Atmosphärische Spurenstoffe und ihr physikalisch-chemisches Verhalten. Heidelberg 1985. – Bundesministerium für Umwelt, Naturschutz und Reaktorsicherheit: Ozon-Symposium in München, Juli 1991. TÜV Akademie Bayern/Hessen, München 1991. – *Fabian, P.*: Atmosphäre und Umwelt, 2. Aufl. Heidelberg 1987. – *Finlayson-Pitts, B. J. u. J. N. Pitts, Jr.*: Atmospheric Chemistry. New York 1986. – *Guderian, R.* (Hrsg.): Air Pollution by Photochemical Oxidants. Heidelberg–New York 1985. – *Seinfeld, J. H.*: Urban Air Pollution: State of the Science. Science (1989) Nr. 243, pp. 745. – Ozon und Begleitsubstanzen im photochemischen Smog. VDI-Ber. 270. Düsseldorf 1977.

Immissionsmessung. Die Problematik der Immissionsmessung von O. liegt unter anderem darin, daß definierte und haltbare O.-Prüfgase nicht hergestellt werden können. Dies ist auch der Grund dafür, daß in Deutschland zwei Referenzmeßverfahren festgelegt wurden: das Kaliumjodid-Verfahren nach VDI 2468, Bl. 1 sowie das direkte UV-photometrische Verfahren nach VDI 2468, Bl. 6. Bei diesem Verfahren wird die O.-Konzentration durch Messung der UV-Absorption bei 253,7 nm auf der Basis des *Lambert-Beer*schen Gesetzes ermittelt.

Auf der Messung der UV-Absorption beruhen auch die heute überwiegend zur Immissionsmessung von O. eingesetzten, kommerziell erhältlichen Meßgeräte, die von verschiedenen Herstellern angeboten werden.

Als Strahlungsquelle wird in diesen Geräten eine Quecksilber-Niederdrucklampe verwendet, die eine starke Emission bei 253,7 nm aufweist. Ihr Licht durchstrahlt eine Meßküvette und wird an ihrem Ende über Vakuum-Photodioden oder Photoröhren sowie eine geeignete Elektronik registriert. Zur Messung der Ausgangsintensität der Strahlung (Referenzmessung; Größe I_0 im *Lambert-Beer*schen Gesetz) wird die zu messende Luft vor Einleitung in die Küvette über ein selektives Ozonfilter (Scrubber) geleitet, das beispielsweise aus Mangandioxid auf Kupfernetzen oder aus Silberwolle bestehen kann. Zur Messung der Ozonabsorption wird die Probenluft direkt in die Küvette geleitet und die Lichtintensität erneut registriert (Größe I im *Lambert-Beer*schen Gesetz). Je nach Gerätevariante können Referenzmessung und Probenluftmessung parallel oder durch Ventilumschaltung nacheinander erfolgen. Da das Ozonfilter im Prinzip selektiv und quantitativ O. eliminiert, werden bei dieser Technik Querempfindlichkeiten infolge der Lichtabsorption durch andere Stoffe (z. B. aromatische → Kohlenwasserstoffe) kompensiert, weil deren Absorption bei der Referenzmessung erfaßt wird. Mögliche Intensitätsschwankungen der Quecksilberlampe während der Messung können ebenfalls durch elektronische Schaltungen erfaßt und kompensiert werden. Eine gleichzeitige Druck- und Temperaturmessung in der Meßküvette ermöglicht die Umrechnung der Meßergebnisse zum Beispiel auf Normbedingungen.

Ein weiteres Verfahren zur Ozonmessung ist das → Chemilumineszenz-Meßverfahren. Ein älteres, nach diesem Verfahren arbeitendes Gerät ist in VDI 2468, Bl. 4 beschrieben (Bendix-Ozone-Monitor 8002). Das Meßprinzip beruht auf der Chemilumineszenz-Reaktion von Ozon mit Ethen (C_2H_4) in der Gasphase. Die Reaktion führt zu einer Photonenemission im Wellenlängenbereich zwischen 300 und 600 nm mit einem Maximum bei ca. 435 nm. Die Intensität der emittierten Strahlung, die bei einem Überschuß von Ethen der Ozonkonzentration im Probengas proportional ist, wird mit Hilfe eines Photomultipliers (Sekundärelektronenvervielfacher) gemessen. Ein Vorteil des Verfahrens liegt in der, verglichen mit der UV-Absorption, geringeren Querempfindlichkeit gegenüber anderen Stoffen. Nachteilig ist die notwendige Bereitstellung des Betriebsgases Ethen.

In VDI 2468 werden noch weitere Verfahren zur O.-Immissionsmessung beschrieben, die in der Praxis jedoch nur geringe Bedeutung haben. *Pfeffer*

Literatur: VDI 2468: Messen gasförmiger Immissionen; Bl. 1: Messen der Ozon- und Peroxid-Konzentration; Manuelles photometrisches Verfahren; Kaliumjodid-Methode (Basisverfahren). 5/1978. – Bl. 2: Messen der Ozon- und Peroxid-Konzentration; Kalibrieren von Ozon-Meßverfahren mit Ozon-Generatoren. 10/1978. – Bl. 4: Messen der Ozon-Konzentration; Chemilumineszenz-Verfahren; Bendix-Ozone-Monitor 8002. 5/1978. – Bl. 5: Messen der Ozon-Konzentration; Manuelles photometrisches Verfahren; Indigosulfonsäure-Verfahren. 10/1978. – Bl. 6: Messen der Ozon-Konzentration; Direktes UV-photometrisches Verfahren (Basisverfahren). 7/1979.

Wirkung auf Pflanzen. O. und andere → Photooxidantien sind in besonderem Maß pflanzenwirksam. Im Unterschied zu den anderen phytotoxischen Luftverunreinigungen wie SO_2, NO_2, HF oder HCl sind Photooxidantien Komponenten, die auf Grund spezieller Aufbau- und Abbaureaktionen unter Beteiligung von UV-Licht, Stickoxiden und Kohlenwasserstoffen auch in quellenfernen Gebieten in pflanzenwirksamen Konzentrationen auftreten können. O. gilt als Leitkomponente der Photooxidantien.

Wie bei den anderen gasförmigen Luftschadstoffen wird O. über die Stomata der Blätter/Nadeln aufgenommen, wobei die Aufnahmemenge durch die verschiedenen Diffusionswiderstände zwischen Luft und Pflanzenzelle bestimmt wird. Allgemein gilt, daß Faktoren, die die Luftturbulenz erhöhen (starke Rauhigkeit der Oberfläche) zusammen mit denjenigen, die die Öffnungsweite der Stomata beeinflussen (Licht, relative Luftfeuchte, Bodenfeuchte etc.), die Ozonaufnahme stimulieren.

Auf Grund der hohen Wasserlöslichkeit von O. (0,25 ml O_3 pro ml H_2O) wird es an reaktiven Oberflächen wie den Zellwänden rasch zu freien Radikalen umgewandelt, die ihrerseits Doppelbindungen, z. B. ungesättigter Fettsäuren, zu zerstören vermögen. Hierdurch wird u. a. die Permeabilität der Zellmembranen erhöht, so daß ein unkontrollierter Austritt von Nährionen erfolgen kann. Letztlich wird auch über die Hemmung von Enzymen, Pigmenten und Proteinen die Photosynthese vermindert und der Wasser- und Nährstoffhaushalt gestört.

Die Morphologie des Blattinneren und damit das Verhältnis zwischen Blattoberfläche und Innenraum ist wesentlich für das Schadensausmaß verantwortlich. Das ungünstigste Verhältnis entsteht in Perioden kurz nach der maximalen Blattexpansion bzw. kurz vor dem Erreichen des endgültigen Blattumfangs, so daß in dieser Zeit die höchste Empfindlichkeit gegenüber O.-Einwirkungen vorliegt.

Die verschiedenen Pflanzenarten und innerhalb einer Art die verschiedenen Kulturformen bzw. Herkünfte können sich stark in ihrer Empfindlichkeit gegenüber O. unterscheiden. Zu den empfindlichsten europäischen Arten zählen Kulturen wie Wein, Europäische Lärche und Schwarzkiefer. Keine großen Unterschiede bestehen zwischen Laub- und Nadelgehölzen. Zu den wichtigsten empfindlichen landwirtschaftlichen Kulturpflanzen zählen Getreidearten sowie Kartoffeln, Luzerne und Klee, wobei auch die Wildformen der Leguminosen sich als besonders sensitiv erwiesen haben.

Das bekannteste Symptombild nach O.-Einwirkungen auf breitblättrige Pflanzen besteht im Zusammenbruch eng begrenzter Verbände der obersten Zellschichten (Palisadenparenchym), so daß vorzugsweise auf der Blattoberseite kleine, stecknadelkopfgroße dunkelbraune, schwarze, teilweise violett oder rötlich verfärbte Punktnekrosen entstehen. Diese Punkte können in späteren Stadien zusammenfließen und dem ganzen Blatt ein stark gesprenkeltes Aussehen verleihen. Ein weiteres Erscheinungsbild besteht in der fleckenförmigen Bleichung der Zellverbände auf Blattober- und Unterseite. Bei Nadelgehölzen kommt es zu gelblichen fleckförmigen Verfärbungen des Chlorophylls, die an der Blattspitze beginnen und vorzugsweise die jüngsten Nadeln betreffen (sog. Mottling), während ältere Nadeln abgeworfen werden.

Akut toxische Einwirkungen während ozonreicher Episoden in der Vegetationsperiode bei Konzentrationen $>160\ \mu g\, m^{-3}$ können an landwirtschaftlichen und gärtnerischen Kulturen Ertragsverluste bis zu 40% verursachen. Für naturnahe Ökosysteme spielen vor allem chronische Einwirkungen im sublethalen Bereich eine Rolle. Sie führen zu unspezifischen Blattverfärbungen, reduziertem Wachstum und einer erhöhten Disposition gegenüber anderen Streßfaktoren. Zum Schutz der Vegetation wird daher von der WHO die Einhaltung einer mittleren Ozonkonzentration von $60\ \mu g\, m^{-3}$ während einer Vegetationsperiode von 100 Tagen gefordert; als 24-h-Mittelwert werden $65\ \mu g\, m^{-3}$ angegeben. Unberücksichtigt bleiben hierbei mögliche Kombinationswirkungen mit anderen Luftschadstoffen. In der → 22. BImSchV sind die EG-Schwellenwerte für den Schutz der Vegetation (→ EG-Richtlinien über Luftqualitätsnormen) mit $200\ \mu g\, m^{-3}$ als Stundenmittelwert und $65\ \mu g\, m^{-3}$ als 24-Stundenmittelwert verankert.

G. Krause

Literatur: *Jacobson, J. S. und A. C. Hill*: Recognition of air pollution injury to vegetation: A pictorial atlas. Air Pollution Control Association, Pittsburgh, Penns. 1970. – WHO (World Health Organisation). The effects of ozone and other photochemical oxidants on vegetation. In: Air Quality Guidelines for Europe. World Health Organization. Copenhagen 1987.

Ozonabbau ⟨*ozone depletion*⟩ → Ozonloch; → Ozonzerstörung, stratosphärische

Ozon-Alarm ⟨*ozone alarm*⟩ → Verkehrsbeschränkung, außerhalb Smogalarm

Ozon-Gesetz ⟨*ozone law*⟩ → Verkehrsbeschränkung, außerhalb Smogalarm

Ozonloch ⟨*ozone hole*⟩. Die Veränderung der → Ozonschicht in der Stratosphäre über der Antarktis (Südpol) während der Monate September und Oktober gehört zu den gravierendsten Störungen der chemischen Zusammensetzung der Erdatmosphäre, die bisher beobachtet wurden. Dieses als O. bekannte Phänomen hat sich seit seinem ersten Auftreten Anfang der siebziger Jahre mit einer zweijährigen Periodizität immer weiter verstärkt. Zur Zeit der maximalen Ausdehnung des O. in den bisher extremsten Jahren 1987 und 1989 war deutlich mehr als die Hälfte des Ozons in einer senkrechten Säule vom Erdboden aus (→ Dobson-Einheit) zerstört. Die Verluste in Höhen zwischen 15 und 20 km betrugen in dieser Zeit sogar mehr als 90%.

Die Stratosphäre über der Arktis (Nordpol) zeigt während des Winters ähnliche chemische Störungen wie über der Antarktis. Wegen anderer meteorologischer Bedingungen (stärkere Wechselwirkung zwischen polaren und nichtpolaren Luftmassen) ist es bisher jedoch noch nicht zu vergleichbar starken Ozonverlusten gekommen.

Die Ursache der Ozonabnahme sowohl über den Polen als auch in der globalen Stratosphäre ist nur durch die Zunahme der Emissionen von anthropogenen Spurengasen, insbesondere der FCKW, zu erklären. In den Wintermonaten werden in der antarktischen Stratosphäre chlorhaltige Spurengase aufgrund der speziellen meteorologischen Bedingungen (Ausbildung des antarktischen Polarwirbels) durch Reaktionen an Eis- und Eis/Salpetersäure-Teilchen (polare stratosphärische Wolken, PSC) derart aktiviert, daß im Licht der Frühjahrssonne eine Verstärkung des anthropogenen Ozonabbaus einsetzt. Der Polarwirbel löst sich auf und die ozonarmen Luftmassen verteilen sich über die Südhemisphäre.

Nach heutigem Kenntnisstand ist die Ausbildung des O. eine Kombination von meteorologischer Konditionierung und anthropogener Störung der Ozonchemie. Der für die globale Stratosphäre postulierte ClO_x-induzierte Ozonabbauzyklus

$$Cl + O_3 \rightarrow ClO + O_2 \quad (1)$$

$$ClO + O \rightarrow Cl + O_2 \quad (2)$$

$$\text{netto}: O_3 + O \rightarrow 2\,O_2 \quad (3)$$

kann allerdings das O. in der polaren Stratosphäre nicht hervorrufen, weil die tiefstehende Frühjahrssonne nicht die Bildung von Sauerstoffatomen erlaubt. Es sind daher andere, modifizierte Ozonabbauzyklen notwendig, die erst durch ganz bestimmte meteorologische Bedingungen möglich werden.

Die Meteorologie der südpolaren Stratosphäre während des Winters ist gekennzeichnet durch langsam absinkende Luftmassen, die sich durch Wärmeabstrahlung stark abkühlen. Zum Zeitpunkt der maximalen Abkühlung werden Temperaturen von minus 90 °C erreicht, und es kommt zur Ausbildung von polaren stratosphärischen Wolken, die aus heutiger Sicht eine notwendige Voraussetzung für die Ausbildung des O. sind.

Das über die Reaktion $Cl + O_3 \rightarrow ClO + O_2$ gebildete Chlormonoxid reagiert mit Stickstoffdioxid unter Bildung von Chlornitrat $ClONO_2$ (4), einer der bedeutendsten Senken von aktivem Chlor in der Stratosphäre

$$ClO + NO_2 \rightarrow ClONO_2 \quad (4)$$

Das Chlornitrat reagiert an der Oberfläche der PSCs mit Salzsäure (HCl) oder Wasser unter Bildung von molekularem Chlor (5) bzw. HOCl (6):

$$ClONO_2 + HCl \quad (5)$$

$$ClONO_2 + H_2O$$

$$HOCl + HNO_3 \quad (6)$$

Dieses entspricht einer Umverteilung von Chlor aus photochemisch wenig aktiven Verbindungen in aktivere Formen bei gleichzeitiger Kondensation der Stickstoffkomponente. Diese Prozesse laufen im Dunkeln während des polaren Winters ab. Mit Beginn des antarktischen Frühjahrs werden die Cl_2- und HOCl-Moleküle unter Bildung von Cl-Atomen photolysiert. Die freigesetzten Radikale reagieren mit Ozon unter Bildung von Chlormonoxid ClO, dessen Konzentration dabei stark ansteigt, ohne daß es zunächst zu einem stärkeren Ozonverlust kommt. Der verstärkte Ozonabbau kann erst durch weitere katalytische Zyklen gestartet werden, die jedoch nicht aus der unter Reaktion (2) aufgeführten ClO_x-Kette bestehen können, da praktisch kein atomarer Sauerstoff vorhanden ist, der über $O + ClO \rightarrow Cl + O_2$ die Cl-Atome zurückbilden und den Katalysezyklus schließen könnte. Es sind daher modifizierte Zyklen der Form:

$$Cl + O_3 \rightarrow ClO + O_2 \quad (7)$$

$$Y + O_3 \rightarrow YO + O_2 \quad (8)$$

$$ClO + YO \rightarrow Cl + Y + O_2 \quad (9)$$

$$\text{netto}: 2\,O_3 \rightarrow 3\,O_2 \quad (10)$$

notwendig, wobei als Kettenträger Y = Cl und Br in Frage kommen.

Die Sequenz von PSC-Bildung, Aktivierung der Chlorkomponenten durch heterogene Reaktionen und Ozonabbau-Katalysezyklus durch Reaktion der ClO-Radikale ist im Bild schematisch gezeigt.

Die Ozonabnahme zieht gravierende Folgen nach sich: Ozon in der Stratosphäre wirkt als natürlicher Fil-

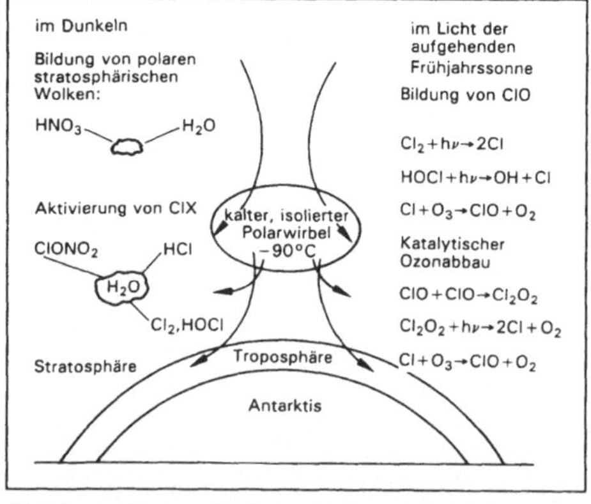

Ozonloch: Meteorologie und Chemie des O. über der Antarktis.

ter für den biologisch aktiven UV-B-Anteil der Sonneneinstrahlung im Wellenlängenbereich von 280 bis 310 nm. Als Folge des Ozonabbaus ist mit einer Erhöhung der UV-B-Einstrahlung zu rechnen. Die erwarteten Konsequenzen wären:

- Zunahme von Hauterkrankungen, insbesondere Hautkrebs, sowie Schädigungen an Augen und Immunsystem,
- Verminderung der Photosyntheserate verbunden mit dem Rückgang der Ernteerträge,
- Beeinflussung der Dichte des maritimen Planktons, möglicherweise verbunden mit einer Änderung der Primärproduktion des Phytoplanktons sowie Konsequenzen für die gesamte Nahrungskette in den Weltmeeren.

Zur Erhaltung der Ozonschicht in der Stratosphäre sind sowohl auf nationaler als auch auf internationaler Ebene Maßnahmen veranlaßt worden. Der weltweite Ausstieg aus Produktion und Verbrauch aller vollhalogenierten FCKW, der Halone sowie der Verbindung Tetrachlorkohlenstoff spätestens zum Jahr 2000 und der Verbindung Methylchloroform zum Jahr 2005 liefert den größten Reduktionsbeitrag. Wegen der langen Lebensdauer ozonschädigender Stoffe wird sich diese Reduktion jedoch erst in vielen Jahrzehnten merklich auswirken. *Wiesen*

Ozonschicht *⟨ozone layer⟩*. Die stratosphärische O. befindet sich in einer Höhe von 10 bis 40 km (100 bis ~0,1 mbar Druck). Auf Grund stratosphärischer Zirkulationen, meteorologischer Veränderungen und photochemischer Bildungs- und Zerstörungsprozesse variiert der Ozongehalt in dieser Höhe zwischen 200 und 600 Dobson Units (DU) (→ Dobson-Einheit). Die Existenz der O. ist für das Leben auf der Erde von fundamentaler Bedeutung, weil sie für die Absorption der ultravioletten Sonnenstrahlung zwischen 280 und 320 nm (UV-B-Strahlung) von der Sonne verantwortlich ist. Eine Zerstörung dieser Schicht führt zu einer Zunahme der auf die Erdoberfläche gelangenden UV-B-Strahlen (→ Ozonloch).

Bei erhöhter UV-B-Strahlung werden in der Troposphäre über die O_3-Photolyse vermehrt OH-Radikale gebildet. *Wiesen*

Ozonzerstörung, stratosphärische *⟨ozone depletion in the stratosphere⟩*. Ozon wird in der Stratosphäre über die Reaktion

$$O_3 + O(^3P) \rightarrow 2\,O_2 \qquad (1)$$

zerstört. Die stratosphärische O_3-Konzentration läßt sich jedoch nicht nur über diese Teilreaktion des *Chapman*-Zyklus erklären. Weitere Abbaumechanismen sind die Reaktionen mit OH-, Cl-, Br- und NO-Radikalen, die aus der Photolyse von Spurengasen gebildet werden.

$$O_3 + X \rightarrow O_2 + XO \qquad (2)$$

$$XO + O \rightarrow O_2 + X \qquad (3)$$

Mit X werden die als Katalysator wirkenden OH-, Cl-, Br- und NO-Radikale bezeichnet. Ihre besondere Wirkung entfalten sie dadurch, daß sie nach Umsetzung mit einem O_3-Molekül in einer Folgereaktion zurückgebildet werden und erneut das Ozon angreifen. Der Vergleich von Ozonmeßdaten mit Modellrechnungen zeigt, daß neben diesen homogenen Gasphasenreaktionen wahrscheinlich auch noch andere Abbauprozesse bei der globalen O_3-Abnahme eine Rolle spielen. In diesem Zusammenhang werden heterogene Reaktionen an Sulfataerosolen diskutiert. Heterogene Reaktionen an der Oberfläche von polaren Stratosphärenwolken (PSC) sind wesentlich an der Ausbildung des → Ozonlochs beteiligt. *Becker/Wiesen*

P

PAAG-Verfahren ⟨*HAZOP-studies*⟩. Das P.-V. zur Verhütung von Störfällen durch Prognose, Auffinden der Ursachen, Abschätzen der Auswirkungen, Gegenmaßnahmen ist von dem HAZOP-Verfahren (A Guide to Hazard and Operability Studies) abgeleitet. Das Charakteristische bei der Durchführung des P.-V. sind die Prüfsitzungen, bei denen ein Team von Fachleuten unterschiedlicher Ausrichtungen systematisch alle wichtigen Teile einer Anlage überprüft. Zur Überprüfung des Systems werden Abweichungen von Sollfunktionen durch Leitwerte – z. B. nein oder nicht, mehr oder weniger, sowohl als auch, teilweise, anders als – angenommen. Die daraus resultierenden Auswirkungen werden ermittelt und bewertet sowie gegebenenfalls Verbesserungen vorgeschlagen, die dann ebenfalls mit dem P.-V. überprüft werden. Das P.-V. kommt insbesondere bei der Durchführung von → Sicherheitsanalysen nach der → Störfall-Verordnung zur Anwendung. *Nitsche*

Literatur: Internationale Sektion der I. V. S. S. (Hrsg.): Der Störfall im chemischen Betrieb (PAAG). Heidelberg. – Publications Department, Chemical Industry Safety and Health Council of the Chemical Industries Association. (Hrsg.): Alembic House, 93 Albert Embankement, London SE 17 TU. A Guide to Hazard and Operability Studies.

PAH ⟨*PAH*⟩ → Polycyclische aromatische Kohlenwasserstoffe

PAK ⟨*PAH*⟩ → Polycyclische aromatische Kohlenwasserstoffe

Papierherstellung ⟨*paper production*⟩. Papier (einschl. Kartonpappe, Wellpappe und ähnliche Erzeugnisse) wird aus Pflanzenfasern (Cellulose) hergestellt. Die Faserstoffgewinnung, bei der überwiegend Holz eingesetzt wird, erfolgt entweder durch den Prozeß der Zellstoffherstellung oder der Holzstoffherstellung. Zellstoffe finden überwiegend Verwendung bei holzfreiem, qualitativ hochwertigem Papier. Bei der Zellstoffherstellung werden verfahrensbedingt nur ca. 45–60% des Rohstoffs Holz genutzt.

Bei der Holzstoffherstellung wird das Holz mechanisch zerfasert oder zerrieben. Im Gegensatz zur Zellstoffherstellung findet keine Abtrennung der Hemicellulose und des Lignins statt. Die Rohstoffausbeute beträgt ca. 98%. Die Holzstoffe werden in Holzschliff (reine mechanische Bearbeitung), thermomechanischen Holzstoff (Vorbehandlung mit Wasserdampf) und chemothermischen Holzstoff (Vorbehandlung mit Chemikalien und Dampf) unterteilt. Je nach Aufschlußverfahren wird eine unterschiedliche Holzstoffqualität erzeugt. Wenn erforderlich, durchlaufen die Holzstoffe einen Bleichprozeß, z. B. mit Wasserstoffperoxid, Hydrosulfit; die chlorfreie Bleiche ist in der Bundesrepublik Deutschland bereits seit Jahren Stand der Technik. Je nach Qualitätsansprüchen des Endprodukts werden den Pflanzenfasern zahlreiche Hilfsstoffe (Füllstoffe, Leim usw.) zugemischt; sie beeinflussen u. a. die mechanischen und optischen Eigenschaften, die Benetzbarkeit, die Durchsichtigkeit des Endproduktes. Darüber hinaus werden noch verfahrenstechnische Hilfsmittel beigefügt (z. B. Biozide, Schaumverhüter, Schleimbekämpfungsmittel, Entwässerungsbeschleuniger, Flockungsmittel). Faserstoffe, Hilfs- und Füllstoffe werden mit Wasser vermischt, wobei der Trockenstoffgehalt der fertigen Papiermasse lediglich 2–8% beträgt. Der Anteil der Hilfs- und Füllstoffe beläuft sich, bezogen auf das fertige Endprodukt, auf bis zu 20%. Die homogenisierte Papiermasse durchläuft mehrere Reinigungsstufen und wird dann über den Stoffauflauf der Papiermaschine zugeführt. Anschließend wird über mehrere Verfahrensstufen die Papiermasse entwässert, geformt, gepreßt und getrocknet. Zur Trocknung werden Kontakt-, Konvektions- und Strahlungstrockner eingesetzt. Die fertige Papierbahn kann anschließend noch mit Leim oder anderen spezifischen Appreturen (u. a. Farbstoffe) beschichtet werden.

Bei der P. kommt es vor allem zu belasteten Abwässern. Der Wasserverbrauch wird möglichst durch Mehrfachnutzung gesenkt. Hiermit verbunden ist eine Aufkonzentration der organischen Belastung der Abwässer, in denen bevorzugt mikrobiologische Zersetzungsprozesse ablaufen. Damit verbunden ist die Entstehung von geruchsintensiven Stoffen über den gesamten Verarbeitungsprozeß der Papiermasse, vorwiegend jedoch im Bereich der Aufgabe an der Papiermaschine. Maßnahmen zur Geruchsminderung werden bisher nicht eingesetzt. Grundsätzlich kommt die Anwendung von → Biofiltern in Betracht. Darüber hinaus wird bei der P. erheblich Energie verbraucht (Aufschluß, Trocknung). Die Verbrennung fossiler Energieträger ist mit entsprechenden Emissionen verbunden (→ Feuerungsanlage).

Die großen Papier-, Pappe- und Wellpappe-Maschinen verursachen eine intensive Lärmemission. Vorwiegend aus diesem Grunde sind die Anlagen, die aus einer oder mehreren Maschinen zur fabrikmäßigen Herstellung von Papier und Pappe oder Wellpappe bestehen, soweit die Bahnlänge der Pappe oder Wellpappe bei einer Maschine 75 m oder mehr beträgt, in Spalte 2 der Nr. 6.2 des Anhangs zur → 4. BImSchV genannt und

damit nach dem BImSchG genehmigungsbedürftig. Emissionsbegrenzende Anforderungen zur Luftreinhaltung enthält die → TA Luft, z. B. zur Begrenzung der Emissionen geruchsintensiver Stoffe in Nr. 3.1.9.
W. Koch

Literatur: Papier, Herstellung usw., Ullmanns Encyklopädie der technischen Chemie, Band 17. Weinheim 1979.

Partikel ⟨*particle*⟩. In der Praxis der Luftreinhaltung Bezeichnung für die in Luft oder Abgas dispergierten festen oder flüssigen Stoffe. Zu den durch partikelförmige Beimengungen in Gasen gebildeten Dispersionen gehören Staub, Rauch, Nebel, Dunst, Aerosol.

Wichtige Unterscheidungsmerkmale von Einzelpartikeln sind Größe, Form, Masse, Dichte, elektrische Eigenschaften (Beispiele: Dielektrizitätskonstante, Ladungszustand), optische Eigenschaften (Beispiele: Farbe, Brechungsindex) und die stoffliche Zusammensetzung. Zur Kennzeichnung der Größe wird vorzugsweise der Durchmesser angegeben, der wesentlich von der Bestimmungsmethode abhängt. Der P.-Durchmesser kann aus geometrischen Messungen, Mobilitätsmessungen und Extinktions- oder Streulichtmessungen gewonnen werden. Unter Bezugnahme auf die in Frage kommenden Meßmethoden enthält VDI 3491, Blatt 1 eine zweistellige Zahl von Begriffsbestimmungen für den P.-Durchmesser. Praktische Bedeutung in der Luftreinhaltung hat vor allem der aerodynamische Durchmesser einer P. Er entspricht dem Durchmesser einer Kugel von der Dichte 1 $g cm^{-3}$, die bei Einwirkung äußerer mechanischer Kräfte im Gleichgewicht die gleiche Wanderungsgeschwindigkeit im Trägergas aufweist wie die untersuchte P. Die vorkommenden P. haben Durchmesser zwischen 0,001 und 500 µm. Die untere Grenze liegt am Übergang zur molekularen Dispersion. Die obere Grenze hängt damit zusammen, daß grobe P. schneller sedimentieren.

Die P.-Größe ist ein wichtiges Kriterium der lufthygienischen Bewertung. Aus anthropogenen Quellen interessieren besonders die feinen P., weil sie tiefer in den Atemtrakt eindringen können und es Beispiele dafür gibt, daß sich gerade in feinen P. → gefährliche Stoffe anreichern. Außerdem werden grobe P. mit modernen Methoden der Entstaubung nahezu vollständig abgeschieden.

Zur Kennzeichnung der Form einer P. dienen Formfaktoren. Abhängig von den Abmessungen in den drei Raumdimensionen unterscheidet man als Grundformen isometrische, tafelige und nadelige P. Auch die P.-Morphologie hat Bedeutung für die Wirkungsbewertung. Besondere Relevanz besitzen faserförmige P. (→ Asbest).

Wichtige Unterscheidungsmerkmale von P.-Kollektiven sind die Konzentration (angegeben als Teilchendichte oder Massenkonzentration), die mittlere P.-Größe (z. B. angegeben als mittlerer, medianer oder modaler Durchmesser des P.-Kollektivs) und die P.- oder Korngrößenverteilung.
Stahl

Passiver Schallschutz ⟨*passive sound protection*⟩ → Schallschutz

PBDD ⟨*PBDD*⟩ → Dioxine

PBDF ⟨*PBDF*⟩ → Furane

PCDD ⟨*PCDD*⟩ → Dioxine

PCDF ⟨*PCDF*⟩ → Furane

Perchlorethylen-Emissionsmessung ⟨*tetrachlorethylene, emission measurement*⟩. Eine Standardmethode zur Emissionsmessung von P. wird auf der Grundlage der → Gaschromatographie in der Richtlinie VDI 2457, Blatt 4 beschrieben. Zur Probenahme mit Anreicherung werden drei Gaswaschflaschen mit Eintauchfritten verwendet, die mit 1.1.2.2-Tetrachlorethan gefüllt sind. Die Füllung der Trennsäule (z. B. Phenylsilikonöl auf Chromosorb) wird so gewählt, daß P. von anderen Begleitstoffen und vom Absorptionsmittel gut abgetrennt werden kann. Das Chromatogramm wird vorzugsweise mit einem → Flammenionisationsdetektor aufgenommen. Die quantitative Bestimmung erfolgt nach der Methode des externen Standards, indem die Peakfläche im Chromatogramm bestimmt und mit den Peakflächen bei Aufgabe von Eichlösungen verglichen wird.
Stahl

Literatur: VDI 2457, Bl. 4: Messung gasförmiger Emissionen; Gaschromatographische Bestimmung von Tetrachloräthylen (Perchloräthylen). 12/1975.

Peroxyacetylnitrat (PAN) ⟨*peroxy acetyl nitrate*⟩. Die Bezeichnung PAN hat sich in der Atmosphärenchemie eingebürgert, entspricht jedoch nicht den IUPAC-Regeln. Danach sollte diese Verbindung Ethanperoxysalpetersäureanhydrid genannt werden, weil es sich um ein gemischtes Anhydrid zweier Säuren, Peroxyessigsäure und Salpetersäure, handelt (Peroxynitrat). PAN ($CH_3C(O)OONO_2$), eine charakteristische Substanz des Photosmogs, zählt zu den → Oxidantien, führt in höheren Konzentrationen beim Menschen zu Augen- und Schleimhautreizungen und ist phytotoxisch.

PAN wird durch die Reaktion von Acetylperoxyradikalen mit NO_2 (1) gebildet. Acetylperoxyradikale entstehen im Verlauf der Oxidation von C_2 und höheren gesättigten und ungesättigten Kohlenwasserstoffen, so z. B. aus dem OH-initiierten Acetaldehydabbau oder aus der Photolyse von Biacetyl ($CH_3C(O)C(O)CH_3$). P. ist eine thermisch instabile Substanz, die wieder in das Peroxyradikal und NO_2 zerfällt (2). Die temperaturabhängige Zerfallsrate von PAN ergibt bei 20 °C eine Lebensdauer von 1,7 h und bei −10 °C eine Lebensdauer von 14 Tagen. PAN kann somit als temporärer Speicher für Stickoxide dienen und NO_x in weniger belastete Gebiete transportieren, weil der Zerfall der Moleküle die Stickoxide wieder freisetzt (2). Bei niedriger Temperatur stellt die Bildung von PAN einen Kettenabbruch in der Radikalkette der VOC-Oxidation (Peroxyradikal) dar.

$$CH_3C(O)O_2 + NO_2 + M \rightarrow CH_3C(O)OONO_2 + M \quad (1)$$

$$CH_3C(O)OONO_2 + M \rightarrow CH_3C(O)O_2 + NO_2 + M \quad (2)$$

Während Photosmogepisoden wurden in Stadtgebieten PAN-Konzentrationen von bis zu 30 ppbV gefunden. In Reinluftgebieten liegt die Konzentration bei <50 pptV. *Wirtz*

Pflanzenölkraftstoff *⟨vegetable oil-based fuels⟩*. P. werden durch Auspressen stark ölhaltiger Kulturpflanzen und durch anschließende Weiterverarbeitung in Raffinerieprozessen erzeugt. Auf Grund der klimatischen Gegebenheiten in der Bundesrepublik Deutschland werden hauptsächlich Raps und Sonnenblumen zur Gewinnung des P. angebaut. Ein besonderer Vorteil bei der Verwendung von Pflanzenölen als Kraftstoff für Dieselmotoren besteht darin, daß sich auf Grund der CO_2-Assimilation der Pflanzen in der Bilanzierung mit den CO_2-Emissionen aus der Verbrennung der P. ein nahezu geschlossener Kohlendioxid-Kreislauf ergibt und folglich keine zusätzliche Belastung der Atmosphäre durch CO_2-Emissionen auftritt, wie dies bei konventionellen Kraftstoffen auf fossiler Basis der Fall ist. Da P. einen sehr geringen Anteil an Schwefel enthalten, können die SO_2-Emissionen vernachlässigt werden. Der Einsatz von Pflanzenölen als Kraftstoff beschränkt sich auf Dieselmotoren, Ottomotoren können mit P. nicht betrieben werden.

Ein großer Vorteil von P. ist ihre gute biologische Abbaubarkeit. Bei Untersuchungen nach der genormten Prüfmethode CEC-L 33-T 82 liegt die biologische Abbaurate bei 98,3% in 21 Tagen. P. sind daher für den Einsatz in Wasser- und Naturschutzgebieten prädestiniert.

Von der chemischen Zusammensetzung her sind Pflanzenöle Glyceride, bestehend aus dem dreiwertigen Alkohol Propantriol-1,2,3 (Glycerin), an den eine, zwei oder drei Fettsäuren über eine Esterbindung angelagert sind. Öle sind gemischte Triazylglycerole (Triglyceride), die Hauptbestandteile der Pflanzenöle sind die Ölsäure (Oktadezen-(9)-säure), die Palmitinsäure (Hexadekansäure) und die Sterinsäure (Oktadekansäure). Durch Hydrierung, das heißt Anlagerung von Wasserstoff an die Doppelbindungen der ungesättigten Fettsäuren, werden Pflanzenöle in -fette umgewandelt. (→ Pflanzenölkraftstoff-Emissionsverhalten).

Adt/Birkner/May

Literatur: *May, H.; U. Hattingen; Ch. Birkner; H. U. Adt*: Neuere Untersuchungen über die Umweltverträglichkeit und die Dauerstandfestigkeit von Vorkammer- und direkteinspritzenden Dieselmotoren bei Betrieb mit Rapsöl und Rapsölmethylester. VDI-Berichte 1020. Düsseldorf 1992. – *Weidmann, K.; H. Heinrich*: Einsatz nachwachsender Rohstoffe im Kraftfahrzeug; BWK **44** (1992) Nr. 9, S. 371–376.

Pflanzenölkraftstoff-Emissionsverhalten *⟨vegetable oil-based fuel, exhaust emissions⟩*. Bei der Beurteilung der Eignung von Pflanzenölen als Kraftstoffe für Nutzfahrzeug-Dieselmotoren kommt dem Abgasverhalten des Motors eine entscheidende Bedeutung zu. Als Bewertungsparameter wird dabei die spezifische Emission (g/kWh) im 13-Stufen-Test verwendet (→ Kfz-Abgas-Grenzwert). Während dieses Tests werden verschiedene definierte Last-Drehzahl-Punkte angefahren und für jeden Punkt die spezifischen Emissionen der rechtlich limitierten Schadstoffe HC, CO, NO_x und Partikel ermittelt. Unabhängig von den Ergebnissen des 13-Stufen-Tests ist beim Betrieb der Motoren mit Pflanzenölkraftstoff ein intensiver Abgasgeruch festzustellen. Als Geruchskomponenten kommen dabei die Aldehyde in Frage, deren Emissionswerte vor allem im unteren Teillastbereich bei Verwendung von → Rapsölmethylester gegenüber Dieselkraftstoff leicht erhöht ist.

Die gasförmigen Schadstoffkomponenten sind bei Betrieb mit Pflanzenölkraftstoffen in leicht veränderten Konzentrationen gegenüber dem Betrieb mit Dieselkraftstoff vorhanden. Bei den Kohlendioxid-Emissionen weisen die Motoren beim Betrieb mit Pflanzenölkraftstoffen höhere Emissionswerte auf als beim Betrieb des Motors mit Dieselkraftstoff. Die Kohlendioxidmenge, die bei der Verbrennung von pflanzlichen Kraftstoffen entsteht, wurde jedoch zuvor durch Assimilation in den Pflanzen der Atmosphäre entzogen und zu der Energie, die jetzt im Motor eingesetzt wird, verarbeitet. Das bei der Verbrennung von Dieselöl entstehende Kohlendioxid hingegen ist fossilen Ursprungs und führt zu einer weiteren Anreicherung dieser Komponente in der Atmosphäre.

Bei der Verbrennung im Dieselmotor entstehen neben gasförmigen Schadstoffkomponenten auch Partikel, die aus Ruß, Schwefelverbindungen und daran angelagerten Kohlenwasserstoffen bestehen. Die Schwärzungszahl nach *Bosch* ist eine Meßgröße zur Beurteilung der Rußemission eines Dieselmotors. Allgemein wird die Schwärzungszahl mit zunehmendem Luftverhältnis, also bei zunehmendem Luftüberschuß geringer. Die Schwärzungszahlen liegen beim Betrieb des Motors mit Pflanzenölkraftstoff im gesamten Drehzahlbereich unter denen beim Betrieb des Motors mit Dieselkraftstoff.

An den Ruß lagern sich noch weitere Substanzen (hauptsächlich unverbrannte Kohlenwasserstoffe) als organisch löslicher Anteil der Partikel an. Dieser ist bei der Verwendung von rohen und umgeesterten Pflanzenölen deutlich höher als bei der Verwendung von Dieselkraftstoffen. Die Emissionen an polyzyklischen aromatischen Kohlenwasserstoffen sind beim Pflanzenöl- im Vergleich zum Dieselkraftstoff geringer, weil Pflanzenöle keine aromatischen Bestandteile besitzen, die mitverantwortlich sind für den Ausstoß der polycyklischen aromatischen Kohlenwasserstoffe (→ Pflanzenölkraftstoff). *Adt/Birkner/May*

Phon ⟨*phon*⟩. Ein im Geräuschimmissionsschutz nicht mehr verwendetes Maß für die subjektive Wahrnehmung eines Geräusches, ausgedrückt durch den Lautstärkepegel (→ Lautstärke).

Statt des Lautstärkepegels mit der Maßeinheit P. wird heute der A-bewertete Schalldruckpegel eines Geräusches in der Einheit Dezibel dB(A) benutzt (→ A-Bewertung). *Strauch*

Photooxidantien ⟨*photooxidants*⟩. P. sind sekundäre → Luftverunreinigungen, die während der Ausbreitung eines komplexen Vorläufergemisches durch photochemische Reaktionen erst Stunden bis Tage nach der Emission der Vorläufer entstehen. Unter → Oxidantien und photochemischen Luftverunreinigungen im weiteren Sinne kann man die unter dem Einfluß des Sonnenlichts gebildeten Reaktionsprodukte der Spurengase Stickstoffoxide und Kohlenwasserstoffe verstehen. Die am leichtesten meßbare Komponente der P., das → Ozon, besitzt darüber hinaus eine natürliche Quelle in der Stratosphäre, aus der es bis in die bodennahen Luftschichten der Troposphäre transportiert wird.

Im allgemeinen müssen zu den P. neben Ozon (O_3) die Radikale OH, HO_2 und RO_2 (R bedeutet organischer Rest), NO_2, NO_3, N_2O_5, HNO_3, Aldehyde und andere Carbonylverbindungen, organische Säuren, Peroxoverbindungen wie Wasserstoffperoxid, Methylhydroperoxid, Peroxyessigsäure, Peroxysalpetersäure, organische Nitrate, Peroxyacetylnitrat (PAN) und andere Peroxynitrate gerechnet werden. Als Leitsubstanz der P. kann Ozon angesehen werden, weil diese Komponente mengenmäßig bei weitem überwiegt. *Barnes/Becker*

Polizeifilter ⟨*security filter*⟩. Als P. werden umgangssprachlich Vorrichtungen zur Partikelabscheidung bezeichnet, die bei einem Versagen vorangeschalteter → Entstaubungsverfahren das Überschreiten gesetzlich zulässiger Emissionswerte verhindern sollen. Im Normalbetrieb werden die sog. P. nur mit Gasen sehr geringer Feststoffbeladung beaufschlagt. Die Betriebskosten sollten dabei gering sein. Im Störfall müssen diese Filter schlagartig solange zuverlässig funktionieren, bis die Störung behoben bzw. die Schadstoffentstehung unterbunden wird. In der Praxis werden für solche Schutzzwecke in der Regel filternde → Abscheider eingesetzt. *Schmidt*

Polychlorierte Dibenzodioxine/-furane ⟨*polychlorinated dibenzodioxines, -furanes*⟩.

Emissionsmessung. Standardmethoden zur Emissionsmessung von PCDD und PCDF werden auf der Grundlage der Kombination von → Gaschromatographie und → Massenspektrometrie (GC/MS) in der Richtlinie VDI 3499 beschrieben. Eine europäische Normenserie ist in Vorbereitung. Da die PCDD und PCDF zum Teil in kondensierter Form oder an Partikel gebunden und zum Teil gasförmig im Abgas auftreten, ist eine isokinetische, mehrstufige Probenahme erforderlich. Bei der Verdünnungsmethode nach VDI 3499, Blatt 1 wird der Probegasstrom in einer Mischkammer mit getrockneter, gefilterter Luft verdünnt, auf eine Temperatur unter 40 °C abgekühlt und durch ein mit Paraffinöl imprägniertes Glasfaserfilter geleitet. Bei der Kondensationsmethode nach VDI 3499, Blatt 2 und 3 wird der Probegasstrom in einem Kühler, dem ein Quarzwattefilter vorgeschaltet ist, oder schockartig in einer gekühlten Sonde auf eine Temperatur unter 8 °C abgekühlt. Zur Erfassung des gasförmigen Anteils kann bei allen Methoden eine Sorptionsstufe, vorzugsweise ein Feststoffsorbens nachgeschaltet werden. Die Auswahl und Zusammenstellung des Probenahmesystems hängt von der jeweiligen Meßaufgabe ab. Die Proben werden in einem mehrstufigen Verfahren aufgearbeitet. Die quantitative Bestimmung mit Hilfe der GC/MS erfolgt nach der Methode des internen Standards, indem den Proben vor der Extraktion mehrere ^{13}C-markierte Standards zugesetzt werden.

In schwierigen Fällen ist ein hochauflösendes Massenspektrometer erforderlich, das auch eine aufwendigere Probenaufbereitung (Clean up) erfordert. *Stahl*

Literatur: VDI 3499, Bl. 1 E: Messen von Emissionen; Messen von Reststoffen; Messen von polychlorierten Dibenzodioxinen und -furanen im Rein- und Rohgas von Feuerungsanlagen mit der Verdünnungsmethode; Bestimmung in Filterstaub, Kesselasche und in Schlacken. 3/1990.

Immissionsmessung → Dioxine.

Polycyclische aromatische Kohlenwasserstoffe (PAK/PAH) ⟨*polycyclic aromatic hydrocarbons*⟩.

Emissionsmessung Standardmethoden zur Emissionsmessung von PAK werden auf der Grundlage der → Gaschromatographie für Untersuchungen an Pkw-Motoren in der Richtlinie VDI 3872 und für Untersuchungen an industriellen Anlagen in der Richtlinie VDI 3873 beschrieben. Bei der Probenahme nach VDI 3872, Blatt 1 wird das gesamte Abgas über einen Kühler und ein imprägniertes Glasfaserfilter geleitet. Bei der Probenahme nach VDI 3872, Blatt 2 wird das Abgas in einer Verdünnungsanlage mit gefilterter Luft verdünnt und abgekühlt. Aus dem verdünnten Abgas wird ein Teilstrom abgesaugt und über ein beschichtetes Glasfaserfilter geleitet. Bei der Probenahme nach VDI 3873, Blatt 1 wird der Probegasstrom in einer Mischkammer mit getrockneter, gefilterter Luft verdünnt, auf eine Temperatur unter 50 °C abgekühlt und durch ein mit Paraffinöl imprägniertes Glasfaserfilter geleitet. Die Proben werden in einem mehrstufigen Verfahren aufgearbeitet. Das Chromatogramm wird mit einer Glas- oder Quarz-Kapillarsäule erzeugt und mit einem Flammen-Ionisationsdetektor aufgenommen. Die quantitative Bestimmung erfolgt nach der Methode des internen Standards, indem der Probe vor der Extraktion Vergleichssubstanzen in definierter Menge zugesetzt werden. *Stahl*

Literatur: VDI 3872: Messen von Emissionen; Messen von polycyclischen aromatischen Kohlenwasserstoffen (PAH); Bl. 1: Messen von PAH in Abgasen von Pkw-Otto- und Dieselmotoren; Gaschromatographische Bestimmung. 5/1989. – Bl. 2: Messen von PAH in verdünnten Abgasen von Pkw-Otto- und Dieselmotoren mit Hilfe der Gaschromatographie; Teilstrommethode. 12/1995. – VDI 3873, Bl. 1: Messen von polycyclischen aromatischen Kohlenwasserstoffen (PAH) an stationären industriellen Anlagen; Verdünnungsmethode (RW TÜV-Verfahren); Gaschromatographische Bestimmung. 11/1992.

Imissionsmessung. PAK oder PAH entstehen aus organischem Material bei der Pyrolyse oder bei unvollständigen Verbrennungsprozessen aller Art. Die Leitkomponente der PAK ist das → Benzo[a]pyren.

Im Rahmen von Immissionserhebungen werden üblicherweise die an die Partikelphase gebundenen PAK-Verbindungen bestimmt. Die Probenahme erfolgt daher mittels standardisierter Meßverfahren für die Bestimmung von Schwebstaub, wie sie in VDI 2463 beschrieben sind (z.B. mit dem LIB-Filterverfahren oder mit dem → Kleinfiltergerät). Die Analyse kann auf gaschromatographischer Basis gemäß VDI 3875, Bl. 1 oder über die → Hochdruckflüssigkeitschromatographie (VDI 3875, Bl. 2, Vorentwurf) erfolgen.

Aus den belegten Glasfaserfiltern werden die PAK durch Sublimation oder mehrstufige Extraktionen abgetrennt. Nach Reinigungsschritten unter Einsatz der Säulenchromatographie erfolgt die Trennung, Identifizierung und Quantifizierung entweder gaschromatographisch mit einem → Flammenionisationsdetektor (FID) oder über die Hochdruckflüssigkeitschromatographie mit Nachweis über einen UV-Fluoreszenz- oder Dioden-Array-Detektor. *Pfeffer*

Literatur: VDI 3875, Bl. 1: Messen von Immissionen; Messen von Innenraumluftverunreinigungen; Messen von polycyclischen aromatischen Kohlenwasserstoffen (PAH); Gaschromatographische Analyse. 8/1991.

ppb ⟨*ppb*⟩. Abk. für parts per billion, wobei zu beachten ist, daß die Billion im angelsächsischen Sprachgebrauch der Milliarde im Deutschen entspricht. ppb ist eine häufig gebrauchte Einheit zur Angabe von Immissionskonzentrationen in Form eines Mischungsverhältnisses, in der Regel auf der Basis von Volumeneinheiten (dann auch: ppbv oder ppbV), als Alternative zur Angabe einer Massenkonzentration. 1 ppb ist also gleichbedeutend mit einem Teil (Volumenteil) des jeweiligen Stoffes pro 1 Milliarde (10^9) Teile (Volumenteile) Luft.

Eine Angabe in ppb läßt sich auf der Grundlage der Gesetze für ideale Gase in eine Massenkonzentration in $\mu g/m^3$ wie folgt umrechnen:

$$[mg/m^3]_{P,T} = [ppb] \cdot (P \cdot MG)/(R, T)$$

Hierbei ist:

$[\mu g/m^3]_{P,T}$: Massenkonzentration bei Druck P und Temperatur T
[ppb]: Mischungsverhältnis
P: Druck in Bar (bar)
MG: Molekulargewicht des betreffenden Stoffes in Gramm pro Mol (g/Mol)
R: Allgemeine Gaskonstante ($0{,}08314\ l \cdot bar \cdot Mol^{-1} \cdot K^{-1}$)
T: absolute Temperatur in Kelvin (K)

Der Ausdruck $(R \cdot T)/P = V_M(P, T)$ ist das sog. Molvolumen eines idealen Gases in Litern (l) beim Druck P und der Temperatur T. Bei Normaldruck (1,013 bar) gilt beispielsweise:

0 °C: $V_M(273{,}16) = 22{,}42$ l
20 °C: $V_M(293{,}16) = 24{,}06$ l
25 °C: $V_M(298{,}16) = 24{,}47$ l

Die Formel vereinfacht sich damit zu:

$$[\mu g/m^3]_{P,T} = [ppb] \cdot MG/V_M\ (P, T)$$

Beispiel: Welcher Massenkonzentration entspricht ein ppb Schwefeldioxid bei Normbedingungen (0 °C; 1,013 bar)?
Molekulargewicht (MG) für SO_2: 64,06 g/Mol
64,06/22,42 = 2,86

Ein ppb SO_2 entspricht daher 2,86 $\mu g/m^3$ bei Normbedingungen. *Pfeffer*

ppm ⟨*ppm*⟩. Abk. für parts per million. ppm ist eine häufig gebrauchte Einheit zur Angabe von Immissionskonzentrationen in Form eines Mischungsverhältnisses, in der Regel auf der Basis von Volumeneinheiten (dann auch: ppmv oder ppmV), als Alternative zur Angabe einer Massenkonzentration. 1 ppm ist also gleichbedeutend mit einem Teil (Volumenteil) des jeweiligen Stoffes pro 1 Million (10^6) Teile (Volumenteile) Luft.

Eine Angabe in ppm läßt sich auf der Grundlage der Gesetze für ideale Gase in eine Massenkonzentration in mg/m^3 wie folgt umrechnen:

$$[mg/m^3]_{P,T} = [ppm] \cdot (P \cdot MG)/(RT)$$

Die Formel läßt sich vereinfachen zu:

$$[mg/m^3]_{P,T} = [ppm] \cdot MG/V_M\ (P, T)$$

Nähere Einzelheiten: → ppb.

Beispiel: Welcher Massenkonzentration entspricht ein ppm Kohlenmonoxid bei Normbedingungen (0 °C; 1,013 bar)?
Molekulargewicht (MG) für CO: 28,01 g/Mol
28,01/22,42 = 1,25

Ein ppm CO entspricht daher 1,25 mg/m^3 bei Normbedingungen. *Pfeffer*

ppt ⟨*ppt*⟩. Abk. für parts per trillion, wobei zu beachten ist, daß die Trillion im angelsächsischen Sprachgebrauch der Billion im Deutschen entspricht. ppt ist eine häufig gebrauchte Einheit zur Angabe von Immissionskonzentrationen in Form eines Mischungsverhältnisses, in der Regel auf der Basis von Volumeneinheiten (dann auch: pptv oder pptV), als Alternative zur Angabe einer Massenkonzentration. 1 ppt ist also gleichbedeutend mit einem Teil (Volumenteil) des jeweiligen Stoffes pro 1 Billion (10^{12}) Teile (Volumenteile) Luft.

Eine Angabe in ppt läßt sich auf der Grundlage der Gesetze für ideale Gase in eine Massenkonzentration in ng/m^3 wie folgt umrechnen:

$$[ng/m^3]_{P,T} = [ppt] \cdot (P \cdot MG)/(RT)$$

Die obige Formel läßt sich vereinfachen zu:

$$[ng/m^3]_{P,T} = [ppt] \cdot MG/V_M (P, T)$$

(→ ppb, → ppm). *Pfeffer*

Primärmaßnahmen zur Luftreinhaltung ⟨*primary measures for air pollution control*⟩. P. z. L. zielen darauf ab, durch die Verwendung eines entsprechenden Einsatzstoffes oder durch die Gestaltung und den Ablauf eines Prozesses das Entstehen luftverunreinigender Stoffe zu vermeiden oder deren Emissionen zu vermindern.

Die beste Vorsorge gegen schädliche Luftverunreinigungen ist, ihr Entstehen zu verhindern oder sie zu minimieren.

Die → TA Luft stellt in Nr. 3.1.2 ein entsprechendes Vermeidungs- und Minimierungsgebot als grundsätzliche Anforderung allen übrigen emissionsbegrenzenden Vorschriften voran. Im Hinblick auf die Emissionsminderung luftverunreinigender Stoffe ist bei P. z. L. prinzipiell nach verschiedenen Kategorien zu unterscheiden:

- Auf den Einsatzstoff bezogene Maßnahmen, die auf die Minimierung der Emissionen von unerwünschten, aber von Natur aus in den Einsatzstoffen vorhandenen Begleitstoffen zielen. Beispiele sind die in Erzen, Steinen und Erden sowie fossilen Brennstoffen als Spurenelemente vorkommenden → Schwermetalle. Bei diesen Einsatzstoffen können in gewissem Umfang störende Schwermetalle durch eine Vorbehandlung entfernt werden; allerdings sind den Behandlungstechniken Grenzen gesetzt. In bestimmten Fällen können auch schadstoffarme Einsatzprovenienzen gewählt werden.
- Auf den Einsatzstoff bezogene Maßnahmen, die auf die Substitution gezielt in den Prozeß eingebrachter Stoffe gerichtet sind. Ein Beispiel ist die Verwendung von lösemittelarmen oder -freien Lacken (z. B. Wasserlacke, Pulverlacke).
- Prozeßtechnische Maßnahmen, die durch Prozeßoptimierung zu einer hohen Ausbeute an gewollten Produkten führen. Ein Beispiel ist die Schwefelsäureherstellung nach dem Doppelkontaktverfahren.
- Prozeßtechnische Maßnahmen, die die Entstehung zusätzlicher luftverunreinigender Stoffe möglichst weit unterdrücken; dazu gehört z. B. der Einsatz NO_x-armer Brenner bei → Feuerungsanlagen.
- Apparative Maßnahmen, durch die unvermeidbare luftverunreinigende Stoffe erfaßt und in den Produktionsprozeß zurückgeführt werden; ein Beispiel ist der Umluftbetrieb bei Räucheranlagen.

P. z. L. haben in der Regel auch günstige Auswirkungen auf andere umweltrelevante Aspekte; häufig ergeben sich eine Rohstoffeinsparung, eine rationelle Energieanwendung und das Vermeiden von Reststoffen. P. z. L. sind meist weniger kapitalintensiv als nachgeschaltete Abgasreinigungsmaßnahmen. Wenn P. z. L. nicht ausreichen, um sehr niedrige → Emissionsgrenzwerte im Abgas einzuhalten, sind zusätzliche Abgasreinigungseinrichtungen einzusetzen (→ Sekundärmaßnahmen). *M. Lange*

Literatur: *Davids, P.; M. Lange*: Die TA Luft '86, Technischer Kommentar. Düsseldorf 1986. – *Davids, P.*: Optimierung technischer Luftreinhaltungsmaßnahmen. In: Chancen der Betriebe durch Umweltschutz. Hrsg.: Pieroth, E.; L. Wicke. Freiburg i. Br. 1988. – Luftreinhaltung '88. Tendenzen – Probleme – Lösungen. Hrsg.: *Umweltbundesamt*. Berlin 1989.

Produkt, emissionsarm ⟨*low emission product*⟩. E. P. setzen bei ihrer Verwendung keine oder nur in sehr geringen Mengen Stoffe wie Kohlenwasserstoffe, Halogenkohlenwasserstoffe, polyzyklische aromatische Kohlenwasserstoffe (PAH), Formaldehyd, Dioxine und Furane, Schwermetalle und Asbest in die Umgebung frei. Als e. P. können z. B. lösemittelarme → Produkte, formaldehydarme → Holzprodukte und asbestfreie Produkte bezeichnet werden. Der Einsatz von e. P. verringert Umweltbelastungen. Besonders in Innenräumen ist der Einsatz e. P. zur Vermeidung von Gesundheitsbelastungen für die Benutzer von großer Bedeutung (→ Innenraumluft-Reinhaltung). *Plehn*

Produkt, FCKW-frei ⟨*product, CFC-free*⟩ → FCKW-freie Produkte

Produkt, lösemittelarm ⟨*low solvent product*⟩. Mit dem Einsatz l. P. lassen sich die Belastungen der Atmosphäre durch flüchtige → organische Verbindungen reduzieren. L. P. werden für den industriellen Bereich (emissionsarme Industrielacke, lösemittelarme Klebstoffe usw.) und den handwerklichen und privaten Endverbraucherbereich angeboten. Im industriellen Bereich kann beim Einsatz l. P. teilweise auf zusätzliche Abgasreinigungsmaßnahmen verzichtet werden; im handwerklichen und privaten Bereich ist der Einsatz lösemittelarmer Produkte die einzige Möglichkeit zur Emissionsminderung. Der mit Abstand größte Lösemittelverbrauch ist bei der Lackverarbeitung zu verzeichnen. Weitere bedeutende Verbrauchsbereiche sind Reinigungs- und Pflegemittel, Aerosoltreibmittel sowie Bautenschutzmittel. Vielfach werden bereits l. P. angeboten: schadstoffarme → Lacke, lösemittelarme Bautenschutzmittel und Dispersionsklebstoffe, wäßrige Systeme in Pumpsprühern u. a. Besonders für den industriellen Einsatz existieren teilweise auch vollständig lösemittelfreie Alternativen, beispielsweise Pulverlacke und Schmelzklebstoffe. Als Ersatzstoff für organische → Lösemittel kommt besonders Wasser in Frage, allerdings sind bestimmte Hilfsstoffe, z. B. Tenside und Konservierungsmittel, in geringen Mengen erforderlich. Der Einsatz von überkritischem Kohlendioxid als

Lösemittel in der Industrie befindet sich weitgehend noch im Forschungs- und Entwicklungsstadium. Die Verwendung von l. P. trägt auch zur → Innenraumluft-Reinhaltung bei. (→ Produkt, emissionsarm).

Plehn

Literatur: Umweltfreundliche Beschaffung. 3. Aufl. Hrsg.: Umweltbundesamt. 1993.

Prozeßfeuerung ⟨*process combustion*⟩. P. ist dadurch gekennzeichnet, daß ein direkter Kontakt von Feuerungsgasen und dem thermisch zu behandelnden Gut vorliegt. Der P. stehen die konventionellen → Feuerungsanlagen (Kesselfeuerungen, Unterfeuerungen) gegenüber. P. kann zusätzliche luftverunreinigende Stoffe aus dem zu behandelnden Gut im Abgas enthalten, durch die Betriebsweise kann es auch zu erhöhten feuerungsbedingten Emissionen kommen wie Stickstoffoxide oder → organische Stoffe. In bestimmten Fällen können auch teilweise Schadstoffe in das Prozeßgut oder speziell dafür vorgesehene Substanzen (Schlacke) eingebunden werden.

Im Brennstoff enthaltener Schwefel wird bei der → Zementherstellung und in der → Kalkindustrie weitgehend im Brennprozeß als Schwefeloxid gebunden und wird Bestandteil des Produktes, was die Emission an Schwefeloxiden stark mindert. Bei der → Glasherstellung, in der Ziegelindustrie und beim Blähen mineralischer Stoffe entweichen beim Brennen Schwefeloxide aus dem Brenngut und erhöhen die Rohgaskonzentration deutlich. In der Metallerzeugung wird der Schwefel überwiegend in Schlacken gebunden.

Bei der Glasherstellung tritt im Abgas neben feuerungsbedingtem NO_x auch prozeßgutbedingtes NO_x auf. Eine Einbindung von NO_x in das Einsatzgut in relevantem Umfang läßt sich bei Prozeßfeuerungen nicht erreichen.

Auch Emissionen an Kohlenmonoxid können prozeßbedingt sein; CO entsteht im allgemeinen durch unvollkommene Verbrennung. Bei den im Gegenstrom von Abgas und Einsatzgut betriebenen Verfahren der Zementherstellung, beim Hochofenbetrieb und in der Ziegelindustrie entstehen erhöhte CO-Konzentrationen erst weit hinter der Feuerung durch sehr geringen Sauerstoff-Partialdruck.

In Abhängigkeit von der Aufgabe des Brennguts und der Ofenkonstruktion sind → Staubemissionen mehr oder weniger stark prozeßbedingt. Bei Aufgabe von staubförmigem Gut ist der Anteil des Staubs aus der Verbrennung häufig vernachlässigbar, z. B. bei der Roheisenerzeugung im Hochofen oder bei der Zement- und Kalkherstellung in Drehrohröfen. Beim Brennen von Ziegeleiprodukten stammen die geringen Staubemissionen größtenteils aus den Brennstoffen, bei geringem Gasdurchsatz kann sogar eine Abscheidung von Staub auf dem Brenngut eintreten.

Flüchtige organische Stoffe können, ähnlich der CO-Entstehung, auch prozeßbedingt sein. Vor allem bei der → Metallverarbeitung und in der → Keramikindustrie gehen teilweise beträchtliche Anteile an organischen Stoffen in das Abgas über.

→ Schwermetalle können sowohl in das Brenngut eingebunden (Zement- und Kalkherstellung), in das Abgas abgegeben (→ Metallindustrie, → Glasherstellung) oder in eine Schlacke eingebunden werden (Metallerzeugung). Hierbei ist neben dem temperaturbedingten ein elementspezifisches Verhalten festzustellen. Vor allem Quecksilber und Arsen neigen nur bedingt zur Reaktion mit dem Einsatzgut; sie werden meist dampfförmig emittiert.

Durch bestimmte prozeßtechnische Maßnahmen lassen sich die Emissionen an luftverunreinigenden Stoffen in vielen Fällen deutlich mindern. In der Metall- und Eisen-Stahl-Industrie werden z. B. Schwefel, Schwermetalle und weitere Stoffe in die Schlacke eingebunden. In der Glasindustrie wird schwefeloxidhaltiger Filterstaub als Läuterungsmittel verwendet, wodurch bilanzierend die Schwefeloxidemissionen verringert werden.

Die Entstehung von Stickstoffoxiden kann durch zahlreiche prozeßtechnische Maßnahmen erheblich vermindert werden. Die meisten Minderungstechniken wurden bereits bei konventionellen Feuerungsanlagen erfolgreich erprobt. Allgemein führt eine Verbesserung des Gas-Stoff-Wärmeaustauschs und die Verringerung des Strahlungsanteils am Wärmeübergang zu geringeren NO_x-Auswürfen. Die Ofenraumgestaltung, die Art des Brennstoffs, die Flammenführung, die Brenngut- und Ofenraumtemperatur, die Verbrennungsluftzuführung und -vorwärmung sind neben brennerspezifischen Maßnahmen wichtige konstruktive Merkmale von Prozeßöfen, durch deren sinnvolle Gestaltung insbesondere bei Neuanlagen das Ausgangsniveau der NO_x-Emission gesenkt werden kann. In der Hohlglasindustrie konnte z. B. durch Einengung des Verbrennungsraums und stärkere Nutzung der Abgasenthalpie im Ofen die sonst übliche Emissionskonzentration von ca. 2,5 g/m^3 auf unter 0,50 g/m^3 gesenkt werden.

Der Betrieb von Prozeßöfen, in denen staubförmiges Material transportiert wird, bedarf grundsätzlich des Einsatzes hochwertiger Staubabscheider, die durch Vorabscheider wie Zyklone entlastet werden können. Bei der Kokskühlung in Kokereien kann bereits durch geeignete Auslegung des → Kühlturmes eine Reduzierung des Staubemissionsfaktors um 80% auf 70 g/t Koks erreicht werden. Bei Prozessen mit nur geringen prozeßspezifischen Stäuben wie in der Keramikindustrie können durch Verlangsamung der Abgasströme in Öfen und durch Staubentfernung vom Brenngut die Staubgehalte im Abgas weiter verringert werden, so daß oft keine Entstaubungseinrichtung erforderlich ist.

Grundsätzlich können Prozeßöfen durch optimierte elektronisch geregelte Prozeßführung relativ emissionsärmer gefahren werden. Die betriebswirtschaftlichen Vorteile dieser Methoden haben in zahlreichen Prozeßvarianten auch umwelttechnische Verbesserungen bewirkt. Die Umstellung auf elektronisch geregelte Elektrolyseöfen der Aluminiumindustrie hat die Abgaserfassung von weniger als 60% auf ca. 95% erhöht. Eine optimierte Rohstoff- und Produktanalyse hat in der Zementindustrie stärkere Schwankungen der Emissionen und so die Gesamtemission verringert.

Hinrichs

Literatur: *Gleis, M.; W. Hinrichs*: Abfälle in Produktionsanlagen mitverbrennen. Umwelt **5** (1990), 276–279 – Umweltbundesamt (Hrsg.): Luftreinhaltung '88. Berlin 1989.

Prüfröhrchen-Meßtechnik ⟨*detector tubes*⟩. Sie dient dazu, → Luftverunreinigungen ohne Zeitverzug vor Ort mit Hilfe von Farbreaktionen zu bestimmen. Zu ihren besonderen Vorzügen gehören die einfache Handhabung und der geringe instrumentelle Aufwand. Die P.-M. wird vorzugsweise für Luftuntersuchungen am Arbeitsplatz eingesetzt, erlaubt aber auch Emissions- oder Immissionsmessungen oder Prozeßkontrollen.

Die bei der P.-M. eingesetzte Meßeinrichtung besteht aus dem Prüfröhrchen und der zugehörigen Pumpe. Das Prüfröhrchen ist ein Glasröhrchen mit spitzen Enden, die unmittelbar vor der Messung aufgebrochen werden. Das Röhrchen ist mit einem Reagenzpräparat gefüllt, das auf den gesuchten Stoff mit einem charakteristischen Farbumschlag reagiert. Die Pumpe ist so konstruiert, daß eine definierte Probegasmenge durch das Prüfröhrchen gesaugt wird. Bei einfachen Handpumpen geschieht dies dadurch, daß das Hubvolumen bestimmt ist und die Zahl der Hübe gezählt wird. Röhrchen und Pumpe sind so aufeinander abgestimmt, daß bei einer für den Meßbereich vorgegebenen Hubzahl die Länge der verfärbten Schicht ein Maß für die Konzentration des zu messenden Stoffes ist. Wegen dieser Abstimmung ist es nicht möglich, die Produkte verschiedener Hersteller zu kombinieren.

Die Komposition des Prüfröhrchens hängt von den Meßbedingungen und von unerwünschten Reaktionen vor der Messung ab. Im einfachsten Fall enthält das Röhrchen nur das Reagenzpräparat (Einschicht-Röhrchen). Vielfach ist es erforderlich, andere Schichten vorzuschalten, die den gesuchten Stoff vor der Indikatorreaktion umwandeln oder die Farbreaktion störende Begleitstoffe vorabscheiden (Mehrschichten-Röhrchen). In anderen Fällen wird aus Gründen der Haltbarkeit ein Teil der Reagenzien innerhalb des Röhrchens in einer Ampulle aufbewahrt und erst bei Beginn der Messung durch Zerbrechen der Ampulle freigesetzt (Ampullen-Röhrchen). Messungen nach der P.-M. dauern im allgemeinen nur ein paar Minuten. Es gibt aber auch Langzeit-Prüfröhrchen, die mit einer darauf abgestimmten elektrischen Pumpe eine Probenahme über mehrere Stunden erlauben. *Stahl*

Literatur: *Leichnitz, K.*: Prüfröhrchen-Meßtechnik. Landsberg/Lech 1981.

Pulverlacke ⟨*powder coating*⟩ → Industrielack, emissionsarm

Punktschallquelle ⟨*point-source, sound*⟩. Eine Schallquelle (ein Schallsender), bei der vorausgesetzt wird, daß die → Schalleistung punktförmig konzentriert ist und i. a. sich die Schallenergie kugelförmig, also nach allen Richtungen gleichmäßig, ausbreitet (Kugelcharakteristik).

Bei Geräuschimmissionsprognosen (Schallausbreitungsrechnung) werden im allgemeinen die Schallquellen als P. betrachtet; linienförmige oder flächenhaft ausgedehnte Schallquellen werden so in Teilschallquellen aufgeteilt, daß diese wieder als P. anzusehen sind.

Linien- und Flächenschallquellen können dann wie P. gelten, wenn der Abstand vom Mittelpunkt der Linien- oder Flächenschallquelle bis zum Immissionspunkt etwa doppelt so groß ist wie die größte Ausdehnung (Diagonale) der Schallquelle. *Strauch*

Literatur: DIN 18005: Schallschutz im Städtebau. 5/1987. – VDI 2714: Schallausbreitung im Freien. 1/1988.

Q

QSL-Verfahren zur Bleigewinnung *⟨QSL-process for lead production⟩*. Das Q.-V. ist ein neuartiges Verfahren, benannt nach den Initialien seiner Erfinder *Queneau, Schuhmann* und (der Firma) Lurgi. 1973 wurde das Verfahren zunächst zur Herstellung von Kupfer und Nickel patentiert. Über mehrere Entwicklungsstufen wurde schließlich 1988 von der Metallgesellschaft in Stolberg mit dem Bau einer großtechnischen QSL-Anlage begonnen, die 1990 in Betrieb genommen wurde. Das Q.-V. ist ein kontinuierlicher Direkt-Bleischmelzprozeß, bei dem zwei pyrometallurgische Reaktionen in einem Reaktorgefäß ablaufen.

Für die Luftreinhaltung sind die Arsen- und Cadmiumabscheidung sowie die Abscheidung von SO_2 in einer Schwefelsäuregewinnungsanlage von besonderer Bedeutung. Wesentliche Vorteile der QSL-Anlage gegenüber konventionellen Anlagen zur Bleigewinnung ist die günstigere Massenbilanz hinsichtlich der eingesetzten Stoffe, der eingesetzten Energie sowie der entstehenden Abgasströme (Bild). *Leder*

Qualitätssicherung *⟨quality assurance⟩*.

Anlagensicherheit. Die Q. im Rahmen der Anlagensicherheit (→ Sicherheitstechnik) hat den Zweck, den bei der Planung zugrundegelegten Sicherheitsstandard über die gesamte Betriebsdauer der Anlage und bei Anlagenänderungen zu gewährleisten. Die Q. zur Aufrechterhaltung der Anlagenqualität ist eng mit der → Sicherheitsorganisation des Unternehmens verknüpft. Die Q. umfaßt eine Vielzahl einzelner Qualitätssicherungselemente, z. B. Anforderungen an Verträge, Bauprüfungen, Aktualität der Unterlagen, Qualität von Lieferungen, Übernahme von Betriebserfahrungen in das Betriebshandbuch, Freigabeverfahren für Instandhaltungsmaßnahmen, Lenkung fehlerhafter Einheiten, Qualitätsaudits, Zuverlässigkeitskenngrößen.

Die Dokumentation der Umsetzung der einzelnen Maßnahmen zur Q. sowie die betriebliche Organisation und Struktur der anlagenbezogenen Q. kann u. a. in einem Q.-Handbuch erfolgen. Anhaltspunkte zu Aufbau und Struktur der Q. im Rahmen der Anlagensicherheit lassen sich z. B. aus der DIN ISO 9004 ableiten, welche die Q. für Produkte regelt. *Nitsche*

Literatur: DIN ISO 9004: Qualitätsmanagement und Elemente eines Qualitätssicherungssystems. 5/1987.

Emissionsmessungen. Die Qualität von Emissionsmessungen beruht im wesentlichen auf drei Pro-

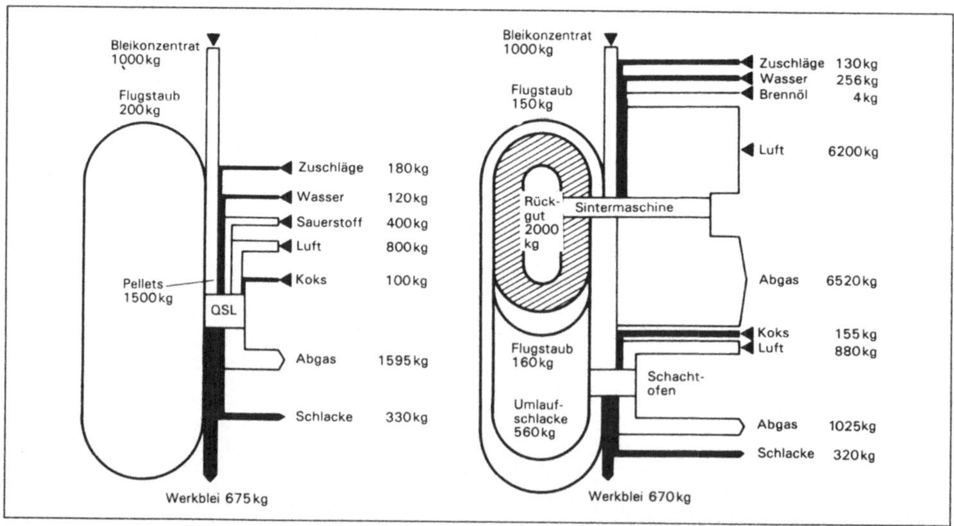

QSL-Verfahren zur Bleigewinnung: Massenbilanzen einer QSL-Anlage und einer konventionellen Bleiverhüttung im Vergleich.

grammen, an deren Realisierung Wissenschaft, Wirtschaft und Verwaltung unterschiedlichen Anteil haben (Bild):
– Bereitstellung von Referenzmeßverfahren,
– Vorbereitung und Durchführung von Eignungsprüfungen,
– Qualifizierung und Anerkennung sachverständiger Stellen (Akkreditierung von Meßinstituten).

Wichtige Aufgaben werden von anerkannten Meß- und Prüfstellen wahrgenommen. Sie sind deshalb, ungeachtet ihrer Zuordnung zu den genannten drei Bereichen Wissenschaft, Wirtschaft und Verwaltung, im Bild besonders herausgestellt.

Um die hierdurch gewonnene Qualität der → Emissionsmeßverfahren und -geräte auszuschöpfen, gibt es auch für die Praxis der → Emissionsüberwachung ein Geflecht von Maßnahmen zur Q., für die vier Institutionen verantwortlich sind:
– Die zuständige Behörde hat die erforderlichen Auflagen zur Emissionsüberwachung zu erteilen. Sie hat außerdem die Pflicht, sich durch regelmäßige Inspektionen im Betrieb und Auswertung der übermittelten Meßberichte davon zu überzeugen, daß diese Auflagen im täglichen Betrieb erfüllt und die → Emissionsgrenzwerte eingehalten werden. Die Behörde hat auch die Aufgabe, die Tätigkeit sachverständiger Stellen zu beaufsichtigen.
– Der Anlagen-Betreiber ist dafür verantwortlich, daß die für die Emissionsüberwachung geltenden Anforderungen und erteilten Auflagen voll erfüllt werden. Er hat die notwendigen Aufträge an Sachverständige zu erteilen und bei den zur Dauerüberwachung eingesetzten Meßeinrichtungen für eine regelmäßige Wartung und Prüfung der Funktionsfähigkeit zu sorgen.
– Der Meßgeräte-Lieferant hat sicherzustellen, daß die eingesetzten Meßgeräte den Anforderungen der Eignungsprüfung entsprechen, und gegebenenfalls im Rahmen eines Wartungsvertrages Inspektionen und Reparaturen auszuführen.
– Eine vom Betreiber beauftragte sachverständige Stelle hat die geforderten Einzelmessungen durchzuführen. Sie soll außerdem Auswahl und Einbau der Meßeinrichtungen zur kontinuierlichen Emissionsüberwachung begutachten und alle Meßeinrichtungen individuell auf Funktionsfähigkeit überprüfen und kalibrieren. *Stahl*

Immissionsmessungen. Bei der Q. von Immissionsmessungen werden zwei Bereiche unterschieden:
❒ Verfahrensbezogene Q.-Maßnahmen:
– Akzeptanz und Praktizierung vollständiger Immissionsmeßverfahren,
– Standardisierung von Immissionsmeßverfahren in Form von → VDI-Richtlinien, DIN/ISO-Normen, CEN-Normen,
– Bundeseinheitliche Praxis bei der Überwachung der → Immissionen (→ Immissionsmeßnetz, → Immissionsmeßstation),
– Standardisierung von Meßplanung, Meßdurchführung und Auswertung (Vorschriften hierzu: in EG-Richtlinien, in der → TA Luft, in → Smogverordnungen und insbesondere in der 4. BImSchVwV).

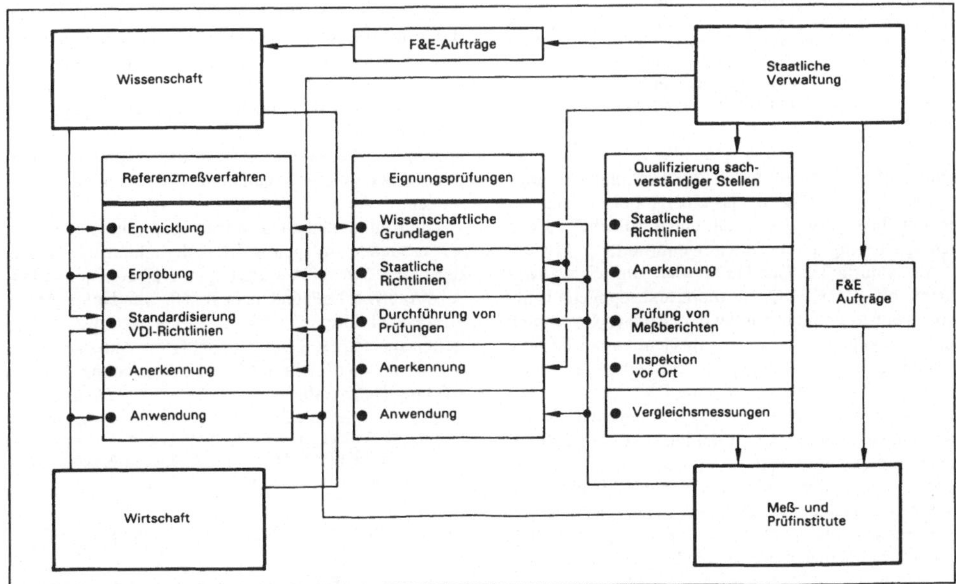

Qualitätssicherung: Maßnahmen zur Q. bei der Emissionsüberwachung.

❐ Verfahrensanwenderbezogene Q.-Maßnahmen:
– Akzeptanz und Praktizierung aller Maßnahmen im Sinne der guten Laboratoriumspraxis (GLP), beispielsweise durch exakte Dokumentation aller eingesetzten Methoden und Verfahren (Standardarbeitsanweisungen),
– Kalibrierung und regelmäßige Funktionskontrollen,
– Systematische Wartung aller Meßeinrichtungen und qualifizierte Störungsbeseitigungs- und Reparaturmaßnahmen,
– Austausch von Referenzmaterialien und Durchführung von Ringanalysen,
– Regelmäßige Kontrolle und Inspektionen durch unabhängige Prüfer (Auditierung),
– Regelmäßige Schulungs- und Trainingsmaßnahmen.

Pfeffer

Literatur: *Buck, M.*: Konzept der Qualitätskontrolle bei Immissionsmessungen. Staub – Reinhaltung der Luft **49** (1989), S. 337–342. – *Pfeffer, H.-U.*: Qualitätssicherung in automatischen Immissionsmeßnetzen. T. 1: Untersuchungen zum Probenahmesystem für gasförmige Schadstoffe in automatischen Meßstationen. Schriftenreihe der Landesanstalt für Immissionsschutz Nordrhein-Westfalen, Heft 57. 1983. – *Pfeffer, H.-U., H. W. Lohse*: Qualitätssicherung in automatischen Immissionsmeßnetzen. T. 2: Eine Methode zur Echtzeitauswertung von Schwebstoffmessungen mit dem Staubmonitor FH 62 I. Staub – Reinhaltung der Luft **44** (1984), S. 67–71. – *Pfeffer, H.-U.*: Qualitätssicherung in automatischen Immissionsmeßnetzen. T. 3: Ringversuche der staatlichen Immissions-Meß- und Erhebungsstellen in der Bundesrepublik Deutschland (STIMES). Ergebnisse für die Komponenten SO_2, NO_x, O_3 und CO. LIS-Berichte der Landesanstalt für Immissionsschutz Nordrhein-Westfalen, Heft 52. 1984. – *Pfeffer, H.-U., H. Dobrick*: Qualitätssicherung in automatischen Immissionsmeßnetzen. Strategie und Optimierung eines Routinebetriebes. Staub-Reinhaltung der Luft **47** (1987), Nr. 1/2, S. 28–33. – *Pfeffer, H.-U., H. Dobrick, R. Junker*: Qualitätssicherung in automatischen Immissionsmeßnetzen. Anforderungen an die Telemetrischen Echtzeit-Immissionsmeßsysteme TEMES und MILIS in NRW. LIS-Berichte der Landesanstalt für Immissionsschutz Nordrhein-Westfalen, Heft 100, 1992.

Quecksilber-Emissionsminderung ⟨*mercury pollution control*⟩. Q. (Hg) ist das einzige bei Zimmertemperatur flüssige Schwermetall und wird daher vorwiegend gasförmig in den Abgasen emittiert.

Aus natürlichen Quellen werden jährlich weltweit 25000 bis 125000 t Q. emittiert; anthropogene Emissionen entstehen nicht nur bei der gezielten Gewinnung und Verwendung, sondern hauptsächlich bei der Verbrennung fossiler Brennstoffe und beim Einsatz von Erzen und Mineralien in industriellen Prozessen.

Q. wird industriell verwendet für Batterien, Katalysatoren, Anstriche, Chemikalien und Schädlingsbekämpfungsmittel, elektrische Bauteile, Leuchtstoffröhren sowie als Betriebsmittel bei der Alkalichloridelektrolyse nach dem Amalgamverfahren. Für die erstgenannten Bereiche kommt es weniger bei der Produktion als vielmehr bei der Anwendung und Entsorgung der Produkte zu Q.-Emissionen in die Atmosphäre, während der Einsatz von Q. als Betriebsmittel bei der Alkalichlordelektrolyse nach dem Amalgamverfahren zu erheblichen Q.-Emissionen führen kann. Durch Anlagenkapselung, Abluftminderung, Abgasreinigung der Prozeßgase (Entquickung) und den Einsatz von Q.-freien Verfahren, wie dem Diaphragmaverfahren und dem Membranverfahren, konnten die spezifischen Q.-Emissionen in die Luft bei der Alkalichloridelektrolyse auf ca. 1 g Hg/t Chlor vermindert werden.

Bei der Verbrennung von Kohlen gehen ca. 80% des im Brennstoff enthaltenen Q. dampfförmig in das Abgas (Q.-Gehalte von Steinkohle 0,2 bis 0,5 ppm bzw. Braunkohle 0,16 ppm in westdeutschen Revieren). Eine Emissionsminderung durch verbesserte → Entstaubungsverfahren sowie durch nasse Verfahren (→ Abgasentschwefelung) führen nur zu einer teilweisen Abscheidung von Q. bis zu 30%.

Auch bei → Abfallverbrennungsanlagen wird Q. (Q.-Gehalt im Hausabfall ca. 3–5 ppm) überwiegend gasförmig emittiert. Abfallverbrennungsanlagen sind zusätzlich zur → Staubabscheidung mit Reinigungsanlagen zur Abscheidung von Chlor, Fluorwasserstoff und Schwefeloxid ausgerüstet, mit denen auch Q. abgeschieden wird. Bei nassen Verfahren können Q.-Abscheidegrade von mehr als 60% erreicht werden. Durch Einsatz spezieller Aktivkoks-Verfahren kann Q. nahezu vollständig abgeschieden werden.

Eine weitere Emissionsminderung ist durch Substitution oder Minderung von Q. in den Einsatzstoffen und durch Recycling Q.-haltiger Altprodukte, wie z. B. bei Batterien, Leuchtstoffröhren und Thermometern, zu erreichen.

Bei hüttentechnischen Brenn-, Röst- und Schmelzvorgängen von Erzen und Erzkonzentraten sowie bei der Zementherstellung treten ebenfalls hohe Temperaturen auf, bei denen das als natürliche Verunreinigung enthaltene Q. freigesetzt wird.

Die mit naßarbeitenden → Abscheidern zurückgehaltenen Q.-Verbindungen führen zu Abwasserbelastungen. Die Abwässer müssen daher behandelt werden. Q. belastete Klärschlämme sind besonders zu entsorgen.

Die Emissionen an Q. werden bei industriellen und gewerblichen Anlagen insbesondere durch die Anforderungen der → TA Luft begrenzt; bei einem Massenstrom von 1 g/h und mehr sind 0,2 mg Hg/m^3 Abgas zu unterschreiten; für Alkalichloridelektrolyseanlagen gelten spezielle Regelungen. Schärfere Anforderungen enthält die → 17. BImSchV mit einem Grenzwert von 0,05 mg Hg/m^3 Abgas.

Dombrowski

Literatur: Umweltbundesamt: Umwelt- und Gesundheitskriterien für Quecksilber, Berichte 5, 1980. Berlin. Environmental Health Criteria 1986: Mercury-Environmental Aspects, World Health Organisation. Genf 1989.

Quelle, diffuse ⟨*source, diffuse*⟩ → Emission, diffuse

Quellhöhe, effektive ⟨*source level, effective*⟩. Summe aus → Abgasfahnenüberhöhung und Schornsteinbauhöhe. Die durch eine Emissionsquelle in ihrer Umgebung verursachten Immissionen liegen umso niedriger, je größer die e. Q. ist. Nach einer Abschätzung mit Hilfe der → *Gaußschen* Ausbreitungsgleichung ist die maximale Immissionskonzentration am Boden dem Quadrat des Kehrwertes der e. Q. proportional.

Um die am Boden verursachten Immissionen simulieren zu können, muß die e. Q. der Abgasfahne bekannt sein. Für die Simulation von Spurenstoff-Konzentrationen wird infolgedessen neben dem eigentlichen Ausbreitungsmodell noch ein Nebenmodell zur Berechnung der e. Q. benötigt (Nr. 6 des Anhangs C zur TA Luft).

Die e. Q. darf nach der → TA Luft bei labiler Temperaturschichtung keinen höheren Wert als 1 100 m und bei neutraler Temperaturschichtung keinen höheren Wert als 800 m annehmen. Das sind etwa die in unseren Breiten im jährlichen Mittel am Nachmittag auftretenden Mischungsschichthöhen, an deren Obergrenze der Anstieg von Abgasfahnen in der Regel ein Ende findet. *Giebel*

Quelltyp ⟨*source type*⟩. Die Quellen von Luftverunreinigungen unterscheiden sich nach Form und räumlicher Erstreckung sowie nach ihrem Emissionszeitverhalten. Nach Form und räumlicher Erstreckung werden unterschieden:
- Punktquellen: Schornsteine, deren Austrittsfläche bei Ausbreitungsrechnungen im Hinblick auf die Entfernung von Immissionsorten vernachlässigt werden kann.
- Linienquellen: Quellen, deren Breite gegenüber der Längserstreckung gering ist – z. B. Straßen.
- Flächenquellen: großflächige Quellen wie Stadtgebiete mit relativ homogen verteilten Hausbrandquellen, Deponien mit flächenhafter Emission, Industrieanlagen mit diffusen flächenhaft verteilten Quellen.
- Volumenquellen: Quellen, die eine zusätzliche Ausdehnung in der Vertikalen besitzen, z. B. eine Halle, die nicht nur über Dach sondern auch über Auslässe in den Seitenwänden (Fenster, Tore) emittiert.

Im Hinblick auf das Emissionszeitverhalten sind zu unterscheiden:
- Kontinuierlich emittierende Quellen: die zeitliche Veränderlichkeit der Emission ist gering, z. B. bei Kraftwerken.
- Kurzzeitig emittierende Quellen: Freisetzen von Schadstoffen über Minuten, z. B. bei Anfahrvorgängen oder bei Störfällen.
- Periodisch emittierende Quellen: industrielle Quellen bei periodisch ablaufenden Produktionsprozessen.
- Intermittierende Quellen: industrielle Quellen in Abhängigkeit vom Produktionsprozeß.

Schließlich können die Quellen stationär oder beweglich sein (z. B. Auto, Flugzeug).

Bei Ausbreitungsrechnungen ist der Q. von Bedeutung. Je nach Aufgabenstellung ist das Emissionszeitverhalten vernachlässigbar (z. B. bei der Berechnung von Jahresmittelwerten der Immissionskonzentration) oder zu berücksichtigen (bei Perzentilberechnungen, bei Berechnungen des zeitlichen Immissionsverlaufes, bei Maximalwertberechnungen). Es wurden vom Q. abhängige Ausbreitungsformeln entwickelt. Häufig lassen sich ausgedehnte Quellen durch eine größere Zahl von Punktquellen und Überlagerung der Immissionen der einzelnen Punktquellen ersetzen. *Külske*

R

R-Satz *(risk sentence)*. Kurzbezeichnung für „Hinweise auf besondere Gefahren" (R vom *engl.* risk, also Risiko-Sätze) nach der → Gefahrstoffverordnung (GefStoffV). R-S. sind nach Anhang I Nr. 1 der GefStoffV Gegenstand der Einstufung → gefährlicher Stoffe und Zubereitungen und bezeichnen in Kurzform alle toxischen und physikalisch-chemischen – bei Stoffen auch die ökotoxischen – Eigenschaften (→ Stoff, umweltgefährlich), die bei normaler Handhabung oder Verwendung eine Gefahr darstellen können.

Die Kennzeichnung von gefährlichen Stoffen (§ 6) und von gefährlichen Zubereitungen (§ 7) muß auch R-S. nach Anhang I Nr. 3 der GefStoffV enthalten. Für in Anhang I der EG-Richtlinie 67/548/EWG bzw. in der darauf fußenden Bekanntmachung nach § 4a der GefStoffV aufgeführte Stoffe sind dort die Kennzahlen für die zu verwendenden R-S. angegeben, die mit den in Anhang I Nr. 3 der GefStoffV ausgewiesenen konkreten Gefahrenhinweisen korrespondieren. *Dreyhaupt*

Räucheranlage *(smoking plant)*. Eine R. besteht aus einem Raucherzeuger, der Räucherkammer und der zugehörigen Abgasreinigungseinrichtung. Im Raucherzeuger werden Hölzer, Zweige, Gewürze u. ä. pyrolytisch zersetzt. Mittels Prozeßsteuerung wird die gewünschte Rauchqualität eingestellt.

Räucherrauch besteht aus einer Vielzahl von Stoffen, von denen bisher nur ein geringer Teil qualitativ bekannt ist. Zu den emissionsrelevanten Stoffen zählen u. a. Phenole, Acrolein, Formaldehyd, polyzyklische aromatische Kohlenwasserstoffe sowie kurz- und langkettige organische Säuren. Folgende Faktoren bestimmen u. a. die Zusammensetzung des Rauchs: Raucherzeugungsverfahren, Holzbeschaffenheit, Schweltemperatur, Luftzufuhr und Konditionierung des Rauchs. Der im Raucherzeuger gebildete Räucherrauch umströmt das Räuchergut in der Räucherkammer. Folgende Räucherverfahren werden unterschieden:

- Kalträuchern (bei 10 bis 25 °C); Räuchermittelverbrauch bis 150 g/kg Produkt,
- Warmräuchern (bei 25 bis 60 °C),
- Heißräuchern (bei 50 bis 80 °C); Räuchermittelverbrauch bis 12 g/kg Produkt.

Bei konventioneller Bauweise der Räucherkammern strömt der Räucherrauch lediglich durch thermischen Auftrieb durch die Räucherkammer (z. B. Altonaer Öfen). Neue Räucherkammern werden weitgehend mit Umluftführung betrieben; damit wird der Abgasvolumenstrom im Vergleich zu konventioneller Bauweise um bis zu 99% reduziert. Gleichermaßen werden der Räuchermittelverbrauch und die Emissionen vermindert. Bei optimierter Umluftführung beträgt der spezifische Abgasvolumenstrom 5 m^3/h pro Wageneinheit (ca. 100–400 kg Produkt).

Die bei der Verschwelung der Räuchermittel freigesetzten Stoffe werden teilweise emittiert, teilweise innerhalb der Räucherkammer als Kondensat abgelagert oder verbleiben auf dem Räuchergut. Die → Abgase sind zu reinigen. Dabei ist eine wirksame Aerosolabscheidung (Partikelabscheidung) vorzusehen (z. B. E-Filter, Wäscher oder auswechselbare Vliesfilter). Zur Abscheidung gasförmiger luftverunreinigender Stoffe werden Einrichtungen zur thermischen → Nachverbrennung, chemischen Absorption oder → Biofilter eingesetzt. Bei ausreichender Dimensionierung der Reinigungseinrichtungen liegen die Reingaskonzentrationen unter 50 mg C/m^3 Abgas.

Anlagen zum Räuchern von Fleisch- oder Fischwaren sind in der Nr. 7.5, Spalte 2, der → 4. BImSchV genannt und insoweit genehmigungsbedürftig im vereinfachten Verfahren nach dem BImSchG. Emissionsbegrenzende Anforderungen, insbesondere zur Verminderung der Geruchs- und Staubemissionen, enthält die → TA Luft (Nrn. 3.1.3, 3.1.7, 3.1.9 und 3.3.7.5.1). *W. Koch*

Literatur: *Davids, P.; M. Lange*: Die TA Luft, Technischer Kommentar. Düsseldorf 1986. – VDI 2595 Bl. 1: Emissionsminderung; Räucheranlagen. 12/1986.

Rainout *(rainout)*. *Engl.* Ausdruck für ursprünglich nur radioaktive, heute aber auch konventionelle Ablagerungen aus der Luft auf oberirdische Pflanzen und auf den Boden durch Regenfall. Man unterscheidet zwischen der Ablagerung von Aerosolteilchen und von Gasen. Die mit den oberirdischen Pflanzenteilen, dem Boden usw. in Berührung kommenden Schadstoffe können dort haften bleiben. Man bezeichnet die trockene Ablagerung als → Fallout.

Als R. bezeichnet man das Abregnen aus der Wolke; die Aerosolteilchen dienen als Kondensationskerne. Das Ausregnen durch fallende Regentropfen unterhalb der Wolkengrenze wird als Washout bezeichnet. *Merz*

Rapsöl *(rapeseed oil/canola)*. R. wird durch Auspressen der ölhaltigen Samenkörner der Rapspflanze gewonnen. Raps ist eine Kulturpflanze, die sich je nach Züchtung durch eine charakteristische Häufung bestimmter Fettsäuren auszeichnet. Entsprechend wird Raps entweder als Futtermittel oder als Grundstoff für die chemische Industrie eingesetzt. Wegen des relativ

hohen Ölgehalts verschiedener Rapszüchtungen ist raffiniertes und eventuell umgeestertes R. auch als → Pflanzenölkraftstoff zum Antrieb von Dieselmotoren geeignet. Der Hauptabsatzmarkt für Raps ist bisher allerdings noch die Verwendung als Futtermittel.
Adt/Birkner/May

Rapsölmethylester (RME) ⟨*rapeseed oil methylester*⟩. Durch Umesterung des raffinierten Rapsöls (Glyceridmoleküle) mit Ethanol oder Methanol entstehen Monocarbonsäuremethylester (Trivialname R.). Diese Umesterung ist notwendig, wenn Seriendieselmotoren mit Rapsöl als → Pflanzenölkraftstoff betrieben werden sollen, weil das Rapsöl durch die Umesterung Dieselkraftstoff-ähnliche Eigenschaften erhält. RME ist seit langem bekannt als Grundstoff für die Tensidherstellung der Waschmittelindustrie. *Adt/Birkner/May*

Rasenmäher ⟨*lawnmower*⟩. R. sind im privaten wie im gewerblichen Einsatzbereich erhebliche Geräuschverursacher durch den Antrieb der Schneidwerkzeuge wie durch das Geräusch des Grasschneidens.

Die zulässige Geräuschemission (→ Schallemission) von R. ist in der → 8. BImSchV geregelt.

Nach dieser Verordnung dürfen R. gewerbsmäßig oder im Rahmen wirtschaftlicher Unternehmungen nur in den Verkehr gebracht werden, wenn sie die nachstehenden → Schalleistungspegel in Abhängigkeit von der Schnittbreite des R. nicht überschreiten:

Schnittbreite des Rasenmähers	Zulässiger Schalleistungspegel in dB(A) bezogen auf ein pW
bis 50 cm	96
über 50 bis 120 cm	100
über 120 cm	105

Der Schalleistungspegel des R. ist nach Anhang 1 der Richtlinie 84/538/EWG des Rates vom 17.9.1984 (ABl. EG Nr. L 300 S. 171), geändert durch die Richtlinie 88/180/EWG vom 22.3.1988 (ABl. EG Nr. L 81 S. 69) zu ermitteln; er ist auf dem R. vom Hersteller anzugeben.

Zusätzlich zum Schalleistungspegel wird für R. mit einer Schnittbreite von mehr als 120 cm der Schalldruckpegel am Bedienerplatz begrenzt; er beträgt 90 dB(A). Ermittelt wird dieser Schalldruckpegel nach Anhang IA der EG-Richtlinie 84/538/EWG, geändert durch die Richtlinie 88/181/EWG vom 22.3.1988 (ABl. EG Nr. L 81 S. 71).

Neben der Emission ist in der → 8. BImSchV auch der Betrieb von R. geregelt. *Strauch*

Rauchdichte ⟨*smoke density*⟩ → Abgastrübung

Rauchgas ⟨*flue gas*⟩ → Abgas

Rauchgasableitung über Kühltürme ⟨*flue gas exhaust via the cooling tower*⟩. Seit einiger Zeit werden Kraftwerke gebaut, deren naßentschwefelte Abgase den Schwaden von ca. 100 bis 120 m hohen Naturzug-Naßkühltürmen beigemischt werden. Hierdurch entfällt der Schornstein sowie eine evtl. notwendige Aufheizung der Abgase zur Verhinderung von downwash auf Grund von Tröpfchenauswurf. Damit die Kühlturmfahne die Rauchgasfahne mitträgt, werden Rauchgase und → Kühlturmschwaden im → Kühlturm miteinander vermischt.

Durch die Zumischung der mit Wasserdampf gesättigten Rauchgase nach einer Naßentschwefelung nehmen der Feuchtegrad und der Tropfengehalt in den Kühlturmschwaden zu. Berechnungen ergaben, daß dabei die Länge des sichtbaren Schwadens bei Vollast um knapp 50% anwächst. Die chemischen Reaktionsabläufe in der Rauchgasfahne werden durch die höhere Feuchte sowie die Wassertröpfchen in der Kühlturmfahne etwas abgewandelt. Bei der hohen Feuchte der Schwadenfahne können z.B. Abbauraten von SO_2 auftreten, die mehr als 5%/h betragen. Durch verstärkt heterogene SO_2-Reaktionen erhöht sich der Sulfatgehalt in der Abgasfahne.

Bei der Vermischung von Rauchgas- und Kühlturmfahnen entstehen desweiteren in den Kühlturmschwaden saure Tröpfchen mit pH-Werten zwischen 2,5 und 3,5. Kühlturmschwaden steigen zwar insbesondere bei niedrigen Windgeschwindigkeiten sehr hoch in der Atmosphäre empor, haben jedoch verglichen mit Schornsteinfahnen nur einen geringen Vertikalimpuls. Die Windgeschwindigkeit übersteigt in Kühlturmkronenhöhe häufig die Austrittgeschwindigkeit der Kühlturmfahne, so daß downwash auftreten kann, bei dem Teile der Schwadenfahne in den Nachlaufsog hinter dem Kühlturm gelangen und in Bodennähe transportiert werden. Nach Windkanal-Untersuchungen sind höhere Immissionen jedoch nur bei sehr hohen Windgeschwindigkeiten von mehr als 20–30 m/s an der Kühlturmkrone zu erwarten. Außenmessungen bei diesen Starkwindsituationen zeigten, daß die dann auftretenden höheren Immissionen immer noch deutlich unter den entsprechenden → Immissionswerten der → TA Luft liegen. Da Kühlturmfahnen aufgrund ihres größeren Wärmeinhaltes an fühlbarer und latenter Wärme sowie ihrer Querzirkulation im Mittel deutlich höher in der Atmosphäre emporsteigen als Abgasfahnen aus Schornsteinen, führt die R. über Kühltürme zu niedrigeren Immissionskonzentrationen. *Giebel*

Rauchgasentschwefelung ⟨*flue gas desulphurization*⟩ → Abgasentschwefelung

Raumaufhellung ⟨*illumination of rooms*⟩. Im Bereich des Immissionsschutzes mögliche Auswirkung von → Lichtimmissionen durch künstliche Lichtquellen außerhalb des betroffenen Raums. Die R. bezieht sich auf Wohnräume, die in den natürlichen Dunkelstunden von außen durch zeitlich konstantes oder zeitveränderliches künstliches Licht erleuchtet werden.

Raumaufhellung. Tabelle: (Immissionswerte für die Vertikal-Beleuchtungsstärke E_V an Fenstern von Wohnungen, hervorgerufen von Beleuchtungsanlagen, ausgenommen öffentliche Straßenbeleuchtungsanlagen, während der Dunkelstunden.

Zeile	Immissionsort (Einwirkungsort)	Vertikal-Beleuchtungsstärke E_V in lx	
		nach 6.00 h vor 22.00 h	22.00 – 6.00 h
1	Kurgebiete, Krankenhäuser, Pflegeanstalten; reine Wohngebiete (§ 3 BauNVO 1), allgemeine Wohngebiete (§ 4 BauNVO), besondere Wohngebiete (§ 4 a BauNVO), Dorfgebiete (§ 5 BauNVO)	1	1
2	Mischgebiete (§ 6 BauNVO)	3	1
3	Kerngebiete (§ 7 BauNVO 2)), Gewerbegebiete (§ 8 BauNVO), Industriegebiete (§ 9 BauNVO)	15	5

Quelle: Licht-Richtlinie
1) BauNVO = Baunutzungsverordnung
2) Kerngebiete können in Einzelfällen bei geringer Umgebungsbeleuchtung auch Zeile 2 zugeordnet werden.

Die R. kann → Belästigungen verursachen, wenn sie unerwünscht ist und aufgrund von Intensität, Dauer, Farbe, Zeitverlauf und Lage der Lichteinwirkung im Raum eine dort beabsichtigte Nutzung stört. Dazu gehört insbesondere eine Beeinträchtigung der Entspannung und des Wunsches nach Dunkelheit ohne Benutzung von Vorhängen oder Rolläden während der natürlichen Dunkelstunden. Störungen durch unerwünschte Aufhellungen können auch im Außenbereich der Wohnung, z. B. auf dem Balkon oder der Terrasse, auftreten.

Zur Beurteilung, ob eine R. als erhebliche Belästigung (Lichtimmissionen) anzusehen ist, kann als aktueller Erkenntnisstand die Licht-Richtlinie des Länderausschusses für Immissionsschutz, die auf der LiTG-Publikation Nr. 12 aufbaut, herangezogen werden. Meßgröße ist danach die über die Fensterfläche gemittelte Vertikal-Beleuchtungsstärke $\bar{E}_v$ in der Fensterebene. Die Messung erfolgt unabhängig von den speziellen Eigenschaften des Fensters, der Gardinen und des betroffenen Wohnraums außen direkt vor der Fensterscheibe und bei ausgeschalteter Zimmerbeleuchtung.

Zur Beurteilung wird die so ermittelte Vertikal-Beleuchtungsstärke $\bar{E}_v$ mit den → Immissionswerten gemäß Tabelle verglichen. Dabei ist nur die Vertikal-Beleuchtungsstärke zugrunde zu legen, die von der zu beurteilenden lichtemittierenden Anlage verursacht wird. Eine Beleuchtungsanlage kann auch aus mehreren Einzelleuchten oder Leuchtengruppen bestehen.

Die Tabelle bezieht sich auf weißes oder annähernd weißes, zeitlich konstantes Licht, das mindestens zweimal in der Woche jeweils länger als eine Stunde eingeschaltet ist. Wird die Anlage seltener oder kürzer betrieben, können unter Berücksichtigung z. B. des Zeitpunkts des Auftretens, der allgemeinen Umgebungshelligkeit und der Ortsüblichkeit im Einzelfall auch höhere Werte der Vertikal-Beleuchtungsstärke als die der Tabelle zugelassen werden.

Bei zeitlich veränderlichem Licht wird entsprechend der erhöhten Störwirkung empfohlen, den gemessenen Maximalwert der zu beurteilenden Beleuchtungsanlage mit einem Faktor 2 bis 5 zu multiplizieren. Bei Beleuchtungsanlagen mit intensiv farbigem Licht, das im Vergleich zu weißem Licht als lästiger empfunden wird, ist der Meßwert mit dem Faktor 2 zu multiplizieren. Die so korrigierten Werte werden dann mit den Immissionswerten der Tabelle verglichen. *Assmann*

Literatur: Messung und Beurteilung von Lichtimmissionen; LiTG-Publikation Nr. 12. Hrsg.: Deutsche Lichttechnische Gesellschaft e. V., Berlin 1991. – Länderausschuß für Immissionsschutz: Messung und Beurteilung von Lichtimmissionen (Licht-Richtlinie); Berlin 1994.

REA *⟨FGD⟩.* Abk. Rauchgasentschwefelungsanlage, → Abgasentschwefelung.

REA-Gips *⟨FGD-Gypsum⟩.* → Entschwefelungsgips

Reduktionsverfahren *⟨catalytic reduction treatment⟩.* Durch R. werden, wie bei den → Oxidationsverfahren, luftbelastende Stoffe in weniger belastende Stoffe umgewandelt (→ Abgasreinigung). Die Reduktion luftverunreinigender Stoffe kann in der Gas-, der adsorbierten oder absorbierten Phase durchgeführt werden. Die für die Reaktion erforderlichen Reduktionsmittel sind entweder bereits im Abgas enthalten oder müssen zugegeben werden.

Die weitaus größte Bedeutung haben die R. bei der Verminderung der NO_x-Emissionen sowohl im Bereich der Industrie als auch bei den Kraftfahrzeugen erlangt.

Die Stickstoffoxide reagieren dabei meist zu den natürlichen Luftbestandteilen Stickstoff und Wasserdampf. Ein Beispiel für die NO_x-Reduktion in der Gasphase ist das → SNCR-Verfahren. Bei der selektiven katalytischen NO_x-Reduktion wird die Reaktion mit Hilfe eines Katalysators beschleunigt (→ SCR-Verfahren). Verfahren, bei denen die Stickstoffoxide nach der Absorption in der Waschflüssigkeit reduziert werden, wurden zur simultanen → SO_2/NO_x-Abscheidung bei Feuerungsanlagen entwickelt und erprobt. Zur Verringerung der Stickstoffoxid-, Kohlenwasserstoff- und Kohlenmonoxid-Emissionen bei Kraftfahrzeugen mit Ottomotoren hat sich weltweit die katalytische Abgasreinigung als besonders leistungsfähiges und wirtschaftliches Verfahren durchgesetzt (→ Kfz-Abgas-Katalysator).

R. werden auch zur Umwandlung von SO_2 zu elementarem Schwefel, insbesondere zur Aufbereitung von SO_2-Reichgas bei regenerativen Abgasentschwefelungs-Verfahren angewendet. In einem ersten Verfahrensschritt wird dabei SO_2 mit Hilfe von Reduktionsmitteln wie Methan thermisch oder katalytisch zu Schwefel und Schwefelwasserstoff umgewandelt. Die weitergehende Abgasreinigung erfolgt anschließend in mehreren Stufen katalytisch nach der Clausreaktion (→ Wellman-Lord-Verfahren).

$SO_2 + 2\,H_2S\ 2\,H_2O + 3\,S.$ *Haug*

Literatur: VDI 3476: Katalytische Verfahren der Abgasreinigung. 6/1990. – Luftverschmutzung durch Stickstoffoxide: Ursachen, Wirkung, Minderung. Hrsg.: Umweltbundesamt. Berlin 1990.

Redundanzprinzip ⟨*redundancy principle*⟩. Begriff aus der → Sicherheitstechnik. Redundanz leitet sich aus dem Lateinischen ab und bedeutet Überfluß. Redundanz ist das wichtigste → Schutzprinzip gegen unabhängige Fehler.

Das Prinzip bedeutet, daß für jede Sicherheitsfunktion mehr Bauelemente oder Systeme vorhanden sind, als an sich dafür erforderlich wären. Wenn dann eines durch einen unabhängigen Fehler ausfällt, übernimmt ein zweites, gegebenenfalls noch ein drittes, usw., seine Aufgabe. Je nach der gewünschten Funktion müssen redundante Bauelemente sehr verschieden miteinander verknüpft werden (Bild).

Man kann dem Bauelement eine Ausfallwahrscheinlichkeit zuordnen, die man auf Grund der Erfahrungen mit diesem Bauelement kennt. Die Ausfallwahrscheinlichkeit P(A) ist die Wahrscheinlichkeit dafür, daß das Bauelement A im Zeitintervall Δt ausfällt. Die kombinierte Ausfallwahrscheinlichkeit zweier unabhängiger redundanter Bauelemente A und B ist dann $P(A) \cdot P(B)$. Sind A und B gleichartig, wird daraus $P(A)^2$. Da die Wahrscheinlichkeiten kleiner als 1 sind, ist die kombinierte Wahrscheinlichkeit kleiner als die Einzelwahrscheinlichkeiten.

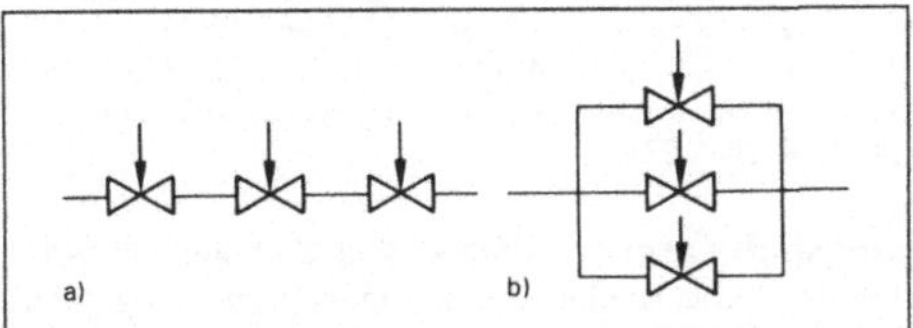

Redundanzprinzip: Anordnung redundanter Ventile;
a) für Schließfunktion
b) für Öffnungsfunktion.

Je größer die Redundanz wird, desto größer wird allerdings auch die Wahrscheinlichkeit, daß durch fehlerhaftes Verhalten der Komponenten unnötige Sicherheitsaktionen stattfinden. Das beeinträchtigt zwar nicht die Sicherheit, wohl aber den Betrieb.

Bei abhängigen Fehlern hilft das R. nicht. Gegen abhängige Fehler durch ursächliche Verknüpfung schützt das Prinzip der räumlichen Trennung. Danach werden die verschiedenen untereinander redundanten Sicherheitssysteme wie Meßkanäle, Grenzwertgeber, Not- und Nachkühlleitungen, dazugehörige Armaturen und Kabelkanäle voneinander durch größere Abstände getrennt. Dadurch nimmt die Möglichkeit einer gegensätzlichen ursächlichen Beeinflussung von Fehlern in Teilsystemen stark ab. *Merz*

Reflexion, akustische ⟨*reflection, acoustic*⟩. Eine a. R. tritt auf, wenn Schallwellen, ähnlich wie Lichtwellen, auf eine, die Schallwelle reflektierende Fläche treffen.

Im Geräuschimmissionsschutz ist R. besonders dann zu berücksichtigen, wenn die Originalschallquelle gegenüber dem Immissionspunkt abgeschirmt ist, für die reflektierende Fläche dieses Hindernis aber wirkungslos ist.

Berücksichtigt werden bei → Schallausbreitungen derartige R., indem man sich die reflektierende Fläche (Wand) ersetzt denkt durch eine an der Wand gespiegelten Schallquelle, d. h. daß eine zusätzliche Schallquelle in gleichem Abstand hinter der Wand angenommen wird wie die Originalquelle sich vor der Wand befindet.

Der → Schalleistungspegel dieser Spiegelschallquelle kann im allgemeinen niedriger angenommen werden als der der Originalquelle, weil bei der R. durch Absorption und Streuung ein Teil der auftreffenden Schallenergie in Wärme umgewandelt wird.

Bei → Schallimmissionsprognosen wird bei glatten Wänden ein Reflexionsverlust von 0 bis 1 dB(A), bei stark strukturierten Wänden (z. B. Hausfronten mit Balkonen) ein Reflexionsverlust von 2 dB(A) angenommen.

Lärmschutzwände (→ Schallschirm) an Straßen- und Schienenverkehrsanlagen haben, wenn sie reflektierend ausgeführt sind, einen Reflexionsverlust von 1 dB(A), bei absorbierender Ausführung von 4 dB(A) und bei hochabsorbierender Ausführung von 8 dB(A).

An einer Wand in der Nähe der Schallquelle oder des Immissionspunkts tritt im allgemeinen nur eine

Reflexion (Einfachreflexion) auf. An Verkehrswegen, die beiderseits bebaut sind, können Mehrfachreflexionen an den Hauswänden auftreten, die je nach Verhältnis der mittleren Gebäudehöhe zum mittleren Abstand der Hausfronten zu Schallpegelerhöhungen von 1–3 dB(A) führen können.

In VDI 2714 sind folgende Pegelerhöhungen $D_{R, mehrfach}$ bei Mehrfachreflexionen in Abhängigkeit vom Verhältnis der mittleren Gebäudehöhe h zum mittleren Hausfrontenabstand w genannt

h/w	$D_{R, mehrfach}$ in dB(A)
0,1	0
0,3	1
0,5	2
0,8	3

Strauch

Literatur: RLS 90: Richtlinien für den Lärmschutz an Straßen. Ausg. 1990. – Schall 03, Richtlinien zur Berechnung der Schallimmissionen von Schienenwegen. Ausg. 1990. – VDI 2714: Schallausbreitung im Freien. 1/1988.

Reinigungsgrad *⟨purification ratio⟩*. → Emissionsstandard zur Luftreinhaltung. R. ist das Verhältnis der Differenz zwischen dem einer Abgasreinigungseinrichtung mit dem Rohgas zugeführten (M1) und in ihrem Abgas (Reingas) emittierten (M2) Schadstoffmasse und der zugeführten Schadstoffmasse (M1):

$$R = \frac{M1 - M2}{M1} = 1 - \frac{M2}{M1} \text{ (angegeben in \%).}$$

Praktisch angewendet wird der R. beispielsweise zur Kohlenwasserstoffemissionsbegrenzung in der → 20. BImSchV. *Dreyhaupt*

Restrisiko *⟨residual risk⟩*. Der Gefahrenbegriff, der dem Umweltrecht in zahlreichen Bestimmungen unterlegt ist, ist dem Polizeirecht entlehnt. Im polizeirechtlichen Sinne wird unter einer Gefahr die erkennbare und objektive Möglichkeit eines Schadenseintrittes verstanden. Voraussetzung des Vorliegens einer Gefahr ist, daß der Eintritt des Schadens mit einer gewissen Wahrscheinlichkeit bevorsteht. An die Wahrscheinlichkeit des Schadenseintritts sind nach der Rechtsprechung um so geringere Anforderungen zu stellen, je größer und folgenschwerer der möglicherweise eintretende Schaden ist. Bei schwerwiegenden Schadensarten und Schadensfolgen muß die Wahrscheinlichkeit ihres Eintritts gegen Null gehen.

Nach der Rechtsprechung des Bundesverfassungsgerichts muß jedoch ein gewisses R. hingenommen werden. Ein solches R. besteht, wenn der Schadenseintritt zwar praktisch, aber nicht mit letzter Sicherheit ausgeschlossen werden kann. Die Grenze zwischen der Gefahr und dem hinzunehmenden R. wird durch den Standard der praktischen Vernunft gezogen. Nach Ansicht des Bundesverfassungsgerichts haben Ungewißheiten jenseits dieser Schwelle praktischer Vernunft ihre Ursache in den Grenzen menschlichen Erkenntnisvermögens. Sie sind deshalb unentrinnbar und insofern als sozial-adäquate Lasten von allen Bürgern zu tragen. *Hoppe/Beckmann*

Literatur: *Hoppe/Beckmann*: Umweltrecht, § 25 Rn. 11. München 1989. – *Murswiek*: Restrisiko. In: Handwörterbuch des Umweltrechts, Bd. II. Berlin 1988. BVerfG, Beschl. v. 8. 8. 1978 –2 BvL 8/77 –, NJW (1979) 359 ff.

Ringelmann-Methode *⟨Ringelmann method⟩*. Einfache manuelle Methode zur visuellen Beurteilung der Schwärzung von Abgasfahnen. Beurteilungsmaßstab ist die Ringelmann-Grauwertskala (Bild): eine Karte mit sechs rechteckigen Feldern unterschiedlicher Schwarzfärbung. Die zwischen den Felder 0 (weiß) und 5 (schwarz) angeordneten Felder, die die Grauwerte 1–4 charakterisieren, besitzen ein feinmaschiges Gitter, dessen Strichstärken so gewählt sind, daß der Anteil schwarzer Färbung 20, 40, 60 und 80% beträgt. Bei der Anwendung der R.-M. wird die Färbung der zu beurteilenden Abgasfahne mit den Feldern der mit ausgestreckter Hand gehaltenen Ringelmann-Karte verglichen und nach dem Sinneseindruck der Grauwert bestimmt.

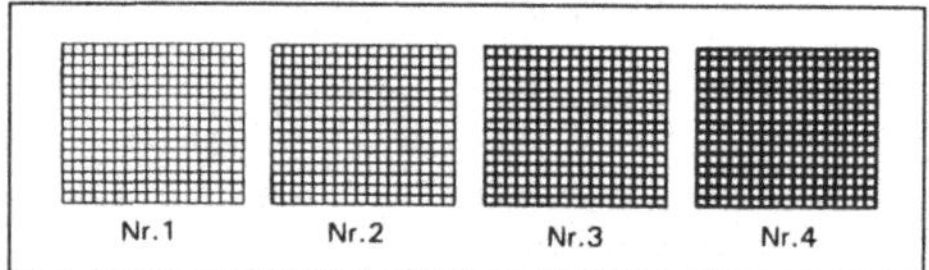

Ringelmann-Methode: Ringelmann-Skala.

Die R.-M. ist bereits 1898 von dem 1861 in Paris geborenen Agraringenieur *Maximilien Ringelmann*, publiziert und danach in vielen Industriestaaten erfolgreich eingesetzt worden. Dabei sind auch verschiedene Varianten entwickelt worden, in Deutschland z. B. ein monokulares Fernglas mit Filtersegmenten, die verschiedenen Grauwerten entsprechen. Die R.-M. hat in Deutschland keine praktische Bedeutung mehr. Die Verordnung über Kleinfeuerungsanlagen (→ 1. BImSchV) enthält zwar noch eine Abbildung der Ringelmann-Skala und die Auflage, daß → Feuerungsanlagen für feste Brennstoffe im Dauerbetrieb so zu betreiben sind, daß ihre Abgasfahne heller ist als der Grauwert 1 der Ringelmann-Skala. Bei Feuerungsanlagen nach dem Stand der Technik läßt sich aber eine durch Rußpartikel sichtbare Abgasfahne sicher vermeiden, so daß sich eine Überprüfung nach der R.-M. erübrigt. *Stahl*

Literatur: *Franzky, U.*: Abschätzung des Rauchauswurfs aus Feuerungsanlagen. Wasser, Luft und Betrieb (1964), S. 256 bis 259. – *Ringelmann, M.*: Méthode d'estimation des fumées produites par les foyers industriels. La Revue Technique XIX (1898), S. 268–271.

Ringspaltwäscher *⟨Venturi scrubber with variable throat⟩*. Der R. ist eine zur Feinstaubabscheidung geeignete → Wäscherbauart. Aufbau und Funktionsweise entsprechen dem → Venturiwäscher. Zusätzlich kann durch einen in Strömungsrichtung verschiebbaren, kegelförmigen Körper der Querschnitt der Venturikehle verändert werden (Bild). Dadurch ist auch bei schwankenden Volumenströmen eine gleichmäßig gute Abscheideleistung zu erreichen. *Schmidt*

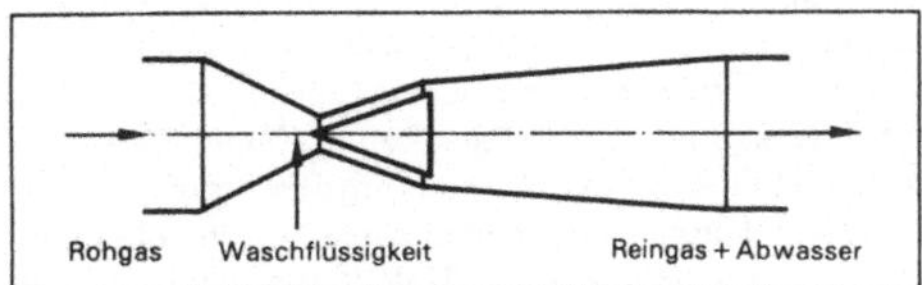

Ringspaltwäscher: Schematischer Aufbau.

Risikoanalyse ⟨*risk analysis*⟩. Mit R. werden Aussagen hinsichtlich der Verknüpfung von möglichem Schadensumfang und der Eintrittswahrscheinlichkeit des schädigenden Ereignisses erarbeitet. Der Begriff Risiko ist in diesem Zusammenhang als Maß für die Größe einer Gefahr anzusehen. Mit einer R. wird das Risiko für ein Individuum oder ein Kollektiv auf einen Zeitraum bezogen abgeschätzt. Im allgemeinen werden die Abschätzungen quantifiziert und die Ergebnisse in Form von Risikozahlen angegeben. Bei der R. ist zu unterscheiden, ob das Risiko zu betrachten ist, das aus den Emissionen einer Anlage im Rahmen des bestimmungsgemäßen Betriebs oder aus → Störfällen resultieren kann. Die R. zu Störfallgefahren bedient sich systemanalytischer Methoden, wie z. B. der Ereignisablaufanalyse (→ Störfallablaufanalyse), der → Fehlerbaumanalyse, sowie statistischer Methoden, z. B. zur Ermittlung von Zuverlässigkeitsparametern.

Die → Sicherheitsanalyse nach der → Störfall-Verordnung sieht keine quantifizierten Risikoabschätzungen vor. Gelegentlich werden jedoch bei der Beurteilung von Auslegungsvarianten quantifizierte Risikoabschätzungen im Rahmen der sicherheitstechnischen Anlagenauslegung vorgenommen. *Nitsche*

Literatur: *Hauptmanns, U.; M. Herttrich; W. Werner*: Technische Risiken. Berlin–Heidelberg–New York–London–Paris–Tokyo 1987. – *Kuhlmann, A.*: Erster Weltkongreß für Sicherheitswissenschaft Bd. 1, 2. Köln 1990.

RLS 90 ⟨*RLS 90*⟩. Richtlinien für den Lärmschutz an Straßen, Ausgabe 1990, sind vom Bundesminister für Verkehr herausgegebene Vorschriften (Verkehrsblatt Nr. 7 vom 14. April 1990), auf die in Anlage 1 zur → Verkehrslärmschutzverordnung ausdrücklich Bezug genommen wird. Wenn die dort angegebenen Voraussetzungen für die Berechnung der → Beurteilungspegel an Straßen nicht gegeben sind (lange, gerade Fahrstreifen), müssen die Fahrstreifen in einzelne Abschnitte unterteilt werden, deren Beurteilungspegel dann nach den RLS 90 zu ermitteln sind.

Der Anwender dieser Richtlinien soll in die Lage versetzt werden

- Aussagen zur Berücksichtigung und Abwägung der Belange des Lärmschutzes bei Straßenplanungen zu machen,
- den Nachweis der Erforderlichkeit von Lärmschutzmaßnahmen zu führen,
- Lärmschutzmaßnahmen zu bemessen und zu optimieren und
- wirtschaftliche und wirkungsvolle Lösungen für den Lärmschutz zu entwickeln.

Zur → Geräuschimmissionen-Beurteilung in der Nachbarschaft von Straßen wird nach diesen Richtlinien ein Beurteilungspegel L_r mit dem → Immissionsgrenzwert verglichen, der in der Verkehrslärmschutzverordnung genannt ist.

Der Beurteilungspegel der → Geräusche einer Straße an einem Immissionspunkt wird aus den emissionskennzeichnenden Größen Verkehrsstärke, Lkw-Anteil in Prozent, zulässige Höchstgeschwindigkeit, Straßenoberfläche unter Berücksichtigung der die → Schallausbreitung beeinflussenden Größen, Abstand von der Straße, Boden- und Luftabsorption, Hindernisse auf dem Schallausbreitungsweg und mit einem Zuschlag für erhöhte Störwirkung der Anfahr- und Bremsgeräusche in der Nähe von Kreuzungen ermittelt.

Der Beurteilungspegel L_r für → Straßenverkehrsgeräusche wird für die Zeiten
Tag: 6.00–22.00 Uhr und
Nacht: 22.00–6.00 Uhr bestimmt.

In den Richtlinien RLS 90 ist ein Berechnungsverfahren für die Beurteilungspegel an langen, geraden Straßen, an Straßenabschnitten und an Parkplätzen angegeben.

Der Beurteilungspegel von einem langen, geraden Straßenfahrstreifen wird folgendermaßen berechnet:

$$L_r = L_{m,E} + D_s + D_{BM} + D_B + K$$

wobei der Mittelungspegel $L_{m,E}$ als emissionskennzeichnende Größe der Straße wie folgt definiert ist:

$$L_{m,E} = L_m^{(25)} + D_v + D_{StrO} + D_{Stg} + D_E$$

$L_m^{(25)}$ ist der in 25 m Abstand von Fahrstreifenmitte auftretende Pegel; er ist abhängig von der stündlichen Verkehrsstärke und dem prozentualen Lkw-Anteil;

D_v ist eine Korrektur für unterschiedliche Höchstgeschwindigkeiten, D_{StrO} für unterschiedliche Straßenoberflächen, D_{Stg} für Steigungen oder Gefälle und D_E für vorhandene Reflexionen an Häusern, Gebäuden oder Wänden.

Von den die Schallausbreitung beeinflussenden Größen berücksichtigt D_s die Pegeländerung durch den Abstand und die Luftabsorption, D_{BM} die Pegelminderung durch Boden- und Meteorologieeinflüsse (→ Bodendämpfungsmaß) und D_B die Pegelminderung durch Hindernisse auf dem Schallausbreitungsweg.

Als Zuschlag für die Störwirkung der Geräusche in der Nähe von Kreuzungen wird für Entfernungen bis 100 m von der Kreuzung K = 1 bis 3 dB angesetzt.

Die Ermittlung der Pegeländerung infolge topographischer Gegebenheiten, baulicher Maßnahmen (z. B. Lärmschutzwände oder -wälle) sowie durch Reflexionen ist auch bei Anwendung des in Anlage 1 zur Verkehrslärmschutzverordnung vorgeschriebenen Berechnungsverfahrens für die Beurteilungspegel an Straßen in jedem Fall nach den RLS 90 vorzunehmen.

Strauch

ROG *⟨ROG/Reactive Organic Gases⟩*. (reaktive organische Gase). Fast alle organischen Verbindungen, die in der Atmosphäre vorkommen, kann man als ROG bezeichnen. Eine wichtige Ausnahme sind einige Organohalogenverbindungen, die oft nur sehr langsam in der Troposphäre mit den vorhandenen reaktiven Spezies OH, NO_3 und O_3 reagieren und deshalb in die Stratosphäre gelangen. Alle organischen Verbindungen mit einer Verweilzeit länger als 1–2 Jahre gelangen teilweise in die Stratosphäre. In der Fachliteratur wird ROG synonym mit → NMHC und → VOC verwendet, wobei Methan fast immer ausgeschlossen wird. *Barnes*

Roheisengewinnung *⟨iron extraction⟩*. Roheisen wird durch Reduzierung von Eisenerzen überwiegend im Hochofen gewonnen. Die Erze sind zuvor aufzubereiten.

Beim Umschlag, Transport und bei der Lagerung von Einsatzstoffen entstehen diffuse Staubemissionen. Durch geschlossene Lagerhallen und durch Befeuchten von Freilagern lassen sich diese Emissionen gering halten. Beim Sinterprozeß entstehen staub- und gasförmige Emissionen. Der Staub enthält u. a. Zink, Blei und Cadmium. Bei den gasförmigen Emissionen sind vor allem Schwefeldioxid und Stickstoffoxide bedeutsam. Ferner sind noch gasförmige anorganische Fluor- und Chlor- sowie organische Verbindungen zu erwarten. Die spezifische Abgasmenge beim Sinterprozeß liegt bei ca. 2 000 m^3/t Sinter (Tabelle).

Zur → Staubabscheidung werden Elektrofilter eingesetzt. Bei entsprechender Auslegung und Wartung kann bei neuen Elektrofiltern in der Regel ein Reingasstaubgehalt von 50 mg/m^3 eingehalten werden. Die abgeschiedenen Stäube, insbesondere aus Filteranlagen,

Roheisengewinnung. Tabelle: Rohgaskonzentrationen von Schadstoffen in Sinterprozeßabgasen.

	Rohgaskonzentration mg/m^3
Staub	bis 3 000
– Blei	bis 70
– Zink	bis 50
– Cadmium	bis 10
Schwefeldioxid	500 bis 3 000
Stickstoffoxide	150 bis 350
Kohlenmonoxid	5 000 bis 50 000
gasförmige anorganische Fluorverbindungen	2 bis 10
gasförmige anorganische Chlorverbindungen	20 bis 60

werden in den Sinterprozeß zurückgeführt. Der Einsatz von Gewebefiltern ist Stand der Technik. Die Gewebefilter werden vorhandenen Elektrofiltern nachgeschaltet, so daß niedrige Staubgehalte erreicht werden können. Bei Verwendung schwefelarmer Einsatzstoffe in Verbindung mit dem Absenken des spezifischen Koksgrußverbrauchs auf etwa 40 kg/t Sinter lassen sich SO_2-Gehalte im Abgas um 500 bis 600 mg/m^3 einhalten. Durch Einsatz einer Abgasentschwefelungsanlage nach dem → Kalk-/Kalksteinwaschverfahren z. B. für einen SO_2-reichen Teilabgasstrom kann ein Emissionswert von 500 mg/m^3 unabhängig von Qualitätsschwankungen der Einsatzstoffe sicher eingehalten werden. Die NO_x-Gehalte in den Abgasen von Sinteranlagen liegen je nach Alter der Anlage zwischen 150 und 350 mg/m^3.

Im weiteren Schritt werden Sinter, Stückerz, Pellets, Zuschlagsstoffe (auch Möller genannt) und Koks im Hochofen zu Roheisen verhüttet. Dabei entstehen neben Roheisen und Gichtgas, Schlacke und Stäube. Das Roheisen wird meist flüssig zu einem nahegelegenen Stahlwerk transportiert und weiterverarbeitet. Das CO-haltige Gichtgas wird zur Heißwinderzeugung sowie zur Beheizung von Koksöfen und Walzwerksöfen verwendet oder in Kraftwerken verfeuert. Die Schlacke wird zu einem sehr hohen Anteil verwertet (z. B. Zement, Hüttensand, Straßen- und Wegebau).

Erhebliche Staubbildungen können beim Hochofenabstich und der Roheisenübergabe in der Hochofengießhalle auftreten. Darüber hinaus entstehen Staubemissionen bei der Kokssiebung, der Möllerung und der Hochofenbeschickung. Gichtgas wird aus technischen Gründen (Vermeidung von Verschleiß in Rohrleitungen und nachgeschalteten Aggregaten) so weit gereinigt, daß bei der Verbrennung entstehende Staubemissionen von untergeordneter Bedeutung sind. Beim Beschicken von Hochöfen entstehen periodisch staub- und gasförmige Emissionen. Sie werden erfaßt und dem ungereinigten Gichtgas zugeführt. Zur Gichtgasreinigung werden mehrstufige Hochleistungs-Naßabscheider eingesetzt. Die Reststaubgehalte liegen unter 10 mg/m^3. Die in der Hochofengießhalle entstehenden Staubemissionen werden durch Erfassungssysteme am Stichloch, den Rinnen und Roheisenübergabestellen nahezu vollständig erfaßt. Als Staubabscheider werden Elektrofilter oder Gewebefilter eingesetzt. Es werden Reststaubgehalte von weniger als 50 mg/m^3 eingehalten. In der Hochofengießhalle wird noch Schwefeldioxid aus der flüssigen Schlacke emittiert.

Das Entstehen des Braunen Rauchs beim Hochofenabstich kann durch ein neues Verfahren fast vollständig vermieden werden. Es benötigt erheblich weniger Energie und ist deutlich kostengünstiger als herkömmliche Verfahren. Durch Umhüllen des Roheisenstroms mit Stickstoff wird die Oxidation des flüssigen Eisens an der Oberfläche (Brauner Rauch) unterdrückt. Absaugung und aufwendige Abscheidung von Stäuben kann weitgehend entfallen (Bild).

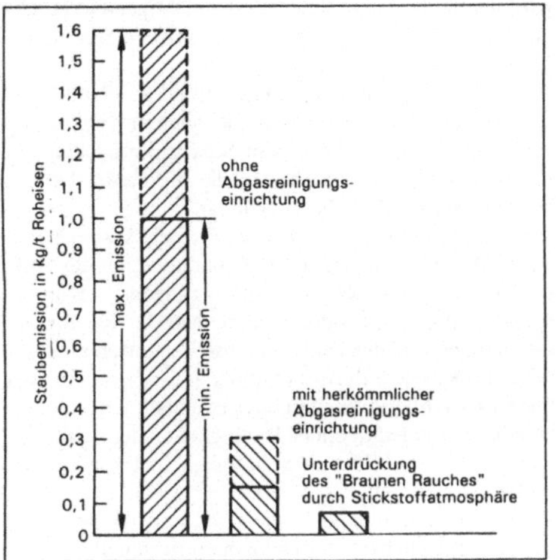

Roheisengewinnung: Spezifische Staubemissionen von Hochofen-Gießhallen.

Bei der Schlackenwirtschaft, insbesondere bei der Schlackengranulation, sind →Abscheider zur Verminderung der Schwefeldioxid- und Schwefelwasserstoff-Emissionen erforderlich. Filterstäube, soweit sie trocken anfallen und geringe Anteile an Zink und Blei enthalten, werden über das Sinterband in den Prozeß zurückgeführt.

Schlämme aus der Gichtgasreinigung und Stäube mit erhöhten Zink-/Bleigehalten werden nach dem Verfahren der zirkulierenden Wirbelschicht aufbereitet und einer Verwertung zugeführt. Abwasser wird in Behandlungseinrichtungen aufbereitet und in den Brauchwasserkreislauf der Hütte zurückgegeben.

Eisenerzsinteranlagen sowie Anlagen zur Gewinnung von Roheisen sind genehmigungsbedürftig nach dem BImSchG. Emissionsbegrenzende Anforderungen enthält die →TA Luft; von besonderer Bedeutung sind die Regelungen zur Begrenzung der Emissionen an krebserzeugenden oder toxischen Schwermetallen (Nr. 2.3 und 3.1.4), diffuser Staubemissionen (Nr. 3.1.5) und von staub- und gasförmigen Emissionen (Nrn. 3.3.3.1.1, 3.3.3.2.1, 3.1.3, 3.1.6 und 3.1.7).

Batz

Literatur: *Davids, P.; M. Lange*: Die TA Luft '86, Technischer Kommentar. Düsseldorf 1986. – *Oeters, F.*: Eisen und Stahl. In: Chemische Technologie. Hrsg. K. Winnacker u. L. Küchler, Bd. 6, 3. Aufl. München 1973. – *Van Ackeren, P. et al.*: Fortschritte in der Arbeitstechnik der Gießhallen neuer Hochöfen. Stahl Eisen **104** (1984) Nr. 11, S. 551/556.

Rohstahlerzeugung *(crude steel production)*. Rohstahl ist das Erzeugnis der ersten Veredlungsstufe von Roheisen nach der →Roheisengewinnung bzw. nach dem Einschmelzen von Stahlschrott im Elektrolichtbogenofen. Flüssiges Roheisen wird in Konvertern mit Chargengewichten bis zu 400 t mit reinem Sauerstoff gefrischt; d. h. der im Roheisen bis 4% enthaltene Kohlenstoff wird durch die Reaktion mit Sauerstoff je nach Stahlsorte auf Kohlenstoffgehalte von weniger als 1% reduziert.

Bei dem Frischprozeß, auch Blasphase genannt, entsteht ein →Abgas mit einem Gehalt von bis zu 90 Vol.-% →Kohlenmonoxid. Die meisten Stahlwerke verfügen über eine Konvertergasgewinnung. Dabei wird ein Großteil des kohlenmonoxidhaltigen primären Abgases erfaßt, gereinigt und dem Gasverbund der Hütte zugeführt. Eine Energiemenge von ca. 0,8 GJ/t Rohstahl kann energetisch verwertet werden (Bild). Die primären Abgase werden durch Trocken-Elektrofilter oder andere vergleichbar wirksame Abscheider auf Reststaubgehalte von weniger als 10 mg/m^3 gereinigt. Die Rohgasstaubgehalte liegen zwischen 10 und 50 g/m^3. Die bei der trockenen Gasreinigung anfallenden Filterstäube werden heißbrikettiert und wiederverwertet. Da die Stäube in feinkörniger metallischer Form vorliegen, sind die Stäube bei inerter Atmosphäre wei-

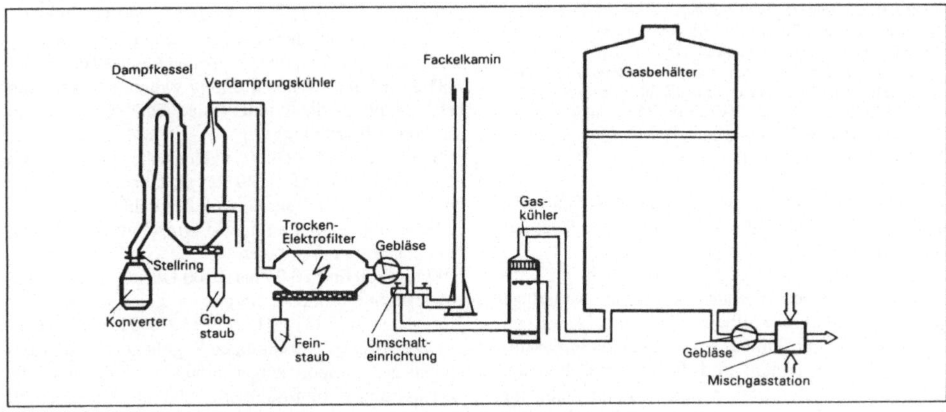

Rohstahlerzeugung: Konvertergas-Entstaubungs- und -Gewinnungssystem.

ter zu behandeln. Der Grobstaub wird als Kühlschrottersatz im Konverter und der → Feinstaub im Elektrolichtbogenofen oder beim Sinterprozeß eingesetzt.

Staubhaltige Abgase entstehen auch beim Umfüllen von flüssigem Roheisen oder Rohstahl, beim Abschlacken, beim Entschwefeln sowie beim Ein- und Ausleeren der Konverter und bei der pfannenmetallurgischen Behandlung von flüssigem Rohstahl. Sofern der Schmelze noch Flußspat bei der letztgenannten Behandlungsstufe zugegeben wird, entstehen auch Emissionen an gasförmigen Fluorverbindungen. Die SO_2-Emission ist gering. Bei weitgehender Erfassung der sekundären Stahlwerksabgase betragen diese ca. 4000 m^3/t Rohstahl. Die Rohgasstaubgehalte liegen bei 15 g/m^3. Je nach Stahlqualität enthalten die Stäube Schwermetallanteile unterschiedlicher Art und Menge; aufgrund des Schrotteinsatzes sind in der Regel Blei und Cadmium enthalten.

Als Entstauber werden Gewebefilter oder Trocken-Elektrofilter eingesetzt, mit denen Reingasstaubgehalte von deutlich weniger als 50 mg/m^3 und damit auch von niedrigen Emissionswerten an gesundheitsgefährdenden Stoffen, z. B. an Schwermetallen, eingehalten werden können. Abscheider für andere luftverunreinigende Stoffe, wie SO_2, NO_x, gasförmige organische Stoffe sind in der Regel nicht erforderlich. Die in den Abscheidern anfallenden Stäube werden einer Verwertung zugeführt. In Abhängigkeit von den Zinkgehalten werden die Stäube entweder direkt in den Konverterprozeß oder zur Zinkanreicherung in den Elektrolichtbogenofen gegeben oder nach dem Verfahren der zirkulierenden Wirbelschicht verarbeitet.

Stahlwerke sind genehmigungsbedürftig nach BImSchG. Emissionsbegrenzende Anforderungen enthält die → TA Luft; von besonderer Bedeutung sind die Regelungen zur Begrenzung der Emissionen an krebserzeugenden oder toxischen Schwermetallen (Nr. 2.3 und 3.1.4), diffuser Staubemissionen (Nr. 3.1.5) und von staubförmigen Stoffen (Nrn. 3.3.3.3.1.1, 3.1.3). *Batz*

Literatur: *Davids, P.; M. Lange*: Die TA Luft '86, Technischer Kommentar. Düsseldorf 1986. – *Fiege, L. et al.*: Konvertergasnutzung im Sauerstoffblasstahlwerk Rheinhausen der Krupp Stahl AG. Stahl und Eisen **104** (1984) Nr. 2, S. 61/67. – *Höffken, E. et al.*: Gewinnung und Nutzung des Konvertergases aus dem Oxygenstahlwerk Bruckhausen. Stahl und Eisen **104** (1984) Nr. 16, S. 795/805. – *Oeters, F.*: Eisen und Stahl. In: Chemische Technologie. Hrsg. K. Winnacker u. L. Küchler, Bd. 6, 3. Aufl. München 1973.

Rollgeräusch *⟨traffic noise⟩*. R. entstehen beim Abrollen eines Reifens auf der Straße oder eines Rads auf der Schiene.

Die Mechanismen dieser Schallentstehung im Kontaktbereich zwischen rollendem Körper und Unterlage sind nicht in allen Einzelheiten bekannt. Es werden erhebliche Forschungsmittel aufgewandt, diese Zusammenhänge zu ergründen, weil diese Geräuschquelle, insbesondere bei Kraftfahrzeugen, immer mehr zur dominierenden Schallquelle des fahrenden Fahrzeugs wird. Dominierend deshalb, weil die übrigen Geräuschquellen (z. B. Motor, Getriebe, Auspuffanlage, Luftansaugung) einfacher zu mindern sind.

R.-Minderungen durch Maßnahmen am Rollkörper oder an der Fahrbahn müssen aber auch in Konkurrenz zur Fahrsicherheit (Erhalt von Seitenführungskräften) gesehen werden; Maßnahmen, die die Fahrsicherheit beeinflussen, sind nicht anwendbar.

Bekannt ist bei den R. des Rad/Schienesystems, daß durch Wechselwirkungen im Kontaktbereich des Aufstandspunkts, das Rad zu Schwingungen (→ Körperschall) erregt wird, deren Stärke von der Rauhigkeit der Schiene und des Rads (Flachstellen durch blockierende Räder beim Bremsen) abhängt. Insbesondere bei hohen Geschwindigkeiten von Eisenbahnzügen können durch unterschiedliche Rauhigkeiten der Schienen- und Radlaufoberflächen Schallpegelunterschiede bis zu 10 dB auftreten.

Beim Abrollen von Kfz-Reifen auf Straßenoberflächen sind mehrere Mechanismen für das R. verantwortlich. Zum einen wird durch die Fahrbahnunebenheiten der Reifen zu Schwingungen erregt, zum anderen treten durch die Reifenprofilierung in Verbindung mit der Fahrbahnoberfläche beim Abrollen Strömungsgeräusche auf durch Verdrängen von Luft in der Kontaktzone.

Durch aufeinander abgestimmte Straßenoberflächen und Reifenprofilierungen sind R.-Pegelminderungen bis zu etwa 5 dB gegenüber herkömmlichen, bisher verwendeten Straßenoberflächen erzielbar. *Strauch*

Literatur: *Bschorr, O.; A. Wolf*: Reifenschwingungen als Ursache von Lärm und Rollwiderstand. Automobilindustrie **27** (1982). – *v. Meier, A.*: Schallabsorbierende Straßendecken, VDI-Bericht 587. Schalltechnik und Wirtschaftlichkeit, Düsseldorf 1986. – *Munjal, M. L.; M. Heckl*: J. of Sound a. Vibration. **81** (1982) S. 477. – *Schaaf, K.; H. Flötke; D. Ronneberger*: Rollende Reifen – Entstehung und Abstrahlung von Schall. Fortschritte der Akustik. DAGA 81, Berlin.

Ruhezeit *⟨silence, time of⟩*. R. sind im Geräuschimmissionsschutz die Zeitabschnitte tagsüber (*tags* im Gegensatz zu *nachts*), in denen wegen des Ruhebedürfnis des Menschen geringere Geräusche zulässig sind als während der übrigen Zeiten *tags* (→ Nachtzeit).

Die zur Geräuschbeurteilung geltenden Verfahren berücksichtigen die R. unterschiedlich (→ Geräuschimmissionen-Beurteilung).

So werden nach VDI 2058 Geräusche, die in der Zeit von 6.00–7.00 und 19.00–22.00 Uhr auftreten, um einen sog. R.-Zuschlag $K_R = 6$ dB erhöht.

Nach der → Sportanlagen-Lärmschutzverordnung, gelten als R. an Werktagen
6.00 bis 8.00 und 20.00 bis 22.00 Uhr
sowie an Sonn- und Feiertagen die Zeitabschnitte
7.00 bis 9.00; 13.00 bis 15.00 und 20.00 bis 22.00 Uhr.

Die für diese zweistündigen R. geltenden → Beurteilungspegel der Sportanlagengeräusche werden mit 5 dB verringerten → Immissionsrichtwerten der Tageszeit verglichen.

Bei Geräuschbeurteilungen nach der → TA Lärm, der → Verkehrslärmschutzverordnung, der DIN 18 005 und nach dem → Fluglärmgesetz werden keine R. berücksichtigt. *Strauch*

Literatur: VDI 2058, Bl. 1: Beurteilung von Arbeitslärm in der Nachbarschaft. 9/1985. – DIN 18005, Schallschutz im Städtebau. 5/1987.

Ruß ⟨*soot*⟩.

Emissionsminderung. Als R. werden Kohlenstoffpartikel mit einer Größe von etwa 0,1 µm und kleiner bezeichnet. Hierbei handelt es sich gewöhnlich nicht um einzelne Kohlenstoffteilchen, sondern um regelmäßig geformte Agglomerate, die sich auf Grund molekularer Anziehung bilden. Die Agglomerate erreichen eine Größe von etwa 1 µm.

R. wird einerseits gezielt in Anlagen hergestellt. Industrieruße werden hauptsächlich als Zusatzstoffe oder Füllstoffe in der Kautschuk-Industrie oder als schwarze Farbstoffe verwendet. Anlagen zur Herstellung von R. sind genehmigungsbedürftig nach dem BImSchG (Nr. 4.6 des Anhangs zur → 4. BImSchV). Besondere emissionsbegrenzende Anforderungen enthält die → TA Luft in Nr. 3.3.4.6.1.

R. ist andererseits ein unerwünschtes Produkt der unvollständigen Verbrennung von Kohlenwasserstoffen. Verursacht wird die Rußbildung durch Sauerstoffmangel bei der Verbrennung oder durch das vorzeitige Abkühlen der Verbrennungsgase. In der Bundesrepublik Deutschland ist etwa ein Drittel des aus Verbrennungsprozessen emittierten R. dem Verkehr zuzurechnen, woran der Nutzfahrzeug-Verkehr den weitaus größten Anteil hat. → Kleinfeuerungsanlagen, insbesondere Kohle-Einzelraumheizungen, stellen die stärkste Emissionsgruppe dar.

Zur Minderung von Rußemissionen kommen feuerungstechnische und Abgasreinigungsmaßnahmen in Betracht. Zu den zuerst genannten Maßnahmen zählen konstruktive Optimierungen der → Feuerungsanlage, die zu einem besseren Ausbrand des Brennstoffs führen, z. B. bei Kleinfeuerungsanlagen eine den Betriebsverhältnissen angepaßte Geometrie des Feuerraumes sowie speziell bei Ölfeuerungen die richtige Auswahl des Brenners in Abstimmung mit der Kesselbauart. Vom Brennersystem werden bei Ölfeuerungen die Tropfengrößenverteilung des Brennstoffs, die Flammenlänge und -form sowie die Zündbedingungen beeinflußt.

Abgasreinigungseinrichtungen, z. B. filternde → Abscheider oder → Rußfilter, sind bei Kleinfeuerungen nicht üblich. Filternde Abscheider werden bei Feuerungsanlagen 1 MW thermischer Leistung und Rußfilter bisher überwiegend bei Dieselmotoren im Nutzfahrzeug-Bereich eingesetzt.

Die Rußemissionen sind in Abhängigkeit von Feuerungsanlagenart und Nennwärmeleistung – üblicherweise indirekt über einen Grenzwert für die staubförmigen Emissionen – begrenzt. Derzeit gilt z. B. für Kohlefeuerungsanlagen mit einer Nennwärmeleistung von mehr als 15 kW ein Grenzwert von 0,15 g staubförmiger Emissionen je m^3 → Abgas (bezogen auf 8 Volumen-% Sauerstoff im Abgas). Bei Öl-Kleinfeuerungsanlagen hingegen wird die Rußemission über eine → Rußzahl nach der → Bacharach-Methode begrenzt.

Bei größeren Feuerungsanlagen sind die Rußanteile im Staub gering. Größere Feuerungsanlagen zeichnen sich im allgemeinen durch einen guten Brennstoff- und Abgasausbrand aus. Besonders störend sind R.-Ablagerungen an den Kesselwänden von Dampf- oder Heißwasserkesseln, was den Wärmeübergang erheblich verschlechtert. Bei größeren Feuerungsanlagen werden daher in regelmäßigen Intervallen die Heizflächen, z. B. durch Rußbläser, gereinigt. *B. Krause*

Literatur: Luftreinhaltung '88. Hrsg.: Umweltbundesamt. Berlin 1989. – Ullmanns Encyklopädie der technischen Chemie, Band 14. Weinheim 1977.

Immissionsmessungen. R. wird in der Regel im Rahmen von Immissionserhebungen nicht separat gemessen. R. ist dabei anteilsmäßig im Schwebstaub bzw. ggf. auch im Staubniederschlag enthalten und geht an dieser Stelle mit seiner Masse in die Messung ein. Einen Sonderfall bildet hier das in Großbritannien entwickelte → Black-Smoke-Verfahren, bei dem schwarze Anteile des Staubs in besonderer Weise erfaßt werden.

Große Bedeutung hat der R. in Form der von Dieselmotoren emittierten Partikel bekommen (→ Dieselpartikelemissionen), seitdem der Dieselruß als krebserzeugend klassifiziert wurde.

Bei Immissionsmessungen, die nach der Verordnung zur Durchführung von § 40 Abs. 2 BImSchG durchgeführt werden, ist daher die meßtechnische Erfassung von großer Bedeutung (→ Verkehrsbeschränkungen außerhalb Smogalarm). *Pfeffer*

Rußabbrennfilter ⟨*thermal regenerated particulate trap*⟩. → Dieselpartikelfilter mit einem externen Regenerationsbrenner zur nachträglichen Verbrennung von Dieselrußpartikeln. Vorwiegend werden Kerzenfilter oder Keramikmonolithe verwendet (→ Rußfilter).

Die Regeneration von R. kann als → Abgasteilstromregeneration oder → Abgasvollstromregeneration erfolgen. *Kallenbach/May*

Rußfilter ⟨*soot filter*⟩. R. dienen zur Minderung der partikelförmigen Emissionen von Dieselmotoren. Die Rußpartikeln werden in speziellen Filterelementen, die z. B. anstelle eines Abgasschalldämpfers eingebaut sein können, abgeschieden. Dabei steigt der Durchströmungswiderstand an, weshalb die Elemente periodisch regeneriert werden müssen. Die Entwicklung zuverlässig arbeitender, serienreifer R. ist noch nicht abgeschlossen.

Zur Entfernung des → Rußes aus dem Abgas können filternde → Abscheider eingesetzt werden, z. B. monolithische Keramikkörper und Wickelfilter aus Kera-

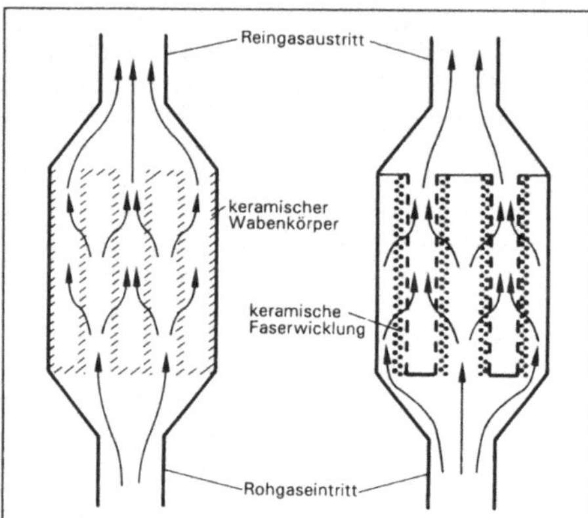

Rußfilter: Schematische Darstellung von Monolith und Wickelfilter.

mikfasern (Bild). Die Keramikkörper sind in Anströmrichtung von feinen, parallelen Kanälen durchzogen, die abwechselnd auf der Rohgas- bzw. Reingasseite verschlossen sind. Das Abgas muß demnach durch die porösen Kanalwände strömen, wobei die Partikeln abgeschieden werden. Die Wickelfilter bestehen aus mehreren, parallel angeordneten, gelochten Edelstahlröhren, welche mit aufgerauhtem Keramikgarn vielfach umwickelt sind. Durch diese Faserpackung muß das Abgas strömen, um in das Innere der zur Reingasseite hin offenen Röhren zu gelangen.

Zur Regenerierung des Filtermediums werden verschiedene Verfahren getestet. Ziel ist eine Verbrennung der abgeschiedenen Rußpartikeln mit Sauerstoff zu Kohlendioxid und Wasserdampf (→ Abgasteilstromregeneration, → Abgasvollstromregeneration).

Schmidt

Rußzahl ⟨*smoke number*⟩. Die R. (Rz) dient zur Kennzeichnung der Rußemissionen von Ölfeuerungen. Eine Standardmethode zur Bestimmung der R., die insbesondere bei den → Schornsteinfeger-Messungen an → Kleinfeuerungsanlagen für leichtes Heizöl (Heizöl EL) eingesetzt wird, ist in der Norm DIN 51 402, Teil 1 beschrieben. Das Meßverfahren beruht auf der → Bacharach-Methode. Mit einem Absaugegerät wird Abgas mit einem Durchsatz von 5,75 l/cm^2 durch ein weißes Papierfilter definierter Qualität gesaugt. Die durch die abgeschiedenen Feststoffe hervorgerufene Schwärzung des Filters wird über das optische Reflexionsvermögen beurteilt.

Zur visuellen Beurteilung wird die R.-Vergleichsskala (Bacharach-Skala) verwendet (Bild). Die Skala besteht aus zehn runden Feldern mit abgestuftem Schwärzungsgrad und mit jeweils einer kreisförmigen Öffnung im Zentrum. Diesen Feldern sind die Rußzahlen von 0 bis 9 zugeordnet. Bei der Rußmessung wird das berußte Filter unter die verschiedenen Öffnungen

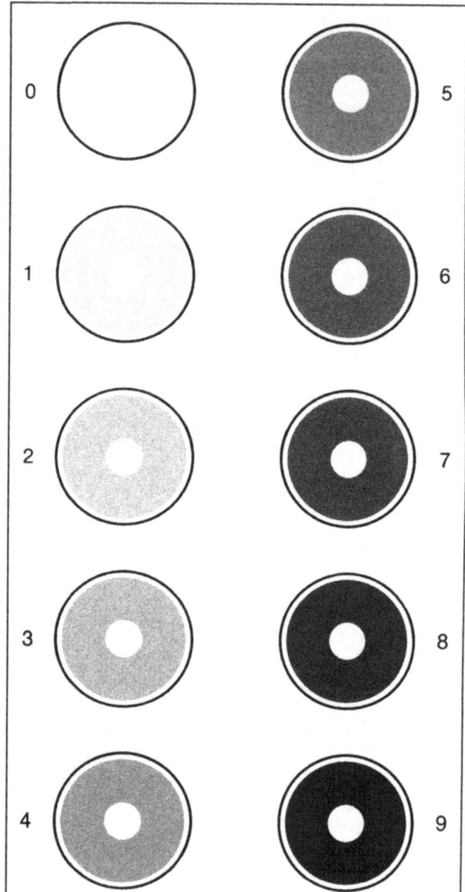

Rußzahl: R.-Vergleichskala.

der Skala gelegt und durch Vergleich beurteilt, welcher R. das Filter am nächsten kommt. Benachbarte Felder der Vergleichsskala unterscheiden sich im Schwärzungsgrad jeweils um 10%, d.h. eine Erhöhung der R. um 1 entspricht einer Abnahme des optischen Reflexionsvermögens um 10%. Die R. kann auch mit Hilfe eines optischen Auswertegerätes photometrisch ermittelt werden.

Die zur Bestimmung der R. beaufschlagten Filter werden zusätzlich dazu benutzt festzustellen, ob sich noch unverbrannte Ölderivate im Abgas befinden. Eine Verfärbung des Filters neben der Schwärzung ist ein Indiz dafür. Ist eine zweifelsfreie Beurteilung nicht möglich, so wird ein Fließmitteltest durchgeführt, der in der Norm DIN 51 402, Teil 2 standardisiert ist.

Nach der Verordnung über Kleinfeuerungsanlagen

(→ 1. BImSchV) dürfen Ölfeuerungsanlagen mit Verdampfungsbrenner die R. 2 und mit Zerstäubungsbrenner die R. 1 nicht überschreiten. Nach der → TA Luft dürfen genehmigungsbedürftige Feuerungsanlagen für Heizöl EL die R. 1 nicht überschreiten. Diese Auflage ist kontinuierlich zu überwachen. Hierfür stehen verschiedene eignungsgeprüfte Streulichtphotometer zur Verfügung (→ Abgastrübung). *Stahl*

Literatur: DIN 51402: Prüfung der Abgase von Ölfeuerungen; Teil 1: Visuelle und photometrische Bestimmung der Rußzahl. 10/1986. – Teil 2: Fließmittelverfahren zum Nachweis von Ölderivaten. 3/1979

S

S-Satz ⟨*safety sentence*⟩. Kurzbezeichnung für Sicherheitsratschläge (S vom *engl.* safety) nach der → Gefahrstoffverordnung (GefStoffV). Entsprechend den Vorschriften der GefStoffV muß die Kennzeichnung von → gefährlichen Stoffen (§ 6) und von gefährlichen Zubereitungen (§ 7) auch S-S. nach Anhang I Nr. 4 der GefStoffV enthalten. Die Auswahl der Sicherheitsratschläge erfolgt nach in Anhang I Nr. 1.6 der GefStoffV beschriebenen Kriterien. Für in Anhang I der EG-Richtlinie 67/548/EWG bzw. in der darauf fußenden Bekanntmachung nach § 4a der GefStoffV aufgeführte Stoffe sind dort die Kennzahlen für die zu verwendenden S-S. angegebenen, die mit den in Anhang I Nr. 4 der GefStoffV ausgewiesenen konkreten Sicherheitsratschlägen korrespondieren. *Dreyhaupt*

Salpetersäure-Herstellung und -Verwendung ⟨*nitric acid manufacturing and application*⟩. S. (HNO_3) gehört zu den wichtigen Industriechemikalien und wird heute fast ausschließlich nach dem *Ostwald*-Verfahren hergestellt.

Bei Herstellung von hochkonzentrierter S. (98 Gew.-%–99 Gew.-%) werden Stickstoffdioxid und reiner Sauerstoff in Wasser bei einem Druck von 50 bar absorbiert.

Ein erheblicher Teil der S. wird zur Herstellung stickstoffhaltiger Düngemittel, insbesondere Ammoniumnitrat, aber auch Kalium- und Calciumnitrat verwendet; weltweit gehen ca. 75%–85% in diesen Sektor. Außer als Düngemittel wird Ammoniumnitrat auch als Sprengstoff eingesetzt.

Im organischen Bereich sind die Nitrierreaktionen (Schwefelsäure) von großer Bedeutung. Wichtige, auch mengenmäßig bedeutsame → organische Verbindungen sind z. B. Nitrobenzol (Folgeprodukt Anilin), Dinitrotoluole (Folgeprodukte Toluylendiisocyanate; das sind Ausgangsverbindungen zur Herstellung der Urethane) und Chlornitrobenzole. Außer dem bereits genannten Ammoniumnitrat dient S. auch zur Herstellung von Explosivstoffen (z. B. Nitroglycerin, Trinitrotoluol (TNT)) und Cellulosenitrat (Treibmittel). Ferner wird S. in der Stahlindustrie zum Beizen von Edelstahl und anderen metallurgischen Verfahren eingesetzt.

Das Prozeßabgas aus der letzten Absorptionsstufe enthält je nach Verfahrenstyp unterschiedlich hohe NO_x-Konzentrationen, die früher bei Niederdruckanlagen bis 5 000 mg NO_2/m^3 betragen konnte. Bei Anlagen zur Herstellung hochkonzentrierter S. (Hoko-Anlage) liegen die Konzentrationen zwischen 150 mg und 1 100 mg NO_x/m^3.

Der in der → TA Luft vorgeschriebene Emissionswert von 450 mg NO_x/m^3 kann bei der Hochdruckabsorption bereits durch prozeßbezogene Maßnahmen eingehalten werden.

Bei der Mitteldruckabsorption wird in der Regel eine selektive katalytische Reduktionsstufe (→ SCR-Verfahren) nachgeschaltet. Eine weitere Möglichkeit der Emissionsminderung ist die Adsorption der nitrosen Gase an Aktivkohle bzw. Molekularsieben. Nach der anschließenden thermischen Desorption werden die nitrosen Gase wieder in den Prozeß zurückgeführt. Mit den Minderungstechniken wird eine nahezu emissions- und abfallfreie Herstellung von S. erreicht.

In älteren Anlagen ist als Minderungstechnik auch noch die Absorption der nitrosen Gase mit Natronlauge üblich. Die dabei anfallende Nitrit/Nitrat-Lösung kann in der chemischen (zur Diazotierung), pharmazeutischen oder metallverarbeitenden Industrie verwendet werden. Ist diese Möglichkeit nicht gegeben, muß in der Abwasserbehandlung die Oxidation von Nitrit zu Nitrat erfolgen.

Anlagen zur Herstellung von S. (auch Anlagen zum Beizen von Edelstahl) sind genehmigungsbedürftig nach BImSchG. Besondere emissionsbegrenzende Anforderungen enthält die Nr. 3.3.4.1a.1 der TA Luft, z. B. dürfen die Emissionen an NO und NO_2 0,45 g/m^3 (angegeben als NO_2) nicht überschreiten.

Drotleff/Spilok

Literatur: *Büchner, W., et al.*: Industrielle Anorganische Chemie. Weinheim 1984. – *Davids, P.; M. Lange*: Die TA Luft '86, Technischer Kommentar. Düsseldorf 1986. – *Schmidt, H.-J.; E. Richter*: Regeneratives Verfahren zur NO_x-Minderung hinter Salpetersäureanlagen. Bergbau-Forschung GmbH Essen – Oberhausen; Ruhrchemie AG; i. A. des Umweltbundesamtes 1986.

Sauerstoffgehalt der Atmosphäre ⟨*oxygen content of athmosphere*⟩. Bei allen Verbrennungsprozessen in Hausbrand, Industrie, Verkehr und bei der Stromerzeugung werden laufend große Mengen Sauerstoff benötigt, die sich mit dem Kohlenstoff der Brennstoffe zu Kohlendioxid verbinden. Insbesondere wegen des *Verbrauchs* dieses Sauerstoffs wurden in den letzten Jahren immer wieder Befürchtungen geäußert, daß der S. der Atemluft durch menschliche Eingriffe bedroht sei. Dem S. d. A. von $1,2 \cdot 10^{15}$ t O_2 entsprechen $1,75 \cdot 10^{22}$ kJ gebundener Energie. Die bekannten abbauwürdigen Vorräte fossiler Brennstoffe enthalten nur 1–2% dieser gebundenen Energie. Wenn die bekannten technisch und wirtschaftlich gewinnbaren Brennstoffvorräte in den nächsten Jahrhunderten verbrannt werden, so kann sich der S. d. A. nur in einer Größenordnung verringern, die zwischen 0,2 und 0,5 Vol.-% liegt. Die bekannten, technisch aber (derzeit) nicht wirtschaftlich gewinnbaren fossilen Brennstoffvorräte sind noch etwa um den Faktor 5 größer. Sofern auch diese in den nächsten Jahrhunderten abgebaut und verbrannt werden sollten, dürfte sich der S. d. A. um den Faktor 5, also um 1–2 Vol.-% weiter verringern. Eine kritische Situation kann auch dadurch nicht eintreten, weil bekanntlich der S. der Atemluft bei einer Zunahme der Höhenlage wesentlich stärker abnimmt. Auch die technisch gewinnbaren Brennstoff-Lagerstätten machen nur einen Bruchteil des insgesamt durch die Photosynthese der Pflanzen erzeugten Kohlenstoffs aus. Der weitaus größte Teil ist aber in den Sedimentgesteinen fein verteilt und kann nicht abgebaut werden.

Der S. d. A. sollte sich seit der Jahrhundertwende um den Bruchteil verringert haben, der sich mit dem Kohlenstoff der verbrannten fossilen Brennstoffe zu Kohlendioxid verbunden und zur Hälfte zu dem beobachteten Kohlendioxid-Anstieg der Atmosphäre geführt hat. Das sind maximal etwa 13/1 000 Vol.-%, d.h. im Vergleich zum derzeitigen S.d.A. von 20,946 Vol.-% könnte der S. um die Jahrhundertwende bei 20,959 Vol.-% gelegen haben.

Bisher kann der Rückgang des S. d. A. aufgrund der Verbrennung fossiler Brennstoffe wegen der geringen Konzentrationsunterschiede mit den vorhandenen Meßgeräten noch nicht gemessen werden.

Es wird angenommen, daß sich der S. d. A. langfristig über die Jahrhunderte hinweg im stabilen Gleichgewicht befindet. *Giebel*

Literatur: *Giebel, J.* u. *M. Buck*: Hat sich der Sauerstoffgehalt der Atmosphäre verringert? Staub Reinhaltung der Luft, **46** (1986) Nr. 7/8, S. 313/316. – *Holland, H. D.*: The chemistry of the atmosphere and oceans. New York 1978.

Sauerstoffmessung ⟨*oxygen measurement*⟩. Verschiedene Meßaufgaben der → Emissionsüberwachung erfordern eine S. im Abgas.

Bei den → Schornsteinfeger-Messungen an → Kleinfeuerungsanlagen wird nach den Vorschriften der Kleinfeuerungsanlagen-Verordnung (→ 1. BImSchV) an Öl- und Gasfeuerungen aus der S. und der gemessenen Differenz zwischen Abgas- und Raumlufttemperatur der Abgasverlust bestimmt. Für die S. werden einfache Meßgeräte mit elektrochemischen Sensoren eingesetzt, die eine Eignungsprüfung bestanden haben sollen. Anstelle der S. sind auch Kohlendioxid-Messungen zugelassen und üblich (→ Kohlendioxid, Emissionsmessung).

Bei größeren genehmigungsbedürftigen → Feuerungsanlagen und anderen Verbrennungsprozessen wird die S. zur Normierung der Emissionsmessungen benötigt. Die Anlagen werden in Abhängigkeit von Brennstoff, Feuerungsart und Verbrennungseinstellung mit unterschiedlichem Luftüberschuß betrieben. Durch den Luftüberschuß wie auch durch Undichtigkeiten in der Abgasführung oder gezielte Luftzufuhr wird das Abgas verdünnt. Um trotzdem Emissionsmessungen miteinander vergleichen zu können, ist in den einschlägigen Rechts- und Verwaltungsvorschriften (→ 13. BImSchV, → 17. BImSchV, → TA Luft) zu den → Emissionsgrenzwerten ein für die Anlagenart charakteristischer Mittelwert als Bezugssauerstoffgehalt festgelegt, und es wird gefordert, daß bei der Messung der Emissionen auch der tatsächliche Sauerstoffgehalt gemessen und die Emissionsmeßwerte anschließend auf den Bezugssauerstoffgehalt umgerechnet werden.

Anstelle des O_2-Gehalts kann auch der CO_2-Gehalt gemessen werden. Die O_2-Messung hat aber den Vorteil, daß keine Brennstoff-Daten benötigt werden und die Messung nicht durch Luftzufuhr im Abgasweg verfälscht werden kann. Die S. wird daher bei größeren Anlagen bevorzugt.

Anlagen, die der kontinuierlichen Emissionsüberwachung unterliegen, insbesondere → Großfeuerungsanlagen und → Abfallverbrennungsanlagen, müssen mit einer Meßeinrichtung zur kontinuierlichen S. ausgerüstet sein. Da diese Messung das Ergebnis der Emissionsmessungen wesentlich mitbestimmt, muß sie die gleichen Qualitätsanforderungen erfüllen wie die Messung der Luftverunreinigungen. Deshalb sind die O_2-Meßgeräte in das Eignungsprüfungsverfahren einbezogen. Den bisher geprüften Geräten liegen paramagnetische Meßverfahren oder elektrochemische Verfahren zugrunde. *Stahl*

Literatur: *Lützke, K., R. Wilkes*: Erprobung von Meßverfahren zur Durchführung der Großfeuerungsanlagen-Verordnung. Forschungsbericht 88-104 02 164 des Rheinisch-Westfälischen TÜV, Essen, vom Nov. 1988 im Auftrag des Umweltbundesamtes.

Saurer Regen ⟨*acid rain*⟩.

Allgemein. Unter s. R. versteht man Niederschläge, deren Säuregehalt über dem natürlichen Hintergrundwert liegt. Da die Atmosphäre einen relativ hohen CO_2-Gehalt hat und sich CO_2 in Wasser löst und dabei in H^+ und HCO_3- zerfällt, ist der Regen immer sauer, der pH-Wert ($pH = -\log [H^+]$) liegt bei 5,6. Da der pH-Wert sehr empfindlich auf die Lösung einer Reihe von Spurenstoffen anspricht, werden große Schwankungen des natürlichen Säuregehalts im Regen zwischen $pH = 4{,}5-5{,}6$ beobachtet. Mit dem Niederschlag wird die Säure in die Vegetation und den Boden eingetragen, wo in der Regel eine große Pufferkapazität wirksam wird und die Säure neutralisiert.

Da die Atmosphäre über den Ballungsgebieten durch viele Schadstoffe verunreinigt wird und diese Schadstoffe über chemische Reaktionen in der Luft selbst oder in Regen- und Nebeltröpfchen Säuren bzw. direkte Säurevorläufer bilden, steigt der Säuregehalt vor allem zu Beginn der Regenereignisse oder im Nebel auf Werte an, die weit über dem natürlichen Hintergrund liegen.

Mit Beginn der Industrialisierung, vor allem in England, wurde bereits im letzten Jahrhundert der Begriff s. R. (*engl.* acid rain) geprägt, dabei wurden pH-Werte bis unter 3,5 beobachtet. Mit diesen Säuregehalten werden eingeatmete Nebel oder eingetragene Niederschläge höchst gefährlich für die Gesundheit und die Vegetation, außerdem wird die Korrosion dadurch sehr beschleunigt. In den sechziger Jahren wurde bekannt, daß schlecht gepufferte Süßwasserseen in Skandinavien infolge der SO_2-Niederschläge versauern und dabei den Fischbestand gefährden. Mit der Beobachtung der neuartigen → Waldschäden in den achtziger Jahren wurden die sauren Niederschläge erneut diskutiert.

Inzwischen weiß man, daß der pH-Wert des Regens kein geeignetes Maß zur Beurteilung des s. R. ist, weil er empfindlich auf Einflüsse durch andere Spurenstoffe reagiert. Es hat sich herausgestellt, daß die Angabe der Niederschlagsmengen pro Fläche und Zeit für H^+-Ionen und verschiedenen Anionen SO_4^{2-}, NO_3-, Cl^- usw. zur Beurteilung der Gefährdung durch Säuren besser geeignet ist. Diese Größen werden als kg oder kmol pro ha×a oder in mmol pro m^2×a angegeben. Zum Vergleich der verschiedenen Säurebildner untereinander sind die molaren Einheiten besser geeignet. So wurden in deutschen Waldgebieten H^+-Einträge von ca. 100 mmol/m^2a über nasse → Deposition gefunden. In ungünstigen Höhenlagen können durch saure Nebel bis über 200 mmol/m^2a eingetragen werden. Im Vergleich dazu wurde auf den Bermudas eine H^+-Deposition von weniger als 10 mmol/m^2a beobachtet. Die Säurewirksamkeit wird aber auch durch die SO_4^{2}, NO_3- und NH_4^+-Einträge beeinflußt.

Die sauren Niederschläge entstehen durch

– Photooxidation in der Gasphase mit anschließender Lösung der Säuren im Regen

– Oxidation im Tropfen.

Als wichtigste Säurevorläufersubstanzen wirken SO_2 und NO_x (NO und NO_2).

❒ Säurebildung in der Gasphase.

$$SO_2 + OH \xrightarrow{(M)} HOSO_2$$

$$HOSO_2 + O_2 \rightarrow SO_3 + HO_2$$

$$SO_3 + H_2O \xrightarrow{(M)} H_2SO_4$$

$$NO_2 + OH \xrightarrow{(M)} HNO_3$$

$$NO + HO \xrightarrow{(M)} HNO_2 \text{ (instabil im Tageslicht)}$$

$$NO_2 + HO_2 \xrightarrow{(M)} HNO_4 \text{ (thermisch instabil)}$$

$$NO_2 + O_3 \rightarrow NO_3 + O_2$$

$$NO_3 + HCHO \xrightarrow{(O_2)} HNO_3 + HO_2 + CO$$

$$\text{NaCl (Seesalzpartikel)} + H_2SO_4 \rightarrow HCl + NaHSO_4$$

$$\text{NaCl (Seesalzpartikel)} + HNO_3 \rightarrow HCl + NaNO_3$$

Bei der Oxidation von Kohlenwasserstoffen entstehen als Nebenprodukte auch organische Sären (Ameisensäure: HCOOH und Essigsäure: CH_3COOH).

Die so gebildeten Säuren lösen sich rasch in Regentropfen und werden mit dem Niederschlag ausgewaschen (H_2SO_4, HNO_3, HCl, organische Säuren).

❒ Säurebildung in der Flüssigphase.

Die chemischen Bildungsvorgänge in Regentropfen selbst sind sehr komplex und werden z. T. durch gelöste Oxidantien (O_3 und H_2O_2) oder durch Schwermetalloxide beschleunigt.

$$SO_2 \overset{(H_2O)}{\Leftrightarrow} HSO_3^- + H^+ \overset{(H_2O)}{\Leftrightarrow} SO_3^{2-} + 2\,H^+$$

$$HSO_3^- + H_2O_2 \xrightarrow{H_2O,\ H^+} SO_4^{2-} + H^+ + H_2O$$

$$SO_3^{2-} + O_3 \rightarrow SO_4^{2-} + O_2$$

Die ablaufenden Reaktionen sind hier nur pauschal angegeben. Wichtig ist, daß ohne H_2O_2, O_3 oder Schwermetallkatalysatoren mit steigendem Säuregehalt im Regentropfen immer weniger SO_2 gelöst wird.

Salpetersäure wird nennenswert an feuchten Oberflächen auch über folgenden Reaktionsmechanismus, an dem O_3 und NO_2 beteiligt sind, gebildet:

$$NO_2 + O_3 \rightarrow NO_3 + O_2 \text{ (Gasphase)}$$

$$NO_3 + NO_2 \overset{(M)}{\Leftrightarrow} N_2O_5 \text{ (Gasphase)}$$

$$N_2O_5 + [H_2O]_{aqu} \rightarrow 2\,H^+ + 2\,NO_3^-$$

$$\overline{2\,NO_2 + O_3 + [H_2O]_{aqu} \rightarrow 2\,H^+ + 2\,NO_3^- + O_2}$$

Die Hauptbelastung des Bodens entsteht durch die mineralischen Säurebildner SO_2 und NO_x. Die Geschwindigkeit der atmosphärischen Säurebildung sowohl in der Gas- als auch in der Flüssigphase wird in Gegenwart von → Photooxidantien O_3 und H_2O_2 (Photosmog, → Ozon) sehr erhöht, wodurch eine enge Wechselwirkung zwischen der Bildung von Photooxidantien in der Gasphase und der Säurebildung in der Flüssigphase besteht. *Becker/Wiesen*

Literatur: *Baer, N. S.; C. Sabbioni; A. I. Sors*: Science, Technology and European Cultural Heritage (CEC-Report). Oxford 1991. – *Beilke, S.*: Acid Deposition CEC-Report AP/53/85, Brussels 1985. – *Finlayson-Pitts, B. J.; J. N. Pitts, Jr.*: Atmospheric Chemistry. New York 1986. – *Schwartz, St. E.*: Acid Deposition: Unraveling a Regional Phenomenon. Science, **243** (1989), pp. 753–763. – Saure Niederschläge – Ursachen und Wirkungen, VDI-Ber. 500. Düsseldorf 1983.

Wirkung auf Pflanzen. Die trockene und nasse → Deposition stellen die beiden wesentlichen Senken für natürliche und anthropogen verursachte Emissionen dar, wobei Eintrag und Verteilung der nassen Deposition entscheidend durch die Niederschläge bestimmt werden. Auf Grund ihrer relativ großen Oberfläche und vergleichsweise langen atmosphärischen Verweildauer von Nebeltröpfchen besitzen diese eine höhere ionogene Beladung im Vergleich zum Regen, was sich auch in teilweise sehr niedrigen pH-Werten äußert (pH-Wert im Nebel 2,5 bis 3,5).

Vorzugsweise wird die Vegetation in den Mittelgebirgslagen durch die nasse Deposition beaufschlagt, wobei die mitgeführte Schadstofffracht zum Teil durch die in den Luftraum ragenden Kronenteile der Bäume regelrecht ausgekämmt wird; gleichzeitig werden trocken abgelagerte Schadstoffe mit ausgewaschen.

Der Eintrag von Säuren kann entweder zu direkten Reaktionen an der Oberfläche der Blätter bzw. Nadeln führen oder auf den Boden einwirken. Entscheidend für die Versauerung der Böden ist, daß die H^+-Ionen Konzentration beim Durchdringen der Vegetationsdecke erhöht bzw. der pH-Wert erniedrigt wird. Im Solling wurde über dem Bestanddach ein pH-Wert im Regen von 4,1 gemessen während er nach Durchdringen von Fichtenkronen einen pH-Wert von 3,4 als langjähriges Mittel aufweist. Da die Pufferkapazität der Böden gegenüber säurehaltigen Niederschlägen letztlich begrenzt ist, kann es zu einer Versauerung der Böden kommen. Auf Grund der Störung des Nährstoffgleichgewichts können Wurzelschäden entstehen, wobei auch die Freisetzung von → Schwermetallen eine gewisse Rolle spielen kann. In letzter Konsequenz stellt daher der Eintrag saurer Niederschläge in Waldökosysteme einen erheblichen Streßfaktor dar, der im Zusammenwirken mit anderen Faktoren zu nachhaltigen Wuchsstörungen führen kann (→ Waldschäden, neuartige).

Neben der indirekten Wirkung auf den Boden hängt die Wirkungsausprägung s. R. auch auf den oberirdischen Pflanzenteilen wesentlich von der H+-Konzentration und der Einwirkungsdauer ab (effektive Dosis), der Blatt- und Nadeloberflächen ausgesetzt sind. Die effektive Dosis hängt ihrerseits von der Kontaktzeit der Tropfen oder des Flüssigkeitsfilms auf der Oberfläche, der Ionenzusammensetzung der Lösung und der Pufferkapazität der Oberfläche ab. Die Morphologie der Blätter, ihre Rauhigkeit und damit ihre Retention und Benetzbarkeit spielen eine entscheidende Rolle.

Meßbare Einwirkungen von Regen- und Nebelinhaltsstoffen auf die Pflanzenzelle werden jedoch in der Regel erst dann beobachtet, wenn die äußere Schutzschicht, die Kutikula und ihre Wachsschichten, in Mitleidenschaft gezogen sind. Dieser Schädigungsmechanismus unterscheidet sich grundsätzlich von dem, der über gasförmige Luftschadstoffe ausgelöst wird, wo erst eine Schädigung der Zelle nach Schadstoffaufnahme über die Stomata zu einer Veränderung der äußeren Schutzschicht führt.

Die physikalischen und chemischen Eigenschaften der Kutikularwachse ändern sich durch Alterung auf natürliche Weise, indem sie hydrophiler werden. Dieser Prozeß wird im wesentlichen durch Umweltfaktoren wie Wind, Licht, Temperatur und Nährstoffgehalt bestimmt. Die Alterungsprozesse können aber durch Luftschadstoffe wie Ozon oder Einwirkungen s. R. beschleunigt werden, wobei vor allem die Deposition und Evaporation säurehaltiger Komponenten auf Blatt- bzw. Nadeloberflächen die H^+-Ionen-Konzentration deutlich ansteigen lassen, zumal Schwefel- und Salpetersäure sowie ihre Anhydride sich auf Grund ihres begrenzten Dampfdrucks stark konzentrieren können. Allerdings sind die Pflanzen auch in der Lage, über Ionenaustausch Säuren zu neutralisieren, was aber in der Regel mit einem Kationenverlust einhergeht. Gesunde Pflanzen sind in der Lage, diese Verluste über eine verstärkte Nährstoffaufnahme durch die Wurzel zu kompensieren, während es bei erkrankten Organismen zu Nährstoffungleichgewichten kommen kann, die ihrerseits wieder zu einer veränderten Anfälligkeit gegenüber anderen Streßfaktoren wie extremen Klimasituationen, Schaderregern etc. führen können.

Eine klare Zuordnung von Symptomen an der Vegetation auf die Einwirkungen s. R. ist bisher nicht gelungen. Zwar konnten in zahlreichen Labor- und Freilandversuchen an den verschiedensten Kulturpflanzen sichtbare Schädigungen durch simulierte säurehaltige Regen erzeugt werden, jedoch decken sie sich hinsichtlich ihrer Symptomatik nicht mit den im Freiland vorgefundenen Veränderungen. *G. Krause*

Literatur: *Krause, G. H. M.*: Impact of air pollutants on above-ground plant parts of forest trees. In: Mathy, P. (Hrsg.): Air pollution and ecosystems. Dordrecht 1988. – Säurehaltige Niederschläge – Entstehung und Wirkungen auf terrestrische Ökosysteme. Düsseldorf 1983. – *Ulrich, B.*: Effects of acidic precipitation on forest ecosystems in Europe. In: Adriano, D. C. & A. H. Johnson (Hrsg.): Acidic precipitation, Vol. 2 (1989) S. 189–272.

Scavenger-Verordnung *⟨Scavenger ordinance⟩* → 19. BImSchV

Schadstoffreduzierung in der Luftfahrt *⟨aviation, pollution control⟩*. Zwei Wege werden verfolgt, einmal die Verbesserung der Brennkammern zur Verminderung der Schadstoffe an der Quelle, zum andern die Verminderung des Brennstoffbedarfs durch verbesserte Triebwerke und Flugzeuge sowie durch organisatorische Maßnahmen. Dabei war die Verminderung des Brennstoffverbrauchs seit je ein wichtiges Entwicklungsziel in der Luftfahrttechnik, durch dessen stete Verfolgung die Luftfahrt zu einem Massentransportmittel geworden ist. Das Potential zur Senkung des Brennstoffverbrauchs ist keineswegs erschöpft; hier ist künftig ein synergistischer Effekt zu erwarten, indem die Verbesserungen der Wirtschaftlichkeit und der Umweltfreundlichkeit Hand in Hand gehen.

Es gibt mehrere Möglichkeiten zur S. i. d. L.:

– Die S. bei Brennkammern, insbesondere durch neue Brennkammerkonzepte, die eine Verminderung der NO_x-Emissionen um 70 bis 80% gegenüber heutigen Werten bringen werden.

– Die S. durch neue Triebwerkskonzepte wie ummantelte und nicht-ummantelte Propfan-Antriebe oder Wärmetauscher-Triebwerke, die eine Senkung des spezifischen Brennstoffverbrauchs versprechen. In die gleiche Richtung zielt die Weiterentwicklung der heute benutzten Triebwerkstypen. Insgesamt lassen diese Wege auf lange Sicht Verbrauchssenkungen um 20% oder etwas darüber erwarten.

– Parallel dazu wird die Weiterentwicklung der Flugzeugzellen durch neue Leichtbauweisen und verbesserte aerodynamische Güte zu weiteren Verbrauchssenkungen von bis zu 20% führen.

– S. durch verbesserte Flugdurchführung, z. B. durch neue Flugführungs- und Flugsicherungsverfahren, kann ebenfalls einen fühlbaren Beitrag zur Entlastung der Atmosphäre leisten ebenso wie verkehrspolitische Maßnahmen. Letztere könnten z. B. einerseits auf den Einsatz schadstoffgünstigeren Fluggeräts, andererseits auf eine Nachfragedämpfung abzielen. Beides setzt teilweise dirigistische Maßnahmen voraus, deren weltweite Durchsetzung mit Schwierigkeiten verbunden sein wird.

Abschätzungen über die künftige Entwicklung der Luftfahrtemissionen unter Berücksichtigung der erwähnten Möglichkeiten zur direkten und indirekten S. basieren zwar auf unterschiedlichen Annahmen über die Nachfrageentwicklung und -steuerung sowie über den Zeitrahmen für die Einführung technisch verbesserten Geräts, jedoch geben sie ähnliche Tendenzen wieder. Es wird erwartet, daß die NO_x-Emissionen erst nach dem Jahr 2000 zu sinken beginnen. *Winterfeld*

Schall ⟨*sound*⟩. Als S. wird ein mechanischer Schwingungsvorgang eines elastischen gasförmigen, flüssigen oder festen Stoffs bezeichnet. S. in einem Frequenzbereich, der vom menschlichen Gehör wahrnehmbar ist, wird auch als Hörschall bezeichnet.

Ist bei Schallvorgängen der elastische Stoff Luft, so heißt es Luftschall, sind es flüssige Stoffe, Flüssigkeitsschall und bei festen Körpern → Körperschall.

Das menschliche Ohr nimmt S. als kleine Luftdruckschwankungen wahr, die dem atmosphärischen Luftdruck überlagert sind. Solche Schwankungen stellen eine Störung des elastischen Mediums Luft dar; sie breiten sich als Schallwellen mit einer charakteristischen Geschwindigkeit, der Schallgeschwindigkeit aus. Für Luft bei einer Temperatur von 20 °C beträgt z. B. die Schallgeschwindigkeit 343 m/sec. Zusätzlich zur → Schallausbreitung tritt bei S.-Vorgängen noch die Geschwindigkeit auf, mit der Materieteilchen im Schallfeld oszillieren. Diese als Schallschnelle bezeichnete Geschwindigkeit ist im Vergleich zur Schallgeschwindigkeit sehr klein.

Verglichen mit dem atmosphärischen Luftdruck handelt es sich beim S. um sehr kleine Drücke. Der Druckbereich, innerhalb dessen das Ohr Luftdruckschwankungen als S. wahrnimmt ist sehr groß; er reicht von $p_o = 2 \cdot 10^{-5}$ Pa, das entspricht dem Druck an der Hörschwelle bei 1 000 Hz, bis $p_s = 2 \cdot 10^1$ Pa (Schmerzgrenze).

Die Schmerzgrenze des menschlichen Gehörs ist die von der Frequenz in etwa unabhängige Grenze, ab der S. als Schmerz empfunden wird. Sie beginnt bei normal hörenden Menschen bei dem vorgenannten Schalldruck, der einem → Schallpegel von $L_p = 120$ dB entspricht.

Sinusförmiger S. wird als Ton bezeichnet. Der Kehrwert der Schwingungsdauer heißt Frequenz und hat die Einheit 1 Hertz (Hz). Im Gegensatz zum S. versteht man unter → Lärm alle Geräusche (Schalle), die auf den Menschen unerwünscht oder schädigend einwirken. Als Geräusch wird üblich ein S. mit vielen Tönen beliebiger Frequenz bezeichnet.

Bei Schallmessungen und -beurteilungen wird i. a. der Schalldruckpegel L bestimmt. Er ist auf den Schalldruck an der Hörschwelle bei 1 000 Hz ($p_o = 2 \cdot 10^{-5}$ Pa) bezogen. Für ihn gilt:

$$L = 10 \log \frac{p^2}{p_o^2} \qquad \text{mit } p_o = 2 \cdot 10^{-5} \text{ Pa}$$

Seine Einheit ist das Dezibel (dB); p ist der Effektivwert der Schalldruckamplitude. Die Größe p^2 ist proportional der Leistung, die die Schallwelle durch eine senkrecht zur Ausbreitungsrichtung stehende Fläche von 1 m^2 transportiert. Die Größe → Schalleistung je Flächeneinheit wird als Schallintensität oder auch als Schallstärke bezeichnet. Es ist festzustellen, daß das menschliche Gehör, auf die Hörschwelle bezogen, Schallintensitäten von 1 bis 10^{12} W/m^2 verarbeiten kann; die Logarithmierung zusammen mit dem Faktor 10 vor dem Logarithmus bewirkt, daß die unhandlichen Zahlen in den Bereich von 0 bis 120 dB umgesetzt werden.

Die Schalldruckpegel werden noch mit einer Frequenzbewertung versehen, die der Tatsache Rechnung trägt, daß die Empfindlichkeit des Ohrs zu tiefen und zu hohen Frequenzen hin abnimmt.

Es gibt die sog. A-, B-, C- und D-Bewertungen, wobei der A-bewertete Schalldruckpegel heute fast ausschließlich zur Kennzeichnung der → Lautstärke eines Geräusches verwendet wird; man schreibt dann abgekürzt dB(A).

Typische Schalldruckpegel mit der → A-Bewertung sind in der folgenden Tabelle dargestellt:

120 dB(A)	Schmerzgrenze
110	Schmiedehammer, 7 m Abstand
>85	Bei Dauerbelastung ist mit Gehörschäden zu rechnen
80	stark befahrene Autobahn, 25 m vom Straßenrand
60	normale Unterhaltung (innen)
40	Wohngebiete nachts in einer Großstadt
20	wird als Stille empfunden
0	Hörschwelle bei 1 000 Hz.

Entsprechend dem Schalldruckpegel wird ein → Schalleistungspegel definiert, der die gesamte von einer Schallquelle ausgehenden Leistung im logarithmischen Maß angibt. Es gilt

$$L_w = 10 \log \frac{W}{W_o} \text{ dB}$$

dabei ist W die Schalleistung und Wo die Bezugsschalleistung 10^{-12} Watt.

Für das Rechnen mit Schalldruckpegeln bzw. Schalleistungspegeln als logarithmische Größen gelten entsprechende Rechenregeln:

So ist z. B. der Gesamtpegel L_{ges} für Schallquellen mit den Schallpegeln L_i

$$L_{ges} = 10 \log \sum_{i=1}^{n} 10^{0,1\,L_i}$$

Bei der Pegelmittelung gilt für den Mittelungspegel L_m:

$$L_m = 10 \log \left(\frac{1}{n} \sum_{i=1}^{n} 10^{0,1\,L_i} \right) \text{dB.}$$

Strauch

Literatur: *Cremer, L.*: Vorlesungen über Technische Akustik. Berlin–Heidelberg–New York. – *Cremer, L.; M. Heckl*: Körperschall. Berlin–Heidelberg–New York 1967. – DIN 1320: Akustik, Grundbegriffe. 1969. – *Meyer, E.; E. G. Neumann*: Physikalische und Technische Akustik. Braunschweig 1967. – *Reichardt, W.*: Grundlagen der technischen Akustik. Leipzig. – *Trendelenburg, F.*: Einführung in die Akustik. Berlin–Göttingen–Heidelberg–New York 1961.

Schallabschirmung ⟨*sound screening*⟩ → Abschirmung

Schallausbreitung ⟨*sound propagation*⟩.

Allgemein. Die S. beschreibt die Ausbreitung des → Schalls in gasförmigen, flüssigen und festen Stoffen. Schall breitet sich wellenförmig aus und ist mathematisch mit Wellengleichungen beschreibbar.

Bei S. in Luft nimmt bei einer punktförmigen Schallquelle (→ Punktschallquelle) der Schalldruck p bei ungestörter Ausbreitung mit dem Abstand s von der Schallquelle ab, d. h. der Schalldruckpegel L nimmt bei Abstandsverdoppelung um 6 dB von einer Punktschallquelle ab. Ist die Schallquellenform zylinderförmig, wie z. B. bei Straßen- und Schienenverkehrsanlagen, so nimmt der Schalldruckpegel bei ungestörter S. um 3 dB je Abstandsverdoppelung von derartigen Schallquellen ab.

Die genannten Pegelabnahmen gelten nur für eine freie, ungestörte S. von der Schallquelle. In der Praxis wird die S. zusätzlich durch Eigenarten der Schallquelle selbst wie Richtcharakteristik, Frequenzspektrum als auch durch Eigenschaften des Schallausbreitungswegs, wie Bodenbeschaffenheit, Meteorologie, Hindernisse, Reflexionen, beeinflußt.

Zu erwartende Geräuschimmissionen in der Umgebung geplanter Schallquellen werden mit mathematischen Modellen berechnet (→ Schallimmissionsprognose), die ausgehend von der → Schalleistung der Quelle die vorgenannten Einflußgrößen rechnerisch berücksichtigen.

Derartige Berechnungsmodelle sind in Normen und Richtlinien aufgeführt. *Strauch*

Literatur: DIN 18005: Schallschutz im Städtebau. Teil 1. 5/1987. – Richtlinie für den Lärmschutz an Straßen, RLS 90. 8/1990. – Richtlinien für die Berechnung der Geräuschimmissionen an Schienenanlagen (Schall 03). 8/1990. – VDI 2714: Schallausbreitung im Freien. 1/1988. – VDI 2571: Schallabstrahlung von Industriebauten. 8/1976.

Meteorologische Einflüsse. Dazu gehören vor allem Windrichtung, Windgeschwindigkeit und Lufttemperatur.

Meteorologische Einflüsse, die die S. begünstigen, bestehen bei Mitwind (Mitwindsituation), d. h. Wind, der von der Schallquelle zum Immissionsort weht, und bei Temperaturinversion.

Eine Temperaturinversion tritt bei stabilen Luftschichtungen auf, wobei die Lufttemperatur mit der Höhe über dem Boden zunimmt, so daß die hierdurch mit der Höhe zunehmende Schallgeschwindigkeit eine Krümmung der Schallstrahlen zum Boden verursacht mit einer Schallpegelerhöhung gegenüber normaler Temperaturverteilung.

Geräusche sind bei Inversionswetterlagen in größeren Entfernungen von der Schallquelle hörbar als bei Wetterlagen ohne → Inversion. *Strauch*

Literatur: *Casanovas-Martinez, S.; H.-G. Thomassen*: Berücksichtigung von meteorologischen Einflüssen auf die Schallausbreitung bei der Beurteilung von Schallpegelmessungen, Techn. Überw. **16** (1975) Nr. 2. – VDI 2714: Schallausbreitung im Freien. 1/1988.

Schallausbreitungsrechnung ⟨*sound propagation, calculation of*⟩ → Schallimmissionsprognose

Schalldämmaß ⟨*sound reduction index*⟩. Bezeichnung R, kennzeichnet nach DIN 4109 die Luftschalldämmung von Bauteilen in dB. Das S. R wird meßtechnisch bestimmt aus der Schallpegeldifferenz D zwischen zwei Räumen, der äquivalenten Absorptionsfläche A des Empfangsraums und der Prüffläche S des Bauteils

$$R = D + 10 \log \frac{S}{A} \text{ in dB}$$

R = Schalldämmaß
D = Pegeldifferenz in dB
S = Fläche des Bauteils in m^2
A = äquivalente Absorptionsfläche in m^2
A = 0,163 V/T
V = Raumvolumen in m^3
T = Nachhallzeit in Sekunden

Unterschieden wird beim S. eines Bauteils, ob der Wert R unter Laborbedingungen, somit nur gültig für das Bauteil, oder ob er unter bauüblichen Bedingungen mit zusätzlicher Flankenübertragung und zusätzlicher Nebenwegübertragung ermittelt wurde.

Das unter bauüblichen Bedingungen ermittelte S. wird mit R′ bezeichnet und nach den Vorschriften der DIN 52210, Teil 5, bestimmt (auch Bau-Schalldämmmaß genannt).

Das S. von Bauteilen ist im allgemeinen frequenzabhängig. Zur Kennzeichnung der Luftschalldämmung eines Bauteils durch eine Einzahlangabe werden die frequenzmäßig unterschiedlichen Dämm-Werte mit einer festgelegten Bewertungskurve verglichen; der sich hieraus ergebende Wert wird als Bewertetes Schalldämm-Maß R_w bezeichnet. Einzelheiten zur Ermittlung von S. wie auch Anforderungen an Bauteile für S., sind in folgenden Normen festgelegt:

DIN 4109: Schallschutz im Hochbau, Anforderungen und Nachweise. 11/1989. – Beiblatt 1 zu DIN 4109. 11/1989. – DIN 52210, Teil 1: Bauakustische Prüfungen, Luft- und Trittschalldämmung, Meßverfahren. – DIN 52210, Teil 4: Ermittlung von Einzahl-Angaben. 8/1984. – DIN 52210, Teil 5: Messung der Luftschalldämmung von Fenstern und Außenwänden am Bau. 10/1976. *Strauch*

Schalldämpfer ⟨*silencer/muffler*⟩. S. hindern die → Schallausbreitung in Rohrleitungen sowie in Behälter-, Motoren- und Gebäudeauslässen für Gase, Dämpfe und Flüssigkeiten.

Je nach Wirkungsweise werden S. unterteilt in Absorptions- und Reflexionsschalldämpfer sowie in Drosseldämpfer.

Absorptions-S. bestehen im allgemeinen aus einem mit Schallschluckstoffen ausgekleideten Kanal, der das mediumführende Rohr umschließt, wobei durch Reibungsverlust Schall in Wärme umgewandelt wird. Die Wirksamkeit dieser S. ist umso größer, je größer die absorbierende Fläche des Dämpfers zur Querschnittsfläche des Rohrs oder des Auslasses ist und je größer das Schallabsorptionsvermögen (→ Absorption) des Schallschluckmaterials ist.

Reflexions-S. sind so aufgebaut, daß durch Reflexionen des Schalls im Dämpfer zur Schallquelle hin eine → Dämpfung erreicht wird. Die Reflexionen treten auf an Einbauten im Dämpfergehäuse, die Dämpfung wird erhöht durch Querschnittssprünge im Gehäuse, Umlenkungen, Abzweigungen des Schalls. Eingebaut wird diese Dämpferart hauptsächlich in Auspuffanlagen von Verbrennungsmotoren.

Bei Drosseldämpfern ist der Querschnitt des mediumführenden Rohrs oder Auslasses mit porösem, durchlässigem Material ausgefüllt. Beim Durchströmen wird Schall in Wärme umgewandelt und die Strömungsgeschwindigkeit vermindert (gedrosselt), was sich insbesondere bei Austritt von Dämpfen und Gasen in die Atmosphäre schallmindernd auswirkt. Drosseldämpfer werden daher vorwiegend zur Minderung von → Geräuschen beim Ausströmen von Gasen und Dämpfen eingesetzt (Ausblasleitungen, Sicherheitsventile). *Strauch*

Literatur: *Gösele, K.*: Das Dämpfungsverhalten von Reflexionsschalldämpfern bei Luftgleichströmungen. VDI-Ber. 88. Düsseldorf 1965. – *Kurtze, G. et al.*: Physik und Technik der Lärmbekämpfung. Karlsruhe 1975. – *Martin, R.; K. Wogram*: Bestimmung der Wirksamkeit von Schalldämpfern. VDI-Ber. 113. Düsseldorf 1967. – *Mechel, F.*: Schalldämpfung und Schallverstärkung in Luftströmungen durch absorbierend ausgekleidete Kanäle. Acustica (1960) 10. – VDI 2567 E: Schallschutz durch Schalldämpfer. 10/1994.

Schalldruckpegel ⟨*sound pressure level*⟩ → Schallpegel

Schalleistung ⟨*sound power*⟩. Die S. ist die innerhalb einer bestimmten Zeiteinheit (1 Sekunde) von einer Schallquelle insgesamt abgestrahlte Energie in Form von Schall. Sie wird mit P bzw. W bezeichnet und in Watt angegeben.

Mit der S. ist eine Schallquelle durch eine Einzahlangabe zu kennzeichnen (im Gegensatz zur Angabe des Schalldrucks, der nur in Verbindung mit einer Abstandsangabe von der Schallquelle zur Kennzeichnung geeignet ist).

Die S.-Bestimmung von Schallquellen wird im wesentlichen nach drei Methoden vorgenommen: Beim → Hüllflächenverfahren wird auf einer die Schallquelle umhüllenden Fläche die gesamte Schallintensität (Schallintensitätspegel) bzw. der der Intensität proportionale Schalldruck ermittelt und hiermit unter Berücksichtigung der Hüllflächengröße die S. bestimmt.

Zur Bestimmung der S. nach dem Hallraumverfahren wird vorausgesetzt, daß im Hallraum (reflektierender Raum) durch die Schallquelle ein diffuses Schallfeld erzeugt wird, das dann die S.-Bestimmung aus dem Schalldruckquadrat p^2 an beliebigen Punkten im Hallraum, dem Hallraumvolumen V und der Nachhallzeit T erlaubt.

Beim Vergleichsverfahren wird durch Messen des Schalldrucks auf einer definierten Hüllfläche um eine in der S. bekannten sowie auf der Hüllfläche der zu untersuchenden Schallquelle die S. durch Vergleich der Meßergebnisse bestimmt.

Die S. wird als Ausgangsgröße zur Berechnung von Geräuschimmissionen im Umfeld der Geräuschquelle benutzt (→ Schallimmissionsprognose). Außerdem wird sie in jüngster Zeit zur Kennzeichnung der Geräuschemission von Maschinen, Geräten und Anlagen auf Grund von Vorschriften und Regelwerken verlangt. (→ Geräuschemissionswerte). *Strauch*

Literatur: DIN 1320: Akustik, Grundbegriffe. 10/69. – DIN 45635, Teil 1: Geräuschmessung an Maschinen. 4/1984.

Schalleistungspegel ⟨*sound power level*⟩. Bezeichnung L_W oder auch L_P in dB, kennzeichnet die pro Zeiteinheit von einer Schallquelle in den umgebenden Raum abgestrahlte Schallenergie als Pegel nach folgender Definition:

$$L_w = 10 \log \frac{W}{W_o}$$

L_W = Schalleistungspegel in dB
W = Schalleistung in Watt
W_o = Bezugsschalleistung 10^{-12} Watt

Ermittelt wird der S. von Schallquellen im allgemeinen nach dem → Hüllflächen- oder nach dem Hallraum-Verfahren. *Strauch*

Literatur: DIN 1320: Akustik, Grundbegriffe. 10/69. – DIN 45635, Teil 1: Geräuschmessung an Maschinen. 4/1984.

Schallemission ⟨*sound emission*⟩. Die von einer Geräusch-(→ Schall) quelle an das umgebende elastische Medium (üblicherweise Luft) abgegebene mechanische Energie in Form von Schall.

Die S. wird allgemein durch den → Schalleistungspegel L_W bzw. durch den Schalldruckpegel in einem bestimmten Abstand von der Schallquelle gekennzeichnet. *Strauch*

Schallimmissionsprognose ⟨*sound immissions, prediction of*⟩. Als S. wird die rechnerische Abschätzung der von einer geplanten Anlage zu erwartenden Geräuschimmission bezeichnet.

Immissionen, die von bestehenden Anlagen verursacht werden, sind durch Messungen zu ermitteln. Geräuschimmissionen geplanter Anlagen sind nur durch eine Vorhersage (eine Prognose) zu beschreiben.

S. werden im allgemeinen unter Zuhilfenahme eines Rechenmodells (Simulationsmodell) vorgenommen, mit dem unter Berücksichtigung der Emissionsgrößen sowie der Einflußgrößen der → Schallausbreitung die zu erwartenden Schalldruckpegel berechnet werden.

Vorausgesetzt wird bei der Benutzung von Rechenmodellen für Geräuschimmissionen, daß ein funktionaler Zusammenhang zwischen Schallemission, Schallausbreitung und Immission besteht; dieser Zusammenhang ist allerdings nicht in allen Einzelheiten bekannt.

Wegen der noch vorhandenen Wissenslücken sind Ungenauigkeiten bei der S. zu erwarten. Neben den Ungenauigkeiten, die durch das Rechenmodell selbst auftreten können, sind die noch zu nennen, die durch die Ungenauigkeit der Emissionsgrößen sowie der Einflußparameter der Schallausbreitung bedingt sind. Prognostizierte Immissionsdaten sind prinzipiell unsicherer als Immissionsdaten, die durch Messungen ermittelt werden können. Durch einen hohen Meßaufwand kann die Ungewißheit über eine Geräuschsituation eher verringert werden als durch eine S.

In mehreren Richtlinien und Normen sind Prognosemodelle angegeben; so z.B. in VDI 2714: Schallausbreitung im Freien; VDI 2571: Schallabstrahlung von Industriebauten; in den Anlagen 1 und 2 zur → Verkehrslärmschutzverordnung sowie in den Richtlinien für den Lärmschutz an Straßen → RLS-90; in der DIN 18005 Teil 1: Schallschutz im Städtebau – Berechnungs- und Bewertungsgrundlagen; in der Richtlinie der Deutschen Bundesbahn: Schall 03 – Anweisungen für schalltechnische Untersuchungen bei der Planung von Neubaustrecken. Als Ergänzung zu den genannten Regelwerken ist VDI 2720, Bl. 1: Schallschutz durch Abschirmung im Freien, zu nennen.

Alle hier genannten Regelwerke gehen in ihrem Berechnungsverfahren vom gleichen Grundmodell aus, unterscheiden sich jedoch in der Art der Emissionswerte sowie in der Berücksichtigung einiger Terme der Schallausbreitungsbedingungen. Als Berechnungsgröße wird der in DIN 45641 vorgegebene Mittelungspegel zeitlich schwankender Schallvorgänge benutzt.

Ausgangspunkt einer S. ist im allgemeinen die → Schalleistung L_W der Schallquelle oder -quellen, aus der dann unter Berücksichtigung von Quelleneigenschaften (Richtwirkung und Schallabstrahlbedingungen) und der verschiedenen Einflußgrößen auf dem Schallausbreitungsweg der Schalldruckpegel am interessierenden Immissionspunkt berechnet wird.

Die Grundformel für den Schalldruckpegel s an einem Immissionsort im Abstand s_m vom Mittelpunkt einer Einzelschallquelle lautet:

$$L_S = L_W + DI + K_O - D_S - D_L - D_{BM} - D_D - D_G - D_e$$

L_W: Schalleistungspegel der Schallquelle
DI: Richtwirkungsmaß
K_O: Raumwinkelmaß
D_S: Abstandsmaß
D_L: Luftabsorptionsmaß (Luftabsorption)
D_{BM}: Boden- und Meteorologiedämpfungsmaß
D_D: Bewuchsdämpfungsmaß (→ Bewuchs)
D_G: Bebauungsdämpfungsmaß
D_e: Einfügungsdämpfungsmaß eines Schallhindernisses (VDI 2720, Bl. 1)

Im Regelfall wird die Berechnung für Oktav- oder Terzbänder durchgeführt. Bei vereinfachten Verfahren wird mit A-bewerteten Schalleistungspegeln der Quelle gerechnet. Für die frequenzabhängigen Terme der o.g. Formel werden dabei die entsprechenden Zahlenwerte für f = 500 Hz verwendet. *Strauch*

Schallpegel ⟨*sound level*⟩. Als S. wird ein logarithmisches Verhältnis zweier Schallgrößen bezeichnet; er wird im allgemeinen mit dem Buchstaben L gekennzeichnet.

Im Geräuschimmissionsschutz werden folgende S. benutzt, wobei bei der Definition unterschieden wird zwischen Feldgrößen (Schalldruck, Schallschnelle) und Energiegrößen (→ Schalleistung, Schallintensität). Die Einheit der S. ist Dezibel.

Die S. sind folgendermaßen definiert:

Schalldruckpegel L_p:

$$L_p = 10 \lg\left(\frac{p}{p_o}\right)^2 = 20 \lg\left(\frac{p}{p_o}\right) \quad \text{dB}$$

$$p_o = 2 \cdot 10^{-5}\ \text{N/m}^2 = 20\ \mu\text{Pa}$$

→ Schalleistungspegel L_W:

$$L_w = 10 \lg \frac{W}{W_0} \qquad \text{dB}$$

$W_0 = 10^{-12}$ Watt. *Strauch*

Literatur: DIN 5493: Logarithmierte Größenverhältnisse.

Schallpegeladdition *⟨sound level addition⟩*. Die S. ist ein Rechenvorgang, logarithmierte Verhältnisgrößen mit gleichem Bezugswert zu addieren.

Bei der S. von Geräuschen werden nicht die Pegelwerte selbst, sondern nur die Schallgrößen, z. B. die Energie des Schalls, addiert und die Summe der Einzelenergien wieder in ein Pegelmaß umgerechnet.

Die S. wird nach folgender Rechenregel durchgeführt:

$$L_{ges} = 10 \lg (10^{0,1 L_1} + 10^{0,1 L_2} + \ldots 10^{0,1 L_n})$$

L_{ges} = Summenpegel
$L_1 - L_n$ = Pegelwerte in dB

Eine S. ist notwendig

– wenn mehrere Schallquellen auf einen Immissionspunkt einwirken,

– wenn in einem Raum- oder in einem bestimmten Zeitabschnitt durch Messungen an verschiedenen Raum- und Zeitpunkten die gesamte Immission zu ermitteln ist oder

– wenn aus einem Frequenzspektrum mit Hilfe der Pegelwerte der einzelnen Frequenzen der Gesamtpegel des Geräusches ermittelt werden soll.

Häufig interessiert nicht die Summe der Pegel, sondern der Mittelwert der über einen Raum- oder über einen Zeitabschnitt auftretenden Pegel.

Hierzu wird die bei der S. ermittelte Schallgrößensumme durch die Anzahl der Pegelwerte dividiert und anschließend in ein Pegelmaß umgerechnet.

Die Mittelung wird wie folgt vorgenommen:

$$L_m = 10 \lg \left(\frac{1}{n} (10^{0,1 L_1} + \ldots + 10^{0,1 L_n}) \right)$$

L_m = Mittelungspegel
$L_1 - L_n$ = Pegelwerte in dB

Zur sprachlichen Unterscheidung von Mittelwerten für nicht logarithmierte Größen wird der Wert L_m Mittelungspegel genannt. *Strauch*

Schallpegelmesser *⟨sound level meter⟩*. Er besteht im wesentlichen aus einem Mikrophon, das den Schalldruck in eine elektrische Größe wandelt, aus elektronischen Bauelementen zur Verstärkung, Gleichrichtung und Logarithmierung der elektrischen Größen in schalldruckpegel-proportionale Werte sowie aus einem Anzeigegerät für diese Werte.

Der Meßwert wird bei den verschiedenen S. sowohl analog mit einem Zeigerinstrument, diskontinuierlich mit einer Leuchtdiodensäule oder digital mit Ziffern angezeigt. Außerdem sind zur Darstellung des zeitlichen Verlaufs des → Schallpegels registrierende Aufzeichnungsgeräte (Pegelschreiber), numerische Drucker wie auch Geräte zur Frequenzanalyse anzuschließen.

Die Eigenschaften von S. sind in DIN IEC 651: Schallpegelmesser, festgelegt (Ersatz für die DIN-Normen 45633 Teil 1 und 2 und 45634). Nach dieser Norm werden S. für vier Genauigkeitsklassen hergestellt.

S. der Klasse 0 sind nur für Anwendungen im Labor gedacht, wo auch die übrigen Bedingungen eine genügend kleine Meßunsicherheit garantieren. Geräte der Klasse 3 sind vor allem für orientierende Messungen, für die zwischen diesen beiden Einsatzbereichen liegenden Aufgaben sind Geräte der Klasse 1 und 2 zu benutzen.

Für den Geräuschimmissionsschutz werden üblicherweise S. der Genauigkeitsklasse 1 oder 2 auf Grund der in Regelwerken und Vorschriften festgelegten Meßbedingungen gefordert.

Als Gerät zur Messung frequenzbewerteter und zeitlich gemittelter Schalldruckpegel werden integrierende mittelwertbildende S. benutzt, die den äquivalenten Dauerschallpegel L_{eq} von gleichbleibenden, zeitlich unterbrochenen, schwankenden und impulshaltigen (→ Impulsgeräusche) Geräuschen ermitteln.

Die Anforderungen und Prüfverfahren für diese S. sind in der DIN IEC 804 festgelegt.

Diese integrierenden S. werden ebenfalls für die Genauigkeitsklassen 0 bis 3 hergestellt.

Die Anzeige des L_{eq}-Wertes muß nach dieser Norm für vorgegebene Bezugspegel und Bezugsfrequenzen innerhalb folgender Meßabweichungen richtig sein:

Klasse 0	Klasse 1	Klasse 2	Klasse 3
±0,4 dB	±0,7 dB	±1,0 dB	±1,5 dB

Strauch

Literatur: DIN IEC 651: Schallpegelmesser. 12/1981. – DIN IEC 804: Integrierende mittelwertbildende Schallpegelmesser. 1/1987.

Schallschirm *⟨sound screen⟩*. Der S. ist ein Hindernis zwischen Schallquelle und zu schützendem Objekt, der dieses vor dem Schall abschirmt. Die Wirksamkeit eines S., der meistens die Form einer freistehenden Wand hat, ist abhängig von der Lage der Wand zur Schallquelle und zum Immissionsort sowie von der Höhe und Länge der Wand (→ Abschirmung).

Die Schallpegelminderung durch einen S. ist hoch, wenn der Schirm nahe an der Schallquelle oder nahe am Immissionsort steht; eine Pegelminderung tritt nicht auf, wenn Sichtverbindung zwischen Immissionsort und Schallquelle über den S. oder seitlich am S. vorbei besteht.

Zur quantitativen Beschreibung der Wirksamkeit eines S. dienen das → Abschirmmaß und das Einfügungsdämpfungsmaß. *Strauch*

Literatur: VDI 2714: Schallausbreitung im Freien. 1/1988. – VDI 2720, Bl. 1 E: Schallschutz durch Abschirmung im Freien. 2/1991. – VDI 2720, Bl. 2: Schallschutz durch Abschirmung in Räumen. 4/1983.

Schallschutz *(sound control)*. Der S. beschreibt alle Vorkehrungen und Maßnahmen, die zur Verringerung der Geräuschimmissionen auf ein tolerables Maß erforderlich sind. Unterschieden wird im allgemeinen zwischen planerischen, organisatorischen und technischen S.-Maßnahmen.

Unter planerischen Maßnahmen werden alle Maßnahmen verstanden, die in der Regional-, Stadt-, Anlagenplanung anwendbar sind, um Geräuschemittenten bezüglich ihrer Geräuschemission (→ Schallemission) und -immission zu begrenzen. Hierzu zählen Emissionsrationierung, Vergabe von Immissionswertanteilen, Gliederung der emittierenden → Baugebiete nach Größe der Anlagengeräusche, Anordnung schallemittierender Gebäude so, daß sie als Hindernisse bei der → Schallausbreitung als Minderungsmaßnahme nutzbar sind.

Organisatorische Maßnahmen sind z. B. alle Maßnahmen, die durch zeitliche Beschränkung der Geräuschemission (Begrenzung der Betriebsdauer), Beschränkung der Leistung einer Anlage (kein Vollastbetrieb) und Beschränkung des Betriebs auf bestimmte Schallausbreitungssituationen (Betrieb nur bei bestimmten, die Schallausbreitung hindernden Situationen – Gegenwindsituationen –) die Geräuschimmissionen mindern.

Technische S.-Maßnahmen sind alle Maßnahmen, die durch konstruktive Eingriffe an der Schallquelle die Emissionen mindern oder durch Hindernisse im Nahbereich der Quelle, durch Hindernisse auf dem Schallausbreitungsweg und im Nahbereich des zu schützenden Menschen (Wohngebäude) die Geräuschimmission auf zulässige Werte begrenzen.

Konstruktive Eingriffe an der Schallquelle müssen darauf ausgerichtet sein, die Schallentstehung bei Maschinen und Anlagen zu vermeiden oder zu verringern (z. B. Vermeiden von plötzlichen Kraft- und Geschwindigkeitsänderungen, Vermeiden von periodischen Anregungen schwingungsfähiger Maschinenoberflächen). Außerdem kann durch geeignete Werkstoffe die Körperschallausbreitung innerhalb der Maschine begrenzt werden, was zur Verminderung der Emission beitragen kann (→ Lärmarmes Konstruieren).

Wirksame technische Maßnahmen im Nahbereich von Schallquellen sind Kapselungen der Schallquelle, → Schalldämpfer und Einhausungen, wobei Kapselungen einerseits Konstruktionen im Nahbereich der Maschine sind (z. B. Blechhauben mit schallabsorbierender Auskleidung) andererseits aber auch Einhausungen durch Umbauung der Schallquelle oder mehrerer Schallquellen mit schalldämmenden Gebäuden.

Technische Maßnahmen auf dem Schallausbreitungsweg zwischen Schallquelle und zu schützenden Objekten sind alle Hindernisse in Form von Wällen, Wänden, Gebäuden, Anpflanzungen und sonstigen Konstruktionen, die die Schallausbreitung behindern (→ Schallschirm).

S. durch technische Maßnahmen im Nahbereich des zu schützenden Menschen ist vorwiegend durch Erhöhung der Schalldämmung der Wohngebäude-Umfassungsbauteile wie Fenster, Dach, Türen und Wände zu erreichen. Hier ist insbesondere der Einbau von → Schallschutzfenstern ein wirksamer S. für den Aufenthalt des Menschen im Gebäude.

Durch die genannten Maßnahmen ist nur ein Schutz des Menschen innerhalb des Gebäudes gegeben; der Wohnaußenbereich ist durch diese S.-Maßnahme nicht zu schützen (Balkon, Terrasse, Garten).

Neben der erwähnten Einteilung des S. in planerische, organisatorische und technische Maßnahmen wird häufig noch unterschieden in passive und aktive S.-Maßnahmen. Aktive Maßnahmen werden an der Schallquelle und passive Maßnahmen im Nahbereich des zu schützenden Objekts (meistens am Wohngebäude von Menschen, z. B. Schallschutzfenster) vorgenommen. Als passive Maßnahme ist auch die Grundrißgestaltung von Gebäuden anzusehen. Sie hat Einfluß auf die in den Wohnräumen auftretenden Geräuschimmissionen der außerhalb und innerhalb des Gebäudes vorhandenen Geräuschquellen. Durch Anordnung z. B. von Schlafräumen auf der straßenabgewandten Seite eines Wohnhauses kann die Geräuschbelastung um bis zu 20 dB gegenüber Räumen, die zur Straße hin liegen, gemindert werden.

Ebenso können durch Anordnen von Arbeitsräumen (Küche), Abstellräumen, Baderäumen, Toiletten und Dielen auf der geräuschbelasteten Gebäudeseite die zum Aufenthalt der Bewohner notwendigen Räume geschützt angeordnet werden. Eine auf die innerhalb eines Gebäudes vorhandenen Geräuschquellen (Installationsgeräusche, Fahrstuhlgeräusche u. ä.) ausgerichtete Grundrißgestaltung ist ebenfalls zu beachten.

Bei der Verbesserung bestehender Geräuschsituationen sollten zur Durchführung von aktiven technischen S.-Maßnahmen Prioritäten gesetzt werden, wenn mehrere Schallquellen auf einen Immissionspunkt einwirken und unterschiedlich großen Anteil an einer Immissionswertüberschreitung haben.

Die größte Wirksamkeit von Minderungsmaßnahmen an der Schallquelle oder auf dem Schallausbreitungsweg im Nahbereich dieser Quellen wird an einem Immissionspunkt erreicht, wenn zuerst die Schallquelle mit dem größten Anteil am Immissionswert gemindert wird.

Schallquellen, die mit ihren Immissionsanteilen 10 und mehr dB unter anderen Quellen liegen, können bei der Aufstellung von Prioritäten für die Durchführung von Maßnahmen außer Betracht bleiben. Erst nach Absenken der Immissionsanteile der den Gesamtpegel bestimmenden Schallquellen sind bei weiterer Überschreitung des Immissionswertes die gering emittierenden Schallquellen mit zu beachten. *Strauch*

Literatur: DIN 4109: Schallschutz im Hochbau, Anforderungen und Nachweise. 11/1989. – DIN 4109, Beiblatt 1: Schallschutz im Hochbau, Ausführungsbeispiele und Rechenverfahren.

11/1989. – LIS-Ber. Nr. 67: Hinweise zur Prognose von Geräuschimmissionen im Rahmen von Genehmigungsverfahren. 1986. – VDI 3720, Bl. 1: Lärmarm Konstruieren; Allgemeine Grundlagen. 11/1980. – VDI 2711: Schallschutz durch Kapselung. 6/1978. – VDI 2714: Schallausbreitung im Freien. 1/1988. – VDI 2720, Bl. 1 E: Schallschutz durch Abschirmung im Freien. 2/1991. – VDI 2567 E: Schallschutz durch Schalldämpfer. 10/1994. – VDI 2719: Schalldämmung von Fenstern und deren Zusatzeinrichtungen. 8/1987.

Schallschutzfenster ⟨*sound insulation window*⟩. S. haben eine höhere Luftschalldämmung als üblicherweise in Gebäuden vorhandene Fenster. Wesentliche Einflußgrößen für eine hohe Luftschalldämmung von Fenstern sind:

– Dicke und Art der Verglasung,
– schalltechnische Konstruktion und Werkstoff des Fensterrahmens,
– Dichtung des Fensterflügels gegenüber dem Blendrahmen und
– Dichtung des Blendrahmens gegenüber dem anschließenden Gebäudeteil (Mauerwerk).

Die Luftschalldämmung einer Glasscheibe hängt von deren Dicke ab. So beträgt das bewertete → Schalldämmaß R_W einer 4 mm dicken Glasscheibe 30 dB, einer 10 mm dicken 35 dB und einer 16 mm dicken Scheibe etwa 38 dB.

Zur Erreichung höherer Schalldämmwerte werden Mehrscheiben-Verglasungen benutzt, wobei der Abstand zwischen den einzelnen Scheiben Einfluß auf die Dämmwirkung hat. Abstände von weniger als 10 mm zwischen den Scheiben bringen keine wesentliche Verbesserung der Dämmung gegenüber einer Verglasung mit einem gleichstarken Einzelglas. Abstände von 20 mm bei einem Zweiglasfenster ergeben eine Erhöhung der Dämmung von 5 dB und Abstände von 40 mm eine Erhöhung der Dämmwirkung von 9 dB gegenüber einer gleichschweren Einscheibenverglasung.

Für die Dämmwirkung eines Fensters ist nicht nur die Glasscheibe, sondern die gesamte Fensterkonstruktion verantwortlich. S. unterscheidet man nach Einfach-, Verbund- und Kastenfenster.

Einfachfenster bestehen aus einem Rahmen und einem oder mehreren Fensterflügeln, die Einfach- oder Mehrfachverglasungen haben können. Die Schalldämmaße dieser Fenster liegen zwischen 20 und 45 dB je nach Konstruktion, Verglasung und Dichtungsgüte.

Verbundfenster haben zwei hintereinander angeordnete Fensterflügel mit einem Abstand bis zu 10 cm. Mit solchen Fensterkonstruktionen sind Dämmaße zwischen 35 und 50 dB zu erreichen.

Kastenfenster bestehen aus zwei in größerem Abstand als bei Verbundfenster getrennt oder mit gemeinsamen Rahmen eingebauten Einfachfenstern, mit denen Schalldämmaße bis über 55 dB zu erreichen sind.

Zur Dämmwirkung verschiedener Fenster-Konstruktionen sind Angaben in VDI 2719 gemacht. Hiernach werden S. in 6 Schallschutzklassen eingeteilt. Für die einzelnen Klassen gelten folgende bewertete Schalldämmaße $R_{W'}$ des am Bau funktionsfähig eingebauten Fensters:

Schallschutzklasse	$R_{W'}$ in dB
1	25–29
2	30–34
3	35–39
4	40–44
5	45–49
6	≥50

Strauch

Literatur: DIN 4109: Schallschutz im Hochbau, Anforderungen und Nachweise. 11/1989. – DIN 52210, Teil 5: Bauakustische Prüfungen, Luft- und Trittschalldämmung, Messung der Luftschalldämmung von Fenstern und Außenwänden am Bau. 10/1976. – VDI 2719: Schalldämmung von Fenstern und deren Zusatzeinrichtungen. 8/1987.

Schienenbonus ⟨*railway noise, bonus for*⟩. Der zur Berechnung der → Beurteilungspegel bei Schienenwegen in Anlage 2 zur → Verkehrslärmschutzverordnung (→ Schienenverkehrsgeräusch) vorgesehene Korrekturwert (–5 dB(A)) zur Berücksichtigung der geringeren Störwirkung des Schienenverkehrslärms, auch S. genannt, ist aufgrund von sozio-psychologischen Felduntersuchungen ermittelt worden.

Bei diesen Felduntersuchungen wurde die in der Nachbarschaft von Schienenverkehrsanlagen und Straßen wohnende Bevölkerung nach der Störwirkung der Geräusche befragt. Hierbei zeigte sich, daß bei gleichen Energie-äquivalenten Dauerschallpegeln der Straßen- und Schienenverkehrsgeräusche die Störwirkung der Schienenverkehrsgeräusche geringer als die der → Straßenverkehrsgeräusche genannt wurde.

Zurückgeführt wird diese geringere Störwirkung u. a. auf eine gegenüber den Straßenverkehrsgeräuschen unterschiedliche Frequenzzusammensetzung wie auch auf die unterschiedliche Zeitstruktur. Beim Schienenverkehr treten zwischen den einzelnen Zugvorbeifahrten größere Pausen auf als beim Straßenverkehr zwischen den Fahrzeugvorbeifahrten. *Strauch*

Schienenverkehrserschütterungen ⟨*railroad traffic vibrations*⟩. Durch den Betrieb von gleisgebundenen Fahrzeugen bei Eisenbahnen, S-Bahnen, U-Bahnen und Straßenbahnen werden mechanische Schwingungen erzeugt, die über die Gleise und deren Bettung in den Boden eingeleitet werden. Für die Größe der durch die Wechselwirkungen zwischen Fahrzeug und Fahrweg verursachten → Erschütterungen und damit für die Größe der Schwingungsamplituden der in benachbart zur Trasse gelegenen Gebäuden auftretenden Erschütterungsimmissionen sind insbesondere folgende Einflüsse maßgebend:

– die technischen und betrieblichen Bedingungen der eingesetzten Fahrzeuge, wie Zuggattung, Imperfektionen am Radsatz (Radriffeln), Flachstellen der Räder, Achslastkonfigurationen, Art der Drehgestelle, der

Bremsen, der abgefederten bzw. nicht abgefederten Massen, der Vorbeifahrtgeschwindigkeit,
- der Oberbau und die Gleislagerung, wie Schienen- und Schwellenart, Anomalien am Laufweg (Gleislage), Schienenriffeln, Unebenheiten und Wellen auf den Schienen,
- Art, Lage und Beschaffenheit der Bahnstrecke bzw. des Bahnbauwerks, wie Gleisstrecke in Geländegleichlage, in Dammlage, im Einschnitt, im Tunnel, auf einer Brücke,
- die Form des Geländes zu beiden Seiten der Trasse,
- die Beschaffenheit des Bodens, in dem die Ausbreitung der S. in Form von Oberflächenwellen und/oder Raumwellen stattfindet, z. B. die Art des Bodens und seiner Bodenabsorption, Bodenschichtungen, anstehendes Grundwasser,
- die Lage, Beschaffenheit und Gründung der betroffenen Gebäude längs der Bahnstrecken.

Wegen der zahlreichen und häufig ortsabhängigen Einflußparameter ist eine Erschütterungsprognose bei S. schwierig und mit Unsicherheiten behaftet.

In Gebäuden neben Schienenverkehrswegen wurde durch Erschütterungsmessungen festgestellt, daß die S. oft mit Frequenzen im Bereich von wenigen Hertz bis zu etwa 100 Hz auftreten. Die S. können Werte erreichen, die deutlich oberhalb der Wahrnehmungsschwelle liegen. Durch die Wahrnehmung der Erschütterungen können → Belästigungen der Betroffenen verursacht werden. Durch in Gebäude eingeleiteten S. wird oft auch durch den von Raumbegrenzungsflächen abgestrahlten → Körperschall deutlich hörbarer Sekundärschall erzeugt.

Hinweise zur Beurteilung von S. sind im Regelwerk DIN 4150, Teil 2, enthalten. Maßnahmen zur Minderung von S. können durchgeführt werden am Eisenbahnfahrzeug selbst, z. B. durch Beseitigen von Radriffeln und Flachstellen, durch Maßnahmen an den Gleisanlagen (Oberbau), z. B. durch Beseitigen von Schienenriffeln und Gleisinhomogenitäten oder durch den Einbau von Unterschottermatten, durch Maßnahmen an den Betriebszuständen, z. B. Änderung der Zuglänge oder der Vorbeifahrtgeschwindigkeit. Auf dem Ausbreitungsweg kann durch neben der Trasse dicht an der Bahnstrecke oder dicht vor dem schutzbedürftigen Objekt senkrecht eingebrachte Abschirmmatten eine Verminderung der S. erreicht werden. Auch durch eine Passivisolierung der schutzbedürftigen Objekte, z. B. durch eine Gebäudeisolierung, ist eine Verminderung der S. zu erzielen. *Splittgerber*

Literatur: DIN 45672, Teil 1: Meßverfahren. 11/1989. – *Hettwer, H.* et al: Erschütterungen an Verkehrswegen. Universität-Gesamthochschule Essen, 1986.

Schienenverkehrsgeräusch ⟨*railroad traffic noise*⟩. Es entsteht hauptsächlich durch das Abrollen des Rads auf der Schiene und wird sowohl vom Rad, von der Schiene und von der mit dem Rad in Verbindung stehenden Wagenkonstruktion abgestrahlt.

Die wesentliche Einflußgröße für die Höhe der Schalldruckpegel bei der Vorbeifahrt von Schienenfahrzeugen ist daher die Oberflächenbeschaffenheit von Schienen- und Radlauffläche. Rauhe Oberflächen oder Riffeln erzeugen bis zu 10 dB höhere Schalldruckpegel als Standardoberflächen.

Neben dem Rad-Schienesystem haben der Gleisoberbau (Schotterbett oder schotterlose Verlegung der Schienen auf Betonplatten), die Bremsenart der Eisenbahnwagen (Klotz- oder Scheibenbremse), die Fahrgeschwindigkeit sowie die Art des Zuges Einfluß auf die bei einer Zugvorbeifahrt entstehenden Geräusche.

Für die Vorausabschätzung zu erwartender Geräusche in der Nachbarschaft von Schienenverkehrsanlagen ist in der Anlage 2 zur → Verkehrslärmschutzverordnung ein Rechenverfahren festgelegt, das die vorgenannten Einflußgrößen berücksichtigt. Die danach ermittelten → Beurteilungspegel sind mit den in der Verkehrslärmschutzverordnung festgelegten Immissionsgrenzwerten zu vergleichen. *Strauch*

Schießlärm ⟨*fire gun noise*⟩. S. tritt auf beim Abschuß von Projektilen (Geschossen) aus Feuerwaffen.

Typisch für S. sind hohe Schalldruckpegel mit kurzzeitigen Schalldruckanstiegen (Knall).

Verursacht wird S. durch den Mündungsknall, der durch die Explosion der Geschoßladung entsteht, sowie durch den sog. Geschoßknall, der beim Schießen von Munition mit Überschallgeschwindigkeit entsteht.

Mündungsknall und Geschoßknall unterscheiden sich in ihrem zeitlichen Pegelverlauf, in der Frequenzzusammensetzung und in den Ausbreitungseigenschaften.

Während der Mündungsknall seine Hauptenergieanteile im Frequenzbereich zwischen 125 und 1 000 Hz hat und als → Punktschallquelle wirkt, ist der Geschoßknall hochfrequent (2 000 bis 4 000 Hz) und breitet sich als kegelförmige Fläche aus, deren Kegelspitze das Geschoß ist und die längs der Geschoßflugbahn mitgeschleppt wird.

Wegen der impulsartigen Schallereignisse (→ Impulsgeräusche) des S. und des häufig unregelmäßigen Auftretens der Schußereignisse mit großer Pegeldifferenz zum momentanen → Hintergrundgeräusch in der Umgebung von Schießständen, wird S. abweichend von Industrie/Gewerbe oder Verkehrsgeräuschen ermittelt und beurteilt.

In VDI 3745 Blatt 1: Beurteilung von Schießgeräuschimmissionen, 5/1993, wird ein Ermittlungsverfahren für den → Beurteilungspegel von S. beschrieben, das die Einflußgrößen
- Waffenart und -typ
- Kaliber
- Munitionsart
- Standort der Schützen und des Anschlagortes
- Anzahl der Schüsse
- Schußrichtung bezüglich des Immissionsortes
- Bauart der Schießanlage

sowie die Schallausbreitungsbedingungen berücksichtigt (→ Schallausbreitung).

Die nach diesem Verfahren ermittelten Beurteilungspegel des S. werden verglichen mit den in VDI 2058, Bl. 1: Beurteilung von Arbeitslärm in der Nachbarschaft, 9/1985, aufgeführten Immissionsrichtwerten. *Strauch*

Schiffahrtsgeräusch ⟨*ship radiated noise*⟩. Durch den Schiffsverkehr auf Wasserstraßen verursachte Geräuschimmissionen. S. werden überwiegend verursacht von den Antriebsaggregaten des Schiffs.

S. sind für die Belastung der Bevölkerung in der Bundesrepublik gegenüber → Straßen- und → Schienenverkehrsgeräuschen von untergeordneter Bedeutung; für die Anwohner von Wasserstraßen können jedoch S. wegen der Geräuschart (tieffrequente Geräusche der Auspuffanlage langsamlaufender Dieselmotoren) und des zeitlichen Geräuschverlaufs (geringe Fahrgeschwindigkeit und somit lange Hördauer des Geräusches) eine, insbesondere in Wohngebieten mit sonst geringer Geräuschbelastung, wesentliche Geräuschquelle sein. *Strauch*

Schlachthof ⟨*slaughter house*⟩. Bedingt durch die historische Entwicklung unterscheidet man zwischen Rinder- und Schweine-S. und Geflügel-S. Die Zahl der kommunalen S., die überwiegend mit Einzelschlachtständen ausgerüstet sind, ist infolge der Zunahme der in den Schlachtvieherzeugergebieten liegenden Versand-

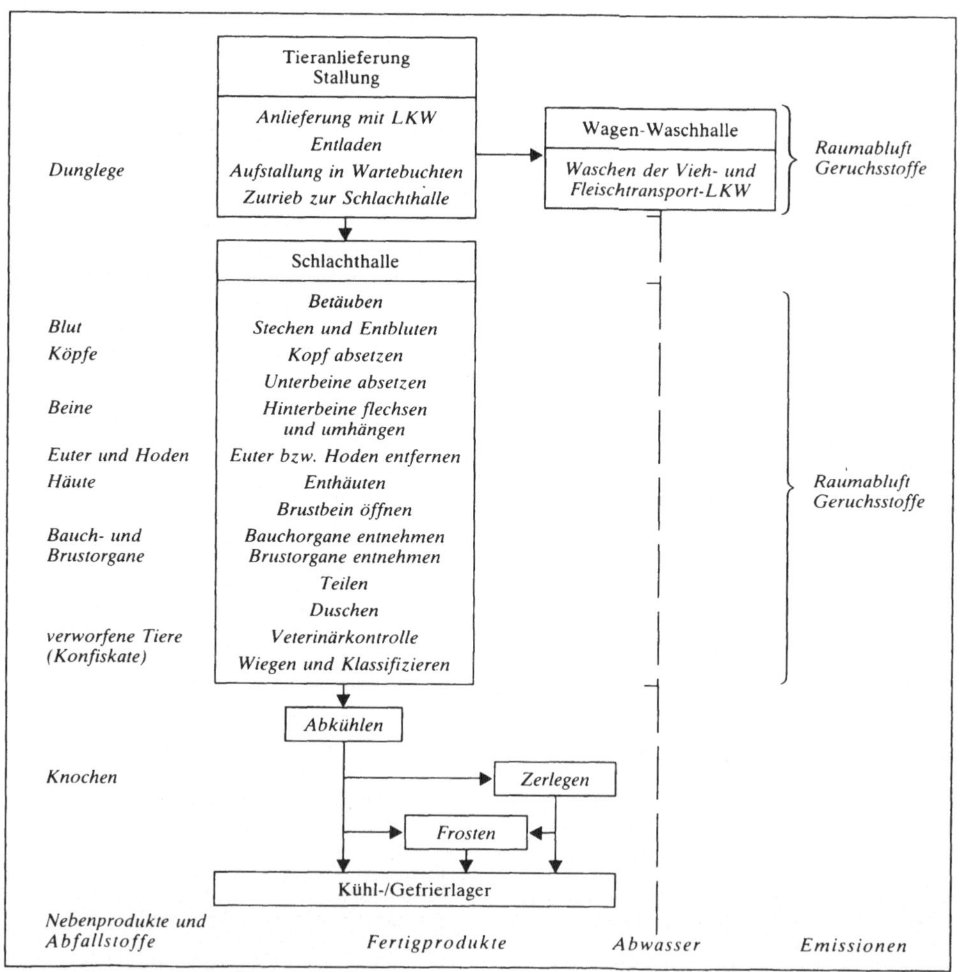

Schlachthof 1: Fließbild Rinderschlachtstraße.

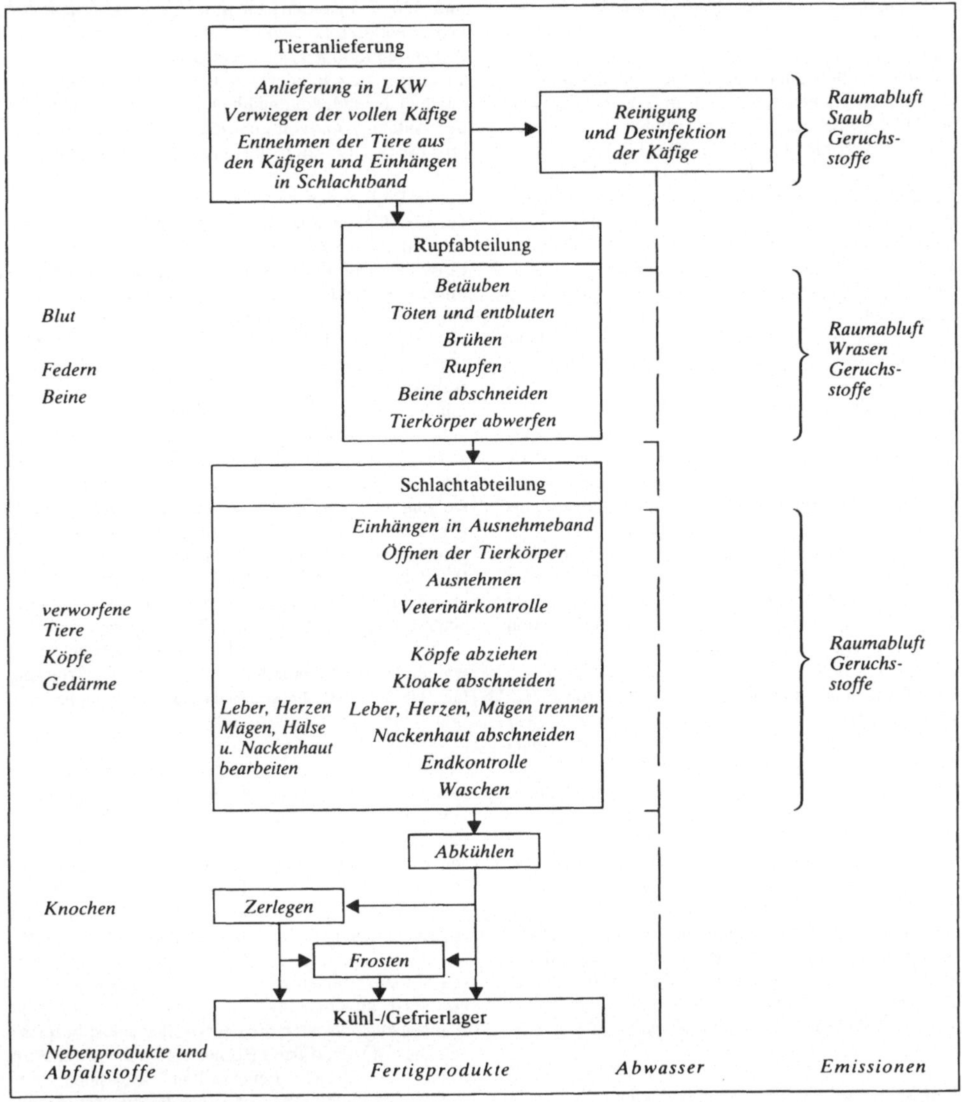

Schlachthof 2: Fließbild Geflügelschlachthof.

schlachtereien zurückgegangen. Dort wird in der Regel in einer nach der Tierart getrennten Schlachtstraße geschlachtet. Die Technologie ist für alle Tierarten ähnlich; der Unterschied liegt in der Berücksichtigung von Größe und Eigenart der Tiere (Bild 1, 2).

Anlagen zum Schlachten von ≥500 kg Geflügel (Lebengewicht) und ≥8 000 kg sonstige Tiere pro Woche sind genehmigungsbedürftig nach Nr. 7.2 des Anhangs zur →4. BImSchV; ab Schlachtquoten von 5 000 kg bzw. 40 000 kg je Woche ist ein förmliches Genehmigungsverfahren durchzuführen (→Genehmigungsverfahren nach dem BImSchG).

Unvermeidbar bei allen Verfahrensschritten sowie bei der Aufbereitung und Lagerung der Nebenprodukte und Schlachtabfälle ist die Entstehung von Geruchsemissionen, die durch Eigengerüche der Tierkörper und Zersetzungsprodukte von organischen Substanzen entstehen. Die Zersetzungsprozesse werden durch

Lagerzeit, Temperatur, Feuchtigkeit, angewandte Verfahrenstechnik, Abwasserbehandlung usw. stark beeinflußt.

Durch bauliche, technische und organisatorische Maßnahmen können Gerüche primär gemindert werden; Nr. 3.3.7.2.1 der → TA Luft enthält entsprechende besondere Vorschriften zur Emissionsminderung.

Grundsätzlich ist auf leicht zu reinigende Flächen, gute Be- und Entlüftung, kurzfristige Zwischenlagerung und Aufstallung sowie kurze innerbetriebliche Transportwege (Unterbindung der Fäulnisbildung) zu achten. Lagersysteme mit Wechselbehältern sind solchen vorzuziehen, bei denen das Lagergut umgeladen werden muß.

Der Blutlagertank ist so aufzustellen, daß die Zulauf- und Entleerungs-Leitungen möglichst kurz sind. Für die Umfüllung ist ein geschlossenes System anzuwenden, z. B. → Gaspendelung.

Im S.-Bereich sind nur Emissionen bekannt, die biologisch abbaubar sind, d. h. zur Geruchsminderung von Abluft können → Biowäscher und → Biofilter eingesetzt werden. Durch die biologische Umsetzung vermindern sich die ortsspezifischen Gerüche und deren hedonische Wirkung ändert sich (*griech.* hädonä = angenehme Empfindung). Das Reingas enthält aber stets auch den Eigengeruch der Biologie. Neben der biologischen Abluftreinigung haben sich Adsorption (z. B. mit Aktivkohle) und die thermische Verbrennung bewährt.

Darüber hinaus soll bei der Errichtung von S. ein Mindestabstand (→ Schutzabstand) von 350 m zur nächsten vorhandenen oder in einem Bebauungsplan festgesetzten Wohnbebauung (nach Nr. 3.3.7.2.1 der TA Luft) nicht unterschritten werden. Im Bereich unterhalb von 350 m oder bei besonderen Standortgegebenheiten sind Einzelfall-Betrachtungen erforderlich, weil die topographischen, mikroklimatischen und betrieblichen Gegebenheiten eine generelle Aussage über die Geruchsimmissionen erschweren.

Beispiele für eine Abstandsbewertung sowie die Bewertung von Emissionsquellen von S. nach Intensitätsstufen und anzuwendende Maßnahmen enthält VDI 2596. *Fank*

Literatur: VDI 2596: Emissionsminderung; Schlachthöfe. 10/1991.

Schlauchfilter ⟨*bag filter*⟩ → Oberflächenfilter

Schleifmittelherstellung ⟨*abrasive materials, production of*⟩. Die S. ist Teil der → Keramikindustrie. Kennzeichen der S. ist das Fixieren hochabrasiver, oft carbidischer Pulver durch keramische oder organische Bindemittel auf einem Träger. Emissionsrelevanter Prozeßschritt ist das Aushärten von Schleifmitteln mit organischen Bindemitteln. Verwendet werden Harze und Polysaccharide (2–4 Gew.-%) oder als Ausbrennstoffe Naphthalin oder andere Oligomere mit Anteilen bis über 20 Gew.-%. Bei Temperaturen zwischen 150 und 220 °C in elektrisch bzw. bis 450 °C in fossil beheizten Öfen können im Abgas → organische Stoffe in Konzentrationen von mehr als 1,0 g Gesamt-C/m^3 entstehen, die z. B. bei Harzbindung Ammoniak, Formaldehyd, Naphthalin und Phenol enthalten können. Bei der Vulkanisation von gummigebundenen Schleifmitteln treten zusätzlich schwefelhaltige Komponenten auf.

Die Emissionen an Phenolen und Formaldehyden aus Resolharzen sind durch Verwendung phenol- und formaldehydarmer Harze deutlich zu verringern. Die Emissionen an organischen Stoffen können durch thermische → Nachverbrennung, durch naßarbeitende Abgasreinigungseinrichtungen (→ Absorber), → Biowäscher, → Biofilter oder Adsorption mit Aktivkohlefiltern gemindert werden. Die Verfahren sind je nach Abgaszusammensetzung zu wählen. Z. B. sind bei erhöhten Ammoniakanteilen Naßwäscher den Aktivkohlefiltern vorzuziehen.

Anlagen zur Herstellung von künstlichen Schleifscheiben, -körpern, -papieren oder -geweben unter Verwendung organischer Binde- oder Lösemittel sind in der Nr. 5.10, Spalte 2, des Anhangs der → 4. BImSchV genannt. Sie sind im vereinfachten Verfahren nach dem BImSchG genehmigungsbedürftig. Die emissionsbegrenzenden Anforderungen sind in der → TA Luft (allgemeine Regelungen nach Nr. 3.1) festgelegt.

Die oft sehr heterogenen Filterrückstände aus der S. werden (noch) deponiert. *Hinrichs*

Literatur: VDI 2585: Emissionsminderung; Keramische Industrie. 10/1993.

Schornstein ⟨*chimney*⟩. Ursprünglich der die Rauchgase in die freie Atmosphäre abführende Teil einer → Feuerungsanlage; heute allgemeine Bezeichnung von baulichen Einrichtungen zur Abführung von Abgasen oder Abluft. Neben dem Begriff S. werden in Deutschland synonym die Begriffe Kamin, Rauchfang, Schlot und Esse verwendet, wobei sich jedoch im Sprachgebrauch die Bezeichnung S. immer mehr durchsetzt (z. B. Bundesgesetz über das Schornsteinfegerwesen). Eine Besonderheit ist bei den Synonymen Kamin und Esse gegeben: als solche werden sowohl die Rauchabzüge als auch die Feuerstellen selbst bezeichnet. Dies ist von größerer Bedeutung für die Kamine im Sinne von offenen Feuerstellen, wie sie in der → 1. BImSchV als offene Kamine besonderen Anforderungen zur Emissionsminderung unterworfen werden.

Im Umweltschutz sind S. von Bedeutung im Hinblick auf die Ableitung von Luftschadstoffen und deren von der S.-Höhe abhängigen Ausbreitung (→ Schornsteinhöhe, → Schornsteinmindesthöhe, → Spurenstoffausbreitung). Die Ableitung von Abgasen über S. bewirkt lediglich eine Verdünnung der darin enthaltenen Schadstoffkonzentration und ist daher unter dem Postulat eines vorsorgenden Umweltschutzes nur von sekundärem Wert; Priorität haben Emissionsminde-

Schornstein: Der 1890 in Betrieb genommene S. der Halsbrücker Hütte in Freiberg/Sachsen. Der Schornsteinfuß liegt ca. 60 m über der Hüttensohle; der Abgaskanal ist etwa 500 m lang.

rungsmaßnahmen, die bereits bei der Entscheidung über die einzusetzenden Brenn- oder Einsatzstoffe sowie die anzuwendenden technischen Prozesse und nicht nur bei der Auswahl der Abgasreinigungsverfahren ansetzen müssen. Gleichwohl sind S. bei Verbrennungsprozessen und bei vielen Produktionsprozessen unverzichtbar, weil die über das Verdünnungsprinzip hinausgehend postulierten Verminderungsprinzipien nicht das absolut schadstofffreie Abgas gewährleisten können.

Das Verdünnungsprinzip war in der Luftreinhaltung seit Beginn der Industrialisierung lange Zeit das einzige Mittel, um akute Schäden durch Luftschadstoffe von Mensch und Umwelt abzuwenden. Bereits in der ersten Hälfte des 19. Jahrhunderts wurden aus diesem Grunde in England und Schottland zur Ableitung von Abgasen aus chemischen Anlagen, namentlich von → Chlorwasserstoff aus der Sodafabrikation, S. mit Bauhöhen bis zu ca. 139 m (um 1845 Tennant's St. Rollox Works bei Glasgow) errichtet. Der höchste S. der Erde war im 19. Jahrhundert die 1890 in Betrieb genommene *Halsbrücker Esse* der Freiberger Hüttenwerke (Sachsen) mit einer Bauhöhe von 140 m (Bild). Der S. wurde gebaut, um den anhaltenden Beschwerden über schwere Schäden an Nutzpflanzen, Vieh und Waldungen durch säure- und schwermetallhaltige Abgase der Röst- und Hochöfen in der näheren Umgebung abzuhelfen.

Der höchste S. der Welt (420 m) ist seit 1991 in einem Kohlekraftwerk in Ekibastuz (Kasachstan) in Betrieb. Der höchste europäische S. (360 m) gehört zu einem Heizkraftwerk in Trbovlje (Slowenien), der höchste deutsche S. (302 m) zum Kohlekraftwerk der VEBA-Kraftwerke Ruhr in Gelsenkirchen.

Dreyhaupt

Literatur: Das neue Guinness Buch der Rekorde 1996; Ullstein, Frankfurt a. M./Berlin 1996. – *Dreyhaupt, F. J.*: Entsorgung von Luftschadstoffen – von der Verdünnung zur Vermeidung. In G. Hohlneicher/G. Raschke: Leben ohne Risiko. Köln 1989. – Mitteilung über die Halsbrücker Esse in Zeitschrift des Vereins Deutscher Ingenieure, Bd. XXXV, No. 6, 1891, S. 175. – *Schilling, G.*: Die Bezeichnungen für den Rauchabzug im deutschen Sprachgebiet. Giessen 1963.

Schornsteinfeger-Messung *⟨chimney-sweep measurement⟩*. Nach der Verordnung über → Kleinfeuerungsanlagen (→ 1. BImSchV) besteht die Verpflichtung, vom zuständigen Bezirksschornsteinfeger durch Messungen überprüfen zu lassen, ob die an Heizungsanlagen gestellten Anforderungen zur Begrenzung der Emissionen eingehalten werden. Gemessen wird bei den meisten Anlagen einmal jährlich. Hierdurch soll erreicht werden, daß die Heizungsanlagen regelmäßig fachmännisch gewartet und korrekt eingestellt werden. Ohne Kontrolle und Wartung besteht das Risiko, daß der Brennstoffverbrauch erheblich ansteigt und die Außenluft unnötig belastet wird. Die S.-M. leisten also gleichermaßen einen wichtigen Beitrag zur Energieeinsparung und zur Luftreinhaltung.

Um den Meßaufwand gering zu halten, werden einfache Meßgeräte eingesetzt, die allerdings eine Eignungsprüfung bestanden haben sollen. Anforderungen an die Bauausführung und Prüfung der Meßgeräte sind in Richtlinien des zuständigen Bundesministeriums festgelegt. Bei → Feuerungsanlagen für feste Brennstoffe werden nach dem Prinzip der Gravimetrie die staubförmigen Emissionen bestimmt. Bei Holz- und Strohfeuerungen wird zur Vermeidung von Beschwerden der Nachbarschaft zusätzlich als Maß für die Güte der Verbrennung der Kohlenmonoxidgehalt gemessen. Bei Öl- und Gasfeuerungen wird aus der Messung des Sauerstoff- oder Kohlendioxidgehalts im Abgas und der Differenz zwischen Abgas- und Raumlufttemperatur der Abgasverlust bestimmt. Bei Ölfeuerungen wird außerdem zur Kennzeichnung der Rußemissionen die → Rußzahl nach der → Bacharach-Methode ermittelt.

Stahl

Literatur: Qualitätssicherung der Messung nach der 1. BImSchV. Forschungsber. 91-104 02 172 der GSA Gesellschaft für Staubmeßtechnik und Arbeitsschutz, Neuß, 3/1991 i. A. des Umweltbundesamtes.

Schornsteinhöhe ⟨*chimney height*⟩. Schornsteine dienen zur Ableitung von Abgasen in die Atmosphäre. Die geltenden Vorschriften zur Reinhaltung der Luft (z. B. → TA Luft) stellen bestimmte Anforderungen an die Ableitungsbedingungen der Abgase. Danach sind die Abgase so abzuleiten, daß ein ungestörter Abtransport mit der freien Luftströmung ermöglicht wird. Darüber hinaus jedoch ist die S. (Schornsteinbauhöhe) so festzulegen, daß eine ausreichende Verdünnung der Abgase erfolgt. Die so ermittelte S. ist die erforderliche → Schornsteinmindesthöhe.

Die Grundlage für die Bemessung der erforderlichen S. liefert ein *Gauß*-Fahnenmodell (→ Gauß-Modell). Es errechnet bei Kenntnis der in der Zeiteinheit emittierten Schadstoffmenge in Abhängigkeit von der S. und den meteorologischen Ausbreitungs-Situationen die in der Umgebung des Schornsteins auftretenden Immissionskonzentrationen. Bei Vorgabe eines Schwellenwerts für die Immissionskonzentrationen, der nicht überschritten werden soll, kann dann die S. errechnet werden, bei der der Schwellenwert gerade eingehalten ist. In hohem Maße hängt die sich ergebende S. (Schornsteinbauhöhe) von der effektiven → Quellhöhe ab.

Bei einer gegebenen meteorologischen Ausbreitungssituation vermindert sich die maximale Immissionskonzentration proportional mit dem Quadrat der S. Mit zunehmender S. verschiebt sich die maximale Immission zu größeren Entfernungen. Bei labiler Temperaturschichtung der Atmosphäre liegt das Maximum näher als bei stabiler Temperaturschichtung.

Bei Abgasmengen von 50 000 $m^3 h^{-1}$ und Abgastemperaturen von 120 °C liegt das Immissionsmaximum im Jahresmittel bei einer Schornsteinbauhöhe von H = 50 m in ca. 500 m Entfernung, bei H = 150 m in ca. 1 000 m Entfernung. Bei gleicher Abgasmenge würde bei H = 300 m die Entfernung ca. 2 000 m betragen. Bei Schornsteinbauhöhen von H = 300 m sind jedoch eher Abgasmengen von 1 000 000 $m^3 h^{-1}$ als typisch anzusehen. In diesem Fall läge bei H = 300 m das Immissionsmaximum im Jahresmittel im Entfernungsbereich um 5 000 m.

Die Verdünnungswirkung von Schornsteinen (Verhältnisfaktor von Emissions- zu Immissionskonzentration) hängt gleichfalls stark von der effektiven Quellhöhe und damit von der Abgasmenge und der Abgastemperatur ab. Die nachfolgend genannten Verdünnungsfaktoren gelten für eine Abgasmenge von 1 000 000 $m^3 h^{-1}$ und eine Abgastemperatur von 120 °C.

Bezogen auf den maximalen Jahresmittelwert der Immissionskonzentration betragen die Verdünnungsfaktoren bei H = 50 m rd. 300 000, bei H = 150 m rd. 5 000 000, bei H = 300 m rd. 18 000 000. Bezogen auf die maximalen 98-Perzentile der Häufigkeitsverteilung der Immissionskonzentrationen liegen die Verdünnungsfaktoren bei H = 50 m bei rd. 25 000, bei H = 150 m bei rd. 250 000 und bei H = 300 m bei 1 200 000.

Hohe Schornsteine vermindern die Immissionsbelastung im unmittelbaren Einflußbereich der Emittenten deutlich. Bei weiträumiger Betrachtung sind jedoch hohe Schornsteine kein ausreichendes Mittel zur Luftreinhaltung. Bei hohen Schornsteinen werden die Schadstoffe über große Entfernungen (Ferntransport) transportiert. Die chemischen Umsetzungsprodukte der Abgase (z. B. Sulfat, Nitrat) werden auch noch in großen Entfernungen abgelagert und können hier negative Auswirkungen auf Boden, Wasser und Biosphäre haben. Generell ist daher eine Verminderung der Schadstoffströme an der Quelle anzustreben (→ Schornstein).

Külske

Schornsteinmindesthöhe ⟨*chimney height, minimum*⟩. Die nach den Vorschriften der Nr. 2.4 der → TA Luft zur Immissionsbegrenzung erforderliche Schornsteinbauhöhe (→ Schornsteinhöhe). Sie kann in Abhängigkeit von der Schadstoffkomponente aus einem Nomogramm (Nr. 2.4.3 TA Luft) entnommen werden, wenn folgende Größen bekannt sind: Abgasmenge in $m^3 h^{-1}$, Abgastemperatur in °C, Schornsteindurchmesser in m, Schadstoffmenge in $kg h^{-1}$. Die so ermittelte S. ist mit Zuschlägen zu versehen zur Berücksichtigung der Höhe der Bebauung und des → Bewuchses in der Umgebung des Emittenten. Ein weiterer Zuschlag ist erforderlich, wenn der Emittent in einem Tal liegt oder die Ausbreitung durch Geländeerhebungen gestört ist.

Der → Schornstein soll mindestens eine Höhe von 10 m über der Flur haben und den Dachfirst um 3 m überragen, um die unmittelbare Nachbarschaft nicht zu beeinträchtigen. Bei höheren Gebäuden in der Nachbarschaft sowie bei Gebäuden, die zu einem Herabziehen der Abgasfahne zum Boden führen (Leewirbelbildung), sind Sonderuntersuchungen erforderlich. In der Regel sollten Schornsteinhöhen 250 m nicht überschreiten. Ergibt sich aus dem Nomogramm der TA Luft eine größere Schornsteinhöhe als 200 m, sollen Emissionsbegrenzungen vorgenommen werden.

Külske

Schüttgutlagerung ⟨*storage of powders*⟩ → Lagerung staubender Güter

Schüttschichtfilter ⟨*granular-bed filter*⟩. S. sind filternde → Abscheider, bei denen der staubbeladene Gasstrom eine körnige Schicht durchströmt und dabei gereinigt wird. Die Schüttschicht übernimmt bei dieser Filterbauart die Funktion des Filtermediums. Sie kann aus Materialien verschiedenster Art und Größe bestehen; häufig werden Kies, Sand, Keramik und Aktivkohle der Größe 0,5 – 5 mm verwendet. Wichtig für die Einsatzmöglichkeiten dieser Filter sind die chemische und mechanische Resistenz, die Beständigkeit gegenüber hohem Druck und hoher Temperatur sowie das Regenerierverhalten der Schüttung. Haupteinsatzgebiete liegen vorwiegend bei der Entstaubung heißer

Abgase, bei der Abscheidung von abrasiven, chemisch aggressiven oder klebrigen Stäuben sowie bei der Gefahr von Glimmbränden oder Taupunktsunterschreitungen.

Prinzipiell kann die Abscheidung von Partikeln an größeren Körnern in einer ruhenden Schüttschicht (Festbett), bewegten Schüttschicht (Wanderbett) oder von der Gasströmung getragenen Schicht (Wirbelschicht) erfolgen. Bei einer unbeladenen Schüttschicht findet die Abscheidung zunächst im Inneren am einzelnen Schüttgutkorn statt. Dieser Vorgang entspricht prinzipiell der Abscheidung in → Tiefenfiltern. Bei einer ruhenden Schüttung verstopfen mit fortschreitender Filtration die Hohlräume zwischen den Körnern. Die Abscheidung verlagert sich nach außen, ähnlich wie bei den → Oberflächenfiltern. Nach Erreichen eines zulässigen Druckverlustes müssen die Schüttschichten regeneriert, d.h. die abgeschiedenen Stäube entfernt werden. *Schmidt*

Schutzabstand ⟨*protection distance/buffer zone*⟩. S. sind im wesentlichen ein Instrument der Stadt- und Regionalplanung, um Gebietsnutzungsarten (→ Baugebiete) mit schutzwürdigem Charakter von solchen mit potentiellen Gefahreninhalten von vornherein zu trennen und so die möglichen schädlichen (Umwelt-)Auswirkungen inhärent klein zu halten. Dies gilt sowohl für Störfall- und Unfallgefahren, die von Industrieanlagen und sonstigen gefährlichen Anlagen ausgehen können, wo die S. den Charakter von Sicherheitsabständen vor direkten Explosions-, Brand- oder Gaswolkenauswirkungen haben, als auch für bloße drohende schädliche Umwelteinwirkungen durch → Luftverunreinigungen, Gerüche, → Geräusche, → Erschütterungen und ähnliche Einwirkungen im Sinne des BImSchG, die unterhalb der Gefahrenschwelle liegen, aber erhebliche → Belästigungen oder Nachteile beinhalten können. Zwar sind S. oder Sicherheitsabstände, oft auch als Mindestabstände bezeichnet, in verschiedenen Rechtsnormen, Verwaltungsvorschriften und Richtlinien konkret vorgesehen, so z.B. für Sprengstofflager (2. SprengV), Flüssiggaslager (TRB 610/TRB 810), Tierintensivhaltungen und Schlachthöfe (→ TA Luft Nrn. 3.3.7.1.1 und 3.3.7.2.1), die Realisierung solcher Abstände ist aber nur im Einklang mit dem Planungsrecht (Bauleitplanung) möglich.

Zur Gewährleistung großer S. bietet sich grundsätzlich § 35 Abs. 1 Nr. 5 BauGB (Bauen im Außenbereich wegen nachteiliger Wirkung des Vorhabens auf die Umgebung) als wirksames Instrument an (praktiziert z.B. bei Tierintensivhaltungen), aber die baugesetzliche Bodenschutzklausel und die Bodenschutzziele überhaupt engen den ohnehin schon restriktiven Charakter dieser Planungsnorm noch weiter ein.

Die Berücksichtigung von S. in der planerischen Praxis ist hauptsächlich aus zwei Gründen schwierig:

❒ Die Bauleitplanung – als letzte Stufe in der Planungskette Raumordnung/Landesplanung/Regionalplanung –, in der überhaupt noch die Umwelt- und Sicherheitsaspekte konkret durch → Abstandsregelungen in die Entscheidung einbezogen werden können, hat wegen der in Deutschland weitgehend vorgegebenen tatsächlichen Nutzungssituationen einerseits und wegen des Postulats der restriktiven Inanspruchnahme der Ressource Boden (Bodenschutzklausel) andererseits keine weiten Spielräume für inhärent sichere, große S.; die Planung steht vielmehr, besonders in den Ballungsgebieten, schwerpunktmäßig vor der Aufgabe der Verbesserung bestehender Nutzungs- und Bebauungszustände, wo meist nur kleine Planungsschritte möglich sind, die zwar Entzerrungen unverträglicher Nutzungen – insbesondere in sog. Gemengelagen –, aber in der Regel keine absolute Trennung durch gefahren- oder belästigungsbeseitigende Schutzentfernungen zulassen.

❒ Das Maß für einen notwendigen S. kann nicht in allen Fällen einer potentiell gefährlichen oder umweltschädlichen Nutzung mit naturwissenschaftlichen Erkenntnissen sicher ermittelt werden, teils weil (bei Neuplanungen) die tatsächlichen Gefahren- oder Schädigungsinhalte noch gar nicht bekannt sind, teils weil die Prognosemodelle für die Abstandsberechnung nicht alle Einflüsse überhaupt oder vollständig berücksichtigen können. Am ehesten ist eine relativ genaue und in ihrer Wirkung auch ziemlich sicher zu beurteilende S.-Ermittlung möglich zur Vermeidung schädlicher Geräuscheinwirkungen, weil hier einerseits die physikalischen Gesetzmäßigkeiten der → Schallausbreitung reproduzierbar nachvollzogen werden können und andererseits die Quellen der schädlichen Auswirkungen – die Schallquellen – keinen unvorhergesehenen Ereignissen unterworfen sind, die bei anderen Gefahrenquellen, wie sie z.B. beim Ablauf chemischer Reaktionen oder in der Kerntechnik gegeben sind, zu schwer abschätzbaren Folgen führen können. Für die ungestörte Schallausbreitung in der freien Atmosphäre gilt das → Abstandsmaß.

In der Praxis der Bauleitplanung werden sog. S.-Listen zur Berücksichtigung des Immissionsschutzes – konkret der Luftreinhaltung und des Lärmschutzes – bei der Aufstellung von Flächennutzungs- und Bebauungsplänen angewendet, die sich am → Stand der Technik zur Emissionsminderung orientieren; die Abstandslisten werden aber nicht direkt als Entscheidungshilfe von der Planungsbehörde herangezogen, sondern dienen den Immissionsschutzbehörden als Grundlage für ihre im Bauleitplanverfahren als Träger öffentlicher Belange abzugebenden Stellungnahme. Die Abstandsliste ist mit einem sog. Abstandserlaß (Abstandsregelungen) gekoppelt, der die Anwendung der Liste und dabei auch Gesichtspunkte der Flexibilität regelt. Die Planungsbehörde ist nicht an die Abstandsliste und auch nicht an die Stellungnahme der Immissionsschutzbehörde gebunden, sondern hat diese Stellungnahme im Rahmen des Abwägungsgebotes des Baugesetzbuches in die Abwägung einzubeziehen.

Die behandelte S.-Liste gilt nicht in konkreten Anlagengenehmigungsverfahren nach dem BImSchG, weil in solchen Verfahren aufgrund der detaillierten Antragsunterlagen im Rahmen der Einzelfallprüfung die Auswirkungen und der Einwirkungsbereich der geplanten Anlage wesentlich genauer beurteilt werden können. Auf dieses Procedere laufen auch in der TA Luft (z.B. für Schlachthöfe in Nr. 3.3.7.2.1) konkret vorgesehene Mindestabstände zur nächsten vorhandenen oder in einem Bebauungsplan festgesetzten Wohnbebauung hinaus; soll der angegebene Mindestabstand unterschritten werden, so ist eine „Sonderbeurteilung" erforderlich. Dabei können in → VDI-Richtlinien angegebene Abstandsbewertungen (wie etwa für Schlachthöfe in VDI 2596 zur Vermeidung von erheblichen Geruchsbelästigungen vorgesehen) als Regeln der Technik berücksichtigt werden. *Dreyhaupt*

Literatur: Abstände zwischen Industrie- bzw. Gewerbegebieten und Wohngebieten im Rahmen der Bauleitplanung (Abstandserlaß); Runderlaß des Ministers für Umwelt, Raumordnung und Landwirtschaft NRW vom 21.3.1990 (MBl. NW S. 504), geändert durch Erl. vom 22.9.1994 (MBl. NW, S. 1330). – *Dreyhaupt, F. J.* und *H. Bresser:* Schutzabstände als Instrument der Stadt- und Regionalplanung zur Berücksichtigung des Faktors Luftreinhaltung. Köln 1972. – Immissionsschutz in der Bauleitplanung (Erläuterungen zum Abstandserlaß), herausgegeben vom Ministerium für Umwelt, Raumordnung und Landwirtschaft des Landes Nordrhein-Westfalen. Düsseldorf 1990. – TRB 610: Technische Regeln Druckbehälter; Aufstellung von Druckbehältern zum Lagern von Gasen; Ausg. November 1995 (Bundesarbeitsbl. 11/1995 S. 56). – TRB 801: Technische Regeln Druckbehälter; Besondere Druckbehälter nach Anhang II zu § 12 Druckbehälter-Verordnung, Ausgabe Februar 1984 (Bundesarbeitsbl. 2/1984 S. 92, zuletzt geändert mit BArbBl. 1/1996 S. 75), mit der Anlage zu TRB 801 Nr. 25 – Flüssiggaslagerbehälteranlagen; Ausg. Dez. 1991 (Bundesarbeitsbl. 12/91 S. 53, zuletzt geändert mit BArbBl. 1/1996 S. 78). – VDI 2596: Emissionsminderung; Schlachthöfe; Okt. 1991. – *Wietfeldt, P.:* Sicherheitsabstände – eine Maßnahme zur Störfallvorsorge; TÜ **33** (1992) Nr. 6 S. 224, Nr. 7/8 S. 254. – Zweite Verordnung zum Sprengstoffgesetz (2. SprengV) vom 5. Sept. 1989 (BGBl. I S. 1620/2458).

Schutzprinzip ⟨*principle of (basic) protection*⟩. Das S. gehört zu den wichtigsten Grundsätzen des Umweltrechts. So bezeichnet § 1 des BImSchG als Zweck dieses Gesetzes, Menschen, Tiere und Pflanzen, den Boden, das Wasser, die Atmosphäre sowie Kultur- und sonstige Sachgüter vor schädlichen Umwelteinwirkungen und, soweit es sich um genehmigungsbedürftige Anlagen handelt, auch vor Gefahren, erheblichen Nachteilen und erheblichen → Belästigungen, die auf andere Weise herbeigeführt werden, zu schützen. Nach § 1a Abs. 2 des Wasserhaushaltsgesetzes ist jedermann verpflichtet, bei Maßnahmen, mit denen Einwirkungen auf ein Gewässer verbunden sein können, die nach den Umständen erforderliche Sorgfalt anzuwenden, um eine Verunreinigung des Wassers oder eine sonstige nachteilige Veränderung seiner Eigenschaften zu verhüten. Abfälle sind nach § 1 Abs. 1 Satz 2 des Abfallgesetzes so zu entsorgen, daß das Wohl der Allgemeinheit nicht beeinträchtigt wird. Zweck des Atomgesetzes ist es, Leben, Gesundheit und Sachgüter vor den Gefahren der Kernenergie und der schädlichen Wirkung ionisierender Strahlen zu schützen (§ 1 Nr. 2 des Atomgesetzes). Auch der Entwurf eines Allgemeinen Teils für ein Umweltgesetzbuch stellt den Schutzzweck in § 1 besonders heraus; danach umfaßt der Schutz der Umwelt

- die Minderung von Umweltrisiken und die Abwehr von Umweltgefahren,
- die Beseitigung von Umweltschäden und die Wiederherstellung der Funktions- und Leistungsfähigkeit des Naturhaushalts sowie
- die Durchführung notwendiger Pflege- und Gestaltungsmaßnahmen für die Umwelt. *Hansmann*

Schwärzungszahl nach Bosch ⟨*SN/Bosch smoke number*⟩. Die Rauchdichte in Abgasen wird mit Rauchdichtemeßverfahren ermittelt. Für die Bestimmung der Rußemission von Ölfeuerungen wird die → *Bacharach*-Methode angewandt, während für Messungen an Dieselmotoren Lichtschwächungsmesser (→ Abgastrübung) und die Filterpapiermethode eingesetzt werden.

Bei dieser handelt es sich um die Bestimmung der S. nach *Bosch.* Bei der Messung wird über eine bestimmte Probenahmesonde ein definiert großer Abgasvolumenstrom über einen Saugzylinder dem Auspuffrohr des Motors entnommen und über einen spezifizierten Papierfilter mit definierter Oberfläche angesaugt. Durch die Ablagerung der Rußpartikel entsteht auf dem Filterpapier eine Graufärbung. Der Grauwert der Filterprobe wird mit Hilfe eines Reflexionsphotometers erfaßt und durch eine nachgeschaltete Elektronik einem Wert der sog. Bosch-Schwärzungsskala zugeordnet. Dabei entsprechen 100% Reflexion des weißen Filterpapiers der S. 0 (keine Partikel) und 0% Reflexion des Filterpapiers (durch Partikel völlig geschwärzt) der S. 10. Die dazwischen liegenden Werte werden entsprechend elektronisch linearisiert. *Kallenbach/May*

Schwebstaub-Immissionsmessung ⟨*suspended particulates, measurement of*⟩. Bei Luftverunreinigungen durch Partikel wird zwischen Staubniederschlag und Schwebstaub unterschieden.

Der Schwebstaub umfaßt diejenige Partikelfraktion, die in der Atmosphäre quasistabil und quasihomogen dispergiert ist und somit zumindest für einen gewissen Zeitraum in der Schwebe bleibt.

Es gibt eine ganze Reihe von Meßverfahren für Schwebstaub, von denen in Deutschland aber nur wenige in der Praxis der Immissionsüberwachung Bedeutung haben. Ähnlich wie bei der Messung von gasförmigen Luftverunreinigungen können kontinuierliche und diskontinuierliche Meßverfahren unterschieden werden.

Nur wenige Methoden arbeiten ohne eine Abscheidung des Schwebstaubs, z.B. optische Meßverfahren

(Streulichtphotometer) oder akustische Meßverfahren (Zählung von Staubpartikeln mittels hochempfindlicher Mikrophone). Beide Verfahren haben in der routinemäßigen Immissionsmeßtechnik derzeit nur eine untergeordnete Bedeutung.

In aller Regel wird zunächst der Schwebstaub auf Glasfaser- oder Membranfiltern abgeschieden und anschließend gravimetrisch, radiometrisch oder photometrisch bestimmt. Bezüglich der Probenahme kann unterschieden werden zwischen Verfahren zur Messung des Gesamtschwebstaubs, bei der auf eine Fraktionierung nach der Korngröße der Partikel über die verfahrensbedingte Abscheidecharakteristik hinaus verzichtet wird, und fraktionierenden Verfahren, etwa zur Messung des → Feinstaubs. Bei der nach Partikelgrößen selektierenden S.-I. wird meist das Phänomen der Impaktion (Abscheidung aufgrund von Trägheitskräften) genutzt.

Die Vor- und Nachteile fraktionierender S.-I. sind national und international umstritten. In Deutschland sind alle Grenzwerte und Beurteilungsmaßstäbe auf den Gesamtschwebstaub ausgerichtet, so daß auch weitestgehend nur Gesamtschwebstaub-Messungen durchgeführt werden. In den USA ist dagegen das sogenannte PM-10-Verfahren (particulate matter 10 µm) sehr verbreitet. Hierbei werden nur Partikel mit einem aerodynamischen Durchmesser bis zu 10 µm erfaßt (50% Erfassungsanteil; sog. medianer cut-off), die einatembar und lungengängig sind. Es ist geplant, das PM-10-Verfahren auch in der Europäischen Gemeinschaft als Referenzverfahren einzuführen. Der meßtechnische Aufwand für fraktionierende S.-I. ist erheblich höher als bei der Messung von Gesamtschwebstaub.

Die wichtigsten Verfahren für S.-I. sind in VDI 2463 zusammengefaßt:

Da das Meßobjekt Schwebstaub nicht exakt definiert ist und hinsichtlich Konzentration, Partikelgrößenverteilung und stofflicher Zusammensetzung zeitlichen und örtlichen Schwankungen unterliegt, existiert kein Absolutmeßverfahren hierfür. Bei gleicher Meßgröße können je nach eingesetztem Meßverfahren unterschiedliche Meßwerte ermittelt werden. Eine Umrechnung der mit unterschiedlichen Verfahren erhaltenen Meßwerte ist nur unter ganz bestimmten Randbedingungen möglich. Daher wurde das in den Bl. 7, 8 der Richtlinie beschriebene → Kleinfiltergerät GS 050 als Basisverfahren für den Vergleich von nichtfraktionierenden Verfahren festgelegt. Es arbeitet mit einem Volumendurchsatz von 2,7 bis 2,8 m^3/h und Filtern mit 50 mm Durchmesser. Die im Probenahmezeitraum gesammelte Staubmasse wird gravimetrisch bestimmt.

Sehr verbreitet ist das sog. LIB-Filterverfahren, das in unterschiedlichen Varianten in den Bl. 4, 9 beschrieben ist. Bei einem Durchsatz von 15 bis 16 m^3/h werden ohne partikelgrößenabhängige Fraktionierung auf Filtern von 120 mm Durchmesser innerhalb der für Schwebstaubmessungen üblichen Probenahmezeit von 24 Stunden vergleichsweise große Staubmengen abgeschieden, was für eine nachgeschaltete Analyse von Staubinhaltsstoffen große Vorteile bietet.

Die Bl. 5, 6 der VDI-Richtlinie 2463 definieren zwei radiometrische Immissionsmeßverfahren zur Schwebstaubmessung. Die Funktion beider Geräte basiert auf der Absorption von β-Strahlen beim Durchgang durch eine auf einem Filter abgeschiedene Staubmasse. Beide Verfahren beinhalten eine nichtfraktionierende Probenahme.

Bei dem in Bl. 2 (Entwurf) beschriebenen High Volume Sampler handelt es sich um ein Gerät mit einem besonders hohen Luftdurchsatz von rund 100 m^3/h, das Partikel bis zu etwa 30 µm erfaßt.

Bei dem TBF 50f Filterverfahren nach Bl. 3 (Entwurf) handelt es sich um ein Gerät zur Messung von Feinstaub bei einem Luftdurchsatz von ca. 3 m^3/h und einem Filterdurchmesser von 50 mm.

In letzter Zeit wurden auch automatische Filterwechsler entwickelt, die eine größere Anzahl von Filtern bevorraten und nacheinander zeitgesteuert der Probenahme zuführen. Die belegten Filter werden in einem Magazin abgelegt.

Bei allen Filterverfahren werden die Filter vor und nach der Probenahme unter gleichen und definierten Bedingungen gewogen. Dabei können die Filter 24 h bei 105 °C getrocknet und anschließend bei konstanter Temperatur und Luftfeuchtigkeit äquilibriert werden. Alternativ erfolgt nur die Äquilibrierung vor und nach der Probenahme.

Die Nachweisgrenzen von Filterverfahren liegen in der Regel bei 5–10 µg Staub/m^3.

Von Bedeutung für die S.-I. ist letztlich noch das aus Großbritannien kommende → Black-Smoke-Verfahren, bei dem die auf einem Filter abgeschiedene Staubmasse indirekt über ihre Schwärzung mit Hilfe eines Reflexionsphotometers gemessen wird. *Pfeffer*

Literatur: VDI 2463, Bl. 1–9: Messen von Partikeln; Messen der Massenkonzentration (Immission).

Schwebstoffilter *⟨HEPA-filter⟩* → Tiefenfilter

Schwefeldioxid *⟨sulphur dioxide⟩*.

Emissionsmessung. Standardmethoden zur Emissionsmessung von S. werden in der Richtlinie VDI 2462 behandelt. Für Einzelmessungen stehen vier handanalytische Methoden, die sich prinzipiell ähneln, zur Auswahl. Die Gasprobe wird durch eine Jod- oder Wasserstoffperoxidlösung geleitet. Dabei wird das in der Probe enthaltene S. zu Schwefelsäure oxidiert und anschließend titrimetrisch oder gravimetrisch bestimmt. Das naßchemische Verfahren, das am häufigsten für Einzelmessungen und zur Kalibrierung kontinuierlich messender Analysatoren eingesetzt wird und als Referenzmeßverfahren bezeichnet werden kann, ist die H_2O_2-Thorin-Methode nach VDI 2462, Blatt 8.

Zur kontinuierlichen Messung von SO_2 stehen rund 15 eignungsgeprüfte Meßeinrichtungen zur Verfügung.

Das bevorzugte Meßverfahren ist das NDIR-Verfahren (VDI 2462, Blatt 4). Es gibt aber auch einige Meßgerätetypen, die drei anderen Meßverfahren zuzuordnen sind: Konduktometrie (VDI 2462, Blatt 5), Gasfilterkorrelationsverfahren und photometrisches In-situ-Meßverfahren.

Die Grenzwerte in der Großfeuerungsanlagen-Verordnung (→ 13. BImSchV) und der → TA Luft beziehen sich nicht auf S., sondern allgemein auf Schwefeloxide. Deshalb müßte bei der kontinuierlichen → Emissionsüberwachung eigentlich die Summe der Schwefeloxidemissionen gemessen werden. Da es dafür kein geeignetes Meßgerät gibt und ein zusätzliches Meßgerät zur Bestimmung von SO_3 den Aufwand erheblich vergrößern würde, wird darauf verzichtet. Ersatzweise wird der SO_3-Anteil bei der Kalibrierung durch Einzelmessungen ermittelt und daraus eine Korrekturgröße für die kontinuierliche Messung abgeleitet. Ein manuelles Verfahren zur Messung von SO_3 wird in der Richtlinie VDI 2462, Blatt 7 beschrieben. *Stahl*

Literatur: VDI 2462: Messen gasförmiger Emissionen; Messen der Schwefeldioxid-Konzentration; Bl. 8: H_2O_2-Thorin-Methode. 3/1985. – Bl. 4: Infrarot-Absorptionsgeräte UNOR 6 und URAS 2. 8/1975. – Bl. 5: Leitfähigkeitsmeßgerät Mikrogas – MSK-SO_2-El. 7/1979. – Bl. 7: Messen der Schwefeltrioxid-Konzentration; 2-Propanol-Verfahren. 3/1985.

Emissionsminderung. S. (SO_2) entsteht hauptsächlich bei der Verbrennung von schwefelhaltigen Brennstoffen. Ein geringer Teil des Schwefels wird jedoch zu Schwefeltrioxid (SO_3) oxidiert. Der natürliche Schwefelgehalt fossiler Brennstoffe liegt im Massen-%- bzw. Volumen-%-Bereich und variiert in der Regel mit der Lagerstätte (schwefelarme Brennstoffe).

Zur Minderung von SO_2-Emissionen können angewandt werden:

- → Entschwefelung von Brenn- und Einsatzstoffen (Kohleentschwefelung, Ölentschwefelung, Gasentschwefelung),
- Feuerungstechnische Maßnahmen (→ Direktentschwefelungsverfahren, → Trockenadditiv-Verfahren),
- Abgasreinigungsverfahren (→ Abgasentschwefelung).

Hauptemissionsquellen von SO_2 sind kohle- und heizölgefeuerte Kraft- und Fernheizwerke, Raffinerien sowie Kohle- und Heizölfeuerungen in Industrie, in Haushalten und bei Kleinverbrauchern.

Die Entwicklung der SO_2-Emissionen in der Bundesrepublik war seit Mitte der 70er Jahre gegenläufig; während im Westen Deutschlands die Emissionen stetig abnahmen, stiegen sie im Osten immer noch an (Bild 1). 1990 betrug die Gesamtemission von SO_2 ca. 1 Mio. t. Sie lag damit um 73% unter dem Wert von 1970. Die weitaus größte sektorale SO_2-Emissionsminderung wurde im Bereich der Kraft- und Fernheizwerke erzielt. Der während der 70er Jahre erzielte Höchstwert von ca. 2 Mio. t in diesem Bereich konnte bis 1990 um 85% auf ca. 295000 t gesenkt werden.

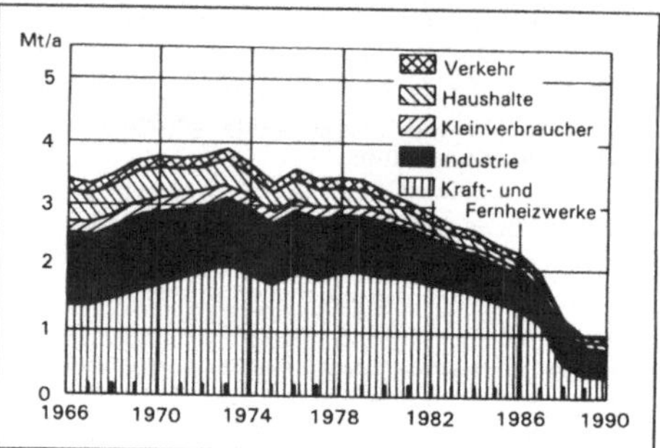

Schwefeldioxid 1: Entwicklung der SO_2-Emissionen in Westdeutschland von 1966 bis 1990.

Dies wurde durch Anwendung der Abgasentschwefelung aufgrund der Anforderungen der → 13. BImSchV erreicht. Die SO_2-Emissionen aus → Industriefeuerungen nehmen bereits seit 1970 ab. Dieser Trend wurde überwiegend durch Umstellung auf schwefelarme → Brennstoffe erzielt. Kohle- und Schwerölfeuerungen wurden in großem Umfang für den Einsatz von Erdgas und extraleichtem Heizöl umgestellt. In den verbleibenden Schwerölfeuerungen wird zunehmend schwefelarmes schweres Heizöl eingesetzt. Zum Teil kann der Rückgang auch auf Energiesparmaßnahmen sowie auf rückläufige Produktionen in einigen energieintensiven Grundstoffindustrien, z. B. Abbau von Raffineriekapazitäten, zurückgeführt werden. Die SO_2-Minderung in den Sektoren Haushalte und Kleinverbraucher ist überwiegend auf die Verdrängung von Kohle- und Ölheizungsanlagen durch Gasheizungsanlagen sowie auf die Herabsetzung des zulässigen Schwefelgehaltes im extraleichten Heizöl zurückzuführen.

Die Entwicklung der SO_2-Emissionen in Ostdeutschland zwischen 1975 und 1990 ist in Bild 2 dargestellt. Die extrem hohe Gesamtemission von über 5 Mio. t SO_2 wurde primär durch Einsatz von Braunkohle verursacht; diese hatte 1989 einen Anteil von

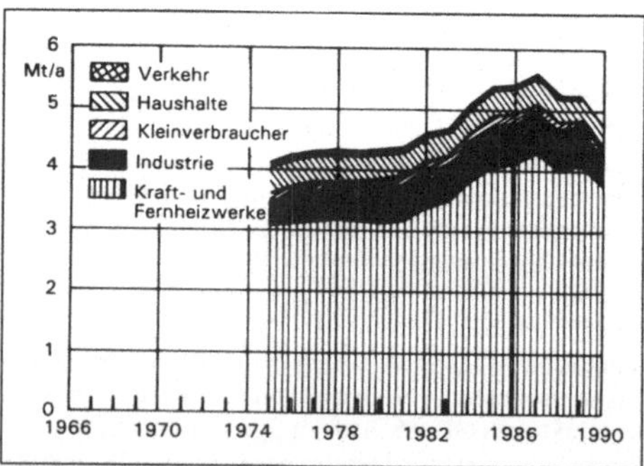

Schwefeldioxid 2: Entwicklung der SO_2-Emissionen in Ostdeutschland von 1975 bis 1990.

über 68% am gesamten Primärenergie-Verbrauch. Der Schwefelgehalt der Rohbraunkohle schwankt zwischen 0,5 und 1,5 Gew.-% im Fördergebiet Niederlausitz und zwischen 1,7 und 2,1 Gew.-% im Südraum Leipzig (zum Vergleich: Rheinland: 0,2 bis 0,9 Gew.-%). Sektoral stellen die Kraft- und Fernheizwerke mit fast 80% Anteil an den gesamten S.-Emissionen deren Hauptemissionsquelle dar. Hierbei wirken zusammen:
- der sehr hohe Anteil von braunkohlegefeuerten Kraft- und Fernheizwerken an der gesamten Strom- und Fernwärmeerzeugung;
- die Verwendung heizwertarmer und schwefelreicher Rohbraunkohle;
- niedrige Kraftwerkswirkungsgrade;
- fehlende Abgasentschwefelungseinrichtungen.

Weitere wichtige Quellenbereiche in Ostdeutschland sind die Industrie und die Haushalte. Auch hier ergeben sich hohe S.-Emissionen aus dem breiten Einsatz von Braunkohle bzw. Braunkohlenbriketts.

Die künftige Entwicklung der SO_2-Emissionen in der Bundesrepublik Deutschland hängt maßgeblich von der Altanlagensanierung von → Großfeuerungsanlagen in den neuen Bundesländern ab. Altanlagen, die über den 1. Juli 1996 hinaus betrieben werden, müssen bis dahin die in der 13. BImSchV formulierten Anforderungen zur Emissionsbegrenzung bei Neuanlagen erfüllen.

Weitere wichtige Einflußfaktoren sind:
- Maßnahmen zur energetischen Wirkungsgradsteigerung von Kraftwerken,
- Maßnahmen zur Einsparung von Strom und Wärme,
- weitgehende Umstellung von Industrie- und Haushaltsfeuerungen in den neuen Bundesländern auf emissionsärmere Brennstoffe, wie z. B. Erdgas oder Heizöl EL,
- Fortentwicklung von emissionsmindernden Techniken und deren Anwendung.

Bereits für das Jahr 1994 waren erhebliche SO_2-Emissionsminderungen feststellbar; die Gesamtemissionen in der Bundesrepublik betrugen rd. 3 Mio t – gegenüber 1990 rd. 6 Mio t. Auf die in den Bildern dargestellten Emittengruppen entfielen 1994 im einzelnen:

– Verkehr	65 000 t
– Haushalte	196 000 t
– Kleinverbraucher	203 000 t
– Industrie	657 000 t
– Kraft- und Fernheizwerke	1 876 000 t.

Beckers

Literatur: *Davids, P.; M. Lange*: Die Großfeuerungsanlagen-Verordnung, Technischer Kommentar. Düsseldorf 1984. – Luftreinhaltung '88. Tendenzen – Probleme – Lösungen. Hrsg.: Umweltbundesamt. Berlin 1989.

Immissionsmessung. Die wichtigsten manuellen Meßverfahren sind die in VDI 2451 beschriebenen Methoden, nämlich das TCM-Verfahren nach *West* und *Gaeke* und das Silicagel-Verfahren nach *Stratmann*.

In kontinuierlich arbeitenden Analysatoren, wie sie z. B. in großer Zahl in telemetrischen → Immissionsmeßnetzen eingesetzt werden, kommen als Meßprinzipien im wesentlichen die UV-Fluoreszenztechnik und Leitfähigkeitsverfahren (Konduktometrie) zur Anwendung. Früher wurden für diesen Zweck auch Geräte mit einem flammenphotometrischen Detektor verwendet. Diese Methode, bei der die Lumineszensstrahlung von Schwefelatomen, die in einer reduzierenden Wasserstoffflamme generiert werden, gemessen wird, ist jedoch nicht selektiv für S. und erfaßt prinzipiell Schwefelverbindungen. Zu Ausschaltung der Querempfindlichkeit gegen Stoffe wie Schwefelwasserstoff und Mercaptane müssen spezielle Filter verwendet werden.

Vor allem in Großbritannien hat auch das sog. → Black-Smoke-Verfahren Bedeutung.

Über diese Verfahren zur Konzentrationsmessung hinaus wurden und werden weitere Verfahren eingesetzt, die die → Immissionsrate (→ MIR), also die in einer bestimmten Zeit von einer definierten Oberfläche aufgenommene SO_2-Menge erfassen. Hierzu zählen das Glockenverfahren nach *Liesegang*, das sog. Bleidioxidkerzenverfahren, das → IRMA-Verfahren und das SAM-Verfahren (SAM = Surface Active Monitoring).

Pfeffer

Literatur: VDI 2451: Messen gasförmiger Immissionen; Messen der Schwefeldioxid-Konzentration; Bl. 1: Adsorptionsverfahren (Silicagel). 8/1968. – Bl. 3 E: Photometrisches Verfahren (TCM-Verfahren). 11/1994. – Bl. 6: E.: Leitfähigkeitsmeßverfahren (Ultragas U3EK). 7/1987.

Wirkung auf Pflanzen. S. gehört zu den am besten untersuchten phytotoxischen → Luftverunreinigungen; seine schädigende Wirkung auf die Vegetation ist seit mehr als 100 Jahren bekannt. Die Aufnahme von S. über das Blatt ist relativ komplex und wird durch Gasphasenreaktionen an der Blatt- bzw. Stomataoberfläche und den Zellwänden bestimmt. Alle Faktoren, die die Öffnungsweite der Stomata (Atemhöhlen der Blätter) beeinflußen wie Licht, relative Luftfeuchte, Temperatur, Bodenfeuchte etc. bestimmen die Aufnahmemenge und wirken sich so auf den Grad der Pflanzenreaktion aus. Einmal ins Blattinnere gelangt, reagiert SO_2 mit Wasser unter Bildung von toxischem Sulfit (SO_4^{2-}), das langsam zu Sulfat oxidiert wird. Auf Grund des Redoxpotentials des Sulfitions ist es ca. 30mal toxischer einzustufen als Sulfationen. Die Folge sind Störungen enzymatischer Reaktionen, des Energietransfers, des Fettstoffwechsels und der Aminosäure- und Chlorophyllsynthese. Diese Stoffwechselstörungen wirken sich direkt oder indirekt auf die Photosynthese aus und gelten als Primärindikatoren einer latenten, sublethalen Schädigung ohne sichtbaren Nachweis.

Die Anreicherung von Sulfit im Zellgewebe der Blätter ruft zwei grundsätzlich zu unterscheidende Symptomarten hervor, die in Abhängigkeit von der Aufnahmerate als chronisch und akut bezeichnet werden. Bei einer niedrigen Aufnahmerate (chronisch) wird Sulfit über seine Oxidation zu Sulfat detoxifiziert. Allerdings führt schließlich eine starke Anreicherung von Sulfat zu Salzschäden (Plasmolyse etc.) und damit sichtbaren Symptomen. Dies bedingt auch, daß sublethale Konzentrationen von Sulfit nicht von sulfatinduzierten Salzschäden zu unterscheiden sind. Das Blatt erscheint schwach chlorotisch oder gelblich verfärbt, wobei aber über 5% der Blattfläche zerstört sein müssen, ehe es zu meßbaren Ertragseinbußen kommen kann.

Die Aufnahme lethaler Dosen von S. führen zu akuten Schädigungen, die marginale oder interkostale Schädigungen (Nekrosen) des Blattgewebes hervorrufen. Sie erscheinen zunächst als grau-grüne wässrige Blattflecken. Bei den meisten Pflanzen nehmen diese Gewebepartien in einem späteren Stadium ein elfenbeinfarbenes Aussehen an oder verfärben sich in Abhängigkeit von den Pigmentträgern des Blattes braun, rötlich oder schwarz. Als letztes Schädigungsstadium kommt es zum Abwurf der Blattorgane.

Bei Nadelgehölzen werden die jüngsten, metabolisch aktiven Nadelpartien zuerst geschädigt, indem sich die Nadelspitze chlorotisch, später rötlich-braun verfärbt. Die Nekosen durchlaufen in der Regel Übergangsstadien von rötlich-braun verfärbten Bandierungen bis zur dunkelbraunen Totalverfärbung. Langanhaltende Einwirkungen können zum Nadelabwurf führen.

Bereits Ende der 50er Jahre wurden in einem von *Stratmann* und *Guderian* durchgeführten umfangreichen Freilandversuch für landwirtschaftliche, gärtnerische und forstliche Kulturpflanzen Dosis-Wirkungsbeziehungen für S. ermittelt. Innerhalb der vierjährigen Untersuchungszeit ergab sich, daß empfindliche Forstgehölze bei Konzentrationen unter 50 $\mu g\ m^{-3}$ nicht mehr geschädigt werden. Spezielle klimatische Bedingungen, wie sie im Norden Europas vorherrschen, oder andere Streßfaktoren vermögen allerdings die Empfindlichkeit negativ zu beeinflussen (Klimastreß, Kombinationswirkungen mit anderen Schadstoffen, etc., Streßreaktionen), so daß von der WHO die Einhaltung eines Jahresmittelwertes von 30 $\mu g\ m^{-3}$ zum Schutz der Vegetation empfohlen wird. *G. Krause*

Schwefelemissionsgrad ⟨*sulphur emission rate*⟩ → Emissionsgrad

Schwefelsäure – Herstellung und Verwendung ⟨*sulphuric acid, production and utilization*⟩. S. (H_2SO_4) ist eine der bedeutendsten Industriechemikalien. Ausgangsstoff zur S.-Herstellung ist Schwefeldioxid (SO_2). Die wichtigsten SO_2-Quellen sind das Verbrennen von Schwefel oder Schwefelwasserstoff, das Abrösten von Metallsulfiden (Pyrit, Zink-, Blei- und Kupfersulfide) und das Spalten von Abfallschwefelsäure. Die Oxidation von SO_2 zu SO_3 erfolgt heute fast ausschließlich katalytisch nach dem Kontaktverfahren (Umsetzungsgrad 98% bezogen auf SO_2) und dem Doppelkontaktverfahren (Umsetzungsgrad 99,6% bis 99,7%, bezogen auf SO_2). Das früher angewandte Bleikammerverfahren ist heute fast bedeutungslos.

S. wird in vielen Bereichen eingesetzt. In der organischen Chemie wird sie bzw. Oleum (das ist ein Gemisch aus S. und Schwefeltrioxid) zur Sulfonierung von Benzol- und Naphthalinsulfonsäuren verwendet; Sulfonsäuren sind wichtige Zwischenprodukte u. a. zur Herstellung von Farbstoffen. Auch Alkyl- und Arylsulfonate (Detergentien) sind wichtige Zwischenprodukte. Ein weiteres wichtiges Anwendungsgebiet von S. sind die Nitrierreaktionen (z. B. zur Herstellung von Nitrobenzol).

In der anorganischen Chemie wird S. für die Herstellung von Titandioxid (Sulfatverfahren), die Produktion von Düngemitteln (z. B. Superphosphat, Ammoniumsulfat) und Phosphorsäure eingesetzt, ebenso in der Viskoseindustrie (Schwefelkohlenstoff). Außerdem ist S. in Batterien enthalten.

Aus S.-Anlagen wird vor allem SO_2 emittiert. Die SO_2-Gehalte im Abgas sind abhängig von der SO_2-Konzentration des eingesetzten Gases und dem SO_2-Umsetzungsgrad des Katalysatorsystems.

Die wirkungsvollste Emissionsminderungsmaßnahme ist die Erhöhung des SO_2-Umsatzes. Dies kann z. B. mit dem Peracidox-Verfahren oder einer zusätzlichen fünften Horde erfolgen.

Anlagen zur Herstellung von Schwefeldioxid, Schwefeltrioxid, S. oder Oleum sind genehmigungsbedürftig nach dem BImSchG (Nr. 4.1a des Anhangs zur → 4. BImSchV). Besondere emissionsbegrenzende Anforderungen enthält die → TA Luft in Nr. 3.3.41a.2.

Je nach angewandtem Verfahren werden unterschiedliche Umsatzgrade verlangt, bei Anwendung des Doppelkontakt-Verfahrens Umsatzgrade von mindestens 99,5%–99,6%. Die SO_3-Emissionen werden in der TA Luft, z. B. bei konstanten Gasbedingungen, auf 60 mg SO_3/m^3 begrenzt.

Das Ausgangsprodukt SO_2 zur Herstellung von S. wird in zunehmendem Maß aus Abfallprodukten gewonnen, z. B. Dünnsäuren aus der Titandioxid-Herstellung und Abfallschwefelsäuren, die hauptsächlich in der organischen Chemie, der Petrochemie und der Metallindustrie anfallen. Auch Eisensulfat (Grünsalz), z. B. aus der Titandioxid-Produktion, läßt sich zu SO_2 spalten. Insbesondere auch in den osteuropäischen Ländern wird Calciumsulfat (Gips) mit Kohlenstoff zu SO_2 und Calciumoxid umgesetzt. Das Calciumoxid wird anschließend zu Portlandzement verarbeitet.

Die weitaus wichtigste SO_2-Quelle ist jedoch die → Entschwefelung von Erdgas bzw. Erdöl (Entfernung von Schwefelwasserstoff). Auch die Verbrennung von H_2S- und CS_2-haltiger Abluft aus der Viskoseindustrie wird praktiziert.

Eine weitere Möglichkeit ist die Adsorption (z. B. → Solinox-Verfahren) von SO_2, das z. B. bei der Reduktion von Bariumsulfat zu Bariumsulfid anfällt. Das so gewonnene SO_2-Reichgas kann zum Teil Pyrit ersetzen und vermindert den Eisenoxidabfall. *Drotleff/Spilok*

Literatur: *Büchner, W. et al.*: Industrielle Anorganische Chemie. Weinheim 1984. – *Davids, P.; M. Lange*: Die TA Luft '86. Technischer Kommentar. Düsseldorf 1986.

Schwefelwasserstoff ⟨*hydrogen sulphide*⟩.

Emissionsmessung. Standardmethoden zur Emissionsmessung von S. werden in der Richtlinie VDI 3486 behandelt. Für Einzelmessungen stehen zwei handanalytische Methoden zur Verfügung, die sich im Einsatzbereich unterscheiden. Bei dem in Blatt 1 beschriebenen potentiometrischen Titrationsverfahren wird das zu untersuchende → Abgas zur Vorabscheidung von SO_2 durch schwefelsaure H_2O_2-Lösung geleitet und danach S. in Natronlauge absorbiert. Der Sulfid-Gehalt wird durch potentiometrisches Titration mit Silbernitrat-Lösung bestimmt. Bei dem in Blatt 2 beschriebenen jodometrischen Titrationsverfahren wird das zu untersuchende Abgas durch eine Cadmiumacetat-Lösung geleitet und das dabei aus S. gebildete Cadmiumsulfid jodometrisch bestimmt.

Zur kontinuierlichen Messung von H_2S gibt es nur eine eignungsgeprüfte Meßeinrichtung, die als Meßprinzip die Kolorimetrie anwendet (VDI 3486, Blatt 3). *Stahl*

Literatur: VDI 3486: Messen gasförmiger Emissionen; Messen der Schwefelwasserstoff-Konzentration; Bl. 1: Potentiometrisches Titrationsverfahren. 4/1979. – Bl. 2: Jodometrisches Titrationsverfahren. 4/1979. – Bl. 3: Colorimetrisches Verfahren (Monocolor-Analysator). 11/1980. – Mindestanforderungen an fortlaufend aufzeichnende Meßeinrichtungen zur Erfassung von Schwefelwasserstoff-Emissionen. Forschungsber. 79-104 02 112 des TÜV Bayern e. V., München, 12/1979 i. A. des Umweltbundesamtes.

Emissionsminderung. S. (H_2S) ist in größeren Anteilen in Erdgas und Erdöl enthalten, in geringeren Anteilen auch im Wasser von Mineral- bzw. Thermalquellen. Industriell wird S. überwiegend durch Reduktion von Schwefel mit Wasserstoff in Gegenwart von Katalysatoren bei ca. 350 °C hergestellt. Das aus der → Entschwefelung von Erdöl bzw. Erdgas anfallende S. wird mit Hilfe des *Claus*-Verfahrens zu elementarem Schwefel umgesetzt (→ Claus-Anlage).

Auch das zwangsweise bei der Herstellung von Strontium- und insbesondere Bariumcarbonat sowie von Schwefelkohlenstoff anfallende S., wird dem *Claus*-Prozeß zugeführt. Anorganische Folgeprodukte von S. sind Natriumhydrogensulfid (NaHS) und Natriumsulfid (Na_2S); allerdings wird Na_2S technisch überwiegend durch Reduktion von Natriumsulfat mit Kohle hergestellt. Die beiden Sulfide werden z. B. zum Enthaaren von Häuten, bei der Erzflotation und zur Herstellung von Schwefelfarbstoffen, Kunststoffen (Polyphenylensulfid) und Pflanzenschutzmitteln benötigt. Organische Folgeprodukte sind hauptsächlich Thiole (Mercaptane). Insbesondere das Methylmercaptan (Methanthiol) wird u. a. zur Synthese von D,L-Methionin (einer Aminosäure, die als Additiv Nahrungs- und Futtermittel zugesetzt wird) benötigt.

Bei einer sehr niedrigen Geruchsschwelle von ca. 2,65 $\mu g/m^3$ führt S. teilweise zu penetranten Geruchsbelästigungen (Geruch nach faulen Eiern). Die Emissionsquellen sind z. T. natürlichen Ursprungs, z. B. Mineral- bzw. Thermalquellen, Sümpfe und landwirtschaftliche Betriebe (Tierhaltung und Ausbringung von Flüssigmist).

Ebenfalls wird aus Kläranlagen, Kompostanlagen, Kokereien, Erdölraffinerien, Erdgasaufbereitungsanlagen und Gerbereien S. emittiert. Weitere nicht unbedeutende Quellen sind die Kunstfaserherstellung auf Viskosebasis, Betriebe der Zellstoffproduktion und die Herstellung von Bariumcarbonat. Auch die unvollständige Verbrennung von Schwefelverbindungen in Abgaskatalysatoren kann zu S.-Emissionen führen.

Grundsätzlich können Abgasströme mit niedrigem S.-Gehalt zu SO_2 verbrannt werden, das weniger geruchsintensiv ist. Verfahren zur Entfernung von S. aus Gasen mit hohen Konzentrationen, insbesondere aus Synthesegas auf der Basis von Erdöl, Erdgas oder Kohle, wurden schon früh entwickelt, weil S. desaktivierend auf technische Katalysatoren wirkt. Insbesondere eignen sich → Absorptionsverfahren nach physikalischem (z. B. Methanol, Propylencarbonat, N-Methylpyrrolidon und Polyethylenglykohldimethylether) bzw. chemischem Prinzip (z. B. Mono-, Di- und Triethanolamin, N-Methyldiethanolamin, Diisopropanolamin, Natronlauge und Lösungen von Kalium- bzw. Natriumcarbonat). Auch die Anwendung der thermischen Behandlung S.-haltiger Abgasströme (Schwefelsäure) sowie der Einsatz biologischer Filter sind üblich. Ein Beispiel für eine branchentypische Emissionsminderungstechnik betrifft die Viskoseherstellung. H_2S- und CS_2-haltige Abgase können zu Schwefelsäure aufgearbeitet werden. Mit Hilfe des Sulfosorbon-Verfahrens (Adsorption von CS_2 und Oxidation von H_2S zu Schwefel an Aktivkohle) konnten z. B. bei einem Abgasvolumenstrom von ca. 700 000 m^3/h die S.-Konzentration von ca. 75 mg/m^3 auf 45 mg/m^3 gemindert werden.

Anlagen zur Herstellung von S., Schwefel und Viskoseprodukten sind genehmigungsbedürftig nach BImSchG. Emissionsbegrenzende Anforderungen enthält die → TA Luft; z. B. dürfen die Emissionen an H_2S allgemein 5 mg/m^3, bei Claus-Anlagen 10 mg/m^3 und bei der Viskoseproduktion 50 mg/m^3 nicht überschreiten. *Spilok/Drotleff*

Literatur: *Büchner, W. et al.*: Industrielle Anorganische Chemie. Weinheim 1984. – *Davids, P.; M. Lange*: Die TA Luft '86, Technischer Kommentar. Düsseldorf 1986. – *Seifert, K.*: Emissionsminderung von Schwefelwasserstoff und Kohlendisulfid bei der Herstellung von textilem Viskose-Filamentgarn, Enka AG, Kelsterbach; im Auftrag des Umweltbundesamtes. Berlin 1990. – VDI 3452 E: Auswurfsbegrenzung; Viskoseherstellung und -verarbeitung; Schwefelwasserstoff und Schwefelkohlenstoff. 3/1977.

Immissionsmessung. S.-Immissionen geben auf Grund der Geruchsintensität (die Geruchsschwelle liegt etwa bei 0,1 ppm) häufig Anlaß für Beschwerden, auch wenn eine gesundheitliche Gefährdung nicht gegeben ist.

Es gibt mehrere Möglichkeiten zur Messung der S.-Immissionen. Die meisten Methoden haben jedoch den

Nachteil, daß die Nachweisgrenze oberhalb der Geruchsschwelle liegt. Für eine Konzentrationsüberprüfung im Bereich von 0,5 ppm bis zu 7 Vol% gibt es verschiedene Prüfröhrchen.

VDI 2454 erläutert zwei Verfahren für die diskontinuierliche Messung von S. VDI 2454, Bl. 1 beschreibt das Molybdänblau-Sorptionsverfahren. Bei der Probenahme wird die zu untersuchende Luft durch ein Sorptionsrohr geleitet, das mit Silbersulfat und Kaliumhydrogensulfat präparierte Glasperlen enthält. Der S. wird als Silbersulfid quantitativ gebunden und später im Labor mit zinn(II)-chloridhaltiger Salzsäure als S. wieder freigesetzt, der mit Ammoniummolybdat zu Molybdänblau reagiert und photometrisch bestimmt werden kann. Die Nachweisgrenze beträgt 0,5 $\mu g/m^3$.

VDI 2454, Bl. 2 beschreibt das Methylenblau-Impinger-Verfahren. Bei der Probenahme wird die zu untersuchende Luft mit hoher Geschwindigkeit durch einen mit Cadmiumhydroxid-Suspension beschichteten Impinger (Waschflasche) gesaugt. Eventuell vorhandener S. wird zu schwerlöslichem Cadmiumsulfid umgesetzt.

Für die analytische Bestimmung wird die Lösung vom Niederschlag getrennt und das darin enthaltene Sulfid in schwefelsaurer Lösung mit N,N-Dimethyl-p-phenylendiammoniumdichlorid und Eisen(III)-chlorid zu Methylenblau umgesetzt. Die Farbintensität wird photometrisch gemessen. Die Nachweisgrenze beträgt 0,3 $\mu g/m^3$.

Zur kontinuierlichen Messung von S. werden hochempfindliche Schwefeldioxid-Meßgeräte (UV-Fluoreszenz) eingesetzt. Sie sind zweikanalig aufgebaut. Der eine Kanal mißt das SO_2 der Luft. Der zweite Kanal besitzt einen vorgeschalteten Konverter, der das S. zu Schwefeldioxid oxidiert. Aus der Differenz beider Signale kann die S.-Konzentration berechnet werden. Die Nachweisgrenze dieser Methode liegt unterhalb der Geruchsschwelle. *Dulson*

Schwelbrennverfahren ⟨*smouldering combustion process (partial pyrolysis)*⟩. Verfahrenstechnisch handelt es sich im wesentlichen um eine Kombination von Pyrolyse vorzerkleinerten Abfalls in einer Schweltrommel bei einer Temperatur von etwa 450 °C und nachfolgender Hochtemperaturverbrennung (höher als 1200 °C) der kohlenstoffhaltigen Feinfraktion zusammen mit dem bei der Pyrolyse entstehenden Schwelgas. Als Rückstand der Hochtemperaturverbrennung fällt flüssige Schlacke an, die nach Behandlung in einem Naßentschlacker als glasartiges Schmelzgranulat abgezogen wird. Eisenschrott und andere Metalle sowie Inertmaterialien werden dem Pyrolysereststoff vor der Hochtemperaturverbrennung entnommen; für die Eisen- und Nichteisenmetalle bestehen grundsätzlich günstige Verwertungsmöglichkeiten.

Abgasreinigung und Energienutzung erfolgen prinzipiell wie bei den entsprechenden Verfahren der Abfallverbrennung. Abgasseitig sind das geringe spezifische Rauchgasvolumen sowie die hohe Temperatur und die relativ lange Verweilzeit, die sich auf die Minimierung chlororganischer Verbindungen positiv auswirkt, hervorzuheben.

Eine nennenswerte Eluierbarkeit der Schmelzschlacke ist nicht anzunehmen. Da diese Schlacken gut vermarktbar sein dürften, kann das Verfahren zur Entlastung von Deponien beitragen.

Das Konzept des S. wurde erstmals 1987 der Öffentlichkeit vorgestellt; es soll insbesondere im Rahmen der Entsorgung von Haushaltabfall und haushaltähnlichen Gewerbeabfällen eingesetzt werden, wobei auch Klärschlämme zugesetzt werden können. Daneben dürfte sich das Verfahren auch zur Behandlung von bestimmten produktions- oder verfahrensspezifischen Abfällen wie von Shredderabfällen eignen.

Nachdem die Funktionstüchtigkeit des S. im kontinuierlichen Betrieb durch eine große Versuchsanlage nachgewiesen wurde, ist eine Anlage im großtechnischen Maßstab in der Vorbereitung (→ Abfallpyrolyseanlage). *Bergs*

Schwerkraftabscheider ⟨*gravity settler*⟩. Bei diesem → Massenkraftabscheider werden die Partikeln in Bereichen geringer Strömungsgeschwindigkeit durch die Schwerkraft von dem Gasstrom abgetrennt. Typi-

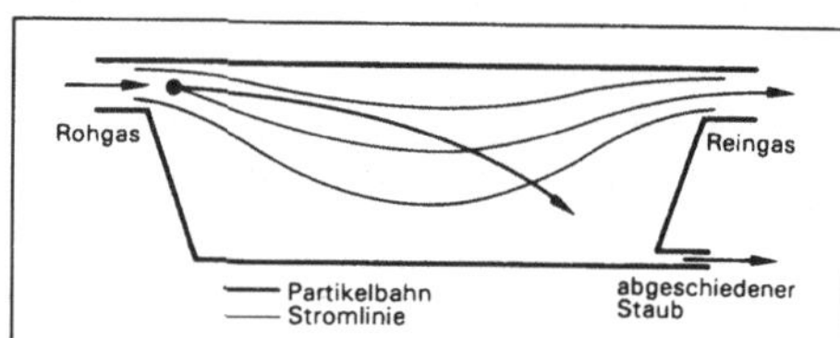

Schwerkraftabscheider 1: Schwerkraft-Querstrom-Abscheider.

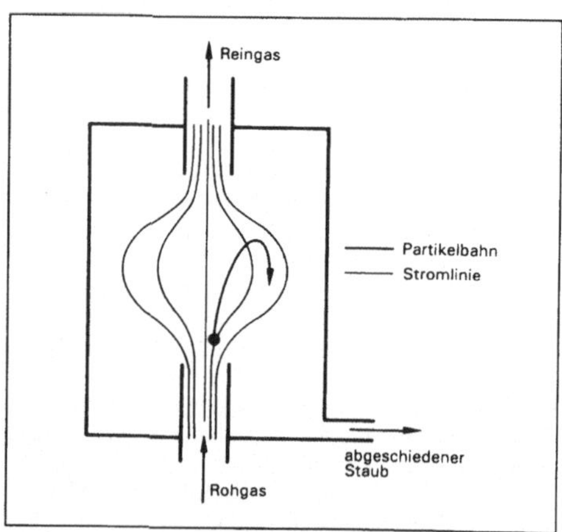

Schwerkraftabscheider 2: Schwerkraft-Gegenstrom-Abscheider.

sche Bauformen sind der Schwerkraft-Querstrom-Abscheider (Bild 1) und der Schwerkraft-Gegenstrom-Abscheider (Bild 2).

Vorteile der S. sind einfache Bauweise, Wartungsfreundlichkeit, hohe Temperaturbeständigkeit, kleiner Druckverlust und geringe Betriebs- und Investitionskosten. Nachteile sind großer Platzbedarf und mangelnde Abscheidung feiner Partikeln. *Schmidt*

Schwermetalle *⟨heavy metals⟩.*

Emissionsmessung. Bei der → Emissionsüberwachung werden als Staubinhaltsstoffe am häufigsten S. bestimmt. Standardmethoden hierfür werden in der Richtlinie VDI 2268 beschrieben. Die Messung von Schwermetallemissionen erfolgt schrittweise. Zur Probenahme werden die gleichen Verfahren angewandt, die bei der Gravimetrie zur Bestimmung des Gesamtstaubgehaltes eingesetzt werden und die in der Richtlinie VDI 2066 standardisiert sind. Dabei ist metallarmes Filtermaterial zu verwenden und darauf zu achten, daß die Probe nicht durch Metallabrieb im Probenahmesystem kontaminiert wird. Beim chemischen Aufschluß der Staubprobe wird zunächst das Filtermaterial (z. B. Quarzwatte) aufgelöst und ausgetrieben. Der Rückstand wird in einem Säuregemisch in lösliche Form übergeführt.

Standardmethode zur quantitativen Elementaranalyse ist die Atomabsorptionsspektrometrie (AAS), deren Leistungsfähigkeit allerdings dadurch eingeschränkt ist, daß nur einzelne Elemente bzw. wenige Elemente gleichzeitig bestimmt werden können. Leistungsfähige Multielementanalysenverfahren, die als Alternative zur AAS in Betracht kommen und deren Eignung für Emissionsmessungen ausführlich untersucht wurde, sind die Röntgenfluoreszenzanalyse (RFA) und die optische Emissionspektrometrie mit Anregung der zu analysierenden Probe im induktiv gekoppelten Plasma (ICP-AES).

Besondere Probenahmetechniken sind bei S. erforderlich, die unter den Meßbedingungen zu einem wesentlichen Anteil in flüchtiger Form oder als sehr feine Partikel vorliegen. Zur Erfassung des filtergängigen Anteils wird ein Teilgasstrom durch eine Waschflaschen-Kombination geleitet (Simultanprobenahme nach VDI 3868). *Stahl*

Literatur: VDI 2268: Stoffbestimmung an Partikeln; Bl. 1: Bestimmung der Elemente Ba, Be, Cd, Co, Cr, Cu, Ni, Pb, Sr, V, Zn in emittierten Stäuben mittels atomspektrometrischer Methoden. 4/1987. – Bl. 3: Bestimmung des Thalliums in emittierten Stäuben mittels Atomabsorptionsspektrometrie. 12/1988. – Bl. 4: Bestimmung der Elemente Arsen, Antimon und Selen in emittierten Stäuben mittels Graphitrohr-Atomabsorptionsspektrometrie. 5/1990. – Ermittlung von Meßverfahren zur fortlaufenden Bestimmung von Staubinhaltsstoffen aus unterschiedlichen Emissionsquellen. Forschungsbericht 81-104 02 109 des Rheinisch-Westfälischen TÜV, Essen, 12/1981 i. A. des Umweltbundesamtes.

Emissionsminderung. S. sind Elemente mit einer Dichte von mehr als 4,6 g/m^3. Als luftverunreinigende S. sind vor allem Antimon (Sb), Blei (Pb), Cadmium (Cd), Chrom (Cr), Cobalt (Co), Kupfer (Cu), Mangan (Mn), Nickel (Ni), Quecksilber (Hg), Thallium (Tl), Vanadium (V), Zink (Zn) und Zinn (Sn) von Bedeutung. Arsen (As) gehört zu den Halbmetallen und besitzt daher, je nach Erscheinungsform, metallische oder nichtmetallische Eigenschaften.

Toxisch können S. als Metall oder als chemische Verbindungen bei erhöhten Konzentrationen wirken. S. werden inhalativ als Bestandteil von Schwebstaub oder auch über die Nahrungskette aufgenommen. Vor allem auf diesem Weg kann es zu Anreicherungen in Abhängigkeit von der Fettlöslichkeit einzelner S. kommen, z. B. durch Hg-Anreicherungen im Fisch oder Cd-Anreicherungen in Muscheln und Krabben.

Anthropogene Emissionsquellen von S. ergeben sich einerseits bei gezieltem Einsatz, z. B. As als Läuterungsmittel bei der Glasherstellung, Cd als Pigment für Kunststoffe oder Hg bei der Herstellung von Batterien, und andererseits über Verunreinigungen in Rohstoffen häufig bei thermischen Prozessen, z. B. bei der Verbrennung von Kohle in Feuerungsanlagen oder beim Einsatz von Erzen in der Metallurgie.

Während die Menge an S. bei gezieltem Einsatz im allgemeinen bekannt ist, liegen entsprechende Angaben bei Prozessen, bei denen S. als Verunreinigungen in den Rohstoffen vorkommen, im allgemeinen nicht vor. Der Verbleib der eingebrachten S. ist abhängig von Prozeßbedingungen wie Reaktionsführung (Temperatur, Druck) und Reaktorbauart. Rohstoffe, z. B. Brennstoffe, Erze oder Erzkonzentrate, werden meist in Hochtemperatur-Prozessen eingesetzt wie Feuerungen, Abfallverbrennungsanlagen, Zementöfen oder bei Schmelzvorgängen zur Gewinnung von Metallen. Dabei verdampfen die S. zu einem großen Teil, und bei den üblichen Abgastemperaturen zwischen 100 bis 300 °C kondensieren sie weitgehend wieder. Leichtflüchtige Elemente reichern sich im Abgasstaub an; z. B. wurden abhängig vom Prozeß Anreicherungsfaktoren von über 1 000 für As, Pb, Cd oder Tl gefunden. Eine erhöhte Anreicherung wurde in den feineren Staubfraktionen nachgewiesen. Ein Teil der S. wird auch gas- oder dampfförmig mit dem Abgas emittiert. Bei Hg überwiegt der gas- bzw. dampfförmige Anteil. Bei den meisten S. wird der größte Anteil allerdings staubförmig emittiert.

Eine Minderung der S.-Emission kann durch Wahl und Verwendung schwermetallarmer Einsatzstoffe und vor allem durch Einsatz wirksamer Abgasreinigungseinrichtungen erreicht werden. Bei Energieumwandlungs- und Prozeßanlagen, z. B. Schmelzkammerfeuerungen oder Anlagen der Stahl- und Zementindustrie, werden häufig abgeschiedene, mit S. angereicherte Stäube wieder in den Prozeß zurückgeführt, um den Materialverlust zu senken und Reststoffe zu vermeiden. Bei derartigen Verfahrenskreisläufen kommt es in der Regel zu besonders hohen Anreicherungen an S. in den Filterstäuben. Zur Verminderung der Emissionen an S. sind spezielle Maßnahmen wie die gezielte Stoffausschleusung und der Einbau besonders effizienter Abgasreinigungseinrichtungen notwendig. Die Emissionen staubförmiger S. werden durch Staubabscheider gemindert; zur Abscheidung gas- bzw. dampfförmiger Schwermetallemissionen sind → Absorptions- oder → Adsorptionsverfahren geeignet.

Emissionsbegrenzende Anforderungen enthält insbesondere die → TA Luft. Die schärfsten Anforderungen sind für krebserzeugende Stoffe in der Nr. 2.3 festgelegt, je nach Gefährdungsgrad sind Werte zwischen 0,1 bis 5 mg/m^3 einzuhalten, zusätzlich gilt das Gebot, die Emissionen soweit wie möglich zu minimieren. Weitere Anforderungen enthält die Nr. 3.1.4 für gefaßte Emissionen und die Nr. 3.1.5 für diffuse Emissionen. Besonders niedrige Emissionswerte legt die → 17. BImSchV für Abfallverbrennungsanlagen fest.

Dombrowski

Literatur: *Davids, P.; M. Lange*: Die TA Luft '86, Technischer Kommentar. Düsseldorf 1986. – Datenerhebung über die Emissionen umweltgefährdender Schwermetalle, Umweltforschungsplan des Bundesministers für Umwelt, Naturschutz und Reaktorsicherheit, Forschungsbericht 91 – 104 02 588. Umweltbundesamt 1991.

SCR-Verfahren *⟨SCR-process/Selective Catalytic Reduction⟩*. Das S.-V. ist ein trockenes Abgasreinigungsverfahren zur Verminderung der Stickstoffoxidemissionen. Beim S.-V. werden die NO_x mit Ammoniak oder einer anderen Komponente als Reduktionsmittel katalytisch zu Stickstoff und Wasserdampf umgewandelt. Ammoniak reagiert selektiv mit NO_x und nicht oder nur geringfügig mit O_2 im Abgas (Bild). Die Hauptkomponenten der Anlage sind der Reaktor mit Katalysator sowie die Ammoniak-Dosier- und -Lagereinrichtungen. Zur → NO_x-Abgasreinigung bei → Großfeuerungsanlagen wird fast ausschließlich das S.-V. eingesetzt. Ende 1992 war in der Bundesrepublik Deutschland eine Kraftwerkskapazität mit einer elektrischen Gesamtleistung von über 30 000 MW mit Anlagen nach dem S.-V. ausgerüstet.

Bei der Einteilung der S.-V. wird nach der Anordnung des Reaktors im Abgasstrang der Feuerungsanlage unterschieden. Der Einbau direkt nach dem Kessel (High Dust) wurde mit einem Anteil von etwa 60% an der gesamten Kapazität bisher am häufigsten realisiert. Die Anordnung des Reaktors nach der Abgasentschwefelungsanlage vor dem Schornstein (Tailgas) hat einen Anteil von rund 40%, während sich nur in drei Anwendungsfällen der Reaktor zwischen einem Heißgaselektrofilter und dem Luftvorwärmer (Low Dust) befindet.

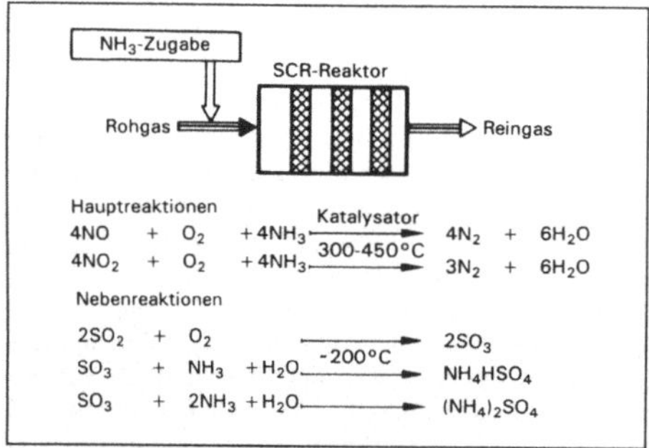

SCR-Verfahren: Grundschema und ablaufende Reaktionen am Katalysator.

Für einen optimalen und störungsfreien Betrieb von SCR-Anlagen sind möglichst gleichmäßige Verteilungen von Abgasstaub, Gasgeschwindigkeit, Temperatur und Ammoniak erforderlich. Diese Parameter werden durch Gleichrichter, Strömungsbleche und geeignete Dosiereinrichtungen vor Eintritt des Abgases in den Katalysator, in dem selbst kaum noch ein Ausgleich stattfindet, homogenisiert. Die Katalysatoreigenschaften sind entscheidend für den technisch wirtschaftlichen Einsatz zur NO_x-Reduktion (katalytische → Abgasreinigung).

Es gibt Katalysatoren auf der Basis Titandioxid, Eisenoxid, Zeolith und Aktivkoks. Die Arbeitstemperatur für Aktivkoks aus Stein- oder Braunkohle liegt bei 80 – 150°C (→ BF-Uhde-Verfahren). Die anderen Katalysatoren arbeiten im Temperaturbereich zwischen 270 und 480 °C. Mit 95% wird der TiO_2-Katalysator in Waben- oder Plattenform am häufigsten verwendet. Der Wabenkatalysator ist selbsttragend und besteht aus einem Gemisch von Trägermaterial (TiO_2) und Aktivkomponenten (z. B. V_2O_5, WO_3). Er hat derzeit einen Marktanteil von rund 70%. Eine charakteristische Größe des Wabenkatalysators ist die Öffnungsweite, die in Abhängigkeit vom Flugaschegehalt des Abgases variiert wird. Bei einer großen Öffnungsweite ist die Verstopfungsgefahr für den Katalysator geringer. Der Wabenkatalysator hat eine große spezifische Oberfläche. Plattenkatalysatoren (Marktanteil etwa 30%) bestehen aus einem Metallnetz, auf dem die Aktivkomponenten aufgebracht sind. Mehrere Platten werden zu einem Katalysatorelement zusammengefaßt. Plattenkatalysatoren sind weniger anfällig bezüglich Anbackungen und Verstopfungen als Wabenkatalysatoren, jedoch weniger widerstandsfähig gegenüber mechanischer und thermischer Beanspruchung, und ihre dünne aktive Schicht ist empfindlich gegenüber Abrieb. Das Trägermaterial muß säurebeständig sein, damit der Katalysator bei Unterschreitung des Säuretaupunktes nicht durch Korrosion zerstört wird.

In der Tabelle sind typische Zusammensetzungen und Geometrien von Katalysatoren aus deutscher Produktion sowie typische Raum- (RG) und Flächengeschwindigkeiten (FG) in bei Steinkohlefeuerungen eingesetzten SCR-Reaktoren dargestellt. Die Raumgeschwindigkeit (Verhältnis zwischen Abgasvolumenstrom im Normzustand und Katalysatorvolumen) ist eine wichtige Auslegungsgröße für die Katalysatormenge. Sie ist ein Maß für die Verweilzeit des Abgases im Katalysatorvolumen. Bei der Ermittlung der Raum-

SCR-Verfahren. Tabelle: Typische Auslegungsdaten für TiO_2-Katalysatoren

Geometrie			
Platte		**Wabe**	
Plattenabstand	6 – 10 mm	Pitch [1])	3,7 – 7,4 mm
Plattenstärke	1,5 – 2 mm	Wandstärke	1,0 – 2,4 mm
Plattenlänge	450 – 650 mm	Länge	350 – 1 000 mm
Querschnitt	464 × 464 mm^2	Querschnitt	150 × 150 mm^2
Spezifische Oberfläche	250 – 500 m^2/m^3	Spezifische Oberfläche	427 – 860 m^2/m^3

Raum-(RG) und Flächengeschwindigkeiten (FG)				
	Trockenfeuerung		Schmelzkammerfeuerung	
	high dust	tail gas	high dust	tail gas
RG (h^{-1})	2 500 – 3 500	5 500 – 6 500	1 500 – 2 500	4 000 – 5 500
FG (m/h)	6,1 – 7,4	7,2 – 8,6	3,7 – 5,4	5,3 – 7,2

Träger-Material ≥ 90 Gew.-% TiO_2
Aktivkomponenten 0,5 – 5 Gew.-% V_2O_5
5 – 10 Gew.% WO_3
Reaktionstemperatur 270 – 400 °C

[1]) Abstand von Steg zur Stegmitte

geschwindigkeit sind der erforderliche Reduktionsgrad, die Reaktionstemperatur, der zulässige Ammoniakschlupf und der Flugaschegehalt zu berücksichtigen. Zur Reaktorauslegung wird häufig auch die Flächengeschwindigkeit genutzt. Sie ist das Verhältnis von Abgasvolumenstrom zur äußeren Katalysatoroberfläche.

Der Reaktor enthält bei einer High-Dust-Anordnung meist drei Katalysatorlagen. Über 80% des NO_x wird bereits in der ersten Lage reduziert. Die zweite und insbesondere die dritte Katalysatorlage sind vor allem zur Verringerung des NH_3-Schlupfes (Ammoniakmenge, die nicht im Reaktor verbraucht wird) notwendig. Um die NH_3-Beladung der Flugasche auf weniger als 50 ppm zu begrenzen und dadurch Geruchsprobleme bei der Verwertung der Flugasche in der Bauindustrie zu vermeiden, werden die SCR-Anlagen in der Bundesrepublik Deutschland meist mit einem NH_3-Schlupf von weniger als 2 mg/m^3 betrieben. Etwa 80% des nicht verbrauchten Ammoniaks wird im nachgeschalteten Elektrofilter zusammen mit der Flugasche abgeschieden. Etwa 10% des NH_3-Schlupfes verbleiben im Luftvorwärmer, während ca. 5% ins Abwasser der → Abgasentschwefelung gelangt. Auf Grund der sehr geringen Ammoniakkonzentrationen nach dem Reaktor lassen sich Anbackungen und Verstopfungen des Luftvorwärmers oder unzulässig hohe NH_3-Gehalte im Abwasser der Abgasentschwefelungsanlage vermeiden. Die Bildung von Ammoniumsulfatverbindungen (Bild), die zu klebrigen Ablagerungen führen und korrosive Eigenschaften haben, wird neben der Begrenzung des NH_3-Schlupfes auch noch durch Einsatz von Katalysatoren mit geringer Konversionsrate von SO_2 zu SO_3 (< 1%) unterdrückt. Um die Arbeitstemperatur des Katalysators von ca. 270 bis 400 °C auch bei Teillastbetrieb aufrecht zu erhalten, wird für High Dust-Anlagen im allgemeinen der Economiser des Kessels (Speisewasservorwärmer) mit einem Bypass versehen. Damit können Abgase mit höherer Temperatur in den Reaktor geleitet werden, und die Inbetriebnahmezeit des Reaktors wird verkürzt.

Die erste Betriebsanlage nach dem Tailgas-Verfahren in der Bundesrepublik Deutschland ist 1987 beim Heizkraftwerk Hafen in Hamburg in Betrieb gegangen. Das Abgas von der Abgasentschwefelungsanlage wird zunächst durch Zumischen eines Teilstromes von 50 auf 60 °C erwärmt. Damit werden Anbackungen und Verstopfungen des Gasvorwärmers (GAVO) durch Tropfen aus der Naßentschwefelung vermieden. Die weitere Abgaserwärmung auf die Reaktionstemperatur von etwa 350 °C erfolgt zunächst im GAVO durch Wärmetausch mit dem Abgas aus dem Reaktor auf 300 °C und anschließend in einem dampfbeheizten Wärmetauscher. Vorteile des Tailgas- gegenüber dem High Dust-Verfahren sind:

– Durch die Anordnung des Reaktors am Ende des Abgasweges werden der Betrieb des Luftvorwärmers, die Entstaubung und die Abgasentschwefelung nicht nachteilig durch NH_3-Schlupf, SO_3-Konversion und Ammoniumverbindungen beeinflußt.
– Der Betrieb mit nahezu staubfreiem Abgas mit geringer SO_2-Konzentration führt zu höheren Standzeiten des Katalysators.
– Bei der Nachrüstung von Altanlagen ist kein wesentlicher Eingriff in die bestehende Anlage erforderlich.

Als Nachteil ist hervorzuheben, daß bei Einsatz der

Katalysatoren auf TiO_2-Basis bei Inbetriebnahme des Reaktors die Arbeitstemperatur durch Zufeuerung eingestellt werden muß. Im Betrieb ist desweiteren zur Überwindung des Wärmetauscherverlustes (Grädigkeit) eine zusätzliche Energiezufuhr erforderlich.

Der Ammoniakverbrauch liegt beim stöchiometrischen Bedarf. NH_3 wird üblicherweise in flüssiger Form unter Druck gelagert. In einer beheizten Verdampferstation wird das flüssige NH_3 entspannt und so in die Gasphase überführt. Vor der Eindüsung in den Abgasstrom wird dem gasförmigen NH_3 Luft zugemischt. An einigen Kraftwerksstandorten mit dichter Wohnbebauung wird Ammoniak auch in Wasser gelöst bei Atmosphärendruck bereitgestellt. Für die Ammoniaklager sind → Sicherheitsanalysen nach der → Störfall-Verordnung zu erstellen. Die geforderten Sicherheitseinrichtungen wie doppelwandige Lagerbehälter, Erddeckung, Einhausen, Wasserberieselung und redundant ausgelegte Einzelteile, aber auch die eingehende Schulung des Personals haben eine mögliche Gefährdung der Nachbarschaft durch Austritt größerer Ammoniakmengen minimiert.

Das S.-V. hat sich bei Steinkohle-Schmelzkammerfeuerungen und -Trockenfeuerungen, bei Braunkohle- und Ölfeuerungen in der Bundesrepublik Deutschland im Betrieb bewährt. Mit dem S.-V. werden NO_x-Reduktionsgrade von 90% erreicht. Die Katalysatorstandzeiten sind deutlich länger als die zunächst gegebenen Garantiezeiten von zwei Jahren. Nach den vorliegenden Betriebserfahrungen werden Katalysatorstandzeiten von mindestens fünf Jahren bei High Dust- und von zehn Jahren bei Tailgas-Anlagen erwartet. Nach Pilotuntersuchungen an Schmelzkammerfeuerungen mit vollständiger Rückführung der Flugasche vom Elektrofilter in den Kessel kam es zu einer schnellen Abnahme der Katalysatoraktivität in High Dust-Anlagen. Dieses Problem konnte gelöst werden, indem die Flugasche nur teilweise zurückgeführt wird (dadurch verminderte Anreicherung von Katalysatorgiften, wie z. B. Arsen, zwischen Kessel und Elektrofilter) oder durch Einsatz von TiO_2-Katalysatoren mit höherer Resistenz gegenüber Schwermetallen. Die verbrauchten Katalysatoren können grundsätzlich wiederaufbereitet werden. *Haug*

Literatur: *Breihofer, D. et al.*: Maßnahmen zur Minderung der Emissionen von SO_2, NO_x und VOC bei stationären Quellen in der Bundesrepublik Deutschland. Studie im Auftrag des BMU/Umweltbundesamt. IIP Uni Karlsruhe November 1991. – *Haug, N.; B. Schärer*: Minderung von NO_x-Emissionen aus Kraftwerken. Staub-RdL **51** (1991) Nr. 11. – *Rentz, O.; R. Leibfritz*: Erfassung emissionsarmer Technologien und entsprechender anlagenbezogener gesetzlicher Regelungen für industrielle Produktionsanlagen in Japan. Studie i. A. des BMU/Umweltbundesamt. IIP Uni Karlsruhe Dez. 1988. – Luftverschmutzung durch Stickstoffoxide: Ursachen, Wirkung, Minderung. Hrsg.: Umweltbundesamt. Berlin 1990.

6. BImSchV *⟨sixth Ordinance based on the Federal Immission Control Act/ordinance on qualification and reliability of immission control officers⟩*. Verordnung über die Fachkunde und Zuverlässigkeit der Immissionsschutzbeauftragten vom 12. April 1975 (BGBl. S. 957) zur Konkretisierung der in § 55 Abs. 2 BImSchG enthaltenen entsprechenden Grundanforderungen an Immissionsschutzbeauftragte. Der Inhalt der Verordnung ist 1993 unter Aufhebung der 6. BImSchV in die → 5. BImSchV übernommen und auf Störfallbeauftragte ausgedehnt worden. *Dreyhaupt*

16. BImSchV *⟨sixteenth Ordinance based on the Federal Immission Control Act/ordinance on protection from traffic noise⟩* → Verkehrslärmschutzverordnung

Sedimentation *⟨sedimentation⟩*. Trockene → Deposition von Aerosolen im Schwerefeld der Erde. Sie hängt im wesentlichen von Partikelgröße, -gewicht und -form, der Größenverteilung, dem mechanisch und thermisch beeinflußten Turbulenzzustand der bodennahen Luftschicht sowie den Ablagerungsprozessen an der Oberfläche ab.

Teilchen $<5\ \mu m$ aerodynamischer Durchmesser haben eine Ablagerungsgeschwindigkeit von weniger als 0,1 cm/s. Mit abnehmender Teilchengröße sinkt die Geschwindigkeit weiter ab, während sie mit zunehmender Teilchengröße auf Grund der von der Partikelgröße abhängigen Fallgeschwindigkeit rasch ansteigt. Für kugelförmige Aerosolteilchen kann diese Abhängigkeit an Hand der (korrigierten) *Stokesschen* Fallgeschwindigkeit beschrieben werden.

Zur Durchführung von Ausbreitungsrechnungen sind in Anhang C Nr. 5 der TA-Luft Depositionsgeschwindigkeiten für Stäube in Abhängigkeit von der Korngrößenverteilung des Emissionsmassenstroms angegeben (→ Ausbreitung von Stäuben) *Giebel*

Sekundärmaßnahmen zur Luftreinhaltung *⟨secondary measures for air pollution control⟩*. S. bezeichnen (im Gegensatz zu den → Primärmaßnahmen) die nachgeschalteten (zusätzlichen) Maßnahmen zur Luftreinhaltung. Soweit die Entstehung von Schadstoffen im Prozeß oder bei der Energieumwandlung nicht vermieden oder nicht soweit verringert werden kann, daß die zulässigen Emissionsbegrenzungen eingehalten werden, sind Abgasreinigungseinrichtungen einzusetzen.

Abgasreinigungstechniken haben sich seit Jahrzehnten in der Luftreinhaltung bewährt. Die Anwendung ist in der Regel bei bestehenden Anlagen ohne gravierende Eingriffe in den vorgeschalteten Prozeß möglich. Soweit in früheren Jahren akute Probleme der Luftreinhaltung gelöst werden mußten, war der Einsatz von Abgasreinigungsverfahren die nächstliegende und am schnellsten realisierbare Maßnahme. Die zunehmende gesamtökologische Bewertung von Umweltschutzmaßnahmen änderte jedoch den Stellenwert. Erst nach Ausschöpfung von Primärmaßnahmen sollten S. herangezogen werden.

Für alle relevanten Probleme der Luftreinhaltung stehen heute betriebsbewährte Abgasreinigungstechniken zur Verfügung. Auswahl und Verfahrensauslegung richten sich vor allem nach den physikalisch-chemischen Eigenschaften der abzuscheidenden Stoffe, störenden Abgasbestandteilen (z. B. saure Gase, Wasserdampfgehalt), dem Verbrauch an Einsatzstoffen (z. B. Sorbentien) und Energie (z. B. für Gebläse und Pumpen) sowie den Möglichkeiten der Reststoffverwertung.

Ein wichtiger Auslegungs- und Betriebsparameter für S. ist der Wirkungsgrad; bei S., bei denen Stoffe abgeschieden werden, wird er auch als → Abscheidegrad bezeichnet.

Zur → Staubabscheidung kommen zur Anwendung:
- → Massenkraftabscheider (z. B. Zyklone, i. a. nur zur Abscheidung von Grobstäuben),
- Elektrofilter (hohe Leistungsfähigkeit bei geringem Energieverbrauch; hohe Investitionskosten),
- Gewebefilter (sehr hohe Leistungsfähigkeit, aber große Empfindlichkeit gegenüber störenden Abgasparametern wie saure Gase oder hohe Temperatur),
- Naßwäscher (besonders betriebsrobust, hoher Energieverbrauch sowie Aufwand zur Abwasserbehandlung, sehr niedrige Investitionskosten).

Ähnliche Auswahl- und Auslegungskriterien gelten auch für die Verfahren zur → Abgasreinigung für dampf- oder gasförmige Luftverunreinigungen. Prinzipiell kommen in Betracht:
- → Absorptionsverfahren für anorganische und organische Stoffe,
- thermische und katalytische Umwandlungsverfahren für organische und verbrennbare anorganische Stoffe (→ Oxidationsverfahren),
- → Adsorptionsverfahren für organische und anorganische Stoffe,
- biologische Verfahren, z. B. → Biofilter, → Biowäscher, für biologisch abbaubare, insbesondere geruchsintensive Stoffe.

Hinzu kommen besonders interessante Entwicklungen und Anwendungen zu folgenden Verfahren:
- Thermische und katalytische Verfahren, z. B. zur NO_x-Reduktion unter Ammoniakzugabe (→ SNCR-Verfahren, → SCR-Verfahren)
- → Kondensationsverfahren, z. B. zur Abtrennung von Kohlenwasserstoffen.

Die weitere Entwicklung der S. z. L. zielt ab auf eine Verbesserung von Wirkungsgraden, Minimierung des Aufwands, (soweit möglich) Energierückgewinnung und die Anwendung der Verfahren in neuen Einsatzbereichen. Ein Vorteil der S. ist, daß in der Regel eine Optimierung der Abgasreinigungsverfahren im Hinblick auf eine Vermeidung oder Verwertung von Reststoffen möglich ist. In vielen Fällen geschehen die Wahl und Auslegung des Reinigungsverfahrens vorrangig unter diesem Aspekt. *M. Lange*

Literatur: *Davids, P.; M. Lange*: Die TA Luft '86, Technischer Kommentar. Düsseldorf 1986. – *Fritz, W.; H. Kern*: Reinigung von Abgasen. Würzburg 1990. – Luftreinhaltung '88 – Tendenzen – Probleme – Lösungen. Hrsg.: Umweltbundesamt. Berlin 1989. – Umweltbundesamt (Hrsg.): UBA-Texte 28/89: Handbuch Abscheidung gasförmiger und staubförmiger Luftverunreinigungen. Berlin 1989.

Shredderanlage ⟨*shredder plant*⟩. S. sind Anlagen zum Zerkleinern von Schrott. Bei einer Nennleistung des Rotorantriebs von 100 kW oder mehr handelt es sich um genehmigungsbedürftige Anlagen nach Nr. 3.14 des Anhangs der → 4. BImSchV; ab 500 kW Nennleistung findet das förmliche → Genehmigungsverfahren nach dem BImSchG Anwendung.

Die zu shreddernden Einsatzschrotte betreffen in erster Linie Autowracks. Darüber hinaus werden auch andere sperrige Metallteile zerkleinert.

Das Funktionsprinzip einer S. zeigt das Bild. Das Einsatzgut – es kann ohne Vorzerkleinerung verarbeitet werden – wird einer Hammermühle zugeführt, die es je nach Einstellung (Rostgröße) auf eine Stückgröße von 20 bis 200 mm zerschlägt. Je nach Antriebsleistung der S. werden bis zu 65 t Shredderschrott pro Stunde erzeugt (bei etwa 2000 PS). Das Schüttgewicht liegt bei 1,1 bis 1,3 t/m^3. Der so erhaltene, aufbereitete Schrott ist bei entsprechender analytischer Auswahl des Einsatzguts von hoher Qualität und eignet sich als Schrottzusatz oder Kühlschrott zum Einschmelzen in Oxygenstahlwerken, auch für anspruchsvolle Stahlgüten. Anhaftungen werden weitgehend in der Hammermühle von den Metallteilen getrennt.

Mit den sperrigen Schrotteilen zerlegt die Hammermühle auch nichtmetallische Bestandteile. Dies sind z. B. Glas-, Textil- und Kunststoffteile der Autowracks. Die Metallteile werden mit Anteilen der Leichtfraktion (auch als Feinfraktion bezeichnet) aus dem unmittelbaren Shredderraum auf einen Vibrationsförderer und von dort auf ein Gurtförderband übergeben und in einem Zick-Zack-Windsichter und anschließendem Vibrationsförderer voneinander getrennt. Eine Magnettrennung zweigt die nicht ferromagnetischen Metalle, Metallegierungen und Nichtmetalle ab. Der Shredderraum und der Vibrationsförderer sind an das Abluftsystem angeschlossen. Die unterschiedlichen Leichtfraktionen fallen entsprechend in den Zyklonen der Entstaubung und des Windsichters an und werden abgezogen.

Für die beschriebene Separation der metallischen Shredderprodukte von den Leichtfraktionen werden an großen S. bis zu 100000 nm^3 Luft/h durch Ventilatoren weitestgehend im Separations- und Abscheidesystem umgewälzt. Nur ein Teil der Umluft wird über Reinigungsanlagen in die Atmosphäre abgegeben.

Zur Qualitätssicherung werden Autowracks vor dem Einsatz in S. einer Teildemontage unterzogen. Hierbei werden insbesondere Flüssigkeiten abgezogen, z. B. Motor- und Getriebeöl, Treibstoff und Hydraulikflüssigkeiten. Reifen und Batterien werden demontiert, noch verwertbare Teile von Altautoverwertern entnommen. Das sog. Trockenlegen hat entscheidenden Einfluß auf die Zusammensetzung der Shredderleichtfraktion.

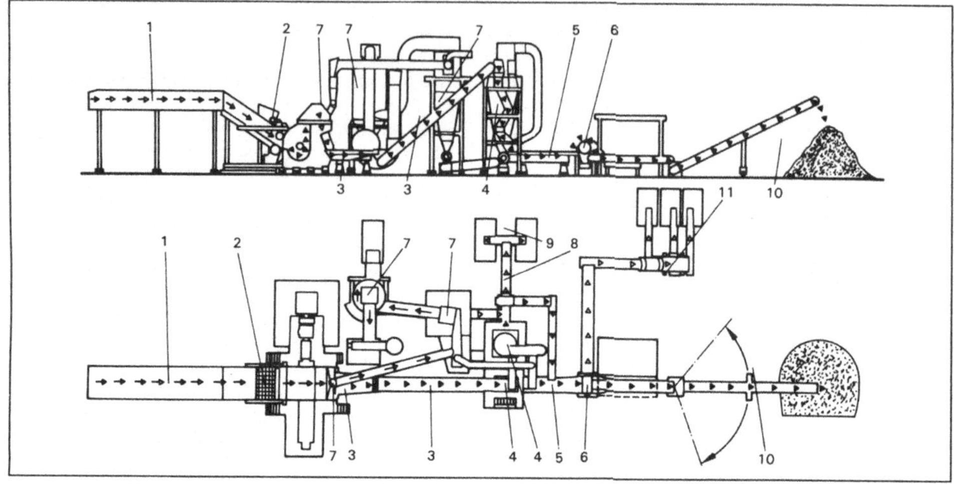

Shredderanlage: Fließschema einer Shredderanlage.

1 Schrottaufgabe auf ein Plattenband. 2 Zuführung des Schrotts über das Plattenband und die schräge Schurre zu den Treibrollen und die Verarbeitung durch den Shredder sind durch getrennte Steuerungsmöglichkeiten optimal abstimmbar. Kontrollierte Zuleitung des verdichteten Schrotts in den Shredder durch die Treibrollen. 3 Abzug des geshredderten Materials durch einen Rüttler und Zuführung zum Sichter durch ein schräg angeordnetes Band. 4 Separierung des Materials von Leichtstoffen in der Windsichter-Anlage im Gegenstrom mit Umluftsystem. Windsichtung im Gegenstrom, Austragung des flugfähigen Materials in einen Zyklon. 5 Transport des gereinigten Materials über einen Rüttler zur Magnettrommel. 6 Trennung des Fe-Materials in aushebender Arbeitsweise von nicht-magnetischen Anteilen. 7 Staubabsaugung des Materials von Leichtstoffen durch eine zweistufige Luftreinigungs-Anlage. 8 Zusammenfassung des Staubaustrags aus beiden Zyklonen auf einem Band. 9 Wechselseitiger Austrag in zwei bauseitige Container durch ein Querband am Ende des Staubaustragebands. 10 Fe-Schrottaustrag durch ein Bandsystem mit abschließendem Schwenkband. 11 Austrag der nicht-magnetischen Shredder-Grobstoffe einschl. der NE-Metalle

Die an die Atmosphäre abgegebene Luft wird durch Gewebefilter oder Naßentstauber gereinigt. So z.B. ergaben an einem Henschel-Shredder HZ 1250 mit Gewebefilterentstaubung durchgeführte Messungen Staubgehalte unter 20 mg/nm^3 und Gehalte an Staubinhaltsstoffen unter den Nachweisgrenzen der AAS (Atomabsorptions-Spektroskopie) für die Elemente Sb, As, Pb, Cd, Cr, Co, Cu, Mn, Ni, Hg, Be, Tl, V, Se, Te. Untersuchungen auf organische Gase und Dämpfe im Emissionsstrom ergaben, auch hinsichtlich enthaltener → Dioxine und → Furane, unkritische Werte.

S. sind geräuschintensiv; Messungen an einem 2 000 PS Henschel-Shredder ergaben eine Schallleistung, die durch wirksame Schallschutzmaßnahmen (Einhausen u. a.) zu Beurteilungspegeln von 54 bis 55 dB(A) in 300 m Abstand und rund 47 dB(A) in 600 m Abstand führen. Bei neu zu errichtenden Anlagen ist die Nutzung der angrenzenden Gebiete zu berücksichtigen, zu Wohngebieten ist ein ausreichender → Schutzabstand vorzusehen.

Problematisch ist die Erfüllung des Abfallverwertungsgebots in § 5 Abs. 1 Nr. 3 BImSchG hinsichtlich der Shredderleichtfraktion, die etwa 25 Gew.-% des gesamten Shreddereinsatzes ausmacht. Shredderrückstände (Leichtfraktion) sind laut Abfallbestimmungsverordnung als besonders überwachungsbedürftiger Abfall eingestuft.

Die bisherige Praxis des Shredderns von teildemontierten Altautokarossen wird durch umfassendere Entsorgungskonzepte ersetzt werden. Insbesondere müssen die verschiedenartigen Kunststoffe sortenrein demontiert und einer Wiederverwertung in der kunststofferzeugenden bzw. -verarbeitenden Industrie zugeführt werden. Ebenso sollten die NE-metallhaltigen Bestandteile der Kfz vor dem Shreddern der Karosse entfernt werden, wie dies bereits mit Batterien erfolgt. Dies bedeutet unter anderem die Herausnahme des Kabelbaums (Kupfer) und die Rückgewinnung von Aluminiumlegierungen. Für die mechanische Aufbereitung der dann weit überwiegend Stahlteile enthaltenden Restkarossen bleiben S. auch in Zukunft ein wesentliches Glied in der modernen Recyclingwirtschaft. *Philipp*

Literatur: *Voy, C.; J. Schmidt*: Technische und wirtschaftliche Betrachtungen zur zukünftigen Altautoverwertung. Deutsche Automobilgesellschaft mbH. Braunschweig 1992.

Sicherheitsabstand *⟨safety distance⟩* → Schutzabstand

Sicherheitsanalyse *⟨safety report⟩*. Die S. ist eine eingehende systematische Betrachtung der Anlagensicherheit (→ Sicherheitstechnik) bei der Planung neuer Anlagen sowie bei Anlagenänderungen und zur Anpassung an den aktuellen Stand der Sicherheitstechnik.

Die nach der → Störfall-Verordnung geforderte S. soll den Betreiber in die Lage versetzen, von der Sicherheit seiner Anlage überzeugt zu sein. Die S. ist als Dokument der zuständigen Behörde vorzulegen. Diese Dokumentation muß die sicherheitsrelevanten Ergebnisse des eingehenden sicherheitsanalytischen Prozesses widerspiegeln, soll aber nicht diesen Prozeß in allen Einzelheiten, z. B. die einzelnen Planungsstufen mit den vielfältigen Alternativen oder die Protokolle der Teambesprechungen, erfassen. Werden hierzu spezielle Informationen zur Überprüfung der S. benötigt, muß die Behörde darauf zusätzlich zur S. zurückgreifen können. Dies gilt auch für Betriebsgeheimnisse, die in der S. nicht angegeben zu werden brauchen, weil die S. im förmlichen → Genehmigungsverfahren nach BImSchG als Teil der Genehmigungsunterlagen offengelegt wird.

Die in der S. zu machenden Angaben sind in der Zweiten Allgemeinen Verwaltungsvorschrift zur Störfall-Verordnung konkretisiert. Danach soll die vorzulegende S. aus sich heraus verständlich und so ausführlich sein, daß die Behörden sowie die von ihnen beauftragten Sachverständigen überprüfen können, ob die S. vollständig und richtig durchgeführt wurde und ob der → Stand der Sicherheitstechnik eingehalten wird.

In der vorzulegenden S. sind die Anlage, das Verfahren sowie die in der Anlage gehandhabten Stoffe einschließlich der Stoffe, die im Falle einer Störung entstehen können, zu beschreiben. Ferner ist darzulegen, daß die systemanalytische Durchdringung der Anlage vollständig und sorgfältig erfolgte und welche Methoden (systemanalytische Methoden) dabei angewandt wurden. Die Beschreibung der getroffenen Sicherheitsmaßnahmen ist ein Kernstück der vorzulegenden Dokumentation. Neben den technischen Sicherheitsvorkehrungen, die auch im Rahmen der Anlagen- und Verfahrensbeschreibung dargestellt werden können, müssen die vorgesehenen organisatorischen Sicherheitsvorkehrungen (→ Sicherheitskonzept, → Sicherheitsorganisation, → Gefahrenabwehrplan) dargelegt sein. Ferner ist – mit Hilfe von → Störfallauswirkungsabschätzungen – aufzuzeigen, daß die vorgesehenen Maßnahmen ausreichend wirksam sind, um Störfälle zu verhindern und mögliche Auswirkungen zu begrenzen. Schließlich sind noch solche Auswirkungsabschätzungen gefordert, die als Basis für die Festlegung von Maßnahmen zur außerbetrieblichen → Gefahrenabwehr (Katastrophenschutz) dienen sollen.

Werden sowohl die möglichen Störfallauswirkungen als auch deren Wahrscheinlichkeiten quantifiziert, geht die S. in eine → Risikoanalyse über. In der S., die nach der Störfall-Verordnung gefordert wird, sind keine quantitativen Risikoabschätzungen vorgesehen. *Nitsche*

Literatur: *Wefers, H.; L. Reimers*: Die neue Störfall-Verordnung. 1991. – Zweite Allgemeine Verwaltungsvorschrift zur Störfall-Verordnung (2. StörfallVwV) vom 27. April 1982 (GMBl. S. 205). – Praxis der Sicherheitsanalysen in der chemischen Verfahrenstechnik, DECHEMA-Monographien Band 100. Weinheim–Deerfeld Beach (Florida)–Basel 1985.

Sicherheitsdatenblatt ⟨*safety data sheet*⟩. Durch § 14 der → Gefahrstoffverordnung (GefStoffV) zusätzlich zu den vorgeschriebenen Stoff- bzw. Zubereitungskennzeichnungen eingeführtes Instrument zur Informationsverdichtung für eine möglichst sichere berufsmäßige Verwendung → gefährlicher Stoffe und gefährlicher Zubereitungen. Beim Inverkehrbringen ist das S. dem Abnehmer spätestens bei der ersten Lieferung zu übermitteln; ausgenommen sind im Abnehmerbereich private Verwender und im Stoffbereich Schädlingsbekämpfungsmittel nach Anhang II Nr. 2 der GefStoffV.

Das S. muß den detaillierten Vorschriften in Anhang I Nr. 5 der GefStoffV entsprechen und folgende Angaben (Beschreibungen, Daten, Hinweise etc.) enthalten:

- Stoff-/Zubereitungsbezeichnung,
- Firmenbezeichnung des Herstellers, des Einführers oder des Vertriebsunternehmers,
- mögliche Gefahren,
- Erste-Hilfe-Maßnahmen,
- Maßnahmen zur Brandbekämpfung,
- Maßnahmen bei unbeabsichtigter Freisetzung,
- Handhabung und Lagerung,
- Expositionsbegrenzung und persönliche Schutzausrüstungen,
- physikalische und chemische Eigenschaften,
- Stabilität und Reaktivität,
- Toxikologie,
- Ökologie,
- Entsorgung,
- Vorschriften (insbesondere des Gesundheits- und Umweltschutzes),
- Sonstiges.

Das S. dient sowohl dem Arbeitsschutz, dem Schutz vor Störfällen und Unfällen als auch dem Schutz der Bevölkerung und der Umwelt. So sollen z. B. die Angaben zur Ökologie eine Bewertung der möglichen Auswirkungen, des Verhaltens und des Verbleibs des Stoffes oder der Zubereitung in der Umwelt enthalten. In Abhängigkeit von der Beschaffenheit und den wahrscheinlichen Verwendungsarten sind die wichtigsten Eigenschaften des Stoffes oder der Zubereitung in Bezug auf die Umwelt zu beschreiben: Mobilität, Persistenz und Abbaubarkeit, Bioakkumulationspotential, aquatische Toxizität und weitere Daten über die Ökotoxizität, z. B. Verhalten in Abwasserbehandlungsanlagen; Einzelheiten enthält die TRGS 220.

Das S. kann in geschriebener Form oder auf Datenträgern übermittelt werden. *Dreyhaupt*

Literatur: TRGS 220: Sicherheitsdatenblatt für gefährliche Stoffe und Zubereitungen, Ausgabe Sept. 1993; Bundesarbeitsbl. 9/1993, S. 36.

Sicherheitskonzept ⟨*safety concept*⟩. S. geben die grundlegenden Prinzipien, Ziele, Annahmen, Kriterien und Randbedingungen vor, die hinsichtlich der Auswahl, Festlegung und Aktualisierung der → Sicherheitstechnik und der → Sicherheitsorganisation zur Gewährleistung der Anlagensicherheit zu beachten sind.

S. können für kleine Einheiten, z. B. Teilsysteme einer Industrieanlage, die gesamte Anlage, ganze Anlagenkomplexe oder unternehmensweit, aber auch für eine ganze Region erstellt werden.

Bei Industrieunternehmen entwickelt sich das S. im allgemeinen aus der Erfahrung bei Planung, Bau und Betrieb von Anlagen aus vergleichbaren Aktivitäten in den einzelnen Unternehmen oder der Branche. So werden auch S. für ganze Branchen, z. B. die Chemische Industrie oder die Kerntechnik diskutiert.

S. liegen auch sicherheitstechnische Regelungen und Rechtsvorschriften zugrunde, z. B. die → Störfall-Verordnung und EG-Seveso-Richtlinie. Das S. der Störfall-Verordnung besteht aus einem gestuften, hierarchischen System, das wie folgt charakterisiert werden kann: Die Verminderung oder Minimierung von → gefährlichen Stoffen entspricht gewissermaßen einer Stufe null, d. h. eine Anlage mit weitgehend ungefährlichen Stoffen besitzt ein entsprechend geringes Gefahrenpotential. Die erste Stufe beinhaltet alle Maßnahmen in der Anlage, die den Einschluß gefährlicher Stoffe und den bestimmungsgemäßen Betrieb gewährleisten soll. In der zweiten Stufe sind alle anlagenbezogenen Sicherheitsmaßnahmen zur Begrenzung von Störfallauswirkungen (Freisetzungen, Brände, Explosionen) enthalten. Die dritte Stufe umfaßt die S. außerhalb der Anlage zur Verhinderung oder zur Begrenzung der Einwirkungen von gefährlichen Stofffreisetzungen, Bränden oder Explosionen (Schadstoffeinwirkung, Wärmestrahlung, Druckwelle, Trümmerwurf). Die Maßnahmen der dritten Stufe sind insbesondere der Gefahrenabwehrplanung (→ Gefahrenabwehrplan) zuzuordnen. *Nitsche*

Literatur: DECHEMA Monografien Vol. 88. Das Sicherheitskonzept für die Chemische Technik. Weinheim–New York. 1980.

Sicherheitsorganisation *⟨safety management⟩*. Die S. umfaßt alle organisatorischen Strukturen und Vorgaben, die die Anlagensicherheit (→ Sicherheitstechnik) betreffen, z. B. die Einhaltung des aktuellen → Standes der Sicherheitstechnik, die Zuweisung der Verantwortlichkeiten, die betriebliche Zusammenarbeit, die Mitarbeiterqualifikation, Alarm- und Gefahrenabwehrplanungen, die Qualitätssicherung. Die S. wird in ihren Grundprinzipien durch die Unternehmensleitung im Rahmen des → Sicherheitskonzepts des Unternehmens festgelegt und auf den folgenden Hierarchiestufen verfeinert und umgesetzt. Ein ganz wesentliches Element einer funktionierenden S. ist deren laufende Dokumentation und Aktualisierung. *Nitsche*

Literatur: *Adams, H. W.; G. Eidam*: Die Organisation des betrieblichen Umweltschutzes. Hrsg.: Frankfurter Allgemeine Zeitung. Frankfurt 1991.

Sicherheitstechnik *⟨safety engineering⟩*. Die sicherheitstechnische Auslegung von Anlagen beginnt bei der Anlagenplanung mit der Verfahrens- und Stoffauswahl. Dabei gilt es, Verfahren mit kritischen Betriebszuständen und die Handhabung → gefährlicher Stoffe möglichst zu vermeiden oder die Mengen gefährlicher Stoffe zu minimieren, z. B. durch Substitution gefährlicher durch ungefährliche Stoffe oder durch diskontinuierliche Betriebsweise anstelle von kontinuierlicher.

Die Basis der weiteren sicherheitstechnischen Auslegung bilden die Regelungen des → Sicherheitstechnischen Regelwerks sowie Erfahrungen aus Bau und Betrieb vergleichbarer Anlagen. Im Rahmen einer → Sicherheitsanalyse werden die Wechselwirkungen zwischen Gefahrenquellen, möglichen Auswirkungen und den vorgesehenen Sicherheitsmaßnahmen analysiert und ggf. die Anlagenauslegung modifiziert und weitere Sicherheitsmaßnahmen vorgesehen. Die → Störfall-Verordnung fordert die Einhaltung des Standes der Sicherheitstechnik.

Die S. umfaßt sowohl rein technische Maßnahmen als auch organisatorische Sicherheitsmaßnahmen wie Personalschulung, Notfallübungen, sicherheitstechnische Prüfungen. Im weitesten Sinn sind auch die → Sicherheitsorganisation sowie das → Sicherheitskonzept des Unternehmens zur S. zu zählen.

Zu den technischen Sicherheitsmaßnahmen zählen neben den Maßnahmen, die den sicheren Einschluß gefährlicher Stoffe sowie den bestimmungsgemäßen Betrieb gewährleisten:
- Überwachungs- und Alarmeinrichtungen, die kritische Betriebszustände, Brände oder Stofffreisetzungen anzeigen, z. B. Druck-, Temperatur- und Füllstandsalarme, Brandmelder, Gassensoren, Meß-, Steuer- und Regeleinrichtungen (MSR) zur Begrenzung von Temperatur, Druck und Füllstand;
- Schutzeinrichtungen, z. B. Verriegelungssysteme, Reaktionsstopper, Notkühlung, Reserveaggregate, Zugangssicherungen, Auffangsysteme, Schnellschlußeinrichtungen, Löschanlagen, Druckentlastungseinrichtungen (Sicherheitsventile, Berstscheiben, Druckentlastungsklappen), Brandschutzisolierungen, Wasserschleier.

Die S. zum Schutz der Umwelt wird auch entsprechend der Gefahrenart in Brandschutz, Explosionsschutz und Schutz vor Stofffreisetzungen unterteilt. *Nitsche*

Literatur: *Lees, Fl. P.*: Loss Prevention in the Process Industries, Volume 1 and 2. London–Boston 1980. – Ullmanns Encyklopädie der technischen Chemie, 4. Aufl. Band 6: Sicherheitstechnik. Weinheim–Basel 1981.

Sicherheitstechnisches Regelwerk *⟨safety regulations⟩*. Das S. R. umfaßt die Regelungen und Anforderungen zur Anlagensicherheit (→ Sicherheitstechnik), die von staatlicher Seite, von privaten Normsetzern, Verbänden oder Arbeitsgemeinschaften, z. B. als Technische Regeln, Richtlinien oder Leitlinien veröffentlicht werden, wie z. B.:

❒ Technische Regeln Druckbehälter (TRB)
Technische Regeln Druckgase (TRG)
Technische Regeln für Acetylenanlagen und Calciumcarbidlager (TRAC)
Technische Regeln für Gashochdruckleitungen (TRGL)
Technische Regeln für brennbare Flüssigkeiten (TRbF)
Technische Regeln für Dampfkessel (TRD)
Sprengstoff-Richtlinien (Spreng-LR)
❒ Unfallverhütungsvorschriften und Richtlinien der Berufsgenossenschaft der chemischen Industrie
❒ → VDI-Richtlinien
❒ AD-Merkblätter der Vereinigung der Technischen Überwachungsvereine
❒ Leitlinien und Konzepte des Verbandes der Chemischen Industrie
❒ VdS-Richtlinien zum Brandschutz des Verbandes der Sachversicherer
❒ DVM-Merkblätter des deutschen Verbandes für Materialforschung und -prüfung
❒ DVS-Merkblätter und -Richtlinien des deutschen Verbandes für Schweißtechnik
❒ DVGW-Regelwerk des deutschen Vereins des Gas- und Wasserfaches
❒ AGK-Merkblätter der Arbeitsgemeinschaft Korrosion
❒ DIN-Normen

Das S. R. zum Schutz vor Störfallgefahren aus industriellen Produktions-, Weiterverarbeitungs- und Lageranlagen baut auf dem S. R. auf, das sich historisch gewachsen, insbesondere aus dem Schutz der Arbeitnehmer vor Störfallgefahren entwickelt hat. In den letzten Jahren sind verstärkt Aspekte des Schutzes der Umwelt vor Störfallgefahren in diesen Regelungsbereich eingeflossen.

Nicht zum S. R. zählen die Anforderungen und Regelungen zur Sicherheitstechnik, die ausschließlich betreiberintern angewendet werden und nicht veröffentlicht sind. Aber gerade in diesen Anforderungen und Regelungen spiegelt sich die Erfahrung und das spezifische Fachwissen der Anlagenbetreiber wieder. Aus diesem Grund fordert die → Störfall-Verordnung die Einhaltung des → Standes der Sicherheitstechnik, der über die Anforderungen des S. R. hinausgehen kann.

Im Bereich der kerntechnischen Sicherheit gelten die besonderen Anforderungen des Atomgesetzes; danach ist die nach dem Stand von Wissenschaft und Technik erforderliche Vorsorge gegen Schäden zu treffen. Technische Regeln dazu werden – über staatliche Richtlinien hinaus – vom Kerntechnischen Ausschuß (KTA) als sicherheitstechnisches Regelwerk gesetzt, der seinerseits technische Regeln, wie z. B. DIN-Normen, in Bezug nimmt. *Nitsche*

Literatur: *Pohle, H.*: Chemische Industrie, Umweltschutz, Arbeitsschutz, Anlagensicherheit. Weinheim 1991. – DIN-Katalog für technische Regeln Band 1 und 2. Hrsg.: Deutsches Institut für Normung. Berlin. – Verzeichnis von Schriften zur Arbeitssicherheit, Berufsgenossenschaft der chemischen Industrie. Heidelberg.

7. BImSchV ⟨*seventh Ordinance based on the Federal Immission Control Act/ordinance on limitation of emissions of wood dust*⟩. Verordnung zur Auswurfbegrenzung von Holzstaub vom 18. Dezember 1975 (BGBl. I S. 3133). Gilt für nicht genehmigungsbedürftige → Anlagen zur Bearbeitung oder Verarbeitung von Holz oder Holzwerkstoffen, sofern dabei Staub oder Späne emittiert werden, einschließlich der zugehörigen Förder- und Lagereinrichtungen für Stäube und Späne; sie gilt nicht für mobile Anlagen wie Tischkreissägen auf Baustellen oder Motorkettensägen in der Forstwirtschaft. Geregelt werden Errichtung, Beschaffenheit und Betrieb der Anlagen, die grundsätzlich mit Abluftreinigungsanlagen auszurüsten sind. Anlagen, die Schleifstaub oder ein Gemisch mit Schleifstaub emittieren, müssen einen → Emissionsgrenzwert von 20 mg/m^3 einhalten, soweit die Anlagen nach dem 1. Januar 1977 errichtet worden sind; für ältere Anlagen gilt ein Wert von 50 mg/m^3. Für Anlagen, in deren Abluft keine Schleifstäube, sondern andere Stäube oder Späne enthalten sind, ergeben sich – ohne Rücksicht auf das Alter der Anlagen – die Emissionsgrenzwerte aus dem Diagramm (Bild). *Dreyhaupt*

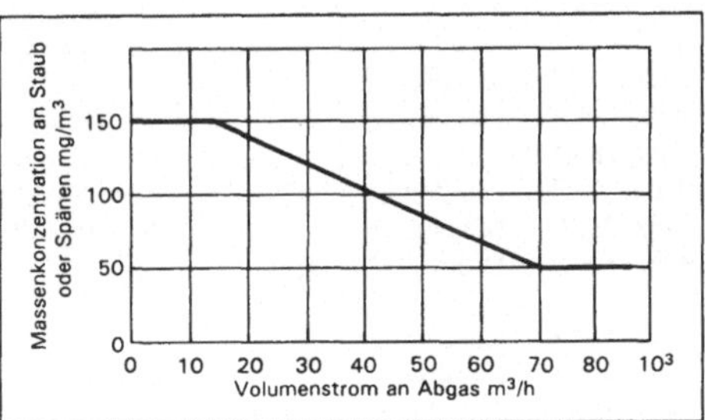

7. BImSchV: Diagramm zur Emissionsbegrenzung von Holzstaub.

17. BImSchV ⟨*seventeenth Ordinance based on the Federal Immission Control Act/ordinance on waste incineration installations*⟩. Verordnung über Verbrennungsanlagen für Abfälle und ähnliche brennbare Stoffe vom 23. Nov. 1990 (BGBl. I S. 2545). Enthält im wesentlichen Anforderungen an die Errichtung, die Beschaffenheit und den Betrieb von Abfallverbrennungsanlagen sowie an die Emissionsmessungen und die Überwachung (→ Abfallverbrennungsanlage). Von der 17. BImSchV werden sowohl Hausabfall- und Sonderabfallverbrennungsanlagen als auch andere Verbrennungsanlagen erfaßt, in denen feste oder flüssige Abfälle oder ähnliche brennbare Stoffe eingesetzt werden. Im letzteren Fall richtet sich die Anwendung der Verordnung nach dem Anteil der Abfälle an der Feuerungswärmeleistung der Anlage. Erstmalig werden in der 17. BImSchV auch Anforderungen an die Reststoffbehandlung und an die → Abwärmenutzung gestellt. Die → Emissionsgrenzwerte sind gegenüber den → Emissionswerten der TA Luft erheblich verschärft und betreffen auch erstmalig → Dioxine und → Furane (→ Abfallverbrennungsanlage, Tab.). Eine besondere Vorschrift gewährleistet, daß der Anlagenbetreiber einmal jährlich die Öffentlichkeit über „die Beurteilung der Messungen von Emissionen und der Verbrennungsbedingungen" unterrichtet.

Grundsätzlich müssen die Anforderungen der 17. BImSchV bis zum 1. März 1994 auch von Altanlagen erfüllt werden. *Dreyhaupt*

Sinteranlage *⟨sintering plant⟩* → Roheisengewinnung

Smog *⟨smog⟩*. Begriff aus dem *engl.* mit der Bedeutung „fog intensified by smoke; mixture of smoke and fog; abbreviation from smoke fog; smoky fog"; die Übersetzung mit Rauchnebel ist ungebräuchlich. Heute werden unter S. allgemein zwei unterschiedliche Situationen mit gesundheitsbedrohenden Schadstoffanreicherungen in der Luft verstanden, die beide in siedlungs-, verkehrs-, industrie- und damit emissionsstarken Ballungsgebieten, vornehmlich in Städten, (nur) bei bestimmten meteorologischen Bedingungen auftreten: der → London Type Smog und der photochemische Smog, der als → Los Angeles Type Smog (Sommersmog) bezeichnet wird. Während im allgemeinen der London-Type S. gemeint ist, wenn bloß von S. die Rede ist, wird im Zusammenhang mit dem Los Angeles Type S. – im Hinblick auf die zur photochemischen Umsetzung von Primärluftschadstoffen notwendige starke Sonneneinstrahlung – meist von „Sommersmog" oder Photosmog gesprochen. *Dreyhaupt*

Smogepisode *⟨smog episode⟩*. Der Begriff S. bringt die meteorologisch bedingte Kurzzeitigkeit von Smogereignissen zum Ausdruck und wird bevorzugt im Zusammenhang mit gravierenden Fällen des → London Type Smog verwendet, in deren Verlauf Mortalitäts-

Smogepisode. Tabelle: Gravierende S. in Europa und in den USA (nach Csicsaky, modifiziert)

Zeit	Ort	Schadstoffkonzentration [1]) (mg/m^3) SO_2	SSt	Mortalitätserhöhung absolut	%
Dez. 1873	London	n. a.		268 in 1 Woche	
Jan./ Feb. 1880	London	n. a.		1 657 in 1 Woche [2]) 3 133 in 4 Wochen	
Dez. 1892	London	n. a.		n. a.	
Dez. 1930	Maastal (B)	25	12,5	63	950
Okt. 1948	Donora, PA (USA)	1,6	4,5	20	800
Nov./ Dez. 1948	London	n. a.		700 – 800	n. a.
Dez. 1952	London	4	6	3 900	70
Nov. 1953	New York, NY (USA)	2,2	1	n. a.	9
Jan. 1955	London	1,2	2,06	240	12
Jan. 1956	London	1,5	4,59	1 000	30
Dez. 1956	London	1,1	1,27	400	25
Dez. 1957	London	1,6	2,93	800	25
Jan. 1959	London	0,8	1,27	200	10
Dez. 1962	London [3])	3,3	2,45	850	20
Nov. 1962	New York, NY (USA)	1,8	0,8	n. a.	8
Dez. 1962	Ruhrgebiet	5	2,4	156	19
Jan. 1963	New York, NY (USA)	1,3	0,8	n. a.	19
Feb. 1963	New York, NY (USA)	1,26	0,9	n. a.	23
März 1964	New York, NY (USA)	1,73	0,52	n. a.	5
Nov. 1966	New York, NY (USA)	1,43	0,75	n. a.	9
Dez. 1968	Berlin	0,72	0,36	n. a.	8
Nov. 1975	Pittsburgh, PA (USA)	0,2	0,9	n. a.	8
Jan. 1982	Berlin	0,37	0,19	n. a.	6
Jan. 1985	Ruhrgebiet	0,74	0,53	n. a.	8

SSt = Schwebstaub; n. a. = nicht angegeben

[1]) Höchste 24-h-Mittelwerte der jeweiligen Episode. Die Londoner Schwebstaubkonzentrationen sind gegenüber den originalen Black-Smoke-Meßwerten der Vergleichbarkeit wegen korrigiert.

[2]) In der Woche vom 31. 1. – 7. 2. 1880; das bedeutet eine Mortalitätserhöhung um 95% bezogen auf ca. je 1 740 Todesfälle in den ersten beiden Januarwochen (Bach).

[3]) Nach 1962 ist in London praktisch keine Smogepisode mehr aufgetreten, nachdem Maßnahmen zu einer drastischen Emissionsminderung aus Kohlefeuerungsanlagen ergriffen worden waren.

und Morbiditätserhöhungen infolge der erheblichen smogbedingten Schadstoffanreicherungen in der Atemluft aufgetreten sind. Bei den Angaben zu den Todesfällen handelt es sich um eine Übersterblichkeitsrate während der S. im Vergleich zu entsprechenden Zeiträumen vor oder nach der Episode, wobei vor allem empfindliche Personen – ältere Menschen und gegenüber Beeinträchtigungen von Atem- und Kreislauffunktionen Prädisponierte – betroffen sind; man spricht auch von vorgezogenen Todesfällen. Wissenschaftlich werden die Mortalitäts- und Morbiditätserhöhungen mit den Methoden der Epidemiologie ermittelt; für zurückliegende Episoden sind hinsichtlich der Sterblichkeitserhöhung statistische Methoden zur Auswertung von Todesfallzahlen im Smoggebiet und in benachbarten, von der erhöhten Schadstoffbelastung nicht betroffenen Gebieten angewendet worden.

In der Literatur sind für den Zeitraum von 1873 an ca. 20 gravierende London Type S. in Europa und in den USA beschrieben (Tabelle). Eine unmittelbare Vergleichbarkeit ist insbesondere hinsichtlich der Schadstoffkonzentrationen, die mit den Mortalitätsdaten korrespondieren, wegen unterschiedlicher räumlicher und zeitlicher Repräsentanz der Meßwerte und teilweise auch unterschiedlicher Meßmethoden nicht gegeben. Die Zusammenstellung in der Tabelle bezieht sich so weit wie möglich auf abgeglichene Daten. Allgemein werden als Leitschadstoffe nur Schwefeldioxid und Schwebstaub, deren synergistische Wirkung bekannt ist, angegeben, obwohl an den Wirkungen das gesamte Smog-Schadstoffgemisch mit im Einzelfall erheblich unterschiedlichen Zusammensetzungen beteiligt war.

Aus neueren epidemiologischen Untersuchungen während akuter S. in Berlin und im Ruhrgebiet ist bekannt, daß die gesundheitlichen Beschwerden nicht nur das Bronchialsystem – infolge der bekannten Schwefeldioxid-/Schwebstaub-Einwirkungen –, sondern auch das Herz-/Kreislaufsystem – infolge von Stickgasen wie insbesondere → Kohlenmonoxid – betreffen. *Dreyhaupt*

Literatur: Air Quality Criteria; U.S. Senat Document; U.S. Government Printing Office, Washington 1968. – *Bach, C.*: Mitteilungen über die Internationale Ausstellung von Apparaten und Einrichtungen zur Vermeidung des Rauches (International exhibition of smoke preventing appliances) in London 1881; Zeitschrift des Vereins Deutscher Ingenieure 1882. Januarheft Sp. 40–47, Februarheft Sp. 81–92. – *Csicsaky, M.*: Modellrechnungen zum Zusammenhang zwischen Luftschadstoffen und erhöhter Sterblichkeit bei Smogsituationen; Umwelthygiene Bd. 18. Jahresbericht 1985 des Medizinischen Instituts für Umwelthygiene. Düsseldorf 1986, S. 124 ff. – *Dreyhaupt, F. J.*: Luftreinhaltung als Faktor der Stadt- und Regionalplanung. Köln 1971.

Smogfrühwarnsystem ⟨*smog early warning*⟩. Datenverbund der → Immissionsmeßnetze der Bundesländer mit dem Umweltbundesamt (den → London Type Smog betreffend). Das S. ermöglicht es, die Meßdaten ausgewählter Luftschadstoffe (z. B. Schwefeldioxid) aus den Luftmeßnetzen der Bundesländer unter Einbeziehung der Hintergrund-Meßstationen des Umweltbundesamtes dreistündlich in aktualisierten Rasterkarten darzustellen. Die Meßnetz-Zentralen der Bundesländer wurden dazu mit Zusatzrechnern ausgestattet, die mit einem Zentralrechner im Umweltbundesamt über das DATEX/P-Netz gekoppelt sind. Die Meßdaten werden während einer austauscharmen → Wetterlage alle drei Stunden übertragen und die im Zentralrechner erstellten aktuellen Rasterkarten der Schadstoffbelastung den Nutzern zur Verfügung gestellt.

Zusätzlich liefert das S. Meßwerte und Prognosen meteorologischer Parameter, die für die weitere Entwicklung der austauscharmen Wetterlage und für den Transport von Luftverunreinigungen (advehierter Smog) von Bedeutung sind (z. B. Windrichtung, Windgeschwindigkeit, Inversionshöhe). Die Einrichtung des S. beruht auf den Erfahrungen, die mit der bundesweiten → Smogepisode im Januar 1985 gesammelt worden sind. In dieser Episode waren auch emittentenferne Gebiete in einem von Ost nach West fortschreitenden Schadstofftransport von advehiertem Smog betroffen worden.

Die Zeitspanne zwischen Frühwarnung und Auftreten von Smog kann erheblich verlängert werden, wenn nicht nur Meßdaten, sondern aufgrund von Modellrechnungen und meteorologischen Vorhersagen Prognosen über die Smogentwicklung zur Verfügung stehen. Diese von Anfang an geplante zweite Stufe des S. ist 1992 realisiert worden. *Bruckmann*

Smogverordnung ⟨*smog ordinance*⟩. Rechtsverordnung der einzelnen Bundesländer aufgrund der Ermächtigungen in den §§ 49 Abs. 2 und 40 Abs. 1 BImSchG zur Festsetzung von Smoggebieten und Verkehrsbeschränkungsgebieten sowie von bestimmten Maßnahmen zur Emissionsminderung in diesen Gebieten im Falle von Smogalarm.

Als Smoggebiete und Verkehrsbeschränkungsgebiete können Gebiete ausgewiesen werden, in denen bei einer austauscharmen → Wetterlage ein starkes Anwachsen schädlicher Umwelteinwirkungen durch Luftverunreinigungen zu befürchten ist bzw. in denen aus diesem Grunde der Kraftfahrzeugverkehr beschränkt oder verboten werden muß. Die S. erstrecken sich wegen der Abhängigkeit von der austauscharmen Wetterlage ausschließlich auf Fälle des → London Type Smog; zur Abwehr von Gefahren des → Los Angeles Type Smog (Sommersmog) sind verkehrsbeschränkende Maßnahmen aufgrund von § 40 Abs. 2 BImSchG sowie § 40 a–e BimSchG (sog. Ozongesetz) möglich (→ Verkehrsbeschränkungen außerhalb Smogalarm).

Die Maßnahmen der S. erstrecken sich entsprechend den Ermächtigungen

- in Smoggebieten auf zeitliche Betriebsbeschränkungen von Anlagen (bis hin zur vollständigen Betriebsstillegung) und auf die Beschränkung des Einsatzes von Brennstoffen, die „in besonderem Maße" Luftverun-

Smogverordnung. Tabelle 1: Schadstoffkonzentrationswerte für die Auslösung von Smogalarm.

		Vorwarnstufe	1. Alarmstufe	2. Alarmstufe
24-Stunden-Mittelwert und der letzte 3-Stunden-Mittelwert der Summe der Konzentration von SO_2 und dem 2fachen der Konzentration von Schwebstaub überschreiten	mg/m³*)	1,10	1,40	1,70
oder				
3-Stunden-Mittelwert überschreitet				
für SO_2	mg/m³*)	0,60	1,20	1,80
oder NO_2	mg/m³*)	0,60	1,00	1,40
oder CO	mg/m³*)	30	45	60

*) Dauert die Schadstoffkonzentration in der Luft mindestens 72 Stunden an, wird die nächsthöhere Alarmstufe bekanntgegeben.

reinigungen hervorrufen können, wie z. B. stark schwefelhaltige Kohle und Heizöle; betroffen sind grundsätzlich sowohl industrielle, gewerbliche und private Anlagen als auch Anlagen der öffentlichen Hand;
– in Verkehrsbeschränkungsgebieten im Prinzip auf Verkehrsverbote zu bestimmten Zeiten für bestimmte Fahrzeuge.

Beide Maßnahmenbereiche können in gradueller Abhängigkeit von der Höhe der drohenden Gefahr geregelt werden; in der Praxis geschieht dies über unterschiedliche Smogalarm-Stufen.

Von den 16 Bundesländern hat nur das Land Mecklenburg-Vorpommern vom Erlaß einer S. abgesehen, weil dort selbst im Falle einer austauscharmen Wetterlage nicht mit gefährlichen Schadstoffkonzentrationen in der Luft gerechnet wird. Die anderen Bundesländer haben ihre S. auf der Grundlage einer vom Länderausschuß für Immissionsschutz erarbeiteten Musterverordnung erlassen, so daß im wesentlichen gleich strukturierte, jedoch in regionalen Besonderheiten differierende Verordnungen vorliegen; Berlin und Schleswig-Holstein haben inzwischen ihre S. aufgehoben, weil wegen der erheblichen Emissionsminderungen die Smoggefahr als vernachlässigbar angesehen wird.

Alle S. enthalten – neben der Festlegung der Smoggebiete und der Verkehrsbeschränkungsgebiete – schwerpunktmäßig zwei wichtige Regelungsbereiche: die Smogalarm-Auslösekriterien und die Gefahrenabwehr-Maßnahmen.

❒ Auslösekriterien. Hier sind die meteorologischen Kriterien und die Schadstoffkonzentrations-Kriterien zu unterscheiden.

Die meteorologischen Kriterien betreffen die Definition der austauscharmen Wetterlage (atW), die in den Ermächtigungsvorschriften des BImSchG sogar als das den Smogalarm auslösende, von der Behörde bekanntzugebende Kriterium enthalten ist. Eine atW, die die Rechtsfolgen der S. auslöst, ist dann gegeben, wenn in einer Luftschicht, deren Untergrenze weniger als 700 m über dem Erdboden liegt, die Temperatur mit der Höhe zunimmt (Temperaturumkehr, → Inversion) und die Windgeschwindigkeit in Bodennähe während einer Dauer von 12 Stunden im Mittel kleiner als 1,5 m/s (NRW), 2 m/s (SaA), 4 m/s (Bremen) oder 3 m/s (alle anderen BL) ist.

Die Schadstoffkonzentrations-Kriterien sind in allen S. einheitlich nach den Werten der Tabelle 1 geregelt, wobei drei den Konzentrationen zugeordnete Gefahrenstufen (Vorwarnstufe, 1. Alarmstufe und 2. Alarmstufe), die mit den Abwehrmaßnahmen korrespondieren, unterschieden werden. Da Zahl und Anordnung der Meßstationen (→ Immissionsmeßnetze) in den Smoggebieten der einzelnen Länder stark variieren, gibt es unterschiedliche Regelungen hinsichtlich der Feststellung der Überschreitung der Konzentrationswerte: so gilt z. B. das Schadstoffauslösekriterium in einigen Ländern (BW, Hes, RP) als erfüllt, wenn die Schadstoffkonzentration nach Tabelle 1 in einem Smoggebiet
– bei mehr als zwei vorhandenen Meßstellen an mindestens der Hälfte der Meßstellen,
– bei nur zwei Meßstellen an beiden Meßstellen,
– als arithmetischer Mittelwert über alle Meßstellen oder
– an zwei benachbarten Meßstellen

überschritten ist. Die anderen Länder haben abweichende Regelungen getroffen.

❒ Maßnahmen. Alle Maßnahmen nach den S. sind auf die Verminderung der Emissionen in den Smog- und Verkehrsbeschränkungsgebieten ausgerichtet und unterscheiden sich nach Maßnahmen in der Vorwarnstufe (nicht für verkehrliche Maßnahmen) sowie in den Alarmstufen 1 und 2. Die für die einzelnen Alarmstufen in Frage kommenden Maßnahmen (Tabelle 2) können nur einen groben Überblick über das in den 13 S. sehr differenziert geregelte Smoggefahren-Abwehrinstrumentarium geben. *Dreyhaupt*

Literatur: Übersicht über Smogverordnungen der Länder. In Wichmann/Schlipköter/Fülgraff (Hrsg.): Handbuch der Umweltmedizin. Landsberg 1992.

Smogwarndienst ⟨*smog alert service*⟩. Verfahrensabläufe und Regelungen, die das Zusammenwirken der beteiligten Behörden und sonstigen Einrichtungen im

Smogverordnung. Tabelle 2: Überblick über die wesentlichsten Maßnahmen zur Emissionsminderung bei Smogalarm.

Maßnahmen*)				
Smoggebiet			Verkehrsbeschränkungsgebiet	
Vorwarnstufe	1. Alarmstufe	2. Alarmstufe	1. Alarmstufe **)	2. Alarmstufe
Generalklausel: Jeder hat sich so zu verhalten, daß ein Anwachsen schädlicher Umwelteinwirkungen durch Luftverunreinigungen nicht mehr als nach den Umständen unvermeidbar hervorgerufen wird.	→	→	← Kfz-Verkehr ist auf öffentlichen privaten Straßen untersagt. Kfz-Verkehr ist auf öffentlichen und privaten Straßen und Grundstücken untersagt – 6 Stunden nach Bekanntgabe der 1. Alarmstufe spätestens jedoch mit Bekanntgabe der 2. Alarmstufe. Fahrverbot von 6 bis 22 Uhr. Fahrverbot in der Zeit von 6 bis 10 und 15 bis 20 Uhr. An Tagen mit gerader (ungerader) Datumsangabe ist Verkehr mit Kfz mit ungerader (gerader) Zulassungsendziffer untersagt. (Sehr detaillierte Ausnahmeregelungen vorgesehen).	Generelles Fahrverbot →
Anlagenbetrieb: Vermeiden von Emissionen; Raumtemperatur in Arbeitsstätten, Verwaltungsgebäuden, Schulen und Kaufhäusern 18 °C.	→	→ Raumtemperatur 15 °C.		
←	Verwendung schwefelarmer Brennstoffe für genehmigungsbedürftige Anlagen mit Ausnahme von Feuerungsanlagen, die mit einer Rauchgasentschwefelung ausgerüstet sind.	→		
	Nicht genehmigungsbedürftige Feuerungsanlagen für feste und flüssige Brennstoffe: Beschränkungen der Emissionen auf das unbedingt erforderliche Maß.	Betriebsverbot → Ausnahmen: ***) – Wohn- und Verwaltungsgebäude – Versorgungsbetriebe – Abschalten der Anlage führt Gefahr, Schaden oder Luftbelastungserhöhung herbei		
	Genehmigungsbedürftige Anlagen: Vermeiden von Emissionen: anstreben, sie auf 60% derjenigen des Normalbetriebs zu beschränken.	Betriebsverbot →		

Pfeil: Die Maßnahme kommt auch bei anderen Alarmstufen in Frage.

*) Unterschiedliche Regelungen in den Ländern; die Tabelle gibt nur einen Überblick über die Regelungsschwerpunkte.

**) Hauptsächliche Regelungsalternativen.

***) Darüber hinaus Ausnahmen im Einzelfall möglich.

Fall eines Smogalarms sicherstellen und einen effizienten Vollzug der → Smogverordnung ermöglichen.

Die Smogverordnungen der Bundesländer beinhalten Regelungen, die die Geschäftsbereiche mehrerer Ministerien betreffen. Bei der Durchführung wirken folgende Behörden und Institutionen mit den jeweils genannten Funktionen zusammen:

– Das Smogmeßnetz (→ Immissionsmeßnetz) (in der Regel im Geschäftsbereich der Umweltministerien), das die Luftbelastung kontinuierlich überwacht und die Meßdaten aktuell den beteiligten Institutionen zur Verfügung stellt. Im Smogfall wird in der Meßnetzzentrale sowie bei der Wartung von Rechnern und Meßstationen ein Dienst rund um die Uhr aufrecht erhalten.

– Der Deutsche Wetterdienst (Wetterämter), der die meteorologischen Voraussetzungen für eine austauscharme → Wetterlage sowie ihre Dauer feststellt und beurteilt.

– Das Umweltministerium (in den Stadtstaaten die Umweltbehörden), das die Alarmstufen bekanntgibt und aufhebt, die Medien (Fernsehen, Funk, Presse) sowie die Bürger informiert und die Maßnahmen nach der Smog-Verordnung koordiniert. In der Regel wird dazu ab der Bekanntgabe der Vorwarnstufe ein Smogstab gebildet, dem Vertreter des Innen-, Gesundheits-, Wirtschafts- und Verkehrsministerium angehören.

– Das Innenministerium sowie das Verkehrsministerium und sein nachgeordneter Bereich (Polizei, Straßenverkehrsbehörden, in Flächenländern über die Regierungspräsidenten) organisieren die Verkehrsbeschränkungen in den Sperrbezirken und kontrollieren diese. Die Ordnungsbehörden werden informiert und erteilen Ausnahmegenehmigungen von den Verkehrsbeschränkungen. Ebenso werden die Unternehmen des ÖPNV möglichst frühzeitig informiert und setzen verstärkte Kapazitäten ein.

– Die Immissionsschutzbehörden (in den Flächenländern Information vom Smogstab meist über die Regierungspräsidenten) informieren die Betreiber betroffener industrieller Anlagen in den Smog-Gebieten und überwachen die gemäß den Alarmstufen 1 und 2 der Smog-Verordnung erforderlichen Betriebsbeschränkungen und Betriebsverbote (→ Smogverordnung, Tab. 2).

– Das Gesundheitsministerium informiert das Gesundheitssystem (Ärzte, Krankenhäuser, Gesundheitsämter), bereitet diese auf ggf. erforderlich werdenden verstärkten Einsatz vor und berät den Smogstab in Gesundheitsfragen.

– Funk, Fernsehen und Presse informieren die Bevölkerung. Weitere Informationsmöglichkeiten bestehen in der Regel bei den Umweltbehörden, die Telefondienste einrichten. *Bruckmann*

SNCR-Verfahren *⟨SNCR-process/Selective Non Catalytic Reduction⟩*. Das S.-V. ist ein trockenes → Abgasreinigungsverfahren zur Verminderung der Stickstoffoxidemissionen. Das S.-V. beruht auf der Umsetzung von NO_x mit Ammoniak oder ammoniakhaltigen Stoffen, wie Harnstoff, zu Stickstoff und Wasserdampf. Im Gegensatz zu den → SCR-Verfahren läuft bei den S.-V. die Reduktion von NO_x in der Gasphase ab; die Reaktion wird nicht mit Hilfe eines Katalysators beschleunigt. Die Hauptkomponenten einer Anlage nach dem S.-V. sind die Versorgungseinrichtungen (Lager, Verdampferstation u. a.) und die Vorrichtungen zur Eindüsung des Reduktionsmittels in den Abgasstrom (Lanzen, Ventile u. a.) (Bild).

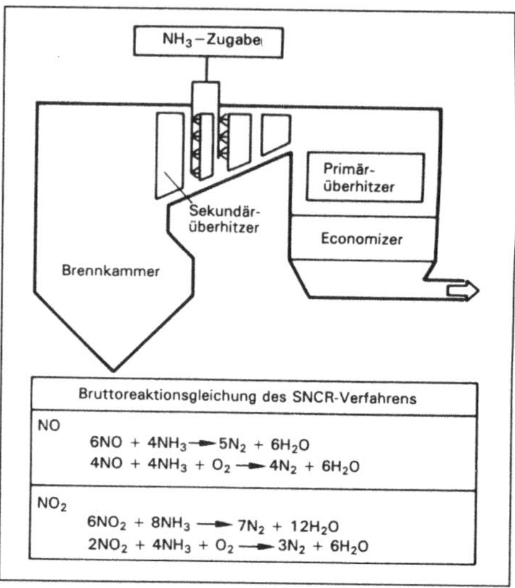

SNCR-Verfahren: Prinzipschema.

Das Verfahren arbeitet im Temperaturbereich von 850 bis 1 100 °C (man spricht von einem Temperaturfenster). Ammoniak wird zunächst mit Luft oder Dampf vermischt und über ein Düsensystem in den Brennraum eingebracht. Das Molverhältnis von NH_3 zu NO_x wird zwischen 1,5 und 2,5 eingestellt. Der überstöchiometrische Bedarf an Reduktionsmitteln ist auf unvollständigen Umsatz und auf eine teilweise Oxidation des Ammoniaks zurückzuführen. Zur Einhaltung der Temperaturgrenzen wird das Ammoniak zwischen Brennkammeraustritt und Economizer im Bereich des Überhitzers eingedüst. Die erforderliche Verweilzeit der Reaktionspartner im Temperaturfenster beträgt 0,2–0,5 s. Der Temperaturbereich für die Reduktionsreaktion ist mit etwa 250 °C klein. Zu hohe Temperaturen bewirken eine zu hohe Oxidation des NH_3 zu NO; der NO_x-Reduktionsgrad sinkt und kann sogar negativ werden. Bei zu niedrigen Temperaturen ist die Reduktionsgeschwindigkeit zu klein. Ein dadurch bedingter hoher NH_3-Schlupf kann negative Auswirkungen auf nachgeschaltete Anlageteile, z. B. durch Verschmutzung des Luftvorwärmers durch Ammoniumverbindungen, oder die Reststoffentsorgung, z. B. Ammoniakbelastung der Flugasche und des Abwassers einer Naßentschwefelung, haben. Durch Zugabe weiterer Reduktionsmittel wie H_2 kann die Untergrenze des Temperaturfensters auf 700 bis 800 °C verschoben werden.

Bei Zugabe von Harnstoff verläuft die NO-Reduktion im wesentlichen nach folgender Gesamtreaktion ab:

$$CO(NH_2)_2 + 2\,NO + 1/2\,O_2 \;\; 2\,N_2 + CO_2 + 2\,H_2O.$$

Der optimale Temperaturbereich für Harnstoff liegt zwischen 950 bis 1 050 °C. Um ausreichende Reduktionsgrade zu erzielen, wird das Temperaturfenster auf den Bereich von 700 bis 1 050 °C durch Verwendung mehrerer Reduktionsmittel (Gemische aus Harnstoff, Alkoholen und anderen ammoniakhaltigen Verbindungen) erweitert, die in mehreren Ebenen in den Kessel eingedüst werden.

Das S.-V. läßt sich auch bei Nachrüstungen an bestehenden Anlagen vergleichsweise leicht installieren. Die Kosten und der Platzbedarf für das einfache Verfahren sind niedrig. Die Schwierigkeit der S.-V. besteht darin, daß das Leistungspotential nicht nach einfachen Auslegungskriterien vorherbestimmbar ist und von den speziellen Randbedingungen der Feuerungsanlage abhängt. Wegen der hohen Zähigkeit der heißen Gase gelingt es nicht immer, das Reduktionsmittel homogen zu verteilen. Sekundäre Schadstoffemissionen durch unerwünschte Nebenreaktionen sind zu berücksichtigen. Die NO_x-Reduktionsgrade werden begrenzt durch den zulässigen NH_3-Schlupf und liegen im allgemeinen unter 70%. Aufgrund der strengen Anforderungen zur Begrenzung der NO_x-Emissionen in der Bundesrepublik Deutschland wird das S.-V. nur in wenigen Kraftwerken angewendet. Sinnvolle Einsatzbereiche für das S.-V. sind Braunkohlekraftwerke, → Abfallverbrennungsanlagen und → Kleinfeuerungsanlagen, bei denen wegen einer geringen Feuerraumtemperatur relativ wenig Stickstoffoxide gebildet werden. *Haug*

Literatur: *Breihofer, D. et al.*: Maßnahmen zur Minderung der Emissionen von SO_2, NO_x und VOC bei stationären Quellen in der Bundesrepublik Deutschland. Studie i. A. des BMU/Umweltbundesamt. IIP Uni Karlsruhe November 1991. – *Mittelbach, G.*: NO_x-Emissionsminderung durch Einsatz des SNCR-Verfahrens. Techn. Mitt. **80** (1987) Nr. 9.

Solinox-Verfahren *⟨Solinox process⟩*. Das S.-V. ist ein kombiniertes Abgasreinigungsverfahren zur SO_2- und NO_x-Abscheidung. Das Verfahren gliedert sich in zwei Stufen, die auch unabhängig voneinander eingesetzt werden. Das S.-V. wurde von der Firma Linde AG, München, entwickelt. Die Hauptkomponenten des S.-V. sind der Wäscher zur SO_2-Abscheidung, die Regenerierkolonne und der Reaktor zur NO_x-Reduktion (Bild).

Als Waschmittel für die SO_2-Absorption wird ein organisches Lösemittel (ein Polyethylenglykolether) mit geringem Dampfdruck, hoher chemischer Stabilität und guter SO_2-Löslichkeit verwendet. Da die physikalischen Waschprozesse um so günstiger betrieben werden können, je niedriger die Absorptionstemperaturen sind, wird das Abgas durch Wärmetausch und Quenche soweit abgekühlt, wie es die örtlichen Kühlwasserbedingungen zulassen. Nach der SO_2-Absorptionszone werden mitgerissene Waschmitteltropfen am Kopf des Absorbers mit Wasser aus dem Abgas entfernt. Die beladene Waschlösung wird am Fuß der Absorptionszone abgezogen und im Wärmetausch mit der warmen regenerierten Waschlösung aufgeheizt. Die Regeneration erfolgt in der Kolonne durch Entspannen und Strippen bei etwa 100 °C. Nach der Kondensation des Wasserdampfs am Kopf der Kolonne erhält man ein SO_2-Reichgas mit etwa 80–90% SO_2, das je nach Bedarf zu Schwefel, Schwefelsäure oder flüssigem SO_2 aufgearbeitet werden kann (→ BF-Uhde-Verfahren, → Wellman-Lord-Verfahren). Bei der Stufe zur → NO_x-Abgasreinigung handelt es sich um ein → SCR-Verfahren.

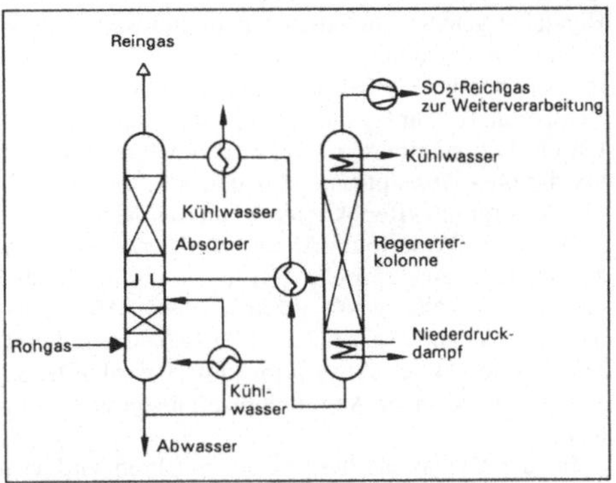

Solinox-Verfahren: Schema des S.-V. zur Abgasentschwefelung.

Mit dem regenerativen Abgasentschwefelungsverfahren lassen sich → Abscheidegrade von über 95% erreichen. Es ist besonders geeignet zur → Entschwefelung von Abgasen mit höheren SO_2-Gehalten. Anlagen nach dem S.-V. sind bei einer Blei- und Zinkhütte (SO_2-Rohgasgehalt bis 35 g/m^3) bei einem Zellstoffwerk und in der chemischen Industrie (Bariumsulfat-Röstung) in Betrieb. *Haug*

Literatur: *Kolar, J.*: Vierjährige Betriebserfahrungen mit der atypischen Abgasreinigungsanlage des Heizkraftwerks Sandreuth der EWAG. VGB Kraftwerkstechnik **71** (1991) Nr. 10. – *Sporer, J.*: Ohne Gips geht es auch. Chemieanlagen+verfahren, Sonderausg. High Tech. Dez. 1990.

Sommersmog *⟨photochemical smog⟩* → Los Angeles Type Smog

SO_2/NO_x-Abscheidung, simultane *⟨simultaneous SO_2/NO_x-process⟩*. Bei der S.-A. werden Schwefel- und Stickstoffoxide nach einer Verfahrensart gemeinsam aus Abgasen abgeschieden. Nicht dazu zählen Kombinationen aus SO_2-Absorptionsverfahren und → SCR-Verfahren zur NO_x-Reduktion, die häufig von einem

Hersteller gemeinsam angeboten und teilweise mit S.-A. bezeichnet werden. Zu den trockenen S.-A.-Verfahren gehören das → BF-Uhde-Verfahren (Adsorptions-/Reduktionsverfahren) und das → Elektronenstrahlverfahren. Die simultanen Naßverfahren lassen sich in Oxidations-/Absorptions-, Oxidations-/Reduktions- und Absorptions-/Reduktionsverfahren unterteilen.

Bei den Oxidations-/Absorptionsverfahren wird zunächst SO_2 ausgewaschen. Nach der anschließenden Oxidation des NO zu NO_2 erfolgt die NO_2-Absorption in einer zweiten Waschstufe (→ NO_x-Abgasreinigung). Mit Ammoniak als Absorptionsmittel wird z. B. als Produkt der Dünger Ammoniumsulfat/-nitrat gewonnen.

Bei den Oxidations-/Reduktionsverfahren wird nach der Oxidation des NO in der Gasphase das NO_2 absorbiert mit Natronlauge, Ammoniak, Calciumhydroxid oder Calciumcarbonat als Absorptionsmittel. Durch die gleichzeitige SO_2-Absorption bilden sich in der Waschflüssigkeit Sulfite, die das gelöste NO_2 zu Stickstoff reduzieren und dabei selbst zu Sulfaten aufoxidiert werden.

Bei den Absorptions-/Reduktionsverfahren werden zur Verbesserung der NO-Absorption Eisensalze wie Eisen-EDTA-Chelatkomplexsalz der Waschlösung zugegeben. Das NO wird als $FE^{2+} \cdot EDTA \cdot NO$ absorbiert und reagiert mit den aus der gleichzeitig ablaufenden SO_2-Absorption gebildeten Sulfitionen zu Stickstoff und Imidosulfonat. Das Imidosulfonat wird in einer Aufarbeitungsstufe je nach eingesetzter Waschflüssigkeit zu Ammoniumsulfat, Natriumsulfat, Schwefeldioxid oder Stickstoff umgesetzt. Eine hohe NO_x-Abscheidung läßt sich mit den → Reduktionsverfahren nur erzielen, wenn erheblich mehr SO_2 als NO_x im Abgas enthalten ist. Darüber hinaus sollte der Sauerstoffgehalt im Abgas unter 8% liegen.

Nach dem BF-Uhde-Verfahren sind großtechnische Anlagen in Betrieb. Andere S.A.-Verfahren konnten sich bisher in der Praxis noch nicht durchsetzen. *Haug*

Literatur: *Breihofer, D. et al.*: Maßnahmen zur Minderung der Emissionen von SO_2, NO_x und VOC bei stationären Quellen in der Bundesrepublik Deutschland. Studie i. A. des BMU/Umweltbundesamt. IIP Uni Karlsruhe November 1991. – *Davids, P.; M. Lange*: Die Großfeuerungsanlagen-Verordnung, Technischer Kommentar. Düsseldorf 1984.

Spanplattenherstellung, Faserplattenherstellung

⟨chipboard production/particleboard production⟩. Bei der S. werden getrocknete Holzspäne mit Bindemitteln (bis zu 10 Gew.-%) vermischt, unter Druck- und Wärmeeinwirkung geformt und weiterverarbeitet. Emissionsrelevante Prozeßschritte sind hierbei insbesondere die Spänetrocknung, die Plattenpresse sowie die mechanische Bearbeitung der Spanplatten. In direkt oder indirekt beheizten Trocknungsanlagen wird den Holzspänen Feuchtigkeit entzogen (entfeuchtet auf ca. 2 bis 3 Gew.-%). Neue Spänetrockner haben einen Spandurchsatz bis zu 25 t/h mit einer entsprechend hohen Wasserverdampfungsleistung. Je nach Trocknerkonzeption beträgt der Abgasvolumenstrom bis zu 200 000 m^3/h. Die Abgase enthalten Verbrennungsprodukte (aus der Trocknungsbefeuerung bei direkt beheizten Trocknern), Holzstäube, flüchtige Holzinhaltsstoffe sowie thermohydrolytische Zersetzungsprodukte. Die Emissionen an staubförmigen und geruchsintensiven Stoffen können in der Umgebung zu Belästigungen führen. Mit der Wahl der Trocknungsparameter (z. B. Gaseintrittstemperatur, Feuchtegehalt des Trocknungsgases, Spanfeuchte und Verweilzeit der Späne im Trockner) sowie in Abhängigkeit von Holzart, Spanart und dessen Größenverteilung ergibt sich eine unterschiedliche Zusammensetzung der Abgase. Durch geeignete Wahl der Einflußgrößen sind die Emissionen deutlich zu vermindern. Zur Begrenzung der → Staubemissionen werden eingesetzt: Gewebefilter, EFB-Filter (Electrostatic Filter Bed), elektrostatische Filter, auch in Kombination mit naßarbeitenden → Abscheidern.

Mit Hilfe von Staubabscheidern werden z. T. auch geruchsintensive Aerosole zurückgehalten. Zur weitergehenden Verminderung der Emissionen geruchsintensiver Stoffe können zusätzliche Maßnahmen erforderlich sein. Dazu gehören auch die Beschränkung der Trocknertemperatur sowie der Übergang von einem direkt beheizten auf einen indirekt beheizten Spänetrockner. In der Entwicklung befindet sich ein Trockner mit Umluftbetrieb; hierbei ist der Trocknungsprozeß über einen Wärmetauscher mit der Heißgaserzeugung gekoppelt. Lediglich ein Teilgasstrom wird abgetrennt und der Feuerungsanlage als Sekundärluft zugeführt. Die geschlossene Betriebsweise bewirkt, daß sich die Emissionen auf die typischen Emissionen einer Verbrennungsanlage reduzieren.

Bei der Verpressung von Spanplatten werden, abhängig von den eingesetzten Bindemitteln, u. a. Formaldehyd, Phenol und Geruchsstoffe freigesetzt. Ca. 90% der Spanplatten enthalten Harnstoff-Formaldehydharze als Bindemittel. Etwa 10 Gew.-% der fertigen Spanplatte besteht aus Harztrockensubstanz, wobei die Formaldehyd-Emissionen bis zu 0,3 Gew.-% der eingesetzten Harzmenge betragen kann. Durch Änderung der Harzrezepturen können die Formaldehydemissionen vermindert werden (Holzprodukt, formaldehydarmes).

Zur Herstellung von Faserplatten wird Holz zerkleinert und mittels Dampf- oder Heißwasserbehandlung, teilweise auch in schwachen Laugen, aufgeschlossen. Die separierten Holzfasern werden bei der MDF-Plattenherstellung (mitteldichte Faserplatten) mit Bindemitteln beschichtet, getrocknet, geformt und gepreßt. Zur Verminderung der Staubemissionen dienen die gleichen Techniken wie bei der S. Zur Abscheidung von gasförmigen, organischen Emissionen (u. a. Formaldehyd) wird ein → Biofilter erprobt.

Die fertigen Holzwerkstoffplatten werden anschließend, teilweise noch im holzverarbeitenden Bereich, lackiert und/oder beschichtet.

Anlagen zur Herstellung von Holzfaserplatten, Holzspanplatten oder Holzfasermatten sind in Nr. 6.3 Spalte 1 des Anhangs der → 4. BImSchV genannt und damit nach dem BImSchG genehmigungsbedürftig. Besondere emissionsbegrenzende Anforderungen zur Luftreinhaltung enthält die → TA Luft in Nr. 3.3.6.3.1.

W. Koch

Literatur: *Davids, P.; M. Lange*: Die TA Luft Technischer Kommentar. Düsseldorf 1986. – Deutsche Forschungsgemeinschaft: Maximale Arbeitsplatzkonzentrationen und biologische Arbeitsstofftoleranzwerte. Weinheim 1991. – VDI 3462E: Emissionsminderung; Holzbearbeitung und -verarbeitung. – Bl. 1E: Rohholzverarbeitung; Meßtechnische Anleitung; 8/1995. – Bl. 2: Holzwerkstoffherstellung; 10/1995. – Bl. 3E: Bearbeitung und Veredelung des Holzes und der Holzwerkstoffe; 5/1995.

Spitzenschallpegel ⟨*peak noise level*⟩ → Geräuschspitze

Sportanlagen-Lärmschutzverordnung ⟨*ordinance for noise control of sports facilities*⟩. Die 18. BImSchV vom 18. Juli 1991 (BGBl. I S. 1588) regelt die Berechnung zu erwartender Geräusche, das Messen der Geräusche an vorhandenen Sportanlagen und die Beurteilung dieser Geräusche.

Neben Verkehrs- und Gewerbeanlagen sind Sportanlagen eine wesentliche Geräuschquelle in Städten und Gemeinden. Durch vermehrte Freizeit und somit intensiverer Nutzung der Sportanlagen, besonders auch in den Zeitabschnitten, in denen üblicherweise Ruhe erwünscht ist, kommt es zu Konflikten zwischen Nutzern und ruhebedürftigen Nachbarn der Anlage.

Verschärfend für den Konflikt sind auch die Eigenarten der Sportanlagengeräusche. Hier sind besonders die Impulshaltigkeit (→ Impulsgeräusch) von Tennisspielgeräuschen sowie die → Informationshaltigkeit der Zurufe, Beifalls- und Mißfallensäußerungen von Spielern und Zuschauern und von Lautsprecherdurchsagen mit Musikdarbietungen zu nennen.

Ein auf diese Eigenarten abgestelltes Ermittlungs- und Beurteilungsverfahren ist in der S.-L. geregelt. Sie gilt für Sportanlagen, die einer Genehmigung nach der → 4. BImSchV nicht bedürfen. Zu einer Sportanlage zählen alle Einrichtungen, die mit der Anlage in einem engen räumlichen und betrieblichen Zusammenhang stehen. Der Sportanlage zuzurechnende Geräusche sind Geräusche durch technische Einrichtungen und Geräte, durch die Sporttreibenden, durch die Zuschauer und sonstigen Nutzer sowie Geräusche von Parkplätzen auf dem Anlagengelände.

Verkehrsgeräusche auf öffentlichen Verkehrsflächen sind bei der Beurteilung gesondert zu betrachten und nur zu berücksichtigen, sofern sie den vorhandenen Pegel der Verkehrsgeräusche rechnerisch um mindestens 3 dB(A) erhöhen.

Beurteilt werden nach der 18. BImSchV Geräusche von Sportanlagen – wie allgemein üblich – durch Vergleich des → Beurteilungspegels L_r des Geräusches mit einem → Immissionsrichtwert. Der Immissionsrichtwert ist abhängig von der baulichen Nutzung des zu schützenden Grundstücks und vom Auftreten des Geräusches während der Tageszeit (tags), der → Nachtzeit (nachts) und während sog. → Ruhezeiten.

Zur Berücksichtigung der Besonderheiten von Sportgeräuschen – Auftreten zu Tageszeiten, die auch dem Ruhebedürfnis der Anlieger von Sportanlagen dienen –, werden somit Beurteilungspegel für drei unterschiedliche Beurteilungszeitabschnitte gebildet, die dann mit Immissionsrichtwerten für diese Zeiten verglichen werden.

So gelten z. B. für reine Wohngebiete nach der 18. BImSchV die folgenden Immissionsrichtwerte:
- tags außerhalb der Ruhezeiten 50 dB(A).
- tags innerhalb der Ruhezeiten 45 dB(A).
- nachts 35 dB(A).

Die Beurteilungspegel der Sportanlagengeräusche werden aus dem für die jeweilige Beurteilungszeit ermittelten Mittelungspegel L_{Am} und ggf. den Zuschlägen K_I für Impulshaltigkeit und K_T für Ton- und Informationshaltigkeit des Geräusches gebildet, und zwar sind an Werktagen für die Zeit von 6.00–22.00 Uhr drei und an Sonn- und Feiertagen für die Zeit von 7.00–22.00 Uhr vier Beurteilungspegel zu ermitteln und mit den entsprechenden Immissionsrichtwerten zu vergleichen. Während der Nachtzeit ist ein Beurteilungspegel für die ungünstigste volle Stunde zu bilden.

Für Sportveranstaltungen zu besonderen Anlässen, z. B. Turniere, Jubiläumsveranstaltungen, Clubmeisterschaften u. ä. die nur gelegentlich im Jahr auftreten, regelt die 18. BImSchV die Anzahl dieser Veranstaltungen pro Jahr und die dabei zulässigen Überschreitungen der Immissionsrichtwerte. Diese vorgenannten Ereignisse gelten als selten, wenn sie an höchstens 18 Kalendertagen eines Jahres in einer Beurteilungszeit oder mehreren Beurteilungszeiten auftreten. Bei Vorliegen seltener Ereignisse mit Immissionsrichtwertüberschreitungen soll die zuständige Behörde von Betriebszeitenfestsetzungen absehen, wenn die Immissionsrichtwerte außerhalb von Gebäuden um nicht mehr als 10 dB(A) überschritten werden; keinesfalls dürfen aber die folgenden Höchstwerte überschritten werden:
- tags außerhalb der Ruhezeiten 70 dB(A).
- tags innerhalb der Ruhezeiten 65 dB(A).
- nachts 55 dB(A).

Die bei den Geräuschimmissionen seltener Ereignisse auftretenden → Maximalpegel dürfen die o. g. Werte tags um nicht mehr als 20 dB(A) und nachts um nicht mehr als 10 dB(A) überschreiten. *Strauch*

Literatur: *Niesl, G.* und *W. Probst*: Geräuschmessung von Tenisanlagen. Z. für Lärmbekämpfung **3** (1983). – Lärmbekämpfung 88, Tendenzen – Probleme – Lösungen. Umweltbundesamt. Berlin 1989. – Sport und Umwelt, Ermittlung der Schallemission und Schallimmission von Sport- und Freizeitanlagen. Hrsg.: Niedersächsisches Umweltministerium. 1987.

Sprühsorptionsverfahren ⟨*spray sorption process*⟩. Das S. (auch Sprühabsorptions-, Quasitrocken- oder

Halbtrockenverfahren genannt) ist ein abwasserfreies Abgasreinigungsverfahren zur SO_2-, HCl- und HF-Abscheidung. Die gasförmigen Abgaskomponenten reagieren zunächst mit einer Kalksuspension zu den entsprechenden Salzen, die anschließend staubförmig in einem Entstauber abgeschieden werden. Als Einsatzstoff (Sorptionsmittel) wird üblicherweise Branntkalk (CaO) verwendet. Die Hauptkomponenten des S. sind ein Vorabscheider, ein Kalklöscher/Speisebehälter, ein Reaktor (Sprühturm) und ein → Abscheider für die Reaktionsprodukte (Bild).

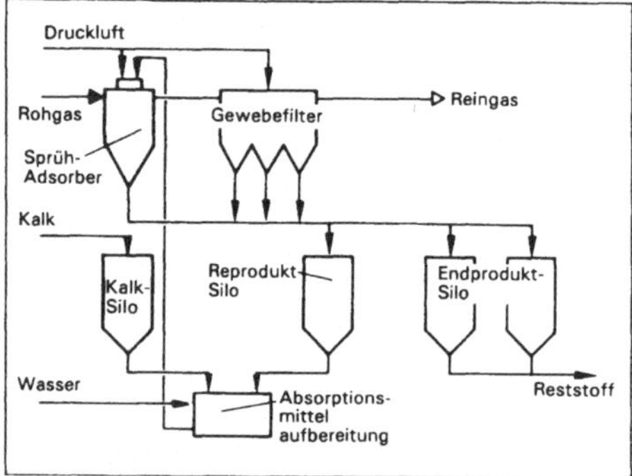

Sprühsorptionsverfahren: Prinzipschema.

Ein Staubvorabscheider, z. B. ein Elektrofilter für Flugasche, ist für das S. prinzipiell nicht notwendig. Für den Betrieb der Abgasreinigungseinrichtung ergeben sich jedoch Vorteile, weil im Abgas kein grober und schleißender Staub mehr enthalten ist und ein besser verwertbares Produkt entsteht. Die Aufbereitung der Kalksuspension findet im Speisebehälter statt. Branntkalk wird mit Wasser und einem Teil des Reaktionsprodukts zu einer Suspension mit 30–50 Gew.-% Festanteil angemischt und die aufbereitete Suspension über Düsen- oder Rotationszerstäuber in den Sprühreaktor eingedüst.

Das Abgas tritt mit Temperaturen von 120 bis 160 °C in den Reaktor ein. Während der Reaktionen verdampft das Wasser der Kalksuspension. Dabei kühlt das Abgas je nach Reaktorauslegung und -betrieb auf Temperaturen von etwa 65–80 °C ab, so daß ggf. auf eine Wiederaufheizung der Abgase vor Ableitung in die Atmosphäre verzichtet werden kann (→ Gasvorwärmer, → Kalkwaschverfahren). Der Prozeß wird so geführt, daß bei Verweilzeiten von 10–50 s im Sprühturm ein trockenes und feinkörniges Endprodukt entsteht, das z. T. bereits im unteren Teil des Sprühturms anfällt. Der Hauptanteil der Reaktionsprodukte wird jedoch mit dem Abgas ausgetragen und in einem nachgeschalteten Staubabscheider (Gewebe- oder Elektrofilter) abgeschieden. Gewebefilter bieten den Vorteil, daß nicht umgesetztes Sorptionsmittel im Filterkuchen mit restlichem SO_2 und anderen Schadstoffen reagiert. Diese Nachreaktion kann bis zu 20% zum Gesamtabscheidegrad beitragen; sie ist bei Elektrofiltern deutlich kleiner. Obwohl diese einen geringeren Druckverlust haben, werden aus diesem Grund meist Gewebefilter eingesetzt.

Durch Rückführung von etwa 8–15 Gew.-% der Reaktionsprodukte in den Speisebehälter wird der Feststoffanteil in der frischen Kalksuspension erhöht. Dies wirkt sich positiv auf den Trocknungsvorgang im Sprühturm aus. Gleichzeitig wird der Nutzungsgrad des Sorptionsmittels verbessert. Die Einsatzmenge des Sorptionsmittels liegt etwa zwischen 1,1 und 1,7 (Ca/S-Verhältnis). Sie richtet sich nach dem erforderlichen → Abscheidegrad, nach der Menge an rückgeführtem Produkt und nach der Nachreaktionswirkung im Produktabscheider. Der Reaktorwirkungsgrad steigt, je näher die Abgastemperatur am Taupunkt liegt. Die Menge des Produktes hängt vom Schadstoffgehalt im Abgas und vom Ca/S-Verhältnis, d. h. von der zugeführten Kalkmenge ab. Entsprechend der unterschiedlichen Abgaszusammensetzung und der Kalkqualität ist die Zusammensetzung des Endproduktes verschieden (Tabelle). Das Produkt besteht überwiegend aus Calciumsulfit und -sulfat mit Anteilen an Carbonat und unreagiertem Kalk. Die Bandbreiten entstehen durch verschiedene Kohle- und Kalkqualitäten, aber auch durch variierende Kesselarten und dadurch verursachte Reaktorbedingungen.

Eine Deponierung dieses Reststoffs (ohne Vorbehandlung) ist im Regelfall nicht möglich. Zur Verwertung sind Untersuchungen und Entwicklungen im Gange (z. B. Verwendung als Füllmaterial im Bergbau, in der Beton- und Baustoffindustrie). Eine Anlage zur Herstellung von technischem Anhydrit ($CaSO_4$), das in der Zementindustrie eingesetzt werden kann, ist beim Heizkraftwerk Sandreuth der EWAG in Nürnberg im Betrieb. Dabei wird der Sulfitanteil des Produktgemisches thermisch oxidiert. Die Oxidation erfolgt in einem Wirbelschichtreaktor bei einer Temperatur von

Sprühsorptionsverfahren. Tabelle: Zusammensetzung des Reststoffs aus einer S.-Anlage bei einer Steinkohlefeuerung mit Vorabscheidung der Flugasche

Calciumsulfit-Halbhydrat ($CaSO_3$ 1/2 H_2O)	40 – 70 Gew.-%
Calciumsulfat-Dihydrat ($CaSO_4$ 2 H_2O)	5 – 20 Gew.-%
Calciumhydroxid ($Ca[OH]_2$)	10 – 20 Gew.-%
Calciumcarbonat ($CaCO_3$)	1 – 10 Gew.-%
Calciumchlorid ($CaCl_2$)	1 – 5 Gew.-%
Calciumfluorid (CaF_2)	in Spuren

740 °C mit Luft als Fluidisierungsmittel. Zur Stabilisierung des Wirbelbettes und zur Verbesserung der Schüttguteigenschaften des Anhydrites wird etwa 10 Gew.-% Flugasche zugegeben. Bevor das Abgas des Wirbelschichtreaktors vor der S.-Anlage dem Abgasstrom des Kessels wieder zugegeben wird, werden die Chlorkomponenten in einem Wäscher und der Staub in einem Gewebefilter abgeschieden.

Mit dem S. lassen sich bei überstöchiometrischer Kalkzugabe, hoher Rezirkulationsrate des Produktes in den Sprühturm, guter Nachreaktion im Produktabscheider und niedriger Reaktionstemperatur Entschwefelungsgrade von über 90% erzielen. Anlagen nach dem S. sind insbesondere bei Kraftwerken und → Abfallverbrennungsanlagen in Betrieb. *Haug*

Literatur: *Breihofer, D. et al*: Maßnahmen zur Minderung der Emissionen von SO_2, NO_x und VOC bei stationären Quellen in der Bundesrepublik Deutschland. Studie i. A. des BMU/Umweltbundesamt. IIP Uni Karlsruhe Nov. 1991. – *Kolar, J.*: Vierjährige Betriebserfahrungen mit der atypischen Abgasreinigungsanlage des Heizkraftwerkes Sandreuth der EWAG. VGB Kraftwerkstechnik **71** (1991) Nr. 10. – VDI 3928: Abgasreinigung durch Chemisorption. 6/1992.

Sprühwäscher *(spray tower)*. Der auch Waschturm oder Düsenwäscher genannte S. ist die älteste Bauform der naßarbeitenden → Abscheider. Diese → Wäscherbauart besteht aus bis zu 30 m hohen Rohren, durch die bei kleinen Geschwindigkeiten bis zu 1 m/s das zu reinigende Gas in der Regel von unten nach oben strömt. Während der langen Verweilzeit vermischt sich die in mehreren Ebenen mittels Düsen in Form fein verteilter Tropfen zugegebene Waschflüssigkeit mit dem Gas und nimmt dabei die Verunreinigungen auf (Bild).

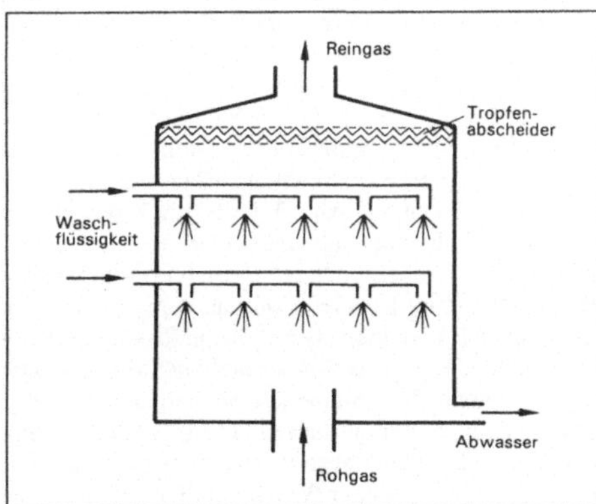

Sprühwäscher: Schematischer Aufbau.

Aufgrund der geringen Relativgeschwindigkeit zwischen dem Gas und der zu Tropfen zerfallenden Waschflüssigkeit werden Partikeln mit Durchmessern $x < 1$ µm kaum abgeschieden. Der Druckverlust ist allerdings mit 100–200 Pa sehr gering. Häufig werden solche Waschtürme auch zur Gaskühlung eingesetzt. Mit berieselten Schüttungen versehene S. bezeichnet man als Füllkörperkolonnen. *Schmidt*

Spurengas, klimarelevant *(trace gas, climate relevant)*. Die meisten k. S. haben eine relativ lange mittlere Verweilzeit, so daß die atmosphärischen Konzentrationen dieser Gase nur langsam auf Änderungen der Emissions- bzw. Depositionsraten reagieren. Um diese zeitlichen Änderungen abschätzen zu können, müssen die Quellen und Senken der betreffenden Gase mit ausreichender Genauigkeit bekannt sein. Die k. S. zeichnen sich dadurch aus, daß sie im Bereich des sog. atmosphärischen Fensters, zwischen 8 und 12 µm, die von der Erde reflektierte Strahlung absorbieren und somit zur Erwärmung der Erde führen (→ Treibhauseffekt).

Die wichtigsten k. S. in der Troposphäre sind Wasserdampf, Kohlendioxid (CO_2), Distickstoffoxid (N_2O), Methan (CH_4), Ozon (O_3) und die Fluorchlorkohlenwasserstoffe (FCKW). Einen weitaus geringeren Anteil am Treibhauseffekt haben die Nicht-Methan-Kohlenwasserstoffe (→ NMHC) und die → Halone. *Becker/Wiesen*

Spurenstoffausbreitung *(trace substance, spread of)*. Durch die atmosphärische Ausbreitung werden die Spurenstoffe mit dem Wind vom Quellort fortgeführt und in der Atmosphäre verteilt. Es handelt sich wegen der vielfältigen Abhängigkeiten der Einflußgrößen um einen sehr komplexen Prozeß. Insgesamt beinhaltet der Ausbreitungsprozeß den Transport der Spurenstoffe mit dem mittleren Windfeld, die Diffusion durch das Turbulenzfeld, die Umwandlung der Schadstoffe während der Ausbreitung durch chemische und physikalische Prozesse sowie die trockene und nasse Ablagerung (→ Deposition) am Erdboden. Die Ausbreitungs-, Umwandlungs- und Verlustprozesse der Spurenstoffe werden auch als Transmission bezeichnet.

Mit Hilfe von Ausbreitungs- und Strömungsmodellen ist es möglich, die Transmission quantitativ zu beschreiben; wegen des komplexen Charakters des Ausbreitungsvorgangs allerdings nur in mehr oder weniger guter Näherung. Es ist daher erforderlich, Modelle durch Messungen zu überprüfen und zu kalibrieren. Betrachtungen zur S. haben für die Luftreinhaltung große Bedeutung. Durch die Möglichkeit, die Spurenstoffkonzentrationen in der Atmosphäre zu berechnen, kann die Auswirkung von existierenden Emittenten oder auch von geplanten Emittenten auf die Schadstoffbelastung in der Umgebung angegeben werden.

Im Rahmen von → Sicherheitsanalysen werden bei genehmigungsbedürftigen Anlagen Studien für denkbare Störfälle an den Anlagen erforderlich. Solche Risiko-Abschätzungen erfolgen mit besonderen Ausbreitungsmodellen (VDI 3783, Bl. 1/2).

Anwendungsfälle von S.-Betrachtungen: In ebenem Gelände kommen für Entfernungsbereiche von 100 m bis zu 10–15 km stationäre Gaußfahnen-Modelle (→ Gauß-Modell, Gaußsche Ausbreitungsformel; VDI 3782, Bl. 1) zum Einsatz (→ Ausbreitung im Nahbereich niedriger Quellen). Mit erweiterten *Gauß*-Modellen (Gauß-Wolkenmodell) (VDI 3945, Bl. 1) ist dann zu arbeiten, wenn wegen der Topographie der Umgebung oder wegen größerer Entfernungen das Wind- und Turbulenzfeld nicht mehr als räumlich homogen betrachtet werden kann. In solchen Fällen ist mit besonderen Strömungsmodellen das Wind- und Turbulenzfeld zu ermitteln.

K-Modelle werden grundsätzlich zur Beschreibung der Ausbreitung bei komplizierten meteorologischen Strukturen benutzt. Sie sind nicht auf bestimmte Entfernungsbereiche beschränkt. Sie können sowohl die Ausbreitung z. B. im Nahbereich von Gebäuden, im komplexen Gelände als auch bei großen Entfernungen beschreiben. Voraussetzung ist jedoch auch hier, daß die Wind- und Turbulenzfelder über vorgeschaltete Strömungsmodelle ermittelt werden.

Das gilt auch für den Einsatz von *Lagrange*-Modellen. Besondere Modelle, bei denen auf empirische Ansätze oder auch Windkanal-Modellierung zurückgegriffen wird, befassen sich mit der → Ausbreitung von Kfz-Emissionen im Straßenbereich oder auch mit der → Ausbreitung von schweren Gasen bei Störfallbetrachtungen. Empirische Ansätze wurden zum Teil auch einbezogen bei der Modellierung der Überhöhung von Abgasfahnen (VDI 3782, Bl. 3).

Einen Sonderfall stellt die Ausbreitung von Geruchsstoffen dar.

Ein besonders komplexes Problem stellt die Bildung von → Photooxidantien in der Atmosphäre dar, bei dem nicht nur die Ausbreitung der Vorläufersubstanzen (Kohlenwasserstoffe, Stickoxide) und der gebildeten Photooxidantien, sondern auch die sehr komplexen photochemischen Bildungsprozesse zu simulieren sind. *Külske*

Literatur: EMEP-Workshop-Bericht on Photooxidant Modelling for Long-Range Transport in Relation to Abatement Strategies; Umweltbundesamt, Berlin, 16.–19. 4. 1991. – *Martens, R.; K. Maßmeyer et al.*: Bestandsaufnahme und Bewertung der derzeit genutzten atmosphärischen Ausbreitungsmodelle. Bericht der Ges. für Reaktorsicherheit. Köln 1987. – VDI 3782, Bl. 1: Ausbreitung von Luftverunreinigungen in der Atmosphäre; Ausbreitungsmodell für Luftreinhaltepläne. 10/1992. – Bl. 3: Berechnung der Abgasfahnenüberhöhung. 6/1985. – VDI 3783, Bl. 1: Ausbreitung von Luftverunreinigungen in der Atmosphäre; Ausbreitung von störfallbedingten Freisetzungen; Sicherheitsanalyse. 5/1987. – Bl. 2: Umweltmeteorologie; Ausbreitung von störfallbedingten Freisetzungen schwerer Gase; Sicherheitsanalyse. 7/1990. – VDI 3945, Bl. 1 E: Umweltmeteorologie – Atmosphärische Dispersionsmodelle; Gaußsche Modelle – Gaußsches Wolkenmodell (Puffmodell); 11/1994.

SST ⟨*SST/Supersonic Transport*⟩. Damit ist der Flug von Überschallflugzeugen in Höhen bis ca. 20 km gemeint. Diese Flugzeuge emittieren vor allem Wasserdampf, Kohlendioxid und dazu eine Reihe weiterer Stoffe wie Stickoxide, unverbrannte Kohlenwasserstoffe, Kohlenmonoxid und Schwefeldioxid.

In der oberen Troposphäre und der Stratosphäre bilden der Luftverkehr und Raketenstarts die einzigen kontinuierlichen anthropogenen Emissionsquellen. Wegen der großen Verweilzeit von Spurenstoffen in diesen Höhen übersteigen die resultierenden Konzentrationen zum Teil die sonst vorhandenen Hintergrundkonzentrationen. Es gibt Hinweise, daß die Emissionen, insbesondere von Stickoxiden, über katalytische Zyklen die Ozonkonzentration in der Stratosphäre reduzieren, in der Troposphäre aber vergrößern. Der emittierte Wasserdampf kann zusätzliche Wolken verursachen, die den Strahlungshaushalt der Erde verändern. Insgesamt geht von der Luft- und Raumfahrt eine Reihe von möglicherweise schwerwiegenden Auswirkungen auf die Atmosphäre aus, deren Konsequenzen bisher nicht ausreichend bekannt sind. *Barnes*

Stabilitätsklassen ⟨*stability classification*⟩ → Diffusionsklassen

Stahlerzeugung und -verarbeitung ⟨*steel production and processing*⟩ → Eisenerzeugung und -verarbeitung

Stand der Sicherheitstechnik ⟨*state of the safety technology*⟩. S. d. S. im Sinne der → Störfall-Verordnung ist der Entwicklungsstand fortschrittlicher Verfahren, Einrichtungen und Betriebsweisen, der die praktische Eignung einer Maßnahme zur Verhinderung von Störfällen oder zur Begrenzung ihrer Auswirkungen gesichert erscheinen läßt (§ 2 Abs. 3 der Störfall-Verordnung). Die Definition entspricht im Aufbau und in der Tendenz der Aussage der Definition des → Standes der Technik in § 3 Abs. 6 des BImSchG. Inhaltlich unterscheiden sich die beiden Begriffsbestimmungen dadurch, daß der Stand der Technik auf Maßnahmen zur Begrenzung von Emissionen abstellt, während der S. d. S. auf Sicherheitsvorkehrungen zur Störfallabwehr bezogen ist. Nach § 2 Abs. 3 der Störfall-Verordnung kann eine Maßnahme auch dann dem S. d. S. entsprechen, wenn sie noch nicht im Betrieb erprobt worden ist. Entscheidend ist allein, ob aus dem allgemeinen technischen Entwicklungsstand die praktische Eignung einer Maßnahme zur Verhinderung von Störfällen oder zur Begrenzung ihrer Auswirkungen hergeleitet werden kann. Diese Folgerung muß allerdings gesichert sein, d. h. die Eignung muß nachweisbar feststehen oder mit an Sicherheit grenzender Wahrscheinlichkeit zu erwarten sein. *Hansmann*

Stand der Technik ⟨*state of technology/state of the art*⟩. Der Gesetzgeber hat die rechtlichen Anforderungen zum Schutz der Umwelt in einer ganzen Reihe von gesetzlichen Bestimmungen dadurch dynamisiert, daß er die Beachtung bestimmter Standards zur Pflicht macht. Zu diesen Technikklauseln zählt auch der

S. d. T., der z. B. in den §§ 5 Abs. 1 Nr. 2 BImSchG, 7 a Abs. 1 S. 2 WHG, 2 Abs. 1 Nr. 4 Luftverkehrsgesetz, 4 BBahnG rechtlich verankert ist. Mit dem S. d. T. nimmt der Gesetzgeber auf außerrechtliche Wertmaßstäbe Bezug. Beim S. d. T. handelt es sich um einen technischen Standard, der in seinen Anforderungen hinter demjenigen des „Standes von Wissenschaft und Technik", wie er z. B. in § 7 Abs. 2 Nr. 3 AtG für atomtechnische Anlagen zur Genehmigungsvoraussetzung gemacht wird, zurückbleibt, der andererseits aber über den Standard der allgemein anerkannten Regeln der Technik hinausgeht.

Gesetzlich definiert ist der S. d. T. in § 3 Abs. 6 S. 1 BImSchG. Danach ist es der Entwicklungsstand fortschrittlicher Verfahren, Einrichtungen oder Betriebsweisen, der die praktische Eignung einer Maßnahme zur Begrenzung von Emissionen gesichert erscheinen läßt. Gemäß § 3 Abs. 6 S. 1 BImSchG sind bei der Bestimmung des S. d. T. insbesondere vergleichbare Verfahren, Einrichtungen oder Betriebsweisen heranzuziehen, die mit Erfolg im Betrieb erprobt sind. Durch den S. d. T. wird der rechtliche Maßstab für das Erlaubte an die Front der technischen Entwicklung verlagert. Auf die allgemeine Anerkennung und die praktische Bewährung einer bestimmten Technik kommt es für den S. d. T. nicht ausschlaggebend an. Die Behörden müssen deshalb in den Meinungsstreit der Techniker eintreten, um zu ermitteln, was technisch notwendig, angemessen und machbar ist. Ob eine Maßnahme dem S. d. T. entspricht, ist eine Frage, die nicht im Ermessen der Verwaltungsbehörden steht. Vielmehr ist der zu fordernde technische Standard durch Auslegung des unbestimmten Rechtsbegriffs S. d. T. zu bestimmen. Auch für die Anerkennung eines Beurteilungsspielraumes hinsichtlich des unbestimmten Rechtsbegriffs besteht kein Anlaß. *Hoppe/Beckmann*

Literatur: *Feldhaus*: Zum Inhalt und zur Anwendung des Standes der Technik im Immissionsschutzrecht. DVBl 1981. – *Rengeling*: Der Stand der Technik bei der Genehmigung umweltgefährdender Anlagen. 1985. – *Sellner*: Immissionsschutzrecht und Industrieanlagen, 2. Aufl., München 1988.

Staub, lungengängiger *⟨inspirable dust⟩*. L. S. ist die Staubfraktion, die mit der Atemluft über die Atemwege bis in die Lunge gelangen kann (→ Staubemissionen).

Die Atemorgane verfügen in den oberen Atemwegen (Nase, Nasenhöhle und Rachen) über ein wirksames Filtersystem. Die eingeatmete Luft streicht über die Nasenschleimhaut, deren Sekret größere Staubpartikel festhält. Kleine Staubteilchen mit einem Durchmesser unter 10 μm werden nicht oder nur unvollständig zurückgehalten. Sie können mit der Atemluft in die Lungenbläschen (Alveolen) gelangen und dort abgelagert oder durch die Wand der Alveolen in den Blutkreislauf aufgenommen werden. Für die toxikologische Bewertung von Staubimmissionen ist daher neben den Staubinhaltsstoffen, wie z. B. Schwermetallen und schwerflüchtigen organischen Stoffen, die Größe der Staubpartikel von entscheidender Bedeutung. *Deml*

Staubabscheidung *⟨dust separation⟩*. Die Begriffe S. bzw. Entstaubung gehören zu dem weiten Gebiet verfahrenstechnischer Trennverfahren. In diesem Fall soll durch die unterschiedlichsten → Entstaubungsverfahren eine Trennung zwischen in einem Gas dispergierten Partikeln und dem Trägergas selbst erreicht werden. Die Partikeln können sowohl fest als auch flüssig sein. Der Größenbereich erstreckt sich von einigen nm bis zu einigen 100 μm (Bild).

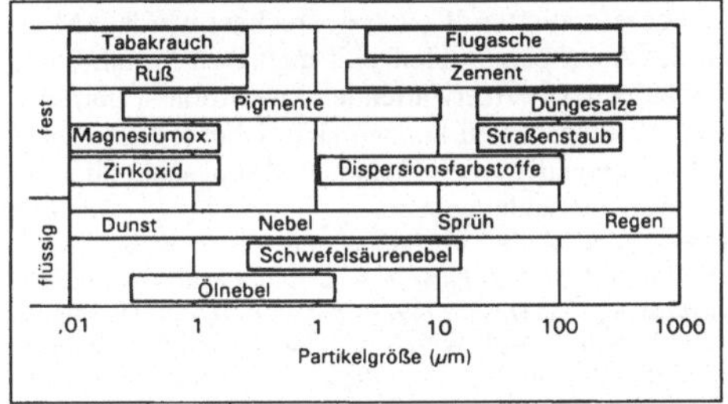

Staubabscheidung: Typische Größen verschiedener fester und flüssiger Partikeln.

Die Abscheidung von Stäuben hat in mehreren Bereichen große Bedeutung gewonnen. Die Anfänge der S. lagen vermutlich auf dem Gebiet der personenbezogenen Atemluftreinigung, z. B. bei Bergarbeitern. Ein heutiger Schwerpunkt der Partikelabscheidung bei geringen Konzentrationen liegt auf dem Gebiet der Klimatechnik, der Be- und Entlüftung von Wohn-, Arbeits- und Produktionsräumen. Dadurch wird die großtechnische Herstellung bestimmter Produkte (z. B. Elektronikbauteile) erst ermöglicht. Mit der industriellen Entwicklung nahmen die Anforderungen an Anlagen zur Gasreinigung bei hohen Partikelkonzentrationen stetig zu. Während zunächst der Schwerpunkt auf dem Gebiet der Produktabscheidung bzw. des Anlagenschutzes lag, werden heute Verfahren zur wirksamen → Abgasreinigung immer wichtiger. Die Einhaltung der vorgeschriebenen Grenzwerte für die Staubkonzentration im Abgas erfordert eine ständige Weiterentwicklung der Entstaubungsverfahren (→ TA Luft).

Eine Einteilung der Verfahren zur Entstaubung kann nach der Größe der abzuscheidenden Partikeln erfolgen. Bei Partikelgrößen im Bereich 5 bis 500 μm spricht man von einer Grobstaubabscheidung, bei kleineren Partikeln von einer Feinstaub- oder auch Feinststaubabscheidung. Eine häufiger vorgenommene Einteilung erfolgt nach dem Grundprinzip der Phasentrennung. Fast sämtliche Vorrichtungen zur Partikelabscheidung lassen sich einer der folgenden, vier Hauptgruppen zuteilen: → Massenkraftabscheider, filternde → Abscheider, elektrische → Abscheider, naßarbeitende → Abscheider.

Diese Gruppen unterscheiden sich in der Art der auf die Partikeln wirkenden Kräfte und der konstruktiven Gestaltung und Arbeitsweise der Partikelsammel- und Austragsorgane.

Die Auswahl eines Abscheiders hängt u. a. entscheidend von der Größe des zu reinigenden Gasvolumenstroms, der Partikelkonzentration im Rohgas, den Partikel- und Fluideigenschaften und der geforderten Reingaskonzentration ab. Die Leistungsfähigkeit eines Abscheiders kann oft mit dem Fraktionsabscheidegrad charakterisiert werden. Zusammen mit der vorliegenden Partikelgrößenverteilung des Rohgases können damit der → Gesamtstaubabscheidegrad und die Partikelkonzentration im Reingas berechnet werden. Meist ist das Abscheideproblem mit mehreren Verfahren zu bewältigen. Die zu erwartenden Investitions-, Betriebs- und Wartungskosten können sich dabei jedoch erheblich voneinander unterscheiden und sind schließlich für die Wahl ausschlaggebend. *Schmidt*

Literatur: *Baum, F.*: Luftreinhaltung in der Praxis. München–Wien 1988. – *Dullien, F. A. L.*: Introduction to industrial gas cleaning. San Diego 1989. – *Fritz, W.* u. *H. Kern*: Reinigung von Abgasen. 2. Aufl. Würzburg 1990. – *Löffler, F.*: Staubabscheiden. Stuttgart–New York 1988. – VDI 3676: Massenkraftabscheider. 5/1980. – VDI 3677: Filternde Abscheider. 7/1980. – VDI 3677, Bl. 1 E: Filternde Abscheider – Oberflächenfilter. 12/1995. – VDI 3678: Elektrische Abscheider. 3/1980. – VDI 3679: Naßarbeitende Abscheider. 5/1980.

Staubemissionen ⟨*particulate emissions*⟩. Stäube in → Abgasen sind immer Gemische von Partikeln unterschiedlicher Korngröße, wobei das Spektrum von etwa 0,1 µm bis 100 µm reicht. Gesamtstaub sind die gesamten im Abgas enthaltenen, als Partikeln meßbaren Feststoffteilchen ungeachtet ihrer Größe, Gestalt und chemischen Zusammensetzung, die der tatsächlich in die Atmosphäre austretenden Emission entsprechen. → Feinstaub ist nicht einheitlich definiert. Allgemein wird darunter der Staub verstanden, dessen Partikeln in den Atemtrakt gelangen und dort u. U. schädliche Auswirkungen hervorrufen können. Nach der Johannesburger Konvention von 1959 ist Feinstaub ein Staubkollektiv, das aus einem Abscheidesystem austritt, dessen Wirkung der theoretischen Trennfunktion eines Sedimentationsabscheiders entspricht, der Teilchen mit einem aerodynamischen Durchmesser von 5 µm noch zu 50% und von 7 µm zu 100% abscheidet. Im internationalen Bereich gibt es weitere Festlegungen, z. B. vom CEN und von der ISO, die als Obergrenze für kehlkopfpassierende Partikeln einen aerodynamischen Durchmesser von 10 µm annehmen. Dieser ist dabei gleich dem Durchmesser einer (hypothetischen) Kugel mit der Stoffdichte 1 g/cm^3, deren strömungsdynamischer Widerstand gleich dem des betrachteten Staubteilchens ist.

Staubförmige Emissionen können von natürlichen und vom Menschen verursachten (anthropogenen) Quellen ausgehen. Die wichtigste anthropogene Quellengruppe sind technische Anlagen.

In technischen Anlagen, in denen feste Brenn- und Einsatzstoffe verwendet werden, entstehen – verfahrenstechnisch bedingt – immer staubhaltige Abgase. Praktisch sämtliche Anlagen in den Wirtschaftszweigen Steine/Erden, Metallurgie sowie Kohlefeuerungen sind Staubemittenten. Im ungereinigten Abgas (Rohgas) treten hier häufig Staubgehalte zwischen etwa 2 g/m^3 und 20 g/m^3 auf. Die Partikelgröße ist stark prozessabhängig. Z. B. sind die Stäube aus metallurgischen Prozessen i. a. wesentlich feiner als die aus der mechanischen Aufbereitung von Mineralien.

Anorganische Stäube sind i. a. Gemische aus Oxiden, Sulfaten und Karbonaten weniger Elemente, hauptsächlich Aluminium, Eisen, Kalzium, Silizium und Magnesium. Nach heutigem Wissen ist das Gefährdungspotential staubförmiger Emissionen weniger diesen Hauptbestandteilen zuzuschreiben, sondern toxischen oder anderweitig umweltbelastenden Staubinhaltsstoffen und Staubanlagerungsprodukten. Als Staubinhaltsstoffe sind insbesondere → Schwermetalle zu nennen, die häufig aus metallurgischen und Verbrennungsprozessen stammen. Staubanlagerungsprodukte sind z. B. polyzyklische aromatische → Kohlenwasserstoffe (PAH) oder → Dioxine und → Furane.

Anforderungen zur Begrenzung der S. sind insbesondere in der → TA Luft enthalten; für einzelne Anlagenarten sind Emissionsbegrenzungen in Verordnungen zum BImSchG festgelegt (z. B. in der → 13. BImSchV für → Großfeuerungsanlagen, in der → 17. BImSchV für → Abfallverbrennungsanlagen, in der → 1. BImSchV für → Kleinfeuerungsanlagen). Für Gesamtstaub ist in der TA Luft die folgende Emissionsbegrenzung festgelegt:

– bei einem Massenstrom von mehr als 0,5 kg/h die Massenkonzentration 50 mg/m^3

– bei einem Massenstrom bis einschließlich 0,5 kg/h die Massenkonzentration 0,15 g/m^3.

Für Stäube, die besonders gesundheitsgefährdende Stoffe enthalten, gelten schärfere Anforderungen. Für die Begrenzung staubförmiger Emissionen aus diffusen Quellen (z. B. Halden, Umschlag und Transport staubender Güter) sind bauliche und betriebliche Anforderungen in der Nr. 3.1.5 der TA Luft festgelegt.

Um die Emissionsbegrenzungen der gesetzlichen Regelungen einhalten bzw. unterschreiten zu können, ist es in vielen Fällen notwendig, Staubabscheider als Abgasreinigungseinrichtung einzusetzen. Alle industriellen Staubabscheider scheiden vorzugsweise größere Partikel ab, d. h. der Fraktionsabscheidegrad nimmt mit dem Partikeldurchmesser zu. Die Beurteilung der Leistungsfähigkeit eines → Abscheiders muß deshalb nicht nur nach dem erreichten Gesamtabscheidegrad und dem Reingasstaubgehalt, sondern auch nach den Fraktionsabscheidegraden im Feinstaubbereich erfolgen.

Unter derzeitigen Bedingungen entstehen die staubförmigen Emissionen zu etwa 40% bei Verbrennungsvorgängen (als Flugasche und Ruß), der Rest bei son-

stigen Vorgängen, vorrangig beim Umschlag von Schüttgütern und bei Produktionsprozessen in den Bereichen Eisen und Stahl sowie Steine und Erden. Da bei der → Staubabscheidung grobe Partikeln besonders gut abgeschieden werden, haben die Reingasstäube im Vergleich zur entsprechenden Korngrößenverteilung im Rohgas ein feineres Spektrum, d. h. es werden fast ausschließlich Feinstäube emittiert. *Pruditsch*

Literatur: *Davids, P.; M. Lange*: Die TA Luft '86, Technischer Kommentar. Düsseldorf 1986. – Daten zur Umwelt 1992/93. Hrsg.: Umweltbundesamt. Berlin 1994.

Staubemissionsmessung *⟨particulate emissions, measurement of⟩*. Standardmethoden zur Emissionsmessung von Partikeln werden in verschiedenen Normen sowie in Richtlinien des VDI-Handbuchs Reinhaltung der Luft behandelt (Tabelle). Die Grundlagen der S. in strömenden Gasen sind in VDI 2066, Blatt 1 dargestellt. Diese Richtlinie behandelt dabei detailliert eine Fülle von Fragen, die allgemein für Emissionsmessungen von großer Wichtigkeit sind, zum Beispiel die Bestimmung von Bezugsgrößen (Druck, Temperatur, Wasserdampfanteil, Gasgeschwindigkeitsverteilung), Anforderungen an Probenahmesysteme für extraktive Probenahme oder die Auswahl und Einrichtung von Meßstrecken und Meßplätzen. Die VDI 2066, Blatt 1 hat daher unter allen → VDI-Richtlinien zur Emissionsmeßtechnik eine herausragende Bedeutung.

Die häufigste Meßaufgabe ist die summarische Bestimmung der → Staubemission als Massenkonzentration. Referenzmethode zur Messung des Gesamtstaubgehalts ist die Gravimetrie.

Die gravimetrische Methode wird für Einzelmessungen und als Vergleichsmeßverfahren zur Kalibrierung automatischer Staubmeßgeräte eingesetzt. Bei der kontinuierlichen → Emissionsüberwachung werden vorzugsweise Methoden der photometrischen Staubmessung angewandt. Zur kontinuierlichen Messung sehr niedriger Staubgehalte werden andere Meßprinzipien angewandt: das Streulichtverfahren oder die radiometrische Staubmessung.

Methoden der photometrischen Staubmessung werden auch zur qualitativen Dauerüberwachung von Staubemissionen bevorzugt eingesetzt. Standardverfahren für diskontinuierliche Messungen der → Abgastrübung ist die → Bacharach-Methode.

Von den vielen in der Verfahrenstechnik eingeführten Methoden zur Bestimmung von Partikelgrößen und deren Verteilung hat nur ein Verfahren für die Emissionsüberwachung praktische Bedeutung erlangt: der Kaskadenimpaktor.

Vielfach werden neben dem Gesamtstaubgehalt ausgewählte Bestandteile bestimmt, die auf Grund ihrer Morphologie oder stofflichen Natur ein besonders hohes Wirkungspotential besitzen. Eine besondere

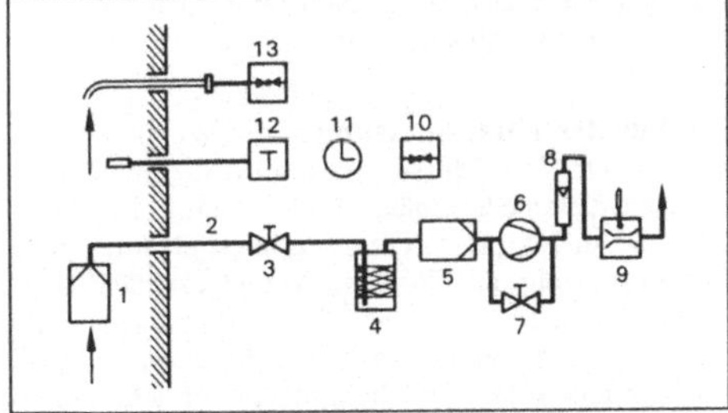

Staubemissionsmessung: Probenahme-Einrichtung für die gravimetrische Messung des Gesamtstaubgehalts (schematisch).

1 Filterkopf mit Sonde und Diffusor, 2 Absaugerohr, 3 Absperrventil, 4 ggf. Trockenturm, 5 Schutzfilter für Absaugeaggregat, 6 Absaugeaggregat (gasdicht), 7 Regelbypass, 8 Schwebekörperdurchflußmesser, 9 Gasmengenzähler mit Thermometer, 10 Barometer, 11 Zeitmesser, 12 Temperaturfühler mit Anzeigeinstrument, 13 Prandtl-Staurohr mit Mikromanometer oder Anemometer

Staubemissionsmessung. Tabelle: Gebräuchliche Methoden zur S.

Meßobjekt	Meßmethode	Norm, Richtlinie
Gesamtstaub		
– diskontinuierlich	Gravimetrie	ISO 9096; VDI 2066 Bl. 1 – 3, 7
– kontinuierlich	Photometrie	ISO 10 155; VDI 2066 Bl. 4 + 6
	Radiometrie	
Abgastrübung		
– diskontinuierlich	Bacharach-Methode	DIN 51 402 Teil 1
– kontinuierlich	Photometrie	VDI 2066 Bl. 4
Partikelgrößenverteilung	Kaskadenimpaktor	VDI 2066 Bl. 5
Besondere Stoffe		
– Asbest	IR-Spektrometrie	VDI 3861 Bl. 1
	Lichtmikroskopie	ISO 10 397
– Schwermetalle	Atomspektrometrie	VDI 2268 Bl. 1 – 3
– PAH	Gaschromatographie	VDI 3872 Bl. 1 + 2, VDI 3873 Bl. 1
– PCDD, PCDF	Gaschromatographie + Massenspektrometrie	VDI 3499 Bl. 1 + 2

Meßaufgabe ist die Bestimmung von Asbest (→ Asbestmessung in der Luft). Als Staubinhaltsstoffe werden am häufigsten → Schwermetalle bestimmt. Zu den gefährlichen → organischen Stoffen, die in der Emission bevorzugt an Partikel angelagert auftreten, gehören die polycyklischen aromatischen Kohlenwasserstoffe (PAH) und die polychlorierten Dibenzodioxine und -furane (PCDD, PCDF) (→ Dioxin, Emissionsmessung). *Stahl*

Literatur: *Düwel, L.*: Verfahren und Geräte zur Messung und Überwachung von Emissionen luftfremder Stoffe. In: Handbuch für Immissionsschutzbeauftragte. Hrsg. F. J. Dreyhaupt. Köln 1978. – Luftreinhaltung. Leitfaden zur kontinuierlichen Emissionsüberwachung. Hrsg. Umweltbundesamt. UBA-Berichte, Bd. 11/90. Berlin 1990. – VDI-Handbuch Reinhaltung der Luft, Bd. 4. Hrsg. Verein Deutscher Ingenieure. Düsseldorf.

Staubimmissionsmessung ⟨*particulate immissions, measurement of*⟩ → Schwebstaub-Immissionsmessung, → Staubniederschlagsmessung

Staubniederschlagsmessung ⟨*deposited dust, measurement of*⟩. Das Messen partikelförmiger Niederschläge (Staubniederschlag) wird in VDI 2119 behandelt. Das Meßobjekt wird dort definiert als luftfremde Stoffe in festem und flüssigen Aggregatzustand ohne deren Wasseranteil, die in einer bestimmten Zeit aus der Atmosphäre auf eine horizontale Fläche in Erdbodennähe fallen. Die Teilchengrößen-Bereiche der so erfaßten Partikel sind nicht näher bestimmbar und hängen in komplizierter Weise von vielen äußeren Bedingungen ab.

Zum Erfassen des Staubniederschlags werden zwei grundsätzlich verschiedene Methoden angewandt: das Auffangen in Sammelgefäßen und das Auffangen auf Haftflächen.

Das gängigste Verfahren zur S. ist das sog. → *Bergerhoff*-Verfahren.

Meßergebnisse für Staubniederschlag werden in der Einheit Gramm pro Quadratmeter und Tag ($g \cdot m^{-2} \cdot d^{-1}$) angegeben. Die Meßergebnisse sind geräteabhängige Relativwerte, weil die Abscheidung des Staubs durch die an den Geräten herrschenden Strömungsverhältnisse und durch andere Parameter beeinflußt wird. Die Unterschiede der mit verschiedenen Verfahren erhaltenen Meßwerte können bis rund 50% betragen.

Neben dem Staubniederschlag selbst sind auch seine Inhaltsstoffe von Bedeutung, z. B. sein Gehalt an Blei-, Cadmium- und anderen Metallverbindungen. In letzter Zeit sind zunehmend auch organische, schwerflüchtige Komponenten des Staubniederschlags interessant, z. B. → Dioxine und → Furane. Die Bestimmung und Messung derartiger Staubinhaltsstoffe muß nach den komponentenspezifischen Meßverfahren erfolgen. *Pfeffer*

Literatur: VDI 2119, Bl. 1–4: Messen partikelförmiger Niederschläge.

Steine-Erden-Industrie ⟨*stone and clay industry*⟩. Die S.-E.-I. befaßt sich mit der Gewinnung und Verarbeitung von mineralischen Naturprodukten, die nicht Brennstoffe, Erze oder Salze sind. Die Rohstoffe sind vor allem Gesteine wie Quarzit, Kalkstein, Gips, Sandstein, Kies oder Ton, die zum Teil mit Hilfe thermischer Verfahren zu Halb- oder Fertigerzeugnissen verarbeitet werden, z. B. zu Baustoffen, Keramik, Glas, Bindemitteln. Hinzu kommt zunehmend die Verwertung industrieller Reststoffe, z. B. von Schlacken, Aschen, Filterstäuben und Reaktionsprodukten aus Sorptionsverfahren.

Die Gewinnung von Steinen und Erden geschieht fast ausschließlich im Tagebau (z. B. Steinbrüche). Dabei treten Umweltbeeinflussungen durch Flächeninanspruchnahme, Grundwasserveränderungen, Erschütterungen, Lärm und Staubentwicklung auf. Stäube entstehen durch Abbau, Transport, Lagerung und Zerkleinerung des Materials. → Staubemissionen beim Transport und bei der Lagerung können z. B. durch Verhinderung von Verwehungen an Halden durch Befeuchten oder Binden der Oberflächen, Abdeckung von Transportbändern und Vermeidung größerer Fallhöhen beim Abwurf weitgehend vermieden werden. An Anlagen zur Zerkleinerung und Klassierung werden die staubhaltigen Abgase erfaßt und filternden → Abscheidern zugeführt.

Die thermischen Verfahren der S.-E.-I. umfassen die → Glasherstellung, die → Keramikindustrie, die → Zementherstellung, die → Kalkindustrie, die Herstellung von Mineralfasern (→ Mineralfaserherstellung), die → Schleifmittelherstellung, die Kalksandsteinherstellung, die Gipsindustrie, das → Blähen mineralischer Stoffe, die → Ziegelherstellung und ähnliche Industriebereiche. Verfahrenstechnisches Kennzeichen dieser Produktionsbereiche ist eine (Hoch-)Temperaturbehandlung, bei der die Halb- bzw. Fertigerzeugnisse ihre wesentlichen werkstofftechnischen Eigenschaften erhalten. Bei den thermischen Prozessen treten in der Regel vor allem Emissionen an sauren Abgasbestandteilen und an Schwermetallen auf. Schwermetalle werden mit wirksamen Staubabscheidern zurückgehalten. Für Schwefel- und Halogenverbindungen kommen verschiedene Minderungstechniken zum Einsatz (meist Sorptionsverfahren). Zur Verminderung der NO_x-Emissionen stehen erprobte prozeßtechnische Verfahren zur Verfügung; Abgasreinigungsverfahren (z. B. → SCR-, → SNCR-Verfahren) werden z. Z. eingeführt.

Steinbrüche sowie Anlagen zum Brechen, Mahlen oder Klassieranlagen von natürlichem oder künstlichem Gestein einschließlich Schlacke und Abbruchmaterial (ausgenommen Klassieranlagen für Sand und Kies) sind in Nr. 2.1 bzw. 2.2, jeweils Spalte 2, des Anhangs der → 4. BImSchV enthalten und im vereinfachten Verfahren nach dem BImSchG genehmigungsbedürftig. Emissionsbegrenzende Anforderungen sind in der → TA Luft festgelegt. *Hinrichs*

Literatur: *Davids, P.; M. Lange*: Die TA Luft '86, Technischer Kommentar. Düsseldorf 1986.

Stichprobenmessung ⟨*random sample measurement*⟩. Aus technischen und ökonomischen Gründen ist es nicht möglich, alle Immissionsuntersuchungen als kontinuierliche, zeitlich lückenlose Messungen durchzuführen; es ist auch fachlich in vielen Fällen nicht erforderlich. Ist z.B. nur der arithmetische Mittelwert der Konzentration eines Stoffes in der Außenluft zu bestimmen, ist es in aller Regel vollkommen ausreichend, die Messung als stichprobenartige Erhebung durchzuführen. Die gesamte Philosophie der → TA Luft für Immissionsmessungen im Rahmen des immissionsschutzrechtlichen Genehmigungsverfahrens basiert weitgehend auf S.

Es ist die Aufgabe der Meßplanung, im Vorfeld alle relevanten Parameter (z.B. → Meßhäufigkeit, → Meßstellendichte, → Meßzeitraum) so festzulegen, daß auch über eine S. repräsentative Ergebnisse im Sinne der Aufgabenstellung erhalten werden.

Bei einer S. muß im Meßergebnis grundsätzlich ein bestimmter Unsicherheitsbereich in Kauf genommen werden. Seine Größe wird durch die Aufgabenstellung (z.B. Art der zu ermittelnden Kenngrößen) sowie Art und Umfang der Erhebungen bestimmt. *Pfeffer*

Literatur: *Beier, R., M. Buck*: Möglichkeit und Grenzen der Nutzung von Luftqualitätsdaten aus diskontinuierlichen Messungen gemäß TA Luft. LIS-Berichte der Landesanstalt für Immissionsschutz NRW, Nr. 74. 1988.

Stickstoffoxide ⟨*nitrogen oxides*⟩.

Emissionen. S. (NO_x-Emissionen stammen aus natürlichen und anthropogenen Quellen. Natürliche Quellen wie Blitzschlag und die Freisetzung aus Böden infolge mikrobieller Umsetzung sind in Industriestaaten von geringer Bedeutung (Stickstoffmonoxid).

Die anthropogenen S.-Emissionen sind nahezu ausschließlich auf den Einsatz von fossilen Energieträgern in → Feuerungsanlagen und Motoren zurückzuführen. Nur etwa 1% wird durch industrielle Prozesse freigesetzt, im wesentlichen bei der Herstellung von Salpetersäure.

Bei Verbrennungsprozessen entsteht zunächst durch teilweise Oxidation des in Brenn- bzw. Treibstoff und Verbrennungsluft enthaltenen Stickstoffs überwiegend Stickstoffmonoxid (NO), das in der Atmosphäre zu Stickstoffdioxid (NO_2) oxidiert wird. Nur ein geringer Teil – größenordnungsmäßig 5% – liegt bereits bei der Emission als NO_2 vor. NO und NO_2 werden meist summarisch als NO_x zusammengefaßt. Im Abgaskanal und vor allem in der Atmosphäre wird NO zu NO_2 umgewandelt. Bei Emissionsangaben werden in der Regel die S. als NO_2 berechnet.

Die Höhe der S.-Emissionen ist abhängig von der Brennstoffzusammensetzung (chemisch gebundener Stickstoffgehalt) und der Verbrennungs- bzw. Feuerungstechnik (Temperatur, Sauerstoff-Verfügbarkeit während der Verbrennung). Bei den Feuerungsanlagen haben große Kohlefeuerungsanlagen, insbesondere Kraftwerksfeuerungen mit flüssigem Ascheabzug, i.a. die höchsten S.-Gehalte im Rohgas. Vergleichsweise hohe S.-Emissionen können auch beim Verbrennen von Holzwerkstoffen (z.B. Spanplatten) auftreten, die je nach Art des Bindemittels einen Stickstoffgehalt von 0,7–4% aufweisen.

Die Entstehung von NO in Feuerungsanlagen beruht auf komplexen Bindungsmechanismen. Dabei wird hauptsächlich zwischen Brennstoff-NO, Prompt-NO und Thermischem NO unterschieden. Bei der Bildung von Brennstoff-NO wird angenommen, daß der im Brennstoff vorhandene, chemisch gebundene Stickstoff (hierunter ist jedoch nicht der molekulare Stickstoff zu verstehen, wie er z.B. im Erdgas vorliegt) während der Pyrolyse des Brennstoffs in Amine und Cyanide zerfällt und diese sekundären Stickstoffverbindungen anschließend mit Sauerstoffträgern zu NO weiterreagieren. Konkurrierend zu dieser Reaktion ist auch eine Rückreaktion mit sekundären Stickstoffverbindungen zu molekularem Stickstoff möglich. Aus diesem Grund wird während der Verbrennung nur ein gewisser Teil des im Brennstoff chemisch gebundenen Stickstoffs in NO umgewandelt. Übliche Umwandlungsraten für Kraftwerkssteinkohle liegen je nach Feuerungsart zwischen 5 und 25%.

Das Prompt-NO bildet sich durch Reaktion des molekularen Luftstickstoffs mit Brennstoff-Kohlenwasserstoffradikalen zu Cyanwasserstoff (HCN), das dann ähnlich wie beim Brennstoff-NO durch Reaktion mit Sauerstoffträgern zu NO weiterreagieren kann. Da die Reaktion örtlich und zeitlich stark eingegrenzt ist, spielt das auf diese Weise entstandene NO nur eine untergeordnete Rolle. Es läßt sich wie das Brennstoff-NO durch eine Minimierung des lokalen Sauerstoffangebotes reduzieren.

Thermisches NO bildet sich, indem sich der molekulare Stickstoff (N_2) der Verbrennungsluft mit atomarem Sauerstoff (O) verbindet (Zeldovich-Reaktion). Da für die Reaktion von Sauerstoffatomen mit den sehr stabilen Stickstoffmolekülen eine hohe Energiezufuhr notwendig ist, setzt diese Art der NO-Bildung erst bei relativ hohen Temperaturen ein. Ein weiterer Bildungsmechanismus verläuft über thermisch erzeugte OH-Radikale, die den Luftstickstoff ebenfalls oxidieren. Durch eine Feuerungsführung, bei der längere Verweilzeiten bei hohen Temperaturen vermieden werden, sowie durch ein knappes Sauerstoffangebot kann die Bildung von thermischem NO vermindert werden. Gleichzeitig muß jedoch ein guter Ausbrand der Verbrennungsprodukte gewährleistet bleiben.

Als feuerungstechnische Maßnahmen zur Verringerung der S.-Bildung kommen insbesondere eine Absenkung der Verbrennungstemperatur, das Vermeiden von Temperaturspitzen, eine Verringerung des Sauerstoffangebots in der Reaktionszone und eine

Verringerung der Verweilzeit in Bereichen hoher Temperatur in Frage. Eine Verminderung des Brennstoff-NO wird vor allem durch die Stufenverbrennung erreicht. Dabei erfolgt zunächst eine Verbrennung im Bereich der Flammenfront unter Sauerstoffmangel. Anschließend wird den Verbrennungsprodukten weiterer Sauerstoff zugeführt, um einen guten Ausbrand zu erzielen.

Bei Ottomotoren wird die S.-Bildung von der Brenntemperatur, der Verweilzeit in der Hochtemperaturzone sowie dem Sauerstoffgehalt des Brenngemisches bestimmt. Eine Maßnahme zur Minderung der S.-Bildung ist die → Abgasrückführung. Hierbei wird das Sauerstoffangebot verringert und die Temperatur im Verbrennungsraum abgesenkt. Weitere mögliche Maßnahmen sind die Stufenverbrennung und eine verzögerte Verbrennung.

Die Emissionen an S. werden durch verschiedene Vorschriften des BImSchG begrenzt. Für Kfz enthält die StVZO Vorschriften (→ Kfz-Abgas-Grenzwert). Für genehmigungsbedürftige Anlagen, die in den Anwendungsbereich der → TA Luft fallen, gilt unter Berücksichtigung der → Dynamisierungsklausel der TA Luft häufig ein Emissionswert von 500 mg NO_x/m^3. Für spezielle Anlagen, z. B. → Feuerungsanlagen, → Gasturbinenanlagen, gelten niedrigere Werte.

S.-Emissionsbegrenzungen sind ferner in der Großfeuerungsanlagen-Verordnung (in Verbindung mit dem Beschluß der Umweltministerkonferenz vom April 1984, → Großfeuerungsanlage, Tab. 2) festgelegt. Bei Steinkohlekraftwerken ist daher der Einsatz von NO_x-Abgasreinigungsverfahren erforderlich. Auch um den Grenzwert der → 17. BImSchV von 200 mg NO_x/m^3 an → Abfallverbrennungsanlagen zu unterschreiten, sind häufig NO_x-Abgasreinigungseinrichtungen einzusetzen.

Zur → NO_x-Abgasreinigung werden vor allem trockene → Reduktionsverfahren eingesetzt. Bei Großfeuerungsanlagen, Abfallverbrennungsanlagen und z. T. auch bei Glasschmelzwannen und weiteren Prozeßöfen kommen → SCR-Verfahren und → SNCR-Verfahren zur Anwendung; bei Ottomotor-Pkw wird der Dreiwegekatalysator angewandt. Die Verfahren arbeiten praktisch rückstandsfrei. *Bade*

Literatur: Umweltbundesamt (Hrsg.): Luftverschmutzung durch Stickstoffoxide: Berichte 3/90. Berlin 1990.

Emissionsmessung. Standardmethoden zur Emissionsmessung von S. werden in der Richtlinie VDI 2456 behandelt. Für Einzelmessungen stehen vier sich prinzipiell ähnelnde handanalytische Methoden zur Auswahl. Im allgemeinen wird eine definierte Abgasmenge in ein vorher evakuiertes Gassammelgefäß eingesaugt, und die in der Probe enthaltenen S. werden anschließend quantitativ zu Salpetersäure oxidiert, die acidimetrisch oder nach Zusatz eines spezifischen Reagenzes photometrisch bestimmt wird. Das naßchemische Verfahren, das am häufigsten für Einzelmessungen und zur Kalibrierung kontinuierlich messender Analysatoren eingesetzt wird und als Referenzmeßverfahren bezeichnet werden kann, ist das Dimethylphenolverfahren (DMP-Verfahren) nach VDI 2456, Blatt 10. Es besitzt etwa gleiche Verfahrenskenngrößen wie die beiden anderen photometrischen Verfahren (Phenoldisulfonsäureverfahren nach VDI 2456, Blatt 1 und Natriumsalicylatverfahren nach VDI 2456, Blatt 8), hat aber wesentliche Vorteile in der Handhabung.

Zur kontinuierlichen Messung von NO stehen rund 15 eignungsgeprüfte Meßeinrichtungen zur Verfügung, die hauptsächlich drei verschiedenen Meßverfahren zuzuordnen sind: → Chemilumineszenzverfahren (VDI 2456, Blatt 7), NDIR-Verfahren und photometrische → Gasmeßverfahren im UV-Bereich. Ein speziell für die Messung von NO entwickelter NDUV-Resonanz-Analysator wird in der Richtlinie VDI 2456, Blatt 9 beschrieben.

Soll neben NO auch NO_2 gemessen werden, so muß dem NO-Analysator ein thermischer oder katalytischer Konverter vorgeschaltet werden, der das NO_2 zu NO reduziert (VDI 2456 Blatt 6). Da der Einsatz eines Konverters den Aufwand und den Fehler der Messung nicht unwesentlich erhöht, wurde in die Großfeuerungsanlagen-Verordnung (→ 13. BImSchV), die Abfallverbrennungsanlagen-Verordnung (→ 17. BImSchV) und die → TA Luft eine Regelung aufgenommen, die es erlaubt, auf eine kontinuierliche NO_2-Messung zu verzichten, wenn durch Einzelmessungen nachgewiesen wurde, daß der NO_2-Anteil an der NO_x-Emission weniger als 5 bzw. 10% beträgt. Ungeachtet dieser Ausnahmeregelung ist eine NO_x-Messung angezeigt, wenn eine längere Probenahmeleitung unumgänglich ist und deshalb die Umsetzung von NO zu NO_2 während der Probenahme nicht vernachlässigt werden kann. *Stahl*

Literatur: VDI 2456: Messen gasförmiger Emissionen, Messen der Summe von Stickstoffmonoxid und Stickstoffdioxid; Bl. 1: Phenoldisulfonsäureverfahren. 12/1973. – Bl. 6: Messen der Summe von NO und NO_2 als NO unter Einsatz eines Konverters. 5/1978. – Bl. 7: Messen von Stickstoffmonoxid-Gehalten; Chemilumineszenz-Analysatoren (Atmosphärendruckgeräte). 4/1981. – Bl. 8: Analytische Bestimmung der Summe von Stickstoffmonoxid und Stickstoffdioxid; Natriumsalicylatverfahren. 1/1986. – Bl. 9: Messen von Stickstoffmonoxid-Gehalten in Feuerungsabgasen mit dem NDUV-Resonanz-Analysator (RADAS 1). 2/1989. – Bl. 10: Dimethylphenolverfahren. 11/1990. – Modelluntersuchungen zur Erarbeitung von Mindestanforderungen an fortlaufend aufzeichnende Meßeinrichtungen zur Erfassung von Stickstoffoxidemissionen. Forschungsbericht des TÜV Bayern e. V., München, vom Februar 1977, im Auftrag des Umweltbundesamtes.

Immissionsmessung. Als Immissionsmeßverfahren dominieren zwei Methoden: das *Saltzman*-Verfahren zur Bestimmung von Stickstoffdioxid, das auch als nationales Referenzmeßverfahren dient, und die kontinuierliche Messung mit Hilfe des → Chemilumineszenzverfahrens. Andere Verfahren haben in der Praxis keine Bedeutung. *Pfeffer*

Wirkung auf Pflanzen. Von den S. sind Stickstoffdioxid (NO_2), Stickstoffmonoxid (NO) und Distickstoffoxid (N_2O) auf Grund ihres überregionalen Vorkommens in relativ hohen Konzentrationen, ihrer Phytotoxizität, ihres Beitrages zu den säurehaltigen Niederschlägen und Veränderungen des globalen Klimas sowie ihrer Rolle als Vorläufersubstanzen für die Bildung von → Photooxidantien als die wichtigsten vegetationsgefährdenden Luftverunreinigungskomponenten anzusehen. Stickstoff ist ferner ein essentielles Makroelement, das innerhalb des Stickstoffkreislaufs in der Biosphäre zirkuliert. Der in autotrophen Pflanzen gebundene Stickstoff (Nitrat, Ammonium) wird von heterotrophen Tieren aufgenommen, als N-haltige Verbindungen ausgeschieden und durch bakterielle Zersetzung als → Ammoniak freigesetzt, das seinerseits phytotoxische Eigenschaften besitzt.

S. wird, wie die anderen gasförmigen Luftverunreinigungen, durch die Spaltöffnungen der Blätter aufgenommen und reagiert auf Grund seiner guten Wasserlöslichkeit an den feuchten Oberflächen der Zellen unter Bildung von Nitrat und Nitrit. Die Aufnahmerate ist proportional zum Konzentrationsgradienten zwischen der Atmosphäre und dem Blattinneren und wird über die Öffnungsweite der Spaltöffnungen reguliert. Ganz allgemein wird die Aufnahme durch Faktoren erhöht, die die Öffnungsweite der Stomata beeinflussen (Licht, Temperatur, relative Luftfeuchte, Ernährungszustand). Ferner bestimmen interne Wachstumsfaktoren wie Blattalter, Entwicklungsstadium der Pflanzen und die artspezifische Resistenz die Empfindlichkeit gegenüber NO_x. NO_2 wird darüber hinaus auf den Blattoberflächen deponiert, dissoziiert im Wasserfilm der Blätter und vermag mit den Wachsen der Kutikula zu reagieren und Veränderungen der Zellstrukturen herbeizuführen.

Stickstoffmonoxid besitzt deutlich geringere phytotoxische Eigenschaften, was u. a. auf die geringere Wasserlöslichkeit und damit geringere Reaktionsfähigkeit an Zelloberflächen zurückzuführen ist.

Genaue Kenntnisse über den Schädigungsmechanismus von NO_x auf Zellebene liegen nicht vor. Es wird aber angenommen, daß erste Störungen über Reaktionen an Biomembranen hervorgerufen werden. Andererseits wird die Nitritanreicherung in den Zellen als Hauptschadensursache angesehen, wobei sowohl die direkte Toxizität als Folge einer Anreicherung als auch die Säurewirkung des Nitritions diskutiert wird. Ferner werden enzymatische Systeme, die für die Umwandlung von Nitrit in Nitrat verantwortlich sind, angegriffen.

Akute Schädigungen durch NO_x ($>800\ \mu g/m^3$, 1-h-Mittelwert) werden nur nach Störfällen beobachtet und sind daher ohne große Bedeutung. Mit Bezug auf ihre Symptomatik lassen sie sich mit denen von Schwefeldioxid vergleichen. Bei chronischen Einwirkungen treten sowohl positive (Düngeeffekt) wie negative Wirkungen in Form von Wuchs- und Ertragsdepressionen auf, wobei Birken, Lärchen und einige Obstbaumarten wie Apfel und Birne besonders empfindlich reagieren. Höhere Stickstoffanreicherungen führen ferner zu einer höheren Anfälligkeit gegenüber Insektenbefall und können bei Bäumen (N-Gehalt der Nadeln > 1,8%) zu einer verminderten Frosthärte führen. Vielfach werden in Gegenwart anderer Luftverunreinigungen Wirkungsverstärkungen beobachtet (Kombinationswirkung); deshalb wird zum Schutz der Vegetation von der WHO ein Jahresmittelwert von $30\ \mu g/m^3$ in Gegenwart von SO_2 und O_3 für NO_2 empfohlen. Bei alleiniger Einwirkung von NO_2 sollte eine Luftkonzentration von $60\ \mu g/m^3$ im Jahresmittel nicht überschritten werden.

G. Krause

Störfall ⟨*hazardous incident*⟩. Nach § 2 Abs. 1 der → Störfall-Verordnung ist S. eine Störung des bestimmungsgemäßen Betriebs, bei der ein Stoff nach den Anhängen II, III oder IV der Störfall-Verordnung durch Ereignisse wie größere Emissionen, Brände oder Explosionen sofort oder später eine → ernste Gefahr hervorruft. Die Definition besteht aus drei Elementen, die kumulativ und in kausaler Verknüpfung vorliegen müssen:

- Störung des bestimmungsgemäßen Betriebs,
- Verursachung eines bestimmten Stoffverhaltens und
- Verursachung einer ernsten Gefahr.

Störung des bestimmungsgemäßen Betriebs ist jede Abweichung von einem Betriebsablauf, der der erlaubten Zweckbestimmung der Anlage entspricht (→ Betriebsstörung). Zum bestimmungsgemäßen Betrieb gehören der Normalbetrieb, der An- und Abfahrbetrieb, der Probebetrieb sowie Inspektions-, Wartungs- und Instandsetzungsvorgänge. Weiter setzt die S.-Definition des § 2 Abs. 1 der Störfall-Verordnung voraus, daß Ereignisse wie größere Emissionen, Brände oder Explosionen das Gefahrenpotential von Stoffen nach den Anhängen II, III oder IV zur Verordnung aktualisieren. Der Begriff der größeren Emission ist dabei aus der EG-Richtlinie 82/501/EWG übernommen worden. Er entspricht weitgehend dem Begriff des Freiwerdens in der bis 1991 geltenden Fassung der Störfall-Verordnung. Unter Emissionen sind auch Freisetzungen in das Wasser oder in den Boden zu verstehen. Größere Emissionen können nur angenommen werden, wenn sie als schwere Unfälle entsprechend der EG-Richtlinie zu werten sind. Hieraus folgt, daß ein S. nicht vorliegt, wenn das Bedienungspersonal durch die Freisetzung lediglich geringfügiger Mengen → gefährlicher Stoffe gefährdet wird (vgl. § 1 Abs. 1 Satz 2 der Störfall-Verordnung).

Auch bei größeren Emissionen, Bränden oder Explosionen von Stoffen nach den Anhängen II, III oder IV zur Störfall-Verordnung liegt ein S. nur vor, wenn hierdurch eine ernste Gefahr hervorgerufen wird. Das bedeutet, daß schwerwiegende Folgen drohen müssen.

Vom S.-Begriff i. S. der Störfall-Verordnung ist der atomrechtliche S.-Begriff zu unterscheiden. Nach der

Anlage I zur Strahlenschutz-Verordnung ist S. ein Ereignisablauf, bei dessen Eintreten der Betrieb der Anlage oder die Tätigkeit aus sicherheitstechnischen Gründen nicht fortgeführt werden kann und für den die Anlage auszulegen ist oder für den bei der Tätigkeit vorsorglich Schutzvorkehrungen vorzusehen sind (Auslegungsstörfall). Im Atomrecht entspricht eher der Begriff des Unfalls einem S. i. S. des Immissionsschutzrechts. Unfall ist danach ein Ereignisablauf, der für eine oder mehrere Personen eine bestimmte Grenzwerte übersteigende Strahlenexposition zur Folge haben kann. *Hansmann*

Literatur: *Breuer, R.*: Der Störfall im Atom- und Immissionsschutzrecht, Wirtschaft und Verwaltung 1981, 219f. – *Hansmann, K.*: Erläuterungen zu § 2 der Störfall-Verordnung. In: Landmann/Rohmer: Umweltrecht, Bd. I.

Störfallablaufanalyse ⟨*hazardous incident sequence analysis*⟩. Bei der S. werden Fehlfunktionen einzelner Anlagenelemente, Bedienungsfehler oder sonstige Einwirkungen angenommen und die daraus resultierenden Ereignisse oder Störfälle analysiert. Die Fortpflanzung der Störungen, die ausgehend von einem Anfangsereignis über mehrere Folgeereignisse zu Störfällen führen können, werden auf Störfallablaufdiagrammen (Bild) dokumentiert. Darin werden die Ereignisablaufmöglichkeiten an Hand grafischer Symbole dargestellt.

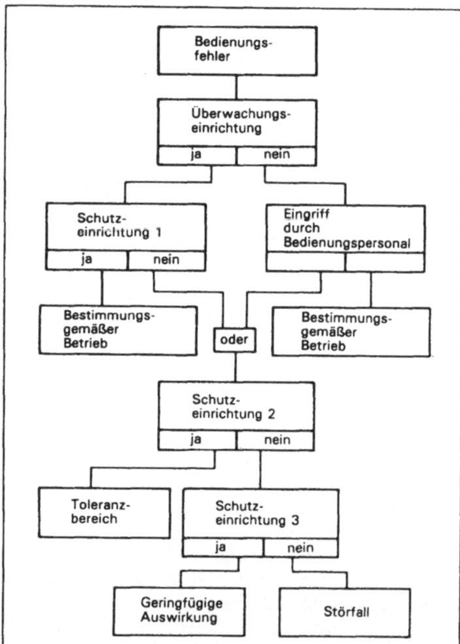

Störfallablaufanalyse: Beispiel eines Störfallablaufdiagramms.

Die logischen und zeitlichen Verknüpfungen der Ereignisse können sehr komplex sein, so daß sich ein Netzwerk mit einer Vielzahl möglicher Endzustände ergeben kann.

Die Störfallablaufdiagramme dienen z.B. im Rahmen der Erstellung von → Sicherheitsanalysen oder → Risikoanalysen zur Ermittlung von Störungsverläufen und der Ableitung geeigneter Maßnahmen, welche die Störfallpropagation (→ Störfallausbreitung) unterbrechen.

Im Gegensatz zur S. wird bei der → Fehlerbaumanalyse das unerwünschte Ereignis, z.B. ein Störfall, angenommen, und die dafür möglichen Ursachen werden analysiert. *Nitsche*

Literatur: DIN 25419: Störfallablaufanalyse. 11/1985.

Störfallanalyse ⟨*hazardous incident analysis*⟩ → Sicherheitsanalyse

Störfallausbreitung ⟨*hazardous incident propagation*⟩. Die Ausbreitung von Gasen, die bei Störfällen freigesetzt werden, wird von der Atmosphäre her bestimmt durch Windgeschwindigkeit und -richtung sowie durch die Turbulenzstruktur der unteren Atmosphärenschichten. Windgeschwindigkeit und Turbulenzstruktur bestimmen den Verdünnungsgrad, die Windrichtung die Transportrichtung der freigesetzten Stoffe. → Tracergase werden dabei zunächst wesentlich stärker von der Meteorologie beeinflußt als schwere Gase. Für den Fall, daß die Stoffe explosionsartig innerhalb eines kleinen Bereichs und einer kurzen Zeitspanne freigesetzt werden, bewegt sich der Schwerpunkt der Wolke mit der Luftströmung meist in Richtung des mittleren Windes. Neben den atmosphärischen Parametern und Topographie-Einflüssen beeinflußt die Freisetzungsart der Stoffe ihre Ausbreitung in der Atmosphäre.

Störfälle in technischen Anlagen, als deren Folge schädliche Stoffe unkontrolliert in die Luft gelangen haben unterschiedlichen Charakter, wie einige Beispiele zeigen:

Bei Lagerung unter Druck können die Gase in einem Störfall explosionsartig oder als Jetstrahl kontinuierlich freigesetzt werden. Wenn verflüssigte oder tiefkalt gelagerte Gase freigesetzt werden, kann sich am Boden zunächst eine Flüssigkeitslache bilden, aus der die Gase verdunsten. Häufig kommt es in Störfällen zu emissionsbedingten atmosphärischen Explosionen. Die freigesetzten Gase mischen sich mit der Umgebungsluft und es entsteht eine brenn- und explosionsfähige Gas-Luft-Gemischwolke, bei deren Explosion in der Umgebung mechanische und thermische Schadwirkungen auftreten. Neben diesen Schäden kommt es zu toxischen Einwirkungen, wenn die Konzentrationen der freigesetzten Stoffe bestimmte Grenzwerte überschreiten.

Die S. spielt eine große Rolle, weil sich gefährliche Anlagen mit giftigen, kanzerogenen, leichtentzündlichen und explosionsfähigen Stoffen vielfach in unmittelbarer Nachbarschaft von Wohnungen und öffentlichen Bereichen befinden. Sind die Emissionsparameter sowie die mittlere Strömung und die Turbulenzstruktur in der Atmosphäre bekannt, lassen sich die in der Nachbarschaft zu erwartenden Immissionen mit Hilfe von Ausbreitungsmodellen berechnen, d. h. es kann abgeschätzt werden, in welchem Entfernungsbereich die bei Störfällen freigesetzten Stoffe die unteren Zündgrenzen erreichen und bis zu welchen Quellentfernungen toxische Einwirkungen zu erwarten sind. Da störfallbedingte Emissionen häufig spontan, d. h. explosionsartig in einem kurzen Zeitraum freigesetzt werden, sind die Ausbreitungsmodelle so ausgelegt, daß mit ihnen die durch zeitabhängige Emissionen verursachten Immissionskonzentrationen berechnet werden können, bei denen u. a. die Diffusion in Windrichtung zu berücksichtigen ist. Über Wind und Turbulenz hinaus werden → Inversionen, Überhöhung und Topographie berücksichtigt. Ausbreitungsrechnungen für störfallbedingte Emissionen können angewendet werden:

– für die → Sicherheitsanalyse,
– für den aktuellen Störfall im Rahmen der Gefahren-/Katastrophenabwehr,
– für die Rekonstruktion eines Störfalls.

Ausbreitungsrechnungen für die Sicherheitsanalyse werden in der VDI 3783, Bl. 1 und Bl. 2 behandelt. Es wird zwischen der Ausbreitung von Tracergasen (Bl. 1) und der → Ausbreitung von schweren Gasen (Bl. 2) unterschieden.

Eingangsgrößen für die Ausbreitungsmodelle sind von den Emissionsparametern und der Umgebung her:

– Art, Menge und Zustand des Schadstoffs (Dichte, Siedepunkt und Zündgrenze),
– Dauer der Freisetzung,
– Freisetzungsort (z. B. Anlagenteil, Höhe über dem Erdboden),
– Topographie der Umgebung (Bebauung, Bodengestalt, → Bewuchs, Art, Höhe und Lage von Hindernissen),
– Lage der Aufpunkte, für die gerechnet werden soll.

Zur Beurteilung der Ausbreitungsart und der Festlegung von Aufpunkten werden außerdem Informationen benötigt über

– chemische und physikalische Umsetzungen (Kondensation, Sorption),
– Wirkungen des freigesetzten Schadstoffs (kurz-, mittel-, langfristig; Toxizität).

Bei einem aktuellen Störfall kann mit Hilfe der Ausbreitungsrechnung abgeschätzt werden, wohin die Schadstoffwolke driftet und welche Immissionskonzentrationen zu erwarten sind. Der räumliche und zeitliche Gefahrenbereich muß kurzfristig bestimmt werden, damit die Bevölkerung evtl. rechtzeitig gewarnt und ggf. auch evakuiert werden kann. Da bei einem aktuellen Störfall nur wenig Zeit für eine Immissionssimulation zur Verfügung steht, werden für die Abschätzung der Immissionen leicht handhabbare Ausbreitungsmodelle benötigt. Man muß die Immissionen entweder aus Diagrammen ablesen können oder für die Immissionssimulationen muß vor Ort ein Personalcomputer zur Verfügung stehen. Eine erste Abschätzung der zu erwartenden Immissionen ist mit Hilfe der Rechenprogramme der in der → VDI-Richtlinie enthaltenen Ausbreitungsmodelle möglich.

Bei der Rekonstruktion eines Störfalls steht genügend Zeit für die Anwendung komplexer Ausbreitungsmodelle zur Verfügung, z. B. numerische Ausbreitungsmodelle vom *Euler*schen oder *Lagrang*schen Typ für Tracergase und die speziellen Ausbreitungsmodelle für schwere Gase. Ein Ausbreitungsmodell, das für die Rekonstruktion eines Störfalls verwendet werden kann, bei dem schwere Gase freigesetzt wurden, ist u. a. das Modell DEGADIS (Dense Gas Dispersion). Bei der Rekonstruktion eines Störfalls wird man die berechneten Schadstoffkonzentrationen vielfach zusätzlich noch mit Messungen und Beobachtungen über die Wirkungen der freigesetzten Schadstoffe vergleichen (→ Ausbreitung von schweren Gasen). *Giebel*

Literatur: Umweltbundesamt: Ausbreitungsrechnungen im Rahmen des Vollzugs der Störfall-Verordnung. Kolloquium; UBA, Berlin 1989. – VDI-Bericht 558, Störfälle und Luftreinhaltung. Düsseldorf 1986. – VDI-Richtlinie 3783, Bl. 1: Ausbreitung von störfallbedingten Freisetzungen – Sicherheitsanalyse. 5/1987. – VDI-Richtlinie 3783, Bl. 2: Ausbreitung von schweren Gasen; 7/1990.

Störfallauswirkungsabschätzung *⟨hazardous incident, estimated impact of⟩*. S. ist die Ermittlung möglicher Belastungen von Mensch und Umwelt durch Freisetzung gefährlicher Stoffe, Brand oder Explosion als Folge einer unkontrollierten Entwicklung in einer Anlage mit Gefährdungspotential.

Im engeren Sinne werden S. in einer → Sicherheitsanalyse nach der → Störfall-Verordnung im Hinblick auf die sicherheitstechnische Beurteilung der Anlage und der Gefahrenabwehrplanung gefordert.

Zur sicherheitstechnischen Beurteilung der Anlage dienen Berechnungsmodelle (→ Störfallausbreitung), die fiktive Störfallereignisse beschreiben. So kann z. B. für einen modellhaften Ereignisablauf die Freisetzungsmenge eines gefährlichen Stoffes über Ausbreitungsrechnungen (z. B. für Gasfreisetzungen VDI-Richtlinie 3783, Bl. 1 und 2) mit einer zu erwartenden Immissionskonzentration an einem Bezugspunkt in Relation gebracht werden. Übersteigt diese Konzentration einen Schwellenwert, der gefährliche Auswirkungen auf Mensch und Umwelt erwarten läßt, so müssen zusätzliche störfallverhindernde oder -begrenzende Maßnahmen ergriffen werden. Einheitlich akzeptierte Schwellenwerte stehen noch aus. In der Diskussion sind sogenannte → Störfallbeurteilungswerte.

In bezug auf S. für Brände und Explosionen wurden in der Praxis Wärmestrahlungen von 4 kW/m^2 (Verbrennungen 1. Grades) bzw. eine Druckwelle von 5 000 Pa (Fensterbruch) als Schwellenwerte angesehen.

Im Rahmen der Gefahrenabwehrplanung kann der mögliche Gefahrenbereich um eine Anlage mit Hilfe von S. bestimmt werden. Dabei sind anlagentypische Stofffreisetzungen, Brände oder Explosionen als Quellterme zugrunde zu legen. Die Festlegung von Gefahrenbereichen erfolgt dann durch Störfallszenarien. Die Bestimmung (Berechnung) der Gefahrenbereiche hängt stark von dem zu Grunde gelegten Störfallbeurteilungswert ab. *Winkelmann*

Störfallbeauftragter *⟨hazardous incident officer⟩*. S. ist eine vom Anlagenbetreiber beauftragte Person, die die Unternehmensleitung in Fragen der Anlagensicherheit zu beraten und auf einen sicheren Betrieb der Anlage hinzuwirken hat. Die Pflicht zur Bestellung eines S. kann sich aus einer Rechtsverordnung nach § 58a Abs. 1 des BImSchG oder aus einer behördlichen Anordnung nach § 58a Abs. 2 BImSchG ergeben. Aufgabe des S. ist es (§ 58b BImSchG),
- auf die Verbesserung der Sicherheit der Anlage hinzuwirken,
- dem Betreiber unverzüglich ihm bekanntgewordene Störungen des bestimmungsgemäßen Betriebs mitzuteilen, die zu Gefahren für die Allgemeinheit und die Nachbarschaft führen können,
- die Einhaltung der Vorschriften des BImSchG und der aufgrund dieses Gesetzes erlassenen Rechtsverordnungen, insbesondere der → Störfall-Verordnung, sowie die Erfüllung erteilter Bedingungen und Auflagen im Hinblick auf die Verhinderung von Störungen des bestimmungsgemäßen Betriebs (→ Betriebsstörung) der Anlage zu überwachen, insbesondere durch Kontrolle der Betriebsstätte in regelmäßigen Abständen, Mitteilung festgestellter Mängel und Vorschläge zur Beseitigung dieser Mängel, und
- Mängel, die den vorbeugenden und abwehrenden Brandschutz sowie die technische Hilfeleistung betreffen, unverzüglich dem Betreiber zu melden.

Hinsichtlich der Bestellung des S. und der Pflichten des Anlagenbetreibers ihm gegenüber gelten ähnliche Regelungen wie für den Immissionsschutzbeauftragten. Da es bei vom S. festgestellten Gefahrensituationen erforderlich sein kann, unverzüglich für Abhilfe zu sorgen, wird in § 58c Abs. 3 BImSchG ausdrücklich darauf hingewiesen, daß der Anlagenbetreiber dem S. für die Beseitigung und die Begrenzung der Auswirkungen von Störungen des bestimmungsgemäßen Betriebs, die zu Gefahren für die Allgemeinheit und die Nachbarschaft führen können oder bereits geführt haben, Entscheidungsbefugnisse übertragen kann (→ 5. BImSchV). *Hansmann*

Störfallbeurteilungswert *⟨hazardous incident, evaluation⟩*. S. ist eine Planungs- und Hilfsgröße zur Bewertung möglicher gefährlicher Immissionen bei der Auslegung von Betriebsanlagen, für die zu treffenden störfallbegrenzenden Maßnahmen sowie für Katastrophenschutzmaßnahmen (→ Störfallauswirkungsabschätzung).

Der S. wurde vom Verband der chemischen Industrie (VCI) für die Beurteilung der Auswirkungen bei der Freisetzung gasförmiger oder flüchtiger Stoffe auf Menschen entwickelt und ist definiert als die Konzentration, die nach einer Einwirkzeit von bis ca. 60 Minuten in der Regel nicht das Leben von Menschen bedroht oder nicht zu schwerwiegenden, insbesondere irreversiblen Gesundheitsschäden führt.

Lösungsansätze für ähnlich gelagerte Problemstellungen sind vor allem in den USA entwickelt worden.

So ist der IDLH-Wert (Immediately Dangerous to Life and Health) als Schwellenwert zur Beurteilung von toxischen Immissionen von der Zielsetzung her mit dem S. vergleichbar. Er wurde vom National Institute for Occupational Safety and Health (NIOSH) entwickelt und ist als die Konzentration eines toxischen Stoffes in der Luft definiert, bei der es einem gesunden Arbeitnehmer noch gelingt, innerhalb von 30 Minuten den kontaminierten Bereich zu verlassen, ohne irreversible Gesundheitsschäden davonzutragen. Ebenfalls mit dem Ziel der Ermittlung von Schwellenwerten im → Störfall hat die amerikanische EPA (Environmental Protection Agency) Levels of Concern (LOC) als Beurteilungswerte erarbeitet. Die EPA orientiert sich hierbei im wesentlichen an den bereits erwähnten IDLH-Werten. Wurde ein IDLH-Wert nicht bestimmt, so werden LOC-Werte auf Grundlage lethaler Dosis- bzw. Konzentrationswerte definiert.

Als weitere Ansätze zur Ermittlung von Kurzzeitgrenzwerten für toxische Substanzen sind die EEGL-Werte (Emergency Exposal Guidance Level) der Dow Chemical sowie die von der American Industrial Hygiene Association (AIHA) herausgegebenen ERPG-Werte zu nennen. Sie dienen als Hilfsmittel zur Abschätzung, ob getroffene Sicherheitsmaßnahmen als ausreichend zu betrachten sind, um Notfallsituationen mit hinreichender Sicherheit zu verhindern. In beiden Fällen wurden Beurteilungswerte allerdings nur für eine sehr begrenzte Anzahl von Stoffen festgelegt.

In der Bundesrepublik Deutschland werden für diese Problemstellung in der Praxis üblicherweise toxische Schwellenwerte herangezogen, die mit anderer Zielsetzung entwickelt wurden, z.B. die MAK-Werte (→ Maximale Arbeitsplatz-Konzentration). Vorschläge für spezielle S. werden von der 1992 konstituierten Störfall-Kommission (§ 51a BImSchG) bzw. dem Technischen Ausschuß für Anlagensicherheit (§ 31a BImSchG) erwartet. *Winkelmann*

Literatur: Störfallbeurteilungswerte; Verband der Chemischen Industrie e. V. 1991. – Technical Guidance for Hazards Analysis; U.S. Environmental Protection Agency. Dez. 1987.

Störfall-Verordnung *⟨hazardous incident ordinance⟩*. Die S.-V. (→ 12. BImSchV) konkretisiert die Sicherheitsanforderungen, die bestimmte Anlagenbetreiber zum Schutz der Arbeitnehmer, der Nachbarn und der Allgemeinheit vor den Gefahren durch toxische, kanzerogene, explosionsgefährliche, brennbare oder leicht entzündliche Stoffe einhalten müssen. Die Verordnung gilt nach § 1 Abs. 1 Satz 1 für alle genehmigungsbedürftigen Anlagen i. S. des BImSchG, soweit in ihnen Stoffe nach den Anhängen II, III oder IV der S.-V. im bestimmungsgemäßen Betrieb vorhanden sein oder bei einer Störung des bestimmungsgemäßen Betriebs entstehen können. Bestimmte in § 1 Abs. 2 aufgeführte Vorschriften der S.-V., insbesondere diejenigen über die → Sicherheitsanalyse, gelten nur für die im Anhang I zur Verordnung aufgeführten Anlagearten und für diese auch nur, wenn bestimmte in den Anhängen II und III festgelegte Mengenschwellen überschritten werden.

Der insoweit maßgebende Anlagenkatalog des Anhangs I besteht aus zwei Teilen. Der erste Teil enthält Produktionsanlagen, der zweite Teil Anlagen zur Lagerung von Stoffen oder Zubereitungen i. S. der Nr. 9 des Anhangs zur → 4. BImSchV. Dabei ist zu beachten, daß der Teil 2 sich nur auf eigenständige Lager bezieht; Lager als Nebeneinrichtungen zu Produktionsanlagen nach Teil 1 werden nur im Zusammenhang mit diesen Anlagen erfaßt.

Soweit es um den geforderten Stoffbezug geht, ist es gleichgültig, in welchem Anlagenteil oder in welcher Nebeneinrichtung ein Stoff nach den Anhängen II, III oder IV vorhanden sein oder entstehen kann. Ohne Bedeutung sind in der Regel auch Form, Konzentration oder Menge des Stoffes.

Die S.-V. enthält in § 3 grundlegende materielle Sicherheitspflichten, die in den §§ 4–6 näher konkretisiert werden. Nach § 3 Abs. 1 hat der Betreiber die nach Art und Ausmaß der möglichen Gefahren erforderlichen Vorkehrungen zu treffen. Durch die Bezugnahme auf Art und Ausmaß der möglichen Gefahren wird deutlich gemacht, daß die Forderung nach Maßnahmen zur Verringerung der Eintrittswahrscheinlichkeit von → Störfällen abhängig ist von den drohenden Schäden.

Zum Ausschluß von Gefahren hat der Anlagenbetreiber nicht alle denkbaren Schutzvorkehrungen zu treffen. § 3 Abs. 2 der S.-V. enthält insoweit in zweifacher Hinsicht Einschränkungen: Einmal sind nicht alle Gefahrenquellen zu berücksichtigen; das gilt insbesondere für externe Gefahrenquellen, die nur dann in die Betrachtung einbezogen werden müssen, wenn sie umgebungsbedingt sind, d. h. am vorgesehenen Standort verstärkt auftreten können. Zum anderen können Gefahrenquellen oder Eingriffe Unbefugter vernachlässigt werden, wenn sie als Störfallursachen vernünftigerweise ausgeschlossen werden können. Hierdurch wird anerkannt, daß die Sicherheitspflichten nicht von theoretischen Überlegungen, sondern von der praktischen Erfahrung her zu begrenzen sind.

Nach § 3 Abs. 3 der S.-V. ist über die Schutzpflicht nach § 3 Abs. 1 hinaus Vorsorge zu treffen, um die Auswirkungen von Störfällen so gering wie möglich zu halten. Diese Pflicht wird in §§ 5 und 6 näher konkretisiert.

§ 3 Abs. 4 ist bei der Verordnungsänderung 1991 als selbständige Pflicht (und nicht nur als Ergänzung der Pflichten aus § 3 Abs. 1 und 3) ausgestaltet worden. Die Vorschrift besagt, daß die Beschaffenheit und der Betrieb der Anlage dem → Stand der Sicherheitstechnik entsprechen müssen. Insoweit umschreibt Absatz 4 den Mindestumfang der Maßnahmen, die unabhängig von den besonderen Standortverhältnissen stets durchzuführen sind.

Kernstück der S.-V. ist die in § 7 niedergelegte Pflicht zur Erstellung einer → Sicherheitsanalyse. Der Begriff der Sicherheitsanalyse hat dabei eine doppelte Bedeutung: Einmal bezeichnet er den Vorgang des Analysierens der Sicherheit der Anlage durch den Betreiber und die von ihm hinzugezogenen Personen. Zum anderen ist die Sicherheitsanalyse die Dokumentation über den Vorgang des Analysierens. Die Dokumentation braucht nicht alle sicherheitstechnischen Überlegungen im einzelnen zu enthalten; sie muß jedoch deutlich machen, daß die Anlage systematisch im Hinblick auf ihre Sicherheit untersucht worden ist. Im einzelnen müssen folgende Angaben in die Sicherheitsanalyse aufgenommen werden, wobei die Reihenfolge der Behandlung gleichgültig ist:

❐ Beschreibung der Anlage und des Verfahrens einschließlich der kennzeichnenden Verfahrensbedingungen im bestimmungsgemäßen Betrieb unter Verwendung von Fließbildern;

❐ Beschreibung der sicherheitstechnisch bedeutsamen Anlageteile, der Gefahrenquellen und der Voraussetzungen, unter denen ein Störfall eintreten kann,

❐ chemische Stoffbezeichnung, Zustand und Menge
– der Stoffe nach Anhang II und III, die in der Anlage im bestimmungsgemäßen Betrieb vorhanden sein können,
– der Stoffe nach Anhang II und III, die bei einer Störung des bestimmungsgemäßen Betriebs entstehen können, und
– der Stoffe, die bei einer Störung des bestimmungsgemäßen Betriebs entstehen und zur Bildung von Stoffen nach Anhang II und III führen können,

❐ Darlegung, wie die nach den §§ 3–6 der S.-V. gestellten Anforderungen erfüllt werden und

❐ Angaben über die Auswirkungen, die sich aus einem Störfall ergeben können.

Nach § 8 hat der Anlagenbetreiber die Sicherheitsanalyse dem Stand der Sicherheitstechnik und wesentlichen neuen Erkenntnissen, die für die Beurteilung der Gefahren von Bedeutung sind, anzupassen. Darüber hinaus ist eine Anpassung erforderlich, wenn sich die in der Sicherheitsanalyse dargestellten tatsächlichen oder rechtlichen Verhältnisse geändert haben. Nach § 9 Satz 1 ist ein Exemplar der Sicherheitsanalyse bei der zuständigen Behörde zu hinterlegen.

Aufgrund des § 10 Abs. 1 kann die zuständige Behörde von bestimmten Pflichten nach der S.-V. Ausnahmen erteilen. Dabei handelt es sich ausschließlich um Pflichten, die für die in § 1 Abs. 2 genannten Anla-

Strahlenschutzrichtlinien (für nichtionisierende Strahlen) *⟨radiation protection guidelines⟩*. Auf dem Gebiet des Strahlenschutzes für nichtionisierende Strahlen sind national und international verschiedene Organisationen tätig. Von diesen werden Empfehlungen zu den verschiedenen Teilbereichen der Strahlung und zu den verschiedenen Expositionssituationen gegeben. Wichtige wissenschaftliche, für den Strahlenschutz auf diesem Gebiet vordringlich erscheinende Untersuchungen werden insbesondere in der Bundesanstalt für Unfallforschung (BAU), der Bundesanstalt für Arbeitsmedizin (BAFAM) und im Bundesamt für Strahlenschutz (BfS), das zentral für Fragen des Strahlenschutzes auch auf dem Gebiet der nichtionisierenden Strahlen zuständig ist, durchgeführt. Eine weitere wesentliche Rolle in diesem Bereich spielt die Strahlenschutzkommission (SSK), eine unabhängige Beraterkommission des Bundesministers für Umwelt, Naturschutz und Reaktorsicherheit (BMU).

Auf internationaler Ebene ist vor allem die International Commission on Non-Ionizing Radiation Protection (ICNIRP) zu nennen. Deren Leitfäden basieren auf der Bewertung der vorliegenden wissenschaftlichen Erkenntnisse durch die Weltgesundheitsorganisation (WHO). Speziell für die Probleme am Arbeitsplatz sind die Richtlinien des internationalen Arbeitsamtes (ILO) vorgesehen.

Im europäischen Bereich wurde bei der CENELEC 1989 eine Technische Kommission (TC 111) eingerichtet, um eine europäische Norm auf diesem Gebiet zu erarbeiten. Über die europäischen Grenzen hinaus wird vor allem die technische Normung von der internationalen elektrotechnischen Kommission (IEC) übernommen.

National wird der Schutz von Personen im nichtionisierenden elektromagnetischen Feld bei der Deutschen Elektrotechnischen Kommission (DKE) bearbeitet; Grenzwerte werden in DIN-Normen festgelegt.

Im Bereich der hochfrequenten elektromagnetischen Wellen und der →Laserstrahlung besteht ein weitgehender nationaler und internationaler Konsens über die Erfordernisse des Strahlenschutzes.

Im Bereich niederfrequenter elektromagnetischer Felder werden zwar die vorliegenden wissenschaftlichen Untersuchungen über mögliche gesundheitliche Risiken in ähnlicher Weise bewertet, die für den Strahlenschutz daraus abzuleitenden Maßnahmen aber sehr kontrovers diskutiert. Hier besteht derzeit kein generell akzeptierter Standard. International liegen in diesem Bereich die Richtlinien der International Radiation Protection Association (IRPA) vor. Bei Exposition mit niederfrequenten elektrischen oder magnetischen Feldern bis etwa 100 kHz wird weitgehend die verursachte Stromdichte im Körper als Dosisgröße akzeptiert. Trotzdem wird vereinzelt auch die elektrische Feldstärke im Körper favorisiert.

Im Bereich der Hochfrequenz besteht weitgehend Konsens über die grundlegenden dosimetrischen Größen und die erforderlichen Grenzwerte. Infolge der vorliegenden wissenschaftlichen Erkenntnisse ist das Hauptziel aller Vorschriften auf diesem Gebiet die Begrenzung unzulässiger Temperaturerhöhungen im Körper. Zu diesem Zweck wird die spezifische Absorptionsrate (SAR) im Körper begrenzt. Dabei werden die Zeitdauer der Exposition und die absorbierende Körperregion berücksichtigt.

Im Bereich der optischen Strahlung liegen ebenfalls international akzeptierte Grenzwerte vor. Diese decken aber nur bestimmte Anwendungen, z. B. Laser, ab oder gelten nur für Arbeitsplätze. Grundlegende Dosisgröße in diesem Bereich ist die Bestrahlungsstärke an der Körperoberfläche.

Im Bereich der ultravioletten Strahlung fehlen nationale Grenzwerte. Hier gibt es auf internationaler Ebene Empfehlungen der IRPA. Für spezielle Anwendungen, z. B. die Nutzung von Solarien oder das Sonnenbaden, liegen auch nationale Empfehlungen der SSK vor. Ziel derartiger Empfehlungen ist die Reduzierung des UV-bedingten Hautkrebsrisikos. Dazu sind in jedem Fall akute Erytheme (Sonnenbrand) zu vermeiden. Außerdem sollte die jährliche UV-Bestrahlung begrenzt werden. *Matthes*

Literatur: IRPA Guidelines on Protection Against Non-Ionizing Radiation. 1991. – DIN/VDE Norm 0848, Teil 2 (Entwurf): Sicherheit in elektromagnetischen Feldern. Schutz von Personen im Frequenzbereich von 30 kHz bis 300 GHz. 1991. – DIN/VDE Norm 0848, Teil 4: Sicherheit in elektromagnetischen Feldern. Schutz von Personen im Frequenzbereich von 0 kHz bis 30 kHz. 1989. – VDE 0837: Strahlungssicherheit von Lasereinrichtungen. 1986. – Empfehlung der Strahlenschutzkommission: Elektrische und magnetische Felder im Alltag. Bundesanzeiger Nr. 144, 1991. – Empfehlung der Strahlenschutzkommission: Schutz vor elektromagnetischer Strahlung beim Mobilfunk. Bundesanzeiger Nr. 43, 1992. – Empfehlung der Strahlenschutzkommission: Schutz vor niederfrequenten elektrischen und magnetischen Feldern der Energieversorgung und -anwendung. Bundesanzeiger Nr. 147 a, 1995. – IEC 825 Radiation safety of laser products, equipment classification, requirements and user's guide, IEC Bureau 3, Geneva 1984. – Unfallverhütungsvorschriften der Berufsgenossenschaften, VBG 93, Laserstrahlen.

Strahlung, nichtionisierende *⟨non-ionizing radiation⟩*. Unter n. S. versteht man in der Strahlenhygiene bzw. im Strahlenschutz elektromagnetische Felder und Wellen mit entsprechenden Teilchenenergien unter 12,4 eV. Bei dieser Energie werden die wichtigsten chemischen Elemente des Körpers nicht mehr ionisiert.

Die n. S. wird im allgemeinen durch die Frequenz bzw. die Wellenlänge und nur im sehr kurzwelligen Bereich zusätzlich durch die Photonenenergie (Teilchen-Welle-Dualismus) charakterisiert. In Anlehnung an die unterschiedlichen biophysikalischen Effekte werden die n. S. in verschiedene Bereiche, wie z. B. statische Felder, niederfrequente Felder, Radiofrequenzen, infrarote und ultraviolette Strahlung unterteilt. Die mechanischen Wellen des Infra- und des Ultraschalls werden ebenfalls in strahlenhygienische Betrachtungen der n. S. einbezogen (Bild).

– Magnetomechanische Wirkungen vor allem an Makromolekülen oder an größeren zellulären Strukturen, die zu Drehungen und Verschiebungen von Gewebeteilen führen können. Bei derartigen Wirkungen auf Ferromagnetika können erhebliche Gefahren entstehen.
– Durch magnetische Induktion werden im Körper Ströme erzeugt, die unter bestimmten Voraussetzungen biologisch wirksam werden können.

❒ Niederfrequente Wechselfelder. Im Alltag haben diese eine große Bedeutung. Sie stehen im Zusammenhang mit der Erzeugung, Verteilung und der Anwendung elektrischer Energie. Die natürlich auftretenden Wechselfelder (Spherics) sind gegenüber den zivilisatorisch bedingten Wechselfeldern vernachlässigbar gering.

Die wesentlichen Quellen elektromagnetischer Wechselfelder im Haushalt sind die Elektroinstallation und die Elektrogeräte. In der Umwelt sind es vor allem die Hochspannungs-Freileitungen (→ Elektrosmog). Am Arbeitsplatz gehen von einer Vielzahl elektrischer Geräte und Anlagen elektrische und magnetische Felder unterschiedlicher Feldstärke und Frequenz aus.

Die Wirkungen elektrischer Wechselfelder können aus den Wirkungen der statischen Felder abgeleitet werden. Durch die ständige Umverteilung von Ladungsträgern entstehen hier aber zusätzlich Ströme sowohl an der Körperoberfläche als auch in geringerem Maße im Körperinneren. Entladungs- und Oberflächeneffekte können zu periodischen Elektrisierungen und zur Vibration von Körperhaaren führen. Die wesentliche direkte biologische Wirkung von Wechselfeldern beruht auf den felderzeugten Strömen und Feldern im Körper. Diese sind abhängig von den Feldgrößen und von Körperparametern. Im Körper können sie die natürlicherweise an den Zellen ablaufenden elektrischen Vorgänge beeinflussen. Die Frage, inwieweit geringe Ströme bei chronischem Einwirken zu Spätschäden im Organismus führen können, ist noch weitgehend ungeklärt. Es ist nicht grundsätzlich auszuschließen, daß langfristig Krankheitsverläufe beeinflußt werden.

Auch bei den magnetischen Wechselfeldern beruht die wesentliche direkte biologische Wirkung auf den im Körper induzierten Strömen. Das magnetische Feld durchdringt den menschlichen Körper nahezu ungeschwächt und erzeugt im Körper Wirbelströme, die von den Feld- und Körperparametern abhängen. Die möglichen Wirkungen dieser Ströme entsprechen denen bei Einwirken elektrischer Felder. Neben den direkten biologischen Wirkungen können indirekte Gefahren durch elektromagnetische Beeinflussung elektronischer Geräte und Implantate auftreten (Herzschrittmacher).

❒ Hochfrequente elektromagnetische Felder. Sie sind im Alltag überwiegend technischen Ursprungs. Die natürlichen elektromagnetischen Felder sind demgegenüber vernachlässigbar gering. Hauptanteil der elektromagnetischen Strahlung in der Umwelt haben die vielfältigen nachrichten- und informationstechnischen Anwendungen. Im Haushalt sind hochfrequente Quellen nur in geringem Ausmaß anzutreffen (Mikrowellengerät). Wesentliche Strahlungsquellen liegen an Arbeitsplätzen in der Industrie und der Medizin vor.

Hochfrequente elektromagnetische Strahlung führt primär zu einer Temperaturerhöhung im Körper. In vielen technischen Verfahren wird hochfrequente Strahlung deshalb zur Erwärmung ausgenutzt. Die Absorption von Strahlungsenergie im Körper hängt von den Feldparametern und den elektromagnetischen Eigenschaften des Körpers ab. Dabei treten ebenfalls von diesen Parametern abhängige Resonanzerscheinungen auf. Im Mikrowellenbereich ist mit zunehmender Frequenz die wesentliche Absorption auf die Körperoberfläche (Haut) begrenzt. Die Erwärmung im Körper ist abhängig von Thermo-Regulations-Mechanismen und Umgebungsfaktoren.

Veränderungen der Körpertemperatur führen zu Veränderungen der physikalischen Eigenschaften von Gewebesubstanzen und zu Einflüssen auf physiologische und biochemische Vorgänge.

Daneben stehen die Möglichkeiten nichtthermischer Wirkungen und die Fragen der Wirksamkeit gepulster bzw. niederfrequent modulierter hochfrequenter Strahlung im Mittelpunkt des wissenschaftlichen Interesses.

❒ Optische Strahlung. Unter diesem Begriff werden die Spektralbereiche der infraroten (1 nm – 780 nm), der sichtbaren (780 nm – 380 nm) und die ultraviolette Strahlung (380 nm – 100 nm) zusammengefaßt. In diesen Bereichen gelten die physikalischen Gesetze der Optik. Die wichtigste natürliche Quelle optischer Strahlung ist die Sonne. Künstliche Strahlenquellen sind z. B. Glühlampen, Gasentladungslampen oder Laser.

Optische Strahlung wird durch ihre Wirkung beim Auftreffen auf Materie nachgewiesen, z. B. durch Erwärmung, elektrische Energieerzeugung (Photovoltaik), biologische und chemische Reaktionen.

Aufgrund der geringen Tiefenwirkung der optischen Strahlung im mm-Bereich sind gesundheitliche Gefährdungen in erster Linie bei Auge und Haut zu erwarten (Strahlenwirkung auf Augen/auf Haut). UV- und längerwellige IR-Strahlung stellen für die Hornhaut des Auges sichtbare und kürzerwellige IR-Strahlung für die Netzhaut eine potentielle Gefährdung dar. Die Haut ist in erster Linie durch die UV-Strahlung gefährdet.

❒ Ultraschall. Das ist der Bereich der mechanischen Schwingungen zwischen 16 kHz und 10^6 kHz. Ultraschall breitet sich quasi-optisch aus. Dies wird z. B. in der medizinischen Diagnostik ausgenutzt, bei der die meisten Weichteile des menschlichen Körpers dargestellt werden können. Da sich in Ultraschallfeldern hohe Leistungsdichten von bis zu 10 MW/m^2 erzielen lassen, wird er bei vielen Arbeitsprozessen (Reinigen, Schweißen), aber auch in medizinisch therapeutischen Verfahren (Kataraktoperation) und zunehmend in der medizinischen Diagnostik eingesetzt.

Die biologischen Effekte des Ultraschalls werden vornehmlich durch die Erwärmung und die Kavitation verursacht. *Matthes*

Literatur: *Leitgeb, N.*: Strahlen, Wellen, Felder. Stuttgart 1990. – UNEP United Nations Environment Programme. Environmental Health Criteria 35, Extremely Low Frequency (ELF) Fields. WHO, Geneva 1984. – UNEP: Environmental Health Criteria 69, Magnetic Fields. WHO, Geneva 1987. – UNEP: Environmental Health Criteria 16, Radiofrequency and Microwaves. WHO, Geneva 1981. – UNEP: Environmental Health Criteria 14, Ultraviolet Radiation. WHO, Geneva 1979. – UNEP: Environmental Health Criteria 23, Lasers and Optical Radiation. WHO, Geneva 1982. – UNEP: Environmental Health Criteria 22, Ultrasound. WHO, Geneva 1982. – Veröffentlichungen der Strahlenschutzkommission, Band 16: Nichtionisierende Strahlung. Stuttgart 1990.

Straßenverkehrserschütterungen *⟨road traffic vibrations⟩*. Beim Straßenverkehr haben folgende Faktoren Einfluß auf die Größe der verursachten → Erschütterungen: Die Unebenheiten der Fahrbahn (z. B. Schlaglöcher, Querrinnen), der Fahrzeugtyp (z. B. Lkw, Omnibusse), das Verhältnis der gefederten und ungefederten Massen des Fahrzeugs, die Art der Deck- oder Verschleißschicht und der Unterbau bzw. die Tragschicht der Straße, das Fahrzeuggewicht, die Brems- und Beschleunigungsvorgänge, die Fahrzeuggeschwindigkeit und die Art des anstehenden Bodens. In der Tendenz sind die Erschütterungen beim Betrieb von Lkw und Omnibussen erheblich größer als beim Betrieb vom Pkw. Insbesondere bei der Fahrt von Gleiskettenfahrzeugen, z. B. Panzern, durch bebaute Gebiete können erhebliche Erschütterungen in Gebäuden verursacht werden. S. können durch schweren Aufbau der Straße und durch eine glatte Oberfläche der Deck- oder Verschleißschicht der Straße vermindert werden. Auch durch konstruktive Maßnahmen an den Fahrzeugen, z. B. durch abgestimmte Federungen von Aufbau und Fahrwerk, laufruhige Motoren und Getriebe, niedrige Achslasten, können S. verringert werden.

Splittgerber

Literatur: *Koch, H. W.*: Verminderung der Verkehrserschütterungen nach dem Ausbau einer Bundesstraße. Straße und Autobahn **16** (1965) Nr. 11. – *Splittgerber, H.*: Über die Erschütterungsimmissionen durch Straßen- und Schienenverkehr. Int. Verkehrswesen **27** (1975) Nr. 5.

Straßenverkehrsgeräusch *⟨road traffic noise⟩*. S. sind die durch den Verkehr von Kraftfahrzeugen auf Straßen erzeugten Geräusche.

Verursacht werden die Geräusche vom Motor, von Motornebenaggregaten, von der Motorkühlung, von der Luftansauganlage und der Auspuffanlage (Geräusche am Auslaß des Auspuffs sowie Abstrahlung von der Rohroberfläche), vom Triebwerk (Schalt- und Ausgleichsgetriebe), den → Rollgeräuschen der Reifen, den Strömungsgeräuschen an der Karosserie sowie durch Klappergeräusche der Fahrzeugaufbauten.

Die Schalldruckpegel dieser einzelnen Geräuschquellen sind vom Betriebszustand des Fahrzeugs abhängig. Zwischen Fahren mit geringer Motordrehzahl und geringer Geschwindigkeit und Fahren mit maximaler Geschwindigkeit treten Pegelunterschiede zwischen 15 und 25 dB(A) je nach Fahrzeugart auf.

Beim Fahren mit Geschwindigkeiten bis etwa V = 50 km/h wird das S. von Motor-, Triebwerks- und Auspuffgeräuschen bestimmt, oberhalb dieser Geschwindigkeit überwiegen das Rollgeräusch und das Strömungsgeräusch des Fahrzeugs.

Nach § 49 der Straßenverkehrs-Zulassungs-Ordnung müssen Kraftfahrzeuge die in EG-Richtlinien festgelegten Emissionswerte für Geräusche (→ Geräuschemissionswert) einhalten. Geprüft wird nach einem vorgeschriebenen Emissionsmeßverfahren, das den maximalen Vorbeifahrtpegel in 7,5 m Abstand von der Fahrzeuglängsachse bei beschleunigter Fahrt des Kraftfahrzeugs ermittelt.

Die Belastung eines Wohngebiets durch S. wird durch die Summe aller Kraftfahrzeugfahrten auf den Straßen innerhalb und außerhalb des Gebiets verursacht. Die Geräuschbelastung in der Umgebung einer Straße wird im wesentlichen bestimmt durch
- die Anzahl der Fahrzeuge pro Zeiteinheit,
- die Zusammensetzung des Straßenverkehrs (Pkw- und Lkw-Anteil),
- die Fahrgeschwindigkeit,
- die Straßenoberfläche,
- Steigungen und Einflüsse lichtzeichengesteuerter Kreuzungen,
- den Abstand von der Straße und
- schallmindernde Hindernisse auf dem Schallausbreitungsweg zwischen Straße und Immissionsort (→ Abschirmung).

In Anlage 1 zur → Verkehrslärmschutzverordnung und in der → RLS 90 sind Berechnungsverfahren für S. beschrieben, mit denen → Beurteilungspegel für die Tageszeit und für die → Nachtzeit in Abhängigkeit von den oben genannten Einflußgrößen zu bestimmen sind.

→ Immissionsgrenzwerte, die von Beurteilungspegeln der S. geplanter oder zu ändernder Straßen nicht überschritten werden dürfen, sind ebenfalls in der Verkehrslärmschutzverordnung festgelegt. *Strauch*

Summenwirkung von Geräuschen *⟨totality effect of noise⟩*. Unter S. wird die Einwirkung aller gleichartigen Geräuschquellen auf einen Immissionsort verstanden. Die Summenbildung erfolgt durch → Schallpegeladdition.

Von Bedeutung ist die S. dann, wenn die in der → TA Lärm aufgeführten → Immissionsrichtwerte durch die Summe aller einwirkenden gewerblichen und industriellen Anlagengeräusche nicht überschritten werden dürfen.

Insbesondere bei der Neuansiedlung von Anlagen ist die S. zu beachten, weil vermieden werden muß, daß durch die zuerst siedelnden Anlagen die Immissionsrichtwerte schon ausgeschöpft werden.

Um dem → Vorsorgeprinzip (§ 5 Abs. 1 Nr. 2 BImSchG) zu genügen, schreibt die TA L. vor, daß die Emissionen entsprechend den Anforderungen in Teil 3 TA L. zu begrenzen und die verbleibenden Emissionen in bestimmter Weise (in der Regel über ausreichend dimensionierte Schornsteine; Nr. 2.4 TA L.) in die Atmosphäre abzuleiten sind. Zur Begrenzung der Emissionen enthält die TA L. in Teil 3 neben bestimmten technischen Anforderungen (z.B. zur Abgaserfassung) Emissionswerte, die die nach dem Stand der Technik erreichbare → Abgasreinigung für bestimmte luftverunreinigende Stoffe kennzeichnen. Für einzelne Anlagearten werden die allgemeinen Anforderungen zur Emissionsbegrenzung in Nr. 3.3 TA L. modifiziert.

Teil 4 regelt die Anpassung aller bestehenden Anlagen an die Anforderungen der TA L. und legt hierfür bestimmte Fristen fest. Die Fristen für die Sanierung liegen zwischen *unverzüglich* (bei bestehenden schädlichen Umwelteinwirkungen) und 10 Jahren (bei aufwendigen Vorsorgemaßnahmen an bestimmten Anlagen). Die wichtigsten technischen Maßnahmen zur Emissionsbegrenzung waren oder sind innerhalb von drei, fünf oder acht Jahren nach dem Inkrafttreten der TA L. am 1.3.1986 durchzuführen. In den neuen Bundesländern begann der Fristablauf am 1.7.1990; alle Fristen sind dort außerdem um ein Jahr verlängert (§ 67a Abs. 3 BImSchG). *Hansmann*

Literatur: *Davids, P., M. Lange*: Die TA Luft '86. – *Feldhaus, G., H. Ludwig, P. Davids*: Die TA Luft '86, Deutsches Verwaltungsblatt 1986, 641 ff. – *Hansmann, K.*: TA Luft, Sonderdruck. Aus: Landmann/Rohmer: Umweltrecht, Band I. – *Hansmann, K., O. A. Schmitt*: Erläuterungen zur TA Luft. In: Boisserée/Oels/Hansmann/Schmitt: Immissionsschutzrecht, 3. Aufl., Band II, B III 1.4.1. – *Jost, D.*: Die neue TA Luft. – *Junker, A., K. R. Kabelitz, C. de LaRiva, R. Schwarz*: TA Luft-Kommentar. – *Kutscheidt, E.*: Die Änderung der TA Luft aus der Sicht der Rechtsprechung, Neue Zeitschrift für Verwaltungsrecht 1983, 581 ff.

TA-Luft-Einstufung für Emissionswerte ⟨*classification of emission values of technical instructions on air quality control*⟩. Die Emission relevanter luftverunreinigender Stoffe ist entsprechend der → TA Luft für verschiedene Stoffgruppen unterschiedlich zu begrenzen, wobei in erster Linie Gesichtspunkte der Schadstoffrelevanz in bezug auf den Menschen und die Umwelt für das Maß der festgesetzten Emissionswerte ausschlaggebend waren. Unabhängig von der Anlagenart (Emissionsentstehung) sind rein stoffbezogene Emissionswerte festgesetzt in

2.3 für krebserzeugende Stoffe,
3.1.4 für staubförmige anorganische Stoffe,
3.1.6 für dampf- oder gasförmige anorganische Stoffe und
3.1.7 für organische Stoffe.

Die Wirkungsrelevanz des einzelnen luftverunreinigenden Stoffes kommt in allen genannten Stoffgruppen durch die Einstufung in (Grenzwert-)Klassen zum Ausdruck. Die Klasse mit den niedrigsten Emissionswerten (Klasse I) enthält jeweils die Stoffe mit dem höchsten Schadpotential; in der letzten Klasse (Klasse III bzw. IV) sind die Stoffe mit dem geringsten Schadpotential aufgeführt, für die dann die höchsten Emissionswerte gelten. Diese Emissionswert-Einstufung signalisiert daher schon mit Angabe der Klasse die relative Umweltrelevanz eines luftverunreinigenden Stoffes.

Allen Emissionsbegrenzungen in den genannten Stoffgruppen ist gemeinsam, daß die höchstzulässigen Massenkonzentrationen jeweils nur ab einem bestimmten Massenstrom gelten; das Erreichen oder Überschreiten des angegebenen Massenstroms (im Rohgas) ist Anwendungsvoraussetzung für die Emissionsbegrenzung.

Die höchstzulässigen Massenkonzentrationen (Emissionswerte) sind in den verschiedenen Stoffgruppen und Klassen unterschiedlich geregelt:

2.3 Krebserzeugende Stoffe
Klasse I: 0,1 mg/m^3 (ab Massenstrom 0,5 g/h)
Klasse II: 1 mg/m^3 (ab Massenstrom 5 g/h)
Klasse III: 5 mg/m^3 (ab Massenstrom 25 g/h).

Dieser Klassenregelung geht jedoch in 2.3 Abs. 1 der Grundsatz voraus, daß die Emissionen krebserzeugender Stoffe soweit wie möglich zu vermindern sind. Dieses Postulat folgt aus dem Erkenntnisstand, daß sich (noch) keine Mengen oder Konzentrationen von krebserzeugenden Stoffen angeben lassen, bei deren Unterschreiten ein Krebsrisiko nicht besteht. Dies gilt noch eher für Immissionskonzentrationen krebserzeugender Stoffe, auf deren Festsetzung aus diesem Grunde die TA Luft überhaupt verzichtet. Die Emissionswertregelung in 2.3 ist – insbesondere mit dem zitierten Verminderungspostulat – ein Surrogat für eine nicht festsetzbare Immissionsbegrenzung.

3.1.4 Staubförmige anorganische Stoffe
Klasse I: 0,2 mg/m^3 (ab Massenstrom 1 g/h)
Klasse II: 1 mg/m^3 (ab Massenstrom 5 g/h)
Klasse III: 5 mg/m^3 (ab Massenstrom 25 g/h).

3.1.6 Dampf- oder gasförmige anorganische Stoffe
Klasse I: 1 mg/m^3 (ab Massenstrom 10 g/h)
Klasse II: 5 mg/m^3 (ab Massenstrom 50 g/h)
Klasse III: 30 mg/m^3 (ab Massenstrom 0,3 kg/h)
Klasse IV: 0,50 g/m^3 (ab Massenstrom 5 kg/h).

3.1.7 Organische Stoffe
Klasse I: 20 mg/m^3 (ab Massenstrom 0,1 kg/h)
Klasse II: 0,10 g/m^3 (ab Massenstrom 2 kg/h)
Klasse III: 0,15 g/m^3 (ab Massenstrom 3 kg/h).

In 3.1.7 Abs. 7 der TA Luft ist eine über die Klassenregelung hinausgehende Sonderregelung für besonders umweltgefährdende organische Stoffe getroffen, d.h. für Stoffe, deren Gefährlichkeits- und Wirkungspotential erheblich über demjenigen der Stoffe nach Klasse I liegt. Als Kriterien für die besondere Umweltgefährlichkeit werden kumulativ angegeben: schwer abbaubar, leicht anreicherbar und hohe Toxizität; beispielhaft werden polyhalogenierte Dibenzodioxine,

winnungsanlagen von über 99,97% werden mit zweistufigen, in Einzelfällen mit einstufigen Anlagen erreicht. *Angrick*

Literatur: *Angrick, M.*: Kohlenwasserstoffemissionen und deren Minderung bei der Kraftstoffgewinnung und -verteilung. Entsorgungs-Praxis 11/89 (1989) S. 602/610. – *Davids, P.; M. Lange*: Die TA Luft '86, Technischer Kommentar. Düsseldorf 1986.

Technische Regeln für Gefahrstoffe (TRGS) *⟨technical rules for hazardous substances⟩*. TRGS sind ein Instrument der → Gefahrstoffverordnung (GefStoffV) und geben den Stand der sicherheitstechnischen, arbeitsmedizinischen, hygienischen sowie arbeitswissenschaftlichen Anforderungen an Gefahrstoffe hinsichtlich Inverkehrbringen und Umgang wieder. Sie werden von dem nach der GefStoffV zur Beratung des Bundesministers für Arbeit und Sozialordnung (BMA) gebildeten Ausschuß für Gefahrstoffe (AGS) aufgestellt. Die TRGS werden vom BMA im Bundesarbeitsblatt bekanntgegeben und erhalten damit den Charakter von Standards, soweit sie den Umweltschutz betreffen den Charakter von → Umweltstandards (→ TRGS 900, → TRGS 905).

Die TRGS 001 Ausg. März 1991 (Bundesarbeitsblatt Nr. 3/1991, S. 70, zuletzt geändert mit BArbBl. 6/1994, S. 63) enthält die grundlegenden Bestimmungen über die Stellung der TRGS im Rahmen der GefStoffV, über die Gliederung des TRGS-Systems sowie über Anwendung und Wirksamwerden der TRGS. Dabei ist zu beachten, daß mit § 52 GefStoffV 1993 die Anbindung des AGS an den Bundesminister für Umwelt, Naturschutz und Reaktorsicherheit aufgegeben worden ist und damit die Bekanntmachung von TRGS nur noch durch den BMA im Bundesarbeitsblatt erfolgt. *Dreyhaupt*

Technische Regeln Lärm/Erschütterungen *⟨technical rules noise and vibrations⟩*. Die wichtigsten Repräsentanten der technischen Regelsetzung auf diesen Gebieten sind traditionsgemäß VDI (Verein Deutscher Ingenieure) und DIN Deutsches Institut für Normung e. V. (→ VDI-Richtlinie, DIN-Norm).

Im Zuge der durch die Kommission der Europäischen Gemeinschaft veranlaßten Änderung der technischen Regelsetzung in der EG ergab sich die Notwendigkeit, die Aktivitäten des Fachnormenausschusses Akustik und Schwingungstechnik (FANAK) im DIN und der VDI-Kommission Lärmminderung zusammenzuführen. 1990 wurde daher der Normenausschuß Akustik, Lärmminderung und Schwingungstechnik (NALS) im DIN und VDI durch eine Fusion aus dem bisherigen Normenausschuß Akustik und Schwingungstechnik (DIN-FANAK) und der VDI-Kommission Lärmminderung (VDI-KLM) gegründet; NALS ist ein Organ des DIN und eine Fachgliederung des VDI.

Das Arbeitsgebiet des NALS umfaßt alle Fragestellungen der Akustik, Lärmminderung und Schwingungstechnik, soweit nicht hinsichtlich der Normungsarbeit mit anderen Normenausschüssen im DIN oder hinsichtlich der Richtlinienarbeit mit anderen Fachgliederungen des VDI besondere Regelungen bestehen oder vereinbart werden.

Der NALS ist auf dem vorgenannten Arbeitsgebiet verantwortlich für die Erstellung von DIN-IEC-Normen, DIN-ISO-Normen, DIN-EN-Normen, DIN-Normen und VDI-Richtlinien. Er ist auf seinem Fachgebiet weiterhin für die deutsche Vertretung und deutsche Mitwirkung zur Erstellung von ISO/IEC- und CEN/CENELEC-Regelwerken verantwortlich.

Die DIN- und VDI-Regelwerke über Geräusche, Lärmminderung sowie mechanische Schwingungen und Stöße werden regelmäßig in von DIN bzw. VDI herausgegebenen Verzeichnissen der gültigen DIN-Normen und VDI-Richtlinien aufgelistet. Für den Bereich der Lärmminderung sind die ca. 100 gültigen VDI-Richtlinien im VDI-Handbuch Lärmminderung zusammengestellt. VDI-Richtlinien für den Bereich Erschütterungen sind in kleiner Anzahl vorhanden und sowohl im VDI-Handbuch Lärmminderung als auch im VDI-Handbuch Schwingungstechnik enthalten. *Grefen*

Literatur: VDI-Handbuch Lärmminderung. Hrsg.: Normenausschuß Akustik, Lärmminderung und Schwingungstechnik (NALS), Berlin.

Technische Regeln Luftreinhaltung *⟨technical rules air pollution control⟩*. Um die Fachkompetenz des Vereins Deutscher Ingenieure (VDI) in Fragen der Luftreinhaltung verstärkt in die weltweite Normung, insbesondere Europäische Normung einbringen zu können, wurden Mitte 1990 die bisher zuständigen Organisationseinheiten VDI-Kommission Reinhaltung der Luft und Normenausschuß Luftreinhaltung im DIN in ein gemeinsames Gremium mit dem Namen Kommission Reinhaltung der Luft (KRdL) im VDI und DIN zusammengeführt, in das die gewachsenen Regelwerke von VDI und DIN zur Luftreinhaltung eingebracht worden sind.

Aufgabe dieses Gremiums ist die Erstellung von → VDI-Richtlinien, DIN-Normen, DIN-Vornormen, DIN-EN-Normen und DIN-ISO-Normen. Von der Geschäftsstelle der KRdL im VDI und DIN wurden vom Normenausschuß Luftreinhaltung des DIN die Sekretariate für das ISO/TC (Technical Committee) 146 Air Quality sowie das Sekretariat Luftreinhaltung der OIML übernommen. Auf Initiative der neuen Kommission KRdL im VDI und DIN wurde im März 1991 das CEN/TC 264 Air Quality gegründet. Bei der internationalen, europäischen und nationalen Erstellung von technischen Regeln zur Luftreinhaltung gelten für die KRdL die Grundsätze, Verfahrensregeln und Prioritäten des DIN nach DIN 820 und entsprechend auch die von und mit CEN und ISO geschaffenen Verfahrensleitlinien und Abkommen. Bei der Erstellung von VDI-Richtlinien sind die Verfahrensleitlinien des VDI nach VDI 1000 zu berücksichtigen.

Innerhalb der KRdL befaßt sich der Fachbereich I mit Entstehung und Verhütung von Emissionen, der Fachbereich II mit Umweltmeteorologie, der Fachbereich III mit Wirkung von Staub und Gasen; im Fachbereich IV werden die Meßtechnik und im Fachbereich V die Verfahren zur Abgasreinigung, Staubtechnik behandelt. Sowohl für Richtlinien als auch für Normen ist ein aufwendiges Verabschiedungsverfahren festgelegt. (DIN 820 Teil 4 und VDI 1000). Zukünftiges nationales Ziel ist, möglichst viele Inhalte von VDI-Richtlinien und DIN-Normen in eine Europäische (DIN-EN-) oder internationale (DIN-ISO-)Norm zu überführen.

Die KRdL verfügt über einen Bestand von ca. 300 VDI-Richtlinien auf dem Gebiet der Luftreinhaltung, die in 12 Bänden des VDI-Regelwerks Handbuch Reinhaltung der Luft zusammengefaßt sind. Außerdem fällt die Pflege, Aktualisierung von und Mitwirkung an ca. 30 DIN-ISO-Normen in ihren Zuständigkeitsbereich. Nach einer VDI-internen Analyse sind ca. 90% der VDI-Richtlinien mehr oder weniger europarelevant.

Grefen

Literatur: VDI-Handbuch Reinhaltung der Luft, Bd. 1–12. Hrsg.: Kommission Reinhaltung der Luft (KRdL) im VDI und DIN, Berlin.

Tiefenfilter *⟨deep-bed filter⟩*. T. zählen zu den filternden → Abscheidern. Als Filtermaterial finden sowohl aus Fasern aufgebaute Schichten, sog. Filze, Vliese und Gewebe, als auch aus Körnern bestehende Schüttschichten, sog. Festbetten, Wanderbetten und Fließbetten (Wirbelschichten), Verwendung. Die → Staubabscheidung erfolgt innerhalb der vom Trägergas durchströmten Schichten. Die Partikeln gelangen infolge verschiedener Effekte an einzelne Kollektoren (Fasern oder Körner) und werden dort durch Haftkräfte festgehalten. Faserschichtfilter, die man auch Speicherfilter nennt, werden nach der Sättigung mit Staub, gekennzeichnet durch Erreichen eines vorgegebenen Druckverlusts, meist ausgetauscht und entsorgt. Nur wenige Typen werden gereinigt und wiederverwendet. → Schüttschichtfilter sind in der Regel kontinuierlich oder diskontinuierlich regenerierbar.

Aus Fasern aufgebaute T. werden zur Reinigung der Luft in Klima- oder Belüftungs- und Entlüftungsanlagen eingesetzt. Die Verunreinigungen in Form fester oder flüssiger Partikeln liegen meist in relativ geringer Konzentration von bis zu einigen mg/m^3 vor. Geforderte Reingaskonzentrationen sind in Operationsräumen, Produktionsstätten der pharmazeutischen Industrie, Fertigungsstätten elektronischer Mikrostrukturelemente und ähnlichen Anlagen allerdings um mehrere Größenordnungen geringer.

Als Fasern dienten früher vor allem Metallspäne und Naturfasern, die heute in zunehmendem Maße durch synthetische Fasern und Glasfasern ersetzt werden. Faserschichten sind sehr porös; die Hohlraumvolumenanteile liegen über 90%, oft sogar über 99%. Übliche Faserdurchmesser liegen im Bereich von 1–50 µm; die mittleren Faserabstände betragen das drei- bis neunfache der Durchmesser. Typische Filtermatten sind 1–10 mm dick. Häufige Filteranströmgeschwindigkeiten befinden sich im Bereich von 0,1–3 m/s.

Grobstaubfilter dienen zur Abscheidung von Partikeln mit Durchmessern $x > 10$ µm; Feinstaubfilter werden im Bereich 10 µm $> x >$ 1 µm eingesetzt; Schwebstoffilter trennen Partikeln mit $x < 1$ µm ab. Die normierte Einteilung der T. in vorgegebene Klassen erfolgt gemäß ihrer Abscheideleistung gegenüber bestimmten Teststäuben (DIN 24185, DIN 24184). Schwebstoffilter der Klasse S müssen z. B. bezüglich eines Prüfaerosols (Paraffinölnebel), dessen größter Partikelanteil im Bereich 0,3–0,5 µm liegt, einen massemäßigen → Gesamtstaubabscheidegrad von größer 99,97% aufweisen.

Schmidt

Tieffluglärm *⟨low-level flight noise⟩* → Fluglärm

Tierkörperbeseitigung *⟨animal carcass disposal⟩*. Bei der landwirtschaftlichen Tierproduktion fallen neben tierischen Ausscheidungen auch Tierkörper (Kadaver), Tierkörperteile und tierische Erzeugnisse an, die für die menschliche Ernährung nicht nutzbar sind.

Die Entsorgung derartiger Tierkörper und -teile erfolgt außerhalb der Bestimmungen des Abfallgesetzes auf der Grundlage des Tierkörperbeseitigungsgesetzes (TierKBG vom 2. 9. 1975, BGBl. I S. 2313, 2610). Grund hierfür ist u. a. die Notwendigkeit, wegen seuchenhygienischer Risiken derartige Tierkörper oder -teile unverzüglich zu erfassen und in speziellen T.-Anlagen zu behandeln.

Die auf das TierKBG gestützte Verordnung über → Tierkörperbeseitigungsanstalten und Sammelstellen (Tierkörperbeseitigungsanstalten-Verordnung vom 1. 9. 1976, BGBl. I S. 2587 i. d. F. der Änd.V. vom 6. 6. 1980, BGBl. I S. 667) enthält Vorschriften über Bau, Einrichtung und Betrieb von T.-Anstalten sowie über Verfahren der T.

Nach dem TierKBG umfaßt die Entsorgung das Abliefern, Abholen, Sammeln, Befördern, Lagern, Vergraben, Verbrennen, Behandeln und Verwerten. Die primär zur → Gefahrenabwehr getroffenen Regelungen dienen jedoch auch einer fast vollständigen Verwertung der angefallenen Abfälle bzw. Reststoffe.

Mit den Tierkörpern gelangen auch die beim Schlachten (→ Schlachthof) und der Weiterverarbeitung der Schlachtprodukte anfallenden Abfälle bzw. Reststoffe wie insbesondere Magen- und Darminhalte, Knochenabfälle, Hautreste, Blut, Borsten- und Hornabfälle, Federn und Fischabfälle weitgehend in eine gemeinsame Entsorgungsschiene, in der T.-Anlagen auf Grund der sondergesetzlichen Regelung eine besondere Rolle spielen.

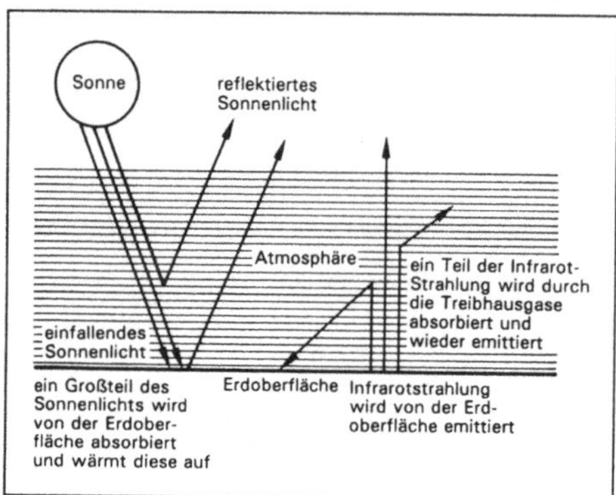

Treibhauseffekt 1: Schematischer Überblick.

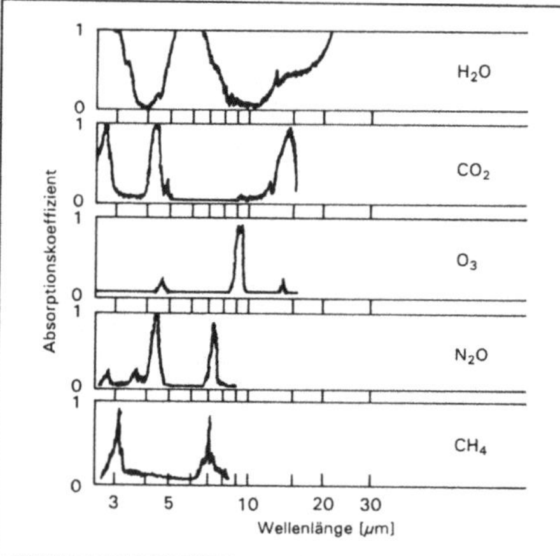

Treibhauseffekt 2: Stark geglättete Absorptions-Spektren der Treibhausgase.

nahezu ungehindert passieren läßt. Die Strahlungswirkung eines Treibhausgases, als Treibhauspotential (Greenhouse Warming Potential, GWP) bezeichnet, wird auf das Kohlendioxid mit einem relativen GWP von 1 bezogen. Die Tabelle zeigt das relative GWP für 1 Mol der verschiedenen Treibhausgase sowie den Anteil am zusätzlichen T. in den achtziger Jahren dieses Jahrhunderts. Die Tabelle berücksichtigt weder die Verweilzeit in der Atmosphäre, noch die indirekten T. durch Abbauprodukte der Gase. *Becker/Wiesen*

TRGS 900 ⟨*technical rules for hazardous substances No. 900*⟩. Technische Regeln für Gefahrstoffe: Grenzwerte in der Luft am Arbeitsplatz (Luftgrenzwerte – MAK und TRK –), Ausgabe April 1995 (Bundesarbeitsblatt 4/1995, S. 47, zuletzt geändert mit BArbBl. 3/1996, S. 78).

Die TRGS 900 gilt grundsätzlich für den beruflichen Umgang mit Gefahrstoffen und dient der Durchführung der entsprechenden arbeitsschutzrechtlichen Vorschriften der → Gefahrstoffverordnung; sie enthält Grenzwerte für Stoffe in der Atemluft am Arbeitsplatz (Luftgrenzwerte wie MAK-Wert, TRK-Wert und → EU-Wert). *Dreyhaupt*

TRGS 905 ⟨*technical rules for hazardous substances No. 905*⟩. Technische Regeln für Gefahrstoffe: Verzeichnis krebserzeugender, erbgutverändernder oder fortpflanzungsgefährdender Stoffe; Ausgabe April 1995 (Bundesarbeitsblatt 4/1995, S. 70, zuletzt geändert mit BArbBl. 10/1995, S. 46). Die TRGS 905 enthält eine Liste der krebserzeugenden, erbgutverändernden und fortpflanzungsgefährdenden Stoffe. Sie hat insofern Bedeutung für den Umweltschutz, als die → Gefahrstoffverordnung auch dem Schutz der Umwelt vor stoffbedingten Schäden dient; dieser Zusammenhang wird insbesondere deutlich durch die Bezugnahme der → TA Luft (Nr. 2.3 Krebserzeugende Stoffe) auf die entsprechenden MAK-Einstufungen (→ Maximale Arbeitsplatzkonzentration), die grundsätzlich in die TRGS 905 einfließen. In der TRGS 905 werden entsprechend der Gefahrstoffverordnung folgende Kategorien verwendet:

❒ Krebserzeugend K.

Kategorie K 1: Stoffe, die beim Menschen bekanntermaßen krebserzeugend wirken (hinreichende Anhaltspunkte für einen Kausalzusammenhang).

Kategorie K 2: Stoffe, die als krebserzeugend für den Menschen angesehen werden sollten (hinreichende Anhaltspunkte zu der begründeten Annahme, daß eine Exposition Krebs erzeugen kann).

Kategorie K 3: Stoffe, die wegen möglicher krebserzeugender Wirkung beim Menschen Anlaß zur Besorgnis geben, über die jedoch nicht genügend Informationen für eine befriedigende Beurteilung vorliegen (einige Anhaltspunkte aus Tierversuchen).

❒ Erbgutverändernd M (mutagen).

Kategorie M 1: Stoffe, die auf den Menschen bekanntermaßen erbgutverändernd wirken (hinreichende Anhaltspunkte für einen Kausalzusammenhang).

Treibhauseffekt. Tabelle: GWP und Anteil am zusätzlichen T. verschiedener Treibhausgase.

Treibhausgas	CO_2	CH_4	N_2O	O_3	FCKW 11	FCKW 12
rel. GWP [Mol]	1	21	206	2 000	12 400	15 800
Anteil in %	50	13	5	7	5	12

Umlenkungen verwendet. Die Reaktionsprodukte fallen in einem nachgeschalteten Staubabscheider an.

Der Sorptionsmittelverbrauch hängt u. a. von der Schadstoffkonzentration, der Reaktionstemperatur, der Partikelgröße, der Verweilzeit und der Verteilung des Additivs im Abgasstrom ab. Im allgemeinen ist eine überstöchiometrische Additivzugabe erforderlich. Durch mehrfache Rückführung des Reaktionsgemisches und Zugabe von Wasser oder Wasserdampf in die Reaktionszone lassen sich die Additivausnutzung und der → Abscheidegrad verbessern. Auch finden im Filterkuchen eines Gewebeabscheiders noch Nachreaktionen statt. *Haug*

Literatur: *Davids, P.; M. Lange*: Die TA Luft '86, – Technischer Kommentar. Düsseldorf 1986. – VDI 3928: Abgasreinigung durch Chemisorption. 6/1992.

Tropfenabscheider *⟨mist eliminator⟩*. In einem naßarbeitenden → Abscheider werden die Verunreinigungen des → Abgases an Tropfen gebunden, die ihrerseits jetzt die disperse Phase bilden. Der → Gesamtstaubabscheidegrad der unterschiedlichen → Wäscherbauarten kann demnach nur so gut sein wie der Wirkungsgrad des nachgeschalteten T.

T. arbeiten nach dem Prinzip der Trägheitsabscheidung: Der Gasstrom wird im Apparat umgelenkt, die Tropfen können aufgrund ihrer Trägheit nicht folgen und werden an entsprechenden Wandungen abgeschieden. Typische Bauformen von T. sind → Fliehkraftabscheider, Lamellenabscheider und Drahtgestrickpakete. Fliehkraftabscheider zeichnen sich durch eine gute Abscheideleistung bei allerdings hohem Druckverlust aus. Lamellenabscheider bestehen aus mehreren profilierten Blechen. Der tropfenbeladene Gasstrom wird beim Durchströmen der Anordnung mehrfach umgelenkt. Die auf die Bleche auftreffenden Tropfen koaleszieren zu einem Flüssigkeitsfilm, der in Fangrinnen gesammelt wird. Es werden Tropfen mit Durchmessern $x > 5$ μm bei geringem Druckverlust sicher abgeschieden. Drahtgestrickpakete besitzen eine noch deutlich bessere Abscheideleistung. Allerdings besteht bei ihnen eine erhöhte Verstopfungsgefahr durch schwer zu entfernende Feststoffanbackungen.

Von den T. gelangt das partikelbeladene Abwasser zur Waschwasseraufbereitung (→ Waschwasserkreislauf). *Schmidt*

Troposphäre *⟨troposphere⟩*. Bezeichnung für das unterste Stockwerk der Atmosphäre von durchschnittlich 11 km Höhe, in der sich, verbunden mit starker vertikaler Durchmischung, das Wettergeschehen abspielt und in der fast der gesamte Wasserdampf der Atmosphäre enthalten ist. Sie ist gekennzeichnet durch eine Temperaturabnahme nach oben von 4–8 °C/km; im Mittel beträgt die Temperaturabnahme etwa 6,5 °C/km. Im Einzelfall können Schichten mit größerer oder geringerer Temperaturabnahme, mit Isothermie oder → Inversionen übereinander auftreten. Die mittleren vertikalen Temperaturgradienten sind groß verglichen mit den Temperaturänderungen in der Horizontalen. Eine untere Schicht der T. mit stark veränderlicher Mächtigkeit von Null bis etwa 2,5 km Höhe wird als Mischungsschicht bezeichnet. Auf diese Schicht beschränkt sich hauptsächlich der tägliche Gang der Temperatur und der Reibungseinfluß der Erdoberfläche auf den Wind. *Giebel*

Tuchfilter *⟨fabric filter⟩* → Oberflächenfilter

U

U-Bahn-Erschütterungen ⟨*subway vibrations*⟩. Durch den Betrieb von Schienenfahrzeugen in Tunneln werden mechanische Schwingungen erregt, die über die Gleise, deren Bettung und die Tunnelkonstruktion in den umgebenden Boden eingeleitet werden. Die → Ausbreitung dieser Erschütterungen erfolgt überwiegend in Form von Raumwellen. Werden diese Verkehrserschütterungen in unmittelbar über oder neben dem Tunnel liegende Gebäude eingeleitet, kann die Wahrnehmung dieser Erschütterungsimmissionen und des von Raumbegrenzungsflächen abgestrahlten → Körperschalls zu erheblichen Belästigungen der betroffenen Menschen führen. Die Größe der Schwingungsamplituden der Erschütterungsimmissionen wird besonders beeinflußt von
- dem Verhältnis der Eigenfrequenzen des Tunnelbauwerks zu den durch den Fahrbetrieb bedingten Erregerfrequenzen;
- der Bettung des Tunnelbauwerks in dem umgebenden Baugrund;
- den bodenmechanischen Eigenschaften des Übertragungswegs vom Tunnel zu betroffenen Gebäuden;
- der Lage der Eigenfrequenzen von Bauteilen in betroffenen Wohngebäuden, besonders von Geschoßdecken und Wänden, zu den Erregerfrequenzen. Bei Resonanz werden die Schwingungsamplituden verstärkt;
- der Art des Oberbaus und der Gleisbettung.

Bei Maßnahmen zur Verringerung der U-B.-E. scheiden nach heutigen Erkenntnissen baukonstruktive Maßnahmen an der Tunnelkonstruktion nahezu aus. Erfolgreicher sind Maßnahmen zur Isolierung im Gleisbettungsbereich. Anstelle des üblicherweise vorgesehenen normalen Oberbaues (Schotter mit Holzschwellen oder schotterloser Oberbau ohne besondere Isoliermaßnahmen) ist der Einbau von Federn aus Elastomeren im Bereich des Gleisoberbaues eine erfolgversprechende Maßnahme zur Aktivisolierung. Als Federungen im Gleisbettungsbereich sind Unterschottermatten, Sonderentwicklungen von Schienenlagern, tiefabgestimmte Gleisplattensysteme (Feder-Masse-Systeme) u.a.m. entwickelt, erprobt und die durch deren Einbau erzielte → Dämmung festgestellt worden. Als weitere Minderungsmaßnahme ist bei späteren Überbauungen von Tunneln auch die Passivisolierung von Gebäuden (Gebäudeisolierung) mit gutem Erfolg durchgeführt worden. *Splittgerber*

Literatur: *Haupt, W.*: Gebäudeisolierung gegen U-Bahn-Erschütterungen. Bautechnik **67** (1990). – *Krüger, F.*: Untersuchung verschiedener Oberbauformen in einem U-Bahn-Tunnel im Hinblick auf Schall- und Erschütterungsemissionen, Ber. Nr. 8, Hrsg.: Studiengesellschaft für unterirdische Verkehrsanlagen (STUVA) Köln 1982. – *Uderstädt, D.*: Planung von Schutzmaßnahmen zur Minderung von Geräuschen und Erschütterungen durch U-Bahnen, T. 1, 2. Der Nahverkehr (1983) Nr. 1, 2.

U-Bahn-Verkehrsgeräusch ⟨*subway traffic noise*⟩. U-Bahnen verursachen, wie oberirdisch geführte Schienenverkehrsanlagen, durch das Rad-Schienesystem erzeugte → Schienenverkehrsgeräusche.

Der vom Rad, von der Schiene sowie vom Fahrzeug selbst abgestrahlte Luftschall, ist wegen der Tunnelführung für die Nachbarschaft von untergeordneter Bedeutung. Bedeutsam für Gebäude oberhalb der U-Bahn ist der von der Schiene in die Schienenauflage und von hier über das Fundament in die Gebäude übertragene → Körperschall. Maßnahmen zur Minderung von → U-Bahn-Erschütterungen dienen auch dem (Körper-)Schallschutz. *Strauch*

Überschall-Flugverkehr ⟨*supersonic air traffic*⟩. Planmäßiger Flugverkehr mit Überschallgeschwindigkeit bei Flugmachzahlen von 2 bis 2,2 findet seit den 70er Jahren zwischen London/Paris und der Ostküste der USA statt. Allerdings befinden sich nur wenige Flugzeuge im Einsatz. Der Reiseflug erfolgt dabei in Höhen zwischen 15 und 18 km, d.h. in der unteren Stratosphäre, wo die Konzentration des Ozons anzusteigen beginnt. Es hat deshalb seit langem Befürchtungen gegeben, daß die im Triebwerksstrahl enthaltenen Stickoxide zu einer wesentlichen Reduzierung des stratosphärischen Ozons führen könnten. So wurde 1975 abgeschätzt, daß eine Flotte von 500 Überschallflugzeugen, die in 20 km Höhe täglich 7 Stunden fliegen würden, die → Ozonschicht um ca. 50% reduzieren könnte, wenn man nur den NO_x-Zyklus in der Stratosphäre allein betrachtet. Spätere Rechnungen, die auf Grund verbesserter Kenntnisse und unter Hinzunahme weiterer relevanter Reaktionen durchgeführt wurden, haben dieses erste Ergebnis erheblich relativiert. So geht man heute von ca. 7–10% Verminderung der Ozonschicht unter den gleichen, die Flugdurchführung betreffenden Annahmen aus. Diese neueren Rechnungen lassen auch den Schluß zu, daß die wenigen heutigen Überschall-Linienflüge für die globale Ozonbilanz gegenüber anderen NO-Quellen vernachlässigbar sind (→ Schadstoffreduzierung in der Luftfahrt).

Ende der 80er Jahre ist die Diskussion um einen künftigen Ü.-F. wieder aufgelebt, vor allem in den USA. Ausgehend von früheren amerikanischen Akti-

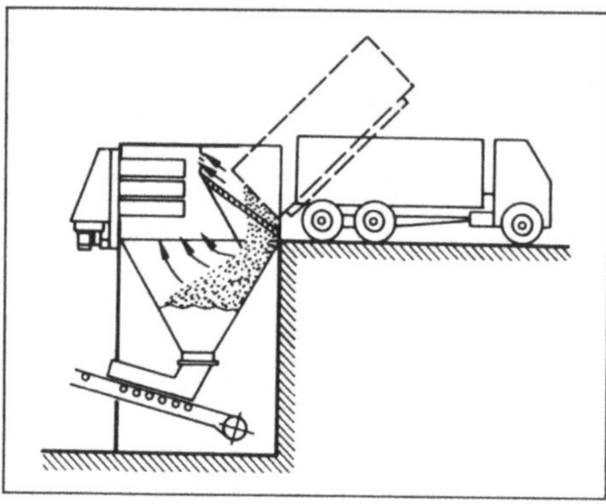

Umschlag staubender Güter 1: Emissionsarme Lkw-Entladestation.

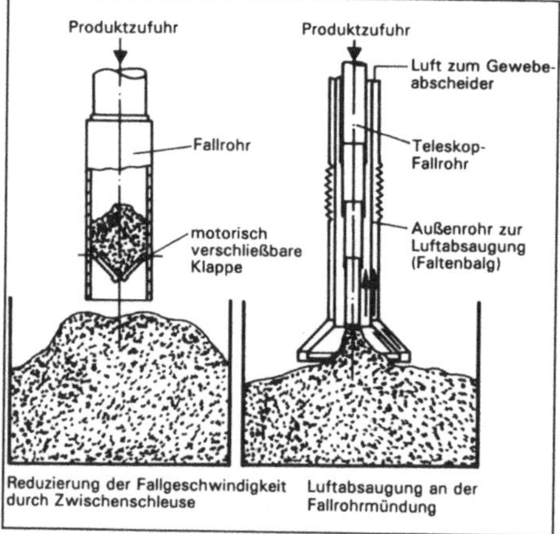

Umschlag staubender Güter 2: Beispiele für die emissionsarme Gestaltung von Beladerohren.

Leitbleche geführt abgesaugt und einem Entstauber zugeführt. Waggon wie Lkw werden in der Regel über Rohre beladen.

Schiffe werden in Abhängigkeit vom Umschlaggut unterschiedlich entladen. Grobstückige Güter (z. B. Kohle, Erze) werden üblicherweise mit Greifern umgeschlagen. Der U. mit einem dichten Greifer verursacht bei sachgerechter Bedienung (Fallhöhenanpassung) geringe Emissionen. Aus undichten Greiferschalen verrieselt allerdings Schüttgut, wodurch hohe Staubemissionen auftreten können. Greiferentladestationen werden in der Regel in geschlossener Bauweise ausgeführt.

Für feinkörnige Schüttgüter (z. B. Getreide, Futter- und Düngemittel) bietet sich die Entladung mit Schneckenförderern oder pneumatischen Saughebern an. Hat sich das Ladegut verfestigt, wird es durch einen rotierenden Fräßkopf aufgelockert und anschließend abgesaugt. Die Saugluft wird in einem Entstauber gereinigt. Mit Greifern und pneumatischen Absaugungen werden direkte Schiff-Schiffbeladungen durchgeführt. Weitere Fördermittel sind Becherwerke und Kratzförderer.

Nach der unmittelbaren Entladung werden die Schüttgüter mittels pneumatischer Förderung, Bändern, Rollgurtförderern, Trogkettenförderer und Lkw oder einer Kombination mehrerer Methoden zu Bunker, Silo oder Halde weitertransportiert und eingelagert. Für die Ablagerung in Bunkern ist neben der Fallhöhe die Bunkergeometrie entscheidend. Durch den Einbau von Prallblechen und einer Erfassung der Verdrängungsluft mit anschließender Reinigung werden die Staubemissionen vermindert.

Neuentwicklungen im Bereich der Transporttechnik sind Rohrzugbahnen und geschlossene Gurtbandförderer (Bild 3).

Auch durch ihren Feuchtegehalt zunächst nicht staubende Güter können zu Staubemissionen beitragen, wenn das Gut durch Fahrzeugverkehr auf der Anlage zerrieben und aufgewirbelt wird. Deshalb ist der Fahrzeugverkehr nach Möglichkeit einzuschränken. Fahr-

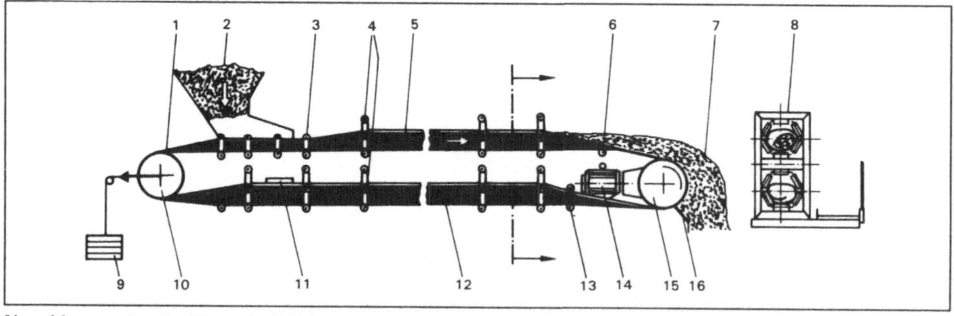

Umschlag staubender Güter 3: Rollgutförderer.

1 Einmuldung, 2 Fördergutaufgabe, 3 Aufgaberollen, 4 Führungs- und Tragrollen, 5 Obertrum (Lasttrum), 6 Ausmuldung, 7 Fördergutabwurf, 8 Gerüst, 9 Spanngewicht, 10 Umlenk- und Spanntrommel, 11 Gurtreiniger, 12 Untertrum (Leertrum), 13 Ablenktrommel, 14 Antriebseinheit, 15 Antriebstrommel, 16 Abstreifer

Audit, sondern Regelungen über die Zulassung von Umweltgutachtern und Umweltgutachterorganisationen, die Aufsicht über die Umweltgutachter und über die Registrierung geprüfter Standorte.

Nach dem Gesetz sollen die Aufgaben der Zulassung und Beaufsichtigung von Gutachtern durch Rechtsverordnung einer juristischen Person des Privatrechts, der Deutschen Akkreditierungs- und Umweltgutachterzulassungsgesellschaft mbH (DAU), übertragen werden (Beleihung). Die Registrierung geprüfter Betriebsstandorte wird den jeweils örtlich und sachlich zuständigen Industrie- und Handelskammern und den Handwerkskammern zugewiesen, die ihrerseits vereinbaren können, daß die Aufgaben von einer zentralen Kammer wahrzunehmen sind.

Das UAG regelt ausführlich die Anforderungen an die Zuverlässigkeit, die Unabhängigkeit und die Fachkunde der Umweltgutachter. Für Personen, die für einen zugelassenen Umweltgutachter Aufgaben nach der EG-Verordnung Nr. 1836/93 (Umwelt-Audit) wahrnehmen, sieht das Gesetz die Erteilung von Fachkenntnisbescheinigungen vor. Die Zulassung als Gutachter umfaßt nach § 9 Abs. 3 UAG auch die Befugnis, Zertifizierungsbescheinigungen nach Art. 12 Abs. 1 der EG-Verordnung Nr. 1836/93 zu erteilen.

Die Aufgaben der zugelassenen Umweltgutachter werden im UAG über die EG-Verordnung hinaus konkretisiert. So wird u. a. bestimmt, daß bei der Überprüfung von Standorten neben den einschlägigen Rechtsvorschriften auch die hierzu ergangenen amtlich veröffentlichten Verwaltungsvorschriften des Bundes und der Länder zu berücksichtigen sind. Das UAG konkretisiert darüber hinaus die Aufgaben der registerführenden Kammern vor der Eintragung eines Standorts. Insbesondere schreibt das Gesetz vor, daß den zuständigen Umweltbehörden vor der Eintragung Gelegenheit zur Stellungnahme innerhalb von 4 Wochen zu geben ist.

Die mit dem UAG angestrebte Stärkung der Eigenverantwortung der Wirtschaft zeigt sich insbesondere in der Aufgabenzuweisung an von der Wrtschaft getragene Einrichtungen. Ob das Gesetz einen Beitrag leisten kann, die staatliche Überwachung zurückzunehmen, hängt insbesondere von der Praxis der Zulassung und Beaufsichtigung der Umweltgutachter ab.

Zur Durchführung des UAG gelten folgende Vorschriften:

- Verordnung über die Beleihung der Zulassungsstelle nach dem UAG (UAG-Beleihungsverordnung – UAGBV) vom 18. Dezember 1995 (BGBl. I S. 2013);
- Verordnung über das Verfahren zur Zulassung von Umweltgutachtern und Umweltgutachterorganisationen sowie zur Erteilung von Fachkenntnisbescheinigungen nach dem UAG (UAG-Zulassungsverfahrensverordnung – UAGZVV) vom 18. Dezember 1995 (BGBl. I S. 1841);
- Verordnung über Gebühren und Auslagen für Amtshandlungen der Zulassungsstelle und des Widerspruchsausschusses bei der Durchführung des UAG (UAG-Gebührenverordnung – UAGGebV) vom 18. Dezember 1995 (BGBl. I S. 2014). *Hansmann*

Umweltabgaben ⟨*environmental levies*⟩. Abgaben sind der Überbegriff für alle öffentlich-rechtlichen Abgaben im Sinne der Finanzverfassung und der Abgabenordnung. Dazu gehören Steuern, Zölle, Abschöpfungen, Sonderabgaben, Gebühren, Beiträge und steuerliche Nebenleistungen (Verspätungs- und Säumniszuschläge, Zinsen etc.).

Bei U. muß unterschieden werden zwischen Abgaben im weiteren und im engeren Sinne:

- U. im weiteren Sinne sind Umweltsteuern, Sonderabgaben, Umweltgebühren und Zölle, die an umweltpolitischen Zielen ausgerichtet sind. Vorrangig vor dem Ziel der Einnahmenerzielung sind Effekte der Verhaltenslenkung in eine definierte ökologische Zielrichtung.
- U. im engeren Sinne sind Sonderabgaben, die nur in eingeschränkter Form verfassungsrechtlich zugelassen sind, um die Grundsätze der Besteuerung der Bürger und das Budgetrecht des Parlaments nicht auszuhöhlen. Sonderabgaben müssen einem definierten Zweck im Rahmen eines festgelegten Kompetenzbereichs dienen; die Abgabepflichtigen müssen Mitglied einer homogenen Gruppe sein; die Sachnähe dieser Personen zum Zweck der Abgabe muß gegeben sein (Verursacherprinzip) und das Aufkommen der Sonderabgabe muß „gruppennützig", das einer U. sinnvollerweise für Umweltaufgaben verwendet werden.

Solche Sonderabgaben werden insbesondere in den Bereichen diskutiert, in denen keine adäquaten Steuern existieren oder eine Zweckbindung der Mittel erwünscht ist. So existiert bereits eine Abwasserabgabe; über Emissionsabgaben (insbesondere → CO_2-Abgabe) wird diskutiert. *Paskuy*

Umwelteinwirkung, schädliche ⟨*harmful effects on the environment*⟩. Der Begriff der s. U. dient vornehmlich zur Beschreibung der Zwecke des BImSchG. Er wird jedoch auch in anderen Rechtsvorschriften verwandt (z.B. in § 2 Abs. 1 des Abfallgesetzes). Nach dem BImSchG sind s. U. Immissionen, die nach Art, Ausmaß und Dauer geeignet sind, Gefahren, erhebliche Nachteile oder erhebliche → Belästigungen für die Allgemeinheit oder die Nachbarschaft herbeizuführen. S. U. bezeichnen demnach qualifizierte Immissionen. Welche Qualifikation die Immissionen haben müssen, ist dabei dem Zweck der jeweiligen Norm zu entnehmen, in der der Begriff verwandt wird. Der Begriff hat einen unterschiedlichen Aussagegehalt je nachdem, ob es um den Schutz vor s. U. (→ Schutzprinzip), die Vorsorge vor ihnen (→ Vorsorgeprinzip) oder die planerische Bewältigung von Immissionskonflikten (→ Abstandsregelung) geht. Im übrigen ist der Begriff dadurch relativiert, daß er auf die Eignung abstellt, Gefahren, erhebliche Nachteile oder erhebliche Belästigungen herbeizuführen. Insbesondere im Rahmen der Prüfung der → Erheblichkeit einer beeinträchtigenden Umwelteinwirkung sind auch Abwägungen vorzunehmen, in die die örtliche Situation, das Entstehen der Konfliktlage, die Möglichkeiten zur Vermeidung der Einwirkungen und die Rechtspositionen der Betroffenen (Gebot der gegenseitigen Rücksichtnahme, Bestandsschutz) einzubeziehen sind. Konkretisiert wird der Begriff der s. U. insbesondere durch die Immissionswerte und Immissionsrichtwerte der → TA Luft und der → TA Lärm. *Hansmann*

Literatur: *Hansmann, K.*: Erläuterung, Vergleich und Abgrenzung der für Geräuscheinwirkungen verwendeten Rechtsbegriffe. Umwelt- und Planungsrecht 1982, 353 ff. – *Jarass, H.*: Schädliche Umwelteinwirkungen, Deutsches Verwaltungsblatt 1983, 725 ff. – *Koch, H.-J.*: Schädliche Umwelteinwirkungen – ein mehrdeutiger Begriff?, Jahrbuch des Umwelt- und Technikrechts 1989, 205 ff. – *Kutscheidt, E.*: Erläuterungen zu § 3 BImSchG. In: Landmann/Rohmer: Umweltrecht, Bd. I.

Umwelthaftungsgesetz *⟨environmental liability act⟩*. Am 1. 1. 1991 ist das Gesetz über die Umwelthaftung – UmweltHG – (BGBl. I 1990, S. 2634) in Kraft getreten. Mit diesem Gesetz wird eine anlagenbezogene Gefährdungshaftung für Umweltschäden eingeführt, eine Haftung auch für den Normalbetrieb einer Anlage einbezogen, eine Beweiserleichterung durch Ursachenvermutungen und Auskunftsansprüche eingeführt und nicht zuletzt eine Pflicht zur Deckungsvorsorge angeordnet.

§ 1 UmweltHG sieht eine Haftung vor, wenn durch eine Umwelteinwirkung jemand getötet oder Körper oder Gesundheit verletzt oder eine Sache beschädigt wird und daraus ein Schaden entsteht. Die Haftung setzt kein rechtswidriges und schuldhaftes Handeln voraus. Die Anlagenhaftung tritt jedoch nur für einen bestimmten Kreis von Anlagen, die im Anhang des Gesetzes aufgezählt sind, ein. Erfaßt werden vom UmweltHG 96 verschiedene Anlagentypen, zu denen insbesondere Kraftwerke, Abfallentsorgungsanlagen, Gießereien, Lackierereien, Geflügelzuchtbetriebe etc. zählen.

Voraussetzung der Haftung ist, daß der Schaden infolge einer Umwelteinwirkung entstanden ist. Das ist gemäß § 3 Abs. 1 UmweltHG dann der Fall, wenn der Schaden durch Stoffe, Erschütterungen, Geräusche, Druck, Strahlen, Gase, Dämpfe, Wärme oder sonstige Erscheinungen verursacht wird, die sich in Boden, Luft oder Wasser ausgebreitet haben.

Die Haftung nach dem U. tritt auch dann ein, wenn der Inhaber der Anlage behördliche Genehmigungen, Auflagen und Rechtsvorschriften einhält, wobei allerdings die Haftung für den Normalbetrieb gegenüber Störfällen und gegenüber dem rechtswidrigen Betrieb zum Teil privilegiert wird, z. B. bei der Haftung für Bagatellschäden (§ 5 UmweltHG) sowie im Rahmen der Ursachenvermutung gemäß § 6 Abs. 2 UmweltHG.

Die Ersatzpflicht nach dem U. besteht nicht bei Schaden durch höhere Gewalt. Das ist der Fall, wenn der Schaden auch durch äußerste Sorgfalt nicht hätte abgewendet werden können, z. B. bei Naturereignissen wie Stürmen oder Blitzschlägen oder aber auch bei Sabotage.

Bei Schäden durch den Normalbetrieb einer Anlage ist die Ersatzpflicht für Sachschäden gemäß § 5 UmweltHG ausgeschlossen, wenn die Sache nur unwesentlich oder in einem Maße beeinträchtigt wird, das nach den örtlichen Verhältnissen zumutbar ist.

Ersatzpflichtig ist der Inhaber der Anlage. Als Inhaber kommt nicht nur der Eigentümer, sondern z. B. auch der Pächter in Betracht.

§ 6 UmweltHG schafft für den Anspruchsteller Beweiserleichterungen. Ist eine Anlage nach den Gegebenheiten des Einzelfalls geeignet, den entstandenen Schaden zu verursachen, so wird vermutet, daß der Schaden auch durch diese Anlage verursacht worden ist. Gemäß § 6 Abs. 1 S. 2 UmweltHG beurteilt sich die Eignung im Einzelfall nach dem Betriebsablauf, den verwendeten Einrichtungen, der Art und Konzentration der eingesetzten und freigesetzten Stoffe, den meteorologischen Gegebenheiten, nach Zeit und Ort des Schadenseintrittes und nach dem Schadensbild sowie allen sonstigen Gegebenheiten, die im Einzelfall für oder gegen die Schadensverursachung sprechen. Diese Ursachenvermutung gilt allerdings nicht für den Normalbetrieb der Anlage.

Die Beweiserleichterung des § 6 UmweltHG zugunsten des Geschädigten greift erst dann ein, wenn dieser nachgewiesen hat, daß die Anlage nach den Gegebenheiten des Einzelfalles geeignet war, den entstandenen Schaden zu verursachen. Dem Anspruchsteller wird deshalb in § 8 UmweltHG ein Auskunftsanspruch eingeräumt, wonach Angaben über die verwendeten Einrichtungen, die freigesetzten Stoffe und die sonst von der Anlage ausgehenden Wirkungen sowie die besonderen Betriebspflichten nach § 6 Abs. 3 UmweltHG verlangt werden können. Der Auskunftsanspruch wird jedoch nur eingeräumt, wenn bestimmte Tatbestandsvoraussetzungen erfüllt sind. Diese gelten auch für den weiteren Auskunftsanspruch des Anspruchstellers gegenüber Behörden gemäß § 9 UmweltHG.

Der Umfang des Schadensersatzanspruchs richtet sich nach § 249 ff. BGB, soweit § 11 ff. UmweltHG keine abweichende Bestimmungen treffen. Auf die Verjährung finden die für unerlaubte Handlungen geltenden Vorschriften des BGB Anwendung, so daß eine dreijährige Verjährungsfrist des § 852 BGB gilt (§ 17 UmweltHG).

§ 19 UmweltHG sieht vor, daß die Inhaber von besonders gefährlichen Anlagetypen, die im Anhang des Gesetzes gesondert aufgeführt sind, Vorsorge für eine ausreichende Deckung zu treffen haben, um die Leistungsfähigkeit im Schadensfall zu sichern (Deckungsvorsorge). *Hoppe/Beckmann*

Literatur: *Feldmann*: Umwelthaftung aus umweltpolitischer Sicht, UPR (1991) 45 ff. – *Hager*: Das neue Umwelthaftungsgesetz, NJW (1991) 134 ff. – *Ketteler*: Grundzüge des neuen UmweltHG, Anwaltsblatt 1992.

V

VDI-Richtlinie *⟨VDI-guideline⟩*. Der Verein Deutscher Ingenieure (VDI) wurde im Jahre 1856 gegründet und entwickelte sich seitdem zum größten technisch-wissenschaftlichen Verein in der Bundesrepublik Deutschland und zum größten Ingenieurverein Westeuropas. Ihm gehören heute etwa 110000 persönliche Mitglieder an, dazu kommen über 1500 fördernde Mitglieder.

Technik-Wissenstransfer als Dienstleistung ist die primäre Zielsetzung der technisch-wissenschaftlichen Arbeit des VDI.

Die Arbeitsergebnisse werden insbesondere durch die Erstellung von technischen Regeln in Form von VDI-R. dokumentiert. An die Erstellung und Verabschiedung der VDI-R. sind wegen der angestrebten Verbindlichkeit besondere Anforderungen zu stellen, die in der VDI 1000: „Richtlinienarbeit, Grundsätze und Anleitungen" niedergelegt sind. Danach unterstützt der VDI mit seiner Richtlinienarbeit die Bemühungen des DIN Deutsches Institut für Normung e.V., das Deutsche Normenwerk als einheitliches, alle Gebiete der Technik umfassendes Regelwerk zu erstellen und es in den internationalen Gremien zu vertreten. Kernpunkte der Richtlinie VDI 1000 sind die Struktur der fachlichen Arbeit des VDI, die Zuständigkeiten, Zusammensetzung und Aufgaben der Gremien sowie die Mitarbeit in den Ausschüssen.

In der Kommission Reinhaltung der Luft (KRdL) im VDI und DIN und dem Normenausschuß Akustik, Lärmminderung und Schwingungstechnik (NALS) im DIN und VDI erfüllen Ingenieure, Chemiker, Mediziner, Biologen und Physiker ihren staatsentlastenden Auftrag durch die Erarbeitung von → Technischen Regeln zur Luftreinhaltung und zur Lärm-/Erschütterungsminderung. Beide Gemeinschaftsgremien von DIN und VDI sind auch stark in die europäische technische Regelsetzung bei CEN und in die internationale technische Regelsetzung bei ISO eingebunden.

Neben den beiden Organisationseinheiten KRdL und NALS befaßt sich auch eine Vielzahl anderer Fachgliederungen des VDI mit Umweltschutzfragen. Von Fall zu Fall werden die Arbeitsergebnisse auch in Form von VDI-R. veröffentlicht.

Die im Jahre 1987 eingerichtete VDI-Koordinierungsstelle Umwelttechnik (VDI-KUT) gibt Hilfestellung im VDI und nach außen, die Arbeitsergebnisse aller oben genannten Gremien verfügbar zu machen, insbesondere für die VDI-Bezirksvereine, die zugeordneten VDI-Mitglieder und für die Umweltschutzbeauftragten. *Grefen*

Literatur: Umwelttechnik im VDI. 1992.

Venturiwäscher *⟨Venturi-scrubber⟩*. Von dem zu den naßarbeitenden → Abscheidern zählenden V. gibt es viele Bauformen. Ihnen gemein ist das sog. Venturi-

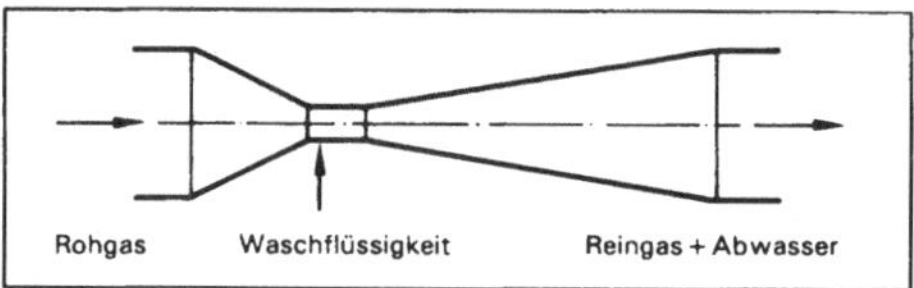

Venturiwäscher: Schematischer Aufbau.

rohr (Bild), in dem das zu reinigende Gas auf Geschwindigkeiten von etwa 100 m/s beschleunigt wird. Die Zugabe der Waschflüssigkeit erfolgt meist in der Kehle, wo sie in feinste Tröpfchen zerrissen wird. Dabei und während des Flugs durch den Diffusor nehmen die Tropfen die Staubpartikeln auf. Diese Mehrphasenströmung muß anschließend einer Apparatur zur Tropfenabscheidung zugeführt werden.

Bei dem V. handelt es sich um eine sehr kompakte, leistungsfähige, Wäscherbauart. Es können Partikeln bis herab zu 0,2 μm noch wirkungsvoll abgeschieden werden. Dabei tritt allerdings ein Druckverlust bis zu 20000 Pa auf, der ein entsprechend dimensioniertes Gebläse erfordert. *Schmidt*

Verbrennungsmotoranlage *⟨internal combustion engine⟩*. Stationäre V. unterliegen der Genehmigungspflicht nach dem BImSchG (Nr. 1.4 des Anhangs zur → 4. BImSchV), und zwar uneingeschränkt, wenn sie mit Altöl oder mit Deponiegas betrieben werden; werden andere Kraftstoffe eingesetzt, so gilt die Genehmigungsbedürftigkeit bei einer Feuerungswärmeleistung der Anlage ab 1 MW (ausgenommen V. für Bohranlagen und Notstromaggregate). Die Genehmigung wird im vereinfachten Verfahren (→ Genehmigungsverfahren nach dem BImSchG) erteilt.

Genehmigungsbedürftige V. werden hauptsächlich eingesetzt als Stromerzeugungsanlagen und in → Blockheizkraftwerken. Grundsätzlich weisen stationäre V. ein den Kraftfahrzeugmotoren ähnliches Abgas-Emissionsspektrum auf; die relevanten Emissionskomponenten sind NO_x, CO und organische Stoffe (HC), bei Dieselmotoren zusätzlich noch Rußpartikel und ggfs. auch Schwermetall-Staubinhaltsstoffe wie Nickel und Vanadium sowie – an Rußpartikel angelagerte – polyzyklische aromatische → Kohlenwasserstoffe (PAH). Bei schwefelhaltigen Kraftstoffen, ins-

Verdünnungszahl eines Olfaktometers und dessen Bestimmungsgrenze. Nachweisgrenze und Einstellgrenze sind identisch (→ Kennwerte, olfaktometrische) (Bild).

Die untere Grenze des Meßbereichs ist durch die Einstellgrenze, die obere durch das Produkt aus der größten einstellbaren Verdünnung und der Ansprechgrenze gegeben. Der Arbeitsbereich eines Olfaktometers ist durch den Bereich möglicher Verdünnungsstufen gegeben. Ohne Vormischer liegen diese üblicherweise zwischen 10^{-1} und 10^{-4}.

Wiederholbarkeit und Vergleichbarkeit sind wesentliche Gütekriterien jedes Meßverfahrens. Die Definitionen entsprechen denen der allgemeinen Meßtechnik (DIN/ISO 6879), mit geringfügigen Adaptationen an die Besonderheiten der Olfaktometrie. So etwa ist bei Geruchsschwellenbestimmungen der wahre Wert (externer Standard) unbekannt, so daß dieser nur per Konvention als Mittelwert aus mehreren Messungen bestimmt werden kann. Wiederholbarkeit meint den 95%-Bereich der absoluten Ergebnisdifferenzen von je zwei Einzelmessungen mit derselben Meßeinrichtung an identischem Material innerhalb eines Labors. Meßeinrichtung im Falle der Olfaktometrie umfaßt Olfaktometer, Probenahme, Riecherstichprobe und Verfahrensvariante mit Auswertung.

Vergleichbarkeit meint den 95%-Bereich der absoluten Ergebnisdifferenzen von je zwei Einzelmessungen an identischem Material mit verschiedenen Meßeinrichtungen verschiedener Labors. Richtwerte für Wiederholbarkeit und Vergleichbarkeit olfaktometrischer Bestimmungen auf der Grundlage mehrerer Ringversuche finden sich in VDI 3881, Bl. 4. Hierbei handelt es sich um Momentaufnahmen einer Entwicklung, die Verbesserungen durch noch strengere Standardisierungsvorgaben erwarten läßt. *Winneke*

Literatur: DIN/ISO 6879: Air Quality – Performance characteristics and related concepts for air quality measuring methods. 01/1984.

Verkehrsberuhigung *⟨traffic, calming down of⟩*. Die V. hat zum Ziel, durch geeignete Maßnahmen den Straßenverkehrsablauf so zu beeinflussen, daß vordringlich die Verkehrssicherheit erhöht und zusätzlich eine Entlastung der Umwelt, z. B. durch geringere Geräusch- und Schadstoffemissionen, erreicht wird.

Wegen des großen Einflusses der Fahrgeschwindigkeit auf die Verkehrssicherheit sind Maßnahmen der V. auf eine Minderung der Geschwindigkeit und auf eine gleichmäßige Fahrweise bei geringer Geschwindigkeit ausgerichtet.

Hierfür geeignete bauliche Maßnahmen sind z. B.:
- Verringerung der Fahrbahnquerschnitte durch Anlage von Parkstreifen, Parkbuchten, Radwegen, Grünstreifen
- punktuelle Fahrbahnverengungen durch Einbau von Mittelinseln, Anlage von Linksabbiegespuren, Fahrbahnverschwenkungen
- Änderungen der Fahrbahnoberflächen durch Einbau von Hindernissen oder durch Aufpflasterungen.

Bei Änderungen der Fahrbahn von Asphalt- in Pflasteroberfläche ist auf eine Zunahme der → Rollgeräusche durch die Pflasterung hinzuweisen, die zu Belästigungen von Anwohnern führen können. *Strauch*

Verkehrsbeschränkungen außerhalb Smogalarm *⟨traffic restrictions aside from smog alert⟩*. V., die unabhängig von → Smogverordnungen, angeordnet werden können zum Schutz der Wohnbevölkerung vor Abgasen (Straßenverkehrsordnung) oder zur Vermeidung bzw. Verminderung schädlicher Umwelteinwirkungen auf bestimmten Straßen oder in bestimmten Gebieten. Das → Bundes-Immissionsschutzgesetz sieht unter bestimmten Voraussetzungen sowohl Verkehrsbeschränkungen an lokalen Brennpunkten des Kfz-Verkehrs vor (§ 40 Abs. 2) als auch großräumige Verkehrsbeschränkungen im Falle hoher Ozonkonzentrationen (§§ 40 a–e).

❐ Verordnung nach § 40 Abs. 2 BImSchG. Die Ermächtigung in § 45 der Straßenverkehrsordnung (StVO) für V. zum Schutz der Wohnbevölkerung besteht schon seit vielen Jahren. Sie setzt aber nach vorherrschender Rechtsauffassung eine akute Gefährdung der Wohnbevölkerung voraus, die erst bei Überschreitungen der Schwellenwerte für die Alarmstufen der Smog-Verordnung gegeben ist. In der Praxis haben deshalb V. nach § 45 StVO außerhalb von Smogalarm kaum Bedeutung gewinnen können, u. a. auch deshalb, weil Luftqualitätsmessungen im unmittelbaren Straßenraum in der Vergangenheit nur vereinzelt durchgeführt worden sind. 1990 wurde deshalb in § 40 (2) BImSchG eine neue Ermächtigungsgrundlage geschaffen, die verkehrsbeschränkende Maßnahmen unabhängig von der Existenz einer austauscharmen → Wetterlage ermöglicht, um schädliche Umwelteinwirkungen zu vermindern oder ihr Entstehen zu vermeiden. Die Ermächtigung zu verkehrsbeschränkenden Maßnahmen bezieht sich auf *bestimmte Straßen oder bestimmte Gebiete*. Aus der Entstehungsgeschichte von § 40 (2) BImSchG ist abzuleiten, daß dies kleinräumig zu verstehen ist (Teile von Stadtvierteln), so daß z. B. die Sperrung ganzer Städte oder Ballungsgebiete nicht darauf abgestützt werden kann. § 40 (2) BImSchG scheidet damit als Instrument zur direkten Bekämpfung des Sommersmog (→ Los Angeles Type Smog) aus.

Die Anwendung von § 40 (2) BImSchG läuft in mehreren Stufen ab. Zunächst muß die Immissionsschutzbehörde im Hinblick auf die örtlichen Verhältnisse prüfen, ob schädliche Umwelteinwirkungen vorliegen oder zu vermeiden sind. Kriterien für diese Beurteilung enthält der Entwurf der Verordnung über die Festlegung von Konzentrationswerten, 23. BImSchV (Bundesratdrucksache 591/93 vom 21. 7. 1993), dem der Bundesrat im März 1994 zugestimmt hat. Danach soll ein Konzentrationswert für die Kurzzeitbelastung durch Stickstoffdioxid von 160 µg/m³ (98-Prozent-Wert aller Halbstundenmittel eines Jahres) gelten. Für die cancerogenen Schadstoffe Benzol und Ruß (Dauerbelastung) ist folgender Stufenplan der Konzentrationswerte vorgesehen: ab 1.7.1995: Ruß 14 µg/m³; Benzol 15 µg/m³ ab 1.7.1998: Ruß 8 µg/m³, Benzol 10 µg/m³ (jeweils arithmetisches Jahresmittel). Darüber hinaus regelt der Entwurf die zugehörigen Meß- und Beurteilungsverfahren und enthält Vorgaben zur Meßplanung.

Um den bei der Prüfung oftmals entstehenden erheblichen Meßaufwand einzuschränken, ist der eigentlichen Messung und Beurteilung ein Prüfschritt vorgeschaltet, um die für eine Anwendung von § 40 (2) BImSchG relevanten Straßen und Gebiete festzulegen. Kriterien sind hierbei u.a. die Verkehrsfrequenz, die Bebauungsstruktur, die Wohnnutzung und die Ergebnisse bereits durchgeführter orientierender Messungen oder Modellrechnungen.

Hält die Immissionsschutzbehörde nach ihrer Prüfung verkehrsbeschränkende Maßnahmen für erforderlich, so können diese von der Straßenverkehrsbehörde durchgeführt werden. Die Straßenverkehrsbehörde hat bei der Prüfung der Maßnahmen die Verkehrsbedürfnisse und die städtebaulichen Belange mit dem Votum der Immissionsschutzbehörde abzuwägen. Die Maßnahmen können sowohl zeitlich befristete Beschränkungen sein (z.B. Geschwindigkeitsbeschränkungen bei Überschreitungen von Kurzzeitwerten), als auch dauerhaft angelegt sein (z.B. Sperrungen für Kraftfahrzeuge ohne geregelten Katalysator oder für Lastkraftwagen mit hohen Rußemissionen).

Neben dem Entwurf der 23. BImSchV, die das Vorgehen der Immissionsschutzbehörden bundeseinheitlich regeln soll, wurde auch der Entwurf der „Allgemeinen Verwaltungsvorschrift über straßenverkehrsrechtliche Maßnahmen bei Überschreitung von Konzentrationswerten nach der 23. BImSchV" (VwV-StVO-ImSch) mit Regelungen für die Straßenverkehrsbehörden dem Bundesrat zugeleitet. Dieser Entwurf der Verwaltungsvorschrift fand bisher nicht die Zustimmung des Bundesrates. Da die Bundesregierung per Kabinettbeschluß ein Iunktim zwischen dem Erlaß beider Verordnungen hergestellt hat, konnte auch die 23. BImSchV und damit der Vollzug des § 40 Abs. 2 BImSchG bislang nicht in Kraft treten.

❒ Ozongesetz (§§ 40a–e BImSchG). Die im Juli 1995 neu in das BImSchG aufgenommenen §§ 40a–e verfolgen das Ziel, hohe Ozonspitzenwerte (→ Los Angeles Type Smog) durch großräumige V. kurzfristig abzusenken. Das Ozongesetz sieht Fahrverbote für Kfz ohne dem Stand der Technik entsprechende Abgasreinigung in einem oder mehreren Bundesländern unter folgenden Voraussetzungen vor:

– Die Ozonkonzentrationen erreichen an mindestens 3 Meßstationen, die mehr als 50 km und weniger als 250 km voneinander entfernt wird, ein Stundenmittel von 240 µg/m³. Davon müssen mindestens 2 Meßstationen (bei Stadtstaaten und dem Saarland eine Meßstation) in einem Bundesland oder in einem dazu benachbarten Landkreis liegen;

– Ozonkonzentrationen gleicher oder größerer Höhe müssen für den Bereich dieser Meßstationen auch für den nächsten Tag zu erwarten sein (Prognose).

Die Fahrverbote treten an dem auf die Bekanntmachung folgenden Tag ab 06.00 Uhr morgens in Kraft und dauern 24 Stunden. Teile von Bundesländern, die zur Entstehung der Ozonbelastung nicht oder nur unwesentlich beitragen, können ausgenommen werden.

Fahrzeuge mit geringem Schadstoffaustoß sind generell vom Fahrverbot ausgenommen. Dazu zählen z.B. PKW mit geregeltem Katalysator und schadstoffarme Dieselfahrzeuge sowie Busse und Lastkraftwagen, die die heutigen Zulassungsnormen erfüllen. Diese Fahrzeuge sind in einem Anhang zum Ozongesetz im einzelnen aufgeführt.

Das Ozongesetz sieht weitere generelle Ausnahmen von Fahrverbot vor, wie z.B. den öffentlichen Personenverkehr oder Kranken- und Arztwagen mit entsprechender Kennzeichnung, aber auch Fahrten von Berufspendlern von und zur Arbeitsstätte und Fahrten von Urlaubern von und zum Urlaubsort. Diese Ausnahmetatbestände sind in der öffentlichen Diskussion vielfach als zu weitreichend kritisiert worden.

Darüber hinaus können die Straßenverkehrsbehörden der Länder Einzelfall-Ausnahmen vom Verkehrsverbot zulassen.

Neben dem Fahrverbot sieht das Ozongesetz ab einem Schwellenwert von 180 µg/m³ (Informationsstufe der → 22. BImSchV) einen Appell an die Bevölkerung vor, Kraftfahrzeuge, aber auch andere Verbrennungsmotoren (z.B. Motorboote und Rasenmäher) im privaten Bereich nach Möglichkeit nicht zu benutzen. *Bruckmann*

Verkehrslärmschutzverordnung *⟨ordinance on traffic noise control⟩*. Die V. ist die Sechzehnte Verordnung zur Durchführung des → Bundes-Immissionsschutzgesetzes – 16. BImSchV – vom 12. Juni 1990 (BGBl. I S. 1036). Sie gilt für den Bau oder die wesentliche Änderung von öffentlichen Straßen sowie von Schienenwegen der Eisenbahnen und Straßenbahnen (→ Straßenverkehrsgeräusch, → Schienenverkehrsgeräusch.)

Danach dürfen zum Schutz der Nachbarschaft vor schädlichen Umwelteinwirkungen durch Verkehrsgeräusche beim Bau oder der wesentlichen Änderung einer Straße oder eines Schienenweges folgende → Immissionsgrenzwerte nicht überschritten werden:

– an Krankenhäusern, Schulen, Kurheimen und Altenheimen
  tags 57 dB(A) nachts 47 dB(A)
– in reinen und allgemeinen Wohngebieten und Kleinsiedlungsgebieten
  tags 59 dB(A) nachts 49 dB(A)
– in Kerngebieten, Dorfgebieten und Mischgebieten
  tags 64 dB(A) nachts 54 dB(A)
– in Gewerbegebieten
  tags 69 dB(A) nachts 59 dB(A).

Schwingungs- und Dämpfungseigenschaften des zwischen Wand und V. eingeschlossenen Luftpolsters.

Strauch

Literatur: *Bohny, H. M. et al.*: Lärmschutz in der Praxis, München Wien 1986. – DIN 4109: Schallschutz im Hochbau. Anforderungen und Nachweise. 11/1989.

Vorsorgeprinzip ⟨*precautionary principle*⟩. Das V. gilt als das zentrale materielle Leitbild des modernen Umweltschutzes. In erster Linie soll nach dem V. dem Entstehen von Umweltbelastungen vorgebeugt werden. Es zielt auf einen umfassenden Schutz und auf eine schonende Inanspruchnahme der natürlichen Lebensgrundlagen.

Das V. besagt, daß Umweltpolitik sich nicht in der Beseitigung eingetretener Schäden und der Abwehr drohender Gefahren erschöpfen kann. Vielmehr soll bereits ihr Entstehen unterhalb der Gefahrenschwelle verhindert werden. Die Abgrenzung von Vorschriften, die der rechtlichen Konkretisierung des V. dienen, von solchen, die gefahrenabwehrenden Charakter haben, ist häufig nur schwierig zu treffen. Sie ist allerdings von erheblicher Bedeutung, weil nach der herrschenden Meinung den Vorsorgevorschriften regelmäßig kein drittschützender Charakter zuerkannt wird. Grundsätzlich kann sich deshalb ein Dritter, insbesondere der Nachbar einer umweltbelastenden Anlage, nicht darauf berufen, daß die Vorsorgepflichten durch den Betreiber der Anlage verletzt werden. Als Konkretisierung des V. gelten vor allem zahlreiche Planungsvorschriften, die der Durchsetzung des Umweltschutzes dienen.

Hoppe/Beckmann

Literatur: *Hoppe/Beckmann:* Umweltrecht, § 5 Rn. 11 ff. München 1989. – *Rehbinder:* Vorsorgeprinzip im Umweltrecht und präventive Umweltpolitik. Berlin 1987. – *Rengeling:* Die immissionsschutzrechtliche Vorsorge. Köln 1982. – *Rengeling:* Die immissionsschutzrechtliche Vorsorge als Genehmigungsvoraussetzung, DVBl (1982) 622 ff.

Wäscherbauarten ⟨*wet-scrubber, types of*⟩. In naßarbeitenden → Abscheidern müssen die abzuscheidenden Partikeln mit der Waschflüssigkeit in Kontakt gebracht werden. Dies kann auf ganz unterschiedliche Art geschehen. Entsprechend verschieden sind die W. und zahlreich die einzelnen Ausführungsvarianten. Teilt man die Naßabscheider nach der Art der Flüssigkeitszugabe bzw. der Strömungsführung ein, erhält man die folgenden sechs Grundtypen:

– → Sprühwäscher: Die Waschflüssigkeit wird mittels Düsen meist im Gegenstrom in das langsam strömende Gas eingespritzt, das zusätzlich durch berieselte Füllkörperpackungen geleitet werden kann.

– Strahlwäscher: Die Waschflüssigkeit wird axial mittels Einstoffdüsen im Gleichstrom in das Gas eingespritzt, wodurch dieses analog zur Wasserstrahlpumpe angesaugt wird und mit den Tropfen in Kontakt tritt.

– Wirbelwäscher: Die Waschflüssigkeit befindet sich am Boden eines mit Leitblechen versehenen Behälters. Der staubbeladene Gasstrom prallt zunächst auf die Flüssigkeitsoberfläche, reißt dabei einen Teil der Flüssigkeit mit und wird mit den Tropfen verwirbelt.

– Desintegrator: Die Waschflüssigkeit wird im Abscheideraum durch schnell rotierende Einbauten in kleinste Tropfen zerteilt und mit dem Gas verwirbelt.

– Rotationswäscher: Die Waschflüssigkeit wird über rotierende Zerstäuberräder aufgegeben. Durch den dabei entstehenden, dichten Tropfenschleier wird das zu reinigende Gas geleitet.

– → Venturiwäscher: Die Waschflüssigkeit wird meist in der Kehle eines vom Rohgas mit hoher Geschwindigkeit durchströmten Venturirohres aufgegeben. Dabei wird es in feinste Tröpfchen dispergiert.

Zur Charakterisierung der verschiedenen Bauarten werden folgende Größen herangezogen:

– Trenngrenze x_t (dem Fraktionsabscheidegrad $T(x) = 50\%$ zugeordnete Partikelgröße, nur sinnvoll bei umkehrbar eindeutigem Verlauf der Trennkurve),

– Relativgeschwindigkeit v_{rel} (maximale mittlere Differenzgeschwindigkeit zwischen Partikeln und Tropfen),

– Druckverlust Δp,

– spezifische Waschwassermenge L (auf das Rohgasvolumen bezogenes Waschflüssigkeitsvolumen),

– spezifischer Energieaufwand E_s (auf das Rohgasvolumen bezogener Energiebedarf).

Charakteristische Daten der einzelnen Grundtypen sind in der Tabelle zusammengefaßt. *Schmidt*

Literatur: *Holzer, K.*: Naßabscheidung von Feinstäuben und Aerosolen. Chem.-Ing.-Tech. **51** (1979) Nr. 3, S. 200/207. – *Löffler, F.*: Staubabscheiden. Stuttgart–New York 1988.

Waldschäden, neuartige ⟨*forest damage, new type of*⟩. Zu Beginn der 70er Jahre zeigten sich in ländlichen Gebieten der Bundesrepublik an Tannen erste Symptome von W., vorzugsweise in den Mittelgebirgslagen Süddeutschlands. Mit Ende der siebziger und zu Beginn der achtziger Jahre wurden ähnliche Symptome auch an Fichten und an Kiefern beobachtet. Die Symptome, obwohl regional in gewissem Grad unterschiedlich, glichen sich im wesentlichen und wurden mit Nährstoffmangel und dem Eintrag säurehaltiger Niederschläge in Zusammenhang gebracht. Mitte der achtziger Jahre wurden Schäden auch an Laubbäumen wie Eichen und Buchen beobachtet. Da der Schadensumfang, die Vielzahl der betroffenen Arten und die Überregionalität im Auftreten bei vergleichbarer Symptomatik nie zuvor beobachtet worden waren, wurden zur Abgrenzung gegenüber früheren, regional beobachteten Kalamitäten diese Schäden als n. W. bezeichnet; plakativ wird auch von Waldsterben gesprochen.

Um das Ausmaß, die zeitliche Entwicklung und die räumliche Verteilung der n. W. zu charakterisieren, werden in der Bundesrepublik seit 1984 sowie in vielen europäischen Ländern in jährlichen Abständen W.-Inventuren durchgeführt. Hierzu werden jeweils im Sommer in einem 4 km × 4 km bzw. 8 km × 8 km großen Stichprobenraster eine bestimmte Anzahl von Bäumen im Hinblick auf ihren Nadel-, bzw. Blattverlust okular bewertet. Die Ergebnisse werden den folgenden Schadstufen zugeordnet: 10% Verlust = Schadstufe 1, 10 bis 25% = Schadstufe 2, > 25% = Schadstufen 3 und 4. Nach diesem Bewertungsschema ergibt sich für 1995 bundesweit, daß 22% der Bäume der Schadstufe 2 bis 4 und 39% der Schadstufe 1 sowie 39% ohne erkennbare Schadmerkmale einzustufen sind. Regional ist dabei das Schadensniveau sehr unterschiedlich, wobei der süddeutsche Raum besonders in Mitleidenschaft gezogen ist.

Schon bald nach ihrem Auftreten wurden die n. W. mit dem Einfluß von → Luftverunreinigungen in Ver-

Wäscherbauarten. Tabelle: Charakteristische Daten typischer W. (nach Holzer)

	Sprüh-wäscher	Strahl-wäscher	Wirbel-wäscher	Desinte-grator	Rotations-wäscher	Venturi-wäscher
xt/mm	0,7 – 1,5	0,8 – 0,9	0,6 – 0,9		0,1 – 0,5	0,05 – 0,2
vrel/(m/s)	1	10 – 25	8 – 20		25 – 70	40 – 150
Dp/hPa	2 – 25		15 – 28		4 – 10	30 – 200
L/(l/m3)	0,05 – 5	5 – 20		1 – 3	1 – 3	0,5 – 5
Es/(Wh/m3)	0,2 – 1,5	1,2 – 3	1 – 2	4 – 15	2 – 6	1,5 – 6

bindung gebracht, wobei folgende wesentliche Einflußfaktoren gesehen wurden:
- säurehaltige Niederschläge (Haupteinfluß über den Boden),
- gasförmige Luftschadstoffe, im besonderen → Ozon (Haupteinfluß auf oberirdische Pflanzenteile),
- Eintrag stickstoffhaltiger Verbindungen (Haupteinfluß über den Boden), (→ Stickstoffoxide/Wirkungen auf Pflanzen).

Ferner wurden klimatische und biotische Einflüsse, waldbauliche Faktoren wie Standortwahl, die Umwandlung von Laub- in Nadelholzwälder, Bewirtschaftungsformen etc. mit in die Ursachen-Diskussion einbezogen. Dabei können einzelne oder mehrere Faktoren zusammenwirken, so daß sich außerordentlich komplexe Ursachen ergeben.

Faßt man die bisherigen Erkenntnisse zusammen, so ergibt sich, daß für die Entstehung der n. W. als wesentliche Voraussetzung ein nährstoffarmer Boden anzusehen ist. Dies kann geogen bedingt oder eine Folge spezifischer Formen der Waldbewirtschaftung sein oder durch den Eintrag säurehaltiger Niederschläge hervorgerufen werden. Nährstoffmangel allein kann jedoch nicht Schadensursache sein, weil Bäume auch früher auf nährstoffarmen Standorten gestockt haben. Treten jedoch weitere Streßfaktoren hinzu, die mit dem bevorzugten Auftreten der n. W. in Mittelgebirgslagen in Zusammenhang stehen, wie höhenbedingter Klimastreß, hohe Ozonbelastung während der Vegetationsperiode und eine vermehrte Exposition gegenüber säurehaltigem Nebel/Regen, ergibt sich eine zunehmende Anfälligkeit der Vitalität, die sich in einem potentiellen Chlorophyllabbau und Nadelverlust manifestiert. Diese braucht aber immer noch nicht schadensrelevant zu sein, weil sich die unterschiedlichsten Schädigungsgrade selbst an exponierten Standorten in Mittelgebirgslagen beobachten lassen. Treten nun aber noch Trockenperioden oder extreme klimatische Situationen in der Winterperiode (Frosttrockenheit, Früh- oder Spätfröste) hinzu, kommt es zu einem realen Chlorophyllabbau und Nadelfall. Alle diese Faktoren, die jeweils auf einer höheren Differenzierungsebene eingreifen, führen nach heutiger Kenntnis zu dem Phänomen der n. W. *G. Krause*

Literatur: *Hüttl, R. F.*: Die Nährelementversorgung geschädigter Wälder in Europa und Nordamerika. Freiburger Bodenkundliche Abhandlungen, Heft 28, 1991. – *Krause, G. H. M.; U. Arndt; C. J. Brandt; J. Buchner; G. Kenk; E. Matzner*: Forest decline in Europe: Development and possible causes. In: Martin H. C. (Hrsg.): Acid Precipitation. Water, Air and Soil Pollution, Vol. 31, (1986) pp. 647–669.

Walther-Verfahren *(Walther process)*. Das W.-V. wird zur → Abgasentschwefelung eingesetzt. Dabei wird Schwefeldioxid in einer Ammoniaklösung absorbiert. Als Produkt fällt Ammoniumsulfat ($(NH_4)_2 SO_4$) an, das als Kunstdünger verwertet werden kann. Das W.-V. wurde von der Firma Walther & Cie AG, Köln, entwickelt. Seine Hauptkomponenten sind zwei hintereinander geschaltete Wäscher und die Produktaufbereitung, die aus Oxidationsbehälter, Pufferbehälter, Vakuumverdampfer und Hydrozyklon besteht (Bild).

Im ersten Wäscher reagiert der Hauptanteil des SO_2 in der absorbierten Phase zu Ammoniumsulfit ($(NH_4)_2 SO_3$). Daneben bilden sich aus den Abgaskomponenten

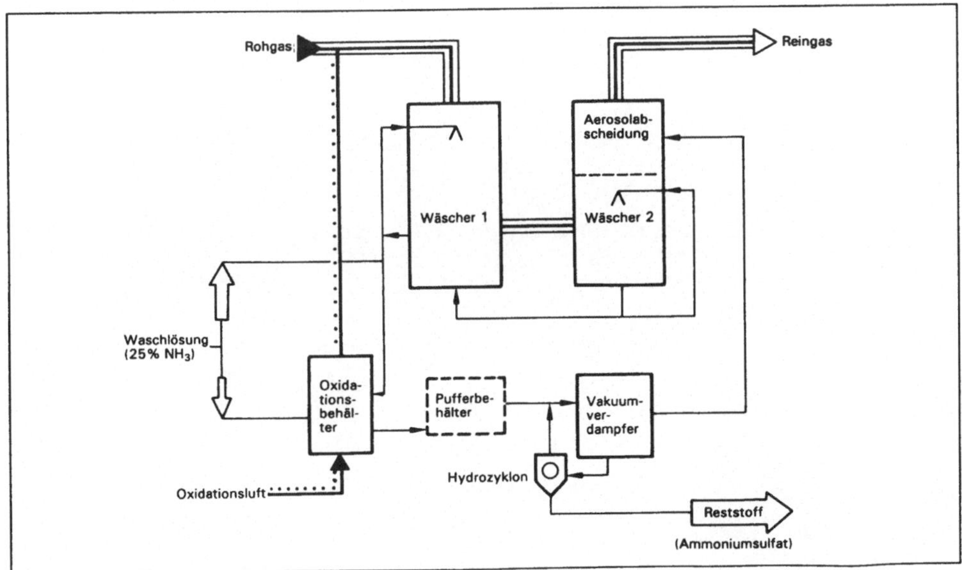

Walther-Verfahren: Funktionsschema.

einem Druck von ca. 0,7 bar thermisch zersetzt; Natriumsulfit kristallisiert aus und SO_2-haltige Brüden entweichen. Mit dem Natriumsulfit wird wieder eine frische Waschlösung hergestellt. Die durch unerwünschte Nebenreaktionen gebildeten Produkte Natriumsulfat und Natriumthiosulfat ($Na_2S_2O_3$) sind auszuschleusen, damit ihr Anteil im Waschkreislauf begrenzt bleibt. Der dadurch bedingte Verlust des Absorptionsmittels wird durch Zugabe von Natronlauge ausgeglichen.

Die SO_2-haltigen Brüden aus der Regeneration bestehen aus ca. 92% Wasserdampf und 8% SO_2. Durch Abkühlung und Kondensation wird der Dampfgehalt bis auf etwa 3% gesenkt. Zur Schwefelerzeugung wird in einer ersten Stufe ein Teil des SO_2 im Reichgas unter Zugabe von Erdgas an einem Katalysator (bestehend aus Aluminium- und Calciumoxid) zu Schwefelwasserstoff (H_2S) und Schwefel reduziert. In einer nachgeschalteten Claus-Anlage erfolgt eine weitere Umwandlung von Schwefelwasserstoff und Schwefeldioxid zu Schwefel. Die Abgase der Schwefelerzeugung werden nach einer thermischen → Nachverbrennung dem SO_2-Absorber wieder zugeleitet. In der Abwasseraufbereitungseinheit wird durch Strippen Ammoniak aus dem Abwasser des Vorwäschers ausgetrieben. Das Ammoniak findet wieder Verwendung für die SO_3-Abscheidung.

Mit dem W.-L.-V. lassen sich Entschwefelungsgrade von über 97% erzielen. Es ist besonders geeignet zur Reinigung von Abgasen mit hohem und stark schwankendem SO_2-Gehalt. In der Bundesrepublik Deutschland werden bei mehreren Kraftwerken Abgasentschwefelungsanlagen nach dem W.-L.-V. betrieben (bei den Braunkohlekraftwerken Buschhaus und Offleben Block C der Braunschweigischen Kohlen-Bergwerke AG, beim HKW Rummelsburg in Berlin sowie bei Kraftwerken in Ludwigshafen und Marl der BASF).

Haug

Literatur: *Breihofer, D. et al.*: Maßnahmen zur Minderung der Emissionen von SO_2, NO_x und VOC bei stationären Quellen in der Bundesrepublik Deutschland. Studie i. A. des BMU/Umweltbundesamt. IIP Uni Karlsruhe November 1991. – *Wahl, D.-J.*: Rauchgasentschwefelung der Braunkohlekraftwerke Buschhaus und Offleben C. Special, Betriebserfahrungen mit Rauchgasreinigungsanlagen. Düsseldorf 1990.

Werksverkehr ⟨*works traffic*⟩. Durch den Betrieb einer Werksanlage notwendiger Verkehr mit Straßen-, Schienen-, Wasser- und Luftfahrzeugen auf dem Werksgelände.

Die durch den W. verursachten Geräusche sind bei der Beurteilung der von der Gesamtanlage ausgehenden Geräusche den übrigen Anlagengeräuschen zuzuschlagen.

Strittig ist die Berücksichtigung der Geräuschimmissionen des für den Betrieb der Werksanlage notwendigen Verkehrs auf öffentlichen Straßen- und Schienenverkehrsanlagen. Eine Regelung hierzu ist nur in der → Sportanlagen-Lärmschutzverordnung getroffen worden. Hiernach sind Maßnahmen für den Verkehr, der zur und von der Sportanlage stattfindet, vorzusehen, wenn durch diesen Verkehr der → Beurteilungspegel der öffentlichen Verkehrsanlage um mehr als 3 dB erhöht wird. Zu ermitteln sind hierbei die Beurteilungspegel der öffentlichen Verkehrsanlage nach der → Verkehrslärmschutzverordnung. *Strauch*

Wetterlage, austauscharme ⟨*climate, slightly changeable*⟩. Wetterlage, die charakterisiert ist durch eingeschränkten vertikalen und horizontalen Luftaustausch. Derartige Wetterlagen führen im Winter in den Ballungsgebieten zu Smog (→ London Type Smog). Es handelt sich meist um über mehrere Tage andauernde Hochdruckwetterlagen bzw. um Hochdruckrandlagen.

Durch großräumiges Absinken der Luftmassen bilden sich großräumige Absinkinversionen, die den vertikalen Austauschraum für Luftverunreinigungen über der Erdbodenoberfläche auf wenige 100 Meter einschränken. Da gleichzeitig auch die Windgeschwindigkeit auf Werte überwiegend unter 1,5 ms^{-1} absinkt, ist zusätzlich der Abtransport der Luftverunreinigungen vermindert. Die verminderte vertikale Vermischung der Verunreinigungen und der verringerte Abtransport führen zu einer Schadstoffakkumulation (→ Smog). Häufig sind solche Wetterlagen winterliche Kaltluftlagen bei einer geschlossenen Schneedecke. Sie verstärkt die Kaltluftproduktion, wodurch sich zusätzlich Bodeninversionen bilden, die den bodennahen Austausch von Luftverunreinigungen weiter vermindern. Verstärkend auf die Smoglage wirkt die bei den tiefen Lufttemperaturen vermehrte Emission von Schadstoffen aus Heizungen. *Külske*

WHO-Luftqualitätsleitlinien ⟨*WHO air quality guidelines*⟩. Die World Health Organization (WHO) hat 1987 Luftqualitätsleitlinien für Europa herausgegeben. Die in dieser Publikation angegebenen Immissions-Leitwerte (guideline values) wurden auf der Grundlage human- und ökotoxikologischer Befunde entwickelt. Die WHO-Leitwerte entsprechen jedoch in ihrer Wertigkeit nicht den in EG-Richtlinien festgesetzten Leitwerten (→ Immissionswert EG-Richtlinie); sie sind nicht verbindlich, sondern stellen auf der Basis wissenschaftlicher Erkenntnisse zum Schutz des Menschen und seiner Umwelt entwickelte Immissions(grenz)wert-Empfehlungen zur Verwendung in umweltpolitischen Entscheidungsprozessen dar. Die WHO-L. kommen vom Charakter her den → VDI-Richtlinien über → Maximale Immissions-Werte sehr nahe. *Dreyhaupt*

Literatur: *Dreyhaupt, F. J.*: Rechtsgrundlagen Luft (Kap. X-2 mit Anhang XI-1.1 Wichtige Grenz-, Richt- und Orientierungswerte Luft). In Wichmann/Schlipköter/Fülgraff: Handbuch der Umweltmedizin. Landsberg 1992. – World Health Organization, Regional Office for Europe: Air Quality Guiedelines for Europe; WHO regional publications, European series No. 23, Copenhagen 1987.

Wirbelschichtfeuerung ⟨*FBC/fluidized bed combustion*⟩. Bei W. wird der Brennstoff in einem durch Luft-

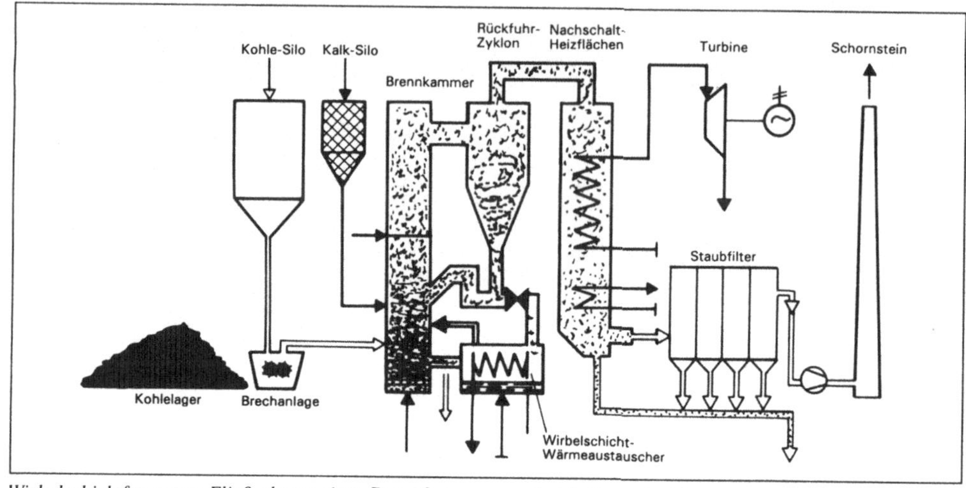

Wirbelschichtfeuerung: Fließschema eines Dampferzeugers mit zirkulierender W.

tragen werden. Die thermische Leistung bezogen auf die Düsenbodenfläche (Querschnittsbelastung) liegt im Bereich von 1 bis 2 MW/m^2. Die stationäre atmosphärische W. wird vor allem in kleineren Industriefeuerungsanlagen mit Feuerungswärmeleistungen unter 50 MW eingesetzt. Bei größeren Leistungen liegen aufgrund der zunehmenden Wirbelbettabmessungen und der damit verbundenen Mischungsprobleme ungünstigere Ausbrandbedingungen vor. Die Erosionsanfälligkeit der Tauchheizflächen kann durch angepaßte Wirbelgeschwindigkeiten und geeignete Heizflächenkonstruktionen beseitigt werden.

Bessere Ergebnisse im Hinblick auf Ausbrandgüte und erreichbare Emissionsminderung werden bei der zirkulierenden atmosphärischen W. erreicht. Diese wird mit deutlich höheren Gasgeschwindigkeiten (bis zu 8 m/s) und wesentlich kleineren Korngrößen betrieben. Durch die hohe Gasgeschwindigkeit wird ein stark expandiertes Wirbelbett erzeugt und ein Großteil der Feststoffteilchen aus dem Feuerraum ausgetragen. Die Asche wird in einem Zyklon aus dem Abgas abgeschieden und in den Feuerraum zurückgeführt. Je nach Wärmebedarf kann die Asche entweder direkt oder über Wirbelschicht-Wärmetauscher (Fließbettkühler) in den Feuerraum zurückgeführt werden (Bild). Durch kontinuierliches Rückführen des feinkörnigen Feststoffs wird ein nahezu vollständiger Ausbrand erzielt und die Wirbelschicht im Feuerraum im Gleichgewicht gehalten. Bei mehrfach gestufter Luftzufuhr in den Feuerraum können extrem niedrige Stickstoffoxid-Emissionen erzielt werden (teilweise unter 50 mg/m^3).

Der hohe Luft- und Feststoffdurchsatz ermöglicht Querschnittsbelastungen bis zu 12 MW/m^2. Die größte zirkulierende atmosphärische W. in der Bundesrepublik Deutschland wird gegenwärtig mit einer Feuerungswärmeleistung von 240 MW betrieben (Heizkraftwerk Moabit, Berlin). Als obere Leistungsgrenze werden 500 MW angesehen.

Eine weitere Leistungssteigerung kann durch druckaufgeladene W. erreicht werden. Bei stationären druckaufgeladenen W. werden Feuerungswärmeleistungen bis ca. 1 000 MW für erreichbar gehalten; noch größere Leistungen sind denkbar durch druckaufgeladene zirkulierende W. Gegenwärtig werden druckaufgeladene W. nur mit stationärer Wirbelschicht gebaut. Die Wirbelschichtverbrennung unter Druck verbessert die Reaktionsabläufe im Feuerraum, wobei die Emissionen, u. a. auch Distickstoffoxid, mit zunehmendem Druck abnehmen. Das Entschwefelungsverhalten verbessert sich ebenfalls, entsprechend geringe Anteile an freiem Kalziumoxid verbleiben in der Asche.

Ein weiterer Vorteil druckaufgeladener W. liegt in deren kompakter Bauweise; das Bauvolumen beträgt nur etwa ein Drittel des Bauvolumens einer herkömmlichen Staubfeuerung gleicher Leistung.

In Kombination mit einem Gas-/Dampfturbinenprozeß (→ Kombikraftwerk) bietet diese Technik die Möglichkeit einer Steigerung des elektrischen Wirkungsgrades im Vergleich zu herkömmlichen Kraftwerkstechniken. Hierdurch können Brennstoffeinsatz und Emissionsaufkommen deutlich verringert werden.

Von besonderer Bedeutung für die großtechnischen Realisierungschancen von druckaufgeladenen W. ist die Entwicklung geeigneter Systeme zur Entstaubung der heißen Abgase bei Temperaturen von ca. 850 °C sowie verschleißfester Gasturbinen zur Nutzung des Energieinhaltes der staubhaltigen Abgase.

Die Aschen aus W. haben aufgrund der niedrigen Verbrennungstemperatur und der Zugabe von Kalk in den Feuerraum eine andere Morphologie und Mineralzusammensetzung als leicht verwertbare Aschen aus Schmelzkammer- und Trockenfeuerungen. Von der jährlich anfallenden Aschemenge von ca. 0,6 Mio. t konnten deshalb bisher nur geringe Mengen einer kontinuierlichen Verwertung zugeführt werden. Grundsätzlich können Wirbelschichtaschen in aufbereiteter Form in der Baustoffindustrie, im Erd- und Landschaftsbau sowie als Verfüllmaterial im Bergbau eingesetzt werden. *Weiss*

Literatur: Vorträge VGB-Konferenz Wirbelschichtsysteme 1990. Essen 1990. – Luftreinhaltung '88, Umweltbundesamt (Hrsg.). Berlin 1989.

Wirkpegel ⟨*efficiency level*⟩ → Taktmaximalpegel

Wirkungskataster ⟨*effects survey*⟩. Das W. ist ein ergänzendes Erhebungs- und Informationssystem zum → Emissions- und → Immissionskataster im Rahmen der Vorbereitung eines → Luftreinhalteplans. Es geht zurück auf den Einsatz von Flechten als biologische Indikatoren für die Überwachung der → Luftverunreinigung. Inzwischen umfaßt das W. alle von Luftverunreinigungen betroffenen Bereiche der Umwelt, einschließlich der Durchführung umweltmedizinischer, epidemiologisch begründeter Wirkungsuntersuchungen. Für das W. ist entscheidend, daß mit Hilfe biologischer oder anderer Wirkungsindikatoren Informationen gewonnen werden, die mit chemisch-analytischen Methoden der Luftüberwachung vom Prinzip her nicht zu beschaffen sind. So lassen Immissionsmessungen lediglich einen Schluß auf eine prinzipiell mögliche Wirkung zu, ermöglichen aber keine Aussage über das tatsächliche Eintreten dieser Wirkung.

Als Immissionswirkung im Sinne des W. wird jede Veränderung chemischer, physikalischer sowie biologischer bzw. materialspezifischer Eigenschaften eines Akzeptors durch Einfluß von Luftverunreinigungen verstanden. Hieraus sind zwei wichtige Gruppen von Wirkungsfeststellungen abzuleiten. In die erste Gruppe fällt die Anreicherung von Schadstoffen in Pflanzen, im Material, im menschlichen- oder tierischen Organismus sowie in jedem anderen beliebigen Akzeptor in der Dimension (Masse Schadstoff) · (Masse Akzeptorsubstanz)$^{-1}$ oder (Masse Schadstoff) · (Akzeptorfläche)$^{-1}$. Indikatoren, die dieser Art der Wirkungsfeststellung entsprechen, werden auch als Akkumulationsindikatoren bezeichnet.

Veränderung der biologischen- bzw. materialspezifischen Eigenschaften des Akzeptors stellen als Wirkungen im engeren Sinne eine zweite Gruppe von Wirkungserhebungen dar. Beispiele hierfür sind die Bestimmung der Flechtenabsterberate sowie die Ermittlung unspezifischer Atemwegserkrankungen als Folge der Luftverunreinigungen. Indikatoren dieser Art werden auch als Reaktionsindikator bezeichnet.

Die Eigenständigkeit der drei Informationssysteme Emissionskataster, Immissionskataster und W. zeigt Bild 1. Es zeigt auch den Unterschied zwischen der unter Zuhilfenahme der Ausbreitungsrechnung und der Emissionsdaten rein rechnerisch ermittelten Immission und der tatsächlich gemessenen Immission; letztere wird immer von der berechneten oder simulierten Immission mehr oder weniger stark abweichen, weil die Emission und alle weiteren Einflußfaktoren nur unzureichend bestimmt werden können, das verwendete Ausbreitungsmodell zwangsweise Mängel gegenüber der Realität aufweist und vor allem zwischen Emission und Immission kein deterministischer, sondern ein stochastischer, d. h. zufallsbedingter Zusammenhang besteht. Grundsätzlich Gleiches gilt für die Betrachtung der Wirkung, die ebenfalls rein rechnerisch oder aber tatsächlich durch Erhebung ermittelt werden kann. Auch hier gelten bzgl. der rein rechnerisch ermittelten Wirkung sinngemäß die gleichen Einschränkungen wie bei dem Vergleich zwischen berechneter und gemessener Immission.

Die Bedeutung der drei Informationssysteme Emissionskataster, Immissionskataster und W. wird auch

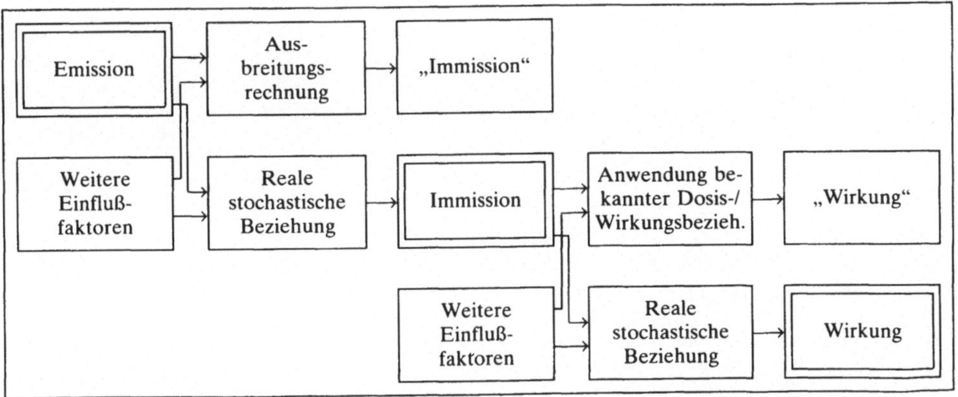

Wirkungskataster 1: Zusammenhang zwischen den Erhebungssystemen Emissions-, Immissions- und Wirkungskataster.

schritte können zur Staub- und Geruchsemission führen. Das Holz wird in der anschließenden Kocherei überwiegend nach dem Sulfatverfahren oder – zu einem geringeren Teil – nach dem Sulfitverfahren (sauer bzw. neutral) aufgeschlossen; in der Bundesrepublik Deutschland wird fast ausschließlich das Sulfitverfahren mit den wäßrigen Lösungen von Calciumbisulfit ($Ca(HSO_3)_2$) oder Magnesiumbisulfit ($Mg(HSO_3)_2$) eingesetzt (Kochsäure).

Das Kochen, bei dem die Cellulosefasern freigelegt werden, geschieht in Druckgefäßen von 100 bis 400 m^3 bei Temperaturen von 125 bis 150 °C; die Kochzeit beträgt ca. 1,5 – 5 Stunden. Zur Beschleunigung des Kochprozesses zirkuliert die Kochsäure. Nach dem Kochen wird der Faserbrei von der teilweise verbrauchten Kochsäure (Sulfitablauge) getrennt und einer mehrstufigen Stoffwäsche unterzogen. Anschließend wird die Cellulose, der ungebleichte Zellstoff, sortiert, d. h. es werden Verunreinigungen wie Äste, Rindenpartikel u. ä. abgetrennt. Lignin wird in der Kocherei nicht vollständig entfernt, um eine wesentliche chemische Auflösung der Cellulose selbst zu vermeiden. In der Bleicherei werden die Ligninreste beseitigt und die gewünschten Zellstoffeigenschaften (d. h. Weiße, Reinheit) eingestellt. Als Bleichmittel wurden früher überwiegend Chlor und dessen Verbindungen eingesetzt. Inzwischen werden in der Bundesrepublik Deutschland fast ausschließlich chlorfreie Bleichmittel (z. B. Peroxyd) verwendet, um eine Dioxinbildung zu vermeiden. Die Bleiche erfolgt häufig mehrstufig, teilweise werden auch unterschiedliche Bleichchemikalien eingesetzt.

Die Kochsäure, auch Turmsäure genannt, wird in hohen Absorptionstürmen u. a. durch Reaktion von Kalkstein, SO_2 und Wasser unter Bildung von wasserlöslichem Calciumbisulfit gewonnen, mit SO_2 zusätzlich angereichert und dem Kocher zugeführt.

Der gebleichte Zellstoff wird nachsortiert, entwässert, getrocknet und in eine versandfähige Form gebracht. Die beim Kochprozeß anfallende Ablauge und die Bleichereiabwässer werden zur Chemikalienrückgewinnung weitgehend eingedampft und die Feststoffe im Kesselhaus verbrannt.

Bedeutsame Emissionskomponente beim Sulfitverfahren ist SO_2. Bei der Verbrennung der Ablauge können sich SO_2-Rohgaskonzentrationen von mehr als 20 g/m^3 ergeben. Zur → Abgasreinigung werden Staubabscheider und Abgasentschwefelungseinrichtungen eingesetzt. Weitere SO_2-Emissionsquellen und auch Quellen von Geruchsstoffemissionen sind Kocher, Zellstoffzwischenbehälter, Bleicherei und Ablaugeeindampfung. Diese Abgase können erfaßt und in einer zentralen Abgasreinigungseinrichtung auch von Geruchsstoffen befreit werden. Als Minderungstechnik eignet sich das → Chemisorptionsverfahren in Verbindung mit Staubabscheidern.

Im Gegensatz zur Bundesrepublik Deutschland erfolgt ca. 90% der weltweiten Zellstoffproduktion nach dem Sulfatverfahren.

Anlagen zur Gewinnung von Zellstoff aus Holz, Stroh oder ähnlichen Faserstoffen sind in Nr. 6.1 Spalte 1 des Anhangs der → 4. BImSchV genannt und damit nach dem BImSchG genehmigungsbedürftig. Emissionsbegrenzende Anforderungen enthält die → TA Luft, wobei auf die besonderen Anforderungen zur Verbrennung von Ablaugen aus der Zellstoffgewinnung in Nr. 3.3.1.3.2 der TA Luft hingewiesen wird.

W. Koch

Literatur: *Davids, P.; M. Lange:* Die TA Luft '86, Technischer Kommentar. Düsseldorf 1986.

Zementherstellung *⟨cement production⟩*. Die Z. gehört zur → Steine-Erden-Industrie. Wesentliches Vorprodukt aller Zemente ist der Klinker. Ausgangsstoffe zur Herstellung sind Kalkstein oder Kreide sowie Sand und Ton. Das Rohstoffgemisch wird in Drehrohröfen gebrannt, sie haben eine Kapazität von 120 bis 5 000 t Klinker pro Tag. Der fertige Klinker wird mit verschiedenen Zuschlagstoffen zu Zement vermahlen. In der Bundesrepublik Deutschland wird fast ausschließlich das trockene Herstellungsverfahren eingesetzt.

Bei der Z. treten hauptsächlich Emissionen an Staub, Stickstoffoxiden und Schwefeloxiden auf, in einigen Fällen können auch Schwermetalle, Chloride und organische Stoffe von Bedeutung sein. Auf Grund der Verarbeitung trockener pulverförmiger Stoffe entstehen bei der Z. an vielen Stellen Stäube. Ihre Menge und Zusammensetzung hängt stark vom jeweiligen Prozeßschritt ab.

Stickstoffoxide entstehen überwiegend beim Brennen durch hohe Temperaturen von ca. 2 000 °C in oxidierender Atmosphäre. Wird das Rohmaterial vor dem Ofeneinlauf separat erhitzt (Vorkalzinierung), kann eine merkliche NO_x-Bildung durch den Brennstoff hinzukommen. Im Rohgas treten NO_x-Konzentrationen bis zu 2,5 g/m^3, durchschnittlich von ca. 1,3 g/m^3, auf.

Schwefel wird durch Roh- und Brennstoffe in den Brennprozeß eingetragen. Der überwiegende Teil wird als Sulfat gebunden. In Anlagen in der Bundesrepublik Deutschland beträgt die SO_2-Konzentration im Rohgas meist 0,1 – 0,3 g/m^3.

Rohmaterialien oder Brennstoffe mit erhöhten Schwermetallgehalten können zu Anreicherungsvorgängen im Ofen führen. Bekanntgeworden sind in früheren Jahren erhöhte Thalliumemissionen aus der Z. Im Normalbetrieb werden nur geringe Mengen an Schwermetallen emittiert. Chloridemissionen spielen bei der Zementproduktion eine untergeordnete Rolle. Bei der Verbrennung chloridreicher Altöle können Emissionen von mehr als 30 mg HCl/m^3 auftreten.

Die Emissionen organischer Stoffe können bei nicht optimierter Verbrennung vor allem beim Einsatz von Ersatzbrennstoffen in der Vorkalzinierung von Bedeutung sein. Emissionen an polychlorierten Dibenzo-p-dioxinen und -furanen (PCDD/PCDF) wurden in der Zementindustrie im Zusammenhang mit der Verbrennung von Altölen näher untersucht. Es wurden Kon-

Anlagen zur Herstellung von Zementklinker oder Zementen sind in der Nr. 2.3, Spalte 1, des Anhangs der → 4. BImSchV genannt. Sie sind im förmlichen Verfahren (mit Öffentlichkeitsbeteiligung) nach dem BImSchG genehmigungsbedürftig. Emissionsbegrenzende Anforderungen enthält die TA Luft. Die wichtigsten Emissionswerte betreffen Staub mit 50 mg/m^3, Schwefeloxide (als SO_2) mit 0,40 g/m^3, Chloride (als HCl) mit 30 mg/m^3 und Schwermetalle je nach Gefährdungspotential mit 5 bis 0,1 mg/m^3. Aufgrund des Beschlusses des Länderausschusses für Immissionsschutz vom Mai 1991 zur Konkretisierung der → Dynamisierungsklauseln der TA Luft wurde auch der → Stand der Technik hinsichtlich der Begrenzung der NO_x-Emissionen bei Zementwerken ermittelt. Danach sollen Neuanlagen 0,50 g NO_x/m^3 und Altanlagen 0,80 g NO_x/m^3 einhalten.

Die Zementindustrie verwertet große Mengen an industriellen Reststoffen sowie Abfälle. Neben einer thermischen Verwertung vor allem von Altöl, Altreifen, Bleicherde und Säureharz werden auch stoffliche Eigenschaften bestimmter Reststoffe genutzt, z. B. Gips aus Rauchgasentschwefelungsanlagen, Flugasche oder granulierte Hochofenschlacke. *Hinrichs*

Literatur: *Davids, P.; M. Lange:* Die TA Luft '86, Technischer Kommentar. Düsseldorf 1986. – VDI 2094: Emissionsminderung; Zementwerke. 9/1985.

Ziegelherstellung ⟨*tile production*⟩. Die Z. ist ein wichtiger Teilbereich der Grobkeramik-Industrie (→ Keramikindustrie). Sie umfaßt im wesentlichen Mauer-, Decken- und Dachziegel- sowie Klinkerproduktion. Bei der Z. werden fast ausschließlich Tunnelöfen zum Brennen betrieben. Relevante Emissionen an Luftverunreinigungen betreffen Fluoride, Stickstoffoxide, Schwefeloxide, organische Stoffe und teilweise Staub.

Fluoridemissionen sind rohstoffbedingt; sie können durch Rohstoffumstellung (nur Einzelfälle) oder durch Erhöhung des Einbindegrades für Fluoride, z. B. durch Änderung der Produktform oder durch Zumischen kalziumhaltiger Stoffe, gemindert werden. Zusätzlich ist meist eine Abscheidung durch Sorption der Halogene, z. B. in → Schüttschichtfiltern, erforderlich, um den → Emissionswert der TA Luft von 5 mg HF/m^3 einzuhalten.

Schwefeldioxidemissionen aus Tunnelöfen der Ziegelindustrie, bei denen der Emissionswert der TA Luft von 0,50 g SO_2/m^3 im Abgas erreicht und überschritten werden kann, sind rohmaterialbedingt. Vor allem in Norddeutschland und in der Lausitz können aus diesem Grund Massenkonzentrationen von über 2,5 g SO_2/m^3 im Rohgas auftreten. Bei der Hintermauerziegelherstellung können ohne relevante Änderung der Produkteigenschaften kalziumhaltige Zuschläge die SO_2-Konzentration deutlich senken. Durch (quasi-)trockene Sorptionsverfahren ist eine Minderung auf 0,50 g SO_2/m^3 im Reingas grundsätzlich möglich.

Bei der Herstellung porosierter Ziegeleierzeugnisse entstehen bei Verwendung organischer Porosierungsmittel Schwelgase, die auch krebserzeugende Stoffe wie Benzol enthalten können. Der Einsatz anorganischer, vorgebrannter Produkte unterbindet die Schwelgasbildung. Auch die Rückführung von schwelgashaltigen Rohgasen in die Feuerzone ist eine wirksame Minderungsmaßnahme. Mit verschiedenen Verfahrensvarianten können 5 mg Benzol/m^3 teilweise deutlich unterschritten werden. Alternativ ist eine thermische oder katalytische Nachverbrennung möglich, wobei der erhöhte Aufwand infolge der Brennstoffkosten zu beachten ist. Bei der Nachverbrennung werden die Emissionen an geruchsintensiven Stoffen ebenfalls erheblich verringert.

Die Branche ist mengenmäßig ein bedeutender Verwerter von Reststoffen. Vor allem für die Porosierung kommen z. B. Papierschlämme, Braunkohlenabrieb, Bergeversatzmaterial, Gußeisenstaub oder mit Mineralöl verunreinigte Böden zum Einsatz. Die Verwendung derartiger Reststoffe erfordert zur Begrenzung möglicher zusätzlicher Emissionen, insbesondere von organischen Stoffen, die Anwendung besonders effektiver Minderungstechniken, die eine sichere Einhaltung der Emissionswerte, vor allem an organischen Stoffen, z. B. unter 20 mg Gesamt-C/m^3, oder auch von Schwermetallen gewährleisten.

Die Anlagen zur Ziegelherstellung sind genehmigungsbedürftig (→ Keramikindustrie). *Hinrichs*

Literatur: *Davids, P.; M. Lange:* Die TA Luft '86, Technischer Kommentar. Düsseldorf 1986. – VDI 2585: Emissionsminderung; Keramische Industrie. 10/1993.

Zink ⟨*zinc*⟩. Z. (Zn) wird in der Bundesrepublik Deutschland zu ca. 80% aus importierten Primärrohstoffen (Konzentrate, Erze), der Rest aus Sekundärstoffen (z. B. zinkhaltiger Schrott) gewonnen. Primärzink wird auf elektrolytischem und thermischem Wege erzeugt; Sekundärzink, Zinklegierungen oder Zinkoxid werden in Umschmelzanlagen erschmolzen (→ Zinkgewinnung).

Die wichtigsten Verbrauchersektoren sind Feuerverzinkereien, Halbzeugwerke und Gießereien (Messing) und die Herstellung von Feinzinklegierungen (z. B. Druckgußwerkstoffe). Staubförmige Z.-Emissionen in die Luft entstehen bei Transport, Lagerung und Aufbereitung der Rohstoffe, bei thermischen Prozessen zur Z.-Erzeugung und -Verarbeitung und beim Verbrennen zinkhaltiger Brenn- und Abfallstoffe (→ Feuerungsanlage, → Abfallverbrennungsanlage). Die höchsten Emissionen werden im Bereich des Kfz-Verkehrs durch den Abrieb von Reifen und Bremsbelägen verursacht. Industrielle Hauptemittenten sind die Eisen- und Stahlindustrie (Hochofen, Konverter) sowie Steinkohle-Feuerungsanlagen und Hausabfallverbrennungsanlagen.

Für Z. besteht kein spezifischer Emissionsgrenzwert in der → TA Luft. Weil Z. meist mit Cadmium vergesellschaftet ist, hat somit zum einen der Cadmium-

Grenzwert eine begrenzende Wirkung. Zum anderen sind die allgemeinen und anlagenspezifischen staubbegrenzenden → Emissionswerte der TA Luft, der → 13. BImSchV und der → 17. BImSchV relevant.

Auf Grund der TA Luft wurde bei vielen Anlagen der Eisen- und Stahl- und NE-Metallindustrie die Abgaserfassung (z. B. durch Hauben, Deckelung, Einhausung) und die Abgasentstaubung durch den Einsatz wirksamer filternder → Abscheider (z. B. Gewebefilter) verbessert. Mit den auch bei Feuerungs- und Abfallverbrennungsanlagen verstärkt eingesetzten filternden Abscheidern werden die Anforderungen der gesetzlichen Regelungen erfüllt bzw. unterschritten. Dadurch sind die Gesamtstaubemissionen und damit auch die Z.-Emissionen aus diesen Bereichen ständig zurückgegangen. *Pruditsch*

Literatur: Luftreinhaltung '88 Tendenzen – Probleme – Lösungen. Hrsg.: Umweltbundesamt. Berlin 1989. – TÜV Rheinland e. V.: Datenerhebung über die Emissionen umweltgefährdender Schwermetalle, Forschungsvorhaben Nr. 10402588 des Umweltbundesamtes. Berlin 1991.

Zinkgewinnung ⟨*zinc extraction*⟩. Zink kann aus Primärrohstoffen in einem mehrstufigen Prozeß gewonnen werden. Die Erze oder Konzentrate – meist sulfidische Konzentrate – werden zunächst in Wirbelschichtöfen geröstet und die Röstgase entstaubt. In einer Kontaktanlage wird Schwefelsäure hergestellt. Das Röstgut wird in einem mehrstufigen Laugungsverfahren aufbereitet, Begleitelemente werden abgetrennt. Neben dem Hauptmetall Zink werden Kupfer, Cadmium und Eisen ausgelaugt. Außerdem fallen in geringem Umfang Begleitelemente wie Antimon, Kobalt und Nickel an. Aus der gereinigten Lauge wird in der Elektrolyse Elektrolytzink gewonnen, das in Induktionsöfen eingeschmolzen und zu Formaten vergossen wird.

Bei einem anderen Verfahren unter Verwendung von Primärrohstoffen, der thermischen Z. im Schachtofen, werden die Einsatzstoffe auf einer Sintermaschine abgeröstet und stückig gemacht. Prozeßluft und Koks werden vorgewärmt. Im Schmelzprozeß wird das Zink reduziert, in metallischer Form verflüchtigt und in einem Kondensator mit flüssigem Blei aus dem Abgas des Schachtofens ausgewaschen. In Seiger-Kesseln werden Blei und Zink getrennt. Als Nebenprodukte fallen Kupfer und Cadmium sowie die aus den Röstgasen gewonnene Schwefelsäure an.

Bei Einsatz von Zinkrohstoffen mit einem Zinkgehalt kleiner 25% wird das Material in einem Drehrohrofen mit Koksgrus reduziert. Das sich verflüchtigende Zink wird in filternden → Abscheidern als Zinkoxid abgeschieden, das weiterverarbeitet wird.

Bei der Z. aus Sekundärrohstoffen sind die Einsatzstoffe überwiegend zinkhaltige Krätzen, Aschen und Schlämme sowie Zinkblechschrott, Altzink, Zinkdruckgußschrott, Zinkhydrierungsschrott und zinkhaltige Schlacken. Sekundärrohstoffe werden in Tiegelöfen verarbeitet, die mit Gas, Öl oder elektrisch beheizt werden; auch gasbeheizte Schmelzöfen kommen zum Einsatz. Zinklegierungen werden ausschließlich in Tiegelöfen hergestellt.

Als Emissionsquellen bei der Z. sind folgende Prozeßschritte von Bedeutung: Röstung, Laugung des Röstgutes, Schachtofen, Drehrohrofen, Elektrolytkühlung, Elektrolysebäder, Schmelz- und Gießanlagen, Lagerung, Transport und Zerkleinerung. Als Luftverunreinigungen werden Staub (mit Staubinhaltsstoffen) und gasförmige Stoffe emittiert. Je nach Art und Zusammensetzung der Einsatzstoffe sowie nach Art des Z.-Verfahrens können Zink, Kupfer, Blei, Cadmium, Eisen, Kobalt, Nickel, Quecksilber, Zinn, Arsen und Antimon in unterschiedlichen Anteilen – z. T. auch gasförmig – emittiert werden. Auch Chlor- und Fluorverbindungen können auftreten. Bei Einsatz von stark verunreinigten Schrotten und von Rücklaufmaterial, z. B. Kabelschrott, verölte Späne, kunststoffverkleidete Haushaltsgeräte, können auch relevante Mengen an → organischen Stoffen anfallen.

Zur Emissionsminderung dienen Primär- und Sekundärmaßnahmen. Als Primärmaßnahmen werden z. B. angewandt: Vorsortierung der Einsatzstoffe, Einsatz emissionsarmer Brennstoffe, Einsatz von reinem Sauerstoff zur Verringerung der Abgasmengen, Abdeckung der Prozeßanlagen, Umstellen von Schacht- auf Elektroöfen, computergesteuerte und geregelte Produktionstechnik, Einhausung von Aggregaten. Die Abgase sind Abgasreinigungs-Einrichtungen zuzuführen. Zur → Staubabscheidung werden bei modernen Anlagen meist hoch effiziente Gewebefilter eingesetzt. Durch Zugabe von Sorbenzien, z. B. Feinkalk, kann der Abscheideeffekt verbessert und können Chlor- und Fluorverbindungen mit abgeschieden werden. Schwefeldioxidhaltige Abgase, z. B. aus Röstprozessen, werden in Doppelkontaktanlagen gereinigt und zu Schwefelsäure aufgearbeitet, die in der Regel im eigenen Betrieb wieder eingesetzt wird.

Abgeschiedene Stäube werden in der Regel in geschlossenen Systemen erfaßt und einer Wiederverwertung zugeführt. Dies geschieht meist über die Zwischenstufe der Pelletierung oder Brikettierung. Schlacken werden zu einem großen Teil verwertet, z. B. als Straßenbaustoffe oder als Deichbaumaterial.

Anlagen zur Gewinnung von NE-Rohmetallen, Schmelzanlagen sowie Gießereien für NE-Metalle sind genehmigungsbedürftig nach BImSchG. Sie sind als Nrn. 3.2, 3.4 bzw. 3.8 im Anhang der → 4. BImSchV genannt. Emissionsbegrenzende Anforderungen sind in der → TA Luft festgelegt. Diffuse Staubemissionen sind durch die Anforderungen der Nr. 3.1.5 begrenzt. Bei den gefaßten Abgasströmen sind insbesondere die Begrenzungen in der TA Luft von Bedeutung:

- für Stäube (meist 20 mg/m^3; z. T. gelten schärfere Werte),
- für krebserzeugende Stoffe (Nr. 2.3),
- für besonders gesundheitsgefährdende Staubinhaltsstoffe (Nr. 3.1.4),

22. BImSchV. Tabelle: Übersicht der Immissionswerte

Luftschadstoff	Immissionswert (µg/m³)	Zeitbezug und statistische Definition	Besonderheit
			Zugeordneter Schwebestaub-Immissionswert (µg/m³) *)
Schwefeldioxid	80 120	Jahr (1. 4. – 31. 3.). Median der während des Jahres gemessenen Tagesmittelwerte.	> 150 ≤ 150
	130 180	Winter (1. 10. – 31. 3.). Median der im Winter gemessenen Tagesmittelwerte.	> 200 ≤ 200
	250 350	Jahr (1. 4. – 31. 3.). 98%-Wert der Summenhäufigkeit aller während des Jahres gemessenen Tagesmittelwerte. Wird an 3 aufeinander folgenden Tagen ein Wert überschritten, sind Maßnahmen erforderlich (§ 6).	> 350 ≤ 350
Schwebestaub	150	Jahr (1. 4. – 31. 3.). Artithmetisches Mittel aller während des Jahres gemessenen Tagesmittelwerte.	Gravimetrische Methode
	300	95%-Wert der Summenhäufigkeit aller während des Jahres gemessenen Tagesmittelwerte.	
Blei	2	Kalenderjahr. Jahresmittelwert.	–
Stickstoffdioxid	200	98%-Wert aus 1-h-Mittelwerten (oder über kürzere Zeiträume) des Kalenderjahres.	–
Ozon	110	8-h-Mittelwert, der täglich 4 mal zu ermitteln ist (0 – 8, 8 – 16, 12 – 20 u. 16 – 24 Uhr).	Schutz der menschlichen Gesundheit in längeren Verschmutzungsfällen
	180 360	1-h-Mittelwert (Unterrichtungswert) 1-h-Mittelwert (Alarmwert).	Schutz der menschlichen Gesundheit in Fällen kurzer Exposition
	200 65	1-h-Mittelwert. 24-h-Mittelwert	Schutz der Vegetation

*) Zeitbezug und statistische Definition wie bei SO_2-Werten; gravimetrische Methode

gegeben bei der Bedrohung des Lebens und der Gesundheit von Menschen (schwerwiegende Gesundheitsbeeinträchtigung oder Beeinträchtigung der Gesundheit einer großen Zahl von Menschen), sondern auch bei Gefahr der Schädigung der Umwelt (Tiere, Pflanzen, Boden, Wasser, Atmosphäre sowie Kultur- oder sonstige Sachgüter), wenn durch die Schäden das Gemeinwohl beeinträchtigt würde.

Wichtige Detailregelungen betreffen die Sicherheitspflichten des Anlagenbetreibers, die → Sicherheitsanalyse, die Störfallmeldung und die Information der Öffentlichkeit über Sicherheitsmaßnahmen und das richtige Verhalten bei einem Störfall (→ Störfall-Verordnung).

Dreyhaupt

Zyklon ⟨*cyclone*⟩ → Fliehkraftabscheider

CFC alternative compounds FCKW-Ersatzstoffe
CFC avoidance FCKW-Vermeidung
CFC-free products FCKW-freie Produkte und Verfahren
charcoal canister Aktivkohlekanister
charcoal filter, activated Aktiv-Kohlefilter
chemical industry Industrie, chemische
chemical-luminescence measurement method Chemilumineszenz-Meßverfahren
chemisorption process Chemisorptionsverfahren
chimney Kamin, Schornstein
chimney height Schornsteinhöhe
chimney height, minimum Schornsteinmindesthöhe
chimney-sweep measurement Schornsteinfeger-Messung
chipboard production Spanplattenherstellung, Faserplattenherstellung
chlorinated hydrocarbons Chlorkohlenwasserstoff (CKW), Kohlenwasserstoff, chloriert
chlorine Chlor
chlorine chemistry Chlorchemie
chlorofluor carbons Fluorchlorkohlenwasserstoffe
chromatography Chromatographie
chrome Chrom
chromium Chrom
classification of emission values according to technical instructions on air quality control TA-Luft-Einstufung für Emissionswerte
Claus unit Clausanlage
clean air plan Luftreinhalteplan
climate, slightly changeable Wetterlage, austauscharme
coarse dust separation Grobstaubabscheidung
coating plant Lackieranlage
coffee production Kaffeeherstellung
coke dry quenching Kokstrockenkühlung
coking plant Kokerei
combined cycle power station Kombikraftwerk
combined heat and power plant, CHP Blockheizkraftwerk
compensation arrangement Kompensationsregelung
composting plant Kompostwerk
concentration, specification of Konzentrationsangabe
condensation process Kondensationsverfahren
condition for operation Auflage
contaminated area Belastungsgebiet
content of information (noise) Informationshaltigkeit
contingency plan Gefahrenabwehrplan
cooling tower Kühlturm
cooling tower plume Kühlturmschwaden
copper extraction a. processing Kupfergewinnung und -verarbeitung
coulometry Coulometrie
crankcase ventilation Kurbelgehäuseentlüftung
cremation Feuerbestattung
crematorium Einäscherungsanlage, Krematorium
crude oil refinery Mineralölraffinerie
crude steel production Rohstahlerzeugung
cupola furnace Kupolofen
cyclone Zyklon

D

damage caused by vibrations Erschütterungsschaden
damping Dämpfung
damping coefficient Dämpfungsmaß
dangerous substance, rapid response information Gefahrstoff-/Gefahrgut-Schnellauskunft
dangerous substances, Gefährliche Stoffe
decibel Dezibel
deep-bed filter Tiefenfilter
denitrification process Entstickungsverfahren
deposited dust, measurement of Staubniederschlagsmessung
deposition velocity Depositionsgeschwindigkeit
desorption Desorption
desulfurization-denitrification process Desonox-Verfahren
desulphurization Entschwefelung
detector Detektor
detector tubes Prüfröhrchen-Meßtechnik
diesel particulate emissions Dieselpartikelemission
diffusion coefficient Diffusionskoeffizient
diffusion, metrological Diffusion
diffusion type Diffusionsklassen
dilution number Verdünnungszahl
dioxins Dioxine
direct desulfurization process Direktentschwefelungsverfahren
disadvantage Nachteil
distance decree Abstandserlaß
district heating Fernwärme
disturbance of a normal operation Betriebsstörung
diversity Diversität
DOAS DOAS
Dobson unit Dobson-Einheit
downwind, situation of Mitwindsituation
driving ban at ozon alert Fahrverbot bei Ozon-Alarm
dry additive process Trockenadditiv-Verfahren
dry cleaning Chemischreinigung
dry cleaning facility Chemischreinigungsanlage
dry deposition Deposition, trockene
dry sorption process Trockensorptionsverfahren
dust separation Entstaubung, Staubabscheidung
dust separation, methods of Entstaubungsverfahren
dynamisme clause Dynamisierungsklausel

E

EC-Directives relating to air quality standards EG-Richtlinien über Luftqualitätsnormen
ECE test procedure ECE-Test

eco-audit-directive Umwelt-Audit-Gesetz
eco-auditing Öko-Audit
EEC-No. EWG-Nr.
effected area Belastungsgebiet
effects survey Wirkungskataster
efficiency level Wirkpegel
eighteenth ordinance based on the Federal Immission Control Act 18. BImSchV
eighth ordinance based on the Federal Immission Control Act 8. BImSchV
electric arc furnace Elektrolichtbogenofen
electric vehicle Elektrostraßenfahrzeug
electron bombardment process Elektronenstrahlverfahren
electrosmog Elektrosmog
eleventh ordinance based on the Federal Immission Control Act 11. BImSchV
emission Emission
emission declaration Emissionserklärung
emissions declaration ordinance 11. BImSchV
emission, diffuse Emission, diffuse
emission inventory Emissionskataster
emission limit value air Emissionsgrenzwert Luft
emission measurement Emissionsmeßverfahren
emission monitoring Emissionsüberwachung
emission monitoring, continuous Emissionsüberwachung, kontinuierliche
emission rate Emissionsgrad
emission remote supervision Emissionsfernüberwachung
emission restriction for aircraft engines Emissionsbegrenzung für Flugtriebwerke
emissions certificate Emissionszertifikat
emissions from stocks Haldenemission
emission standard Emissionsstandard
emission value according to technical instructions on air quality control Emissionswert TA Luft
energy saving act Energieeinsparungsgesetz
engine test bench Motorprüfstand
entry, probability of Eintrittswahrscheinlichkeit
enveloping surface method Hüllflächenverfahren
environmental auditing Umwelt-Audit
environmental auditing act Umwelt-Audit-Gesetz
environmental levies Umweltabgaben
environmental liability act Umwelthaftungsgesetz
environmental standard Umweltstandard
equivalent parameter Äquivalenzparameter
euopean test procedure Europa-Test
European Inventory of Existing Commercial Chemical Substances, EINECS EINECS
European List of Notified Chemical Substances, ELINCS ELINCS
EU-value EU-Wert
evaluation area Beurteilungsgebiet
evaluation parcel Beurteilungsfläche
evaluation period Beurteilungszeitraum
evaporative emission Verdampfungsemission
exchange coefficient Austauschkoeffizient
exhaust gas analysis for motor vehicles Abgasanalyse bei Kraftfahrzeugen
exhaust gas compounds, unlimited Abgaskomponente, nichtlimitierte
exhaust gas of motor vehicles Abgas von Kfz-Verbrennungsmotoren
exhaust gas opacity test Dieselrauchmessung
exhaust gas recirculation, EGR Abgasrückführung
exhaust limit for motor vehicles Kfz-Abgas-Grenzwert
exhaust test Abgasuntersuchung
expanded-clay products, production of Blähen mineralischer Stoffe
exposure range for noise control Einwirkungsbereich
extraneous noise Fremdgeräusch

F

fabric filter Gewebefilter, Tuchfilter
fail-safe principle Fail-Safe-Prinzip
failure mode and effect analysis Ausfalleffektanalyse
fallout Fallout
fault tree analysis Fehlerbaumanalyse
Federal Immission Control Act Bundes-Immissionsschutzgesetz
ferro-alloy, emission control Ferrolegierung (Emissionsänderung)
FGD REA, Abgasentschwefelung
FGD-gypsum Entschwefelungsgips, REA-Gips
fibre-board production Faserplattenherstellung
field for play rough Bolzplatz
fifteenth ordinance based on the Federal Immission Control Act 15. BImSchV
fifth ordinance based on the Federal Immission Control Act 5. BImSchV
filter Abscheider, filternd
filters, types of Filterbauarten
fine dust Feinstaub
fine dust separation Feinstaubabscheidung
fine particles Feinstaub
fire gun noise Schießlärm
fire retardant, halogen-containing Brandbekämpfungsmittel
firing installation Feuerungsanlage
firing system, low NO_x Feuerungssystem, NO_x-armes
first ordinance based on the Federal Immission Control Act 1. BImSchV
fish-meal plant Fischmehlfabrik
flame ionization detector FID Flammen-Ionisations-Detektor, FID
flame photometric detector Flammenphotometrischer Detektor (FPD)
flue gas Abgas, Rauchgas
flue gas cleaning, biological Abgasreinigung, biologische

nineteenth ordinance based on the Federal Immission Control Act 19. BImSchV
ninth ordinance based on the Federal Immission Control Act 9. BImSchV
nitrate, immission control Nitrat, Immissionsmessung
nitric acid manufacturing and application Salpetersäure-Herstellung und -Verwendung
nitrogen oxides Stickstoffoxide
nitrous oxide Distickstoffmonoxid, Lachgas
NO_x-flue gas treatment, NO_x-FGT NO_x-Abgasreinigung
noise Geräusch, Lärm
noise abatment by design Lärmarmes Konstruieren
noise abatment plan Lärmminderungsplan
noise annoyance Geräuschbelästigung, Lärmbelästigung
noise caused by construction equipment Baulärm
noise caused by leisure activities Freizeitlärm
noise control works Lärmschutzmaßnahmen
noise effect Lärmwirkung
noise emissions, measurement of Geräuschemissionsmessung
noise emissions, oriteria of Geräuschemissionswerte
noise immissions, assessment of Geräuschimmissionen-Beurteilung
noise immissions, measurement of Geräuschimmissionsmessung
noise immissions, part of Lärmimmissionsanteil
noise impact Lärmwirkung
noise map Lärmkarte
noise peak Geräuschspitze
noise protection area Lärmschutzzone
noise protection wall Lärmschutzwall
non-ferrous metal production and processing Nichteisenmetallgewinnung und -verarbeitung
non-ionizing radiation Strahlung, nichtionisierende
Non-Methan-HydroCarbon, NMHC NMHC

O

obtrusive light Lichtimmission
odorant Geruchsstoff
odour dispersion Geruchsausbreitung
odour immission prognosis Geruchsimmissionsprognose
odour threshold Geruchsschwelle
odour unit Geruchseinheit, Geruchszahl
offset policy Offset policy
olfactometer Olfaktometer
olfactometric performance characteristics Verfahrenskenngrößen, olfaktometrische
olfactometric characteristics Kennwerte, olfaktometrische
olfactometry Geruchsmessung, Olfaktometrie
order Anordnung
ordinance for heating systems Heizungsanlagen-Verordnung
ordinance for noise control of sports facilities Sportanlagen-Lärmschutzverordnung
ordinance on building machinerey noise Baumaschinenlärm-Verordnung
ordinance on characteristic and marking of qualities of fuels 10. BImSchV
ordinance on hazardous substances Gefahrstoffverordnung
ordinance on immission control and hazardous incident officers 5. BImSchV
ordinance on immission values 22. BImSchV
ordinance on installations subject to licensing 4. BImSchV
ordinance on large-scale firing installations 13. BImSchV
ordinance on leaded gasoline Benzinbleigesetz
ordinance on licensing procedure 9. BImSchV
ordinance on limitation control and hazardous incident officers 5. BImSchV
ordinance on limitation of emissions of highly volatile halogenated hydrocarbons 2. BImSchV
ordinance on limitation of emissions of wood dust 7. BImSchV
ordinance on limitation of hydrocarbon emissions at decanting and storing of fuels for Otto-cycle engines 20. BImSchV
ordinance on limitation of hydrocarbon emissions at the refueling of motor vehicles 21. BImSchV
ordinance on national defense installations. 14. BImSchV
ordinance on noise of building machines 15. BImSchV
ordinance on protection from noise of sports facilities 18. BImSchV
ordinance on protection from traffic noise. 16. BImSchV
ordinance on qualification and reliability of immission control officers 6. BImSchV
ordinance on small-scale firing installations 1. BImSchV
ordinance on sulfur content of lightgrade heating oil and diesel oil 3. BImSchV
ordinance on traffic noise control Verkehrslärmschutzverordnung
ordinance on waste incineration plants Abfall-Verbrennungsanlagenverordnung
ordinance on waste incineration installations 17. BImSchV
ordinances based on the federal immission control act Verordnungen zur Durchführung des BImSchG
organic compounds Organische Stoffe, Organische Verbindungen
outdoor area Außenbereich
overall collection efficiency Gesamtstaubabscheidegrad
overhead cable Freileitung, elektrische
oxidants Oxidantien
oxidation process Oxidationsverfahren

random sample measurement Stichprobenmessung
rapeseed oil Rapsöl
rapeseed oil methylester Rapsölmethylester
rare event Ereignis, seltenes
rating level for noise Beurteilungspegel
rayon industry Viskoseindustrie
rayon manufacturing Viskoseindustrie
Reactive Organic Gases, ROG ROG
redundancy principle Redundanzprinzip
reflection, acoustic Reflexion, akustisch
refueling, emission controlled Betankung, emissionsarme
regulation of distances Abstandsregelung
relevance to Erheblichkeit
remote measurement methods Fernmeßverfahren
removal efficiency Abscheidegrad
rendering plant Tierkörperbeseitigungsanstalt
residential area Wohngebiet
residual heat boiler Brennwertkessel
residual risk Restrisiko
Ringelmann method Ringelmann-Methode
risk analysis Risikoanalyse
risk reduction Gefahrenabwehr
risk sentence R-Satz
RLS 90 RLS 90
road traffic noise Straßenverkehrsgeräusch
road traffic vibrations Straßenverkehrserschütterungen

S

safety concept Sicherheitskonzept
safety data sheet Sicherheitsdatenblatt
safety distance Sicherheitsabstand
safety engineering Sicherheitstechnik
safety management Sicherheitsorganisation
safety regulations Sicherheitstechnisches Regelwerk
safety report Sicherheitsanalyse
safety sentence S-Satz
Scavenger ordinance Scavenger-Verordnung, 19. BImSchV
screening Abschirmung
SCR-process/Selective Catalytic Reduction SCR-Verfahren
scrubbing liquid, circulation of Waschwasserkreislauf
secondary measures for air pollution control Sekundärmaßnahmen zur Luftreinhaltung
second ordinance based on the Federal Immission Control Act 2. BImSchV
security filter Polizeifilter
sedimentation Sedimentation
Selective Non Catalytic Reduction, SNCR-process SNCR-Verfahren
serious hazard Ernste Gefahr
seventeenth ordinance based on the Federal Immission Control Act 17. BImSchV
seventh ordinance based on the Federal Immission Control Act 7. BImSchV
shielding Abschirmung
shielding factor Abschirmmaß
ship radiated noise Schiffahrtsgeräusch
shredder plant Shredderanlage
silencer Schalldämpfer
silence, time of Ruhezeit
simultaneous SO_2/NO_x-process SO_2/NO_x-Abscheidung, simultane
single event (noise) Einzelereignis
sintering plant Sinteranlage
sixteenth ordinance based on the Federal Immission Control Act 16. BImSchV
sixth ordinance based on the Federal Immission Control Act 6. BImSchV
slaughter house Schlachthof
small combustion plant Kleinfeuerungsanlage
small filter device Kleinfiltergerät
smog Smog
smog alert service Smogwarndienst
smog early warning Smogfrühwarnsystem
smog episode Smogepisode
smog ordinance Smogverordnung
smoke density Rauchdichte
smoke number Rußzahl
smoking plant Räucheranlage
smouldering combustion process (partial pyrolysis) Schwelbrennverfahren
SNCR-process, Selective Non Catalytic Reduction SNCR-Verfahren
Solinox process Solinox-Verfahren
solvent borne materials facilities Lösemittelemittierende Anlage
solvent recovery Lösemittelrückgewinnung
solvents (emission control) Lösemittel
sonic boom Überschallknall
soot Ruß
soot emissions Dieselpartikelemission
soot filter Rußfilter
soot filter regeneration Dieselpartikelfilter-Regeneration
soot trap Dieselpartikelfilter
sound Schall
sound absorption Absorption von Schall
sound control Schallschutz
sound emission Schallemission
sound immissions, prediction of Schallimmissionsprognose
sound insulation window Schallschutzfenster
sound level Schallpegel
sound level addition Schallpegeladdition
sound level meter Schallpegelmesser
sound power Schalleistung
sound power level Schalleistungspegel
sound pressure level Schalldruckpegel
sound pressure level, equivalent Dauerschallpegel, äquivalenter
sound propagation Schallausbreitung
sound propagation, calculation of Schallausbreitungsrechnung
sound reduction index Schalldämmaß

sound screen Schallschirm
sound screening Schallabschirmung
source, diffuse Quelle, diffuse
source level, effective Quellhöhe, effektive
source of hazard Gefahrenquelle
source type Quelltyp
special waste gas test, ASU Abgassonderuntersuchung ASU
spray sorption process Sprühsorptionsverfahren
spray tower Düsenwäscher, Sprühwäscher, Waschturm
spread of odorant emissions Ausbreitung von Gerüchen
stability classification Stabilitätsklassen
stack Kamin
state immission control act Landes-Immissionsschutzrecht
state of technology Stand der Technik
state of the art Stand der Technik
state of the safety technology Stand der Sicherheitstechnik
steel production and processing Stahlerzeugung und -verarbeitung
stone and clay industry Steine-Erden-Industrie
storage and distribution of liquids Lagerung und Umschlag von organischen Flüssigkeiten
storage of dusty materials Lagerung staubender Güter
storage of powders Schüttgutlagerung
structure attenuation loss Bebauungsdämpfungsmaß
structure-borne sound Körperschall
structure, type of Bauweise
subsidary clause Nebenbestimmung
subsidary installation Nebeneinrichtung
substance, air pollutant Stoff, luftverunreinigend
substance, carcinogenic Stoff, krebserzeugend
substance, environment pollutant Stoff, umweltgefährlich
substance, odorous Stoff, geruchsintensiv
subway traffic noise U-Bahn-Verkehrsgeräusch
subway vibrations U-Bahn-Erschütterungen
sugar industry Zuckerindustrie
suitability test Eignungsprüfung
sulphur dioxide Schwefeldioxid
sulphur emission rate Schwefelemissionsgrad
sulphuric acid, production and utilization Schwefelsäure – Herstellung und Verwendung
supersonic air traffic Überschall-Flugverkehr
Supersonic Transport, SST SST
surface filter Abreinigungsfilter, Oberflächenfilter
surface treatment plant Oberflächenbehandlungsanlage
suspended particulates, measurement of Schwebstaub-Immissionsmessung

T

tact maximal level Taktmaximalpegel
tact maximal value method Taktmaximalwertverfahren
tanking farm Tanklager
technical instructions on air quality control TA Luft
technical instructions on noise quality control TA Lärm
technical rules for hazardous substances Technische Regeln für Gefahrstoffe
technical rules for hazardous substances No. 900 TRGS 900
technical rules for hazardous substances No. 905 TRGS 905
technical rules on air pollution control Technische Regeln Luftreinhaltung
technical rules on noise and vibrations Technische Regeln Lärm/Erschütterungen
tenth ordinance based on the Federal Immission Control Act 10. BImSchV
tetrachlorethylene, emission measurement Perchlorethylen-Emissionsmessung
tetra ethyl lead, TEL Bleitetraethyl
tetra methyl lead Bleitetramethyl
thermal insulation ordinance Wärmeschutzverordnung
thermal regenerated particulate trap Rußabbrennfilter
third ordinance based on the Federal Immission Control Act 3. BImSchV
thirteenth ordinance based on the Federal Immission Control Act 13. BImSchV
three way regulated catalyst Drei-Weg-Katalysator
threshold limit value at working places MAK-Wert
tile production Ziegelherstellung
tin Zinn
tone characteristic Tonhaltigkeit
total dust Gesamtstaub
total hydrocarbons Gesamtkohlenwasserstoffe
totality effect of noise Summenwirkung von Geräuschen
trace gas, climate relevant Spurengas, klimarelevant
trace substance, spread of Spurenstoffausbreitung
tracer gas Tracergas
tradable emissions permit Emissionszertifikat
tradable permit Umweltzertifikat
traffic, calming down of Verkehrsberuhigung
traffic noise Rollgeräusch
traffic restrictions aside from smog alert Verkehrsbeschränkungen außerhalb Smogalarm
transmission of trace substances Transmission
troposphere Troposphäre
twelfth ordinance based on the Federal Immission Control Act 12. BImSchV
twentieth ordinance based on the Federal Immission Control Act 20. BImSchV
twentyfirst ordinance based on the Federal Immission Control Act 21. BImSchV
twentysecond ordinance based on the Federal Immission Control Act 22. BImSchV

U

unauthorized intervention Eingriff Unbefugter
used oil refinery Altölraffinerie
UV-monitoring UV-Monitoring